云南省基层气象台站简史

云南省气象局　编

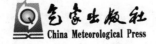

气象出版社
China Meteorological Press

内容简介

本书全方位、多角度地反映了新中国成立以来，云南省气象事业的发展变化，真实记录了云南省各级气象事业的发展进程、机构历史沿革、气象业务发展、职工队伍建设、法制建设、文化建设、台站基本建设等情况，是一部具有留存价值的台站史料，同时也是一本进行台站史教育的教科书。

图书在版编目(CIP)数据

云南省基层气象台站简史/云南省气象局编. —北京：
气象出版社，2013.12
ISBN 978-7-5029-5859-6

Ⅰ.①云… Ⅱ.①云… Ⅲ.①气象台-史料-云南省
②气象站-史料-云南省 Ⅳ.①P411-092

中国版本图书馆 CIP 数据核字(2013)第 296375 号

Yunnansheng Jiceng Qixiang Taizhan Jiangshi
云南省基层气象台站简史

云南省气象局 编

出版发行：气象出版社
地　　　址：北京市海淀区中关村南大街 46 号　　　　邮政编码：100081
总 编 室：010-68407112　　　　　　　　　　　　　发 行 部：010-68409198
网　　　址：http://www.cmp.cma.gov.cn　　　　　　E-mail：qxcbs@cma.gov.cn
责任编辑：白凌燕　　　　　　　　　　　　　　　　终　　审：章澄昌
封面设计：燕　彤　　　　　　　　　　　　　　　　责任技编：吴庭芳
印　　　刷：北京中新伟业印刷有限公司
开　　　本：787 mm×1092 mm　1/16　　　　　　　印　　张：49.25
字　　　数：1280 千字　　　　　　　　　　　　　　彩　　插：8
版　　　次：2013 年 12 月第 1 版　　　　　　　　　印　　次：2013 年 12 月第 1 次印刷
定　　　价：160.00 元

《云南省基层气象台站简史》编委会

主　　任：郑建国
副主任：田侯明

委　　员：(按姓氏笔画排序)
　　　　　成　刚　刘克驹　李　涛　杨　舒
　　　　　沈正操　陆　林　和文农

《云南省基层气象台站简史》编写组

主　　编：刘克驹
副主编：杨　舒　林国灶

成　　员：张秋声　段云俊　李振荣　赵吉雁
　　　　　徐建蓉　李江林　毕　春　罗　铁
　　　　　朱　丽　王　鹏　梁月梅　丁红文
　　　　　胡卫芬　赵　丹　崔清章　邓昌珍
　　　　　孙文聪　王秀明　温元伟　刘万奎
　　　　　汪小淋　潘　勇　王定明　朱桢国
　　　　　李志诚　吕永灿　王　燕　郭菊馨
　　　　　张　荣　陈继宇　李　彬　雷贵华
　　　　　王永明　孙兴锡　谢希萍　赵　敏

梅媛丽 泓茜林 保荣容 慧波俊 明华胜 琴清媛 举刚赟 文全诚 红

志罗 陈周 王丁 邓何 邹严 李傅 黄蒋 杨唐 伍吴 鲁梁 木秦 龙杨 禹

关现 罗祖 直红 美宗 丽朝 育安 媛中 刚丽 炳立 斌金

钢福 平春 芳杰 芬艳 娅炳 艳光 云斌 新生 红能 春凤 继平 强波

苏仲 李李 吴吴 杨徐 尚陈 张李 罗纪 万万 宇兰 李李 王桑 王高 尹谭

华健 秀薇 熙辉 玲倩 志勇 霞林 冬云 本富 铭艳 廷玲 珍佳 国娜 满伟

继王 周赵 申刘 周白 李秦 张王 郭蒙 崔徐 罗张 刘於 刘刘 李何 谢赵

陈王 峻文 辉春

翠娟 凤奎 薇辉 军征 彦才 武芬 斌花 杰荣 梅堆 秀富 焕

加家 金秀 晓辉 启红 泓秋 永丕 长汉 际晓 雪世 兆玉 三梁 永晓

李张 林姚 王何 余叶 李赵 周邹 杨喻 马罗 左李 张杨 李彭 普吕 杨王

总 序

　　2009 年是新中国成立 60 周年和中国气象局成立 60 周年，中国气象局组织编纂出版了全国气象部门基层气象台站简史，卷帙浩繁，资料丰富，是气象文化建设的重要成果，是一项有意义、有价值的工作，功在当代，利在千秋。

　　60 年来，气象事业发展成就辉煌，基层气象台站面貌发生翻天覆地的变化。广大气象干部职工继承和弘扬艰苦创业、无私奉献，爱岗敬业、团结协作，严谨求实、崇尚科学，勇于改革、开拓创新的优良传统和作风，以自己的青春和智慧谱写出一曲曲事业发展的壮丽篇章，为中国特色气象事业发展建立了辉煌业绩，值得永载史册。

　　这次编纂基层气象台站简史，是新中国成立以来气象部门最大规模的史鉴编纂活动，历史跨度长，涉及人物多，资料收集难度大，编纂时间紧。为加强对编纂工作的领导，中国气象局和各省（区、市）气象局均成立了编纂工作领导小组和办公室，制定了编纂大纲，举办了培训班，组织了研讨会。各省（区、市）气象局编纂办公室选调了有较高文字修养、有丰富经历的人员从事编纂工作。编纂人员全面系统地收集基层气象台站各个发展阶段的文字、图片和实物等基础资料，力求真实、客观地反映台站发展的历程和全貌。我谨向中国气象局负责这次编纂工作的孙先健同志及所有参与和支持这项工作的同志们表示衷心感谢。

　　知往鉴来，修史的目的是用史。基层气象台站史是一座丰富的宝库。每个气象台站的发展史，都留下了一代代气象工作者艰苦奋斗、爱岗敬业的足迹，他们高尚的精神和无私的奉献，将永远给我们以开拓进取的力量。书中记载的天气气候事件及气象灾害事例，是我们认识气象灾害规律、发展气象科学难得的宝贵财富。这套基层气象台站简史的出版，对于弘扬优良传统和作风，挖掘和总结历史经验，促进气象事业科学发展，必将发挥重要的指导和借鉴作用。

中国气象局党组书记、局长　

2009 年 10 月

前　言

　　新中国成立以来,云南省气象部门与全国气象部门一道坚持解放思想、对外开放,不断深化改革、开拓创新,全体气象工作者以一往无前的进取精神和波澜壮阔的创新实践,为地方经济社会发展和人民福祉安康做出了重要贡献,社会影响力不断增强,社会地位不断提高,与全国气象部门一道探索出一条中国特色气象事业发展成功道路,共同谱写了中国特色气象事业发展的绚丽华章。

　　我省气象事业同新中国气象事业一样经历了艰苦奋斗、创业发展;经受干扰、曲折发展;改革开放、快速发展三个时期。在管理体制上经历了多次变革,在事业结构和运行机制上也进行了诸多实践。50多年来,全省气象部门面向社会需求、强化服务,气象服务领域不断拓展,从新中国成立初期的简单预报天气,到现在涵盖农业、交通、水利、国土、卫生、旅游等经济社会发展的各行各业,涉及森林防火、安全生产、应急保障、国防建设等领域;气象服务手段不断完善,从简陋单一的服务手段,发展到现在拥有广播、电视、报纸、电话、手机、网络、电子显示屏等多种服务手段,特别是电视天气预报已成为影响最大、收视率最高的电视节目,手机短信天气预报已成为人们日常生活的重要内容;以电子显示屏为载体的农村综合气象信息服务系统也逐步成为服务"三农"的重要手段,解决了气象信息传递"最后一公里"的瓶颈问题;气象服务产品不断丰富,服务水平和效益不断提高,人工影响天气取得了较大的社会和经济效益。

　　50多年来,我省气象预报预测能力不断加强,准确率不断提高,基于数值预报为核心的气象预报预测系统正逐渐形成;气象观测能力不断提高,气象综合观测系统不断完善,由公共气象服务系统、预报预测系统和综合观测系统组成的现代气象业务体系不断发展;气象科研成果丰硕,为我省气象事业发展提供了有力支撑;气象人才队伍不断发展,人才结构更加合理,气象人才体系不断完善。气象科技创新体系、气象人才体系、现代气象业务体系共同组成的我省气象现代化体系正在加快建设。

50多年来,我省气象部门在物质文明建设、政治文明建设、精神文明建设和生态文明建设等各个方面都取得了令人瞩目的成就。一流台站建设大大改善了气象工作生活环境;艰苦奋斗、爱岗敬业、严谨求实、团结共事、无私奉献的气象精神得到进一步弘扬,涌现出了许多模范先进人物;全省气象部门建成了省级文明行业(系统);15个州、市气象部门建成了州、市级文明行业(系统),1个单位被中央文明委评为全国文明单位,4个单位被评为全国精神文明建设工作先进单位,5个单位被评为全国气象部门文明台站标兵。

所有这些成就,都值得我们记录,有许多经验需要我们总结,供后人借鉴。编写基层台站史不仅仅是纪念中华人民共和国成立60周年、中国气象局建局60周年和云南省气象局建局50多年的一种形式,更是引导我省广大气象工作者进一步坚定信心,为云南气象事业又好、又快发展做出更大努力的一种形式。作为亲身经历者,我们有责任把这段历史真实地记录下来,留给后人,这也必将为我省气象文化和中国气象文化留下一笔珍贵的精神财富,这也是功在当代,利在后人的一件大事。

云南省气象局党组书记、局长

2013年12月

1950年，昆明空军司令部气象队全体工作人员

1953年的云南省气象局

1954年，云南省气象局全体气象职工

1986年的云南省气象局

1998年建成的云南省气象局办公大楼

2004年建成的云南省气象局科技大楼

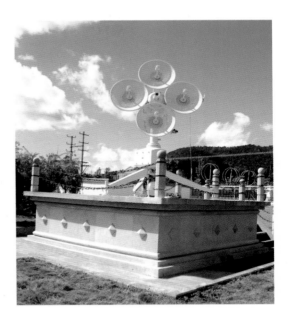

全省已建成7部多普勒天气雷达
（图为昆明棋盘山多普勒雷达）

已建成昆明、腾冲、蒙自3部L波段雷达
（图为腾冲县气象局L波段雷达）

全省已建成126个大气监测自动气象站
（图为昆明国家基准气候站）

全省已建成1363个区域自动站
（图为文山市马塘镇温度、雨量两要素自动站）

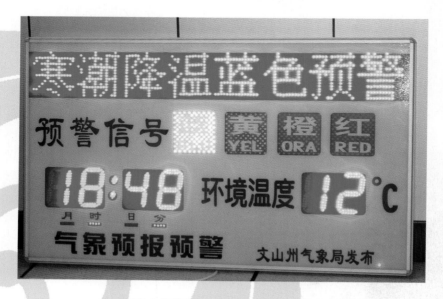

2008年在全省推广新农村气象综合信息服务系统

云南省气象部门拥有火箭发射架700多套，高炮390多门，为预防减缓干旱、冰雹灾害、扑灭森林火灾以及生态环境维护作出了突出的贡献

2005年获云南省政府人工影响天气工作先进单位一等奖

2005年获"中国气象局重大气象服务先进集体"奖牌

2006年省委、省政府授予扑救安宁"3·29"重大森林火灾先进集体的奖牌

2008年11月2日，楚雄彝族自治州发生特大自然灾害，省气象局派出工作组参与现场服务，楚雄州委、州政府赠送锦旗。

在2008年"5·12"汶川地震气象服务中成绩显著，受到中国气象局的表彰。

2004年省气象局承担的《云南省滑坡泥石流灾害区划与中长期趋势分析研究》课题获云南省人民政府科技进步一等奖。

2006年出版的《中国气象灾害大典·云南卷》

　　《云南省气象条例》于1998年7月31日云南省第九届人大常委会第四次会议通过，自1998年10月1日施行。2002年5月30日，云南省第九届人大常委会第二十八次会议通过《关于修改〈云南省气象条例〉的决定》修正。

　　《云南省红河哈尼族彝族自治州气象条例》于2009年2月21日红河哈尼族彝族自治州人民代表大会第二次会议通过，2009年5月27日经云南省第十一届人大常委会第十一次会议批准。

　　《云南省气象灾害防御条例》于2012年7月29日云南省第十一届人大常委会第三十二次会议审议通过，2012年10月1日起施行。

　　1998年9月28日，在云南省人大会议厅召开贯彻实施《云南省气象条例》新闻发布会，省人大常委会吴光范副主任、省政府李汉柏副省长出席了会议。

省气象局举办云南省气象行政执法培训班（2005年）

1996年、2008年省气象局机关党委和省气象台分别被中共云南省委授予"先进基层党组织"称号。

2006年，省气象局被中国气象局授予全国气象部门局务公开先进单位。

截至2008年底，全省气象部门获1个全国文明单位、4个全国精神文明建设工作先进单位、38个省级文明单位、5个全国气象部门文明台站标兵称号。云南省气象局2001年获省级文明行业和文明系统称号，15个州（市）气象局获州（市）级文明行业称号。

2009年云南省气象局参演节目《红土气象情》获第二届全国气象行业文艺汇演二等奖，在参加中国气象局建局60年庆典会上，演职人员受到回良玉副总理的亲切接见。

2008年省气象局组队参加云南省直机关工会举办的第四届青年职工足球赛

2007年承办成都区域气象中心篮球运动会，图为比赛现场。

昆明市气象局

曲靖市气象局

玉溪市气象局

昭通市气象局

楚雄彝族自治州气象局雷达业务楼

红河哈尼族彝族自治州气象局

文山壮族苗族自治州气象局

普洱市气象局

西双版纳傣族自治州气象局

大理白族自治州气象局

保山市气象局

迪庆藏族自治州气象局

丽江市气象局

怒江傈僳族自治州气象局

曲靖市富源县气象局

临沧市气象局

云南省建立最早的气象台站——昆明市太华山气象站，1937年在太华山落成。

德宏傣族景颇族自治州气象局

玉溪市华宁县气象局

昭通市镇雄县气象局

楚雄彝族自治州永仁县气象局

红河哈尼族彝族自治州河口瑶族自治县气象局

文山壮族苗族自治州广南县气象局

普洱市宁洱哈尼族彝族自治县气象局

临沧市沧源佤族自治县气象局

西双版纳傣族自治州勐腊县气象局

大理国家气候观象台

保山市腾冲县气象局

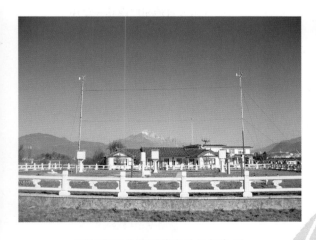

丽江市玉龙纳西族自治县气象局

德宏傣族景颇族自治州瑞丽市气象局

怒江傈僳族自治州贡山独龙族怒族自治县气象局

迪庆藏族自治州德钦县气象局

临沧市凤庆县气象局

香格里拉大气本底站

目　录

云南省气象台站概况

云南省气象部门概述

云南地处祖国西南边疆,位于北纬 $20°8'32''\sim29°15'8''$ 和东经 $97°31'39''\sim106°11'47''$ 之间,国土面积 39.4 万平方千米,人口 4500 余万。

管理体制　1936 年 6 月 1 日,经民国云南省政府批准,在昆明太华山顶成立省立昆明气象测候所,这是云南省最早的气象工作机构。

1950 年 3 月(云南和平解放)至 1953 年 10 月,全省气象部门属军队建制。1953 年 8 月 1 日,中央军委、政务院下达各级气象机构转移建制领导关系命令,同年 11—12 月,云南军区司令部气象科改属省人民政府建制和领导,称省人民政府气象科;各地气象站改属当地人民政府建制和领导,称"云南省×××人民政府气象站",归口当地人民政府建设科管理,分属省人民政府气象科业务领导。从 1955 年 5 月 6 日起,全省气象台站收归省气象局建制和领导,改称"云南省×××气象站"。1958 年 3 月—1963 年 3 月,云南各级气象台站归属当地人民委员会建制和领导,省气象局对地、县气象部门为业务指导关系。1963 年 4 月—1970 年 6 月,全省气象(候)台站统归省气象局(1966 年 3 月改为云南省农业厅气象局)建制,其人员、财务、业务管理、技术指导和仪器设备均由省气象局负责,行政生活、政治思想、地方服务工作以及对台站工作的管理监督由当地党政负责;各专(州、市)设置气象总站,作为省气象局派出机构,并受各专署和州、市人民委员会指导。1970 年 7 月—1970 年 12 月,全省气象台站改属当地革命委员会建制和领导,各专(州、市)气象总站负责业务管理。1971 年 1 月—1973 年 5 月,实行军队领导,建制仍属当地革命委员会,各地(州、市)气象台负责业务管理。1973 年 6 月—1980 年 8 月,全省各级气象台站改属当地革命委员会建制和领导。1980 年 9 月—1981 年 1 月 29 日,全省气象管理体制统一改为省气象局与地、州、市、县人民政府(革命委员会)双重领导,以省气象局领导为主。1981 年 1 月 29 日各地(州、市)气象台改为地(州、市)气象局(迪庆州气象台除外),属省气象局派出机构,行使管理职责。1983 年 7 月,根据云南省人民政府、国家气象局工作组《关于气象部门第二步管理体制改革交接工作会议纪要》,云南省气象局实行国家气象局与省人民政府双重领导,

1

以国家气象局领导为主的管理体制,省气象局既是国家气象局的下属单位,又是省人民政府的工作部门。从此,全省气象部门实行部门与地方政府双重领导,以气象部门领导为主的管理体制。

管理机构 1954年10月30日,云南省人民政府通知,将省人民政府气象科改为云南省气象局,隶属省人民政府建制和领导,归口省政府财政经济委员会管理,属四级局,编制27人,分属中央气象局业务领导,负责全省气象事业管理。

1983年10月8日,国家气象局批准云南省气象局设置行政机构5个:办公室、业务管理处、科技教育处、计划财务处、人事处;党务机构纪律检查组;直属事业单位6个:省气象台、省气象科学研究所、气候资料室、气象学校、仪器供应站、行政管理处。以上机构均属县团级。

1995年3月,云南省人民委员会颁发《云南省人民委员会(第一届)工作部门和办公机构设置的意见》的通知,省气象局属省人民委员会工作机构,隶属省人民委员会建制和领导。11月昆明气象台定为四级省台。

1996年5月27日,中国气象局批准《云南省气象部门机构编制方案》,云南省各级气象机构既是上级气象部门的下属单位,又是同级人民政府主管气象工作的部门,继续实行以气象部门为主与地方政府双重领导的管理体制。省局机关内设机构10个:办公室、业务发展处、科技教育处、行业管理处、计划财务处、产业发展与技术装备处、人事劳动处、机关党委(与思想政治工作处合署办公)、监察审计室(与党组纪检组合署办公)、离退休干部工作处。省局直属处级事业单位8个:云南省气象台、云南省气象科学研究所、云南省气候中心、云南省气象学校(云南省气象职工培训中心)、云南省气象技术装备中心(云南省防雷中心)、云南省气象局后勤服务中心(云南省气象局行政处)、云南省人工影响天气中心(省政府人工降雨防雹办公室)、云南省农业气象中心。

2001年6月,云南省气象局实施机构改革后,对局机关和直属事业单位作了调整。机关设置办公室、业务发展处、科技处、政策法规处、计划财务处、人事教育处、机关党委办公室(精神文明建设办公室)、监察审计处(与党组纪检组合署办公)、离退休干部办公室。直属事业单位设省气象台、省气象科学研究所、省气象学校(省气象职工培训中心)、省气象技术装备中心、省气象局后勤服务中心(省气象局行政处)、省人工影响天气中心(省政府人工降雨防雹办公室)、省农业气象与卫星遥感运用中心、省气象科技服务中心(省气候中心)。辖16个州(市)气象局,1999年7月撤东川市,设昆明市东川区,原东川市气象局改称昆明市东川区气象局。

2005年,云南省气象局内设机构有:办公室、业务发展处、科教处、计划财务处、人事教育处、政策法规处(气象行政复议办公室)、机关党委办公室(精神文明建设办公室)、党组纪检组(监察审计处与党组纪检组合署办公)、离退休干部办公室;直属单位:省气象台、省气象技术装备中心、省农业气象与卫星遥感应用中心、省气象科学研究所、省人工影响天气中心、省气象学校(职工培训中心)、省气象科技服务中心、省气象局后勤服务中心、省防雷中心。

台站概况 截至2008年底,全省气象部门有16个州(市)气象局和17个气象台(其中省气象台1个)、125个地面气象观测站、126个大气监测自动气象站、31个农业气象站(国家一级农业气象观测站 17 个,一级农业气象观测站 3 个,三级农业气象观测站 11 个,含 4 个农试站)、探空站 5 个、多普勒雷达站 6 个(第 7 部大理雷达正在建设中)、辐射观测站 5 个、酸雨监测站 4 个、乡镇自动气象站 1363 个、闪电定位仪 23 个、大气电场仪 13 个。

人员状况 截至 2008 年底,全省有在编人员 2063 人(其中参照公务员管理 328 人,事业编制 1735 人)。在编人员中具有博士学位 1 人,硕士学位 65 人,硕士及以上占人员总数的 3.2%;大学本科学历 789 人,占人员总数的 37.7%;大学专科学历 692 人,占人员总数的 33.7%;中专学历 337 人,占人员总数的 16.5%;高中及以下 179 人,占人员总数的 9.0%。正研级职称资格有 8 人(聘用上岗的 6 人),占人员总数的 0.4%;副研级职称资格有 211 人(聘用上岗的 140 人),占人员总数的 10.2%;中级职称资格有 874 人(聘用上岗的 655 人),占人员总数的 42.4%;初级职称资格有 760 人(聘用上岗的 661 人),占人员总数的 36.8%;其他人员占人员总数的 10.2%。

党的建设 1952 年 6 月 1 日,成立云南军区司令部气象科时只有党员 1 人。1953 年 11 月 1 日,云南军区司令部气象科改称省人民政府气象科时,有党员 2 人。1954 年 10 月 30 日,成立云南省气象局时,建立党支部 1 个,有党员 8 人。1960—1965 年,有党总支 1 个、党支部 3 个,党员 41～57 人。1981—1982 年,有党总支 1 个、党支部 3～4 个,党员 81～89 人。1983—1995 年,有基层党委 1 个、党支部 4～12 个,党员 94～193 人。1995 年 3 月 3 日,云南省委组织部批转省气象局党组《关于加强我省气象部门基层党组织建设的意见》的通知,气象部门基层党建工作提到了地方党委的议事日程,结束了全省气象台站无党员状况。截至 2008 年,全省气象部门有党员 1046 人。建立党支部 130 个(其中联合支部 18 个)。

精神文明建设 1986 年 4 月 19 日,云南省气象局党组印发《局机关、直属单位创建双文明单位的实施细则》。1991 年,精神文明建设纳入"八五"气象事业发展计划。1997 年 3 月,成立云南省气象局精神文明建设指导小组。1998 年,云南省气象局制定了《创建文明气象行业实施方案》。1999 年 12 月,省气象局建成省级文明单位。2001 年 9 月,全省气象部门建成云南省文明行业,同年 11 月中国气象局颁发文明系统匾牌。截至 2008 年底,全省 100% 的气象台站建成县以上文明单位,其中全国文明单位 1 个,全国精神文明创建工作先进单位 4 个,省级文明单位 40 个,州市级文明单位 58 个;建成省级文明行业(全国气象部门文明系统)1 个,15 个地(州、市)气象局被当地人民政府命名为州(市)级文明行业。省部级劳动模范人物 30 人次、省部级先进工作者 32 人次。其中,省气象局及其直属部位省部级劳动模范与先进工作者 11 人次。

气象法规建设 1998 年 10 月 1 日施行《云南省气象条例》。2000 年 2 月 25 日,云南省人民政府办公厅下发《关于进一步加强气象探测环境保护工作的通知》。2000 年 6 月,云南省人民政府办公厅下发了《关于进一步加强防雷减灾安全管理工作的通知》。2002 年 5 月 30 日,施行修改后的《云南省气象条例》。省气象局已经在云南省人民政府登记备案并向社会公布实施的规范性文件有 7 个。2005 年 8 月 3 日,云南省人民政府下发了《关于开展突发气象灾害预警信号发布工作的通知》。2006 年 2 月 6 日,云南省人民政府转发《国务院关于加快气象事业发展的若干意见》的通知。

1996 年成立云南省气象局行业管理处,2001 年 2 月云南省气象局成立政策法规处, 2004 年 12 月设立气象行政执法总队。各州(市)气象局相继成立气象行政执法支队。负责全省气象行政执法有关法律、法规的宣传贯彻和组织实施;承担对全省有重大影响的违反气象法律、法规案件的查处;负责组织全省气象行政执法人员的业务培训;指导各州(市)气象行政执法机构查处违法案件和开展其他气象行政执法工作;负责对各州、市气象行政执法机构开展气象行政执法工作的监督。

制度建设 2003 年 8 月 15 日,云南省气象局下发《云南省施放气球资质和资格管理规定(试行)》、《云南省施放气球审批规定(试行)》。2004 年云南省气象局、民航昆明空中交通管理中心联合下发了《云南省施放升空气球审批规定》。2005 年,云南省气象局制定了《云南省防雷工程专业资质受理、评审、认定实施细则》(云南省气象局第 1 号公告)和《云南省防雷专业技术人员资格管理办法》(云南省气象局第 2 号公告)两个规范性文件,经省人民政府法制办公室审查,准予登记、备案,并分别在《云南政报》2005 年第 12 期、第 13 期上向社会全文公告。云南省气象局还先后制定了《云南省气象行政处罚程序规定》、《云南省气象社会投诉制度》、《云南省气象依法行政专家咨询论证制度》等配套规章制度,使气象依法行政工作逐步走上了规范化、制度化和程序化轨道。

社会管理 1995 年 8 月,云南省气象局下发《关于开展气象行业管理工作通知》,2001 年下发《关于加强气象行业管理的意见》。2003 年,云南省气象局明确了气象行业管理对专业台站较多,系统性强,又有一定基础的农垦、民航等气象工作,可实行主管厅局为主与省气象局的双重领导;加强气象资源整合,加快资源与信息共享。2005 年,云南省气象局与云南省水利厅签订了资料共享合作协议。

政务公开 2003 年 2 月,云南省气象局下发《关于深化和完善局(事)务公开的通知》。在全局实施“三项制度”(即物资采购、民主决策、局(事)务公开及考评制度),做到“五个落实”(落实组织领导,成立领导小组,指定责任人和监督评议人员;落实制度,健全实施办法及监督考核办法;落实载体,建立对内、对外公开栏,会议通报有记录;落实内容,突出重点,避免泛泛而谈;落实监督考核,每年进行 1~2 次检查考评,推进局(事)务公开的规范化和制度化,确保这项阳光工程的实效性)。

科普教育基地 1993 年 11 月,昆明一得测候所被省人民政府命名为云南省第四批重点文物单位。1999 年 10 月,云南省委、省人民政府授予云南省气象台、昆明市气象局为云南省科学普及教育基地。2000 年 2 月,省委办公厅命名昆明一得测候所旧址为第三批省级爱国主义教育基地。2000 年 3 月,中国科协授予云南省气象台为全国科学普及教育基地。2003 年 3 月,中国气象局、中国气象学会命名云南省气象台为全国气象科普教育基地。2005 年,云南省人民政府命名德宏州气象局为“省级科学普及教育基地”。

气象服务 云南省解放初期,气象工作主要为国防建设服务。从 1953 年 8 月开始,各级气象部门执行“既为国防建设服务,同时又为经济建设服务”的气象工作方针。1958 年 10 月 6 日,云南省委批转“加强以农业为重点的服务工作”的气象工作方针。1982 年,贯彻执行“积极推进气象科学技术现代化,提高灾害性天气监测预报能力,准确及时地为经济建设和国防建设服务,以农业为重点,不断提高服务的经济效益”的新时期气象工作方针。1986 年,开展专业气象服务。1996 年 7 月以来,先后成立了省人工影响天气中心、省农业气象中心、省气候服务中心、省气象科技服务中心、云南兴农信息服务网、云南省气象决策服务中心、云南省气象公众服务中心、云南省雷电中心。各州(市)也建立相应服务机构。1999 年,省气象局《气象信息决策服务系统》投入省人民政府网络业务运行。该系统以云南省气象局 Internet 办公自动化信息网络为基础,采用 Internet 网络技术,把气象信息转化成超文本信息,通过超文本链接、电子邮件、WEB 浏览器等技术送入省人民政府办公信息网,实时为人民政府领导提供了包括短期天气预报、中期、长期天气预报和 24 小时雨量、温度情况表、气候灾害、病虫害的预测、气候对各种农作物的影响预测、人工增雨及气象灾情等各方面信息,为人民政府领导决策提供依据。2008 年在全省推广农村气象综合信息服务系统(电子显示屏)。

气象信息传输 1978 年,全省气象部门的工作着重点转移到现代化建设的轨道上来。1983 年开始探索微型计算机管理气象业务。1993 年,以微机为重点的气象业务现代化建设进入网络化阶段。1994 年,省级气象预报实时业务系统进一步完善,自动信息处理系统、自动填图系统、图形图像工作站已投入业务应用。1995 年,制定了云南省"9210"工程(气象卫星综合应用业务系统建设)实施计划,至 2001 年全省共建成 122 个 PC-VSAT 站,开通了云南气象网站(YNMB. NET),在全国率先实行全省一般站通过 Internet 网传报。2008 年,建成了由地面观测站、高空探测站、自动气象站、特种观测站(包括天气雷达观测、气象卫星遥感监测、区域大气本底观测、闪电定位监测、酸雨监测)等多种探测技术手段所构成的综合立体探测网,以地面宽带网和卫星通信为主的高速气象信息通信网络、以数值天气预报为基础的现代化天气预报业务平台,使决策气象服务和专业气象服务实现了网络化。

重要会议 1959 年 2 月 20 日—3 月 4 日,云南省气象局在昆明召开全省单站补充天气预报经验交流会议,中央气象局领导及各省(区、市)、省内各地(州、市)县代表 457 人参加了会议,越南气象考察团也应邀参加了会议。8 月 10 日,中央气象局在大理白族自治州鹤庆县召开全国人工防雹消雹技术交流会议,中央气象局观象台台长罗漠主持,22 个省(区、市)的 82 名代表参加了会议。会议介绍了鹤庆县土法防雹消雹经验,动员全国气象部门开展群众性人工控制局部天气实验。

1994 年 2 月 22—26 日,中国气象局在昆明召开全国气象局长会议,省长和志强、副省长黄炳生出席会议开幕式,中国气象局领导邹竞蒙、马鹤年、李黄、温克刚、颜宏出席会议。会后,中国气象局领导视察部分地(州、市)气象工作。

1995 年 3 月 7 日,云南省气象局在昆明西南宾馆召开地州市行署、政府领导同志参加的发展地方气象事业座谈会。

1999 年 1 月 28—30 日,全国第三次气象外事工作会议在昆明召开。

2002 年 10 月 27—30 日,全国公益气象服务工作会议在昆明召开,提出要积极拓展气象服务领域,大力发展精细化天气预报,全面提升公益气象服务的能力和水平。

领导视察 1958 年 6 月 5—12 日,中央气象局副局长卢鋆视察云南省气象局和玉溪、镇雄气象站。

1963 年 5 月,中央气象局副局长江滨、中国科学院副院长竺可桢视察西双版纳州、思茅专区气象工作。

1986年3月5—9日，国家气象局副局长骆继宾代表国家气象局向文山州气象处赠送了"在对越自卫反击战中再立新功"的锦旗，并慰问麻栗坡、马关在自卫反击战中作出贡献的气象工作者。

1987年6月15日，国家气象局副局长章基嘉视察云南气象工作。6月18日，和志强省长在省气象局会见章基嘉副局长，就森林防火监测、人工降雨、当前汛期气象服务，以及科技扶贫、现代化建设等问题交换了意见。

1990年12月17—25日，国家气象局副局长温克刚视察昆明、玉溪等地州市气象局。

1994年2月22—26日，中国气象局在昆明召开全国气象局长会议。23日上午，中国气象局领导邹竞蒙、马鹤年、李黄、温克刚、颜宏和全国气象局长会议代表参观省气象台、省气象局展览、气候中心、气象档案馆，并题词。12月17—19日，中国气象局副局长温克刚视察西双版纳州气象工作，在州局职工大会上作了《解放思想转变观念，认清形势开拓前进》的报告；20日，省政府副省长黄炳生在省气象局会见中国气象局副局长温克刚，表示一如既往支持云南气象事业的发展。

1995年1月24日，中国气象局副局长马鹤年在向云南省气象局干部大会上作考察报告。

1996年4月4—11日，中国气象局副局长温克刚视察云南省气象工作与调研。省政府副省长黄炳生会见中国气象局副局长温克刚，就云南省"9210"工程地方匹配资金、多普勒天气雷达、人工影响天气经费、基层台站综合改善方案交换意见。

1999年1月29日，中国气象局副局长颜宏代表中国气象局党组到地震灾区丽江地区气象局视察。

2001年3月18日，中国气象局副局长李黄考察正在筹建的云南兴农网。11月6—9日，中国气象局副局长郑国光率计划财务司、政策法规司领导一行6人到云南调研。

2002年1月19—23日，中国气象局副局长刘英金受中国气象局党组的委托，到云南省气象局宣读授予云南省气象部门"文明系统"的决定，并颁发奖牌。7月19日，中国气象局副局长郑国光，计财司副司长于新文，科技发展司副司长张世英一行到省气象局考察，与云南大学进行会谈，商讨局校合作的领域、方式及合作项目运行机制，并就此交换了意见。

2003年8月10—14日，中国气象局党组书记、局长秦大河一行视察云南省气象局、省局直属事业单位、迪庆州气象局、丽江市气象局，先后与云南省政协主席杨崇汇、云南省政府副省长孔垂柱以及迪庆州、丽江市的党政领导进行了会谈。

2004年7月12—17日，中国气象局副局长许小峰一行6人到云南检查"拓展工作领域战略、人才强局战略和科技兴气象战略"三大战略实施情况。

2005年6月12日，中国气象局副局长王守荣检查迪庆朱张大气本底站建设。

2007年6月1—4日，中国气象局副局长张文建到迪庆朱张大气本底站和丽江观象台检查工作。

2008年9月17日，中国气象局副局长王守荣赴德宏地震灾区慰问。

国际友人来访及考察 1959年1月，以阮闸为团长的越南气象考察团到云南省气象局、玉溪考察。

1973年5月5日,云南省有关气象台站向越南民主共和国提供降水情报服务。

1986年7月13—18日,高原气象考察美方代表团负责人Reiter教授和Ottman博士到昆访问讲学,参观云南省气象局现代化建设。9月20—25日,英国爱丁堡大学教授登肯应邀来云南省气象局访问讲学,介绍了90年代大气遥感的展望。12月2—14日,以吉野正敏教授为团长的日本筑波大学农业气象代表团到云南省气象局和西双版纳访问、考察,双方签订了关于西双版纳农业气候研究课题合作项目。

1987年6月17日,在昆明召开中美季风研讨会,来自国内、美国、印度、澳大利亚、香港等国家和地区的三十多位气象专家、学者在会上交流了论文,并应邀参观云南省气象科学研究所。10月1—13日,樊平高级工程师前往日本参加日本地理学会年会,交换1988—1989年双边进一步合作意见,考察筑波大学和九洲大学农水省两个直属研究机构。11月26日,应省气象局副总工程师黄玉生、丘北县县长张炳秀的邀请,加籍华人鲍汉威先生和加籍B·gg·先生于11月26日—12月3日到丘北县考察风能开发,并与有关单位讨论援建大型风力发电站风机事项。

1988年1月16—18日,美国特拉华州大学地理系教授Kaikst·in博士应邀到省气象局访问,作了"天气气候客观分类法"的学术报告。3月27—28日,欧洲中期数值天气预报中心高级专家J·Daab·K访问省气象科研所,进行气象应用图形处理系统学术交流。4月2—5日,世界气象组织官员L·M·niich·avb米肖夫妇参观了云南省气象局。7月12—15日,尼日尔气象局长布莱姆先生到云南省气象部门考察,先后参观了云南省气象台、资料室、气科所和玉溪地区气象处。7月13日,日本筑波大学教授吉野正敏到云南省气象局访问,经过商谈,双方就西双版纳天气气候及土地利用等项目的合作研究达成了协议。8月20—25日,世界气象组织天气监测网司司长波特先生来昆,在省气象局作了"世界气象组织机构"介绍的讲座。

1989年4月19—30日,美国国家海洋大气局濮凡博士应邀来昆讲学。

1990年3月18日,李纯诚的论文《从西双版纳的气候变化论生物物质燃烧的气候效应》在国际地球生物物质燃烧与大气、气候、生物圈学术讨论会上发表。

1991年8月14—27日,以省气象局局长朱云鹤为团长的气象代表团赴泰国访问、考察,与泰国气象厅共同签署了《下一年度中泰气象协作建议书》,与泰国皇家雨水研究开发所签署了《备忘录》。

1992年1月22日,世界气象组织政府间气候变化专门委员会(IPCC)主席、瑞典王国首相科学顾问波林(D. Bolin)教授和克结斯兰特(M. Kjtllstrand)女士参观云南省气象台卫星云图展宽数字处理、实时资料图像显示、天气预报动画制作、寒潮预报、长期天气预报、农作物产量预报、森林火险卫星监测、病虫害预报、同城气象服务系统。3月25日,昆明市气象局章荣田参加赴日农业考察。5月7—10日,国家气象局外事司陈国范司长到德宏州气象部门考察与周边国家开发气象科技合作可行性问题。6月3—6日,老挝人民共和国波乔省以省委委员、农业厅厅长奔洛为团长一行6人的农业考察团考察思茅地区,并商定思茅地区气象局协助波乔省建立会宽县级气象站及培训人员。10月16—23日,以泰国皇家雨水开发研究所新技术室主任苏卡娅女士为首的代表团一行三人访问省气象局,参观省气象台,考察楚雄州人工降雨作业现场和昆明探空站,并与省气象局签署会谈备忘录。10月中旬,省气科所在日本筑波科学技术研究中心的国际学术会议上发表《云南西双版纳气候—土地—植被资源评价》论文。年底,思茅地区气象局同老挝波乔省签订帮助建立波乔气象台的协议。10月30日,云南省气象局提出把《中印气象减灾合作研究》列入中印气象科技合作项目的建议。

1993年4月5—12日,缅甸水文气象局局长助理Chit·Aung先生访问云南省气象局。

1994年1月5—8日,以范文登为团长的越南宣光省气象水文考察团参观文山州气象台。11月15日,省气象局向省科委申报把《人工降雨与季风合作研究》列入中泰第十三届联委会科技合作项目。

1995年3月21—23日,柬埔寨气象水文局局长林基诺先生率领的气象代表团一行4人访问省气象局,参观了省气象台、呈贡气象站。

1996年8月8日,法国拉罗什·波赛市市长、葡萄专家耐雷·巴赫先生一行3人前来省气象局座谈,省气象局有关专家介绍了云南省气候特点及葡萄生长适应性气候条件。

1999年3月13—29日,云南省气象局考察团一行8人前往美国洛杉矶、纽约、华盛顿和旧金山等地,考察了美国国家气象局、两个区域水文气象服务中心和一个气象服务公司,还访问了圣荷西州立大学气系,进行了各方面交流与学习。

2000年6月24日—7月14日,云南省气象局农业气象中心朱勇(高级工程师)随中国气象局农业气象培训团赴以色列进行了21天的农业气象培训和考察。听取了外国专家讲授农业气象信息产品和服务、气象灾害对农业生产影响的评估和防御、节水灌溉及农业气象服务、温室小气候和调控技术、地形气候学应用、林火及早期预报、农业小气候、农业气象学方法和农业行政管理及技术服务等方面的科研报告和讲座。

2000年7月20—22日,第二次青藏高原大气科学实验国际学术研讨会在昆明召开。青藏高原对东亚大气环流以及气候变化、灾害性天气乃至全球的气候异常都有重要影响,距1979年进行的第一次青藏高原试验20年后,中国气象局在中国科技部与日本科技厅的大力支持下,于1996年再次启动世人瞩目的第二次青藏高原大气科学试验,中外科学家通过长达数年的合作研究,揭示了高原地区边界层动力、热力结构特征及其关键影响因素,并为高原天气气候影响研究提供了具有重要科学价值的理论依据,取得了陆面模式及其理论研究的重大突破。研讨会上,来自中国、日本、韩国、美国等国家大气科学界的专家、学者在会上就研究成果进行了研讨和交流。中国气象局副局长颜宏、中国科技部副司长邵立勤出席会议并致辞。云南省副省长陈勋儒到会祝贺。

2002年3月20日,瑞士联邦环境科学与技术研究院副院长、瑞士联邦工学院教授威利古杰博士一行访问了云南省气象科学研究所。瑞士科学家与省气象科研所科技人员就昆明城市发展对环境的影响、气候变化与昆明水供应和水污染等共同关心的问题进行了交流和座谈,双方探讨了今后进行合作和交流的前景。

2003年2月27—28日,日本国际协力事业团(JICA)中国事务所官员加藤俊伸、望户昌观一行在中国气象科学研究院沙玉卓、刘晶淼的陪同下,赴云南对中国气象科学研究院正在通过科技部向 JICA 申请的有关合作项目进行考察。12 月,云南省气象局与日本国立环境研究所在云南丽江进行紫外辐射观测研究达成共识,观测时间从 2004 年至 2009 年,每月下载一次数据。

根据中越气象科技合作协议,越南自然资源环境部代表团一行 12 人在中国气象局外事司刘国平助理巡视员的陪同下,于 2003 年 3 月 2—6 日对云南进行了访问。3 月 4 日,越南代表团赴楚雄州对州气象局的气象业务建设和业务工作进行专题考察。

应中国气象局的邀请,以越南自然资源与环境监测部行政管理司司长阮成明为团长的越南计财代表团一行 6 人于 2004 年 3 月 10—14 日访问了云南。在昆期间,代表团参观了云南省气象台、气象科技服务中心和财务结算中心,听取了云南省气象部门情况介绍,双方就计财管理工作的做法和经验进行了交流和探讨,并就进一步加强双边气象科技合作与交流达成了共识。代表团还参观了红河州气象局和屏边县气象局,详细了解了基层气象台站的工作和生活情况。

2004 年 4 月 12 日,中国气象局成都高原气象研究所名誉所长——美国科罗拉多大学冰雪数据中心张廷军博士和高原所常务副所长李跃清研究员一行应邀到云南省气象科学研究所与云南气象专家进行了广泛的交流,张廷军博士和李跃清研究员介绍了高原所的研究方向和近几年来的科研成果,云南省气象专家也向对方介绍了近几年来云南省气象科研所的研究成果。双方还就相关的学术问题以及在今后工作中如何加强合作与交流进行了讨论并达成共识。4 月下旬,云南省气象局黄玉仁副局长赴欧洲学习考察,学习借鉴发达国家公职人员教育、培训、监督及社团活动、管理等方面经验。8 月 13 日,昆明市气象局赵毅赴日考察,参加花卉产业出口标准化研究。

2004 年 11 月 15 日、17 日,云南省气象局气象科技人员先后两次与美国大自然保护协会中国部举行座谈会,就双方共同关心的问题和双方未来可能的合作领域及合作项目(切入点)进行了较为深入的交流。美国大自然保护协会中国部对与气象部门开展合作研究表示出了极大的兴趣。

2005 年 5 月 12 日,昆明农业气象试验站科技人员应邀参加由省农科院组织的与新西兰农业专家进行的专家交流会,就作物生长与气候、生理与气候、病虫害与气候等与农业气象相关的内容进行了广泛的交流,特别是在病虫害发生、发展控制与气象因子的关系和预警模型方面进行了深入的探讨,对今后的科研、试验、业务工作提供了一些方法和思路。8 月 15 日,美国夏威夷大学海洋和地球科学及技术学院国际太平洋研究中心(IPRC)张永生博士为省局气象科技人员作了题为"中南半岛夏季风暴发的年际变化和物理机理"和"NCEP/NCAR 再分析资料和欧洲中心(ECMWF)再分析资料在东亚地区的偏差"的学术报告。8 月 26 日,省气象技术装备中心雷茂生参加第 10 届国际太阳辐射仪器比对工作。10 月 26—30 日,世界天气研究计划科学指导委员会第八次会议在昆明召开。12 月,云南省气象局、云南省气象学会气象科技考察团 9 人赴美国考察,访问美国国家天气服务预报办公室伊州中部地区(National Weather Service Forecast Office)、美国气象学会等,学习借鉴发达国家的管理经验、科研和技术成果。

省气象局劳动模范名录

姓名	工作单位	获奖荣誉称号	颁奖单位	时间（年月）
黄静珍	昆明太华山气象站	云南省青年社会主义建设积极分子	省人委	1956.4
辛钟相	云南省气象局资料室	云南省先进工作者	云南省人民政府	1957.9
郑庆云	云南省气象局	全国气象部门先进工作者	中央气象局	1957
黄泽纪	云南省气象局	云南省农业劳代会先进工作者	云南省人民政府	1964.3
许长生	云南省气象局供应站	全国气象部门"双学"先进工作者	中央气象局	1978.10
黄泽霖	云南省气象局资料室	云南省劳动模范	省人民政府	1986
		全国气象部门双文明建设劳动模范	中央气象局	1989.4
王裁云	云南省气象台	云南省农业劳动模范	省人民政府	1990.1
李选周	云南省气象台	云南省农业劳动模范	省人民政府	1990.1
王宇	云南省气象局气候中心	云南省劳动模范	省人民政府	1992.4
		全国"五一"劳动奖章	中华全国总工会	1993.4

天气气候特点与主要气象灾害

天气六大特点 云南的天气有昆明准静止锋天气系统、南支槽天气系统、寒冷空气东路来天气系统、最早的雨季天气系统、槽潮天气系统、两大洋面气旋影响系统等六大特点。

气候三大特征 云南气候具有干湿季分明的季风气候、垂直变异显著的立体气候、四季温差小的低纬高原气候等三大基本特征。

主要气象灾害 云南省主要气象灾害是干旱、洪涝、冰雹、雪灾、霜冻、低温、大风、雷击等。气象灾害是云南最严重的自然灾害,造成损失居全省自然灾害首位,占全省总损失的比例高达70%以上。

干旱:近60年来,特别是进入20世纪80年代以来,云南省平均每年有50%左右的县(市)受到不同程度的干旱影响,平均每年受旱面积约56万公顷。干旱严重的年份,受灾面积均在70万公顷以上,干旱受灾面积几乎占到各种气象灾害(干旱、洪涝、冰雹、低温霜冻等)所导致的受灾面积的10.7%。

洪涝:1950年以来,云南平均每年有50余个县(市)发生洪涝,全省受洪涝灾害影响的农作物面积为748.5万公顷,平均每年受灾面积达15.6万公顷,占气象灾害影响面积的23%左右。洪灾严重的1998年,全省农作物受灾53万公顷,成灾29.93万公顷,绝收8.07万公顷,死亡大牲畜2.4万头,死亡450人,因洪灾造成直接经济损失39.4亿元。

冰雹:全省每年平均有60个左右县次受到不同程度的雹灾,受雹灾面积约在80万亩[①]左右。2004年出现冰雹灾害292县次,农作物受灾182.76万亩。春季3—5月出现雹灾最多,占全年的占全年的46.8%;夏季6—8月次多,占全年的31.1%,;再次为秋季9—11月,占全年的18.1%。

雪灾与冻灾:影响云南省的强寒潮平均每年0.6次,会造成雪灾与冻灾。云南省出现

---

① 1亩＝1/15公顷,下同。

雪灾的范围,东部只限于元江流域北部,又以滇东北的昭通①、曲靖②地区出现机会最多,西部以滇西北的迪庆出现机会最多。云南最强的寒潮过程出现在 1983 年 12 月 23—31 日,为暴雪天气。

霜冻与低温冷害:霜冻,云南有的年份部分地区 3 月出现"倒春寒"天气,霜冻灾害一般以 11 月至次年 4 月出现机会最多;低温冷害,最重的是 1965、1971、1974 和 1986 年,这 4 年的盛夏 7—8 月,滇东、滇中和北部地区受冷害较重的昆明、昭通、沾益、玉溪③、楚雄、大理、丽江④、保山⑤等代表站均出现了持续十多天低温天气,造成水稻空秕率增加,云南夏季粮食大面积减产。

风灾:云南的风灾平均每年约有 20 县次,最多的年份可达 35 县次,受灾面积达 9.20 万公顷,少的年份 10 县次左右。

雷击:云南是全国的重雷灾地区之一,年均雷暴日数在 23～130 天之间,大部分地区雷暴日数在 80 天以上。西双版纳州是全国的雷暴中心之一,年均雷暴日数在 120 天以上,最多年可达 156 天。云南主要的雷击灾害区分布在西双版纳州、思茅地区⑥、临沧地区⑦、德宏州、红河州南部、文山州北部和南部、曲靖市南部、丽江地区东部。每年的 5—10 月,是云南出现雷电灾害的多发时期,约占全年雷暴天气日数的 85％以上。

气象灾害防御

人工影响天气　近几年来,先后出台了《云南省人民政府关于开展突发气象灾害预警信号发布工作的通知》、《云南省气象局处置气象灾害和相关突发公共事件应急实施方案(试行)》和《云南省突发气象灾害预警信号制作发布实施细则(试行)》,2005 年 7 月,初步完成气象灾害监测预警系统、预警信号制作与发布系统等有关基础设施建设。省人工影响天气中心于 1996 年建立,至 2008 年,全省各州、市、县都建立人工影响天气机构,建立人工影响天气作业平台,全省共有火箭发射系统 700 套,"三七"高炮 390 门。

防雷技术服务　1989 年 8 月,成立了云南省气象局避雷装置检测中心。1990 年 3 月,省气象局下发《开展避雷装置安全检测工作通知》,各地州市气象局先后开展了避雷检测。1991 年 1 月,云南省气象局避雷装置中心编著的《避雷装置检测技术手册》由气象出版社出版发行。1992 年原技术装备中心率先开展了防雷工程设计安装工作。1996 年 7 月 12 日,成立云南省防雷中心。2001 年,省气象局制定了《云南省贯彻〈防雷工程专业设计、施工资质管理办法〉实施细则》,依法开展全省防雷工程专业设计、施工资质评审,规范了防雷

---

① 昭通地区:2011 年 8 月,撤地设市。
② 曲靖地区:1997 年 5 月,撤地设市。
③ 玉溪地区:1997 年 12 月,撤地设市。
④ 丽江地区:2003 年 4 月,撤地设市。
⑤ 保山地区:2000 年 12 月,撤地设市。
⑥ 思茅地区:2003 年 10 月,撤地设市。2007 年 1 月,更名为普洱市。
⑦ 临沧地区:2003 年 12 月,撤地设市。

减灾工作。2006 年 5 月,省防雷中心更名为云南省雷电中心,指挥与协调全省雷电监测网的建设。

基层台站概述

1. 地面气象观测站

自 1901 年创建云南府(昆明)测候所至 1950 年 3 月云南省和平解放时,仅有昆明、蒙自、沾益、保山、昭通、大理、玉溪、太华山等 8 个站。新中国成立以后,基层台站建设经历四个发展阶段。

创建阶段(1950—1957 年)。1950 年 3 月 5 日,中国人民解放军西南军区昆明军事管制委员会开始接管与充实民国时期延续下来的气象测候站(所),至 1952 年全省共接管、恢复、扩建、新建气象台 1 台 11 个站。第一个五年计划时期(1953—1957 年),完成了 80 个台站的建设任务,连同恢复时期的台站共有气象台 2 个(昆明、个旧)、气象站 29 个、气候站 60 个,另有民航哨 1 个。接管和扩建气象专业站点 15 个。

大力发展和调整巩固阶段(1958 年—1966 年 4 月)。1960 年全省有气象台站 170 个、气象哨所 257 个、看天小组 30934 个。1961 年,开始对气象台站网进行调整。1963 年 2 月,经过一年多的调整,移交 1 个专业站,撤减台站 36 个,撤销所有气象哨所和看天小组。调整后全省有台站 140 个。至 1965 年全省共有气象站 32 个(增加勐腊、江城气候站改为气象站)、气候站 105 个,建成了一专一台、一县一站的气象台站网。

"文化大革命"阶段(1966 年 5 月—1976 年 10 月)。1971 年新建立迪庆、怒江、德宏、西双版纳等四个州气象台。至 1976 年,全省有基本气象站共 32 个、一般气象站 85 个。

改革开放和全面发展阶段(1976 年 10 月—2008 年)。1979 年以来每年进行了地面观测站网调整,从 1987 年 1 月以来,先后建成国家基准气候站 6 个。至 2008 年全省有国家气象观测站 125 个(基准气候站 6 个、基本气象站 26 个、一般气象站 95 个),建成区域自动气象站 1363 个。

2. 高空探测站

经纬仪测风   1950 年 3 月,昆明气象站恢复经纬仪测风,1953 年先后建立丽江、思茅、昭通、蒙自 4 个测风站,至 1960 年,云南省共建立经纬仪测风站 12 个。1961 年以后全省所有经纬仪测风业务陆续撤销,至 1990 年全省停止经纬仪测风业务。

雷达测风   1959 年,昆明探空站开展雷达测风。1967 年,昆明、河口、蒙自担任雷达测风业务。1978 年有雷达测风站 6 个,1991 年调整为 5 个。

探空站   1953 年 10 月 11 日,建立昆明探空站,1955 年有探空站 2 个,1956 年有探空站 4 个,1959 年有探空站 5 个,1968 年有探空站 6 个。1991 年 1 月撤销德钦站探空观测,全省保留 5 个探空站。探空观测项目主要有气温、气压、湿度、风向和风速,还有特殊项目如大气成分、臭氧、辐射、大气电等。全省 5 个探空站观测时间为每天的 07 时和 19 时(北京时),昆明探空站还在北京时 01 时增加 1 次高空风观测。5 个探空站完成了 L 波段换型。

3. 天气雷达探测站

常规天气雷达探测 1973年3月,云南省气象台首先应用711型天气雷达探测。1979年,曲靖、玉溪、思茅等地区建立711测雨雷达站。1980年以后,红河州、丽江地区等地(州)气象局也先后购置了711测雨天气雷达投入人工增雨业务。至2005年,全省用于人工影响天气作业指挥的13部711天气雷达均进行了数字化改造,实现自动化处理和显示。1980年下半年,昆明太华山711型雷达更新为713型数字化天气雷达。

多普勒雷达站 2000年12月16日,昆明C波段多普勒天气雷达系统建成,至2005年先后建立昆明、昭通、文山、德宏、思茅、丽江等6个新一代天气雷达站。至2008年,第七部大理多普勒雷达正在建设中。

4. 农业气象观测站

1954年,建立昆明大普吉农业气象试验站,接管了开远农业气候站,开始了云南省农业气象工作。1957年专门设立了农业气候站19个。1960年,全省大部分气象站和气候站开展农业气象观测,专门农业气象试验站4个。1961年,全省农业气象基本观测站点调整为92个。1962—1963年,调整农业气象站点,调整后全省物候观测站点为18个、土壤湿度观测站点6个、农业气象试验站4个。1966—1976年期间,农业气象基本观测站停止观测。1979年,确定农业气象观测的78个责任站,明确专人开展农业气象工作。1979年,全省建立18个国家农业气象基本观测站、18个云南省国家农业气象基本观测站。1986年,定为国家一级站农业气象试验站2个。至2003年,全省国家一级和省级二级农业气象站共21个,其中国家一级农业气象基本站17个、省级二级农业气象基本站4个。

5. 辐射观测站

云南省气象辐射观测站1956年有2个,1958年有3个,1959年有4个,1960—1978年发展到7个。1980年1月撤销河口站甲种日射观测业务,1991年1月1日昭通地区气象局停止辐射观测业务,至此全省有5个辐射观测站。其中一级站1个(昆明),观测总辐射、直接辐射、净辐射、散射辐射、反射辐射;二级站1个(景洪),观测总辐射、净辐射;三级站3个(蒙自、腾冲、丽江),观测总辐射。

6. 大气成分观测站

2005年,建立朱张(香格里拉)大气成分观测站,配置的探测仪器有颗粒物吸收光度计AE-31、颗粒物监测仪GRIMM 180、地面O_3和地面自动气象站。1992年7月1日,丽江、思茅、保山、腾冲等气象局开展全国第四批酸雨观测业务。从1992年10月1日起增加挂片法测量NO_2和SO_2酸雨观测气体业务项目。新建砚山、楚雄2个酸雨站已投入业务运行。

7. 卫星遥感监测站

1988年,云南省气象台建成卫星遥感监测森林火灾系统。1996年,完成了《云南省卫星森林监测火点定位系统》的研究,森林火灾定位可直接到乡(镇)。2003年9月下旬,云南省气象卫星遥感应用中心正式启动实施云南省"EOS-MODIS卫星接收处理系统"。完成了NOAA气象卫星接收处理系统改造升级、地球资源卫星接收系统(EOS/MODIS)和DVBS卫星广播系统建设,建立GPS/MET水汽遥感监测站8个。2005年,怒江、楚雄、临沧、红河4部静止气象卫星接收站的安装、调试工作完成并投入业务运行,已在森林火灾监测、积雪监测、植被指数监测、土壤湿度监测、农作物长势监测及估产、森林病虫害监测等业务和研究中发挥了重要作用,云南省农业气象与气象卫星遥感中心被云南省人民政府授予2001—2005年森林防火先进单位。

8. 雷电观测站

2006年5月,成立云南省雷电中心。负责全省雷电监测预警工作,对台站发布雷电预警产品;组织开展全省重大雷电灾害的鉴定与评估工作;承担昆明市四城区防雷装置检测、雷电灾害鉴定与评估、雷击风险评估、防雷装置设计图纸审核、雷电科研和开发工作;提供决策气象服务产品。2008年12月,完成了两个中心站、13个子站的建设,建立闪电定位仪23个和大气电场仪13个。

昆明市气象台站概况

昆明市位于云南省中部,东经 102°10′~103°40′,北纬 24°23′~26°33′,总面积约 2.1 万平方千米,辖五区八县一市,人口约 623.9 万。

气象工作基本情况

台站概况　1889—1949 年,昆明先后断续地建立 18 个气象(候)台(站、所)。1950 年 3 月,中国人民解放军西南军区昆明军事管制委员会接管了云南省人民临时军政委员会昆明空军司令部航空站气象大队;同年 8 月 1 日,成立中国人民解放军昆明空军司令部航空站气象站(昆明气象站)。1952 年 6 月 1 日,昆明气象站改称昆明气象台。1953 年 3 月,接管太华山气候站。1954 年建立昆明大普吉气候站。1956 年 2 月 28 日建立昆阳小墩气候站。1958 年 3 月 22 日,在昆明市下马村国营二农场成立昆明市气象中心站。1958 年 4 月,昆阳小墩气候站改称晋宁县气候站,6 月建立富民县气候服务站。1959 年 5 月,建立昆明市安宁区气候站。1960 年,昆明市气象中心站改为昆明市农林局气象科。同年 12 月建立呈贡县园艺气候服务站(1965 年 1 月 1 日更名为呈贡县气候服务站)。1963 年 8 月昆明市农林局气象科撤销。1984 年 1 月,接管曲靖地区气象局(今曲靖市)下属路南、宜良、嵩明县气象站。1984 年 3 月,接管楚雄彝族自治州州禄劝县气象站。1990 年 6 月 30 日,昆明市气象处改称昆明市气象局,昆明市所属县气象站改称县气象局。1999 年 1 月,接管曲靖市寻甸回族彝族自治县气象局。1999 年 7 月,原东川市气象局降格为昆明市东川区气象局,由昆明市气象局接管。

　　1998 年 1 月,成立昆明市官渡区气象站,挂靠昆明农业气象试验站,2002 年 7 月更名为昆明市官渡区气象局;2006 年 11 月 17 日,成立昆明市西山区气象局,挂靠昆明国家气候基准站;2006 年 12 月 5 日,成立昆明市五华区气象局,挂靠昆明棋盘山天气雷达站,属地方气象事业机构。

管理体制　1953 年以前,昆明市气象台站隶属军队建制;1953 年 11 月—1958 年 2 月,昆明市气象(候)台站隶属云南省人民政府气象科建制和领导;1958 年 3 月—1963 年 8 月,隶属昆明市人民委员会建制和领导,由昆明市气象中心站负责管理(1960 年改为昆明市农林局气象科);1963 年 8 月—1983 年 11 月,划归云南省气象局管理;1983 年以后,昆明市气

15

象台站隶属云南省气象局建制,实行云南省气象局与昆明市人民政府双重领导,以云南省气象局领导为主的管理体制。1999年2月,东川市撤市改区,东川市气象局改称东川区气象局,划归昆明市气象局管理。

人员状况 1983年12月昆明市气象处成立之初,全市气象部门共有职工116人;2008年12月,昆明市气象部门共有在职职工126人(其中县气象局56人),退休职工102人。在职职工中:参照公务员法管理15人,事业在编人员111人;硕士学位的3人,本科学历56人,大专学历50人;具备高级工程师任职资格的10人,具备工程师任职资格的49人。在职职工中30岁以下42人,30~40岁33人,40~50岁42人,50岁以上9人。

党建与精神文明建设 2008年,全市气象部门有1个党总支,10个县(市)、区气象局建立独立党支部6个、联合党支部3个。全市气象部门有党员92名(其中在职职工57名、退休职工35名)。

截至2008年底,全市气象部门共有1个省级文明单位,8个市级文明单位,3个县级文明单位。全市气象部门连续三届被命名为"昆明市文明行业"。

领导关怀 1990年12月17日,国家气象局副局长温克刚视察昆明市气象局,市长王廷琛、副市长孙淦到市气象局会见温克刚副局长。会见时,交谈了昆明市气象事业发展"八五"计划问题。2002年10月,李黄副局长视察棋盘山多普勒雷达建设。

主要业务范围

气象观测 地面气象观测、高空大气探测、雷达探测、农业气象观测、日射和酸雨观测。全市有12个地面气象观测站,其中1个国家基准气候站,11个国家一般气象观测站;1个农业气象试验站,1个多普勒天气雷达观测站,1个探空站;区域自动气象站117个,其中两要素站103个,6要素站14个。2007年在昆明市11个县(市)区建立了34个土壤水分监测点,搭建了昆明干旱监测业务平台。

雷电监测 2005年增加雷电监测项目,在昆明、呈贡、东川、安宁安装有闪电定位仪、大气电场仪。

气象服务 昆明市气象服务包括公众气象服务、决策气象服务、专业气象服务及气象防灾减灾服务。

公众气象服务主要通过广播、电视、报纸、互联网、手机短信等方式向公众提供短期天气预报、中期天气预报、主要风景区预报、气象生活指数预报、森林防火指数预报、气象预警信息等。在各县区还利用气象灾害预警机发布预警信息,截至2008年底共安装150台农村气象灾害预警机。

决策气象服务主要向各级党委和政府及有关部门提供雨情、旱情、森林防火、转折性和关键性天气信息。2004年5月,昆明市气象局与市水利局和水资源局合作,在全市整合了由气象站、水库雨量观测点、乡镇雨量观测点和流域水文站共计125个雨量站点组成的昆明市面雨量实时资料收集系统,由各县气象局负责本县的雨量收集,并通过气象市—县专用互联网系统及时把资料上传到市台。通过市气象台建立的全市雨量收集处理显示和服务分发系统,将雨量情报及时发给市委、市人民政府及有关部门和各县(市)区,实现了雨量情报快速服务和信息共享。

专业和专项气象服务包括各个黄金周专题气象服务、各种大型活动气象保障服务以及一些重大突发事件的气象服务。

气象防灾减灾服务包括开展地质灾害等级预报、人工防雹、人工增雨等气象防灾减灾服务。昆明市人工影响天气工作始于 20 世纪 70 年代,90 年代后期规模扩大,截至 2008 年 12 月,全市共有人工影响天气作业点 64 个、工作车 24 辆、火箭发射装置 74 台、无线通信中继站 10 台、无线甚高频电台 90 套、无线通信手持对讲机 10 台、地面卫星定位仪 8 部,并组建了无线通讯网及作业、指挥、管理专业队伍。

昆明市气象局

机构历史沿革

始建情况　1983 年 12 月 24 日成立昆明市气象处,地址在昆明市西昌路 77 号云南省气象局大院。

站址迁移情况　1986 年 10 月迁至昆明市环城西路 414 号,东经 102°41′,北纬 25°01′,海拔高度 1893.4 米。

历史沿革　1983 年 12 月 24 日成立昆明市气象处,原属于云南省气象局管理的昆明农业试验站、昆明探空站、昆明市太华山气象站的雷达业务划归昆明市气象处管理。1990 年 7 月更名为昆明市气象局。

管理体制　实行云南省气象局与昆明市人民政府双重领导,以云南省气象局领导为主的管理体制。

机构设置　昆明市气象局设 4 个内设机构:办公室(政策法规处)、人事教育处、业务科技处、计划财务处(审计科)。5 个直属事业单位:昆明市气象台、昆明市人工影响天气中心、昆明市气象科技服务中心、昆明市雷电中心、昆明市气象局财务核算中心。

单位名称及主要负责人变更情况

单位名称	姓名	民族	职务	任职时间
昆明市气象处	章荣田	汉	处长	1983.12—1990.06
昆明市气象局			局长	1990.07—1993.09
	朱新华(女)	汉	局长	1993.09—1996.08
	赵　毅	汉	局长	1996.12—

备注:1996 年 8 月至 1996 年 12 月期间,昆明市气象局工作实际由副局长王德勤负责,无正式文件。

人员状况　截至 2008 年年底,有在职职工 70 人(包括在昆明 4 个台站人数),退休职工 35 人。在职职工中:研究生 1 人,大学 39 人,大专 23 人;具有高级职称资格 9 人,中级职称资格 38 人;少数民族 10 人;30 岁以下 25 人,30～40 岁 13 人,40～50 岁 26 人,50 岁以上 6 人。

气象业务与服务

1. 气象观测

①地面气象观测

观测项目 云、能见度、天气现象、气压、气温、湿度、风、降水、雪深、日照、蒸发（小型）和地温（距地面 0、5、10、15、20 厘米），

观测时次 每天进行 08、14、20 时（北京时）3 次观测。

发报种类 向云南省气象台拍发省区域天气加密电报。

②农业气象观测

昆明农业气象试验站始建于 1954 年，1987 年迁至昆明市下西坝五家堆云南省气象学校院内，为国家一级农业气象试验站。1958—1966 年主要开展水稻、小麦、蚕豆等作物生育期观测；1967—1972 年农气观测、试验、服务中断；1972 年开始农气观测、试验、服务时断时续，1973—1977 年进行了水稻冷害试验；1980 年恢复小麦观测；1981 年开展"水稻地理分期播种试验"和"气象因子与水稻冷害试验"，小麦物候观测因人员变动而停止；2001 年恢复物候观测、蚕豆观测项目，并开始开展水稻、小麦、蚕豆的作物生长量观测（包括作物叶面积测定、干物质重量测定、灌浆速度测定等）。

③高空探测

昆明探空站始建于 1954 年 1 月，1957 年 4 月迁至昆明市下西坝五家堆，2005 年 12 月 31 日迁至昆明滇池草海生态园，每日进行 02、08、20 时 3 次观测。探测手段最初为经纬仪观测、手工抄报。2001 年 1 月，使用由 701-A 型测风雷达改进的 701-X 型测风雷达，2005 年 12 月 31 日 20 时开始使用 GFE(L)型雷达，同时使用 GTS1 型数字式探空仪。

④雷达观测

昆明太华山气象站于 1973 年 3 月首先应用 711 型天气雷达探测强对流云、雷暴、冰雹和降水等天气，探测的距离为 200 千米，探测的平面为 28 万多平方千米，探测的高度为 20 千米。1981 年 5 月建立昆明太华山气象站 713 型电子管天气雷达并投入业务运行；1993 年 4 月更换为 CTL-713C 型数字化天气雷达；2000 年 12 月，中国首部 CINRAD-CC 型新一代多普勒天气雷达在昆明太华山气象站完成整机安装调试，12 月 23 日通过中国气象局现场验收和测试，2002 年 1 月正式投入业务使用，2003 年迁至昆明市西山区棋盘山顶。

棋盘山天气雷达站

⑤日射观测

1959 年 1 月，昆明国家基本气象站被确定为甲种日射观测站，观测项目有总辐射、直接辐射、反射辐射、散射辐射、净全辐射。

⑥酸雨观测

1991年,昆明国家基本气象站开展酸雨观测,主要监测每次降雨中的杂质含量和酸碱度。

⑦雷电监测

2005年安装闪电定位仪、大气电场仪,监测雷电发生地点和强度。

2. 气象信息网络

1983年以来,从原来单一的电话通讯发展为利用现代计算机通信技术。1998年1月建成气象卫星综合应用业务系统工程(简称"9210"工程)。1999年1月建立了昆明市气象局100兆业务、行政局域网系统,2003年5月建立了天气雷达微波专用通信系统作为雷达传输的备份传输链路。2004年12月建成的气象宽带网投入业务使用。2006年9月建立的基于移动光纤专线及华为短信机的手机短信发布平台投入服务使用。

3. 天气预报

1991年7月,成立了昆明市防灾气象服务台,1993年7月6日正式组建为昆明市气象台,开始制作短时、短期、中期、长期天气预报和天气警报,为地方人民政府组织防御气象灾害提供决策依据;预报方式从初期单纯的天气图加经验的主观定性预报,逐步发展为采用气象雷达、卫星云图、并行计算机系统等先进工具制作的客观定量定点数值预报。

4. 气象服务

1954—1984年昆明市的气象服务工作主要由省气象台负责。1984年昆明市气象处成立以后,设立气象服务科,开展气象服务工作。

①公众气象服务

1993年以前气象服务信息主要是常规预报产品和情报服务。1993年成立了昆明市气象局气象影视中心,开辟电视天气预报节目,截至2008年底总共开播了六套电视气象节目,在昆明电视台的六个频道,每天播出十二次气象信息,信息包括昆明市区天气预报、区县天气预报、气象生活指数预报、森林防火指数预报、地质灾害等级预报等。

②决策气象服务

1984年以来向市、县(区)各级人民政府和各有关部门提供雨情、旱情、森林防火、转折性和关键性天气等气象决策服务。每年以《昆明地区气象情况反映》、《昆明地区短期气候预测》、《昆明地区中短期天气预报》、《昆明地区天气快报》、《重要天气消息》、《旱情(雨情)气象周报》等服务材料的形式向人民政府相关部门提供决策服务。

③专业与专项气象服务

每年为春节、"五一"及"十一"黄金周提供旅游天气预报服务;为GMS会议、第七届残疾人运动会、奥运火炬在昆明传递等大型活动提供高质量的气象服务;为昆明新机场建设、掌鸠河工程等大型工程提供气象保障服务;为2006年"3·29"安宁森林大火、2007年"3·30"晋宁森林大火扑救现场提供气象服务,为2008年冰冻雨雪灾害提供气象服务等。

人工影响天气 昆明市人工影响天气工作始于20世纪70年代,90年代后期规模扩大,2001 年 12 月,设置昆明市人工影响天气中心,负责对全市人工影响天气的管理。

防雷管理 2001 年 5 月 17 日,成立昆明市防雷减灾办公室,设置昆明市防雷设施检测所。2006 年 3 月,昆明市防雷设施检测所开展的防雷装置安全检测等业务集约至云南省防雷中心,昆明市局不再开展此项业务,昆明市防雷设施检测所更名为昆明市雷电灾害防御中心。

5. 科学技术

气象科普宣传 昆明太华山气象站(一得测候所旧址)是全国科普教育基地、全国气象科普教育基地、云南省科普教育基地、云南省爱国主义教育基地和云南气象博物馆,面向社会公众特别是青少年学生开展科普宣传教育和爱国主义教育;每年世界气象日、科技活动周、安全生产月及历届昆明国际农业博览会期间,均坚持组织开展主题科普宣传活动。

气象科研 1996 年完成的《高吸水树脂玉米抗旱保肥高产栽培试验研究》获云南省科技进步三等奖,《嵩明县阿子营乡烤烟科技承包综合技术示范》获昆明市科技进步三等奖;1997 年完成的《梨、苹果烟煤病综合防治试验研究》获昆明市科技进步三等奖和云南省农业厅科技推广奖;2003 年完成的《城市环境业务系统研究》、《昆明市小春作物卫星监测长势及估产试验研究》分别获昆明市科技进步二等奖和三等奖;2004 年完成的《云南省干旱遥感监测信息系统》、《日光温室小气候效应的研究及应用》分别获云南省科技进步三等奖、昆明市科技进步三等奖;《农业与数字化决策服务系统研究》获昆明市 2005 年科技进步三等奖。

气象法规建设与社会管理

法规建设 2005 年 3 月,成立了昆明市气象行政执法支队。

2008 年 12 月,昆明市气象行政执法支队共有专、兼职行政执法人员 80 名。2008 年 1 月 29 日昆明市人民政府第 78 号令颁布《昆明市雷电灾害防御管理办法》,自 2008 年 3 月 1 日起施行。

制度建设 2008 年制定了《昆明市气象局首问首办责任制实施办法》、《昆明市气象局限时办结制实施办法》、《昆明市气象局服务承诺制实施办法》、《昆明市气象局企业检查预告制》、《昆明市气象局首违不罚制》、《昆明市气象局气象行政执法责任制(试行)》等规章制度。

社会管理 2001 年成立昆明市防雷减灾管理办公室,对全市防雷减灾工作进行管理;成立昆明市防雷设施检测所,为社会提供防雷装置安全检测技术服务;2006 年 3 月,昆明市防雷设施检测所开展的防雷装置安全检测业务集约至云南省防雷中心。

2007 年 6 至 8 月开展了探测环境调查评估,11 月下旬,完成了全市各气象站探测环境备案工作。

2008 年开展经济社会发展软环境建设活动,行政审批事项由 5 项精简为 4 项,分别为防雷装置设计审核及竣工验收、防雷工程专业设计和施工资质初审、施放无人驾驶和系留气球活动审批、升放无人驾驶自由气球和系留气球单位资质认定。

2008 年,按照"两集中、两到位"的要求,成立昆明市气象局气象行政许可审批委员会,安排工作人员常驻昆明市人民政府便民服务中心开展行政审批工作,实现行政审批事项所有程序均在便民服务中心办理。

政务公开 2003 年 6 月 20 日印发了《昆明市气象部门局(事)务公开实施办法》,将局务公开工作纳入年度目标管理,每年年底进行局务公开职工满意度测评;2007 年 6 月 5 日印发了《昆明市气象局局务公开工作考核办法(试行)》,明确了局务公开工作的考核奖惩措施;2005 年 10 月,昆明市东川区气象局、石林彝族自治县气象局被评为全国气象部门局务公开工作先进单位。

2007 年开展"阳光政务"建设工作,在昆明市政务信息公开网、昆明市人民政府便民服务中心网上公布了所有行政审批事项的名称、审批依据、流程、时限、申报材料及要求。

党建与气象文化建设

1. 党建工作

党的组织建设 1984 年 4 月 18 日,成立昆明市气象处临时党支部;1995 年 11 月 9 日,成立昆明市气象局党总支。截至 2008 年 12 月,昆明市气象局党总支设 4 个党支部,分别为机关党支部、气象台党支部、昆明气象站党支部、老干部党支部,共有党员 46 人(其中离退休职工党员 14 人)。

2005 年建立了群众评议与党内评议相结合的民主评议党员制度。

党风廉政建设 每年与各处室和所属各单位、各县级气象局签订党风廉政建设责任书或勤政廉政建设责任书,落实领导干部"一岗双责",坚持每年开展"党风廉政宣传教育月"活动;制定了县级气象局"三人小组"民主决策制度和"三重一大"制度,未发生违反党风廉政建设规定的行为;2008 年选拔聘任了各县(市)、区气象局纪检监察员。

2. 气象文化建设

精神文明建设 1999 年,市气象局被五华区委、五华区人民政府授予县级文明单位。2001 年,被昆明市委、昆明市人民政府授予市级文明单位,同年昆明市文明委授予昆明市气象局为昆明市文明行业。2003 年,被省委、省人民政府授予省级文明单位。

文体活动情况 建有职工之家、职工阅览室、老干部活动室等职工文体活动场所;坚持每年春节、"三八"节、"五一"节等重要节日期间开展丰富多彩的群众性文体活动,参与每两年一届的昆明市市级机关职工运动会;不定期组织登山、野外生存训练等活动;每年召开两次以上退休职工座谈会,慰问退休职工,并组织退休职工外出活动。

3. 荣誉

2000—2008 年间,4 次被云南省气象局表彰为重大气象服务先进集体;2002 年被表彰为云南省创建文明行业工作先进单位;2006 年被云南省森林防火指挥部、昆明市委、市人民政府表彰为"三·二九"森林火灾扑救先进集体;2008 年被评为北京 2008 年第 29 届奥运会火炬接力昆明市传递工作优秀奖单位和 2008 年北京奥运会火炬云南境内接力传递气象服务保障工作先进集体。

台站建设

台站综合改造 总占地面积 2509.30 平方米,1986 年 10 月建成 1 幢建筑面积 2902 平方米的住宿楼,有职工住房 48 套,共四个单元,一、二单元使用权归属市气象局,三、四单元归属云南省气象局。1994 年 1 月建成建筑面积 929.40 平方米的简易办公楼(1997 年 3 月拆除)。1998 年 10 月新建七层综合业务楼 1 幢,建筑面积 5279.95 平方米,其中业务办公用房 2500 平方米,职工住房 32 套 2779.95 平方米。

园区建设 2002 年以来,先后投入 20 多万元进行生活条件改善。2008 年,投入 10 多万元对机关办公楼、卫生环境、公共绿化进行综合整治,改善了职工群众的生活环境和工作环境。

昆明市气象局(1999 年)

昆明国家基准气候站

机构历史沿革

始建情况 昆明国家基准气候站始建于 1950 年 8 月 1 日,当时名称为昆明空军司令部航空站气象站,地址在昆明市巫家坝,北纬 25°02′,东经 102°43′,海拔高度 1893.4 米。

站址迁移情况 昆明国家基准气候站历经三次站址变更,分别为:1953 年 6 月 1 日由昆明巫家坝机场迁至昆明市西南坝刘家营柿花桥 38 号;1959 年 1 月 1 日由西南坝刘家营柿花桥 38 号迁至昆明市下西坝五家堆;2006 年 1 月 1 日由昆明市下西坝五家堆迁至昆明草海生态园内,东经 102°39′,北纬 25°00′,占地面积 10 亩,地面观测场海拔高度 1888.1 米。

历史沿革 1951 年 4 月,昆明空军司令部航空站气象站(昆明气象站)改为云南军区航空站昆明气象站;8 月更名为西南军区司令部昆明气象站;1953 年 6 月 1 日更名为云南军区昆明气象站;1954 年 1 月 1 日更名为云南省昆明气象站;1959 年 1 月更名为云南省气象科学研究所、云南省气象台;1964年1月更名为云南省气象局观象台;1973年1月更名为云南省气象台观测科;1984年4月更名为昆明气象站;1987年1月1日更名为昆明国家基准气候站;2006年9月更名为昆明国家气候观象台;2008年12月更名为昆明国家基准气候站。

管理体制 1950年8月—1953年12月,属军队建制。1954年1月—1954年9月,属云南省人民政府气象科建制和领导。1954年10月—1958年12月,隶属云南省气象局建制和领导。1959年1月,属云南省气象科学研究所直属单位。1962年11月,属云南省气象台直属单位。1973年1月,隶属省气象局建制和领导。1987年1月1日起,隶属昆明市气象局建制和领导。

单位名称及主要负责人变更情况

单位名称	姓名	民族	职务	任职时间
昆明空军司令部航空站气象站	吴　忠	汉	站长	1950.01—1951.01
云南军区航空站昆明气象站	刘治文	汉	站长	1951.01—1951.04
				1951.04—1951.08
西南军区司令部昆明气象站				1951.08—1952.06
	申天保	汉	站长	1952.06—1953.06
云南省军区昆明气象站	张爱小	汉	站长	1953.06—1954.01
				1954.01—1954.11
云南省昆明气象站	林敬荣	汉	站长	1954.11—1955.11
	尤传侠	汉	站长	1955.11—1956.05
	黄静珍(女)	汉	站长	1956.05—1959.01
云南省气象科学研究所、云南省气象台				1959.01—1960.01
	辛钟相	纳西	站长	1960.01—1964.01
				1964.01—1964.08
云南省气象局观象台	朱　光	汉	站长	1964.08—1967.06
	王大卫	汉	站长	1967.06—1972.06
	冯晏林	汉	站长	1972.06—1973.01
				1973.01—1979.07
云南省气象台观测科	郑庆云	汉	站长	1979.07—1982.02
	朱新华(女)	汉	站长	1982.02—1984.02
	胡素玲(女)	汉	站长	1984.02—1984.04
昆明气象站				1984.04—1986.07
	郭宝恩	汉	站长	1986.07—1987.01
				1987.01—1990.07
	孙扬宽	汉	站长	1990.07—1993.07
昆明国家基准气候站	赵本忠	彝	站长	1993.07—1997.09
	刘延春	汉	站长	1997.09—2001.02
	张秋声	汉	站长	2001.02—2004.09
	刘金福	汉	副站长	2004.09—2006.09
昆明国家气候观象台	段云俊	汉	副台长	2006.09—2008.12
昆明国家基准气候站			副站长	2008.12—

人员状况 建站时有职工 6 人；1978 年有职工 18 人；截至 2008 年年底有在职职工 17 人，其中：大学本科 8 人，大学专科 7 人，高中 2 人；工程师 10 人，助理工程师 7 人。

气象业务与服务

主要承担地面气象、辐射、酸雨观测，雷电监测，GPS 水汽、GCOS 高空气象探测等任务，探测资料参加世界气象组织交换。

1. 气象业务

①地面气象观测

观测项目 1950 年 1 月 1 日开始承担地面气象观测业务，观测项目有云、水平能见度、天气现象、气压、气温、湿度、风向风速、降水、日照、地面温度。1991 年 7 月 1 日，增加酸雨观测项目。

观测时次 建站起实行每天 02、08、14、20 时 4 次定时观测，夜间守班。1957 年 7 月 1 日，观测时次增加到每天 8 次，分别为 02、05、08、11、14、17、20 时和 23 时，并编发固定 24 小时航危报。1987 年 1 月 1 日，地面气象观测时次由原来每天 8 次改为每天 24 次，其中 02、08、14、20 时进行定时观测，拍发天气报；05、11、17、23 时进行补充定时观测，拍发补充天气报；其他时次只观测不发报。

自动气象站观测 2002 年 10 月，安装使用天津气象仪器厂 CAWS600-SE 型自动气象站；2003 年 1 月 1 日至 12 月 31 日，进行为期一年的自动站与人工站对比观测，编发报及资料以人工站为主。

2004 年 1 月 1 日，执行新版《地面气象观测规范》，启用 OSSMO 2004 自动气象站地面测报业务软件，停止使用 AH4.1 地面测报系统，以自动气象站观测为主，进行资料统计和编发天气报，日射观测业务并入自动气象站系统进行业务处理；2005 年 1 月，地面自动气象站实现每 10 分钟自动上传一次分钟数据。

目前，昆明国家基准气候站开展六要素自动气象站观测及人工观测，观测项目包括云、水平能见度、天气现象、气压、温度、湿度、风向风速、蒸发、降水、雪深、日照、地温（地面、浅层与较深层）、酸雨、雷电、辐射。

区域自动气象站观测 至 2007 年，完成西山区团结、海口、碧鸡等乡（镇）11 个温度、雨量两要素区域自动气象站建设，2008 年 1 月 1 日正式采集数据并存档。

②日射观测

1958 年 11 月 1 日被确定为甲种日射观测站，采用人工读取电流表方式观测日射，观测项目包括反射辐射、散射辐射、直接辐射，每日观测时次为 06 时 30 分、09 时 30 分、12 时 30 分、15 时 30 分、18 时 30 分共 5 次；1960 年 11 月，增加平衡辐射观测；1964 年 1 月 1 日，日射观测时间由北京时改为地方时；1979 年 10 月，启用翻斗式遥测雨量计、通风干湿表；1980 年 1 月 1 日，开始执行《地面观测新规范》，开展为期一年的百叶箱通风干湿表与自然通风干湿表对比观测，并使用"世界辐射基准"（ax1.022）；1982 年 1 月 1 日，北京时 08 时（世界时 02 时）开始用新电码；1984 年 1 月 1 日，增加重要天气报任务；1986 年 1 月 1 日，停止航危报观测，地面观测启用 PC-1500 袖珍计算机编报。

1992 年 8 月 1 日,辐射观测改为 RYJ2 型记录仪及 PC-1500 袖珍计算机自动采样和数据处理;2000 年 3 月 1 日,地面测报由 PC-1500 袖珍计算机切换为台式微机处理,启用 AH4.1 测报系统进行地面测报数据处理,编发天气报及报表制作;2001 年 7 月 9 日,辐射观测转型为 FSC-1 型采集器及微机自动采样和数据处理。

③高空气象观测

1954 年 1 月建立高空气象观测站,使用无线电接收机、芬式探空仪、单经纬仪测风进行高空气象观测,观测时次为每日 07、19 时 2 次;1958 年 7 月,更换为马拉赫探空设备、"苏式 P3-049 型"探空仪、单经纬仪测风进行探空观测,观测时次为每日 01、07、19 时 3 次;1962 年,使用国产 910 型探空综合雷达、"P3-049 型"探空仪;1975 年 10 月,使用国产 701-A 型综合测风雷达和"59 型"探空仪,探测精度和高度有所提高。

1981 年 5 月 1 日,由人工制氢改为购买压缩氢气,并增加了 13 时单独测风;1984 年 5 月,使用 PC-1500 袖珍计算机处理数据、编报;1985 年 11 月,雷达从地面移至新办公楼顶,海拔高度从 1893 米升至 1904 米;1990 年 1 月,取消 13 时雷达单独测风观测;1999 年 8 月 1 日,使用高空气象探测"59-701"微机系统;2001 年 1 月,使用 701-X 型综合测风雷达;2006 年 1 月 1 日,使用 GFE(L) 型雷达和 GTS1 型数字式探空仪,综合探测、单独测风探测精确度实现每秒钟采集一组数据,探测高度由 25000 米以上提高到 35000 米以上。

2007 年 1 月 19 日,经世界气象组织授权,升级为 GCOS(地球观测系统)高空气象观测站。

④雷电观测

2005 年 3 月,闪电定位仪在昆明国家基准气候站建成,并投入业务运行。

2. 气象服务

2007 年 1 月 19 日以前,昆明国家基准气候站气象服务以对外提供气象资料为主。2007 年 1 月 19 日,昆明国家基准气候站加挂昆明市西山区气象局牌子,开始为昆明市西山区提供气象服务。

公众气象服务 2008 年,投入经费 7 万元,在全区 35 个村民委员会配备农村专用气象灾害预警系统,实现预警资料的传输畅通、及时有效。

决策气象服务 2007 年起,每年春季开展山区、半山区、坝区土壤干旱监测和春耕生产期天气分析,制作专题简报报送西山区人民政府及各部门。2007 年 2 月,开通气象手机短信服务平台,为区人民政府及区级各部门领导共 240 人提供中期天气预报、短期天气预报、气象预警手机短信服务;创建《西山气象》旬报,发至区烟草公司、水务局、农业局等 23 家单位和企业。

2007—2008 年,在全区 3 个镇、7 个街道办事处和重要水库、河道、农业主产区、森林保护区、城市水淹点建立 11 个区域自动气象站,与西山区防汛抗旱指挥部建立汛期工作联动机制,每日上午按时向指挥部发送区域自动气象站点雨量信息,接收对方发送的每日雨情、水情资料。

专业与专项气象服务 2007 年 4 月,成立人工增雨办公室,组织人员培训、购买设备和器材,在昆明市西山区团结镇好宝箐和海口镇落水洞首次开展人工增雨作业。

2007 年完成《西山区水资源承载能力研究》项目并通过了专家验收;2008 年完成溪洛渡国家大型水电项目气象服务课题《坝区、库区极地气候分析》,并承担《昆明地区旱涝灾害及人工增雨范式》地面、高空数据库建立子项目课题及西山区农、林、水、气象 GIS 信息平台、气象数据库管理系统建设子项目。

气象科普宣传　2006 年,自筹资金 3 万元创建昆明气象科普园,并被列为西山区科普教育基地。展出早期气象有关仪器 50 余件,制作了气象科普宣传栏,以实物,图片、文字的形式广泛开展气象科普宣传教育,接待社会公众群体特别是广大青少年学生到我局参观学习。2006—2008 年 12 月,共接待大、中、小学生参观 5000 余人次。

科学管理与气象文化建设

1. 科学管理

依法行政　昆明国家基准气候站共有 6 人通过培训、考试,获得云南省人民政府颁发的《云南省行政执法证》。

制度建设　2008 年,昆明国家基准气候站制定了《昆明国家基准气候站业务质量奖惩办法》,于 2008 年 4 月 1 日起实施。

社会管理　2008 年 2 月 25 日,昆明国家基准气候站完成了气象探测环境保护的备案工作。

政务公开　昆明国家基准气候站于 2008 年制定了《昆明国家基准气候站政务公开管理办法》,定期向职工公开重大决策、财务收支等内容。

2. 党建工作

党的组织建设　1950 年 1 月—1954 年 1 月,有党员 8 人;1954 年 1 月—1983 年 12 月,有党员 14 人。2002 年 9 月,成立昆明国家基准气候站党支部(昆明气象站党支部),截至 2008 年 12 月,有党员 8 名(含昆明农业气象试验站党员 2 名)。

党风廉政建设　昆明国家基准气候站主要负责人每年与昆明市气象局主要领导签订党风廉政建设责任书,落实"一岗双责";配合昆明市气象局开展每年的"党风廉政宣传教育月"活动;坚持"三人小组"民主决策制度及重大决策、重要人事任免、重大项目安排和大额度资金运作制度,未发生违反党风廉政建设规定的行为。

3. 气象文化建设

精神文明建设　1987 年以来,开展文明单位、文明行业创建活动。2007 年昆明国家基准气候站向扶贫联系点捐赠电脑一台和 1400 元现金,被昆明市气象局表彰为"文明台站"。2008 年向汶川"5.12"地震灾区捐款 3000 元,党员交纳特殊党费 2500 元。2008 年 11 月,西山区委、西山区人民政府授予昆明国家基准气候站为区级文明单位。

文体活动情况　2007 年,昆明国家基准气候站自筹经费,建立职工活动室,购置了体育用品和健身器材;建成 20 平方米的职工阅览室,有藏书 500 余册。

4. 荣誉

至 2008 年,昆明国家基准气候站 12 人次被中国气象局评为"大气探测优秀个人"。

台站建设

2005 年 9 月 15 日,位于昆明草海生态园内的昆明国家基准气候站新站址竣工;2007 年 5—11 月,昆明国家基准气候站对探空放球业务平台、业务办公基础设备进行综合改造,购置了业务用车,并对站内环境进行了绿化美化,绿化率达 70%;2008 年 11 月至 2009 年 3 月,完成灾后基础设施恢复建设项目,台站基础设施进一步完善,工作、生活环境进一步改善。

昆明国家基准气候站(1987 年)

昆明国家基准气候站(2005 年)

昆明太华山气象站

机构历史沿革

始建情况 昆明太华山气象站(又称"一得测候所")是云南省第一个气象站,也是全国第二所私立气象测候所,由云南气象、天文和地震事业的先驱者、中国自然科学家陈一得先生于 1927 年创办,1937 年搬迁至云南省昆明市滇池西岸太华山,位于东经 102°37′,北纬 24°57′,观测场海拔高度 2358.3 米,时称云南省立昆明气象测候所。1950 年 3 月中国人民解放军西南军区昆明军事管制委员会接管省立昆明气象测候所;1953 年 7 月云南军区司令部气象科接管昆明气象台,省立昆明气象测候所(所属昆明气象台的测候所)更名为昆明太华山气候站。

历史沿革 1956 年 12 月昆明太华山气候站更名为云南省人民政府气象科太华山气象站;1957 年 9 月,更名为云南省昆明市太华山气象站;1984 年 7 月,更名为昆明太华山气象站;1993 年 7 月 6 日,在昆明太华山气象站、昆明市气象局服务科的基础上组建昆明市气象台,原昆明太华山气象站为昆明市气象台地面气象观测组;2001年12月5日,昆明市气象台地面气象观测组恢复为昆明太华山气象站。

管理体制 1953年3月,云南军区司令部气象科接管原省立昆明气象测候所,隶属军队建制。1954年1月1日—1955年1月,隶属云南省气象局建制和领导。1959年1月—1963年4月,划归昆明市人民委员会建制,昆明市农林局负责管理。1963年4月—1984年2月,划归云南省气象局建制和领导。1978年4月—1984年2月,隶属云南省气象台。1984年3月至今,划归昆明市气象处(现昆明市气象局)建制和领导。

单位名称及主要负责人变更情况

单位名称	姓名	民族	职务	任职时间
昆明太华山气候站	白谛真	汉	站长	1953.07—1956.12
云南省人民政府气象科太华山气象站	郭亚玲(女)	汉	负责人	1956.12—1957.09
云南省昆明市太华山气象站	黄泽纪	汉	副站长	1957.09—1965.12
			站长	1965.12—1970.12
	辛钟相	白	站长	1970.12—1977.01
	李华	汉	副站长	1977.01—1980.09
	冯晏林	汉	站长	1980.09—1984.07
昆明太华山气象站	李华	汉	副站长	1984.07—1987.06
	吴幼乔(女)	汉	副站长	1987.06—1992.12
			站长	1992.12—1993.07
昆明太华山气象台			台长	1993.07—1996.12
	宋志远	汉	台长	1996.12—2001.09
昆明太华山气象站	张忠健(女)	汉	副台长	2001.09—2001.12
			副站长	2001.12—2004.09
	李振荣	汉	副站长	2004.09—

备注:1950年2月—1953年2月期间太华山气象站停办。

人员状况 截至2008年年底有在职职工4人,平均年龄37.5岁。其中:大专以上学历3人,职高1人;工程师2人,助理工程师1人,技术工人1人。

气象业务与服务

1. 气象观测

①地面气象观测

观测项目 1936年6月1日,开始地面观测。项目为云向、云速、云高、云状、云量、能见度、天气现象、风向、风速、气温、湿度、降水、地面温度、气压、地温、日照,每日观测16次(06—21时),使用105°E标准时,执行《测候须知补编》、《全国气象实施规程》、《云南省立昆明气象测候所观测凡例》;1953年3月增加小型蒸发、虹吸雨量计,改用地方时,执行《测报简要》;1961年开始电线积冰观测。1969年底投入使用EL型电接风向风速仪。1995年1月1日起停止电接风自记记录。

观测时次 1953 年 3 月重建后改为每日 01、07、13、19 时(地方时)4 次观测,1954 年 1 月 1 日改为每日 01、04、07、10、13、16、19、22 时 8 次观测,执行《地面气象观测暂行规范》;1960 年 8 月 1 日改为每日 08、14、20 时(北京时)3 次观测。

发报种类 1953 年 4 月开始用手工抄写方式编制气象月报、气象年报;1955 年 1 月 1 日起编气象电报;1955 年 10 月起执行《技术问题解答案编》;1956 年 6 月 10 日起使用 5 字一组电码,停止使用 4 字一组电码;1962 年 1 月 1 日执行《地面气象观测规范》和《地面气象规范技术综合解答第 1 号》;1964 年 4 月执行《地面气象观测工作评分暂行办法》;1969 年 6 月 1 日起每日 08 时向云南省气象台发报 1 次;1978 年 1 月 1 日试行地面测报工作《岗位责任制度》和《质量考核办法》;1980 年 1 月 1 日执行新的《地面气象观测规范》;1982 年 1 月 1 日执行《地面观测新规范》、《陆地测站地面天气报告电码(GD-01 Ⅱ)》;1997 年 7 月 1 日起增发 14 时小图报;1985 年试用 PC-1500 袖珍计算机编报;1995 年 1 月 1 日开始用计算机制作报表;1999 年 3 月 1 日执行《加密气象观测报告电码》;2002 年 1 月 1 日起增发 20 时天气加密报;2004 年 1 月 1 日执行新的《地面气象观测规范》(2003 年版);2008 年 8 月 1 日起不定时编发云南省重要天气报,执行《云南省重要天气报告编发细则》。

②雷电观测

2007 年 4 月,大气电场仪在本站建成,并投入业务运行。

③雷达观测

1971 年初开始使用 711 气象雷达观测;1981 年更换为 713 雷达;1993 年 7 月起雷达观测工作改由昆明市气象台雷达组承担。

2. 气象情报与预报

1992 年 2 月 11 日组建气象预报及情报服务中心,负责开展气象预报及情报服务工作;1993 年 7 月 6 日昆明市气象台成立后,气象预报与气象情报服务工作改由昆明市气象台预报组承担。

3. 气象信息网络

1953 年架通电话,2002 年底开通了与昆明市气象局的地县办公网,2006 年架通气象专用通讯光纤。

4. 气象服务

由于太华山气象站主要以观测为主,很少开展气象服务。1990 年 11 月,昆明太华山气象站开始开展冬季(干季)天气预报服务工作。1992 年 10 月,开展了松花坝水库人工降雨作业。1993 年 6 月昆明地区天气预报在昆明电视台正式开播,同年 8 月为首届昆明商品交易会提供气象保障服务。

5. 气象科普宣传

位于昆明太华山气象站内的陈一得墓 1986 年被昆明市西山区人民政府确定为区级重点文物保护单位;"一得测候所"1988 年 3 月 20 日被确定为昆明市西山区重点文物保护单

位,1993 年 11 月 16 日被确定为云南省第四批文物保护单位,同年 12 月被中共云南省委、云南省人民政府确定为云南省爱国主义教育基地;2008 年 11 月 11 日,"一得测候所"经云南省文物局批准、昆明市文化局授牌为"云南气象博物馆",现有藏品 100 余件,其中有陈一得生前用过的生活用品、昆明气象测候所时期使用的气象仪器、时任云南省教育厅厅长龚自知题写的"云南省立昆明测候所气象月报"原件等珍贵文物。

"一得测候所"同时还是全国科普教育基地、全国气象科普教育基地、云南省科普教育基地。昆明太华山气象站依托"一得测候所",面向社会公众特别是广大青少年学生开展爱国主义教育和气象科普宣传教育。

科学管理与气象文化建设

1. 科学管理

依法行政 昆明太华山气象站共有 2 名职工通过培训、考试取得云南省人民政府颁发的《行政执法证》。

制度建设 2008 年制定了《昆明太华山气象站关于提升业务质量的奖惩方案》和《昆明太华山气象站关于开展科普接待工作的方案》。

社会管理 2008 年 2 月完成了气象探测环境保护备案工作。

政务公开 2008 年制定了《昆明太华山气象站政务公开管理办法》,定期公开重大决策、财务收支、岗位调整等内容。

2. 党建工作

党的组织建设 昆明太华山气象站无党员,未建立党支部,党建相关工作纳入昆明市气象台党支部管理。

党风廉政建设 昆明太华山气象站主要领导坚持每年与昆明市气象局签订《廉洁勤政责任书》,落实"一岗双责",参与昆明市气象局组织的"党风廉政宣传教育月"等各项活动。

3. 精神文明建设

昆明太华山气象站设有职工图书柜等职工学习活动设施,定期组织政治理论学习和业务学习,并参加昆明市气象局组织的各项学习;鼓励职工参加在职学历(学位)教育,对参加在职学习的职工给予时间和经费支持;不定期组织开展或参加昆明市气象局组织的群众性文体活动,配合昆明市气象局做好文明行业、文明单位创建工作。

4. 荣誉

集体荣誉 1955 年 6 月获中央气象局"优秀的女子站"锦旗;1955 年 9 月获云南省气象局"巩固光荣,继续前进"锦旗。

个人荣誉 1956 年 4 月,黄静珍被云南省人民委员会表彰为"云南省社会主义建设积极分子"。

台站建设

1953年,昆明太华山气象站架设了通往高峣邮电局的电话;1958年修通公路,架设了供电线路;1972年修建了两级抽水站,并新建平瓦房职工宿舍7间、油机房2间;1979年新建消雷塔1座,塔高60米;1989年建2层办公楼1幢;1991年投资35万元对办公楼、住宿楼供水系统进行建设和改造;1992年修筑丫口至昆明太华山气象站约2千米的水泥路面;1992年新建了四层高的713雷达楼1幢,并建设了配电房;1993年新建了招待所和公厕,并将职工宿舍改造为混凝土平房;2000年新建多普勒雷达楼1幢,并向外扩建围墙,新增土地14亩;2003年7月实施了"两室一场"改造;2003年11月在站内打312米深水井一口,每日流量100立方米;分别于1993年、2001年和2008年三次对"一得楼"进行了维护和修缮。

2008年12月,昆明太华山气象站总占地面积约22亩,绿化率75%,其余为房屋及水泥路面。

太华山气象站(1985年)

太华山气象站(1999年)

昆明市东川区气象局

东川原为云南省直辖的地级市。1999年撤销东川市,设昆明市东川区。2004年4月13日,云南省委、省人民政府决定在东川建立再就业特区。

机构历史沿革

始建情况 1954年7月,建立东川矿务局新村水文站,位于东经103°10′,北纬26°00′,海拔高度1254.1米。

历史沿革 1955年3月,东川矿务局新村水文站更名为云南省东川矿务局新村气候站;1955年6月,更名为云南省东川市新村气候站;1958年3月,更名为云南省东川市中心气象站;1959 年 6 月,更名为云南省东川市人民委员会气象科;1963 年 11 月,更名为云南省东川市气象总站;1971 年 4 月,更名为云南省东川市气象台;1980 年 11 月,更名为云南省东川市气象局;1984 年 1 月,更名为云南省东川市气象处;1990 年 7 月,再次更名为云南省东川市气象局;1999 年 7 月,更名为昆明市东川区气象局。

管理体制 1954 年 7 月—1955 年 5 月,东川市气象台站隶属东川矿务局建制和领导。1955 年 6 月—1958 年 3 月,东川矿务局各气候站收归省气象局建制和领导。1958 年 3 月—1963 年 10 月,隶属东川市人民委员会建制,东川汤丹气象中心站(1959 年 5 月成立东川市人民委员会气象科)负责管理。1963 年 11 月—1970 年 6 月,隶属省气象局建制,东川市气象总站负责管理。1970 年 7 月—1971 年 3 月,隶属东川市革命委员会建制和领导。1971 年 3 月—1973 年 10 月,东川市气象台站实行当地人民武装部领导,建制属东川市革命委员会。1973 年 11 月 20 日,东川市气象台划归市计委领导。1974 年 12 月 3 日,东川市气象台划归市科委领导。1980 年 11 月—1999 年 6 月,实行东川市人民政府、省气象局双重领导,以省气象局领导为主的管理体制。1999 年 7 月起,隶属昆明市气象局建制和领导。

单位名称及主要负责人变更情况

单位名称	姓名	民族	职务	任职时间
东川矿务局新村水文站				1954.07—1955.02
云南省东川矿物局新村气候站	邓世湘	汉	负责人	1955.03—1955.05
云南省东川市新村气候站				1955.06—1958.03
云南省东川市中心气象站	张远鹏	汉	站长	1958.03—1959.06
云南省东川市人民委员会气象科	常家骥	汉	科长	1959.06—1960.02
	何宗超	汉	科长	1960.03—1963.11
云南省东川市气象总站			站长	1963.11—1971.04
云南省东川市气象台	晏文龙	汉	台长	1971.04—1980.11
云南省东川市气象局	何宗超	汉	副局长	1980.11—1984.01
云南省东川市气象处	赵雍明	汉	处长	1984.01—1990.07
云南省东川市气象局			局长	1990.07—1993.08
	杜德艺	汉	局长	1993.09—1996.08
	张永平	汉	局长	1996.09—1997.06
	陈清祥	汉	局长	1997.06—1999.01
	陈 琼(女)	汉	副局长	1999.01—1999.07
昆明市东川区气象局			局长	1999.07—2002.05
	王 云	汉	局长	2002.05—2006.07
	王廷东	汉	副局长	2006.07—

人员状况 1954 年建站时有职工 13 人,1980 年有职工 37 人,截至 2008 年有在职职工 7 人,其中:本科学历 1 人,大专学历 3 人;中级职称 1 人,初级以下职称 5 人,工人 1 人;36～49 岁 6 人,35 岁以下 1 人。

气象业务与服务

1. 气象业务

1954 年 7—11 月,东川矿务局先后建立新村气象站、汤丹气象站和落雪气象站;1956 年以后分别在东川滥泥坪、拖布卡、新乐建立气象站,并建立一批气象哨(看天小组)。1960 年,东川累计有 13 个气象站(哨),后相继撤销,至 1994 年 7 月 1 日仅存新村气象站。

1999 年 7 月以前,原东川市气象局的主要业务是地面气象观测,每日向云南省气象局传输 3 次定时观测电报,制作气象月报和年报表,制作东川市天气预报、提供气象服务等。

①气象观测

新村站　1954 年 7 月年新村气象站建站时,每日进行 01、07、13、19 时 4 次观测并拍发定时加密报,观测项目为气压、气温、湿度、云、能见度、天气现象、降水、小型蒸发、风向、风速、雪深;1961 年 1 月 1 日增加地温、日照观测;1960 年 8 月 1 日起改为每日 08、14、20 时 3 次观测。

汤丹站　1954 年 7 月汤丹气象站建站时,每日进行 01、07、13、19 时 4 次观测并拍发定时加密报,观测项目为气压、气温、湿度、云、能见度、天气现象、降水、小型蒸发、风向、风速、雪深;1960 年 8 月 1 日后改为每日编发 08、14、20 时 3 次定时加密报;1965 年 5 月 1 日起改为每日 08、14、20 时 3 次观测。曾拍发固定航报和预约航报,其中固定航报于 1980 年 4 月 1 日停发。汤丹站于 1995 年 1 月撤销。

落雪站　1954 年 11 月落雪气象站建站时每日进行 01、07、13、19 时 4 次观测并拍发定时加密报,观测项目为气压、气温、湿度、云、能见度、天气现象、降水、小型蒸发、风向、风速、雪深、地温、电线积冰;1960 年 8 月 1 日起每日进行 08、14、20 时 3 次观测并拍发定时加密报。落雪站于 1989 年 1 月撤销。

②雷电观测

2005 年 3 月,闪电定位仪在本站建成。

③区域自动站

2008 年完成阿旺、乌龙、红土地、因民乡(镇)等 7 个温、雨两要素区域自动气象站建设。

2. 气象信息网络

1958 年 3 月东川市中心气象站成立时,用手抄莫尔斯气象广播向成都中心台抄收气象资料,当时东川市气象台只配备普通短段收信和抄收;1970 年,通过气象通信传递的各地台站气象资料在天气预报中应用面、次扩大增多;1979 年,开始使用移频电传机;1980 年,使用 117 型扫描传真机;1985 年,配备了图像传真机;20 世纪 90 年代后期,相继应用计算机、互联网;2002 年底开通与昆明市气象局的局域网;2006 年架通气象专用通信光缆。

3. 天气预报

1959 年 2 月起,东川市市属各站逐步开展单站补充天气预报工作。1975 年 5 月东川市气象台正式成立长期天气预报组,负责全市各地长期天气预报工作。2000 年 MICAPS 预报人机交互系统投入业务运行。2000年7月,安装PC-VSAT卫星接收系统。2003年,建立雷达产品用户终端服务系统,接收棋盘山雷达站资料用于预报短时天气预报、灾害性天气预报。

4.气象服务

公众气象服务 20世纪80年代气象信息主要以书面文字发送为主。90年代后由电话、传真、信函等向电视、微机终端、互联网、手机短信等方向发展。1997年,建成"121"天气自动答询电话系统并投入使用。1998年,建成多媒体电视天气预报制作系统,利用该系统制作天气预报节目每天在东川电视台播放。2000年9月因维修资金短缺,"121"天气预报自动答询电话系统终止。2003年,在电视天气预报节目中增加空气质量等级预报、森林火险等级预报、地质灾害等级预报。2008年4月,电视天气预报制作系统升级为非线性编辑系统。

决策气象服务 20世纪80年代初,东川的决策气象服务主要以书面文字材料为主;20世纪90年代以来,决策服务产品载体由电话、传真、信函等向电视、手机短信、互联网等发展;2007年2月,开通了气象手机短信平台,遇有强降水等天气过程,利用手机短信平台及时向相关领导发布预警信息,为各级领导防灾减灾提供决策服务。

专业与专项气象服务 人工影响天气服务始于1973年7月,1979年中断;2007年,重新启动人工影响天气业务,成立了东川区人工影响天气办公室。

1998年,成立东川市防雷中心,负责全区防雷安全管理,定期对液化气站、加油站、炸药库、工矿企业、学校等部门的防雷设施进行检查;2007年以来,在"安全生产月",均成立由东川区气象局牵头,区安全生产监督管理局、区教育局、区经贸局参与的联合执法检查组,对全区企事业、学校等单位进行防雷安全检查。

在2007年东川汽车越野赛暨全国四驱拉力系列赛东川站比赛中,东川区气象局提供专题气象保障服务。

科学管理与气象文化建设

1.科学管理

依法行政 共有2名职工通过培训、考试取得云南省人民政府颁发的《行政执法证》。

社会管理 2005年6月,完成气象探测环境保护备案工作;2000年开始进行行政审批;2008年,行政审批项目为防雷装置的设计审核和竣工验收、施放无人驾驶和系留气球活动的审批,选派工作人员常驻昆明市东川区行政审批中心开展工作;1999年开始开展防雷服务,2006年成立东川区防雷装置安全检测中心。

政务公开 2003年5月制定了《东川区气象局政务公开管理办法》,定期公开重大决策、财务收支;2008年,通过网络、对外宣传栏等形式面向社会进行区人民政府信息公开,在互联网上公布了行政审批事项及审批流程。

2.党的建设

党的组织建设 1974年成立东川市气象台党支部,隶属东川市革委机关党委领导;

1981 年成立东川市气象局党支部,隶属东川市农牧局党委领导;1999 年成立东川区气象局党支部,隶属东川区直属机关党委领导。

截至 2008 年 12 月,东川区气象局党支部共有党员 10 人(其中在职职工党员 2 人,退休职工党员 8 人)。

党风廉政建设 坚持加强党风廉政建设,认真落实党风廉政建设目标责任制,落实好主要领导"一岗双责",严格执行"三人小组"民主决策制度和"三重一大"制度,开展廉政教育,参与每年党风廉政建设宣传教育月等活动;配备兼职纪检监察员 1 名,享受同级副职待遇,参与单位重大决策并监督各项工作落实。单位未发生过违反党风廉政建设规定的行为。

3. 精神文明建设

2001 年,东川区委、东川区人民政府授予昆明市东川区气象局为区级文明单位;2003 年,昆明市委、昆明市人民政府授予东川区气象局为市级文明单位,并保持至今。

4. 荣誉

集体荣誉 2006 年,被中国气象局表彰为全国气象部门局务公开先进单位。

个人荣誉 建局以来,先后有 7 人次被评为云南省气象系统先进工作者。

台站建设

建站时仅有草房 2 间,建筑面积约 30 平方米,包括办公室和宿舍。2008 年 12 月,单位占地面积 13.2 亩,共有房屋 9 幢 135 间,建筑面积 1821.4 平方米。其中办公室 1 幢共 358.7 平方米;仓库、车房、生活设施 4 幢;职工宿舍 5 幢共 104 间。现用业务办公楼建于 1964 年,为二层砖混建筑,1985 年进行加固、防漏处理,2003 年对办公楼进行了装修,2004 年完成"两室一场"改造,办公环境有所改善。

东川区气象局(2004 年)

安宁市气象局

机构历史沿革

始建情况　1959 年 5 月建立昆明市安宁区气候站,站址位于原昆明市安宁区跃进公社八街管理区(今安宁市八街镇)月照屯,北纬 24°33′,东经 102°06′,海拔高度 1940 米,属国家一般气象站。

站址迁移情况　1960 年 1 月 1 日,昆明市安宁区气候站观测场迁至八街西门外,距原站址约一千米,地理坐标未变;1960 年 7 月迁至连然镇极乐村,北纬 24°56′,东经 102°29′,海拔高度 1848 米。

历史沿革　1959 年 5 月,建立昆明市安宁区气候站;1962 年 7 月,更名为安宁县气候服务站;1965 年 12 月,更名为安宁县气象服务站;1982 年 7 月,更名为安宁县气象站;1990年 5 月,更名为云南省安宁县气象局;1996 年安宁县改为安宁市,1996 年 4 月安宁县气象局更名为云南省安宁市气象局。

管理体制　1959 年 5 月—1963 年 7 月,隶属安宁县人民委员会建制,由昆明市农林局气象科负责管理;1963 年 8 月—1970 年 6 月,改为隶属云南省气象局建制和领导;1970 年7 月—1970 年 12 月,隶属安宁县革命委员会建制和领导,省气象局业务科负责业务管理;1971 年 4 月—1973 年 9 月,隶属安宁县人民武装部领导,建制属安宁县革命委员会,省气象局业务处负责业务管理;1973 年 10 月—1980 年 12 月,隶属安宁县革命委员会建制,由安宁县农业局领导;1981 年 1 月—1984 年 2 月,实行省气象局与安宁县人民政府双重领导;以省气象局领导为主的管理体制;1984 年 3 月划归昆明市气象处(现昆明市气象局)管理。

单位名称及主要负责人变更情况

单位名称	姓名	民族	职务	任职时间
昆明市安宁区气候站			负责人	1959.05—1962.07
安宁县气候服务站	张祖寿	汉		1962.07—1964.06
				1964.06—1965.12
安宁县气象服务站			副站长	1965.12—1982.07
				1982.07—1984.07
安宁县气象站	孙育椿	汉	副站长	1984.07—1987.08
			站长	1987.08—1990.05
云南省安宁县气象局			局长	1990.05—1990.12
	张立书	汉	局长	1990.12—1996.04
云南省安宁市气象局				1996.04—2002.08
	万　钢	汉	副局长	2002.08—2005.04
			局长	2005.04—

人员状况 1959 年 5 月建站时有职工 2 人；1978 年有职工 5 人；截至 2008 年底，有在职职工 6 人，退休职工 5 人。在职职工中：大学学历 4 人，大专学历 1 人，中专学历 1 人；工程师 1 人，助理工程师 4 人；40～49 岁 2 人，30～35 岁 1 人，30 岁以下 3 人。

气象业务与服务

1. 气象观测

①地面气象观测

1959 年 5 月 1 日开始，每日进行 01、07、13、19 时（地方时）4 次观测，观测项目为日照、能见度（1962 年 5 月 1 日停止，1980 年 1 月 1 日恢复）、总低云量、云状、风向风速、干、湿球、最高、最低气温，降水、蒸发、天气现象、地面温度（1961 年 1 月 1 日停止），拍发气候报（1962 年 5 月 1 日停止拍发 08、14、17 时气候报）。

1959 年 11 月 30 日，气表 1 和气表 3 的 01 时温度、湿度用 07 时记录代替，01 时气压、风、云等空白不填；1960 年 1 月 1 日，观测时次改为每日 07、13、19 时 3 次；1960 年 7 月 8 日，百叶箱安装高度改为 1.5 米；1960 年 8 月 1 日，观测时次改为每日 08、14、20 时（北京时），增加水银气压表观测，并报发气候报，沿用至今；1960 年 8 月 30 日，取消第二次干球读数及最高温度、最低温度表补充订正，雨量器防风圈及降水时数的记法和最高、最低温度表只在每日 20 时观测后进行调整；同年 10 月，02 时记录用自记记录代替，无自记项目的，用前一日 20 时平均气温代替，气压、风、云、能见度空白；1962 年 1 月 1 日，使用气压、气温、湿度自记仪器；1962 年 11 月 25 日，雨量器由 2.0 米高改为以本身高度为准；1969 年 5 月 1 日，启用虹吸雨量计，型号为 SJ1；1972 年 1 月 8 日，取消压板风向风速器，启用 EL 型电接风向风速仪；1978 年 1 月 1 日起，航空报和航危报按中央气象局新统一的航空报和航危报预约电码执行，航空报和航危报电码为：GD-21Ⅱ，GD-22Ⅱ；1984 年 1 月 1 日起，向云南省气象台报发重要天气报；1995 年 1 月 1 日，取消自记风记录部分，保留风的定时观测。月报表只抄录，不统计；2005 年 1 月 1 日启用 OSSMO 2004 地面测报业务软件；2005 年 9 月，安装成套自动观测仪器；2006 年，实行自动站与人工站对比观测，2007 年改为以自动站观测为主，1 月 1 日自动站正式发报，雨量用自动站，定时降水用人工站，同时保留虹吸雨量计；2008 年 1 月 1 日 08 时，自动站单轨运行，保留人工站所用仪器，20 时沿用人工站观测，进行数据对比，自记纸只换纸，不整理。

②雷电观测

2007 年 4 月，大气电场仪在本站建成。

③区域自动站

2008 年完成连然、金方、八街、青龙乡（镇）等 5 个温度、雨量两要素和 4 个六要素区域自动气象站建设。

2. 气象信息网络

1999 年以前，采用电话传递气象报文。2001 年 1 月建成 PC-VSAT 单收小站。2001 年 12 月建成 X.25 分组网并投入使用。2004 年 11 月建成 2 兆气象宽带网。

3. 天气预报

建站后的 20 世纪 60—80 年代间的 30 年,气象预报主要是用收音机接收省气象台发布的天气形势广播绘制成简易天气图再辅以本站压、温、湿变化曲线图进行单站补充天气预报。90 年代起,安装了卫星接收站,接收中央及省、市台气象预报产品,再结合当地气象要素,制作发布短时天气预报、中期预报、长期预报。后又根据农事期制作发布旬预报。

长期预报的内容主要是春旱、雨季开始期、"倒春寒"、"抽穗扬花低温"、"秋季连阴雨"、汛期降雨趋势等。

4. 气象服务

公众气象服务 1998 年,与安宁市电信局合作,于 12 月底正式开通"121"气象信息服务自动咨询电话。2006 年因拨打率较低、设备老化停止使用。2008 年,为使气象信息进村入户,昆明市农村气象信息系统建设项目启动。安宁市财政配套资金 12 万元,于 12 月底在各村委会、社区安装了农村短信预警广播系统 80 套,于每日 16 时发布气象信息。

决策气象服务 1996 年 3 月起,安宁市气象局的预报、情报等服务材料通过计算机信息网络进行传输;2000 年,长、中短期天气预报改用传真发送;2001 年制作农业综合信息发送到相关涉农部门;2006 年 11 月 16 日,依托电信的安宁市气象决策信息服务平台开通运行。

专业与专项气象服务 1987 年 6 月 6 日—2008 年 12 月为安宁地方经济建设和各大中型企业、招商引资项目建设提供气象资料服务。

自 1996 年起,安宁市气象局为安宁市庆、金色螳川之旅、政协"中秋"茶话会、青龙峡"火把节"等重大庆典活动提供专题预报服务,为水库防洪度汛、安全蓄水、农业抗旱、森林防火等提供天气趋势预测等专题服务。

1987 年 4 月 19 日,安宁县邑尾里发生森林火灾。当夜,省长和志强批示进行人工降雨扑火。

1996 年安宁市气象局应用人工增雨开展春季森林防火工作,对春季增加有效降雨,增加空气和林间土壤湿度,降低森林火险等级发挥了积极作用,安宁市实现了连续 10 年无重大森林火灾。1998—2006 年,先后在禄裱、凤仪、云龙山、双村投资建设了人工影响天气固定作业点,人工影响天气工作逐步规范化。

气象法规建设与社会管理

依法行政 每年"3·23"世界气象日期间,坚持开展气象法律法规宣传活动,社会效益明显;共有 5 名职工通过培训、考试取得云南省人民政府颁发的《行政执法证》。

制度建设 2004 年 6 月制订了《安宁市气象局内部管理办法》;2006 年 3 月制定了《安宁市气象局业务管理办法》。

社会管理 1998 年成立安宁市防雷中心,负责开展防雷安全装置检测及技术服务工作。2004 年 6 月开始开展施放气球审批;2005 年 6 月完成了安宁市气象探测环境保护备案工作；2006年成立安宁市防雷装置安全检测中心。2008年,行政审批项目为防雷装置的设计审核和竣工验收,开展施放无人驾驶和系留气球活动管理服务工作,并选派工作人员常驻安宁市为民服务中心开展工作。

2001—2008年,根据国家法规授权和各级人民政府、安委会的要求,围绕安全生产,在安宁市范围内对石油、冶金、炸药、燃气、商场、学校等防雷安全重点单位开展了避雷装置安全检测。2004年开始实施对新建、改建、扩建建(构)筑物防雷设计审核和竣工验收行政审批。

2008年,安宁市气象局被纳入安宁市安全生产委员会成员单位,负责防雷和气象在建项目的安全管理。

政务公开　严格执行《昆明市气象部门局(事)务公开实施办法》,按时公开重大决策、大额资金使用、职工晋职(晋级)等按规定应当公开的内容;2008年,通过网络、对外宣传栏等形式面向社会进行市人民政府信息公开,在互联网上公布了行政审批事项及审批流程。

党建与气象文化建设

党的组织建设　截至2008年底有党员1人,未建立独立党支部。

党风廉政建设　安宁市气象局认真落实党风廉政建设责任制、"三人小组"民主决策制度和"三重一大"制度,坚持领导干部"一岗双责";配备兼职纪检监察员1名,参与单位重大事项决策并监督落实;积极参与昆明市气象局、安宁市委组织的"党风廉政宣传教育月"活动。

精神文明建设　1999年3月,县委、县人民政府授予安宁市气象局为县级文明单位;2004年6月4日,市委、市人民政府授予安宁市气象局为市级文明单位,并保持至今。

台站建设

台站综合改善　2003年9月,进行"两室一场"改造,观测场由21米×20米改为20米×20米。

2005年由国家投资20万元建设的自动观测站于9月投入试运行,经过2006年一年的对比观测,到2008年1月1日实行自动站单轨运行。同年省气象局投资安装了光纤通讯、电场仪等现代化设施。

2007为改善办公室拥挤状况,在原防雷办公楼顶用轻质材料装修成办公室、业务室及会议室;同年6月,自筹资金投资组建了计算机局域网,购置了必要的办公设备,办公环境得到改善。

园区建设　1990年,对院内环境进行绿化、美化;2004—2005年,投资20万元完成观测场周边2.5亩土地征用工作,投资7万余元建设了金属隔离护栏及观测场标志,对观测场及周边环境进行绿化美化。

安宁市气象局(2004 年)

呈贡县气象局

机构历史沿革

始建情况　始建于 1960 年 12 月,站址位于呈贡县马金铺乡小营村,北纬 24°05′,东经 102°20′,观测场海拔高度 2000 米。

站址迁移情况　1967 年 12 月 1 日,呈贡县气候服务站迁至呈贡县龙街磨盘山重建,站址位于北纬 24°53′,东经 102°48′,观测场海拔高度 1906.6 米。

历史沿革　1960 年 12 月,建立呈贡县园艺气候服务站;1969 年 1 月,更名为呈贡县气象服务站;1990 年 7 月,更名为云南省呈贡县气象局。

管理体制　1960 年 12 月—1963 年 7 月,呈贡县园艺气候服务站隶属呈贡县人民委员会建制,由昆明市农林局气象科负责管理;1963 年 8 月—1970 年 6 月,隶属云南省气象局建制和领导;1970 年 7 月—1970 年 12 月,隶属呈贡县革命委员会建制和领导,省气象局业务科负责业务管理;1971 年 4 月—1973 年 9 月,隶属呈贡县人民武装部领导,建制属呈贡县革命委员会,省气象局业务处负责业务管理;1973 年 10 月—1980 年 12 月,隶属呈贡县革命委员会建制,由呈贡县农业局领导;1981 年 1 月,实行省气象局(1984 年 3 月划归昆明市气象处,现昆明市气象局)与呈贡县人民政府双重领导,以气象部门领导为主的管理体制。

单位名称及主要负责人变更情况

单位名称	姓名	民族	职务	任职时间
呈贡县园艺气候服务站	黄万益	汉	站长	1960.12—1964.06
	黄余彩	汉	副站长	1964.07—1964.12
			站长	1965.01—1968.12
呈贡县气候服务站				1969.01—1984.06
	胡凤从	汉	站长	1985.08—1990.06
呈贡县气象局	李富	汉	副局长	1990.07—1991.08
	李莲芬(女)	汉	副局长	1991.09—1994.02
			局长	1994.03—1997.04
	何兴建	汉	局长	1997.05—1999.05
	祁惠芬(女)	汉	副局长	1999.06—2001.11
	陈兴明	汉	局长	2001.12—2004.06
	李江林	汉	副局长	2004.07—2007.03
			局长	2007.04—2008.09
	田　静(女)	汉	副局长	2008.10—

人员状况　建站时有职工 2 人,1962 年增至 3 人,1971 年增至 6 人,1978 年有职工 5 人,截至 2008 年年底有在职职工 5 人,退休职工 7 人。在职职工中:本科 3 人,大专 1 人,中专 1 人。

气象业务与服务

1. 气象业务

①地面气象观测

观测项目　风向、风速、气温、气压、云、能见度、天气现象、降水、日照、小型蒸发、地面温度、果树物候观测(1964 年停止);1967 年 12 月 1 日,观测工作停止;1969 年 1 月 1 日恢复观测,同年 9 月 1 日增加电接风向风速自记观测;1976 年 1 月 1 日使用气压计、温度计、湿度计;1986 年 1 月 1 日停止使用风向风速计。

观测时次　每天进行 08、14、20 时 3 个时次地面观测。

区域自动气象站观测　2006 年 5 月 22 日,在呈贡县吴家营乡建立区域自动气象站 1 台;2006 年 8 月,在呈贡县马金铺乡、斗南镇、七甸乡各安装 1 台区域自动气象站;2007 年 1 月 1 日,启用虹吸式雨量计。2007 年 9 月,在呈贡县大渔乡、龙城镇各安装 1 台区域自动气象站。

②气象信息网络

1961 年 11 月,每日 3 次用电话方式将地面绘图报发至电信局,由电信局转发至云南省气象台;1999 年 10 月,气象电报通过光纤直接传输至云南省气象局。

③天气预报

20 世纪 60 年代,开展单站补充天气预报;70 年代开始开展长、中、短期天气预报;1984

年,安装传真机,利用传真图制作短期天气预报;2003年6月开始,接收棋盘山雷达资料进行短时天气预报和灾害性天气预警。

2. 气象服务

公众气象服务 主要通过广播、电视、报纸、网络、手机短信等提供气象服务,2007年10月,在斗南社区斗南村安装农村气象灾害预警机。

决策气象服务 20世纪80年代初,决策气象服务以书面文字发送为主;20世纪90年代以来,决策服务载体由电话、传真、信函等向电视、互联网、手机短信等发展;2005年4月,建立呈贡县气象灾害手机短信平台系统,向呈贡县委、县人民政府和有关部门、各乡镇领导发送气象信息。

专业与专项气象服务 2006年成立呈贡县防雷装置安全检测中心;2006年开始开展施放气球业务。

气象法规建设与社会管理

法规建设 2006年8月开展了《中华人民共和国气象法》、《防雷减灾管理办法》等法律法规执法检查;每年"3·23"世界气象日、安全生产月期间,开展气象法律法规宣传活动;共有2名职工通过培训、考试取得云南省人民政府颁发的《行政执法证》。

制度建设 2006年制定了《呈贡县气象局业务管理办法》。

社会管理 2004年开始进行行政审批;2005年开始开展防雷服务,2007年12月完成了呈贡县气象探测环境保护备案工作;2008年,行政审批项目为防雷装置的设计审核和竣工验收,开展施放无人驾驶和系留气球活动管理服务工作,并选派工作人员常驻呈贡县行政审批中心开展工作。

政务公开 2005年5月制定了《呈贡县气象局政务公开管理办法》,定期公开重大决策、财务收支等内容;2008年,通过网络、对外宣传栏等形式面向社会进行县人民政府信息公开,在互联网上公布了行政审批事项及审批流程。

党建与气象文化建设

1. 党建工作

党的组织建设 1994年3月,呈贡县气象局党支部成立,有党员3人;1997年7月有党员5人,占职工总数的71%;2001年,因无在职党员,呈贡县气象局党支部撤销。

党风廉政建设 认真落实党风廉政建设责任制、"三人小组"民主决策制度和"三重一大"制度,坚持领导干部"一岗双责";配备兼职纪检监察员1名,参与单位重大事项决策并监督落实;积极参与昆明市气象局、呈贡县委组织的"党风廉政宣传教育月"等活动。

2. 精神文明建设

将领导班子和职工队伍思想建设作为文明创建的重要内容,建有职工阅览室、学习室、活动室等设施,定期组织政治理论学习和业务学习,开展群众性文体活动;全局干部职工及家属子女无一人违法违纪,无一例刑事民事案件,无一人超生超育。

台站建设

建站之初有值班房约 20 平方米;1967 年 11 月迁至呈贡县龙街磨盘山顶重建,占地约 1.2 亩,建有观测值班室、职工住房、厨房共 7 间,建筑面积约 100 平方米;1978 年新建砖混结构办公楼及职工宿舍,建筑面积 390 平方米;1996 年呈贡县气象局占地面积 1153.4 平方米;2004 年,对值班室、办公室、观测场进行了"两室一场"改造,观测场围杆换成不锈钢材料,百叶箱更换为玻璃钢材料,并对办公楼进行了修缮;2007 年,在呈贡县洛羊镇雪梨山顶征用土地 1153.4 平方米作为新站址。

呈贡县气象局办公楼(1978 年)

晋宁县气象局

机构历史沿革

始建情况　1956 年 2 月 28 日建立昆阳小墩气候站,站址位于昆阳县储英乡小墩沟,北纬 24°41′,东经 102°37′,观测场海拔高度 1891.5 米。

站址迁移情况　1970 年 1 月 23 日,迁至昆阳镇北门,北纬 24°41′,东经 102°37′,海拔高度 1891.4 米;1999 年 1 月 1 日迁至晋宁县中和乡堡孜办事处洗马桥至今,站址位于北纬 24°39′,东经 102°36′,观测场海拔高度 1893.1 米。

历史沿革　1956 年 2 月 28 日建立昆阳小墩气候站,1958 年 4 月,改称晋宁县气候站;1965 年 12 月,更名为晋宁县气象服务站;1976 年 6 月,更名为云南省晋宁县气象站;1990

年5月,更名为云南省晋宁县气象局。

管理体制 1956年4月,昆阳小墩气候站属昆阳县人民委员会建制,业务领导隶属云南省气象局。1958年4月,昆阳县与晋宁县合并为晋宁县,隶属晋宁县人民委员会建制,由玉溪专区气象中心站负责业务领导。1960年4月—1963年7月,属晋宁县人民委员会建制,由昆明市农林局气象科业务领导。1963年8月—1970年6月,隶属云南省气象局建制和领导。1970年7月—1970年12月,隶属晋宁县革命委员会建制和领导,省气象局业务科负责业务管理。1971年4月—1973年9月,隶属晋宁县人民武装部领导,建制属晋宁县革命委员会。1973年10月—1980年12月,隶属晋宁县革命委员会建制,由晋宁县农业局领导。1981年1月—1984年2月,实行省气象局与晋宁县人民政府双重领导,以省气象局领导为主的管理体制。1984年3月划归昆明市气象处(现昆明市气象局)管理。

单位名称及主要负责人变更情况

单位名称	姓名	民族	职务	任职时间
昆阳小墩气候站	赵雍明	汉	站长	1956.03—1958.04
				1958.04—1959.04
晋宁县气候站	普发林	彝	站长	1959.04—1964.06
				1964.06—1965.12
晋宁县气象服务站	李世祥	汉	站长	1965.12—1976.06
云南省晋宁县气象站				1976.06—1990.05
				1990.05—1990.08
云南省晋宁县气象局	陈华富	汉	局长	1990.08—1992.06
	唐永富	彝	局长	1992.06—2004.07
	劳先戈	汉	副局长	2004.07—2007.04
			局长	2007.04—

人员状况 1956年建站时有职工2人;1978年有职工6人;截至2008年底,有在职职工5人,其中:女1人,男4人,皆为汉族;大学本科2人,大专1人,中专2人;工程师2人,助理工程师3人。

气象业务与服务

1. 气象业务

①地面气象观测

观测项目 1956年5月1日建站时,观测项目为云、能见度、天气现象、降水、风向、风速、日照、气温、湿度、气压、小型蒸发、地面温度、气压、气温、湿度,1970年1月1日增加风的自记记录,1994年12月31日停止。

观测时次 建站开始每日进行01、07、13、19时(地方时)4次观测,1960年1月1日,改为08、14、20时(北京时)3次观测。

发报种类 向省气象台拍发08时气候报;1960年1月1日至1963年8月,向昆明市农业局气象科拍发每日08、14、17时气候报;1983年9月5日,向省气象台拍发08、20时重要天气报,后改为每日 3 次小图报、天气加密报和不定时重要天气报、旬月报。

气象报表制作 手工制作气表-1 月报表和气表-21 年报表;1995 年 1 月,气表-1 用计算机编制,气表-21 仍用手工编制;1999 年,气表-1、气表-21 均用计算机编制。

区域自动气象站 2008 年完成二街、双河、夕阳、晋城乡(镇)等 10 个温度、雨量两要素区域自动气象站建设,2008 年全部区域自动气象站正式采集数据并存档。

②农业气象

1958 年,进行了水稻、烤烟、玉米三种农作物的物候期观测,但无正规记录,无资料保存。1979 年至 1988 年,按云南省气象局的要求,进行了水稻、蚕豆、小麦、油菜、物候的观测和记录工作。

③气象信息网络

1999 年以前,采用电话传递气象报文。2001 年 1 月建成 PC-VSAT 单收小站。2001 年 12 月建成 X.25 分组网并投入使用。2004 年 11 月建成 2 兆气象宽带网。

④天气预报

预报工作始于 1958 年 5 月;1959 年开始制作晋宁县短期天气预报;1965 年增加中、长期预报;1986 年,用 PC-1500 袖珍计算机和甚高频电话制作天气预报;2001 年,气象卫星单收站气象信息综合分析处理系统建成投入使用。

2. 气象服务

公众气象服务 2005 年前,通过广播、电视向公众提供气象预报服务;2005 年以后,通过手机短信、网站等方式向公众提供气象服务。

决策气象服务 20 世纪 80 年代初,以书面文字发送为主;90 年代以来,决策服务载体由电话、传真、信函等向电视、互联网、手机短信等发展;2003 年,改为使用计算机、手机短信等方式提供气象服务。

专业与专项气象服务 1986 年,首次在二街、六街进行人工增雨试验,由农业、水利、气象等部门共同实施;1987 年 5 月 28 日至 6 月 5 日,在宝峰乡进行人工增雨作业;1988 年 5 月 10 日至 6 月 19 日,在宝峰乡小河口、柴河水库主坝两个人工增雨点进行作业;1996 年起,人工增雨主要由晋宁县气象局实施;1999 年以后,在每年雨季开始前开展人工增雨作业,为森林防火及农业生产服务。

气象科普宣传 1983 年以来,通过举办现场气象科技展览、接待学生参观学习等方式,宣传气象知识,提供气象咨询;2003 年起,每年"3·23"世界气象日期间,根据当年气象日主题在晋宁县电视台进行宣传;2005 年起,参加晋宁县科委每年组织的科技活动周宣传。

气象法规建设与社会管理

依法行政 有 4 名职工通过培训、考试取得云南省人民政府颁发的《行政执法证》。2005 年 5 月,完成了晋宁县局气象探测环境保护备案工作。

制度建设 2008 年 4 月制定《晋宁县气象局施放气球审批实施办法》、《晋宁县气象局雷电灾害防御行政审批管理办法》、《晋宁县气象局行政执法制度》、《晋宁县气象局执法职责》并报经晋宁县人民政府法制办审核通过。

社会管理 2002年开始进行行政审批;2008年,行政审批事项为防雷装置的设计审核和竣工验收,开展施放无人驾驶和系留气球活动管理服务工作,并选派工作人员常驻晋宁县行政审批中心开展工作。

2000年8月28日,成立晋宁县防雷中心,负责管理晋宁县行政区域内防雷装置检测、雷电灾害鉴定工作;2002年开始开展防雷业务;2003年开始开展施放气球审批业务;2006年成立晋宁县防雷装置安全检测中心。

政务公开 2003年5月制定了《晋宁县气象局政务公开管理办法》,定期公开重大决策、财务收支等内容;2008年,通过网络、对外宣传栏等形式面向社会进行县人民政府信息公开,在互联网上公布了行政审批事项及审批流程。

党建与气象文化建设

1. 党建工作

党的组织建设 晋宁县气象局党支部成立以前,党员组织关系属晋宁县农业局党支部;2004年3月22日,晋宁县气象局党支部成立,隶属于县级机关党委;截至2008年12月,晋宁县气象局党支部有党员5人。

党风廉政建设 晋宁县气象局按照昆明市气象局和地方党委党风廉政建设工作的要求,认真落实党风廉政建设目标责任制,严格执行"三人小组"民主决策制度和"三重一大"制度,开展廉政教育,参与每年党风廉政建设宣传教育月等活动;配备兼职纪检监察员1名,享受同级副职待遇,参与单位重大决策并监督各项工作落实。

2. 精神文明建设

1986年,晋宁县气象站被晋宁县委、县人民政府授予县级文明单位;2003年1月8日,昆明市委、市人民政府授予晋宁县气象局市级文明单位,并保持至今。1988年、1999年先后两次被云南省气象局评为全省气象部门双文明建设先进集体。

台站建设

1957年4月,修建土木结构平房值班室、宿舍共4间,建筑面积约60平方米;1970年1月23日,站址迁至昆阳镇北门,新建土木结构平房值班室、宿舍8间,建筑面积约100平方米;1976年,新征土地0.4亩,建砖混结构楼房1幢;1985年新征土地3亩;1987年新建职工宿舍楼6套、值班室2间,建筑面积300平方米。1988年,云南省气象局拨款8千元进行庭院绿化;1999年,观测场迁至新址,出让原观测场土地1.4亩,新征土地5.29亩,建平房值班室4间,建筑面积100平方米;2000年新建办公楼1幢,有办公室5间、车库4个,建筑面积250平方米。

晋宁县气象局(1998 年)

富民县气象局

机构历史沿革

始建情况　1958 年 8 月建立富民气候站,站址位于富民县永定镇玉龙村,北纬 25°14′,东经 102°30′,海拔高度 1692.7 米。为国家一般站。

站址迁移情况　1959 年 12 月迁移站址至永定镇西庄,1960 年 4 月 28 日,迁至西山营坝区小西山村,1962 年 5 月 29 日迁回原站址永定镇玉龙村。

历史沿革　1958 年 8 月建立富民气候服务站;1963 年 8 月,更名为富民县气候服务站;1965 年 12 月,更名为富民县气象服务站;1971 年 1 月,更名为富民县气象站;1990 年 5 月,更名为云南省富民县气象局。

管理体制　建站之初,富民气候服务站隶属富民县人民委员会建制,由楚雄州气象中心站管理;1959 年 1 月 1 日,划归昆明市人民委员会建制,由昆明市气象中心站管理;1963 年 8 月—1970 年 6 月,隶属云南省气象局建制和领导;1970 年 7—12 月,隶属富民县革命委员会建制和领导,省气象局业务科负责业务管理;1971 年 4 月—1973 年 9 月,隶属富民县人民武装部领导,建制属富民县革命委员会,省气象局业务处负责业务管理;1973 年 10 月—1980 年 12 月,隶属富民县革命委员会建制,由富民县农业局领导;1981 年 1 月—1984 年 2 月,实行省气象局与富民县人民政府双重领导,以省气象局领导为主的管理体制;1984 年 3 月划归昆明市气象处(现昆明市气象局)管理。

单位名称及主要负责人变更情况

单位名称	姓名	民族	职务	任职时间
富民气候服务站				1958.08—1963.08
富民县气候服务站	梁振仁	汉	站长	1963.08—1965.12
				1965.12—1966.04
富民县气象服务站	朱 光	汉	站长	1966.04—1967.04
	杨义春	汉	站长	1967.04—1971.01
				1971.01—1973.06
	梁振仁	汉	站长	1973.06—1974.06
富民县气象站	杨义春	汉	站长	1974.06—1984.03
	杨乾琰	汉	站长	1984.03—1988.08
	谢树培	汉	站长	1988.08—1990.05
			局长	1990.05—1994.03
	杨义春	汉	局长	1994.03—2001.12
富民县气象局	梅红艳(女)	汉	副局长	2001.12—2004.07
			局长	2004.07—2006.01
	张庆洪	汉	副局长	2006.01—2006.10
	闫绍才	汉	副局长	2006.10—

人员状况 1958年建站时有1人。1978年有4人。1984年定编为6人。截至2008年底,有在职职工5人,其中:大学学历2人,大专学历3人;工程师1人,助理工程师3人,技术员1人。

气象业务与服务

1. 气象业务

①地面气象观测

观测项目 气压、气温、湿度、风向风速、降水、云量、云状、能风度、天气现象、日照、蒸发(小型)、地面及浅层地温、草面温度等,每日编发08、14、20时3个时次的天气加密报。除草面温度外均为发报项目。

观测时次 每日进行08、14、20时3个时次地面观测。

气象报表制作 2000年1月1日,使用《AHDM 4.0》编发报及报表制作。2002年1月1日,使用《AHDM 5.0》编发报及报表制作;2003年1月1日,使用AHDM 2002编发报及报表制作;2001年1月1日,测报业务执行新修改的加密报电码;2004年1月1日启用新的《地面气象观测规范》;2005年1月1日,使用OSSMO 2004编发报及报表制作。

自动气象站观测 2006年12月,建成ZQZ-Ⅱ型自动气象站,并于2007年1月1日起投入运行;2007年至2008年实行人工与自动气象站对比观测,自动站观测项目包括温度、湿度、气压、风向风速、降水、地面温度、草面温度。除草面温度外,每日20时进行人工并行观测,以自动站资料为准发报,自动站采集的资料与人工观测资料存于计算机中互为备份,每月定时复制光盘归档、保存;2007年,执行《云南省"三站四网"地面气象观测业务运行指南》。

区域自动气象站观测 2006—2007年,在全县16个乡镇安装了两要素区域自动气象站9个。

②气象信息网络

建站初期,架设专用电话线路,用于气象观测发报及对外联系。收听气象预报分析广播主要用收音机。

2002年,开通与昆明市气象局到富民县气象局局域网;2006年,布设气象专用通信光缆。

③天气预报

1958年开始制作补充天气预报。随着计算机及网络技术的发展,富民县的天气预报基本实现了网络化。

2.气象服务

公众气象服务 公众气象服务主要通过广播、电视、网站提供。2008年,昆明市农村信息预警系统在富民县试点建设,共安装80台,后经富民县委常委会研究决定,升级为"富民资讯"。

决策气象服务 向富民县委、县人民政府和有关部门提供雨情、旱情、森林防火、转折性和关键性天气等决策气象服务。2007年,开通天气预报短信平台,及时发布"三性"天气预警、预报气象信息。

专业与专项气象服务 提供专项气象科技服务,开展风能资源开发梯度风探测工作并顺利通过验收。

气象科普宣传 每年"3·23"世界气象日期间,坚持开展气象法律法规和气象科学知识宣传普及活动。

气象法规建设与社会管理

依法行政 有5名职工通过培训、考试取得云南省人民人民政府颁发的《行政执法证》。

制度建设 2006年制定了《富民县气象局规章制度汇编》,收录各类规章制度9项,2007年4月补充修订至18项。

社会管理 2000年开始开展行政审批业务和防雷服务;2006年成立了富民县防雷装置安全检测中心,负责富民县辖区内防雷装置检测和雷电灾害调查鉴定工作;2007年10月完成了富民县局气象探测环境保护备案工作;2008年,行政审批事项为防雷装置的设计审核和竣工验收,开展施放无人驾驶和系留气球活动管理服务工作,并选派工作人员常驻富民县行政审批中心开展工作。

政务公开 2003年5月制定了《富民县气象局政务公开管理办法》,定期公开重大决策、财务收支等内容;2008年,通过网络、对外宣传栏等形式面向社会进行县人民政府信息公开,在互联网上公布了行政审批事项及审批流程。

党建与气象文化建设

1. 党建工作

党的组织建设 1985年7月,有党员1人,编入富民县农林局党总支;1999年6月,成立富民县气象局党支部,至2008年12月有党员4人。

党风廉政建设 认真落实党风廉政建设责任制、"三人小组"民主决策制度和"三重一大"制度,坚持领导干部"一岗双责";配备兼职纪检监察员1名,参与单位重大事项决策并监督落实;积极参与昆明市气象局、富民县委组织的"党风廉政宣传教育月"等活动。

2. 精神文明建设

建有职工阅览室、活动室等设施,定期组织政治理论学习和业务学习,开展群众性文体活动,走访慰问退休职工;全局干部职工及家属子女无一人违法违纪,无一例刑事民事案件,无一人超生超育。1998年,富民县委、富民县人民政府授予富民县气象站县级文明单位;2003年1月8日,昆明市委、昆明市人民政府授予富民县气象局市级文明单位,并保持至今。

台站建设

1958年12月建站初期没有职工住房;1963年和1973年,先后修建了5间平房和3栋砖木结构楼房;1988年,修建职工宿舍楼1栋;1999年11月,拆除3栋砖木结构楼房,并修建了新职工宿舍楼,办公室迁至宿舍楼一层;2005年新征土地1123.0平方米,2006年12月建成新办公楼;2007—2008年,新建了富民县雷电中心办公楼及门卫值班室,实施了环境绿化、美化工程,并对老宿舍楼进行了装修改造,办公、生活环境得到较大改善。

2008年12月,富民县气象局占地面积2228.5平方米,其中办公及住宿用地523平方米,其余为绿化、景观及道路面积。

富民县气象局(2006年)

宜良县气象局

机构历史沿革

始建情况　1958年7月建立宜良县气候站,站址位于北纬24°49′,东经103°20′,观测场海拔高度1532.1米,水银槽海拔高度1532.9米(1960年2月改为1532.6米),1964年3月7日,站址变为匡远镇汇东东路城郊段官村斜对面,位于北纬24°55′,东经103°10′。

历史沿革　1958年7月建立宜良县气候站;1960年3月改称宜良县气候服务站;1963年4月,改称宜良县气象服务站;1971年3月,更名为宜良县气象站;1990年5月12日,更名为宜良县气象局。

管理体制　1958年7月—1964年2月,宜良县气候站隶属宜良县人民委员会建制和领导,由宜良县人民委员会农水科负责管理,曲靖行政公署农林水利局气象科负责业务领导。1964年3月—1970年6月,隶属云南省气象局建制,曲靖地区气象总站负责管理。1970年7月—1971年2月,隶属宜良县革命委员会建制和领导。1971年3月—1973年9月,隶属宜良县人民武装部领导,建制隶属宜良县革命委员会。1973年10月—1981年3月,隶属宜良县革命委员会建制,由宜良县农业局领导。1981年4月—1984年3月,隶属云南省气象局建制,实行曲靖地区气象局与宜良县人民政府双重领导,以曲靖地区气象局领导为主的管理体制。1984年4月15日,宜良县气象站划归昆明市气象处(现昆明市气象局)管理。

单位名称及主要负责人变更情况

单位名称	姓名	民族	职务	任职时间
宜良县气候站	肖光荣	汉	站长	1958.07—1960.04
宜良县气候服务站	姜应统	汉	站长	1960.04—1963.04
宜良县气象服务站				1963.04—1970.09
	魏福民	汉	站长	1970.09—1971.04
宜良县气象站	杜洪裕	汉	站长	1971.04—1974.11
	姜应统	汉	负责人	1974.11—1981.03
			站长	1981.03—1983.06
	冯宗清	汉	副站长	1983.06—1984.06
	李建民	汉	副站长	1984.06—1986.03
	李芬	汉	负责人	1986.03—1987.07
			副站长	1987.07—1990.05
宜良县气象局	张建鸿	汉	副局长	1990.05—1990.12
			局长	1990.12—1992.05
	李芬	汉	副局长	1992.05—1994.02

续表

单位名称	姓名	民族	职务	任职时间
宜良县气象局	李 芬	汉	局长	1994.02—2003.10
	王红云	汉	副局长	2003.10—2008.04
			局长	2008.04—

人员状况 建站时有职工 1 人；1978 年有 9 人；截至 2008 年底，有在职职工 6 人，其中：大专以上学历 6 人；工程师 1 人，助理工程师 4 人。

气象业务与服务

1. 气象业务

①地面气象观测

观测项目 1935 年 11 月—1937 年 9 月，宜良县建设局在宜良进行了两年的测候观测。1950 年 1 月至 1958 年，大渡口、高古马、汤池、金家营、耿家庄等水文站开展气候观测。1958 年 10 月，正式开始观测，观测项目为云、能见度、天气现象、风、气压、气温、湿度、地温、降水、蒸发，11 月起开展日照观测。1991 年 10 月百叶箱高由 2 米改为 1.5 米，雨量器高由 2 米改为 0.7 米，取消防风圈；1967 年 1 月 31 日，使用温度计、湿度计、气压计、雨量计；1970 年 9 月 30 日，使用电接风向风速计。

观测时次 1958 年 10 月，正式开始观测，每日进行 02、08、14、20 时 4 次观测（1960 年 1 月 1 日改为 3 次（08、14、20 时），1969 年 1 月 1 日恢复为 4 次），1978 年 8 月 8 日，由一般站改为国家基本站，实行每日 02、08、14、20 时 4 次观测，并向中央气象局报送气象记录年报、月报，24 小时值班。1991 年 7 月 1 日改为一般站。

发报种类 1960 年 7 月 29 日，拍发昆明 00—24 时预约航危报（1964 年 10 月 15 日拍发西安 00—24 时预约航危报，1971 年 8 月 21 日拍发昆明、呈贡、沾益 00—24 时固定航危报，1975 年 2 月 7 日增拍陆良 00—24 时固定航危报，昆明、呈贡、沾益改为预约航危报，1991 年 1 月 1 日昆明、陆良航危报改为 05—18 时，2002 年 7 月 1 日停发所有航危报）。

自动气象站观测 2005 年 9 月，建成自动气象站并投入业务试运行，与人工观测站并行观测。

区域自动气象站观测 截至 2008 年 12 月，建立六要素区域自动气象站 2 个、两要素区域自动气象站 13 个。

②农业气象

1958 年 12 月，开始对水稻、小麦、蚕豆等主要农作物进行农业气象物候观测，开展主要作物和农事节令农业气象预报；1960 年 3 月开展土壤湿度、田间小气候观测，建立墒情测报网，气象站设立墒情测报站，气象哨设立测报点，气象小组设立情报员；1961—1967年，进行水稻、小麦、蚕豆等作物品种比较试验；1978 年 4 月，参与防御水稻冷害科研协作试验；1979 年 8 月，开展大春作物农业气象情报业务；1982 年 7—9 月，先后完成《宜良县农业气候区划综合报告》《宜良县农业气候手册》；1983 年 4 月，建立宜良县小麦、水稻产量预报模式,对小麦、水稻进行产量预报,对水稻、小麦、蚕豆三种作物进行固定观测;1986年3月,担负季节性简易农气观测,抓短、平、快农气观测试验项目,为发展蔬菜、水果等生产进行农气服务,开展冬旱蔬菜农业气候条件调查研究和作物产量气象预报模式及方法推广应用;1987年6月,宜良县农业气候区划通过验收;1989年,开展旱地麦种植试验,同年12月,宜良县气象站被确定为云南省二级农业气象站;1994年5—11月,先后进行亚麻2个品种5期播种试验。

③气象信息网络

1985年8月,使用PC-1500袖珍计算机编报,并于1986年建立PC-1500袖珍机预报常用程序9个,建立部分高空资料数据库;1988年11月,安装使用VHF甚高频电话;1996年建立市、县计算机气象综合信息传输网络;2000年4月,建成计算机网络,实现气象观测资料、报表、报文传输自动化;2005年5月,建成气象专用光纤通信网络。

④天气预报

1958年11月,开展长、中、短期天气预报;1959年,开展单站补充天气预报;1963年12月,建立《时间剖面图》预报工具;1964年5月16日,按月建立《单站补充天气预报档案》;1981年8月,建立了《用头四月平均绝对湿度预报次年7—8月雨量》的预报工具;2000年7月,安装PC-VSAT气象卫星接收系统;2003年,建立雷达产品用户终端服务系统,接收昆明棋盘山多普勒天气雷达资料,用于监测短时天气变化、灾害性天气预警、人工影响天气作业指挥。

2. 气象服务

公众气象服务 1998年6月,购置配备了动画电视天气预报制作系统,在宜良县电视台播出乡镇电视天气预报;2005年5月,自筹资金对原有电视天气预报动画制作系统进行升级换代,引入非线性电视天气预报节目编辑制作系统。

决策气象服务 1989年11月,全县11个乡(镇)等党政领导部门、农业科技、林业、交通、工矿、旅游等三十余个单位安装了气象警报接收机;2006年12月,开通针对各级党政领导干部使用的宜良县气象灾害手机预警短信发布平台。

专业与专项气象服务 1973年,进行17—08时草温观测,制作霜冻预报点聚图,开展霜冻预报及防霜服务工作。

1977年6月17日,成立宜良县人工降雨指挥部,并于1979年5月开展人工降雨抗旱工作;1992年10月,在草甸开展人工增雨蓄水作业,省人民政府主管农业领导前往视察;1993年5—6月,在草甸作业点开展人工增雨作业;1998年6月8—27日,组织开展人工增雨作业,并在九乡至耿家营公路沿线进行人工防雹实验;1999年6月28日,成立宜良县人工降雨防雹领导小组,由宜良县气象局组织在九乡、草甸进行增雨作业;2001年7—9月,组织实施针对烤烟的人工防雹作业;2005年5月在马街、竹山、草甸、耿家营实施人工增雨作业,缓解旱情;2006年5月,宜良县烟草公司出资在马街乡、九乡乡、耿家营乡、北古城镇、竹山乡、狗街镇建成7个固定人工防雹作业点。

2001—2008年,宜良县人工影响天气经费投入从20万元增加到100万元,作业点由2个发展到11个,作物受益面积不断扩大。

气象科技服务与技术开发　1985 年 7 月 15 日,开展气象科技服务,分别与保险、农业局、粮食储运、电厂、烟草等单位或企业进行气象科技合作,开展气象有偿服务;1998 年 6 月 29 日,成立宜良县防雷中心,同时开展防雷安全检测与防雷工程业务。

气象法规建设与社会管理

依法行政　2004 年 12 月开展《中华人民共和国气象法》、《防雷减灾管理办法》等法律法规执法检查,社会效益明显;每年安全生产月活动期间开展气象法律法规和防雷安全、施放气球安全专题宣传;共有 5 名职工通过培训、考试,取得云南省人民政府颁发了《行政执法证》。

制度建设　2001 年,制定了《宜良县气象局业务管理办法》。

社会管理　1998 年,开始开展行政审批工作;2008 年,行政审批项目为防雷装置的设计审核和竣工验收,开展施放无人驾驶和系留气球活动的管理服务工作,并选派工作人员常驻宜良县便民服务中心开展工作。

2005 年 6 月完成了宜良县气象探测环境保护的备案工作;1995 年起开展施放气球业务;1998 年成立宜良县防雷装置安全检测中心和宜良县防雷中心,开展雷电灾害防御管理工作。

政务公开　2003 年 5 月制定了《宜良县气象局政务公开管理办法》,定期公开重大决策、财务收支等内容;2008 年通过网络、对外宣传栏等形式面向社会进行县人民政府信息公开,并在互联网上公布了行政审批事项及审批流程。

党建与气象文化建设

1. 党建工作

党的组织建设　1998 年 7 月 23 日,成立宜良县气象局党支部。2007 年 4 月,党员只有 2 人,党员组织关系纳入宜良县地震局党支部。

党风廉政建设　按照昆明市气象局和地方党委党风廉政建设工作的要求,认真落实党风廉政建设目标责任制,严格执行"三人小组"民主决策制度和"三重一大"制度,开展廉政教育,参与每年党风廉政建设宣传教育月等活动;配备兼职纪检监察员 1 名,享受同级副职待遇,参与单位重大决策并监督各项工作落实。

2. 气象文化建设

精神文明建设　精神文明创建活动始于 2002 年。建有职工阅览室、活动室,定期组织政治理论学习和业务学习。组织职工业务培训和业务评比活动,加强台站基础设施建设,绿化美化工作生活环境。

文明单位创建　2002 年 3 月,县委、县人民政府授予宜良县气象局为县级文明单位。2003 年,市委、市人民政府授予宜良县气象局为市级文明单位。

3. 荣誉

集体荣誉 1978 年 3 月 1 日,宜良县气象站被评为全省气象部门"双学"先代会先进集体。

个人荣誉 1986 年 3 月,宜良县气象站 1 人被评为全省气象系统先进工作者。

台站建设

1986 年 7 月,新建办公楼 1 幢,建筑面积 176.7 平方米;1996 年 3 月,征地 1.087 亩,新建职工宿舍 1 幢;2002 年 12 月 10 日,宜良县气象局完成"两室一场"改造。2008 年 12 月,宜良县气象局总占地面积 3798 平方米,使用业务楼 1 幢,面积 176.7 平方米;职工宿舍 1 幢,面积 821.16 平方米。

宜良县气象站(1985 年)　　　　　　　　宜良县气象局(2003 年)

嵩明县气象局

嵩明县位于云南省中部、昆明市东北部,总面积 1357.29 平方千米,属北亚热带季风气候,冬半年天气晴朗干燥,夏半年温暖湿润,年平均气温为 14.0℃,年平均降水量为 995.6 毫米,年平均日照时数为 2072.9 小时,无霜期平均为 222 天。

机构历史沿革

始建情况 始建于 1955 年 1 月 1 日,站址位于嵩明县嘉丽泽农场场部西部,北纬 25°20′,东经 103°30′,观测场海拔高度 1898.7 米,水银槽高度 1899.6 米。

站址迁移情况 1966 年 9 月改称嵩明县气象服务站,迁至嵩明县嵩阳镇兴云路 258 号,北纬 25°20′,东经 103°02′,观测场海拔高度 1919.7 米,水银槽高度 1920.3 米。

历史沿革 1955 年 1 月 1 日建立嵩明县嘉丽泽气候站;1956 年 3 月 1 日,更名为云南省嵩明县嘉丽泽气候站;1960年1月,因嵩明县和寻甸县合并,更名为寻甸县嘉丽泽气候服务站;1961年7月1日,因寻甸县分为嵩明县和寻甸县,更名为嵩明县嘉丽泽气候服务站;1964年4月20日,更名为云南省嵩明县气候服务站;1973年8月,更名为嵩明县农水林业局气象站;1980年1月,更名为嵩明县气象站;1990年5月,更名为云南省嵩明县气象局。

管理体制 1955年1月—1956年3月,隶属嵩明县嘉丽泽农场领导。1956年4月—1959年3月,隶属云南省气象局建制和领导。1959年4月—1963年12月,划归嵩明县人民委员会建制,隶属曲靖专署农水局水文气象科领导。1964年1月—1970年6月,隶属云南省气象局建制,曲靖专区气象总站领导。1970年7月—1970年12月,隶属嵩明县革命委员会建制和领导。1971年4月—1973年7月,隶属嵩明县人民武装部领导,建制仍属嵩明县革命委员会。1973年8月—1980年12月,隶属嵩明县革命委员会建制,嵩明县农业局管理。1981年1月,实行气象部门与地方人民政府双重领导,以气象部门领导为主的管理体制。1984年1月划归昆明市气象处(现昆明市气象局)管理。

单位名称及主要负责人变更情况

单位名称	姓名	民族	职务	任职时间
嵩明县嘉丽泽气候站				1955.01—1956.02
云南省嵩明县嘉丽泽气候站				1956.03—1959.12
寻甸县嘉丽泽气候服务站	陈家义	汉	负责人	1960.01—1961.06
嵩明县嘉丽泽气候服务站				1961.07—1964.04
云南省嵩明县气候服务站				1964.04—1966.08
	魏富民	汉	站长	1966.08—1969.11
	肖玉仙(女)	汉	负责人	1969.11—1973.07
嵩明县农水林业局气象站				1973.08—1976.06
	李国梁	汉	负责人	1976.06—1980.01
嵩明县气象站				1980.01—1981.09
	张家福	纳西	站长	1981.09—1984.06
	叶怀忠	汉	站长	1984.06—1990.05
云南省嵩明县气象局			局长	1990.05—2001.12
	龙竹明	汉	局长	2001.12—

人员状况 建站时有职工2人,1978年有职工4人。自成立起至2008年,先后有职工21人在嵩明县气象站工作过;截至2008年底,有在编职工5人,其中:本科学历3人,专科学历1人。

气象业务与服务

1. 气象业务

①地面气象观测

观测项目 1955年1月1日开始观测,观测项目为气温、日照、地温、风向、风速、云、降水、天气现象、蒸发。

观测时次 建站时每日进行08、14、20时3次观测,1957年11月观测时次改为每日02、08、11、17、20时5次。1962年5月,观测时次改为每日08、14、20时3次。

发报种类 1957年7月起,拍发07—17时航危报(1960年7月停发);1958年9月,向中央拍发农业旬报;1959年10月改为08、14时2次发报;1960年7月,百叶箱高度改为1.5米,8月恢复为每日4次观测,10月起每日02时记录用自记记录代替;1961年6月起,向云南省气象台拍发08、14时天气报;1962年1月执行《地面观测规范》;1965年1月执行《技术规定汇编》、《电码GD-21、GD-22编报补充规定及说明》;1969年6月,向云南省气象台增发08时天气报;1978年1月,试行《地面测报工作岗位责任制》;1980年1月执行新的《地面气象观测规范》;1984年1月,执行《重要天气报》;1987年7月,使用PC-1500袖珍计算机编报;1988年7月执行新电码型式;1990年1月,修订电码型式中的雨量组;2002年7月,增发每日20时天气加密报;2004年1月,执行新的《地面气象观测规范》(2003年版)。

气象报表制作 1988年1月,用PC-1500袖珍计算机进行报表制作,2000年1月,使用AHDM 4.0编发报及报表制作。

区域自动气象站观测 2008年完成嵩阳、杨林、牛栏江、小街乡(镇)等8个温度、雨量两要素区域自动气象站建设。

②气象信息网络

1999年以前,采用电话传递气象报文。2001年5月建成PC-VSAT单收小站。2001年1月建成X.25分组网并投入使用。2004年11月建成2兆气象宽带网。

③天气预报

1976年1月开始全面开展长、中、短期天气预报业务,每日16时发布未来24小时天气预报,每月5日发布中期天气预报,每月按时发布短期气候预测,还开展专题天气预报服务。

2. 气象服务

公众与决策气象服务 遇有关键性、转折性、灾害性天气,法定节假日,或根据嵩明县委、县人民政府的要求,有针对性地提供气象服务;成立汛期气象服务领导小组,制订服务办法,明确领导带班,实行汛期24小时值班。

专业与专项气象服务 2003年起开展人工防雹,共设12个人工防雹作业点,每个作业点配备4名作业人员。

气象科普宣传 每年"3·23"世界气象日期间坚持开展气象法律法规宣传、气象科普宣传活动。

气象法规建设与社会管理

依法行政 嵩明县气象局于2005年9月开展了《中华人民共和国气象法》、《防雷减灾管理办法》等法律法规执法检查。共有4名职工通过培训、考试,取得云南省人民政府颁发的《行政执法证》。

制度建设 2001年,嵩明县气象局制定了《嵩明县气象局业务管理办法》。

社会管理 2000年,开始开展行政审批工作;2008年12月,行政审批项目为防雷装置的设计审核和竣工验收,并开展施放无人驾驶和系留气球活动管理服务工作。

2001年开始开展防雷服务工作,并于2006年成立嵩明县防雷装置安全检测中心;2003年开始开展施放气球业务。

2007年12月完成了嵩明县气象探测环境保护备案工作。

政务公开 2002年4月制定了《嵩明县气象局政务公开管理办法》,定期公开重大决策、财务收支等内容;2008年,通过网络、对外宣传栏等形式面向社会进行县人民政府信息公开,并在互联网上公布了行政审批事项及审批流程。

党建与气象文化建设

1. 党建工作

党的组织建设 2003年1月成立嵩明县气象局党支部,当时有党员3名(其中退休职工党员1名);截至2008年12月有党员4名(其中退休职工党员1名)。

党风廉政建设 按照昆明市气象局和地方党委党风廉政建设工作的要求,认真落实党风廉政建设目标责任制,严格执行"三人小组"民主决策制度和"三重一大"(重大决策、重要人事任免、重大项目安排和大额度资金运作)制度,开展廉政教育,参与每年党风廉政建设宣传教育月等活动;配备兼职纪检监察员1名,享受同级副职待遇,参与单位重大决策并监督各项工作落实。

2. 精神文明建设

嵩明县气象局重视精神文明建设,做到学习有制度、活动有场所。单位建有职工阅览室、活动室,定期组织政治理论学习和业务学习,组织开展群众性文体活动,慰问退休职工。

3. 荣誉

集体荣誉 1981年被表彰为全省气象部门大气探测先进集体。

个人荣誉 至2008年,先后有2人被云南省气象局评为先进工作者;1人被评为全省气象部门大气探测优秀个人;1人被中国气象局评为质量优秀测报员。

台站建设

1999年和2003年,先后建成职工住宅楼和综合办公楼,并对单位院内环境进行了绿化改造,对道路进行了整修。

2008年12月,占地面积3015.28平方米,其中观测场625平方米,房屋占地600平方米,绿化、道路及其他用地1790.28平方米;建有职工住宅楼1幢、办公楼2幢、厕所2间、车库1间,总建筑面积1686.92平方米。

嵩明县气象局(1993 年)

嵩明县气象局(2004 年)

石林彝族自治县气象局

机构历史沿革

始建情况　石林彝族自治县(以下简称石林县)气象局始建于 1958 年 10 月 1 日,成立时名称为路南县气候站,位于路南县老马冲水田中间,北纬 24°48′,东经 103°18′,观测场海拔高度 1654.8 米。

站址迁移情况　1961 年 11 月,宜良、路南两县合并为宜良县,路南县气候站相应被撤销;1964 年 6 月 1 日,宜良、路南分县而立,重建路南县气候服务站,站址位于路南县老马冲,北纬 24°44′,东经 103°16′,观测场海拔高度 1679.5 米;1980 年 1 月 1 日,观测场迁至原址西方,观测场海拔高度变为 1679.8 米。

历史沿革　1958 年 10 月 1 日建立路南彝族自治县(以下称路南县)气候站。1961 年 11 月撤销。1964 年 6 月,重建后更名为路南县气候服务站;1970 年 1 月,更名为路南县气象站;1990 年 5 月,更名为云南省路南县气象局;1998 年 10 月 8 日,路南彝族自治县更名为石林彝族自治县,云南省路南县气象局更名为石林彝族自治县气象局。

管理体制　1958 年 10 月—1964 年 5 月,路南县气候站隶属路南县人民委员会建制,曲靖专署农水局水文气象科负责管理。1964 年 6 月—1970 年 6 月,隶属云南省气象局建制,曲靖地区气象总站负责管理。1970 年 7 月—1970 年 12 月,划归路南县革命委员会建制,由路南县农业局负责管理。1971 年 1 月—1973 年 7 月,隶属路南县人民武装部领导,建制仍属路南县革命委员会。1973 年 8 月—1980 年 12 月,隶属路南县革命委员会建制,改由路南县农业局管理。1981 年 1 月,实行气象部门与地方人民政府双重领导,以气象部门领导为主的管理体制,1984 年 1 月划归昆明市气象处(现昆明市气象局)管理。

单位名称及主要负责人变更情况

单位名称	姓名	民族	职务	任职时间
路南县气候站	陈维汉	汉	站长	1958.10—1961.11
	撤销			1961.11—1964.06
路南县气候服务站	代伟锡	汉	站长	1964.06—1969.12
				1970.01—1971.07
	张美仙(女)	汉	站长	1971.07—1973.02
路南县气象站	何华昌	汉	站长	1973.02—1983.02
	冉龙成	汉	副站长	1983.02—1987.07
	李建民	汉	站长	1987.07—1990.05
路南县气象局			局长	1990.05—1993.03
	李国平	汉	局长	1993.03—1998.09
				1998.09—2008.04
石林县气象局	时永祥	汉	代理局长	2008.04—2008.11
	何雁东	汉	副局长	2008.11—

人员状况　1958 年 10 月建站时有职工 2 人;1964 年 6 月重建时有职工 3 人;截至 2008 年 12 月,石林县气象局有在编职工 5 人,退休职工 2 人。在职职工年龄均为 35 岁以下,其中:本科学历 4 人,大专学历 1 人;工程师 1 人,助理工程师 3 人。

气象业务与服务

1. 气象业务

①地面气象观测

观测项目　1958 年 10 月 1 日,开始进行地面气象观测,观测项目为温度、湿度、能见度、雨量(1959 年 1 月增加云、天气现象、风向、风速,1960 年 1 月增加小型蒸发,1960 年 2 月增加本站气压),1961 年 11 月—1964 年 5 月,地面气象观测终止。1964 年 6 月 1 日观测项目为气温、降水、蒸发、日照、风向、风速、地温、曲管地温、雪深、云和天气现象(1965 年 10 月 1 日增加气压,1972 年 1 月 1 日增加电接风,1980 年 5 月增加遥测雨量计);1979 年 10 月 1 日起使用 HM5 型百叶箱通风干湿表,并用电通风干湿表替代干湿球温度表;2007 年 1 月 1 日启用虹吸式雨量计。

观测时次　建站之初每日进行 01、07、13、19 时(地方时)4 次观测。1964 年 6 月 1 日恢复观测后,每日进行 08、14、20 时(北京时)3 次观测。

发报种类　1982 年 1 月 1 日开始编发旬、月报,12 月 31 日正式使用风的自记记录仪器;1984 年 1 月 1 日,向云南省气象台编发重要天气报,并用干湿表替代电通风干湿表;1985 年开始用 PC-1500 袖珍计算机处理地面气象资料;1994 年开始使用台式微机处理数据;1997 年 7 月 11 日,增加 14 时小图报;1999 年 3 月 1 日,增加加密气象观测报告电码组,5 月 24 日起 08 时小图报自定段增发降水组;2002 年 1 月 1 日,增发加密气象观测报告(GD-05),使用 AHDM 5.0 测报系统;2004 年 1 月 1 日执行新版《地面气象观测规范》

(2003年版);2005年1月1日,启用OSSMO 2004地面测报系统及自动站报文上传系统。

雷电观测　2008年9月,在石林镇绿芳塘布设1部大气闪电定位仪。

区域自动气象站观测　1996年3月在大可乡建立雨量观测点;2005年12月1日在10个乡镇建立了10套自动雨量计,2006年12月停止使用。2007年1月至2008年底,在圭山镇三角水库、长湖镇维则村、石林镇月湖水库、大可乡、绿芳塘水库、板桥镇、石林镇螺丝塘、圭山镇海宜建立8台区域自动气象站。

②农业气象

1994年4月,在维则乡豆黑村办事处应用高吸水树脂试验包谷定向移栽;1995年5月,在石林镇占屯办事处进行高吸水树脂、高分子植物膜对烤烟生产的影响示范;1996年4月与在维则乡开展生物膜防治苹果烟煤病试验;2007年4月,增加干旱监测观测业务。

③气象信息网络

1996年4月15日,市到县辅助业务通讯网正式投入业务运行,气象电报传递方式由市话传递转变为网络传输;2001年1月,安装PC-VSAT卫星单收站和气象信息接收处理系统,12月25日开通了Internet网,并进行气象报文传输;2002年建立人工增雨防雹无线通信网系统;2004年11月11日开通2兆光缆宽带气象专用传输网。

④天气预报

1964年5月10日起,开始制作短期补充天气预报;1965年进行预报改革,建立5—8月以农谚为线索的中期天气预报模式,开展长、中、短期天气预报;1982年6月,采用14时E-T曲线图、14时气压一级变量图和二级变量图对短期预报进行修订;1984年3月,安装传真机,接收北京传真广播和成都传真广播,利用传真图制作短期天气预报;1986年8—11月研制PC-1500袖珍计算机普查因子数据库程序,并收集整理数理统计程序库,建立长期预报工具;2002年6月,开始接收太华山天气雷达(现棋盘山多普勒天气雷达)拼图资料。

2. 气象服务

①公众气象服务

1965年,利用有线广播提供天气预报服务;1998年1月1日,在石林彝族自治县有线电视台开播动画电视天气预报节目,护林防火期间利用电视天气预报节目画面,制作气象火险等级、防火宣传标语,每日两次向社会公众播出,同年10月1日开通"121"电话自动答询系统;2005年4月24日,开通气象信息短信发布平台,26日起利用石林公众信息网提供气象信息服务;2007—2008年,先后布设了1台农村气象灾害预警信息机和10块气象预警电子显示屏,并提供手机短信气象服务。

②决策气象服务

1998年6月,制作了《路南县气象周年服务一览表》;每年制作并报送《石林长期天气预报》、《石林中短期天气预报》、《石林短期气候预测》、《石林气象情况反映》、《石林农业气象月报》、《石林烤烟专题预报》、《石林森林防火专题预报》、《重要天气消息》、《节假日专题预报》等气象服务材料;不定期向石林县委、县人民政府和有关部门提供雨情、旱情、森林防火、转折性和关键性天气等气象决策服务。

1980年组织编写了《路南县农业气候资源手册》;1996年8月,为路南县争取"18生物工程项目"立项提供气象数据 5000 多组,被 1996 年《路南年鉴》、《昆明年鉴》收录;1996 年 12 月,为路南县四十年县庆的筹备、组织提供优质的预报服务。1997 年以来,先后为迎接香港回归万人长跑活动、首届中国石林国际旅游节、防治烤烟病虫害、石林彝族自治县防空袭计划、"中国南方喀斯特"申报世界自然遗产、一年一度的火把节等重大社会活动和项目提供专题气象服务。

③专业与专项气象服务

人工影响天气 1982 年 4 月 29 日,首次实施人工增雨作业;1993 年 4 月 4 日在文笔山设固定作业点,在天生观设流动作业点,组织实施人工增雨作业;1997 年 6 月 26 日,成立路南县人工降雨防雹领导小组;2000 年 7 月 21 日至 8 月 31 日,在西街口乡紫处村开展烤烟人工防雹试点。2002 年 11 月《昆明日报》第七版石林新闻对石林人工防雹工作给予了积极评价和充分肯定。截至 2008 年 12 月,全县共设 18 个人工防雹作业点,拥有人工影响天气工作车 3 辆,各种型号火箭发射装置 22 台,无线通信中继站 2 台,无线甚高频电台 25 套,无线通信手持对讲机 5 台。

防雷技术服务 气象科技服务工作起步于 1985 年,1998 年成立路南县防雷中心和路南县避雷装置检测站;2006 年成立昆明市石林彝族自治县防雷装置安全检测中心,开展防雷装置安全检测。

3. 科学技术

气象科普宣传 1996 年 10 月,石林彝族自治县气象局收集的自然类地方谚语,被《路南谚语》一书录用;2002 年 11 月《昆明日报》第七版石林新闻对石林人工防雹工作给予了积极评价和充分肯定;每年"3·23"世界气象日和科技活动周期间,通过气象科技宣传图画、发放宣传单、讲解气象常识及开放观测场等手段开展气象科普宣传。

气象科研 1998—2001 年,先后开展《路南县冰雹灾害调查及时空分布研究》、《3S 技术支持下的土壤水分动态、监测及应用研究》;2001 年 9 月 20 日,《石林县冰雹灾害时空分布规律研究及应用》项目获 2001 年昆明市科技进步三等奖;2004 年,《农业气象灾害夏半年数据库的建立》、《8.5 石林县西北部风暴云雷达回波分析及人工防雹决策研究》获昆明市第八届自然科学优秀论文三等奖;2007 年 4 月 20 日,《石林县烤烟冰雹灾害防御技术体系建设及应用》项目获 2007 年昆明市科技进步三等奖。

气象法规建设与社会管理

依法行政 2005 年 8 月,石林县气象局开展了《中华人民共和国气象法》、《防雷减灾管理办法》等法律法规执法检查,社会效益明显;每年"3·23"世界气象日,坚持开展气象法律法规宣传活动;共有 4 名职工通过培训、考试取得云南省人民政府颁发的《行政执法证》。

制度建设 2006 年制定了《石林县气象局业务管理办法》,2008 年制定了《石林县气象科技服务奖惩办法》。

社会管理 2000 年,开始开展行政审批业务工作;2005 年 6 月,石林县气象局完成了石林县气象探测环境保护备案工作,2007 年 7 月完成了石林县气象观测环境综合调查评估;1998 年 8 月,石林县气象局开始开展避雷装置检测业务;2006 年成立石林县防雷装置安全检测中心;2008 年,行政审批项目为防雷装置的设计审核和竣工验收,开展施放无人驾驶和系留气球活动管理服务工作,并选派工作人员常驻石林县行政审批中心开展工作。

政务公开　2003 年 6 月制定了《石林县气象局政务公开管理办法》,定期公开重大决策、财务收支等内容;2008 年,通过网络、对外宣传栏等形式面向社会进行县人民政府信息公开,在互联网上公布了行政审批事项及审批流程。

党建与气象文化建设

1. 党建工作

党的组织建设　1958 年 10 月有党员 1 人,1999 年 4 月有党员 2 人。截至 2008 年底有党员 2 人,未建立独立党支部,参加石林县机关党委的组织生活。

党风廉政建设　按照昆明市气象局和地方党委党风廉政建设工作的要求,认真落实党风廉政建设目标责任制,严格执行"三人小组"民主决策制度和"三重一大"(重大决策、重要人事任免、重大项目安排和大额度资金运作)制度,开展廉政教育,参与每年党风廉政建设宣传教育月等活动;配备兼职纪检监察员 1 名,享受同级副职待遇,参与单位重大决策并监督各项工作落实。

2. 气象文化建设

精神文明建设　1982 年被中共曲靖地区委员会和行政公署、中共路南县委和县人民政府给予奖励。1987 年,县委、县人民政府授予石林县气象局为县级文明单位。1996 年,开展两个文明建设。1998 年被云南省气象局评为双文明建设先进集体。2002 年 3 月,制定并实施《石林县气象局精神文明建设方案》。2002 年,市委、市人民政府授予石林县气象局为市级文明单位。

文体活动　单位建有职工阅览室、活动室,定期组织开展群众性文体活动。

3. 荣誉

集体荣誉　2005 年,石林县气象局被中国气象局表彰为"气象部门局务公开先进单位"。

个人荣誉　1997—2008 年,共有 2 人被中国气象局评为质量优秀测报员。

台站建设

1964 年建站时,石林县气象局占地面积为 2086.2 平方米,观测场占地 667 平方米,有砖木结构房屋 1 幢 6 间共 101 平方米;1981 年 11 月,新征土地 1133.39 平方米,总占地面积达到 3219.59 平方米;1993 年出让土地 736.59 平方米;1998 年 6 月,购置花卉、树木、草籽,对单位庭院环境进行了绿化改造;2000 年对办公楼和综合楼进行了改造;2004 年 11月,新征土地 4000 平方米,用于观测场搬迁建设;2008 年 7 月 18 日,观测场迁建项目开工,同年 12 月在新址新建二层砖混结构综合业务楼 1 幢,建筑面积 678.17 平方米。

石林县气象局(1997 年)

石林县气象局(2001 年)

禄劝彝族苗族自治县气象局

禄劝彝族苗族自治县(以下简称禄劝县)地处滇中北部,总面积 4249 平方千米。其中,山区占 98.4%,坝区面积占 1.6%。

机构历史沿革

始建情况　禄劝彝族自治县气象局始建于 1958 年 10 月,成立时名称为禄劝县气候站,站址位于禄劝县屏山镇桃源,北纬 25°35′,东经102°28′,海拔高度 1720.0 米。为国家一般站。

站址迁移情况　1968 年 1 月 1 日站址迁至禄劝县屏山镇大婆树。北纬 25°33′,东经102°36′,海拔高度 1669.4 米;2004 年 1 月 1 日,站址迁至禄劝县屏山镇南街尾段,北纬25°33′,东经 102°27′,海拔高度 1750.9 米。

1960 年 8 月 1 日,建立撒营盘、三江口 2 个县办气象站和 12 个公社气象站,1961 年撤销。

历史沿革　1958 年 10 月建立禄劝县气候站;1960 年 8 月 1 日,更名为禄劝县中心气象服务站;1963 年 11 月,更名为禄劝县气候服务站;1964 年 11 月更名为禄劝县气象服务站;1971 年 1 月,更名为禄劝县气象站;1990 年 5 月,更名为禄劝县气象局。

管理体制　1958 年 10 月—1963 年 10 月,隶属禄劝县人民委员会建制,由禄劝县人民委员会农水科负责管理,楚雄州气象中心站负责业务指导。1963 年 11 月—1970 年 6 月,隶属云南省气象局建制,楚雄州气象总站负责管理。1970 年 7 月—1970 年 12 月,划归禄劝县革命委员会建制,由禄劝县农业局负责管理。1971 年 1 月—1973 年 8 月,隶属禄劝县人民武装部领导,建制隶属禄劝县革命委员会。1973 年 9 月—1980 年 12 月,隶属禄劝县革命委员会建制,改由禄劝县农业局管理。1981 年 1 月起实行气象部门与地方人民政府双重领导,以气象部门领导为主的管理体制。

单位名称及主要负责人变更情况

单位名称	姓名	民族	职务	任职时间
禄劝县气候站	廖胜志	汉	站长	1958.10—1959.10
	郝平山	汉	负责人	1959.10—1959.12
	杨 璐（女）	汉	负责人	1959.12—1960.08
禄劝县中心气象服务站				1960.08—1962.01
	李兴尧	彝	负责人	1962.02—1963.11
禄劝县气候服务站				1963.11—1964.10
禄劝县气象服务站	孙杨宽	汉	负责人	1964.11—1971.01
				1971.01—1971.04
	李绍忠	彝	负责人	1971.04—1972.01
	杨宗武	汉	负责人	1972.01—1974.11
禄劝县气象站	孙杨宽	汉	负责人	1974.11—1979.05
			站长	1979.05—1986.02
	李兴尧	彝	负责人	1986.02—1987.03
			站长	1987.03—1990.05
			局长	1990.05—2000.12
禄劝县气象局	易志英（女）	汉	负责人	2000.12—2001.11
	时永祥	汉	局长	2001.11—2006.10
	朱德军	汉	局长	2006.10—

人员状况 1958 年建站时有 7 人，1978 年有 8 人；截至 2008 年底，有在职职工 6 人，退休职工 1 人。在职职工中：本科学历 2 人，大专学历 3 人，中专学历 1 人；工程师 3 人，助理工程师 1 人，技术员 1 人，中级工 1 人。

气象业务与服务

1. 气象业务

①地面气象观测

观测项目 气压、气温、湿度、风向风速、降水、云量、云状、能见度、天气现象、日照、蒸发（小型）、地面及浅层地温、草面温度。1995 年 1 月 1 日停用自记风观测。

观测时次 每日进行 08、14、20 时 3 个时次地面观测。

发报种类 每日编发 08、14、20 时 3 个时次天气加密报。1987 年 7 月 1 日，配备了 PC-1500 袖珍计算机；2000 年 1 月 1 日起，使用 AHDM 4.0（2002 年 1 月 1 日改为 AHDM 5.0，2003 年 1 月 1 日改为 AHDM 2002）编发报及报表制作；2005 年 1 月 1 日，使用 OSSMO 2004。

自动气象站观测 2006 年 12 月，建成 ZQZ-CⅡ1 型自动气象站，并于 2007 年 1 月 1 日起投入运行。

区域自动气象站观测 2006—2007 年，在 16 个乡镇先后建成 16 个温度、雨量两要素区域自动气象站。

②气象信息网络

建站初期，架设了气象专用电话线路；1983 年 4 月，使用 79 型短波定频接收机和 CZ-

80 型气象传真收片机;1988 年 9 月,使用 PC-1500 袖珍计算机,同年 11 月 26 日安装甚高频无线电话;2000 年建成县级地面气象卫星接收小站;2006 年,数据传输通过网络完成。

③天气预报

1958 年,禄劝县气象站从本地气候特点和生产需要出发,在收听气象台天气形势预报的基础上,结合本站资料和天、物象反映以及当地地理条件,开展了县站补充天气预报业务。1965 年,立足于原来的短期天气预报,增加了中长期天气预报。1983 年 4 月,传真接收机投入使用,扩大了气象情报资料的收集范围,进一步提高了天气监测预报水平。1988 年 9 月,购置了 1 台 PC-1500 袖珍计算机,用于天气预报业务工作,简化了比较复杂的数理统计计算方法;11 月又安装 1 部甚高频无线电话,从此禄劝县气象站拥有无线电接收天气雷达回波信息。1989 年 1 月,为禄劝县委、县人民政府安装气象警报接收机,定期发布 24 小时、短期、中期天气预报。

2. 气象服务

公众与决策气象服务 自 1989 年以来,禄劝县气象站定时向外发布的长期预报有:每年发布"今冬明春天气趋势预报",每年年底发布"长期天气趋势预报及气候年景分析",每月下旬发布下月"长期天气预报",雨季开始期、雨季结束期、低温冷害、干旱天气等重大灾害预测预报。以书面材料专人送交或邮寄等方式向党政机关、企事业单位及各乡镇开展公众气象服务。中、短期天气预报通过电话、广播向公众提供服务。为工农业生产、植树造林、防洪抗旱提供气象预警预报服务工作。情报服务包括气象资料、天气实况、大气环境评价以及各种气候分析论证等,多数采取书面形式。同时,开展了森林防火、消防安全等级预报服务工作。2007 年,禄劝县气象局开通了天气预报短信平台,短信平台的开通不仅及时向县委、县政府和相关部门发布"三性"天气情况和预报服务,还借助这个平台向一些企业提供服务。2000 年以来,禄劝县气象局为党政部门,农、林、水、电、厂矿、企业等近 100 家单位开展公众及决策气象服务。

人工影响天气及防雷 2005 年 5 月,在禄劝县撒营盘镇开始开展人工影响天气工作,并于当年成立了禄劝县气象局人工影响天气中心,1999 年成立禄劝县防雷装置安全检测中心,开始开展防雷业务。

气象科普宣传 每年世界气象日、科技活动周期间,利用多种形式开展气象科普宣传活动。

气象法规建设与社会管理

依法行政 2005 年 8 月开始履行《中华人民共和国气象法》、《防雷减灾管理办法》法律法规职责,并进行了执法检查;共有 4 名职工通过培训、考试取得云南省人民政府颁发的《行政执法证》。

社会管理 2000 年开始进行行政审批业务;2008 年,行政审批项目为防雷装置的设计审核和竣工验收,开展施放无人驾驶和系留气球活动管理服务工作;选派工作人员常驻禄劝县行政审批中心开展工作。

2005 年 6 月完成了禄劝县气象探测环境保护备案工作;2000 年开始开展施放气球业务。

政务公开 2004 年 1 月制定了《禄劝县气象局政务公开管理办法》,定期公开重大决策、财务收支等内容;2008年,通过网络、对外宣传栏等形式面向社会进行县人民政府信息公开,在互联网上公布了行政审批事项及审批流程。

党建与气象文化建设

1. 党建工作

党的组织建设　1997年以前,党员参加县组织部党支部过组织生活。1997年,禄劝县气象局成立独立党支部,截至2008年12月有党员4人。

党风廉政建设　坚持加强党风廉政建设,认真落实党风廉政建设目标责任制,落实好主要领导"一岗双责",严格执行"三人小组"民主决策制度和"三重一大"制度,开展廉政教育,参与每年党风廉政建设宣传教育月等活动;配备兼职纪检监察员1名,享受同级副职待遇,参与单位重大决策并监督各项工作落实。单位未发生过违反党风廉政建设规定的行为。

2. 气象文化建设

精神文明建设　1991年,禄劝县委、县人民政府授予禄劝县气象局为县级文明单位。2005年,昆明市委、市人民政府授予禄劝县气象局为市级文明单位。

文体活动情况　禄劝县气象局设有活动室,定期组织开展群众性文体活动。

3. 荣誉

集体荣誉　2004年、2008年2次被云南省气象局评为大气探测先进集体。

台站建设

2002年以来,完成了新观测场搬迁及新办公楼、住宿楼建设工程,在办公地点和观测场院内种植榕树、樱花、杜鹃、紫竹、满天星等景观植物200余株、草坪1000平方米,总绿化面积达60%,工作、生活环境进一步改善。

2008年12月,禄劝县气象局占地面积4696.63平方米,有房屋8幢,建筑面积2267.07平方米。

禄劝县气象局(1993年)

禄劝县气象局(2005年)

寻甸回族彝族自治县气象局

机构历史沿革

始建情况　寻甸回族彝族自治县（以下简称寻甸县）气象局始建于 1958 年 8 月，成立时名称为寻甸县气候服务站，站址位于鲁贝山丫口。

站址迁移情况　1958 年 11 月，寻甸气候服务站迁至寻甸县城关乡大河桥；1959 年 5 月迁至寻甸县城关乡海子屯；1960 年 4 月迁至寻甸县城关乡大河桥；1981 年 1 月迁至寻甸县仁德镇东郊杜家庄；2000 年 9 月站址更名为寻甸县仁德镇凤梧路 10 号，位于北纬 25°33′，东经 103°16′，海拔高度 1873.2 米。

历史沿革　1958 年 8 月建立寻甸回族彝族自治县气候服务站；1963 年 4 月，更名为寻甸县气候服务站；1965 年 12 月，更名为寻甸县气象服务站；1971 年 1 月，更名为云南省寻甸县气象站；1990 年 5 月，更名为云南省寻甸县气象局。

管理体制　1958 年 8 月，隶属云南省气象局建制和领导。1958 年 11 月—1963 年 3 月，寻甸县气候站隶属寻甸县人民委员会建制，曲靖专署农水局水文气象科负责管理。1963 年 4 月—1970 年 6 月，隶属云南省气象局建制，曲靖地区气象总站负责管理。1970 年 7 月—1970 年 12 月，寻甸县气候服务站划归寻甸县革命委员会建制，由寻甸县农业局负责管理。1971 年 1 月—1973 年 7 月，隶属寻甸县人民武装部领导，建制隶属寻甸县革命委员会。1973 年 8 月—1980 年 12 月，隶属寻甸县革命委员会建制，改由寻甸县农业局管理。1981 年 1 月起实行气象部门与地方人民政府双重领导，以气象部门领导为主的管理体制。1999 年 1 月，由曲靖市划归昆明市气象局管理。

单位名称及主要负责人变更情况

单位名称	姓名	民族	职务	任职时间
寻甸回族彝族自治县气候服务站	无资料可查			1958.08—1962.01
寻甸县气候服务站	郭庆熙	回	站长	1962.01—1963.04
				1963.04—1964.11
	张自宽	汉	站长	1964.11—1965.12
寻甸县气象服务站				1965.12—1968.06
	吴汝尧	汉	站长	1968.06—1971.01
				1971.01—1971.08
	张自宽	汉	站长	1971.08—1974.06
云南省寻甸县气象站	王其丰	汉	副站长	1974.06—1977.08
	杨茂友	汉	站长	1977.08—1982.10
	冯忠书	汉	站长	1982.10—1984.07
	祖怀富	汉	站长	1984.07—1990.05

单位名称	姓名	民族	职务	任职时间
云南省寻甸县气象局	祖怀富	汉	局长	1990.05—1995.11
	梁 永	汉	局长	1995.11—1998.11
	龙竹明	汉	副局长	1998.11—1999.07
	姜彩云(女)	汉	局长	1999.07—2003.05
	卢万福	汉	副局长	2003.05—2006.01
	赵丽芬(女)	汉	副局长	2006.01—2007.04
			局长	2007.04—

备注:1962 年以前的负责人无资料可查。

人员状况 建站时有职工 13 人;1978 年有职工 4 人;截至 2008 年底,有在职职工 6 人,其中:40 岁以上 1 人,30～40 岁 4 人,20～30 岁 1 人;本科学历 4 人,大专学历 2 人;助理工程师 5 人。

气象业务与服务

1. 气象业务

①地面气象观测

观测项目和时次 1962 年 1 月 1 日,寻甸县气候服务站开始执行《地面气象观测规范》(1980 年 2 月 9 日启用新的《地面气象观测规范》);1982 年启用新的《陆地测站地面天气报告 GD-01Ⅲ》;1985 年 1 月 1 日,使用湿度查算表(甲种本)查算湿度;1987 年 1 月 1 日,使用 PC-1500 袖珍计算机进行编报;2001 年 1 月 1 日,执行新修改的加密报电码;2004 年 1 月 1 日,执行新的《地面气象观测规范》(2003 年版)。

1986 年 8 月 10 日,原担负"OBSMH 昆明"航危报由 05—18 时改为 05—22 时;1999 年 10 月 11 日,使用 AHDM 4.0 系统编报、传输和制作观测记录报表;2000 年 7 月,AHDM 测报系统编报,发报采用昆明市局自编程序自动传报功能从网络上传;2000 年 8 月 1 日,启用全国中短期预报评分管理系统;2002 年 7 月 1 日,停止拍发"OBSMH 昆明"航危报;2003 年 1 月 1 日,"OBSAV 昆明"航危报由 01—24 时改为 06—18 时(2005 年 1 月 1 日取消),4 次定时观测改为 3 次,夜间不值守,02 时压、温、湿用自记记录代替;2004 年 4 月 28 日,重新测定观测场四周障碍物仰角、距离、高度,绘制障碍物圈图;2005 年 9 月 15 日,完成 ZQZ-CⅡ型自动气象站安装,2006—2007 年实行人工站与自动站对比观测,2008 年 1 月 1 日起实现自动站单轨运行;2007 年,增加干季土壤湿度观测;2008 年 2008 年 6 月 1 日,新增雷暴、视程障碍现象等发报项目,修改积雪和雨凇发报规定。

区域自动气象站观测 2005 年 10 月—2008 年 12 月,在全县 15 个乡镇建立了 15 个区域自动气象站。

②气象信息网络

2000 年以前,采用电话传递气象报文。2001 年 1 月建成甚小口径终端(PC-VSAT 单收小站)。2000 年 1 月建成 X.25 分组网并投入使用。2004 年 11 月建成 2 兆气象宽带网,气象信息以气象宽带网为主、互联网为备份链路的模式传输。

③天气预报

开展短期、中期、长期天气预报业务,利用气象现代化建设成果,融合天气雷达探测资料、卫星云图资料,开展精细化预报技术和临近预报技术研究。

2. 气象服务

①公众与决策气象服务

寻甸县气象局结合全年的气候特点,利用网络信息、电视电话、短信等方式,为寻甸县委、县人民政府和有关部门提供气象服务。2005 年 5 月,建成气象手机短信平台。

②专业与专项气象服务

人工影响天气 1996 年,开始为农业抗旱保丰收、降低森林火险等级开展人工增雨作业;2002 年,首次在 2 个乡镇开展小范围人工防雹试点;截至 2008 年 12 月,全县已建立人工防雹作业点 15 个。

防雷技术服务 2006 年成立寻甸县防雷装置安全检测中心,为社会提供防雷装置安全检测技术服务和防雷工程服务。

③气象科普宣传

每年世界气象日、科技活动周期间,开展气象科普宣传活动。

气象法规建设与社会管理

依法行政 2007 年 4 月,开展了《中华人民共和国气象法》、《防雷减灾管理办法》执法检查;共有 4 名职工通过培训、考试,取得云南省人民政府颁发的《行政执法证》。

制度建设 2003 年制定了《寻甸县气象局岗位考核办法》。

社会管理 寻甸县气象局于 1996 年起开展行政审批;2008 年 12 月,行政审批项目为防雷装置的设计审核和竣工验收、施放无人驾驶和系留气球活动的审批。

1996 年 5 月,成立寻甸县避雷防灾领导小组,2006 年 1 月成立昆明市寻甸县防雷装置安全检测中心。2004 年 7 月和 2007 年 5 月,寻甸县人民政府办公室两次印发《关于加强防雷减灾安全管理工作的通知》,寻甸县气象局协调有关单位在全县范围内开展防雷安全执法和防雷减灾服务工作。2003 年开始开展施放气球业务。2007 年 12 月完成了气象探测环境保护备案工作。

政务公开 2003 年 5 月制定了《寻甸县气象局政务公开管理办法》,定期公开重大决策、财务收支等内容;2008 年,通过网络、对外宣传栏等形式面向社会进行县人民政府信息公开,并在互联网上公布了行政审批事项及审批流程。

党建与气象文化建设

1. 党建工作

党的组织建设 2003 年,寻甸县气象局党支部成立,有党员 4 人。截至 2008 年 12 月,寻甸县气象局有党员 6 人。

党风廉政建设 寻甸县气象局认真落实党风廉政建设责任制、"三人小组"民主决策制度和"三重一大"制度,坚持领导干部"一岗双责";配备兼职纪检监察员 1 名,参与单位重大事项决策并监督落实;参与昆明市气象局、寻甸县组委织的"党风廉政宣传教育月"等活动;2007 年起,每年抽调一名党员驻村担任新农村建设指导员。

2. 气象文化建设

建有职工阅览室、活动室等设施,定期组织政治理论学习和业务学习,开展群众性文体活动和外出考察学习活动。

3. 荣誉

2006 年,被云南省气象局评为大气探测先进集体;2007 年被云南省气象局评为气象科技服务先进集体;2008 年被云南省气象局评为抗击低温雨雪冰冻灾害气象服务先进集体。

台站建设

1979 年,新建二层砖混住房 1 幢;1990 年 12 月新建简易办公室和值班室;1996 年 2 月新征土地 1994.45 平方米,并于 1997 年 4 月建成 3 层职工住宅 1 幢,建筑面积为 580 平方米;1997 年 4 月,在原观测场北面新建 16 米×20 米观测场,同年 6—9 月对内部环境进行了绿化改造;1999 年 11 月与周边单位置换土地 113.72 平方米;2002 年 5—9 月,对自来水管道、照明用电设施、办公用房及宿舍楼进行综合改造;2003 年 3 月,完成了"两室一场"改造和单位内部环境改造。

寻甸县气象局(1997 年)

昭通市气象台站概况

昭通市位于云南省东北部，面积 2.3 万平方千米，人口 550 万。地理区域属典型的高原山地构造地貌，辖区内山高坡陡，河谷幽深，最高点为南部巧家县药山，海拔高度 4040 米，最低点为北部水富县滚坎坝，海拔高度 267 米，境内相对高差 3773 米。立体气候明显，具有南亚热带、中亚热带、北亚热带、南温带、中温带、北温带六种气候类型。主要气候特点表现为冬无严寒、夏无酷暑，四季不分、干冷同季、雨热同季、干湿分明。年平均气温 15.2℃，年平均日照 1318 小时，年平均降雨量 880 毫米。主要气象灾害有干旱、洪涝、低温、霜冻、大风、冰雹、雷暴、连阴雨、凌冻等。

气象工作基本情况

所辖台站概况　辖昭阳区、鲁甸县、巧家县、大关县、彝良县、威信县、镇雄县、盐津县、绥江县、永善县十个县（区）气象局和昭通农业气象试验站（水富县气象站属地方建制）。现共有地面气象观测站 10 个，其中 1 个国家基本气象观测站（昭阳区），9 个国家一般气象观测站，84 个区域自动气象站，全市 94 个自动气象观测站点。

历史沿革　1950 年 2 月由中国人民解放军云南军区接管原国民政府空军昭通飞机场测候所成立昭通飞机场气象站。1956 年 8 月成立镇雄县气象站。1957 年 1 月，建立昭通县大山包气候站（1989 年 1 月 1 日撤销）。1957 年 11 月成立大关县气象站。1958 年 10 月和 11 月鲁甸、巧家、盐津、永善、绥江、彝良、威信县气象站相继成立。1990 年 5 月昭通地区气象处改称昭通地区气象局，各县气象站也随之改为气象局。2001 年 1 月昭通撤地设市改为昭通市气象局。2001 年 10 月成立昭阳区气象局。

管理体制　1953 年 8 月以前，昭通专区气象部门属军队建制。1954—1955 年属当地人民政府建制，业务由省人民政府气象科管理。1955 年—1958 年 3 月改为云南省气象局建制和领导。1958 年 3 月，归属当地人民委员会建制和领导。1963 年 4 月—1970 年 6 月，昭通专区气象（候）台站统归省气象局（1966 年 3 月改为云南省农业厅气象局）建制，其人员、财务、业务管理、技术指导和仪器设备均由省气象局负责，行政生活、政治思想、地方服务工作以及对台站工作的管理监督由当地党政负责。1970 年 7 月—1970 年 12 月，昭通专区气象台站改属当地革命委员会建制和领导。1971 年—1973 年 9 月，昭通地区气象部门实行军队领导、属当地革命委员会建制。1973 年 10 月—1980 年 8 月,改为当地革命委员会建制和领导。1980 年 9 月,昭通地区气象部门实行气象部门与地方人民政府双重领导,以气象部门领导为主的管理体制。

人员状况　建站初期,昭通飞机场气象站只有 6 人,各县气象站只有 1～2 人;1978 年全市有气象科技干部 80 人。截至 2008 年 12 月,编制数为 136 人,实有在职职工 117 人。在职职工中:大学本科学历 36 人,大学专科学历 29 人,中专及以下学历 51 人;高级工程师 14 人,工程师 48 人,初级及以下职称 55 人;30 岁以下 19 人,31～40 岁 28 人,41～45 岁 19 人,46～50 岁 35 人,51 岁以上 16 人。

党建与精神文明建设　全市气象局建有党支部 10 个,有党员 89 名。1999 年获得昭通地(市)级文明行业称号,保持至今。

领导关怀　1958 年 6 月 11 日,中央气象局领导卢鋈视察镇雄气候站。

主要业务范围

地面测报　1932—1937 年教育局、建设局先后在巧家、镇雄、彝良、永善、昭通中学进行短期简单的气象要素观测。1941 年 8 月—1945 年 11 月,建立驼峰航线昭通备用机场测候工作。1944 年,民国政府中央空军设置昭通航空站测候台,至 1950 年初接管。1945 年 6 月—1947 年 6 月,盐津县政府聘任陈一得用简易仪器进行两年的测候记录。

建站初期为 4 次观测,1962 年 5 月 1 日起各县气候站及农试站的地面定时气候观测改为每日 08、14、20 时 3 次观测。一般气象观测站地面气象观测项目先后有云、能见度、天空状况、天气现象、温度、湿度、气压、降水量、日照、风向风速、地温、蒸发量、雪深、电线积冰等观测项目。1960—1988 年期间,昭通大山包气象站曾开展过地面气象观测业务。20 世纪 80 年代中期昭通(今昭阳区)、威信、盐津、永善等县站曾开展过酸雨观测业务。

1981 年,昭通地区大山包、鲁甸、彝良、绥江、威信等 5 个站担负航危报任务。其中绥江、彝良、鲁甸、大山包、威信 5 站为 05—18 时固定航危报,彝良、鲁甸、大山包站同时为 19—04 时预约航危报,大山包气候站 1989 年 1 月撤销预约航危报任务,2006 年起取消绥江、彝良航危报任务,保留鲁甸、威信站航空预约报任务。

天气预报　气象预报业务始于 20 世纪 50 年代初期,通过电台接收气象观测电码,手工填图并绘制简易天气图,分析制作 24 小时天气预报。1957 年 7 月镇雄县气象站站长谭文光等人以收听气象广播、气压温度湿度三线图、观天识云、物候观测等方法首创全国单站补充天气预报方法,得到中央、省、地、县各级气象部门的认可和推广,至此昭通各县气象站开始制作发布单站气象预报。

1996 年起,昭通地区气象台通过"9210"工程系统(气象卫星综合应用业务系统)接收气象信息;1999 年各县气象局开始通过拨号上网,调阅一定数量的气象信息预报指导产品,结合本地天气实况资料,进行本地化解释应用,综合分析制作气象预报;2002 年起市县气象台站通过 2 兆气象信息宽带网,依托 MICAPS 系统(气象信息综合分析处理系统),综合分析制作本地的各类气象预报。2007 年起盐津、镇雄县等气象局先后开展乡镇气象预报业务。

人工影响天气　1975—1994 年使用"三七"高炮开展人工影响天气试验性工作。1995

年起昭通县(今昭阳区)和鲁甸县等地先后开展了人工防雹增雨工作,现在全市11个县(区)均开展了人工增雨工作,7个县(区)开展人工防雹工作。共有人工增雨流动火箭作业点23个,人工增雨防雹固定高炮作业点83个。

2006年4月在昭阳区、永善县溪洛渡水电站应用ADTD雷电探测仪建成闪电定位探测站,并投入业务运行。

雷达探测 1980年昭通地区气象台增设移动车载式"711测雨雷达",1985年改为固定式711测雨雷达,1994年升级为数字化测雨雷达。2003年3月建成新一代天气雷达。

昭通市气象局

机构历史沿革

始建情况 前身是国民政府空军昭通飞机场测候所,1950年2月由中国人民解放军云南省军区接管,成立昭通机场气象站,地址在昭通县大地埂"机",东经103°45′,北纬27°20′,海拔高度为1906.0米。

站址迁移情况 1955年11月30日,由昭通县大地埂"机"迁至昭通县北门外"郊",东经103°43′,北纬27°21′,海拔高度为1930米,12月1日开始正式观测。1958年2月8日,云南省气象局通知使用1949.5米海拔高度。1975年观测场往北平移50米。

历史沿革 1950年2月成立昭通机场气象站。1952年6月更名为昭通警备区昭通气象站。1954年1月更名为云南省昭通县人民政府气象站。1957年8月更名为昭通气象中心站。1958年7月成立云南省昭通专员公署昭通气象中心站。1961年12月更名为昭通专员公署昭通气象中心服务站。1963年12月成立昭通专区气象总站。1971年1月改称为昭通地区气象台。1981年2月改称为昭通地区气象局。1983年10月改称为昭通地区气象处。1990年5月12日改称昭通地区气象局。2001年8月改为昭通市气象局。

管理体制 1950年2月,成立昭通机场气象站,属昭通机场建制。1952年6月—1953年12月,昭通气象站建制属昭通警备区。1954年1月—1955年1月,云南省昭通县人民政府气象站属昭通县人民政府建制,业务仍由云南省人民政府气象科管理。1955年1月—1958年3月,属云南省气象局建制和领导。1958年3月—1963年3月,属昭通专区建制。1963年4月—1970年6月,昭通专区气象总站划归省气象局(1966年3月改为云南省农业厅气象局)建制。1970年7月—1970年12月,昭通专区气象总站改属昭通专区革命委员会建制和领导。1971年1月—1973年9月,昭通地区气象台实行昭通军分区领导,建制属昭通地区革命委员会。1973年10月—1980年8月,昭通地区气象台隶属昭通地区革命委员会建制和领导。1980年9月起,实行省气象局与昭通专署(今昭通市政府)双重领导,以省气象局领导为主的管理体制。

机构设置 截至 2008 年底,昭通市气象局机构规格为正处级,内设办公室、人事教育科、业务科技科、计划财务科四个管理科室,有雷电中心、人影中心、科技服务中心、气象台4个直属事业单位;下辖昭阳区、鲁甸县、巧家县、大关县、彝良县、威信县、镇雄县、盐津县、绥江县、永善县十个县区气象局和昭通农业气象试验站。

单位名称及主要负责人变更情况

单位名称	姓名	民族	职务	任职时间
昭通机场气象站	段 清	汉	负责人	1950.02—1951.10
	杨全清	汉	主任	1951.10—1952.06
昭通警备区昭通气象站	张有林	汉	负责人	1952.06—1954.01
				1954.01—1956.08
云南省昭通县人民政府气象站	郑庆云	汉	负责人	1956.09—1957.07
昭通气象中心站	吴良质	汉	站长	1957.08—1958.06
云南省昭通专员公署昭通气象中心站	何开炳	汉	站长	1958.07—1959.06
	王占彪	汉	站长	1959.06—1961.12
昭通专员公署昭通气象中心服务站	王稼贵	汉	站长	1961.12—1963.12
昭通专区气象总站				1963.12—1964.12
	张文亮	汉	站长	1964.12—1971.01
				1971.01—1971.03
	刘文章	汉	台长	1971.04—1972.03
昭通地区气象台	无档案资料			1972.04—1972.08
	张文亮	汉	台长	1972.09—1974.06
	高春龄	汉	台长	1974.06—1977.08
	吴良质	汉	台长	1977.09—1981.01
昭通地区气象局			局长	1981.02—1983.09
			处长	1983.10—1984.04
昭通地区气象处	陈礼仁	汉	处长	1984.04—1985.09
	赵 毅	汉	处长	1985.10—1987.10
	吴良质	汉	处长	1987.10—1990.05
昭通地区气象局			局长	1990.05—1992.05
	王跃奇	汉	局长	1992.05—1995.07
	龚为灿	汉	局长	1995.07—2001.08
昭通市气象局				2001.08—2003.03
	龙水华	汉	局长	2003.03—

注:1972 年 4 月—1972 年 8 月负责人无档案资料记载,1971 年 1 月单位名称变更为昭通地区气象台,4 月任命刘文章为台长,1—3 月负责人仍为张文亮,未任命为台长。

人员状况 1950 年 2 月成立昭通机场气象站时有 6 人。截至 2008 年 12 月,编制数为64 人(含昭通农业气象试验站),实有在职职工 51 人;其中:大学本科学历 33 人,大学专科学历共有 12 人;高级工程师 14 人,工程师 21 人,初级职称 9 人。

气象业务与服务

1. 气象观测

①地面气象观测

观测时次 早在 1936 年 1 月—1937 年 12 月,昭通(观测员谢广福)进行过简单的气象要素观测。1950 年 4 月 1 日建站起正式开展气象观测工作,昭通气象站属国家气象观测基本站,每天 4 次(02、08、14、20 时)观测发报,1951 年起改为 24 小时观测,固定 8 次发报(02、05、08、11、14、17、20、23 时)。

观测项目 建站以来的观测项目先后有云、能见度、天空状况、天气现象、地面状态、温度、湿度、气压、降水量、日照、日射、风向风速、蒸发量、地温、地面状态、地面草温、雪深、电线积冰等。定期制作上报地面观测记录月、年表。1955 年 6 月起增发气候旬月报。

1960—1988 年期间,昭通大山包气象站曾开展过地面气象观测和预报业务,1989 年 1 月 1 日撤销大山包气象站。20 世纪 80 年代中期昭阳区、威信县、盐津县、永善县等县站开展过酸雨观测业务。1950 年 4 月—1956 年 2 月曾担负不定时航空报编发任务。

②农业气象观测

1958 年 2 月,成立昭通农业气象试验站(前身为云南省会泽驾车弯山区农业气象试验站),同年 9 月迁至昭通县簸箕湾,更名为云南省昭通农业气象试验站,属国家二级农业气象试验站。1978 年 1 月,云南省昭通农业气象试验站迁至昭通地区气象台(现昭通市气象局内)至今。

1958 年 3 月起开始编发农气旬、月报,报表制作报云南省气象局资料室。农业气象观测项目先后有作物小麦、洋芋、水稻、玉米、蚕豆观测;土壤湿度观测;物候观测(苹果、山桃、葡萄、垂柳、蒲公英、车前草、槐树)。2004 年报表增报国家气象局气候资料室。

1979 年以前,以不定期的方式开展农业气象预报情报、气候分析服务;1980 年起增加定期农业气象旬(月)报服务;1990 年起增加农业气象产量预报;2002 年起先后增加干旱监测预测评估、作物病虫害气象专题服务和烤烟、玉米特色气象服务。

③作物生长量观测

2004 年 1 月起增加叶面积、干物质、灌浆速度等生长量的测定及大田生育状况观测调查项目。

④土壤湿度观测

2004 年 6 月 21 日起,每月逢 3 日增加土壤湿度加密观测任务。于每月逢 6 日上传到中国气象局、省气象局。

⑤高空观测

1950 年 4 月 1 日—1962 年 4 月期间开展高空小球测风工作。

⑥雷达观测

1980 年增设移动车载式 711 天气雷达,开始雷达测雨观测。1985 年改为固定式 711 天气雷达。1994 年升级为数字化天气雷达。2003 年 3 月建成新一代天气雷达。

⑦气象卫星云图

1985—1996 年使用像纸感光接收美国 NOAA 极轨卫星云图资料;1996 年后逐步改为接收我国风云气象卫星云图资料。

2. 气象信息网络

从建站到 20 世纪 80 年代初期,主要依靠电话将报文传输到邮电局发送,天气预报信息主要依靠收音机收听定时天气预报广播来获取。1981 年开始使用传真机接收天气图,主要接收北京的气象传真和日本的传真图表;1991 年,开通甚高频无线对讲通讯电话,实现与云南省气象局和各县气象局直接业务会商;1996 年起建立"9210"工程系统(气象卫星综合应用业务系统),接收各类气象卫星信息;2000 年起各县气象局先后建立 PC-VSAT 地面气象卫星信息接收系统。

1998 年建成昭通气象部门电话拨号上互联网;2002 年 4 月改用宽带上网;2002 年 6 月建设 FTP 服务器,同时各县区气象局共享部分 MICAPS 资料;2003 年 9 月建立共享新一代雷达产品资料网络;2004 年 10 月重新铺设网络主干线,同年 12 月,全省气象系统内部宽带网络开通;2005 年 3 月中心网络搬至昭通市气象台新机房,同年 6 月,开通气象宽带网备份 VPN 线路;2005 年 8 月实现 MICAPS 资料的大部分共享和卫星云图资料的完全共享网络,同年 10 月建成全省气象部门视频会商系统,同时安装大屏幕背投系统。

2004 年 12 月,昭通兴农信息网站开始试运行,同期建成各县(区)兴农信息网站;2005 年 3 月昭通市县兴农信息网站正式运行。

3. 天气预报

预报业务始于 20 世纪 50 年代初期,通过电台接收气象观测电码,手工填图并绘制简易天气图,分析制作发布各县 24 小时天气预报。

1976 年以前曾应用"图、资、群;大、中、小;长、中、短"土、洋相结合的方法制作气象预报。

20 世纪 80 年代初至 90 年中期,利用气象无线传真机,接收日本和国内各类天气形势图、各种气象预报产品信息资料,结合本地天气实况与历史资料综合分析制作天气预报。预报业务主要包括长、中、短期天气预报和短时临近预报。

从 20 世纪 80 年代起,增加了森林火险气象等预报业务服务。2001 年起先后增加了短时(6 小时内)预警预报业务和穿衣指数、晨炼指数、紫外线强度等生活气象指数预报业务。

4. 气象服务

①公众气象服务

1995 年以前,昭通的公众气象服务主要通过地方广播电台对外发布天气预报;1996 年开始通过昭通电视节目播报每天的天气预报信息;2000 年开通了"96121"(现改为"12121")天气预报电话自动答询业务;2003 年开始为手机用户提供气象信息服务;2005 年 3 月增加了兴农信息网站服务窗口;2007 年在部分县区安装电子气象信息显示屏。

②决策气象服务

1996 年 10 月 6—7 日、2002 年 7 月 15 日、2004 年 10 月 6 日,分别三次为国家领导人

朱镕基(代)总理、胡锦涛(副)主席,温家宝总理视察昭通的专机飞行安全提供气象保障,得到各级领导的称赞和表扬。1998年7月6—18日,昭通出现连续性大雨、暴雨天气过程,仅7月6日和7月13日两次的暴雨和洪灾,造成直接经济损失达2.3亿元。在此次过程中,昭通市气象局为地方政府提供准确及时的预报服务,受到充分的表扬和肯定,被中国气象局授予"防汛抗洪气象服务先进集体"。2008年初,昭通市遭遇了持续40天的低温雨雪冰冻灾害,昭通市气象局率先启动了气象灾害和突发公共事件Ⅲ级,积极响应Ⅱ级应急预案,出色完成了抗击低温雨雪冰冻灾害抢险救灾气象保障决策服务工作,得到了中国气象局、云南省气象局、昭通市委、市人民政府的表彰奖励。

③专业与专项气象服务

专业气象服务 1989年起,为昭通各县烟区开展计算机烤烟收购气象科技服务;1992年起分别为昭通市(县级)、彝良县进行计算机电子称收购烟叶服务;1992年8月18日成立昭通市(县级)气象科技咨询服务部。1993—2004年开展过施放气球广告服务。1993年为昭通机场建立地面气象站;1996—2000年派专人到昭通渔洞水库开展现场气象保障服务;2000年起全市开展"96121"(2007年改为"12121")气象信息电话自动答讯服务;2005年起开展手机短信气象服务;2001年起先后为昭通大中小型电站、机场、铁路、南方电网昭通分公司、水麻高速公路、大型厂矿和危险化学行业等开展专项气象保障服务;2004年起派专人到金沙江溪洛渡水电站进行现场气象保障服务。

人工影响天气 1975年开始进行人工影响天气试验性工作。1995年人工影响天气办公室成立,1998年成立人工降雨防雹指挥中心,2008年建成人工增雨防雹作业指挥系统。

防雷检测业务 1993年开展避雷检测服务及防雷工程安装服务,1996年起地县气象局先后开展避雷装置安全技术检测和防雷工程安装服务。1999年成立昭通地区防雷装置检测中心,2002年更名为昭通市防雷装置安全检测中心,同年成立昭通市防雷中心。

④气象科普宣传

每年通过"3·23"世界气象日和科普宣传周,积极开展气象科普宣传,在市县区城镇广场印发气象科普宣传资料、展出气象科普展版、通过地方主要媒体,专题报道有关气象科技发展、气象科技成果及气象科普知识等宣传内容。2005年,昭通市气象局被昭通市科协确定为气象科普教育基地。

气象法规建设与社会管理

依法行政 《中华人民共和国气象法》颁布以后,把气象法律法规纳入"四五"、"五五"普法教育内容,加强对气象法律法规的学习,全市现已有35人取得执法证。

制度建设 制定和实施的规章制度有《昭通市气象局行政值班制度》、《昭通市气象局机关工作制度》、《昭通市气象局党风廉政建设制度》,以及《昭通市气象局地面测报质量奖惩规定》等气象业务方面一系列规章制度。

社会管理 2003年,昭通市人民政府下发了《昭通市人民政府办公室关于将我市防雷减灾安全生产管理工作纳入基本建设管理程序的通知》,转发了中国气象局第3号令《防雷减灾管理办法》。2004年昭通市气象局组建了昭通市气象行政执法支队。2007年,联合昭通市安全生产监督管理局下发了《关于进一步加强防雷安全管理工作的通知》,联合昭通市教育局下发了《关于认真执行云南省气象局、云南省教育厅关于贯彻落实中国气象局、教育部加强学校防雷安全工作文件的通知》等文件;依据《气象探测环境和设施保护办法》完成了全市气象观测环境的调查评估和备案保护工作,各县区台站均在当地城建或规划部门备案;举办施放气球资格培训班,组织全市施放气球的个体单位进行了气象法律、法规及安全生产等知识的培训。

政务公开 气象行政审批办事程序、气象服务内容、服务承诺、气象行政执法依据、服务收费依据及标准等,通过市人民政府信息网络、户外公示栏、电视广告、报纸、发放宣传单等方式向社会公开。干部任用、财务收支、目标考核、基础设施建设、工程招投标、职工晋职晋级等内容采取职工大会或政务公开栏等方式向职工公示或说明。

2008 年,在昭通市人民政府的统一指导下,建设了昭通市气象局、市人民政府信息公开网站和昭通市气象局政务信息查询网站,有效借助市人民政府信息公开和政务信息查询统一平台,公开各类相关信息。

党建与气象文化建设

1. 党建工作

建站初期,1953 年有党员 1 名,参加昭通县人民政府人事科过组织生活;1954 年—1959 年 5 月有党员 5 名,参加昭通行政公署农业局过组织生活;1959 年 6 月,成立昭通中心气象站党支部;1978—1979 年有党员 6 名;1995 年有党员 26 名;2000 年有党员 36 名,截至 2008 年 12 月有党员 47 名。

2. 气象文化建设

1997 年 10 月昭通地区气象局被昭通地委、行政公署命名为市级文明单位;1999 年 9 月获昭通地区文明行业称号;1999 年 12 月获省级文明单位称号。省级文明单位和文明行业的称号一直保持至今。

3. 荣誉

集体荣誉 1995 年 10 月为国家领导人专机飞行提供气象保障服务,获得昭通行政公署的表彰奖励;1996 年 3 月获昭通地区科技进步先进集体;1998 年 10 月获中国气象局表彰的防汛抗洪气象服务先进集体;1999 年 9 月获地级文明行业称号;2000 年 1 月获昭通地区科技工作先进集体;2003 年 1 月获中国气象局表彰的重大气象服务先进集体;2005 年 11 月获昭通市档案管理优秀单位;2005 年 12 月获昭通市森林防火先进单位;2006 年 11 月获云南省十五期间抗旱工作先进集体;2006 年 7 月获省级文明单位称号;2008 年获中国气象局表彰的抗击冰凌雪灾先进集体。

个人荣誉 从建站至 2008 年,昭通市气象局个人获得地厅级以上各类表彰奖励 67 人次。其中,1978 年 10 月,中央气象局授予付启桂全国气象部门"双学"先进工作者;1979 年 10 月,全国妇联授予付启桂全国"三八"红旗手;1999 年,中国气象局授予付启桂全国气象系统先进工作者。

台站建设

1956 年占地面积 22500 平方米,拥有房屋 4 幢 21 间办公和生活用房,建筑面积 387 平方米,砖木结构,花圃近 1000 平方米和篮球场、单双杠等活动场地。

1984 年,占地面积 16938.32 平方米,拥有房屋 7 幢 136 间,建筑面积达 2322.29 平方米,钢筋水泥二层楼房 2 幢、砖木结构平房 3 幢、土木结构平房 2 幢;1986 年建成 711 测雨雷达办公大楼;1989 年修建职工住宅楼 2 幢 18 套,建筑面积 2350.8 平方米。

20 世纪 90 年代修建了多功能活动中心;修建抽水房 1 间,面积 104.7 平方米,解决了职工挑水吃的困难;规划修缮了道路,在庭院内修建了草坪和花坛,重新修建装饰了单位大门。1998 年开工建设昭通气象科技大楼(新一代多普勒雷达大楼),2000 年竣工验收,框架十二层,建筑面积 2510.29 平方米。1998 年修建职工住宅楼 2 幢 40 套,建筑总面积 2962.95 平方米。2002 年完成市局大院园区改造。

受 2008 年初的冰冻灾害和"5·12"汶川地震波及的影响,昭通市气象局房屋设施受到严重损坏,在云南省气象局的关心帮助下,重修了大院围墙、篮球场、水管、房屋等受损设施。昭通市气象局现占地面积 18200.10 平方米。

1986 年建成的昭通地区气象局办公大楼　　　　2000 年建成的昭通气象科技大楼

昭阳区气象局

机构历史沿革

始建情况　2001 年 10 月,在原昭通市气象局测报组的基础上成立昭阳区气象局,站址位于东经 103°43′,北纬 27°21′,观测场海拔高度 1949.5 米。为国家基本气象站。

管理体制　实行昭通市气象局和昭阳区人民政府双重领导,以昭通市气象局领导为主的管理体制。

单位名称及主要负责人变更情况

单位名称	姓名	民族	职务	任职时间
昭阳区气象局	崔清章	汉	副局长（主持工作）	2001.10—2002.12
	段 辑	汉	局长	2003.01—

人员状况 昭阳区气象局成立时有职工 5 人,截至 2008 年 12 月有在职职工 7 人,其中:大学本科 1 人,大专 2 人,中专 3 人,高中 1 人;中级职称 4 人,初级职称 3 人。

气象业务与服务

1. 地面气象观测

观测项目 云量、云状、能见度、天气现象、气压、气温、湿度、风向、风速、降水、日照、蒸发、地温、雪深、电线积冰等。

观测时次 每天进行 02、08、14、20 时 4 次定时观测,05、11、17 时 3 次辅助观测,7 次发报,2007 年 1 月 1 日增加 23 时观测发报。

发报种类 天气报、重要天气报、气象旬(月)报、天气补绘报。

编发报及传输方式 编报方式经历手工查算编报、PC-1500 袖珍计算机编报、计算机《AHDM 5.0》版软件编报、自动站(OSSMO 2004)版软件编报;传递方式经历用电话报邮局发报、X.25 专线发报、电信光缆发报。

自动气象站观测 2002 年 11 月 ZQZ-CⅡ型自动气象站建成并开始试运行,2003 年 1 月 1 日正式投入业务运行。自动气象站观测项目有气压、气温、湿度、风向、风速、降水、地温七要素。2006 年 4 月建成 ADTD 雷电探测仪,并投入业务运行。2007 年 12 月建成乐居、凤凰、小龙洞、靖安 4 个温度、雨量两要素区域自动气象站(CAW600-R(T)型),并投入业务运行。

2. 气象服务

2005 年昭阳区发生了历史罕见的冬春夏初三季连旱,春播严重受阻,制作《抗旱专题》服务材料多期,提前做出了预测分析并提出科学的防灾减灾建议。2007 年 9 月 26 日为云南省昭通市昭阳区"昭阳苹果拼图迎奥运——申报吉尼斯世界纪录"现场认证,提供气象保障服务。

2008 年 3 月,中国黑颈鹤之乡·昭阳大山包摄影艺术节在昭阳区举行,根据组委会的要求提供气象保障服务。

气象法规建设与社会管理

制度建设 2004 年,制定了《昭阳区气象局测报工作管理办法措施及实施细则》、《昭阳区气象局工作规章制度》、《昭阳区气象局各班次观测项目和观测程序》、《昭阳区气象局地面测报编发报应急方案》等。

政务公开　对气象行政审批,气象服务内容,服务承诺,机构职能,个人岗位职责,观测环境状况,每月的集体和个人测报质量,采取了通过户外公示栏的方式向社会公开。

党建与气象文化建设

党的组织建设　昭阳区气象局成立时有党员 1 人,截至 2008 年 12 月有党员 2 人,均编入昭通市气象局党支部。2008 年 9 月由昭通市气象局配备了纪检监察员,组成三人决策领导组。

精神文明建设　极积参加市气象局组织的各种集体活动,始终坚持以人为本,弘扬自力更生、艰苦创业精神,与昭通市气象局一起深入持久开展文明创建工作。

荣誉　2001—2008 年,共有 26 人次获得云南省气象局评为"测报先进个人";2 人次被昭阳区人民政府评为安全生产先进个人。

台站建设

2002 年 5 月,昭通市气象局投资 32 万元对建于 20 世纪 50 年代的原农试站和观测组共用砖木结构楼房进行改造装修,后交付昭阳区气象局做办公业务楼,建筑面积 237.0 平方米。观测场、地面自动气象站值班室及气压室按云南省气象局"两室一场"改造方案进行了全面改造。

20 世纪 50 年代修建的原昭通农试站、地面观测组办公用房

2002 年改造装修后的昭阳区气象局

鲁甸县气象局

机构历史沿革

始建情况　始建于 1958 年 10 月,1959 年 1 月 1 日开始有观测资料,地址在鲁甸县砚

池山,东经 103°33′,北纬 27°10′,海拔高度 1950.0 米,承担国家一般气象站观测任务。

站址迁移情况 1984 年 10 月迁站至鲁甸县城南大街 30 号,东经 103°32′,北纬为 27°11′,海拔高度 1916.0 米。2003 年 12 月,观测场向西北方向平移 80 米,经度和海拔高度不变,纬度变为北纬 29°11′。

历史沿革 1958 年 10 月建站时名称为鲁甸县气候站,1960 年 3 月 11 日更名为鲁甸县气候服务站,1966 年 1 月 1 日更名为鲁甸县气象服务站,1971 年 2 月 1 日更名为鲁甸县气象站,1990 年 6 月更名为鲁甸县气象局。

管理体制 1958 年 10 月—1963 年 4 月,属鲁甸县人民委员会建制、鲁甸县农林水利科管理;1963 年 4 月—1970 年 6 月,鲁甸县气象站隶属云南省气象局(1966 年 3 月改为云南省农业厅气象局)建制,其人员、财务、业务管理、技术指导和仪器设备均由省气象局负责,行政生活、政治思想、地方服务工作以及对台站工作的管理监督由当地党政负责;1970 年 7 月—1970 年 12 月,鲁甸县气象站改属当地革命委员会建制和领导;1971—1973 年,实行鲁甸县人民武装部领导,属鲁甸县革命委员会建制;1973 年—1980 年 8 月,鲁甸县改属当地革命委员会建制和领导,划归鲁甸县农业局管理;1980 年 7 月实行昭通地区气象局与鲁甸县人民政府双重领导,以昭通地区气象局领导为主的管理体制。

单位名称及主要负责人变更情况

单位名称	姓名	民族	职务	任职时间
鲁甸县气候站	石维群	苗	站长	1958.10—1960.03
鲁甸县气候服务站				1960.03—1966.01
鲁甸县气象服务站				1966.01—1971.02
				1971.02—1987.12
鲁甸县气象站	陈道帮	汉	站长	1988.01—1989.12
	龚 跃	汉	负责人	1990.01—1990.06
				1990.06—1990.11
鲁甸县气象局	李大可	汉	局长	1990.12—1998.11
	董光学	汉	副局长(主持工作)	1998.12—1999.09
	马光芬(女)	回	副局长(主持工作)	1999.10—2001.09
			局长	2001.09—

人员状况 1958 年 10 月建站时有职工 1 人,1960 年有 2 人,1963 年有 3 人,到 1981 年增加至 7 人(其中:工程师 2 人,助理工程师 1 人,技术员 4 人),1998 年职工增加到 8 人(其中:工程师 3 人,助理工程师 4 人,技术员 1 人);截至 2008 年底,有在职职工 7 人,其中:本科学历 1 人,专科学历 1 人,中专学历 5 人;中级职称 4 人,初级职称 3 人。

气象业务与服务

1. 气象业务

地面气象观测 从建站开始,每天进行 08、14、20 时 3 次整点地面气象观测、发报,编制并上报月、年报表;同时肩负着每天 05—18 时每小时 1 次的航空固定报任务;2002 年将

05—18时每小时1次固定航危报改为24小预约航危报,其余观测任务不变。

自动气象站观测 2002年底,完成了地面气象自动站建设,2003年1月1日正式开始运行。

区域自动气象站观测 2007年10月—2008年12月,分别在乐红、火德红、梭山、龙头山、小寨、新街、江底、水磨8个乡镇,各安装了一个温度、雨量两要素区域自动气象站。

天气预报 1958年11月—1999年6月,依靠抄收四川台、云南台的广播天气预报形势资料,结合本站资料进行天气预报服务。

气象信息网络 1985年正式开始天气图传真接收工作。1999年7月,开通"9210"(气象卫星综合应用业务系统)远程工作站,通过因特网调取昭通地区气象台服务器中的PC-VSAT资料,开始使用MICAPS 1.0系统进行气象预报服务。2000年4月,投入4.8万元建立起地面气象卫星PC-VSAT接收小站。2004年10月,气象宽带网的建成。

2. 气象服务

①公众气象服务

1958年11月建站起,每天坚持定时发布未来24小时天气预报,定时报送县广播站向全县人民广播。目前主要采用电视、手机短信、传真、县人民政府网、气象宽带网、电子显示屏、"12121"声讯答询系统进行预报服务。

②决策气象服务

气象预报服务产品在原有的气象短期预报的基础上新增了天气预警信号、重要天气消息、农业气象服务专题、决策气象服务、中长期天气预报。

③专业与专项气象服务

人工影响天气 1995年鲁甸县成立人工降雨办公室,至2008年底,有"三七"高炮9门,增雨火箭发射架2部。

防雷减灾 1995年成立了鲁甸县防雷设施安装检测中心,2003年5月16日,鲁甸县气象局被列为鲁甸县安全生产委员会成员单位,负责鲁甸县境内的防雷安全管理工作。

党建与气象文化建设

党的组织建设 1980年有党员3人,成立党支部。1980年以后有党员2人,党支部挂靠鲁甸县农业局支部;1996年党员为4人,重新成立了独立的支部;2006年党员为6人,建立了党支部活动室。截至2008年底有党员6人。

精神文明建设 1999年12月取得县级文明单位称号;2001年12月取得市级文明单位称号并保留至今;2003年被鲁甸县人民政府评为安全生产目标管理先进单位;2006年在"十五"期间的全省气象部门精神文明创建工作中,被云南省气象局评为先进集体。

荣誉 个人获得国家气象局、省气象局、市气象局的奖励29人次。

台站建设

鲁甸县气象局建站时在城郊砚池山,有8间土木结构的瓦房作为办公用房和职工宿舍。1984 年迁站到县城南郊,有两层办公楼 1 幢,职工住宅 1 幢。2003 年鲁甸县遭受"5·1"、"5·6"两次地震,使单位办公楼及职工宿舍成了危房,给职工工作和生活带来极大的困难。2005 年底在云南省气象局和昭通市气象局的关怀和支持下,聚集资金建成了 500 平方米面积的现代化办公楼;职工住宅也得到改善,绿化环境,建设花园,种植花卉和常绿灌木 3 亩,硬化了道路及公共活动场所、使台站面貌焕然一新,给职工创造了优美的工作和生活环境。

鲁甸县气象局 1984 年修建的的办公楼

鲁甸县气象局 2008 年新建的办公楼

巧家县气象局

机构历史沿革

始建情况　巧家县气象局始建于 1958 年 11 月 1 日,当时名为巧家县气候站,位于城东南魁角梁子。为国家一般气象站。

站址迁移情况　1960 年 3 月 11 日迁至城东南土基塘,1966 年 1 月迁站于县城城西大山梁子,2005 年 1 月由城西大山梁子迁站至巧家县白鹤滩镇丝厂小区。目前观测场位于东经 102°55′,北纬 26°55′,海拔高度 894 米。

历史沿革　1958 年 11 月 1 日建站时名称为巧家县气候站。1960 年 3 月 11 日更名为云南省巧家县气候服务站。1971 年 1 月更名为云南省昭通地区巧家县气象站。1975 年 8 月更名为云南省巧家县气象站。1990 年 5 月 20 日更名为云南省巧家县气象局。

管理体制　1958 年 11 月—1963 年 4 月,隶属巧家县人民委员会建制和领导;1963 年 4 月—1970 年 6 月,巧家县气象站隶属云南省气象局(1966 年 3 月改为云南省农业厅气象局)建制,其人员、财务、业务管理、技术指导和仪器设备均由省气象局负责,行政生活、政治思想、地方服务工作以及对台站工作的管理监督由当地党政负责。1970 年 7—12 月,巧家县气象站改属当地革命委员会建制和领导。1971—1973 年,实行巧家县人民武装部领导,属巧家县革命委员会建制;1973 年—1980 年 8 月,巧家县改属当地革命委员会建制和领导;1980 年 7 月,实行昭通地区气象局与巧家县人民政府双重领导,以昭通地区气象局领导为主的管理体制。

单位名称及主要负责人变更情况

单位名称	姓名	民族	职务	任职时间
云南省巧家县气候站	王 沛	汉	负责人	1958.11—1960.03
云南省巧家县气候服务站				1960.03—1968.05
	张祥兆	汉	负责人	1968.06—1971.01
云南省昭通地区巧家县气象站				1971.01—1975.08
云南省巧家县气象站				1975.08—1990.05
云南省巧家县气象局	刘朝银	汉	副局长(主持工作)	1990.05—2006.06
	孙文聪	汉	局长	2000.06—

人员状况 1960 年以前有 3 人;1970 年有 3 人;1980 年有 8 人;1990 年有 7 人;截至 2008 年底有在职职工 6 人,其中:本科学历 1 人,大专学历 3 人,中专及以下 2 人;工程师 5 人,助理工程师 1 人。

气象业务与服务

1. 气象业务

①地面气象观测

观测项目 早在民国时期,1932 年 1 月—1933 年 12 月巧家(观测员黄太颐)进行过简单的气象要素观测。1958 年建站后观测项目任务内容包括云状、云量、能见度、天气现象、气压、气温、湿度、风速、风向、降水、雪深、日照、蒸发和地温。

观测时次 每天进行 08、14、20 时 3 次定时观测和天气加密报及不定时重要天气报。

报文传输 1958—1990 年报文主要采用手摇电话通过邮局报送,1991—1997 年通过无线电甚高频向昭通地区气象台报送,由昭通地区气象台转报云南省气象台,1998—2006 年通过内部光纤网络实现报文直接传输。

自动气象站观测 2007 年 1 月 1 日建设成地面自动气象观测站。

区域自动站观测 2007—2008 年完成了 10 个乡镇的两要素区域自动气象站建设。

②农业气象

主要开展了农业气象灾害预报,病虫害发生发展气象条件预报,森林火险气象等级预报,作物发育期预报,土壤墒情预报等;农业气候资源开发利用,包括农业气候区划、农业气候可行性论证、农业气候资源评估、设施农业气象服务以及农业气象适用技术的开发利用等;农业气象灾害监测评估。1985 年完成了全县农业气候区划。

③气象信息网络

1958—1979 年利用三线图、天气谚语、经验积累制作 24 小时、48 小时短期常规天气预报,采取人员送、电话报的方式向县委、县人民政府及有关部门报送天气预报;1980—1997 年主要接收北京的气象传真和日本的传真图表,开通甚高频无线电对讲通话,实现与昭通地区气象局和市辖各县直接进行业务会商,利用三线图、抄收云南、四川天气口语广播,绘制天气图,利用图表综合地分析判断天气变化,制作年、季、月天气趋势预测,短期 24 小时、48 小时内短期天气预报,采取传真、电话报、人员送的方式向县委、县人民政府及有关部门报送天气预报;1998—2008 年市、县共同投资开通 MICAPS 气象卫星接收单收站、光纤数据通讯,通过 MICAPS 平台利用国内外气象中心数值预报产品、昭通天气雷达、卫星云图等气象资料进行分析制作预报服务产品,预报产品通过书面、传真、96121(现改为"12121")、网络、短信、电视等方式直接向县委、县人民政府报送。

④天气预报预测

长期天气预报 20 世纪 80 年代开始长期天气预报,当时只作月的长期天气预报。后来逐渐将季和年的长期天气预报纳入日常业务。其预报内容主要是:旱涝、冷暖趋势、汛期早晚、雨量分布及可能发生的重要天气过程、重大灾害性天气等。

中期天气预报 1981 年,正式向使用单位发布中期天气预报。中期天气预报的内容是气温、降水、大风等气象要素预报和出现的天气过程。中期天气预报和发布时间,在旬前的 1~2 天定期发布。遇有某些特殊需要,则随时增加 5 天、7 天或跨旬的中期预报。

短期天气预报 1958 年建站不久就开始制作短期天气预报,分 12、24、36、48、72 小时的天气预报。短期天气预报的内容为巧家区域的气象要素预报(气温、风向、风速、晴、阴、雨、雾、雪、霜等)和天气趋势的预报。

短时天气预报 1982 年将短时天气预报纳入气象业务。短时天气预报,时效为 12 小时以内的大风、暴雨、冰雹、雷暴等突发性重要灾害性天气预报。

2. 气象服务

公众气象服务 从 20 世纪 80 年代开始,通过传统大众传播媒介电视和"12121"气象信息自动答讯电话、移动通信短信息、互联网站等高技术手段,拓展信息传播渠道,及时向社会发布最新天气预报和实况。

决策气象服务 早在 20 世纪 80 年代就已开展,但进展不大。2000 年以后决策气象服务有了很大的进展,及时向县委、县政府通报重要天气变化情况,提出防御建议。

【气象服务事例】 在 2008 年年初的低温冷害天气过程中,1 月 25 日启动Ⅲ级应急预案,并严密监视天气变化,主动加强与昭通市气象台的天气会商,预测预报准确、服务周到及时,决策气象服务水平得到了县委、县政府的充分肯定。

2008 年汛期强降水突出,县气象局提早以重要天气、天气警报的形式书面向县委、县政府、电视台等有关部门报送情况,县委、县政府立即根据预测预报召开紧急会议,安排部署防灾减灾工作,还对气象预报材料做出重要批示下发,指导抗灾救灾。在此期间还向县委、县政府主要领导发送过多期暴雨降水量情况,气象服务工作再次得到县委、县政府的肯定。

专业与专项气象服务 由于受焚风效应的影响,干旱成为影响巧家县工农业发展的主要障碍之一,极端最高气温曾达 42.7℃,为全省之最。20 世纪 70 年代试验性地开展了人工增雨抗旱工作;1997 年开展了人工增雨抗旱,效果好、反响大,随后连续 3 年相继开展人工增雨抗旱工作;2001 年地方人民政府把人工增雨抗旱工作正式纳入重要议事日程;2007

年专门划拨经费 60 多万元建设了 3 个人工增雨防雹规范作业点,购置了 2 门防雹"三七"高炮和 3 部人工降雨火箭发射架。

气象科普宣传 每年"3·23"世界气象日,都根据不同的主题开展丰富多彩的科技宣传教育活动,普及有关知识,使广大群众更多地关心天气、气候和我们的地球。

科学管理与气象文化建设

法规建设 2003 年 10 月,巧家县人民政府办公室以巧政办发〔2003〕98 号文,将防雷减灾工作纳入基本建设管理程序,防雷工程的检查验收,全部纳入气象行政管理范围。2004 年被列为巧家县安全生产委员会成员单位,负责全县防雷安全的管理。

制度建设 1997 年 5 月制定了《巧家县气象局测报管理制度》、《巧家县气象局预报管理制度》、《巧家县气象局上下班管理制度》、《巧家县气象局目标考核制度》、《巧家县气象局学习制度》等。

党的组织建设 1995 年有党员 2 人,编入巧家县科技局支部,1997 年有党员 4 人,成立了气象局党支部,截至 2008 年底共有党员 5 名(其中退休职工党员 2 名)。

精神文明建设 2000 年巧家县气象局荣获昭通地区地级文明单位。

荣誉 建站至 2008 年底,巧家县气象局获省部级以下先进个人 23 人次。

台站建设

1997 年整体搬迁至现在位置,1999 年巧家县人民政府划拨土地 2480 平方米,在云南省气象局的帮助和资助下,投资建设气象局观测场和办公楼;2000 年观测场建成,2005 年云南省气象局投资 75 万元,建成局办公楼,2008 年云南省气象局投资 20 万元对环境进行改造。现占地面积 2480 平方米,有办公楼 1 幢,建筑面积 630 平方米,占地面积 300 平方米。

20 世纪 90 年代巧家县气象局面貌

2008 年建成的巧家县气象局办公大楼

盐津县气象局

机构历史沿革

始建情况 盐津县气象局始建于 1958 年 10 月,当时名称为盐津县气候站,站址位于盐津县水田村陈家坪,东经 104°02′,北纬 28°01′,海拔高度 794.9 米。国家一般气象站。

站址迁移情况 1959 年 1 月,搬迁至盐津县城老街对面玄武庙山顶,东经 104°15′,北纬 28°03′,海拔高度 595.8 米。1980 年 1 月,又从盐津县城老街对面玄武庙山顶搬迁至玄武庙半山腰,东经 104°15′,北纬 28°03′,海拔高度 484.3 米。2003 年 1 月 1 日,再次从老县城玄武庙半山腰整体搬迁至县城新区黄葛槽,新站址位于东经 104°14′,北纬 28°06′,观测场海拔高度 448.8 米。

历史沿革 1958 年 10 月建站时名称为盐津县气候站。1959 年 1 月 1 日,因盐津县与大关县合并为大关县,站名改为大关县气象站。1961 年 5 月 1 日,盐津与大关县分离,设立盐津县,站名改为盐津县气象站。1964 年 2 月 1 日,更名为云南省盐津县气象服务站。1971 年 1 月 13 日,更名为盐津县气象站。1990 年 6 月,更名为盐津县气象局。

管理体制 1958 年 11 月—1964 年 1 月,隶属盐津县人民委员会建制和领导;1964 年 2 月—1970 年 6 月,隶属云南省气象局(1966 年 3 月改为云南省农业厅气象局)建制,其人员、财务、业务管理、技术指导和仪器设备均由省气象局负责,行政生活、政治思想、地方服务工作以及对台站工作的管理监督由当地党政负责;1970 年 7—12 月,盐津县气象站改属当地革命委员会建制和领导;1971—1973 年,实行盐津县人民武装部领导,属盐津县革命委员会建制;1973 年—1980 年 8 月,盐津县改属当地革命委员会建制和领导;1980 年 7 月,实行昭通地区气象局与盐津县人民政府双重领导,以昭通地区气象局领导为主的管理体制。

单位名称及主要负责人变更情况

单位名称	姓名	民族	职务	任职时间
盐津县气候站	吴良质	汉	站长	1958.10—1959.01
大关县气象站				1959.01—1961.05
盐津县气象站				1961.05—1964.02
云南省盐津县气象服务站				1964.02—1966.05
	申永钦	汉	站长	1966.06—1970.11
盐津县气象站	吴治开	汉	站长	1970.12—1977.03
	李顺清	汉	站长	1977.04—1984.10
	李大可	汉	站长	1984.11—1988.01
	蒋淑芬(女)	汉	站长	1988.02—1990.06

单位名称	姓名	民族	职务	任职时间
盐津县气象局	蒋淑芬(女)	汉	局长	1990.06—1990.12
	刘世然	汉	副局长(主持工作)	1991.01—1995.01
	冯永惠(女)	汉	局长	1995.02—2001.09
	王秀明	汉	局长	2001.10—

人员状况 1958年10月建站时有职工2人;1978年有职工5人,其中:中专3人,初中1人,小学1人。截至2008年底,有在职职工5人,其中:大学本科1人,大学专科1人,中专2人,高中1人;工程师2人,助理工程师2人,技术员1人。

气象业务与服务

1. 气象业务

地面气象观测 1958年10月1日,地面气象定时观测为3次。观测项目有气温、相对湿度、绝对湿度、云状、云量、能见度、降水、蒸发、风向、风速、气压、天气现象、地面温度、浅层地温(5、10、15、20厘米)、日照、地面状态。人工观测到2002年基本结束。从2003年开始由有线遥测自动气象观测设备进行自动观测,自动观测项目有空气温度、相对湿度、绝对湿度、风向、风速、地面温度、浅层地温(5、10、15、20厘米)、降水量、气压。保留的人工观测项目有天气现象、云、能见度、蒸发量、降水量。

气象信息网络 气象资料传输主要分为两个阶段,1999年以前,主要以盐津县电信局的电话逐级向上传输气象报文。盐津县天气预报的制作信息则主要来源于用收音机收听的成都区域气象中心和云南省气象台的气象广播;从1980年以后开始配备气象无线传真机,开始接收用于县站订正预报的天气形势图等气象资料。1999年以后,开始配备计算机,实现了气象资料计算机网络传输。2000年建立地面气象卫星接收小站;2002年以后,气象部门开始租用电信光纤组成气象专用网络。

天气预报预测 从1958年开始制作单站预报。早期的单站预报、中长期预报则是通过分析单站气象资料的变化规律制作本地的中期、月、季、年预报。而24到48小时的短期预报则是以分析本地单站气象资料、收听四川和云南省气象台的气象广播、经验等综合运用的结果。进入21世纪,随着气象卫星地面接收站的建立,数值天气预报产品的解析运用,在时间尺度上,也由原来的24小时延长到7天。

2. 气象服务

公众气象服务 早期的气象服务主要是每天通过广播向公众播报天气预报。2006年开始制作电视天气预报节目并通过县广播电视局向公众播出。同时在盐津县委、县人民政府网等网络媒体向公众发布气象预报以及其他气象信息。

决策气象服务 盐津县由于特殊的地理环境,大雨、暴雨出现的频率和灾损程度较大,因地处大关河和白水江中下游,是遭受洪水威胁最重的县城。从1958年建立盐津县气象站以来,决策服务的重点是及时向县委人民政府和有关部门发布重要天气消息,及时提供准确气象预测预报和实时天气实况信息,为县委、人民政府抗洪抢险指挥决策提供了科学的决策依据。

专业与专项气象服务　1996年开始专业与专项气象服务,人工影响天气(人工增雨)、防雷减灾和森林火险等级预报。

气象科普宣传　从2002年开始,每年利用3月23日的世界气象日进行气象科普宣传,还利用每年的科普宣传周与县科协等单位联合开展活动,宣传气象科普知识。

气象法规建设与社会管理

法规建设　2002年以来,盐津县人民政府相继出台了《关于加强气象探测环境保护的通知》《关于进一步加强防雷减灾工作的通知》等文件,对盐津县加强探测环境保护和防雷减灾工作的行政管理进行了规定和规范。

社会管理　1998年以来,依据《中华人民共和国气象法》、《云南省气象条例》、《防雷减灾管理办法》中国气象局令第七号等有关法律法规依法开展了盐津气象探测环境保护工作,开展了对盐津新建(构)筑物防雷图纸设计的行政审批工作,同时还依法加强了对盐津县的防雷安全管理工作等。

党建与气象文化建设

党的组织建设　1997年成立党支部,有党员4人。截至2008年底,盐津县气象局党支部有党员5人(其中退休职工党员1人)。

精神文明建设　2004年被盐津县人民政府授予"精神文明建设"三等奖。2006年到2008年连续两届被云南省委、云南省人民政府命名为省级文明单位。

荣誉　2003年和2007年分别获得云南省气象局授予的"云南省重大气象服务先进集体"称号。

台站建设

1959—1980年的盐津县气象站建在盐津老县城老街对面的玄武庙山顶上,由青砖青瓦构成的一层小楼作为当时气象站的办公和住宿楼。1980年后气象站由山顶搬迁至半山腰,在这里建有1幢石混结构的四层综合楼。1998年开始着手从玄武庙山半山腰到县城新区黄葛槽的整体搬迁工作。2003年1月1日迁入县城新区。到2008年,办公、生活环境得到较大改善,新建了1幢近一千平方米的五层气象办公楼。通过台站改善工程,盐津气象大院内进行了大量的绿化美化工作,位于大关河畔的深山峡谷中,一个沿山逐级而上、层次分明、办公环境整洁、宽敞明亮、美观大方,花园式的县级气象站屹立在碧波荡漾的衡江河畔。

20 世纪 80 年代盐津气象站　　　　2002 年建成的办公大楼

大关县气象局

机构历史沿革

始建情况　1957 年 11 月,大关县罗汉坝气候站在罗汉坝劳改农场建立,位于东经 103°49′,北纬 27°43′,观测场海拔高度 1923.0 米。1958 年 11 月,大关县气候站成立,站址 在大关县城南门外县农场,位于东经 103°53′,北纬 27°45′,观测场海拔高度 1100.0 米。国 家一般气象站。

站址迁移情况　1961 年 9 月搬迁到大关县城北门外新牌坊,位于东经 103°53′,北纬 27°46′,观测场海拔高度 1065.5 米。1989 年 1 月,搬迁到大关县城南郊柏杨树坪子(大关 县翠华镇龙洞路 12 号),位于东经 103°54′,北纬 27°45′,观测场海拔高度约 1176.2 米。

历史沿革　1957 年 11 月,云南省大关县罗汉坝气候站在罗汉坝劳改农场建立。1958 年 10 月,大关县城气候站成立,1959 年 4 月,大关与盐津两县行政区划合并,大关县城气候 站改为从属机构,业务人员未变,站名改为大关县翠华气候站。1961 年 5 月,大关县与盐 津县分县,改称大关县气候服务站。1961 年 10 月机构调整,撤销大关县罗汉坝气候站,人 员并入大关县气候服务站。1964 年 2 月改称云南省大关县气候服务站。1966 年 1 月改称 云南省大关县气象服务站。1971 年 1 月 13 日,改称云南省昭通地区大关县气象站。1975 年 7 月改称云南省大关县气象站。1990 年 5 月 14 日改称云南省大关县气象局。

管理体制　1958 年 11 月—1964 年 1 月,隶属大关县人民委员会建制和领导;1964 年 2 月—1970 年 6 月,隶属云南省气象局(1966 年 3 月改为云南省农业厅气象局)建制;1970

年7月—1970年12月,改属大关县革命委员会建制和领导;1971—1973年,实行大关县人民武装部领导,属大关县革命委员会建制;1973年—1980年8月,大关县改属当地革命委员会建制和领导;1980年7月,实行昭通地区气象局与大关县人民政府双重领导,以昭通地区气象局领导为主的管理体制。

云南省大关罗汉坝气候站主要负责人变更情况

单位名称	姓名	民族	职务	任职时间
云南省大关罗汉坝气候站	马俊书	汉族	临时负责人	1957.11—1958.08
	张天福	汉族	临时负责人	1958.09—1961.10

云南省大关县气象局主要负责人变更情况

单位名称	姓名	民族	职务	任职时间
大关县城气候站	刘邦宪	汉	临时负责人	1958.10—1959.03
大关县翠华气候站				1959.04—1961.04
大关县气候服务站				1961.05—1961.12
	谭礼硕	汉	临时负责人	1962.01—1964.01
云南省大关县气候服务站				1964.02—1965.04
			副站长(主持工作)	1965.05—1965.12
云南省大关县气象服务站				1966.01—1967.07
	刘邦宪	汉	临时负责人	1967.08—1970.12
云南省昭通地区大关县气象站				1971.01—1971.11
	张甲弟	汉	站长	1971.12—1973.08
	刘邦宪	汉	临时负责人	1973.09—1975.06
				1975.07—1979.12
云南省大关县气象站	廖 原	汉	副站长(主持工作)	1980.01—1984.11
	刘邦宪	汉	副站长	1984.12—1987.12
	周祖元	汉	站长	1988.01—1989.07
	刘邦宪	汉	副站长(主持工作)	1989.08—1990.04
			副局长(主持工作)	1990.05—1990.11
			局长	1990.12—1993.07
云南省大关县气象局	王天元	汉	副局长(主持工作)	1993.08—1996.06
	徐志花(女)	汉	副局长(主持工作)	1996.07—1997.02
			局长	1997.02—

注:1958年10月至1965年4月,1967年8月至1971年11月,1973年9月至1979年12月,因资料缺失,查无负责人历史记载,经老同志回忆只有临时负责人。

人员状况 1957年11月1日云南省大关县罗汉坝气候站建立时,有观测员2人。1958年10月大关县城气候站建站时仅有1人。1961年10月云南省大关罗汉坝气候站与大关县气候站合并时有5人。截至2008年12月,有在职职工7人,临时工2人,退休职工2人。

气象业务与服务

1. 气象业务

①地面气象观测

观测项目　1958年11月1日至2002年12月31日为人工观测。观测的项目为云状、云量、能见度、天气现象、空气温度和湿度、降水、地面状态和积雪深度。1959年6月,增加日照、小型蒸发观测。1960年6月,增加维尔达轻型风的观测。1961年1月1日取消地面状态观测。1961年10月1日,增加地面和曲管地温观测。1965年5月1日,增加雨量自记观测。1970年,改换电接风向风速观测(无自记部分),增加气压、温度、湿度自记观测记录。1980年,增加电接风向风速记录整理抄报记录,1982年12月停止电接风的自记记录。

观测时次　1958年11月1日至1959年12月31日,每天进行02、08、14、20时4次定时观测。1960年1月1日起,每天进行08、14、20时3次定时观测,白天守班。

观测仪器　人工观测仪器主要配有EL型电接风向风速计、百叶箱、蒸发器、雨量器、虹吸雨量计、日照计、气压表、气压计、干湿球温度表、温度计、湿度计、地面温度表、曲管温度表等仪器。

自动气象站观测　2003年1月1日,开始气温、湿度、风向风速、雨量、0～20厘米地温、气压的自动观测。ZQZ-CⅡ型自动气象站的自动观测正式运行,进入平行观测第一阶段,加密报、重要天气报仍以人工观测资料编发,自动站资料为辅。2004年1月1日,自动观测进入平行观测第二阶段,加密报、重要天气报以自动观测资料编发,执行新的《地面气象观测规范》(2003年版)。2005年1月1日,自动观测进入单轨运行阶段,08、14时停止人工仪器观测,保留云、能、天人工观测项目,20时保留原有的人工观测项目。自动观测仪器主要配有ZQZ-CⅡ型自动气象站、温湿度传感器、风向风速传感器、雨量传感器、地温传感器、气压传感器等仪器。

气象哨与区域自动站　1958年,在大关县各区(公社)设立了气象哨,每哨兼职人员1～2人。1960年,对全县气象哨人员进行短期业务培训,气象哨开展了简易地面气象观测工作(温度、湿度、降水、天气现象等)。1961年,机构调整,气象哨人员解散,工作停止。1976年,在天星、安乐设立气象哨,进行每天3次定时空气温度、湿度、降水观测,每月向县气象站报送简易报表1份。2007年12月建成木杆、寿山、天星、吉利、玉碗5个乡镇区域自动气象站,仪器为北京华创CAWS600-R(T),测定气温和降水量两要素,观测资料通过手机短信方式上传省气象局。

②农业气象观测

1964年开始开展简易农业物候生长发育期观测。

③气象信息网络

通信现代化　2002年1月1日起,报文通过因特网传送。2004年12月,开通全省气象系统内部宽带网络,报文通过内部网络传送。

信息接收　1980年以前,天气预报的制作信息则主要来源于用收音机收听的成都气象中心和云南省气象台的气象广播,从1980年以后配备气象无线传真机,接收用于县站订正预报的天气形势图等气象资料。1999年以后配备计算机,通过计算机网络与昭通地区气象局气象进行计算机网络资料传输。2000年,建成PC-VSAT地面单收站。

信息发布 1958年11月1日至2001年7月31日,实行手工查算编报,报文通过电台和电话传送。2001年8月1日起,实行计算机编报,人工审核校对报文,报文通过电话传送。

④天气预报预测

1958年11月至1999年6月,依靠抄收四川省气象台、云南省气象台的广播天气预报形势资料,结合本站资料进行天气预报服务。1999年7月,开通"9210"远程工作站,通过因特网调取昭通地区气象台服务器中的PC-VSAT资料,开始使用MICAPS 1.0系统进行气象预报服务。2000年9月20日开通"96121"气象信息电话自动答询服务,2001年7月1日系统故障,拨打率不高,服务停止。2001年5月23日,建成PC-VSAT气象卫星接收小站。2007年2月25日PC-VSAT卫星接收小站停用,MICAPS资料通过气象系统内部宽带从昭通市气象台服务器调取。

1958年11月建站起,每天坚持定时发布未来24小时天气预报,定时报送县广播站向全县广播,后改为县电视台播放,广播站及电视台的播报间有中断。2001年后通过网络发布,分别在大关兴农信息网、大关县人民政府网等网站上发布短期天气预报。

2. 气象服务

公众气象服务 1958年以来,大关县气象站制作发布长、中、短期天气预报,包括春播期、汛期、三秋天气和重要天气预警预报。2001年4月起,增发旬天气预报。

决策气象服务 1958年以来,大关县气象站进行中期天气预报、长期预报,分别报送当地党政领导机关及有关生产单位。2001年以来,遇有重要灾害性天气,及时用电话、手机短信、人民政府网及书面材料等向县党政领导和有关部门报告,并提出生产建议和防御措施。

专业与专项气象服务 1979年4—6月,在干旱严重的天星、吉利、寿山、悦乐、翠华、木杆(甘顶)等社队设置作业点,进行首次"三七"高炮人工降雨实验,初步获得成功。1994年5月21日,成立大关县人工降雨防雹办公室。1995年5月成立寿山乡寿山炮点,在主要烟叶种植区开展人工防雹工作。2002年5月增设木杆镇甘顶"三七"高炮炮点。2004年5月增设天星镇斜文"三七"高炮炮点。

3. 科学技术

1979年,大关县气象站参与镇雄、威信、彝良、大关等县气候概述及灾害天气分布图的研究,受到中共云南省委员会、云南省革命委员会的奖励。

气象法规建设与社会管理

法规建设 1998年12月14日,大关县人民政府办公室下发《关于对避雷装置进行安全技术检测和安装的通知》、《关于加强地面气象观测环境保护的通知》。

制度建设 2002年5月制定了《大关县气象局岗位管理规范制度汇编》,主要包括地面气象观测、气象服务、行政后勤管理、政工党务、财务管理、防雷制度、人工影响天气等。

社会管理 对防雷工程专业设计或施工资质管理、施放气球单位资质认定、施放气球活动许可制度等实施社会管理。

党建与气象文化建设

党的组织建设 1961—1999 年有党员 1 人,划归大关县农工部党支部;2000 年有党员 2 人;2006 年有党员 3 人;2008 年有党员 4 名,属大关县政策研究室党支部。

精神文明建设 2001 年 11 月获得县级文明单位称号;2003 年 12 月获得市级文明单位称号一直保持至今。

荣誉 2005 年中国气象局授予云南省大关县气象局"气象部门局务公开先进单位"称号。

台站建设

1958 年 11 月,大关县气候站建于县城南门外县农场,1961 年 9 月搬迁至大关县城北门外新牌坊,土地总面积 1330 平方米,观测场 320 平方米,房屋建筑面积 618 平方米。

1989 年 1 月 1 日站址搬迁到大关县城南郊柏杨树坪子,土地总面积 2440.86 平方米。建有 1 幢砖混结构二层办公楼 321.88 平方米,砖混结构二层住宿楼 6 套 335 平方米,厕所 25 平方米。修建观测场 625 平方米,挡墙长 117 米,高度 2～7 米。1997 年修建挡墙长 42 米,高 2～3 米。1999 年拆除原办公室危房,建成职工集资住房 1 幢 4 套 420 平方米。2003 年 8 月建成观测场挡墙 68 米,高 2～7 米。2003 年 8 月观测场改造及绿化工程 1500 平方米。2007 年拆除原职工住宿楼危房,新建办公楼 1 幢三层,建筑面积 587.35 平方米,框架结构,高 12 米,总投资 82 万元,2008 年,因冰凌雪灾,投入救灾资金 19 万元,对气象局院坝、观测场围栏、自来水管等设施进行了维修改造。

2007 年大关县气象局新建的办公楼和职工宿舍

永善县气象局

机构历史沿革

始建情况 始建于 1958 年年底,1959 年 1 月 1 日开始工作,位于东经 103°38′,北纬 28°14′,海拔高度 877.2 米。国家一般气象站。

历史沿革 1958 年建站时称永善县气候站,1960 年 3 月 11 日更名为永善县气候服务站,1966 年 1 月 1 日更名为永善县气象服务站,1971 年 2 月 1 日更名为永善县气象站,1990 年 6 月更名为永善县气象局。

管理体制 1958—1963 年,隶属永善县人民委员会建制和领导;1964 年—1970 年 6 月,隶属云南省气象局(1966 年 3 月改为云南省农业厅气象局)建制;1970 年 7 月—1970 年 12 月,改属当地革命委员会建制和领导;1971—1973 年,实行永善县人民武装部领导,属永善县革命委员会建制;1973 年—1980 年 8 月,改属当地革命委员会建制和领导;1980 年 7 月,实行昭通地区气象局与永善县人民政府双重领导,以昭通地区气象局领导为主的管理体制。

单位名称及主要负责人变更情况

单位名称	姓名	民族	职务	任职时间
永善县气候站	马俊书	回	站长	1958.12—1960.03
永善县气候服务站				1960.03—1966.01
永善县气象服务站				1966.01—1971.01
永善县气象站	陈于政	汉	站长	1971.02—1984.08
	刘万奎	汉	副站长(主持工作)	1984.09—1986.06
	石成良	汉	负责人(主持工作)	1986.07—1987.07
	黄仕银	汉	副站长(主持工作)	1987.08—1989.03
永善县气象局	刘万奎	汉	副站长(主持工作)	1989.04—1990.05
			副局长(主持工作)	1990.06—1993.10
			局长	1993.10—

人员状况 1958 年建站时只有 2 人,截至 2008 年 12 月有在编职工 6 人,合同工 1 人。其中:大学专科 1 人,中专 4 人,初中 1 人;中级职称 3 人,初级职称 3 人。

气象业务与服务

1. 气象业务

①地面气象观测

1934 年 1 月—1937 年 10 月(观测员戴万方)进行过简单的气象要素观测。

97

观测项目 云、能见度、天气现象、气温、湿度、气压、风向、风速、降水、日照、小型蒸发、地面和浅层地中温度、雪深等。

观测时次 1958年建站后,每天进行08、14、20时3次地面观测。

发报种类 每天编发08、14时2次定时绘图报。

气象报表制作 建站至2002年12月,采用手工抄写方式编制月报表3份,年报表4份。

资料管理 2003年1月1日至今,采用计算机编制打印,分别上报云南省气象局气候资料室和昭通市气象局资料室各1份,本局保存1份。年报表1份报中国气象局气候资料室。

自动气象站观测 2002年12月31日,建成ZQZ-Ⅱ型自动气象站,于2003年1月1日投入运行。以自动站观测为主,取代了部分人工观测项目。自动站观测项目包括气温、湿度、气压、降水、风向、风速、地面和浅层地中温度。现在以自动站观测资料为准发报,自动站采集的资料与人工站观测资料存于计算机互为备份,每年定时复制光盘归档保存、上报。

区域自动气象站观测 2007年12月,在黄华、马楠、墨翰、桧溪、莲峰五个乡镇建成温度、降水两要素区域自动气象站,于2008年1月1日开始运行。

②气象信息网络

建站至1991年4月,每天2次地面绘图的传输,是通过县邮政局电报方式报送云南省气象局和昭通地区气象局。1991年5月至2002年12月,地面观测报文通过甚高频口传方式发至昭通市气象局,再由昭通市气象局转报云南省气象局。2003年1月1日至今,采用气象部门专线网络传送到云南省气象局数据网络中心和昭通市气象台。

③天气预报预测

20世纪60年代,制作气象预报预测使用的基本资料、图表,制作方法简陋。70年代根据制作县站预报需要,抄录整理了12个气象要素56项资料,绘制500百帕、700百帕和地面3种简易天气图,建立温度、相对湿度、降水、日照、气压等5种图表,对建站以来的各种灾害性天气个例进行收集建档,对气候分析材料、预报服务调查与灾害性天气调查材料、预报方法使用效果检验,预报质量月报表、预报技术材料、各种预报业务交流材料等建立起预报业务技术档案。

1994年前,天气预报制作,主要收听四川省气象台和云南省气象台的天气广播,将收集的气象资料点绘天气图、表,结合本站资料和天空状况,分析制作天气预报。1990年5月至1999年采用气象传真机接收北京和日本的气象传真图表,并通过甚高频或电话与昭通地区气象台和周边县气象局会商,制作本地天气预报。2000年至今,通过气象专用宽带网,下载适时气象资料信息、卫星云图、雷达资料,结合本地观测资料,分析制作天气预报对外发布。

短期天气预报 未来12、24、36小时的天气现象、降水、温度进行预报。

中期天气预报 未来3~10天的降水过程、量级和温度进行预报。

长期天气预报 对春播期(3—5月)、汛期(5—8月)、三秋(9—11月)、冬季(12月至次年2月)和年温度、降水趋势进行预测预报,并对气候年景进行评述。

2. 气象服务

公众气象服务 1999 年前天气预报是通过县广播电视局以广播的形式对外发布。2000 年 3 月,开通了"96121"(现改为"12121")天气预报自动答询业务。2005 年,建立了永善兴农信息网,通过政务网站和手机气象短信平台,发布气象信息。

决策气象服务 至 2005 年,永善县气象局为县委、县人民政府和有关部门提供的决策气象服务项目有:春播期气候预报(3—5 月)、汛期预报(5—8 月)、三秋(9—11 月)、冬季预报(12 月至次年 2 月)、大暴雨与特大暴雨等重大灾害性天气过程专题报告、气候年景评述。主要通过兴农信息网、政务网站、专题材料等方式提供服务。

【气象服务事例】 1990 年 6 月 29 日晚,永善县大兴镇金沙村出现特大暴雨,造成特大泥石流,死亡 53 人,失踪 1 人,重伤 9 人。6 月 28 日准确预报了 6 月 29 日有暴雨,局部大暴雨,并报送县委、县人民政府和有关部门,做好防御因暴雨诱发的地质灾害,将灾害损失降到最低限度。

专业与专项气象服务 1996 年 6 月,成立永善县防雷设施安全检测中心,开展对全县防雷设施安全进行检测;1997 年开始推行专业与专项气象服务,永善县人民政府以永政发〔1997〕64 号文件成立永善县人工降雨降雹领导组,办公室设在永善县气象局。根据永善的干旱情况,适时开展人工增雨作业。

2003 年 5 月 29 日,成立昭通市溪洛渡气象台,挂牌在永善县气象局,与永善县气象局合署办公。为适应溪洛渡水电站工程施工期和工程建设后安全营运提供雨情、洪情及库区形成前后天气(气候)变化资料的积累,提供对比分析论证服务,为长江流域防汛减灾提供重要的气象信息。

气象科普宣传 每年除"3·23"世界气象日,开展《中华人民共和国气象法》、《防雷减灾管理办法》和气象防灾减灾、防雷知识及永善县气象事业发展史的宣传外,还参加县科协举办的科普宣传下乡活动,印发宣传材料,宣传气象科普知识。

气象法规建设与社会管理

法规建设 重点加强雷电灾害防御工作的依法管理,1996 年永善县劳动人事局下发《关于在全县开展避雷装置进行安全技术检测的通知》,1997 年永善县公安局和气象局联合下发《关于建立计算机(场地)及其他重要设施防雷安全技术检测制度的通知》,2000 年永善县人民政府以《关于转发〈云南省人民政府办公厅关于加强防雷减灾管理工作的通知〉的通知》,2001 年永善县人民政府下发《关于认真做好防雷减灾工作的通知》等文件,在全县范围内实施防雷行政许可和防雷安全管理。

制度建设 1992 年 6 月制定了《永善县气象局管理工作制度》,1998 年 2 月重新修订使用,其主要内容包括:局务办公会议制度、班子民主生活会议制度、党支部会议制度、廉政建设制度、工作值班制度、安全生产制度、财务管理制度、人工影响天气和防雷减灾工作制度、职工福利、休假及奖惩制度等。

社会管理 根据《中华人民共和国气象法》、《云南省气象条例》赋予气象部门的行政管理职能,开展宣传贯彻执行气象法律、法规,对重点建设工程、重大经济开发项目、城镇规划中的气候条件进行可行性论证；加强气象探测环境和设施的保护备案；开展施放气球、防雷减灾、人工影响天气的管理工作。

政务公开 2003 年，对气象行政审批程序、服务内容、服务承诺、执法依据、收费标准，采取对外公示、发放宣传单和电视公告等方式向社会公开。局务公开的内容有：单位财务收支、目标考核、基建项目、工程招投标、干部任用等，采取在职工大会或局公示栏等方式向职工公开。

党建与气象文化建设

党的组织建设 1958 年 12 月—1962 年 1 月，有党员 2 人，编入永善县农水科党支部。1962 年 2 月—1984 年 4 月，有党员 4 人，先后编入永善县农业局党支部和永善县农工部党支部。1984 年 5 月—1995 年 4 月，永善县气象局无党员。2000 年 4 月，有党员 3 人，编入永善县农工部党支部。2001 年 5 月，成立永善县气象局党支部，有党员 4 人。截至 2008 年 12 月有党员 4 人。

2002 年、2005 年、2007 年被中共永善县委评为优秀党支部，4 人次后被中共永善县委授予优秀党员称号。

精神文明建设 1987 年，创建"双文明台站（单位）"活动；1998 年，开展创建文明行业建设活动。1998 年永善县委、县人民政府授予永县级文明单位称号；2000 年获市级文明单位，现保留县级文明单位。

集体荣誉 1978 年获县人民政府表彰为气象服务先进单位；1991 年获市级防洪抗灾先进集体称号；2000 年获县人民政府表彰为计划生育先进单位；2001 年获全省气象部门局务公开先进集体称号；2006 年获县人民政府表彰为档案工作先进单位。

个人荣誉 建站至今永善县气象局获省部级先进个人奖 1 人次，地厅级先进个人 4 人次、县级先进个人奖 26 人次。

台站建设

建站初期，建土木结构业务值班室和职工住宅共 60 平方米，25 米×25 米的观测场围栏为木栅，后改为铁丝网围栏；1974 年受永善县团结乡 7.1 级地震的波及，上级拨款 1.8 万元救灾经费，恢复重建砖木结构办公用房 228 平方米，土木结构职工住宅 60 平方米；1986 年观测场围栏由铁丝网围栏改为钢筋围栏；1990 年云南省气象局和昭通地区气象局共拨款 13 万元，新建砖混结构职工住宅 8 套 440 平方米；2000 年，昭通地区气象局拨款 32 万元专款，对"两室一场"进行改造，观测场围栏由钢筋围栏改为不锈钢围栏；2003 年，永善县林木局和县人民政府拨款 11 万元，购置汽车 1 辆；2006 年省、市气象局共拨款 110 万元，新建砖混结构办公业务楼 780 平方米，砖混结构厕所 25 平方米，围墙 36 米；2008 年受四川汶川"5·12"地震波及影响，云南省气象局拨灾后恢复重建专款 17 万元，恢复了职工住宅、水、电、护坡保坎，改造老办公室 107 平方米和观测场内外绿化 924.84 平方米。

建站初期，占地面积只有 1334 平方米，1975 年征地 133.4 平方米，1982 年保护观测场征地 2001 平方米,2005 年修办公业务楼征地 566.39 平方米,现总占地面积 4034.79 平方米。

1974 年修建的办公用房

永善县气象局 2006 年新建办公楼

绥江县气象局

机构历史沿革

始建情况 始建于 1958 年 11 月 1 日,观测场位于北纬 28°36′,东经 103°57′,海拔高度 413.1 米。国家一般气象站。

历史沿革 1958 年 11 月 1 日成立绥江县气候站;1963 年 4 月 9 日更名为绥江县气候服务站;1966 年 2 月 6 日更名为绥江县气象服务站;1971 年 1 月 13 日更名为绥江县气象站;1990 年 6 月 18 日改为绥江县气象局。

管理体制 1958 年 11 月 1 日—1963 年 4 月 9 日,属绥江县人民委员会建制和领导。1963 年 4 月 9 日—1970 年 6 月,属云南省气象局(1966 年 3 月改为云南省农业厅气象局)建制。1970 年 7 月—1970 年 12 月,绥江县气象站改属当地革命委员会建制和领导,由绥江县农林水科代管。1971 年 1 月—1973 年,实行绥江县人民武装部领导,属绥江县革命委员会建制。1973 年—1980 年 4 月,绥江县改属当地革命委员会建制和领导。1980 年 4 月,实行昭通地区气象局与绥江县人民政府双重领导,以昭通地区气象局领导为主的管理体制。

单位名称及主要负责人变更情况

单位名称	姓名	民族	职务	任职时间
绥江县气候站	龚俊成	汉	副站长(主持工作)	1958.10—1963.04
绥江县气候服务站				1963.04—1966.01
			站长	1966.02—1967.10
绥江县气象服务站	陈平光	汉	站长	1967.11—1970.12

单位名称	姓名	民族	职务	任职时间
绥江县气象站	蒲承文	汉	站长	1971.01—1973.09
	龚俊成	汉	站长	1973.10—1990.06
			局长	1990.06—1996.03
绥江县气象局	余远富	汉	局长	1996.04—2003.02
	蒲元辉	汉	局长	2003.03—

人员状况 1958 年建站时有 2 人。1990 年 6 月有 11 人。截至 2008 年底有在职职工 8 人,其中:大学本科 3 人,中专 5 人;工程师 3 人,助理工程师 3 人。

气象业务与服务

1. 气象业务

①地面气象观测

观测项目 天气报的内容有风向、风速、气温、气压、云、能见度、天气现象、降雨量、日照时数、小型蒸发、地面温度、雪深、电线积冰、草面温度等。除草面温度和小型蒸发外均为发报项目。

观测时次 1958 年 11 月起,每天进行 08、14、20 时 3 个时次地面气象观测任务。1980 年 4 月 10 日—1985 年 12 月 24 日编发 05 到 18 时的预约航空天气报(OBSAV)。2006 年 12 月 31 日 20 时—2008 年 12 月 31 日 20 时,进行 02、05、08、11、14、17、20、23 时 8 个时次地面观测。2008 年 12 月 31 日 20 时以后恢复 08、14、20 时 3 次观测。

自动气象站观测 2006 年 12 月建成自动气象站,2007 年 1 月 1 日起自动气象站正式运行,进入平行观测第一阶段,以人工观测为主,自动站观测为辅。2008 年 1 月 1 日进入平行观测第二阶段,以自动站观测为主,人工观测为辅。

区域自动气象站观测 2007 年 12 月 11 至 13 日,分别在绥江县会仪镇、新滩镇、中城镇、南岸镇、板栗乡五个乡镇建成五个温度、雨量两要素区域自动气象站,型号是 CAWS600-R(T)。

②气象信息网络

2006 年以前,主要是以电话方式进行报文传输,其中在 1986 年 12 月 20 日到 1995 年 12 月底启用单边带进行报文传输,在 2004 年 12 月建成气象 2 兆宽带网后,采用光纤网络传输方式。

③天气预报预测

短、中期天气预报 20 世纪 60 年代到 90 年代后期,使用 500 百帕、700 百帕简易天气图,接收云南省气象局和四川省气象台每天的口语广播,及单站 14 时气压、温度、湿度三线图。80 年代中期到 90 年初,使用北京和日本传真天气图,到 90 年代末建成"9210"工程(气象卫星综合应用业务系统),和 MICAPS(气象信息综合分析处理系统)平台,短时和超短时及一周内的天气预报,准确率较高,满足了广大群众的需要。

长期天气预报 20 世纪 80 年代中期,运用数理统计预报方法和常规气象资料图表进行相关分析,分别作出具有本地特点的补充订正预报。主要有:春播预报、汛期预报、秋季预报、年度预报。

2. 气象服务

公众气象服务 建站初期通过无线广播,对公众进行广播,随着科技的发展和进步,发展到电视、因特网和手机短信等对公众发布天气预报和预警天气信息。1988 年 3 月 21 日起,开展森林火险等级预报。2008 年 3 月,通过气象信息电子显示屏滚动发布气象信息。

决策气象服务 1985 年 8 月完成绥江县农业气候区划工作。2008 年受汶川大地震波及影响,绥江县遭受了历史上罕见的地震灾害,立即启动了应急响应,成立领导小组及时开展气象服务工作。坚持 24 小时值守班,实行主要领导带班制,加强设备的保障和运行,及时向各有关部门通报降雨、风速等气象要素的异常变化情况。加强天气会商,充分利用强雷达、卫星云图和数值预报产品的分析应用,及时向县委、县人民政府及有关部门提供抗震救灾气象预报服务。每天提供滚动天气预报信息,发布天气预报信息 30 余份,手机发送气象信息短信 4540 条。

专业与专项气象服务 1994 年 9 月 6 日,绥江县人民政府人工增雨防雹办公室成立,挂靠在绥江县气象局。

1998 年成立绥江县防雷装置安全检测中心;2002 年获得云南省质量技术监督局颁发的"绥江县防雷安全检测中心"的计量认证合格证书。

科学管理与气象文化建设

1. 科学管理

社会管理 在全县范围内重点加强雷电灾害防御和人工影响天气工作的依法管理工作,以及观测场和台站环境和设施的保护工作。人工影响天气、防雷行政许可和防雷技术服务正逐步规范化。

政务公开 对气象行政审批办事程序,气象服务内容、服务承诺、气象行政执法依据、服务收费依据及标准等,采取了公示栏、发放宣传单等方式向社会公开。干部任用、财务收支、目标考核、基础设施建设、工程招标等内容则采取职工大会或局内公示栏等向职工公开。

2. 党建工作

1985 年 11 月有党员 1 人,组织关系隶属绥江县农委支部。1986 年 7 月—1989 年 5 月,有党员 3 人,成立了党小组。1990 年 10 月 15 日成立党支部。1992 年党支部有党员 4 人。2005 年有党员 6 人。截至 2008 年底有党员 5 人(其中离退休职工党员 2 人)。

1995 年以来,绥江县气象局党支部多次被绥江县直属工委评为"先进党组织"。

3. 精神文明建设

2001 年 12 月被评为"云南省文明单位"。

4. 荣誉

集体荣誉 1999、2001、2003、2004、2006、2008年被绥江县人民政府评为"森林防先进单位"。2001年被云南省人民政府评为"文明单位"。

个人荣誉 从建站至2008年底绥江县气象局获省部级以下先进个人奖奖励16人次。

人物简介 龚俊成,男,汉族,工程师职称,1938年出生于广西桂林地区灵川县大面乡大树底村,1956年3月参加工作,1956年9月毕业于广西气象学校,历任绥江县气候站负责人,绥江县气象服务站站长,绥江县气象站站长,绥江县气象局局长,1985年获云南省气象先进工作者,1988年获全国气象先进工作者,1990年获云南省政府授予的省劳动模范光荣称号。1996年4月19日调昭通地区气象局任办公室主任。1998年2月退休,1998年3月病故,享年60岁。

龚俊成同志爱岗敬业,四十余年如一日,兢兢业业,忘我工作,无私奉献,把毕生精力奉献给了气象事业,在气象战线上作出了优异成绩,多次受到地方政府和气象部门表彰和奖励,在他身患重病后,仍然坚守工作岗位,勤奋工作,直到退休才住院治疗,已是肺癌晚期,龚俊成的拼搏精神,为气象部门树立了光辉的榜样,成为气象战线忘我奉献的典范。

台站建设

1958年建有土木结构办公室6间173.6平方米。1974年5月11日凌晨受永善县团结村发生7.1级地震波及影响,造成房屋开裂变形,拆去宿舍2间。1979年建有1幢二层砖混结构办公楼744平方米。

1998在县城新区(凤池北路)征地1952.77平方米。1999年建职工住宿楼1幢6套。2003年建四层综合楼1幢面积547.77平方米。2004年建车房50平方米、公厕20平方米。

受2008年初的冰凌灾害和四川汶川"5·12"地震灾害的影响,绥江县气象局房屋设施受到严重损坏,整体搬迁工作正在进行中。

绥江县气象局1979年修建的办公楼和职工宿舍

镇雄县气象局

机构历史沿革

始建情况　始建于 1956 年 8 月，同年 12 月正式开展地面气象观测业务，站址在镇雄县城南郊校场坝，观测场位于北纬 27°26′，东经 104°52′，观测场海拔高度 1667.6 米。国家一般气象观测站。

站址迁移情况　1960 年 8 月迁至原址南面约 3000 米的五谷荒地坪子。1962 年 1 月又迁回原址。

历史沿革　1956 年 8 月建立镇雄县气候站。1964 年 2 月更名为镇雄县气候服务站。1966 年 1 月更名为云南省镇雄县气象服务站。1970 年 4 月成立镇雄县气象站革命生产领导小组。1971 年 3 月改称云南省昭通地区镇雄县气象站。1974 年 2 月改称镇雄县革命委员会农林水利局气象站，同年 7 月改为镇雄县农林水利局气象站。1979 年 4 月改为云南省镇雄县气象站。1990 年 5 月 12 日更名为云南省镇雄县气象局。

管理体制　1956 年 8 月—1963 年 3 月，属镇雄县人民委员会建制和领导。1963 年 4 月 9 日—1970 年 6 月，属云南省气象局（1966 年 3 月改为云南省农业厅气象局）建制，收归昭通专区气象总站管理。1970 年 7 月—1970 年 12 月，改属当地革命委员会建制和领导，由镇雄县农业局代管。1971 年 1 月—1973 年，实行镇雄县人民武装部领导，属镇雄县革命委员会建制。1973 年—1980 年 4 月，镇雄县改属当地革命委员会建制和领导。1980 年 4 月起，实行昭通地区气象局与镇雄县人民政府双重领导，以昭通地区气象局领导为主的管理体制。

单位名称及主要负责人变更情况

单位名称	姓名	民族	职务	任职时间
镇雄县气候站	谭文光	汉	负责人	1957.01—1964.01
镇雄县气候服务站			站长	1964.02—1965.12
云南省镇雄县气象服务站	朱云鹤	汉	工作组长	1966.01—1970.03
镇雄县气象站革命生产领导小组	吴维贤	汉	站长	1970.04—1971.02
云南省昭通地区镇雄县气象站				1971.03—1974.01
镇雄县革命委员会农林水利局气象站				1974.02—1974.06
镇雄县农林水利局气象站				1974.07—1978.04
	谭文光	汉	副站长	1978.05—1979.04
			站长	1979.05—1981.09
云南省镇雄县气象站	袁仕翰	汉	副站长	1981.10—1981.11
	王跃奇	汉	站长	1981.12—1984.08
	袁仕翰	汉	站长	1984.09—1990.05

续表

单位名称	姓名	民族	职务	任职时间
云南省镇雄县气象局	袁仕翰	汉	局长	1990.05—1999.05
	潘 勇	汉	副局长	1999.05—2001.09
			局长	2001.09—

人员状况 1956年建站时只有2人,1981年站内实有在编人数达14人,2001年云南省气象部门机构改革,定编为7人。截至2008年12月有在职职工8人,其中:大学学历1人,中专学历5人,高中学历2人;中级职称4人,初级职称4人。

气象业务与服务

1. 气象业务

①气象地面观测

观测项目 早在民国时期的1932年5月—1933年5月,镇雄(由当时教育局负责)就进行过简单的气象要素观测。

1956年建立镇雄县气候站后的观测项目有风向、风速、气温、湿度、气压、云、能见度、天气现象、降水、日照、小型蒸发、地面温度、雪深、电线积冰等。

观测时次 每天进行08、14、20时3个时次地面观测,04—19时航危报观测。

发报种类 20世纪60年代后期至70年代初,除常规的08、14、20时3次编发报外,还担负04—19时的航危报,其内容只有云、能见度、天气现象、风向风速等。重要天气报的内容有暴雨、大风、雨凇、积雪、冰雹、龙卷风等。

②气象信息网络

建站时每天3次地面气象观测报文,依靠电话将报文传输到县邮电局发送,天气预报信息主要依靠收音机收听定时天气预报广播来获取。1982年4月开始天气图传真接收工作,主要接收北京的气象传真和日本的传真图表。1991年4月,开通甚高频无线对讲通讯电话,实现与地区气象局直接业务会商,同时开通警报发射机投入使用。1997年11月,建设"9210"工程并投入使用。2003年安装了卫星单收站,同年开通"96121"(现改为"12121")天气预报自动答询系统。2004年12月开通气象信息网络。

③天气预报预测

短期天气预报 1957年6月,首创单站补充天气预报方法,得到中央、省、地、县的认可并推广应用。1982年后,根据预报需要抄录整理多项资料和绘制简易天气图等基本图表。在基本档案方面,主要对建站后有气象资料以来的各种灾害性天气个例进行建档,对气候分析材料、预报服务调查与灾害性天气调查材料、预报方法使用效果检验、预报质量月报表、预报技术材料、中央省地各类预报业务会议材料等建立业务技术档案。

中期天气预报 20世纪80年代初,通过传真接收中央气象台、省气象台的旬、月天气预报和利用收音机收听周边大台的口语广播,再结合分析本地气象资料、短期天气形势、天气过程的周期变化等制作一旬(或5天)天气过程趋势预报。

长期天气预报 长期天气预报在 20 世纪 70 年代中期开始起步,建立一整套长期预报的特征指标和方法,这套预报方法一直沿用至今。其预报内容有:春播预报、汛期(5—9月)预报、秋季预报、冬季(或今冬明春)预报和年度预报。70 年代后期到 80 年代初开展了一段时间的农业气象工作。

2. 气象服务

公众气象服务 2003 年以前主要依靠县广播站向全县发布天气预报和气象信息;2003 年开通"96121"(现改为"12121")天气预报自动答询系统、手机短信、兴农网和新闻媒体向公众发布天气信息;2007 年 6 月建成多媒体电视天气预报制作系统,向全县 28 个乡镇播报天气预报。

决策气象服务 20 世纪 70 年代,每年定期为县委、县人民政府及有关部门和乡镇提供春播预报、汛期(5—9 月)预报、秋季预报、冬季(或今冬明春)预报和年度预报,不定期发布气象信息、气象警报和专题气象服务。2008 年初镇雄县遭遇特大低温冰雪灾害,造成全县停水停电和交通、通信中断,给全县带来一亿三千多万元的经济损失。镇雄县气象局全体职工,夜间点着蜡烛,白天冒着严寒冻滑做好气象服务工作,获得云南省气象局抗击冰雪灾害表彰奖励。

专业与专项气象服务 1998 年 6 月,镇雄县人民政府发文,成立镇雄县防雷设施安装检测中心,开展了防雷设施安全监测工作。每年汛期为县防雹部门及时提供天气预报和气象信息。

气象科普宣传 每年利用"3·23"世界气象日和每年 5 月的科技活动周宣传有关气象科技发展、气象科技成果及气象科技信息、气象科普知识等内容。

气象法规建设与社会管理

法规建设 2002 年,镇雄县人民政府先后下发了《关于加强气象观测环境保护工作的通知》等文件;2007 年,镇雄县建设局《关于对县气象局探测环境保护技术规定备案的复函》进一步细化了对观测环境的保护。

2008 年 3 月镇雄县人民政府下发《镇雄县人民政府关于调整充实镇雄县安全生产委员会成员的通知》,将气象局纳入安全委员会成员。

制度建设 从 20 世纪 90 年代开始规章制度逐步建立,以后随着业务发展增补修订完善了各种制度,内容涵盖气象观测、预报服务、防雷、气象现代化设备管理、安全、财务、学习、党风廉政建设、职工休假及考评等。

政务公开 2003 年 5 月首次设立局务公开栏,以后逐渐规范化。对外公开内容:单位简介、内设机构及职能、人员相片和岗位职责、防雷检测收费标准、行政许可审批项目、相关制度和监督投诉六个方面。采用在单位内醒目地方设立公开栏的方式公开,方便广大外来群众办事和监督。对内公开内容:公用经费、专项经费使用情况等;干部公示、目标考核、基建情况等。采取职工大会或张贴于内部公示栏的方式公开。

党建与气象文化建设

党的组织建设　1958—1965 年有党员 1 人,20 世纪 70 年代发展到 4 人,80 年代有党员 6 人,1993 年党员有 3 人,编入镇雄县委农工部党支部。1996 有党员 4 人,于 1997 年 6 月建立党支部。截至 2008 年底有党员 4 人(其中离退休职工党员 1 人)。

党风廉政建设　1996、1997 年先后抽出 2 人参加农村基层组织建设活动。党支部认真开展"三个代表"、先进性教育、解放思想大讨论活动,贯彻落实党风廉政建设目标责任制,积极开展廉政教育和廉政文化活动,严格执行"三重一大"制度和"三人小组"民主决策制度,努力建设文明、和谐、廉洁机关。财务账目接受昭通市气象局审计,审计结果向职工公布。

精神文明建设　1996 年获县级文明单位称号,1997 年获市级文明单位称号。

荣誉　1978 年全国科学大会授予镇雄县气象站"单站补充天气预报方法"科学技术工作重大贡献奖;1978 年获云南省委、省革命委员会"在农业学大寨中,为高速度发展农业生产做出了优异成绩"的奖励;1979 年获云南省委、省革命委员会"全省科学技术工作贡献奖";1991 年、1996—1998 年获云南省气象局"双文明"建设先进集体;2008 年获云南省气象局抗击低温雨雪冰冻灾害气象服务先进集体称号。

至 2008 年,获得省部级以下表彰的先进个人 19 人次。

台站建设

建站时有土地面积 4241 平方米,房屋占地 530 平方米,余下的 3711 平方米为院坝和绿化面积。2004 年 12 月,观测场和办公楼迁建项目被云南省气象局立项,随后在四年的时间内下拨了 148 万元专款,镇雄县人民政府投入配套资金 35 万元。采用行政划拨方式在现址征地 3389 平方米,新建框架结构三层办公楼 558.8 平方米,办公和生活条件得到较大改善。新站址位于镇雄县乌峰镇凤翅社区马路村民小组申家老包。

20 世纪 90 年代修建的办公用房

镇雄县气象局 2004 年新建办公楼

彝良县气象局

机构历史沿革

始建情况　始建于 1958 年 8 月,地址在县城北郊塘房乡塘房上(郊外),位于北纬 27°38′,东经 104°03′,观测场海拔高度 880.4 米,属国家一般站。

历史沿革　1958 年 8 月成立彝良县气象站。1964 年 2 月更名为彝良县气候服务站,1966 年 1 月更名为云南省彝良县气象服务站。1971 年 3 月改称云南省昭通地区彝良县气象站。1974 年 2 月改称彝良县革命委员会农林水利局气象站。1979 年 4 月改为云南省彝良县气象站。1990 年 5 月 12 日更名为云南省彝良县气象局。

管理体制　1958 年 8 月—1963 年 3 月,由彝良县地方领导。1963 年 4 月—1964 年 2 月改属云南省气象局,业务领导属昭通专区气象总站。1964 年 2 月—1966 年 1 月由云南省气象局和彝良县人民政府双重领导,以云南省气象局领导为主。1966 年 1 月—1970 年 4 月以地方领导为主。1970 年 4 月—1971 年 3 月由彝良县农业局代管。1971 年 3 月—1973 年底由县人民武装部代管。1973 年底撤销军管。1974 年 2 月划归彝良县革命委员会农林水利局领导。1981 年 9 月起实行昭通地区气象局与镇雄县人民政府双重领导,以昭通地区气象局领导为主的管理体制。

单位名称及主要负责人变更情况

单位名称	姓名	民族	职务	任职时间
彝良县气象站	李寿昆	彝	负责人	1958.08—1964.02
彝良县气候服务站				1964.02—1965.12
云南省彝良县气象服务站			站长	1966.01—1971.02
				1971.03—1971.12
云南省昭通地区彝良县气象站	汪才诗	汉	站长	1972.01—1973.03
	王富文	苗	站长	1973.04—1974.01
彝良县革命委员会农林水利局气象站				1974.02—1979.04
				1979.04—1980.06
云南省彝良县气象站	李玉富	汉	副站长(主持工作)	1980.07—1981.09
	吴治开	汉	站长	1981.10—1990.05
			局长	1990.05—1997.11
云南省彝良县气象局	李清友	汉	副局长(主持工作)	1997.11—2001.08
			局长	2001.09—

人员状况　始建时只有 2 人,截至 2008 年 12 月有 6 人,均为大学专科学历,其中:工程师 1 人,助理工程师 5 人。

气象业务与服务

1. 气象业务

①地面气象观测

观测项目　云、能见度、天气现象、气压、温度、湿度、风向、风速、降水、日照、小型蒸发、雪深、电线结冰、地温。

观测时次　早在民国时期的 1933 年 1—12 月,彝良县就进行过简单的气象要素观测。1958 年 10 月 1 日开始地面气候观测记录,观测时制为地方时 01、07、13、19 时 4 次定时观测,同时开展对外发布天气预报服务工作。1962 年 5 月 1 日起气候观测时制由 4 次定时地方观测时,更改为北京时 08、14、20 时 3 次定时观测,同年 10 月 1 日起增加固定航空气象报任务。

区域自动站观测　2008 年建成 4 个区域自动气象站。

②气象信息网络

20 世纪 80 年代以前,3 次地面气象观测报文主要依靠电话将报文传输到县邮电局发送,天气预报信息主要依靠收音机收听定时天气预报广播来获取。1982 年 4 月开始天气图传真接收工作,主要接收北京的气象传真和日本的传真图表。1991 年 4 月,架设开通甚高频无线对讲通讯电话,实现与地区气象局直接业务会商,同时开通警报发射机投入使用。1997 年建成"9210"网络终端设备并投入使用。2003 年安装了 PC-VSAT 单收站,同年开通"96121"(现改为"12121")天气预报自动答询系统。2004 年 12 月开通了气象信息内网,基本实现传输信息现代化。

③天气预测预报

彝良县气象局天气预报的内容有:长、中、短期天气预报、森林火险等级预报、"三性"天气预报、气象信息预警、雨季开始期、结束期预测等。

2. 气象服务

公众气象服务　1958 年建站起,每天坚持定时发布天气预报,通过县广播站向全县广播;2001 年后通过网络,分别在云南气象网、彝良兴农网、彝良县人民政府网站等发布短期天气预报。

决策气象服务　重要灾害性天气,及时用电话、手机短信及书面材料向县党政领导和有关部门报告,并提出生产建议和防御措施。同时还制作中、长期天气预报、森林火险等级预报和气象预测预警预报等。

专业与专项气象服务　1995 年起开展人工影响天气工作,到 2008 年已拥有"三七"高炮 11 门,主要为烤烟等粮经作物服务。1998 年 1 月成立彝良县防雷中心,2008 年更名为彝良县防雷装置安全检测中心。

气象法规建设与社会管理

法规建设　1991 年彝良县人民政府出台了《关于成立彝良县人工降雨防雹领导组的

通知》;1995年彝良县人民政府办公室出台《关于认真做好我县人工防雹有关工作的通知》;2001年彝良县人民政府出台《关于加强防雷安全管理工作的通知》;2005年彝良县人民政府办公室出台《彝良县人民政府办公室印发〈彝良县关于加强气象探测环境保护的规定〉的通知》;2007年彝良县人民政府出台《彝良县人民政府关于加快气象事业发展的实施意见》;2007年12月21日彝良县建设局出台《彝良县建设局关于彝良县气象局气象探测环境保护技术规定备案的复函》。

制度建设 制定了《彝良县气象局气象部门财务管理办法》、《彝良县气象局班子讨论、协商制度》、《天气预报会商制度》、《彝良县气象局学习制度》、《彝良县气象局测报管理办法》、《彝良县气象局值班守班制度》等。

政务公开 对气象行政审批办事程序、气象服务内容、服务承诺、气象行政执法依据、服务收费依据及标准等,通过户外公示栏、电话查询等方式向社会公开。干部任用、财务收支、目标考核、基础设施建设、工程招投标等内容通过职工大会或在公示栏张贴等方式向职工公开。财务一般在每年年底对全年收支、职工奖金福利发放、劳保、住房公积金等向职工做出说明。干部任用、职工晋级等及时向职工公示。

档案工作 2001年12月档案管理工作通过彝良县档案局考评验收,达县级档案管理(省C—1级)标准。2008年12月经过彝良县档案局考核,达科技事业单位档案室建设三星级标准。

党建与气象文化建设

党的组织建设 彝良县气象局党支部于1993年7月成立,截至2008年,有党员4人(其中退休职工党员1人)。党支部定期召开民主生活会,开展民主评议活动,并制订了学习计划和学习制度。

1996年7月柯勇被县直工委评为彝良县级优秀共产党员,1997年7月李清友被评为彝良县级优秀共产党员,2008年7月王定明被彝良县直工委评为彝良县级优秀共产党员。

党风廉政建设 2008年8月12日昭通市气象局纪检组聘任王定明为彝良县气象局纪检监察员,加强了彝良县气象局的党风廉政建设工作。

精神文明建设 1998年10月获得县级文明单位称号。2000年9月21日获得地级文明单位。1999年7月1人被云南省气象局评为1996—1999年全省气象部门双文明建设先进个人。

台站建设

1965年投资2000元修建的地面值班室和办公室,共计50平方米的瓦房;1978年云南省气象局投资4.7万元修建砖混结构职工住房400平方米;2003年11月28日至2004年4月4日上级投资19.8万元,修建新办公室330平方米,2004年8月投入使用;2008年年初的冰冻雪灾,给台站基础设施造成严重损坏,云南省气象局拨救灾专款10万元,修复、改造了受损的围墙、保坎和水、电路等。彝良县气象局现占地面积2510.92平方米。

1978 年修建的办公楼

2004 年彝良县气象局新建办公楼

威信县气象局

机构历史沿革

始建情况　始建于 1958 年 10 月,位于威信县城南门外"郊",东经 105°03′,北纬 27°51′,观测场海拔高度 1172.5 米。国家一般气象观测站。

历史沿革　1958 年 10 月成立威信县气候站,1960 年 3 月 1 日更名为威信县气候服务站,1964 年 2 月更名为威信县气象服务站,1971 年 3 月 20 日更名为威信县气象站,1990 年 5 月更名为威信县气象局。

管理体制　1958 年 10 月 4 日建站,属威信县地方领导。1963 年 4 月—1971 年 1 月,将体制收归云南省气象局,业务领导属于昭通专区气象总站;1971 年 1 月—1973 年实行县人武部和县革命委员会双重领导,1973 年—1980 年 11 月由军管转为气象业务部门和地方双重领导;1980 年 11 月,实行昭通地区气象局与镇雄县人民政府双重领导,以昭通地区气象局领导为主的管理体制。

单位名称及主要负责人变更情况

单位名称	姓名	民族	职务	任职时间
威信县气候站			负责人	1958—1960.03
威信县气候服务站	李经儒	汉		1960.03—1964.02
威信县气象服务站			站长	1964.02—1971.03
威信县气象站				1971.03—1982.01
	余明代	汉	站长	1982.01—1990.05
威信县气象局			局长	1990.05—1993.08
	李克武	汉	局长	1993.08—

人员状况 1958 年建站时只有 1 人,截至 2008 年 12 月有在编职工 6 人,临时聘用 4 人。在编职工中:工程师 2 人,助理工程师 3 人;大学专科以上学历 5 人。

气象业务与服务

1. 气象业务

①气象观测

地面气象观测 从建站开始,每天 08、14、20 时 3 次整点地面气象观测、发报和编制报表任务;同时编发每天 05—18 时每小时 1 次的航空固定报任务;2002 年将 05—18 时每小时 1 次固定航危报改为 24 小预约航危报,其余观测任务不变。

自动气象站观测 2002 年底,完成了地面气象自动站建设,2003 年 1 月 1 日正式开始运行。

②天气预报

1958 年 10 月至 1999 年 6 月,依靠抄收四川省气象台、云南省气象台的广播天气预报形势资料,结合本站资料进行天气预报服务;1999 年 7 月,开通"9210"远程工作站,通过因特网调取昭通地区气象台服务器中的 PC-VSAT 资料进行气象预报服务;1985 年正式开始天气图传真接收工作,主要接收北京和日本的传真天气图,利用传真天气图和表,独立分析制作短期天气预报;2000 年建成地面卫星接收站,预报所需资料图表通过卫星接收天线进行接收风云二号云图、地面图、高空图、数值预报、欧洲中心预报图、日本降雨数值预报,配合本站要素制作天气预报;2004 年 10 月,气象宽带网的建成,昭通市雷达资料可以及时获取,雷达资料在短时临近预报中发挥了指导作用。为全县各乡镇或相关企事业单位提供长、中、短期天气预报和气象资料。

2. 气象服务

公众气象服务 1999 年前天气预报是通过县广播电视局以广播的形式对外发布。2000 年 3 月,开通了"96121"(现改为"12121")天气预报自动答询业务。

决策气象服务 2005 年,建立了兴农网,通过政务网站和手机气象短信平台,发布气象信息。重要天气以书面形式分别送县委、县人民政府领导和有关部门。

专业与专项气象服务 20 世纪 70 年代开始开展人工影响天气工作。1997 年 3 月,开展"三七"高炮、人工降雨防雹减灾工作,并在石坎院子、林凤龙塘试点后,威信县人民政府成立人工增雨防雹办公室,到 2008 年已建成防雹作业点 9 个。

1997 年 4 月,成立威信县防雷安全检测中心,开展了防雷安全检测工作。

气象法规建设与社会管理

法规建设 重点加强雷电灾害防御和人工影响天气工作的依法管理工作。先后出台了《威信县防雷工程设计审核、施工监督和竣工验收管理办法》及《威信县人工影响天气安全条例》,并在全县范围内实施。人工影响天气、防雷行政许可和防雷技术服务正逐步规范化。

制度建设 先后建立和健全了威信县气象局《地面气象观测制度》、《地面气象观测奖惩制度》、《天气预报会商制度》等。

社会管理 2007 年 7 月成立威信县防雷装置安全检测中心,为威信县防雷安全生产提供了强有力的安全保障。根据云南省人民政府 2000 年 12 月 25 日发布的《关于进一步加强气象探测环境保护工作的通知》、云南省气象局 2001 年发布的云气行发〔2001〕1 号文件及中国气象局气发〔2004〕247 号文件及要求,威信县气象局结合探测环境工作实际,于 2007 年 12 月对现站址的基本情况到威信县建设局进行了备案。

党建与气象文化建设

党的组织建设 1958 年 10 月至 1971 年 11 月,有党员 2 人,预备党员 1 人。后陆续发展党员 4 人,1990 年 5 月成立威信县气象局党支部,截至 2008 年底有党员 5 人。

党风廉政建设 认真落实党风廉政建设目标责任制,积极开展廉政教育和廉政文化建设活动。2008 年配备了威信县气象局纪检监察员,党风廉政建设得到进一步加强。努力建设文明机关、和谐机关、廉洁机关。局财务账目每季度接受上级财务部门季度审核,并将结果不定期向职工公布。

精神文明建设 1986 年获得县级文明单位;1987 年获地级文明单位,并连续 15 年保持地级文明单位称号;2002 年被云南省委、省人民政府授予第九批"省级文明单位";2006 年被命名为第十一批"省级文明单位"称号;2008 年被省气象局评为 2006—2008 年创建文明单位先进单位。

台站建设

1977 年 6 月,因场地长期积水,原观测场位置不变,高度增加 0.7 米;1985 年 6 月,威信县财政投资 0.5 万元修建观测值班室和会议室,建筑面积 40 平方米;1992 年 12 月 8 日观测场抬高 4.7 米;1994 年 11 月 9 日威信县局办公综合楼建成完工;2008 年装修改造了业务办公楼。现有房屋 3 幢 22 间,建筑面积 1501 平方米,房屋为混泥土结构;工作用房 5 间,使用面积 532 平方米;生活用房 8 间,使用面积 753 平方米;其他用房 9 间,使用面积 216 平方米。

1994 年建成的威信县气象局办公楼

曲靖市气象台站概况

曲靖市位于云贵高原中部,云南东部,现辖 7 县 1 市 1 区,面积 28904 平方千米,人口 608.09 万。

曲靖市属亚热带与温带共存的气候类型。垂直差异明显,具有独特的高原立体气候特点。冬、春季节受大陆季风影响,晴天日数多,光照充足,气候温和干燥;夏秋季节受海洋季风影响,阴雨日数偏多,日照条件较差,气候凉快潮湿。曲靖市平均年均温 14.0℃左右,平均年降雨量 1100 毫米左右,最热月(7 月)19.7℃左右,最冷月(1 月)6.0℃左右,气温年较差(最热月平均气温与最冷月平均气温之差)13.7℃左右。

气象工作基本情况

所辖台站概况　曲靖市气象局现辖麒麟区气象局、宣威市(县级)气象局、沾益县气象局、富源县气象局、会泽县气象局、陆良县气象局、罗平县气象局、师宗县气象局、马龙县气象局。全市共有国家级地面气象观测站 9 个,其中国家基本站 2 个,国家一般站 7 个,陆良、宣威有农气观测业务。区域自动气象站 114 个,其中 5 要素站 69 个,6 要素站 37 个,7 要素站 8 个。

历史沿革　民国二十七年(1938 年),沾益、会泽、陆良在机场航空站建立了地面观测场。1951 年 1 月建成沾益气象站,同年 10 月建成会泽县气象站,1955 年 1 月建成会泽县者海气象站(1982 年 1 月撤销)。1956 年 4 月建成陆良县气象站,1957 年 1 月建成罗平县气象站,1957 年 12 月建成榕峰(今宣威)气象站,1958 年 8 月建成富源、马龙、寻甸、嵩明县气象站,1958 年 9 月建成师宗县气象站。1959 年 1 月同时建成会泽县驾车、迤车气象站(1966 年 1 月同时撤销)。1959 年 6 月建成宜良县气象站。1960 年 1 月同时建成沾益县炎方气象站、富源县黄泥河气象站(1962 年 1 月同时撤销)。1984 年 1 月,路南、宜良、嵩明县气象站划归昆明市气象处领导。1999 年 1 月寻甸县气象局划归昆明市气象局领导。1974 年 1 月建成曲靖地区气象台观测组(2001 年 1 月划归麒麟区气象局领导管理)。

管理体制　1953 年 11 月以前,属军队建制与领导。1953 年 12 月—1963 年 3 月,隶属当地人民委员会建制和领导。1963 年 4 月—1970 年 6 月,隶属云南省气象局建制和领导。1970 年 7 月—1970 年 12 月隶属当地革命委员会建制和领导。1971 年 1 月—1973 年 9

月,实行军队领导(军分区、人民武装部),隶属当地革命委员会建制。1973年10月—1980年12月,隶属当地革命委员会建制和领导。1981年1月起,曲靖市气象部门实行气象部门与地方人民政府双重领导,以气象部门领导为主的管理体制。

人员状况 1978年,全区气象工作人员58人,其中大专以上7人,中专38人,高中5人,初中8人。2008年,全市气象部门有在职在编职工116人,其中大专以上学历94人(含研究生2人,本科生46人),中级职称50人,高级职称8人。

党建与精神文明创建 全市气象部门现有党支部10个,有党员91人(其中在职职工党员69人)。

全市气象部门共有市级文明单位8个,省级文明单位1个,全市气象部门为市级文明行业。

领导关怀 2005年10月29日—11月4日,中国气象局副局长刘英金一行到云南对贯彻十六届五中全会精神和业务体制改革工作进行检查调研。刘英金一行来到云南省气象局及曲靖、版纳、大理、保山、德宏、腾冲、梁河等州(市、县)气象部门检查指导工作。

主要业务范围

地面观测 曲靖地面气象观测始于民国十三年(公元1924年),会泽开始在室外进行温度、降水观测记录。民国十九年(公元1930年),在宣威县城,用华氏温度表置于室内观测记录年平均气温、最高、最低温度。民国二十八年(公元1939年),沾益、会泽机场航空站建立了地面观测场。1949年,沾益、会泽、陆良机场内测候站随航空站南撤而解散,保留下部分残缺不全的资料,沾益机场的气象资料全部下落不明。

9个地面观测站承担全国统一观测项目任务,内容包括云、能见度、天气现象、气压、气温、湿度、风、降水、日照、蒸发(沾益、会泽为大型(E601型)、其余站为小型)、雪深、地面温度(含草温)、浅层(距地面5、10、15、20厘米)地温。沾益、会泽增加深层地温(距地面40、80、160、320厘米)观测;会泽、富源增加电线积冰观测。会泽、沾益气象局担负区域或国家气象信息交换任务,承担每天02、05、08、11、14、17、20、23时8次天气报发报任务;7个国家一般站承担每天08、14、20时3次定时观测发报任务,获取的观测资料通过气象宽带专网传输到省气象台,主要用于本省(州、市)和当地的气象服务,也是国家天气气候站网的补充。

沾益承担24小时,宣威、罗平承担06—18时航空危险天气发报任务(成都空军);宣威、陆良承担农业气象观测任务。全市基层台站的气象资料按时按规定上交到省局档案馆。

农业气象观测 1956年8月,陆良县气象站被云南省气象局指定为农业气象观测站(设农气组),随即开展对水稻、小麦生长发育状况、土壤温度的观测。1958年1月9日,会泽、宣威、罗平气象站开展对当地主要农作物物候观测目测土壤温度,并编发农业气象旬、月报至省气象台。陆良、会泽、宣威增发至中央气象台和成都区域中心台的农业气象报。1958—1959年间,农业气象工作一哄而上,因缺乏技术培训和业务指导,观测记录准确性较差。1961年,除保留宣威、罗平2站外,其余站停止观测。"文化大革命"期间,农气工作全部终止。1980年恢复陆良、会泽、宣威、罗平4个观测站,地区气象台成立农气组。1981

年撤销罗平的农气观测,陆良、会泽气象站为国家农业气象基本站,曲靖为基本观测站。陆良站观测水稻、玉米、小麦、蚕豆的生长发育状况以及物候观测。会泽站对玉米、水稻、小麦、核桃、苹果的物候观测并进行各发育期的土壤湿度观测。宣威进行玉米、马铃薯的观测。1989 年,会泽站农气观测任务撤销,由宣威站承担。

天气预报　曲靖天气预报业务始于民国三十三年(1944 年),美国空军陈纳德飞行大队在沾益机场内设立了航空天气预报台,绘制天气图,制作 24 小时航站和有关航线天气预报。预报专为飞行服务,不对外公布。

1958 年 11 月 9 日曲靖开始用莫尔斯接收天气资料,绘制了曲靖地区第一张 08 时地面天气图和东亚 700、500 百帕高空图,尝试制作天气预报,同年 12 月 20 日正式发布天气预报。按时效分,有短时、短期、中期、长期预报;按内容分有要素预报和形势预报;按性质分,有天气预报和天气警报。从初期单纯的天气图加经验的主观定性预报,逐步发展为采用气象雷达、卫星云图并行、计算机系统等先进工具制作的客观定量定点数值预报。1995 年 7 月 1 日,气象台自制的天气预报动画显示节目在曲靖电视台正式播出。

人工影响天气　1975 年春季,在省气象局的指导下,曲靖地区在宣威开展了首次人工增雨作业。1989 年 4 月,曲靖地区人工增雨防雹领导小组成立,设办公室在气象处。人工影响天气真正形成规模始于 2000 年,当年在沾益、罗平、师宗、马龙县共设作业点 29 个,至 2004 年发展到 117 个,此后稳定这一规模,可保护农经作物 260 万亩。

雷达探测　1977 年 8 月,曲靖行署拨款 20 万无购进"711 型"测雨雷达一部,在麒麟山建立了雷达站,1978 年为配合抗旱增雨,开展了观测业务。自 1981 年雷达探测步入正轨,除了每年的 4—10 月进行定时观测外,还对强对流天气系统进行不定时跟踪观测记录,为天气预报提供依据。

2001 年更新为"711B"型数字化测雨雷达。2003 年,罗平县气象局安装了"711"型数字化测雨雷达。2006 年,宣威市气象局安装了"711B"型数字化测雨雷达。2008 年,富源县气象局安装了"711B"型数字化测雨雷达。截至 2008 年底,4 部测雨雷达形成了覆盖全市的雷达网络,为人工增雨、防雹发挥着积极作用。

气象服务　1985 年,曲靖地区所属气象台站开始进行专业有偿服务。服务面涉及农业、工业、森林防火、城建、交通、旅游、水利电力及文化体育等行业。1988 年,曲靖地区地、县两级气象台站建立天气警报接收系统,用户只需安装一台警报接收机就能接收每天的天气预报,当年就有 114 家用户进行了安装。1992 年以前,气象信息服务主要是将常规预报产品和情报资料通过电话、广播电台、纸质的方式发布。1992 年曲靖市气象台开始在电视上播报公众天气预报;1993 年声像室建成,在曲靖电视台正式开辟了电视天气预报栏目,服务内容更加贴近生活,产品包括精细化预报、产量预报、森林火险等级等,还通过广播、电视、报纸、互联网、电子显示屏等媒体为广大市民服务。1999 年 5 月,"121"天气自动答询电话系统建成并投入使用。市气象局还通过电话、信函为专业用户提供气象资料和预报服务。2000 年又开通曲靖气象网站;2004 年开通重要天气手机短信服务平台,通过手机短信向各级领导和有关部门人员发送重要气象信息。2006 年又通过网络服务的方式向所有公众和专业用户提供天气预报和监测资料。至 2008 年底,全市天气预报手机短信用户达 63 万户;同时还通过手机短信形式向各级领导和有关部门 6000 余人发送重要天气信息。

曲靖市气象局

机构历史沿革

始建情况　始建于 1958 年 6 月，原址位于曲靖县南宁东路曲靖农校内。

站址迁移情况　1978 年 8 月，办公地点迁至麒麟南路 113 号。1988 年 3 月，曲靖地区气象处机关迁至麒麟区麒麟巷 60 号，北纬 25°30′，东经 130°48′，海拔高度 1906.2 米。

历史沿革　1958 年 6 月成立曲靖地委农工部水文气象组；1959 年 4 月设置曲靖专署农水局水文气象科；1962 年 10 月成立曲靖专区气象台；1964 年 1 月改称曲靖专区气象总站；1968 年 4 月成立曲靖专区气象总站革命委员会，1971 年 4 月改称曲靖地区气象台；1981 年 2 月改称云南省曲靖地区气象局；1984 年 1 月，改称云南省曲靖地区气象处；1990 年 5 月，改称云南省曲靖地区气象局；1998 年 8 月，更名为云南省曲靖市气象局。

管理体制　1958 年 6 月—1959 年 4 月，曲靖地委农工部水文气象组隶属曲靖专员专员公署建制和领导。1959 年 4 月—1962 年 10 月，曲靖专署农水局水文气象科隶属曲靖专署建制，归口农水局领导。1962 年 10 月—1963 年 4 月，曲靖专区气象台隶属专员公署建制，归口专区农水局管理。1963 年 4 月—1970 年 6 月，曲靖专区气象总站隶属云南省气象局建制和领导。1970 年 7 月—1971 年 4 月，改属曲靖地区革命委员会建制和领导。1971 年 4 月—1973 年 9 月，曲靖地区气象台实行曲靖军分区领导，建制属曲靖行署。1973 年 10 月—1981 年 2 月，曲靖地区气象台改为曲靖地区革命委员会（曲靖行署）建制和领导，归口地区农业局管理。1981 年 2 月起实行省气象局与曲靖行署双重领导，以省气象局领导为主的管理体制。

机构设置　设办公室、人事教育科、业务科技科、计划财务科、政策法规科等 5 个职能科室。设气象台、气象科技服务中心、人工增雨防雹指挥中心、防雷检测中心、防雷中心等 5 个直属单位。

单位名称及主要负责人变更情况

单位名称	姓名	民族	职务	任职时间
曲靖地委农工部水文气象组	康万良	汉	组长	1958.06—1959.03
曲靖专署农水局水文气象科	杨效班	汉	科长	1959.04—1962.09
曲靖专区气象台	张镒	汉	副台长	1962.10—1964.01
曲靖专区气象总站			副站长	1964.01—1968.03
曲靖专区气象总站革命委员会	王禄喜	汉	副主任	1968.04—1971.03
曲靖地区气象台	张镒	汉	台长	1971.04—1981.01
云南省曲靖地区气象局			副局长	1981.02—1984.01
云南省曲靖地区气象处	黄玉仁	汉	副处长	1984.01—1987.06

单位名称	姓名	民族	职务	任职时间
云南省曲靖地区气象处	黄玉仁	汉	处长	1987.06—1990.05
			局长	1990.05—1991.06
云南省曲靖地区气象局	姚远银	汉	局长	1991.07—1995.08
	杨立祥	回	副局长	1995.08—1998.07
云南省曲靖市气象局				1998.08—1999.01
	陈清祥	汉	局长	1999.02—

人员状况 建站初期仅有 5 人。截至 2008 年底,有在职职工 46 人,其中:研究生 1 人,大学本科 18 人,大学专科 23 人,中专 4 人;高级职称 7 人,中级职称 19 人。35 岁以下 11 人,36～39 岁 4 人,40～49 岁 27 人,50 岁以上 4 人。

气象业务与服务

1. 气象业务

地面气象观测 曲靖地区气象台观测组于 1974 年 1 月 1 日正式开始观测,观测项目有云、能见度、天气现象、气温、气压、湿度、浅层地温、降水、蒸发(小型)、日照、风向、风速等。2001 年 1 月始划归麒麟区气象局管理。

气象信息网络 20 世纪 60 年代以来,气象信息资料的接收经历了从无线电莫尔斯广播、无线电传单边带、甚高频、"123"气象传真广播、专用数据网、分组交换网(X.25)到现在的气象卫星综合应用业务系统("9210"工程),实现了以卫星通信为主的现代化气象信息网络系统。

全市基层台站气象观测资料的收集和传输,经历了从建站初期的人工观测和编报、发报(有线电话传至邮局),PC-1500 袖珍计算机编报、传输,发展到如今的每天 24 小时自动记录、编报和传输(气象宽带专网),实现了数据资料适时共享。

天气预报预测 曲靖市气象台的前身为地委农工部水文气象组,1958 年 11 月 9 日开始用莫尔斯接收天气资料,绘制了曲靖地区第一张 08 时地面天气图和东亚 700、500 百帕高空图,尝试制作天气预报,同年 12 月 20 日正式发布天气预报。1964 年设曲靖气象总站预报组,1971 年设地区气象台预报组,1981 年 1 月曲靖地区气象局下设气象台。1995 年 7 月 1 日,气象台自制的天气预报动画显示节目在曲靖电视台正式播出。

2. 气象服务

①公众气象服务

1964 年设曲靖气象总站预报组以来,先后通过广播、电视、报纸、互联网、手机短信、"12121"声讯电话、电子显示屏等媒体发布常规天气预报(本地 24、48、72 小时降水、气温、风向、风力等级)、城市天气预报、风景区天气预报,每周天气预报,节日和重大社会活动专题天气预报,森林火险气象等级预报,城市生活气象指数预报(紫外线强度、人体舒适度、感冒指数、着装指数)。2006 年,通过互联网络、电子显示屏等方式向社会公众提供气象服务。

②决策气象服务

服务项目有:72小时短期天气预报,月、季、年度短期气候预测,重要天气报告、气象灾情报告、重大活动气象服务等;专题气候分析有:"倒春寒"、雨季开始期、汛期旱涝趋势、水库蓄水、今冬明春、八月低温、"三秋"连阴雨专题预报等。

1992年以前,气象信息服务主要是以电话、广播、报纸的方式进行服务。1992年,在曲靖电视台第一、二频道发布公众天气预报。1999年,增加了传真和"121"语音自动答询系统。2000年,开通曲靖气象网站。2004年,建立重要天气手机短信服务平台。

【气象服务事例】 2007年8月2日凌晨,麒麟城区降大暴雨,创有气象记录以来1小时雨量最大值,造成200余幢民房倒塌,城区多处积水。准确的预报和及时的服务,使麒麟区委、区人民政府在大暴雨来临之前迅速疏散可能受灾群众2000余人,未造成人员伤亡,降低了灾害损失。

③专业与专项气象服务

人工影响天气 曲靖市人工影响天气工作始于20世纪70年代,但不连续,到90年代使用车载式火箭发射装置开展流动式人工增雨作业。市气象局人工影响天气指挥中心负责空域申请,雷达监测,作业命令的下达。2000年度被中国气象局评为"重大气象服务先进集体";2004年度被云南省人民政府评为"人工影响天气工作先进单位",同年被曲靖市人民政府评为"人工增雨防雹工作先进集体"、被省气象局评为"人工增雨防雹工作先进集体",2人次被曲靖市人民政府评为"人工增雨防雹工作先进个人";2005年3月被云南省人民政府评为人工影响天气工作先进单位,被曲靖市人民政府评为"人工增雨防雹工作先进集体";2006年度获省气象局"人工影响天气工作目标管理优秀单位一等奖"。

防雷技术服务 1991年,曲靖地区行政公署劳动局授权气象局成立的避雷装置安全技术检测中心,按照《对避雷装置进行安全技术检测的暂行规定》的要求对市直企、事单位、中央、省驻曲企业进行检测。

④气象科技服务

1985年,曲靖地区所属气象台站开始进行专业有偿服务。1988年,曲靖地区地、县两级气象台站建立天气警报接收系统,后来开展了气象影视、天气广告、"12121"自动答询服务,2004年开通了天气预报手机短信服务平台。2007年度被中国气象局评为"全国气象科技服务先进集体",被云南省气象局评为"全省气象科技服务先进集体"。

⑤气象科普宣传

每年利用"3·23"世界气象日,科技活动周、电视、报纸、广播网络等形式宣传气象科普知识和应对气候变化知识,适时接待中小学生参观气象台,在宣传气象、认识气象、利用气象、应对全球气候变化等知识的普及上取得了较好效果。

气象法规建设与社会管理

法规建设 1992年曲靖地区行政公署下发《关于进一步加强气象工作的通知》,2001年曲靖市人民政府办公室下发《关于转发云南省人民政府办公厅关于进一步加强气象探测环境保护工作的通知》,2004年曲靖市人民政府办公室下发《关于印发曲靖市防雷减灾管理办法》的通知，2005 年曲靖市人民政府办公室下发《关于印发〈曲靖市人工增雨防雹管理办法〉的通知》，2005 年下发《转发云南省国土资源厅和云南省气象局联合开展汛期地质灾害气象预报预警工作的通知》，2006 年曲靖市人民政府下发《关于进一步加快气象事业发展的通知》，2009 年下发《关于进一步加强防雷安全管理工作的通知》，2007 年曲靖市人民人民政府办公室下发《关于印发曲靖市乡镇自动气象站建设的实施意见》的通知，2007 年下发《关于转发公安部、中国气象局〈关于建立道路交通安全气象信息交换和发布制度的通知〉的通知》，2007 年下发《关于对全市交通安全气象信息进行交换和发布的通知》。

社会管理 1998 年，成立曲靖市防雷装置检测中心、曲靖市防雷中心，2004 年 5 月，市人民政府出台《曲靖市防雷减灾管理办法》，市人民政府成立防雷减灾领导小组，设办公室于市气象局。在曲靖市政务服务中心设立服务窗口，对防雷设计图纸审核和防雷项目实施审批，检测中心履行施工监督、竣工验收职责，同时承担防雷装置的安全技术检测任务。2004 年成立曲靖市气象局气象行政执法支队以来，共进行执法检查 278 家，办理行政许可 486 件，查处违法案件 19 起，组织召开行政处罚听证会 2 次，法院开庭审理案件一起。通过执法检查、立案查处，有效遏制了各种违反气象法律法规的行为，逐步规范了气象行业管理。

气象行政处罚听证会

政务公开 对气象行政审批制度、行政审批项目及办事程序、服务内容、服务承诺、气象行政执法依据、服务收费依据及标准等，通过公示栏、网络、发放宣传单、人民政府信息网、入驻曲靖市政务中心服务大厅接受咨询等多种方式向社会公开。干部任用、党员发展、财务收支、财务审计、目标考核、基础设施建设、工程招投标等内容通过召开职工大会、局务公开屏等方式向职工公开。2008 年，经曲靖市委、市人民政府审核同意，建立了曲靖市气象部门的《服务承诺制》《限时办结制》《首问首办责任制》《问责办法》《行政事业性收费制度改革实施细则》《行政审批制度改革实施细则》《优化经济社会发展软环境建设投诉办法》等七项制度。

党建与气象文化建设

1. 党建工作

党的组织建设 1979 年 12 月成立曲靖地区气象台党支部，有党员 6 人。截至 2008 年有党员 40 人（其中在职职工党员 29 人，离退休职工党员 11 人）。

2001 年以来，党支部连续 4 届（每两年评选一次）被中共曲靖市委直机关工委评为"五好基层党组织"，2006 年被评为"先进基层党组织"，2008 年被中共曲靖市委评为"优秀基层党组织"。

党风廉政建设 2007年4月成立了党风廉政建设领导小组,每年年初均与省气象局签订党风廉政建设目标责任书,每年四月均组织干部职工认真开展"党风廉政建设宣传教育月"活动。未出现违法违纪情况。1996年度,被曲靖地委、行署评为党风廉政建设先进集体。

2. 气象文化建设

精神文明建设 1999年成立了局长任组长的精神文明创建领导小组,制定了《曲靖市气象局精神文明五年创建规划》。2007年与腾冲县气象局、青海省格尔木市气象局结成精神文明对口交流活动单位。1996—1998年被云南省气象局评为"双文明建设先进集体";2000年被省气象局评为"气象部门文明行业创建先进集体"。2000年,被曲靖市委、市人民政府命名为市级文明单位;2006年被云南省委、省人民政府命名为省级文明单位,届满重新申报后通过认定连续保持省级文明单位称号。市气象局所有家庭住户均被麒麟区南宁街道办事处评为"十星级文明户"。

文体活动 设有图书阅览室、棋牌室、健身室、老年活动室,不定期组织知识竞赛、体育比赛,同时还积极参加麒社区组织的每年一次的老年运动会。2006年9月,在云南省气象局组织的气象部门文艺汇演中获一等奖,并代表云南省气象部门参加了全国首届气象部门文艺汇演。

3. 荣誉

集体荣誉 1996年,档案达国家二级标准;2000年,被中国气象局评为"重大气象服务先进体";2002度年被云南省气象局评为"目标管理优秀获奖单位";2004年,被云南省气象局评为"重大气象服务先进集体";2006年被云南省气象局评为"目标管理优秀获奖单位";2006年,被云南省人民政府、省军区评为"接收退役士兵安置先进单位";2007年,被中国气象局评为"全国气象科技服务先进集体";2008年被云南省气象局评为"抗击低温雨雪冰冻灾害气象服务先进集体"。

个人荣誉 1982—2008年,曲靖市气象局个人获得地厅级以上表彰奖励共36人(次)。其中获中国气象局全国气象部门双文明建设先进个人1人(次)、质量优秀测报员1人(次)、全国优秀值班预报员2人(次)、全国重大气象服务先进个人1人(次),获中国气象局、云南省气象局、曲靖市委、市人民政府表彰的其他奖励31人(次)。

台站建设

"十五"期间,筹资数百万元对东西两院进行了综合改善。对1993年投入使用的办公楼进行了重新装修改造1650平方米,对观测场及环境进行了全面绿化改造。新建住宅楼45套5050平方米。2007年3月动工建设曲靖市气象灾害监测预警及防御系统项目,该项目占地126亩,地方财政投入600万元,预计总投资6000余万元。气象灾害监测预警中心综合楼主体工程建设已竣工验收。增雨防雹科研及民兵教学实验楼已通过计委审批,气象小区建设也即将启动。该项目建成后,将形成集气象灾害监测、预警、防御指挥、人员培训、气象科普、办公、生活为一体的综合基地,这将为曲靖气象事业的可持续发展奠定良好的基础。

1993 年建成投入使用的办公楼

2003 年改造装修后的办公楼

2008 年底主体工程完工的新建综合楼

曲靖市麒麟区气象局

麒麟区位于滇东高原中部,东经 103°10′～104°13′,北纬 25°08′～25°36′之间。1913 年设曲靖县,1983 年设曲靖市(县级)。1997 年 5 月 6 日,撤销曲靖地区设立地级曲靖市,曲靖市设立麒麟区。

机构历史沿革

始建情况　2000 年 11 月曲靖市成立麒麟区气象局,办公地点位于麒麟区麒麟南路麒麟巷 60 号,与曲靖市气象局同处一院,北纬 25°30′,东经 103°48′,海拔高度 1906.2 米。属国家一般气象站。

管理体制　实行曲靖市气象局和麒麟区人民政府双重领导,以曲靖市气象局为主的领导管理体制,原曲靖市气象局观测组划归麒麟区气象局管理。

单位名称及主要负责人变更情况

单位名称	姓名	民族	职务	任职时间
曲靖市麒麟区气象局	黄国强	汉	局长	2000.11—2005.08
	徐文模	汉	局长	2005.08—2007.12
	李庆红	汉	副局长	2007.12—

人员状况 成立时有职工 4 人,截至 2008 年 12 月有在职职工 9 人(其中在编职工 7 人,聘用 2 人)。在编职工中:本科学历 4 人,大专学历 3 人;高级工程师 1 人;工程师 2 人,助理工程师 4 人;40～49 岁 4 人,40 岁以下 3 人。

气象业务与服务

1. 气象业务

①气象观测

观测项目 云、能见度、天气现象、气压、气温、湿度、风向、风速、降水、雪深、日照、蒸发(小型)、地温等;天气报有:云、能见度、天气现象、气压、气温、风向风速、降水、雪深、地温等。

观测时次 每日进行 08、14、20 时 3 次定时观测。

重要天气报 降水、雨凇、积雪、大风、龙卷、冰雹、雷暴、视尘障碍现象、大雪恶劣能见度;2009 年 1 月 1 日开始发天气加密报、气象旬(月)报和重要天气报。

自动气象站观测 2007 年,全区建成 8 个自动站,并投入业务运行。

②气象信息网络

2003 年来,相继完成气象宽带网建设并投入业务使用,通过网络实现网上办公、实时资料(观测、报文、信息、查询)传输、内部 IP 电话等现代化办公信息专业网络等;2007 年完成了天气预报可视化会商系统建设并投入使用。

③天气预报预测

麒麟区气象局自 2000 年底成立以来,围绕区委、区人民政府的中心工作,每天在《麒麟新闻》后播出麒麟天气预报、乡镇天气预报。主要预报产品有短期气候预测、中短期天气预报、短时临近预报、天气预报专题等服务信息。

2. 气象服务

①公众气象服务

2000 年成立麒麟区气象局就开展公众气象服务,服务项目有麒麟区城市天气预报、气象灾害预警信息发布、乡镇(街道)天气预报。主要通过电视、广播、电话、传真、互联网、麒麟信息、手机短信、电子显示屏等媒体为公众发布。

②决策气象服务

2000 年开展决策气象服务,主要以书面文字、电话、传真、网络方式传递《重要天气专题预报》、《专题气象服务》、《专题天气预报》、《气象信息汇报》、《灾情报告》等服务产品。

③专业与专项气象服务

麒麟区气象局自成立以来,先后建立了预防重大突发气象事件应急预案,手机短信预警、天气可视会商平台等项目建设,增强了专业气象服务发展后劲。

人工影响天气 自2000年底成立气象局以来,建成11个人工增雨防雹作业点和人工增雨防雹作业指挥中心。2003、2005年被曲靖市人民政府评为"人工增雨防雹先进集体"。

防雷技术服务 随着人工增雨防雹工作的开展,针对麒麟区雷电多发的实际,防雷减灾工作也在同步进行。气象局被列为麒麟区安全生产委员会成员单位,负责全区防雷安全的管理,定期对液化气站、加油站、煤矿、易燃易爆等高危行业和非煤矿山、人员密集场所的防雷设施进行安全检测,对不符合防雷技术要求的单位责令进行限期整改。

人工防雹作业

④气象科技服务

2007年麒麟区气象局在全市率先建成了乡(镇)气象自动站及灾害信息预警显示系统,2008年1月投入使用。

⑤气象科普宣传

每年在"3·23"世界气象日组织科技宣传,通过广播、电视、电子显示屏、科普知识宣传材料、手机短信等形式宣传和普及气象科普知识。

气象法规建设与社会管理

法规建设 麒麟区人民政府先后下发了8个规范性文件。

发文时间	文号	文件标题
2000.10.25	麒区编〔2000〕12号	关于成立曲靖市麒麟区气象局的批复
2001.01.19	麒区政办〔2001〕7号	关于调整麒麟区人工增雨防雹领导小组成员的通知
2006.03.22	麒财农〔2006〕9号	关于下达2006年区级气象科技专项资金(自动站建设、增雨防雹)的通知
2006.07.21	内部传真电报〔2006〕29号	转发市人民政府办关于进一步做好防雷减灾工作文件的通知
2008.03.21	麒区政办〔2008〕17号	曲靖市麒麟区人民政府办公室关于进一步加强气象灾害防御工作的意见
2008.05.06	麒区办会纪〔2008〕3号	曲靖市麒麟区人民政府办公室关于2008年人工增雨防雹工作的会议纪要
2008.12.26	麒区政请〔2008〕95号	曲靖市麒麟区人民政府关于在麻黄工业基地内选址作为气象防灾减灾项目用地的请示
2008.12.26	麒区政请〔2008〕87号	曲靖市麒麟区人民政府关于在麻黄工业基地行政划拨气象防灾减灾项目用地的请示

社会管理 依法对气象探测环境进行保护,凡在气象探测环境保护区内进行工程建设必须到气象局报批,方可进行施工建设;依法对全区防雷工作进行管理,对辖区内从事防雷设计、施工、检测的单位和个人依法进行防雷设计、施工资质和资格证的管理及防雷产品合格证检审、备案,防雷检测中心按职责对全区防雷装置、设备及场地进行防雷安全年度检测。依法对无人驾驶气球、系留气球施放实施管理。

政务公开 对气象行政审批办事程序、气象服务内容、服务收费依据及标准等,采取了通过户外公示栏、信息网站等方式向社会公开,接受社会监督,认真执行服务承诺制、限时办结制、首问责任制、行政问责制四项阳光制度。对干部任用、财务收支、目标考核、基础设施建设等内容则采取职工大会或上局务公示栏张榜等方式向职工公开。财务一般每半年公示一次,年底对全年收支、职工奖金福利发放、领导干部待遇、劳保、住房公积金等向职工作详细说明。干部任用、职工晋级等及时向职工公示或说明。健全了业务值班室管理制度、会议制度、监督制度、保密制度、党员干部学习制度等内部各种管理制度,强化了管理。2005年被中国气象局评为"局务公开先进单位"。

党建与气象文化建设

1. 党建工作

党的组织建设 2001年10月成立麒麟区气象局党支部,截至2008年12月有党员5人。

2004年被麒麟区直属机关党委评为"先进党支部"。

党风廉政建设 2000年,认真落实党风廉政建设目标责任制,与曲靖市气象局签党风廉政建设责任书。局财务账目每年接受上级财务部门年度审计,并将结果向职工公布。配备了纪检员,形成了"三人小组"决策机制。

2. 精神文明建设

精神文明建设 麒麟区气象局于2001年成立了精神文明建设领导小组,制定了建设规划,全局干部职工及家属子女无一人违法违纪,无一例刑事、民事案件,无一人超生超育。现因与曲靖市气象局处同一院内,不再单独命名,与曲靖市气象局同为省级文明单位。

文体活动 建设了图书阅览室、职工活动室,至2008年拥有图书上千册。积极参加区委、区人民政府和麒麟社区组织的各种文体活动,丰富职工的业余生活。

3. 荣誉

集体荣誉 2002年度,获曲靖市气象局"年度目标管理优秀奖";2003年,被麒麟区国防动员委员会评为"城市民兵改革试点先进单位",获麒麟区人民政府办公室"麒麟区档案目标管理工作一等奖";2005年度,被麒麟区委、区人民政府评为"先进集体";2007年,《麒麟区"乡(镇)气象灾害自动监测及预警系统"》获曲靖市人民政府科技起步二等奖;2008年,档案规范管理四星级达标通过省档案局考评并颁发了证书,被麒麟区人民政府评为"农业农村工作先进集体"。

个人荣誉　建站至 2008 年,麒麟区气象局个人共获地厅级以上表彰奖励共 2 人(次)。其中,获云南省气象局网络管理先进个人 1 人(次),曲靖市委、市人民政府农业农村工作先进个人 1 人(次)。

台站建设

经过九年的不断发展和完善,局机关的环境面貌和业务系统得到了明显改进。装修改造了办公楼、地面测报值班室,优化了观测场周边环境;建成了全市一流的人工增雨防雹指挥中心和 11 个人工增雨防雹作业点;完成了市区天气会商平台建设;2007 年在全市率先完成了"乡(镇)气象灾害自动监测及预警系统业务系统"的规范化建设;建起了气象地面卫星接收站、自动观测站、气息信息显示屏、决策气象服务、商务短信平台等业务系统工程。

沾益县气象局

机构历史沿革

始建情况　始建于 1950 年 7 月,1951 年 1 月 1 日正式观测记录。

站址迁移情况　1954 年 3 月 1 日迁至玉林山,即现址。1979 年被确定为国家气象观测基本站。1980 年 4 月新建观测场向东北方平移 40 米。东经 103°50′,北纬 25°35′,海拔高度 1898.7 米。

历史沿革　1951 年 1 月—1952 年 5 月,名称为云南省沾益气象站。1952 年 6 月—1953 年 12 月,名称为曲靖军分区沾益气象站。1954 年 1 月—1958 年 5 月,云南省沾益气象站。1958 年 6 月—1958 年 12 月,名称为曲靖专员公署沾益气象中心站(但未行使管理职能)。1959 年 1 月—1964 年 1 月,名称为曲靖县沾益气象站。1964 年 2 月—1966 年 12 月,名称为曲靖县沾益气象服务站。1967 年 1 月—1970 年 12 月,名称为云南省沾益气象服务站。1971 年 1 月—1980 年 12 月,名称为云南省沾益县气象站。1981 年 1 月—1983 年 7 月,名称为沾益县气象局。1983 年 8 月—1997 年 9 月,沾益县与曲靖市(县级)合并成立曲靖市气象局(科级)。1997 年 10 月起改称云南省沾益县气象局。

管理体制　1951 年 1 月—1952 年 5 月隶属中国人民解放军西南军区空军司令部气象处建制和领导。1952 年 6 月—1953 年 12 月隶属曲靖军分区建制和领导。1954 年 1 月隶属沾益县人民政府建制,归口人民政府建设科领导。1956 年 2 月隶属省气象局建制和领导。1958 年 6 月—1958 年 12 月,隶属曲靖县人民委员会建制和领导,分属曲靖专员公署农水局水文气象科业务管理指导。1959 年 1 月—1964 年 1 月隶属曲靖县人民委员会建制,分属曲靖专员公署业务管理指导。1964 年 4 月 9 日—1970 年 6 月,属云南省气象局(1966 年 3 月改为云南省农业厅气象局)建制,收归曲靖专区气象总站管理。1970 年 7 月—1970 年 12 月,沾益县气象站改属沾益县革命委员会建制和领导。1971 年 4 月—1973

年9月,实行沾益县人民武装部,属沾益县革命委员会建制。1973年—1980年4月,沾益县气象站改属当地革命委员会建制和领导。1980年4月,实行曲靖地区气象局和沾益县人民政府双重领导,以曲靖地区气象局领导为主的管理体制。

机构设置 内设机构由原先单一的观测站,发展到由测报股、预报股、办公室、人工影响天气中心、防雷中心、防雷装置检测中心、科技服务部为一体的综合机构。

单位名称及主要负责人变更情况

单位名称	姓名	民族	职务	任职时间
云南省沾益气象站	高建勋	汉	负责人	1951.01—1952.05
曲靖军分区沾益气象站	姜应统	汉	主任	1952.06—1953.12
				1954.01—1955.07
云南省沾益气象站	王继良	汉	负责人	1955.08—1957.08
	王德安	汉	站长	1957.09—1958.05
曲靖专员公署沾益气象中心站				1958.06—1958.12
曲靖县沾益气象站				1959.01—1964.01
曲靖县沾益气象服务站				1964.02—1966.12
云南省沾益气象服务站	徐成礼	汉	负责人	1967.01—1970.12
				1971.01—1971.03
云南省沾益县气象站	王德安	汉	站长	1971.04—1976.09
	吴忠	汉	站长	1976.10—1980.12
沾益县气象局			局长	1981.01—1983.07
				1983.08—1984.12
曲靖市气象局	张文国	汉	局长	1985.01—1988.08
	崔嘉吉	汉	局长	1988.09—1990.04
				1990.05—1996.03
云南省沾益县气象局	姜昆玉(女)	汉	局长	1996.04—1997.09
				1997.10—

人员状况 1951年仅有3人,截至2008年12月有在职职工13人(其中在编职工8人,聘用5人),在职职工中:大学学历3人,大专学历3人,中专学历5人;工程师1人,助理工程师4人,技术员3人,技工5人;40~49岁6人,30~39岁5人,20~29岁2人;汉族13人。

气象业务与服务

1. 气象业务

①气象观测

观测项目和时次 1951年1月1日起,每日实测8次,观测项目为气压、气温、湿度、云状、云量、能见度、天气现象、风向、风速、降水、云向和云速、地面状态。1951年4月1日起,每日10次编发天气报。目前观测项目为气压、气温、湿度、风向风速、降水、云量、云状、能见度、天气现象、日照、蒸发(大型)、地面及浅层、深层地温、雪深。8次定时观测天气报以及重要天气报,24小时值班。

高空观测　1959 年 12 月至 1962 年 4 月增加高空风观测任务。

航危报　1957 年 3 月至 1969 年 7 月增加航危报。2006 年 1 月 1 日起增加 24 小时航危报。

自动气象站观测　2003 年自动站改造完毕,平行观测两年,2005 年正式取代人工观测。

②气象信息网络

1986 年安装了甚高频辅助通讯网,1987 年 8 月开始使用 PC-1500 袖珍计算机制作报表,2000 年更换使用 586 微型计算机,同时更新了编发报程序,并担负着全省基本站的调试、试用任务,从 2001 年起使用计算机气象宽带网络发报。

③天气预报

20 世纪 50 年末期开始制作补充天气预报,工作较为单一,仅做订正,不对外发布。80 年代初期开始逐步对外发布,同时增加了中期天气预报业务,结束了原来只制作长、短期预报的历史。1984 年 3 月,安装了 CZ-80 气象传真接收机,直接接收中央气象台、成都气象中心、省气象台天气预报。1988 年 5 月取消沾益站预报业务,转发地区气象台天气预报,仅开展气象情报、资料等服务。90 年代末期开通县局地面卫星 PC-VSAT 单收站("9210"工程),恢复了天气预报业务。

2. 气象服务

①公众气象服务

20 世纪 80 年代,利用电视、广播、"12121"、网络、手机短信和报刊等载体及时发布常规天气预报、森林火险气象等级预报,努力做好节假日和重大社会活动的保障性气象服务。运用创新思维开拓新的服务领域,开辟新的服务渠道,开发新的服务产品——"预报短信及时呼",2005 年,与移动公司联合,开通了预报服务短信平台,不断满足人民群众和经济社会发展对气象服务工作的需求。

②决策气象服务

20 世纪 80 年代初,决策气象服务主要以书面文字发送为主,报送方式及服务内容较为单一。多年来,在加强与各级人民政府及各相关部门上下联动的基础上,密切监测关键性、转折性和灾害性天气事件的发生和演变规律,通过电话、传真、广播、电视、手机短信等方式,主动及时地提供灾害性天气、农作物生长关键期、森林火险、旱涝趋势等预测预报及各种重大社会活动气象保障服务,为各级党委、人民政府指导工农业生产,指挥防灾、抗灾、救灾提供科学依据。

③专业与专项气象服务

人工影响天气　20 世纪 90 年代初,沾益县为确保"两栽一种",在一定范围内开展人工增雨作业,规模较小。自 2000 年以来,人工增雨防雹点从最初的 6 个扩展到现在的 14 个高炮防雹点和 1 个流动火箭作业点。2003 年,1 人被省人降办评为"云南省人工影响天气先进工作者";2004—2005 年,沾益县气象局被曲靖市人民政府评为"曲靖市人工增雨防雹先进集体";2005 年,1 人被曲靖市人民政府评为"曲靖市人工增雨防雹先进个人";2008 年,被沾益县委、县人民政府评为"沾益县人工增雨防雹先进集体"。

防雷技术服务   1996年以来,先后成立了沾益县人民政府防雷减灾领导小组(设办公室于县气象局)、沾益县防雷中心、沾益县防雷装置检测中心,对辖区内的石油、化工等易燃、易爆场所、广播电视、计算机信息系统、微波站、卫星地面站、移动、电信通信基站、架空输电线、学校、宾馆等人员密集场所以及其他易遭雷击的建筑物和设施进行了全面的防雷安全检查和监督。对油库、加油站等重点场所进行了防雷防静电的专项检查;组织防雷检测中心对花山新建焦化厂防雷设施进行检测验收;对重点单位、地段等进行防雷安全检测,检测率达98%,实现了安全生产、减少雷电灾害。

④气象科普宣传

近年来,气象科普宣传工作突破以往格局,将应对气候变化、加强防灾减灾作为科普宣传工作的重点,以"3·23"世界气象日、防灾减灾日、科技活动周、安全生产月等宣传活动为契机,采取发放宣传资料、在网上和电视电台公布各类气象信息等方式,大力宣传气象科普知识,进一步提高了公众应对气候变化的意识和防灾减灾的能力,为构建和谐社会做出了积极贡献。

气象法规建设与社会管理

法规建设   重点加强雷电灾害防御、人工影响天气工作的依法管理工作。沾益县人民政府下发了一系列文件:2004年沾益县人民政府下发《关于转达发〈曲靖市防雷减灾管理办法〉的通知》,2005年沾益县人民政府办公室下发《关于转发曲靖市人工增雨防雹管理办法的通知》,2007年沾益县发展计划局《转发〈关于规范和调整防雷装置安全检测收费标准通知〉的通知》。

社会管理   沾益县气象局对防雷装置设计审核、竣工验收,施放无人驾驶氢气球、系留气球活动等行政许可项目实行社会管理。2006年,沾益县人民人民政府法制办批复确认县气象局具有独立的行政执法主体资格,气象局成立行政执法队伍。

政务公开   2002年实施政务公开以来,对气象行政审批办事程序、气象服务内容、服务承诺、气象行政执法依据、服务收费依据及标准等,采取了通过户外公示栏、电视广告、县人民政府信息网站、发放宣传单等方式向社会公开。干部任用、财务收支、目标考核、基础设施建设、工程招投标等内容则采取职工大会或上局公示栏张榜等方式向职工公开。2003年重新修订《沾益县气象局内部管理制度》,主要内容包括学习、业务、会议、财务、福利、奖励等制度。

党建与气象文化建设

1. 党建工作

党的组织建设   沾益县气象局于1984年成立党支部,有党员4人。截至2008年12月有党员8人(其中在职职工党员5人,退休职工党员3人)。

2001—2006年,1人被县直机关党委评为"优秀共产党员"。

党风廉政建设   从2003年起,每年与曲靖市气象局签定《党风廉政建设责任书》,2008

年,配备了兼职纪检监察员,建立了沾益县气象局"三人小组"民主决策监督机制。建站至今,沾益县气象局无违法违纪案件发生。

2. 气象文化建设

精神文明建设 1998 年,成立了以局长为组长,办公室具体负责的沾益县气象局精神文明建设领导小组,制定了《沾益县气象局内部管理制度》。1999 年被沾益县委、县人民政府授予"满星机关"称号;2001 年被省气象局评为"云南省气象部门文明创建先进集体";2006 年被沾益县委、县人民政府评为"沾益县平安单位";2004 年 1 人被沾益县委、县人民政府评为"沾益县先进女职工";1999 年,被沾益县委、县人民政府命名为"县级文明单位";2000 年被中共曲靖市委、市人民政府命名为"市级文明单位",且届满重新申报通过,继续保持该称号。

文体活动 开展内容丰富的元旦体育比赛,积极参加县直机关党委组织的职工篮球运动会、"三八"节健身操比赛、"七一"歌咏比赛,积极参加省、市气象局举办的各类文体比赛及"华风杯"党建知识竞赛、地方组织的公民道德知识、消防安全知识竞赛等活动,倡导文明、健康、科学的生活方法,大大丰富了精神生活和业余文化生活。

3. 荣誉

集体荣誉 1982 年被省气象局评为"云南省气象系统先进集体";1983 年,《沾益农业气候资源调查及区划》获曲靖行署科技进步二等奖;1986 年,获曲靖地区气象局"综合目标考核三等奖";1996 年,获曲靖地区气象局"全区目标管理综合考评第一名";1998—2006年,获"全市综合目标管理考核优秀单位";2005 年,被省气象局评为"云南省重大气象服务先进集体";2007 年,获曲靖市气象局"全市综合目标管理考核第三名"。

个人荣誉 建站至 2008 年,沾益县气象局个人共获地厅级以上表彰奖励 24 人(次)。其中,获云南省气象局质量优秀测报员 11 人(次)、重大气象服务先进个人 2 人(次),获云南省气象局、曲靖市委、市人民政府表彰的其他奖励 11 人(次)。

台站建设

1980 年修建了 2 幢职工宿舍和办公室、值班室共 520 平方米;1991 年改造了供电线路;1992 年修建了围墙和挡墙,改变了原先四通八达的状况,同时购买了空军气象台三层楼房 1 幢;1993 年在局大院内种植了葡萄和桃树,面积达 2 亩;1995 年曲靖市(县级)人民政府投资 7 万元进行办公楼改造 230 平方米;1997 年对单位办公楼装修、改造,同时对单位环境进行绿化、美化,修建了篮球场,从而改善了职工的工作和生活环境;2002 年对三层楼进行改造,投入办公使用;2003 年 12 月至 2004 年,沾益县人民政府多次组织相关部门召开红星新农村取土影响气象局观测环境协调会,决定由相关部门出资 120 万元修建护坡;2005 年新建办公业务楼 450 平方米;2008 年两次改造绿化院内环境、并向县人民政府协调40 余万元进行气象业务平台建设。

20 世纪 50 年代初台站面貌　　　　　　　　20 世纪 80 年代初台站面貌

沾益县气象局现状（2008 年）

宣威市气象局

宣威市地处云南省东北部、曲靖市北部，东经 103°35′～104°40′，北纬 25°53′～26°44′，为云南高原向贵州高原过渡的斜坡地带。新中国建立后，仍为宣威县，隶曲靖地区行政专员公署。1954 年 6 月 30 日，改宣威县为榕峰县。1959 年 11 月 30 日，恢复宣威县名。1994 年 2 月 18 日，撤销宣威县，改设宣威市（县级市）。现辖 26 个乡（镇、街道），总面积 6069.88 平方米，总人口 144.2 万。

机构历史沿革

始建情况　1957 年 12 月，在县城西郊窑坡始建榕峰县气候站，观测场位于东经 104°07′，北纬 26°05′，海拔高度 1983.5 米。1984 年 1 月，观测场向西移 35 米，位于东经 104°05′，北纬

26°13′,海拔高度 1984.2 米。

历史沿革 1957 年 12 月 1 日,榕峰县气候站成立。1959 年 11 月 30 日改榕峰县为宣威县,站名随之改称为宣威县气候站。1960 年 3 月 11 日,改称为宣威县气候服务站。1966 年 1 月 1 日,改称为宣威县气象服务站。1971 年 1 月更名为宣威县气象站。1981 年 1 月改称云南省宣威县气象站。1990 年 3 月,改称云南省宣威县气象局。1994 年 8 月,云南省宣威撤县设市,改称宣威市气象局。

管理体制 1957 年 12 月—1958 年 3 月,隶属云南省气象局建制和领导。1958 年 4 月—1963 年 5 月隶属宣威县人民委员会建制和领导,分属曲靖地委农工部水文气象组业务管理。1963 年 5 月—1970 年 7 月,隶属云南省气象局建制和领导。1970 年 8 月—1971 年 1 月,属宣威县革命委员会建制和领导,分属曲靖专区气象总站业务管理。1971 年 1 月—1973 年 10 月,实行宣威县人民武装部领导,隶属宣威县革命委员会建制。1973 年 10 月—1981 年 1 月改隶宣威县革命委员会建制,归口县农业局管理,分属曲靖专区气象台业务领导。1981 年 1 月,实行曲靖地区气象局和宣威县人民政府双重领导,以地区(市)气象局领导为主的管理体制。

单位名称及主要负责人变更情况

单位名称	姓名	民族	职务	任职时间
云南省榕峰县气候站				1957.12—1959.11
云南省宣威县气候站	何 彪	汉	负责人	1959.11—1960.03
云南省宣威县气候服务站				1960.03—1965.04
				1965.04—1966.01
宣威县气象服务站	张光美	汉	负责人	1966.01—1971.01
				1971.01—1971.09
宣威县气象站	徐成礼	汉	负责人	1971.10—1975.03
	张光美	汉	负责人	1975.04—1979.05
	张天佐	汉	副站长	1979.06—1981.01
				1981.01—1982.05
云南省宣威县气象站			站长	1982.05—1984.07
	洪国平	汉	站长	1984.07—1986.02
	魏宗祥	汉	站长	1986.03—1988.09
			站长	1988.10—1990.03
云南省宣威县气象局	徐成礼	汉	局长	1990.03—1994.08
云南省宣威市气象局				1994.08—1999.10
	宋德燕	汉	局长	1999.10—

人员状况 建站时只有 1 人。1999 年定编为 7 人。截至 2008 年 12 月有在编职工 8 人,聘用 9 人。在编职工 8 人中:大学学历 4 人,大专学历 1 人;工程师 7 人,助理工程师 1 人;40～49 岁 4 人,30～39 岁 4 人。

气象业务与服务

宣威市气象局(站)的主要业务是完成一般站的气象要素观测、发报、报表编制;每天

06—18 时向 OBSMA（指为民航拍发的航危报报头）昆明发固定航危报；定时和不定时重要天气报，定时的有雨凇、积雪、降水，不定时的有龙卷、冰雹、大风、大雪恶劣能见度；每天编发 08、14、20 时 3 次补充绘图报；长、中、短天气预报；常规农业气象观测和汛期雷达观测以及人工影响天气、防雷减灾管理等。

1. 气象业务

①地面气象观测

观测项目 气压、气温、湿度、风向、风速、降水、云、能见度、天气现象、日照、蒸发（小型）、地面及浅层地温、雪深、电接风向风速自记（1983 年 1 月 1 日至 1994 年 12 月 31 日）和压、温、湿（自记纸）。

观测时次 建站至 2006 年 12 月 31 日，每天进行 08、14、20 时 3 次定时观测。2008 年 1—12 月，每天进行 02、05、08、11、14、17、20、23 时 8 次定时观测。

气象报表制作 气表-1（月报）3 份；气表-21（年报）4 份。报表报送单位：气表-1 上报云南省、曲靖市气象局各 1 份，本站留底 1 份；气表-21 上报国家、云南省、曲靖市气象局各 1 份，本站留底 1 份。

航危报 1959 年 9 月 1 日起，向昆明民航（OBSMH）发 05—17 时固定预约报。1960 年 7 月 29 日起，向昆明军航（OBSAV）发预约报。1961 年 3 月 12 日起，向昆明民航（OBSMH）发固定 24 小时航危报；向成都、西安军航（OBSAV）发预约报。1986 年 1 月 1 日起，OBSMH 固定 24 小时航危报改为 05—18 时航危报。1994 年 1 月 1 日起，OBSAV 改为 06—18 时，并延续至今。1994 年 1 月 1 日起，OBSMH 改为 05—20 时，2006 年 1 月 1 日起停发。

②农业气象

观测项目 1989 年起增设农业气象观测，主要观测项目有农作物生育状况、土壤湿度（水分）、物候等。服务项目有大、小春粮食作物产量预报、气候评价、年度气候评价，均每年一期。

农业气象报表 作物生育状况观测年报表-1、土壤水分观测记录报表-2-1、自然物候观测记录年报表-3，均制作 3 份。上报云南省、曲靖市气象局各 1 份，本站留底 1 份。

③气象信息网络

建站至 2000 年，补充绘图报通过当地邮政局转发。1987 年 1 月 1 日起使用 PC-1500 袖珍计算机，取代人工编报，提高了编报质量和工作效率；2001 年起，改为气象宽带专网传输。

1986 年 5 月—1989 年，使用 79 型传真机直接接收各类天气图和数值预报产品。1990 年 4 月—2000 年 11 月，使用乡（镇）天气预警系统（安装天气警报接收机 42 台）。2000 年 12 月，建成了 PC-VSAT 小站（"9210"工程）。2001 年 4 月，开通了电视天气预报系统。2004 年 5 月，开通了重要气象信息手机短信平台。2007 年 3 月，713 数字化天气雷达投入使用。2007—2008 年，建成 22 个乡（镇）自动站和 1 个信息处理中心并投入业务使用。2008 年 4 月，省—市—县三级可视化天气会商系统建成并投入业务使用。

④天气预报预测

短期天气预报 1958年4月,根据云南省气象局要求开始作单站补充预报。当时主要预报工具有简易天气图、本站14时压、温、湿三线图。1985年开始通过79型传真机直接接收欧洲气象中心、日本气象厅、中央气象台、成都气象中心的大气环流形势、卫星云图和数值预报产品。2000年12月,开通了PC-VSAT小站("9210"工程),全面接收国家卫星气象中心下发的大气环流形势、地面实况、卫星云图和数值预报,再结合本站气象资料,对上级预报进行订正,作出本地未来24小时的天气预报。

中、长期天气预报 20世纪70年代中期开始制作中、长期天气预报。80年代中期前,主要使用收音机接收云南省气象台发布的旬、月天气预报。80年代中期后,通过传真机、PC-VSAT小站,接收大气环流形势、地面实况、卫星云图和数值预报,再结合本站气象资料来制作本地的中、长期天气预报。长期天气预报主要有:年度趋势、月预报,春播、倒春寒、雨季开始、8月低温、三秋连阴雨等关键农事活动期间的天气预报。

2. 气象服务

①公众气象服务

过去主要以电话、广播方式发布常规短期天气预报。1990年4月,乡(镇)天气预警系统投入使用,除电话方式外,还可以收听气象预警接收系统接收气象信息。2001年4月,电视天气预报正式在宣威电视台播出。2006年,省气象局统一建成云南兴农信息网,公众可登录该网站获取宣威气象信息。现在,每天通过广播、电视、网络、手机短信、电子显示屏等形式发布常规天气预报、森林火险气象等级预报。

②决策气象服务

20世纪70年代中期开始,为市人民政府及相关部门提供的服务项目主要有:年度趋势、月预报,春播、倒春寒、雨季开始、8月低温、三秋连阴雨等关键农事活动期间的天气预报和抢险救灾、重大社会活动等专题材料。服务方式有:书面材料、电话、广播、电视、网络、手机短信、电子显示屏等。

③专业与专项气象服务

专业气象服务 1985年8月,开展气象咨询专业服务。至2008年,服务方式主要为书面材料、电话、传真、手机短信、电子邮件等。服务对象为交通、水利、农业、林业、企业生产活动、科技部门和科研院校的相关技术活动等。

人工影响天气 宣威市人工影响天气工作始于1975年春季,在省气象局派人技术指导下,首次使用"三七"高炮将装有碘化银的弹头送入云中爆炸,取得了较好效果,达到了增雨的目的。1997年3月,宣威市人民政府成立了宣威市人工影响天气领导小组,设办公室于气象局,人工增雨防雹相关工作由水电局划归气象局负责。2001年在烤烟集中种植区布设9个固定作业点,其中"三七"高炮点6个,火箭发射点3个,经过实践,防灾减灾效果明显。2002年新增3个高炮作业点,并把2001年添置的3具火箭发射架更换为"三七"高炮。至2005年,宣威市共设固定高炮作业点14个,流动火箭点1个,由宣威市人工影响天气中心负责具体作业指挥。2005年度被曲靖市人民政府评为"人工增雨防雹工作先进单位";2004年度,1人被曲靖市人民政府评为"人工增雨防雹工作先进个人;2005年度,1人被曲靖市委、市人民政府评为"人工增雨防雹工作先进个人"。

防雷技术服务 1996 年 7 月,根据宣威市劳动局《关于转发曲靖地区防雷装置安全管理办法》的规定,开展辖区内防雷装置安全检测。1998 年 1 月增挂宣威市防雷中心牌子,同时经云南省技术监督局认定为"计量认证合格"单位,防雷检测中心依法开展防雷装置检测;云南省气象局核定宣威市防雷中心具有设计、安装资质。

④气象科普宣传

抓住每年的"3·23"世界气象日、全国科普日、法制日、"安全生产宣传月"等契机,以发放宣传单、悬挂标语、制作宣传展板、广播、电视等方式,广泛开展气象科普宣传。不定时地接待中小学生等人员到气象局参观;通过手机短信、政务公开栏、网站、电子显示屏等渠道宣传气象及灾害防御知识,进一步增强公众应对气候变化的意识和防灾减灾的能力。

气象法规建设与社会管理

法规建设 近年来,宣威市委、市政府等部门下发过的气象法律法规性文件有:《宣威劳动局关于转发〈曲靖地区防雷装置安全管理办法〉的通知》(1996 年 7 月),《气象探测环境协调会纪要》(2000 年 8 月 23 日),《关于成立人工增雨防雹工作领导小组的通知》(2001 年 3 月 5 日),《宣威市人民政府关于加强防雷安全管理工作的通知》(2001 年 12 月 12 日),《宣威市人民政府关于转发〈曲靖市人民政府关于印发〈曲靖市防雷减灾管理办法〉的通知〉的通知》(2004 年 1 月 18 日),《宣威市人民政府办公室转发关于进一步做好防雷减灾工作文件的通知》(2006 年 7 月 26 日),《关于进一步加强学校防雷安全工作的通知》(2007 年 8 月 7 日)。

社会管理 相关法律、法规经城建规划部门备案,凡在观测场环境保护范围内的建设工程,必须经气象局审批后方可开工建设,使观测场环境受到切实有效保护。对在辖区内从事防雷设计、施工、检测的单位和个人,依法对其资质、设计图纸、施工质量进行审核和监督。检测中心对全市的防雷装置进行检测,对防雷工程进行验收。对在辖区内从事施放气球的单位和个人进行资质和资格审核管理。

政务公开 2003 年,凡涉及行政许可、收费依据、服务承诺等通过市人民政府信息公开网站向社会公开;单位工程建设、大宗购物、财务收支、财务审计、人事任免等事项通过职工大会或局务公开栏向职工公开。

党建与气象文化建设

1. 党建工作

党的组织建设 1977 年—1989 年 12 月,有党员 1 人,编入农业局党支部。1990 年 1 月—2001 年 10 月,有党员 4 人,编入市委农工办(农工部)党支部。2001 年 10 月,经中共宣威市直属机关党委批准,成立宣威市气象局党支部。截至 2008 年 12 月有党员 5 人。

2005 年,气象党支部被中共宣威市直机关党委评为"先进基层党组织";2007 年,1 人被评为 2005—2006 年度优秀党务工作者,1 人被评为 2005—2006 年度优秀共产党员。

党风廉政建设 从 2003 年起,每年与曲靖市气象局签定《党风廉政建设责任书》,2008年,配备了兼职纪检监察员,建立了宣威市气象局"三人小组"民主决策监督机制。多年来通过警示教育、"党风廉政建设宣传教育活动月"形式,取得了很好效果,建站至今,宣威市气象局无违法违纪案件发生。

2. 气象文化建设

精神文明建设 1998 年,成立了以局长为组长的文明单位创建领导小组,制定了《宣威市气象局精神文明创建规划》,每年进行一次文明家庭、文明职工、先进科室、先进个人评比活动。2002 年,1 人被省气象局评为"全省气象部门'九五'期间文明创建工作先进个人";2005 年 12 月,被宣威市委、市人民政府表彰为"333"九星工程建设竞赛先进集体;2008 年 2 月,被宣威市委、市人民人民政府命名为 2007 年度"十星级文明和谐单位";1999年,被宣威市委、市人民政府命名为"县级文明单位";2003 年起,连续两届被曲靖市委、市人民政府命名为市级"文明单位"。

文体活动情况 建有职工阅览室、学习室,每年均订阅报刊、杂志、购买图书。利用"元旦"、"三八"、"五一"、"重阳"、"十一"等重大节日,开展生动活泼、丰富多彩的文体活动。积极参加宣威市委组织的广场文化活动和比赛,丰富了职工的业余生活。

3. 荣誉

集体荣誉 2001 年,被宣威市委、市人民政府评为"宣威火腿美食文化节"筹备工作先进集体;2002—2003 年度,被曲靖市气象局评为"综合目标管理优秀获奖单位";2004年,分别被曲靖市气象局、宣威市委人民政府评为"综合目标管理优秀获奖单位"和"烤烟生产收购工作先进集体";2005 年,分别被省气象局和宣威市委、市人民政府评为"重大气象服务先进集体"和"三年国际优质烟生产先进集体";2006 年,被曲靖市气局评为"综合目标考核优秀单位";2006—2008 年度,被宣威市委、市人民政府评为"烤烟生产收购先进单位"。

个人荣誉 建站至 2008 年,宣威市气象局个人共获地厅级以上表彰奖励 6 人(次)。其中,云南省气象局表彰奖励 2 人(次),曲靖市委、市人民政府表彰 4 人(次)。

台站建设

宣威市气象局占地面积 5657.08 平方米。1957 年,建盖砖木结构平房 3 间 49.5 平方米,设观测值班室、宿舍。1964 年,建盖砖木结构平房 6 间 103.0 平方米,设观测值班室、宿舍。1984 年,建盖职工宿舍楼 1 幢 567.5 平方米。1988 年 4 月,建成办公楼 207.4 平方米。2006 年,中国气象局和地方政府共同投资 206 万元,新建 1 栋 1526 平方米的业务办公大楼,同时对大院进行了绿化美化,院内绿化率达 60% 以上。

宣威市气象局观测场全景及老办公楼(2005 年)　　宣威市气象局 2006 年建成的办公楼

富源县气象局

　　富源县位于云南省东部,1954 年改平彝县为富源县,因资源丰富(素称"八宝之乡")而得名。是入滇门户,为"滇黔锁钥",也称云南东大门,辖 8 镇 2 乡和 1 个水族乡,国土面积3251 平方千米,总人口 74.9 万。

机构历史沿革

　　始建情况　　始建于 1958 年 7 月 13 日,位于富源县中安镇王家屯山顶,东经 103°49′,北纬 25°30′,海拔高度 1898.8 米。属国家一般气象观测站。

　　站址迁移情况　　1994 年 8 月搬迁至中安镇建设路 6 号,位于东经 104°15′,北纬25°41′,海拔高度 1814.0 米。2008 年迁至中安镇清溪社区白坟山大营塘,即东经 104°15′,北纬25°41′,海拔高度 1926.0 米。

　　历史沿革　　1958 年 7 月建立富源县气候站,1960 年 7 月更名为富源县中安气候服务站,1964 年 5 月更名为富源县气候服务站,1966 年 1 月更名为云南省富源县气象服务站,1971 年 1 月改称云南省富源县气象站,1990 年 5 月改称云南省富源县气象局。

　　管理体制　　1958 年 7 月—1960 年 7 月隶属富源县人民委员会建制和领导。1964 年 5月—1970 年 6 月,富源县气象站属云南省气象局(1966 年 3 月改为云南省农业厅气象局)建制,隶属曲靖专区气象总站管理。1970 年 7 月—1971 年 1 月改隶富源县革命委员会建制、归口县农水局管理。1971 年 1 月—1973 年 10 月隶属富源县革命委员会建制,实行县人民武装部和革命委员会双重领导,以人民武装部领导为主。1973 年 10 月—1981 年 1月,改属富源县革命委员会建制,归口县农业局管理。1981 年 1 月起隶属云南省气象局建制,实行富源县人民政府和曲靖地区气象局双重领导,以曲靖地区气象局领导为主的管理体制。1990 年 5 月实行曲靖地区气象局和富源县人民政府双重领导，以曲靖地区气象局为主的管理体制。

单位名称及主要负责人变更情况

单位名称	姓名	民族	职务	任职时间
富源县气候站	吴超尤	汉	负责人	1958.07—1960.07
富源县中安气候服务站				1960.07—1961.10
	郭 文	汉	站长	1961.11—1964.05
富源县气候服务站				1964.05—1965.10
				1965.11—1966.01
云南省富源县气象服务站	吴超尤	汉	站长	1966.01—1971.01
				1971.01—1973.09
云南省富源县气象站	石维甫	汉	站长	1973.10—1977.09
	陈礼仁	汉	站长	1977.10—1984.03
	杨立祥	回	站长	1984.04—1990.05
			局长	1990.05—1995.08
云南省富源县气象局	何天华	汉	局长	1995.09—2006.10
	王 云	汉	局长	2006.11—

人员状况 建站之初只有 3 人，截至 2008 年 12 月有在职职工 6 人，退休职工 2 人。在职职工中：中级职称 3 人，初级职称 2 人；研究生 1 人，本科生 4 人，大专生 1 人。

气象业务与服务

1. 气象业务

①地面气象观测

观测项目 气压、气温、地温、湿度、降水、日照、蒸发、风向、风速、云、能见度、天气现象，1980 年又增加观测电线积冰，除上述项目外，还有每天固定拍发天气加密报和航危报。

观测时次 1958 年 10 月 1 日正式开始观测，承担每日定时 3 次（08、14 和 20 时）观测。

区域自动站观测 2007 年 5 月—2008 年 6 月建成了全县 11 个乡镇自动气象监测站和 1 个应急气象监测站，并建立独立服务器，使县、乡气象资料实现共享。

②气象信息网络

台站气象观测资料的收集和传送，经历了从 1958 年建站初期的人工观测和编报（有线电话传输），1987 年 PC-1500 袖珍计算机编报、传输，1998 年建成的 PC-VSAT 单收站（"9210"工程），到 2001 年实现自动编报和传输（气象宽带网），数据资料适时共享。

③天气预报预测

1958 年建站开始就承担了本地单站天气预报，主要预报工具是简易天气图、三线图和指标站要素，并结合上级气象台分析指导和本站资料来制作 24 小时的补充订正天气预报。1964 年后开展长期天气预报，主要依据"图、资、群"和农谚，制作年度、季度、月预报及专题预报。1995 年广泛运用上级气象台提供的"预报产品"、"雷达信息产品",开展短期气候预测、短时天气预报、临近天气预报。

2. 气象服务

①公众气象服务

富源县公众气象服务主要有：当地和乡镇天气预报、气象灾害预警信息发布等。主要通过广播、电视、手机短信、县人民政府信息网、"12121"声讯电话等媒体向公众发布。

②决策气象服务

1995 年以来,富源县气象局决策服务主要通过电视、网络、手机短信等传输方式向人民政府和相关决策部门和领导发送《专题气象服务》、《气象情报》、《重要天气专报》《气象灾情报告》等服务产品。

③专业与专项气象服务

人工影响天气　2000 年开展大规模人工增雨防雹工作,现有 9 个固定人工增雨防雹作业点,8 年来通过实施增雨防雹作业,连年圆满完成了县委、县人民政府下达的防雹区内农经作物受灾面积控制在 5％以内,实现了防区内"三增、一减、一无"(即:财政增收、农民增收、企业增收;防护区内冰雹减少,无安全责任事故)的目标。2006 年度被曲靖市人民政府评为"人工增雨防雹先进集体"。2008 年度被富源县委、县人民政府评为"防灾减灾工作先进集体"。

防雷技术服务　2001 年,富源县气象局依法对全县防雷工作进行管理;对全县辖区内从事防雷设计、施工、检测的单位和个人依法进行防雷设计、施工资质和资格证的管理及防雷产品合格证检审、备案;1998 年富源县防雷检测中心挂牌,按职责对全县防雷装置、设备及场地做防雷检测工作,防雷中心还实施防雷工程。

3. 科学技术

气象科普宣传　每年在"3·23"世界气象日、"科技周"、"安全生产月"、"12·4"全国法制宣传日等组织开展各类气象科普宣传活动,组织气象科技人员进农村、进学校、进社区、进企业进行气象知识和气象科普宣传。

气象科研　组建学科带头人积极推进气象科技开发,2007 年 11 月开展"人工影响天气作业条件预报技术研究",2008 年通过省局验收,并正式投入业务运行。2008 年根据富源县发展的特色产业魔芋种植,积极与富源魔芋研究所合作,对富源魔芋种植生产与气候要求进行研究。

气象法规建设与社会管理

法规建设　1983 年以来,富源县人民政府先后下发 3 个气象规范性文件。

发文时间	文号	文件标题	备注
1983.7.16	云政办发〔1983〕47 号	转发省气象局、邮电局《关于在开展人工增雨、防雹中确保航行安全的报告》的通知	富源县人民政府批转

续表

发文时间	文号	文件标题	备注
2000.3.18	曲政办会通〔2000〕3 号	曲靖市人民政府办公室关于人工防雹工作的会议决定事项	富源县人民政府批转
2006.10.9	富政办发〔2006〕155 号	富源县人民政府办公室转发《曲靖市人民政府关于建筑工程防雷检测有关问题的专题会议纪要》	

社会管理 2007 年 11 月《气象探测环境和设施保护办法》(中国气象局第 7 号令)在富源县规划局备案,依据中国气象局、建设部联发的《关于加强气象探测环境保护的通知》(气发〔2004〕247 号)对气象探测环境进行保护。

1995 年富源县气象局和县人民政府法制办联合发布《关于防雷工作的若干意见》的文件,同时富源县气象局成立防雷中心,负责全县防雷安全检测;规范了全县防雷装置安全检测工作,促进了防雷工作的科学发展。2001 年云南省气象局核发了防雷装置设计和施工丙级资质。2004 年根据《防雷减灾管理办法》(中国气象局第 8 号令),防雷装置安全检测中心开展了对全县新、改(扩)建(构)筑物的防雷装置图纸审核、施工监督、竣工验收等工作。

根据《通用航空飞行管制条例》(国务院、中央军委 371 号令)和《施放气球管理办法》(中国气象局第 9 号令),对在县境内施放无人驾驶自由气球、系留气球的单位、个人实施放资质和施放活动管理。

政务公开 从 2000 年开始富源县气象局对气象行政审批制度、审批事项、办事程序、服务内容、服务承诺、行政许可、行政执法依据、服务收费依据及标准等在"在富源县人民政府信息"网站向社会进行了公开。干部任用、发展党员、财务收支、财务审计、目标考核、基础设施建设、工程招投标等重大事项在职工大会或局务公开栏上向职工公开。

党建与气象文化建设

1. 党建工作

党的组织建设 截至 2008 年 12 月有党员 4 人(其中在职职工党员 2 人),经县委组织部同意,气象局和县委党校建立联合党支部。

党风廉政建设 每年与曲靖市气象局签订《党风廉政建设责任书》,配备了兼职纪检监察员,适时组织职工到中安监狱(警示教育基地)、�琴碑(廉政教育碑)、观看影片等形式接受警示教育,配备了兼职纪检员,建立了"三人决策小组"机制。从未出现过违规违纪现象。

2. 气象文化建设

精神文明建设 1998 年,成立了以局长为组长的精神文明建设领导小组,制定《精神文明建设发展规划》,1987 年和 1994 年被云南省气象局评为"双文明建设"先进集体。2000 年被中共曲靖市委、市人民政府命名为"市级文明单位",届满重新申报,再次被曲靖市委、市人民政府命名为市级文明单位。

文体活动 建有藏书千余册的图书阅览室,适时开展党的知识、法律知识和专业知识有奖竞赛活动,积极参加县里组织的各种文体活动。

3. 荣誉与人物

集体荣誉 1995年,被曲靖地区气象局评为先进集体;2008年,被省气象局评为"抗击低温雨雪冰冻灾害气象服务先进集体";2008年度,被曲靖市委、市人民政府评为"农业农村工作先进集体"。

个人荣誉 建站至2008年,富源县气象局个人共获云南省气象局表彰奖励15人(次)。1995年,1人分别获曲靖地区气象局"工作目标优秀管理员"和富源县委、县人民政府"民族团结进步先进个人";2008年,1人被富源县委、县人民政府评为"防灾减灾工作先进个人",2人分别获得富源县委、县人民政府"农业农村工作先进个人"和"防灾减灾工作先进个人"。

人物简介 刁有菊,女,汉族,工程师职称。1934年11月生于四川省江津县,1954年2月毕业于四川省江津园艺学校。1954年3月在云南省林业厅昆明林业实验室参加工作至1959年1月;1959年2月至1959年8月在云南省气象局昆明农业气象实验站工作;1959年9月至1964年9月在沾益县气象站工作;1964年10月至1989年11月在富源县气象局工作,1989年12月被云南省人民政府授予"云南省农业劳动模范"称号,同年光荣退休,2007年4月19日病故,享年73岁。

刁有菊同志身残志坚、爱岗敬业,严于律己,勤奋好学,在气象战线上作出了优异的成绩,把一生精力奉献给气象事业。虽身患残疾(右上、下肢残疾),但三十余年如一日,一直坚守在工作岗位,兢兢业业,忘我工作,凭自己顽强的意志,克服一个又一个常人难以想象的困难,气象观测质量年年优秀,多次被省、市气象系统评为先进工作者和富源县先进个人。该同志不计个人得失,乐于助人,将自己丰富的知识和经验毫无保留地传给新同志。她常常放弃自己的休息时间,做好传、帮、带,使新同志很快能适应新的岗位。集体主义观念、团结协作精神强,高标准严格要求自己,时时处处维护富源县气象局的形象,为全县乃至全市气象部门树立了光辉的榜样。

台站建设

鉴于现在的探测环境已不符合规范要求,气象站将迁至中安镇清溪社区白坟山大营塘,原址计划重建气象局职工城区住宅。现在建的富源县气象局占地25亩,位于县城西北部、原320国道旁,距县城约3千米,交通便利。根据地形规划建设,观测场占地800平方米,综合办公大楼占地1560平方米,职工餐厅750平方米。在办公大楼的北面是5间单身宿舍和6套职工别墅。截至2008年12月,综合楼主体工程已完工,新区功能齐全、装备先进、环境优美。

位于王家屯山顶原址的台站照片（1994 年）

位于中安镇建设路 6 号的台站照片（1995 年）

陆良县气象局

陆良县位于云南省东部，晋时称同乐县，民国二年（1912 年）改称陆良县至今。全县总面积 2018.82 平方千米，辖 8 镇 2 乡和华侨农场，陆良坝子为云南省第一大坝子（771.9 平方千米），素有"滇东明珠"之称。

机构历史沿革

始建情况　1956 年 1 月在华侨农场建立的气象观测组，同年 4 月 1 日正式观测记录。属国家一般气象观测站。

站址迁移情况　1959 年 4 月 4 日迁至城郊陈家台子村至今。观测场位于东经 103°40′，北纬 25°02′，海拔高度 1841.0 米。

历史沿革　1956 年 1 月设陆良县华侨农场气象观测组，1959 年 11 月更名为陆良县气候站，1962 年 5 月 1 日更名为陆良县气候服务站，1967 年 1 月 1 日更名为陆良县气象服务站，1970 年 1 月改称云南省陆良县气象站，1983 年 9 月更名为曲靖地区陆良县气象站，1990 年 5 月改称云南省陆良县气象局。

管理体制　1956 年 1 月—1959 年 10 月，隶属陆良县人民委员会建制，由华侨农场和县农业局领导。1959 年 1 月—1964 年 3 月，隶属陆良县人民委员会建制，归口县农业局领导。1963 年 4 月—1970 年 6 月，属云南省气象局（1966 年 3 月改为云南省农业厅气象局）建制领导，收归曲靖专区气象总站管理。1970 年 7 月—1970 年 12 月，陆良县气象站改属陆良县革命委员会建制和领导，归口县农业局管理。1971 年 1 月—1973 年 9 月，实行陆良县人民武装部，属陆良县革命委员会建制。1973 年—1980 年 4 月，陆良县气象站改属当地革命委员会建制和领导。1980 年 4 月，实行陆良县人民政府和曲靖地区气象局双重领导，以曲靖地区气象局领导为主的管理体制。

单位名称及主要负责人变更情况

单位名称	姓名	民族	职务	任职时间
陆良县华侨农场气象观测组	屠慧芳(女)	汉	组长	1956.01—1957.03
	沈祖谦	汉	组长	1957.04—1959.10
陆良县气候站			站长	1959.11—1962.04
陆良县气候服务站			站长	1962.05—1966.12
陆良县气象服务站				1967.01—1969.03
	杜洪裕	汉	站长	1969.04—1969.12
云南省陆良县气象站				1970.01—1970.12
	魏富明	汉	站长	1971.01—1983.09
曲靖地区陆良县气象站			站长	1983.09—1990.04
			局长	1990.05—1991.10
云南省陆良县气象局	孙德荣	汉	局长	1991.11—1996.11
	魏宗祥	汉	局长	1996.12—1999.09
	郭建才	汉	局长	1999.10—

人员状况　建站初期仅有 3 人。截至 2008 年有在职职工 4 人(其中在编职工 9 人,外聘职工 5 人)。在编职工中:本科学历 5 人,专科学历 4 人;中级职称 6 人,初级职称 3 人;35 岁以下 4 人,40～48 岁 5 人。

气象业务与服务

　　陆良县气象局承担地面气象观测和农业气象观测任务,开展中短期天气预报、短期气候预测、森林火险等级、旅游天气预报、作物产量预报、人工影响天气、防雷安全检测、气象资料及情报等服务项目。

　　服务方式:电视、电话、传真、网络、手机短信、书面材料等。

1. 气象业务

①地面气象观测

观测项目　建站时的观测项目有云、风、气压、气温、湿度、降水、能见度、天气现象、日照、蒸发(小型)、雪深、地面和浅层地温。逐步增测的项目有:地面最低温度(1956 年 6 月 1 日),地面最高温度(1961 年 1 月 1 日),地面 0 厘米(1961 年 4 月 1 日),浅层(5、10、15、20 厘米)地温及气压自记(1964 年 1 月 1 日),乔唐式日照(1965 年 1 月 1 日),温、湿度自记(1965 年 9 月 1 日),降水自记(1967 年 5 月 1 日),电接风向风速仪(1971 年)、草面温度(2007 年 1 月 1 日)等。

观测时次　1956 年 4 月 1 日起,每日 3 次定时观测。1957 年 4 月 1 日改为每日 4 次定时观测。1962 年 5 月 1 日恢复每日 3 次(取消 02 时)定时观测。1971 年 10 月 1 日—1974 年 5 月 21 日每天增加 24 次航报观测。2007—2008 年每日 8 次定时观测,2009 年恢复为每日 3 次定时观测。

发报种类 1956 年 5 月 1 日开始每日编发绘图报 3 次,由机场部队转发;1959 年 9 月 15 日—1991 年 12 月 31 日编发航空预约报;1971 年 10 月 1 日—1974 年 5 月 21 日编发 24 小时航空报;1984 年 1 月 1 日开始编发重要天气报。

气象报表制作 1974 年 2 月开始编发气候月报;1980 年 1 月 1 日开始编发农业气象句(月)报;2000 年 1 月 1 日开始编发气象句(月)报(AB 报)。报表报送中国气象局、云南省气象局、曲靖市气象局。

自动气象站观测 2006 年 12 月建成本站自动站。

区域自动站观测 2007 年建成 5 个五要素区域自动站(温度、雨量、风向、风速、辐射)、2008 年建成 5 个六要素区域自动站(温度、雨量、风向、风速、相对湿度、辐射)。

②农业气象

1979—1983 年开始对水稻低温冷害试验研究,1982 年开始对水稻、玉米、蚕豆等作物生育期和物候进行观测。1983 年 1 月开始土壤湿度观测。

③气象信息网络

气象观测编发报由 1999 年以前的人工观测、手工编报、电话发报发展到 2008 年的计算机编发报。1988—1991 年安装了气象警报接收机和甚高频辅助通讯网。2000 年开始使用微型计算机编报。2001 年起使用计算机网络发小图报。2004 年开通省、市、县光纤通讯网络,实现了观测数据的自动网络传输。2008 年 4 月建成了国家、省、市、县可视化会商(视频会议)系统。与上级气象部门的文件、资料的传输,对外的气象服务均通过网络实现。

④天气预报

1958 年开始开展单站补充天气预报服务工作,制作县级短期、长期天气预报。1975 年成立预报组,发布 24 小时常规天气预报,并增加每句中期天气预报。1988—1991 年安装 109 台无线气象警报接收机,进行气象预报服务。1990 年开展彩色沙林风景旅游区天气预报服务。2001 年开始制作发布电视天气预报。

2. 气象服务

①公众气象服务

1958 年以来,先后通过广播、报刊、电话、电视、网络、手机短信等媒体及时发布常规天气预报、森林火险等级和旅游风景区天气预报等服务内容。

②决策气象服务

决策气象服务初期,由于资料的匮乏和设备的落后,主要以书面材料为主,报送方式及服务内容较为单一。近年来,通过雷达、卫星资料、乡镇自动气象站等设施,大大提高了对异常天气气候事件的监测、预测能力,密切监测关键性、转折性和灾害性天气的发生和演变,并通过电话、手机短信、电视天气预报、广播、网络、书面材料等方式主动及时地为各级决策部门提供"三性"天气、农作物生长关键期、森林火险、旱涝趋势等预测预报及趋利避害的对策建议,为各级人民政府指导工农业生产,指挥防灾、抗灾、救灾提供科学依据。积极拓展服务领域、服务渠道,把所出现的重要天气情况在第一时间内通报各级党委、人民政府和相关部门,保障了各种重大社会活动的顺利进行,努力减少气象灾害带来的损失,不断满足人民群众和社会发展对气象服务工作的需求。

【气象服务事例】 20 世纪 70 年代末至 80 年代初,陆良"8 月低温"灾害十分严重,通过 5 年的水稻分期播种、移栽田间试验,得出水稻的最佳移栽节令为 5 月上旬,并建议县人民政府将水稻移栽期由 5 月下旬提前至 5 月上旬,从而使水稻抽扬关键期有效避过"8 月低温"的危害,达到"扬长避短,趋利避害"的效果,得到县委、县人民政府的高度评价。2001—2003 年连续三年为"陆良国际彩色沙雕节"提供气象保障决策服务,受到县委、县人民政府和组委会的好评。

③专业与专项气象服务

专业气象服务 1988—1989 年配合县旅游局对陆良彩色沙林实地考查,做好旅游开发前期准备工作。1990 年进驻彩色沙林实施温度、湿度、风、云、降水等实地对比观测,为陆良旅游气象预报提供了真实可靠的气象数据。

人工影响天气服务 1977 年 6 月 19 日,陆良首次实施人工增雨作业。2001—2008 年已发展到 17 个标准化"三七"高炮固定作业点和一个流动火箭作业点。专、兼职指挥管理 6 人、专业作业民兵 85 人。2004、2005 年连续两年被曲靖市人民政府评为"人工增雨防雹先进集体"。2006—2007 年,1 人被曲靖市人工增雨防雹领导小组表彰为先进个人,2007 年 1 人被云南省人工影响天气办公室表彰为先进工作者。

防雷技术服务 1990 年 5 月以来,先后成立了陆良县防雷中心、陆良县防雷装置安全检测中心,为各相关单位开展防雷科技服务。2000 年 3 月,先后组织 5 人参加气象行政执法培训,取得《云南省行政执法证》,具备了执法资格。

④气象科普宣传

2000 年以来,每年通过"3·23"世界气象日、科技活动周、科普宣传日进行气象科普宣传,气象局每年接待参观的社会人士、学生达 100 多人次。

气象法规建设与社会管理

1. 法规建设

2000 年以来,陆良县人民政府先后下发 3 个气象规范性文件。

发文时间	文号	文件标题
2000.2.21	陆政办通〔2000〕6 号	陆良县人民政府办公室关于切实抓好防雷安全管理工作的通知
2006.6.30	陆政发〔2006〕43 号	陆良县人民政府关于进一步加快气象事业发展的通知
2007.5.17	陆政办发〔2007〕55 号	关于印发《陆良县乡镇气象灾害自动监测网建设的实施意见》的通知

2. 社会管理

气象探测环境保护 依法对气象探测环境进行保护,凡在气象探测环境保护区内进行工程建设必须到气象局报批,方可进行施工建设。

雷电防护管理 2000 年 2 月,依法对全县防雷工作进行管理;对辖区内的防雷装置设计进行审核,对防雷装置竣工进行验收;防雷检测中心按职责对全县防雷装置、设备及场地做防雷检测工作。

气球施放 2004 年,陆良县气象局依法对全县施放无人驾驶自由气球、系留气球工作进行管理。

3. 政务公开

2000 年开始开展政务公开工作,凡涉及到的重大事项都进行公示,内容有:行政许可、收费依据、工程建设、人事任免、财务收支、财务审计,中心工作等。2003 年被中国气象局评为"全国气象部门局务公开先进集体"。

党建与气象文化建设

1. 党建工作

党的组织建设 建站初期无党员,1971 年有党员 2 人,编入县农林局党支部。1972 年 12 月增加 1 名新党员,1973 年 3 月成立党支部。截至 2008 年底有党员 3 人。2008 年被陆良县直机关党委评为"先进党支部"。

2003—2004 年,3 人(次)被陆良县直机关党委表彰为优秀共产党员。

党风廉政建设 加强党风廉政建设,充分发挥纪检监察在反腐倡廉建设中的作用,促进规范化管理。2003 年以来每年都与曲靖市气象局签订《党风廉政建设责任书》,配备了兼职纪检监察员。对黄、赌、毒、违法乱纪、吵架、斗殴,实行一票否决制。积极组织党员干部学习党章,观看警示教育片,撰写廉政文章。建站以来从无违法乱纪、刑事案件发生。

2. 气象文化建设

精神文明建设 1998 年,成立了以局长为组长,办公室具体负责的陆良县气象局精神文明建设领导小组,制定了《陆良县气象局内部管理制度》,认真学习《全民道德建设实施纲要》,着力优化"小环境",改善"大环境",树立正确的世界观、人生观和价值观,职工综合素质不断提高。开展形式多样的双文明创建活动,大大丰富了职工精神生活和业余文化生活,积极倡导文明、健康、科学的生活方式。1990 年被云南省气象局评为"双文明建设先进集体",1 位同志 1994、1995 连续两年被云南省气象局评为"双文明先进个人"。1999 年被曲靖市气象局评为"双文明建设先进集体"。2000 年被陆良县人民政府评为"双文明单位"。2003 年被中共曲靖市委、市人民政府命名为"市级文明单位";届满重新申报,再次被曲靖市委、市人民政府命名为市级文明单位。

文体活动情况 建有职工阅览室、学习室。利用"元旦"、"三八"、"五一"、"重阳"、"十一"等重大节日,开展生动活泼、丰富多彩的文体活动。积极参加县委人民政府组织的广场文化活动和比赛,丰富了职工的业余生活。

3. 荣誉

集体荣誉 1957 年,被云南省气象局表彰为"先进单位";1989 年,被曲靖地区气象局表彰为"气象工作成绩显著单位";1992 年,云南省气象局评为"一先两优先进集体";1994 年,被滇黔桂石油勘探局授予"陆参一井'团结抢险 富民兴滇'抢险有功单位";1995 年,被曲靖市气象局评为"先进集体";2000年,被曲靖市气象局评为"目标管理先进单位";2002年,被省气象局评为"重大气象服务先进单位";2003年,被中国气象局评为"全国气象部门局务公开先进集体单位"。

个人荣誉　建站至2008年,陆良县气象局个人共获地厅级以上表彰奖励15人(次)。其中,获云南省气象局表彰奖励5人(次),曲靖市委、市人民政府表彰奖励10人(次)。

台站建设

1964年云南省气象局投资修建了土木结构的办公室、职工宿舍共172平方米。1973年县人民政府投资0.9万元建造了预制板结构的办公室227.8平方米。1987年云南省气象局投资6万元,县人民政府投资2万元建造职工宿舍8套707平方米。2007年通过云南省气象局、陆良县人民政府拨款,陆良县气象局自筹,共投资193万元新建综合业务办公楼1230.11平方米,职工工作和生活环境得到较大改善。

20世纪60年代站貌

现在的办公楼(2008年)

罗平县气象局

罗平县位于云南省东部,曲靖市东南部。1950年3月成立罗平县人民政府,隶属宜良专区,1954年并入曲靖专区。1958年10月撤销罗平县建制,并入师宗县。1959年1月,恢复罗平县建制至今。辖6镇6乡,国土面积3018平方千米,总人口58.89万。因独特的气候条件,连片种植的30万亩油菜被上海大世界吉尼斯总部授予"世界最大的自然天成花园(油菜种植园)"。

机构历史沿革

始建情况　罗平气候站始建于1956年1月,站址位于罗平县罗雄镇(东郊外),观测场位于东经 104°19′,北纬 24°59′,海拔高度 1482.7 米。属国家一般气象站。

站址迁移情况 2007 年 1 月观测场搬迁,迁至原观测场北面 60 米处,经、纬度和海拔高度不变。

历史沿革 1956 年 1 月成立罗平气候站。1958 年 1 月更名为罗平县气象服务中心站。1961 年 8 月更名为罗平县农水局气象站。1962 年 12 月更名为罗平县气候站。1963 年 4 月更名为罗平县气候服务站。1966 年 1 月更名为罗平县气象服务站。1971 年 1 月更名为罗平县气象站。1990 年 5 月改称云南省罗平县气象局。

管理体制 1956 年 1 月—1958 年 3 月,罗平县气象站隶属云南省气象局建制和领导,归口罗平县人民政府建设科管理。1958 年 3 月—1963 年 3 月,隶属罗平县人民委员会建制和领导。1963 年 4 月 9 日—1970 年 6 月,属云南省气象局(1966 年 3 月改为云南省农业厅气象局)建制,隶属曲靖专区气象总站管理。1970 年 7 月—1971 年 4 月,隶属罗平县革命委员会建制和领导,分属曲靖专区气象总站业务领导。1971 年 4 月—1973 年 11 月,实行罗平县人民武装部领导,建制属罗平县革命委员会。1973 年 11 月—1981 年 1 月,改属罗平革命委员会建制和领导,归口县农业管理。1981 年 1 月起,实行曲靖市气象局和罗平县人民政府双重领导,以曲靖市气象局领导为主的管理体制。

单位名称及主要负责人变更情况

单位名称	姓名	民族	职务	任职时间
罗平气候站	杨兆惠	汉	站长	1956.01—1957.12
				1958.01—1959.04
罗平县气象服务中心站	段缤	汉	站长	1959.04—1961.07
罗平县农水局气象站	杨兆惠	汉	站长	1961.08—1962.11
罗平县气候站				1962.12—1963.03
				1963.04—1963.09
罗平县气候服务站	谢树培	汉	站长	1963.09—1965.12
				1966.01—1966.11
罗平县气象服务站	马国兰(女)	汉	站长	1966.11—1971.01
				1971.01—1971.05
罗平县气象站	金龙佩	汉	站长	1971.05—1972.01
	张天兴	汉	站长	1972.01—1979.04
	喻长寿	汉	站长	1979.04—1984.08
	谢树培	汉	站长	1984.08—1987.07
	雷贵华	汉	副站长	1987.07—1990.04
			副局长	1990.05—1991.11
云南省罗平县气象局	喻长寿	汉	局长	1991.11—1996.05
	雷贵华	汉	局长	1996.05—1999.10
	胡朝彪	汉	局长	1999.11—

人员状况 1956 年建站时只有 2 人,1970—1986 年间有 9 人,截至 2008 年 12 月有在编职工 7 人,其中:大学学历 3 人,大专 1 人,中专 1 人;工程师 2 人,助理工程师 3 人,技术员 1 人;40~49 岁 1 人,40 岁以下 6 人。

气象业务与服务

1. 气象业务

①气象地面观测

观测项目 云、能见度、天气现象、气压、气温、湿度、风向风速、降水、雪深、日照、蒸发（小型）、地温、草温等。

观测时次 1957年1月1日罗平气候站正式开始观测。1960年7月30日以前，每天进行08、14、20时3次定时观测；1960年8月1日—1962年4月30日，每天进行02、08、14、20时4次定时观测；1962年5月1日起，每天进行08、14、20时3次定时观测。

航危报 1957年9月3日起，拍发07—17时每小时1次的OBSAV昆明航危报及半小时1次的预约航危报。1960年7月29日起增发OBSAV昆明航危报，9月10日起发OBSAV西安预约航危报。1961年3月增发OBSMH昆明预约航危报，12月3日增加OBSAV广州预约航危报。1964年6月17日增加OBSMH上海预约航危报，9月25日增加OBSPK北京预约航危报。1995年1月至今拍发06—18时每小时1次的OBSAV昆明航危报。

气象报表制作 1958年1月向省气象局编发农气旬、月报，6月增加向贵州、中央发农气旬、月报。1958年10月编发北京气象旬、月报。1984年1月起编发重要天气报。

区域自动气象站 至2008年底，乡镇自动观测站陆续建成。

②气象信息网络

1957年1月1日开始编发气象报，通过邮电局的电话专线人工进行编发。20世纪50年代以来均为手工查算操作。1986年1月1日起使用PC-1500袖珍计算机进行小图报、航空报的编发报工作。1988年使用甚高频电话传送曲靖小图报；1995年1月1日使用计算机制作报表。2000年7月，《地面测报业务软件OSSMO 2004》投入使用。1987年1月1日正式开始使用80型传真机接收天气图，主要接收北京的气象传真和成都的传真图表；2000年1月，建成PC-VSAT单收站（"9210"工程），自动接收卫星接收卫星云图、高空图、地面图等。2004年接入Internet网络和X.25分组数据交换网实现了文件、观测数据的网络传输。2007年1月开通省、市、县光纤网络，实现了每天的自动记录、编报和（气象宽带网）传输，实现了数据资料适时共享。2008年3月建成了国家、省、市、县可视化会商系统。

③天气预报预测

1958年4月开始制作补充短期天气预报服务。20世纪70年代中期开始制作长期天气预报，20世纪80年代初开始制作中期天气预报。主要内容有：年预报包括各月降水、温度趋势、倒春寒、雨季开始期、干旱、洪涝、抽扬冷害、三秋连阴雨、雨季结束期。根据不同季节，制作专题预报，如春播（3—5月）、水库蓄水（9—10月）预报等。

2. 气象服务

①公众气象服务

公众气象服务内容包括日常天气预报（可提供本地24、48、72小时的风向风速、气温、降水预报），每周天气预报和每月气候预报，节日、重大活动专题天气预报。预报服务方式：

由 20 世纪 80 年代单一的电话和书面传递发展到广播、电视、手机短信、网络、预警等多种方式向公众发布天气信息。

②决策气象服务

1958 年以来,罗平县气象站坚持把中期天气预报、长期预报,报送县委、县人民政府及有关部门和乡镇,作为进行生产建设的气象参考。2006 年免费为县、镇、村领导提供重要天气手机短信,可及时发布气象灾害预警信息,避免和减轻气象灾害造成的损失。2002 年 8 月 13—16 日,由于连降暴雨,4 天降雨量达 198.7 毫米(阿岗),局地山洪暴发。罗平县气象局在阿岗奴革水库告急抢险过程中提供了准确及时的雨情预报情报,抢险指挥部采纳了科学决策,取消了原计划采取爆破部分水库大坝的泄洪方案,16 日 14 时,随着降雨停止,水库水位开始下降,险情逐渐解除。1989 年起每年在森林防火戒严期间,积极主动提供气象服务,为护林防火办专门进行了森林火险气象等级预报。1997 年起每年为云南罗平油菜花节开节提供气象服务,其主要内容为开节、演唱会等活动日的天气预报。

③专业与专项气象服务

人工影响天气服务 1993 年 4 月 28 日,罗平县成立人工增雨防雹领导小组,办公室设在县气象局。2000 年 6 月经县人民政府同意,由财政拨款,在阿岗、马街两镇建立 6 个增雨防雹火箭作业点。至今全县已建立 14 门"三七"高炮固定作业点和 1 个流动作业点。2004年配备了 1 套 711 雷达,与曲靖市气象局和宣威市气象局的雷达并网。2005 年度被曲靖市人民政府评为"人工增雨防雹工作先进集体"。2002 年度 1 人被云南省气象局评为"人工增雨防雹先进个人"。

防雷科技服务 2002 年 4 月成立了罗平县防雷中心,1996 年防雷中心被省技术监督局授予计量认证合格单位,同年取得省气象局劳动厅颁布的防雷施工资质证。2007 年 3 月成立曲靖市罗平县防雷装置安全检测中心,从事防雷装置检测工作。

重大建设项目气象服务 1984 年 6 月,针对国家重点建设项目鲁布革电站、广西天生桥电站提供雨情及预报服务,为两电站在设计施工及发电过程中提供气象保障。

④气象科技服务

1984 年 5 月至 1985 年 8 月,完成了罗平县农业气候区划,为罗平农业产业结构调整提供了科学依据。1997 年 3 月,在罗平县八大河乡建立了温度、湿度、降水、日照四要素气象站,为"八大河热区开发"提供了真实可靠的气象数据。2008 年 5 月成立科技服务中心,主要从事气象服务。

⑤气象科普宣传

自 2005 年以来在罗平县"安全宣传月"和"3·23"世界气象日,联合其他部门进行安全生产和气象科普宣传,发放《防雷避险手册》等宣传资料,提高全县人民预防雷电的意识,受到全县人民的一致好评。

气象法规建设与社会管理

1. 法规建设

近年来下发的法规性文件见下表:

发文时间	文号	文件标题
2000.12	罗政公〔2000〕1 号	关于确认行政执法主体资格的公告
2003.10	罗政发〔2003〕52 号	关于切实加强防雷减灾工作的通知
2003.11	罗政公〔2003〕1 号	关于确认行政执法主体资格的公告
2004.07	罗政办发〔2004〕92 号	罗平县人民政府办转发曲靖市人民政府《曲靖市防雷减灾管理办法》
2005.05	罗政发〔2005〕55 号	罗平县人民政府关于转发《曲靖市人工增雨防雹管理办法》的通知
2006.04	罗政办发〔2006〕47 号	罗平县人民政府办转发《关于切实做好 2006 年防雷设施安全检测的通知》的通知
2006.06	罗政办发〔2006〕28 号	关于进一步加强气象事业发展的通知
2008.10	罗政办发〔2008〕148 号	罗平县人民政府办公室关于开展煤矿和非煤矿山防雷击防静电专项治理的通知

2. 社会管理

气象探测环境保护　依法对气象探测环境进行保护,凡在气象探测环境保护区内进行工程建设必须到气象局报批,方可进行施工建设。2007 年 12 月 30 日罗平县气象局探测环境保护技术规定的备案函报罗平县规划管理局,该局同意备案并回执。

雷电防护　2004 年,依法对全县防雷工作进行管理;对全县辖区内从事防雷设计、施工、检测的单位和个人依法进行防雷设计、施工资质和资格证的管理及防雷产品合格证检审、备案;防雷检测中心按职责对全县防雷装置、设备及场地做防雷检测工作。

3. 政务公开

2005 年,推行气象政务公开。对气象行政审批办事程序、气象服务内容、服务承诺、气象行政执法依据、服务收费依据及标准等,通过户外公示栏、电视广告、发放宣传单、县人民政府网站等方式向社会公开。干部任用、财务收支、财务审计、目标考核、基础设施建设、工程招投标等内容则采取职工大会或上局公示栏张榜等方式向职工公开。财务一般每半年公开一次,年底对全年收支、职工奖金福利发放、领导干部待遇、劳保、住房公积金等向职工作详细说明。干部任用、职工晋职、晋级等及时向职工公示或说明。

党建与气象文化建设

1. 党建工作

党的组织建设　2000 年 7 月,成立罗平县气象局党支部,有党员 3 人。截至 2008 年 12 月,有党员 4 人,预备党员 1 人。

党风廉政建设　2003 年以来,每年与曲靖市气象局签订《党风廉政建设目标责任制书》,并认真落实,积极开展廉政教育和廉政文化建设活动,努力建设文明机关、和谐机关和廉洁机关。开展了以"加强领导干部党性修养,树立和弘扬优良作风"为主题的廉政教育,组织观看警示教育片。局财务账目每年接受上级财务部门年度审计,并将结果向职工公布。干部职工从未出现过违规违纪情况。

2. 气象文化建设

精神文明建设　1998 年成立了以局长为组长的精神文明建设领导小组,制定了《罗平县气象局文明单位创建规划》，多年来无任何刑（民）事案件和超计划生育现象。1988 年 1 人被云南省气象局评为省气象系统"双文明"先进个人。2000 年被罗平县委、县人民政府评为县级文明单位。2000 年被中共曲靖市委、市人民政府授予"市级文明单位"称号，届满重新申报市级文明单位，再次被曲靖市委、市人民政府命名为"市级文明单位"。

文体活动 建有"两室一场"（图书阅览室、职工学习室、小型运动场），拥有图书 1500 册。积极参加市气象局和县上组织的文艺活动和体育活动，既丰富职工的业余生活，又增强了职工的体质。

3. 荣誉

集体荣誉 1959 年，被云南省人民人民政府评为"农业大跃进先进集体"；1984 年 7 月被曲靖地区气象局评为大雨暴雨预报服务二等奖；1996 年度，获曲靖地区气象局业务目标管理考核测报总分第二名及测报、报表单项奖；1999 年度，被罗平县人民政府评为"烤烟收购和市场管理先进单位"；2000—2003 年度，被曲靖市气象局评为"目标管理优秀单位"；2001 年度，被罗平县委、县人民政府评为"社会治安综合治理先进集体"；2003 年度，被罗平县委、人民政府评为"烤烟收购先进单位"；2005 年，被罗平县委、县人民政府评为"罗平旅游工作先进集体"；2006 年度，被罗平县委、县人民政府评为"科技工作先进集体"。

个人荣誉 建站至 2008 年，共获地厅级以上表彰奖励 13 人（次）。其中，获云南省气象局优秀质量测报员 7 人（次），获云南省气象局、曲靖市委、市人民政府表彰的其他奖励 6 人（次）。

台站建设

1999 年以来，对局机关的环境面貌和业务系统进行了较大的改造。2001 年 4 月，在环城乡一中旁征用土地 3290 平方米建盖综合办公楼，争取到中国气象局综合改善资金 34 万元，自筹 200 万元新建综合办公用房 504 平方米。2004 年 6 月新综合办公楼建成，局办公室搬迁到新综合楼办公室。2004 年以来，分期对机关院内的环境进行了绿化美化，在庭院内种植草坪 2500 平方米，修建了花坛，栽种了风景树，绿化率达到了 60％，使机关院内变成了风景秀丽的花园。

2007 年搬迁后的新观测场

2002 年建成的综合办公楼

会泽县气象局

会泽县位于云南省东北部、曲靖市北部的乌蒙山主峰地段,1947 年属曲靖专署。新中国成立后改属昭通专署;1958 年 10 月撤会泽县并东川市;1964 年 12 月恢复会泽县,改隶曲靖地区至今。国土面积 5854 平方千米,2008 年年末户籍总人口 94.89 万。

机构历史沿革

始建情况 1952 年 10 月 1 日,建立云南军区会泽气象站,位于会泽县西门外盈仓村 24 号陈家花园(东经 103°17′,北纬 26°25′)。为国家基本气象观测站。

站址迁移情况 1954 年 8 月,将观测场西移 10 米,并将原 12 米×6 米的观测场面积扩建为 25 米×25 米的标准观测场,2001 年 4 月为解决汛期水淹地温场问题,将其垫高 1 米,现海拔高度 2110.5 米。

历史沿革 1952 年 10 月建站云南军区会泽县气象站。1954 年 1 月 1 日,改为会泽县人民政府气象站。1955 年 5 月,改为云南省会泽县气象站。1958 年 5 月,改为东川市会泽区气象站。1960 年 9 月,改为云南省东川市会泽气象服务站。1964 年 12 月 1 日,改为云南省会泽县气象服务站。1971 年 3 月,改为会泽县气象站。1971 年 5 月 21 日,改为云南省曲靖专区气象总站革命委员会会泽气象站。1973 年 10 月改为云南省会泽县气象站。1990 年 5 月 21 日改为云南省会泽县气象局。

管理体制 1952 年 10 月—1953 年 12 月,隶属云南军区司令部建制和领导。1954 年 1 月 1 日—1955 年 5 月,隶属会泽县人民政府建制和领导,分属云南省人民政府气象科业务领导。1955 年 5 月—1958 年 5 月隶属云南省气象局建制和领导。1958 年 5 月—1960 年 9 月隶属东川市人民委员会建制和领导,分属东川市气象中心站业务管理。1960 年 9 月—1963 年 3 月,隶属会泽县人民委员会建制和领导。1963 年 4 月 9 日—1970 年 6 月,属云南省气象局(1966 年 3 月改为云南省农业厅气象局)建制,隶属曲靖专区气象总站管理。1970 年 7 月 29 日—1971 年 3 月,改隶会泽县革命委员会建制和领导,归口县农业局管理。1971 年 4 月—1973 年 11 月,实行会泽县人民武装部领导,建制属会泽县革命委员会。1973 年 11 月—1981 年 1 月,改属会泽县革命委员会建制和领导,归口县农业管理。1981 年 1 月起,实行曲靖市气象局和罗平县人民政府双重领导,以曲靖市气象局领导为主的管理体制。

单位名称及主要负责人变更情况

单位名称	姓名	民族	职务	任职时间
云南军区会泽县气象站				1952.10—1953.12
会泽县人民政府气象站	李来喜	汉	主任	1954.01—1955.04
云南省会泽县气象站				1955.05—1956.08

续表

单位名称	姓名	民族	职务	任职时间
云南省会泽县气象站	何宗超	汉	负责人	1956.09—1958.04
东川市会泽区气象站				1958.05—1960.03
				1960.04—1960.08
云南省东川市会泽气象服务站	王禄喜	汉	站长	1960.09—1964.11
云南省会泽县气象服务站				1964.12—1971.02
会泽县气象站				1971.03—1971.04
云南省曲靖专区气象总站革命委员会 会泽气象站	杨绍成	汉	站长	1971.05—1973.05
	王禄喜	汉	站长	1973.05—1973.10
云南省会泽县气象站				1973.10—1984.07
	吴石见	汉	站长	1984.07—1989.02
	徐华明	汉	副站长	1989.02—1990.05
			局长	1990.05—1991.08
	龙忠福	汉	局长	1991.09—1996.03
云南省会泽县气象局	徐华明	汉	局长	1996.03—1999.10
	倪荣贵	汉	副局长	1999.10—2001.05
			局长	2001.05—2001.11
	丁正权	汉	局长	2001.11—2007.03
	何天华	汉	局长	2007.03—2008.12

人员状况 1952 年建站时仅有职工 3 人,截至 2008 年底,有在职职工 16 人(其中在编职工 9 人,聘用职工 7 人),在职职工中:大专及以上 6 人,其余为中专或高中学历;中级职称 5 人;30 岁以下 5 人,30~40 岁 9 人,40 岁以上 2 人。

气象业务与服务

1. 气象业务

①地面气象观测

观测项目 气压、气温、湿度、风向风速、降水、云、能见度、天气现象、日照、蒸发(E601型)、地面温度、浅层和深层地温、雪深、电线积冰等。

观测时次 每天进行 02、08、14、20 时 4 次定时观测和承担 02、05、08、11、14、17、20 时 7 次天气报发报任务 2007 年 1 月 1 日起,增加 23 时天气报发报任务。

发报种类 承担冰雹、龙卷、大风、降水、积雪、雨凇、雷暴、视尘障碍现象、大雪恶劣能见度等重要天气报任务,负责拍发气象旬(月)报基本气象报。

航危报 1955 年起,先后负责拍发 05—18 时昆明、西昌、元谋和 00—24 时西安、成都、北京等航危报,2002 年 7 月 1 日起取消所有航危报任务。

气象报表制作 1986 年 1 月 1 日起,采用 PC-1500 袖珍计算机代替人工编报。2000年 1 月 1 日,使用《AHDM 4.0》编报及报表制作。报表制作一式 4 份,国家、云南省、曲靖市、会泽县气象局各 1 份,并通过内部网络传输数据文件到曲靖市气象局业务科。

自动气象站观测 2002 年 12 月，新建 ZQZ-C II 型自动气象站并投入使用。2003 年，以人工观测为主，自动观测为辅的并轨运行机制。2004 年以自动观测为主，人工观测为辅。2005 年 1 月 1 日，正式进入单轨运行阶段。

区域自动气象站观测 2007 年 5 月开始在各乡（镇）建立自动气象站，其中 2007 年建成 13 个固定自动气象站（5 要素）和 1 个信息收集处理分中心，2008 年建成 8 个固定自动气象站（6 要素）和 1 个流动气象站。

②农业气象

1958 年 3 月 28 日，会泽站农业试验站正式成立，至 1961 年取消，于 1962 年 1 月 1 日停止观测农业小气候。1978 年 5 月 4 日—1989 年 3 月 31 日，开展农业气象观测。1964 年 7 月 1 日至 1965 年 8 月 1 日，开展物候观测。

③气象信息网络

1954 年 12 月 1 日起，使用收音机作为预报工具。1990 年 10 月，安装了气象卫星云图接收装置，提高了中、短期预报准确率，1986 年，使用 80 型传真机进行预报图接收。1996 年，购置"9210"工程相关计算机，并投入使用。2000 年，建成了 PC-VSAT 单收站（"9210"工程）和气象信息电话自动答询系统（"96121"）。观测资料、报文等 2000 年以前通过电话发送至邮电局报房，再通过邮局转发，2000 年 1 月 1 日起通过计算机网络直接传输至云南省气象台，资料参加区域交换。

④天气预测预报

1954 年 12 月开始制作未来 24 小时气温、风、降水短期天气预报。20 世纪 70 年代开始制作中长期天气预报，主要有气温、风、降水的未来 72 小时中期天气预报；年度趋势预测预报，月预报，春播、倒春寒、雨季开始期、8 月低温、三秋连阴雨等关键农事活动期等方面的气候预测（长期天气预报）。

2. 气象服务

①公众气象服务

2000 年，开展气象信息电话自动答询系统（"121"）服务；2006 年，省气象局统一建成云南兴农信息网，公众可登录该网站获取会泽县气象信息。现在通过电视、报纸、广播、手机短信平台、电子显示屏等媒体发布常规天气预报、森林火险气象等级预报等。会泽是典型的农业大县，2008 年 6 月以五星乡为试点，为该乡 10 个行政村和 2 个自然村安装了气象信息电子显示屏。

②决策气象服务

以书面材料、电话、传真、互联网、手机短信等方式为县委、县人民政府及相关部门提供抢险救灾、重大活动等专题决策气象服务。2005 年 1 月，开通气象预报手机短信服务平台，免费为各级领导提供重要天气信息，为领导决策提供气象依据。

③专业与专项气象服务

人工增雨防雹 1990 年 4 月 18 日，成立会泽县人工增雨防雹领导小组，办公室设在县气象局，适时开展人工增雨作业。2001 年 5 月，新建固定人工增雨防雹作业点 4 个，流动人工增雨防雹作业点 1 个。2005—2006 年，为以礼河电厂提供有偿人工增雨蓄水试验，取得良好效益。目前,人工增雨防雹工作已逐渐走入正轨,效果显著。1997 年被省气象局评为"人工影响天气先进单位"。2004、2005 年度,分别被曲靖市人民政府评为"人工增雨防雹工作先进集体"。2004—2006 年,3 人分别被曲靖市人民政府表彰为"人工增雨防雹先进个人"。

防雷技术服务 1990 年 8 月 4 日,开始对全县防雷装置进行安全检测。1996 年 4 月,与县劳动局、消防大队、城建局联合发文要求对县境内防雷装置进行检测,6 月 10 日会泽县防雷装置安全检测站正式挂牌成立。1998 年 1 月 13 日,会泽县防雷装置安全检测站通过云南省技术监督局的计量认证。通过近 10 年的发展,现已形成分工明确、技术熟练、设备齐全的一支专业队伍,共有 6 名工作人员,配备桑塔纳轿车 1 辆、各种检测设备 12 台/套。

④气象科技服务

1984 年 12 月 3 日召开县农情会议,讨论并通过了县气象局进行有偿服务问题,次日便与冶金四矿、磷肥厂签订了气象服务合同。1991 年 5 月,购买计算机 1 台,用于存储气象资料、建立预报模型、进行气象资料的统计分析及整编。2001 年 5 月,开通电视天气预报节目。2005 年 1 月,开通气象预报手机短信服务项目。2008 年 4 月,建成天气可视化会商系统并投入使用,为召开会议和天气会商搭建了一个崭新的平台。至 2008 年 12 月,已有各类服务对象 30 家,专业气象信息手机用户 1800 户,服务方式不断创新,从原来单一的信函方式转变为以电话、传真、手机短信、信函、邮件、报刊、电视、网络、电子显示屏等多种方式,服务时效大幅提高。

⑤气象科普宣传

抓住每年的世界气象日、全国科普日、法制日、安全生产宣传月等契机,以发放宣传单、悬挂标语、制作宣传展板等方式,广泛开展气象科普宣传。不定期地接纳中小学生等人员到单位参观,通过手机短信、政务公开栏、网站、电子显示屏等渠道宣传气象及灾害防御知识。进一步增强公众应对气候变化的意识和防灾减灾的能力。2008 年,何天华被会泽县委、县人民政府表彰为会泽县"科普工作先进个人",单位被评为"科普工作先进集体"。

气象法规建设与社会管理

法规建设 近年来下发的法规性文件见下表:

发文时间	文号	文件标题
1998.4	会政办发〔1993〕16 号	关于成立会泽县人工降雨防雹指挥部的通知
1996.5	会政办发〔1996〕47 号	关于成立人工降雨防雹指挥部的通知
1996.4	会政劳安卫监〔1996〕3 号	关于在全县开展防雷检测工作的通知
1998.9	会政办发〔1998〕86 号	关于调整会泽县人工降雨防雹指挥部成员的通知
1998.9	会机编〔1998〕03 号	关于会泽县气象局加挂"会泽县防雷中心"牌子的通知
2003.7		会泽县人民政府办公室关于切实加强烤烟防雹工作的通知
2004.4	会政办发〔2004〕48 号	关于切实做好全县 2004 年人工增雨防雹工作的通知
2006.8	会政办发〔2006〕53 号	会泽县人民政府关于进一步加快气象事业发展的通知
2007.1	会发改收费〔2007〕4 号	关于规范和调整防雷装置安全检测收费标准的通知
2007.3	会安监气联发〔2007〕1 号	关于开展防雷安全检测的通知
2007.4		关于人工增雨防雹工作有关问题的会议纪要
2008.8	会气发〔2008〕11 号	关于印发《会泽县气象灾害预警应急预案》的通知

社会管理 依据相关法律法规查处 3 起影响气象探测环境的违法行为,有效地保护了气象探测环境免遭破坏。分别为:1986 年 4 月会泽气象局协同有关单位对观测场附近的违章建筑进行了处理;1989 年 2 月 13 日县人民政府召集县农业局、城建局、土地管理局、金钟乡人民政府、盈仓村公所、气象局等就观测环境保护范围、观测环境因农户种树受到破坏等事项进行了研究和处理;2002 年 4 月又对金钟镇盈仓二村村民在观测场附近建房进行了处理,及时制止了对探测环境的破坏。

对在辖区内从事防雷设计、施工、检测的单位和个人,依法对其资质、设计图纸、施工质量进行审核和监督。检测中心对全市的防雷装置进行检测,对防雷工程进行验收。对在辖区内从事施放气球的单位和个人进行资质和资格审核。

政务公开 为更好地服务人民群众、接受群众监督、提高办事效率,会泽县气象局对气象行政审批制度、服务内容、服务承诺、行政执法依据、服务收费依据及标准等事项通过县人民政府信息公开网站向社会公开。干部任用、财务收支、目标考核、基础设施建设、工程招投标等重大事项通过职工大会或局务公开栏向职工公开。

党建与气象文化建设

1. 党建工作

党的组织建设 1952 年建站至 1954 年,有党员 2 人,挂靠农业局党支部。1956—1960 年 11 月期间没有党员(因工作调动)。1960 年 11 月—1984 年 6 月有党员 1 人,1984 年 7 月—1986 年有党员 2 人,1987 年发展新党员 2 人,同年 8 月会泽县气象局党支部成立。截至 2008 年底共有党员 9 人(其中离退休职工党员 3 人)。

曾先后 4 年被会泽县直属机关党委评为"先进基层党支部"。

党风廉政建设 为加强会泽县气象局的党风廉政建设,成立了党风廉政建设领导小组,党支部书记、局长任领导小组组长,将党风廉政工作列入年度目标,党风廉政建设得到有效落实。从 2003 年起,每年与曲靖市气象局签定《党风廉政建设责任书》,2008 年配备了兼职纪检监察员,建立会泽县气象局"三人小组"民主决策监督机制。建站至今,会泽县气象局无违法违纪案件发生。

2. 气象文化建设

精神文明建设 1991、1999 年 2 人被省气象局表彰为"双文明"先进个人。1998 年,被会泽县委、县人民政府评为"双文明单位"。1998 年,被会泽县委、县人民政府授予"双文明单位"荣誉称号。2002 年,被曲靖市委、市人民政府命名为市级文明单位,2005 年届满后重新申报,再次被曲靖市委、市人民政府命名为市级文明单位。

文体活动 建有职工阅览室、学习室。利用元旦、"三八"、"五一"、"重阳"、"十一"等重大节日,开展生动活泼、丰富多彩的文体活动。积极参加县委人民政府组织的广场文化活动和比赛,丰富了职工的业余生活。

3. 荣誉

集体荣誉 1999 年,被曲靖市气象局评为"全市目标考核第二名";2003 年,被会泽县人民政府评为"第二届钱王之乡文化旅游节先进集体";2003 年度,被云南省气象局评为"重大气象服务先进集体";2001—2005 年度,被会泽县委、县人民政府评为"林业工作先进集体";2008 年,被会泽县委、县人民政府分别评为"全省扶贫开发会先进集体"和"会泽县第四届钱王之乡文化旅游节先进集体";2008 年度被曲靖市气象局评为"综合目标管理特别优秀单位"。

个人荣誉 建站至 2008 年,会泽县气象局个人共获地厅级以上表彰奖励 45 人(次)。其中,获云南省气象局优秀质量测报员 34 人(次),获云南省气象局、曲靖市委、市人民政府表彰的其他奖励 11 人(次)。

台站建设

1952 年建站时,会泽县气象站人员少(仅有 3 人)、设备落后,职工生活和工作条件极为艰苦,生活质量得不到保障。1964 年购置 1 辆自行车作为交通工具。1980 年 10 月,将观测场内小土路修成了水泥小路。1985 年建盖职工宿舍 8 套,部分职工住房条件得到了改善。1988 年 5 月,将观测场北面住房重新建盖,西侧建成办公用房,东侧 8 套为职工住房,职工住房条件和办公环境得到一定程度的改善。1996 年在北环路新征土地 2.3 亩用于建盖办公楼。1997 年 8 月,为解决职工洗澡难问题,为职工安装了太阳能。2001 年对办公楼和宿舍楼进行了外装修,同时对大院内进行了绿化美化,将观测场垫高 1 米解决了地温场被水淹问题。2002 年 12 月,ZQZ-CⅡ型自动气象站建成并投入使用,减轻了测报员的劳动强度,测报质量也得到了较大提高。2003 年 3 月,造价 182 万元的综合楼建设项目启动,2006 年竣工。现有交通工具 4 辆(轿车、越野车各 1 辆,皮卡车 2 辆)。2008 年,新征土地 30 亩用于建设会泽县气象监测与灾害预警及防御系统项目,该项目建成后现有气象业务系统将得到进一步优化,职工工作和生活环境将得到更大程度的改善。

20 世纪 60 年代的观测场全貌　　　　20 世纪 50 年代建站初期的会泽县气象站站貌

| 2001 年改造后的观测场全貌 | 会泽县气象局现貌(2008 年) |

马龙县气象局

马龙县地处滇东、乌蒙山南麓,1950 年 3 月设县,1958 年 10 月并入曲靖县,1961 年 7 月恢复建制。全县辖 3 乡 5 镇,国土面积 1614 平方千米,总人口 20 万。

机构历史沿革

始建情况 始建于 1958 年 11 月,位于通泉镇羊角山,东经103°33′,北纬 25°05′,观测场海拔高度 2067.1 米。为国家一般气象观测站。

历史沿革 1958 年 11 月建站初期称曲靖县马龙气候站,1961 年 7 月改称马龙县气候服务站,1966 年 5 月改称马龙县气象服务站,1971 年 5 月更名为云南省马龙县气象站,1990 年 5 月,改称云南省马龙县气象局。

管理体制 1958 年 11 月—1961 年 7 月,马龙县气象站隶属曲靖县人民委员会建制,归口县农水局管理。1961 年 7 月—1963 年 3 月,隶属马龙县人民委员会建制和领导。1963 年 4 月—1970 年 6 月,属云南省气象局(1966 年 3 月改为云南省农业厅气象局)建制,隶属曲靖专区气象总站管理。1970 年 7 月—1971 年 4 月,隶属马龙县革命委员会建制和领导,分属曲靖专区气象总站业务领导。1971 年—1973 年 9 月,实行马龙县人民武装部领导,属马龙县革命委员会建制。1973 年 10 月—1980 年 9 月,隶属马龙县革委建制,归口马龙县农业局管理。1980 年 9 月起,实行曲靖地区气象局和马龙县人民政府双重领导,以曲靖地区气象局为主的管理体制。

单位名称及主要负责人变更情况

单位名称	姓名	民族	职务	任职时间
曲靖县马龙气候站	李学芳	汉	站长	1958.11—1959.05
	李秀文	汉	站长	1959.06—1959.09
	张玉华	汉	站长	1959.10—1961.06
马龙县气候服务站	张美仙(女)	汉	站长	1961.07—1964.04
	李秀文	汉	站长	1964.05—1966.05
马龙县气象服务站				1966.06—1968.11
	梅琼珍(女)	汉	站长	1968.12—1971.04
				1971.05—1972.10
	陈兰珍(女)	汉	站长	1972.11—1981.04
云南省马龙县气象站	殷发纲	汉	副站长	1981.05—1984.06
	赵仁天	汉	副站长	1984.07—1986.02
	韦 玲(女)	壮	站长	1986.03—1988.01
	汤文正	汉	站长	1988.02—1990.04
			局长	1990.05—1999.10
云南省马龙县气象局	周坤宁	汉	副局长	1999.11—2000.08
	马家才	回	局长	2000.09—2004.07
	何春汛	汉	局长	2004.08—

人员状况 1958年建站时有2人,1980年有5人,1990年有8人,2000年有6人,截至2008年12月,有在职职工8人(其中在编职工5人,聘用职工3人),在编职工中:大学学历3人,大专学历1人,中专学历1人;工程师2人,助理工程师2人,技术员1人;在职职工中:40~49岁2人,30~39岁2人,30岁以下4人。

气象业务与服务

马龙县气象局主要承担气象观测、天气预报、森林火险等级预报、气象服务、防雷减灾、人工增雨防雹等工作。

1. 气象业务

①地面气象观测

观测项目 云、能见度、天气现象、气压、气温、湿度、风向风速、降水、雪深、日照、蒸发、地面和浅层地温,2005年10月增加草面温度观测。

观测时次 2007年12月31日以前,为08、14、20时3次定时观测;2008年1月1日,自动站单轨运行,20时进行1次定时观测,08、14时观测云、能见度、天气现象。

发报种类 20世纪80年代以前,每天08、14时通过邮局拍发气象报;1988年采用甚高频电话发小图报;2001年,改发加密天气报,电报增加为08、14、20时3次。编发气象旬(月)报和重要天气报已有20余年。1999年昆明世博会期间,数次向省气象台发24小时预约报。1971年、2005年担负编发航空报和危险报任务。

气象报表制作 报表编制《气表-1》一式3份、《气表-21》一式4份。1995年,用

AHDM 程序制作机制报表。2005 年,用测报软件 OSSMO 2004 发报、制作预审报表,报送报表的同时上时上传 A、J、Z 或 Y 文件。

自动气象站观测 2005 年 10 月,ZQZ-CⅡ型自动气象站建成,实时探测资料全省联网。

区域自动气象站 2007 年 5 月,建成 6 个五要素乡镇区域自动气象站;2008 年 6 月,建成 2 个六要素乡镇区域自动气象站。全市区域自动站探测资料联网。

②气象信息网络

1986 年,甚高频电话开通,可与地区气象局和全区各县局会商天气、通电话。1993 年,开始使用高频电话进行人工增雨作业。2008年甚高频电话仍是人工影响天气作业中市局与县局、县局指挥中心与炮点联系的主要通信方式。1999 年 12 月,建 VSAT 单收站

乡镇区域自动气象站

("9210"工程),使用 MICAPS 分析卫星云图和天气图。2003 年,曲靖市电子信息传输系统开通。2006 年 9 月开通互联网,通过网络接收雷达回波,为县人工影响天气提供决策依据。2008 年 3 月,建成天气预报可视化会商和观测场实景监测系统。

③天气预报预测

短期天气预报 20 世纪 60 年代,天气预报开始起步;80 年代,每天抄收省气象台天气形势广播,绘制简易天气图,抄录当天主要气象要素,绘三线图,用传真机接收 500、700、850 百帕和地面等天气图,依此制作短期天气预报。2003 年,县电视台开辟"天气预报"专栏,乡镇天气预报动画节目开播。

中期天气预报 1981 年,增加中期天气预报业务,中期预报时限为 1 候,发布时间是每月 4 日、9 日、14 日、19 日、24 日和月末前 1 天。

长期天气预报 20 世纪 90 年代初,用数理统计方法建立预报模式制作月长期天气预报,另有年度、今冬明春、春播、雨季开始期、主汛期、三秋等专题趋势预报。1999 年,长期天气预报改称短期气候预测,同年,将短期气候预测连同气象服务材料以《马龙气象》形式发布。

2. 气象服务

①公众气象服务

20 世纪 80—90 年代,县广播站(后为广播电台)每天广播天气预报。90 年代以后,逐步通过电视、广播、"12121"声讯电话、手机短信媒体向公众发布天气预报、气象灾害预警信息。电视台每天播报各乡镇天气预报。

②决策气象服务

根据农业生产、工业生产和县委、县人民政府需要,以书面、电话、传真、信函、电视、网络等形式提供《专题天气预报》、《重要天气专报》、《气象情报》等服务产品。根据烤烟生产、

农业生产、招商引资及企业等需要,提供气象咨询、专题气候分析和气象资料。从 1988 年起,冬春季节每天向县护林办提供森林气象火险等级预报。2005 年,重要天气手机短信为 370 余名副科以上领导和村委会、烟叶站、人工影响天气作业点负责人免费提供《重要天气信息》。

③专业与专项气象服务

专业气象服务 1989 年开始在防洪办、水泥厂、建筑公司、砖厂等单位安装气象警报接收机,提供天气预报广播。1992 年 7 月,与县科技局联合创办马龙县技术市场服务部,从事计算机经营、人员培训、文印服务项目。2005 年,利用手机短信形式提供天气预报、气象情报、气象科普知识等气象服务

人工增雨防雹 1993 年,马龙局开始用车载式火箭发射装置实施流动人工增雨作业。2000 年,首次在粮烟主产区旧县镇布设 4 个火箭发射点,实施人工防雹作业。2001年,开始使用"三七"高炮实施人工影响天气作业。2008 年,按照"精心规划,合理布局,联合组网,科学作业,提高效益"的要求,全县布设 11 个"三七"高炮作业点、2 个火箭作业点实施增雨防雹作业。1994 年 12 月,获"云南省人工增雨防雹先进集体";2004、2005 年度被曲靖市人民政府表彰为"人工增雨防雹工作先进集体"。

人工增雨防雹

防雷技术服务 1991 年,马龙县气象局开始对水泥厂、钢铁厂、东光厂、云水厂等企业开展防雷安全检测,之后,防雷检测扩大到学校、加油站等单位。依据《中华人民共和国气象法》、《云南省气象条例》、《防雷减灾管理办法》的规定,与安委会、安监局、消防队等部门联合行文,定期对重点单位重要场所开展防雷装置安全检测。

1997 年,马龙县气象局取得防雷设计和施工资质,防雷走上规范化轨道,先后为多家单位设计安装避雷装置、避雷器等防雷设施。2008 年,马龙县气象局与县安监局、消防大队、质监站等部门联合执法,排查加油站、化工厂、广播电视台、微波站、通信基站、学校、宾馆、烟叶站等单位的雷电安全隐患,为烟叶站等单位安装防雷设施。

3. 科学技术

气象科普宣传 利用发放宣传单、广播、电视、标语以及"3·23"世界气象日、科技宣传周等形式和机会,广泛宣传气象科普知识;通过学校宣传教育,收到了良好的气象科普宣传效果。

气象科研 1982 年 11 月至 1983 年 12 月,开展马龙县农业气候资源调查和农业气候区划工作,形成《马龙县农业气候资源调查和农业气候区划报告》《马龙县气候手册》,为合理开发利用气候资源,推动农业产业结构调整提供了科学依据。1990 年,与云南省气科所联合开展常温下苹果保鲜实验。

气象法规建设与社会管理

法规建设　县人民政府下发涉及气象工作的文件如下表：

发文时间	文号	文件标题
1994.03.01	马劳字〔1994〕04 号	关于对避雷装置进行安全技术检查的通知
1995.12.19	马劳安卫监〔1995〕03 号	关于印发《避雷装置安全技术检测暂行规定》的通知
2001.05.24	马政发〔2001〕13 号	关于印发《马龙县人工增雨防雹管理及人员考核办法（试行）》的通知
2004.06.16	马政发〔2004〕31 号	关于转发《防雷减灾管理办法》的通知
2005.04.30	马政办发〔2005〕41 号	关于转发《曲靖市人工增雨防雹管理办法》的通知
2006.04.10	马政办发〔2006〕5 号	关于提前做好预防气象灾害的通知
2006.07.24	马政发〔2006〕51 号	关于转发《曲靖市人民政府关于进一步加快气象事业发展》的通知
2008.05.29	马政办发〔2006〕45 号	关于转发《关于做好防雹减灾工作的通知》的通知

社会管理　2000 年，马龙县气象局有 4 人通过培训考试，获得云南省行政执法证。依照相关法律法规将气象探测环境保护纳入城市规划，多次与有关部门联合执法，有效保护了探测环境免遭破坏。对防雷工程进行图纸审核、质量监督、竣工验收。对在县境内施放无人驾驶气球、系留气球实施许可备案。

政务公开　2000 年开始对局务进行了公开，凡涉及到的重大事项都进行公示，内容有：行政许可、收费依据、工程建设、人事任免、财务收支、财务审计，中心工作等。

党建与气象文化建设

1. 党建工作

党的组织建设　2005 年经县直机关党委批准成立马龙县气象局党支部，有 3 名党员，隶属马龙县直属机关党委领导。截至 2008 年 12 月，有 3 名党员。

党风廉政建设　2003 年，马龙县气象局每年与县纪委及曲靖市气象局党组签订党风廉政建设目标责任书，配备了兼职纪检员，通过组织干部职工开展"党风廉政宣传教育月"活动，组织观看警示教育影片等形式加强党风廉政教育，取得的较好效果。多年来未出现违纪违法行为和不廉洁现象。

2. 气象文化建设

精神文明建设　马龙县气象局成立了精神文明创建领导小组，将精神文明建设与年度工作同时部署。2001 年被曲靖市委、市人民政府命名为市级"文明单位"并保持至今。

文体活动　2005—2008 年，马龙县气象局每年组织人工影响天气作业点民兵、乡镇武装部干部和全局职工开展各种竞赛活动，增进了团结和友谊。积极参加县里和市气象局组织的各种文体活动。

3. 荣誉

集体荣誉　1991 年，获省气象局"1991 年基本建设效益检查评比第三名"；2000 年"防雷减灾工程计算机系统"获曲靖市人民政府科技进步二等奖;2006年度被马龙县委、县人民政府评为"烤烟工作先进单位";2007年度被马龙县人民政府评为"烤烟生产先进单位";2007年度获曲靖市气象局"综合目标管理第二名"。

　　个人荣誉　建站至2008年,马龙县气象局个人共获地厅级以上表彰21人(次)。其中,获中国气象局质量优秀测报员2人(次),获云南省气象局质量优秀测报员16人(次),获云南省气象局、曲靖市委、市人民政府表彰的其他奖励3人(次)。

台站建设

　　建站初期仅有砖木结构瓦房3间,20世纪60—70年代,有瓦房7间。1979年,在观测场北面平整土地,建盖砖木结构业务用瓦房3间、住宿用瓦房7间,形成一个院落。1990年,建盖两排7套405平方米砖混结构平房,一定程度上缓解了职工住房紧张的状况。2005年投资70万元建盖了541平方米综合业务楼,2006年9月建成并投入使用,同时还改造了职工食堂、院内及周边道路,对环境进行了绿化美化,为职工提供了一个优雅舒适的工作生活环境。

20世纪50年代建站初期站貌　　　　　　2006年新建成的综合业务楼

师宗县气象局

　　师宗县位于曲靖市东南部,1950年4月隶属宜良专区。1954年宜良专区与曲靖专区合并,隶属曲靖专区。1958年10月23日,师宗、罗平、泸西合并成立师宗县。1959年1月13日,泸西县划并红河州弥勒县。师宗、罗平合并成立罗平县。1961年7月1日,师宗、罗平分县,恢复师宗县至今。辖4乡4镇,国土面积2740.81平方千米,总人口39.61万。

机构历史沿革

　　始建情况　始建于1958年9月1日,始称师宗气候站。初址位于师宗县城郊西华村。

为国家一般气象观测站。

站址迁移情况 1959 年 12 月 31 日迁至现址县城凤竹路丹凤小区 70 号（东门外海子）。地处北纬 24°50′,东经 103°59′,海拔高度 1844.2 米。

历史沿革 1958 年 9 月 1 日建立师宗气候站,1959 年 4 月更名为罗平县师宗气候服务站,1960 年 4 月改称师宗县气候服务站,1964 年 5 月改称师宗县气象服务站,1971 年 6 月改称师宗县气象站,1990 年 5 月改称云南省师宗县气象局。

管理体制 1958 年 9 月—1963 年 3 月,师宗县气象始隶属师宗县人民委员会建制和领导。1963 年 4 月—1970 年 6 月,属云南省气象局(1966 年 3 月改为云南省农业厅气象局)建制,隶属曲靖专区气象总站管理。1970 年 7—1970 年 12 月,隶属师宗县革命委员会建制和领导。1971 年 1 月—1973 年 9 月,实行师宗县人民武装部领导,建制属师宗县革命委员会。1973 年 10 月,改属师宗革命委员会建制,归口县农业局领导,分属曲靖地区气象台业务管理。1980 年 9 月起,实行曲靖地区气象局和马龙县人民政府双重领导,以曲靖地区气象局领导为主的管理体制。

单位名称及主要负责人变更情况

单位名称	姓名	民族	职务	任职时间
师宗气候站				1958.09—1959.03
罗平县师宗气候服务站	李书文	汉	站长	1959.04—1960.03
师宗县气候服务站				1960.04—1964.04
师宗县气象服务站				1964.05—1971.05
师宗县气象站	蔡忠祥	汉	站长	1971.06—1990.05
			局长	1990.05—1996.02
云南省师宗县气象局	太白	汉	局长	1996.03—2003.01
	蓝东	壮	局长	2003.01—2006.01
	姚磊	汉	副局长	2006.01—2007.03
	戚永明	汉	副局长	2007.03—2008.05
			局长	2008.05—

人员状况 建站时只有 3 人。截至 2008 年 12 月有在职职工 11 人(其中正式职工 6 人,聘用职工 5 人),退休职工 4 人。正式职工中:本科 4 人,专科 1 人,中专 1 人。在职职工中:工程师 2 人,助理工程师 6 人。

气象业务与服务

1. 气象业务

①气象地面观测

观测项目 建站时的观测项目有:气压、气温、湿度、雨量、蒸发、能见度、云、天气现象;现在观测项目为湿度、气温、降水、能见度、云、气压、风向风速、天气现象、日照、蒸发量(小型)、地面及浅层地温。

观测时次 1958 年 8 月 1 日开始地面观测,每天进行 08、14、20 时 3 次定时观测,不守夜班。

发报种类 每天 08、14、20 时 3 次发天气加密报。每旬（月）开头第一天 8 时编发气象旬（月）报；1970—1978 年，发 05—17 时航危报。重要天气报的内容有降水、雨凇、积雪、大风、龙卷、冰雹、雷暴、视尘障碍现象、大雪恶劣能见度。

区域自动站观测 2007 年 4 月建成乡镇自动气象站 8 个（含 1 个应急站），实现 GPRS 无线数据传输，填补了师宗县乡镇无气象记录的空白。

气象报表制作 气表-21 一式 4 份，报中国气象局、省气象局、市气象局各 1 份，本站留底 1 份；气表-1 一式 3 份，报省、市气象局各 1 份，本站留底 1 份。

观测业务变更情况 1987 年 7 月 1 日—1988 年 1 月 1 日用 PC-1500 袖珍计算机编报及报表制作；1988 年 7 月 1 日，执行新电码型式；1989 年 8 月 1 日再次修改电码型式；1990 年 1 月 2 日，修订电码型式中的雨量组。1999 年 8 月，执行《关于地面观测基数调整的通知》，调整地面观测基数；2000 年 7 月，《地面测报业务软件 OSSMO 2004》投入使用。观测业务逐步规范。无缺测、迟测、涂改伪造等责任性事故发生。

②气象信息网络

1958 年 8 月 1 日开始编发气象报，通过邮电局的电话专线人工进行编发；1986 年 1 月 1 日起使用 PC-1500 袖珍计算机进行小图报的编发。1988 年使用甚高频电话传送曲靖小图报。1995 年 1 月 1 日使用计算机做报表。1987 年 1 月 1 日正式开始使用 80 型传真机接收天气图，主要接收北京的气象传真和成都的传真图表。2000 年 1 月，建成 PC-VSAT 单收站（"9210"工程），自动接收卫星接收卫星云图、高空图、地面图等。2004 年接入 Internet 网络和 X.25 分组数据交换网实现了文件、观测数据的网络传输。2007 年 1 月开通省、市、县光纤网络，实现了每天的自动记录、编报和气象宽带网传输，实现了数据资料适时共享。2008 年 3 月建成了国家、省、市、县可视化会商系统。至 2007 年 5 月，全县建成 8 个乡镇自动气象观测站（含 1 个应急站），并配套使用独立服务器，信息采集传输覆盖全县各乡镇，使气象资料更具代表性、科学性，为提高天气预报准确率和防灾减灾工作提供了更完善的气象数据。

③天气预报预测

短期天气预报 1970 年初开始做短期补充订正预报。主要预报工具是通过收听上级气象台的天气形势广播和指标站实况绘制简易天气图，结合本站资料来制作本地 24 小时的单站补充订正天气预报。

中期天气预报 1982 年开始做中期天气预报，除将预报以书面报送领导外，还送广播站向群众播出。主要预报方法是依据图、资、群和农谚，预报种类年度预报、季度预报、月预报及专题预报。

长期天气预报 1975 年开始做年、月长期天气预报，并将预报以书面形式报送县委、县人民政府及有关单位领导。

专项天气预报 在做好长、中、短期预报的同时，后来还增加了今冬明春、汛期旱涝趋势、倒春寒、雨季开始期、8 月低温、三秋阴雨等关键农事期的专题天气预报。为满足用户需求，还适时制作短时天气预报。

2. 气象服务

①公众气象服务

截至 2008 年底,师宗县气象局天气预报、服务信息主要通过手机短信、电视天气预报、传真和人民政府信息网等服务平台发布,临近、短期、中长期、专题天气预报、"三性"(灾害性、关键性、转折性)天气的发布,使受众覆盖面进一步扩大,最大限度地满足经济社会发展的需求。

②决策气象服务

师宗县决策服务主要通过电视、网络、手机短信等传输方式向人民政府决策部门和领导发送《专题气象服务》、《气象情报》、《重要天气专报》《气象灾情报告》等服务产品。2005年,为县、乡村领导免费开通"重要天气"信息手机短信,第一时间为各级党政、涉农部门提供科学决策参考依据。

③专业与专项气象服务

人工影响天气   目前全县共有 10 个"三七"高炮固定作业点,50 位作业民兵,根据烤烟栽种密集区域合理布设在 4 个乡镇(丹凤镇、葵山镇、彩云镇、竹基乡)。2005 年度分别获曲靖市人民政府和师宗县人民政府"人工增雨防雹先进集体"称号。

防雷技术服务   1996 年成立了由联系气象工作的副县长为组长的避雷减灾领导小组,强化了防雷减灾管理工作,通过开展防雷安全知识宣传教育和加大行政执法力度,防雷减灾工作发展顺利,逐步得到地方人民政府的关注和支持,社会各界防雷安全意识进一步增强。防雷安全检测中心对本县辖区内各煤矿、工矿企业、加油(气)站、易燃易爆场所等部门部位进行安全检测,最大限度消除安全隐患,保障人民生命和国家财产安全。

3. 科学技术

气象科普宣传   坚持每年"3·23"世界气象日组织科技宣传,普及气象法律法规,人工影响天气,防雷减灾知识。充分利用电视天气预报、气象门户网站等载体进行宣传,直观地宣传气象防灾有关常识,气象防灾知识逐步深入人心。积极参加县里组织的各种社会公益活动,扩大气象部门影响,丰富干部职工业余生活,展示气象人良好形象。

气象科研   1983 年,师宗县开展了农业气候资源调工作,形成了《师宗县农业气候资源调查及区划报告》,为农业产业结构调整提供了气候依据。

气象法规建设与社会管理

法规建设   1996 师宗县人民政府下发了《师宗县人民政府关于成立避雷减灾领导小组的通知》;2007 年 6 月,县安监局、气象局联合下发《关于转发进一步加强防雷安全管理工作的紧急通知》,2008 年 2 月,师宗县人民政府办下发《关于做好灾害天气应对工作的紧急通知》。

社会管理   2007 年 7 月《气象探测环境和设施保护办法》(中国气象局第 7 号令)在师宗县规划局备案;依据中国气象局、建设部联发的《关于加强气象探测环境保护的通知》(气发〔2004〕247 号)对气象探测环境进行保护。1996 年师宗县成立避雷减灾领导小组,同时师宗县气象局成立防雷中心,负责全县防雷安全检测;规范了全县防雷装置安全检测工作,促进了防雷工作的科学发展。2001年云南省气象局核发了防雷装置设计和施工丙级资质。2004年,根据《防雷减灾管理办法》(中国气象局第8号令),防雷装置安全检测中心开展了对全县新、改(扩)建(构)筑物的防雷装置图纸审核、施工监督、竣工验收等工作。根据《通用航空飞行管制条例》(国务院、中央军委371号令)和《施放气球管理办法》(中国气象局第9号令),对在县境内施放无人驾驶自由气球、系留气球的单位、个人施放资质和施放活动进行管理。

政务公开　2003年,师宗县气象局对气象行政审批制度、服务内容、服务承诺、行政执法依据、服务收费依据及标准等事项通过县人民政府信息公开网站向社会公开。干部任用、财务收支、目标考核、基础设施建设、工程招投标等重大事项通过职工大会或局务公开栏向职工公开。

党建与气象文化建设

1. 党建工作

党的组织建设　2000年6月,县直机关党委以县直发〔2000〕5号文件批准,师宗县气象局从农业党总支独立出来,新成立师宗县气象党支部,有党员3人,归师宗县直属机关党委领导,独立开展党组织工作。截至2008年12月,有党员4人。

党风廉政建设　2003年以来,每年都与市气象局纪检组签订党风廉政建设目标责任书,组织职工认真开展"党风廉政建设宣传教育月"等相关活动,自觉争取地方纪委领导和监督,配备了兼职纪检监察员。多年来,师宗县气象局干部职工未出现违法违纪事件,党员党风优良,作风正派,生活情趣健康向上。

2. 气象文化建设

精神文明建设　1989年被评为县级文明单位,2001年被评为市级文明单位,2005年届满重新申报,经复查审核,2005年12月再次被市委、市人民政府命名为市级文明单位。2004年成立了精神文明创建领导小组,制定了《师宗县气象局精神文明创建规划》。2005年被县委评为先进单位,2006年被县综合治理委员会评为安全文明单位,2008年被师宗县文明办评为"六星级文明单位"。

文体活动　建有图书阅览室,乒乓球室。积极组织职工参加县里及曲靖市气象局组织的各种文体活动,不定期组织知识竞赛和乒乓球比赛,丰富了职工业余文化生活,培养了职工的健康生活情趣。

3. 荣誉

集体荣誉　1986年,获曲靖地区气象局业务目标考核综合二等奖,"五月质量月"活动集体总分第一名;1988年获曲靖地区气象局业务目标考核单项、报表预审二等奖;1997年度获曲靖地区气象局汛期气象服务先进集体。

个人荣誉　建站至2008年,师宗县气象局个人共获地厅级以上表彰奖励1人(次),即云南省气象局质量优秀测报员1人(次)。

台站建设

师宗县气象局建站之初,业务用房是 20 世纪 70 年代建盖的砖木结构瓦屋面房,条件简陋,设备简单,采光很差,职工工作辛苦,生活清苦。1988 年,为改善办公条件,中国气象局投资 2 万元建成 1 幢一楼一底砖混结构业务用房,明显改善了办公环境。2007 年 7 月,拆除原办公老房子,投资 20 万元在砖混结构用房基础上进行装修改造,增加了办公场所,缓解了办公场所拥挤,业务开展混杂的不良状况。现占地面积 10.4 亩,业务用房面积达 299.86 平方米。

2008 年 5 月,新建单位大门,改造单位公厕,对单位办公区域重新规划,进行环境绿化改造,以石板硬化铺平观测场路面;在院内新修建了草坪和花台,绿化效果显著,2008 年被县文明办评为"花园式单位"。

建站初期的业务用房(1960 年)　　　　　　　2007 年 7 月修缮后的业务用房

楚雄彝族自治州气象台站概况

楚雄彝族自治州(以下简称楚雄州)位于云南省中部,东经100°43′~102°30′,北纬24°13′~26°30′之间。东接省会昆明市,北连四川省攀枝花市、凉山彝族自治州,西邻大理白族自治州、丽江市,南接玉溪市、普洱市。全州国土面积29258平方千米,境内东西横距175千米,南北最大纵距247.5千米。辖9县1市,州府所在地是楚雄市鹿城镇。

气象工作基本情况

所辖台站概况　楚雄州共有10个地面气象观测站(其中2个国家基本气象观测站,8个国家一般气象观测站),10个观测站均已建成大气监测自动气象站。全州还布有3部718-XDR天气雷达观测站,136个区域自动气象观测站。

历史沿革　1932—1939年,楚雄、禄丰、牟定、罗茨、大姚、元谋、广通、永仁仁和街先后进行短期简单气象要素观测。1952年8月8日云南军区建立楚雄气象站(东经101°34′,北纬25°02′)。1955年10月,建立元谋县气象站。1956年9月,建立永仁县气象站。1956年11月1日,建立武定县气象站。1956年11月21日,建立禄丰县气象站。1957年12月1日,建立姚安县气象站。1958年9月5日,建立双柏县气象站。1958年9月9日,建立牟定县气象站。1958年10月1日,建立南华县气象站。1958年10月19日,建立大姚县气象站、禄劝县气象站(1984年3月5日,划归昆明市气象处领导)。1970年7月29日,楚雄州气象部门的管理机构全部由地方接收,原来的3个气象站,11个气候站调整为11个县级气象站,取消了气候站的称呼。1997年成立楚雄市气象局。至此,楚雄州气象局下辖9个县气象局和1个市气象局。

管理体制　1952年8月8日—1953年8月1日,楚雄州各气象站属军队建制,云南军区司令部气象科负责管理。1953年8月1日—1963年11月,楚雄州气象台站隶属当地人民政府建制和领导。1963年11月—1970年7月29日,全州气象台站统归云南省气象局建制。1970年7月29日,隶属当地革命委员会建制和领导。1971年1月—1973年10月,实行军队领导,建制仍属当地革命委员会。1973年10月—1980年10月,隶属当地革命委员会建制和领导,业务分属省气象局主管。1980年10月起,实行上级气象部门与当地人民政府双重领导,以气象部门领导为主的管理体制。

人员状况　建站初期,全州气象部门9县站有职工22人。1978年全州有107人。截至 2008 年底,有 212 人(其中在职职工 136 人,离退休职工 76 人),在职职工中:研究生学历 2 人,本科学历 57 人,大专学历 51 人,中专、高中 26 人;专业技术人员有 109 人(其中:高级工程师 11 人,工程师 66 人,助理工程师 32 人)。

党建与文明单位创建　2008 年全州气象部门有 1 个党总支,13 个党支部,共有党员 86 人。设有独立党支部的有州气象局和 9 县(市)气象局,双柏县气象局为联合党支部。

楚雄州气象部门 2002 年、2005 年先后被楚雄州委、州人民政府授予州级文明行业称号。截至 2008 年底,全州气象部门有省级文明单位 4 个,州级文明单位 7 个,州级文明行业创建工作示范点 3 个;全国气象文明台站标兵 2 个。

领导关怀　1994 年 2 月 28 日,3 月 1 日中国气象局局长邹竞蒙视察楚雄州和南华县气象工作,指出应加快现代化建设优化气象服务,搞好气象事业结构调整,进一步深化改革。

1999 年,中国气象局局长温克刚视察南华县气象局。

主要业务范围

地面观测　1939 年,为抗日战争航空飞行所需,国民党云南省政府布置在元谋整修大塘子机场(今元谋县气象站驻地)设有临时气象机构,不久即告撤销。

1952 年 9 月楚雄气象站正式开始地面气象观测,1955 年 11 月 1 日元谋气象站正式开始地面观测,两站属国家基本站,每天进行 02、08、14、20 小时 4 次定时观测和 05、11、17 时 3 次定时观测,昼夜守班,担任航危报任务。1956 年 11 月 1 日,武定气象站、1956 年 11 月 21 日,禄丰气象站、1957 年 1 月 1 日,永仁气象站、1957 年 12 月 1 日,姚安气象站、1958 年 9 月 5 日,双柏气象站、1958 年 9 月 9 日,牟定气象站、1958 年 10 月 1 日南华气象站、1958 年 10 月 19 日,大姚气象站先后开始地面观测,8 个站属国家一般站,每天进行 08、14、20 时 3 次定时观测,其中武定、禄丰、姚安、永仁站还担任航危报任务。

1952 年 9 月,楚雄站开展水银气压、干球温度、湿球温度、雨量、班松式测云器(1962 年取消)观测;1953 年增加暗筒式日照观测;1954 年增加蒸发(小型)、维尔达测风、气压、温度、湿度观测;1955 年增加地面温度、浅土层地温观测;1956 年 9 月增加雨量计观测;1961 年 9 月增加小球测风观测;1969 年 7 月增加电接风向风速观测;1986 年开始进行 E-601 大型蒸发项目观测;2002 年停止小型蒸发项目观测;2006 年 7 月 1 日,开始酸雨项目观测。2003 年开始自动气象观测站观测,每天进行 02、08、14、20 时 4 次定时观测,并拍发天气报告,每天 05、11、17、23 时进行 4 次补充定时观测,拍发补充天气报告。

农业气象　1957 年姚安气象站开展对小麦、土壤湿度进行观测,属省农业气象基本站,向中央气象局和云南省气象局编发农业气象旬报。1958 年增加对水稻蚕豆农作物的物候观测,并把原来的目测土壤湿度改为仪器观测。1959 年楚雄站开展对水稻、烤烟、蚕豆观测,属省农业气象基本站。1960 年,元谋站开展农业气象观测,属国家农业气象基本站。1968 年至 1974 年观测停止,1957 年 1 月,楚雄、元谋、姚安恢复观测。1982 年开展水稻播种期为主的专题预报服务。1986 年楚雄马龙河引种西瓜获得成功。1990 年开始制作春烟、大小春产量预报。1994 年全州在烤烟、玉米上推广应用高吸水树脂抗旱保湿剂并取得好的成果。2002 年后,农业气象工作在提高长、中、短期天气预报准确率的基础上,从单一的田间观测扩大到农田地表环境、农业产业结构调整、森林病虫害防御及森林火灾、地质灾害、水资源评估等气象服务领域。

雷达探测　1990年楚雄州气象局初次安装了固定式711电子管测雨雷达,2000年对雷达进行了改造,升级为数字显示雷达,2005年将雷达更新为WR-718数字化雷达。2010年再次新购XDR-21数字化雷达。2011年楚雄州的武定、大姚分别建立了XDR-21数字化雷达,楚雄市、元谋、禄丰、双柏四县市分别安装了西安红隼小雷达。

天气预报　1952年楚雄站建站初期,天气预报由云南省气象台制作,楚雄站负责抄收转发。1958年5月楚雄自制的第一份天气预报问世。1965年增加中、长期天气预报。1982年数值预报模式投入使用。1982年开始发布楚雄水稻播种期预报、10县农业气候资源调查和合理开发利用气候资源报告。1984年第一台苹果版计算机投入预报业务。1985年5月全州中、长期预报由楚雄州气象台统一制作,短期预报由州气象台发布指导预报。1991年6月,中期数值预报业务产品(简称T42)投入预报业务使用。1995年6月,第二代中期数值预报业务产品T63和T106又先后投入业务使用。1998年,州气象台开始使用初期版的"气象信息综合分析处理系统"(MICAPS 1.0系统)。2000年MICAPS预报人机交互系统投入全州业务运行。2007年省—州可视预报会商系统建成。

人工影响天气　1960年7月,首次在楚雄紫金山进行人工降雨试验,初见成效。以后姚安、大姚、永仁、武定、元谋、双柏等气象站开展了人工降雨试验。1979年,武定县、双柏县分别使用"三七"高炮和装有8～10克碘化银的炮弹,在城郊进行了人工降雨试验。1983年,只有禄丰县开展人工降雨试验。1989年,在禄丰、南华2县使用人工增雨火箭进行增雨试验,1990年,楚雄州人民政府成立了楚雄州人工增雨防雹领导小组,下设办公室于州气象局,1991年全州10个县(市)分别成立了县级人工增雨防雹领导小组,下设办公室于县气象局。1992年在楚雄市开始使用火箭进行防雹作业试验,1993年以后,双柏、牟定开展防雹作业,至1998年,全州全部开展防雹作业。2005年4月30日,楚雄新一代天气雷达投入业务试运行,观测的主要项目是监测和预警灾害性天气。探测重点是暴雨、冰雹、雷雨大风、天气系统中的中、小尺度系统,主要用于人工增雨防雹指挥。至2008年底,利用气象卫星、多普勒天气雷达、718天气雷达、闪电监测预警系统、楚雄州人工增雨防雹决策指挥信息系统等先进的气象科技设备和服务平台,积极开展人工增雨防雹作业。现已拥有规范化作业点102个、"三七"高炮110门,雷达2部,甚高频通信140部,作业车11辆,新型火箭发射设备13套。增雨防雹工作取得了较好的经济和社会效益。楚雄州人工增雨防雹办公室获云南省气象局表彰的1993—1994年先进集体。1994、1997、2005年获楚雄州人民政府先进集体二等奖表彰,2005年楚雄州获云南省人民政府人工降雨防雹先进一等奖。

决策气象服务　20世纪80年代初,决策气象服务主要以书面文字发送为主。90年代至2008年,决策服务的传输与发布由电话、传真、信函等向电视、微机终端、互联网等方式发展。关键性、灾害性、转折性天气还通过《重要气象信息专报》《专题气象服务》《专项天气预报》《气象情况汇报》《灾情快报》等形式向州委、政府汇报和向相关部门通报。自2007年起每年制定《楚雄州气象局决策气象服务工作方案》。

公众气象服务　通过广播电台、气象网站、"12121"电话咨询系统、气象手机短信、气象电子显示屏、报纸等向公众提供天气预报信息。制作电视天气预报,通过电视向公众发布天气信息服务,并通过楚雄州人民广播电台、楚雄州电视台、手机短信、楚雄气象网站发布灾害性天气预警服务信息。

气象科技服务 1985年起开展专业气象服务。根据用户需要,提供专业性的专项气象预报和气象资料服务;进行专业性的气候分析、环境评价和大气测试等专项服务;提供气象保障及气象咨询服务;提供气象实用技术,科研成果及气象数据鉴定服务。到2008年底,专业气象服务已涉及农业、林业、交通、工矿、城建、能源、水利、环保、保险、旅游、储运、文化、体育、商贸等多个行业,服务范围覆盖全州所有县(市)。

楚雄彝族自治州气象局

机构历史沿革

始建情况 始建于1952年8月8日,站址位于楚雄县仁爱街3号(现八一路军分区内),地理位置为东经101°34′,北纬25°02′,海拔高度2072.0米。

站址迁移情况 1953年6月,迁至楚雄县东门外邱家园原飞机场旧址,位于东经101°32′,北纬25°01′,海拔高度1772.0米。2003年1月1日,观测场迁至楚雄市鹿城镇东郊办事处罗家队,东经101°33′,北纬25°02′,海拔高度1824.1米。

历史沿革 1952年8月8日,建立云南军区楚雄气象站。1954年1月1日更名为云南省楚雄气象站。1958年9月23日,更名为楚雄彝族自治州中心气象站。1963年11月,更名为云南省楚雄彝族自治州气象总站。1970年7月改为楚雄彝族自治州气象台。1980年10月,成立了云南省楚雄彝族自治州气象局。1984年1月更名为云南省楚雄彝族自治州气象处,1990年5月更名为云南省楚雄彝族自治州气象局。

管理体制 1952年8月8日—1953年8月,楚雄气象站属军队建制。1953年8月—1955年5月,楚雄气象站隶属楚雄州人民政府建制和领导,分属云南省人民政府气象科业务领导。1955年5月—1958年5月,楚雄气象站隶属云南省气象局建制和领导。1958年5月—1963年11月,楚雄州中心气象站隶属楚雄州人民政府建制和领导。1963年11月—1970年7月29日,楚雄州气象总站属云南省气象局(1966年3月改为云南省农业厅气象局)建制,其人员、财务、业务管理、技术指导和仪器设备均由省气象局负责,行政生活、政治思想、地方服务工作以及对台站工作的管理监督由当地党政负责。1970年7月—1970年12月,楚雄州气象总站改属楚雄州革命委员建制和领导。1971年1月—1973年,楚雄州气象台实行楚雄州军分区领导,建制属楚雄州革命委员。1973年—1980年5月17日,楚雄州气象台改属楚雄州革命委员建制和领导,划归州农业局主管。1980年5月17日起,实行云南省气象局和楚雄州人民政府双重领导,以云南省气象局领导为主的管理体制。

机构设置 州气象局内设办公室、人事教育科、业务科技科、计划财务科、政策法规科5个科室,气象台、人工影响天气中心、雷电中心、科技服务中心4个直属事业单位。人工影响天气中心、防雷安全管理办公室是州政府设在气象局的管理机构。

单位名称及主要负责人变更情况

单位名称	姓名	民族	职务	任职时间
云南军区楚雄气象站	杨栓文	汉	站长	1952.09—1954.01
				1954.01—1956.06
云南省楚雄气象站	蔡国定	汉	站长	1956.07—1957.09
	林杨清	汉	负责人	1957.10—1958.09
				1958.09—1959.02
楚雄彝族自治州中心气象站	谭永义	汉	站长	1959.03—1962.11
	冯世发	汉	站长	1962.12—1963.11
云南省楚雄彝族自治州气象总站				1963.11—1970.07
楚雄彝族自治州气象台			台长	1970.07—1980.10
云南省楚雄彝族自治州气象局			副局长	1980.10—1983.06
	陈自新	汉	副局长	1983.07—1984.01
云南省楚雄彝族自治州气象处			副处长	1984.01—1985.12
	唐泽元	汉	处长	1986.01—1990.05
			局长	1990.05—1993.03
云南省楚雄彝族自治州气象局	吴天秀(女)	汉	局长	1993.03—1998.12
	杨永胜	汉	局长	1998.12—2008.12

人员状况　1963 年楚雄州气象站有职工 20 人。1985 年有职工 47 人。截至 2008 年底,有在职职工 57 人,其中:高级工程师 13 人,工程师 30 人,助理工程师 9 人,其他(含工人)5 人;研究生以上学历 2 人,大专以上学历 52 人,中专学历 3 人;50 岁以上 6 人,40～49岁 25 人,30～39 岁 18 人,30 岁以下 8 人。

气象业务与服务

1. 气象观测

①地面气象观测

楚雄州自 1952 年正式建立气象机构以来,主要业务为地面基本气象观测。地面基本气象观测是以新中国的第一本观测规范——《气象测报简要》作为观测准则。1954 年执行《气象观测暂行规范—地面部分》。1960 年 7 月 10 日,执行《地面气象观测规范》。1980 年 1月 1 日起执行新的《地面气象观测规范》。2004 年 1 月 1 日起执行《地面气象观测新规范》(2003 年版)。

观测项目　气温(干、湿球温度)、湿度(相对、绝对湿度)、气压、风向风速、云(云量、云状)、能见度、降水量、天气现象、日照、地面温度、蒸发量。

观测时次　每天进行 02、08、14、20 时 4 次定时观测,并拍发天气报,每天 05、11、17、23时进行 4 次补充定时观测,拍发补充天气报。

气象报表制作　1952 年,楚雄气象站用手工制作年、月报表和编发气象报文。1985 年起,由原来的手工编报改为 PC-1500 袖珍计算机处理和编报地面资料。1998 年更新为计算机处理相关测报业务。2000 年 1 月 1 日,开始使用 AH4.1 业务软件,每月报表上传

D. V 文件。

电报传输　1995 年以前,全州气象站各类气象报告均通过邮电公众电路传递到成都气象区域中心或省、州气象台。1995 年开通了省—州—县微机网络远程终端后,各类气象天气电报集中传输到州气象台,再由州气象台传到云南省气象台。2000 年,楚雄气象站使用 X.25 分组网上传气象报。2001 年全州 10 县(市)气象站通过因特网发送气象报告,并参加地域间的信息交流。2003 年以前航空报通过市话传输,2004 年改为语音系统传输。2004 年 12 月气象宽带网络建成并投入业务使用。

业务变动情况　1952 年 9 月,楚雄站开展水银气压、干球温度、湿球温度、雨量、班松式测云器(1962 年取消)观测;1953 年增加暗筒式日照观测;1954 年增加蒸发(小型)、维尔达测风、气压、温度、湿度观测;1955 年增加地面温度、浅土层地温观测;1956 年 9 月增加雨量计观测;1961 年 9 月增加小球测风观测;1969 年 7 月增加电接风向风速观测;1986 年开始进行 E-601 大型蒸发项目观测;2002 年停止小型蒸发项目观测;2006 年 7 月 1 日,开始酸雨项目观测;2003 年开始自动气象观测站观测。

②农业气象观测

1959 年楚雄站开展对水稻、烤烟、蚕豆观测,属省农业气象基本站。1968—1974 年观测停止,1975 年 1 月,恢复观测。1982 年开展水稻播种期为主的专题预报服务。1986 年楚雄马龙河引种西瓜获得成功。1990 年开始制作春烟、大小春产量预报。1994 年全州在烤烟、玉米上推广应用高吸水树脂抗旱保湿剂并取得好的成果。1997 年农气业务划归楚雄市气象局。2002 年又划归州气象局农气中心。

③雷达探测

2005 年 4 月 30 日,楚雄新一代天气雷达投入业务试运行。同年 6 月 30 日正式投入业务运行。

2. 气象信息网络

1959 年用莫尔斯抄收成都中心无线气象电报。1975 年用电传机。1976 年使用 117 型平面扫描传真机。1985 年配备了传真机。1987 年开通了甚高频电话。1995 年开通省—州—县微机网络远程终端和州局局域网,分组

2002 年建成的楚雄州气象局雷达业务楼

数据交换网正式投入业务使用,同年静止气象卫星中规模利用站处理系统建成投入使用,接收日本 GMS 静止气象卫星云图产品。1992 年 711 数字化测雨雷达投入应用。1995 年气象卫星信息地面接收系统在州气象台投入应用,开通了省—州—县微机远程终端和州局局域网。1996 年开始进行"9210"工程楚雄 VSAT 站的建设,1997 年完成仪器安装、调试,并试运行,1998 年正式投入业务运行。2004 年 12 月,VPN 宽带网、广域网络建成投入使用。

3. 天气预报预测

1952 年楚雄站建站初期,天气预报由云南省气象台制作,楚雄站负责抄收转发。1958

年 5 月楚雄自制的第一份天气预报问世。1965 年增加中、长期天气预报。1982 年数值预报模式投入使用。1982 年开始发布楚雄水稻播种期预报、10 县农业气候资源调查和合理开发利用气候资源报告。1984 年第一台苹果版计算机投入预报业务。1985 年 5 月全州中、长期预报由楚雄州气象台统一制作,短期预报由州气象台发布指导预报。1991 年 6 月,中期数值预报业务产品(简称 T42)投入预报业务使用。1995 年 6 月,第二代中期数值预报业务产品 T63 和 T106 又先后投入业务使用。1998 年,州气象台开始使用初期版的"气象信息综合分析处理系统"(MICAPS 1.0 系统)。2000 年 MICAPS 预报人机交互系统投入全州业务运行。2007 年省—州可视预报会商系统建成。

4. 气象服务

①公众气象服务

通过广播电台、气象网站、"12121"电话咨询系统、气象手机短信、气象电子显示屏、报纸等向公众提供天气预报信息。制作电视天气预报,通过电视向公众发布天气信息服务,并通过楚雄州人民广播电台、楚雄州电视台、手机短信、楚雄气象网站发布灾害性天气预警服务信息。

②决策气象服务

20 世纪 80 年代初,决策气象服务主要以书面文字发送为主。20 世纪 90 年代至 2008 年,决策服务的传输与发布由电话、传真、信函等向电视、微机终端、互联网等方式发展。关键性、灾害性、转折性天气还通过《重要气象信息专报》、《专题气象服务》、《专项天气预报》、《气象情况汇报》、《灾情快报》等形式向州委、州人民政府汇报和向相关部门通报。自 2007 年起每年制定《楚雄州气象局决策气象服务工作方案》。

③专业与专项气象服务

人工增雨防雹 20 世纪 70 年代楚雄州气象局开始人工增雨试验。至 2008 年底,利用气象卫星、多普勒天气雷达、718 天气雷达、闪电监测预警系统、楚雄州人工增雨防雹决策指挥信息系统等先进的气象科技设备和服务平台,积极开展人工增雨防雹作业。现有规范弹药库 1 个,备用高炮 6 门,雷达 2 部,甚高频通信中转台 5 部,作业车 1 辆,备用新型火箭发射设备 5 套。增雨防雹工作取得了较好的经济和社会效益。楚雄州人工增雨防雹办公室获云南省气象局表彰的 1993—1994 年先进集体。1994、1997、2005 年获楚雄州人民政府先进集体二等奖表彰,2005 年获得云南省政府奖励。

防雷技术服务 2005 年 11 月成立楚雄州防雷装置检测资质初审领导小组,负责本州辖区内防雷装置检测资质初审工作。2006 年 8 月全州有 11 个防雷安全检测机构首批取得了《云南省防雷装置检测》资质证(其中:乙级资质证 1 个,丙级资质证 10 个),楚雄州防雷安全检测资质审验工作迈入依法管理轨道。

④气象科技服务

二十年来,气象科技发展迅猛、服务领域宽广、涉及社会各行业,特别是烟草、林业、水利、农业、地质等专项服务影响大、效益好。

⑤气象科普宣传

1988 年成立楚雄州气象学会。自 2000 年以来,每年通过世界气象日、全国科普日、法制日、安全生产月,利用电视、报纸、广播、互联网、手机短信积极开展气象科普知识宣传和气象科技下乡等活动。

气象法规建设与社会管理

1. 法规建设

随着社会经济和科学技术的发展,气象行业的法律法规得到了确立和加强。2006 年 7 月 7 日,《楚雄彝族自治州人工增雨防雹管理办法》以州长令形式出台,自 2006 年 9 月 1 日起施行。2007 年楚雄州人民政府先后下发《楚雄州关于加快气象事业发展的实施意见》和《关于进一步加强气象灾害防御工作的实施意见》。

2. 制度建设

根据《中华人民共和国行政许可法》及相关法律、法规的规定,制定了《楚雄州气象行政许可综合受理制度》等 7 项行政许可配套制度。并先后制定了首问责任制、限时办结制、重点工作通报、重要事项公示等制度。

3. 社会管理

按照《中华人民共和国气象法》和《气象行业管理若干规定》依法行政,切实履行好本行政区域内的社会管理工作。

人工影响天气 在楚雄州人民政府人工增雨防雹领导小组领导下,由楚雄州气象局人工增雨防雹办公室做好人工增雨防雹工作的组织、管理、指导与服务工作。严格实施作业岗位责任制和持证上岗制,确保人工影响天气作业安全有效。

防雷技术服务 楚雄州人民政府防雷减灾管理领导小组负责协调全州防雷减灾工作。领导小组下设办公室在楚雄州气象局。楚雄州气象局负责全州从事防雷工程专业设计、施工单位的资质和专业技术人员的资质管理,并协同州技术监督部门对全州防雷设施检测机构进行计量认证。

4. 政务公开

2000 年 7 月,楚雄州气象局下发了《楚雄州气象部门政务公开试点工作方案》,成立了由局领导任组长的楚雄州气象局局务公开试点工作领导小组,并首先在南华、牟定两个县气象局试点。2001 年 5 月,下发了《关于在全州气象部门推行政务公开工作的通知》,此项工作在全州 10 县(市)进行推广。近几年来,楚雄州气象局党组把局(事)务公开工作的重点放在抓基建项目、财务公开上。2006 年,楚雄州气象局被中国气象局表彰为局务公开先进单位。

党建与气象文化建设

1. 党建工作

党的组织建设 1971 年,楚雄州气象站有党支部 1 个,党员 5 名。截至 2008 年底,楚雄州气象局有党总支1个,党支部3个,党员45名。

党风廉政建设 1981年,成立中共楚雄州气象局党组。1988年,配备了楚雄州气象局纪检监察员(正处级)。2000年首次聘任了州局和县(市)气象局兼职党风廉政监督员15人。2008年配备各县(市)气象局纪检监察员10人。全州气象部门未发生过违纪违法案件。2003年楚雄州气象局获全省气象部门党风廉政建设第一名。2004年获全省气象部门党风廉政建设第二名。2003—2005年楚雄州气象局党总支连续三年被评为优秀党支部。2006年被评为全省气象部门纪检监察工作先进集体。

2. 气象文化建设

精神文明建设 1987年楚雄州气象处下发了《楚雄州气象部门"双文明"台站(科室)先进个人评比条件》文件,举行了首次职工登台以"假如我是处长"、"假如我是科长"为题的演讲比赛,发挥了职工议政参政作用。1996年被中国气象局评为"全国气象部门双文明建设先进集体";1997年被中宣部、中国气象局评为"全国文明服务示范单位";1998年被楚雄州文明委定为"全州创建文明行业示范点";1999年成立楚雄州气象部门精神文明建设领导小组,将文明建设工作摆在重要位置,并纳入单位目标管理重要内容。1999年12月被楚雄州委、州人民政府命名为"州级文明单位";2002年被楚雄州委、州人民政府命名为"州级文明行业";同年被云南省精神文明建设指导委员会表彰为"云南省第二批精神文明建设工作先进单位";2003年被云南省委、省人民政府授予"省级文明单位"称号;2005年被楚雄州委、州人民政府再次命名为"州级文明行业";2006年被云南省委、省人民政府表彰为"省级文明单位";2008年再一次被楚雄州委、州人民政府命名为"州级文明行业",并被州文明委命名为"迎州庆、迎奥运,文明行业创建工作示范点"。

文体活动 2006年出台了《楚雄州气象系统文明礼仪规范》。2006年在楚雄州委宣传部、州文明办组织的"红土地"之歌演讲比赛中获优秀组织奖。先后组织《中国共产党党内监督条例》、《建立健全教育、制度、监督并重的惩治和预防腐败体系实施纲要》、"知云南爱气象"、"内部审计"等知识竞赛。参加了州委、州人民政府组织的文明杯篮球赛,组织承诺诚信服务、文明家庭评选、离退休职工与云南省气象局老年艺术团联欢汇演等活动。开展了以"我为气象添光彩,文明创建立

2005年楚雄州气象局举办的新年职工运动会

新功"和"迎州庆、迎奥运,我为彝州添光彩,争做文明气象人"为主题的一系列实践活动。2006年参加全省气象部门文艺汇演,参演节目分别获大理片区的二等奖和三等奖,获全省气象部门优秀节目奖。

3. 荣誉

集体荣誉 2008年在楚雄州"11·02"特大自然灾害中气象服务优质高效,被云南省

委、省人民政府授予全省抗灾救灾先进集体。

个人荣誉　1982—2008年,楚雄州气象局个人获得省部级以下表彰共50人(次)。

台站建设

1954年,楚雄气象站有平房113平方米,办公室与宿舍合用。1988年在大院内建成1039.75平方米的办公楼1幢。1990年建成1961.6平方米的职工住宅楼1幢。1998年建成999.73平方米职工住宅楼2幢。1999年,对州气象局大院内环境进行了改造,绿化面积4000平方米。2001年楚雄州气象局投入30多万元对老办公楼进行了改造。2003年建成3826平方米的职工住宅楼2幢。2001—2003年,在楚雄市鹿城镇罗家队新征土地8000.02平方米,新建950平方米雷达楼1幢,绿化面积5333平方米。2008年在楚雄市黄泥坝村新征土地建设4000平方米的新办公楼1幢,占地面积4666平方米。楚雄州气象局分期分批对原机关大院内的环境进行了绿化改造,规划整修了道路,在大院内修建了草坪和花坛,栽种了风景树,全局绿化面积4000平方米,工作、生活环境得到了较大的改善,调动了气象职工的积极性,保障了楚雄气象事业持续健康发展。

楚雄州气象局20世纪80年代前办公及住宅用房　　　　风景秀丽的楚雄州气象局大院(2003年)

楚雄市气象局

机构历史沿革

始建情况　楚雄市气象局成立于1997年3月,位于楚雄市康复路8号,东经101°32′,北纬25°01′,海拔高度1772.0米。

站址迁移情况　2003年1月1日搬迁至鹿城镇东郊办事处罗家队山地,东经101°33′,北纬25°02′,观测场海拔高度1824.1米。2007年5月办公区搬迁至鹿城镇云荷路中段。

管理体制　实行楚雄州气象局和楚雄市人民政府双重领导,以楚雄州气象局领导为主的管理体制。

单位名称及主要负责人变更情况

单位名称	姓名	民族	职务	任职时间
楚雄市气象局	周玉兴	彝	局长	1997.01—2000.05
	孙　清(女)	汉	局长	2000.05—2002.07
	杨宗凯	汉	局长	2002.07—

人员状况　楚雄市气象局成立时,有在职职工 12 人,截至 2008 年底有在职职工 13 人,其中:本科学历 3 人,大专学历 7 人,中专、高中 3 人。

气象业务与服务

1. 气象业务

①地面气象观测

观测项目和时次　云(云量)、能见度、天气现象、气温(干、湿球温度)、湿度(相对、绝对湿度)、气压、风向风速、降水量、日照、蒸发量、地面温度、雪深、雪压。每天进行 02、08、14、20 时 4 次定时观测,并发天气报。每天 05、11、17、23 时进行 4 次补充观测。2007 年 1 月 1 日开始酸雨观测业务。

发报种类　每天向昆明民航和成都军区发送 24 小时航危报,向云南省气象台发送 8 次地面天气报、一次酸雨报,05、11、17、23 时发补充天气报。2005 年 4 月 1 日起,发报降水量在正常情况下使用自动站记录,定时降水量及旬月报降水量使用人工观测值。2006 年 12 月 21 日,增加 23 时补充观测发报业务。2007 年 1 月 1 日起旬月报增加地温段 0～320 厘米的发报。2008 年 6 月 1 日,修改积雪、雨凇、增加雷暴、视程障碍现象等重要天气报的发报标准和发报方式的规定。

气象报表制作　每月制作地面气象报表和酸雨报表,年底制作年报表,报表上传 A. J. Z 文件。

自动气象站观测　2003 年安装了自动气象站仪器,进入自动站的平行观测,新增每小时 1 次的自动定时数据传报。2005 年 1 月 1 日,自动站进入单轨运行。观测项目全部采用仪器自动采集、记录,替代了人工观测。

区域自动气象站观测　2007 年建设了 18 个乡镇温度、雨量两要素区域自动气象观测站。

信息传输　1997—1999 年采用 PC-1500 袖珍计算机编报,发报采用手摇式电话口传邮局发送。从 2000 年 9 月起,执行 AH. dm4.1 软件并配备计算机编报,用分组网上传云南省气象台,报表上传 D. V 文件至楚雄州气象局业务科,本站打印报表底本。

②农业气象

2006 年 12 月 11 日楚雄市气象局开始观测水稻、小麦、蚕豆生长状况,并开展了农业气象灾害、病虫害发生发展气象条件、森林火险气象等级、作物产量、土壤墒情等预报;农业气候资源(包括农业气候区划、农业气候可行性论证、农业气候资源评估)、设施农业气象服务以及农业气象适用技术等的开发利用;农业气象灾害监测评估(包括利用卫星遥感等方法对灾害进行监测,进行灾害发生发展状况分析和农业损失评估)等工作。

③天气预报预测

1997年建站开始开展单站补充天气预报服务工作,制作短、中、长天气预报,内容有天气、温度、风、森林火险预报每天发布一次。1998年,开始使用初期版的"气象信息综合分析处理系统"(MICAPS系统),2000年MICAPS预报人机交互系统投入业务运行,2010年州—市可视预报会商系统建成。

2. 气象服务

①公众气象服务

每日通过传播媒介电视、移动通信短信、互联网站等高技术手段,及时向社会发布最新天气预报和实况、森林火险等级预报、城市冷暖指数预报、穿衣指数预报、紫外线强度预报、晨练指数预报等服务内容。

②决策气象服务

2008年3月,开通气象手机短信服务平台。2008年10月开始通过电子显示屏开展气象灾害信息发布工作。在2008年楚雄市"11·02"特大自然灾害中,楚雄市气象局于10月26日就做出了未来5天楚雄市将出现强降水天气过程,及时、准确天气预报为市委、市人民政府及相关部门和指挥抢险救灾工作提供了科学决策依据。市气象局被楚雄市委、市人民政府评为楚雄市"11·02"特大自然灾害抗灾救灾先进集体,局领导及6名党员被评为"11·02"特大自然灾害抗灾救灾先进个人。

③专业与专项气象服务

人工增雨防雹 1997年3月,楚雄市人民政府人工增雨防雹指挥部成立,办公室设在楚雄市气象局。全市从1997年的6个帐篷增雨防雹点发展到现在拥有"两室两库一平台"的15个标准化人工增雨防雹作业点,拥有"三七"高炮15门,人工增雨防雹流动作业车1辆,BL型火箭发射器3套,JFJ型火箭发射器4套,WR型火箭发射器1套,小型测雨雷达1部。

防雷技术服务 1998年成立了楚雄市防雷中心,负责全市的防雷装置检测工作。2006年1月10日,成立楚雄市防雷装置安全

2008年建成的市气象局人工影响天气指挥作业图和沙盘

检测中心。2007年成立雷电中心,开展雷电灾害监测、预警和预报、防雷装置安全检测、接地电阻测量、土壤电阻率测试、防雷技术开发、试验和服务、防雷技术培训、防雷知识推广、雷电灾害风险评估和雷电灾情调查与鉴定。2006年8月15日,楚雄市防雷装置检测中心被认定为云南省防雷装置检测资质丙级单位。

1998年,楚雄市气象局被列为市安全生产委员会成员单位,负责全市防雷安全的管

理,定期对液化气站、加油站、非煤矿山等的防雷设施进行检查,对不符合防雷技术规范的单位,责令进行整改。

④气象科普宣传

每年在"3·23"世界气象日、安全生产月等组织科普宣传,普及防雷知识。

气象法规建设与社会管理

1. 法规建设

1997 年以来,楚雄市人民政府及相关单位先后下发 7 个文件(见下表)。

发文时间	文号	文件题目
2002.04.25	楚政通〔2002〕59 号	关于进一步加强我市防雷减灾管理工作的通知
2003.01.14	楚教发〔2003〕3 号	关于在我市学校开展防雷安全专项检查的通知
2003.03.20	楚建发〔2003〕4 号	关于规范我市防雷装置施工图纸审核、施工监理及竣工验收工作的通知
2006.08.06	楚政通〔2006〕97 号	关于进一步做好防雷减灾工作的通知
2007.05.29	楚政发〔2007〕3 号	楚雄市人民政府关于加快气象事业发展的实施意见
2007.06.19	人民政府公告(第 1 号)	楚雄市人工增雨防雹管理办法
2008.11.18	楚政办通〔2009〕95 号	楚雄市人民政府办公室关于做好气象电子显示屏建设工作的通知

2. 社会管理

气象探测环境保护　2001 年 4 月,楚雄市人民政府将市气象局气象探测环境保护纳入楚雄市城镇建设总体规划,确定了气象探测环境保护范围和控制建设高度。

雷电防护管理　1998 年,楚雄市人民政府办公室发文将防雷工程从设计、施工到竣工验收,全部纳入气象行政管理范围。2005 年 3 月 28 日,成立楚雄市气象行政执法大队,有执法人员 5 名。截至 2008 年有执法人员 9 名,负责对全市的防雷进行依法管理。

3. 政务公开

2004 年 3 月 3 日,成立楚雄市气象局局务公开领导小组。凡涉及重大事项都进行公示。内容包括行政许可、收费依据、工程建设、人事任免、财务收支、财务审计、中心工作等。

党建与气象文化建设

1. 党建工作

党的组织建设　1997 年 3 月成立楚雄市气象局党支部,有党员 3 人。截至 2008 年底有党员 9 人。

党风廉政建设　2003 年起,认真落实党风廉政建设目标责任制,积极开展党风廉政教育和廉政文化建设活动。组织全体党员到楚雄州委党校警示教育基地进行警示教育。局财务账目每年接受上级财务部门年度审计,并将结果向职工公布。

2. 气象文化建设

精神文明建设 每年制定目标计划,列入各科室每年的工作目标考核内容。年年进行先进科室、优秀党员、五好家庭、好儿童的评选活动。2000 年开始,与军民共建单位某部队修理所开展共建活动。1999 年 3 月被评为市级文明单位;2003 年 4 月被评为州级文明单位;2005 年 12 月再次被楚雄州委、楚雄州人民政府表彰为"州级文明单位"。

文体活动 始终把文体活动当做是增强单位与职工凝聚力的载体,经常组织职工参加演讲、唱歌、体育比赛,举办文艺演出、郊游等活动。

3. 荣誉

1997 年 10 月和 1999 年 1 月,分别获楚雄州人民政府人工增雨防雹一等奖;2001 年 1 月被云南省气象局表彰为"重大气象服务先进集体";2003 年 4 月被楚雄州人民政府表彰为"2001—2002 年度人工降雨防雹先进集体";2003 年 2 月被云南省气象局表彰为"重大服务先进集体";2008 年 4 月被楚雄州人民政府表彰为"2005—2007 年度全州气象工作先进集体"。

台站建设

台站综合改善 1997 年借用楚雄州气象局一套 60 平方米的住宿房办公。2002 年搬迁楚雄市气象局气象观测站。2005 年积极向市人民政府和省气象局争取 100 多万元资金,建成了楚雄市气象局防灾减灾业务楼。现占地面积 2744 平方米,防灾减灾综合楼 1 幢 1263.84 平方米,业务值班室 80 平方米。2008 年 4 月建成人工影响天气指挥中心指挥沙盘及人工增雨防雹器具模型。2008 年 9 月建成业务会商中心业务展台。

园区建设 2003 年到 2008 年,楚雄市气象局对局大院内的环境进行了绿化改造,规划整修了道路,修建了 500 平方米的草坪、花坛,栽种了风景树,全局绿化率达到了 60%,硬化了 300 平方米路面,使局院内变成风景秀丽的花园。

2005 年新建的楚雄市气象局防灾减灾业务楼

双柏县气象局

机构历史沿革

始建情况　1958 年 9 月 5 日建立双柏县妥甸气候站,站址位于双柏县妥甸街教场坝中,北纬 24°43′,东经 101°39′,观测场海拔高度 1695.0 米(约测)。为国家一般气象站。

站址迁移情况　1959 年 11 月 23 日,台站迁至双柏县妥甸上村(麦地新)马家地。1961 年 10 月 31 日,站址迁移至双柏县妥甸街"后登高架"山腰。1979 年 1 月 1 日,站址迁至双柏县妥甸街"后登高架"山顶,北纬 24°41′,东经 101°36′,观测场海拔高度 1968.1 米(约测)。

历史沿革　1958 年 9 月 5 日成立时为双柏县妥甸气候站;1958 年 11 月更名为楚雄县妥甸气候站;1959 年 11 月更名为双柏县气候站;1961 年 2 月 1 日,更名为双柏县气候服务站;1964 年 2 月 18 日,再次更名为云南省双柏县气候服务站;1965 年 12 月 28 日,更名为云南省双柏县气象服务站;1972 年 1 月 28 日,双柏县气象服务站更名为双柏县气象站;1990 年 7 月 11 日,更名为云南省双柏县气象局。

管理体制　1958 年 9 月,双柏县气象站隶属双柏县人民委员会建制和领导,归口农林科管理。1963 年 4 月—1970 年 6 月,属云南省气象局(1966 年 3 月改为云南省农业厅气象局)建制和领导,楚雄州气象总站负责管理。1970 年 7 月—1970 年 12 月,双柏县气象站改属双柏县革命委员会建制和领导,归口双柏县农林科管理。1971 年 1 月—1973 年 9 月,实行双柏县人民武装部领导,属双柏县革命委员会建制。1973 年—1980 年 4 月,双柏县气象站改属当地革命委员会建制和领导。1980 年 4 月,实行双柏县人民政府和楚雄州气象局双重领导,以楚雄州气象局领导为主的管理体制。

单位名称及主要负责人变更情况

单位名称	姓名	民族	职务	任职时间
双柏县妥甸气候站	黄朝发	汉	站长	1958.09—1958.11
楚雄县妥甸气候站				1958.11—1959.11
双柏县气候站				1959.11—1961.02
双柏县气候服务站				1961.02—1962.06
	尹辅顺	汉	站长	1962.07—1964.02
云南省双柏县气候服务站	方　威	汉	站长	1964.03—1965.12
云南省双柏县气象服务站				1965.12—1972.01
				1972.01—1972.08
双柏县气象站	者本清	彝	站长	1972.09—1984.05
	温发武	汉	站长	1984.06—1987.05

单位名称	姓名	民族	职务	任职时间
双柏县气象站	杨光焕	汉	站长	1987.06—1990.07
云南省双柏县气象局			局长	1990.07—1998.01
	李培芬（女）	彝	副局长（主持工作）	1998.02—2000.02
	张小松	彝	局长	2000.03—2001.12
	李培芬（女）	彝	局长	2002.01—2005.02
	白树武	彝	副局长（主持工作）	2005.03—2006.10
			局长	2006.11—

人员状况　1958 年建站时有职工 1 人，同年 12 月增加至 2 人；1959 年 2 月增加至 3 人；20 世纪 80 年代初职工人数增加至 10 人，期间人员变动达 30 余人。截至 2008 年 12 月有在职职工 8 人（其中在编职工 5 人，聘用人员 3 人）。在职职工中：大专以上学历 6 人，中专学历 2 人；中级职称 1 人，初级职称 4 人；少数民族 3 人；40～50 岁 1 人，30～40 岁 3 人，30 岁以下 4 人。

气象业务与服务

1. 气象业务

①地面气象观测

观测项目　建站时观测项目为云、能见度、天气现象、空气的温度和湿度、风、降水、地面状态；1958 年 12 月增加日照观测；1959 年 3 月 19 日开始增加气压、地面温度、浅层地温的观测；1961 年 1 月取消地面状态观测；1966 年 7 月 5 日起增加雨量自记观测；1969 年 1 月起增加压、温、湿自记观测项目；1974 年 3 月 27 日起增加雪深观测；2006 年 3 月 29 日，安装闪电定位仪 1 台，开始自动传输观测数据。

观测时次　自 1958 年建站开始，每天观测时次为 01、07、13、19 时 4 次定时观测，观测时间为地方时；1960 年 1 月 1 日起定时观测时次改为 07、13、19 时 3 次观测；1960 年 8 月 1 日，将观测时次改为 08、14、20 时 3 次定时观测，并将观测时间改为北京时。

发报种类　建站后发报内容主要为小图报，1959 年 4 月 15 日开始向楚雄州气象台发报，每天发报 3 次（08、11、14 时），同年 8 月 30 日将发报时间改为 08、14、17 时。1959 年 10 月 10 日起改为向云南省气象台发报，每天发报 2 次（08、14 时）。1960 年 12 月 19 日起，根据预约 05—16 时向省民航气象台发航空报。1980 年 3 月 27 日停止航空报的编发。1984 年开始重要报的编发。发报方式为电话传送，由邮局中转，2001 年开始改为网络传输。天气加密报的内容有云、能见度、天气现象、气压、气温、风向风速、降水、雪深、地温等；航空报的内容有云、能见度、天气现象、风向风速等；重要天气报的内容有暴雨、大风、积雪、冰雹、龙卷风、雨凇等。

气象报表制作　制作 3 份气表-1，报省、州气象局各 1 份，本站留底 1 份；制作 4 份气表-21，向中国气象局、省气象局、州气象局各报送 1 份，本站留底 1 份。1985 年省气象局配发 PC-1500 袖珍计算机 1 台,1989 年州气象局配发 1 台,均于 1989 年投入地面观测编报工作使用。2006 年取消纸质报表的报送,改为向楚雄州气象局网络传送报表文件,手抄报表用于单位留底。

气象信息网络 1958 年建站时,气象电报通过邮电局发送。1995 年 9 月开通了计算机州—县远程终端。2001 年通过因特网发送气象报告。2004 年开始由内部微机网络传送气象电报。2005 年,气象宽带网建成开通,实现了气象资料、办公文档等信息及时快捷的传输。

②天气预报预测

短期天气预报 1958 年建站后不久,双柏县气象站开始制作补充天气预报,根据预报需要抄录整理资料、绘制简易天气图表,同时结合本地气象资料分析制作,最早通过广播发布,现发布手段已较为广泛。

中期天气预报 20 世纪 80 年代初,双柏县气象站开始通过传真接收中央气象台,省气象台的旬、月天气预报,再结合本地气象资料,短期天气形势,天气过程的周期变化等制作中期天气过程趋势预报。

长期天气预报 双柏县气象站主要运用数理统计方法和常规气象资料图表及天气谚语等方法,分别作出具有本地特点的补充订正预报。双柏县气象站制作长期预报在 20 世纪 70 年代中期开始起步,80 年代为适应预报工作发展的需要,建立了一套长期预报的指标和方法,这套预报方法一直沿用至今。长期预报主要有:月预报、春播预报、汛期(5—9 月)预报、年预报。

2. 气象服务

①公众气象服务

公众气象服务内容从最初的日常天气预报发展到日常天气预报、灾害性天气预报、警报和预警信号、森林火险等级预报、天气周报、天气实况、百姓生活气象指数预报等。1998 年,建成了多媒体电视天气预报制作系统,将自制节目录像带送至电视台播放。2007 年,开通气象预警短信平台,以手机短信方式向全县各级领导发送气象信息;2008 年,安装了电子显示屏,气象灾害信息发布更为广泛。

②决策气象服务

20 世纪 80 年代主要以书面文字发送为主。90 年代后由电话、传真、信函等向电视、微机终端、互联网、手机短信等方向发展。各级领导可通过电脑随时调看实时天气图、中小尺度雨量点的雨情。

③专业与专项气象服务

人工影响天气服务 1991 年 5 月 30 日,双柏县人民政府成立了双柏县人工降雨防雹指挥部,指挥部下设办公室在县气象局,由县人民政府分管副县长任指挥长,县气象局局长任副指挥长。1991 年 11 月 25 日,由州人民政府配发人工影响天气专用车辆 1 辆,用于开展人工防雹工作。1995 年 11 月 8 日、1996 年 6 月 13 日、2005 年 4 月 27 日,县人民政府先后 3 次发文调整充实了指挥部组成人员。2006 年 6 月 8 日,州人民政府配发人工影响天气专用车辆 1 辆,用于开展人工防雹工作。2008 年有人工增雨防雹"三七"高炮 11 门、火箭发射架 1 门,标准化固定作业点 11 个、流动作业点 1 个,培养出一支召之即来、来之能战、战之能胜的人工增雨防雹作业队伍。

防雷技术服务 1992 年 1 月 27 日,双柏县人民政府发文成立了双柏县避雷装置安全检测中心,办公室设在双柏县气象局,由局长兼任办公室主任,开展对全县范围内的避雷装置进行安全技术检测、验收和技术咨询工作。

2005 年双柏县气象局为农村扶贫搬迁点实施的综合防雷工程,消除了 114 名村民的雷击隐患

气象法规建设与社会管理

法规建设 2002 年双柏县气象局编制了双柏县防雷《质量手册》、《程序文件》、《操作规范》,使防雷工作进一步走向法制化、规范化;2005 年把《气象探测环境现状备案》报建设局备案;2007 年,双柏县人民政府转发了《楚雄彝族自治州人工增雨防雹管理办法》,为进一步做好人工增雨防雹工作奠定了坚实基础;2007 年,双柏县人民政府下发了《关于进一步加强气象工作的实施意见》。

社会管理 按照本县经济社会发展规划,承担《中华人民共和国气象法》等有关法律赋予的气象行政执法工作;参与县人民政府气象防灾减灾决策,组织对重大灾害性天气跨地区、跨部门的气象灾害联防,组织指导防御冰雹、雷电、干旱、洪涝、暴雨、寒潮等气象防灾减灾工作;审核签发天气预报发布(转播)许可证;涉及气象探测环境保护建设的行政审批;建筑防雷图纸审核及检测验收。

政务公开 2003 年,开始对气象行政审批办事程序、气象服务内容、服务承诺、气象行政执法依据、服务收费依据及标准等,采取通过局务公开栏、电视广告、发放宣传单等方式向社会公开。目标考核、基础设施建设、工程招投标等内容则采取职工大会或局务公开公示栏张榜等方式向职工公开。职工晋级、晋职等及时向职工公示或说明。每季度对财务收支及时进行公示。

党建与气象文化建设

1. 党建工作

截至 2008 年底,双柏县气象局有党员 2 人,编入农业局植保党支部。

2. 气象文化建设

积极开展精神文明建设和文明单位创造工作。1999 年成立了双柏县气象局精神文明建设领导小组,制定了目标计划,并列入各股室工作目标考核内容。2003 年起连续三届被省委、省人民政府命名为省级文明单位。2005 年 4 月被楚雄州人民政府表彰为"十五"期间文明创建工作先进集体。2006 年 12 月又被中国气象局命名为"全国气象部门文明台站标兵",连续保持四届。

3. 荣誉

集体荣誉 2004 年 12 月获楚雄州人民政府"2002—2004 年度安全生产先进集体",2005 年 4 月分别获楚雄州人民政府"十五"期间人工影响天气工作一等奖和"十五"期间文明创建工作先进集体,2008 年获楚雄州人民政府 2005—2007 年度全州气象工作先进集体,2007 年 8 月获云南省气象局科技服务先进集体。

个人荣誉 1 人获楚雄州人民政府表彰,5 人次获云南省气象局质量优秀测报员表彰,5 人次获双柏县委、县政府表彰。

台站建设

建站初期无专门的办公室,借用区委会办公室办公。1962 年 4 月 20 日,建成平房 8 间,建筑面积 103.68 平方米,用于办公和职工住宿。1988 年 8 月 23 日,建成职工住房 1 幢 366 平方米,为一层砖混结构。1995 年 11 月 10 日,双柏县气象局办公楼建成,建筑面积 248.76 平方米。1997 年,完成职工宿舍加层建设,总建筑面积达到 652.177 平方米。2006—2007 年,双柏县气象局以实施中国气象局"震后滑坡灾害治理"项目为契机,新建综合业务楼 1 幢,面积 200.28 平方米,新建车库、门卫室 5 间,安装了电动大门,建成了观测场北部和厕所前的护坡挡墙 100 米,并加装了护栏,对大院内的地形进行改造,完成绿化面积 2000 平方米,地面硬化 500 平方米,并对住宿区进行了防水改造和外装修,对办公楼进行了全面的装修,安装了部分室外健身器械。气象局现占地 5944 平方米,实现了单位内部的亮化、美化,实现了花园式单位的目标,极大地改善了职工办公、住宿条件,提升了文明创建的内涵。

改造前的双柏县气象局(1994 年)

改造后的双柏县气象局(2008 年)

2006 年改造后的双柏县气象局大院

牟定县气象局

机构历史沿革

始建情况 始建于 1958 年 9 月 18 日,位于龙池乡锦石坪村"南腰山顶"。为国家一般气象站。

站址迁移情况 1959 年 3 月 10 日,迁至牟定县南郊彭家祠堂地方国营农场,属国家一般气候站。地理位置东经 101°31′,北纬 25°20′,海拔高度 1768.8 米。2008 年 2 月 27 日县十五届人民政府第一次常务会议决定由财政出资征地 13 亩搬迁观测场,新征地位于县城西南郊龙池对戈山,观测场海拔高度 1822 米,纬度 25°18′,经度 101°31′。

历史沿革 1958 年 9 月 18 日建站初期名为牟定县气候站,1960 年 3 月 1 日,更名为云南省牟定县气候服务站。1970 年 11 月更名为牟定县气象站。1990 年 7 月,更名为牟定县气象局。

管理体制 1958 年 11 月—1963 年 6 月,牟定县气象站隶属牟定县人民委员会建制和领导。1963 年 6 月—1970 年 6 月,属云南省气象局(1966 年 3 月改为云南省农业厅气象局)建制和领导,楚雄州气象总站负责管理。1970 年 7 月—1970 年 12 月,牟定县气象站改属牟定县革命委员会建制和领导。1971 年 1 月—1973 年 9 月,实行牟定县人民武装部领导,属牟定县革命委员会建制。1973 年—1980 年 9 月,牟定县气象站改属当地革命委员会建制和领导。1980 年 10 月,牟定县气象站实行双柏县人民政府和楚雄州气象局双重领导,以楚雄州气象局领导为主的管理体制。

单位名称及主要负责人变更情况

单位名称	姓名	民族	职务	任职时间
牟定县气候站	陆建宗	汉	站长	1958.09—1960.03
云南省牟定县气候服务站				1960.03—1970.10
				1970.11—1974.07
牟定县气象站	朱新华(女)	汉	站长	1974.08—1979.08
	杜洪裕	汉	副站长(主持工作)	1979.09—1984.05
	陆建宗	汉	站长	1984.06—1990.06
			局长	1990.07—1998.10
牟定县气象局	李卫萍(女)	汉	副局长(主持工作)	1998.11—2000.03
			局长	2000.04—2004.06
	陈继华	汉	副局长(主持工作)	2004.07—2004.12
			局长	2005.01—

人员状况 1958年建站时有2人。1970年增加至4人。截至2008年底,有在职职工9人(含地方人工影响天气编制2人),其中:本科学历4人,大专学历2人,中专学历3人;工程师4人,助理工程师1人,其他4人。

气象业务与服务

1. 气象业务

①地面气象观测

观测项目 云、能见度、天气现象,气压、温度、湿度、降水、日照、雪深、蒸发(小型)、地温。1958年11月1日,增加日照观测。1959年3月18日,增加水银气压表观测。1959年11月1日,增加曲管地温(5、10、15、20厘米)观测。1960年4月1日,增加地面最高温度观测。

观测时次 每天进行08、14、20时3次定时观测。

发报种类 向省台拍发天气加密报,夜间不观测,无航危报拍发任务。

测报数据处理 建站开始均为手工查算操作,1989年PC-1500袖珍计算机和全国地面测报程序投入使用。2000年使用地面气象测报数据处理软件《AHDM 4.0》进行测报工作。

②气象信息网络

1958—1995年,气象电报通过邮电局发送。1985年,州气象处给牟定县气象站配备了天气图接受传真机。1988年4月9日牟定县气象站增设甚高频电话。1989年州气象处培备了PC-1500袖珍计算机,用于气象记录报表的录制。1995年9月开通了计算机州—县远程终端。2001年通过因特网发送气象报告。2004年开始由内部微机网络传送气象电报。

③天气预报

建站初期制作天气预报主要是依靠看云识天经验和单站观测资料。20世纪70年代后期开始通过收音机定时听取省气象台的天气形势广播和指标站探空观测资料,再结合本

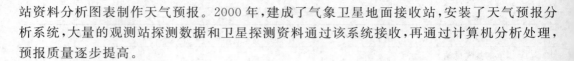

站资料分析图表制作天气预报。2000 年,建成了气象卫星地面接收站,安装了天气预报分析系统,大量的观测站探测数据和卫星探测资料通过该系统接收,再通过计算机分析处理,预报质量逐步提高。

2. 气象服务

①公众气象服务

1998 年以前每天通过广播向听众发布全县未来 24 小时天气预报。1998 年购置了电视天气预报制播系统,改为通过电视天气预报每天 2 次向观众发布未来 24 小时的天气预报。有重大灾害性天气时,不定时发布重要天气消息。2006 年又更新了电视天气预报数字化制播系统与电视台硬盘播出接轨,并增加了手机短信等服务渠道。2008 年又增加了气象电子显示屏,使得受众范围进一步扩大。

②决策气象服务

20 世纪 90 年代以来,遇到重大灾害性天气、重要重大活动、突发公共事件时,通过电话、传真等方式为县委、县人民政府和相关部门安排生产工作和防灾减灾提供中长期天气预报、重要天气消息、预警信号等。2006 年开始通过手机短信方式,向全县科级以上领导干部发布重要天气消息、预警信息和雨情灾情资讯,大大提高了气象服务的时效性和覆盖范围。

③专业与专项气象服务

专业气象服务 1986 年,根据相关单位和企业的需要,向相关用户制发长期天气预测、专项预报、专项分析论证、资料服务等。

人工影响天气 1977 年,首次在牟定县境内用"三七"高炮进行人工降雨试验。1992 年成立牟定县人工增雨防雹指挥部,指挥部办公室设在牟定县气象局。州人民政府配给人工影响天气作业车 1 辆、车载甚高频电话 1 台,人工影响天气作业由气象局组织实施。1995 年县财政投资购置了 4 门"三七"高炮及防雹器具等。2005—2006 年新建防雹点 7 个,配备"三七"高炮 7 门及通讯设施,更新人工影响天气专用车 1 辆。2006 年末,有"两室两库一平台"标准化防雹点 11 个,"三七"高炮 11 门。

防雷技术服务 牟定地区年雷暴日数在 58~102 天,属中、强雷区。1992 年成立牟定县避雷装置安全技术检测站。1992 年开始开展全县防雷图纸审核、雷击灾害调查宣传、防雷方案设计及实施。1998 年 4 月牟定县编制委员会批准成立牟定县防雷中心。2001 年牟定县人民政府下发《加强防雷安全管理工作的通知》文件,要求每年开展年度防雷安全年检工作,并纳入牟定县政府对牟定县气象局的年度安全目标责任状。

3. 科学技术

气象科普宣传 一是利用三月会"左脚舞民族文化节"、"3·23"世界气象日、安全生产月等活动向群众讲解、发放气象科普知识;二是利用电视广播窗口及时播出科普信息,近 20 年来还积极开展"一法两条例"、防雷、人工影响天气、气象防灾减灾等宣传;三是撰写稿件通过报纸、新闻、网站进行科普宣传。

气象科研 1993—1994 年,引进高吸水树脂在烤烟、玉米抗旱栽培上试验获得成功,该项目为全县抗旱保苗提供了一套科技措施,并获楚雄州科技进步三等奖。2007 年牟定县气象局与楚雄州气象局科技服务中心合作的科研项目《楚雄州气候资源管理、咨询评价系统研究》获楚雄州人民政府科技进步三等奖。2008年与州气象局科技服务中心合作的科研项目《楚雄州干旱与水资源利用研究》获楚雄州人民政府科技进步三等奖。

气象法规建设与社会管理

法规建设 2000年牟定县人民政府出台《关于切实做好气象探测环境保护有关问题的通知》；2007年牟定县人民政府出台《牟定县人工增雨防雹管理办法》。

社会管理 按照本县经济社会发展规划，承担《中华人民共和国气象法》等有关法律赋予的气象行政执法工作。参与县人民政府气象防灾减灾决策，组织对重大灾害性天气跨地区、跨部门的气象灾害联防，组织指导防御冰雹、雷电、干旱、洪涝、暴雨、寒潮等气象防灾减灾工作。审核签发天气预报发布（转播）许可证。涉及气象探测环境保护建设的行政审批。建筑防雷图纸审核及检测验收。

政务公开 2004年成立牟定县气象局局务公开领导小组。凡涉及重大事项都进行公示，内容包括行政许可、收费依据、管理制度、单位发展规划、人事调整、先进评比、工程建设、财务管理等。

党建与气象文化建设

1. 党建工作

党的组织建设 1972年3月10日，成立了牟定县气象局党支部，有党员4人。1994年有党员1人，参加农委支部活动。1996年重新成立了牟定县气象局党支部，有党员4人。截至2008年12月，有党员6人。

党风廉政建设 2003年以来，每年严格履行与县委和州气象局党组签订的《党风廉政建设责任书》，并量化责任到股、室。切实转变工作作风，严格执行十项制度，包括局务公开制度、公开服务承诺制度、公务接待制度、财物管理制度、车辆管理办法、民主决策制度、大宗物品购买制度、仪器设备购买制度、领导干部勤政廉政制度、首问首办责任制度。严肃纪律，严格做到四不准：不准工作日饮酒、打牌、打网络游戏等；不准领导干部家属收受涉及单位利益的礼品、礼金；不准接受可能影响公正执行公务的宴请和行政相对人的钱物；不准违规执法等。

2. 气象文化建设

精神文明建设 1999年启动文明单位创建工作。2003年、2005年被楚雄州委、州人民政府授予"州级文明单位"称号。2006年、2008年被云南省委、省人民政府授予"省级文明单位"称号。2006年被云南省气象局表彰为"十五期间全省气象部门精神文明建设先进集体"。2008年被云南省气象局表彰为"2006—2008年度全省气象部门精神文明建设先进集体"。

文体活动 1999年以来，先后组织了"知云南，爱气象"、党纪政纪条规、气象科普等知识竞赛活动；组织职工及家属栽花种草、唱歌、评比文明家庭、旅游、拔河、长跑、象棋比赛等文体活动。开展了培养干部职工互助精神的各类献爱心活动。2006—2008年牟定县气象局向安乐乡力石村、河新村扶贫联系点、党员干部结对帮扶户捐资捐物 7700 元；参加教育基金、春蕾计划、党内温暖基金、地震等捐款 4500 元。

3. 荣誉

集体荣誉 2008 年被楚雄州人民政府表彰为"楚雄州 2005—2007 年度气象工作先进集体"。

个人荣誉 1978—2008 年先后有 24 人次被云南省气象局表彰为气象测报先进个人。2008 年 1 人次被楚雄州人民政府表彰为气象工作先进个人。

台站建设

1984 年 12 月 25 日，所辖土地面积 4235 平方米。其中，房屋占地 581 平方米，观测场占地 625 平方米，道路、水池占地 1204 平方米，空地 1285 平方米。1989 年建砖混结构办公房 8 间 168 平方米。1991 年建砖混结构职工住房 8 套 424 平方米。1996 年建砖混结构办公用房 6 间 144 平方米。2000 年上级部门支持资金 15 万元进行环境改造。2005 年自筹资金美化环境，修缮办公室，购置办公设备。2008 年 3 月，县财政出资，征地 13 亩作为气象局搬迁观测场和预警中心建设用地。

1984 年牟定县气象局工作居住环境　　　　　2008 年牟定县气象局优美的工作环境

南华县气象局

机构历史沿革

始建情况 始建于 1958 年 10 月，站址位于南华县城东郊国营农场孙家小河，东经 101°17′，北纬 25°11′，海拔高度 1870 米。同年 11 月 1 日正式开始观测。为国家一般气候站。

站址迁移情况 1960 年 1 月 1 日迁至县城东门外昆明至下关公路 230 千米桩旁田野。1963 年 1 月 25 日迁到县城东北郊纪家村。1986 年 6 月 1 日迁至县城东郊"大秋树"现址,位于东经 101°17′,北纬 25°11′,海拔高度 1857.4 米。

历史沿革 1958 年 10 月站名为南华气候站。1958 年 12 月更名为楚雄县南华气候站。1960 年 11 月更名为南华县气候站。1961 年 6 月,更名为南华县气候服务站。1970 年 7 月 29 日,更名为南华县气象站,1971 年 1 月更名为云南省南华县气象站。1990 年 7 月更名为云南省南华县气象局。

管理体制 1958 年 10 月 1 日—1963 年 6 月,南华县气象站隶属南华县县人民委员会建制和领导,归口农水科管理。1963 年 6 月—1970 年 6 月,改属云南省气象局(1966 年 3 月改为云南省农业厅气象局)建制和领导,楚雄州气象总站负责管理。1970 年 7 月—1970 年 12 月,属南华县革命委员会建制和领导。1971—1973 年,改为南华县人民武装部领导,建制属南华县革命委员会。1973 年—1980 年 5 月,南华县气象站改属南华县革命委员会建制和领导归口南华县农业局管理。1980 年 5 月起,南华县气象局实行南华县人民政府和楚雄州气象局双重领导,以楚雄州气象局领导为主的管理体制。

单位名称及主要负责人变更情况

单位名称	姓名	民族	职务	任职时间
南华气候站				1958.10—1958.11
楚雄县南华气候站	杨朝明	汉	站长	1958.12—1960.10
南华县气候站				1960.11—1960.12
	刘礼明	汉	站长	1961.01—1961.05
				1961.06—1962.12
南华县气候服务站	唐云豹	汉	站长	1963.01—1964.12
	田大学	汉	站长	1965.01—1966.12
	刘礼明	汉	站长	1967.01—1969.12
南华县气象站	许增凯	汉	站长	1970.01—1970.07
				1970.07—1970.12
云南省华南县气象站				1971.01—1987.11
	杨永胜	汉	站长	1987.12—1990.06
			局长	1990.07—1990.11
南华县气象局	许增凯	汉	局长	1990.12—1991.04
	张永平	汉	局长	1991.05—1993.06
	周安华	汉	副局长	1993.07—1994.12
	陈启武	汉	副局长	1995.01—1996.02
			局长	1996.03—2008.03
	苏钢	汉	副局长	2008.04—

人员状况 南华县气象站成立初期有职工 3 人。1990 年增加至 6 人。截至 2008 年底有在职职工 8 人(其中正式职工 5 人,外聘技术人员 1 人,临时职工 2 人)。在职职工中:本科学历 4 人,专科学历 2 人,中专、高中 2 人。

气象业务与服务

1. 气象业务

①地面气象观测

观测项目 风向、风速、气温、气压、云、能见度、天气现象、降水、日照、小型蒸发、浅层地温、雪深等。

观测时次 1958 年开始,每天进行 08、14、20 时 3 次定时地面观测。

发报种类 每天编发 08、14、20 时 3 次定时加密报。

自动气象站观测 2005 年建成 ZQZ-CⅡ1 型自动气象站,9 月 1 日投入业务运行。自动站观测项目包括温度、湿度、气压、风向风速、降水、浅层地温、草面温度。除草面温度外都进行人工并行观测,以自动站资料发报,自动站采集的资料和人工观测资料都进行定期储存、备份、上报。

②气象信息网络

1958 年建站初期,报文传输用电话口传至楚雄州气象台,利用无线短波收听云南省气象台的预报指导产品。2000 年 5 月,建成 PC-VSAT 单收站,中央、省、州气象台的预报指导产品,通过该小站接收。2001 年,省—州—县局网络建成,县局报文、资料初步实现了网络传输。2005 年,气象宽带网建成开通。

③天气预报预测

1959 年,制作单站补充天气预报。20 世纪 70 年,主要为南华县工、农业生产生活制作年、月、旬气候趋势预测。20 世纪 80 年代,长期预报开始起步,主要有月预报、春播预报、汛期(5～9 月)预报、年预报,补充订正云南省气象台、楚雄州气象台的中、短期天气预报及灾害性天气预警预报。

2. 气象服务

①公众气象服务

20 世纪 70 年以来,先后通过广播、电视、网络、电子显示屏等媒体,发布天气预报、森林火险等级预报、重要天气预警等公众气象服务信息。1990 年在南华县推广使用气象警报无线接收系统。2007 年 11 月开通了南华县电视天气预报制作系统。

②决策气象服务

进入 21 世纪,南华县气象站主要通过专题材料、信息网、手机短信等方式,向县委、县人民政府和有关部门、各乡镇领导发送雨情、旱情、森林防火、转折性和关键性天气、灾害性天气等气象信息。

③专业与专项气象服务

人工影响天气 1977 年大旱,首次在南华境内用"三七"高炮进行人工降雨试验,初见成效。以后,凡遇大旱年景,由南华县人民政府组织实施人工降雨工作,组织机构设于南华县水电局。1991 年该机构转至南华县气象局内管理,州人民政府配给装有十二管火箭弹的人工影响天气作业车 1 辆、车载甚高频电话 1 台,降雨作业由气象局组织实施。1996 年首次在原徐营乡开展人工防雹试验取得成功,以后规模不断扩大。1996—1999 年,不断加强人工防雹技术的应用和研究,《南华县人工防雹减灾技术的推广应用》获州人民政府科技进步三等奖。南华县现有标准化人工影响天气作业点 11 个,配备高炮 11 门,涉及 7 个乡镇,防区面积 72126 亩。

防雷技术服务 南华地区年雷暴日数在 56～102 天,属中、强雷区。每年都有因雷击造成的停电、停业、通信中断、计算机网络瘫痪、家用电器损坏,人畜伤亡及各种设备损坏事故发生。南华县气象局自 1992 年以来,相继开展了建(构)筑物防雷装置安全技术检测、雷击灾害调查宣传、雷击灾害收集上报、防雷技术服务等工作。1995—1996 年,南华县气象局引进和推广综合防雷技术,获楚雄州科技进步二等奖。

④气象科普宣传

从 1990 年起,不断加强气象科普知识宣传,利用每年"3·23"世界气象日、安全生产月、科普宣传周(月)等活动,向群众讲解和发放科普宣传材料;利用电视广播等媒体及时传播科普信息;撰写稿件通过报纸、新闻、互联网站等媒体进行科普宣传。

气象法规建设与社会管理

法规建设 1991 年以来,南华县人民政府先后下发了 5 个气象规范性文件。

发文时间	文号	文件标题
1991.04.25	南政发〔1991〕77 号	关于成立南华县人工降雨防雹领导小组的通知
1992.02.06	南政发〔1992〕10 号	关于成立南华县避雷装置安全技术检测站的通知
2007.11.30	南政发〔2007〕29 号	南华县人民政府关于加快气象事业发展的实施意见
2007.11.30	南政通〔2007〕59 号	南华县人民政府关于印发《南华县人工增雨防雹工作实施办法(试行)》的通知
2008.10.20	南政办通〔2008〕48 号	南华县人民政府办公室关于加快全县气象信息电子显示系统建设的通知

社会管理 按照本县经济社会发展规划,承担《中华人民共和国气象法》等有关法律法规赋予的气象行政执法工作。参与县人民政府气象防灾减灾决策,组织对重大灾害性天气跨地区、跨部门的气象灾害联防,组织指导防御冰雹、雷电、干旱、洪涝、暴雨、寒潮等气象防灾减灾工作。审核签发天气预报发布(转播)许可证。涉及气象探测环境保护建设的行政审批。建筑防雷图纸审核及检测验收等。

政务公开 气象行政审批办事程序、气象服务内容、服务承诺、气象行政执法依据、服务收费依据及标准等通过户外公示栏、电视媒体、发放宣传单等方式向社会公开。干部任用、财务收支、目标考核、基础建设、工程招标等内容则采用职工大会或公示栏等方式向职工公开。财务每半年公示 1 次,年底对全年收支、职工奖金福利发放、领导干部待遇、劳保、住房公积金等向职工作详细说明。干部任用、职工晋升、晋级等及时向职工公示或说明。

党建与气象文化建设

1. 党建工作

党的组织建设 建站至 1995 年 4 月,编入农业局党支部。1995 年 4 月,成立了南华县气象局党支部,成立支部时有党员 3 人。截至 2008 年底有党员 5 人。

党风廉政建设 多年来,积极参加气象部门和地方党委开展的党章、党规、法律法规知识竞赛。每年严格履行与县委和州局党组签订的《党风廉政建设责任书》并量化责任到股、室。从 2002 年起,每年开展党风廉政教育月活动。2006、2007、2008 年,连续获南华县纪委表彰奖励。从 2000 年起,先后制定和修订工作、学习、服务、财务、党风廉政、安全等方面的 13 项规章制度。

2. 气象文化建设

云南省气象局授予南华县气象局为 1988—1990 年双文明建设先进集体;1999 年被评为县级文明单位。2002 年以来,连续 3 届被楚雄州委、州人民政府评为州级文明单位。

3. 荣誉

1993 年 1 月被国家气象局表彰为先进单位;1997 年 10 月被楚雄州人民政府表彰为人工增雨防雹工作先进单位。

台站建设

台站综合改善 2000—2002 年,争取省、州气象局资金支持,对南华县气象局办公业务楼进行了全面改造,新建了 293 平方米的办公楼。南华县气象局现占地面积 5835 平方米,办公楼 1 幢 293 平方米,值班、仓库等用房 368 平方米。

园区建设 2000—2002 年,南华县气象局对办公区的环境进行了绿化改造,规划整修了道路,种植草皮 2200 平方米,栽种了风景树,全局绿化率达到了 60%。

2002 年建成的南华县气象局业务楼

2005 年南华县气象局观测场

姚安县气象局

机构历史沿革

始建情况　始建于 1957 年 12 月 1 日,位于县城北郊外赤云庄国营农场,东经101°13′,北纬 25°32′,海拔高度 1869.5 米。为国家一般气象站。

站址迁移情况　1980 年 11 月底,迁至姚安县县城北郊朱大桥城郊,北纬 25°32′,东经101°14′,观测场海拔高度 1873.5 米。1980 年 12 月 1 日开始进行对比观测,1981 年 1 月 1日起正式启用新站。

历史沿革　1957 年 12 月 1 日建站初期站名为云南省姚安气候站。1961 年 12 月更名为姚安县气候服务站。1964 年 2 月更名为云南省姚安县气候服务站。1970 年 7 月 29 日更名为姚安县气象站。1990 年 7 月更名为姚安县气象局。

管理体制　1957 年 12 月,由县人民委员会农水科领导。1958 年 9 月,姚安、永仁、盐丰县合并为大姚县,属大姚县人民委员会建制,由大姚县农水科领导,业务工作由云南省气象局及楚雄州中心气象站主管。1961 年 3 月,恢复姚安县,姚安气候站归姚安县人民委员会建制,由楚雄州气象总站负责管理。1970 年 7 月 29 日属姚安县革命委员会建制和领导。1971 年 1 月,改为姚安县人民武装部领导,建制属姚安县革命委员会,归口县农业管理,业务由楚雄州气象总站负责。从 1980 年 5 月 17 日起,姚安县气象站实行楚雄州气象局和姚安县人民政府双重领导,以楚雄州气象局领导为主的管理体制。

单位名称及主要负责人变更情况

单位名称	姓名	民族	职务	任职时间
云南省姚安气候站	魏启荣	汉	站长	1957.12—1961.11
姚安县气候服务站				1961.12—1964.01
云南省姚安县气候服务站				1964.02—1966.07
	者本清	彝	站长	1966.08—1970.07
				1970.07—1971.08
姚安县气象站	胡显章	汉	站长	1971.09—1974.12
	魏启荣	汉	站长	1975.01—1984.05
	卢保安	汉	站长	1984.06—1990.06
姚安县气象局			局长	1990.07—1993.12
	杨德武	汉	局长	1994.01—1998.06
	鲁正龙	彝	局长	1998.06—2001.05
	章黎新	汉	局长	2001.06—2004.03
	王恩超	汉	局长	2004.03—

人员状况 建站初期有职工 2 人。1987 年有职工 6 人，其中工程师 4 人，助理工程师 1 人，技术人员 1 人。截至 2008 年底有在职职工 4 人，其中：本科学历 2 人，中专学历 2 人，现均为初级职称。30～40 岁 2 人，30 岁以下 2 人。

气象业务与服务

1. 气象业务

①地面气象观测

观测项目 云、能见度、天气现象、空气温度和湿度、风向风速、气压、日照时数、小型蒸发、降雨量、雪深、地面和浅层地温（5、10、15、20 厘米）。

观测时次 自 1957 年 12 月 1 日起，姚安气象站以地方时进行 4 次观测，每天观测时间为 01、07、13、19 时。1960 年 1 月 1 日起，改为北京时，每天进行 08、14、20 时 3 次观测。

发报种类 自 1959 年 4 月 19 日起，每天 08、11、14 时向省气象台发 3 次小图气象报。自 1964 年 11 月 1 日起，向祥云（大理）机场发 OBSAV24 小时航空报，后改向元谋机场发送，同时增加昆明民航 OBSMH 航空报任务，1999 年 3 月 31 日停止发航空报。

气象报表制作 气表-1 一式 3 份，报省、州气象局各 1 份，本站留底 1 份；气表-21 一式 4 份，向国家、省、州气象局各报送 1 份，本站留底 1 份。1985 年省气象局配发 PC-1500 袖珍计算机 1 台，1989 年州气象局配发甚高频电台 1 台，均于 1989 年投入地面观测编报工作使用。2006 年取消纸质报表的报送，改为向楚雄州气象局网络传送报表文件，手抄报表用于单位留底。

区域自动观测站 2007 年，太平镇、弥兴镇、前场镇、官屯乡建成两要素（温度、雨量）自动站。

②农业气象

姚安是云南省气象局规定的农业气象基本站。20 世纪 50 年代农业气象观测项目有水稻、小麦、蚕豆。1958—1965 年每月 8 日、18 日、28 日进行 3 次器测土壤湿度观测，每个节令向中央气象局发农业气象节令报 1 次。1964 年 3 月，姚安气象站进行"最适宜水稻播种期"专题试验。1986—1988 年承担省气象局和省农科院 6 个品种的滇中优质标榜气候适应性试验，每年向省气象局制作农气报表和实验报告。1992 年停止农气观测。

③气象信息网络

1983 年 5 月开始用传真接收天气图。1988 年 6 月架设开通甚高频无线电台 1 台，实现了与州气象局的业务会商。1989 年在县城东部约 8 千米处设置了甚高频中转台。2000 年 4 月，建成了 PC-VSAT 地面卫星接收小站并正式启用。2002 年 7 月，开通了州—县计算机通信系统，预报所需资料全部通过网络接收。2004 年，姚安县气象网站开通，同年 12 月开通了全省内部信息交换宽带系统。

④天气预报预测

1958 年开展单站补充天气预报。根据省、州气象台天气形势预报绘制简易天气图表，结合本站资料分析制作短期天气预报，每天由广播电视台向公众播出。1980 年配备了天气图传真机，开始通过传真接收中央气象台、省气象台的旬、月天气预报，再结合本地气象资料,短期天气形势,天气过程的周期变化等制作中期天气过程趋势预报。20 世纪 70 年代中期开始制作长期预报。80 年代为适应预报工作发展的需要,建立了一套长期预报的指标和方法,一直沿用至今。

2. 气象服务

①公众气象服务

先后编印了 1958—1970 年和 1958—1981 年气候资料手册,为有关单位规划、设计提供气象依据。2006 年 5 月,姚安县气象局建成了多媒体电视天气预报制作系统,在姚安县电视台播放电视天气预报节目。天气预报发展至今,每年制作各类预报产品 4000 余份,覆盖全县 85% 以上的部门、单位和广大人民群众。

②决策气象服务

20 世纪 80 年代,通过电话、传真、手机短信等媒体为县人民政府及相关部门提供抢险救灾的专题决策气象服务。2007 年,建成了气象手机发布短信平台,以手机短信方式向县级领导发送气象信息。2008 年,在县级各乡镇、部门安装了气象电子显示屏,提高气象灾害预警信号的发布速度,避免和减轻气象灾害造成的损失,有效提高了应对突发气象灾害的能力。

③专业与专项气象服务

人工影响天气　1976 年成立了姚安县人工降雨指挥部,并率先在全州进行了首次人工降雨试验。1976 年后,每年根据需要适时开展人工增雨工作,缓解旱情。1989 年,成立了姚安县人工降雨防雹工作领导小组,领导小组办公室设在姚安县气象局,由姚安县气象局负责人工防雹工作的组织实施。1997 年,增加"三七"高炮 4 门,火箭发射架 6 套和通讯设备。迄今为止,姚安县气象局已拥有人工增雨防雹"三七"高炮 8 门、火箭发射架 2 门、标准化固定作业点 8 个、流动作业点 1 个、人工影响天气作业专用车 1 辆。

防雷技术服务　根据姚安县人民政府《关于成立姚安县避雷检测安全技术检测站的通知》要求,1992 年成立了姚安县避雷安全检测站,挂靠姚安县气象局。根据《建筑物防雷设计规范》(GB 50057-94)及相关要求,姚安县人民政府明确了姚安县避雷安全检测站负责对全县范围内的避雷装置进行安全技术检测,使避雷检测有章可循,走上正轨。1998 年 5 月,按照楚雄州机构编制委员会文件要求,成立了姚安县防雷中心,由姚安县气象局负责全县范围内的防雷设施的竣工验收、图纸审核、施工。2008 年,全县易燃易爆和人员密集场所防雷安全检测率达 100%,一般建(构)筑物检测率达到 80%。

④气象科普宣传

每年利用"3·23"世界气象日、姚安县人民政府组织的科技活动周、科普宣传日及安全生产宣传月进行气象科普宣传。

气象法规建设与社会管理

法规建设　2002 年成立姚安县防雷安全领导小组,姚安县气象局被列为县安委成员单位。2005 年《姚安县气象局气象探测环境现状备案》报建设局备案。2007 年姚安县人民政府下发了《姚安县人民政府关于印发〈姚安县人工增雨防雹管理办法〉的通知》。2008 年姚安县人民政府下发了《关于加快气象事业发展的若干意见》。

社会管理　2005年,依法对气象探测环境进行保护,凡在气象探测环境保护区内进行工程建设必须到气象局报批,方可进行施工建设。2003年,依法对全县防雷工作进行管理;对全县辖区内从事防雷设计、施工、检测的单位和个人依法进行防雷设计、施工资质和资格证的管理及防雷产品合格证检审、备案;防雷检测中心按职责对全县防雷装置、设备及场地做防雷检测工作。

政务公开　气象行政审批办事程序、气象服务内容、服务承诺、气象行政执法依据、服务收费依据及标准等通过局务公开栏、电视广告、发放宣传单等方式向社会公开。干部任用、目标考核、基础设施建设、工程招投标等内容则采取职工大会或局务公开公示栏张榜等方式向职工公开。干部任用、职工晋级、晋职等及时向职工公示或说明。每季度对财务收支及时进行公示。

党建与气象文化建设

党的组织建设　自建站至1985年,姚安县气候站有党员1人,编入农业局党支部。1986年,成立了姚安县气象站党支部,成立时有党员3人。1990年1月,更名为气象局党支部。截至2008年底有党员3人。

党风廉政建设　自2004年起设党风廉政监督员1名。每年与县纪委及楚雄州气象局签订《党风廉政建设目标责任书》,认真落实党风廉政建设目标责任制,积极开展廉政教育和廉政文化建设活动,努力建设文明机关、和谐机关和廉洁机关。局财务账目每年接受上级财务部门年度审计,并将结果向职工公布。

文明单位创建　2006年9月被中共姚安县委、姚安县人民政府表彰为文明单位;2000年、2008年分别被楚雄州委、州人民政府评为州级文明单位。

荣誉　2008年4月被楚雄州人民政府表彰为气象工作先进集体。先后有11人(次)被云南省气象局表彰为优秀地面测报员。

台站建设

1980年,征地6.37亩,建砖混结构宿舍楼1幢400平方米,办公、观测室120平方米,厨房、保管室1幢60平方米,厕所40平方米,平整观测场地。后又打水井,建围墙,修建道路、桥梁,架设了电灯和电话线路。1998年建造宿舍楼1幢600平方米。2001年新建职工宿舍楼3套共500平方米。

2005年建了300平方米的综合业务楼1幢,同年建厕所15平方米,场院硬化100平方米。姚安县气象局现占地3063平方米,观测场625平方米,办公室2幢700平方米,职工住宿楼2幢1100平方米,绿化700平方米,厕所15平方米。自2002年以来,共投入5万元对单位环境进行了改造,种植草坪、花木700平方米,人均享有绿化面积近100平方米。

2002 年改造前的姚安县气象局办公区　　　改造后的姚安县气象局观测场(2002 年)

大姚县气象局

机构历史沿革

始建情况　　大姚县气象站原是永仁太平场气候站,属永仁 547 队专业站,因该站已完成任务被撤销。1958 年 10 月在永仁太平场气候站的基础上建立大姚县中心气象站,沿用原永仁太平场气候站 1957 年 7 月 1 日至 1958 年 8 月 24 日全部资料。建站后的站址原位于大姚县城东部东岳庙小山包上,由于四周遮挡较多,且场地不正北,不符合三性要求,于 1959 年 8 月 31 日搬至距原站址西南方直线 280 米的先农坛小山包上,北纬 25°43′,东经 101°19′,观测场海拔高度 1878.1 米,1960 年 3 月 29 日正式启用。为国家一般气象站。

历史沿革　　1958 年 10 月站名为大姚县中心气象站。1960 年 3 月,更名为云南省大姚县气候服务站。1970 年 7 月 29 日,更名为大姚县气象站。1990 年 7 月,更名为大姚县气象局。

　　1958 年 4 月 4 日,大姚县昙华乡松子园建造了盐丰气候站,后于 1959 年 11 月 8 日迁至盐丰石羊镇柳树塘农场,1961 年根据省局贯彻调整方针保持一县一站的原则,撤消盐丰站,该站于 1961 年 6 月停止工作,其全部仪器及人员并入大姚县气候服务站。

管理体制　　1958 年 10 月—1963 年 3 月,大姚县气象站隶属大姚县人民委员会建制和领导。1960 年 3 月由楚雄州中心气象站负责管理。1963 年 6 月—1970 年 6 月,改为属云南省气象局(1966 年 3 月改为云南省农业厅气象局)建制和领导,楚雄州气象总站负责管理。1970 年 7 月—1970 年 12 月,大姚县气象站改属大姚县革命委员会建制和领导。1971 年 1 月—1973 年 9 月,实行大姚县人民武装部领导,属大姚县革命委员会建制。1973 年—1980 年 9 月,大姚县气象站改属当地革命委员会建制和领导,归口县农业局管理。1980 年 10 月起,大姚县气象局实行大姚县人民政府和楚雄州气象局双重领导,以楚雄州气象局领导为主的管理体制。

单位名称及主要负责人变更情况

单位名称	姓名	民族	职务	任职时间
大姚县中心气象站	梁骏宽	汉	站长	1958.10—1960.03
				1960.03—1960.07
云南省大姚县气候服务站	吕文元	汉	站长	1960.07—1960.12
	王彩庭	汉	站长	1960.12—1962.02
大姚县气象站	王 亮	汉	站长	1962.03—1970.07
				1970.07—1971.03
	卢保安	汉	副站长	1971.03—1978.05
	李兴旺	汉	站长	1978.05—1984.05
大姚县气象局	蔡天相	汉	站长	1984.05—1990.06
			局长	1990.07—1993.05
	卢光新	汉	局长	1993.06—2000.03
	王启亮	汉	局长	2000.03—2001.12
	蔡松波	汉	局长助理	2001.12—2002.07
	张朝斌	彝	局长	2002.07—2006.10
	蔡松波	汉	局长	2006.10—

人员状况 建站时有职工2人。截至2008年12月,有在职职工8人(其中在编职工5人,聘用职工3人),在职职工中:大专以上学历6人,中专学历2人;中级职称3人,初级职称5人;50~55岁1人,30~40岁4人,30岁以下3人。

气象业务与服务

1. 气象业务

①地面气象观测

观测项目 云、能见度、天气现象、气压、温度和湿度、风、降水、雪深、小型蒸发、地面温度和浅层(5、10、15、20厘米)地温。

观测时次 1958年建站开始,每天观测时次为08、14、20时3次观测。1960年8月1日起定时观测时次改为02、08、14、20时4次观测。1962年5月1日观测时次又变更为08、14、20时3次观测。

发报种类 建站后主要为天气加密报、航危报、旬月报。1980年3月27日停止航危报的编发。1984年开始重要天气报的编发,发报方式为电话传送。2001年开始改为网络传输。

气象报表制作 气表-1一式3份,报省、州气象局各1份,本站留底1份;气表-21一式4份,报国家、省、州气象局各1份,本站留底1份。1989年PC-1500袖珍计算机投入地面观测编报工作使用。2006年取消纸质报表的报送,改为网络传送报表文件,手抄报表用于单位留底。

②气象信息网络

1983年5月正式开始天气图传真接收工作。1988年6月开通甚高频无线电台。2000

年4月,建成了 PC-VSAT 地面卫星接收小站并正式启用。2002年7月,开通了地县计算机通信系统。2004年开通了"大姚气象"网站。2004年12月开通了全省内部信息交换宽带系统。

③天气预报预测

短期天气预报　1958年建站后不久开始制作补充天气预报,根据预报需要抄录整理资料,绘制简易天气图表,同时结合本地气象资料分析制作天气预报,最早通过广播发布。

中期天气预报　20世纪80年代初,开始通过传真接收中央气象台、省气象台的旬、月天气预报,再结合本地气象资料,短期天气形势,天气过程的周期变化等制作中期天气过程趋势预报。

长期天气预报　主要运用数理统计方法和常规气象资料图表及天气谚语等方法,制作出具有本地特点的补充订正预报。县气象站制作长期预报在20世纪70年代中期开始起步,80年代为适应预报工作发展的需要,建立了一套长期预报的指标和方法,这套预报方法一直沿用至今。主要有:月预报、春播预报、汛期(5—9月)预报、年预报。

2.气象服务

①公众气象服务

1958年,通过广播发布短期天气预报。20世纪80年代,通过甚高频无线电台发布中期天气预报、森林火险等级预报等。20世纪80年代以后,通过电视、网络、电子显示屏等媒体发布长期天气预报、气象指数预报、地质灾害等级预报。1985年起,为全县各乡(镇)和相关企事业单位提供长、中期天气预报和气象资料。每年制作各类预报产品4000多份,为广大用户提供准确及时的预报。2002年12月,建成了多媒体电视天气预报制作系统。2007年,开通了气象预警短信平台。2008年7月,电视天气预报制作系统升级为非线性编辑系统。2008年,在县级各乡镇、部门安装了气象电子显示屏。

②决策气象服务

20世纪80年代,通过电话、传真、手机短信等媒体为县人民政府及相关部门提供抢险救灾专题决策气象服务;遇重大灾害性天气、重要重大活动、突发公共事件时,通过电话、传真、专题等方式为县委、县人民政府和相关部门安排生产生活和防灾减灾提供中长期天气预报、重要天气消息、预警信号等。2006年起通过手机短信方式,向全县科级以上领导干部发布重要天气消息、预警信息和雨情灾情资讯,大大提高了气象服务的时效性和覆盖范围。

③专业与专项气象服务

人工影响天气服务　1989年在县城东部约8千米处设置了甚高频中转台。1992年7月由大姚县人民政府拨款1.3万元购买了无线对讲机2部,车载对讲机1台。1991年10月12日,大姚县人民政府成立了大姚县人工降雨防雹领导小组,挂靠大姚县气象局。2008年,大姚县气象局有人工增雨防雹"三七"高炮9门、火箭发射架2门,标准化固定作业点9个、流动作业点1个。

防雷技术服务　1991年10月19日,大姚县人民政府成立了大姚县避雷检测办公室,由大姚县气象局负责对全县范围内的避雷装置进行安全技术检测。1998年5月,成立大姚县防雷中心,由大姚县防雷中心负责全县范围内的防雷设施的竣工验收、设计、施工。2002年,大姚县气象局被列为大姚县安委成员单位,负责全县防雷安全管理工作,定期对防雷设施进行检查,对不符合防雷技术规范的单位,责令进行整改。

④气象科普宣传

每年利用"3·23"世界气象日、党风廉政宣传月、安全生产宣传月以及县人民政府组织的科技活动周、科普宣传日进行气象科普宣传。通过发放科普宣传单、设立气象宣传专栏,对气象科普知识进行宣传,加深了人民群众对气象工作的了解。

2005年新建成的大姚县气象局人工影响天气指挥中心

气象法规建设与社会管理

法规建设 2002年组织人员编制了大姚县防雷《质量手册》、《程序文件》、《操作规范》;2005年《气象探测环境现状备案》报建设局备案;2007年,大姚县人民政府下发《大姚县人民政府关于印发〈大姚县人工增雨防雹管理办法〉的通知》,为进一步做好人工增雨防雹工作奠定了坚实基础。

社会管理 按照大姚县经济社会发展规划,承担《中华人民共和国气象法》等有关法律赋予的气象行政执法工作。参与大姚县人民政府气象防灾减灾决策,组织对重大灾害性天气跨地区、跨部门的气象灾害联防,组织指导防御冰雹、雷电、干旱、洪涝、暴雨、寒潮等气象防灾减灾工作。审核签发天气预报发布(转播)许可证,气象探测环境保护建设的行政审批,建筑防雷图纸审核及检测验收。

政务公开 2003年,气象行政审批办事程序、气象服务内容、服务承诺、气象行政执法依据、服务收费依据及标准等采取局务公开栏、网络等方式向社会公开。干部任用、目标考核、基础设施建设、工程招投标等内容采取职工大会或局务公示栏等方式向职工公开。每季度对财务收支进行公示。干部任用、职工晋级、晋职等及时向职工公示或说明。2005年大姚县气象局被中国气象局评为局务公开先进单位。

党建与气象文化建设

1. 党建工作

党的组织建设 1975年5月—1981年12月,有党员2人,编入农业局党支部。1982年1月,大姚县气象站成立了党支部,有党员3人。1990年1月,大姚县气象站党支部更名为大姚县气象局党支部。截至2008年底大姚县气象局设党支部1个,有党员5人。1985—2008年,共发展8名党员。

党风廉政建设　1999年开始每年与楚雄州气象局签订党风廉政建设责任书,并配备了兼职党风廉政监督员。2006年开始聘任兼职纪检监察员。2008年开始与县委人民政府签订党风廉政建设责任状,配备了县纪工委委员。

2. 气象文化建设

精神文明建设　1999年成立了县气象局精神文明建设领导小组。1999年被大姚县委、县人民政府评为县级文明单位。2002年、2005年、2008年被楚雄州委、州人民政府授予州级文明单位称号。

文体活动　积极参加楚雄州气象部门和大姚县人民政府组织的各种文体活动。全局职工义务劳动,先后改造了观测场,制作了局务公开栏,开展绿化、美化活动,用自己的双手创造出了优美的环境,树立了优美庭园形象。

3. 荣誉与人物

集体荣誉　共获得集体荣誉49项。1985年被国家气象局授予大姚县气象站暴雨天气预报服务成绩显著单位。

个人荣誉　先后有24人(次)被云南省气象局表彰为质量优秀测报员。1人1984年被云南省气象局计功1次。1人(次)2008年被楚雄州委、州人民政府表彰为气象工作先进个人。

人物简介　蔡天相,1946年12月出生于云南省大姚县。1964年应征入伍,1965年3月在十四军通讯学校学习。1970年3月加入中国共产党。1971年9月退伍到大姚县气象站工作。1985年任大姚县气象站站长。1990年7月任大姚县气象局局长。1993年3月—1997年7月任楚雄州气象局副局长。1998年8月退休。

1985年7月22—23日,大姚县西部及西北部降了大暴雨和特大暴雨,造成了历史上罕见的特大洪涝灾害。蔡天相同志率领所有业务人员,坚守岗位,严密监视气候变化,长、中、短期天气预报准确、及时、主动。为县委、县人民政府指挥抗灾救灾赢得了时间。县领导称赞"气象站在这次罕见的特大洪涝灾害过程中立了大功"。蔡天相同志在大姚县任气象局局长期间,大胆进行管理体制和机制的创新改革,使大姚县气象站从一个落后的基层台站一跃成为全省的先进台站。由于在抗御历史罕见的特大洪涝灾害的过程中,准确把握天气形势,关键时刻果断决策,服务工作得到县委、县人民政府领导的好评,工作成绩突出。1989年12月,经大姚县委、县人民政府推荐,蔡天相同志被云南省人民政府授予省农业劳动模范称号。

台站建设

台站综合改造　1980年建盖385平方米宿舍楼1幢。1990年建盖406平方米宿舍楼1幢。2001年投资25万元建盖208平方米的办公楼1幢和职工宿舍楼640平方米。2004年建盖厕所20平方米。2005年投入30万元建盖了230平方米的综合业务楼1幢,有效改善了职工办公、住宿条件。大姚县气象局现占地3685平方米,观测场625平方米,办公楼2幢438平方米,职工住宿楼5幢1046平方米,绿化750平方米,空地806平方米。

园区建设　2002—2004年共计投入5万元对单位环境进行了改造。种植草坪、花木

700 平方米,人均享有绿化面积近 100 平方米,极大地改善了职工的生活、工作条件。

2001 年建设的大姚县气象局职工宿舍楼

永仁县气象局

机构历史沿革

始建情况 始建于 1956 年 9 月,位于东经 101°40′,北纬 26°03′,观测场海拔高度 1530.5 米。1957 年 1 月 1 日开始正式观测。1984 年 12 月 1 日观测场往南移动 15 米,垫高至 1531.3 米。为国家一般气候站。

历史沿革 1956 年 9 月建立云南省永仁菜园子气候站,1962 年 5 月更名为永仁县气候服务站。1964 年 1 月更名为云南省永仁县气候服务站。1972 年 1 月更名为云南省永仁县气象站。1990 年 7 月正式更名为云南省永仁县气象局。

管理体制 1956 年 9 月—1958 年 10 月,由云南省气象局和永仁县人民委员会双重领导,以省气象局领导为主。1958 年 10 月,永仁县合并给大姚县,属大姚县人民委员会建制和领导。1961 年 3 月,恢复永仁县,隶属永仁县人民委员会建制和领导,由楚雄州中心气象站负责管理。1963 年 6 月—1970 年 6 月,改属云南省气象局(1966 年 3 月改为云南省农业厅气象局)建制和领导,楚雄州气象总站负责管理。1970 年 7 月—1970 年 12 月,属永仁县革命委员会建制和领导,县农林科负责管理。1971—1973 年,改为永仁县人民武装部领导,建制属永仁县革命委员会。1973 年—1980 年 5 月,永仁县气象站改属永仁县革命委员会建制和领导,归口南华县农业局管理。1980 年 5 月起,实行永仁县人民政府和楚雄州气象局双重领导,以楚雄州气象局领导为主的管理体制。

单位名称及主要负责人变更情况

单位名称	姓名	民族	职务	任职时间
云南省永仁菜园子气候站	程文华	汉	站长	1956.09—1958.07
	鲁兆金	彝	站长	1958.08—1962.04
永仁县气候服务站				1962.05—1963.12
				1964.01—1969.01
云南省永仁县气候服务站	江双林	汉	站长	1969.01—1970.09
	李兴旺	汉	站长	1970.10—1971.12
				1972.01—1975.04
	江双林	汉	站长	1975.05—1976.05
云南省永仁县气象站	纳光学	汉	站长	1976.06—1980.02
	彭正荣	汉	临时负责人	1980.03—1981.10
	孙润光	汉	站长	1981.11—1990.06
			局长	1990.07—1999.03
云南省永仁县气象局	杨德武	汉	局长	1999.04—2001.01
	刘向平	汉	局长	2001.02—2002.06
	和文仙(女)	纳西	副局长(主持工作)	2002.06—2002.12
	郑秀琼	彝	局长	2003.01—

人员状况 1956 年建站时有 2 人。2004 年 10 月有 5 人。截至 2008 年底有职工 10 人,其中:本科学历 4 人,大专学历 4 人,中专、高中学历 2 人。中级职称 3 人,初级职称 5 人,其他(工人)2 人;50 岁以上 1 人,40～49 岁 1 人,40 岁以下 8 人。

气象业务与服务

1. 气象业务

①地面气象观测

观测项目 1956 年建站时观测项目有云、能见度、天气现象、气温、空气湿度、风向、风速、降水、雪深、日照、小型蒸发、浅层地温等。1959 年 3 月、5 月、9 月先后增加了气压表、深层地温、虹吸雨量等项目的观测。1970 年 1 月增加压、温、湿自计观测。后来根据地震观测的需要,增加了土壤电磁观测项目。2006 年 12 月,安装了气压、空气温度和湿度、地表温度、浅层地温、草温、雨量、风向风速等自动观测设备的安装,并于 2007 年 1 月 1 日起开始正式观测。2008 年 12 月安装了辐射自动观测。

观测时次 建站时每天进行 01、07、13 时、19 时(地方时)4 次观测,1960 年 8 月起改为每天 02、08、14、20 时(北京时)观测 4 次。1962 年 5 月全省统一改为 08、14、20 时每日 3 次观测沿用至今。

发报种类 建站时每天 08、11 时向州台编发 2 次天气报。1959 年 5 月改为 08、17 时每日向州台发报 2 次,9 月又增加 08 时向省台发报。1962 年 5 月全省统一改为 08、14、20 时每日 3 次观测并发报至今。同时,根据省、州气象台安排,定时、不定时编发重要天气报、气象旬月报、雨量报；根据航空部门预约定时、不定时拍发航空报、危险(解除)报。

测报数据处理 建站开始均为手工查算操作。1987 年 PC-1500 袖珍计算机和全国地面测报程序投入使用。2000 年使用地面气象测报数据处理软件《AHDM 4.0》进行测报工作。

②气象信息网络

1956 年建站时，气象电报通过邮电局发送。1995 年 9 月开通了计算机州—县远程终端。2001 年通过因特网发送气象报告。2004 年开始由内部微机网络传送气象电报。2005 年，气象宽带网建成开通，实现了气象资料、办公文档等信息及时快捷的传输。

③天气预报预测

1958 年起开展单站补充天气预报服务工作，制作短、中、长期天气预报，内容有天气、温度、风预报，参考资料仅有本站资料和看云识天经验。20 世纪 70 年代后期开始通过收音机定时听取省气象台的天气形势广播和指标站探空观测资料，再结合本站气压、气温、水汽压资料分析图表制作天气预报。90 年代后期，应林业部门要求，护林防火戒严期间每天向林业部门发布包括天气、最高温度、最小相对湿度等要素的护林防火天气预报。2000 年 5 月，建成了气象卫星地面接收站，安装了天气预报分析系统，大量的观测站探测数据和卫星探测资料通过该系统接收，再通过计算机分析处理，预报准确率有了明显提高。

2. 气象服务

①公众气象服务

2003 年以前每天通过广播向听众发布全县未来 24 小时天气预报。2003 年 3 月下旬，通过电视台每周 2 次向观众发布未来 3～4 天的天气预报，有重大灾害性天气时，不定时发布重要天气消息。2008 年增加了气象电子显示屏和手机短信等服务渠道，使得受众范围进一步扩大。

②决策气象服务

20 世纪 70 年代开始，永仁县气象局为县委、县人民政府和相关部门提供中长期天气预报、重要天气消息、预警信号等。服务方式：专题材料、信息网、手机短信等。2008 年起还通过手机短信，向全县科级以上领导干部发布重要天气消息、预警信息和雨情灾情资讯，大大提高了气象服务的时效性和覆盖范围。

③专业与专项气象服务

人工影响天气 19 世纪 70 年代后期，用土火箭开展人工增雨缓解旱情试验，但由于组织领导机构不健全而终止。1991 年开展增雨作业，但由于各方认识不统一，又缺乏卫星云图、雷达资料等技术支持，仅开展两年就被迫终止。1998 年，成立永仁县人工增雨防雹工作领导小组，由气象局组织实施。1998 年在莲池乡设立了 1 个火箭固定作业点和 1 个流动作业点，聘请了民兵开展作业，防雹区域有效范围为 1500 亩。1999 年购进"三七"高炮 2门。2004 年建设规范化高炮作业点 4 个。到 2008 年，全县有规范化作业点 8 个，高炮 8门，火箭流动作业点 1 个，防区面积 8 万多亩。

防雷技术服务 永仁县年平均雷暴日数 70 多天,雷电活动频繁的年份年雷暴日数超过 100 天,属强雷区。1992 年成立永仁县避雷检测站,负责永仁县建(构)筑物防雷装置安全技术检测、雷击灾害调查宣传、雷击灾害收集上报、防雷技术服务等工作。截至 2008 年,全县共进行防雷装置设计审核 256 份、新建(构)筑物竣工验收 280 幢,每年定期对 100 多个建(构)筑物和场所进行检测,有效地降低了雷击安全隐患的发生。

④气象科普宣传

2003 年建成了科普宣传室。每年通过"3·23"世界气象日和到科普联系点和学校开展安全知识教育,进行气象科普宣传,宣传人次每年达 3000 多人次。

气象法规建设与社会管理

法规建设 1986 年以来,永仁县人民政府先后下发 4 个气象规范性文件。

发文时间	文号	文件标题
2001.3.24	永政通〔2001〕19 号	关于加强防雷减灾安全管理工作的通知
2006.5.26	永政通〔2006〕55 号	永仁县人民政府关于加强人工增雨防雹工作的通知
2007.11.14	永政通〔2007〕118 号	永仁县人民政府印发《关于加快永仁县气象事业发展实施意见》的通知
2009.07.13	永政通〔2009〕57 号	永仁县人民政府关于加强防雷减灾安全管理工作的通知

社会管理 依法对气象探测环境进行保护,凡在气象探测环境保护区内进行工程建设必须到气象局报批,方可进行施工建设。依法对全县防雷工作进行管理;对全县辖区内从事防雷设计、施工、检测的单位和个人依法进行防雷设计、施工资质和资格证的管理及防雷产品合格证检审、备案;防雷检测中心按职责对全县防雷装置、设备及场地做防雷检测工作。依法对全县施放系留气球工作进行管理;对全县辖区内从事施放系留气球单位和个人依法进行资质和资格证的审核。

政务公开 2000 年起开展政务公开工作,凡涉及到的重大事项都进行公示,内容有:行政许可、收费依据、工程建设、人事任免、财务收支、财务审计,重点工作。

党建与气象文化建设

1. 党建工作

党的组织建设 1971 年成立了局党支部,有党员 3 人。截至 2008 年底,有党员 7 人。2006 年永仁县气象局党支部被永仁县委表彰为优秀党支部。

党风廉政建设 2004 年起,永仁县委与县气象局签订党建工作目标责任书,县纪委与县气象局签订党风廉政建设目标责任书,党建工作开始纳入县委、县纪委目标管理考核。永仁县气象局还先后在永定镇小汉坝村委会、莲池乡查理么村委会、猛虎乡猛虎村委会开展扶贫、蚕桑、烤烟、精神文明建设等工作,平均每年投入工作经费 6000 元。2005 年永仁县人大组织对县气象局工作进行评议,社会各界对气象工作的测评满意率达到 97%。

2. 气象文化建设

精神文明建设　1987年,每年制定精神文明建设工作计划,开展双文明台站活动。20世纪90年代,把精神文明建设列入年度工作目标考核内容,每年进行先进科室、优秀党员、五好家庭、好儿童的评选活动。积极参加楚雄州气象部门、永仁县委、县人民政府组织的文艺和户外健身活动,丰富职工的业余生活。

文明单位创建　1987年永仁县气象局被永仁县委、县人民政府命名为县级文明单位。1990年、1994年连续两届被州委、州人民政府命名为州级文明单位。1999年、2003年、2006年、2009年连续四届被省委、省人民政府命名为省级文明单位。2001年、2008年永仁县气象局被云南省气象局授予文明单位创建先进集体称号。

3. 荣誉

1988年被云南省气象局表彰为双文明先进单位。1991年被国家气象局表彰为汛期气象服务先进集体。1991年被云南省气象局表彰为抗洪救灾先进单位。2007年被省文明办、省环保局、省民政厅、省建设厅、省教育厅、省卫生厅、省妇联表彰为云南省绿色社区。2008年3月被楚雄州人民政府表彰为气象工作先进集体。

台站建设

1956年建站之初,全站占地不到2亩,房屋不到10间。1987—1988年,全站面积扩大到现有的11亩。1991年洪灾后,争取到上级气象主管部门和地方人民政府的支持,投入资金9万元修建了办公楼230平方米以及北面围墙和进城道路、桥梁。

1999年修建了职工住宿楼。2003年争取资金10万元(地方6万元、省气象局4万元)对院内环境进行综合改善,种植果树250棵,草坪5000平方米,铺筑水泥地面2000平方米。2004年争取资金23万元(国家气象局20万元、地方3万元),对办公楼进行加层改造,更换了办公设备。2005年,将进县城的土路改造为水泥路面。2006年架通了县城到气象局的自来水。2007年将农网供电线路改为城网供电。

永仁县气象局20世纪90年代以前的办公用房

2003年改造后的永仁县气象局优美的工作生活环境

元谋县气象局

机构历史沿革

始建情况 始建于 1955 年 11 月,站址在元谋县元马镇星火村委会大塘子村,观测场位于北纬 25°44′,东经 101°52′,海拔高度 1118.3 米。1955 年 11 月 1 日 00 时开始正式观测。属国家基本气象站。

站址迁移情况 1958 年 1 月 1 日观测场迁到原址正南方约 300 米处,观测场海拔高度为 1118.4 米。1981 年 10 月 1 日观测场又往东北方向 80 米处搬迁,海拔高度 1120.2 米。2002 年 7 月结合自动站建设对观测场进行改造,垫高了 0.4 米,海拔高度 1120.6 米,2 次变动经纬度均无变化。

历史沿革 1955 年 11 月成立云南省元谋气象站。1960 年 3 月更名为元谋县气象服务站。1963 年 9 月更名为云南省元谋县气象服务站。1971 年 1 月更名为云南省元谋县气象站。1990 年 7 月更名为云南省元谋县气象局。

管理体制 1955 年 11 月建站初期,属云南省气象局直属站。1958 年 11 月,元谋县气象站属元谋县人民委员会建制。1958 年 12 月,隶属武定县人民委员会建制和领导,楚雄州中心气象站负责管理。1959 年 12 月隶属元谋县人民委员会建制。1963 年 9 月—1970 年 6 月,改属云南省气象局(1966 年 3 月改为云南省农业厅气象局)建制和领导,楚雄州气象总站负责管理。1970 年 7 月—1970 年 12 月,属元谋县革命委员会建制和领导,县农林科负责管理。1971 年 1 月—1972 年 6 月,元谋县气象站实行谋县人民武装部领导,建制属元谋县革命委员会。1972 年 7 月,元谋县气象站改属元谋县革命委员会建制和领导,归口元谋县农业局管理。1980 年 1 月起,元谋县气象局实行元谋县人民政府和楚雄州气象局双重领导,以楚雄州气象局领导为主的管理体制。

单位名称及主要负责人变更情况

单位名称	姓名	民族	职务	任职时间
云南省元谋气象站	傅顺康	汉	站长	1955.11—1960.03
元谋县气象服务站				1960.03—1963.08
云南省元谋县气象服务站				1963.09—1971.01
云南省元谋县气象站				1971.01—1977.04
	孙润光	傣	站长	1977.04—1981.10
	王正贵	汉	站长	1981.11—1984.05
	卢永林	彝	站长	1984.05—1990.07
云南省元谋县气象局			局长	1990.07—1991.07
	李天柱	彝	局长	1991.07—1997.04

续表

单位名称	姓名	民族	职务	任职时间
云南省元谋县气象局	起树华	白	副局长	1997.04—2000.03
	徐建生	汉	局长	2000.03—2001.12
	朱建荣	彝	副局长	2001.12—2002.06
	高国民	汉	副局长	2002.06—2003.02
	和文仙(女)	纳西	局长	2003.02—

注:1959年3月至1959年10月,元谋、武定并县。

人员状况 建站初期有职工5人。1985年有职工11人。2006年8月定编为11人。截至2008年12月有在职职工13人(其中在编职工6人,聘用职工7人),在职职工中:本科学历1人,大专10人,中专、高中2人;中级职称3人,初级职称10人;40~50岁2人,30~40岁5人,30岁以下6人。

气象业务与服务

1. 气象业务

①地面气象观测

观测项目 建站初期观测项目有云向、云速、云状、总低云量、能见度、天气现象、风向风速、干湿球温度、最高最低气温、雨量(2米、70厘米)、降水时数、相对湿度、绝对湿度饱和差、气压表、地温(地面全套、曲管全套、直管全套)、日照、蒸发(小型)、压温湿雨量计自记记录等。2008年观测项目有云、能见度、天气现象、气压、气温、湿度、风向风速、降水量、雪压、雪深、日照、蒸发(E-601型蒸发器)、地温等。

观测时次 1955年11月1日0时开始正式观测发报,每天01、02、05、07、08、11、13、14、17、19、20、23时共观测12次;02、05、08、11、14、17、20、23时编发8次天气报;现在每天02、05、08、11、14、17、20、23时8次观测并编发8次天气报;同时还承担重要天气报、航危报发报任务。实行24小时值班制。

发报种类 天气报内容有云、能见度、天气现象、气压、气温、风向风速、降水、露点温度等。航空报内容有云、能见度、天气现象、风向风速等。重要天气报内容有大风、冰雹、雷暴、视程障碍现象等。

业务变动情况 1985年1月1日开始使用E-601型蒸发器观测水面蒸发。1986用PC-1500袖珍计算机编报。1999年配备了台式计算机。2002年10月,元谋县气象局建成了ZQZ-CⅡ型自动气象站,2003年1月投入业务运行。自动站观测项目包括温度、湿度、气压、风向风速、降水、地面温度、浅层地温、深层地温。目前人工辅助观测项目有云、能见度、天气现象、日照时数和蒸发量。2007年3月安装了ADTD雷电探测仪,对150千米半径范围内的雷电进行监测。2007年至今已先后建立了9个温度、雨量两要素区域自动气象观测站。

②农业气象

1958年3月开始开展农业气象工作。1958年6月开始观测土壤蒸发。1960年3月起开展作物观测。1960年4月起开展土壤湿度观测。1960年7月起开展田间小气候观测。

1966 年 3 月—1974 年农业气象工作中断。1975—1977 年恢复农气观测。1978—1981 年农业气象工作再次中断。1982 年再次恢复作物观测。1983 年 1 月 1 日开始自然物候观测。1983 年 6 月起开展早稻产量预报。1984 年 7 月—1991 年 1 月开展甘蔗观测和产量预报服务。现主要开展水稻、蔬菜观测和自然物候观测。

③气象信息网络

自建站至 2002 年 12 月,元谋县气象局一直通过电话发送各种报文和传输气象信息。1995 年 3 月,安装了一台 486 计算机通过拨号上网可与楚雄州气象台互传预报电码。气象预报 1999 年以前仅依靠云南气象广播电台对气象台站的广播信息获取信息。1999 年 5 月安装了 PC-VSAT 卫星接收小站,通过 MICAPS(气象信息综合分析处理系统)获取预报业务信息。2003 年 1 月建成自动气象站并投入运行后,气象电报和自动观测资料传输实现了网络化、自动化。

④天气预报预测

1956 年 2 月建站时天气预报主要依靠看云识天经验和单站观测资料。20 世纪 70 年代后期,开始通过收音机定时听取省气象台的天气形势广播和指标站探空观测资料,再结合本站资料分析图表制作天气预报。20 世纪 80 年代,根据预报需要抄录整理资料、绘制简易天气图等基本图表。1999 年建成了气象卫星地面接收站,安装了天气预报分析系统。长期天气预报主要运用数理统计方法和常规气象资料图表方法,分别作出具有本地特点的补充订正预报。

2. 气象服务

①公众气象服务

每日通过广播、电视、网络、气象电子显示屏等媒体,发布天气预报、森林火险等级预报、地质灾害气象等级预报等服务。1999 年 5 月,地面卫星接收小站建成并正式启用。2004 年 10 月建起了元谋县兴农网,促进了全县农业产业化和信息化的发展。2007 年 8 月,元谋县气象局建成多媒体电视天气预报制作系统,并与县广播电视局协商在元谋县电视台开通了元谋天气预报。2008 年 5 月,开通了手机短信气象服务平台。

②决策气象服务

20 世纪 80 年代以来,凡有重大灾害性天气、重要重大活动、突发公共事件时,通过电话、传真等方式为县委、县人民政府和相关部门安排生产和防灾减灾提供中长期天气预报、重要天气消息、预警信号等。2008 年起还通过手机短信方式,向全县科级以上领导干部发布重要天气消息、预警信息和雨情灾情资讯,大大提高了气象服务的时效性和覆盖范围。

③专业与专项气象服务

人工影响天气服务　1977 年 6 月,元谋县气象站、元谋县人民武装部配合元谋县水利局首次进行"人工降雨"试验并获得成功。1991 年 5 月,根据县人民政府发文成立人工降雨防雹领导小组,领导小组下设办公室在元谋县气象局。元谋县现已建设了 5 个固定作业点 1 个流动作业点。

防雷技术服务　1991 年 12 月 2 日,经由元谋县人民政府批准成立元谋县避雷装置安全技术检测站。1998 年 3 月成立元谋县防雷中心,两个机构均设在元谋县气象局。其职责是开展全县避雷设施安装验收、技术检测、技术咨询、防雷安全知识宣传、雷电灾害情况调查统计上报等工作。元谋县气象局积极和安监局、发展计划局等部门联系沟通,把防雷工作纳入全县的安全生产检查内容之一,协助把好防雷装置设计图纸审核关、防雷工程竣工验收关,使雷电灾害防御工作迈向法制化、规范化。

④气象科普宣传

自2000年起,每年通过各种形式,积极做好气象科普知识宣传工作。一是到元谋县城和村镇张贴宣传标语;二是结合每年的安全生产月活动发放宣传材料和开展气象知识咨询服务;三是结合每年的"3·23"世界气象日活动组织当地学生集体到气象局参观。

气象法规建设与社会管理

法规建设 2003年以来,元谋县人民政府先后下发了《元谋县人民政府关于进一步加强我县防雷安全工作的通知》和《元谋县人民政府关于进一步加强防雷减灾工作的通知》等有关文件,气象法律法规得到确立和加强。

社会管理 2002年开始,依法对气象探测环境进行保护,凡在气象探测环境保护区内进行工程建设必须到气象局报批,方可进行施工建设。2001年以来,依法对全县防雷工作进行管理。对全县辖区内从事防雷设计、施工、检测的单位和个人依法进行防雷设计、施工资质和资格证的管理及防雷产品合格证检审、备案。防雷检测中心按职责对全县防雷装置、设备及场地做防雷检测工作。

政务公开 气象行政审批办事程序、气象服务内容、服务承诺、气象行政执法依据、服务收费依据及标准等通过公示栏、电视广告、发放宣传单等方式向社会公开。干部任用、财务收支、目标考核、基础设施建设、工程招投标等内容则采取职工大会或公示栏张榜等方式向职工公开。财务收支每半年公示一次,年底对全年收支、职工奖金福利发放、领导干部待遇、劳保、住房公积金等向职工作详细说明。干部任用、职工晋职、晋级等及时向职工公示和说明。

党建与气象文化建设

1. 党建工作

党的组织建设 1984年9月成立元谋县气象局党支部,有党员3人。截至2008年12月,有党员4人。

党风廉政建设 自2006年起配备党风廉政监督员1人。每年与县纪委及楚雄州气象局签订党风廉政建设目标责任书。认真落实党风廉政建设目标责任制,积极开展廉政教育和廉政文化建设活动,努力建设文明机关、和谐机关和廉洁机关。局财务账目每年接受上级财务部门年度审计,并将结果向职工公布。

2. 气象文化建设

精神文明建设 1998年5月成立了精神文明建设领导小组。2000年8月元谋县气象局被元谋县委、县人民政府授予县级文明单位称号。2005年和2008年2次被楚雄州委、州人民政府授予州级文明单位称号。

文体活动 2000 年以来,元谋县气象局文体活动场所和设施得到明显改善。新建了一个灯光篮球场、一个图书阅览室和职工学习室。统一制作局务公开栏、学习园地、法制宣传栏和文明创建宣传栏等。每年开展各类文体活动 10 次以上,丰富了职工的业余生活。

3. 荣誉与人物

集体荣誉 2005 年和 2008 年 2 次被楚雄州委、州人民政府表彰为文明单位。2008 年 4 月被楚雄州人民政府表彰为全州气象工作先进集体。

个人荣誉 先后有 18 人(次)被云南省气象局表彰为大气探测优秀个人;2 人(次)被中国气象局表彰为大气探测优秀个人。

人物简介 朱仙兰,女,彝族,1943 年 1 月出生于云南省元谋县凉山乡把世者村。1958 年 6 月参加工作,党员。1962 年 2 月到云南省元谋县气象局工作直到 1995 年 1 月退休。1985 年 3 月 18 日至 1987 年 11 月 10 日任副站长。朱仙兰同志在高温、干燥的国家基本站工作 30 余年,数十年如一日,始终以饱满的工作热情和无私奉献的精神,长期坚守在地面测报工作第一线,并取得了优异的成绩。先后 5 次被评为地面优秀测报员。1978 年 10 月获"全国气象部门学大寨、学大庆先进工作者"称号,参加全国气象部门"双学"代表会议。1979 年被全国妇联授予"全国三八红旗手"称号。被云南省革命委员会授予"云南省 1979 年度劳动模范"称号。1982 年、1983 年先后两次被云南省气象局评为气象系统先进工作者。1983 年 5 月再次被云南省人民政府授予"省劳动模范"光荣称号。

台站建设

2000—2001 年,省气象局投资 20 万元兴建建筑面积 250 平方米办公楼 1 幢,并购置了新桌椅等办公用具,改善了办公环境。

2003—2004 年,省气象局投资 40.5 万元实施综合环境改造工程。改造围墙 193 米,先后兴建冲水厕所一个、1200 立方米蓄水池一个、水泥路面 700 平方米、灯光篮球场一个,平整院内土地 5000 平方米,并对局大院内的所有荒置土地进行绿化美化,改善了干部职工的工作生活环境。

元谋县气象局 20 世纪 80 年代旧院环境

2004 年改造后的元谋县气象局大院

武定县气象局

机构历史沿革

始建情况　1956 年 11 月建立云南省武定气候站,位于武定县城南大漤子山丘,东经 102°25′,北纬 25°32′,海拔高度 1760.0 米。

站址迁移情况　1959 年 7 月 1 日,台站搬迁至武定县城北水城农场。观测场位于东经 102°25′,北纬 25°32′,海拔高度 1710.7 米。属国家一般气象站。

历史沿革　1956 年 8 月建站时原名云南省武定气候站。1959 年 3 月更名为云南省武定县中心气象站。1960 年 5 月更名为云南省武定县气象服务中心站。1964 年 1 月更名为云南省武定县气候服务站。1966 年 2 月更名为云南省武定县气象服务站。1968 年 9 月更名为云南省武定县气象站革命领导小组。1969 年 4 月更名为云南省武定县农林系统革命领导小组。1974 年 5 月更名为云南省武定县气象站。1990 年 5 月更名为云南省武定县气象局。

管理体制　1956 年 11 月—1958 年 12 月,武定县气象站属云南省气象局直属站。1958 年 12 月,属武定县人民委员会建制和领导,楚雄州中心气象站负责管理。1963 年 6 月—1970 年 6 月,改属云南省气象局(1966 年 3 月改为云南省农业厅气象局)建制和领导,楚雄州气象总站负责管理。1970 年 7 月—1971 年 1 月,属武定县人民委员会建制和领导,行政由农水科主管。1971 年 1 月—1973 年 5 月,实行武定县人民武装部领导,建制属武定县革命委员会。1973 年 5 月—1980 年 1 月,武定县气象站改属武定县革命委员会建制和领导,归口县农业局管理。1980 年 1 月起,武定县气象站实行楚雄州气象局与武定县人民政府双重领导,以楚雄州气象局领导为主的管理体制。

单位名称及主要负责人变更情况

单位名称	姓名	民族	职务	任职时间
云南省武定气候站	廖胜志	汉	站长	1956.11—1959.02
云南省武定县中心气象站	傅顺康	汉	负责人	1959.03—1959.11
	施 恩	汉	站长	1959.12—1960.04
云南省武定县气象服务中心站				1960.05—1963.12
云南省武定县气候服务站				1964.01—1966.01
云南省武定县气象服务站				1966.02—1968.08
云南省武定县气象站革命领导小组				1968.09—1969.03
云南省武定县农林系统革命领导小组				1969.04—1974.04
云南省武定县气象站	沈贵诚	汉	站长	1974.05—1975.04
	郑 纯	汉	站长	1975.05—1978.05

续表

单位名称	姓名	民族	职务	任职时间
云南省武定县气象站	黎永昌	汉	站长	1978.06—1978.12
	卢永林	汉	站长	1979.01—1984.04
	张照荣	苗	站长	1984.05—1986.02
	钱永海	汉	站长	1986.03—1988.10
云南省武定县气象局	张照荣	苗	站长	1988.11—1990.05
			局长	1990.05—1997.05
	孙　清(女)	汉	局长	1997.06—2000.02
	杨宗凯	汉	局长	2000.03—2002.06
	胡朝彬	汉	局长	2002.07—

注:1958 年 10 月—1959 年 11 月,元谋县与武定县曾合并为武定大县,1959 年 3 月武定气候站更名为武定县中心气象站,傅顺康既任元谋县气象站站长,同时兼任武定县气象中心站负责人。1959 年 11 月,元谋县又从武定县分出。

人员状况　1956 年建站时有职工 2 人。1978 年有职工 10 人。截至 2008 年 12 月,有在职职工 8 人(其中在编职工 5 人,外聘技术人员 2 人,临时工 1 人),在职职工中:大学学历 3 人,大专学历 4 人,中专学历 1 人;中级职称 2 人,初级职称 6 人;30～40 岁 6 人,20～30 岁 2 人。

气象业务与服务

1. 气象业务

①地面气象观测

观测项目　云、能见度、天气现象、气压、气温、湿度、风向风速、降水、雪深、日照、蒸发(小型)、地温等。向云南省气象台拍发天气加密报和拍发不定时重要天气报。

观测时次　1960 年 10 月 1 日前每天进行 01、07、13、19 时(地方时)4 次定时观测,以后改为 02、08、14、20 时(北京时)4 次定时观测。

发报种类　天气报的内容有云、能见度、天气现象、气压、气温、风向风速、降水、雪深、地温等。航空报的内容有云、能见度、天气现象、风向风速等,当出现危险天气时,5 分钟内及时向所有需要航空报的单位拍发危险报。重要天气报的内容有暴雨、大风、雨凇、积雪、冰雹、龙卷风、雷暴、恶劣能见度等。

自动气象站观测　2005 年 9 月,建成 ZQZ-C Ⅱ型自动气象站,9 月 22 日试运行。自动气象站观测项目有气压、温度、湿度、风向风速、降水、地温等,观测项目部分采用仪器自动采集、记录、替代了人工观测。2008 年 1 月 1 日,自动气象站正式投入业务运行,所采集的数据通过内网传送至省气象数据网络中心,每天定时传输 24 次。

区域气象自动观测站　2007 年 11 月,在田心、万德、猫街、白路 4 个乡(镇)首先建成两要素(温度、雨量)自动观测站并投入业务运行。

②农业气象

20 世纪 80 年代以来,先后开展了农业气象灾害预报、病虫害发生发展气象条件预报、

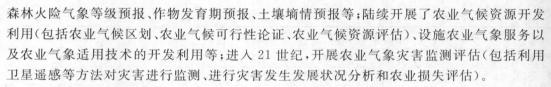

森林火险气象等级预报、作物发育期预报、土壤墒情预报等;陆续开展了农业气候资源开发利用(包括农业气候区划、农业气候可行性论证、农业气候资源评估)、设施农业气象服务以及农业气象适用技术的开发利用等;进入 21 世纪,开展农业气象灾害监测评估(包括利用卫星遥感等方法对灾害进行监测、进行灾害发生发展状况分析和农业损失评估)。

③气象信息网络

1956—1995 年报文主要采用电话通过邮局报送云南省气象台。1996—2000 年通过电话向楚雄州气象台报送,由楚雄州气象台转报云南省气象台。2000—2008 年通过内部网络实现报文直接传输到云南省气象台。1999 年以前气象预报依靠云南气象广播电台获取信息。1995 年 3 月,安装了一台 486 计算机通过拨号上网可与楚雄州气象台互传预报电码。1999 年 5 月安装了 PC-VSAT 卫星接收小站,通过 MICAPS(气象信息综合分析处理系统)获取预报业务信息,并投入业务运行至今。

④天气预报预测

1958 年开始开展天气预报业务。建站初期制作天气预报主要依靠看云识天经验和单站观测资料。20 世纪 70 年代后期开始通过收音机定时听取省气象台的天气形势广播和指标站探空观测资料,再结合本站资料分析图表制作天气预报。2000 年 4 月建成了气象卫星地面接收站,安装了天气预报分析系统,大量的观测站探测数据和卫星探测资料通过该系统接收,再通过计算机分析处理,预报质量逐步提高。

2. 气象服务

①公众气象服务

2002 年 8 月建成全省首家县级气象网站。2004 年 10 月建起了"武定县兴农网",在网上发布综合气象信息。2006 年 5 月,武定县气象局建成多媒体电视天气预报制作系统,将自制天气预报节目送至电视台播放。2008 年,启动气象灾害预警信息发布系统建设工程。至今,每日通过广播、电视、网络、电子显示屏等媒体,发布天气预报、森林火险等级预报、地质灾害等级预报等服务内容,每年制作各类预报产品 5600 余份,覆盖全县 90% 以上的部门、单位和广大人民群众。

②决策气象服务

2002 年,武定县气象局及时通过电话、传真、手机短信、电子显示屏、武定气象网等媒体为县人民政府及相关部门提供防灾减灾的专题决策气象服务。2005 年 6 月,建成了气象手机短信发布平台,以手机短信方式向县级领导发送气象信息,为领导决策提供更准确、及时的服务。2008 年 12 月以来,在县级各乡镇、部门、村委会安装了气象电子显示屏。

③专业与专项气象服务

人工影响天气　1992 年成立了武定县人工降雨防雹领导小组,领导小组办公室设在武定县气象局,由武定县气象局负责人工防雹工作的组织实施,州气象局配备了 1 辆人工影响天气作业专用车。1996 年 5 月武定县气象局在全县进行了首次人工降雨试验,当年取得成功并在全县铺开。2005 年 6 月武定县人政府成立武定县人工防雹增雨指挥部,指挥部办公室设在县气象局,负责全县人工防雹增雨工作的组织、管理、指挥和协调。

截至 2008 年 12 月,全县建有规范化作业点 12 个,拥有"三七"高炮 12 门,牵引式火箭发射设备 1 套,作业指挥车 1 辆,作业指挥人员 5 人,作业人员 64 人,烤烟防护面积 4.7 万亩。

防雷技术服务 根据《关于对避雷装置进行安全技术检测的暂行规定》要求,1992 年 4 月成立了武定县避雷装置安全技术检测站,挂靠武定县气象局,明确了武定县避雷装置安全技术检测站负责管理避雷装置安全检测、防雷工程施工监督及竣工验收、静电测试、建(构)筑物间绝缘电阻检测、土壤电阻率测量、计算机场地防雷安全技术检测等工作。1998 年 5 月,按照楚雄州机构编制委员会文件要求,成立了武定县防雷中心,由武定县防雷中心负责全县范围内的防雷设施的竣工验收、图纸审核、施工等。十多年来,根据《中华人民共和国气象法》、《云南省气象条例》和《防雷减灾管理办法》的有关规定,在防雷安全管理工作中,加强了防雷减灾职能管理,进一步规范了防雷工程专业设计、施工管理和防雷装置设计审核、竣工验收等工作。

④气象科普宣传

自 2000 年以来,每年通过各种形式,积极做好气象科普知识宣传工作。一是到武定县城和村镇张贴宣传标语。二是结合每年的安全生产月活动发放气象宣传材料和开展气象知识咨询服务。三是结合每年的"3·23"世界气象日活动组织当地学生集体到气象局参观学习。四是利用电视天气预报、电子显示屏、武定县气象网、手机短信、武定县兴农网等宣传气象科普知识和气象法律法规等。

气象法规建设与社会管理

法规建设 1992 年以来,武定县人民政府先后下发 13 个气象规范性文件,有力地促进了武定县气象事业又好又快发展。

发文时间	文号	文件标题
1992.4.11	武劳发〔1992〕8 号	关于转发《关于对避雷装置进行安全技术检测的暂行规定》的通知
1992.5.27	武政通〔1992〕8 号	关于成立县防汛抗旱人工降雨防雹工作指挥部的通知
1996.1.16	武政发〔1996〕1 号	武定县人民政府关于加强做好我县避雷装置安全检测的通知
2000.5.22	武政通〔2000〕44 号	武定县人民政府关于进一步加强我县防雷安全工作的通知
2000.10.16	武政通〔2000〕88 号	关于进一步加强防雷减灾安全管理工作的通知
2003.6.3	武政通〔2003〕51 号	武定县人民政府关于认真做好 2003 年防雹减灾工作的通知
2003.6.4	武政通〔2003〕57 号	武定县人民政府关于调整县防雷减灾领导小组的通知
2004.6.11	武政通〔2004〕87 号	武定县人民政府关于认真做好 2004 年人工防雹工作的通知
2005.3.18	武政通〔2005〕11 号	武定县人民政府关于进一步加强防雷减灾管理的通知
2005.6.14	2005 年内部传真电报 45 号	武定县人民政府关于成立人工防雹增雨指挥部的通知
2007.12.25	武政通〔2007〕107 号	武定县人民政府关于加快气象事业发展的实施意见
2008.7.11	2008 年内部传真电报 58 号	武定县人民政府关于调整充实人工防雹增雨指挥部成员的通知
2008.12.21	武政通〔2008〕107 号	武定县人民政府关于做好气象灾害预警信息发布系统建设工作的通知

社会管理 2002 年,依法对气象探测环境进行保护,凡是气象探测环境保护区内进行工程建设必须到县气象局报批,方可进行施工建设。2000 年,武定县气象局依法对全县辖

区内从事防雷设计、施工、检测的单位和个人依法进行防雷设计、施工资质和资格证的管理及防雷产品合格证检审、备案。防雷检测中心按职责对全县防雷装置、设备及场地做防雷检测工作。2003 年,依法对全县辖区内从事施放、系留气球单位和个人依法进行资质和资格证的审核。

政务公开　2003 年,气象行政审批办事程序、气象服务内容、服务承诺、气象行政执法依据、服务收费依据及标准等通过户外公示栏、电视广告、发放宣传单等方式向社会公开。干部任用、财务收支、目标考核、基础设施建设、工程招投标等内容则采取职工大会或公示栏张榜等方式向职工公开。财务每半年公示一次,年底对全年收支、职工奖金福利发放、领导干部待遇、劳保、住房公积金等向职工详细说明。干部任用、职工晋升、晋级等及时向职工公示或说明。

党建与气象文化建设

1. 党建工作

党的组织建设　1971 年成立党支部,有党员 5 人,截至 2008 年 12 月,有党员 8 人。

党风廉政建设　自 2004 年起配备党风廉政监督员 1 名。2007 年配备纪检监察员 1 名。坚持每月召开一次党的生活会,组织党员学习政策文件,发挥党支部的战斗堡垒作用和党员的模范带头作用。近年来先后开展了学习"八荣八耻"、深入学习实践科学发展观等活动。

2. 气象文化建设

精神文明建设　1998 年启动文明单位创建工作,全局以服务社会、营造优美的办公及生活环境为目标,在组织建设、制度建设、基础设施建设等方面狠下工夫,不断提高自身的思想道德素质、科学文化水平、现代管理技能,树立起全新的办事形象、廉政形象、执法形象,软硬件建设迈上了新台阶。

文明单位创建　1999 年被武定县委、县人民政府表彰为县级文明单位。2002 年被楚雄州委、州人民政府评为州级文明单位。2005 年、2008 年再次被楚雄州委、州人民政府授予州级文明单位称号。

文体活动　1998 年以来,多次组织职工及家属开展唱歌、评比文明家庭、旅游、拔河、长跑、象棋比赛等文体活动;利用节假日(如元旦、春节、妇女节、儿童节、火把节、州庆等)组织职工和家属联谊;组织职工与县人民政府办、消防队等单位开展蓝球友谊赛;与相邻的昆明市禄劝县气象局共同组织开展元旦运动会。

3. 荣誉

集体荣誉　1959 年 12 月被云南省气象局表彰为上半年度全省气象工作优胜单位;1964 年 2 月被云南省气象局和云南省人民委员会表彰为省农业先进单位;1965 年 9 月被云南省气象局表彰为省农业先进单位;1978 年 2 月被云南省气象局表彰为省气象系统"双学"先进集体;2008 年 4 月被楚雄州人民政府表彰为全州气象工作先进集体。

个人荣誉　1991—2008年,2人(次)被中国气象局表彰为优秀地面测报员;32人(次)被云南省气象局表彰为优秀地面测报员;2008年1人被楚雄州人民政府表彰为气象工作先进个人。

台站建设

1957年3月1日建成面积48平方米的值班室。1959年7月1日搬迁至城北水城农场。1987年建砖木房屋4间,建筑面积50.24平方米,使用面积39.0平方米。1987年10月新征地0.55亩。至1989年5月,武定县气象站共有土地面积4375.2平方米。1995年7月,由武定县人民政府无偿征地3.07亩,州人民政府出资40万元,省气象局出资60万元,在武定县狮山路3号修建办公楼和职工住宿区1000平方米,并于1997年10月竣工投入使用至今。2002年3月—2008年12月,武定县气象局自筹资金14万元,对局机关大院环境进行绿化、美化、亮化和综合安全设施改造,绿化面积达538平方米。

2003年以前的武定县气象局观测场

2003年以后改造后的武定县气象局观测场

2002年改造后的武定县气象局院内环境

禄丰县气象局

机构历史沿革

始建情况 1956 年 11 月 21 日建立云南省禄丰气候站。位于禄丰县金山镇黄土坡,北纬 25°09′,东经 102°04′,约测海拔 1598.0 米。属国家一般气象站。

站址迁移情况 1959 年 1 月 1 日迁移至禄丰县金山镇"河西铺"田野,北纬 25°09′,东经 102°04′,海拔高度 1566.1 米。

历史沿革 禄丰县气象局 1956 年建站时名为云南省禄丰气候站。1959 年 2 月,更名为云南省禄丰县气象站。1959 年 10 月,更名为云南省禄丰县中心气象站。1960 年 7 月,更名为禄丰县水文气象服务站。1964 年 3 月,更名为云南省禄丰县气候服务站。1971 年 3 月,更名为禄丰县气象站。1990 年 7 月,更名为禄丰县气象局。

管理体制 1956 年 11 月—1958 年 12 月,禄丰县气象站隶属云南省气象局建制和领导。1958 年 12 月—1963 年 5 月,隶属禄丰县人民委员会建制和领导,楚雄州中心气象站负责管理。1963 年—1970 年 6 月,改属云南省气象局(1966 年 3 月改为云南省农业厅气象局)建制和领导,楚雄州气象总站负责管理。1970 年 7 月—1970 年 12 月,禄丰县气象站改为禄丰县革命委员会建制和领导,禄丰县农水局代管。1971 年 1 月—1972 年 5 月,实行禄丰县人民武装部领导,建制属禄丰县革命委员会。1973 年 5 月—1980 年 1 月,禄丰县气象站改属禄丰县革命委员会建制和领导,归口县农业局管理。1980 年 1 月起,禄丰县气象站实行楚雄州气象局与禄丰县人民政府双重领导,以楚雄州气象局领导为主的管理体制。

单位名称及主要负责人变更情况

单位名称	姓名	民族	职务	任职时间
云南省禄丰气候站				1956.11—1959.01
云南省禄丰县气象站				1959.02—1959.09
云南省禄丰县中心气象站	尹 端	汉	站长	1959.10—1960.06
禄丰县水文气象服务站				1960.07—1964.02
云南省禄丰县气候服务站				1964.03—1970.10
	殷守林	汉	负责人	1970.11—1971.02
				1971.03—1981.10
禄丰县气象站	蔡沃衍	汉	站长	1981.11—1985.12
	吴天秀(女)	汉	站长	1986.01—1988.09
	范文智	汉	副站长(主持工作)	1988.10—1990.06
禄丰县气象局			副局长(主持工作)	1990.07—1991.08
	李德明	汉	局长	1991.09—1997.02
	范文智	汉	局长	1997.03—

人员状况 20 世纪 60 年代有在职职工 2 人。70 年代有在职职工 6 人。80 年代有在职职工 13 人。90 年代有在职职工 9 人。截至 2008 年底有在职职工 5 人,其中:大学 1 人,大专 3 人,中专 1 人;工程师 3 人,助理工程师 1 人,技术员 1 人。

气象业务与服务

1. 气象业务

①地面气象观测

观测项目 云、能见度、天气现象、气压、气温、湿度、风、降水、雪深、日照、蒸发(小型)和地温。

观测时次 每天进行 08、14、20 时 3 次定时观测。

发报种类 24 小时预约航危报。向云南省气象台拍发省区域天气加密报和拍发不定时重要天气报。1956—1995 年报文主要采用手摇电话通过邮局报送云南省气象台。1996—2000 年通过电话向楚雄州气象台报送,由楚雄州气象台转报云南省气象台。2000—2008 年通过内部光迁网络实现报文直接传输到云南省气象台。1971 年起承担航危报发报任务,2002 年 7 月 1 日取消航空报、危险报观测任务。1984 年 1 月 1 日编发重要天气报。2000 年 1 月 1 日拍发气象旬(月)报(AB 报)。

区域自动气象站观测 2007—2008 年完成了 3 个乡镇的两要素区域自动气象站建设。

测报数据处理 20 世纪 50 年代以来均为手工查算操作。1986 年 PC-1500 袖珍计算机和全国地面测报程序投入使用。1990 年《地面气象数据库》建成投入业务应用。2000 年 7 月地面测报 PC-1500 袖珍计算机换型,使用地面气象测报数据处理软件《AHDM 4.0》进行测报工作,电报通过 X.25 分组数据交换网向省局传输(航空报除外)。

业务变动情况 1986 年 1 月 1 日,启用全国统一观测程序《DMCX-A》;1987 年 7 月 1 日开始用 PC-1500 袖珍计算机编报;1988 年 1 月 1 日起,用 PC-1500 袖珍计算机观测及报表制作;1988 年 7 月 1 日,执行新电码型式;1989 年 8 月 1 日,再次修改电码型式;1990 年 1 月 2 日,修订电码型式中的雨量组;1991 年 11 月 1 日,启用《DMCX-A2》;1993 年 7 月 1 日,县气象局停报机制报表,改为上报州气象局;2000 年 1 月 1 日,使用《AHDM 4.1》编发报及报表制作;2001 年 1 月 1 日,使用《AHDM 5.0》编发报及报表制作;2002 年 7 月 1 日开始增发 20 时天气加密报,取消航危报观测任务,有预约航危报;2003 年 12 月 31 日 20 时后,启用新规范,天气现象记录增加扬沙、浮尘、最小能见度;2005 年 1 月 1 日开始使用《OSSMO 2004》编发报及报表制作。

②农业气象

利用观测实时资料结合历史资料与当前农业生产密切的气象条件进行分析,最终形成为当地人民政府提供指导农业生产的决策气象服务,为管理及生产部门提供公众和专项服务的情报产品。1961 年,禄丰县气象局开展了农业气象灾害、病虫害发生发展气象条件、森林火险气象等级、作物发育期、土壤墒情等预报。1980 年,开展农业气候资源(包括农业气候区划、农业气候可行性论证、农业气候资源评估)、设施农业气象服务以及农业气象适

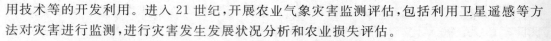

用技术等的开发利用。进入 21 世纪,开展农业气象灾害监测评估,包括利用卫星遥感等方法对灾害进行监测,进行灾害发生发展状况分析和农业损失评估。

③气象信息网络

1958 年开始编发气象资料,通过邮电部门的电话专线人工进行编发。1998 年 11 月,建成了 PC-VSAT 卫星小站,开始接收国家气象中心综合气象信息,内容有欧亚大陆各台站资料、卫星云图、多普勒雷达拼图、国内外预报产品等资料。2000 年 2 月接入 Internet 网络和 X.25 分组数据交换网实现了文件、观测数据的网络传输。2002 年建成地县计算机网络(FTP)。2004 年 12 月开通省、市、县光纤网络,实现了观测数据的自动网络传输。

④天气预报预测

短期天气预报　1958 年下半年,在收听气象台大范围天气形势预报和区域天气预报广播的基础上,结合本县内的地形、地理环境和气象要素的云天变化,运用历史气象资料和群众看天经验作出本地短期天气预报。短期天气预报分 12、24、36、48、72 小时的天气预报。短期天气预报的内容为禄丰区域的气象要素预报(气温、风向、风速、晴、阴、雨、雾、雪、霜等)和天气形势的预报。

中期天气预报　1961 年开始制作县站中长期预报。包括气温、降水、大风等气象要素预报和出现的天气过程。中期天气预报和发布时间,一般在旬前的 1～2 天定期发布。

长期天气预报　1965 年开始制作长期预报。包括旱涝、冷暖趋势、汛期早晚、雨量分布及可能发生的重要天气过程、重大灾害性天气等。

短时天气预报　进入 21 世纪,开始制作县站短时天气预报。短时天气预报是 12 小时以内的大风、暴雨、冰雹、雷暴等突发性重要灾害性天气预报。主要是为禄丰县委、县人民政府及与气象关系最密切的有关部门服务。

专题天气预报　20 世纪 80 年代,针对某些用户及大型活动的需要,提供适时气象服务,包括短时预报服务。

气象灾害预警信号　2005 年,禄丰县人民政府转发楚雄彝州人民政府关于进一步加强气象灾害防御工作文件的通知。禄丰县气象局开展了气象灾害预警信号发布工作,同时参与县人民政府气象防灾减灾决策,组织对重大灾害性天气跨地区、跨部门的气象灾害联防,组织指导防御冰雹、雷电、干旱、洪涝、暴雨、寒潮等气象防灾减灾工作。发生在禄丰境内的气象灾害预警信号有暴雨、暴雪、寒潮、霜冻、大雾、雷电、高温、大风、冰雹、霾、道路结冰等。

2. 气象服务

①公众气象服务

2005 年,禄丰县气象局向社会发布最新天气预报和实况(主要进行 12、24、36、48、72 小时的常规天气预报和预警),并通过广播、电视、网站、手机短信、"121"语音电话等媒体向公众发布。

②决策气象服务

2001 年以来,遇有重大天气预报、雨情和重要灾害性天气,及时用电话、手机短信、政府网及书面材料等向县委、县人民政府领导和有关部门报告,并提出生产建议和防御措施。

③专业与专项气象服务

人工影响天气　禄丰县由于受季风气候的影响,干旱、洪涝、冰雹等已成为影响禄丰工农业发展的主要障碍之一。从20世纪80年代末开展这项工作起,截至2008年底,禄丰县已建成标准化人工影响天气作业点12个。

防雷技术服务　1992年成立禄丰县避雷装置安全技术检测站。1998年4月楚雄州编委批准成立禄丰县防雷中心,负责管理避雷装置安全检测、防雷工程施工监督及竣工验收、静电测试、建(构)筑物间绝缘电阻检测、土壤电阻率测量、计算机场地防雷安全技术检测等工作。将防雷工程从设计、施工到竣工验收,全部纳入气象行政管理范围。禄丰县人民政府防雷安全管理办公室设在县气象局。

④气象科普宣传

禄丰县气象局每年通过各种形式,积极做好气象科普知识宣传工作。结合每年的安全生产月、"3·23"世界气象日主题活动到集市上发送宣传材料和开展气象知识咨询服务,组织当地学生集体到气象局参观学习,并利用电子显示屏、禄丰县气象网、禄丰县兴农网等宣传气象科普知识和气象法律法规。

气象法规建设与社会管理

法规建设　2000年以来,禄丰县人民政府先后下发6个气象法规建设文件。

发文时间	文号	文件标题
2001.4.16	禄政发〔2001〕69号	关于进一步加强防雷减灾安全管理工作的通知
2006.8.28	禄政通〔2006〕135号	禄丰县人民政府关于转发《楚雄彝族自治州人工增雨防雹管理办法》的通知
2007.10.11	禄政通〔2007〕127号	禄丰县人民政府关于转发楚雄彝州人民政府关于进一步加强气象灾害防御工作文件的通知
2007.12.6	禄政发〔2007〕21号	禄丰县人民政府关于加快气象事业发展的实施意见
2007.12.6	禄政通〔2007〕144号	禄丰县人工增雨防雹管理办法
2007.2.8	禄政办发〔2007〕9号	关于加强防雷减灾安全管理工作的通知

社会管理　依法对气象探测环境进行保护,凡是在气象探测环境保护区内进行工程建设必须到气象局报批,方可进行施工建设。2007年,依法对全县辖区内从事防雷设计、施工、检测的单位和个人依法进行防雷设计、施工资质和资格证的管理及防雷产品合格证检审、备案。防雷检测中心按职责对全县防雷装置、设备及场地做防雷检测工作。2003年,依法对全县辖区内从事施放、系留气球单位和个人依法进行资质和资格证的审核。

政务公开　2003年,对气象行政审批办事程序、气象服务内容、服务承诺、气象行政执法依据、服务收费依据及标准等,采取了通过户外公示栏、电视广告、发放宣传单等方式向社会公开。干部任用、财务收支、目标考核、基础设施建设、工程招投标等内容则采取职工大会或公示栏张榜等方式向职工公开。

党建与气象文化建设

1. 党建工作

党的组织建设 2004 年前有党员 2 人,编入禄丰县科技局党支部。2004 年成立独立的党支部,有党员 4 人,截至 2008 年底,有党员 5 人。

党风廉政建设 2004 年,认真落实党风廉政建设目标责任制,积极开展廉政教育和廉政文化建设活动,努力建设文明机关、和谐机关和廉政机关。党支部认真开展"三个代表"、先进性教育、解放思想大讨论活动,贯彻落实党风廉政建设目标责任制,执行"三重一大"制度和"三人小组"民主决策制度,努力建设文明、和谐、廉洁机关。

2. 气象文化建设

1995 年获云南省气象局双文明建设先进集体。1995 年获县级文明单位称号,1997 年被禄丰县委、县人民政府表彰为文明单位。2008 年被楚雄州人民政府表彰为州级文明单位。

3. 荣誉

集体荣誉 2008 年被楚雄州人民政府表彰为 2005—2007 年全州气象工作先进集体。

个人荣誉 1993—2008 年,先后有 33 人(次)获得云南省气象局授予的气象测报先进个人称号。1997 年 1 月 1 人获 1996 年度云南省气象局特殊贡献奖。2005 年 12 月,1 人获云南省气象局重大气象服务先进个人。

台站建设

建站时总面积 4172.3 平方米,房屋占地 500 平方米。1999 年初,职工集资建盖了 500多平方米的职工宿舍楼。2003 年,借助台站"两室一场"改造的机会,努力争取资金,对现有的办公楼进行了装修,水、电、路、通讯、围墙、绿化等建设,办公和生活条件得到根本改善,改变了过去破旧的面貌。

禄丰县气象局 20 世纪 90 年代办公楼

2003 年改造后的禄丰县气象局大院

玉溪市气象台站概况

玉溪市位于云南省中部,东经 101°16′~103°9′,北纬 23°19′~24°53′。全市所辖八县一区,总面积 15285 平方千米,人口 213 万。

气象工作基本情况

所辖台站概况 截至 2008 年 12 月,全市共有国家地面气象观测站 9 个,其中 1 个国家基准气候站、1 个国家基本气象站、7 个国家一般气象站。213 个区域自动气象站(其中 68 个温雨两要素站,120 个雨量观测站,9 个六要素站,16 个四要素站)。

历史沿革 1912 年,法国铁路司在华宁婆兮(今盘溪镇)建雨量站。1933—1939 年,当地教育局、建设局先后在新平、易门、元江、华宁、通海、华宁棉业推广站进行短期简单的气象要素观测。1944 年 1 月 12 日民国政府中央气象局在玉溪东门外来龙寺建立玉溪测候所,气象观测持续至云南解放。1950 年 5 月,昆明航空站气象站接管民国政府中央气象局玉溪测候所,11 月 19 日,组建中国人民解放军西南军区气象处玉溪气象站。1953—1959 先后建立了元江、易门、新平、澄江、江川、华宁、通海、峨山县气象站。2001 年 12 月 27 日,成立了红塔区气象局,玉溪市局的地面观测、农业气象两个组划归红塔区气象局管理。

管理体制 1950 年 11 月 19 日—1953 年 11 月,玉溪专区各气象站属军队建制。1953 年 12 月—1955 年 4 月,隶属当地人民政府建制。1955 年 5 月—1958 年 4 月,全专区气象部门隶属云南省气象局建制和领导。1958 年 5 月—1963 年 10 月,玉溪专区气象台站改属当地人民委员会建制和领导。1963 年 11 月—1970 年 6 月,统归省气象局(1966 年 3 月改为云南省农业厅气象局)建制。1970 年 7 月—1971 年 3 月,全专区气象台站改属当地革命委员会建制和领导。1971 年 4 月—1973 年 10 月,玉溪地区气象台站实行军队领导,建制属当地革命委员会。1973 年 11 月 5 日—1981 年 2 月,全地区气象台站改属当地革命委员会建制和领导。1981 年 3 月以后,实行气象部门与地方人民政府双重领导,以气象部门领导为主的管理体制。

人员状况 1964 年全专区气象部门有在职职工 44 人,其中:少数民族 3 人;大学 3 人,高中 23 人,初中 20 人,高小 3 人。截至 2008 年底,有在编职工 117 人,地方编制 13 人,外聘 90 人。在编在职职工中,少数民族 20 人;硕士 3 人,大学本科 64 人,专科 37 人;高级职称 18 人,中级职称 34 人。

党建与精神文明建设　截至 2008 年,玉溪气象部门设党总支 1 个,党支部 9 个,有党员 83 人。玉溪气象部门精神文明创建工作始于 20 世纪 90 年代初,1995 年被玉溪地委授予第三批"玉溪地区文明单位"称号。截至 2008 年底,共有国家级文明单位 1 个,省级文明单位 3 个,市级文明单位 3 个,县级文明单位 2 个。全市气象部门获得玉溪市第二届至第五届市级文明行业称号。

领导关怀　1958 年 6 月 5 日,中央气象局副局长卢鉴到玉溪检查工作。1959 年 2 月,中央气象局局长饶兴视察玉溪气象中心站。1990 年 12 月 24 日,国家气象局副局长温克刚到玉溪地区气象局检查工作。

主要业务范围

地面气象观测　全市 9 个观测站(元江国家基准气候站;玉溪(红塔区)国家基本气象站;峨山、新平、易门、通海、华宁、江川、澄江国家一般气象站)承担全国统一观测项目任务,观测内容包括云、能见度、天气现象、气压、气温、湿度、风、降水、雪深、日照、蒸发(7 个一般站观测小型蒸发,基准(基本)站观测大型蒸发)和地温(地表、浅层),7 个国家一般气象站每天 3 次(08、14、20 时)定时观测,向云南省气象台拍发省区域天气加密电报。玉溪(红塔区)国家基本气象站每天 6 次(02、05、08、14、17、20 时)定时观测,向云南省气象台拍发省区域天气报。元江国家基准气候站每天 7 次(02、05、08、11、14、17、20 时)定时观测,向云南省气象台拍发省区域天气报。2006 年 1 月 1 日起,玉溪(红塔区)国家基本气象站、元江国家基准气候站由原来的 6 次、7 次调整为 8 次(02、05、08、11、14、17、20、23 时)定时观测发报。2007 年 1 月起玉溪基本站、元江基准站增发气象旬月报地温段,元江基准站增发气候月报(不参加全球交换)。

2002—2008 年期间,全市完成了 213 个区域自动气象站建设,实现了数据的采集、存储和资料上传工作。6 个地面气象观测站安装自动气象站,对气压、气温、湿度、风向风速、降水、地温(基本、基准站增加深层)、草温(一般气象站增加)等七要素进行自动观测,具体业务要求完成情况如下:2002 年 12 月元江站、玉溪(红塔区)站安装自动站设备,2003 年 1 月 1 日至 2004 月 12 月 31 日两年为平行观测,2005 年 1 月 1 日开始进入单轨运行。江川站、澄江站 2005 年 10 月安装自动站设备,2006 年 1 月 1 日至 2007 年 12 月 31 日为两年的平行观测,2008 年 1 月 1 日进入单轨运行。2006 年 12 月新平站、通海站安装自动站设备,2007 年 1 月 1 日至 2008 年 12 月 31 日为 2 年的平行观测(其中平行观测 2 年是指第一年观测资料以人工观测为主,自动观测为辅,平行观测第二年观测资料以人为观测为辅,自动观测为主),2009 年进入单轨运行。剩余的华宁站、易门站和峨山站未安装自动站设备。安装自动站设备的台站,实现了观测数据每小时自动上传至省气象局。

全市 9 个气象观测站中,元江站、玉溪(红塔区)站承担每天 06—18 时航空危险天气发报任务,向成都军航每小时发报 1 次。华宁、新平站为成都军航的预约航危报台站,其余 5 个台站未承担航空危险天气发报任务。

2006 年 8 月在云南省第二届大气探测技术竞赛中,玉溪市气象局获得全省 6 个奖项中的 4 个第一名。

农业气象观测　1950—1953 年,先后建设元江站和玉溪站(1950 年 1 月 1 日,成立玉溪县,1983 年 9 月 9 日撤县,设玉溪市(县级),1998 年 6 月 28 日,原县级玉溪市随玉溪地区改为地级市后,玉溪市改为红塔区)。至2008年元江站开展水稻、甘蔗、茉莉花、芦荟的农作物观测和木棉的物候观测。2001年12月27日,成立了红塔区气象局,玉溪市气象局农气组划归红塔区气象局管理,12月31日正式启用。玉溪红塔区气象站开展水稻、冬小麦、油菜、烤烟的农作物观测和桃树、无花果的物候观测。

玉溪站(包括红塔区站)观测变动情况:1958年5月开始农业气象观测,农作物观测项目为水稻、蚕豆、油菜、小麦、烤烟等;1958年6月18日开始土壤湿度观测;1959年3月开始田间小气候观测,1960年5月停止;1958年8月18日开始拍发农业气象旬报;1962年10月至1964年4月,开始观测油菜、大麦、小麦、蚕豆。1966年停止农业气象观测,1976年恢复农业气象工作,开展农业气象调查、服务工作;1979年3月恢复农作物观测,观测项目为水稻、蚕豆、小麦、油菜;1985年停止油菜观测;2004年9月30日,停止蚕豆观测,恢复油菜观测;1982年增加烤烟,1997年月10月停止观测,2002年5月恢复观测;农作物观测地段在红塔区站测场附近田块,2001年12月31日红塔区站测场由玉溪州城南门外上郑井迁至玉溪市红塔区瓦窑办事处后学山,观测地段移至距测场5~7千米的田块。1980年10月恢复土壤湿度观测,1983年月12月停止;1984年2月开始自然物候观测至今,观测种类为桃树、无花果。

元江站观测变动情况:1959年3月开始仪器测土壤湿度观测工作;1962年4月16日至今观测记录水稻农作物生育状况(早晚稻);1962年1月1日至今观测记录甘蔗农作物生育状况;1967年1月停止农业气象观测记录;1978年11月19日起恢复农作物物候观测;1980年1月8日恢复仪器测土壤湿度观测;1982年至1994年观测土壤湿度(固定地段),1995年1月停止;1984年至今观测记录土壤湿度;其中1964年1月1日至1989年本站自定观测记录西瓜农作物生育状况;2004年3月1日,根据云南省气象局气业函〔2004〕6号文,取消晚稻生育期观测,增加茉莉花和芦荟生育期观测。

天气预报 1958年9月开展单站补充订正预报。1976年7月,1套卫星云图接收设备投入业务使用,开始气象卫星云图的接收。1979年8月,由地方资助拨款17万元,购置711天气雷达(车载式)1部,开始气象雷达业务,1992年10月开始利用"9210"工程系统接收气象信息,进行气象预报。

人工影响天气工作 1960年用燃烧酒精加樟脑试验人工增雨,后燃烧赤磷进行人工防霜试验。1970年自制土火箭在江川县进行防雹试验。1971年11月底至次年3月,玉溪地区气象台开展人工造雾试验研究,此项工作持续到1973年4月结束。1976年5月初,玉溪地区气象台在玉溪县开展"三七"高炮人工引雨试验,1978年4—9月在全区范围内开展"三七"高炮人工降雨试验工作。1986年4月,玉溪刺桐关和昆明青龙山发生森林火灾,玉溪地区气象处与云南省气象局气科所配合,在火灾地区实施火箭人工引雨试验。玉溪市全面人工影响天气工作始于1989年,首先在江川试点,1990年逐步推广。2002年成立了玉溪市人工影响天气中心,职责为:规划、管理、组织、指挥、协调、宣传全市人工影响天气工作;负责全市人工影响天气体系的建设;负责全市人工影响天气工作有关项目的调研、申报及经费的协调落实;负责全市人工影响天气通信网络的建设、管理、维护和维修;负责全市人工影响天气所需专用物资的定购、调拨以及相关部门的协调、人员培训、安全检查、电台发射装置维护、维修等工作;负责收集人工增雨防雹工作信息;承担气象现代化建设技术的开发应用;负责与省局人工影响天气中心和民航空域管理部门的协调工作。中心成立后,不断引进发射装置,有 JFJ、BL-1、BL-2、WR-1D、WR-98 型火箭及发射架和"三七"高炮。2007 年全市在人工影响天气作业点建立了 9 个六要素自动气象站,并在所有作业点开展人工影响天气特种观测;2008 年,全市共有人工增雨防雹作业点 133 个。

气象科研 据不完全统计,1978—2008 年,科研项目共获得地厅级以上科技进步奖 35 项,其中国家气象局科技进步奖四等奖 1 项;云南省人民政府科技进步奖二等奖 2 项,三等奖 3 项;玉溪市人民政府科技进步奖一等奖 2 项,二等奖 10 项,三等奖 14 项;云南省气象局科技进步奖一等奖 2 项,二等奖 2 项,三等奖 3 项。

1993 年"微机全电子秤烟叶收购分户管理系统"获国家气象局四等奖。

1988 年"元江干热河谷山地退化现状及合理开发利用研究"和 1998 年"哀牢山气候考察及气候资源合理利用研究"获云南省人民政府二等奖。

1991 年"711 雷达数字化处理系统"、1998 年"玉溪市灾害性天气预测方法研究"及 2008 年"市县级人工影响天气作业指挥系统"获云南省人民政府三等奖。

气象服务 20 世纪 50 年代,重要天气预报一经作出,立即用电话、书面、广播向当地党委、政府汇报和对公众发布。2000 年 9 月 1 日,玉溪市气象台正式开通"96121"(后改为"12121")气象信息电话特服号。2001 年 7 月底,玉溪气象网站正式开通,天气预报和各种气象信息通过网络向大众公布。2007 年 6 月,玉溪市局出资 1.5 万元引进第一块气象综合信息电子显示屏,成为全国首个气象电子显示屏进村试点,安装在澄江县龙街镇。2008 年加大了气象综合信息推广进村、全力为"三农"服务的各项工作。截至 2008 年全市推广安装电子显示屏达 966 块。

1968 年气象部门开始进行烤烟观测,把烤烟每个生长期的情况提供给当地烟草部门。20 世纪 80 年初期,已制作烤烟旬月报给烟草部门。1988 年气象部门与烟草公司合作,开发使用 PC-1500 烟草收购结算系统,同年 8 月为粮食系统开发使用 PC-1500 粮油购销结算系统。1990 年 2 月气象部门与澄江烟草公司签订 HX-20 计算机进行烟草收购结算的协议。1991 年创办了气象电子技术服务部,后更名为玉溪怡辉电子技术公司。8 月地区气象电子服务部研制出"微机全电子秤烟草收购分户管理系统"。1992 年 10 月微机全电子秤烟草收购分户管理系统通过地区科委鉴定。1999 年,科技服务科为红塔集团开发研制了"烟包动态称重输送系统"。2001 年 10 月 11 日,由玉溪怡辉电子技术公司和峨山县烟草公司共同研制了"封闭式烟叶收购多媒体管理系统"。烟草服务不仅在玉溪普及,还推广到昆明、保山等地。2002 年成立玉溪市烤烟气象服务台,从机构和人员上保证烤烟气象服务工作的开展。建立了 15 个烤烟气象特种自动观测站。建立了烤烟气象预报预测业务系统,针对烤烟生产不同时期的需求,提供相应的气象服务。建立了涉烟人员的烤烟气象服务手机短信平台,在玉溪市、县烟草公司和全市所有烟草工作站安装烤烟气象信息电子显示屏共 129 块,及时准确地将烤烟气象预报预警信息传递给广大烟农。

2005 年 11 月,与玉溪市国土资源局签订了共同建设"玉溪市汛期地质灾害气象预警预报系统"的协议。现该系统已初步建成,包括了 112 个自动雨量站和地质灾害预报方法等,系统在实际应用中取得了明显效果。

玉溪市气象局

机构历史沿革

始建情况 1950 年 5 月,昆明航空站气象站接管民国政府中央气象局玉溪测候所,11 月 19 日,组建中国人民解放军西南军区气象处玉溪气象站,站址在玉溪州城维新路 48 号。属国家基本站。

站址迁移情况 1952 年 6 月 12 日,迁至玉溪州城南门外高地,1953 年 12 月 3 日,又迁往玉溪州城南门外上郑井(郊外),即现在的玉溪市气象局地址,地面观测场位于东经度 102°33′,北纬 24°21′,海拔高度 1636.8 千米。2001 年 12 月 31 日 20 时,迁往红塔区瓦窑办事处后学山,划归红塔区气象局管理。

历史沿革 1950 年 5 月,民国政府中央气象局玉溪测候所移交昆明航空站气象站,11 月组建中国人民解放军西南军区气象处玉溪气象站。1952 年 6 月,改称云南省军区司令部玉溪气象站。1953 年 12 月,改称玉溪县人民政府气象站。1955 年 5 月,改称云南省玉溪气象站。1958 年 5 月,成立云南省玉溪专员公署玉溪气象中心站。1960 年 7 月,玉溪专员公署气象中心站与水文站合并,成立云南省玉溪专员公署水文气象服务中心站。1963 年 11 月,成立云南省玉溪专区气象总站。1969 年 3 月,成立玉溪专区气象总站革命领导小组。1970 年 12 月,改为玉溪地区气象台。1981 年 3 月 6 日,改称玉溪地区气象局。1984 年 1 月,改称为玉溪地区气象处。1990 年 6 月以后,改称玉溪地区气象局。1998 年 6 月 28 日,更名为玉溪市气象局。

管理体制 1950 年 5 月—1952 年 6 月,隶属昆明航空站气象站。1952 年 6 月—1953 年 12 月,隶属云南军区气象科。1953 年 12 月—1955 年 5 月,玉溪县气象站隶属玉溪县人民政府建制。1955 年 5 月—1958 年 5 月,云南省玉溪气象站隶属云南省气象局建制和领导。1958 年 5 月—1963 年 10 月,玉溪专员公署玉溪气象中心站隶属玉溪专区人民委员会建制和专员公署领导。1963 年 11 月—1970 年 7 月,玉溪专区气象总站属云南省气象局(1966 年 3 月改为云南省农业厅气象局)建制。1970 年 7 月—1971 年 3 月,玉溪专区气象总站隶属玉溪专区革命委员会建制和领导。1971 年 4 月—1973 年 10 月,玉溪地区气象台实行玉溪军分区领导,建制属玉溪地区革命委员会。1973 年 11 月—1981 年 2 月玉溪地区气象台改属玉溪地区革命委员会建制和领导。1981 年 3 月起,玉溪地区气象局实行云南省气象局、玉溪地区行署双重领导,以云南省气象局领导为主的管理体制。

机构设置 内设机构及直属事业单位 8 个,分别为办公室、人事政工科、计划财务科(审计科)、业务科(政策法规科)、玉溪市气象台、玉溪市人工影响天气中心(人工降雨防雹办公室)、玉溪市防雷中心、玉溪市气象服务中心。2002 年底又对机构进行部分调整,撤销原防雷中心,设避雷装置检测中心,增设物业管理中心。机构规格不变。仍实行气象部门和地方政府双重领导的管理体制。2005 年 1 月,政策法规科从业务科分离出来。2006 年,撤销人事政工科、业务科,成立人事教育科、业务科技科。改革后内设机构6个,即办公室、政策法规科、人事教育科、业务科技科、计划财务科与审计科是两块牌子一套班子。直属事业单位6个,即玉溪市气象台、玉溪市人工影响天气中心(玉溪市人工降雨防雹领导小组办公室)、玉溪市雷电中心(玉溪市人民政府防雷减灾领导小组办公室、避雷装置检测中心)、玉溪市气象科技服务中心、物业管理中心、培训中心。

单位名称及主要负责人变更情况

单位名称	姓名	民族	职务	任职时间
中国人民解放军西南军区气象处玉溪气象站	刘琨生		负责人	1950.11—1952.05
云南省军区司令部玉溪气象站	张国能	汉	主任	1952.06—1952.11
				1952.12—1953.11
玉溪县人民政府气象站			站长	1953.12—1955.04
云南省玉溪气象站				1955.05—1958.04
云南省玉溪专员公署玉溪气象中心站	孙林传	汉	副站长	1958.05—1960.06
云南省玉溪专员公署水文气象服务中心站			站长	1960.07—1963.10
云南省玉溪专区气象总站				1963.11—1969.02
玉溪专区气象总站革命领导小组	陈复尧	汉	组长	1969.03—1970.12
			无法考证	1970.12—1971.03
玉溪地区气象台	陈子宽	汉	教导员	1971.04—1973.11
	孙林传	汉	台长	1973.11—1981.02
玉溪地区气象局			局长	1981.03—1983.12
玉溪地区气象处			副处长	1984.01—1984.04
			处长	1984.05—1990.05
			局长	1990.06—1991.01
玉溪地区气象局	黄震中	汉	副局长	1991.02—1991.04
	刘开明	汉	副局长	1991.05—1992.10
			局长	1992.10—1998.06
玉溪市气象局				1998.06—2001.02
	李文祥	彝	局长	2001.02—

注:黄震中任副局长是省气象局口头宣布,是否主持工作无法考证。

人员状况 1950年建站时有2人。截至2008年底有在编职工56人,外聘职工43人;在编在职职工中:硕士1人,本科29人,专科17人,中专4人,初中3人;高级工程师10人,工程师21人,助理工程师13人,技术员1人,高级工2人;少数民族11人;30岁(包括30岁)以下11人,31~40岁12人,41~50岁28人,51岁以上5人。

气象业务与服务

1. 气象业务

①地面气象观测

观测项目 云状、云量、能见度、天气现象、风向风力、气温、湿度、降水、气压。1952年

6月,观测项目增加蒸发和湿度自记。1953年8月1日,增加日照观测。1954年1月1日,调整为4次观测01、07、13、19时。1954年3月1日,增加曲管地温观测。1955年10月1日,增加最高最低地温观测。1957年1月1日,增发航空危险天气报告。2001年12月31日,将地面观测业务划归红塔区气象局管理。

观测时次 1950年11月19日开始,每天进行03、06、09、12、14、18、21、24时(地方时)8次观测,1954年1月1日,调整为01、07、13、19时(地方时)4次观测。1960年8月1日起改用北京时,观测时次为02、08、14、20时。

②农业气象

1959年2月开始农作物生育状况、土壤湿度观测和物候观测。1988年停止土壤湿度观测。1982—1998年进行烤烟物候观测,2001年农业气象观测移交到红塔区气象局。

③气象信息网络

建站后,玉溪天气气象绘图报通过邮电局拍发,1958年,开展预报业务,全国地面绘图报和亚欧高空资料采用人工抄收莫尔斯码电报广播,1972年电传打字机收报替代手工抄报,此种方式直到气象卫星综合系统("9210"工程)投入运行为止。

1986年建设甚高频无线辅助通讯网,1987年正式投入使用,主要用于区内测报和预报结果交换。

1993—2004年,先后在各县(区)气象局建立甚高频无线通信网,实现市局指挥中心与各炮点增雨防雹人工影响天气指挥无线通信。

2003年,市、县建设了2兆计算机宽带网,并在其基础上建设了IP电话系统和视频会议系统。2004年建成省、市4兆宽带网。2005年建设了省、市视频会议系统。

④天气预报预测

短期天气预报 1958年通过手工收报、手工填图、绘图和天气图分析结合预报经验为主的主观定性预报方法,于1958年5月1日起,玉溪气象站正式对外进行单站天气短期预报服务。20世纪90年代开始逐步发展为如今的利用气象雷达、卫星云图、气象卫星、"9210"工程、并行计算机系统等工具制作的客观、定量、定点数值预报。

中期天气预报 20世纪60年代逐步开展中期预报业务,利用中央台下发的欧洲中心、日本和国内的数值预报传真图及候、旬、月高空平均环流图进行预报。20世纪90年代后发展到利用国内外多种数值预报产品结合本地天气、气候特点解释应用来进行预报。

长期天气预报 20世纪60年代开展了长期预报业务。利用单站资料经验统计、农业气象谚语、看天观气候等方法进行预测。20世纪80年代后利用国家气象局下发的74项环流指数、高空平均场资料、海温资料等,进行周期分析、回归分析得出预报结果。

2. 气象服务

①公众气象服务

20世纪50年代,天气预报用电话、广播等形式向公众发布。2000年9月1日,玉溪市气象台正式开通"96121"气象信息电话特服号。2001年6月5日,玉溪"环境空气质量日报"正式在玉溪市电视台、《玉溪日报》上向社会发布。2001年7月底,玉溪气象网站正式开通,天气预报和各种气象信息通过网络向大众公布。2002年10月,与玉溪市电视台公

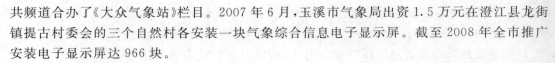

共频道合办了《大众气象站》栏目。2007年6月,玉溪市气象局出资1.5万元在澄江县龙街镇提古村委会的三个自然村各安装一块气象综合信息电子显示屏。截至2008年全市推广安装电子显示屏达966块。

②决策气象服务

20世纪50年代,重要天气预报用电话、书面、广播向当地党委、县人民政府汇报。1990年发展由电话、传真、信函等向电视、计算机终端、互联网进行传输。2003年完成的"玉溪市天气预报及决策服务系统"投入应用,决策服务进一步实现自动化。现开展《烤烟气象专项决策服务》、《大春生长期专项决策服务》、《农业生产专项决策服务》、《干旱气象决策服务》、《转折区天气专项气象决策服务》、《重要天气专项服务》、《防汛抢险决策服务》、《大型活动专项服务》等服务项目。

③专业与专项气象服务

人工影响天气 1971年11月底至次年3月,玉溪地区气象台开展人工造雾试验研究,此项工作持续到1973年4月结束。1976年5月初,玉溪地区气象台在玉溪县开展"三七"高炮人工引雨试验,于9月结束。1979年引进711雷达,1987年对711雷达进行数字化改造,提高了工作效率。1998年6月引进711B数字化雷达。2003年5月引进XDR数字化雷达。2004年6月引进XDPR双极化雷达,开展双极化在防雹中的试验工作。

人工影响天气工作全面开展始于1989年。1993年6月16日,玉溪行政公署成立玉溪地区人工降雨防雹领导小组办公室,并将办公室设在玉溪地区气象局。2002年成立了玉溪市人工影响天气中心。2003年建成了"玉溪市人工影响天气现代化作业指挥系统",该系统获玉溪市科技进步三等奖。2004年建设了"乡镇雨量遥测网"和"闪电定位监测网"。2006—2007年,开发了"市县级人工影响天气作业指挥系统",获云南省科技进步三等奖。

防雷技术服务 玉溪地区气象处于1989年成立了防雷中心。防雷中心主要开展防雷装置安全检测、雷电防护、雷电监测与预报预警、雷击灾害调查鉴定等工作。玉溪市防雷中心充分发挥科技优势,研发了"雷击风险评估系统",现已在全省推广使用,为雷电防御工作提供了科技支撑。1990年8月,开始承担全区各类建筑物的避雷检测工作。

烤烟气象服务 1968年开始进行烤烟观测。1991年创办了气象电子技术服务部(后更名为玉溪怡辉电子技术公司),同年8月即研制出"微机全电子秤烟草收购分户管理系统"。1999年,科技服务科为红塔集团开发研制了"烟包动态称重输送系统"。2001年10月11日,由玉溪怡辉电子技术公司和峨山县烟草公司共同研制了"封闭式烟叶收购多媒体管理系统"并推广到昆明、保山等地。2002年成立玉溪市烤烟气象服务台,从机构和人员上保证烤烟气象服务工作的开展。建立了16个烤烟气象特种自动观测站。建立了烤烟气象预报预测业务系统,针对烤烟生产不同时期的需求,提供相应的气象服务。建立了涉烟人员的烤烟气象服务手机短信平台,在玉溪市、县烟草公司和全市所有烟草工作站安装烤烟气象信息电子显示屏共129块,及时准确地将烤烟气象预报预警信息传递给广大烟农。

地质灾害防御气象服务 2005年11月,与玉溪市国土资源局签订了共同建设"玉溪市汛期地质灾害气象预警预报系统"的协议。2006年6月1日,该系统已初步建成,包括了112个自动雨量站和地质灾害预报方法等。2007年,建立了地质灾害预警信息发送平台,在预测有 3 级以上地质灾害时及时将相关信息发送到相关人员的手机上,为领导指挥防灾抗灾发挥重要作用。

3. 科学技术

气象科普宣传 1989 年 7 月 8 日,成立了玉溪地区气象学会,逐步开展气象科普宣传。每年在"3·23"世界气象日、科技活动周、防震减灾日等,组织人员参加科普宣传,普及气象法律法规、防灾减灾、防雷等知识。

气象科研 1978—2008 年,玉溪市局科研项目共获得地厅级以上科技进步奖 26 项,其中国家气象局科技进步奖四等奖 1 项;云南省人民政府科技进步奖二等奖 2 项,三等奖 3 项;玉溪市人民政府科技进步奖一等奖 2 项,二等奖 8 项,三等奖 8 项;云南省气象局科技进步奖一等奖 1 项,二等奖 2 项,三等奖 3 项。

1993 年"微机全电子秤烟叶收购分户管理系统"获国家气象局四等奖。

1988 年"元江干热河谷山地退化现状及合理开发利用研究"和 1991 年"哀牢山气候考察及气候资源合理利用研究"获云南省人民政府二等奖。

1991 年"711 雷达数字化处理系统"、1998 年"玉溪市灾害性天气预测方法研究"及 2008 年"市县级人工影响天气作业指挥系统"获云南省人民政府三等奖。

气象法规建设与社会管理

法规建设 2001 年玉溪市气象局成立政策法规科挂靠业务科。2005 年政策法规科独立,设置 3 个专职岗位负责气象法制工作和执法支队工作。2003 年 6 月成立玉溪市气象行政执法支队。2006 年 3 月成立了玉溪市气象局行政复议办公室。

2001 年玉溪市人民政府成立玉溪市防雷减灾领导小组,办公室设在玉溪市气象局。2007 年 6 月 26 日下发了《玉溪市人民政府办公室关于进一步加强防雷减灾工作的通知》。2008 年 5 月 13 日下发了《玉溪市人民政府办公室关于切实加强防雷安全监督管理工作的通知》。2008 年 6 月 26 日下发《玉溪市人民政府办公室关于进一步加强气象灾害防御工作的通知》。2008 年 11 月 20 日下发《玉溪市人民政府办公室关于印发玉溪市气象灾害应急预案的通知》。

2005 年建立《玉溪市气象局行政许可监督检查制度》等 4 个配套制度。

2005 年 9 月玉溪市气象局制定了《玉溪市气象局行政执法实施细则》,2007 年 10 月制定了《玉溪市气象行政处罚程序》。2005 年结合法律、法规、规章发生变更的情况,制定了《玉溪市雷电灾害防御管理办法》、《玉溪市施放气球资质管理办法》、《玉溪市施放气球审批规定》。

社会管理 法规科成立以来,按有关法律法规和程序,依法办理施放气球资质、防雷工程资质申请的初审、施放气球资质证年检、防雷图纸设计审核、防雷装置竣工验收、施放气球活动许可、大气环境影响评价、使用气象资料审查等行政许可,依法查处各类气象行政违法案件。

2005 年 5 月,就气象探测环境保护这项工作分别向当地建设部门进行了备案(备案内容包括:备案函、台站位置、周围仰角、障碍物、十六个方位照片、保护控制图、保护标准、中国气象局、省气象局及市气象局有关文件等 14 项)。

政务公开 从 2002 年开始,以权、钱、事、人四个环节为重点,采取公开栏公开、会议公开和在市局局域网上公开相结合的形式,定期或不定期把职工群众关心的热点及重大事项进行公开。

党建与气象文化建设

1. 党建工作

党的组织建设 1971 年 11 月,成立玉溪地区气象台党支部,有党员 10 人。2001 年 12 月成立党总支。截至 2008 年 12 月,玉溪市气象局有党员 46 人,其中,机关支部 15 人,综合支部 13 人,老干支部 18 人。

党风廉政建设 开展廉政文化创作活动,加强党风廉政建设。制定公务接待、财务管理等监督制度。深入开展"党风廉政教育月"活动,全面推行"局(事)务公开"。玉溪市气象局党总支先后制定了《中共玉溪市气象局党组党风廉政建设责任报告和责任追究制度》、《党风廉政建设和反腐败工作意见》、《建立健全教育、制度、监督并重的惩治和预防腐败体系实施纲要》的具体实施意见、《玉溪市气象部门领导干部谈话制度暂行办法》、《玉溪市气象部门廉政监督员管理暂行办法》等一系列规章制度。

2. 气象文化建设

精神文明建设 大力开展文明科(室)、五好家庭等文明工程的创建活动,评选"云岭优秀职工",使部门文明创建成果不断得以巩固和提高。连续获得第九、第十、第十一批省级文明单位称号;1989 年 4 月,获国家气象局"全国气象部门双文明建设先进集体标兵";2001 年、2003 年、2005 年连续三届被玉溪市委、市人民政府命名为市级文明单位;2008 年 7 月被中央文明委授予全国精神文明建设工作先进单位。

文体活动 修建球场,建立职工之家。组织职工运动会,开展篮球、乒乓球、棋类、拔河、登山等竞赛活动,组织离退休人员每周唱 1 次歌,每月听 1 次保健讲座,每季平均参加 1~2 次体育比赛。

3. 荣誉与人物

集体荣誉 1993 年 8 月 24 日,获中国档案局"国家二级科技事业单位档案管理"。1995 年 1 月,获"中国气象局 1994 年度汛期气象服务先进集体"。2005 年获云南省人民政府"2005 年度人工影响天气先进单位一等奖"。2006 年 8 月 21 日,被玉溪市人民政府评为"2001—2005 年全市法制宣传教育先进集体"。2005 年、2008 年,被中国气象局授予"全国气象部门局务公开示范单位"。2008 年被共青团中央授予"全国青年文明号"。

个人荣誉 1954 年 11 月,廖传义和李华 2 人分获西南区气象工作者二等功臣和三等功臣。1993 年 1 月,刘春文获中国气象局授予的全国优秀青年气象工作者称号;2000 年 12 月,李国良获中国气象局表彰的全国气象部门双文明建设先进个人称号。

1986—2008 年间,被中国气象局表彰为中国气象西部人才(第二、三届)1 人 2 次、全国优秀值班预报员 5 人次、全国气象法制工作先进个人 1 人。还有 1 人被国家档案局表彰为本单位达到科技事业单位"国家二级"档案管理标准做出贡献。32 人次获得云南省气象局表彰。

人物简介 ★刘开明,男,汉族,1941 年 11 月出生于云南通海,党员,天气预报工程师,1964 年 3 月参加工作,历任玉溪地区气象台台长、玉溪市气象局局长、党组书记。1995年 4 月 24 日,被云南省人民政府授予云南省第十五届职工劳动模范称号。

自 1991 年刘开明担任玉溪地区气象局局长、党组书记以来,狠抓内部气象事业结构调整改革、气象现代化建设、气象科技服务和内部管理,整体工作在全省气象系统一直处于先进行列。于 1992 年实施了"基本气象业务(气象台、综合管理科)、气象科技服务(专业技术服务科)、综合经营(怡辉电子技术公司)"三大块四科室的新型事业结合方案。

★孙林传,男,1935 年 12 月生于四川丰都,汉族,党员,工程师,玉溪地区气象处处长。1953 年 7 月参加工作,1958 年 5 月至 1990 年 12 月,在玉溪地区气象台、处(局)先后任党支部书记,处(局)长,党组书记,1991 年 1 月调离至云南省气象局。1990 年 1 月 2 日,被云南省人民政府授予"云南省农业劳动模范"称号。

他从事气象工作 35 年,工作积极负责,善于把部门与地方领导提出的任务、要求结合起来,始终坚持气象为振兴当地经济服务,积极推进气象现代化建设,在组织领导及管理实施中做出显著贡献,1988 年被省气象局授予"双文明"建设先进个人,给予晋级奖励。

由他亲自挂帅组成"湿有效位能推广应用"小组,使大雨以上天气预报准确率提高10%～15%,并稳定在 30%～35%水平上,获得地区科技进步集体二等奖。

他积级组织和带领全区气象人员加速气象现代化建设,先后建成气象辅助通信,天气预报业务,气象警报服务,气象报表微机审核制作,"苹果"计算机自动填图和雷达,卫星数字化处理等六个业务服务子系统,初步实现了气象通信、业务、服务现代化,增强了气象部门的业务和服务能力。

1987 年是我省夏旱特别严重的一年,他和预报服务人员一道,通过认真的统计计算和有关资料分析,及时提供有夏旱并将持续发展的正确预报,为地委、行署正确作出提前采取抗旱措施的决策起了关键性作用,取得了明显的经济效益。在大旱之年,全区粮食比 1986年增产 17457 万斤[①],烤烟增产 1224 万斤,地方财政仅烟叶一项就增收 300 万元。

台站建设

1950 年 11 月 19 日创建云南省玉溪气象站,有房屋 1 幢 7 间,共 112 平方米。1984 年有房屋 4 幢 145 间,共 1320 平方米,其中:办公楼 1 幢、宿舍楼 1 幢。1989 年新建四层业务办公楼,1996 年新建四层综合楼。2005 年将综合楼改造为气象培训中心。2008 年中央财政投资 107 万元,对业务办公楼进行装修扩建,装修多功能会议室两间。内部办公设备及网络布置得到了更新和改进,办公楼外观面貌得到了改善。

2003—2008 年,中央及地方财政陆续投资 160 余万元,对局大院和生活区进行园林绿化整治,绿地面积达 7555 平方米,建亭廊 3 个,配备各型亮化景光灯近 200 个,局大院绿化面积达到了 44%。

---

① 1 斤＝0.5 千克,下同。

云南省玉溪气象站旧貌（1954 年）

玉溪市气象局办公大楼全景（2008 年）

新平彝族傣族自治县气象局

机构历史沿革

始建情况　1956 年组建新平县气象站，站址选在原古城乡小新寨村后小山坡上（今平甸乡纳溪村公所中心小学校内）。属国家一般气象站。

站址迁移情况　1974 年 5 月 1 日观测站址由小新寨搬迁到桂山镇西关办事处小山头村红沙坡。2006 年 11 月观测场改造，观测场整体南移 60 厘米，西移 120 厘米，抬升 30 厘米。观测场海拔高度由原来的 1497.2 米增高到 1497.5 米，位于东经 101°58′，北纬 24°04′。

历史沿革　1956 年 12 月 8 日成立云南省新平县气候站。1960 年 3 月由中央统一台站名称，更改为云南省新平县气象服务中心站。1964 年 2 月，更名为云南省新平县气候服务站。1966 年 1 月，更名为云南省新平县气象服务站。1971 年 11 月，更名为云南省新平县气象站。1980 年 11 月，更名为云南省新平彝族傣族自治县气象站。1990 年 4 月，更名为云南省新平彝族傣族自治县（以下简称新平县）气象局。

管理体制　1956 年 12 月 8 日创建成立云南省新平县气候站，隶属云南省气象局建制和领导，归口新平县人民政府建设科管理。1958 年 3 月—1963 年 3 月，新平县气象服务中心站隶属罗平县人民委员会建制和领导。1963 年 4 月—1970 年 6 月，新平县气象站属云南省气象局（1966 年 3 月改为云南省农业厅气象局）建制，隶属玉溪专区气象总站管理。1970 年 7 月—1970 年 12 月，隶属新平县革命委员会建制和领导，新平县农水科负责管理。1971 年 1 月—1973 年 10 月，新平县气象站实行新平县人民武部领导，建制属新平县革命委员会。1973 年 10 月—1981 年 3 月，新平县气象站改属新平县革命委员会建制和领导，归口县农水科代管。1981 年 3 月起，实行玉溪市气象局与新平县人民政府双重领导，以玉溪市气象局领导为主的管理体制。

机构设置　截至 2008 年，新平县气象局内设机构有：办公室、基础业务科、防雷装置安全检测中心、人工降雹办公室（地方）、气象服务中心。

单位名称及主要负责人变更情况

单位名称	姓名	民族	职务	任职时间
云南省新平县气候站	林文以	汉	负责人	1956.12—1957.01
			站长	1957.01—1960.03
				1960.03—1963.05
云南省新平县气象服务中心站	张绍诗	汉	负责人	1963.05—1964.02
云南省新平县气候服务站				1964.02—1966.01
云南省新平县气象服务站				1966.01—1971.11
				1971.11—1975.10
云南省新平县气象站	杨世义	彝	负责人	1975.11—1979.02
			站长	1979.03—1980.11
云南省新平彝族傣族自治县气象站				1980.11—1990.04
			局长	1990.04—1991.06
	李文祥	彝	局长	1991.06—1996.09
云南省新平彝族傣族自治县气象局	胡伟	汉	副局长（主持工作）	1996.09—1997.06
			局长	1997.07—2006.02
	李桂华	白	副局长（主持工作）	2006.02—2007.06
			局长	2007.07—2008.12

人员状况 1956年建站初期只有2人。1978年有在职职工8人。截至2008年底有在编职工9人，其中：大学学历3人，大专4人，中专2人；中级职称3人，初级职称3人，高级工2人，中级工1人。

气象业务与服务

1. 气象观测

①地面气象观测

观测项目 云、能见度、天气现象、气压、气温、湿度、风向风速、降水、雪深、日照、小型蒸发、地温等。2008年5月31日20时起，新增雷暴和视程障碍现象等项目进行重要天气报的拍发。

观测时次 1960年8月1日—1962年4月30日，每天进行02、08、14、20时4次观测。1962年5月1日，4次观测改为3次观测（08、14、20时）。

航危报 1960年12月26日增加拍发05—17时航空危险天气报任务，发往昆明民航局。1971年10月1日从00时开始，改为24小时固定航报站。1976年1月1日24小时航报站改为12小时航报站，即08—20时。1978年从5月1日起开始实行24小时航危报，每小时1~2次，发往122部队和80303部队，并有呈贡预约报。1981年7月改05—18时航报和24小时预约报为05—18时固定站，发OBSAV到昆明、西山、巫家坝。1986年5月配发PC-1500袖珍计算机2台，用于测报及预报通讯传输，并配有VHF电台1部，可与全区各站联络。2004年1月,航报发报方式由原来的云南电信公司代传转为用户电话直接接收报文。2005年9月,停发06—18时航危报。2006年1月,航报改为24小时航空预约报。

闪电定位仪 2006年建成了闪电定位仪。

探测仪器设备更新情况 1956年12月安置1个百叶箱。1957年4月安置1个70厘米雨量器。1958年1月在观测场西北角安埋水准基点1个。1958年8月增设水银气压表。1959年1月增设气压计。1962年5月设备有百叶箱内的干湿温度表,最高、最低温度表、日照计、蒸发器、雨量筒、维尔达风速仪。1963年2月增设雨量自记计。1966年12月增设温度、湿度计。1987年1月1日PC-1500袖珍计算机投入业务使用。1995年1月1日,停止风的自记观测,改用电接风向风速仪器。2000年10月起使用AMDM4 1.1测报软件,测报使用微机工作。2002年1月1日正式使用AMDMV 5.0测报软件,制作报表和编发各种报文,2003年10月29日,安装互联网专线。2006年7月,14时启用OSSMO 2004测报软件编发各种气象报文。2006年12月18日,安装自动站探测仪器设备。

②农业气象观测

1982年3月,增加农业气象观测工作。1986年新平县农业气候区划工作完成,并获新平县科技委员会颁发的科技进步奖。

③哀牢山气候观测

1987年7月在新平县戛洒、水塘、旧哈、大就应、南棵寨、三家村、樟木坪建立7个哀牢山气候观测点,正式观测记录是1987年11月30日至1990年2月28日,对哀牢山气候进行了连续2年零3个月的考察,为哀牢山气候特征分析提供宝贵的气候资料。1987年12月为新平县林业局在戛洒白糯格芒果基地建立1个气候观测点,31日正式观测使用。

④区域自动气象站观测

2007年8月在平掌乡建立了六要素区域自动气象站。2008年8月,建立了两要素区域自动气象站13个,在12个乡镇建立了单要素雨量自动站50个。

⑤烤烟气候观测

2005年4月—2008年建立了2个烤烟气候观测点,开展烤烟气象要素的观测。

2. 气象信息网络

气象观测资料的收集和传送,经历了从建站初期的人工观测和编报(有线电话传输),PC-1500袖珍计算机编报,传输,到如今每天24小时的自动记录、编报和(气象宽带网)传输,实现了数据资料实时共享。

气象信息资料的接收经历气象传真机,VHF气象通讯网络系统,卫星地面接收系统,PC-VSAT地面单收站。2003年,运用711数字化雷达系统,建立现代化的人工影响天气作业指挥平台,实现县人工影响天气作业指挥中心与市人工影响天气中心的可视化指挥平台。2005年9月,建成新一代气象综合平台及多功能室。

3. 天气预报预测

短期天气预报 1958年新平县气候站开始作短期补充天气预报。

中期天气预报 1980 年 1 月开始制作中期天气预报,主要内容有 3～5 天的关键性、灾害性和转折性天气预报。

长期天气预报 1980 年开始制作长期天气预报,主要内容有 3 月倒春寒预报、低温冷害、雨季开始期和 5—6 月降水趋势预报。

短期气候预测 2002 年新平县气象局开展短期气候预测,主要内容有常规项目包括每年 1—12 月各月降水趋势预测、每年 1—12 月各月气温趋势预测和 6—8 月主汛期降水趋势预测;特殊项目包括年降水趋势、年气温趋势、倒春寒、雨季开始期、干旱、洪涝、夏季低温(水稻抽穗扬花冷害)、三秋连阴雨、雨季结束期和冬季气温趋势。

4. 气象服务

①公众气象服务

1988 年 6 月,用预报预警接收机为政府和各用户服务。1998 年 4 月,开通"121"气象电话服务台,并投入了业务使用。现统一升位为"12121"。

2002 年在当地电视台播出天气预报节目。2004 年 10 月在新平公众网上发布新平天气预报。建成 280 余人的气象信息联络员队伍,将气象信息及时传递到村委会一级,为新农村建设和防洪避险工作提供气象科技服务。

2007—2008 年推进气象信息电子显示屏建设和加快气象信息进村入户工程,截至 2008 年底,共安装 134 块气象信息电子显示屏,进一步畅通了广大农村、边远山区的信息发布渠道。

②决策气象服务

2002 年,在烤烟移栽的关键时期,向县委、县人民政府和有关部门报送烤烟、包谷移栽期的专题材料,为烤烟、包谷等大春作物的正常移栽提供科学的参考依据。2003 年 5 月,创办《新平县地质灾害与气象专题服务信息》专刊,定期向县委、县人民政府和有关部门发布地质灾害监测预警预报服务。2006 年 6 月建成气象预警预报综合服务系统,实现了决策气象服务产品加工自动化和为各级党政领导部门服务网络化。2007 年,建成气象信息领导决策服务系统、国土气象信息系统、水利气象信息系统,提供各类气象预警预报信息、实时雨量信息等。

③专业与专项气象服务

人工影响天气工作 1975—1977 年在老厂、新化公社开展"三七"高炮人工增雨试验。1995 年成立新平彝族傣族自治县人民政府人工增雨防雹办公室,办公室设在气象局内。截至 2008 年底,新平县共有 18 个固定防雹点,6 个增雨点。2005—2007 年,先后购买"三七"高炮 5 门,并建成 6 个标准化作业点。

防雷技术服务 1989 年开展辖区内的防雷安全检查工作。1995 年成立新平县避雷安全检测所,1997 年 5 月成立新平彝族傣族自治县防雷中心。2006 年 1 月新平县防雷中心更名为玉溪市新平县防雷装置安全检测中心。2008 年更名为玉溪市防雷装置安全检测中心第七小组。防雷检测项目包括:防雷检测、土壤电阻率检测、防雷图纸审核、防雷工程的设计安装,负责全县计算机(场地)防雷安全检测和整改工程。

5. 科学技术

气象科普宣传 充分利用每年的"3·23"世界气象日、安全生产月和"11·9"消防日，发放有关气象法律法规、防雷科普等宣传材料。

气象科研 编写《新平县暴雪资料》一书，获得 1985 年云南省玉溪地区科学技术三等奖。《农业气候资源与区划报告》成果获得 1987 年新平县人民政府科学技术三等奖。《新平县山地农业气候土地资源及其研究》获得 1994 年云南省玉溪市人民政府科学技术三等奖。

气象法规建设与社会管理

法规建设 2007 年成立气象行政执法大队，开展气象行政执法工作。2007 年 5 月新平县气象局制定《新平县气象局行政执法过错责任追究制度》。2007 年查处了教师小区一标段工程未进行防雷装置设计审核案，成为云南省气象系统首例由法院强制执行成功的案例；2008 年查处了戛洒花街项目工程未进行防雷装置竣工验收案。

社会管理 2005 年制定《新平国家一般气象站探测环境保护技术规定》，与相关单位联系，给县建设局发出《新平县气象局探测环境保护技术规定备案的函》，并收到复函。2007 年底制定《气象台站探测环境和设施保护标准备案书—新平站》。

政务公开 2003 年，对气象行政审批办事程序、气象服务内容、服务承诺、气象行政执法依据、服务收费依据及标准等，通过公开栏、县人民政府信息公开网站等方式向社会公开。干部任用、财务收支、目标考核、基础设施建设、工程招投标等内容则采取职工大会或张榜向职工公开。

党建与气象文化建设

1. 党建工作

党的组织建设 1990 年 6 月成立党支部，有党员 4 人，截至 2008 年底有党员 5 人。新平县气象局党支部被新平县直属机关委员会评为 2008 年度党建工作先进基层党组织。

党风廉政建设 2003 年，认真落实党风廉政建设目标责任制，积极开展廉政建设和廉政教育活动。通过学习教育活动，县气象局领导班子的凝聚力和战斗力进一步增强。

2. 气象文化建设

精神文明建设 自 1999 年开展"文明单位"创建活动以来，制定了目标计划，列入各科室每年的工作目标考核内容。年年进行先进科室、优秀党员、五好家庭、优秀职工的评选活动。1999 年、2004 年、2007 年先后荣获"新平县第二届文明单位"、"新平县第四届文明单位"、"新平县第五届文明单位"；2004 年、2007 年先后荣获"玉溪市第四届文明单位"、"玉溪市第五届文明单位"的荣誉称号。

文体活动 新平县气象局内设职工活动室、阅览室，并积极开展群众性文体活动，每年均组织职工进行登山、拔河、扑克、羽毛球比赛、乒乓球赛等活动，丰富职工文化生活。

3. 荣誉与人物

集体荣誉 1991年4月被云南省气象局授予全省"双文明"建设先进集体。1993年1月，新平县气象局被授予全国先进气象局称号。1995年5月，新平县气象局获云南省气象局、云南省新闻工作者协会颁发第二届云南省气象新闻奖（1993—1994年度）一等奖。1998年10月荣获云南省档案局颁发的C1级标准。2004年1月荣获玉溪市第四届"文明单位"称号。2007年荣获玉溪市第五届"文明单位"称号。2008年荣获云南省档案局颁发的"五星级"档案室称号。

个人荣誉 截至2008年12月，新平县气象局先后有35人（次）获得云南省气象局颁发的测报百班无错情奖励。1993年1人被中国气象局授予"质量优秀测报员"称号。

人物简介 李文祥，男，彝族，1959年10月生于云南省新平县，工程师，党员。1981年7月参加工作。曾任新平县气象局局长、思茅地区气象局局长。现玉溪市气象局局长。1988年8月—1991年8月成立了县级计算机学会和县级计算机技术咨询服务部，全面开展计算机技术培训、技术开发、产品销售、计算机排版及轻印刷服务，成为云南省推广应用计算机技术的先进典型，主要事迹在《云南日报》"他辐射的是青春的光和热"和"新平上百台电脑显神通"中进行过专题报道。

1991年9月—1996年9月，5年把一个固定资产不到8万元的新平县气象局发展成为固定资产258万元，流动资金20多万元的全省、全国先进气象局。1996年12月6日，被中国气象局、人事部授予"全国气象系统先进工作者"荣誉称号。

台站建设

1980年建盖职工宿舍，1幢二层，10间。1993年新建职工住宅楼，总建筑面积700.5平方米。1994年新建气象综合服务大楼。2005年完成新一代气象业务综合平台及多功能室、职工住宿周转房的装修改造。2006年完成高炮库房的建设、并建成新平县气象局六要素自动气象站。

1983年新平县气象站观测场全景

2008年新平县气象站观测场全景

易门县气象局

机构历史沿革

始建情况　1955 年,建立易门县绿汁镇三家厂气象站(1961 年撤销)。1956 年 5 月,易门矿务局在县城玉樊屯建立云南省易门扒河气候站。位于北纬 24°40′,东经 102°10′,海拔高度为 1617.0 米。1963 年 12 月,重新实测观测场海拔高度为 1575.4 米。

自建站至今站址未变动过。2002 年 10 月,观测场改造,向西向北整体平移 1 米,海拔高度变为 1575.9 米。2008 年 12 月 31 日改为国家一般气象站。

历史沿革　1955 年,建立易门县绿汁镇三家厂气象站(1961 年撤销)。1956 年 5 月,易门矿务局在县城玉樊屯建立云南省易门扒河气候站。1960 年 8 月,改为云南省易门气象服务站。1964 年 4 月改为云南省易门县气候服务站。1966 年 7 月改为云南省易门县气象服务站。1971 年 12 月改为云南省易门县气象站。1979 年 12 月改为易门县气象站。1981 年 10 月改为云南省易门县气象站。1990 年 5 月 31 日更名为云南省易门县气象局。

管理体制　1956 年 5 月—1958 年 3 月,云南省易门扒河气候站隶属云南省气象局建制和领导。1958 年 3 月—1963 年 3 月,易门县气象站隶属易门县人民委员会建制和领导,业务由玉溪专区气象中心站管理。1963 年 4 月—1970 年 6 月,属云南省气象局(1966 年 3 月改为云南省农业厅气象局)建制,隶属玉溪专区气象总站管理。1970 年 7 月—1970 年 12 月,隶属易门县革命委员会建制和领导,县农业局负责管理。1971 年 1 月—1973 年 10 月,实行易门县人民武装部领导,以县人民武装部领导为主的管理体制,建制仍属县革命委员会,业务隶属玉溪地区气象台管理。1973 年 10 月,改属县革命委员会建制和领导。1980 年 9 月以来,实行玉溪地区气象局与易门县人民政府双重领导,以玉溪地区气象局领导为主的管理体制。

机构设置　截至 2008 年,易门县气象局内设六个科室:即办公室、测报科、预报科、防雷装置安全检测中心、人工影响天气办公室、执法大队。

单位名称及主要负责人变更情况

单位名称	姓名	民族	职务	任职时间
云南省易门扒河气候站	胡仁义	无法查证	无法查证	1956.05—1960.07
云南省易门气象服务站			站长	1960.08—1964.03
云南省易门县气候服务站	俸昌明	傣	副站长(主持工作)	1964.04—1966.06
云南省易门县气象服务站				1966.07—1971.11
云南省易门县气象站				1971.12—1979.11
易门县气象站				1979.12—1981.09
云南省易门县气象站				1981.10—1981.11

单位名称	姓名	民族	职务	任职时间
云南省易门县气象站	朱子建	汉	副站长（主持工作）	1981.12—1984.07
			站长	1984.07—1990.05
			局长	1990.05—1992.07
云南省易门县气象局	肖振宇	汉	副局长（主持工作）	1992.07—1995.09
	施绍发	彝	局长	1995.09—2000.12
	普加华	汉	局长	2001.01—

人员状况　1956 年建站时有 2 人。1978 年有在职职工 4 人。截至 2008 年底有在职职工 14 人（其中在编职工 8 人，聘用职工 6 人），在编职工中：大学本科 2 人，大专 4 人，中专 2 人，高级工程师 1 人，助理工程师 3 人，技术员 3 人，管理人员 1 人；少数民族 3 人；40～45 岁 1 人，30～39 岁 6 人，30 岁以下 1 人。

气象业务与服务

1. 气象业务

①地面气象观测

观测项目　云、能见度、天气现象、气压、气温、湿度、风向风速、降水、雪深、日照、蒸发（小型）、地温等。

观测时次　1956 年 5 月 1 日云南省易门扒河气候站正式开展地面气象观测。1956 年 5 月 1 日，每天进行 01、07、13、19 时（地方时）4 次观测；1960 年 8 月 1 日，每天观测时次改为 02、08、14、20 时（北京时）4 次；1962 年 5 月 1 日，4 次观测改为 08、14、20 时 3 次观测。

航危报　1963 年 12 月 30 日，选定为云南省航报站，向昆明 OBSMN 编发 16—20 时每小时一次的定时航危报和预约航危报。1965 年 1 月，编发昆明 7105 部队 OBSAV 07—23 时预约报；昆明 8365 部队和 8373 部队 OBSDS 05—18 时报；呈贡机场 SBSAV 05—18 时报；昆明民航 OBSMH 17—20 时预约报。1980 年 3 月 1 日，航空报发报时间改为 05—08 时，向 OBSMH 昆明民航、OBSAV 昆明、OBSAV 呈贡、SBSAV 巫家坝编发。2002 年 7 月 1 日（北京时 00 时），停止编发航危报。

区域自动气象站观测　2004 年 5 月建成了易门县 7 个乡镇自动雨量遥测网；2005 年、2006 年新增里士、狮子山、老吾、罗台旧、者拉等雨量监测点。2007 年 9 月在绿汁镇竹子村委会建立六要素气象自动站，对温度、气压、湿度、风向、风速、雨量等与人工影响天气作业指挥相关的气象要素进行观测。

闪电定位仪　2004 年 8 月建成了闪电定位仪。

烤烟气候观测　2008 年 4 月在铜厂乡底尼建立了烤烟气候观测点，开展烤烟气象要素的观测。

探测仪器设备变更情况　1964 年 1 月，将原轻型风压器更换为重型风压器，风杆由木杆更换为铁杆。1967 年 12 月使用温、湿、压自记仪器。1970 年开始安装使用电接风向风速计。1975 年，改用铁架百叶箱。1988 年 3 月 1 日，正式将 PC-1500 袖珍计算机用于观测业务。1994年,采用电脑制作地面气象报表。1995年1月1日,停止风的自记观测,改用电接风向风速仪器。

②农业气象

1982—1984年,开展小麦、水稻生育状况观测。

③气象信息网络

1950年,采用人工编气象报;1988年,采用PC-1500袖珍计算机编报;1996年,恢复手工编报,通过易门县邮政局转发至使用单位;2000年7月,统一使用计算机编气象报。

1984年安装了气象传真机,1986年5月建成甚高频气象通讯网络系统,2000年建成地面卫星接收小站PC-VSAT并正式启用。2003年5月,开通宽带网IP电话,运用XDR数字雷达化系统,建立了现代化的人工影响天气作业指挥平台,实现了县人工影响天气作业指挥中心与市人工影响天气中心的可视化指挥平台。2005年9月,建成了新一代气象综合平台及多功能室。

④天气预报预测

1958年,云南省易门扒河气候站开始制作短期补充天气预报;20世纪70年代中期开始制作长期天气预报,主要内容有:年预报包括倒春寒、雨季开始期、干旱、洪涝、抽扬冷害、三秋连阴雨、雨季结束期;20世纪80年代初,开始制作中期天气预报。2002年2月,开展短期气候预测,主要内容:常规项目包括每年1—12月各月降水趋势预测、气温趋势预测和6—8月主汛期降水趋势预测;特殊项目包括年降水趋势、年气温趋势、倒春寒、雨季开始期、干旱、洪涝、夏季低温(水稻抽扬冷害)、三秋连阴雨;雨季结束期和冬季气温趋势。

2. 气象服务

①公众气象服务

1988年,用预报预警接收机为政府和各用户服务。1998年4月,开通了"121"天气预报自动答询台(现统一升位为"12121"),后来开展手机短信气象服务。2004年7月,开展电视天气预报服务,广大人民群众可以在电视中收看到图文并茂的电视天气预报节目。2007年,建立新农村气象综合信息服务系统业务工程,在全县推广使用气象信息电子显示屏。每天将中短期和短时临近天气预报、气象情报及灾害性天气警报告诉广大农民。

②决策气象服务

从2003年开始,在烤烟移栽的关键时期,及时提供专题材料,为烤烟正常移栽提供参考依据。2005年,易门县开始举办"中国·云南野生食用菌交易会",从此把做好每年"交易会"气象服务工作作为汛期气象服务的一项重点工作来抓,连续4年为组委会提供优质可靠的专题气象服务材料。

③专业与专项气象服务

人工增雨影响天气 1979年开展人工增雨工作,1993年5月成立易门县人工引雨、防雹工作领导小组,办公室设在气象局,1997年9月28日,易门县编委批准成立易门县人工影响天气办公室。2008年,易门县人工防雹点共有18个。

【气象服务事例】 为1999世界园艺博览会开展消雨防雹工作。1999年4月6日,易门县气象局在六街、韩所设立了人工消雨作业点。开幕式消雨期间,共发射8000米火箭弹

5 枚、4000 米火箭弹 103 枚,作业后疏散了云层,大量水分降在了昆明市外围,保证了世博会开幕式顺利举行。开幕式后,易门县气象局又抽调 9 名民兵在昆明黑林铺和金沙河、白沙河开展人工防雹作业,使世博园中的花卉、植物在整个世博会期间免遭冰雹灾害。8 月 12 日,人工消雨作业又为中国馆开馆日提供了气象保障。

防雷技术服务 1995 年 6 月 13 日,成立了易门县避雷安全检测所。1998 年 4 月,成立了易门县防雷中心。1999 年 5 月,易门县防雷中心通过了云南省技术监督局的计量认证。2006 年 1 月,易门县防雷中心更名为玉溪市易门县防雷装置安全检测中心。防雷装置安全检测中心按职责对全县防雷装置、设备及场地进行防雷安全检测,减轻雷电灾害带来的损失,保障人民生命财产的安全。

3. 科学技术

气象科普宣传 每年在"3·23"世界气象日、易门传统节日"2·2 戏会"、"12·4"法制宣传日组织科技宣传,普及气象法律法规、防雷知识等,积极组织参加县里组织的节日专场文艺晚会演出。

气象科研 1996 年 12 月,《复杂地形条件下人工防雹技术应用研究》科研课题获得云南省玉溪地区行政公署科技进步三等奖。

气象法规建设与社会管理

法规建设 2003 年,易门县政府下发了防雷减灾工作的通知。2005 年 5 月 18 日,完成了气象探测环境保护备案工作。2006 年 12 月 22 日,易门县人民政府下发《易门县人民政府关于加快气象事业发展的实施意见》。2007 年 4 月 6 日,易门县气象局成立了易门县气象行政执法大队。县人大、县人民政府将气象"一法两条例"(《中华人民共和国气象法》、《人工影响天气管理条例》、《云南省气象条例》)贯彻情况的检查列入执法计划。2007 年 10 月 22 日,易门县人民政府下发《易门县人民政府关于建立气象信息员队伍的通知》。为进一步加强农村气象防灾减灾工作,确保农村经济社会协调发展。2007 年 12 月 19 日,县气象局再次对气象探测环境保护报易门县建设局备案。2008 年 9 月 26 日,易门县人民政府下发《易门县人民政府办公室关于进一步加强气象灾害防御工作的通知》。

社会管理 2004 年 7 月,依照易门气象局行政许可事项的规定,对建设项目大气环境影响评价使用气象资料审查、防雷装置设计审核和竣工验收行政许可项目实行社会管理。

政务公开 2002 年 5 月,易门县气象局对气象行政审批办事程序、气象服务内容、服务承诺、气象行政执法依据、服务收费依据及标准等,采取了通过公开栏、县人民政府信息公开网站等方式向社会公开。干部任用、财务收支、目标考核、基础设施建设、工程招投标等内容则采取职工大会或张榜向职工公开。

党建与气象文化建设

1. 党建工作

党的组织建设 1990 年 11 月 2 日,成立了易门县气象局党支部,有党员 3 人。1994

年 9 月—2001 年 7 月,因人员调动,党员人数较少,党支部与地震办合并,2001 年 7 月,党员人数增至 4 人,根据易机党发〔2001〕30 号文件批复,成立中共易门县气象局党支部。截至 2008 年底,共有党员 5 人(其中在职职工党员 3 人)。

党风廉政建设 2002 年以来,认真落实党风廉政建设目标责任制,积极开展廉政建设和廉政教育活动。通过学习教育活动,县气象局领导班子的凝聚力和战斗力进一步增强。

2. 精神文明建设

精神文明建设 1988 年,云南省气象局授予易门县气象局 1985—1987 年"双文明"建设先进集体。从 1996 年开始,易门气象局开展"文明单位"创建活动。1999 年、2002 年、2004 年先后荣获"易门县第一届文明单位"、"易门县第二届文明单位"、"易门县第三届文明单位";2002 年、2004 年先后荣获"玉溪市第三届文明单位"、"玉溪市第四届文明单位"的荣誉称号。

文体活动情况 每年均利用"3·23"世界气象日、"三八"妇女节、"重阳"节等节日,开展一些干部职工喜闻乐见的活动。

3. 荣誉

集体荣誉 1990 年、1997 年,云南省人工降雨防雹办公室授予易门县气象局"人工降雨防雹先进单位"。2008 年被中共易门县直机关委员会评为"2007 年度实施云岭先锋工程优秀单位"。

个人荣誉 1981—2008 年,易门县气象局共有 15 人(次)获省、市气象局表彰,2 人(次)获县委、政府表彰,7 人获得 19 个百班无错。

台站建设

1956 年建立扒河气候站时,征用土地 2542.5 平方米,建成观测场并建盖 1 间简易土木结构房屋作为住宿办公用。

1998 年在南华街征地 1426.09 平方米,投资 65 万元,建成面积 673.59 平方米的综合办公大楼 1 幢,绿化草坪 400 多平方米,硬化路面 500 多平方米,更新了办公设施。2002 年投资 25 万元对观测场、值班室、办公室、绿化(草坪 600 多平方米)等环境进行改造,一个花园式的气象站已展现在人们的眼前。

1957—1981 年的观测场

20 世纪 80 年代的气象观测场

2002 年改造后的观测场

2002 年改造后的大院面貌

澄江县气象局

机构历史沿革

始建情况   始建于 1958 年 9 月 8 日,站址为澄江县城关镇小西城(郊外),观测场位于北纬 24°40′,东经 102°54′,海拔约测 1820.0 米,1965 年 6 月 10 日,实测为 1745.6 米。1980 年 7 月 10 日,实测为 1746.2 米。2002 年 10 月 25 日,重新测量为 1746.4 米。

历史沿革   1958 年 9 月 8 日,建立云南省澄江县气候站;1960 年 8 月更名为云南省澄江县气候服务站;1963 年 4 月更名为云南省澄江县气象服务站;1964 年 4 月更名为云南省澄江县气候服务站;1966 年 1 月更名为云南省澄江县气象服务站;1971 年 1 月更名为云南省澄江县气象站;1990 年 6 月更名为云南省澄江县气象局。

2008 年 12 月 31 日改为澄江国家一般气象站。

管理体制   1958 年 9 月 8 日—1963 年 3 月,澄江县气候站归澄江县人民委员会建制和领导,业务由玉溪专区气象中心站管理。1963 年 4 月—1970 年 6 月,澄江县气象站属云南省气象局(1966 年 3 月改为云南省农业厅气象局)建制,隶属玉溪专区气象总站管理。1970 年 7 月—1970 年 12 月,隶属澄江县革命委员会建制和领导。1971 年 1 月—1973 年 10 月,实行澄江县人民武装部领导,建制仍属澄江县革命委员会,业务隶属玉溪地区气象台管理。1973 年 10 月,改属澄江县革命委员会建制和领导。1981 年 3 月 6 日起,实行玉溪地区气象局与澄江县人民政府双重领导,以玉溪地区气象局领导为主的管理体制。

机构设置   1959 年 1 月至 2000 年 12 月,内设观测组、预报组(1978 年 1 月至 1987 年曾增设过农气组)。2001 年机构改革,内设办公室、气象站、气象服务中心、避雷装置检测中心。2005 年 11 月增设行政执法办公室。2006 年组建玉溪市虹云防雷工程有限公司驻澄江县服务部。地方气象事业设防雷减灾办公室、人工影响天气办公室在气象局。

单位名称及主要负责人变更情况

单位名称	姓名	民族	职务	任职时间
澄江县气候站	潘泽鸣（女）	汉	副站长	1958.09—1960.01
	刘采文	汉	副站长	1960.02—1960.08
澄江县气候服务站				1960.08—1962.10
	郭占义		副站长	1962.11—1963.01
		汉		1963.02—1963.04
澄江县气象服务站				1963.04—1964.04
澄江县气候服务站	张国能		站长	1964.04—1966.01
澄江县气象服务站				1966.01—1971.01
澄江县气象站		汉		1971.01—1984.07
	姚文进	汉	站长	1984.08—1990.06
			局长	1990.06—1991.05
澄江县气象局	毕忠能	汉	局长	1991.06—1998.10
	李智全	汉	局长	1998.11—2004.12
	姚秀奎	汉	局长	2005.01—

人员状况 建站初期有在编职工 5 人，其中：初中 2 人，小学 3 人；1978 年有在编职工 6 人；截至 2008 年底有在编职工 6 人，其中：工程师 3 人，大学学历 2 人，大专学历 4 人。

气象业务与服务

1. 气象业务

①地面气象观测

观测项目 气压、气温、湿度、风向风速、降水、云量、云状、能见度、天气现象、日照、蒸发（小型）、地温（浅层和深层）。1961 年 1 月，取消地面状态观测项目，增加了重型维尔达测风观测；1966 年 1 月，取消 160、320 厘米地温观测；1967 年 2 月，增加了压、温、湿自记仪器观测至今；1972 年 1 月，增加了测风自记仪器观测（1995 年 2 月取消）；2005 年 9 月，增加草温观测。

观测时次 从 1958 年建站至今，夜间不守班，每天观测时次为 08、14、20 时 3 次，向玉溪市气象局、云南省气象局编发天气报。

航危报 1967 年 5 月 23 日至 1980 年 3 月，有预约时，每天 05—18 时向 OBSAV 拍发陆良、沾益、呈贡、昆明航危预约报。

气象报表制作 1987 年 7 月装备 PC-1500 袖珍计算机，用于观测编发报、报表制作；2000 年起使用计算机编发报，制作报表。

自动气象站观测 2005 年 9 月建成自动气象站。观测项目采用仪器自动采集、记录，替代了人工观测。

区域自动气象站观测 2005 年建成 6 个镇自动雨量遥测站；2008 年 7 月建成 2 个温度、雨量两要素自动观测站。

②农业气象

1978—1987 年,澄江气象局开展水稻、小麦等作物的物候观测业务。

③气象信息网络

1958 年 9 月至 2000 年 1 月,气象信息通过电话传输;2000 年 2 月,气象信息通过网络传输。

④天气预报预测

1958 年 9 月建立气象站后,学习镇雄气象站方法,县站要求做补充天气预报;1975—1993 年,天气预报业务发展到收听省台气象广播制作短期预报;1980 年后,根据天气预报需要,抄录整理气象资料 44 项,组织技术人员,参加玉溪市气象局组织的预报会商,形成了基本资料、基本图表,建立一整套长、中、短期天气指标和方法;1986—1996 年,通过传真接收天气图,分析天气形势,通过 PC-1500 袖珍计算机,对预报资料进行处理和计算制作中、短期预报;2000 年后,先后建设了 PC-VSAT 卫星单收站,遥测雨量点查询平台。制作的天气预报分为长、中、短期,短期每天发布 1 次,中期 5～10 天发布 1 次,长期每月发布 1 次。

2. 气象服务

①公众气象服务

气象服务的内容是短期天气预报和节假日天气预报。传递方式:1965—1995 年,通过澄江县广播站有线广播播放;1988—1993 年,在澄江县农业局等单位安装气象警报接收机 7 台,通过其高频电台无线播放;2001 年通过气象信箱拨打电话"96121"查询;2003 年在当地电视台播放天气预报;2007—2008 年,在农村安装气象电子显示屏 65 块,播发天气预报和其他信息;2007 年后,逐步开通气象手机短信服务。

②专业与专项气象服务

人工影响天气 1992 年第一次开展人工防雹工作,当时只有 1 辆流动作业车;截至 2008 年已发展为有 11 个固定作业点,1 个流动点。2004 年,建设了作业指挥平台,作业指挥空域联系实现人机对话。

防雷技术服务 1992 年 2 月 3 日,澄江县劳动人事局等 9 家单位联合下发《关于对避雷装置实行定期安全检测的有关规定》,开展防雷检测工作。1997 年 4 月 25 日,成立澄江县防雷中心。2001 年 3 月,成立澄江县避雷装置检测中心。2006 年 1 月,合并为玉溪市澄江县防雷装置安全检测中心,承担着澄江县防雷减灾组织管理工作。2006 年,组建玉溪市虹云防雷工程有限公司驻澄江县服务部,从事防雷工程和技术服务工作。2008 年 11 月,澄江县防雷装置安全检测中心并入玉溪市防雷装置安全检测中心,名称为玉溪市防雷装置安全检测中心驻澄江检测站。

③气象科普宣传

利用每年"3·23"世界气象日、6 月安全生产活动月、澄江传统立夏节、"12·4"法制宣传日等活动的机会,开展气象科普知识宣传。

气象法规建设与社会管理

法规建设 2002 年 3 月 19 日澄江县人民政府下发《关于成立澄江县防雷减灾领导小

组的通知》,办公室设在气象局,防雷工作的社会管理职能不断增强;2000年5月10日澄江县人民政府下发《关于成立澄江县人工降雨防雹指挥部成员的通知》,办公室设在气象局,负责处理日常事务;2005年11月,成立澄江县行政执法办公室;2007年3月,成立澄江县气象行政执法大队,明确了行政执法主体资格和行政处罚权,法规建设日趋完整,强化了社会管理职能。

制度建设 澄江县人民政府为加快气象事业的发展,2007年1月16日先后出台了《关于加快气象事业发展的实施意见》、《关于澄江县气象灾害应急预案的通知》和《关于进一步加强气象灾害防御工作的通知》等规章制度。

社会管理 2008年有6人取得行政执法证,3人专岗专职从事气象行政执法工作,对防雷、施放气球、探测环境保护进行社会管理。2007年对昆明金龙伟业防雷公司在澄江大酒店未经授权擅自从事防雷工程进行执法监督和处理,依法承担了社会管理事务。

政务公开 2002年开始,对气象行政办事程序、气象服务内容、服务承诺、气象行政执法依据、服务收费依据及标准等,采取了通过户外公示栏、人民政府网、96128阳光人民政府专线、发放宣传单等方式向社会公开。干部任用、职工晋职、晋级、重大事项、财务收支、职工福利、劳保、目标考核、基础设施建设、工程招投标等内容采取职工大会或局务公开栏张榜等方式向职工公开。

党建与气象文化建设

1. 党建工作

党的组织建设 建站初期没有党员,1962年有党员1人;1978年有党员2人;1999年,成立气象局党支部,有党员5人,归属澄江县机关党委管理。截至2008年有党员5人。

1994—2008年,共有3名党员被澄江县委、县人民政府表彰为"优秀共产党员"和"优秀党务工作者"称号。

党风廉政建设 2002年,落实党风廉政目标责任制,开展廉政教育和廉政文化建设活动,建设文明、和谐、廉政单位。基建、人工防雹以及事业经费开支情况都要经有关部门和上级财务审计,并将审计结果向职工公布。建立健全《公务接待》、《公务用车》、《物资采购》等制度。坚持局领导每年向澄江县纪检监察机关和玉溪市气象局述职述廉制度。2008年11月,成立"三人小组"决策监督管理制机构。

2. 气象文化建设

精神文明建设 1980年,开展汛期气象服务竞赛活动、"百班无错"竞赛活动。1999年,开展职业道德教育,抓理论学习活动,系统地进行气象工作宗旨和气象职工道德教育,注重长效机制建设,不断完善和建立健全各项规章制度。2000年,开展气象服务"三满意"活动,把开展活动与学习气象部门先进人物事迹结合起来,激励职工树立良好的职业道德和严谨的工作作风,提高业务工作质量和气象服务水平。2001年,把思想政治工作责任制列入领导干部目标管理,与气象工作紧密结合。

文明单位创建 2000年,开展了文明单位创建活动,把领导班子的自身建设和职工队伍的思想建设作为文明单位创建的内容,政治理论、业务知识和法律法规学习经常化。多次选送职工到院校深造,在编职工均为大专以上学历。文明创建活动打造了"学习型、团结型、干事型"团队,促进了气象事业发展。2002—2007年,玉溪市委、市人民政府和澄江县委、县人民政府连续三届授予澄江县气象局市级、县级文明单位称号。

文体活动 工会组织健全,有专人负责,每年都能举行"三八"节活动和1~2次的工会活动,建设了职工之家、图书阅览室、羽毛球场,文体活动有场所。

3. 荣誉

1978—2008年,澄江县气象局共获集体荣誉22项,先进个人荣誉45人(次),其中,受到云南省气象局表彰为"百班无错"24人(次)。

集体荣誉 2002—2007年,连续三届被玉溪市委、市政府授予文明单位称号;2000年12月,被国家档案局授予国家二级科技事业单位档案管理称号;2008年,云南省档案局授予五星级科技事业单位档案管理称号。

个人荣誉 1981—1982年,2人(次)获云南省气象局授予的先进工作者称号;1992年1人(次)获云南省气象局授予的县级气象局优秀局长称号;2000年3人(次)获国家档案局颁发的科技事业单位"国家二级"档案管理荣誉证书;2002年1人获云南省气象局授予的大气探测优秀测报员称号。

台站建设

建站初期,只建设了观测场,没有办公和住宿房屋;1961年,省气象局投资0.3万元,建土木结构房屋6间,建筑面积96平方米,从此,气象站有了办公和住宿的处所;截至2008年,澄江县气象局所辖土地面积2254.72平方米,绿化面积483.52平方米,1998年11月由玉溪市政府投资32万元建职工宿舍楼1幢,建筑面积559.6平方米,1999年7月由玉溪市政府投资和澄江县气象局自筹50万元建办公楼1幢,建筑面积678.5平方米,2001年3月由澄江县气象局自筹55万元建综合楼1幢,建筑面积589.7平方米。

澄江县气象观测场旧貌(1975年)

澄江县气象局现貌(2008年)

玉溪市红塔区气象局

红塔区地处滇中腹地,位于北纬 24°08′30″~24°32′18″,东经 102°17′32″~102°41′37″区间,历史上有"省会屏藩"、"滇中重镇"之称。2008 年末,全区总人口 41 万,有汉、彝、回、白、哈尼、傣、壮等 30 种民族。

机构历史沿革

始建情况 红塔区气象局于 2001 年 12 月 27 日正式建立。站址位于玉溪市红塔区瓦窑社区瑞峰路 13 号,东经 102°33′,北纬 24°20′,海拔高度 1716.9 米。为国家基本气象站。

历史沿革 2001 年 12 月 27 日成立玉溪市红塔区气象局。2002 年玉溪市红塔区气象局与玉溪市红塔区地震局合署办公。

管理体制 2001 年,实行玉溪市气象局与红塔区人民政府双重领导,以玉溪市气象局领导为主的管理体制。

2002 年,红塔区气象局与红塔区地震局合署办公,实行一套班子、两块牌子的运行管理机制。2003 年 7 月 8 日,红塔区地震局更名为红塔区防震减灾局,由红塔区人民政府直接管理。

机构设置 从 2001 年 12 月至 2008 年 12 月,常设机构有:办公室、气象站(国家基本站)、人工影响天气中心、玉溪市红塔区人工影响天气领导小组办公室、气象服务中心、玉溪市红塔区防雷减灾工作领导小组办公室。

单位名称及主要负责人变更情况

单位名称	姓名	民族	职务	任职时间
玉溪市红塔区气象局	李云	汉	局长	2002.1—2008.3
	胡伟	汉	局长	2008.3—

人员状况 2001 年,有职工 10 人。至 2008 年,有在编职工 10 人,其中:本科学历 5 人,专科学历 3 人,中专学历 2 人;汉族 8 人,傣族 1 人,彝族 1 人;工程师 7 人,助理工程师 2 人。外聘职工 6 人。

气象业务与服务

1. 气象业务

①地面气象观测

观测项目 云、能见度、天气现象、空气温度、空气湿度、气压、降水、地温、风向风速、蒸发(小型)、日照。

观测时次 每天进行 02、08、14、20 时 4 次定时观测,拍发天气报;2002—2006 年底进行 05、17 时补充定时观测,拍发补充天气报。2007 年 1 月 1 日起,增加 11、23 时补充观测、拍发补充天气报。

航危报 2002—2005 年,担负向成都军区和北京军区空军 01—24 时固定航危报发报任务,2006 年 1 月 1 日起,改为 06—18 时固定向成都军区和北京军区空军发航危报任务。

自动气象站观测 2002 年 12 月,安装了气象自动站。观测项目有气压、气温、湿度、风向风速、雨量、地温(地表、浅层、深层)等,观测项目全部采用仪器自动采集、记录,替代了相应的人工观测项目。使用计算机编发报,通过网络上传所有观测资料和数据。并制作月、年报表上传省、市气象局。

区域自动气象站观测 2004 年 6 月,在红塔区 7 个乡镇安装了自动雨量观测站。2006 年 4 月,在双龙、跨喜、大密罗、新寨水库四个点安装了地质灾害雨量监测站。2007 年 5 月在春和镇的黄草坝建了一个主要用于人工影响天气观测的六要素自动气象站。

②农业气象

玉溪市红塔区气象局属国家农业气象观测一级站。2002 年,主要开展大春作物水稻,经济作物烤烟、油菜,小春作物小麦,物候无花果、桃树及气象、水文现象的观测,同时开展农业气象服务工作。每月定期发布"红塔区气候与农事"、"红塔区烤烟气候服务"。并根据农作物生长期的气候特点不定期做好农业气象服务工作。2003 年 12 月,针对红塔区花卉产业蓬勃发展的特点,开展"气象与花卉"专题服务。

③气象信息网络

2002—2004 年,气象电报通过 X.25 网络传输。2005 年气象电报、预报、雷达资料等开始通过云南省局域网传输。

④天气预报预测

2002 年开始主要运用玉溪市气象台的预报产品,结合本站资料、卫星云图、雷达回波等制作预报。主要产品有:

短期天气预报 以 MICAPS 常规资料、雷达资料及数值预报产品作为依托,充分利用省、市气象台指导产品和本站历史积累观测资料,加强天气气候会商,制作发布短期预报产品。对各种灾害性天气个例、气候分析材料、预报服务调查与灾害性天气调查材料、预报方法、预报质量、预报日志等建立业务技术档案。通过网页、手机短信、电子显示屏,每天定时制作发布短期预报。

中期天气预报 以 MICAPS 常规资料及数值预报产品作为依托,充分利用省、市台指导产品和本站历史积累观测资料,加强天气气候会商,制作发布 3～7 天中期预报产品。从 2002 年成立红塔区气象局起,就运用省、市气象台的旬、月天气预报,再结合分析本地气象资料、数值预报产品,天气过程的周期变化等制作发布旬或者未来 3～7 天的天气过程趋势预报,通过网页、传真、电话、政府公文交换网等发送到区委、区政府、农业局、林业局、水利局、乡、街道办事处、服务单位及有关部门。

短期气候预测(长期天气预报) 2002 年起,主要运用数理统计方法和常规气象资料图表结合预报员的经验,充分利用省、市气象台指导产品和本站历史积累观测资料,分别作出具有本地特点的补充订正预报。年预报包括倒春寒、雨季开始期、干旱、洪涝、抽扬冷害、三秋连阴雨、雨季结束期;春播预报为倒春寒;汛期预报包括雨季开始期、干旱、洪涝、抽扬冷害;三秋预报包括三秋连阴雨、雨季结束期。常规项目中包括每年1—12月各月降水趋势预测、每年1—12月各月气温趋势预测和6—8月主汛期降水趋势预测;特殊项目包括年降水趋势、年气温趋势、倒春寒、雨季开始期、干旱、洪涝、夏季低温(水稻抽扬冷害)、三秋连阴雨;雨季结束期和冬季气温趋势。每月将预报服务产品通过网页、传真、电话、政府公文交换网等发送到区委、区政府、农业局、林业局、水利局、乡、街道办事处、服务单位及有关部门,及时为各级领导指挥安排、部署生产,提供科学的决策服务。

2. 气象服务

①公众气象服务

2006年1月开始通过红塔网、红塔气象网、玉溪兴农网、电子显示屏等手段向公众发布天气信息。以气象为农业服务为主线,重点做好烤烟、粮食生产的气象保障服务。2007年7月,开始以农村气象信息进村为工作重点,大力开展农村气象信息进村入户工作,建立了农村气象灾害预警信息发布系统建设。

②决策气象服务

2002年开始,决策气象服务根据不同时段的天气情况,特别是重要的农事活动,重大的转折天气,关键期气象信息等,以书面材料向红塔区委、区人民政府分管领导和相关部门发送,多次为各级领导在安排生产和指挥救灾中科学决策提供依据,为防灾减灾赢得了主动。

③专业与专项气象服务

人工影响天气 2002年起,开展了人工影响天气工作。2002年,红塔区共设6个人工防雹固定作业点和2个流动作业点,均采用JFJ-1型火箭发射装置。2004—2005年,购3台BL-2型火箭发射装置。2005年,购买3台"三七"高炮,同年红塔区共布置10个固定防雹作业点。2008年布置有7个固定防雹作业点:3个高炮点、2个BL-2型火箭发射点、2个JFJ-1A型火箭发射点。

防雷技术服务 加强对不合格防雷装置的整改力度及加大防雷年检力度。组织防雷专项检查,对教育系统、卫生系统、重点企业、易燃易爆场所等进行了现场检查。在检查中对未进行防雷年检的单位下发了年检通知,并对安全检测不合格、安装不规范,存在雷击隐患的单位下发了整改通知书,要求限期进行整改。

3. 科学技术

气象科普宣传 2001—2008年,根据每年的"3·23"世界气象日、6月安全生产月、科普宣传日、"12·4"法制宣传日,积极利用气象电子显示屏和各种宣传途径,有效宣传气象、地震知识及部门法律法规,真正做到让气象、地震法律法规进机关、进乡村、进学校、进企业、进社区、进单位,使全社会对气象、地震法律法规家喻户晓。

气象科研 2005年与红塔区水利局合作,开发"红塔区水利局专业气象信息共享平台"和局域网建设。平台实现了天气预报和专业气象资料的实时接收,实现水利局内部办公自动化(OA)和基于 Internet 的电子信息接收和发布。系统网页可接收包括天气预报、各乡镇的降雨情况、最新的气象卫星云图、最新的雷达资料等实时资料,为水利部门防汛抗旱提供预测预警信息。

2004—2005 年,相继建成乡镇雨量监测系统、闪电定位仪,为气象服务提供了较好的数据平台。

气象法规建设与社会管理

法规建设 2007 年 7 月 10 日,红塔区气象局与红塔区安全生产监督管理局联合发出《关于开展防雷装置安全年度检测工作的通知》。2008 年 7 月 19 日,红塔区气象局与红塔区卫生局联合发出《关于切实加强卫生系统防雷安全工作的通知》。

社会管理 2007 年 4 月 16 组建红塔区气象行政执法大队,人员由具有行政执法资格的工作人员组成,认真开展行政执法工作加强防雷装置图纸设计审核、竣工验收等气象行政许可及审批,查处红塔区所辖气象防雷行政违法案件。

为切实加强对气象探测环境的保护,红塔区气象局于 2005 年 4 月 25 日向玉溪市高新技术开发区建设局报送了《关于进行红塔区气象局探测环境保护技术规定备案的函》及探测环境保护技术规定的备案材料。为获取准确可靠、长期稳定的气象观测资料奠定了良好的基础。

政务公开 2003 年 5 月 19 日,制定《红塔区气象局局务公开实施办法》、《红塔区气象局局务公开责任追究制度和监督措施》、《红塔区气象局局务公开制度》等。2003 年 5 月,开始建立红塔区气象局局务公开栏。并建立监督岗,对外公开的内容有:单位的职责,机构设置,办事的依据、程序、过程、结果,职业道德规范,气象服务规范化标准,依法行政内容,服务承诺,违法违纪的投诉处理途径,气象服务项目及收费标准。对内公开的内容有:气象业务与服务,财务管理,科技服务和产业经营与效益,干部人事安排,精神文明建设和党风廉政建设,重大事项与重大改革的决策及各项内部规章制度。公开形式以张榜公布和召开有关会议、通报的形式进行。公开的内容清楚、明了、简洁,便于群众监督。

2003—2008 年,政务公开以对内公开为主,逐步实行对外公开,以定期与不定期进行。

党建与气象文化建设

1. 党建工作

党的组织建设 2002 年 2 月,有党员 2 人。2005 年 7 月 26 日,成立红塔区气象局党支部,有党员 3 人。截至 2008 年 12 月,有党员 3 人。

党风廉政建设 2002—2008 年,红塔区气象局与玉溪市气象局签订党风廉政建设目标责任书,认真落实党风廉政建设目标责任制,积极开展廉政教育和廉政文化建设活动,认真推行局务公开制度,局财务账目每年接受上级财务部门年度审计,并将结果向职工公布。每年 4 月份认真落实好党风廉政建设宣传月的工作安排,组织全局职工参加党风廉政建设知识竞赛,同时还制定了《车辆管理制度》、《学习制度》、《财务、统计管理制度》、《通讯费用管理办法》、《班子议事决策制度》等。

2. 气象文化建设

精神文明建设 从 2003 年开始开展创建"文明单位"活动,2003 年 3 月 10 日,成立红塔区气象局创建文明单位工作领导小组。每年进行先进科室、优秀党员、五好家庭、文明家庭、优秀职工等评选活动。每个月组织一次理论学习或业务学习;鼓励职工参加在职学历(学位)教育,对参加在职学习的职工给予时间和经费支持;开展挂钩扶贫和公益捐赠活动,为红塔区气象局顺利创建文明单位奠定了坚实的基础。2004—2007 年,中共红塔区委、区人民政府授予红塔区第三届、第四届文明单位称号。

文体活动 工会积极组织职工开展职工文体活动,为职工提供活动场所和体育健身器材,如建立职工活动室,购买乒乓球、羽毛球、跳绳、扑克、麻将等设备供职工娱乐。参加玉溪市总工会举办的"职工大众广播操比赛"、全民健身活动。组织职工开展长跑、登山、乒乓球赛、拔河、职工篮球赛等活动。

3. 荣誉

集体荣誉 2007 年,被红塔区人民政府评为"安全生产"先进单位。

个人荣誉 从 2003 年至 2008 年 12 月,共有 9 人 14 次获得中国气象局、云南省气象局、玉溪市气象局、红塔区区委区政府、红塔区档案局等单位的表彰奖励。

台站建设

2000 年建立红塔区气象局时,建观测场综合楼钢混结构房屋 1 幢,作为住宿办公用,建筑面积 682.88 平方米。2001 年 9 月 19 日竣工验收。2002 年 7 月,对台站的二室一场进行了综合改造。2003 年 1 月 1 日,红塔区气象自动站投入运行使用。2005 年 1 月 18 日,红塔区气象局气象抗震综合业务楼竣工验收。在建气象抗震综合业务楼的同时,对大院重新进行了绿化改造,使单位的工作生活环境更加温馨美丽。

2002 年红塔区气象局初建时全貌

2008 年红塔区气象局全貌

江川县气象局

机构历史沿革

始建情况　1958 年 9 月 10 日,建立云南省江川县气候站。站址位于江川县城大街镇大庄村委会金家庄村(郊外)。东经 102°46′,北纬 24°17′,海拔高度为 1730.7 米。2002 年 8 月,观测场改造垫高 0.4 米,海拔高度变为 1731.1 米。

历史沿革　1958 年 10 月—1961 年 11 月期间,江川县并入玉溪县,名称曾先后用云南省江川县气候站(1958 年 9 月—1959 年 8 月)、云南省玉溪县中心气候站(1959 年 9 月—1960 年 3 月)、云南省玉溪县江川气候服务站(1960 年 4 月—1961 年 12 月)。1962 年 1 月,因江川与玉溪分成江川县和玉溪县,名称改为云南省江川县气候服务站。1966 年 1 月起,改为云南省江川县气象服务站。1971 年 2 月,改为云南省江川县气象站。1990 年 6 月,更名为云南省江川县气象局。

管理体制　1958 年 9 月—1963 年 4 月,隶属江川县人民委员会建制和领导,业务由玉溪气象中心站管理。1963 年 4 月—1970 年 6 月,属云南省气象局(1966 年 3 月改为云南省农业厅气象局)建制,云南省玉溪专员公署水文气象服务中心站(1963 年 11 月改为云南省玉溪专区气象总站)和江川县人民政府下属的农林水利科双重领导。1970 年 7—12 月,隶属江川县革命委员会建制和领导。1971 年 1 月—1973 年 10 月,江川县气象站实行县人民武装部和县革命委员会双重领导,以县人民武装部领导为主,建制仍属县革命委员会。1973 年 10 月—1981 年 3 月,改属江川县革命委员会建制和领导。1981 年 3 月起,实行玉溪地区气象局和江川县人民政府双重领导,以玉溪地区气象局领导为主的管理体制。

机构设置　截至 2008 年,江川县气象局内设局办公室、气象站、气象科技服务中心、气象行政执法大队(与江川县人民政府防雷减灾领导小组办公室合署办公)、人工增雨防雹办公室(地方气象事业)、玉溪市江川县防雷装置安全检测中心(地方气象事业)。

单位名称及主要负责人变更情况

单位名称	姓名	民族	职务	任职时间
云南省江川县气候站	段　清	汉	无从考证	1958.09—1958.12
	郭耀祖	汉	无从考证	1959.01—1959.08
云南省玉溪县中心气候站				1959.09—1960.03
云南省玉溪县江川气候服务站				1960.04—1961.12
云南省江川县气候服务站				1962.01—1965.12
云南省江川县气象服务站				1966.01—1971.01
云南省江川县气象站				1971.02—1971.02
			副站长	1972.03—1981.04

单位名称	姓名	民族	职务	任职时间
云南省江川县气象站	郭耀祖	汉	站长	1981.05—1984.01
	徐家恩	汉	副站长(主持工作)	1984.02—1984.06
	顾明	汉	站长	1984.07—1987.09
云南省江川县气象局	徐家恩	汉	站长	1987.10—1990.05
			局长	1990.06—1998.04
	李阳春	汉	副局长(主持工作)	1998.05—1998.12
			局长	1999.01—

人员状况 1958 年建站初期有 2 人。1978 年有在职职工 7 人。截至 2008 年底,有在编职工 8 人(其中 2 人为地方气象事业编制),外聘职工 4 人。在编职工中:本科学历 4 人,大专学历 3 人,中专学历 1 人;高级工程师 1 人,工程师 3 人,助理工程师 2 人,高级工 1 人,中级工 1 人;少数民族 1 人。

气象业务与服务

1.气象业务

①地面气象观测

观测项目 气温、气压、湿度、降水、风向、风速、蒸发、雪深、云、能见度、日照、天气现象、地温(0 厘米,浅层)、草温(2005 年 9 月建自动站后开始观测)。

观测时次 江川县于 1958 年 9 月 10 日开始地面气象观测。从建站初的每天 08、14、20 时 3 次人工观测,发展到 2005 年 9 月建成七要素自动气象站,实现 24 小时自动观测及自动向省气象局传输数据。

遥测雨量点 2004 年,建成全县 7 个乡镇和县气象站共 8 个无线遥测雨量监测点。2006 年 4 月,建成 4 个地质灾害遥测雨量监测点,全县遥测雨量监测点增至 12 个。

雷电监测 2004 年完成玉溪市雷电监测系统江川应用终端建设。2006 年 1 月,安装建设了大气电场仪(DNDY 型),实现了对江川县气象局周边 5 千米范围内大气电场变化情况的实时监测。

区域自动气象站观测 2007 年 10 月,江城镇布设本县首个六要素区域自动气象站。

②农业气象

1979 年 3 月—1986 年 6 月曾设农业气象组,对水稻、烤烟、油菜、小麦、蚕豆观测研究。在 2008 年 6 月建设了雄关、前卫 2 个现代烟草农业气象观测站之后开展了江川烤烟气象观测。

③气象信息网络

2001 年建成宽带互联网,与全省局域网联通。2002 年和 2005 年进行了两次升级改造,实现了本系统内气象资源的共享,提升了气象信息传输速率和工作效率。

④天气预报预测

1959 年 1 月 1 日,开始制作补充天气预报,到 1965 年制作短、中、长期天气预报。当时的县级预报,是通过广播收听天气形势和接收气象传真图来掌握大范围的天气背景和环流形势,并通过单站气象要素的变化,把"图、资、群"三方面的情况结合起来,从而做出单站补充订正的短期和中期天气预报。2001年气象卫星综合应用系统(简称"PC-VSAT"单收站)的建成应用,县级中短期气象预报水平得到明显提高。2006年起开始通过《玉溪市—县气象预警预报综合服务系统》作订正预报,包括:短期预报、中期预报、短期气候预测、烤烟气象、林业气象、渔业气象等,大幅提高了天气预报制作的水平和效率。

2. 气象服务

①公众气象服务

1999年开通"12121"天气预报自动咨询电话。2004年4月江川电视天气预报开播,年内建成了江川气象网页和江川县兴农网。2007年,开始在全县范围内布设气象综合信息电子显示屏,并利用手机短信预警平台直接为县委、县人民政府领导和相关部门提供"三性"天气预报和气象情报服务。2008年,江川县气象局公众气象服务方式包括:广播、电视、气象信息电话"12121"、手机短信、江川气象网站和气象综合信息电子显示屏等。

②决策气象服务

从1958年建站就开始为县委、县人民政府提供决策气象服务。2006年气象服务产品有"江川气象信息"、"江川县农业气象"、"江川县烤烟气象"、"江川县短期气候预测"、"江川气象森林防火简报"、"江川气象简报"、"江川重要气象信息专报"、"旬烤烟天气情况反映"、"江川地质灾害旬报"、年和季度的"气候影响评价"等,并为"开渔节"等大型活动提供决策气象保障服务。

③专业与专项气象服务

专业气象服务 2004年起与县烟草公司合作开展"烤烟与气象"科技服务。2005年起,与县国土资源局正式合作开展江川地质灾害的监测与预报预警服务工作。2006年,江川水利气象服务平台建成,并投入使用,同年通过互联网为林业部门提供卫星遥感火点监测气象服务。2007年,与江川县抚仙湖管理局合作开展渔业气象服务。截至2008年底,服务领域已包括农业、林业、水利、烟草、保险、国土、电力、医疗、磷化工、花卉、建材等部门和行业。

人工影响天气 江川县1970年开始采用土火箭进行人工防雹的科学探索,到2008年,防雹指挥、作业队伍达70余人,作业系统包括:"三七"高炮8门,新型火箭发射装置(BL-1和WR-1D型)7套,人工防雹作业点保护范围基本覆盖了江川县的粮烟生产区,建有上通玉溪、昆明气象雷达站的有线网络和10兆光纤Internet外网,下联各作业点的甚高频无线通信网络及县级人工影响天气现代化作业指挥系统。

防雷技术服务 1991年开始开展防雷检测工作,1992年与县城建局、公安局、人事劳动局、保险公司等部门联发文件,在全县全面开展防雷检测。1994年10月与县城建局、建行联发《关于新建建筑物安装避雷装置的补充规定》,与县安委会联发《关于低压线路避雷器的通知》,开始实施防雷工程工作。1998年5月28日,江川县气象局成立江川县防雷中心;1999年5月,江川县防雷中心通过了云南省技术监督局的计量认证;2002年成立江川县人民政府防雷减灾领导小组。2006年1月江川县防雷中心更名为玉溪市江川县防雷装置安全检测中心。开展的防雷检测项目包括:防雷检测、线间绝缘电阻检测、土壤电阻率检测、防雷图纸审核、防雷工程的设计安装,计算机(场地)防雷安全检测和整改工程。

3. 科学技术

气象科普宣传 每年的"3·23"世界气象日、科技周、科普日和"送科技下乡"活动期间,江川县气象局都组织并发送有关气象科普宣传材料。

气象科研 1979年完成的《人工防雹》获玉溪地区科技成果二等奖。1983年完成的《江川县气候资源分析与农业气候区划》获县科技成果二等奖。1983年完成的《1982至1983年度冬春严重霜冻准确预报》获玉溪地区科研成果三等奖。1992年完成的《江川县人工防雹减灾应用试验》获玉溪地区科技进步三等奖。2006年4月完成的《县级气象综合业务服务系统》,被玉溪市人民政府评为科学技术三等奖。

气象法规建设与社会管理

法规建设 重点加强气象探测环境保护和雷电灾害防御工作的依法管理。2005年4月15日,完成了气象探测环境保护备案工作。2007年4月12日成立了江川县气象行政执法大队,有兼职人员6人,都取得执法资格证。对建设项目大气环境影响评价使用气象资料审查、防雷装置设计审核和竣工验收行政许可等实行社会管理。依法查处气象部门行政违法案件。

政务公开 自2002年5月起开展局务公开工作,对气象行政审批办事程序、气象服务内容、服务承诺、气象行政执法依据、服务收费依据及标准等,采取通过公示栏、县人民政府信息公开网站等方式向社会公开;对干部任用、财务收支、目标考核、基础设施建设、职工劳务奖金、福利费发放、公务接待、交通通信费等内容通过公示栏、会议、局域网等多种形式向职工公开。2005年被中国气象局评为"气象部门局务公开先进单位"。

党建与气象文化建设

1. 党建工作

党的组织建设 1999年1月建立江川县气象局党支部,有党员3人,截至2008年年底,有党员7人(其中2名为县防震减灾局党员),10年间发展青年党员6名,充分发挥了基层党组织的战斗堡垒作用。

党风廉政建设 自2000年起与玉溪市气象局签订党风廉政建设责任书,2002年起设立党风廉政监督员,2008年起设立纪检监察员。多年来认真贯彻党风廉政建设目标责任制,层层签订责任书,严格执行"三重一大"集体决策制度,局财务账目和建设工程项目接受上级部门或审计部门的审计监督。积极开展"党风廉政教育"和廉政文化建设活动。通过举办知识竞赛,观看警示教育片,到监狱参加"现身说法警示教育大会"等,教育广大党员干部职工遵纪守法、廉洁从政,警钟长鸣,努力建设和谐、廉洁的文明单位。

2. 气象文化建设

精神文明建设 自2000年开展"文明单位"创建活动,每年出资为处于贫困山区的江城镇三百亩村委会订阅党报党刊；2004年与江城镇隔河村结成"城乡文明共建对子"，出资5800元开展"文明走廊工程"保护抚仙湖；2000年被评为"县级文明单位"；2004年被评为"市级文明单位"；2006年被评为"省级文明单位"，同年被云南省气象局评为"十五期间精神文明创建先进集体"；2008年"5·12"汶川地震发生后，全体干部职工捐款1300元，党员主动交纳"特殊党费"1450元，发扬了中华民族"一方有难，八方支援"的传统美德，同年被云南省气象局评为"精神文明建设先进集体"。

文体活动 2006年投资1万余元建成图书室，现存图书1100余册。购置了乒乓球桌、羽毛球、象棋、扑克等娱乐器材，在工作之余组织职工开展比赛活动，还与部分乡镇、单位以及私企开展各类文体比赛活动，2005年派出一名职工参加了全国气象行业运动会，取得了较好成绩。

集体荣誉 1963年被评为玉溪专区"五好气候服务站"。2005年与大街镇大庄小学签订《江川县助学兴教联系点协议书》，每年单位和职工各捐资上千元，为学校解决力所能及的实际问题，被江川县委、县人民政府评为"兴资助教先进集体"。

台站建设

1958年成立云南省江川县气候站，征用土地850平方米，建成占地面积625平方米的气象观测场，1960年12月建1幢100平方米的砖木结构房屋作住宿办公用。

1986年12月22日，江川县气象站出资3.9万元购买土地，面积1113平方米，其中房屋250平方米，附属设施20平方米。

1999—2002年，筹资170多万元建成1316平方米的职工住宅、580平方米的业务楼和220平方米的车库，绿化场地1291平方米。

2005—2008年，投资8万多元，增设业务楼塑钢门窗及安全监控设施、改造气象观测场、修缮围墙，对局大院环境进行绿化美化等。

2008年，争取到中国气象局"水电路"综合改善项目资金46万元，对台站基础设施进行综合改善。

1964年前的江川县气象站

江川县气象局新貌（2005年11月）

通海县气象局

机构历史沿革

始建情况 1958 年 9 月 18 日,杞麓县(1956 年原通海县、河西县合并称杞麓县,1958 年华宁县与杞麓县合并称通海县,1959 年原华宁县从通海县划出,河西今为通海县河西镇)气候站成立,位于县农场(郊外)。属国家一般气象站。

站址迁移情况 1959 年 5 月 1 日,搬至金山公社万家管理区万家十三队。1961 年 11 月 1 日迁至杨广公社附城大队。1966 年 1 月,迁至通海县机关农场。1973 年 3 月,观测场搬迁到通海县九街公社万家大队。2006 年 1 月 1 日,观测场搬迁到通海县秀山镇万家村"马头丫巴",位于东经 102°45′,北纬 24°08′,观测场海拔高度 1801.8 米。

历史沿革 1958 年 9 月 18 日,成立杞麓县气候站。1959 年 10 月,更名为通海县气候站。1960 年 8 月改称为通海县气候服务中心站。1964 年 4 月,更名为通海县气候服务站。1966 年 1 月,更名为通海县气象服务站。1971 年 11 月,更名为通海县气象站。1990 年 5 月,更名为通海县气象局。

管理体制 1958 年 9 月 18 日—1963 年 3 月,属杞麓县人民委员会建制和领导,县农水科负责管理。1963 年 4 月—1970 年 6 月,通海县气象站属云南省气象局(1966 年 3 月改为云南省农业厅气象局)建制,玉溪专区气象总站负责管理。1970 年 7 月—1970 年 12 月,通海县气象站隶属通海县革命委员会建制和领导,归口通海县农水局管理。1971 年 1 月—1973 年 10 月,实行通海县人民武装部领导,建制仍属通海县革命委员会。1973 年 10 月—1981 年 3 月,改属通海县革命委员会建制和领导。1981 年 3 月起,实行玉溪地区气象局和通海县人民政府双重领导,以玉溪地区气象局领导为主的管理体制。

机构设置 截至 2008 年,通海县气象局内设办公室、天气中心、人工影响天气中心(地方气象事业机构)和防雷装置安全检测中心。

单位名称及主要负责人变更情况

单位名称	姓名	民族	职务	任职时间
杞麓县气候站	王永年	汉	无法考证	1958.10—1959.09
通海县气候站				1959.10—1960.07
通海县气候服务中心站				1960.08—1964.03
通海县气候服务站				1964.04—1964.06
	刘采文	汉	副站长	1964.07—1966.01
通海县气象服务站				1966.01—1971.01
	王升海	汉	站长	1971.01—1971.11
通海县气象站				1971.11—1977.11

单位名称	姓名	民族	职务	任职时间
通海县气象站	赵炳贵	汉	站长	1977.12—1980.09
	杨运祥	汉	副站长	1980.10—1981.05
	朱正全	汉	站长	1981.06—1990.05
通海县气象局			局长	1990.05—1991.06
	罗桂珍(女)	汉	副局长	1991.07—1992.06
			局长	1992.07—2002.12
	肖传伟	汉	副局长	2003.01—2004.01
			局长	2004.01—

人员状况 1958年建站时,只有1人。1978年有9人。截至2008年有在职职工12人(其中在编职工5人,外聘7人)。在编职工中:研究生1人,大学学历3人,大专1人;工程师3人,助理工程师2人。

气象业务与服务

1. 气象业务

①地面气象观测

观测项目 云、能见度、天气现象、气压、气温、湿度、日照、风向风速、降水、蒸发(小型)等;1958年11月,增加地温观测。1961年2月1日起,取消地面状态观测。1962年1月起,增加5、10、15、20厘米地温观测。1961年5月1日取消能见度观测。

观测时次 1958年10月1日,开始定时观测,时次为01、07、13、19时(地方时)4次;1960年8月1日—1962年4月30日,观测时间分别是02、08、14、20时(北京时);1961年5月1日开始,由4次观测改为3次观测。

发报种类 1961年3月30日起,增发OBSMN昆明航危报。1984年1月1日开始拍发重要天气报。

区域自动观测气象站 2004年6月完成通海县各乡镇遥测雨量计的安装工作。2007年在炮点建立了1个六要素气象自动站。2008年,在烤烟集中种植区建立了2个多要素气象自动站。

闪电定位仪 2004年9月6日,安装闪电定位仪,加强了对雷暴天气的监测。

自动气象站观测 2006年12月19日,完成自动站安装,开始进行人工与自动对比观测,以人工观测为主,2008年1月1日起进行自动站观测。

②农业气象

1964—1971年,开展了农业气象观测。1979年3月—1986年6月增设农业气象组,对水稻、烤烟等农作物进行观测研究,1983年编写出版《通海县农业气候资料手册》,1986年编印《云南省通海县农业区划手册》,对通海社会经济发展起到很好的指导作用。

③气象信息网络

测报数据处理 20世纪50年代开始用人工编报;1987年7月1日—2001年12月31

日采用 PC-1500 袖珍计算机编报;2002 年 1 月 1 日使用《AHDM 5.0》编发报及报表制作;2000 年气表-1 用计算机制作同时免去人工抄录。

气象信息传输 建站初期气象信息通过电话传输,1994 年建成地县微机网络终端;2001 年 3 月完成县级气象卫星综合应用系统(PC-VSAT)单收站的建立;2000 年 2 月,气象信息经过网络传输。2003 年 6 月开通宽带网 IP 电话,运用 XDR 数字雷达化系统,建立了人工影响天气作业指挥平台,实现了县人工影响天气作业指挥中心的可视化指挥平台。

④天气预报预测

短期天气预报 1958 年杞麓县气候站开始作补充天气预报,主要根据单站气象资料以及关于天气的民间谚语来制作本站天气预报,主要内容有天气、温度、风预报每天发布一次。20 世纪 70 年代中期开始,可以通过收听气象广播进行天气形势分析,制作短期、中期、长期天气预报。

2001 年后,先后建设 PC-VSAT 卫星单收站、宽带网 IP 电话、遥测雨量点查询平台、多普勒雷达终端用户等一批现代化设备,短期天气预报精确率进一步得到提高。

中期天气预报 初期中期天气预报的制作,通过接收中央气象台、云南省气象台的旬、月天气预报,再结合分析本地气象资料,短期天气形势,天气过程的周期变化等制作一旬天气过程趋势预报。2001 年后,通过 PC-VSAT 卫星单收站、宽带网 IP 电话,可以接收到各种气象资料,为开展中期天气预报提供了参考依据。目前,开展的中期预报包括烤烟气候预测、汛期、森林防火、旅游等。

长期天气预报 2002 年 3 月,长期天气趋势预报更名为短期气候趋势预测,主要应用大气韵律活动规律,采用气象要素历史演变相关统计、环流指数变化等方法来制作长期天气预报。预测信息包括:年度和各月的温度、降水趋势、倒春寒、雨季开始(结束)期、干旱、洪涝、8 月低温、秋季连阴雨等。

2. 气象服务

①公众气象服务

1999 年 3 月开通动画显示天气预报服务系统。2001 年 6 月开通"96121"天气预报自动答询系统。2005 年 6 月 26 日,利用通海县人民政府网的网络资源,开通气象信息短信群呼服务,可以及时传送各乡镇雨量、重大天气预报等资料。2006 年 6 月建成气象预警预报综合服务系统,实现了决策气象服务产品加工自动化和为各级党政领导部门服务网络化。2007 年 7 月,先后在通海县县委、县人民政府、烟草、隧道、国土等部门安装气象信息电子显示屏,实现气象预警信息的实时传输,为防灾减灾工作提供了气象保障。2008 年起开始在所有乡镇和大树、万家、云龙、象平等村进行了试点。

②决策气象服务

2003 年起开始,在烤烟移栽的关键时期,认真做好烤烟移栽期的专题材料,并发布"小春收晒及烤烟移栽期气象服务"和"大春栽种期及烤烟移栽期气象专题服务",为通海县烤烟等大春作物的正常移栽提供参考依据。同年开始制作"森林防火专题预报",为护林防火提供较好的气象信息。自 2003 年起,制作"春节专题预报服务"、"'十一'黄金周专题预报服务",为到通海县的旅游者提供较好的气象信息,并在通海县电视台播放"节假期专项天气预报服务"节目等。

③专业与专项气象服务

人工影响天气 1983年7月5日开始在通海县进行人工增雨作业。1993年通海县开始人工增雨防雹工作,并成立了通海县人工增雨防雹领导小组,办公室设在通海县气象局。有1个流动作业点和两个固定点。2004年6月,新建2个防雹固定作业点和1个车载流动火箭发射点,8月,购置五门双管"三七"高炮,加强人工影响天气作业设备。2005年11月25日,完成了气象综合业务系统现代化建设,为进一步提高人工影响天气工作效率创造了一个良好的工作平台。截至2008年底,通海县人工防雹点共有12个,其中1个流动作业点、11个固定作业点,基本覆盖了通海县的粮烟主产区。

防雷技术服务 1997年11月,成立了通海县防雷中心,1999年5月,通海县防雷中心通过了云南省省技术监督局的计量认证。2002年8月16日通海县人民政府成立防雷减灾工作小组,办公室设在通海县气象局,防雷工作的社会管理职能不断增强。2006年1月通海县防雷中心更名为玉溪市通海县防雷装置安全检测中心。通海县气象局开展的防雷检测项目包括:防雷检测、线间绝缘电阻检测、土壤电阻率检测、防雷图纸审核、防雷工程的设计安装,并负责全县计算机(场地)防雷安全检测和整改工程。

④气象科普宣传

每年积极利用"3·23"世界气象日、6月安全生产月、"12·4"法律宣传日对气象法律法规进行宣传。积极参加通海县科协组织的"科普日"等科普宣传活动。

气象法规建设与社会管理

法规建设 2003年8月20日通海县人民政府以《关于加强防雷减灾安全管理工作的通知》规范通海县的防雷工作。2006年11月20日完成了通海县气象局气象探测环境保护技术规定备案材料。通海县人民政府于2006年12月21日出台了《关于加快气象事业发展的实施意见》。2007年4月,成立通海县气象行政执法大队,有2名兼职执法人员,有4人取得行政执法资格证。明确了行政执法主体资格和行政处罚权,法规建设日趋完整,强化了社会管理职能。2007年5月30日通海县人民政府发文《关于建立完善农村气象防灾减灾体系的实施意见》、2008年12月22日通海县人民政府出台《关于通海县气象灾害应急预案的通知》等地方规章制度。2007年4月27日,通海县人民政府下发了《通海县人民政府关于建立气象信息员队伍的通知》。2007年12月18日,再次对气象探测环境保护报通海县建设局备案。2008年12月22日,通海县人民政府文下发了《通海县气象灾害应急预案》。

社会管理 2006年,对全县辖区内从事防雷设计、施工、检测的单位和个人依法进行防雷设计、施工资质和资格证的管理及防雷产品合格证检审、备案;对建设项目大气环境影响评价使用气象资料审查、防雷装置设计审核和竣工验收行政许可等实行社会管理。

政务公开 2002年5月开展局务公开工作。对气象行政审批办事程序、气象服务内容、服务承诺、气象行政执法依据、服务收费依据及标准等,采取通过公开栏、县人民政府信息公开网站等方式向社会公开。干部任用、财务收支、目标考核、基础设施建设、工程招投标等内容则采取职工大会或局公开栏张榜等方式向职工公开。

党建与气象文化建设

1. 党建工作

党的组织建设　1983 年以前,未成立党支部,党员并入通海县农业局党支部过组织生活。1984 年 7 月成立通海县气象局党支部,1989 年 9 月,因人员较少,通海县气象局党支部撤销,党员并入农业局党支部。1991 年 1 月,成立通海县气象局党支部。1997 年 3 月,因人事变动,通海县气象局党支部撤销,1997 年 4 月与通海县农业局下属农业广播学校及培训站成立联合支部。截至 2008 年底,有党员 4 人。

党风廉政建设　1999 年,推行民主决策制度,坚持民主集中制原则,提高决策能力,减少或避免决策失误,重大事项集体研究,具体操作上严格按制度执行。2003 年,推行大宗物品采购制度,防止采购中违规违纪行为产生,严格按制度执行。通过制度化管理,我局党风廉政建设取得了一定成效,无违法、违纪行为出现。

2. 气象文化建设

精神文明建设　通海县气象局从 1998 年开展创建"文明单位"活动。成立了精神文明建设指导小组,每年年初制定当年精神文明创建工作计划,定期召开会议,研究部署精神文明创建工作。通海县气象局于 2002 年、2005 年、2008 年先后被通海县委、县人民政府命名为第六、第七、第八届县级"文明单位";2004 年被玉溪市委、玉溪市人民政府授予第四届市级"文明单位"称号;2006 年被云南省委、省人民政府授予省级"文明单位"称号;2008 年被云南省气象局评为"精神文明先进单位"。

文体活动　为职工配备了羽毛球、乒乓球、跳绳、飞镖、篮球等体育用品,有专门的乒乓球活动室和阅览室。积极组织职工开展形式多样有益身心健康的文体娱乐活动。每年元旦、春节、五一等节假日前,举办一系列形式多样的文体活动,包括登山、乒乓球比赛等。在"三八"妇女节、"重阳节"和非汛期,单位组织在职职工和退休职工外出考察学习,以愉悦身心,增加见识。

3. 荣誉

集体荣誉　2008 年 4 月,获县人民政府颁发的"2007 年度全面完成重点工作目标任务先进单位"的荣誉称号

个人荣誉　1982 年、2001 年 2 人分别被云南省气象局和通海县政府、县委表彰为"先进个人"。2006 年,1 人因 250 班无错,被中国气象局评为"质量优秀测报员"。

台站建设

1958 年和 1965 年先后建平房 2 幢,建筑面积 237.02 平方米,作为办公和职工住宿用房。经 1970 年 1 月 5 日通海县大地震后,墙体和地面均被震裂,几经修补,一直使用到 20 世纪 90 年代。1994 年向玉溪地区气象局和通海县财政申请了综合改善资金 35 万元,共同投资建职工住宿,改善了职工住宿条件。

1973年,观测场搬迁到通海县九街万家大队,通海县气象局所辖土地共2046平方米,观测场占地625平方米,房屋占地519平方米,观测场四周空旷。

2000年9月,玉溪市气象局划拨38万元修建了614.23平方米的业务办公楼。2000年12月,通海县气象局占地面积3357.9平方米。

通海县气象站旧貌(1973年)　　　　　　通海县气象站新颜(2008年)

华宁县气象局

机构历史沿革

始建情况　始建于1958年9月18日,位于东经102°55′,北纬24°12′,观测场海拔高度1620米。

站址迁移情况　1959年9月,观测场搬迁到城南高田村平坝中央。1963年,将观测场搬迁到城南郊外平坝中央,同时观测场由25米×25米改为16米×20米。1975年7月观测场往东南方移58米,高度相差0.5米,新观测场海拔高度为1608.4米。1998年4月,观测场往北平移6米,现址位于东经102°55′,北纬24°12′,海拔高度1608.4米。

历史沿革　1958年9月,华宁县气象站建立。1960年7月,水文气象合并,站名改为云南省华宁县气候服务中心站。1962年7月,改为云南省华宁县气候服务站。1966年1月,改为云南省华宁县气象服务站。1971年11月,改为云南省华宁县气象站。1990年5月31日,更名为华宁县气象局。

管理体制　1958年9月—1963年3月,属华宁县人民委员会建制和领导,业务归玉溪地区中心站管理。1963年3月—1970年6月,华宁县气象站隶属云南省气象局(1966年3月改为云南省农业厅气象局)建制,玉溪专区气象总站负责管理。1970年7月—1970年12月,华宁县气象站隶属华宁县革命委员会建制和领导,归口华宁县农业局管理。1971年1月—1973年10月,实行华宁县人民武装部领导,建制仍属华宁县革命委员会。1973年10月—1981年3月,改属华宁县革命委员会建制和领导,归口县农业局管理。1981年3月起,实行玉溪地区气象局与华宁县人民政府双重领导,以玉溪地区气象局领导为主的管理体制。

机构设置 1990年,内设观测组、预报组、专业服务组、防雹办公室。1997年,增设防雷中心。2001年,内设局办公室、科技服务中心、防雷检测中心、气象站。2006年,内设观测组、预报服务组、局办公室、防雹办公室、防雷装置安全检测中心。2008年,内设观测组、科技服务中心、局办公室、防雹办公室、防雷装置安全检测中心。

单位名称及主要负责人变更情况

单位名称	姓名	民族	职务	任职时间
华宁县气象站	石敦显	汉	站长	1958.09—1960.07
云南省华宁县气候服务中心站				1960.07—1962.07
云南省华宁县气候服务站				1962.07—1966.01
云南省华宁县气象服务站				1966.01—1970.10
	李华	汉	站长	1970.10—1971.11
				1971.11—1973.10
云南省华宁县气象站	张天佐	汉	站长	1973.10—1976.10
	万振宇	汉	站长	1976.10—1984.08
	郭跃祖	汉	站长	1984.08—1986.04
	万振宇	汉	副站长(主持工作)	1986.04—1986.11
			站长	1986.11—1990.05
云南省华宁县气象局			局长	1990.06—1996.07
	邱有文	汉	局长	1996.07—2008.10
	李鉴	汉	局长	2008.10—

人员状况 1958年华宁县气象站有职工1人。截至2008年底有在职职工14人(其中在编职工7人,聘用7人),在编职工中:研究生1人,大学学历5人,大专学历1人;工程师2人,助理工程师2人,中级工1人。

气象业务与服务

1.气象业务

①地面气象观测
观测项目 观测项目有:气温、湿度、气压、日照时数、降水、云、能见度、天气现象、风、地面状态、小型蒸发,地面和浅层地温等。

1963年1月1日,原距地面2米高的百叶箱改为1.5米高度,雨量器高度改为70厘米。1961年4月至2005年8月,承担不同任务的航空天气报和危险天气报。

观测时次 1958年9月18日华宁县气候站成立,正式开展地面气象观测,观测时次采用地方时,每天进行01、07、13、19时4次观测。1960年1月1日,由4次观测改为07、13、19时3次观测。同年8月1日,观测时次改用北京时,每天进行08、14、20时3次人工定时观测。

②专业气象观测
2008年,与牛山柑橘实验场合作,建成了华宁县第二个专业气象观测场。

③气象信息网络

1958 年用人工编报,通过邮电局转发报文;1988—1996 年采用 PC-1500 袖珍计算机编报;1996 年后又恢复手工编报。1984 年安装了气象传真机;1986 年 12 月建成 VHF 甚高频气象通讯网络系统,气象报文通过甚高频电话发到玉溪气象台;2000 年 7 月,使用计算机进行编报;2001 年 12 月,安装了 PC-VSAT(地面气象卫星资料接收机);2002 年 1 月 1日,气象报文使用互联网传输;2003 年,开通宽带网 IP 电话,运用 XDR 数字雷达化系统,建立了现代化的人工影响天气作业指挥平台,实现了县人工影响天气作业指挥中心与市人工影响天气中心的可视化指挥平台;2005 年 4 月 1 日起,使用内部局域网发送气象报文;2008 年,气象报文采用内部局域网发送,天气预报通过电话、传真、网络、电视等方式发布。

④天气预报预测

中期天气预报 1958 年,华宁县气候站开始作补充天气预报。20 世纪 80 年代初,通过气象传真机接收中央气象台、云南省气象台的旬、月天气预报,结合分析本地气象资料,开始制作中期天气预报。

长期天气预报 20 世纪 70 年代中期开始起步,80 年代初步建立了符合华宁县气候特点的特征指标和方法,并用于具体的预报服务之中。华宁县气象局制作的长期预报主要有年预报(包括倒春寒、雨季开始期、干旱、洪涝、水稻抽扬低温冷害、三秋连阴雨、雨季结束期)、汛期预报(包括雨季开始期、干旱、洪涝、水稻抽穗扬花低温冷害、三秋连阴雨、雨季结束期)。

2002 年,华宁县气象局相应调整了长期气候预测内容:一是常规项目中包括每年 1—12 月各月降水趋势预测、每年 1—12 月各月气温趋势预测和 6—8 月主汛期降水趋势预测。

2. 气象服务

①公众与决策气象服务

2001 年 11 月,开通"121"天气预报自动咨询电话。系统开设未来 24 小时短期天气预报、未来 5 天中期天气预报及旅游风景区 24 小时预报,满足了社会和广大用户的需要。2005 年"121"电话升位为"12121"。2004 年 7月,在当地电视台播放华宁县天气预报。2004 年 9 月,由华宁县气象局自行研制开发的"华宁县气象预报服务系统"正式投入使用,同时也实现了气象信息上"华宁县人民政府公众信息网"的目标。2007 年开始开展气象信息电子显示屏工作,2008 年 10 月在华溪镇举行"华宁县新农村气象综合信息服务系统启动仪式"。截至 2008 年底,已安装电子显示屏 142 块,覆盖县内所有村委会及部分村民小组部分企事业单位、县人民政府机关、学校,服务人群达 5 万人左右。

2008 年 10 月 17 日,举行华宁县新农村气象综合服务系统启动仪式

②专业与专项气象服务

人工影响天气服务 1979 年 3 月,开展人工增雨。1993 年 5 月 6 日,成立华宁县人工增雨防雹领导小组,办公室设在华宁县气象局。1994 年购置微机 1 台,实现了地县联网。1995 年设立莲花塘、董家山 2 个防雹点,2000 年 6 月增设青龙镇上街路秧草塘、绿塘子大村、海关(流动点)5 个防雹点。2002 年 5 月编制《华宁县人工防雹工作防灾减灾预案》。

2003 年,华宁县气象局建成雷达信息指挥系统,引进 BL-1 型 6000 米火箭系统并在 6 月以宁州镇莲花塘炮点为试点,完成了实验方案设计。

2008 年,华宁县气象局投资 8 万余元完善了华宁县人工影响天气指挥中心,购置 3 台电脑用于防雹作业指挥,引进了市、县空域请令系统,为市、县两级的防雹指挥提供了更方便的交流平台,2008 年华宁县共设 10 个防雹作业点。

防雷技术服务 1997 年 5 月,华宁县防雷中心成立,管理防雷装置的设计、安装、检测和技术咨询。防雷检测中心对全县防雷装置、设备及场地做防雷检测工作。

1999 年 5 月,华宁县防雷中心通过了云南省技术监督局的计量认证。2006 年 1 月,华宁县防雷中心更名为玉溪市华宁县防雷装置安全检测中心。

3. 科学技术

气象科普宣传 华宁县气象局重视普法宣传,1994 年 11 月《中华人民共和国气象法》的宣传列入"二五"普法教育。每年都利用普法日、安全生产月、科普日等宣传活动,联合多家单位到街道宣传防雷相关知识以及如何应对各种自然灾害的常识。将气象科普知识发到老百姓手中,让群众能及时了解气象科普知识。

气象科研 1987 年"雨季开始期预报总结"获华宁县人民政府科技进步二等奖。1988 年,"华宁县综合农业区划"被玉溪市人民政府授予二等奖。1992 年,"盘溪热区农业发展总体规划研究"被云南省气象局授予一等奖及被玉溪市人民政府授予二等奖。1998 年,"南盘江中游河谷柑橘特早熟与气候",获云南省气象局三等奖。2004 年 7 月,在华宁县四镇一乡分别安装了 GMS 无线遥测雨量监测系统。2005 年 12 月,建成包括人工影响天气多媒体指挥系统的气象综合业务平台。2007 年,由华宁县气象局自主开发的"特殊天气预警管理系统"投入使用。

气象法规建设与社会管理

法规建设 华宁县气象执法大队于 2007 年成立,严格按照各种气象管理办法执行,在施放气球管理、防雷检测及工程管理以及探测环境保护等方面严格执法。2008 年,华宁县气象局落实了观测场保护征地可行性研究报告,并于 2008 年划拨了 48 万元作为观测场保护征地费用。

制度建设 2008 年 9 月建立了《华宁县气象局内部管理规定》。

社会管理 依法对气象探测环境进行保护,凡在气象探测环境保护区内进行工程建设必须到气象局报批,方可进行施工建设。依法对全县防雷工作进行管理;对全县辖区内从事防雷设计、施工、检测的单位和个人依法进行防雷设计、施工资质和资格证的管理及防雷产品合格证检审、备案。依法对全县施放、系留气球工作进行管理;对全县辖区内从事施放、系留气球单位和个人依法进行资质和资格证的审核。

政务公开　华宁县气象局于 2003 年开展局务公开工作,对气象行政审批办事程序、气象服务内容、服务承诺、气象行政执法依据、服务收费依据及标准等,采取了通过户外公示栏、发放宣传单等方式向社会公开。干部任用、财务收支、目标考核、基础设施建设、工程招投标等内容则采取职工大会或上局公示栏张榜等方式向职工公开。

党建与气象文化建设

1. 党建工作

党的组织建设　1998 年 7 月,成立华宁县气象局党支部,有 3 名党员。截至 2008 年底,共有 4 名党员(其中退休职工人员 1 人)。

党风廉政建设　积极开展"三个代表"、"立党为公、执政为民"、"云岭先锋"、"保持共产党员先进性"、"廉政文化进机关"和"解放思想大讨论"等学习教育活动。

2. 气象文化建设

精神文明建设　在精神文明创建工作中,始终坚持"两手抓两手都要硬"的方针,高度重视精神文明创建工作,建立健全了文明创建工作机制,使精神文明建设工作井然有序地开展;成立综治工作领导小组,坚持"谁主管、谁负责"的原则,实现无违法违纪案件,无行政责任事故,无"黄、赌、毒"等丑恶现象,无邪教活动,促进了单位"三个文明"建设健康发展;干部职工认真贯彻执行计划生育政策,通过宣传教育,确保了计划生育率、晚婚率、节育率、独生子女领证率都达到百分之百。1988 年度被云南省气象局授予"云南省气象部门双文明建设先进集体"。2002 年被玉溪市人民政府授予"第三届文明单位"。2007 年被玉溪市人民政府授予"玉溪市第五届文明单位"。

文体活动　2008 年建成了职工之家活动室,购置了乒乓球桌、篮球等体育用品,通过登山、打球、娱乐等协作性活动,增强干部职工团结协作的精神;在特殊的节假日组织干部职工外出游玩,在放松的同时也激发了干部职工爱国家、爱家乡的情怀,增强了队伍的凝聚力和战斗力。

集体荣誉　1986 年度被云南省气象局授予"云南省气象系统先进集体"。1990 年度被云南省气象局授予"大春栽种期雨量预报工作显著表扬奖"。2005 年,被中国气象局授予"局务公开先进单位"。

个人荣誉　从 1958—2008 年间,华宁县气象局共有 9 人(次)获得 71 个百班无错奖,被云南省气象局授予"质量优秀测报员"称号。在 2002—2008 年,柯华顺同志取得 4 个 250 班无错,被中国气象局授予"质量优秀测报员"称号。

台站建设

1958 年建立华宁气候站时,住房是临时性的帐篷,办公场所是借用华宁县人民委员会的房子。

1997—1999 年间征地 2261 平方米,云南省气象局、玉溪市气象局投资及职工集资共 150 万元,建成面积为 1419.86 平方米的气象科技服务中心楼 1 幢(职工住宅楼面积

1020.78 平方米、办公面积 399.08 平方米),改善了办公和职工生活条件。同时,拆除了 20 世纪 60 年代建的砖木结构危房 188 平方米,进行内部环境改造。

2000—2001 年,玉溪市气象局投资及自筹资金共 17 万元,对 1977 年建的一楼一底 2 幢办公楼进行装修改造,绿化草坪 500 多平方米,硬化路面 500 平方米,改善职工的工作、生活条件。2000—2008 年玉溪市气象局及华宁县财政投资 20 万元,更新了办公设施,使内部环境得到了改观。

华宁县气象站旧址(1973 年) 华宁县气象站现状(2008 年)

峨山彝族自治县气象局

机构历史沿革

始建情况 始建于 1959 年 5 月 8 日,在城关区三家村郊外。1981 年 8 月 10 日,迁至原偏南 15 米,位于东经 104°24′,北纬 24°11′,观测场海拔高度 1538.6 米。属国家一般气象站。

历史沿革 1959 年 5 月 8 日建立云南省峨山彝族自治县气候站。1960 年 3 月 23 日,站名改为云南省峨山彝族自治县气象服务中心站。1964 年 2 月 26 日,改为云南省峨山彝族自治县气候服务站。1966 年 1 月 1 日更名为云南省峨山彝族自治县气象服务站。1971 年 11 月,站名改为云南省峨山彝族自治县气象站。1990 年 4 月 28 日,更名为云南省峨山彝族自治县气象局。

管理体制 1959 年 5 月 8 日—1963 年 3 月 23 日,峨山彝族自治县气象站属峨山彝族自治县人民委员会建制和领导。1963 年 3 月—1970 年 6 月,峨山彝族自治县气象站隶属云南省气象局(1966 年 3 月改为云南省农业厅气象局)建制,玉溪专区气象总站负责管理。1970 年 7 月—1970 年 12 月,峨山彝族自治县气象站隶属峨山彝族自治县革命委员会建制和领导,归口县农业局管理。1971 年 1 月—1973 年 10 月,实行峨山彝族自治县人民武装部领导,建制仍属峨山彝族自治县革命委员会。1973 年 10 月—1981 年 3 月,改属峨山彝族自治县革命委员会建制和领导,归口县农业局管理。1981 年 3 日起,峨山彝族自治县气象局实行玉溪地区气象局与峨山彝族自治县人民政府双重领导,以玉溪地区气象局领导为主的管理体制。

机构设置 建站后设置观测组、预报组。1993 年 5 月 18 日经峨山彝族自治县人民政府批准成立峨山彝族自治县人工降雨防雹领导小组办公室(属地方编制),办公室设在气象局。1994 年 12 月成立峨山彝族自治县避雷安全检测所,1997 年 4 月成立峨山彝族自治县防雷中心,2001 年设局办公室。

截至 2008 年,峨山彝族自治县气象局下设气象站、局办公室、人工降雨防雹办公室、检测中心、防雷中心、气象服务中心。

单位名称及主要负责人变更情况

单位名称	姓名	民族	职务	任职时间
云南省峨山彝族自治县气候站	张淑碧(女)	汉	负责人	1959.05—1960.03
				1960.04—1960.10
云南省峨山彝族自治县气象服务中心站	廖传义	汉	负责人	1960.11—1961.12
				1962.01—1964.02
云南省峨山彝族自治县气候服务站	方立明	汉	负责人	1964.02—1965.12
				1966.01—1967.06
云南省峨山彝族自治县气象服务站	朱正全	汉	负责人	1967.07—1971.09
	董玉祥	汉	站长	1971.10—1971.11
云南省峨山彝族自治县气象站				1971.11—1984.03
	公孙辉	汉	站长	1984.04—1990.04
			局长	1990.05—1994.05
云南省峨山彝族自治县气象局	王兴文	汉	副局长(主持工作)	1994.06—1994.12
	张锡荣	汉	局长	1995.01—2004.01
	杨海光	汉	局长	2004.02—

人员状况 1959 年成立时有职工 3 人。截至 2008 年底有在职职工 8 人(其中在编职工 5 人,外聘职工 3 人),在编职工中:大学本科学历 3 人,大专学历 1 人,中专学历 1 人,5 人均为工程师。

气象业务与服务

1. 气象业务

①地面气象观测

观测项目 1959 年 5 月建站开始地面气象观测,当时观测项目有温度、湿度、云、天气现象、能见度、降水量、蒸发量、日照、地温、地面状态。1961 年 1 月 1 日取消地面状态观测,风由目测改用轻重型维尔达测风器。2008 年地面气象观测观测的项目有云、能见度、天气现象、气压、温度、湿度、风向风速、降水、雪深、日照、蒸发(小型)、地温(地表温度、浅层地温)。其中:天气现象是不定时观测。

观测时次 1959 年 5 月建站开始地面气象观测,观测时次采用地方时 01、07、13、19 时4 次。1960 年 4 次观测改为 08、14、20 时(北京时)3 次观测。

气象报表制作 1972 年 4 月 1 日开始每日 08 时发重要天气报。2001 年 1 月 1 日开始用计算机编发报和制作报表。

区域自动气象站观测 2004 年 7 月增加单要素雨量自动站点 9 个,到 2008 年有六要素自动站 1 个,两要素自动站 10 个,单要素雨量自动站点 4 个(拆除 5 个)。

②农业气象

1959 年开展水稻农作物观测,1960—1961 年开展水稻、蚕豆农作物观测,1978—1979 年进行水稻农作物观测,1980—1981 年进行水稻、蚕豆、小麦农作物观测,1982—1984 年进行水稻、小麦农作物观测。1994 年 10 月至 1995 年 5 月在峨山县小街镇、甸中镇、大龙潭乡进行 CMC 保湿剂用于小麦、包谷、烤烟的试验观测。

③气象信息网络

建站至 1986 年 7 月,气象信息的传播主要依靠电话、电报、收音机及信件传输。1986 年 8 月建成 VHF 气象通讯系统,1987 年停止从邮局拍发小图报并使用 VHF 传输。1988 年地面观测启用"CFCX-3"软件,并开始用 PC-1500 袖珍计算机制作地面观测记录月报表(气表-1),用 PC-1500 袖珍计算机进行预报制作及评分。1994 年实现与全国气象部门微机联网,调用国家、省、地气象台的天气预报产品资料。1997 年建成峨山彝族自治县人工降雨防雹无线电台通信指挥系统。到 2008 年防雹通信网络有三个中继站,峨山彝族自治县人工防雹增雨指挥中心和各防雹点配备无线电台或对讲机,实现指挥中心到防雹点的无线通信。2000 年建成 PC-VSAT 单收站并投入使用,此设备可以接收气象卫星传播的各种气象资料。2003 年 5 月进行局网域工程建设,实现办公现代化。

④天气预报预测

短期天气预报 1959 年 1 月 1 日,开始制作短期补充天气预报,1962 年开始制作未来 1~2 天的短期天气预报至 2008 年 12 月。当时的县级预报,是通过广播收听天气形势和接收气象传真图来掌握大范围的天气背景和环流形势,并通过单站气象要素的变化,把"图、资、群"三方面的情况结合起来,从而做出单站补充订正的短期天气预报。其中:1975—1993 年是收听省台气象广播制作短期预报;1987—1996 年,增加通过传真接收天气图,分析天气形势制作短期预报;2000 年后,先后建设了气象卫星综合应用系统(简称"PC-VSAT"单收站)、遥测雨量点查询平台,并利用其资料制作发布短期预报。1959 年至 2001 年 6 月份预报主要是通过广播向全县人民播出,1997 年增加"121"气象信息服务台播出,2003 年 7 月后增加峨山电视台电视播出,2003 年增加峨山气象网页的发布。

中期天气预报 1965 年开始制作发布不定时的中期重要(3~5 天)天气预报。当时的县级预报,是通过广播收听天气形势和接收气象传真图来掌握大范围的天气背景和环流形势,并通过单站气象要素的变化,把"图、资、群"三方面的情况结合起来,从而做出单站补充订正的中期重要天气预报。其中:1975—1993 年是收听省台气象广播制作中期重要预报;1986—1996 年,增加传真接收天气图,分析天气形势制作中期预报;2000 年后,先后建设了气象卫星综合应用系统(简称"PC-VSAT"单收站)、遥测雨量点查询平台,并利用其资料制作中期预报。1997 年开始定时制作发布 3~5 天的中期天气预报;2002 年增加烤烟与气象旬预报;2003 年增加森林火险旬预报;2004 年增加地质灾害旬预报。1959—2000 年的预报主要是利用电话通知峨山县县委、政府、防汛指挥部、乡镇等单位和部门,1997 年增加

"121"气象信息服务台播出,2001年后增加传真发布,2003年增加峨山气象网页的发布,旬预报增加信件的传递。

长期天气预报 1962年开始制作长期天气预报。天气预报的制作主要采用三线图、时间序列图、相似相关分析法等;1980年后,根据天气预报需要,抄录整理气象资料44项,组织技术人员,参加玉溪市气象局组织的预报会商,形成了基本资料、基本图表,建立一整套长期天气指标和方法;1988年配备 PC-1500 袖珍计算机进行预报制作。长期预报通过印成书面资料发至县、乡党政领导及农、林、水等部门;2003年增加峨山气象网页的发布。每年(月)底制作下年(月)的气象预测信息,内容涵盖重要农事天气过程如:大春栽插期雨量、8月低温、秋季连阴雨、冬春霜冻等,每年都坚持发专题气象服务材料。2002年3月,长期天气趋势预报更名为短期气候趋势预测,预测信息包括:年度和各月的温度、降水趋势预测,倒春寒、雨季开始(结束)期、干旱、洪涝、八月低温、秋季连阴雨等。

2. 气象服务

①公众气象服务

建站后就采用电话、广播等形式发布短期天气预报,旬、月预报用信件发往各乡镇各部门各用户。1997年开通了"121"天气预报自动答询台("121"现升位为"12121")。2003年7月1日,天气预报电视节目在电视台播出。2003年11月"峨山气象"网页成功挂到"峨山在线"上。2003年增加《森林火险》、《烤烟与气象》专题预报。2004年增加《地质灾害预警预报》专题预报。

2007年,在全县开展新农村气象综合信息服务系统建设,在农村推广安装气象信息电子显示屏。通过电子显示屏将天气实况、天气预报、气象预警以及支农惠农政策、农资和农产品市场信息、农业科技知识等信息及时地告诉广大农民朋友。到2008年,共在峨山7个乡镇、1个村委会、12个自然村及14个单位安装了气象信息电子显示屏61块。

②决策气象服务

2007年开通峨山农业信息网,实行天气预报、情报的服务网络化。2006年6月建成了气象预警预报综合服务系统,实现了决策气象服务产品加工自动化,服务方式网络化。

③专业与专项气象服务

人工影响天气 峨山彝族自治县的人工影响天气最初开始于1961年。1961年、1973年、1974年在县城附近进行焚烧草木、赤磷造雾防霜试验。1975年5—6月因干旱严重,在塔甸、富良棚、大龙潭、甸中等地首次进行"三七"高炮人工增雨地面作业试验,缓解了严重的夏旱。1993年5月18日,经县人民政府批准成立峨山彝族自治县人工降雨防雹领导小组办公室,办公室设在气象局。1999年4月28日至5月2日、10月26—31日进行人工消雨作业,保障昆明世界园艺博览会顺利举行。到2008年全县共有人工增雨防雹作业点17个,人工增雨防雹作业车6辆,指挥车1辆。每年的4至5月根据县委、县人民政府安排开展人工增雨作业,6—9月进行人工防雹作业。2006—2008年共实施人工增雨防雹作业1092点次,发射各类箭弹13362发,仅保护烤烟面积就有19.18万亩。

防雷技术服务 1994年12月,成立峨山彝族自治县避雷安全检测所,开始防雷减灾工作。1997年4月成立峨山彝族自治县防雷中心。其主要工作是为社会提供防雷减灾服务,对全县的防雷装置进行安全检测;对接地电阻进行测量;对土壤电阻率进行测试;进行防雷图纸审核、防雷工程的设计安装，并进行防雷技术开发和服务、防雷科技知识推广、雷电灾害风险评估、雷电灾情调查与鉴定。2008 年对 73 家单位进行检测，防雷图纸审核 28 家，开展雷击风险评估 22 家，督促整改防雷装置安全隐患 30 项（次）。

3. 科学技术

气象科普宣传　利用"3·23"世界气象日、6 月安全生产月、科技三下乡等活动开展气象法律法规、气象知识、气象防灾减灾等方面的宣传活动。2008 年在峨山电视台播放气象宣传片 10 天。

气象科研　1982—1983 年开展峨山彝族自治县农业气候区划普查，编制完成《峨山彝族自治县农业气候资料手册》一书，并在全县范围内发行。1994 年 10 月至 1995 年 5 月在小街镇、甸中镇、大龙潭乡进行 CMC 保湿剂用于小麦、包谷、烤烟的试验并推广应用试验。

气象法规建设与社会管理

法规建设　2005 年 12 月 19 日县委办公室下发《中共峨山彝族自治县委办公室、峨山彝族自治县人民政府办公室关于加强气象信息传播工作的通知》，明确了加强气象信息传播工作的目标任务、工作措施和保障措施。2007 年 12 月 17 日县人民政府出台《峨山彝族自治县人民政府关于加快气象事业发展的实施意见》，2008 年县人民政府办公室印发《峨山彝族自治县人民政府办公室关于印发〈峨山彝族自治县气象灾害应急预案的通知〉》。

社会管理　2004 年 11 月 16 日县人民政府办公室下发《峨山彝族自治县人民政府办公室关于峨山彝族自治县气象局行政执法责任制度体系实施办法的批复》，建立气象行政执法责任制度体系。2007 年 4 月 5 日成立了气象行政执法大队，有兼职执法人员 2 人，负责防雷装置设计审核、竣工验收、探测环境保护、防雷安全管理等行政管理工作。2005 年 6 月 29 日县建设局下发《峨山彝族自治县建设局关于峨山彝族自治县气象局进行探测环境保护技术规定备案的复函》，同意峨山彝族自治县气象局探测环境保护技术规定备案，按照规定进行探测环境保护。

政务公开　2003 年，对气象行政审批办事程序、气象服务内容、服务承诺、气象行政执法依据、服务收费依据及标准等，采取户外公示栏、电视广告、发放宣传单等方式向社会公开。干部任用、财务收支、目标考核、基础设施建设、工程招投标等内容采取职工大会或上局务公开栏张榜等方式向职工公开。2008 年 5 月依托峨山彝族自治县政务信息公开网站，建立了峨山彝族自治县气象局政务信息公开网站，同年 9 月建立了峨山彝族自治县气象工作网。

党建与气象文化建设

1. 党建工作

党的组织建设　1971 年 1 月有党员 2 人。1998 年 6 月 27 日，成立了峨山彝族自治县气象局党支部，截至 2008 年有党员 3 人。

1982 年 7 月，公孙辉被峨山彝族自治县委授予"优秀共产党员"称号；2007 年，杨海光被中共峨山彝族自治县直属机关委员会授予"优秀共产党员"称号。

党风廉政建设 2003 年开始,认真落实党风廉政建设目标责任制,积极开展廉政建设和廉政教育活动,努力建设文明机关、和谐机关和廉洁机关,开展"云岭先锋"、深入学习实践科学发展观等教育活动。

2. 气象文化建设

精神文明建设 1996 年开展创建"文明单位"活动。1996 年 2 月,被云南省气象局授予"双文明先进集体"称号。1997—2007 年连续五届被峨山彝族自治县县委、县人民政府授予县级"文明单位"称号。1999—2007 年连续四届被云南省委、省人民政府授予省级"文明单位"称号。2000—2007 年连续四届被玉溪市委、市人民政府授予市级"文明单位"称号。2008 年 11 月被云南省气象局评为 2006—2008 年度精神文明建设先进单位。

文体活动 单位购置一万多元的健身器材(羽毛球、扑克、各类棋盘等),配备卡拉"OK"电脑点歌系统,进一步丰富职工的文化生活。每年均利用"3·23"世界气象日、三八妇女节、五一劳动节、国庆节、元旦等节日,开展一些干部职工喜闻乐见的活动,参加县工会和体育局组织的体育活动,参加社区组织的文体活动。

3. 荣誉

集体荣誉 县气象局 1971 年 3 月荣获玉溪专区革命委员会颁发的"四好"单位称号。1978 年被玉溪地委、行署授予"气象先进单位"。1978 年 2 月、1982 年 3 月被云南省气象局授予"先进集体"称号。1997 年被中国气象局授予"重大气象服务先进集体"称号。1997 年被云南省人工降雨防雹办公室授予"人工降雨防雹先进单位"。2001 年 7 月被中国气象局确定为全国气象部门第二批文明服务示范单位、被云南省气象局评为创建省级文明行业"先进单位"。2006 年 3 月被云南省气象局评为"十五期间全省气象部门精神文明建设工作先进集体"。1996—2008 年 12 次被县委、县人民政府评为烤烟生产先进集体,10 次被县委、县人民政府评为社会治安综合治理工作先进单位。

个人荣誉 1985—2008 年,峨山彝族自治县气象局共有 6 人被云南省气象局表彰为地面测报"百班无错"20 个。

台站建设

1979 年 4 月征用城关公社城关五队 0.7 亩土地修路。1984 年 6 月建成二层砖混结构的职工住宅楼。1992 年 7 月国家气象局投资 10 万元,峨山彝族自治县人民政府投资 5 万元,建成二层砖混结构仿古城楼的业务办公楼。1998 年投资 10 万元的县气象局综合改造项目顺利完成,主要包括花园建设、地面铺设、车库建设、弹药库建设和厕所改造等,办公条件进一步改善。2001 年 4 月 10 日建成峨山气象服务中心,主体大楼面积 2300 平方米,附属餐厅面积 640 平方米,场地 800 平方米。

峨山彝族自治县气象局现占地 4660 平方米,有 3 幢办公楼,建筑面积 2948 平方米,职工宿舍 1 幢,建筑面积 740.88 平方米,车库 3 个,建筑面积 60 平方米。

峨山彝族自治县气象局旧貌（1964 年）

峨山彝族自治县气象局现貌（2008 年）

元江哈尼族彝族傣族自治县气象局

机构历史沿革

始建情况　1953 年 5 月，云南军区司令部气象科在元江县城西郊大路新寨村附近建立了中国人民解放军滇南蒙自军分区元江县气象站。位于东经 101°58′，北纬 23°38′，海拔高度 396.6 米。

1978 年经纬度更改为东经 101°59′，北纬 23°36′。1986 年 1 月 1 日起，观测场海拔高度改为 400.9 米。属国家基准气候站。

历史沿革　1953 年 12 月，元江县气象站由蒙自边防区移交给元江县人民政府，更名为元江县人民政府气象站。1955 年 5 月，更名为云南省元江县气象站。1958 年 11 月，水文站、气象站两个单位合并，更名为元江县水文气象中心站。1960 年 3 月，更名为元江县水文气象服务中心站。1962 年 8 月水文站、气象站分开，更名为元江县气象服务站。1963 年 8 月，更名为云南省元江县气象服务站。1969 年 1 月，更名为元江县气象站革命领导小组。1971 年 12 月，更名为云南省元江县气象站。1981 年 3 月 6 日，更名为元江哈尼族彝族傣族自治县（以下简称"元江县"）气象站。1990 年 5 月，更名为云南省元江哈尼族彝族傣族自治县气象局。1993 年 1 月 1 日起，元江县气象局由原来的国家基本气候站改为国家基准气候站。

管理体制　1953 年 5 月—1953 年 12 月，属军队建制。1953 年 12 月—1955 年 5 月，隶属元江县人民政府建制和领导。1955 年 5 月—1958 年 10 月，隶属云南省气象局建制和领导。1958 年 11 月—1963 年 7 月，隶属于元江县革命委员会建制和领导，业务归玉溪中心气象站管理。1963 年 8 月—1970 年 6 月，隶属云南省气象局（1966 年 3 月改为云南省农业厅气象局）建制，玉溪专区气象总站负责管理。1970 年 7 月—1970 年 12 月，隶属元江县革命委员会建制和领导。1971 年 1 月—1973 年 10 月，实行元江县人民武装部领导，建制仍属元江县革命委员会。1973 年 11 月—1981 年 3 月 6 日，改属元江县革命委员会建制和领导，由农水系统革命委员会代管。1981 年 3 月 6 日起，实行玉溪地区气象局与元江县人民政府双重领导,以玉溪地区气象局领导为主的管理体制。

机构设置 至 2008 年,元江哈尼族彝族傣族自治县气象局内设 5 个科室:即办公室、大气探测中心、气象科技服务中心、人工影响天气中心、雷电中心。

单位名称及主要负责人变更情况

单位名称	姓名	民族	职务	任职时间
中国人民解放军滇南蒙自军分区元江县气象站	吴本明	汉	负责人	1953.05—1953.08
元江县人民政府气象站	成明云	汉	主任	1953.09—1953.12
				1954.01—1955.04
				1955.05—1956.06
云南省元江县气象站	黄德纯	汉	站长	1956.07—1957.08
	王有兰	壮	站长	1957.09—1958.10
元江县水文气象中心站	丁渭清	汉	站长	1958.11—1960.02
元江县水文气象服务中心站				1960.03—1962.07
元江县气象服务站	陈可义	汉	站长	1962.08—1963.07
云南省元江县气象服务站				1963.08—1964.04
	胡仁义	汉	站长	1964.05—1968.12
元江县气象站革命领导小组	唐家谟	汉	副组长	1969.01—1971.11
云南省元江县气象站	胡仁义	汉	站长	1971.12—1978.04
	陈可义	汉	站长	1978.05—1980.03
				1981.03—1981.05
元江哈尼族彝族傣族自治县气象站	黄德纯	汉	站长	1981.06—1984.07
	唐家谟	汉	站长	1984.08—1990.04
			局长	1990.05—1991.01
云南省元江哈尼族彝族傣族自治县气象局	段从林	哈尼	负责人	1991.02—1992.07
			局长	1992.08—1993.08
	钱绍颜	汉	副局长	1993.09—1994.07
			局长	1994.08—2006.02
	胡伟	汉	局长	2006.03—2008.03
	张永昆	汉	副局长	2008.04—2008.06
			局长	2008.07—

人员状况 1953 年编制 3 人。1978 年,有在职职工 12 人。截至 2008 年底,有编制 12 人,实有在职职工 9 人;其中:少数民族 3 人;本科以上学历 7 人,大专 1 人;高级工程师 1 人,工程师 3 人,助理工程师 5 人。退休职工 5 人。

气象业务与服务

1. 气象业务

①地面气象观测

观测项目 云、能见度、天气现象、气温、气压、湿度、风、降水、日照、蒸发、雪深、地温(0~20 厘米)。

观测时次 1953年8月1日正式开展地面气象观测记录。24小时定时地面气象观测24次,夜间守班。

发报种类 1953年9月开始向云南军区气象科和乌家坝机场发报,每天4次,时间分别为08、14、18、20时。承担06—18时成都军区航危报任务。

气象报表制作 每月按时报送气象观测报表。

自动气象站观测 2002年进行2室1场改造(气压室、值班室、观测场),完成自动气象站仪器安装调试工作。2005年1月1日,自动站正式投入运行。

区域自动气象站观测 2004年6月,安装9个遥测雨量点。2007年9月,在因远镇安装1个六要素自动遥测气象站。2008年,安装1个烤烟自动气象观测点。

闪电定位仪 2004年6月安装一个闪电定位仪。

②农业气象

1958年6月12日,开始农作物物候观测。1959年3月,开始仪器测土壤湿度的观测。1967年1月—1978年11月停止农业气象观测记录。1979年开始晚稻的生育期观测。1980年开始进行早稻、甘蔗的生育期观测;同时还开始进行固定地段土壤水分的观测。1月8日恢复仪器土壤湿度的观测。1985年开始进行木棉的物候观测。1994年3月8日在停止对固定地段土壤水分观测后,改为作物观测地段土壤水分观测。2004年3月1日,元江农业气象观测站晚稻生育期观测调整为茉莉花和芦荟的生育期观测。6月21日,新增逢3日观测土壤湿度。

③气象信息网络

1986年以前观测使用手工编报。1986年1月1日使用PC-1500袖珍计算机进行地面气象观测的计算、编码,气象探测信息(地面天气报、航空报)经过邮电局传输。2000年9月1日使用微机进行计算机发报和编制报表;地面天气报经过X.25分组数据交换网传输,停止向邮电局传送。2004年1月,气象报表电子文档经过网络向上级气象部门传输。2007年1月,航空报传送由电信公司转发改为电话语音系统发报。

1984年安装了气象传真机。1986年5月建成甚高频气象通讯网络系统。1998年建成气象卫星地面接收小站PC-VSAT并正式启用。2003年5月,开通宽带网IP电话,运用XDR数字雷达化系统,建立了现代化的人工影响天气作业指挥平台,实现了县人工影响天气作业指挥中心与市人工影响天气中心的可视化指挥平台。

④天气预报预测

1958年开展单站补充天气预报并向公众发布。1975年,天气预报业务发展到收听气象广播,进行天气形势分析,制作天气预报。20世纪80年代,运用数理统计方法和常规气象资料图表及天气谚语、韵律关系等方法,分别作出具有本地特点的补充订正预报,建立一整套长期预报的特征指标和方法,这套预报方法一直沿用至今。预报产品主要有短期天气预报、中期天气预报、长期天气预报。

2. 气象服务

①公众气象服务

1998年4月,正式开通"121"(后升位为"12121")天气预报自动咨询电话。2003年4月,在元江县电视节目中播出天气预报,并开展森林火险等级预报服务。2006年6月,建成了气象预警预报综合服务系统,及时发布在元江气象网页上,实现了决策气象服务自动化和网络化。2007年,开展气象信息电子显示屏安装工作。大大提高了预报服务的时效性和有效性。

②决策气象服务

根据天气特点,及时报送给县委、县委人民政府和有关主管部门提供转折性、关键性、灾害性天气预报等专题服务气象信息。2007年,通过各乡镇的遥测雨量计,实时向县委、县人民政府、防洪办通报雨量实况,气象情报灾情收集、处理及反馈速度加快,服务效益评估能力增强。预报有重要天气时,不仅以书面的形式传真传送县人民政府办、县委办、防洪办,电话通知国土局,同时还以手机短信形式及时传递给县委、县人民政府和乡镇及相关部门领导,并通过元江气象网站、电视台、"12121"气象答询电话向公众发布。自2005年元江县开始举办"元江金芒果节",元江县气象局就为"元江金芒果节"组委会提供优质可靠的专题气象预报。准确及时的气象预报,为各级领导决策安排生产和防洪救灾提供了可靠的依据,在当地经济社会发展和防灾减灾中发挥作用。

③专业与专项气象服务

人工影响天气 1976年1月,在因远镇进行了一次赤磷人工造雾防霜试验。1997年3月,元江县人民政府人工增雨防雹领导小组成立,办公室设在元江县气象局。2001年1月开始,每年从12月到次年雨季来临前,在元江境内进行人工增雨作业,主要为甘蔗服务。2003年5月,开通宽带网IP电话,运用XDR雷达应用系统,建立了现代化的人工影响天气作业指挥平台,实现了县人工影响天气作业指挥中心与市人工影响天气中心的可视化指挥平台的互联。自2005年6月开始,又开展人工防雹作业,主要为烤烟服务。现有1个标准化"三七"高炮固定作业点,7个固定火箭作业点,3个流动火箭作业点,每年通过开展人工增雨防雹,降低森林火险等级,增加水库、坝塘、小水窖的蓄水量,保证大春作物按时按节令移栽。

防雷技术服务 从1991年开始,尝试开展防雷装置检测工作。1992年4月,元江县劳动人事局、城乡建设局、工业局、气象局联合下发《关于对避雷装置实行定期安全检测和线间电阻检测的有关规定》,进一步推进了元江县的防雷装置检测工作。4月,元江县气象局建立了稳定的检测人员队伍,有计划地正常开展防雷装置检测工作。主要开展房屋竣工验收防雷检测、防雷工程工作。1995年3月经玉溪气象局批准成立元江哈尼族彝族傣族自治县避雷安全检测中心,后更名为元江县避雷安全检测中心。1997年,经元江县机构编制委员会同意,元江县防雷中心成立。防雷工作又增加防雷年检、线间电阻检测等工作。2003年经市编委同意,元江县避雷安全检测中心更名为玉溪市元江县防雷装置安全检测中心。1996年后,元江县防雷装置基本都由气象局负责组织安全检测。

④气象科普宣传

每年在"3·23"世界气象日、安全生产月、"12·4"法制宣传日等活动日,都组织干部职工上街进行《中华人民共和国气象法》、《防雷减灾管理办法》等气象法律法规宣传,精心制作气象科普知识展板进行展示,发放防雷、人工影响天气知识宣传材料,普及气象法律法规、防雷知识。

气象法规建设与社会管理

法规建设 2007年8月,元江县人民政府下发了《元江县人民政府关于加强气象灾害应急救援队伍建设的通知》。2008年12月,元江县人民政府下发了《元江县人民政府办公室关于印发〈元江县气象灾害应急预案〉的通知》。

社会管理 重点加强雷电灾害防御工作的依法管理。2003 年,元江县人民政府下发《元江县人民政府关于加强防雷减灾安全管理工作的通知》,规范了元江县的防雷工作。2005 年 5 月,完成了气象探测环境保护备案工作。2007 年 4 月 10 日,成立了元江县气象行政执法大队,有兼职人员 3 人,都取得执法证。元江县气象局依法履行社会化管理职能,依照《中华人民共和国行政许可法》的规定,开展建设项目大气环境影响评价使用气象资料审查、防雷装置设计审核和竣工验收行政许可。根据中国气象局和国家建设局联合下发的《关于加强气象探测环境保护的通知》,2007 年 12 月,再次对气象探测环境保护报元江县建设局备案。

政务公开 自 2000 年开始实施局务、政务公开,对气象行政审批办事程序、气象服务内容、服务承诺、气象行政执法依据、服务收费依据及标准等,通过公开栏、人民政府信息公开网站等方式向社会公开;干部任用、财务收支、目标考核、基础设施建设、工程招投标等内容则采取职工大会或公开栏张榜等方式向职工公开。

党建与气象文化建设

1. 党建工作

党的组织建设 1953 年 5 月有党员 2 人,并入农林水系统党支部。2002 年元江县气象局成立党支部,截至 2008 年,有党员 5 人。

党风廉政建设 2003 年,认真落实党风廉政建设目标责任制,积极开展廉政教育和廉政文化建设活动,努力建设文明机关、和谐机关和廉洁机关,开展了多种廉政教育,从未发生违反党风廉政建设规定的行为。

2. 气象文化建设

精神文明建设 2000 年成立了精神文明创建领导小组,文明创建工作得到加强。通过改造观测场、装修业务值班室、统一制作局务公开栏、学习园地、法制宣传栏和文明创建标语等等工作,创建一个优美的工作和生活环境。

1988 年,被云南省气象局评为"1985—1987 年双文明建设先进集体";2000 年 3 月,被元江县委、县人民政府授予"文明单位";2004 年 1 月,被元江县委、县人民政府授予"文明单位",并被玉溪市委、市人民政府授予"第四届文明单位";2007 年 1 月被元江县委、县人民政府授予"第三届文明单位"。

文体活动 先后投资 1 万余元建成图书室,现存图书 1000 余册。修建了篮球场、羽毛球场,购置了乒乓球桌、象棋、跳绳、扑克等娱乐器材。依托工会组织,发挥工会组织在单位文化建设中的主导作用,在节日期间组织职工开展篮球、羽毛球、乒乓球、象棋、跳绳、扑克等各类文体比赛活动。通过这些丰富多彩的活动,不仅丰富了广大干部职工的业余生活,提高工作和生活质量,营造健康向上,朝气蓬勃的文化氛围,而且增强了全体干部职工的凝聚力和战斗力。

3. 荣誉与人物

集体荣誉 1983 年,被云南省气象局评为"1982 年气象工作先进集体";2007 年被元江县委、县人民政府评为"抗洪救灾先进集体";2008年,元江县委、县人民政府授予元江县气象局"平安单位"和"无邪教单位"荣誉称号。

个人荣誉 截至2008年,元江县气象局共有132人(次)获得云南省气象局"百班无错情"奖励,被授予"质量优秀测报员"称号;共10人次获得中国气象局"250班无错情"奖励,被授予"质量优秀测报员"称号。

人物简介 陈可义,男,1929年12月生于重庆市丰都县青龙乡,1952年8月参加工作,党员。1962年8月,从元江县种子站调入元江气象站任站长,1964年4月,又调回元江县农科所工作。1978年5月,调入元江气象站任站长兼气象、兽医两站的党支部书记。1981年5月,调玉溪市气象局,历任办公室主任、党组成员、纪检员、气象局机关党支部书记等职。1991年2月退休。

1956年5月,元江县设立种子站,时任种子站站长的陈可义,在元江引种"台糖134"良种甘蔗,产量比本地老品种——"罗汉蔗"高出四五倍,而且蔗糖质量较好,县委决定以"台糖134"取代"罗汉蔗",同时在漫漾建一个糖厂。陈可义又从玉溪引进烤烟良种"大金圆"在青龙厂镇它克村试种成功,之后全县推广栽种,取得较好经济效益。先后获得省、市、县各级表彰奖励20多次,1957年被评为云南省先进工作者(劳模)。

台站建设

1954年底建砖木结构瓦房1幢,其中:观测室为两层平顶楼,共28平方米,瓦房宿舍6间共60平方米。1975年3月建1幢砖混结构平房,7间宿舍(配有厨房)共155平方米,1间食堂有30平方米。1989年6月中国气象局拨款12万元建2幢共10套庭院式砖混结构平房作职工宿舍,总面积575.78平方米。1991年中国气象局拨款20万元建1幢5套庭院式宿舍共330平方米、办公楼共300平方米。2004年,中国气象局拨款38万元对办公楼进行改扩建,全部重新装修,面积由原来的300平方米增加到600多平方米;

1999年7月,台站综合改造,内种草坪、花坛,全局绿化率达到80%;2003年5月,装备影视系统;2005年9月,建成了新一代气象综合业务指挥及人工影响天气指挥平台及多功能室,配备了投影仪等多媒体设备;2008年12月,又重新修建了办公楼前的水池,并在空地上新建一个小型运动场。

元江县气象站观测场和老办公楼(1964年)

元江县气象局现办公楼(2008年)

红河哈尼族彝族自治州气象台站概况

红河哈尼族彝族自治州（以下简称"红河州"）位于云南省南部,北回归线横穿中部。辖2个市11个县,辖区总面积32931平方千米,人口437.3万。州府驻蒙自县。

气象工作基本情况

所辖台站概况　红河州气象局现辖蒙自县气象局(2008年8月成立)、个旧市气象局、开远市气象局、建水县气象局、石屏县气象局、弥勒县气象局、泸西县气象局、屏边县气象局、河口县气象局、金平县气象局、元阳县气象局、红河县气象局、绿春县气象局。

全州有地面气象观测站13个(其中1个国家基准气候站,2个国家基本气象站,10个一般气象观测站),109个区域自动气象站。

历史沿革　红河州境内早在清光绪三十二年(1906年),就在蒙自、河口等沿线地区开展过一些水文气象观测记录。民国时期,先后在建水、曲溪(今建水县曲江镇)、弥勒、屏边、开远等地进行过断续性测候记录。

1950年11月15日,正式建立了红河州境内第一个气象站,即西南军区空军司令部蒙自气象站。1953年7月1日,建立滇南蒙自军分区河口气象站。1954—1957年,先后建立了屏边国营云南特种林场气候站、开远气候站、个旧老厂气候站、个旧气象台(后为个旧市气象站)、建水气候站和泸西气象站。1958年8月建立了红河州蒙自气象中心站。到1959年5月,全州建立了气象中心站1个,气象站2个,气候站12个,公社气象哨105个,生产大队(村)看天小组1444个,1960年后民办气象哨、组陆续撤销。

管理体制　1953年7月前,红河州气象台站属军队建制。1953年7月—1953年12月,红河州气象台站改属当地人民政府建制和领导。1953年12月—1955年5月,收归云南省气象局建制和领导。1958年3月—1963年3月,全州气象台站归改属当地人民委员会建制和领导,归口县农水科管理。1963年4月—1970年6月,全州气象(候)服务站统归省气象局(1966年3月改为云南省农业厅气象局)建制。1970年7月—1971年1月,全州气象(候)服务站改为当地革命委员会建制,归口当地农林局领导。1971年1月—1973年10月,全州气象台站实行军队领导,建制仍属当地革命委员会。1973年10月—1981年1月,全州气象台站改属当地革委会建制和领导,隶属州革命委员会建制,归口当地农林局管理。1981年1月起,实行气象部门与地方政府双重领导,以气象部门领导为主的管理体制。

人员状况　1964 年全州气象部门编制数为 102 人,实有职工 70 人,1981 年实有在职职工 198 人,1991 年实有在职职工 199 人,1995 年编制数为 176 人,实有在职职工 181 人,2008 年核定编制数为 179 人,实有在职职工 181 人,其中:研究生 1 人,本科 39 人,大专 62 人;中级以上职称 90 人(其中高级职称 7 人)。职工中有少数民族 44 人,主要为彝、哈尼、回、壮、瑶、傣、白、纳西等 8 个民族。

党建与文明单位创建　截至 2008 年 12 月,全州气象部门共有党总支 1 个,独立党支部 14 个,联合支部 1 个,党员 111 人。州气象局每年与各县局和各科室签订党风廉政责任状,没有出现违法违纪现象。截至 2008 年底全州气象部门共有省级文明单位 2 个,州级文明单位 3 个,县级文明单位 9 个。

气象法规建设　《云南省红河哈尼族彝族自治州气象条例》于 2009 年 5 月 27 日经云南省第十一届人民代表大会常务委员会第十一次会议批准,2009 年 8 月 13 日经红河哈尼族彝族自治州人民代表大会常务委员会公布施行。《云南省红河哈尼族彝族自治州气象条例》的颁布实施有力地规范和促进了全州地方气象事业的发展,对气象事业依法行政起到了里程碑式的重要作用。

2008 年,州气象局和石屏县气象局、泸西县气象局、个旧市气象局分别进驻地方行政审批服务中心的气象行政审批窗口,对施放无人驾驶自由气球、系留气球单位资质认定、防雷装置设计审核和竣工验收、施放无人驾驶和系留气球活动的审批等三个项目的行政许可进行行政审批服务。

探测环境保护　1997 年,红河州人民政府办公室下发了《关于保护我州气象局(站)气候观测环境的通知》。全州气象部门积极宣传探测环境保护相关法律法规和提前进行制止,避免了对气象探测环境和设施的破坏。

主要业务范围

地面气象观测　清光绪二十五年(1899 年),法国人在蒙自东村设立滇越铁路建设公司蒙自工程处,曾进行过气象观测。蒙自最早的气象记录,从清光绪三十二年(1906 年)至民国十八年(1929 年),现仅存雨量资料,且残缺不全。

1950 年 11 月 15 日,中国人民解放军西南军区空军司令部蒙自气象站建立,4 月 26 日—12 月 31 日,开展了航空测报工作。

1951 年 1 月 1 日起,全国气象台站统一执行中央军委气象局颁发的气象业务技术规范《气象测报简要》。1960 年 7 月 10 日,中央气象局编发了新的《地面气象观测规范》,规定自 1960 年 8 月 1 日起,气候观测时制一律改用北京时。1962 年我国自行设计生产的气象仪器开始投入使用,全州各台站使用的气象仪器开始由国产逐步取代了苏式气象仪器。从 20 世纪 60 年代末期开始,蒙自、河口、泸西等国家基本气象站陆续配备了 EL 型电接风向风速器,1971 年 1 月 1 日起,电接风向风速自记记录器开始正式记录,改变了过去观测员抬头仰望风向标的目测方式。

1979 年中央气象局重新修订了《地面气象观测规范》,自 1980 年 1 月 1 日起,全国气象台站执行新的地面气象观测规范,统一了观测方法和内容,提出了严格的技术要求和规定。按照中央气象局颁布的《气象台站等级划分及业务范围暂行标准》,气象台站按其任务划分为 3 类：(1)国家基准气候站,本州内仅有 1 个,即蒙自国家基准气候站；(2)国家基本站,本州现有国家基本气象站 2 个,泸西和屏边(1980 年以前为河口,中越边境自卫还击战之后河口改为国家一般气象站,屏边改为国家基本气象站)；(3)国家一般站,有个旧、开远、弥勒、金平、红河、元阳、石屏、建水、河口、绿春等 10 个。

随着气象仪器设备的不断更新,百叶箱电动通风干湿表、翻斗式遥测雨量计等先后投入业务使用,使地面观测的实测精度逐步提高。1985 年 1 月 1 日,蒙自基准气候站开始起用 E-601 大型蒸发器观测记录。1985 年底,PC-1500 袖珍计算机开始运用于地面测报业务,提高了测报工作的质量和时效,改变了过去 30 多年来靠手工操作,编制气象电报,制作报表,统计资料与存储的落后状态,开始了应用计算机和磁带处理气象资料信息的新局面。自 1988 年 1 月起,全省国家基本站(红河州泸西、屏边)开展微机编制报表。2000 年后微型计算机设备正式投入测报业务,实现编制电报和制作报表的自动化。

高空气象探测 1953 年 5 月 1 日,蒙自气象站增加每日 2 次单经纬仪高空测风,1954 年 4 月 20 日正式业务运行,每日 11、23 时 2 次观测发报,直到 1979 年 3 月终止。

1956 年 11 月河口县气象站增设高空气象探测业务,1957 年 1 月正式业务运行。1967 年 5 月 9 日改用雷达综合测风探空业务；1979 年 4 月 1 日河口探空站迁并红河州气象台,更名为蒙自探空站,开始 701 雷达综合测风高空探测业务；1984 年 10 月 1 日使用 PC-1500 袖珍计算机探空程序取代原手工操作整理探空记录的历史；1999 年 8 月高空探测计算机自动处理系统投入业务运行,实现了探空业务自动化的工作过程。

农业气象 红河州农业气象工作正式开始于 1958 年。蒙自站从 1958 年 6 月 6 日起开始进行物候观测,主要观测作物有水稻(大白谷)、冬小麦(昆明小麦、南大 2419)等。1959 年 12 月,在红河州蒙自气象中心站内设立农业气象试验站。1960 年 1 月 31 日,省气象局确定将蒙自列为省农业气象基本观测点和土壤湿度测定点,也是规定向中央气象局全文拍发农业气象旬报电报的站点。1978 年 11 月 30 日,蒙自站被选定为云南省农业气象情报网站点和第一批开展农业气象业务的台站。1979 年 12 月 26 日,省气象局确定云南省 19 个气象台站担负全国农业气象基本观测任务,蒙自站为其中之一。此外,州内还有建水、弥勒 2 个省级农业气象基本站。农业气象仪器设备有：电接鼓风恒温箱、轻便烘土箱、土钻、阿斯曼通风干湿球温度表、插入式地温表、最高(最低)温度表、天平、台秤、杆秤等。

1988 年开始,应用农作物产量分析预报计算机系统试作全州大春作物(水稻、玉米)农业气象产量预报,预报值与实际产量比较,水稻总产量准确率为 98.3%,玉米总产量准确率为 95.5%,均取得较好的预报效果。1990 年,州气象局农气组承接省气象局业务处下达的蓄养再生稻气候生态试验课题,历时 270 天。此外,还配合西南林学院开展了《大翼豆适应性研究》,为红河流域干热河谷地区改良牧草,发展畜牧业,绿化荒山,保持水土,帮助边疆山区人民脱贫致富,摸索了路子。屏边、金平、绿春等县局(站),也从当地农业生产的实际出发,与农科部门配合,开展了杂交稻、冬春烟等农业气象试验并取得一些初步的成效。

天气预报预测 红河州天气预报业务始于 20 世纪 50 年代中期,当时主要填绘简易地面和高空等压面图,制作并发布天气预报。预报业务发展随着气象现代化设备的不断更新改善,从手工填绘简易天气图到现在的人工和自动化相结合的综合业务体系。

气象服务 通过广播、电视、报刊、传真、电话、手机、互联网和"兴农网"等各种媒体,向各级党、政、军领导机关、农林水、厂矿、城建、交通运输、环境保护、财贸、旅游等各部门,提供干旱、冰冻灾害、大风冰雹、暴雨、滑坡泥石流、森林火灾等以及各种庆典活动的气象服务,受到各级部门的好评。气象服务已从单一的方式发展到如今全方位的综合服务体系。

人工影响天气　特别是在为农业服务方面,1976—2008 年 32 年间,红河州共组织大规模人工增雨防雹作业 18 次,先后利用飞机、"三七"高炮、车载式火箭,并发挥建成的 4 部数字化天气雷达的作用,在全州 13 县市开展人工增雨防雹作业。

防雷安全检测　1990 年 3 月 30 日,红河州气象局与红河州劳动局、公安局、经委、保险公司联合发出《关于对全州避雷装置进行安全检测的通知》,对安装避雷装置的单位每年进行 1 次安全检测,并发合格证书,检测不合格的单位通知限期整改。1997 年 10 月经红河州机构编制委员会批复,成立《红河哈尼族彝族自治州防雷中心》,机构设在州气象局,编制在气象局内调剂。通过管理部门评审,当年取得了计量认证资格。

根据《中华人民共和国气象法》和《云南省气象条例》等相关法律法规,州防雷中心进一步规范和加强了全州范围内防雷安全检测服务,并取得了较为显著的社会效益和经济效益。

红河哈尼族彝族自治州气象局

机构历史沿革

始建情况　1950 年 11 月 15 日,西南军区空军司令部蒙自气象站始建于蒙自东村老飞机场内,位于蒙自县城东南。

站址迁移情况　1954 年 12 月 17 日,按照省政府气象科通知迁站至蒙自县城西郊瓦渣地,12 月 31 日 20 时观测后开始搬迁观测场仪器,于 1955 年 1 月 1 日在新站址正式记录,即现在的红河州气象局地址。位于蒙自县银河路 22 号,其地理位置为北纬 23°23′,东经 103°23′,海拔高度 1300.7 米,属国家基准气候站。

历史沿革　1950 年 11 月 15 日,西南军区空军司令部蒙自气象站成立;1952 年 7 月更名为云南军区蒙自军分区气象站;1953 年 12 月更名为云南省蒙自气象站;1958 年 8 月 9 日,红河哈尼族彝族自治州蒙自气象中心站正式成立;1960 年 5 月更名为红河哈尼族彝族自治州气象服务中心站;1963 年 9 月更名为云南省红河哈尼族彝族自治州气象总站;1968 年 10 月更名为红河州气象总站革命委员会;1974 年 6 月更名为红河州气象台;1981 年 1 月更名为红河州气象局;1984 年 1 月又更名为红河州气象处;1990 年 5 月 28 日,更名为红河州气象局。

管理体制　1950 年 11 月建站至 1952 年 6 月 1 日,属空军建制,业务受西南空司气象处和云南军区昆明航空站气象站领导,行政隶属蒙自飞机场管理。1952 年 6 月 1 日—1953 年 12 月转为陆军建制,改称云南军区蒙自军分区气象站,由云南军区司令部气象科和滇南蒙自军分区分别进行业务、行政管理和领导。1953 年 12 月—1955 年 5 月,蒙自县人民政府气象站隶属蒙自县人民政府建制和领导,行政归县人民政府建设科管理。1955 年 5

月—1958 年 3 月 22 日,云南省蒙自气象站收归云南省气象局建制和领导。1958 年 3 月 22 日—1958 年 8 月 9 日,蒙自县气象服务站属蒙自县人民委员会建制和领导,归口蒙自县农水科管理。1958 年 8 月 9 日—1963 年 9 月 1 日,红河哈尼族彝族自治州蒙自气象中心站隶属红河州人民委员会建制,归口州农水科管理,业务受省气象局指导。1963 年 9 月 1 日—1970 年 7 月,云南省红河州气象总站收归省气象局(1966 年 3 月改为云南省农业厅气象局)建制,其人员、财务、业务管理、技术指导和仪器设备均由省气象局负责,行政生活、政治思想、地方服务工作以及对台站工作的管理监督由当地党政负责。1970 年 7 月—1971 年 1 月 13 日,红河州气象总站改为红河州革命委员会建制和领导,归口州农林局管理。1971 年 1 月 13 日—1973 年 10 月 3 日,红河州气象台实行蒙自军分区领导,建制仍属红河州革命委员会。1973 年 10 月 3 日—1981 年 1 月,红河州气象台改属红河州州革命委员会建制和领导,归口州农林局管理。1981 年 1 月,红河州气象局实行云南省气象局和红河州人民政府双重领导,以云南省气象局领导为主的管理体制。

机构设置 州气象局内设办公室、人事政工科、计划财务科、业务科 4 个职能科室,气象台、人工影响天气中心、防雷中心、气象科技服务中心、财务核算中心 5 个直属单位。

单位名称及主要负责人变更情况

单位名称	姓名	民族	职务	任职时间
西南军区空军司令部蒙自气象站	王炯略	汉	代主任	1950.11—1952.07
云南军区蒙自军分区气象站	郑长德	汉	主任	1952.07—1953.12
				1953.12—1955.05
云南省蒙自气象站			副站长	1955.05—1956.06
	郑浩志	汉	副站长	1956.07—1958.08
红河哈尼族彝族自治州蒙自气象中心站				1958.08—1960.05
红河哈尼族彝族自治州气象服务中心站	刘 健	汉	站长	1960.05—1963.09
云南省红河哈尼族彝族自治州气象总站				1963.09—1966.08
				1966.08—1968.10
红河州气象总站革命委员会	宋衡山	汉	主任	1968.10—1972.10
	韦继华	汉	指导员	1972.11—1974.05
红河州气象台	刘 健	汉	台长	1974.06—1981.02
红河州气象局			局长	1981.02—1984.01
红河州气象处	张 镒	汉	副处长(主持工作)	1984.01—1987.08
	马锦章	回	副处长(主持工作)	1987.08—1990.05
红河州气象局	郑浩志	汉	副局长(主持工作	1990.05—1991.09
	李光焜	汉	副局长(主持工作)	1991.09—1995.05
			局长	1995.05—1998.03
	马树贤	汉	副局长(主持工作)	1998.03—2001.05
	施绍发	汉	副局长(主持工作)	2001.05—2003.02
			局长	2003.02—2004.11
	曾志刚	汉	副局长(主持工作)	2004.11—2006.04
			局长	2006.04—

注:1971 年 8 月至 1974 年 5 月韦继华一直任指导员。

人员状况 1950 年 11 月 15 日蒙自气象站正式成立时有 4 人，截至 2008 年 12 月有在编职工 68 人，其中：研究生 1 人，本科 22 人，专科 24 人；高级职称 7 人，中级职称 39 人。30 岁以下 16 人，31～40 岁 22 人，41～50 岁 22 人，51～60 岁 8 人。

气象业务与服务

1. 气象业务

①地面气象观测

观测项目 气压、气温、湿度、云、能见度、天气现象、深（浅）层地温、草温、辐射、日照、大型蒸发、降水。

观测时次 每日 24 小时观测（每小时观测 1 次）。1951 年 1 月 1 日，蒙自气象站正式开始观测记录。1980 年 1 月改为蒙自国家基准气候站。2003 年，建成大气监测自动气象站，开始人工站与自动站双轨运行。

高空探测 蒙自气象站 1954 年 4 月正式开始小球测风，每日 11、23 时 2 次观测发报，直至 1979 年 3 月终止。1979 年 4 月 1 日，河口探空站迁并蒙自红河州气象台，更名为蒙自探空站，开始 701 雷达综合测风高空探测业务。1999 年 8 月，高空探测自动处理系统投入业务运行，取代了 1984 年 10 月 1 日起使用的 PC-1500 袖珍计算机。每天 07、19 时 2 次观测高空气压、温度、湿度以及高空风速、风向。探测资料参加国际气象资料交换。

GPS 水汽观测 2006 年蒙自 GPS 水汽观测站建成（JICA 项目），可利用高精度 GPS 接收机，获得高时空分辨率的水汽资料。

雷达探测 1980 年建成"711"型测雨天气雷达，主要监测和预警灾害性天气，探测重点是暴雨及强对流天气系统活动，为人工影响天气、灾害性天气的监测提供服务。

2008 年 8 月 25 日，蒙自县气象局成立，为红河州气象局所属事业单位，机构规格为正科级。蒙自国家基准气候站和蒙自探空站划归蒙自县气象局管理。

②农业气象

蒙自农业气象观测站始建于 1958 年，主要观测水稻、冬小麦作物。1960 年 1 月为省农业气象基本观测点和土壤湿度测定点，向中央气象局拍发农业气象旬报电报。1979 年后增加玉米观测。1988 年后开始进行农业气象产量预报。

③气象信息网络

1958 年，气象台用手抄莫尔斯电码每天定时抄收天气电报。1979 年 12 月开始，使用无线移频电传收报机，1988 年 3 月设立了中转站，架通了省—州甚高频气象辅助通信网。1994 年，省—州气象台计算机远程通信网络工作站开通。1998 年，实施"9210"工程，建成地州局气象卫星接收双向站。接收欧洲中心、美国、日本和国内数值预报产品。实现了州内计算机局域网。2004 年气象宽带网项目建设完成。2007 年州气象局组织开发的区域气象观测站监测预警系统投入试运行，及时提供各种气象资料。2007 年州县视频会议系统建成开通。2008 年州气象台 MICAPS 3.0 图形处理工作站建成。通过气象信息网络的建设，接收大量气象信息和处理分析资料，对提高天气预报的准确率发挥了重要的作用。

2005—2008 年期间，设立了 ftp 服务器，自主开发了红河州气象局公文处理系统，于 2006 年正式单轨运行，在州气象局实现了公文传送—审批—承办—归档无纸化办公。

2008年8月,成功转轨运行云南气象办公系统;建成手机短信防灾减灾气象信息服务平台;建成红河州观测场视频监控系统;建成气象业务监控平台;建成雷电监测、预警平台。州气象局现代化建设上了一个新的台阶。

④天气预报预测

天气预报始于1958年,天气预报方法和手段逐步扩大,预报分为短时、短期、中期、长期预报以及专业专项预报和天气警报等。从初期单纯的天气图加经验的主观定性预报,逐步发展为采用天气雷达、卫星云图、计算机系统等先进工具制作和分析的客观定量定点精细化数值预报,天气预报为地方防御气象灾害提供了决策依据。

2. 气象服务

公众气象服务　1958年蒙自气象中心站成立,天气预报主要是通过电话传给有关党政领导机关。20世纪60—80年代,短期天气预报主要通过广播发布。中、长期天气预报主要以书面形式印发,为政府及用户单位提供决策参考。同时还通过电话、无线警报机为专业用户提供气象资料和预报服务。1998年6月红河电视台开播州气象台制作的全州市、县、风景区动画电视天气预报节目。2007年1月1日,红河州电视台一套主流媒体播放的天气预报栏目全面升级改版,实现主持人播报、影视画面质量大幅提高,播出内容与当地人民生活逐步贴近,受到了各界人士的好评。

决策气象服务　20世纪90年代至今,预报产品从常规预报扩展为精细化预报产品,并通过广播、电视、报刊、电话、传真、手机、互联网、"兴农网"、电子显示屏等各种媒体,向各级党、政机关、农、林、水等各部门提供气象服务。2006全州干旱服务、2008年冰冻灾害服务、2007年滑坡泥石流和森林火灾服务等气象服务工作受到了各级领导的好评。

专业与专项气象服务　雷电灾害防御工作受到单位和群众欢迎。自1990年起,对各单位每年进行一次避雷装置安全检测。1997年起,开展防雷设施安装工程。至今被检测单位未出现雷电灾害事故,防雷设施安装工程未出现人员伤亡情况。

气象科普宣传　每年"3·23"开展世界气象日纪念活动,参加州县举办的科普街活动21届(次),举办过各类气象科普讲座30余次,州气象台接待中、小学生参观累计2万余人次。通过大力宣传气象,引起社会各界人士对气候、生态、自然环境的重视和了解,增强气象意识。

气象法规建设与社会管理

法规建设　2008年,红河州人大常委会制定《云南省红河哈尼族彝族自治州气象条例》,并纳入第四个五年民族立法规划和2008年立法计划。州人大常委会成立了制定条例领导小组和起草小组,于2008年5月10日着手条例的起草工作。《红河哈尼族彝族自治州气象条例》经过州人大法工委、州法制办、州气象局相关人员11稿的修改,得到社会各界人士的认可,并顺利通过了州人大常委会的审议和红河州委常委会议审定。2008年12月31日,《云南省红河哈尼族彝族自治州气象条例》(党内送审稿)通过中共云南省委审批。2009年2月21日,《红河哈尼族彝族自治州气象条例》通过云南省红河州第十届人民代表大会第二次会议审议。2009年5月27日,《云南省红河哈尼族彝族自治州气象条例》经云南省第十一届人民代表大会常务委员会第十一次会议批准,于2009年8月13日经红河哈尼族彝族自治州人民代表大会常务委员会公布施行。

社会管理 2005 年成立了红河州气象行政执法支队,行政执法主体合法,所有气象行政执法人员均取得《云南省行政执法证》,并严格亮证执法制度。

1997 年 10 月 5 日,红河州机构编制委员会批复,同意成立红河哈尼族彝族自治州防雷中心。1997 年 11 月 29 日,云南省技术监督局为州、县(市)12 个防雷中心分别颁发了《中华人民共和国计量认证合格证书》和《计量认证合格单位》铜牌。1999 年 1 月 13 日,州编委批复在州气象局内设立红河哈尼族彝族自治州避雷装置检测中心。

2006 年 3 月,州人民政府成立红河州防雷减灾工作领导小组,切实加强了对我州雷电灾害防御工作的领导。2006 年 5 月,州人民政府办公室下发了《红河州人民政府办公室关于进一步加强防雷减灾安全管理工作的通知》。2007 年 6 月,红河州公安局、红河州气象局联合下发了《关于建立红河州道路交通安全气象信息交换和发布制度的通知》。2007 年 7 月,红河州气象局、红河州教育局联合下发了《红河州气象局、红河州教育局关于加强学校防雷安全工作的通知》,共同组织做好我州学校防雷安全工作,切实保障广大师生的生命财产安全。

政务公开 2008 年 8 月 10 日,云南省红河州人民政府筹建了红河州行政审批服务中心。红河州气象局作为首批 20 个入驻州行政审批服务中心的部门之一,在州行政审批服务中心设立气象窗口,对全州"施放无人驾驶自由气球、系留气球单位资质认定"、"防雷装置设计审核和竣工验收"、"施放无人驾驶和系留气球活动的审批"等三个项目的行政许可进行行政审批服务。

党建与气象文化建设

1. 党的组织建设

1959 年以前,红河州气象部门均未单独建立党的组织,党员直接参加军队或地方党组织活动。1959 年 8 月,成立中共红河州蒙自气象中心站支部。2003 年 3 月,蒙自县直机关工委批准,红河州气象局成立党总支委员会,党总支下设机关支部和离退休支部。2008 年 12 月,州气象局党总支通过公推直选,产生新一届总支委员会,党总支下设机关党支部、综合党支部、离退休党支部。2006 年 3 月之前,州气象局党组织关系隶属蒙自县直机关工委,2006 年 4 月,州气象局党组织关系转至红河州直机关工委。党员数由 1959 年的 4 人发展至 2008 年的 37 人。

2. 精神文明建设

加强气象文化基础设施建设,努力创造良好的工作环境,州气象局内设有篮球场、阅览室、老年活动室;开展精神文明建设交流合作,与上海松江区气象局结成文明建设对口交流合作对子;邀请专家为职工讲授卫生保健知识,定期组织职工进行身体健康检查;每年在几大传统节日中均组织职工进行棋牌、拔河、歌咏等文体竞技娱乐活动。

3. 荣誉与人物

集体荣誉 1959 年,获云南省省委表彰的"云南省农业社会主义建设先进单位";1978 年,获云南省省委表彰的"云南省农业学大寨先进集体";1979 年,获云南省革命委员会表彰的"社会主义建设先进集体";1990 年,获红河州人民政府表彰的"红河州护林防火先进单位";1991年,获红河州人民政府表彰的"红河州森林防火先进单位";1994年,获红河州人民政府表彰的"红河州第三产业普查先进单位";1996年,获云南省档案局表彰的"云南省科技档案管理国家二级先进单位";1997—1999年,获红河州人民政府表彰的"1997—1999年度红河州森林防火先进单位"。

个人荣誉 1人获西南区气象工作者三等功臣;9人次获全国质量优秀测报员;3人获全国优秀值班预报员;3人获云南省气象先进工作者;10人次获全省气象部门双文明建设先进个人;1人获全国优秀青年气象科技工作者;5人获国家二级档案管理先进个人;1人获中国气象局重大气象服务先进个人;1人获中国气象局气象信息网络优秀个人。

人物简介 王吉昌,男,汉族,1942年生,云南省个旧市人,中专文化,党员。气象测报工程师。1963年9月云南省气象学校毕业,分配到红河州气象总站工作。先后从事气象观测、仪器管理和维修工作。1981年后历任州气象局业务科副科长、办公室主任、政工科科长、综合服务科科长、局党组成员、正科级纪检员、人工影响天气中心主任,并兼任州气象局机关党支部书记。

他热爱气象事业,37年来尽职尽责,深入基层台站帮助指导工作。1980—1982年先后撰写《电接风检修几点体会》、《经纬仪测量观测场方法》、《地面0厘米、地面最高温度表对比观测试验》等论文,刊载于《云南气象通讯》、《云南气象》和省气象学会1982年论文选。曾参与红河河谷横断剖面气候考察。多次参加红河州人工增雨作业指挥。1967—1996年间受州气象局(台)领导委派,组织开展飞机播种造林的有关市县气象局(站)业务技术骨干30多人次,共同进行现场气象测报,编发航危报500余份,完成74个播区300多万亩飞播造林气象保障任务。曾被评为红河州飞播造林积极分子;1974年出席红河州先代会,同年评为全省气象部门先进工作者;1978年被评为全国气象部门"双学"(学大庆、学大寨)先进工作者,并于1999年3月24日由云南省总工会确认为省部级劳动模范和先进生产(工作)者(云工〔1999〕复字第8号);1982年以来3次被评为全省气象部门先进工作者和1996—1998年度全省气象部门"双文明"先进个人。6次被评为中共蒙自县直机关优秀党员和优秀党务工作者;1991年被评为红河州老龄先进工作者;1994年被评为红河州无线电管理先进个人;其事迹载入《红河人》一书。

台站建设

蒙自气象站1955年初由东村老飞机场迁至县城西郊瓦渣地,地面和高空气象观测值班室、气压室以及男女职工宿舍均集中在临时搭成3米高的2间茅草房内,8月31日晚,值班室搬进尚未竣工交付使用的新房内,新房为砖瓦木结构,建筑面积150平方米。

1960年,州气象中心站首次建330平方米砖木结构的职工宿舍。1983年,州气象处总投资13万元,建1068平方米砖混结构四层办公楼。1993年,州气象局32套职工住房建成使用。1998年,州气象局28套职工住房建成使用。2003年,州气象局24套职工住房建成使用。2001—2008年期间,州气象局对大院进行了多次综合治理和绿化,建大门、沿街铺面,车库、仪器检定室、厕所,完成了办公楼、基准站、探空站装修工程,铺设大门至办公楼的水泥大道,绿化、改善办公、生活区域环境,定期修剪草坪、清洁环境卫生,基本形成了一个花园式气象台站。截至2008年,州气象局占地面积22179平方米,房屋建筑面积12512平方米,其中生活用房、职工住宅面积8948平方米。

　　2005 年，蒙自"两站"（基准站和探空站）搬迁工作得到州政府的经费支持，同时也得到县政府土地优惠政策，行政划拨土地 17.81 亩。2006 年，新站址围墙全部竣工，修通了道路，架设了变压器。地面观测项目完成了为期一年的对比观测。2007 年，完成了门卫值班室、大门、道路沙石铺垫、气象探测场地平整、排水沟、场地内自来水管道铺设工程、部分绿化等基础设施建设任务。

1955 年，蒙自气象站迁往县城西郊瓦渣地，新址竣工之前，临时搭盖 2 间草棚办公兼作职工宿舍。

红河州气象局现貌（2004 年）

个旧市气象局

　　个旧市是中国最大的现代化锡工业基地、世界上最早最大的产锡基地，锡文化历史悠久，据史料记载，个旧锡业开发具有 2000 多年的历史。清光绪十一年（1885 年），设个旧厅，建立衙署，专管矿务。民国二年（1913 年），个旧被列为云南省一等大县。1951 年 1 月个旧撤县设省辖市。个旧属高山丘陵地区，在总面积中山区占 86%，全境分为平坝、中山区、低山河谷区 3 种不同的地貌类型，海拔高度在 50～2740 米之间，立体气候特征明显。

机构历史沿革

　　始建情况　1955 年 1 月 31 日，云锡老厂气候站成立，这是个旧建立的第一个气候站，也是个旧矿区建立的第一个气候站（1963 年 3 月 28 日，云锡老厂气候站撤销）。后来，还在云锡马拉格矿区建立气候站，开展观测不到两年，后因观测场地下陷而被撤销。1956 年 9 月 13 日，建立云南省个旧气象台，台址设在个旧市区西南三角地供销社楼上。

　　站址迁移情况　1957 年 7 月 30 日，台址迁至个旧市中心新华书店二楼，同年 12 月 8 日，迁往新建台址个旧市三家寨友谊村（个旧湖畔），直到现在未发生变动。1957 年 2 月 1 日，实行台、站合一，开展地面气象观测业务，地面气象观测场设在个旧市人民医院内。1958 年 1 月 1 日，地面气象观测场由个旧市人民医院内迁到个旧市三家寨友谊村（个旧湖畔），观测场位于北纬23°09′，东经103°20′，海拔高度1692.1米，1964年7月经纬度变更为北纬23°23′，东经103°09′，沿用至今。1995年5月1日进行基建，地面气象观测场迁至二层宿舍楼楼顶，海拔高度变为1695.0米。1997年5月1日基建结束，地面气象观测场由二层宿舍楼楼顶搬迁到原址新建综合楼九层楼顶，海拔高度变为1714.3米。2007年7月1日，地面气象观测场和办公室搬迁到原址新建综合楼十层楼顶，海拔高度变为1720.5米。

历史沿革　1958年9月11日，个旧气象台迁并红河州蒙自气象中心站，原个旧气象台改建为个旧市气候站，1959年9月更名为个旧市水文气象站；1960年4月更名为个旧市水文气象服务中心站；1962年8月更名为个旧市气候服务站；1965年12月更名为个旧市气象服务站；1972年4月更名为个旧市气象站，为国家一般站，2006年7月1日改为国家气象观测站二级站，2008年12月31日改为国家气象观测一般站。1991年11月，个旧市气象站更名为云南省个旧市气象局。

管理体制　1955年3月1日，省气象局接管老厂气候站。1959年8月，根据个旧市委水文气象会议评定，同时将开远气候站和老厂气候站划为个旧市水文气象站的派出机构——开远、老厂观测所。1961年，老厂气候站移交归老厂锡矿建制，自行管理，与气象部门保持业务联系，直至1963年3月27日中止记录。1956年9月13日个旧气象台建立，属省气象局建制和领导，行政、党团工作归个旧市人民委员会建设科管理。1958年9月11日，个旧气象台迁并红河州蒙自气象中心站后，个旧市气象服务站隶属个旧市人民委员会建制，归口市建设局（后归口市农业局），业务技术受红河州气象中心站指导。1963年8月10日，个旧市气象服务站收归省气象局建制，由红河州蒙自气象总站领导和管理。1970年10月5日，个旧市气象服务站隶属个旧市革命委员会建制和领导，红河州蒙自气象总站负责业务管理。1981年1月至今，个旧市气象局建制收归云南省气象局，实行红河州气象局和个旧市人民政府双重领导，以红河州气象局领导为主的管理体制。

单位名称及主要负责人变更情况

单位名称	姓名	民族	职务	任职时间
个旧气象台	朱云鹤	汉	台长	1956.09—1957.01
	王木贵	汉	台长	1957.02—1958.06
				1958.07—1958.09
个旧气候站	无站长或负责人记录			1958.09—1959.08
个旧市水文气象站				1959.09—1960.03
个旧市水文气象服务中心站	张自勤	白	站长	1960.04—1962.08
				1962.08—1962.10
个旧市气候服务站	康跃文	汉	站长	1962.10—1964.07
				1964.07—1965.12
个旧市气象服务站	王世祥	汉	站长	1965.12—1972.03
				1972.04—1973.10
个旧市气象站	郑小仙	汉	负责人	1973.10—1979.01
	肖韵簧	汉	副站长	1979.01—1980.01
	何秋林	汉	站长	1980.01—1984.10
	陈锦云	汉	站长	1984.10—1991.11

单位名称	姓名	民族	职务	任职时间
个旧市气象局	陈锦云	汉	局长	1991.11—1994.03
	钟贵生	汉	局长	1994.03—2000.01
	张鸿飞	汉	局长	2000.01—2009.05
	张耀炳	白	副局长（主持工作）	2009.05—2011.04
			局长	2011.04—

人员状况 1956 年始建时,有职工 6 人。2006 年 8 月定编为 7 人。截至 2008 年底有在职职工 8 人(其中在编职工 5 人,聘用职工 3 人),退养 3 人。在职职工中:大学学历 1 人,大专 5 人,高中 2 人;中级职称 2 人,初级职称 3 人;50 岁以上 1 人,40～49 岁 2 人,30～39 岁 3 人,20 岁以上 2 人;白族 1 人,汉族 7 人。

气象业务与服务

1. 气象业务

①地面气象观测

观测项目 建站初期,开展的观测项目主要有云、能见度、天气现象、降水量、气温、相对湿度、风向风速、气温自记纸、相对湿度自记纸。1958 年 1 月,增加地温表,降水自记纸、气压表的观测。1960 年 5 月 29 日,增加气压自记纸。1973 年 7 月至 10 月开展过风向风速自记纸观测项目。1995 年 5 月 1 日,取消地温观测项目至今。

观测时次 1957 年 2 月 1 日,设观测组,同年 3 月 1 日起,每天进行 07、13、19 时(地方时)3 次定时观测,1960 年 7 月改为 08、14、20 时 3 次定时观测,采用北京时,夜间不守班,沿用至今。

发报种类 1959 年 2 月,增发蒙自中心站 08、14 时定时天气报,2002 年 1 月 1 日增发 20 时天气加密报,每天 08、14、20 时定时发 3 次天气加密报一直沿用至今。每旬、月开头第一天 08 时编发气象旬(月)报;1984 年 1 月 1 日起向省台编发重要天气报。

气象报表制作 1957 年至 2000 年 11 月为手工抄录气表-21、气表-1,2000 年 12 月开始采用计算机制作报表。

区域自动气象站观测 2006 年在保和、卡房两乡镇安装温度、降水两要素自动雨量站,2007 年又先后在大屯、鸡街、蔓耗、老厂、贾沙等五个乡镇安装两要素自动雨量站。

②气象信息网络

1957 年建站起,气象电报传递方式为市话传递。1988 年 5 月,开始运用内部甚高频通讯传天气报。2002 年 1 月,改为天气加密报用计算机拨号上因特网传输。2005 年以来,通过用光纤上云南省气象局局域网进行传输。

③天气预报预测

1956 年 9 月 13 日,云南省个旧气象台建立并正式开展通信、填图、天气预报等业务。1984 年开始天气传真图的接收工作。1985 年在原有的基础上增加了中、长期天气预报工作。通过运用本站资料绘制简易天气图,收听天气广播,运用天气传真图,分析判断天气变化,进行中短期天气的预报。随着气象现代化的建设,2002 年建成 PC-VSAT 单收站。

2007年8月,建立了省、州、县视频会商系统,运用州气象局的预报指导产品,结合本站气象资料和数理统计等方法,制作短期气候预测。预报每月天气趋势预报、倒春寒、雨季开始和结束期、冬季低温关键期的预报预测等内容。

1960年6月26日,预报组实行电话传送天气预报。1988年5月,运用内部甚高频通讯与州气象局会商天气预报。1989年建立气象警报发射系统,用来传递天气预报和气象情报、信息。2004年2月,通过电话传真机传送短期气候预测和周报。

2. 气象服务

①公众气象服务

个旧市气象局主要开展长、中、短期天气预报和气象资料服务工作,提供短期天气预报和各时期气象数据查询服务。1984年8月,抽调专业技术人员参加《个旧市农业气候区划》一书的编写工作。1986年7月1日,个旧市电视台正式开播由市气象站发布的包括全市11个乡镇及云南锡业公司所属各个矿区未来24小时天气预报节目。1990年,利用气象警报发射系统,同个旧市10多个乡镇气象观测点联成全市气象科技综合信息服务网,进一步拓宽了服务领域。1995年1月,气象局与市电视台协商同意每日在个旧一台播放个旧天气预报节目。2000年2月,建成多媒体电视天气预报制作系统。2005年11月,个旧兴农网正式开通,气象预报信息首次通过网络向公众发布。

②决策气象服务

2004年2月8日,个旧市气象局开始向市委、政府及相关部门定时发布《个旧气象周报》,截至2008年12月,共制作255期。随着社会的不断进步,先后增加了《重要天气消息》、《专题天气》、《雨情报告》、《气候影响评价》等服务材料。2007年8月15日,经个旧市政府批复《个旧市气象灾害应急预案》,由市政府下发到个旧市各乡镇和各部门。

③专业与专项气象服务

人工影响天气　2001年7月,首次开展人工防雹工作,在大屯、保和两个乡镇设流动作业点。2005年设老厂、卡房、贾沙、保和四个乡镇人工防雹流动作业点,由个旧市烟草公司解决防雹经费,一直开展人工影响天气工作至今。

防雷技术服务　1992年2月,市公安局、劳动局、经委、气象局、保险公司联合下发《关于对我市避雷装置进行一次全面安全检测和颁证工作的通知》,明确由个旧市气象局组织实施全市避雷装置安全检测工作。2000年4月,与个旧市建设局联发出《关于进一步加强对新建建筑物和构筑物防雷安全管理工作的通知》的文件,使个旧地区的防雷安全检测工作做到了规范化的管理。

专项气象服务　2002—2008年间,个旧市气象局先后为中央电视台举办的大型文艺晚会《同一首歌》、云南省第五届城市运动会、电影《花腰新娘》、国际滑翔节、锡文化旅游节等大型户外活动提供气象服务,得到市政府及参加人员的一致好评。从建站以来,一直为地方政府决策、企业生产、农业种植、招商引资提供大量的气象服务资料。

气象法规建设与社会管理

社会管理　2002年11月6日,经个旧市机构编制委员办批准成立个旧市避雷装置安全检测中心。2006年1月17日更名为红河州个旧市防雷装置安全检测中心。2008年1月,个旧市规划局同意了个旧市气象局编制的《气象台站探测环境和设施保护标准备案书》。2008年7月,根据市政府《关于深化行政审批制度改革的通知》,经个旧市政府审批,以市政府名义实施防雷装置设计审核和竣工验收、施放无人驾驶和系留气球活动行政审批项目。

制度建设 建立健全内部规章管理制度。1989年,个旧市气象站制定了《天气广播程序》和《广播预报值班条例》,强化了站内值班服务制度。

政务公开 2002年建立个旧市气象局局务公开,对气象服务内容、服务承诺、服务收费依据及标准、法律法规、财务收支等进行公开。建立重大决策听证制度、重要事项公示制度、重点工作通报制度和信息查询制度的阳光政府四项制度。开通"96128"查询电话,公众可在个旧市政府信息公开门户网站和云南省人民政府重大决策听证网上查询公开事项,加强了政务公开的力度,更广泛地接受人民群众的监督,促进了气象执法工作的开展。

党建与气象文化建设

1. 党建工作

党的组织建设 1956年9月建站时,个旧气象台的党团工作归市人民委员会建设科领导。随着领导机构的变动,党团关系先后由个旧市农办、农牧局(后改为农业局)代管。1997年6月,经中共个旧市农牧局党委批准成立个旧市气象局党支部,隶属中共个旧市农牧局(后改为农业局)党委领导至今。截至2008年12月,有在职职工党员4人,退休职工党员4人。

党风廉政建设 2002年,坚持标本兼治、综合治理、惩防并举、注重预防的方针,建立健全符合个旧市气象局客观实际的惩治和预防腐败体系。2007年成立个旧市气象局"三人议事决策小组",完善和健全了反腐倡廉领导体制、工作机制和管理规定。

2. 气象文化建设

精神文明建设 2001年,个旧市气象局将两个文明建设纳入单位的目标管理。加强气象职业道德教育,强化服务意识,在职工中大力提倡爱岗敬业,乐于奉献的精神。

个旧市气象局重视领导班子的建设,把职工队伍的思想建设作为文明创建的重要内容。2008年开始,个旧市气象局党支部资助个旧市贾沙乡尼格尔村实验小学的五个小学生读书,直到完成大学学业。

近几年来,个旧市气象局先后有3人次参加成人再教育函授本科的学习,进一步提高了在职职工的文化素质。为丰富职工的业余文化生活,2007年,单位建有乒乓球室、活动室,每年组织开展两到3次的文体活动比赛。

文明单位创建 1998年10月,被个旧市委、市政府命名为市级"文明单位"荣誉称号。1998—2008年,连续被个旧市委、市政府授予市级文明单位。

3. 荣誉

集体荣誉 个旧市气象局1986年在全省气象工作会议上被评为"1985年先进集体"。1988年被省气象局评为"1985—1987年云南省气象部门'双文明'建设先进集体"。1990年被个旧市政府评为"防洪先进集体"称号。

个人荣誉　1989年,陈锦云获国家气象局授予的气象部门双文明建设先进个人称号。

1979—2008年,分别有3人次获得"全省气象系统先进工作者"称号;2人次获得地面气象观测"百班无错情";2人次获"全省大气探测优秀个人"称号。

台站建设

为了改善职工居住条件,1984年,由省气象局划拨资金,在原站址内建二层楼共8套职工住房,建筑面积约为400平方米。1985年下半年,对原职工住房和办公室合用的一层平房及台站环境进行改造,改造后的办公用房约为200平方米,绿化面积约为2300平方米,原址占地面积有3535平方米。

1995年在原站址上进行房地产开发,1997年,建成九层综合大楼。2005年,将原有的二层楼房撤除,建综合楼,2007年,建成九层综合大楼,在九层楼楼顶加盖一层做为办公室。

1985年改造后的办公室

2007年新建的综合楼大门

开远市气象局

开远市位于云南省东南部、红河州中东部,世居民族有彝、苗、回、壮、汉,为滇南的交通枢纽和商品集散地。

机构历史沿革

始建情况　早在20世纪30年代,民国政府建设局就曾在开远地区开展过测候记录。1944年,民国政府云南省建设厅在开远设立了气象观测站(东经103°12′,北纬23°08′,海拔高度1090.0米)。1954年6月,云南省政府气象科接管开远木棉试验场20世纪40年代设立的气象观测站,1954年7月1日,正式成立开远县气候站并开始观测记录。

站址迁移情况　1959年1月1日,开远县气候站由冷水沟迁至城关东寺坡"郊外"现址,现名为开远市灵泉西路121号。观测场现址位于东经103°15′,北纬23°42′,海拔高度1051.8米。

历史沿革　1954年6月云南省政府气象科接管开远木棉试验场气象观测站,1954年7

月正式成立开远县气候站;1955年5月改称云南省开远气候站;1957年1月改称云南省开远县气候站;1960年5月改称云南省开远县气候服务站;1971年3月改称云南省开远县气象站;1981年11月改称云南省开远市气象站;1990年5月改称云南省开远市气象局。

管理体制 1954年建站至1955年4月,开远县气候站隶属于开远县人民政府建制和领导。1955年5月—1958年3月,云南省开远县气候站收归省气象局建制和领导。1958年3月—1963年3月,开远县气候服务站改属开远县人民委员会建制和领导,归口开远县人民委员会农水科管理,业务由红河州中心气象站负责。1963年4月—1970年6月,隶属云南省气象局(1966年3月改为云南省农业厅气象局)建制和领导,红河州气象总站负责管理。1970年7月,隶属开远县革命委员会建制,划归开远县农办管理。1971年1月,由开远县人民武装部领导,建制仍属开远县革命委员会,红河州气象台负责业务管理。1973年5月,开远县气象站改属开远县革命委员会建制,划归县农办管理。1981年1月,开远市气象局收归云南省气象局建制,实行红河州气象局与开远市人民政府双重领导,以红河州气象局领导为主的管理体制。

单位名称及主要负责人变更情况

单位名称	姓名	民族	职务	任职时间
开远木棉试验场气象观测站	杨必华		站长	1954.06—1954.07
开远县气候站				1954.07—1955.02
	赵春林	无法核实	站长	1955.02—1955.05
云南省开远气候站				1955.05—1956.11
	杨以清		站长	1956.11—1956.12
云南省开远县气候站				1957.01—1959.12
			负责人	1959.12—1960.05
云南省开远县气候服务站	李国荣	汉	副站长	1960.05—1971.03
云南省开远县气象站				1971.03—1974.05
			站长	1974.05—1981.11
云南省开远市气象站	方达文	汉		1981.11—1990.05
			局长	1990.05—1993.05
云南省开远市气象局	左登州	汉	局长	1993.09—1996.02
	理维勇	彝	局长	1996.02—

注:杨必华、赵春林、杨以清三位同志的资料台站无详细记载,无法核实民族。

人员状况 1954年观测站只有4人。2006年定编为11人,截至2008年12月有在职职工9人,退休职工11人。在职职工中:大学学历2人,大专学历5人,中专及以下学历2人;中级职称6人,初级职称3人;50岁以上2人,41～50岁6人,21～30岁1人。

气象业务与服务

1. 气象业务

①地面气象观测

观测项目 观测项目有云、能见度、天气现象、气压、气温、湿度、风向风速、降水、雪深、日照、蒸发、地温等。

观测时次　1954 年 7 月 1 日,开远县气候站建立并正式开始地面气象观测记录。每日进行 01、07、13、19 时(地方时)4 次定时观测记录。1960 年 8 月 1 日起,每日定时观测时间改为北京时 02、08、14、20 时 4 次。

航危报　1980 年 4 月 10 日起每天 24 小时固定向昆明、蒙自拍发航空危险天气报,即每小时整点前 10 分钟观测发航空报 1 次,危险报则是当有危险天气现象时,5 分钟内及时拍发。

天气报　天气报的内容有云、能见度、天气现象、气压、气温、风向风速、降水、雪深、地温等;航空报的内容只有云、能见度、天气现象、风向风速等。当出现危险天气时,5 分钟内及时向所有需要航空报的单位拍发危险报;重要天气报的内容有暴雨、大风、雨凇、积雪、冰雹、龙卷风等。

自动气象站观测　2005 年,自动站设备投入试运行。自动气象站观测项目有气压、气温、风向风速、降水等,观测项目全部采用仪器自动采集、记录,替代了人工观测。2006 年 1 月 1 日,自动气象站正式投入业务运行。

区域自动气象站观测　2006 年,在中和营、羊街、小龙潭首先建成自动雨量观测站。2007 年,其他 5 个乡镇陆续建成了 ZQZ-C Ⅱ 1 型温度、雨量两要素自动观测站,同年 9 月 1 日开始试运行。

②气象信息网络

开远县气象站建站时通信条件困难,每天 4 次地面绘图报的传输,使用 15 瓦无线短波电台,靠手摇发电机给电台供电,报务员用电键发报,由开远县电信局接收后,传至红河州气象局。1989 年天气图传真机、甚高频通讯装置投入业务使用。1995 年建立计算机远程工作站,实现与州气象台联网。2005 年建立气象宽带网。2007 年建成自动气象站,所采集的数据通过气象宽带网传送至省气象数据网络中心,每天定时传输 24 次。气象电报传输实现了网络化、自动化。

③天气预报预测

1958 年 9 月,县站开始作补充天气预报。在 20 世纪 80 年代初期,上级业务部门非常重视基层的业务基本建设,要求每个台站的基本资料、基本图表、基本档案和基本方法(即四基本)必须达标。20 世纪 80 年代初,通过传真接收中央气象台、省气象台的旬、月天气预报,再结合分析本地气象资料,短期天气形势,天气过程的周期变化等制作一旬天气过程趋势预报。20 世纪 70 年代中期开远县气象站开始制作长期天气预报,80 年代为适应预报工作发展的需要,进一步贯彻执行中央气象局提出的"大中小、图资群、长中短相结合"技术原则,组织力量,多次会战,建立了一整套长期预报的特征指标和方法,这套预报方法一直沿用至今。长期预报主要有:今冬明春预报、汛期(5—9 月)预报、年度预报、三秋预报、雨季开始期和结束期预报。

2. 气象服务

①公众气象服务

1959 年开始开展短、中、长期天气预报和资料情报服务,并承担云南省农业气象测报站任务。1996 年 6 月 18 日,建立的多媒体电视动画天气预报制作系统试播成功并顺利通过验收。1992 年建立了天气预报警报系统。

②决策气象服务

1958 年 9 月,开展单站补充天气预报服务,为工农业生产服务。1998 年,随着经济社会的发展,《天气周报》的内容与方式逐渐不能满足政府决策的要求,先后增加了《重要天气报》《专题预报》《气象分析报告》《农业气象》《雨情快报》《雨情报告》《气候影响评价》《短期气候预测》《干旱监测报告》等决策服务材料,共发出 10000 余份,推动了开远市经济社会的快速发展。

③专业与专项气象服务

人工影响天气 1979 年 4 月 19 日,首次使用"三七"高炮人工催化降雨作业。1997 年 6 月 10 日至 7 月 6 日,市气象局在全市 8 个作业点开展 18 次人工增雨作业。1998 年 5—6 月,市气象局组织 4 人作业组,在东山、冷水沟、羊街等 7 个作业点实施人工增雨作业 15 次。2001 年 7—9 月,开远市首次开展烤烟防雹工作,历时 72 天,实施人工防雹作业 19 次。

防雷技术服务 1991 年 4 月,市气象局、市劳动局、市公安局、市经委、市保险公司联合下发《关于对开远地区避雷装置进行安全检测的通知》,为全市 200 多个单位的 5000 多个避雷针、线、带、网消除了雷击隐患。2000 年,市气象局配合州安委会、州气象局组织的红河州防雷检查组,在全市范围内开展了首次防雷安全专项大检查。

气象法规建设与社会管理

社会管理 1993 年,成立了开远市避雷装置安全检测中心,1997 年 9 月,市机构编制委员会批准成立开远市防雷中心,设在市气象局内。1997 年 6 月 9 日,市人民政府决定成立开远市人工降雨防雹指挥部,指挥部办公室设在气象局。2008 年行政审批项目有防雷装置设计审核和竣工验收、施放无人驾驶和系留气球活动的审批。非行政审批的项目有气象台站观测环境保护初审、人工影响天气作业组织资格初审。

政务公开 开远市气象局建立重大决策听证制度、重要事项公示制度、重点工作通报制度和信息查询制度的阳光政府四项制度。公众可在云南省阳光政府网上对可公开事项进行查询,还可拨打由监察部门全程录音、问责的 96128 免费查询电话。

党建与气象文化建设

1. 党建工作

2004 年 8 月以前气象局党支部划归市农业局党委管理。2004 年 8 月 5 日市气象局党支部组织关系由农业局党委转入市直属工委。1999 年 9 月 3 日成立开远市气象局党支部,有党员 4 人。截至 2008 年 12 月有党员 5 人。

2. 气象文化建设

精神文明建设 结合台站文化阵地建设,2003 年 7 月,开远市气象局拨出专项经费20000 元,制作了固定宣传栏,设置了羽毛球场、组建了图书阅览室等各种娱乐活动场所。开展了丰富多彩的职工文体活动。利用各大节假日组织职工开展乒乓球、羽毛球、扑克、象棋、服饰展演、聚餐等公共活动,并先后组织职工到越南、我国西北地区和州内其他县(市)气象局参观、学习和考察。

集体荣誉

获奖时间	荣誉称号	颁奖单位
2002 年	档案工作达省 C1 级	云南省档案局
2005 年	全国气象部门局务公开先进单位	中国气象局
2006 年	2005—2008 年开远市文明单位	中共开远市委市人民政府
	2001—2005 年森林消防先进单位	开远市人民政府
	2004—2006 年先进党组织	开远市直属工委
2008 年	全国气象部门局务公开示范单位	中国气象局
	云南省科技事业单位档案达标五星级	云南省档案局
	2006—2008 年先进党组织	开远市直属工委

个人荣誉 1983—2000 年,有 3 人次被国家民委、中华人民共和国劳动人事部、中国科协授予"在少数民族地区长期从事科技工作"荣誉证书,2 人次获得国家气象局"从事气象工作三十年以上,为我国气象事业的发展作出贡献"表彰,4 人次被中国气象局评为"全国质量优秀测报员"。

台站建设

1992 年 1 月,开远市气象局钢混结构二层办公楼竣工投入使用。

2002 年 9 月,开远市气象局自筹资金新建钢混结构一楼一底地面测报值班室暨综合档案室投入使用。2003 年,自筹资金 24 万元对办公楼装修。极大地改善了职工的工作生活环境,使全局面貌焕然一新。

2008 年建成业务用房,建筑面积约 1500 平方米,为三层框架结构。满足了气象业务发展需求,提升了气象部门的整体形象,使职工有了一个良好的工作环境。

观测场旧貌(1986 年)

观测场新颜(2007 年)

建水县气象局

建水县位于云南南部,红河中游北岸,北回归线横穿县境南部,属南亚热带季风气候,无霜期长,光照和热量条件好。

机构历史沿革

始建情况   1956 年 12 月 23 日,在建水县羊街坝农场建立气候站,位于县城东北部,北纬 23°43′,东经 102°54′,海拔高度(以水银气压表水银槽为准)1362.0 米。

站址迁移情况   1959 年 6 月 6 日迁至县城北郊永善街,北纬 23°37′,东经 102°50′,海拔高度 1309.3 米。2006 年 4 月业务办公楼迁至毓秀路 165 号(观测站仍在永善街)。

1958 年 10 月 1 日,曲溪县(今曲江镇)气候站建立并开始观测记录,同年,曲溪县撤销,并入建水县。曲溪县气候站测报工作维持至 1962 年 4 月 30 日终止,5 月正式撤销。

历史沿革   1956 年 12 月成立建水县气候站。1959 年 1 月改称建水县气象中心站。1960 年 4 月改称建水县气象服务中心站。1964 年 3 月改称建水县气候服务站。1966 年 1 月改称建水县气象服务站。1972 年 4 月改称云南省建水县气象站。1978 年 7 月改称建水县气象站。1981 年 10 月又改称云南省建水县气象站。1990 年 5 月改称云南省建水县气象局。

管理体制   1958 年 3 月—1963 年 3 月,建水县气候站隶属建水县人民委员会建制和领导,红河州气象中心站负责业务管理。1963 年 4 月—1970 年 6 月,建水县气候服务站收归省气象局(1966 年 3 月改为云南省农业厅气象局)建制,红河州气象总站负责管理。1970 年 7 月—1970 年 12 月,建水县气象服务站改属建水县革命委员会建制和领导,红河州气象总站负责业务管理。1971 年 1 月—1973 年 10 月,建水县气象站实行建水县人民武装部领导,建制仍属建水县革命委员会,红河州气象台负责业务管理。1973 年 10 月—1980 年 12 月,建水县气象站改为建水县革命委员会建制和领导,归口建水县农林局管理。1981 年 1 月起,实行红河州气象局与建水县人民政府双重领导,以红河州气象局领导为主的管理体制。

单位名称及主要负责人变更情况

单位名称	姓名	民族	职务	任职时间
建水县气候站	詹隆阶	汉	站长	1956.12—1957.06
				1957.06—1959.01
建水县气象中心站				1959.01—1960.04
建水县气象服务中心站	张家裕	汉	站长	1960.04—1964.03
建水县气候服务站				1964.03—1966.01
建水县气象服务站				1966.01—1968.12
	陈科元	汉	站长	1968.12—1972.04
云南省建水县气象站				1972.04—1972.12
				1972.12—1978.07
建水县气象站	普 贵	彝	站长	1978.07—1981.10
云南省建水县气象站				1981.10—1990.05
			局长	1990.06—1993.11
	董其明	汉	局长	1993.11—2000.01
云南省建水县气象局	赵 虎	汉	副局长(主持工作)	2000.01—2001.12
			局长	2001.12—2009.12
	黄 云	汉	副局长(主持工作)	2009.12—2011.04
	李兴德	汉	局长	2011.04—

人员状况 1957 年底,共有职工 4 人。2008 年编制为 11 人,实有在职职工 8 人,其中:大学本科 2 人,大专 1 人,中专 1 人,高中 4 人;工程师 4 人,助理工程师 3 人,技术员 1 人;少数民族 3 人;在职职工平均年龄 42 岁。

气象业务与服务

1957 年 1 月开始地面观测任务至今。1958 年开始农业气象观测业务,至 1966 年停止;1976 年 1 月开始恢复农业气象观测,至 1983 年 5 月停止观测。1959 年 9 月开始航危报业务,至 1997 年 11 月取消。1992 年后,建水县气象局以地面观测业务为基础,先后开展了天气预报、人工影响天气、雷电防护等服务和为政府、部门宏观调控经济社会发展、部署防灾减灾提供决策服务等工作。

1. 气象业务

①地面气象观测

观测项目 云、能见度、天气现象、风向、风速、干湿球温度、雨量、蒸发、日照、百叶箱最高、最低温度、雨量计、水银气压表、地温(0 厘米、0 厘米最高、0 厘米最低、地中 5、10、15、20 厘米),期间增加了温、湿、压自记等项目的微调。2007 年自动气象站开始投入使用,气温、相对湿度、气压、地温、草温、风向风速等气象要素进行自动采集,并保留人工观测,以人工观测为主。2008 年以自动站观测为主,同时保留人工观测,进行对比。

观测时次 1957 年 1 月 1 日,建水县羊街坝农场气候观测站开始观测记录,每日进行 4 次观测(地方时 01、07、13、19 时),1959 年 6 月改为 3 次观测,1960 年 8 月全部台站每日定时观测时间改为北京时 02、08、14、20 时进行,1984 年 7 月变为 02、08、14、20 时 4 次观测,从 1986 年 1 月 1 日开始由 4 次观测改为 3 次,直至 2006 年 12 月 30 日。2007 年 1 月 1 日—2008 年 12 月 30 日,观测时次又改为 02、08、14、20 时 4 次观测。

区域自动气象站观测 2007 年 5 月在全县各乡镇都安装上了温度、雨量两要素区域自动气象站。区域自动气象站落户各乡镇,对气象部门掌握县域云水资源和天气过程的发展提供了可靠的第一手资料,对气象部门研究中小尺度的天气过程、中短期天气的变化、发展与精确预报提供了详实的科学数据。

发报种类 1959 年 7 月 1 日开始编发天气报,天气观测发报的时次是 08、14 时 2 次,每旬、月开头第一天发气象旬月报,1985 年 1 月 1 日开始编发重要天气报。2007 年自动气象站运行,4 次定时发报,4 次补充发报,自动采集气象要素数据每个小时自动上传。

航危报 1959 年 9 月开始拍发 05—17 时航空报,1980 年 4 月增加向 OBSAV 蒙自、昆明拍发 00—24 时预约航危报,1981 年 9 月—1985 年 1 月增加向个旧拍发 00—24 时固定航危报。1997 年 11 月停发航危报。

②农业气象观测

1958 年,建水县气候站从大春作物播种开始进行物候观测。1966 年停止观测。1976 年 1 月,从大春作物开始恢复农业气象观测,其中开展了"无土育秧观测"、"有色薄膜对比观测"。1978 年 11 月,建水县气象站被确定为农业气象观测基本站。

③气象信息网络

从 1959 年起,气象电报传递方式为县邮局报房传递。1989 年天气图传真机、甚高频通讯装置投入业务使用。1995 年,气象电报通过甚高频传递,同年建立计算机远程工作站,实现与州气象台联网。2000 年 5 月动画天气系统安装调试成功并开播。2002 年,地面报由计算机用分组的方式进行传输,同年 9 月安装调试气象卫星综合应用系统("9210"工程)单收站,并投入业务运行。2005 年,地面报以宽带方式传输。2007 年自动气象站运行,4 次定时发报,4 次补充发报,自动采集气象要素数据每个小时自动上传。2007 年 8 月建成县—州—省视频会商系统,12 月建成观测场视频监控系统。2008 年,建成了手机短信平台。

④天气预报预测

从 1959 年开始制作补充短期天气预报服务。20 世纪 70 年代中期开始制作长期天气预报(各月降水、温度趋势、倒春寒、雨季开始期、干旱、洪涝、抽扬冷害、三秋连阴雨、雨季结束期)。20 世纪 80 年代初开始制作中期天气预报和专题预报(春播、水库蓄水)。

2. 气象服务

1985 年开始开展专业有偿服务,2000 年开始在电视台以动画的形式播放视天气预报节目,2004 年新增一部 711 数字化雷达,天气预报服务已成为防灾减灾和人们日常生活中不可缺少的重要信息内容。

农业服务 在每年的 1 月底就作出"春播期专题预报",4 月底作出"主汛期专题预报",10 月底作出"今冬明春专题预报",12 月底作出下一年的总趋势预测。每月月底作出下一月天气趋势预测,每星期一份周报,将这些预报分别发往各服务单位和乡镇。

林业服务 建水县首次飞播造林于 1972 年 5 月 5 日开始,6 月 13 日结束,第二次飞播造林于 1996 年 5 月 25 日开始,7 月 2 日结束,历时 40 天,是新中国成立以来规模最大的一次;第三次飞播造林于 1998 年 6 月 3—18 日。气象局在以上三次飞播过程中,主动、及时提供气象服务,为保障飞行安全,圆满完成飞播造林任务创造了条件。

重大活动服务 建水县第十六届"燕窝节"于 2004 年 8 月 8—11 日在县城隆重举行,气象局专门为其制作《建水县"燕窝节"气象服务专题》四期共 600 份,对开幕式当天"建水之夜"大型演唱会的天气预测进行逐日滚动订正,同时还抽调八辆炮车进行人工消雨作业,保证了"建水之夜"大型演唱会的顺利进行。"中国红河·建水孔子文化节"于 2005 年 9 月 27 日—10 月 7 日在建水县城举行,气象局为组委会专门制作"孔子文化节"专题预报服务材料共五期,在第二期的专题预报中,为晚会提供了优质的气象服务保障。

人工影响天气 2001 年建水县成立了人工增雨防雹指挥部,指挥部设在气象局,哪里有冰雹云作业人员就把作业车开到哪里,机动性强,大大提高了作业的有效性,自 2001 年开展防雹工作后,各防区内基本无农作物遭受雹灾。2004 年购置 711 数字化雷达 1 部,用于建水、石屏两地的人工防雹。

3. 气象科研

从 1986 年至 2009 年,建水县气象局共荣获集体奖项 28 项。1975 年 8 月和 1977 年 1 月,我站参与了由红河州气象台和云南大学、云南农业大学、80303 部队气象室等单位联合组织的红河河谷横断剖面夏、冬两季气候考察,承担了在县境内红河北岸开展布点观测任务,该项成果先后获 1978 年全国科学大会奖、1979 年获云南省科技成果奖和红河州科研二等奖。与州气象台合作完成的《掌握温湿度育好无土秧》、《有色塑料薄膜育秧试验》和《灿稻南优 2 号、6号制种技术》等课题均获 1979 年云南省科技成果奖。1982 年我站被评为全省气象系统先进站。1985 年《建水县农业气候区划》获云南省气象局农业气候区划三等奖。

气象法规建设与社会管理

建水县气象局注重抓好对《中华人民共和国气象法》的宣传工作,旨在为贯彻实施《中华人民共和国气象法》创造良好的社会环境和舆论环境,争取社会各界和人民群众的广泛支持。每年利用"3·23"世界气象日、"12·4"法制宣传日,采取悬挂彩球标语、上街设点散发宣传材料、在新闻媒体上发布消息等多种形式开展了丰富多彩的宣传活动。

社会管理 《中华人民共和国气象法》颁布后,我局建立了执法队伍,2008 年底,有执法人员 4 名,4 名执法人员均获得气象行政执法证。主要执法工作为:加强防雷减灾管理和气象探测环境的保护。气象执法队伍的建设,有效地保护了气象探测环境,维护了气象部门的利益。

党建与气象文化建设

1. 党建工作

党的组织建设 1980 年 1 月,成立县气象局党支部,有党员 3 人。1994 年 8 月,有党员 6 人。2002 年 9 月,有党员 8 人。截至 2008 年底,有党员 6 人(其中在职党员 4 人)。

党风廉政建设 2001 年,党建目标管理责任制由局长亲自抓,层层签订目标管理责任书,严格按照"三会一课"制度组织党员活动,坚持党支部理论中心小组学习制度,建立和执行集体领导制度和议事规则,领导班子讲政治、识大体、顾大局、分工明确、团结干事,按规定召开民主生活会,并由局长上党课,强调作风建设,领导深入基层,为群众办实事、办好事,增强党员干部的忧患意识、公仆意识。

2008 年,在建水县县委、县政府党风廉政建设责任制检查考核中,建水县气象局成绩突出,荣获二等奖。

2. 气象文化建设

精神文明建设 1990 年,坚持"两手抓,两手都要硬"的方针,从多方面加强精神文明建设,努力培养和造就了一支"政治坚定、业务过硬、作风优良"的气象队伍。1996 年,建水县人民政府授予气象局"文明单位"称号。在加强精神文明建设的同时,建水县气象局积极申报"州级文明单位",制定《建水县气象局文明创建规划》,确立指导思想,明确创建目标,落实创建措施。以人为本,动员职工广泛参与,把文明创建贯彻于气象工作的每一个环节。

个人荣誉 1978 年 10 月,陈玉清同志被评为"全国气象系统先进工作者",并出席了在北京召开的"双学"先代会。1982 年以来 3 人次被评为全省气象系统先进工作者。

台站建设

1959 年建水县气象局迁至县城北郊永善街,2003 年 10 月自筹资金 35.6 万元在新区

323 线金盾新区西侧新购地 1.78 亩,2005 年 1 月省气象局资助 65 万元,自筹资金 65 万元,共计 130 万元建设气象灾害预警业务大楼,于 2006 年 3 月竣工,共建成办公用房 971 平方米,又自筹资金 30 万元新购置办公桌椅、办公设备和办公用品,为每个办公室配备了电脑,建立了局域网,并实现无纸化办公。台站环境逐步"净化、绿化、美化",职工工作和生活条件有了较大改善。

1985 年观测场照片

2006 年迁至毓秀路的新气象局大门

石屏县气象局

石屏县位于云南省南部、红河州西北部,地处东经 102°08′～102°43′,北纬 23°19′～24°06′之间。

机构历史沿革

始建情况 1958 年 3 月 22 日,筹建石屏县气候服务站。1959 年 1 月 1 日,石屏县气候服务站建成并正式观测记录。站址位于石屏县异龙镇环北新村,地处北纬 23°42′,东经 102°29′,海拔高度 1418.6 米,建成后至 2008 年底,站址一直未变动。

历史沿革 1966 年 1 月,石屏县气候服务站更名为石屏县气象服务站。1970 年 4 月,更名为石屏县气象站。1990 年 5 月 12 日,更名为石屏县气象局。

管理体制 1959 年 1 月—1963 年 4 月,石屏县气候服务站隶属建水县人民委员会建制,归口石屏县人委农林科管理,红河州气象中心站负责业务管理。1963 年 4 月—1970 年 6 月,石屏县气候服务站收归省气象局(1966 年 3 月改为云南省农业厅气象局)建制,红河州气象总站负责管理。1970 年 7 月—1970 年 12 月,石屏县气象服务站改属石屏县革命委员会建制和领导,红河州气象总站负责业务管理。1971 年 1 月—1973 年 10 月,石屏县气象站实行石屏县人民武装部领导,建制仍属石屏县革命委员会,红河州气象台负责业务管理。1973 年 10 月—1980 年 12 月,石屏县气象站改为石屏县革命委员会建制和领导,归口石屏县农林局管理。1981 年 1 月起,实行红河州气象局与石屏县人民政府双重领导,以红河州气象局领导为主的管理体制。

机构设置 2008年,石屏县气象局内设局办公室、天气、气候和农气服务股、地面测报股、人工影响天气指挥办公室、防雷装置安全检测中心。

单位名称及主要负责人变更情况

单位名称	姓名	民族	职务	任职时间
石屏县气候服务站	李卫民	汉	负责人	1958.11—1959.02
	刘俊义	汉	负责人	1959.02—1964.07
			站长	1964.07—1965.12
石屏县气象服务站			站长	1966.01—1970.03
石屏县气象站			站长	1970.04—1984.07
	孙汝金	汉	站长	1984.07—1990.05
			局长	1990.05—1993.11
	徐 章	汉	局长	1993.11—2001.12
石屏县气象局	张建伟	汉	副局长(主持工作)	2001.12—2003.04
	尹文有	汉	局长	2003.04—2005.04
	张建伟	汉	副局长(主持工作)	2005.04—2006.09
			局长	2006.09—

人员状况 石屏县气候服务站建立时,有职工3人。2006年8月定编为7人。截至2008年底,有在职职工6人。其中:工程师2人,助理工程师4人;本科4人,中专1人。

气象业务与服务

1. 气象业务

①地面气象观测

观测项目 1959年建站时观测项目为云、能见度、天气现象、风向、风速、气压、干湿球温度、降水、蒸发(小型)、日照、地温(地面)。1962年5月1日观测项目为云、能见度、天气现象、气压、干湿球温度、气压自记、温度自记、湿度自记、雨量自记、日照、蒸发(小型)、雨量、地温(0厘米、0厘米最高、0厘米最低、5、10、15、20厘米)、风向、风速。

观测时次 1959年建站时,每天进行01、07、13、19时(地方时)4次观测,由当地邮电局代拍发报。1960年7月13日起,每日定时观测改为北京时02、08、14、20时,1962年5月1日起,4次定时观测改为3次,观测时间为08、14、20时。

航危报 1971年10月,担负航危报任务(24小时)。1974年5月,调整航危报任务,担负白天08—18时发报任务。1975年1月,再次调整航危报,担负白天08—18时危险报任务。1980年4月,减去危险报任务。

雨情报 1976年5月,担负广西大化水电站雨情报;1977年5月,停发广西大化水电站雨情况;1979年恢复向广西大化电站发雨情报;1985年3月,接云南省气象局业务处通知,停发广西大化雨情报。

自动气象站观测 1983年1月,增加雨量自记观测。2002年10月,观测站被定为雷达雨量校准点,同时进行"两室一场"改造,观测场由原来的25米×25米缩小为20米×16

米,海拔高度由 1418.6 米升高为 1419.3 米,取消了蒸发雨量器的观测。2002 年,单收站建成,投入使用。2003 年,地面气象观测自动站正式投入运行,主要自动采集项目有:风向、向速、温度、湿度、气压和地温(0~20 厘米);气簿-2 停止记录观测,由地面气象观测自动站采集的相应时次数据作为预报服务参考。2004 年,地面气象观测自动站进入第二阶段,以自动采集的数据为主进行编发报,地面气象观测人工站照常进行。2005 年,地面气象观测自动站进入单轨运行。

②天气预报预测

1959 年建站以后,逐步开展短、中、长期天气预报。1980 年,配备了传真机,接收各种数值预报分析图和高空天气形势分析图及天气预报图。2002 年,单收站建成并投入使用。2008 年建立州县两级视频会议系统。通过州、县两级天气预报可视会商,大大提高了天气预报准确率。

2. 气象服务

①公众气象服务

1959 年建站以后,逐步开展短、中、长期天气预报服务。20 世纪 90 年代后随着预报工具的更新,预报产品逐渐增多。1999 年,开通"121"天气预报自动答询系统。目前,形成了电视、网络、手机短信、电子显示屏等多元化服务方式,为公众提供直观、形象、针对性强的服务产品。

②决策气象服务

20 世纪 80 年代开始为地方政府和相关部门提供中、短期预报和专题预报决策气象服务。1994 年,为石屏县第一届豆腐节提供气象预报服务。2005 年,为石屏县顺利举行杨梅节、中国云南·石屏花腰歌舞节提供专题气象预报服务,此后每年为县委、县政府的重大节庆活动提供专题气象预报服务,使活动顺利举行。2007 年 2 月 12 日以来,受北方南下强冷空气和西南暖湿气流的共同影响,石屏县出现大幅度降温,致使部分乡镇遭受低温冰冻灾害,2 月 14 日制作出"石屏专题天气预报",对未来六天的天气形势进行分析(2 月 15—20 日)。并将专题预报传真到县委、政府、9 个乡镇及相关服务单位。利用企信通手机短信平台,给县委、县政府、全县 9 个乡镇党政领导及政府相关职能部门领导提供优质的气象信息服务。

③专业与专项气象服务

人工影响天气 1999 年,石屏冬、春、夏连旱,造成全县 11 个乡镇 110 个村委会遭受严重旱灾。石屏县委、县人民政府对于干旱特别重视,于 3 月下旬拨出专款并责成县气象局购置了人工增雨防雹作业车,火箭弹等,4 月成立人工增雨防雹指挥部,4 月 15 日开始了第一次人工增雨作业,缓解了旱情,使旱灾经济损失降到了最低限度。此后,石屏县气象局每年均加强软件设施管理,切实做好人工影响天气工作,做好人工影响天气安全生产管理,保证人工影响天气的顺利开展。截至 2008 年,共布设人工增雨防雹作业点 10 个。

防雷技术服务 1997 年 7 月 20 日,石屏县气象局根据石屏县机构编制委员会《关于成立石屏县防雷装置检测中心》的批复,成立石屏县防雷装置检测中心,10 月 20 日,石屏县编委批准,正式成立石屏县防雷中心,11 月 25 日,省技术监督局和省气象局组成专家组,对石屏县防雷中心进行审核,经评审,石屏县防雷中心通过省级计量认证,并发给证书和计量认证铜牌。2006 年 3 月,石屏县防雷装置检测中心更名为红河州石屏县防雷装置安全

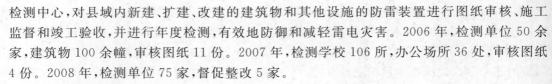

检测中心,对县域内新建、扩建、改建的建筑物和其他设施的防雷装置进行图纸审核、施工监督和竣工验收,并进行年度检测,有效地防御和减轻雷电灾害。2006年,检测单位50余家,建筑物100余幢,审核图纸11份。2007年,检测学校106所,办公场所36处,审核图纸4份。2008年,检测单位75家,督促整改5家。

④气象科技服务

2006年2月27日至11月,石屏县气象局参与云南省气象局《关于"云恢290优质稻气候适应性研究"》的课题研究,在石屏县试栽种了云恢290,县气象局派一名技术人员对其生长过程进行观测记录,提供第一手云恢290的气象资料。

气象法规建设与社会管理

法规建设 2003年,石屏县人民政府下发《石屏县雷电灾害防御管理办法》。2005年5月,完成了气象探测环境保护备案工作,2007年11月,再次对气象台站探测环境和设施保护报石屏县城建局备案。2008年5月22日,石屏县人民政府下发《石屏县重大气象灾害预警应急预案》。

气象法规宣传 石屏县气象局每年利用"3·23"世界气象日、6月安全生产宣传月和9月20日科普宣传日等活动,采取展出展板,发放宣传单等宣传活动,积极宣传《中华人民共和国气象法》、《防雷减灾管理办法》、《施放气球管理办法》、《防雷工程专业资质管理办法》、《防雷装置设计审核和竣工验收规定》、《人工影响天气管理条例》、《气象探测环境和设施保护办法》、《云南省气象条例》等气象法律法规。通过宣传进一步提高全民的气象法律法规知识,增强了气象防灾减灾意识。

社会管理 依法对气象探测环境进行保护,对全县的防雷减灾工作和施放气球工作进行管理。2008年11月,石屏县行政审批服务中心成立,石屏县气象局派一人进驻行政审批服务中心,依照气象部门行政审批事项的规定,对全县辖区内的防雷装置设计审核和竣工验收、施放无人驾驶和系留气球活动进行行政审批。

政务公开 2008年6月,石屏县气象局对气象行政审批办事程序、气象服务内容、服务承诺、限时办结制、气象行政执法依据、服务收费依据及标准、办公地点及电话、电子邮箱等,采取通过公开栏、石屏县政府信息公开网站等方式向社会公开。

党建与气象文化建设

1. 党建工作

党的组织建设 石屏县气象局建立之初,仅有党员1人。1970年有党员4人。1974年3月,成立石屏县气象站党支部,截至2008年底,有党员6人(其中在职职工1人,退休职工5人)。

石屏县气象局党支部被中共石屏县直属机关工作委员会评为1997年先进单位;被农牧局党总支评为1998年度先进党支部。

党风廉政建设 认真落实党风廉政建设目标责任书的各项内容。坚持把党风廉政文化建设工作列入领导班子重要议事日程,加强机关作风建设,学习"八荣八耻",认真贯彻执行党的路线、方针、政策和国家的法律法规。组织职工观看中纪委监察部制作的大型纪录片《推进政务公开,构建和谐社会》以及反腐倡廉教育片《内蒙古第一贪——肖占武受贿案警示录》。积极开展《读文思廉》和《读书思廉》活动。多次组织党员和职工学习省气象局党组纪检组《廉文荐读》和《石屏清风录》的文章。

2. 气象文化建设

文明单位创建　1996年,被石屏县人民政府评为1995年度粮食生产先进单位。2007年3月,被中共石屏县委、石屏县人民政府命名为第二批县级文明单位。

文体活动　县气象局积极组织职工参加州、县组织的各种文体活动,在办公园区设置了篮球架,以供职工在休息时间锻炼。

3. 荣誉

集体荣誉

授予单位	获奖名称	时间
云南省气象局	1988—1990年"双文明"建设先进集体	1991.4
云南省气象局	1996—1998年双文明建设先进集体	1999.5

台站建设

石屏县气象局地址设在石屏县城关镇(现异龙镇)北公园"郊外",地址一致沿用至今。建站时的办公用房为张正堂别墅(系没收后的公产),当时仅有房屋2幢。观测场为从农业社购买的土地,占地2.5亩。经过50年的不断建设,现拥有房屋5幢45间,占地面积725.16平方米。其中,工作用房20间,生活用房18间,其他用房7间。2000年,为改善职工住房条件,多方筹资30余万元在异龙镇小西山购置土地一块,用于建职工住宅,占地面积1080平方米,于2002年建成。2002年10月,在距离观测场26米处新建地面值班室和预报室,面积60平方米。

2002年3—7月,对办公环境进行改造,对办公楼进行维修。在园内修建水泥路,草坪,栽种树木,修筑鱼塘。2004年,县气象局办公楼"张正堂别墅"被列为县级保护文物。

石屏县气象局观测场(摄于1998年7月)

石屏县气象局新办公环境(2008年)

弥勒县气象局

弥勒县位于云南省的东南,红河州的北部,从有记载至今已有二千一百二十年的历史。全县共有 12 个乡镇,常住人口 53 万,集聚 23 种民族,以彝族居多,1953 年成立弥勒彝族自治县,1957 年成立红河哈尼族彝族自治州后撤销自治县。属季风气候带,全县雨量充沛,干湿季分明,光照充足,太阳辐射强,冬无严寒,夏无酷暑,年较差小,日较差大,立体气候突出,适宜各种动植物生长,是"红河"牌卷烟、红糖、"云南红"葡萄酒的原料及生产基地。

机构历史沿革

始建情况　云南省弥勒县气候站始建于 1958 年 6 月 1 日,位于县南城郊,1959 年 1 月 1 日开始记录。

站址迁移情况　因原站址四周受建筑物影响,观测场迁往南城郊拖白路松园,征用 4.15 亩、置换 4 亩共 8.15 亩,于 1981 年完工,1982 年 1 月 1 日 08 时正式开始记录,2003 年 5 月,完成两室一场改造,观测场整体抬高 20 厘米,测定测站位于北纬 24°24′,东经 103°27′,海拔高度 1416.7 米。

历史沿革　1959 年 1 月建立云南省弥勒县气候站。1964 年 3 月,改称弥勒县气象服务站;1971 年 3 月,更名为弥勒县气象站;1990 年 5 月 12 日,更名为弥勒县气象局。

管理体制　1958 年 3 月—1963 年 4 月,人、财、物统归当地党政领导。1963 年 4 月—1969 年,体制收归省气象局建制,业务由红河专区气象总站分管。1969 年—1970 年 7 月,人、财、物归当地党政领导,业务由上级气象部门领导。1970 年 7 月—1971 年 1 月,改为以当地革委会领导为主的管理体制,业务由红河专区气象总站分管。1971 年 1 月—1973 年,实行当地人民武装部、革命委员会双重领导,以人民武装部领导为主,建制仍属县革命委员会,业务由红河州气象台领导。1973 年—1981 年 1 月改属当地革命委员会建制,归口县农业局管理。1981 年 1 月,实行气象部门与地方政府双重领导,以气象部门领导为主的管理体制。

单位名称及主要负责人变更情况

单位名称	姓名	民族	职务	任职时间
云南省弥勒县气候站	黄海游	汉	局长	1959.01—1964.03
云南省弥勒县气象服务站				1964.03—1966.12
	李继禹	汉	副站长(主持工作)	1967.01—1971.03
				1971.03—1971.12
云南省弥勒县气象站	李仕荣	汉	站长	1972.01—1978.01
	黄　三	彝	站长	1978.01—1984.06
	李继禹	汉	副站长(主持工作)	1984.07—1990.05

续表

单位名称	姓名	民族	职务	任职时间
云南省弥勒县气象局	李继禹	汉	局长	1990.05—1991.06
	马树贤	汉	副局长（主持工作）	1991.06—1993.10
			局长	1993.11—1997.07
	邱林	汉	副局长（主持工作）	1997.07—2000.01
			局长	2000.01—2001.12
	孔令文	汉	副局长（主持工作）	2001.12—2004.02
			局长	2004.02—

人员状况　1958 年建站时只有 1 人，到 1959 年 1 月正式观测时有 3 人。2006 年 8 月定编为 7 人。截至 2008 年 12 月有在编职工 7 人，其中：大专学历 6 人，中专学历 1 人；中级职称 4 人，初级职称 3 人；40 岁以上 3 人，30～40 岁 2 人，30 岁以下 2 人；彝族 1 人，汉族6 人。

气象业务与服务

1. 气象业务

①地面气象观测

观测项目　云、能见度、天气现象、风向风速、干湿球温度、雨量、蒸发、日照、雨量计、水银气压表、地温（0 厘米、0 厘米最高、0 厘米最低、5、10、15、20 厘米），期间增加了温、湿、压自记等项目的微调。2008 年自动气象站单轨运行后，人工站只进行 20 时对比观测，不再编发种类气象报文，执行的观测项目，在原来的基础上减少了温、湿、压、雨量自记、地面最高、最低，增加了草温。

观测时次　1959 年，弥勒县气候观测站为 07、13、19 时定时观测，1960 年 1 月改为 3次观测，以地方时 07、13、19 时进行，1960 年 8 月改为 08、14、20 时北京时进行观测，夜间不守班。

发报种类　1959 年 1 月 1 日 08 时开始编发天气报，天气观测发报的时次是 07、13、19（地方时）时定时发天气加密报 3 次，1960 年 8 月起改为 08、14、20 时（北京时）；每旬、月开头第一天发气象旬月报；编发重要天气报。气象电报传递方式为市话传递，1995 年气象电报从甚高频传递，2002 年改为地面报由计算机从因特网传输，2005 年 12 月建成省、州、县专用宽带网，从此地面报通过宽带网传输，2008 年自动气象站单轨运行，定时人工发报，增加云、能、天项目，其他每隔 10 分钟数据自动上传。

航危报　1961 年 3 月弥勒气候站增加 OBSER OBSAV 航危报，04—16 时发报。1980年 4 月取消航危报。

②农业气象观测

1979 年开展大、小春作物 1～2 种基本物候生育期观测，并成立农气组。1984 年 1 月滇输一号试验，1985 年 1 月继续滇输一号、杂交水稻、啤酒大麦试验，1986 年停止滇输一号试验，增加杂交水稻、滇中优质粳稻气象适应性鉴定，1988 年停止基本作物物候生育观测，开展了水稻和玉米的总产、单产产量预报服务，小麦精选九号、春烟再生烟的气象适应性试验,云烟优质烟适应的气候生态研究试验。1989年以后,农业气象观测基本停止,主要根据上级农气业务指导、结合本地气候及作物种植情况进行农气服务。

③现代化观测系统

1989年天气图传真机、甚高频通讯装置投入业务使用。1992年建立了天气预报警报系统。1995年建立计算机远程工作站,实现与州气象台联网。1997年4月1日,全县开播电视动画天气预报。5月1日,开通了"121"天气预报自动答询系统。1998年8月711J型数字化天气雷达站建成。1999年5月,PC-VSAT小站建成。6月,建成气候资料咨询服务自动化系统。2002年8月,711J天气雷达完成数字化改造,引进北京伍豪121自动化答询系统进行升位为"12121",地面报从宽带网传输。2003年5月,完成地面监测自动化系统两室一场改造工作。2005年1月,引进北京伍豪WINXCG天气预报制作系统。9月,地面自动站完成安装试运行。10月,自动站及人工站通过宽带网发报。2006年7月,4个乡镇安装两要素区域自动雨量站。10月,弥勒电视台综合频道开播"天气资讯"。2007年5月,12个乡镇全部完成安装两要素区域自动雨量站,维持费用列入财政预算。8月建成县—州—省视频会商系统,12月建成观测场视频监控系统。2008年建成了手机短信平台,气象灾害监测预警防御指挥平台。

2. 气象服务

①公众气象服务

1960年后,开展短、中、长期天气预报和资料情报服务,并承担云南省农业气象测报站任务。1984年5月开始,历时一年编写了"弥勒县农业气候区划"。1995—2008年先后为企业生产提供气象资料达15万组,为弥勒县招商部门1000余亿元的引资项目无偿提供大量气象资料,为县政府和部门组办的各种大型活动提供气象保障。1997年5月1日,开通"121"天气预报自动答询系统,1998年10月20—21日,代表云南省参加在北京举办的全国第二届"华风杯"电视天气预报节目评比。1999年获云南省首届电视天气预报节目评比一等奖。2004年7月,在"中国·红河2004年民族文化旅游节暨弥勒葡萄节"期间,首次尝试将一天天气分4段作精细化预报获得成功,保证了"两节"圆满举行。

②决策气象服务

2003年5月,弥勒县气象局为政府及相关部门制作了第一期《天气周报》,截至2008年12月共制作293期,发出14064份。2004年,随着经济社会的发展,《天气周报》的内容与方式逐渐不能满足政府决策的要求,先后增加了《重要天气报》、《专题预报》、《气象分析报告》、《农业气象》、《雨情快报》、《雨情报告》、《气候影响评价》、《短期气候预测》等决策服务材料,共发出10000余份,推动了弥勒县经济社会的快速发展。

③专业与专项气象服务

人工影响天气　1993年开始人工增雨工作,最初只有1套JFJ-12型火箭发射装置,由1名气象部门技术员和2名武警战士参与作业,现在已配备了专用作业车,由气象部门专业人员操作。

1998年由政府投资建成了711J型数字化天气雷达站。2000年首次设置4个固定防雹作业点。西三镇人大代表团和政协代表团2007年分别在《关于在西三继续设置人工防雹作业点》的建议、提案中这样写到:"气象局设置的防雹点是冰雹的克星,是农村经济增长、粮食增收的坚强卫士。"2008 年增雨防雹设备已发展到各型火箭发射装置 15 套、中继台 2 个、通讯设备 14 套、相对固定的作业点 10 个、作业民兵 30 名,建成现代化的作业指挥平台。政府从 2007 年开始,将每年 10 万元的人工影响天气经费列入财政预算,不足部分由政府与县烟草公司协调,经费从 2000 年的 20 万元增至 2008 年的 60 余万元。

防雷技术服务 1993 年成立了弥勒县避雷装置安全检测站(后更名为红河州弥勒县防雷装置安全检测中心),负责检测的职工克服人少事多的困难,一人身兼数职,长年奋斗在防雷检测服务工作的第一线。

科学管理与气象文化建设

1. 科学管理

社会管理 1993 年,经县人民政府批准,成立了弥勒县人工增雨防雹指挥部,办公室设在气象局。2005 年,经县人民政府批准,成立了弥勒县防雷减灾领导小组,办公室设在气象局。2008 年,经县人民政府审核同意,气象局以县人民政府名义实施的行政审批项目有防雷装置设计审核和竣工验收、施放无人驾驶和系留气球活动的审批。

政务公开 弥勒县气象局建立了重大决策听证制度、重要事项公示制度、重点工作通报制度和信息查询制度的阳光政府四项制度。公众可在云南省阳光政府网上对可公开事项进行查询,还可拨打由监察部门全程录音、问责的"96128"免费查询电话,加强了政务公开的力度,更广泛地接受人民群众监督,为气象事业发展科学决策、民主决策、依法决策提供了坚实的基础。

2. 党建工作

党的组织建设 1983 年与农业局会计辅导站合组党支部,1986 年与县兽医站合组党支部,1993 年经县机关工委批准成立了弥勒县气象局党支部,成立之初有党员 3 人,截至2008 年底共有党员 10 人。

党风廉政建设 2006 年,弥勒县气象局党支部印发了《关于落实〈建立健全教育、制度、监督并重的惩治和预防腐败体系实施纲要〉的具体办法》通知,初步形成了比较完善的反腐倡廉领导体制和工作机制;比较健全的反腐倡廉规章制度体系和约束机制;比较有效的反腐倡廉多主体监督体系和权力运行机制;比较健全的反腐倡廉责任、检查和考核机制。2008 年成立了由局长、副局长和纪检监察员组成的三人议事决策小组,形成比较有效地反腐倡廉教育格局和工作机制。

3. 气象文化建设

弥勒县气象局注重基层党组织建设,狠抓台站综合改善,投资了 147 万元新建了气象灾害预警业务大楼,绿化、美化了居住和办公环境,建设了文化、体育、卫生、娱乐设施,福利逐步提高。广泛开展争先创优活动,调动职工争先创优的积极性,连续四届被授予省级"文明单位"荣誉称号,先进事迹不断在《中国气象报》等报刊、电视上报道。在与竹园镇者甸村委会结对扶贫期间,以科技为支撑,注重解放村民思想,开拓村民视野,经过多年努力,2007年该村正式宣布脱贫,村小学也在弥勒县气象局的扶持下成为县级文明单位。

弥勒县气象局建立了学习型部门的机制,注重提升职工素质,职工先后在省州级刊物上发表论文10余篇,完成州县级科研项目8项,新闻媒体上稿100余篇,单位和职工不断得到上级部门的表彰。

4. 荣誉

集体荣誉 1986—2008年,弥勒县气象局共荣获集体奖项75项。1996年12月被中国气象局授予"全国气象系统双文明建设先进集体称号"。1999—2008年,连续四届被省委、省政府授予省级"文明单位"。1991—2008年,4次获云南省气象局授予的"精神文明建设先进集体"。2000年3月,《弥勒县人工增雨减灾技术应用》被省政府授予"99年度云南省星火奖三等奖"。1998年度和2000年度分别获州政府科技进步三等奖。多次被州气象局、县委、政府授予各类奖项。

个人荣誉 1996年1人获中国气象局"优秀质量测报员"表彰。1985—2008年先后有4人次获云南省气象局的表彰,4人次获弥勒县政府表彰。

台站建设

1982年弥勒县气象局搬迁至南城郊拖白路松园,1996自筹资金,对职工住房、办公楼、水、电路、围墙等设施进行统一规划,先后改造职工住宅面积达600平方米,办公用房550平方米,其他用房200多平方米,总建筑面积达1350平方米,建成各项设施配套、环境优美,具有苏州式园林格局的花园式气象局。1998年,在县城二环南路与吉山南路交叉口西南方征地2.61亩,1999年10月,单元式综合楼落成,建筑面积1410平方米,其中办公面积386平方米,余为职工宿舍,除地面观测外,其余业务全部迁入新址办公。2006年8月,投入147万元,在单元式综合楼前面建弥勒县气象灾害预警中心业务楼竣工,共1300平方米,10月迁入,办公与宿舍分离。

弥勒县气象局旧貌(1982年)

弥勒气象局新业务楼(2006年)

泸西县气象局

泸西县地处低纬高原,热量的垂直分布差异明显,属北亚热带季风气候区。

机构历史沿革

始建情况 1957年10月7日,成立云南省泸西气象站,位于泸西县中枢镇西郊。自建站开始,属国家基本气象站,观测场位于东经103°46′,北纬24°32′,海拔高度1704.3米。

站址迁移情况 2009年1月,除地面气象观测及雷达外的一切行政业务迁至县城新环城南路(南桥寺附近)新办公楼办公,新、老站址相距1千米左右。

历史沿革 1957年10月,称为云南省泸西气象站。1960年6月,更名为云南省泸西气象服务站。1964年2月,变更为云南省泸西县气象服务站。1968年10月,称为泸西县气象站革命领导小组。1972年4月,更名为云南省泸西县气象站。1991年3月,改称云南省泸西县气象局。

管理体制 1957年10月,云南省泸西县气象站隶属云南省气象局建制和领导。1958年3月,泸西县气象服务站隶属泸西县人民委员会建制和领导,红河州气象中心站负责业务管理。1963年4月,泸西县气象站体制收归省气象局(1966年3月改为云南省农业厅气象局)建制,红河州气象总站负责管理。1970年7月—1970年12月,泸西县气象服务站隶属泸西县革命委员会建制和领导红河州气象总站负责业务管理。1971年1月,实行泸西县人民武装部领导,建制仍属泸西县革委,红河州气象台负责业务管理。1973年10月—1980年12月,泸西县气象站建制属泸西县革命委员会,红河州气象台负责业务管理。1981年1月起,实行红河州气象局与泸西县人民政府双重领导,以红河州气象局领导为主的管理体制。

单位名称及主要负责人变更情况

单位名称	姓名	民族	职务	任职时间
云南省泸西气象站	罗志安	汉	站长	1957.10—1958.09
	李 恽	汉	负责人	1958.09—1960.01
			副站长(主持工作)	1960.02—1960.06
				1960.06—1961.12
云南省泸西气象服务站	王木贵	汉	站长	1961.12—1964.01
	代成礼	汉	站长	1964.01—1964.02
云南省泸西县气象服务站				1964.02—1968.10
泸西县气象站革命领导小组				1968.10—1972.04
云南省泸西县气象站				1972.04—1984.07
	张自宽	汉	站长	1984.07—1991.03
			局长	1991.03—1992.09
	左登洲	汉	局长	1992.09—1993.09
云南省泸西县气象局	曾国友	汉	副局长(主持工作)	1993.09—1996.03
			局长	1996.03—2006.07
	张荣华	汉	局长	2006.07—

人员状况 1957年10月建站时,有职工5人,1997年办理的事业单位法人登记证定编为13人,2001年机构改革后定编11人。截至2008年底实有在职在编职工10人,其中:大学本科学历3人,大专学历5,中专学历2人;工程师8人,助理工程师2人;40～49岁4

人,40 岁以下 6 人;女职工 4 人;彝族 1 人,壮族 1 人。

气象业务与服务

1. 气象业务

①地面气象观测

观测项目 1957 年 11 月 1 日开始观测时,观测项目为:云、能见度、天气现象、风向风速、气压(水银气压表)、气压计、空气的温度和湿度、最高气温、最低气温、温度计、湿度计、降水量(2 米;70 厘米)、日照、蒸发(小型)、地面温度、地面最高温度、地面最低温度。1959 年 5 月 1—31 日增加浅层地温(5、15 厘米),后中断,6 月 1 日增加浅层地温(10、20 厘米)。1960 年 1 月 1 日恢复浅层地温(5、15 厘米)至今。1969 年 8 月 22 日,取消维尔达测风器,增加电接风向风速计。1979 年 4 月起增加气压、气温、湿度、电接风向风速自记纸的记录整理。1997 年 10 月,安装大型蒸发(E601B),1998 年 1 月 1 日正式观测。2002 年 1 月 1 日起停止观测小型蒸发。2002 年 8 月底,"两室一场"改造,对观测场进行了标准化建设,同年底建成 ZQZ-CⅡ型自动气象站,2003 年 1 月 1 日投入试运行,至 2004 年 12 月 31 日为自动气象站和人工观测站对比观测,其中,2003 年人工观测为主,自动观测为辅,2004 年自动观测为主,人工观测为辅。自动气象站自动采集项目有:气压、气温、湿度、风向风速、降水、0～40 厘米浅层地温、80～320 厘米深层地温。其余项目为人工观测录入。2005 年 1 月 1 日自动站单轨运行。人工站仍保留,于每天 20 时进行对比观测。

观测时次 泸西县气象局建站时为云南省泸西气象站,1957 年 11 月 1 日有记录资料,12 月 1 日开始每天 8 次气象观测和发报。1957 年 11 月 1 日到 1959 年 12 月 31 日,每天 4 次观测记录按照地方时 01、07、13、19 时进行。1960 年 1 月 1 日定时观测改为每天 3 次,在地方时 07、13、19 时进行。1960 年 8 月 1 日起,定时气候观测时间改为北京时 02、08、14、20 时进行。天气观测发报的时次为 02、05、08、11、14、17、20 时共 7 次(23 时只观测不发报)。2007 年 1 月 1 日增加 23 时发报。天气观测发报的时次为 02、05、08、11、14、17、20、23 时共 8 次。

气象报表制作 泸西县气象局编制的报表有气象月报表(气表-1)、年报表(气表-21)和异常年报表。月报表 1957 年 11 月开始用手工抄写方式制作,1988 年 1 月开始使用 PC-1500 袖珍计算机制作,2000 年 8 月完全实现微机制作报表。年报表 1958 年开始用手工抄写方式制作,2001 年实现机制报表,同年开始制作异常年报表,也为手工抄写编制,2004 年实现了微机制作异常年报表。

气象报文传输 从建站开始,各类报文报表采用手工编制,通过县邮电局报房专线电话转发。2002 年天气报通过 X.25 分组交换网进行网络传输,电话线拨号,速度较慢,航空报仍通过县邮电局报房专线电话转发。2004 年 1 月开始航空报不再经报房中转,采用程控电话直拨,语音发报至今。自 2005 年 1 月 1 日起,天气报正式通过气象内部宽带网,光纤传输,大大提高了传输速度。2003 年 1 月 1 日自动气象站建成运行,实现分钟数据采集,小时数据上传和加密观测。

航危报 1957 年 12 月 12 日始发,24 小时固定航危报,24 小时预约航危报,历史用户分别为:OBSAV 西山昆明、巫家坝昆明、广州、沾益、南宁、北京、陆良、呈贡、砚山、文山、麻栗坡、现随、蒙自、个旧、广西田阳;OBSMH 昆明、长沙、北京;OBSDS 昆明,OBSPK 北京。

最多时,同时供 8 家用户。2006 年 1 月 1 日改为发 6—18 时固定航空报(OBSAV 昆明)。

重要天气报 1984 年 1 月 1 日起向云南省气象台拍发。

现代化观测系统 1984 年 4 月,安装甚高频、天气图传真机,用于天气会商及资料接收。1991 年 7 月开始启用气象警报接收机综合服务广播系统。1999 年 7 月安装 PC-VSAT 小站接收系统并完成调试,投入使用。2000 年 6 月引进佳视通 WIN-2100 气象预报数字视频编播工作站系统,开始在电视台播放动画天气预报。2003 年 3 月,安装 711 型数字天气雷达,主要用于人工影响天气作业指挥。2004 年 12 月建成气象内部宽带网。2006 年 4 月安装闪电定位仪,5 月在白水、三塘、午街三个乡镇安装了 3 套两要素(温度、雨量)区域自动气象站。2007 年 5 月完成视频会商系统的安装调试并投入使用,7 月完成 5 个乡镇的两要素(温度、雨量)区域自动气象站安装,使自动气象站覆盖了全县各乡镇。2008 年 6 月开通手机短信服务平台。

2. 气象服务

①公众气象服务

1958 年 5 月正式开展单站补充预报,通过广播站进行广播,10 月起每月制作发布两期"气象小报"。1959 年增加未来 2~3 天补充预报及发布,利用街头黑板报进行宣传。1991 年 7 月开始启用气象警报接收机综合服务广播系统对外发布天气预报。2000 年 6 月引进佳视通 WIN-2100 气象预报数字视频编播工作站系统,开始动画天气预报服务。2003 年 5 月开通"121"气象信息自动答询系统。2008 年 6 月开通手机短信服务。

②决策气象服务

1959 年 9 月向昆明民航站提供了 06、11 时 2 次定时航线雷雨补充预报。1960 年开始进行中长期补充预报。1982 年完成"泸西县农业资源调查和区划"。1987 年制作发布了第一期专题预报服务材料。2001 年在全州开创性地制作发布《泸西气象周报》。2004 开始,先后增加发布了《重要天气预报》、《转折天气预报》、《气象信息》、《气候影响评价》和各节假日、重要会议、重大活动专题服务材料,农事关键期专题服务材料,森林防火专题服务材料等,并逐年增加服务次数。

③专业与专项气象服务

人工影响天气 泸西县早在 1974 年就开始尝试人工造雾、防霜等人工影响天气工作。1978 年,在县委县政府的领导下,解放军派出一个连给予帮助,开展了人工增雨工作,使用"三七"高炮实施作业。由于安全措施不够完善,1979 年后就没再开展。1993 年开展人工防雹工作,组建了人工降雨防雹机构。2001 年 6 月,在全县大规模开展人工增雨、防雹工作,主要保护烤烟生产。设立中继台 1 个,建成了遍布各乡镇包括指挥中心在内共 11 个流动作业点的人工影响局部天气作业网,为防雹减灾打下了坚实的基础。2003 年 3 月,安装 711 型数字天气雷达 1 部,主要用于人工影响天气作业指挥。2004 年,指挥中心新增两辆作业车。2006 年至今为 12 个作业点。2008—2009 年,先后更换了 8 个乡镇 9 辆防雹作业车和 9 台火箭发射架。

防雷技术服务 泸西县气象局 1991 年开始在全县范围内开展防雷装置安全检测工作。1994 年泸西县人民政府批准成立了泸西县避雷装置安全检测站,1997 年更名为泸西县防雷中心。1997 年 11 月 28 日泸西县防雷中心通过云南省质量技术监督局的计量认证。

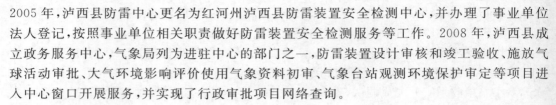

2005年,泸西县防雷中心更名为红河州泸西县防雷装置安全检测中心,并办理了事业单位法人登记,按照事业单位相关职责做好防雷装置安全检测服务等工作。2008年,泸西县成立政务服务中心,气象局列为进驻中心的部门之一,防雷装置设计审核和竣工验收、施放气球活动审批、大气环境影响评价使用气象资料初审、气象台站观测环境保护审定等项目进入中心窗口开展服务,并实现了行政审批项目网络查询。

④气象科普宣传

泸西县气象局每年都利用"3·23"世界气象日开展气象科技宣传活动,并从1999年开始利用电视天气预报专版向群众宣传世界气象日主题。自2002年开始,每年参加县科协牵头组织的科普宣传活动,以宣传展板、电脑幻灯图展及发放宣传材料为主要形式。

科学管理与气象文化建设

1. 科学管理

法规建设 泸西县气象局注重抓好对《中华人民共和国气象法》、《防雷减灾管理办法》、《人工影响天气管理条例》等法律法规和规章的宣传工作。同时积极组织人员进行了气象执法培训,四名执法人员获得气象行政执法证。2005年4月和2007年12月分别向县建设局进行了探测环境保护备案。

政务公开 2008年,泸西县政府信息公开门户网站开通,泸西县气象局被列为公开信息部门,开始了网络信息公开工作。2008年,泸西县政务服务中心建立,泸西县气象局进驻县政务服务中心设立气象行政审批服务窗口,接受政务中心窗口监督。

2. 党建工作

党的组织建设 1988年组织关系在农业局机关党支部。1990年7月由农业局机关支部转入县人民政府农办党支部,后因政府机构变更,组织关系转入县人民政府扶贫办党支部。2008年2月,经县直机关工委批准,正式成立泸西县气象局党支部,有党员4人。

党风廉政建设 结合实际,认真落实《中共红河州气象局党组贯彻落实〈建立健全惩治和预防腐败体系2008—2012年工作规划〉任务分工方案》,认真贯彻责任制,加强领导,切实履行"一岗双责",重视支持纪检监察审计工作,2008年9月配备一名副科级兼职纪检监察员,并成立由局长、副局长、纪检监察员组成的三人议事决策小组,形成比较有效的反腐倡廉监督体系和工作机制。

3. 气象文化建设

精神文明建设 泸西县气象局安排职工参加高层次教育,读党校、进专业学院深造等,积极参加业务知识培训,开展丰富多彩的文体活动。同时努力改善职工办公、生活条件,深入持久地开展文明创建工作。积极参与社会公益事业,先后两次为泸西泸源高中建设捐资;为"5·12"汶川地震捐资;积极做好挂钩扶贫工作;出资支持泸西畜牧业发展。

创建文明单位 2003年2月被县委、县政府正式授予县级文明单位称号,并不断巩固文明成果,2007年文明单位实行任期制后,保持县级文明单位。

4. 荣誉

集体荣誉 1965—2008年,泸西县气象局共获集体荣誉32项。1990年被云南省气象局评为1988—1989年度气象技术装备五好仪器单位。2008年被云南省气象局评为全省"抗击低温雨雪冰冻灾害气象服务先进集体"。2009年被云南省气象局评为2008年度重大气象服务先进集体。

个人荣誉 1966—2008年,泸西县气象局个人获奖56人次。其中,2人因连续250班无错,被中国气象局评为质量优秀测报员。

台站建设

2002年多方筹集资金10万元进行了台站综合改善。拆除旧房、危房17间,装修粉刷了办公楼,新建标准篮球场1个,对单位环境进行了绿化美化,大大改善了职工生活、工作及文体活动条件。同时,对观测场进行了"两室一场"标准化改造,建成了ZQZ-CⅡ型地面自动气象站,2003年1月1日投入试运行。

1990—1991年,建设了185.59平方米的工作楼和220.68平方米的职工宿舍楼。2001年6套职工住房投入使用。2004年,在新址建业务办公楼,于2005年11月竣工。现泸西县气象局站址为两处,老站占地面积3837.65平方米,新址占地面积1242.24平方米,新址院内花坛进行了装饰绿化,使泸西气象职工步入了花园式庭院。

泸西县气象站旧貌(1984年)

2007年泸西县气象观测场全景　　　　2004年建成的泸西县气象局业务办公楼

屏边苗族自治县气象局

屏边县地处云南省南部,红河州东南部,全县国土面积 1906 平方千米,辖 6 乡 1 镇,居住着苗,汉、彝、壮、瑶等 17 个民族,是云南省唯一的苗族自治县。屏边县立体气候明显,境内最高海拔 2590 米,最低海拔 154 米,年均气温 16.5℃,年均降雨量 1650 毫米。

机构历史沿革

始建情况 屏边县气象站始建于 1954 年 1 月 1 日,1957 年 3 月 1 日因特种林场搬迁而撤销。

站址迁移情况 1958 年下半年重新筹建屏边气象站,1959 年 1 月从屏边一中旁(现在的农科所处)迁入屏边县人民委员会大院中,开始观测有记录。1962 年 1 月 1 日屏边气象站又迁回屏边一中大门外(现在的农科所处),站址名为屏边县玉屏区建设公社,观测场位于北纬 22°55′,东经 103°40′,海拔高度 1320.0 米(约测);1964 年 2 月观测场坐标重新测量为北纬 22°59′,东经 103°41′,海拔高度 1350.8 米;1981 年 1 月气象站搬至屏边县玉屏公社建设大队三角寨背后半坡(现在的玉屏镇阿季伍办事处"郊外"),原经纬度不变,海拔高度变为 1414.1 米。

历史沿革 1954 年 1 月,成立屏边气候站。1959 年 1 月,重新筹建后更名为屏边县气候站。1960 年 2 月,改称云南省河口县屏边气候服务站。1962 年 4 月,改称屏边苗族自治县气候服务站。1964 年 7 月,改称屏边苗族自治县气象服务站。1971 年 2 月,改称屏边苗族自治县气象站。1984 年 7 月,改称云南省屏边苗族自治县气象站。1990 年 5 月,改称云南省屏边苗族自治县气象局。

管理体制 1954 年 1 月—1957 年 3 月,屏边县气候站建制隶属屏边特种林场。1958 年下半年至 1959 年 2 月,屏边县气候站隶属屏边县人民委员会建制和领导,红河州气象中心站负责业务管理。1959 年 3 月—1962 年 3 月,河口县屏边气象站隶属河口县人民委员会建制和领导,归河口县农林科管理,红河州气象中心站负责业务管理。1962 年 4 月—1963 年 3 月,屏边县气象服务站改属屏边县人民委员会建制和领导,红河州气象中心站负责业务管理。1963 年 4 月—1970 年 6 月,云南省屏边县气象服务站收归省气象局(1966 年 3 月改为云南省农业厅气象局)建制,红河州气象总站负责管理。1970 年 7 月—1970 年 12 月,屏边县气象服务站改属屏边县革命委员会建制和领导,红河州气象总站负责业务管理。1971 年 1 月—1973 年 9 月,屏边县气象站实行屏边县人民武装部领导,建制仍属屏边县革命委员会。1973 年 10 月—1980 年 12 月,屏边县气象站改属屏边革命委员会建制和领导。1981 年 1 月起,实行红河州气象局与屏边县人民政府双重领导,以红河州气象局领导为主的管理体制。

单位名称及主要负责人变更情况

单位名称	姓名	民族	职务	任职时间
屏边气候站	张 恒	汉	站长	1954.01—1957.03
撤销				1957.03—1958.12
屏边县气候站	詹隆阶	汉	负责人	1959.01—1960.02
云南省河口县屏边气候服务站	宋振赓	汉	站长	1960.02—1962.04
屏边苗族自治县气候服务站	李 鑫	土家	站长	1962.04—1964.07
屏边苗族自治县气象服务站				1964.07—1971.02
屏边苗族自治县气象站	李福友	彝	站长	1971.02—1984.07
云南省屏边苗族自治县气象站	黄炜元	汉	副站长(主持工作)	1984.07—1987.09
			站长	1987.09—1990.05
			局长	1990.05—1993.11
云南省屏边苗族自治县气象局	郑春敏	汉	副局长(主持工作)	1993.11—1995.12
	唐青春	汉	副局长(主持工作)	1995.12—2000.01
	郭填绥	汉	副局长(主持工作)	2000.01—2001.12
			局长	2001.12—

人员状况 建站之初有 6 人。截至 2008 年编制数为 11 人,实有在职职工 10 人,其中:工程师 2 人,助理工程师 7 人,技术员 1 人;大专学历 5 人,中专学历 4 人,高中 1 人;最大年龄 45 岁,最小年龄 30 岁。

气象业务与服务

1. 气象观测

①地面气象观测

观测项目 1954 年建站时观测项目为温度、湿度、气压、蒸发、风向风速、云状、云量、雨量、能见度、天气现象,后因特种林场的搬迁而中断工作。1959 年重新恢复气象观测,观测的项目有温度、湿度、气压、蒸发、风向风速、云状、云量、降水、能见度、天气现象。1960 年 1 月 1 日增加了地面温度的观测。1961 年 1 月 1 日又增加了浅层地温(5~40 厘米)和日照时数的观测。1965 年 1 月 1 日新增了雨量自记项目。1979 年 4 月起增加气压、气温、湿度、电接风向风速自记纸的记录整理。1997 年 10 月增加了大型蒸发观测项目。2002 年 1 月 1 日起停止观测小型蒸发。

观测时次 1954 年 1 月 1 日—1959 年 12 月 31 日,每天进行 01、07、13、19 时(地方时)4 次观测记录。1960 年 1 月 1 日全国气候站定时气候观测改为每天 3 次,在当地地方时 07、13、19 时进行。1960 年 8 月 1 日起每天定时气候观测时间改为 02、08、14、20 时(北京时)进行。1979 年 4 月 1 日开始每天进行 02、08、14、20 时 4 次定时绘图天气报观测和 05、11、17 时 3 次辅助天气报观测。

气象报表制作 1954 年 1 月开始制作气表-1、气表-3、气表-4,每月编制 4 份;气表-21、气表-23、气表-24 每年编制 2 份。1954 年 6 月起增加气表-8(冻结现象记录用报表),每月编制 4 份。1957 年冬天起不再对冻结观测进行专门观测,停止报抄旧气表-8。1959 年 1

月起,各种报表一律编制 4 份。1980 年 1 月起气表-1、气表 5、气表 6 合并为气表-1,连同气表-21 每月编制 4 份。2000 年后年报手做 1 份,月报手抄到 7 月份,8 月份以后开始计算机制作报表。2004 年以后,月(年)报表均以计算机为主,人工辅助的方式制作。

自动气象站观测 2002 年底建成自动气象站,2003 年 1 月开始自动遥测站的对比观测,观测项目有气压、气温、湿度、风向风速、降水、0~40 厘米浅层地温、80~320 厘米深层地温。

区域自动气象站 2007 年底,屏边气象局在气象灾害脆弱区、重大气象灾害频发区、森林以及旅游景点区新建了 8 个两要素自动气象站、1 个多要素自动站,均为自动无线接收,24 小时自动监测,每小时传输一次数据,通过高密度的气象监测网,可以随时了解各乡镇、灾区的雨情和气象要素变化。

②发报种类

天气报 1969 年 6 月 1 日增发 08 时天气报。1979 年 4 月 1 日由小图天气报改为向成都发绘图报、补助绘图报。现在有 02、08、14、20 时 4 次基本天气报和 05、11、17、23 时 4 次补充天气报。

航危报 1959 年 9 月开始有航报任务;1960 年 9 月 05—13 时航危报;1980 年 4 月 10 日调整为 00—24 时固定航危报;2000 年 1 月 1 日改为 OBSAV 昆明 06—18 时白天固定报;2004 年 1 月 1 日取消了航危报,改为预约航报站;2005 年 1 月 1 日变为成都空军预约航报站。

重要天气报 1984 年 1 月 1 日增加拍发重要天气报告电码。发报项目有:大风、冰雹。2008 年重要天气报发报增加了雷暴和视程障碍现象等内容。

旬(月)报 1955 年 6 月 11 日增发气候旬报;1956 年 6 月 1 日气候旬(月)报直接发至昆明及中央台;1958 年 10 月 16 日开始,气候旬(月)报、农业气象报向成都发送;1979 年 4 月增加气象旬、月报的观测和发报任务;1985 年增发气象旬、月报农业段;现在是每逢旬(月)末均需拍发气象旬(月)报。

2. 气象信息网络

1979 年 4 月开始编发气象资料,1984 年 1 月开始编发重要天气报。1986 年以前采用的是手工查算编报的操作模式,1986 年开始使用 PC-1500 袖珍计算机编报,并且通过支线至邮电局,通过邮电部门的电话专线人工传出报文;1999 年购置了计算机,次年 2 月接入Internet 网络和 X.25 分组数据交换网,实现了文件、观测数据的网络传输;2003 年 12 月开通光纤网络,实现了观测数据的自动网络传输;2005 年 7 月建成州县计算机网络(FTP);2008 年 7 月建成了州县可视化会商系统。

3. 天气预报预测

屏边县气象站天气预报工作始于 1958 年,当时由于资料短,经验少,方法简单,主要由观测人员轮流兼做短、中、长期天气预报和情报、气候资料整理。通过十多年的摸索,1976 年发展到固定专职人员制作天气预报,成立了预报组,运用数理统计和概率统计制作各种天气预报工具,数值预报成果与单站资料结合制作预报,把县站天气预报工作向前推进一步。1984 年以来,先后配备了 CI-80 型传真机、6594 甚高频通信设备,接收各种数值预报分析图和高空天气形势分析图及天气预报图。1999 年建成了 PC-VSAT 气象卫星接收站，购置了计算机，开始接收国家气象中心综合气象信息，内容有欧亚大陆各台站资料、卫星云图、多普勒雷达拼图、国内外预报产品等资料。

20 世纪 80 年代主要为地方政府和相关部门提供中、短期预报和专题预报。20 世纪 90 年代后随着预报工具的更新，预报产品逐渐增多，服务面也随着开阔起来。而今预报组充分利用州、县两级天气预报可视会商系统和现有的现代化仪器设备，不断提高天气预报准确率，逐渐丰富气象服务产品。

4. 气象服务

①公众气象服务

至 2008 年，每日通过电视、网络、电子显示屏、手机等媒介，发布天气预报、森林火险等级预报、气象灾害预警预报等服务内容。

②决策气象服务

至 2008 年，屏边县气象局通过电话、传真、手机短信等渠道为政府及相关部门提供未来 24 小时天气预报、周报、月气候影响评价、年预报以及农业生产关键期预报和临近重要天气信息预报，提出指导农业生产的建议、措施和对策。

③专业与专项气象服务

人工影响天气服务　2003 年 4 月，屏边县气象局开始人工影响天气服务工作。截至 2008 年共有 3 个标准化固定工作点，2 个流动火箭作业点。

防雷技术服务　1997 年，屏边县气象局成立了屏边县防雷装置安全检测中心，对全县建（构）筑物、易燃易爆仓库、加油站等防雷设施进行检测、验收和图纸设计审定。成立至今，屏边县气象局不断强化对全县避雷设施的管理，有效地避免和减轻了雷电造成的损失。

5. 科学技术

气象科普宣传　每年利用"3·23"世界气象日、党风廉政宣教月、爱国卫生月、安全生产月以及地方组织的科技活动周、科普宣传日等活动契机，通过发放影视资料、科普图片、主题标语、文字宣传单的方式，着重对《中华人民共和国气象法》《防雷减灾管理办法》《人工影响天气管理办法》《气象资料共享管理办法》《气象预报发布与刊播管理办法》《气象探测环境和设施保护办法》《防雷装置设计审核和竣工验收规定》《气象行政许可实施办法》等 22 个相关法规以及气象科普小知识进行宣传。

气象科研　1984 年参与了《屏边县农业气候资源调查和农业气候规划》研究课题（属全国自然科学发展规划的重要研究课题之一），并与屏边县农业区划办公室合作编写出版了《屏边县农业气候区划》，1986 年配合县农业区划办收集整理出版了《云南省农业资源调查和农业区划成果资料》之《屏边县综合农业区划》一书。

气象法规建设与社会管理

法规建设　屏边县气象局严格遵照上级颁布、制定的各种相关气象法律法规开展工作。气象局参与了县委普法办组织实施的"三五普法"、"四五普法"、"五五普法"等一系列活动，借活动契机，将气象系统各有关法规穿插、渗透其中，增强了职工的法律意识，丰富了职工的法律知识。同时根据不同岗位业务要求,及时参加相关培训,并取得了相应的有效证件,在职职工中:有气象行政执法资格的4人,雷电工程施工、设计资格的2人,防雷检测资格的5人,人工影响天气作业资格的4人。

制度建设 20世纪80年代以来,屏边县气象局先后建立《屏边县气象局岗位考核办法(试行)》、《屏边县气象局财务管理制度》、《屏边县气象局测报业务规章制度》、《屏边县气象局天气预报服务流程及值班制度》、《屏边县气象局党建工作(党风廉政)相关制度汇编》、《屏边县气象局局务公开考核办法》、《屏边县气象局环境卫生管理制度》等。

社会管理 1997年地方政府批准成立了屏边县防雷中心(后更名为红河州屏边县避雷装置安全检测中心),对屏边县境内新建建筑物、学校、加油站、仓库、重点行业等构筑物开展防雷图纸审核、工程跟踪服务和检测验收工作;2003年报经县政府同意,设立了屏边县人工影响天气指挥中心,负责组织实施屏边县的人工影响天气作业工作;2007年11月根据中国气象局和国家建设部联合下发的《关于加强气象探测环境保护的通知》要求,屏边气象局在2005年5月已备案过的基础上,再次将气象探测环境保护有关技术规定材料报县建设局备案;同时根据部门要求,依据气象行政执法权限组织开展行政许可,行政处罚及备案工作。

政务公开 2001年以来,采取固定公开栏与会议公开相结合、定期公开和不定期公开相结合的方式,按照制定的局务公开制度,加大局务公开的力度。自2003年以来,充分利用局务公开将职称评定、评先选优、干部提拔任用等重大事项进行公示。定期召开全体职工大会,讨论审议年度工作报告、事业发展规划、财务管理等事关全局的重大决策;不定期召开"三人小组"决策会议,讨论解决财务、廉政、纪检、信访事宜。

党建与气象文化建设

1.党建工作

党的组织建设 2004年以前气象局的党员划归县扶贫办党支部管理。2004年5月经屏边县直属机关工作委员会批准,成立了屏边县气象局党支部,有党员5人。截至2008年12月,有党员4人。

自党支部成立至今,气象局严格按照《党建工作制度》开展支部工作,先后有2名同志获得"优秀共产党员"称号,局支部在2006年被屏边县直属机关委员会评为"优秀党支部"。

党风廉政建设 每年除了完成与红河州气象局签定的《目标责任书》外,屏边气象局还根据单位人员较少的情况,结合党支部工作,联系当年地方党委组织开展的政治学习活动,制定实施包括会议、学习、宣传教育、汇报联系、纪检监察、信访、干部谈话、作风建设等10余项制度为内容的《屏边县气象局党风廉政建设工作制度》。近年来均未发生违法乱纪、刑事案件。

2.气象文化建设

精神文明建设 屏边县气象局十分重视精神文明建设工作,坚持把文明工作摆到重要位置。成立了以党支部书记,班子成员和局相关科室负责同志组成的精神文明工作领导小组,提出长期创建规划,研究活动载体,明确提出了精神文明建设的指导思想、奋斗目标、工作重点和方法措施,把精神文明工作列入目标考核责任制度里,坚持与气象局中心工作同布置,同实施,同落实,同考核,确保精神文明工作落到实处。

在此基础上,进一步制定年度文明创建计划和实施细则,明确创建目标和内容。出台了"三讲一树一提高"集中活动实施方案、道德规范进万家活动的实施方案、创建文明气象系统的实施意见、屏边县气象局评选文明股(科)室办法、屏边县气象局文明单位创建奖惩措施等相关文件、规定,确保创建活动长期规范化、制度化。

文明单位创建 1998年2月,被屏边县委、县政府授予"县级文明单位"称号;2003年6月被州委、州政府命名为"州级文明单位";2004年2月州气象局表彰为"2003年度精神文明建设先进单位";2006年3月被云南省气象局表彰为"'十五'期间全省气象部门精神文明先进集体";同年7月再次被州委、州政府命名为"文明单位";2007年3月又被州气象局表彰为"2006年度精神文明建设先进集体";2007年4月被云南省委、省政府命名为"文明单位"。

文体活动 利用三八节、世界气象日、五一节、中秋节等节假日组织职工开展篮球、羽毛球、扑克、象棋、服饰展演、聚餐等公共活动,并先后组织职工到越南,我国西北地区、玉溪、大理、丽江和州内其他县(市)气象局参观、学习和考察。结合台站文化阵地建设要求,投入专项经费,制作了固定宣传栏,购置了石桌石凳、乒乓球桌、台球桌,设置了职工活动室,组建了图书阅览室等活动场所。有益的文体活动,有效融合了干群关系,增强了单位的凝聚力,整个气象局呈现出一派极积向上的精神风貌。

集体荣誉 2005年12月被屏边县委、县人民政府评为"平安单位"和"2001—2005年度森林消防先进单位";2006年3月被云南省气象局授予屏边县气象局"'十五'期间全省气象部门精神文明先进集体"称号。

台站建设

2002年改造了办公楼,建了职工住房。2005年7月,重新购置了一批办公桌椅和办公设备,对以前破旧、落后的办公用品进行了更换,极大地改善了职工的工作环境。2008年新建综合办公楼,建筑面积约643.43平方米,为三层框架结构,工程于2008年8月15日已破土动工,将于2009年上半年竣工验收,下半年正式投入使用。

2002年前屏边县气象局

2008年屏边县气象局

河口瑶族自治县气象局

河口瑶族自治县(简称"河口县")位于祖国西南边陲,处于东经 103°24′～104°17′和北纬 22°30′～23°02′之间,与越南社会主义共和国接壤,国境线长 193 千米。县境内最低海拔 76.4 米(云南省最低),最高海拔 2354.1 米。

基本气候特点是:长夏无冬,春、秋相连,高温高湿日照少,风向稳定风速小,干湿季分明,雨热同季,降雨强度大,山区立体气候明显,是典型的热带季风气候,香蕉、菠萝、橡胶是河口农业的支柱产业。县内居住有汉、瑶、苗、壮等 24 种民族,少数民族占总人口的 64%。河口县历史悠久,自然条件优越,历史上曾是中国和东南亚各国进行经济、文化交流的重要通道。1904 年河口中越铁路桥建成。1910 年昆河铁路(即滇越铁路)全面通车,云南之怪"铁路不通国内通国外"也正是河口历史的真实写照。

机构历史沿革

始建情况　河口气象站始建于 1953 年 6 月。

站址迁移情况　1954 年 2 月由原址河口林场内(即现河口农场场部)迁到东北方向 120 米的城郊一连山(即现址),即北纬 22°30′,东经 103°57′,海拔高度 136.7 米(现为 137.8 米,云南海拔最低的气象站),距离边境线约 1000 米。1979 年,台站业务合并到屏边县气象站。1980 年又在原址重建河口瑶族自治县气象站,为国家一般站。

历史沿革　1953 年 7 月 1 日,建立河口气象站。1953 年 12 月 15 日,改称河口市人民政府气象站。1955 年 6 月,改称河口县气象站。1958 年 6 月,改称河口瑶族自治县气象站。1960 年 2 月,改称河口瑶族苗族自治县气象站。1962 年 1 月,改称河口瑶族自治县气象站。1990 年 5 月 28 日,改称云南省河口瑶族自治县气象局。

管理体制　1953 年 6 月,河口气象站属云南军区司令部建制和领导。1953 年 12 月,河口市人民政府气象站隶属河口市人民政府建制和领导,归口市政府建设科管理。1955 年 5 月,河口县气象站隶属于云南省气象局建制和领导。1958 年 3 月—1963 年 3 月,河口县气象服务站隶属河口县人民委员会建制和领导,红河州气象中心站负责业务管理。1963 年 4 月—1970 年 6 月,云南省屏边县气象服务站收归省气象局(1966 年 3 月改为云南省农业厅气象局)建制,红河州气象总站负责管理。1970 年 7—12 月,河口县气象服务站改属河口县革命委员会建制和领导,红河州气象总站负责业务管理。1971 年 1 月—1973 年 9 月,河口县气象站实行河口县人民武装部领导,建制仍属河口县革命委员会。1973 年 10 月—1980 年 12 月,河口县气象站改属河口革命委员会建制和领导。1981 年 1 月起,实行红河州气象局与河口县人民政府双重领导,以红河州气象局领导为主的管理体制。

单位名称及主要负责人变更情况

单位名称	姓名	民族	职务	任职时间
河口气象站			主任	1953.07—1953.12
河口市人民政府气象站				1953.12—1955.06
河口县气象站	宋振赓	汉		1955.06—1958.06
河口瑶族自治县气象站			站长	1958.06—1960.02
河口瑶族苗族自治县气象站				1960.02—1962.01
				1962.01—1964.01
	王木贵	汉	站长	1964.01—1977.12
河口瑶族自治县气象站	刘德发	汉	站长	1977.12—1979.04
	黄炜元	汉	站长	1979.04—1981.06
	钟贵生	汉	站长	1981.06—1987.12
	庞国建	汉	副站长（主持工作）	1987.12—1990.05
			局长	1990.05—1992.03
河口瑶族自治县气象局	范兴忠	汉	副局长（主持工作）	1992.03—1995.12
			局长	1995.12—2004.08
	付有彪	彝	副局长（主持工作）	2004.08—2006.08
			局长	2006.08—

人员状况　建站时有职工4人；1954年12月编制为6人；1978年实有职工人数23人；2008年编制数为7人，实有在职职工8人，其中：大专以上学历4；少数民族3人。

气象业务与服务

1. 气象观测

①地面气象观测

1953年7月1日，河口气象站正式执行国家基本站的观测任务。1979年2月14日，国家基本站观测业务迁往蒙自。1980年1月1日，河口气象站重建并投入运行，执行国家一般站的探测业务。

观测项目　1979年以前为国家基本站，观测项目有：气压、气温、湿度、风向风速、降水、云量、云状、能见度、天气现象、日照、蒸发（小型）、地面及浅层地温、地面状态；1979年改为国家一般站，观测项目有：气压、气温、湿度、风向风速、降水、云量、云状、能见度、天气现象、日照、蒸发（小型）、地面及浅层地温、草面温度。

观测时次　1953年7月建站起，执行国家基本站的观测任务，每日定时观测发报8次（03、06、09、12、14、17、20、23时），实行时期标准时：使用105°E（陇蜀时区）；1960年8月1日起，每日定时观测时间改为北京时02、08、14、20时4次；1980年1月1日起执行国家一般气象站观测发报任务，每天进行08、14、20时3次人工定时观测；1980年1月1日开始执行国家一般站探测任务，每天进行08、14、20时3次观测。

发报种类　1953年8月15日开始编发天气报、小图报或天气加密报。1955年4月1日开始编发航危报，1980年1月1日停止全部航报任务。1984年1月1日起，增加重要天气报的编发。1962年5月1日—1963年3月5日,汛期内每天增加1次06时的过去24小时雨量观测和编报。

电报传输 市话传递(用电话通过电报挂号方式发至邮局)。2002年1月1日起改为宽带网传输(正式使用《AHDM 5.0》版地面测报软件进行编发报)。

气象报表制作 1954年1月起制作气表-1、气表-3、气表-4,每月编制4份,于次月5日前报气象处2份,省气象科1份,留站1份。气表-2、气表-5、气表-6每月编制2份,于次月10日前将2份报气象处。气表-18(气象记录摘要表)及气表-20(绘图天气报告记录月报表)每月编制1份,直接寄送中央气象局,1958年1月1日停止报送。气表-21、气表-23、气表-24每年编制2份,于次年2月底报所属大行政区气象处。1959年1月起,各种报表编制4份,留站1份,另3份报州中心站。1963年1月起,气表-1每月编制4份,留站1份,报送中央气象局、省气象局、州气象局各报1份;气表-6、气表-2、气表-22每月编制3份,留站1份,报省、州气象局各1份;气表-5、气表-21、气表-25每月编制4份,留站1份,上报州、中心站3份;地面基本气象观测记录年简表编制1份,报中心站审核后报中国气象局。1963年6月起,气表-1每月制作4份,留站1份,其余3份报总站审核后留州气象局1份,上报中央气象局和省气象局各1份。1964年1月起,报表报送的规定改变,各总站审核后,应报省气象局及中央气象局的地面气象记录月报表,一律报送省气象局业务科,统一向中央气象局汇转。1980年1月起,原气表-1、气表-5、气表-6合并为气表-1,每月编制3份,留站1份,上报州、省气象局各1份;气表-21编制4份,留站1份,其余3份报州气象局审核后报省气象局2份,州气象局留1份。制作并上报"异常气象记录年报表",每年制作3份,台站1份,上报省、州气象局各1份。

2002年1月1日起,正式使用《AHDM 5.0》版地面测报软件进行气簿-1查算和制作月(年)报表(气表-1和气表-21);月(年)报表数据文件于次月5日(次年1月15日)前上传至州气象局,纸质报表不再上报,本站打印1份存档。1979年5月因中越战争撤消气候月报的编发任务,改由蒙自承担。

资料管理 建站至2010年所有气簿-1和气压、温度、湿度、雨量、风自记纸等原始资料移交省局保管,台站仅存报表。

自动气象站 2005年9月安装自动站,2006年人工站与自动站双轨运行(以人工站为主),2007年人工站与自动站双轨运行(以自动站为主),2008年自动站单轨运行。自动站观测项目有:气压、气温、相对湿度、风向风速、雨量、浅层地温、草温。观测时次为每日24次,每小时观测采集数据1次。

区域自动气象观测站 在南溪镇、瑶山乡、桥头乡、老范寨乡、坝洒中寨和莲花滩乡共建立了6个区域自动气象站,均为两要素(温度和雨量)观测站。

②高空观测

探空 1956年12月25日开始探空观测,观测次数1次,放球时间为23时,开始发报日期1957年1月5日,发报次数1次,发报时间为01时30分,开始测报时采用的技术规定是"中央气象局印发的苏联测站高空气象观测第三部分"。1957年3月1日起,探空观测时间改为每日22时(120°E)。1957年4月1日起,探空观测时间改为每日07时(120°E)。1957年6月20日因参加地球物理年,探空每日放2次球。观测项目:07、19时无线电探空、701A型雷达综合测风。电话传递气象电报。

受中越战争影响,1979 年 3 月探空观测工作停止,探空组全部人员及仪器设备全部迁往蒙自州气象台。

测风 1956 年 11 月 11 日开始高空风观测和发报,观测和发报次数为每日 2 次,放球时间为 11 时和 23 时,开始观测采用的技术规定是《气象暂行规范高空风部分及气技 924 暂行五字码》。

报表种类和份数 规定层、特性层、高空风,制作 2 份。

制氢 化学制氢。

③日射观测

观测项目 1957 年 1 月 1 日开始甲种日射(总辐射、直接辐射、散射辐射、反射辐射)观测工作。

观测时次为 09 时 30 分、12 时 30 分、15 时 30 分、18 时 30 分(地方时)。1960 年 8 月 1 日起,日射定时观测时间改为北京时 04 时 30 分、07 时 30 分、16 时 30 分、19 时 30 分,每小时的补充观测相应改为北京时。

1979 年 2 月 14 日因中越边境自卫反击战,接县委指示和省气象局通知,全站暂时撤离原站址,日射观测工作中断,记录终止。1980 年 1 月 1 日接省气象局通知,撤消本站甲种日射工作。

④农业气象

1958—1963 年,河口县气象站派人到河口农场热带作物试验站气象哨协助开展农气观测。1980—1981 年,根据上级主管部门指示,河口气象站与河口农场热带作物试验站共同承担"气候与热带作物生长课题"研究工作,在河口洒坝组建农业气象观测站,开展农气观测。

观测项目 1958—1963 年,进行水稻、橡胶、土壤水分观测;1980—1981 年进行橡胶、肉桂观测。

农业气象情报 农气旬月报,气候月报。1962 年 4 月 7 日根据(62)气台字第 05 号通知,向成都增发 1 份农气旬月报。

农业气象报表 制作农气表-1。

资料管理 所有原始观测资料保存在河口农场热带作物试验站。

2. 气象信息网络

1986 年 12 月以前采用的是手工查算编报的操作模式,1986 年 12 月,PC-1500 袖珍计算机投入使用,地面测报进入计算机录入编报阶段。2001 年 8 月,地面测报进入计算机自动统计、制作报表、互联网传送阶段。2003 年 8 月,新建观测场和值班室正式投入使用,并建立了互联网宽带气象数据传输专线,与省、州直通。2005 年 7 月,建成州、县计算机网络(FTP)。2008 年 7 月,建成了州、县可视化会商系统。

3. 天气预报预测

1958 年 5 月 1 日,开展简单的补充预报,到 1964 年,预报项目包括短期预报、中期预报、旬报、月报和重要天气报。1985 年,开展有偿预报服务。2001 年 10 月,PC-VSAT 气象卫星地面接收站安装并投入使用,可以共享"9210"工程所提供的大量气象信息资料,建立以数值预报分析为核心的新型预报业务平台。

4. 气象服务

①公众气象服务

通过电视、网络、电子显示屏等手段向社会公众发布气象预报、警报、预警信息,保护人民财产安全,为人民谋福利。

②决策气象服务

2002 年以来,先后推出《气象月报》《气象周报》和《重要天气专题服务》等预报服务项目,重点做好汛期气象服务工作。通过上门服务、电话、传真、电子邮件、手机短信等多样化手段展开服务。加强灾害性天气的监测和预警服务,为地方经济建设和防灾减灾做出积极贡献。

③专业与专项气象服务

军事气象服务 从 1986 年 4 月开始为部队每天提供天气预报和气压、能见度等要素的气象服务。

防雷技术服务 1998 年 4 月 18 日由云南省机构编制委员会审批成立河口瑶族自治县防雷中心(以下简称防雷中心)。防雷中心于 2002 年通过计量认证。2006 年 1 月 10 日更名为"红河州河口县防雷装置安全检测中心",并于同年 2 月 28 日取得事业单位法人证书成为县气象局下属具有独立法人资格的事业单位,8 月 15 日通过云南省气象局审批,取得云南省防雷装置检测资质证,资质等级为丙级。近年来,河口县防雷检测中心努力做好辖区内的加油站、液化气站、氧气销售点、宾馆酒楼、住宅楼等易燃易爆、人员密集场所防雷装置的年检工作,对新建、扩建建(构)筑物的防雷装置开展检测工作,加强普法和防灾减灾的宣传教育工作。

党建与气象文化建设

1. 党建工作

1970 年前河口气象局成立过党支部,但因党员少,人员流动较大,包括后期的党建工作难以连续,相关档案材料不全。1983 年 10 月以前河口气象站共发展新党员 2 名。1995年 12 月 29 日,县机关工委批准 3 位同志正式成为预备党员,1996 年 12 月 23 日,通过水电局支部讨论,转为正式党员。1997 年 2 月 17 日,经县机关工委批准,成立河口县气象局支部。2000 年和 2002 年两位党员先后调到县人事局和工商局。由于党员不足 3 人,2003 年以后河口县气象局的党员再次挂靠水务局支部,通过组织的考察培养 2006 年 1 位同志加入了党组织,截至 2008 年底河口县气象局有党员 2 名。

2. 气象文化建设

精神文明建设 由于河口地理位置特殊,从建站起河口气象站经过长达 30 多年的备战,历经建国后援越抗美、对越自卫反击战的重要历史阶段,河口气象站全体职工,在艰苦和危险的环境中一直坚持工作。1988 年,省气象局授予河口气象站"1985—1987 年全省气象部门'双文明'建设先进集体"。

文明单位创建 2003 年 4 月 25 日,河口县气象局被评为第八届县级文明单位称号。

文体活动 利用节假日,开展生动活泼、丰富多彩的文体活动。积极参加县委人民政府组织的广场文化活动和比赛,丰富了职工的业余生活。2005 年 10 月和 2007 年 10 月邓罗保同志 2 次代表省气象局参加了全国气象行业职工运动会,分别获得 1500 米第五名和第七名,为全省气象部门争得荣誉;同时积极参加地方组织的文体活动,2 次获得河口县环城长跑第一名。

1984 年 4 月备战时期气象站职工合影

3. 荣誉

集体荣誉 20 世纪 60 年代,被中国气象局授予"红色气象站"称号,20 世纪 70 年代被中国人民解放军总参谋部授予"全国气象备战先进单位"、云南省军区授予"支前模范站"等荣誉称号。

个人荣誉 1979 年,云南省军区授予站长刘德发"中越边境自卫反击战二等功臣"称号。1985 年,共青团中央授予探空员刘博光(女)"边陲儿女"银质奖。2005—2008 年期间,先后有 4 人次被州气象局评优奖励。

台站建设

1987 年以前,由于受到长期备战和投入不足的影响,河口气象局的办公条件相当简陋,居住环境十分艰苦,基本是简易的瓦房及部分小平房。1988 年 3 月和 8 月,省气象局先后划拨基本建设经费 9 万元用于建设河口气象局职工住宿楼,划拨支前经费 4.6 万元进行围墙、道路和大门的建设,同年 12 月全部通过验收。

2003 年 4 月因气象站地基塌陷及业务发展的需要,单位自筹 10 万余元进行观测场重建,并建 40 平方米的地面值班室,同年 8 月投入使用。

2006 年中国气象局拨款 86 万元用于河口县气象局综合台站改善,主要是办公楼的建设,同时地方政府也匹配经费 8 万元。新办公楼于同年 12 月正式动工建设,2007 年 5 月 31 日通过竣工验收。同年 9 月正式投入使用。

2007 年 10 月底,中国气象局调拨 1 辆现代"途胜"小型越野车给河口县气象局作为防灾减灾用车,从而告别单位无汽车的历史。

2008 年中国气象局划拨 43 万元用于河口县气象局环境绿化改造,同年 9 月动工建设,2009 年 3 月 24 日通过验收。

通过近几年的大力投入建设,河口县气象局崭新的办公楼和花园式的台站面貌,已彻底改变气象部门在国家级口岸的形象,也为边境口岸地区增添亮丽景色。

河口县气象局新貌（2008 年）

金平苗族瑶族傣族自治县气象局

金平苗族瑶族傣族自治县（以下简称金平县）位于云南省红河州南部，是集边境、山区、多民族、贫困、原战区五位一体的国家级贫困县。全县国土面积 3677 平方千米。

机构历史沿革

始建情况　金平县气象局前身系金平勐拉气候服务站，为二类气候站，1956 年 11 月 17 日始建于金平县勐拉坝新勐乡新勐村，位于北纬 22°33′，东经 103°15′，海拔高度 320 米，同年 12 月 1 日开始观测。

站址迁移情况　1959 年 4 月 1 日，站址迁到金平县城"东郊"，更名为云南省金平县气象服务站，位于北纬 22°47′，东经 103°14′，海拔高度 1260 米，5 月 22 日开始观测。

历史沿革　1956 年 11 月，称金平勐拉气候服务站。1958 年 10 月，扩建为金平勐拉气象站。1959 年 4 月，更名为云南省金平县气象服务站。1971 年 1 月，改称金平县气象站。1984 年 7 月更名为云南省金平县气象服务站。1990 年 5 月，改称金平县气象局。

管理体制　1956 年 11 月—1958 年 2 月，金平勐拉气候服务站收归省气象局建制和领导。1958 年 3 月—1963 年 3 月，金平县气象服务站改属金平县人民委员会建制和领导，红河州气象中心站负责业务管理。1963 年 3 月—1970 年 6 月，云南省金平县气象服务站收归省气象局（1966 年 3 月改为云南省农业厅气象局）建制，红河州气象总站负责管理。1970 年 7 月—1970 年 12 月，金平县气象服务站改属金平县革命委员会建制和领导，红河州气象总站负责业务管理。1971 年 1 月—1973 年 9 月，金平县气象站实行金平县人民武装部领导，建制仍属金平县革命委员会。1973 年 10 月—1980 年 12 月，金平县气象站改属金平县革命委员会建制和领导。1981 年 1 月起，实行红河州气象局与金平县人民政府双重领导，以红河州气象局领导为主的管理体制。

单位名称及主要负责人变更情况

单位名称	姓名	民族	职务	任职时间
金平勐拉气候服务站	罗家球	汉	负责人	1956.09—1958.10
金平勐拉气象站				1958.10—1959.04
云南省金平县气象服务站				1959.04—1960.09
	黄光就	汉	副站长	1960.09—1971.01
金平县气象站				1971.01—1973.06
			站长	1973.06—1984.07
云南省金平县气象服务站	朱元祥	哈尼	站长	1984.07—1987.11
	赵继友	汉	站长	1987.11—1990.05
			局长	1990.05—1996.02
	郑春敏	汉	局长	1996.02—1998.03
金平县气象局	方勇进	汉	副局长（主持工作）	1998.03—2001.12
			局长	2001.12—2004.02
	廖能勇	汉	副局长（主持工作）	2004.02—2006.09
			局长	2006.09—

说明：1971—1972 年，陈尔德任云南省金平县气象服务站政治指导员、军代表。

人员状况　1956 年建站初期仅有 2 人。2006 年 8 月，根据云南省气象局《关于印发〈红河州国家气象系统机构编制调整方案〉的通知》（云气发〔2006〕114 号）定编为 9 人。截至 2008 年末有职工 12 人（其中在职职工 7 人，退休职工 4 人，内部退养职工 1 人）。在职职工中：大学本科 6 人，中专 1 人；工程师 4 人，助理工程师 3 人。

气象业务与服务

1. 气象业务

①地面气象观测

观测项目　云、能见度、天气现象、风向风速、气温、气压、雨量、蒸发、日照、地温（5～20厘米）等。2005 年安装了自动气象站并进行双轨运行，2006 年实行单轨运行，2008 年人工站只进行 20 时对比观测，不再编发报文，观测项目为：云、能见度、天气现象。

观测时次　1956 年，金平勐拉气候服务站为 08、14、20 时定时观测，夜间不守班。

发报时次　1958 年 12 月 10 日 02 时开始拍发天气观测补充绘图报，时次为 02、08、11、14、17、20 时 6 次。

航危报　1964 年 11 月 8 日起向昆明、蒙自空军拍发 06—18 时航报。

电报传输　1958 年报文传输方式为市话传递，1995 年气象电报从甚高频传递，2002年改为由计算机从因特网传输，2005 年地面报从宽带网传输，2008 年自动站单轨运行，08、14、20 时报文由内网传输，其他定时数据通过内网自动上传。

现代化观测系统　1989 年天气图传真机、甚高频通讯装置投入业务使用，1995 年建立计算机远程工作站，实现与州气象台联网，2002 年安装了 PC-VSAT 地面卫星接收小站，2003 年完成地面监测自动化系统"两室一场"改造工作,2005 年完成地面自动站安装试运行,2007 年安装闪电定位仪,并在 12 个乡镇安装了区域自动气象站(其中分水岭、勐拉乡、金水河镇、者米乡、勐桥乡、马鞍底乡 6 个乡、镇为风向、风速、温度、雨量四要素站,老猛、沙依坡、营盘、老集寨、大寨、铜厂 6 个乡为温度、雨量两要素站),2008 年 10 月开始中国大陆构造环境监测网络(陆态网)GNSS 基准站土建工作。

②天气预报预测

1960 年后逐步开展短、中、长期天气预报,为确保预报服务有效开展,对内抓制度和流程建设,对外抓提升服务质量和创新服务手段。2002 年安装了 PC-VSAT 地面卫星接收小站。2008 年开通了省州县天气会商可视化系统。

2. 气象服务

公众气象服务 从 1960 年起,开始开展了短、中、长期天气预报和资料情报服务。1983 年 2 月至 1985 年 1 月完成了金平县农业气候资源调查和农业气候区划工作。1985 年 11 月完成《金平县农业气候区划》编写印刷工作。自金平电视台开通后每天通过电视台发布天气预报。

决策气象服务 2007 年以前每月均制作天气预报发往各单位,2008 年开始改为气候影响评价。随着经济社会的发展,先后增加了《气象周报》、《专题预报》、《重要天气报》、《雨情通报》、《短期气候预测》等决策服务材料。服务方式:电话、兴农信息网、手机短信、专题材料等。

专业与专项气象服务 2005 年 1 月 6 日,金平县首次开展人工影响天气工作,由县电力公司出资,在苦竹林水库上游的分水岭、酒厂一带开展人工增雨作业。在行政区域内对建(构)筑物和其他设施安装的防雷装置进行检测;对新建、改建、扩建的防雷装置开展设计图纸审核、施工监督和竣工验收工作。

科学管理与气象文化建设

1. 科学管理

社会管理 根据云南省气象局转发《云南省人民政府办公厅关于进一步加强气象探测环境保护工作的通知》的通知(云气行发〔2001〕1 号)文件要求,金平县气象局于 2005 年 8 月 5 日进行了探测环境备案。负责防雷装置设计图纸审核、竣工验收、施放气球的行政许可项目的审批管理。

政务公开 2001 年,对气象行政审批办事程序、气象服务内容、服务承诺、气象行政执法依据、服务收费依据及标准等,采取了通过户外公示栏、电视台、发放宣传单等方式向社会公开。财务收支、目标考核、基础设施建设、工程招投标等内容则采取职工大会或公示栏张榜等方式向职工公开。财务一般每半年公示一次,年底对全年收支、职工奖金福利发放等向职工作详细说明。

2. 党建工作

党的组织建设 2000 年气象局成立党支部,有党员 4 名。截至 2008 年末有党员 5 名。

党风廉政建设　2002年,认真落实党风廉政建设目标责任制,积极开展廉政教育和廉政文化建设活动,努力建设文明机关、和谐机关和廉洁机关。通过开展经常性的政治理论、法律法规学习,造就了清正廉洁的干部队伍,锻炼出一支高素质的职工队伍。全局干部职工及家属子女无一人违法违纪,无一例刑事民事案件,无一人超生超育。

3. 气象文化建设

文明单位创建　把领导班子的自身建设和职工队伍的思想建设作为文明创建的重要内容,始终坚持以人为本,弘扬自力更生、艰苦创业精神,深入持久地开展文明创建工作,政治学习有制度、文体活动有场所、电化教育有设施,职工生活丰富多彩。2000年12月获县级文明单位称号。

荣誉　1979年,在对越自卫还击作战支前工作中,金平县气象站荣立集体三等功,李廷芳、黄光就、李义贤等3人荣立个人三等功。气象站代表还出席了省革命委员会、省军区召开的云南省自卫还击保卫边疆参战支前庆功大会。

台站建设

1978年建了业务办公楼。1983年建了二层6套职工宿舍楼,共324平方米。1997年县人民政府在县城划拨了1.77亩土地,职工按福利分房筹资建成了住宅楼。2003年对台站院子进行了硬化。2008年修缮了通往气象局的小路并在危险地段加设了护栏,对办公、住宿楼进行了简单粉饰,更换了电源线路。

金平县气象局观测场(2008年)

元阳县气象局

元阳县位于云南南部的哀牢山脉南段,是红河哈尼族彝族自治州的一个边疆县。境内山高谷深,沟壑纵横,属深切割中山地类型。全县无一平川,全为山地。最低海拔144米,最高海拔2939.6米。独特的地理环境,造就了世界闻名的自然奇景——元阳哈尼梯田,吸引了众多的中外游客。

机构历史沿革

始建情况　1957 年始建元阳县气候站(属于国家的四类艰苦气象台站),站址位于元阳县新街镇香炉山。

站址迁移情况　1981 年 1 月 1 日,站址迁至元阳县新街镇东瓜林。1997 年 7 月 1 日,搬迁至元阳县南沙镇新城区过境公路旁距县政府 300 米左右处。此次搬迁观测场海拔高度比原站址低 1285.5 米(原址:1542.6 米,搬迁后:257.1 米)。2003 年 1 月 1 日,观测站站址改为元阳县南沙镇新城郊区排沙河北岸(现址),北纬 23°14′,东经 102°50′,观测场海拔高度 232.0 米。属国家一般气象站。

历史沿革　1957 年成立元阳县气候站。1960 年 4 月,更名为元阳县气候服务站。1966 年 4 月,更名为云南省元阳县气象服务站。1971 年 5 月,更名为云南省元阳县气象站。1990 年 5 月,云南省元阳县气象站更名为云南省元阳县气象局。

管理体制　1957 年—1958 年 3 月,隶属省气象局建制和领导。1958 年 3 月—1963 年 3 月,改属元阳县人民委员会建制和领导,红河州气象中心站负责业务管理。1963 年 4 月—1970 年 6 月,云南省元阳县气象服务站收归省气象局(1966 年 3 月改为云南省农业厅气象局)建制,红河州气象总站负责管理。1970 年 7 月—1970 年 12 月,改属元阳县革命委员会建制和领导,红河州气象总站负责业务管理。1971 年 1 月—1973 年 9 月,实行元阳县人民武装部领导,建制仍属元阳县革命委员会。1973 年 10 月—1980 年 12 月,改属元阳县革命委员会建制和领导。1981 年 1 月起,实行红河州气象局与元阳县人民政府双重领导,以红河州气象局领导为主的管理体制。

单位名称及主要负责人变更情况

单位名称	姓名	民族	职务	任职时间
元阳县气候站	李 博	汉	建站人	1957—1957.12
	毛寿清	汉	负责人	1957.12—1960.03
元阳县气候服务站				1960.04—1963.12
	郑小仙(女)	汉	负责人	1964.01—1966.03
云南省元阳县气象服务站				1966.04—1970.10
	李恩广	汉	负责人	1970.10—1971.04
				1971.05—1972.12
云南省元阳县气象站	李 鑫	土家	站长	1973.01—1981.04
	李自昌	彝	副站长(主持工作)	1981.04—1987.04
			站长	1987.04—1990.05
			局长	1990.05—1997.09
云南省元阳县气象局	何家勇	汉	副局长(主持工作)	1997.09—2000.01
	张红卫	汉	副局长(主持工作)	2000.01—2001.12
			局长	2001.12—

注:元阳县气候站建站时的资料没有查到。

人员状况 元阳县气候站成立时有职工 2 人,1981 年,职工增加到 9 人。2001 年定编为 7 人。截至 2008 年 12 月,有在编职工 7 人(其中在岗职工 5 人,提前退休 2 人)。在岗职工中:大学学历 1 人,大专学历 3 人,高中学历 1 人;助理工程师 5 人;50~55 岁 1 人,40~49 岁 1 人,40 岁以下 3 人;哈尼族 1 人,汉族 4 人;女职工 2 人。

气象业务与服务

1. 气象业务

①地面气象观测

观测项目 云、能见度、天气现象、风向、风速、气温、气压、相对湿度、降水、日照、小型蒸发、地面温度、浅层地温、雪深、电线积冰等。

观测时次 每天进行 08、14、20 时 3 次地面观测记录、拍发天气加密报、重要天气报及制作地面年、月报表。

气象报表制作 观测站一直采用人工观测,人工编发气象电码,人工编制报表。2000年 11 月 1 日开始使用计算机处理观测数据、编制年、月报表。次年 1 月 1 日起使用计算机取代人工编报。

自动气象站观测 2002 年,建成地面气象观测自动站,于 2003 年 1 月 1 日正式投入使用,但以人工观测数据为主进行编发报。2004 年 1 月 1 日,地面气象观测自动站进入第二阶段,以自动站观测数据为主编发报,仍进行人工站观测。

资料管理 自 2005 年 1 月 1 日起,地面气象观测自动站进入单轨运行,人工站只在 20时进行对比观测,自动站采集的资料与人工观测资料存于计算机中互为备份,每月定时上报州气象局,每年刻录光盘归档、保存。

②电报传输

元阳县气候站建站时,使用市内电话发报。自 1997 年 7 月起应用甚高频对讲机进行地面气象观测发报及和有关单位联系。2000 年 12 月 1 日,实现了应用互联网传送报文。2004 年,开通了与州气象局联通的气象内部宽带网并投入报文、报表上传使用。

③天气预报预测

元阳县气象局开展的天气预报业务有短时临近预报、短期预报、周报、专题预报和灾害性天气预警信号的发布。1983 年开始利用传真机接收卫星云图来分析制作天气预报。1995 年,开通"微机远程"工作站接收云图。2002 年,安装了单收站接收卫星数据,应用其制作天气预报。2007 年,在元阳县部分乡镇建立区域气象观测站,其采集到的数据为做好天气预报提供了参考。

2. 气象服务

元阳县地处红河南岸,全境属山地季风气候,但由于海拔差异大,呈现出热带、亚热带、温带三种气候特点。境内灾害性天气频发。尤其以暴雨、洪涝、干旱、大风、冰雹、雷电为甚。

①公众气象服务

至 2005 年,通过电视、移动通信短信息、互联网站等方式,向社会发布最新天气预报和实况。

②决策气象服务

至 2008 年,决策气象服务的主要有天气预报预警、实时雨情通报,气候预测和评价、各种气候分析,交通与地质灾害预报、森林防火预报、人工增雨抗旱、雷电灾害防御等。针对各种天气、气候特点及服务对象需求,通过电话、电视、传真、网络、手机短信和纸制材料等方式向县委、政府和相关部门报送,为其决策提供了科学依据。

【气象服务事例】 1989 年 9 月 4 日,元阳县城发生大面积山体滑坡,气象站准确预报了未来 48 小时强降水天气过程,并向县委、县政府及时汇报,建议有关部门采取防范措施,避免了重大伤亡事故。2006 年 10 月 10 日,由于前期持续强降雨,红河流域洪水涨势迅猛,南沙电站围堰泄水,险情初现,并不断扩大而塌方。针对电站围堰防汛工作,元阳县气象局联合州气象台积极做好气象服务工作,及时组建气象服务领导小组,不断深入险情发生地进行现场观测,向指挥部提供了多期《专题服务》材料,为防汛指挥部及时提供了红河上游雨情实况和未来降雨天气预测情况。通过几天的艰苦奋斗和连续作战,为电站围堰防汛工作提供了成功有效的气象服务,避免或减少了不必要的损失,使各种损失降至最低。

③专业与专项气象服务

针对元阳境内干旱灾害偏重这一情况,自筹经费于 2005 年购置了 2 台人工影响天气火箭发射装置,并首次开展人工增雨抗旱作业。2005 年投入 5 万元开展 6 次人工增雨作业,缓解了地方旱情。

3. 科学技术

气象科普宣传 开展文明创建规范化建设,改造观测场,统一制作局务公开栏、服务承诺栏,各科室工作职责、制度上墙。每年在"3·23"世界气象日、科普宣传日、安全生产宣传月和一些地方活动中组织科技宣传,普及气象常识、防雷知识和气象法律法规。

气象科研 1973 年,气象站参加由红河州气象台组织的在泸西县红卫公社 3 个大队 17 个生产队田间开展人工造雾防霜试验。1975 年 8 月和 1977 年 1 月,参与红河河谷横断剖面气候考察,在县境内红河南岸不同海拔地段布点观测。"红河河谷横断剖面气候考察"成果获 1978 年全国科学大会奖,1979 年分获省、州科研成果奖。1994 年 4 月,为元阳县人民政府南沙新区建设指挥部建立气象观测哨。1996 年 10 月,为省重点工程元阳县肥香村水库枢纽工程提供气候项目论证,并为工程指挥部建立气象观测哨。1996 年 11 月,为元阳县粮食局香蕉基地指挥部建立气象观测哨。

气象法规建设与社会管理

法规建设与管理 1997 年 11 月,元阳县防雷中心挂牌成立。县人民政府下发了《元阳县防雷减灾管理办法》。2003 年,县政府下发了《关于成立元阳县人工增雨防雹指挥部的通知》,办公室设在气象局。起草并以县安委会文件下发了《元阳县安全生产委员会关于加强防雷减灾和开展 2008 年度防雷安全隐患排查和年检的通知》。防雷行政审批和防雷技术服务正逐步规范化、制度化。气象探测环境保护纳入地方政府城市规划范畴,2005 年 9 月将探测环境保护控制图、观测场围栏与周围障碍物边缘和各种影响源体之间距离的保护标准、障碍物及仰角圈图等在城建局备案。

政务公开 2001 年,对元阳县气象局概况、财务收支、各项业务操作规程、人员情况、近期工作等内容上局公示栏公开。气象专业有偿服务收费标准、防雷装置安全检测收费标准等采取在局办公楼显著位置上墙公示、发放宣传单、在地方政务公开网站公示三种方式向社会各界公布。干部任用、目标考核、基础设施建设、工程招投标、住房公积金、医保等在职工大会公开,并向职工详细说明。此外,为转变行政职能、改革行政管理方式、营造良好服务环境,气象局建立了重大决策听证制度、重要事项公示制度、重点工作通报制度和信息查询制度的阳光政府四项制度。公众可在云南省阳光政府网上对可公开事项进行查询,还可拨打由监察部门全程录音、问责的 96128 免费查询电话。切实贯彻落实服务承诺制、限时办结制、首问责任制等四项制度,建立健全举报、投诉、监督机制,对各科室不执行或落实不力的进行问责,加强政务公开力度,更广泛地接受人民群众监督。

党建与气象文化建设

1. 党建工作

党的组织建设　气象站成立之初没有党员,直到 1988 年,气象站有了第一名党员,编入元阳县畜牧兽医局支部。1989 年至 2006 年 7 月,先后有 3 名党员将组织关系转入畜牧兽医局支部。2006 年 8 月,经县直机关党委研究,同意元阳县气象局从畜牧兽医局支部划出,成立直属机关党委的直属党支部,成立时支部有党员 3 人,因人事变动,2008 年党支部有党员 2 人。

党风廉政建设　2002 年,成立了由局长、副局长、行政监察员组成的三人议事决策小组,完善民主决策制度、议事原则和纪律,形成了较稳定的反腐倡廉格局和工作机制。强化审计监督,认真配合完成审计任务,按照要求向上级部门报送各项审计材料,并将结果向职工公布。

2. 气象文化建设

积极参加元阳县委、县政府组织的"一对一"扶贫帮扶行动,常年帮助挂钩扶贫点攀枝花乡一碗水村委会订阅《红河日报》《云南日报》,并捐赠过 5 套铺盖行李、2 把藤密椅子、1套家庭影院等物资。长期给县委、县政府、县人大、县政协及国土、林业、农业、水利、安监、民政等县属职能部门订阅《中国气象报》共 15 份。在汶川地震中,全局气象干部职工纷纷向四川地震灾区捐款。

3. 荣誉

集体荣誉　自 1957 年建站至今元阳县气象局共获集体荣誉 10 项。1988 年被元阳县人民政府授予"支农"先进单位称号。1989 年被省气象局评为"一先两优"先进集体。1994 年至1996 年,被红河州人民政府授予"森林防火先进单位"。2002 年被元阳县人民政府评为"文明单位"。2005 年被红河州人民政府授予"十五"期间森林消防先进单位称号。2003、2006、2008年分别被共青团元阳县委、共青团红河州委、共青团云南省委授予"青年文明号"。

个人荣誉　1978—2008 年,元阳县气象局获个人奖项共 4 人(次)。

台站建设

1988 年 9 月由于元阳县城大面积山体滑坡,县政府决定整体搬迁。1997 年,气象局由新街镇东瓜林搬迁至元阳县南沙镇新城区过境公路旁距县政府 300 米左右处,占地面积 1800 平方米。当时由于经费紧张,除观测场外,局内的所有房屋就是 10 间地势低洼、采光不好的砖混石棉瓦房,办公室、业务平台、档案室、接待室、职工宿舍及所有职工活动的地方就在 100 平方米左右的地方进行。

2006 年筹建新办公楼,经多方努力,历时 10 个月,元阳县气象局办公楼于 2007 年 9 月建成,并于同年 10 月搬入新办公楼办公。职工住宅楼也由职工集资建成。新办公楼位于南沙镇常青路东段,办公楼和住宅楼占地面积 2000 平方米,办公楼总面积 630 平方米。现在的新办公楼窗明几净,办公设备整洁大方,整个办公环境舒适明快。

| 1997 年—2007 年 9 月办公场所 | 2007 年建成的新办公楼 |

红河县气象局

机构历史沿革

始建情况　始建于 1958 年 9 月 18 日,观测场在县城迤萨镇东门外。1959 年 1 月 1 日正式观测记录。

站址迁移情况　1968 年 1 月 1 日,由于城镇规划建设需要,进行站址迁移。新站址选在迤萨镇东门郊外,位于原观测场 SSE 方 306 米处,并于 1967 年 12 月 31 日更换全部仪器。1968 年 1 月 1 日在新站址开始工作,正式记录,同时进行对比观测。现址观测场经纬度分别为:北纬 23°22′,东经 102°26′,海拔高度 974.5 米。

历史沿革　1958 年 9 月,称红河县气候站。1960 年 3 月,改称为红河县气候服务站。1966 年 2 月,更名为红河县气象服务站。1971 年 1 月,更名为红河县气象站。1990 年 6 月,改为红河县气象局。

管理体制　1958 年 9 月—1963 年 4 月,隶属红河县人民委员会建制和领导,红河州气象中心站负责业务管理。1963 年 4 月—1970 年 6 月,收归省气象局(1966 年 3 月改为云南省农业厅气象局)建制,红河州气象总站负责管理。1970 年 7 月—1970 年 12 月,改属红河县革命委员会建制和领导,红河州气象总站负责业务管理。1971年1月—1973年9月,实行红河县人民武装部领导,建制仍属红河县革命委员会。1973年10月—1980年12月,改属红河县革命委员会建制和领导。1981年1月起,实行红河州气象局与红河县人民政府双重领导,以红河州气象局领导为主的管理体制。

机构设置 红河县气象局内设天气、气候和农气服务股、办公室、地面测报股、人工影响天气办公室、防雷装置安全检测中心等5个机构。

单位名称及主要负责人变更情况

单位名称	姓名	民族	职务	任职时间
红河县气候站	夏沛华	汉	站长	1958.09—1960.03
红河县气候服务站				1960.03—1966.02
红河县气象服务站				1966.02—1971.01
红河县气象站				1971.01—1981.03
	郑建文	汉	站长	1981.03—1990.06
			局长	1990.06—1995.12
红河县气象局	谢敬明	汉	副局长(主持工作)	1995.12—1997.10
	李亚明	汉	副局长(主持工作)	1997.10—2001.12
	罗忠华	壮	局长	2001.12—2007.12
	赵绍刚	汉	副局长(主持工作)	2007.12—

人员状况 红河县气象局成立时有职工4人。截至2008年12月,有在编职工8人(其中退休3人),外聘人员4人。在职在编职工中:大学学历2人,大专学历2人,高中学历1人;中级职称2人,初级职称3人;汉族2人,彝族2人,哈尼族1人;平均年龄32岁。

气象业务与服务

红河县气象局开展了地面观测和航危报业务。1992年后,暴雨、干旱、大风、冰雹、雷电等灾害性天气对开放后迅猛发展的经济社会造成的损失日益加重,红河县气象局遂以地面观测业务为基础,先后开展了天气预报、人工影响天气、雷电防护等服务和为政府、部门宏观调控经济社会发展、部署防灾减灾提供决策服务。

1. 气象业务

气象观测 红河县气象局每天进行08、14、20时3个时次地面观测和06—18时13个小时的军事航空报发报任务。观测项目有风向、风速、气温、气压、云、能见度、天气现象、降水、日照、小型蒸发、地面温度等。每天编发08、14、20时3个时次的定时绘图报。

1986年红河县气象局配备了PC-1500袖珍计算机,自1987年1月1日起使用PC-1500袖珍计算机取代人工编报。2002年12月,建成了ZQZ-CⅡ型自动气象站,于2003年1月1日投入业务运行。自动观测项目包括温度、湿度、气压、风向风速、降水、地面温度。以上项目都进行人工并行观测,现在以自动站资料为准发报,自动站采集的资料与人工观测资料存于计算机中互为备份,每月定时复制光盘归档、保存、上报。

气象信息网络 2004年以前使用电话传至红河县邮电局,由县邮电局接收后传至省气象局。2004年1月1日,气象报文传递方式由原邮电局转报变更为电话语音传递。2004年12月,建成气象内部宽带网络后,3次地面绘图报的传输更改为网络传输。

气象报表制作 红河县气象局建站后气象月报、年报报表用手工抄写方式编制,分别上报省局、州气象局。2003年1月开始使用微机打印气象报表。

现代化观测系统 1989年天气图传真机、甚高频通讯装置投入业务使用。1992年建立了天气预报警报系统,1995年建立计算机远程工作站,实现与州气象台联网。1999年5月,PC-VSAT小站建成。6月,建成气候资料咨询服务自动化系统。2002年底,安装了"PC-VSAT"单收站,实现了把气象卫星资料数据用于本局的预报服务。2004年底,安装并开通了气象系统内部专用通信光纤,实现了与全省各级气象部门连网,并安装了4部与全省各级气象部门直通的内部IP电话。2005年,开通红河县农经网。2007年6月,建成县—州—省视频会商系统,8月建成观测场视频监控系统。12月全县6个乡镇安装两要素区域自动雨量站。2008年建成了手机短信平台。

天气预报预测 1958年以来,红河县气象局开展的天气预报业务有:短期天气预报、中短期天气预报、长期天气预测、旅游区天气预报、地质灾害预报等。

2. 气象服务

红河县地处横断山系哀牢山脉中山峡谷地带,"一山分四季,十里不同天"的立体气候特征非常明显。

红河县气象局坚持以经济社会需求为牵引,把决策气象服务、公众气象服务、专业气象服务和气象科技服务融入到经济社会发展和人民群众生产生活之中。

公众气象服务 1960年后,开展短、中、长期天气预报和资料情报服务。1985年,开展农业气候资源调查。1990年和1996年,为红河县飞机播种造林提供气象服务。1958年以来,红河县气象局开展的天气预报业务主要有:短期气候预测(长期天气预报)、中短期预报和专项预报。

决策气象服务 至2008年,决策气象服务主要内容有天气预报预警、气候志、气候预测和评估、气候图集和各种气候分析、应用材料,交通、地质灾害和森林防火预报,人工增雨抗旱、雷电灾害防御等。服务方式有电话、传真、电视、网络、手机短信和纸制材料报送等。

【气象服务事例】 2006年10月4日21时至10月10日08时,红河县13个乡(镇)连降暴雨,降雨量为185.5毫米。气象局在第一时间启动了《红河县重大气象灾害应急预案》,加密天气会商次数,24小时严密监测天气变化,密切与防汛抗旱指挥部、民政局和水利局联系,及时把实况资料和预报结果报送各相关部门,为他们决策服务提供气象依据,使损失降至最低。

专业与专项气象服务 1997年开始启动红河县人工增雨工程,购买火箭发射架一套。1997年6月10日开展了首次人工增雨作业。1997—2008年共开展人工增雨五百余次。2006年1月至3月,红河县遭遇严重干旱,气象局在第一时间启动了《红河县重大气象灾害应急预案》,严密监测天气变化,人工影响天气办公室在天气条件适合的情况下及时赶赴各作业点进行人工增雨作业并有明显效果。人工增雨作业受益面积共600平方千米,有效的缓解旱情,减免了经济损失600多万元。

气象科技服务与技术开发 1996年4月和2003年分别成立红河县电脑气象与天气信息部和红河县天云防雷中心,在工商和税务进行登记经营,其主要经营范围为防雷工程专业设计、施工、避雷器材的销售、气象专业有偿服务、电视天气预报、栏目广告、电话气象信息服务、计算机局域网等网络规划及组建。

气象科普宣传 每年在"3·23"世界气象日、科技活动周、6月安全生产月、科普宣传日和一些地方活动中均组织科技宣传,普及气象常识、防雷知识、气象部门法规。

气象法规建设与社会管理

法规建设 2003年以来,重点加强雷电灾害防御工作的依法管理工作。2003年,红河县人民政府下发了《红河县人民政府关于印发〈红河县雷电灾害防御管理实施办法〉的通知》(红政办发〔2003〕42号)文件,从组织机构和程序上规范了红河的防雷市场,防雷行政许可和防雷技术服务正逐步规范化。2008年,红河县人民政府下发了《关于加快气象事业发展的实施意见》(红政发〔2008〕30号)文件,促进了红河县气象事业的发展。

制度建设 建站以来,为进一步规范各项工作,红河县气象局先后制定了各项管理制度,涵盖行政管理、财务管理、会务管理、安全管理、后勤服务综合管理、业务管理、党务管理、人工影响天气工作、防雷安全管理等56项规章制度。

社会管理 1997年,经县人民政府批准,成立了红河县人工增雨防雹指挥部,办公室设在气象局。1998年,经县人民政府批准,成立红河县防雷检测中心(后更名为红河州红河县防雷装置安全检测中心)。

政务公开 2001年,对气象行政审批办事程序、气象服务内容、服务承诺、气象行政执法依据、服务收费依据及标准等,采取了通过户外公示栏、电视广告、发放宣传单等方式向社会公开。干部任用、财务收支、目标考核、基础设施建设、工程招投标等内容则采取职工大会或上局公示栏张榜等方式向职工公开。财务一般每半年公示一次,年底对全年收支、职工奖金福利发放、领导干部待遇、劳保、住房公积金等向职工详细说明。干部任用、职工晋职、晋级等及时向职工公示或说明。红河县气象局还建立重大决策听证制度、重要事项公示制度、重点工作通报制度和信息查询制度的阳光政府四项制度。

党建与气象文化建设

1. 党建工作

党的组织建设 1999年经县机关工委批准成立了红河县气象局党支部,有党员3人。现属于红河县农业局党委管理。截至2008年12月,党支部有党员5名(其中在职职工3人),党员人数占职工人数的62%。

党风廉政建设 2002年以来,红河县气象局党支部在贯彻落实党风廉政建设责任制方面重点抓以下几项工作:一是传达学习了中央和省、市、县领导的重要讲话。二是及时调整充实了党风廉政建设领导小组。三是下发了《关于认真贯彻落实党风廉政建设责任制相关会议和文件精神的通知》,对贯彻落实问题做出安排部署。四是将党风廉政建设纳入年终工作考核。

2. 气象文化建设

精神文明建设　2000 年以来,红河县气象局在巩固文明建设成果工作过程中重点抓好几个方面的工作:一是建立健全文明创建的领导体系和工作机制。二是思想教育深入,道德风尚良好,为单位文明工作的开展提供精神动力和思想保证。三是完善机制建设,结合单位实际制定了《红河县气象局创建文明行业规划》、《红河县气象局文明创建奖惩暂行规定》等适合单位文明建设的规章制度。四是服务"新农村"建设,实施城乡共建。2002—2008 年,为挂钩村捐赠《公民道德规范读本》、《未成年人思想道德教育读本》、《致富天地》等实用书籍共 600 余册。单位捐款捐物 5 万元为村上出资出物修路。五是环境整治优美,创建花园式单位。先后投资 5 万余元对单位进行绿化、硬化、美化。2001 年红河县气象局建成县级"文明单位"。

文体活动情况　1998 年以来,红河县气象局开展了丰富多彩的文体活动。业余时间组织职工参加了羽毛球、乒乓球和篮球赛。单位内部经常开展乒乓球赛,职工读书活动,每年开展文明职工、五好家庭的评比活动,此外,组织成立了气象、水利联合妇委会。

3. 荣誉

2000—2012 年,被红河县委、县政府评为"县级文明单位",2001 年,红河县气象局被红河县县委、县政府授予县庆五十周年先进集体;2005 年,被县人民政府评为"2004 年度安全生产先进单位"、被中国气象局授予"气象部门局务公开先进单位"。2008 年在云南省档案局"八项工程"验收考核中荣获"五星级档案"荣誉。

从 1980—2011 年,红河县气象局获得气象部门"百班无错情"共 10 人次。

台站建设

1977 年建砖木结构房屋 1 幢,108 平方米计 4 套;1979 年建砖木结构房屋 1 幢,计 60 平方米;1984 年建 1 幢使用面积 288 平方米的砖混职工宿舍计 8 套;1986 年在气象站四周(含观测场)建了围墙,墙高 1.9 米;1992 年对办公室进行翻修;1998 年对气象局院内水电路进行改造;2000 年再次对办公用房进行装修,同年 4 月,建 2 幢 4 套职工宿舍。2005 年建新的业务办公楼,2007 年 10 月正式投入使用。2008 年,对台站进行综合改善。

1983 年时的观测场

2007 年开始使用的红河县气象局业务办公楼

绿春县气象局

绿春县位于云南省南部,红河州西南部,总面积 3096.86 平方千米,国境线长 153 千米。绿春立体气候明显,年均气温 16.9℃,年均降雨量 2027 毫米,属亚热带湿润性季风气候。

机构历史沿革

始建情况 原绿春县气候站于 1958 年建立,站址在绿春县大兴镇牛洪村背后,于 1959年 4 月 16 日正式观测记录。属国家一般气象站。

站址迁移情况 1975 年 1 月 1 日,绿春气象站迁到绿春县城关镇阿鲁那村。观测场位于北纬 23°00′,东经 102°25′,海拔高度 1642.8 米。

历史沿革 1958 年 9 月,确定名称为绿春县气候站。1960 年 3 月,改称为绿春县气候服务站。1966 年 2 月,更名为绿春县气象服务站。1971 年 1 月,更名为绿春县气象站。1990 年 6 月,改为绿春县气象局。

管理体制 1958 年 9 月,绿春县气候站隶属绿春县人民委员会建制和领导,红河州气象中心站负责业务管理。1963 年 4 月—1970 年 6 月,云南省绿春县气象服务站收归省气象局(1966 年 3 月改为云南省农业厅气象局)建制,红河州气象总站负责管理。1970 年 7月—1970 年 12 月,绿春县气象服务站改属绿春县革命委员会建制和领导,红河州气象总站负责业务管理。1971 年 1 月—1973 年 9 月,绿春县气象站实行绿春县人民武装部领导,建制仍属绿春县革命委员会。1973 年 10 月—1980 年 12 月,绿春县气象站改属绿春县革命委员会建制和领导。1981 年 1 月起,实行红河州气象局与绿春县人民政府双重领导,以红河州气象局领导为主的管理体制。

机构设置 绿春县气象局是公益性事业单位,下设两科、两室、两中心即天气、气候服务科;地面测报兼技术保障科;办公室;财务室;雷电中心;人工影响天气指挥中心。

单位名称及主要负责人变更情况

单位名称	姓名	民族	职务	任职时间
绿春县气候站	李 博	汉	站长	1958.09—1960.03
绿春县气候服务站				1960.03—1966.02
绿春县气象服务站				1966.02—1970.11
绿春县气象站	孙怀庸	汉	站长	1970.11—1971.01
				1971.01—1990.06
绿春县气象局			局长	1990.06—1999.08
	李俊东	汉	副局长(主持工作)	1999.08—2001.12
			局长	2001.12—2004.02
	陆光生	哈尼	副局长(主持工作)	2004.02—2006.09
			局长	2006.09—

人员状况 建站之初有职工 3 人。截至 2008 年 12 月,有在职职工 4 人,其中:大专学历 4 人;中级职称 1 人,初级职称 3 人;40 岁以上 1 人,30 岁以上 2 人,30 岁以下 1 人,哈尼族 3 人,汉族 1 人。

气象业务与服务

1. 气象业务

①地面气象观测

观测项目 云、能见度、天气现象、风向风速、干湿球温度、雨量、蒸发、日照、百叶箱最高和最低气温、雨量计、水银气压表以及地面 0 厘米、最高、最低、地中温度(5、10、15、20 厘米),期间增加了温、湿、压自记等项目的微调,2005 年自动气象站单轨运行后,人工站只进行 20 时对比观测。

观测时次 1959 年,绿春县气候观测站每天进行 07、13、19 时(地方时)3 次定时观测,1960 年 8 月改为 08、14、20 时(北京时)进行观测,沿用至今,夜间不守班。

发报种类 建站之初是在 07、13 时发天气报,1969 年 6 月 1 日改为在 08 时发天气报,1982 年 1 月 1 日执行新电码规定,天气观测发报的时次为 08、14、20 时 3 次。每旬、月开头第一天发气象旬月报;编发重要天气报,气象电报传递方式为市话传递。2005 年自动气象站单轨运行后,地面报从宽带网传输,定时人工发报,增加云、能、天项目,其他每隔 10 分钟数据自动上传。

航危报 1959 年 9 月开始有航报任务;1965 年 7 月 25 日调整为 24 小时固定航危报;1975 年 1 月 29 日改为预约航报站;1980 年 4 月 10 日改为 05—18 时白天固定报;2000 年 1 月 1 日取消了航危报,改为预约航报站。

重要天气报 1984 年 1 月 1 日增加拍发重要天气报告电码。发报项目有:大风、冰雹。2008 年重要天气报发报内容增加了雷暴和视程障碍现象。

现代化观测系统 2002 年底,建成了地面自动观测站,2003 年 1 月 1 日开始试运行(至 2004 年 12 月)。自动气象站观测项目有气压、气温、湿度、风向风速、降水、地温等,观测项目全部采用仪器自动采集、记录,替代了人工观测。2005 年 1 月 1 日,自动气象站正式投入业务运行。2007 年底,建成了 7 个两要素乡镇自动观测站,24 小时自动监测,每小时传输一次数据,通过高密度的气象监测网,可以随时了解各乡镇、灾区的雨情和气温变化,为领导决策提供科学依据。

②天气预报预测

绿春县气象站天气预报工作始于 1960 年,当时由于资料短,经验少,方法简单,主要由观测人员轮流兼做每天的短期天气预报。通过十多年的摸索,1976 年发展到固定专职人员制作天气预报,成立了预报组,运用数理统计和概率统计制作各种天气预报工具,数值预报成果与单站资料结合制作预报,把县站天气预报工作向前推进一步。1984 年配备了传真机,接收了各种数值预报分析图和高空天气形势分析图及天气预报图,使县站天气预报工作由原来着重分析单站资料到点、面资料结合,地面、高空资料结合进行分析,预报准确率提高了。

20 世纪 80 年代开始为地方政府和相关部门提供长、中、短期预报和专题预报。到 20 世纪 90 年代后随着预报工具的更新,预报产品逐渐增多,先后增加了重要天气报、天气周报、雨情报告、气候影响评价等,服务面也随之扩大。1997 年建立了 PV-VSAT 接收站,2007 年建立起了县—州—省视频会商系统,我局充分利用可视会商系统,不断提高天气预报准确率。2008 年开通了手机短信平台,使气象服务及时、快捷地传递到各级领导手中,为防汛抗旱、防灾抗灾工作发挥了重要作用。

2. 气象服务

公众气象服务 20 世纪 80 年代,通过甚高频无线电台向社会公众发布中期天气预报、森林火险等级预报等。1990 年以来,通过电视、网络、电子显示屏等媒体向社会公众发布常规天气预报(本地 24、48、72 小时降水、气温、风向、风力等级)、长期天气预报、气象指数预报、地质灾害等级预报。

决策气象服务 20 世纪 80 年代,绿春县气象局开始为地方政府和相关部门提供长、中、短期预报和专题预报。进入 21 世纪,主要通过专题材料、信息网、手机短信等方式,向县委、县人民政府和有关部门、各乡镇领导提供未来 24 小时天气预报、周报、月气候影响评价、年预报以及农业生产关键期预报和临近重要天气信息预报,并及时为地方政府提供森林防火预报、汛期预报,提出指导农业生产的建议、措施和对策,为地方政府和有关部门指挥农业生产和防灾减灾起到了积极有效的气象参谋作用。

专业与专项气象服务 1997 年绿春县气象局成立了绿春县防雷装置安全检测中心,对全县建(构)筑物、易燃易爆仓库、加油站等防雷设施进行检测、验收和图纸设计审定。成立至今,绿春县气象局不断强化对全县避雷设施的管理,有效地避免和减轻了雷电造成的损失。

气象法规建设与社会管理

法规建设 绿春县气象局严格遵照上级颁布、制定的各种相关气象法律法规开展工作。主要有:《中华人民共和国气象法》、《中华人民共和国行政许可法》、《中华人民共和国行政处罚法》、《防雷减灾管理办法》、《防雷工程专业资质管理办法》、《防雷装置设计审核和竣工验收规定》、《气象探测环境和设施保护办法》、《气象预报发布与刊播管理办法》、《气象资料共享管理办法》、《施放气球管理办法》《人工影响天气管理条例》、《云南省气象条例》、《云南省人工影响天气作业单位资质管理办法(试行)》。

制度建设 主要有《绿春县气象局岗位考核办法(试行)》、《绿春县气象局财务管理制度》、《绿春县气象局测报业务规章制度》、《绿春县气象局天气预报服务流程及值班制度》、《绿春县气象局党建工作(党风廉政)相关制度》、《绿春县气象局局务公开考核办法》、《绿春县气象局环境卫生管理制度》等。

政务公开 建立了重大决策听证制度、重要事项公示制度、重点工作通报制度和信息查询制度的阳光政府四项制度。采取固定公开栏与会议公开相结合、定期公开和不定期公开相结合的方式,加大局务公开的力度,自 2003 年以来,充分利用局务公开将职称评定、评先选优、干部提拔任用等重大事项进行公示。定期召开全体职工大会,讨论审议年度工作报告、事业发展规划、财务管理等事关全局的重大决策。

党建与气象文化建设

1. 党建工作

党的组织建设 1995 年以前气象局的党员划归县农业局党支部管理。1995 年经县机关工委批准成立了绿春县气象局党支部,共 6 名党员。截至 2008 年 12 月有党员 6 名(其中在职职工党员 3 名)。

党风廉政建设 2007 年,绿春县气象局党支部印发了《关于落实〈建立健全教育、制度、监督并重的惩治和预防腐败体系实施纲要〉的具体办法》通知,2008 年初步形成比较完善的反腐倡廉领导体制和工作机制。并成立由局长、副局长和纪检监察员组成的三人议事决策小组,形成比较有效的反腐倡廉教育格局和工作机制。

2. 气象文化建设

结合台站文化阵地建设,制作了固定宣传栏、购置了文体活动用品、设置了羽毛球场、组建了图书阅览室等各种娱乐活动场所。提高职工综合文化素养,气象局利用三八妇女节、"3·23"世界气象日、五一节、中秋节等节假日组织职工开展丰富多彩的文体活动。整个气象局呈现出一派极积向上的精神风貌。

3. 荣誉与人物

集体荣誉 1982—2008 年绿春县气象局共荣获集体奖项 55 项。1982 年被评为云南省气象部门先进集体。1986 年我站的农业气候区划被评为云南省农业区划二等奖。1994 年被评为全省气象系统"双文明先进集体"。1995—1996 年连续两年被评为全省气象系统"汛期气象服务先进集体"。2003 年 6 月被绿春县委、县政府授予县级"文明单位"。2006 年 1 月被绿春县政府评为 2001—2005 年度森林消防先进单位。2006 年 7 月被县委评为 2005 年度先进基层党组织。2008 年 3 月被绿春县委、县政府评为 2007 年度党风廉政建设先进集体。

人物简介 孙怀庸,男,汉族,1939 年生,云南省石屏县人,党员,天气预报服务工程师。

1959 年由红河农校分配到气象部门,经红河州气象中心站短期培训后,分配到绿春县气象站工作。参加工作后,虚心学习气象业务和当地群众测天经验,步行千里,走遍绿春边疆的山山水水,进行实地考察,掌握天气变化规律。1973 年担任站长后,带领全站职工,先后在全县建起 7 个气象哨,10 个雨量点,以及大黑山等 3 个气象观测站,为绿春县"三带"、"四区"规划提供了科学依据。1967 年,在我空军击落美国 U-2 型无人驾驶高空侦察机战斗中,绿春站和他本人因提供准确的气象情报服务,受到昆明"空指"和省农业厅的通报表扬。1991 年,他主持制作的年度长期天气预报和生产关键期等 8 项重要天气预报,得到县委、县政府"预报准确,技术过硬,服务生产,精神可嘉"的赞誉;1989—1991 年,他调动全站职工,为护林防火提供服务,通过广播开辟护林防火气象预报,绿春县连续 3 年无森林火灾,他连续3年被评为护林先进个人。

　　孙怀庸同志在边疆从事气象工作近40年,1973—1992年一直担任局(站)领导职务,每年有8个月以上时间参加业务值班和服务工作。近40年来在自己的岗位上做出了较显著的成绩,先后23年次被评为县、州、省先进工作者、优秀共产党员、优秀局(站)长、政协先进工作者和省劳动模范。1978年曾被推荐出席中央气象局在北京召开的全国气象部门学大庆、学大寨经验交流会。1992年以来先后被省气象授予"云南省优秀气象局长"、省人民政府授予"云南省第十四届职工劳动模范",中华全国总工会授予"中国改革功勋"殊荣。其事迹曾入载《红河州农校志》和《红河人》一书。

台站建设

　　绿春县气象局地处边疆,属国家艰苦台站,台站建设主要靠国家投入。1995年争取到基建资金50多万元,建了综合楼848平方米,使职工住房和办公条件有了很大改善。2002—2005年,绿春县气象局先后对观测场、院内环境进行了绿化改造,修建了草坪和花坛,改造了业务值班室,完成了业务系统的规范化建设,重新装修了业务办公楼,购置了一批办公桌椅和办公设备,对以前破旧、落后的办公设备进行了更换,极大地改善了职工的工作环境,充分展示了气象局的良好形象。气象局现占地面积5556.8平方米,建筑面积1659平方米(其中办公楼561平方米,职工住宅1098平方米)。

1985年时的观测场

绿春县气象局办公楼(2005年)

文山壮族苗族自治州气象台站概况

　　文山壮族苗族自治州（以下简称文山州）位于云南省东南部，地处东经 103°35′～106°12′，北纬 22°40′～24°28′ 之间。辖文山、砚山、西畴、麻栗坡、马关、丘北、广南、富宁 8县，全州国土总面积 31456 平方千米。属亚热带季风气候，夏无酷热，冬无严寒，干湿季明显。地形地貌较为复杂，海拔高度悬殊（最高海拔 2991.2 米，最低海拔 107 米），致使州内天气气候多变，有"一山分四季，十里不同天"之说。年平均气温 16.1～19.5℃，最热月在 7月，最冷月在 1月，极端日最高气温 39.5℃，极端日最低气温 -7.6℃，年平均降水量在988.4～1333.1 毫米之间。

　　文山州境内气象灾害主要有干旱、局地暴雨洪涝、低温、霜冻、冰雹、大风、雷击等，大雪、演生地质灾害、农业病虫害、森林火灾时有发生。

气象工作基本情况

　　所辖台站概况　2008 年底，全州有文山、砚山、西畴、麻栗坡、马关、丘北、广南、富宁 8个州县气象局，其中有 8 个地面气象观测站（2 个国家基本站，6 个国家一般站），3 个农业气象观测站，1 个天气雷达站，1 个酸雨观测站，86 个两要素区域自动气象站。

　　历史沿革　1953 年 8 月 1 日，建立中国人民解放军文山边防区广南气象站，为境内最早的气象机构。1955 年 11 月 1 日，建文山气象站。1956 年 11 月，建丘北县气象站。1957年 1 月，建富宁县气象站。1958 年 1 月、11 月、12 月，先后建砚山、马关、西畴县气象站。1959 年 2 月，建麻栗坡县气象站。1988 年 12 月，各县气象站改为气象局。1996 年 9 月，成立文山县气象局。

　　管理体制　1970 年 7 月以前，管理体制经历了由军队建制到地方建制，再到云南省气象局建制的演变。1970 年 7 月后，隶属当地革命委员会建制和领导。1971 年 1 月，全州气象台站属军队领导，建制属当地革命委员会。1973 年 11 月，隶属当地革命委员会建制和领导，分属上级气象部门业务领导。1980 年 11 月后，实行气象部门与地方人民政府双重领导，以气象部门领导为主的管理体制。

　　人员状况　1953 年，全州气象部门有职工 4 人，1959 年增加至 38 人，1979 年有 132人，1990 年达到 136 人，2000 年减至 110 人。截至 2008 年底，编制为 133 人（含地方编制 3

人),实有在编职工 124 人(地方编制 1 人),其中:本科 38 人,大专 44 人;高级职称 5 人,中级职称 59 人;少数民族 35 人(主要为壮、苗、彝、白、纳西族)。2008 年底,全州在职干部职工最大年龄 58 岁,最小年龄 23 岁,平均年龄 38 岁。

党建和文明创建 截至 2008 年底,全州气象部门有党支部 10 个,有在职职工党员 68 人。8 个县气象局(站)均建成为州级以上文明单位,其中,全国文明单位 1 个,省级文明单位 2 个,州级文明单位 5 个。

领导关怀 1986 年 3 月 5—9 日,国家气象局副局长骆继宾代表国家气象局向文山州气象处赠送了"在对越自卫反击战中再立新功"的锦旗,并慰问麻栗坡、马关在自卫反击战中做出贡献的气象工作者。

主要业务范围

地面气象观测 1932—1939 年,文山、广南、马关、富宁、西畴县先后进行过简单的短期地面气象要素观测。国家基本站,24 小时守班,每天 4 次定时观测、4 次补充定时观测,记录各种气象要素,国家一般站,每天 3 次定时观测,记录各种气象要素。编发天气报告,编制报送气象记录月、年报表。

2002 年以前全州 8 个地面气象观测站以人工观测和处理气象资料为主。2003 年开始建地面自动观测站,2007 年完成 8 县地面自动站建设,实现气压、气温、湿度、风向、风速、降水、地温(地表、浅层及深层)自动记录,自动站数据上传中国气象局。2006 年 7 月在砚山县建成酸雨观测站,测量降水样品的 pH 值和电导率。同年 11 月文山县局和广南县局完成 2 套闪电定位仪的安装。全州基层台站的气象记录档案按规定上交省气象台档案科。

截至 2008 年底,全州完成 86 个两要素(温度雨量)区域自动站建设,覆盖了全州 83% 的乡(镇)、农场。

农业气象观测 1956 年丘北县气象站最早开展农业气象观测。到 2008 年底,全州有文山、丘北、富宁县气象站开展农业气象观测,观测项目有水稻、玉米、小麦、季节固定土壤湿度测定,编发农业气象旬(月)报。

雷达探测 1979 年,文山州气象局布设 711 天气雷达,并投入业务运行,1993 年 9 月停机。2003 年 3 月建成新一代多普勒天气雷达,观测项目:基本发射率、基本速度、组合反射率、回波顶、VAD 风廓线、弱回波区、风暴相对径向速度、垂直累积液态水含量、风暴追踪信息、中尺度气旋、1 小时降水、3 小时降水、风暴总降水、反射率等高平面位置显示(CAP-PI),每 6 分钟体扫 1 次,生成的雷达产品传至中国气象局和云南省气象台。2006 年,砚山县率先完成 CINRAD/CC 多普勒雷达用户终端建设;2008 年起,在各县全面推进终端建设工作。

天气预报 文山州天气预报业务开展于 1958 年 9 月,州气象中心站设立预报组,逐步开展短期、中期、长期、灾害性、关键性、转折性天气预报和专题天气预报。同年,各县气象站开展补充订正天气预报。随着计算机的应用,VSAT 站和 PC-VSAT 站、天气雷达站的建成,天气雷达产品的应用,气象卫星综合应用业务系统("9210"工程)、气象信息综合分析处理系统(MICAPS)全面业务化,大量数值预报产品投入业务运行。

人工影响天气 1977 年开始开展人工影响天气工作,但无常设组织机构。1996 年 8 月,文山州人民政府成立文山州人工增雨防雹领导小组,办公机构设在文山州气象局,指导和管理全州人工影响天气工作,经费列入财政预算。2002 年 6 月,文山州编委给州人工增雨防雹防雷减灾办公室核定事业编制 3 名。截至 2008 年,全州 8 个县局均开展人工增雨工作,全州共建有人工防雹点 12 个,车载式火箭与"三七"高炮作业相结合。服务范围:烤烟防雹、农业生产增雨、森林防火、原始森林增湿、人畜饮水、库塘蓄水。

气象服务 1978 年前,全州气象台站开展公益性气象服务,1979 年始,在做好公益性服务的基础上,逐步开展气象有偿服务。服务对象包括农业、林业、水利、电力、工矿、城建、环境保护和旅游以及文化体育行政企事业单位和个人。服务项目有预报、情报、资料、气候分析、气候评价、气象灾害评估、气候区划、技术咨询以及其他技术服务。服务方式由过去单一的挂旗子、送纸质材料,逐步发展为传真、广播、报纸、电视、手机短信、网络、电子显示屏。

文山壮族苗族自治州气象局

机构历史沿革

始建情况 民国时期,1932 年 1 月—1933 年 3 月,文山进行过各种天气现象、气温、风的观测,但未设专门机构。1955 年 11 月 1 日建立文山气象站,位于北纬 23°23′,东经 103°43′,海拔高度 1271.6 米,同日有了气象观测记录。

历史沿革 1955 年 11 月建文山气象站;1958 年 7 月 24 日,文山气象站扩建为文山壮族苗族自治州气象中心站;1963 年 4 月更名为文山壮族苗族自治州气象总站;1972 年 7 月,更名为文山壮族苗族自治州气象台;1981 年 3 月,更名为文山壮族苗族自治州气象局,由原来的正科级单位升格为正处级单位;1984 年 7 月,更名为文山壮族苗族自治州气象处;1988 年 12 月更名为文山壮族苗族自治州气象局。

管理体制 1955 年 11 月建站时,属文山县人民人民政府建制。1958 年 7 月属文山州人民委员会建制,归口州农水局管理。1963 年 4 月起隶属云南省气象局建制。1970 年 7 月 29 日,转为隶属文山州革命委员会建制。1971 年 1 月 13 日起,实行文山军分区领导,建制仍属文山州革命委员会。1973 年 10 月 3 日,改属文山州革命委员会建制和领导,归口州农业局管理。1980 年 11 月起,实行省气象局与文山州人民政府双重领导,以省气象局领导为主的管理体制。

机构设置 2006 年进行业务技术体制改革,对机构进行规范设置,直至 2008 年底,文山州气象局设有办公室(政策法规科)、业务科技科、人事教育科、计划财务科、财务核算中心 5 个科室和气象台、气象雷达站、人工影响天气中心、雷电中心、气象科技服务中心 5 个直属单位。

单位名称及主要负责人变更情况

单位名称	姓名	民族	职务	任职时间
文山气象站	代成礼	汉	站长	1955.11—1958.07
				1958.07—1960.02
文山壮族苗族自治州气象中心站	于 化	汉	站长	1960.03—1961.09
	李生俊	汉	站长	1961.10—1962.02
	代成礼	汉	站长	1962.03—1963.04
				1963.04—1964.06
文山壮族苗族自治州气象总站	宋振庚	汉	站长	1964.07—1968.11
	杨春涛	汉	军代表	1968.12—1969.02
	张安政	汉	军代表	1969.03—1970.11
	李兴富	汉	站长	1970.12—1972.03
文山壮族苗族自治州气象台	冯宝珩	汉	台长	1972.04—1974.09
	宋振庚	汉	台长	1974.10—1975.04
文山壮族苗族自治州气象局	耿建祖	汉	支部书记	1975.05—1981.02
			局长	1981.03—1984.09
文山壮族苗族自治州气象处	王兆雄	汉	副处长	1984.09—1985.09
	李玉柱	汉	处长	1985.09—1987.11
	李雪中	汉	副处长	1987.11—1988.12
文山壮族苗族自治州气象局			副局长	1988.12—1995.11
	黄 强	汉	局长	1995.11—2004.12
	汪 德	汉	局长	2004.12—

人员状况 建站时有职工 5 人。截至 2008 年底,有气象编制职工 57 人,地方编制职工 3 人。在编职工中:本科 24 人,大专 13 人;高级职称 5 人,中级职称 27 人,初级职称 11 人;少数民族 9 人;50 岁以上 9 人,40~49 岁 23 人,30~39 岁 4 人,39 岁以下 21 人。

气象业务与服务

1. 气象观测

①地面气象观测

观测项目 云、能见度、天气现象、气压、气温、湿度、风向风速、降水、雪深、日照、蒸发、地温。

观测时次 1955 年 11 月 1 日起每天进行 01、07、13、19 时(地方时)4 次定时观测。1960 年 8 月 1 日,改为 02、08、14、20 时(北京时)4 次定时观测。

发报种类 编发 02、08、14、20 时定时绘图天气报和 05、11、17、23 时辅助绘图天气报及小图天气报,编发水情报、加密观测报、重要天气报。1961 年 8 月 15 日,取消 11、23 时辅助绘图天气报,24 小时为军用和民用机场观测编发固定或预约航空报、危险报、解除报。

气象报表制作 自 1955 年建站起,开始制作气表-1 和气表-21,并向省气象局报送 1 份气表-1,向国家气象局、省气象局各报送 1 份气表-21。1996 年 9 月,地面观测业务移交文山县气象局。承担国家基本站观测业务。

②雷达探测

1979年成立雷达探测组,负责711测雨雷达探测任务。1984年8月以前,主要是为人工增雨、防雹开展临时性观测。1984年8月至1990年10月,每天进行08、11、14、17、20时定时观测,并上报天气雷达工作月报表。1993年9月,711测雨雷达因故障停机。2003年3月文山多普勒天气雷达站在文山县东山乡二塘村长坡头建成,同年4月1日起,每天07—20时每小时进行1次定时观测发报试运行探测任务,上报天气雷达工作月报表。2004年后,在全国雷达拼图时段,连续24小

2003年3月建成的文山多普勒天气雷达站

时进行立体扫描观测。非全国雷达拼图观测时段,每天10—15时进行连续观测。2006年完成雷达数字化升级改造。

③农业气象观测

1961年4月至1966年9月,开展了农业气象观测。1979年1月定为省一级农业气象站,开展系统的农业气象观测,拍发农业气象旬(月)报,编印农业气象情报、开展农业气象产量预报服务、调查了解重大气象灾害等工作。1980年2月—1993年12月,承担水稻、玉米、小麦和甘蔗作物的观测,进行土壤湿度测定。1994年作物观测项目减少了甘蔗,土壤湿度测定调整为每年11月至次年4月(季节固定)进行。1982—1990年承担晚玉米栽培、再生稻观测、早地麦种植等试验,进行了作物产量预报、三七栽培的农业气象运用技术研究;1987—1990年与省气象局共同研究的《云南三七优质高产的气象条件及气候引种》课题,获文山州科技进步二等奖。1981—1990年完成《云南省文山州农业气候资源及农业气候区划》的编制。1996年9月,农业气象业务移交文山县气象局。

2. 气象信息网络

信息接收 1978年前,利用"7152"型莫尔斯收报机,主要接收成都中心气象台的气象电报广播。1978年后,用HI-602单边带接收机和51型、52型电传机接收。1984年后,建立省、州两级多层次的单边带通讯网,与省气象台和广西气象台固定联络。1989年开通省、州和州、县(富宁站除外)的甚高频通讯电话。1995年,建成省地分组数据交换微机网络,原移频电传和无线电传真接收停止使用。1997年"9210"工程系统(气象卫星综合应用业务系统)建成,1998年建成地县计算机远程终端后,信息传输通过"9210"工程系统和地县网完成。2000—2006年建成州台VSAT站和8县PC-VSAT站、气象通信宽带网、地县宽带网服务器和省、州、县计算机远程终端、省州气象视频会商系统,开通100兆光缆,接收从地面到高空各类天气形势图和云图、雷达、自动站等数据,为气象信息的采集、传输处理、分发应用、会商分析提供支持。

信息发布 1990年前,主要通过广播、电话、邮寄方式向全州发布气象信息。1990年

开始,增加电视方式发布。1996 年 9 月,建立动画电视天气预报系统。2000—2005 年,"96121"(2007 年更改为"12121")天气预报电话自动答询系统开通,移动、联通手机和小灵通天气预报短信服务相继开通,云南农网中心文山分中心建成。2007 年文山气象网站建成。2008 年底,气象信息通过广播、报纸、电视、手机短信、网络、电子显示屏发布。

3. 天气预报预测

1958 年 9 月,建立天气预报组,同年 10 月开始利用天气图分析制作天气预报。20 世纪 80 年代初,每日 15 时制作 1 次预报,开展常规短(24 小时)、中(3~5 天)、长期(月)天气预报。1984 年,州气象台开始使用电子计算机,提高了天气预报资料信息处理的速度。2000 年后,利用 VSAT 站、气象卫星综合应用业务系统、气象信息综合分析处理系统(MI-CAPS)和接收的地面到高空分析图、卫星云图、物理量图和数值预报产品以及雷达探测资料进行天气预报分析。长期天气预报改为短期气候预测,增加短时临近天气预报、天气周报。2006 年,建成天气预报可视会商系统,定期、不定期与省气象台和各州(市)气象台预报员进行天气预报会商。

4. 气象服务

①公众气象服务

1958—1960 年,以挂红、白、黑旗的形式对公众进行天气预报服务。1960 年后,在主要街道路口和党政机关门卫处挂小黑板公布天气预报。20 世纪 60 年代中期开始,文山广播电台定时播出天气预报。1983 年起,天气预报通过《文山报》定时发布。1990 年 4 月起,气象预报通过文山州电视台制作文字形式的节目,定时播放。1996 年 9 月开发气象影视技术制作系统,专业气象台自行制作的电视天气预报节目在文山电视台播出。2000 年 11 月,"121"自动答询电话开通。2003 年 5 月,移动手机短信服务开通。2005 年 1 月小灵通短信服务开通。2000—2005 年,相继开发农网信息入乡、气象综合服务、气象灾害预警服务。

②决策气象服务

20 世纪 50—60 年代初,遇有重要天气预报,采取专人或电话报告党政领导机关。60 年代中期,改用发送天气预报单提供决策服务。1979—1988 年对越自卫还击作战期间,承担前线部队作战的气象保障工作,编写《马关县简明气候手册》和《云南省文山州军事气候概况》供作战部队参考使用,部队多次利用气象预报取得了战斗胜利,受到国家气象局、省气象局、地方党委、县人民政府和参战部队的赞扬和表彰。1990 年后,逐步开发《气象情况反映》、《天气周报》、《专题天气预报》、《短期气候预测》、《气候评价》等决策服务产品,主动、及时地为县人民政府和有关部门提供灾害性、转折性和关键性天气预报服务。在 2000 年 1 月 27 日丘北县地震、2001 年富宁县"8.25"特大暴雨洪涝、2006 年严重初夏干旱、2008 年初严重低温冰冻雨雪天气、8 月大暴雨等灾害中,准确预报天气过程,及时向党委、县人民政府和有关部门提供决策服务。每年为历届"民族节"、"国际三七节"和文山州重大活动等提供气象保障服务。1978—2008 年间,获地厅级集体荣誉 82 项,省部级以上集体荣誉 10 项。

③专业与专项气象服务

农业气象服务　20 世纪 60 年代始,相继开展了为当地农业生产气象服务,服务手段是向各级人民政府和有关生产指挥单位提供天气预报和气象观测资料。1978年起,开始应用农业气象预报、农业气象情报、农业气象试验和农业气候区划等成果进行更专业的服务。2008年12月,气象电子显示屏入乡进村,开展农村综合气象信息服务。

森林防火服务 20世纪80年代起,每年的11月至次年的4月开展森林火险天气预报服务,文山州气象局多次被州森林防火指挥部授予"森林防火先进单位"称号。

预防地质灾害服务 2007年8月建成地质灾害预报业务平台,在全州范围内开展地质灾害气象预报预警,预报通过电视台、电台、网站发布。

防雷技术服务 1989年始,开展本地区的防雷工程设计、施工、检测业务。1990年文山州劳动人事局、总工会、公安局、气象局、保险公司联合制定了《关于对避雷装置进行检测的规定》,授权气象局对全州各单位的避雷装置进行安全技术检测。2001年10月成立了文山州防雷中心,开展防雷技术服务。2003年成立云天气象防雷工程有限公司。

④气象科普宣传

与州广播电台联合创办《文山气象栏目》,通过电视天气预报节目窗口、文山气象网站宣传气象科普知识。每年利用"3·23"世界气象日、全国科普宣传周、安全生产宣传月,组织气象学会会员上街设点或下乡开展气象科普知识宣传。面向大中小学生,开放天气雷达站、气象台,宣讲气象科普知识。2007年8月,气象台和天气雷达站被文山州科学技术协会第一批命名为科普教育基地,每年接待前来参观的社会各界和中、小学师生1000余人。

气象法规建设与社会管理

1. 气象法规建设

法规建设 2001年7月,文山州人民政府印发《文山州防雷减灾安全管理实施办法》。2007年4月,出台《文山州人民人民政府关于加快气象事业发展的意见》。2007年11月,文山州人民政府下发《关于加强防雷减灾安全工作的通知》。2008年10月,文山州人民政府办公室下发《关于进一步加强气象灾害防御工作的通知》。

行政执法 2001年10月,在局机关办公室设立政策法规科,负责管理全州气象部门依法行政工作。2004年10月,成立文山州气象行政执法支队。2005年9月,成立全面推进气象依法行政工作领导小组。2008年底,有25人取得了《行政执法证》,有3人取得《行政执法督查证》。

2005年起,开展行政执法工作,依法对违反气象法律法规的案件进行查处。履行气象行政审批职能,规范天气预报发布和传播,规范施放气球管理,办理施放气球资格及活动审批,承担防雷装置设计审核和防雷工程竣工验收。

2001年9月,州人大常委13人到气象局督查贯彻实施《中华人民共和国气象法》情况;2003年12月,云南省人民政府《人工影响天气管理条例》执法检查组到文山州执法检查;2007年州人大常委7人对全州气象行政执法检查;2008年云南省气象行政执法检查组到文山检查。

2. 社会管理

探测环境保护 1998 年 11 月和 2001 年 5 月,先后发文,要求各县气象局加强对气象观测环境的保护。2004 年 10 月,下发了《关于学习宣传和贯彻实施〈气象探测环境和设施保护办法〉的通知》。2007 年 12 月,完成了全州 8 县气象法律法规和地方性法规、规章规定的气象探测环境和设施的保护范围和标准报建设规划部门备案工作。

人工影响天气 1996 年 8 月起,在文山州人民政府人工增雨防雹领导小组指导下,由州气象局负责文山州人工影响天气工作的组织、管理、指导与服务工作。2000 年 3 月、2005 年 4 月,文山州人民政府先后发文,要求加强人工影响天气工作。2008 年 8 月,气象局和安监局联合发文,要求加强人工影响天气安全生产管理工作。

防雷技术服务 1997 年开始,协同州技术监督部门对全州防雷设施检测机构进行计量认证,同年,与公安局联合发文,建立计算机(场地)、通讯系统及电器设备防雷安全技术检测制度。2000 年 9 月,与安全生产委员会联合在全州开展防雷安全专项大检查。2001 年,承担对全州从事防雷工程专业设计、施工单位的资质和专业技术人员的资格管理,并面向社会广泛宣传雷电防御知识。2006 年起,查处违规开展防雷设计施工案件。2007 年,与州安全生产监督局和州教育局先后联合发文加强防雷安全管理工作。

施放气球管理 从 2005 年起,负责施放气球资质、资格的审核报批和核发工作,查处违规案件。2008 年 7 月,文山州气象局与普者黑机场航务部联合召开了加强施放气球管理专题会议,双方对施放气球的审批、异常情况的处置等进行了职责划分,并制定了每年 2 次的定期协调交流制度。

3. 政务公开

2001 年 9 月,成立局务公开领导小组,开展局务公开工作,先后下发《局务公开实施办法》、《局务公开制度》和《局务公开详细目录》。2005 年通过报纸、2007 年通过文山气象网、2008 年通过云南省人民政府信息公开网站,对气象行政审批办事程序、气象服务、服务承诺、气象行政执法依据、服务收费依据及标准等内容向社会公开。落实首问责任制、气象服务限时办结制、气象电话投诉、财务管理等一系列规章制度,基本实现经常性工作定期公开,阶段性工作逐段公开,临时性工作随时公开。

党建与气象文化建设

1. 党建工作

党的组织建设 1974 年 11 月,建立文山州气象台党支部,有党员 15 名。2004 年 7 月,成立中共文山州气象局总支委员会,下辖第一、第二、第三党支部,有党员 39 名。截至 2008 年底,有党员 42 名。

党风廉政建设 1981 年 6 月,成立文山州气象局党组,1998 年 6 月设立党组纪检组。2002 年 9 月,首次聘任州局和各县气象局兼职纪检员和兼职行政监察员 10 人。2004 年起,局党组书记与各基层单位签订年度党风廉政建设目标责任书,逐级落实党风廉政建设责任。2005年起,认真贯彻落实《建立健全教育、制度、监督并重的惩治和预防腐败体系实施纲要》,每年初印发党风廉政建设和反腐败工作意见,开展主题突出的党风廉政宣传教育月活动。州局先后荣获2006年度、2007年度、2008年度文山州党风廉政建设责任制考核二等奖、优秀单位、一等奖,受到州委和州人民政府的表彰。2000年起,先后制定和修订工作、学习、服务、财务、党风廉政建设、安全等方面规章制度41项。

2. 气象文化建设

精神文明创建活动始于20世纪80年代,州气象局多次组织开展群众性文体活动,并建设老年文化活动室、阅览室、健身房等供职工休闲娱乐,开展文明家庭、文明科室评选活动。与社区派出所警民共建、与贫困村(户)结对帮扶。1993年初创办职工文明学校,1996年成立州气象局精神文明建设领导小组。2001年和2006年组织拍摄的《情洒天地间》、《红土地上唱天歌——全国文明单位创建纪实》的纪实宣传片在文山电视台播出。2007年组织参加"文山州第二届'讲文明、改陋习、树新风'小品大赛"获三等奖。2008年4月,与青岛市气象局签订精神文明建设对口交流合作协议。2000—2008年开展了"三讲"、"团结干事"、学习"三个代表"、"保持共产党员先进性"等教育活动。

1988年12月州委、州人民政府授予"州级文明单位"称号。1998年2月,省委、省人民政府授予"省级文明单位"称号,并保持荣誉至今。1999年被州委、州人民政府评为"州级文明系统",并保持荣誉至今。2002年被省气象局表彰为创建省级文明行业示范单位和创建省级文明行业先进集体。2003年1月,中央文明委表彰为"全国创建文明行业工作先进单位"。2005年10月,中央文明委授予"全国文明单位"称号。2008年11月,被省气象局表彰为"2006—2008年度精神文明建设工作先进集体"。

文山州气象局文明创建

3. 荣誉

集体荣誉 1979—2008年,获地厅级集体荣誉82项,省部级以上集体荣誉10项:

1979 年 6 月,中共云南省委、省革委授予文山州气象总站科技工作贡献奖;1990 年 11 月,省委、省人民政府授予文山州气象局支前先进单位称号;1999 年 5 月,1996—1998 年全省气象部门双文明建设先进集体;2005 年 3 月,获省人民政府人工影响天气工作先进单位二等奖。

个人荣誉 1979—2008 年,获地厅级以上个人荣誉 123 项。1990 年 5 月,州委、州人民政府授予闫家仁劳动模范称号;1990 年 11 月,省人民政府为王若愚同志记支前大功一次。

台站建设

1956 年建站时,气象站占地面积 6876.8 平方米,工作用房和住宿用房仅 158 平方米。1965 年修建土木结构职工住房 227.8 平方米。1981 年建 12 套砖混结构职工住宅楼 721 平方米。1982 年建盖办公楼 399 平方米。1986 年建 20 套职工住宅楼 996 平方米。1993 年建办公业务综合楼 1380 平方米。1996 年,筹资修建一条长 400 米、宽 5 米的水泥出入道路,改变了进入州气象局道路狭窄而凹凸不平的状况。1997 年职工集资建房 36 套,建筑面积 3819 平方米。1999 年建车库、仪器库及老年活动室并对办公大楼进行内部装修改造。2000 年对州气象局大院环境进行绿化改造,绿化面积达 60%。2001—2002 年投资建新一代天气雷达站,总占地面积 20683.7 平方米,雷达楼建筑面积 362.8 平方米。2005 年 6 月完成建筑面积 2357 平方米的业务大楼建设。2008 年由于城市建设,州气象局出入道路扩建成 20 米宽的柏油路面。截至 2008 年底,州气象局大院占地面积 7757.2 平方米。

文山州气象局观测场 50 年变迁

2005 年 6 月建成的文山州气象局业务楼

文山县气象局

文山县位于文山州西部,是文山州州府所在地,辖 15 个乡镇。县辖国土总面积 2972 平方千米,海拔最高 2991.2 米,最低 618 米。

机构历史沿革

始建情况 文山县气象局于 1996 年 9 月成立,1999 年 3 月 4 日正式挂牌。站址位于文山县开化镇文新街 261 号,东经 104°15′,北纬 23°23′,观测场海拔高度 1271.6 米(文山州气象局观测场划归文山县气象局)。

历史沿革 1996 年 9 月,文山县气象局由文山州气象局地面气象测报、农业气象等业务部门合并组成,内设气象服务股、农业气象股、地面气象观测股。

管理体制 1996 年 9 月,成立文山县气象局,实行以气象部门与地方人民政府双重领导,以气象部门领导为主的管理体制。

机构设置 2008 年底,文山县气象局内设办公室、观测股、科技服务股、雷电中心、人工影响天气办公室 5 个机构。

单位名称及主要负责人变更情况

单位名称	姓名	民族	职务	任职时间
文山县气象局	汪德	汉	局长	1996.09—2002.08
	龚勤	汉	局长	2002.08—

人员状况 1996 年 9 月文山县气象局成立时,编制为 20 人。1999 年 3 月,编制为 12 人。2006 年 10 月定编为 9 人。截至 2008 年底,共有在职职工 9 人,退休职工 2 人。在职职工中:大专 3 人,中专 5 人;中级职称 6 人,初级职称 3 人;壮族 1 人,汉族 8 人。平均年龄 47.8 岁(50 岁以上 4 人,40～50 岁 4 人,30～40 岁 1 人)。

气象业务与服务

1. 气象业务

①地面气象观测

观测项目 云、能见度、天气现象、气温、湿度、气压、风向、风速、降水、日照、雪深、地温(地面和浅层)、小型蒸发、E-601 型蒸发。1999 年地面测报配置使用 PC-1500 袖珍计算机。2000 年 9 月 1 日正式启用《AH 4.1》微机软件编报、制作报表。每月报表上传 D、V 文件。2001 年 1 月 1 日 08 时启用新版《AHDM 5.0》地面测报软件。2007 年开始全面实现办公自动化,自动观测取代人工观测,计算机编发报代替手工编发报。

观测时次 文山县气象局成立时为国家基本站,每天 4 次定时气候观测。2002 年 1 月 1 日,由于地面探测环境受城市建设发展的影响遭到破坏,经中国气象局监测网络司同意,由国家基本站调整为国家一般站。同时取消 E-601 型蒸发的观测。

发报种类 担负 02、08、14、20 时定时绘图报和 05、11、17、23 时辅助绘图天气报任务。

航危报 1996 年 9 月—1999 年 12 月 31 日,每天 24 小时向 OBSAV 拍发固定和预约航危报。即每小时整点前 10 分钟观测编发航空报。出现危险天气时,5 分钟内编发危险天气报。发报的内容有:云、能见度、天气现象、风向、风速、危险天气出现方位。

闪电定位仪 2006 年 11 月 13 日,在观测场安装 ADTD 雷电探测仪,通过试运行,正式使用。

自动气象站观测 2005年10月文山县气象站建成 ZQZ-CⅡ1型自动气象站,2005年10月1日—2005年12月31日,进入试运行阶段。2006年1月1日,自动气象站正式投入第一阶段业务运行(双轨),以人工观测为主。2007年1月1日,自动气象站进入第二阶段业务运行(双轨),以自动站观测为主,自动站数据传输至中国局。2008年1月1日起自动站正式投入单轨业务运行,停止人工站报表制作。自动气象站观测的项目有:气温、湿度、气压、风向、风速、降水、地温、草面温度。

区域自动气象站观测 2005年9月,分别在文山县马塘、东山、古木、柳井、秉烈、德厚、追栗街、红甸、喜古、薄竹、平坝、新街、坝心、小街、乐诗冲(2008年6月老回龙乡与乐诗冲乡撤乡建镇为薄竹镇后撤销)、小河尾水库、暮底河水库(2007年水务部门另外安装了多功能自动观测仪后撤销)建成两要素(温度、雨量)区域自动站,2005年10月正式投入使用。

文山县东山乡乡镇两要素(温度、雨量)自动气象站(2005年11月)

②农业气象

文山县气象局自1996年9月建站起,农业气象股就开始进行农业气象观测,主要开展小麦、水稻、玉米的生长期、发育期的观测并测定分析产量,每年11月至次年4月(季节固定)进行土壤湿度测定。按年度手工编制报表,2008年起用计算机编制报表。每旬编发旬报,同时为地方人民政府领导指导农业生产提供农业气象科学依据,为农业部门提出生产建议。

③气象信息网络

1996年9月至2000年4月30日期间,地面气象报通过州电信局报房发报。1997年"9210"工程(气象卫星综合应用业务系统)建成,1998年建成地县计算机远程终端后,信息传输通过"9210"工程系统和地县网完成。2000年建成 PC-VSAT 站、气象通信宽带网、地—县宽带网服务器和州、县计算机远程终端,从2000年5月1日起,用县级分组网传输和电信局报房发报。

④天气预报预测

文山县气象局不开展天气预报预测业务。天气预报预测由文山州气象台制作后交由文山县气象局负责开展气象服务。

2. 气象服务

公众气象服务 通过电视天气预报系统,开展日常的天气预报、灾害防御、科普知识、农业气象、风景区预报等服务。2000—2008年,通过电视、广播、报纸、手机短信、固定电话将预报产品和相关服务资料发送到地方县、乡、镇党政及有关部门。2008年10月,文山县政务网络办公平台建立,通过网络发布气象信息,拓宽了服务手段。

决策气象服务 2008 年,依据文山州气象台的预报产品和灾害性天气预警资料,以专题预报的形式,通过政务网网络办公平台和传真机直接发送县委、县人民政府和有关部门,为领导决策提供服务,使各级领导做到心中有数,做好应对灾害天气决策,采取措施做好预防工作,使自然灾害造成的损失降到最小。2008 年 4 月 1 日,文山壮族苗族自治州成立 50 周年,文山县局为庆典活动提供了准确的气象保障服务,县人民政府给予高度的评价。

专业与专项气象服务 1999 年开始开展人工影响天气工作,项目有人工增雨抗旱、汛期防洪排涝,服务于水利、电力、农业、林业等行业。对文山县森林保护区老君山冬春季森林防火增湿进行气象科技服务,取得成效。2006 年春末夏初,文山县干旱严重,人畜饮水十分困难,大田生产用水严重不足,文山县局人工增雨作业组抓住有利条件,实施人工增雨作业,旱情得到缓解,烤烟、农作物得以移栽,深受好评。

文山县人工增雨作业火箭发射架(摄于 2005 年 2 月 7 日文山县马塘镇)

气象科普知识宣传活动现场

气象科普宣传 2007 年 8 月,被文山州科协首批命名为文山州科普教育基地。一直以来有针对性地对中、小学生和有关人士进行气象防灾减灾科普知识宣传。特别是在 3 月 23 日世界气象日和安全生产教育月期间,组织干部职工在主要街道宣传《中华人民共和国气象法》、《人工影响天气条例》等气象法律法规以及气象防灾减灾科普知识。

气象法规建设与社会管理

探测环境保护 2005 年 5 月,将文山县气象局《气象台站探测环境和设施保护标准备案书》送文山县建设局备案。2007 年 12 月按照上级业务部门要求,再次将文山县气象局《气象台站探测环境和设施保护标准备案书》送文山县建设局、规划局备案。

由于城市发展建设的影响,文山县气象局观测场已处于城市中心,各种气象要素已不具有代表性、准确性和比较性。为有效地改善气象探测环境,2007 年文山县人民政府同意对文山县气象局实施搬迁,并在文山县开化镇藤子寨路口采取行政划拨方式,安排 10 亩土地用于观测场搬迁和业务用房建设。至 2008 年底,文山县气象局整体搬迁建设工作正在积极的筹备中。

防雷管理 2005 年 11 月,文山县防雷装置安全检测中心成立。2006 年 8 月 15 日取得云南省防雷装置检测丙级资质。

政务公开 2003 年,按照依法公开,求真务实,突出重点,便于监督的原则,对干部任用、目标考核、财务事项、涉及群众切身利益的事项、需要群众和职工了解的重大事项等内容采取职工大会或在公开栏及时公开。

党建与气象文化建设

党的组织建设　截至 2008 年底,有党员 3 名,党员归属文山州气象局党总支第二支部管理,参加第二支部活动。

党风廉政建设　按照文山州气象局党组的部署安排,制定《文山县气象局关于执行"三重一大"制度的规定》、《文山县气象局关于贯彻落实〈建立健全教育、制度、监督并重的惩治和预防腐败体系实施纲要〉的意见》、《廉政建设监督制度》、《文山县气象局廉政监督员制度》等一系列制度。严格执行《关于严格禁止利用职务上的便利谋取不正当利益的若干规定》等领导干部廉洁自律的各项规定。严格执行"三人小组"民主决策制度,民主管理台站。自成立文山县气象局以来,一直与州气象局同处一个大院,因此,参与州气象局开展的各项文明创建工作。

台站建设

2003 年 3 月,文山县气象局(站)对"两室一场"(观测场、值班室、气压室)进行改造,对设备进行防雷、防静电处理,达到国家标准要求。值班室进行装修、美化,地面测报人员值班环境得到了有效改善。

"十五"期间,增设办公桌椅、计算机、打印机和传真机。购置人工增雨和工作用车 2 辆。

21 世纪以来,由于城市发展建设的影响,文山县气象局观测场已处于城市中心,气象探测环境已不符合要求。2007 年,上级气象部门同意文山县气象局(站)迁址。同年,文山县人民政府以行政划拨方式,给予 10 亩建设用地。2009 年,中国气象局同意文山县气象观测场搬迁项目立项,并投入项目资金 178 万元,搬迁工作正在筹备中。

文山县气象局(站)观测场(摄于 2004 年 9 月 2 日)

砚山县气象局

砚山县位于文山州中西北部,地处北纬 23°19′～23°59′,东经 103°35′～104°45′之间,土地面积 3826.57 平方千米,下辖 11 个乡(镇)、2 个华侨农场,境内最高海拔 2263 米,最低海拔 1080 米。属低纬北亚热带高原季风气候,干湿季分明,立体气候明显。测站海拔高度1561.1 米,极端最高气温 33.4℃,极端最低气温-7.8℃,年平均气温 16.1℃,年平均降水量 1008 毫米,全年无霜期 302 天。

机构历史沿革

始建情况 1958 年 1 月,在砚山县铳卡农场建立云南省砚山县气候站。

站址迁移情况 1962 年 1 月,气候站由铳卡农场迁移到砚山县城营房"城郊",新站址与原址相距 7 千米。1966 年 1 月,搬迁至县城南郊子马丫口(现址),相距营房站址 1.2 千米,位于北纬 23°37′,东经 104°20′,海拔高度 1561.1 千米。

历史沿革 1958 年 1 月建立砚山县气候站;1960 年 3 月,更名为砚山县气象服务站;1972 年 8 月,更名为砚山县气象站;1988 年 12 月,更名为砚山县气象局。

管理体制 1958 年 1 月建立砚山县气候站时属砚山县人民委员会建制,农水科负责管理,业务分属云南省气象局领导。1963 年 4 月隶属云南省气象局建制,由砚山县委、县人民政府和上级气象部门领导,业务分属文山州气象总站领导。1971 年 1 月,隶属县人民武装部和县革委建制,业务分属文山州气象总站领导。1973 年 10 月,改属地方建制,属农业局领导。1980 年 11 月起,实行文山州气象局与砚山县人民政府双重领导,以文山州气象局领导为主的管理体制。

机构设置 2008 年底,砚山县气象局内设办公室、观测股、科技服务股、雷电中心、人工影响天气办公室 5 个机构。

单位名称及主要负责人变更情况

单位名称	姓名	民族	职务	任职时间
砚山县气候站	饶洪广	汉	负责人	1958.01—1960.03
砚山县气象服务站				1960.03—1960.04
	刘永隆	汉	负责人	1960.04—1972.04
	杨有福	彝	站长	1972.05—1972.08
砚山县气象站				1972.08—1984.04
	谢绍详	汉	站长	1984.04—1988.12
砚山县气象局			局长	1988.12—2000.01
	龚 勤	汉	局长	2000.01—2002.08
	李明高	彝	局长	2002.08—

人员状况 建站时有职工 2 人;1962 年迁站后,人员增加到 3 人;1978 年增加到 7 人;1988 年 3 月,州气象局核定编制 6 人;2001 年 10 月州气象局核定编制 11 人。截至 2008 年底,实有在职职工 11 人(其中:大学本科 4 人,大学专科 5 人,中专 2 人;工程师 4 人,助理工程师 7 人),聘请编外工作人员 6 人。

气象业务与服务

1. 气象观测

①地面气象观测

观测时次 1958 年 1 月 1 日起,正式开展地面气象观测,每天进行 01、07、13、19 时(地方时)4 次定时观测,07 时向省气象台拍发 1 次天气报,07、19 时向州气象台拍发 2 次小图报。1960 年 8 月 1 日起观测时间变更为每日 02、08、14、20 时(北京时)4 次定时观测,08 时向省气象台拍发 1 次天气报,08、20 时向州气象台拍发 2 次小图报。1960 年 1 月 1 日起,取消 02 时观测,仅进行 08、14、20 时 3 次定时观测和 17 时补充观测。

2001 年,文山县气象局国家基本气象站任务移交砚山站,业务试运行。2002 年 1 月 1 日起,正式承担国家基本站地面测报任务,24 小时守班,开展 02、08、14、20 时 4 次定时观测和 05、11、17、23 时 4 次补充观测,向省气象台拍发 7 次天气报(23 时只观测不发报),向州气象台拍发补充天气报 2 次(08、20 时)。并承担编发气象旬月报、重要天气报,编制月、年报表等任务。

观测项目 云、能见度、天气现象、风向、风速、气温、空气湿度、地面温度(地面及浅层地温)、雨量、雪深、日照、气压、大型蒸发。

自动气象站观测 2003 年 1 月 1 日,建成自动气象站,正式投入第一阶段业务运行(双轨),以人工观测为主;2004 年 1 月 1 日,自动气象站进入第二阶段业务运行(双轨),以自动观测为主,自动站数据上传中国气象局;2005 年 1 月 1 日起自动站投入单轨业务运行,停止人工站报表制作。向省台拍发 4 次天气报、4 次补充天气报和气象旬、月报。

2006—2008 年建成 9 个两要素(温度、雨量)区域自动站。

航危报 1959 年 5 月—1960 年 4 月向蒙自拍发航空报。1979 年 2—4 月,对越南自卫反击战期间,每天 24 小时向昆明、蒙自机场拍发预约航危报。

②酸雨观测

2006 年 7 月 7 日,砚山国家酸雨观测站投入业务试运行。2007 年 1 月 1 日起正式业务运行,主要承担降水样的采集分析,测量 pH 值和电导率任务,酸雨观测发报时间为每日 15 时。

③农业气象观测

1958 年 4 月 1 日正式开展农业气象观测,两日一次,观测作物是三七、小麦和水稻。1962 年因迁站,农业气象观测停止。1979 年再次开展农业气象观测,1982 年停止农业气象观测。1979 年 2 月,在江那镇郊址城进行红磷熏烟造雾防霜实验取得成功,后在全县的农业工作会议上进行宣传,并在全县农业科学技术推广试验站推广运用。于 1975 年、1977 年、1981 年先后在平远镇、稼依镇、维摩乡和八嘎乡建立了公社气象哨。1990 年"星火计划"期间,在八嘎乡安装简易气象观测仪,并投入了业务运行。

④其他观测任务

2000年6—8月，开展机场选址气象观测。2005年7月—2006年1月，承担机场通航前期观测任务。1984年5月—1986年10月，分别向广西柳州鱼峰区马鞍山电站和贵州兴义拍发雨情报。

2. 气象信息网络

1958年建站初期，气象观测设备为美国和前苏联进口，1962年后，改用国产设备。1986年，引入PC-1500袖珍计算机，进行地面气象观测编报和数据计算，制作天气预报统计及演算。1989年2月15日甚高频电话投入业务使用。1999年，由县人民政府投入4.2万元建成PC-VSAT单收站，安装卫星云图和资料接收处理系统（MICAPS）。2000年开始通过分组网传送天气报，地面测报由微机处理，启用《AH 4.1》微机软件编报、机制报表。2001年1月1日开始启用《AHDM 5.0》，用Internet网传送报文。2001年安装大型蒸发器。2002年11月，建成ZQZ-CⅡ1型自动观测站。2003年开通光纤终端。2005年4月开通乡镇电视天气预报。

2000年8月以前，气象报文通过邮电局报房发出。之后，利用分组交换网传输。2002年起，应用Internet网传送报文。2004年12月，完成气象宽带网建设并投入业务使用。2005年通过宽带网实现了网上办公、气象报文传输、实时资料传输，开通了IP电话。

3. 天气预报

1958年，每天14时抄收天气形势预报广播，结合本站资料绘制图表，分析制作单站天气预报（长、中、短期）。2000年开始，通过单收站（PC-VSAT）接收系统，接收中央气象台发布的地面分析图、850～500百帕高空分析图、数值预报图、卫星云图、物理量图，用气象信息综合分析处理系统（MICAPS平台）制作天气预报。2004年12月，共享中国气象局"9210"工程（气象卫星综合应用业务系统）、风云2号气象卫星产品，运用MICAPS预报平台制作预报。2005年开始使用多普勒天气雷达监测灾情。目前，主要预报产品有：短时天气预报、短期气候预测、中短期天气预报、重大灾害性转折性天气预警、专题预报等。

4. 气象服务

①公众气象服务

20世纪60年代，县局开展的服务主要是发布24小时天气预报，由专人送往县广播站，利用广播发布气象消息。1999年后，先后开展了气象专题服务、雨情快报、天气周报、关键期气候分析与对策建议等预报服务产品。2003年，开始通过手机短信发送，将转折性重大天气过程及时发往地方党政领导部门、乡镇以及各专项服务部门。2004年，与县国土资源局合作，在全州率先开通第一家县级电视天气预报，5—10月发布地质灾害预警预报。2005年，兴农网建成后，积极采编发布各类气象信息、气象灾情、气象科普知识、农业小常识、农经咨询、市场价格与供求等方面的信息。2008年12月，率先在平远镇小舍姑、回龙全国现代烟草农业示范区建设20块气象电子显示屏，发布天气预报和烤烟种植技术等信息。服务的内容逐步多样化，从原来单一的城区定性短期天气预报，发展到现在的既有定性又有定量的、从城区到各乡镇和风景区预报的服务。

②决策气象服务

服务对象主要是县委、县人民政府和各相关部门领导。服务的内容做到多样化,有各类预报产品和短时预报。2002年8月17日,受台风影响,砚山县遭遇强降水,县气象局准确预测降雨趋势,避免了平远丰收水库、稼依水库开闸放水造成的损失,得到了县委、县人民政府领导的肯定。2008年1月,出现历史罕见的低温冰冻灾害。多年来集体荣获省部级荣誉1项,地厅级2项,县处级表彰13项,受到砚山县县委、县人民政府表彰4次。个人共获表彰40人次。

③专业与专项气象服务

人工影响天气　砚山县于1977年开始进行高炮增雨作业(与部队合作)。1997年开始使用JFJ型车载火箭增雨作业系统。2003年以后不断扩大作业规模。2005年新增了BL-2型火箭发射架2套。2006年在文山州率先开展人工防雹试点业务,在全县冰雹灾害最重(几乎每年出现)的江那镇舍木那村和铳卡村建立了两个固定防雹点。试点成功后,2007年在江那镇回龙、芦柴冲、大青龙增建3个作业点;2008年在平远镇小舍姑增建1个作业点;2006—2008年由烟草部门累计投入130万元建成6个人工防雹作业点,覆盖了县内几个冰雹灾害较重的重点烟区,已连续3年成功地防御了冰雹灾害,为砚山县烤烟产业的发展作出了积极贡献。2008年7月14日,省委书记白恩培到平远小舍姑现代烟草农业示范区专门察看了人工防雹工作,指示:"各级各部门要高度重视保护烟农利益,配合开展好人工防雹工作!"。

防雷技术服务　1997年11月10日,成立砚山县防雷中心。2006年,更名为砚山县防雷装置安全检测中心,并获得了防雷检测乙级资质。防雷工程施工2007年以前是挂靠文山州云天气象防雷工程有限公司,2007年成立砚山县天宇防雷工程有限公司,并获得丙级设计施工资质。2003年完成烟草部门防雷系统安装,并每年进行维护和完善新建(构)筑的防雷设施;2007年对电石厂防雷系统进行了整改完善;2008年对斗南锰业公司技改项目防雷设施进行整改完善。

砚山县人工防雹和气象信息为万亩烤烟构筑安全屏障(摄于2008年)

④气象科普宣传

每年利用3月23日世界气象日、安全生产月、重大节假日进行气象科普知识、气象法律法规知识、气象科技知识宣传。2007年,专门制作了《防雹撑起致富路》、《遭遇雷击》两个专题片,在县电视台《七乡视点》栏目播放。

气象法规建设与社会管理

1. 气象法规建设

法规建设　2006年,砚山县人民政府下发《关于进一步加强防雷安全工作的通知》,为开展防雷设施安装检测业务提供了政策保障。2007年与县建设局联合出台《砚山县新建建(构)筑物防雷设施竣工验收管理办法》。

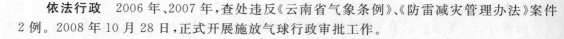
依法行政 2006 年、2007 年,查处违反《云南省气象条例》、《防雷减灾管理办法》案件 2 例。2008 年 10 月 28 日,正式开展施放气球行政审批工作。

2. 社会管理

防雷管理 县气象局与安监局联合对砚山县境内所有的煤矿、非煤矿山、危险化学品、烟花爆竹、建筑施工场地等企业进行了防雷专项督查,对雷击隐患进行了严密排查和限期整改。2007 年,进一步明确了砚山县气象局的防雷管理主体地位,同时加强与建设、安监等部门的沟通协调。2008 年 6 月,与文化部门共同成立专项督查小组,对砚山县境内歌舞厅、网吧、游戏机室、学校等人员聚集场所进行了防雷专项检查。2008 年底,砚山县的新建(构)筑物防雷设计审批和竣工检测验收覆盖率达 90% 以上,并建立了防雷年检制度。

探测环境保护 2006 年,对砚山县局气象探测环境重新进行了测量评估,《砚山县气象局台站探测环境保护备案文件》报建设局备案,将台站的保护标准、限制范围纳入城乡规划,并依法保护。

党建与气象文化建设

1. 党建工作

党的组织建设 建站时无党员,1972 年,有党员 1 名。2003 年 3 月,砚山县气象局党支部正式成立,有党员 3 名。截至 2008 年底,有 6 名党员(其中 1 名为退休职工党员)。

党风廉政建设 2006 年,成立了局党风廉政建设领导小组。领导干部认真履行"一岗双责"的职责,严格执行党风廉政建设责任制。严格执行"三人小组"民主决策监督制度和党风廉政建设责任追究制度。组织干部职工开展党风廉政宣传教育月活动、廉政文化活动、知识竞赛等。建立健全各项廉政建设规章制度、局务公开制度等,不断规范和完善单位的内部管理。

2. 气象文化建设

精神文明建设 20 世纪 80 年代起,就积极开展文明创建活动,1987 年成立了局精神文明创建领导小组。1988 年 4 月,荣获"1985—1987 年全省气象部门'双文明'建设"先进集体。1996 年 3 月,砚山县委、县人民政府授予"县级文明单位"称号。2001 年,文山州委、州人民政府授予"州级文明单位"称号。2006 年后,建起职工文明学校,图书阅览室、职工健身室,开办了职工食堂等。2006 年 8 月,云南省委、省人民政府授予"省级文明单位"称号。2008 年 10 月,被省气象局表彰为"云南省气象部门精神文明创建先进集体"。

文体活动 2005 年起,每年组织外出学习考察、春游。与州气象局、其他县局和地方部门联谊,每年开展文体活动 1～2 次。

3. 荣誉

建站以来,集体共获荣誉 16 项,个人共获省气象局表彰 20 人(次)。

1988 年 4 月,砚山县气象站荣获 1985—1987 年全省气象部门双文明建设先进集体;1999 年被省气象局表彰为 1996—1998 年全省气象部门双文明建设先进集体;2006 年 8 月,云南省委、省人民政府授予砚山县气象局"省级文明单位"称号。

台站建设

基础设施建设　砚山气候站最初建于铳卡农场,不足 40 平方米。1962 年气候站搬迁至砚山县营房,建造了 1 幢 80 平方米的土木结构平房用作职工宿舍和办公楼。1966 年,砚山县气象站搬迁至县城南郊子马丫口(现址),建 150 平方米的土木结构瓦房。1978 年,征地 1.3 亩,新建 1 幢砖木结构的办公楼。1984 年,新建砖混结构住宿楼 355 平方米。2001 年,建设办公楼 410 平方米,自筹资金 32 万元修建职工食堂、厕所、大门,并对院内环境进行了绿化美化。

观测场始建之初规格为 16 米×20 米,铁丝网围栏;1985 年,扩建为 25 米×25 米,更换为钢筋围栏;2001—2002 年,再次对观测场进行改造,铺上整齐的草坪和青石板路,百叶箱更换成玻璃钢制,观测场围栏更换成不锈钢。

砚山县气象局观测场 20 余年变迁

砚山县气象局办公楼(2009 年 9 月)

西畴县气象局

西畴县位于文山州中部,东经 104°22′～104°58′,北纬 23°06′～23°37′之间。北回归线横贯县境。全县国土面积 1506 平方千米,其中裸露、半裸露岩溶面积 1135 平方千米,占全县总面积的 75.4%。县城西洒镇海拔高度 1473.4 米。

机构历史沿革

始建情况 1937—1939 年,有各月雨量观测记录。1958 年 12 月 1 日,云南省西畴县气候站在西畴县兴街公社马店大队建立,观测站位于北纬 23°14′,东经 104°35′,海拔高度 1185.1 米。

站址迁移情况 1959 年 4 月 30 日,气候站迁至老街公社大园子大队;1961 年 11 月 20 日,气候服务站随县人民政府迁往西洒公社弯刀地,与原站址相距 34 千米;2003 年 7 月 1 日,观测场搬迁到西洒镇小平台(城郊)至今,观测场位于北纬 23°27′,东经 104°42′,海拔高度 1507.5 米。

历史沿革 1958 年 12 月 1 日,建立云南省西畴县气候站。1960 年 1 月,更名为西畴县气象服务站。同年 3 月,更名为西畴县气候服务站。1966 年 2 月更名为西畴县气象服务站。1972 年 8 月,更名为西畴县气象站。1990 年 5 月,更名为云南省西畴县气象局。

管理体制 1958 年 12 月—1963 年 7 月属西畴县人民委员会建制和领导,县农业局负责管理。1963 年 8 月—1970 年 6 月,属云南省气象局属云南省气象局(1966 年 3 月改为云南省农业厅气象局)建制,隶属文山州气象总站管理。1970 年 7 月—1970 年 12 月,属文山州革命委员会建制和领导。1971 年 1 月—1973 年 9 月,实行西畴县人民武装部领导,建制仍属西畴县革命委员会。1973 年 10 月—1981 年 3 月,西畴县气象站改属西畴县革命委员会建制和领导,县农业局负责管理。1980 年 11 月起,实行文山州气象局与西畴县人民政府双重领导,以文山州气象局领导为主的管理体制。

机构设置 2008 年底,西畴县气象局内设办公室、观测股、科技服务股、雷电中心、人工影响天气办公室 5 个机构。

单位名称及主要负责人变更情况

单位名称	姓名	民族	职务	任职时间
云南省西畴县气候站	闫家仁	汉	负责人	1958.12—1959.12
西畴县气象服务站				1960.01—1960.02
西畴县气候服务站				1960.03—1962.12
	林光云(女)	汉	负责人	1962.12—1966.01
西畴县气象服务站				1966.02—1967.10
	曾传述	汉	负责人	1967.10—1972.07

续表

单位名称	姓名	民族	职务	任职时间
西畴县气象站	曾传述	汉	站长	1972.08—1975.09
	闫家仁	汉	站长	1975.10—1984.08
	何兴建	汉	站长	1984.08—1987.08
	谢三勇	汉	站长	1987.09—1989.09
云南省西畴县气象局	何兴建	汉	站长	1989.09—1990.04
			局长	1990.05—1995.08
	彭启洋	汉	局长	1995.08—1997.07
	田桂兰(女)	壮	副局长(主持工作)	1997.08—1999.03
			局长	1999.03—2000.08
	周文剑	汉	局长	2000.08—2004.06
	王顺江	彝	副局长(主持工作)	2004.06—2005.09
	陆学文	壮	副局长(主持工作)	2005.09—2006.12
			局长	2006.12—2009.05
	王顺江	彝	副局长(主持工作)	2009.05—2010.04
	黄国平	壮	副局长(主持工作)	2010.04—2011.02
			局长	2011.02—

人员状况　建站时仅有 2 人。1974 年 9 月增加了 1 人。2006 年 10 月定编为 8 人。1958 年 12 月建站到 2008 年 12 月止,先后有 38 人在西畴县气象站工作过。截至 2008 年 12 月,有在编职工 8 人,其中:大学本科 3 人,大学专科 3 人,中专 2 人;中级职称 4 人,初级职称 3 人;壮族 2 人,彝族 1 人;40～55 岁 2 人,30～39 岁 5 人,20～29 岁 1 人。

气象业务与服务

1. 气象业务

①地面气象观测

观测项目　云、能见度、天气现象、风向、风速、气温、空气湿度、草面温度、地面温度(地面及浅层地温)、雨量、雪深、日照、气压、小型蒸发。

观测时次　1958 年开始观测,观测时次为每天 01、07、13、19 时(地方时)4 次。1960 年 8 月 1 日起改为 02、08、14、20 时(北京时)4 次。

发报种类　编发预约航危报、固定航危报、水情报、小天气图报、重要天气报、绘图报。从 2001 年,每天编发 08、14、20 时 3 个时次的天气报,每旬、月末编发旬月报以及不定时编发重要天气报。

1986 年 11 月 6 日,开始使用 PC-1500 袖珍计算机编发报。从 2001 年 1 月 1 日 08 时起执行《统一地面加密气象观测报告电码型式》,同时启用新版《AHDM 5.0》地面测报软件。2006 年 10 月,西畴县建成自动气象站,2007 年 1 月 1 日,投入第一阶段业务运行,以人工观测为主;2008 年 1 月 1 日,投入第二阶段业务运行,以自动站观测为主;2009 年 1 月 1 日起,自动站转入单轨业务运行,停止人工站报表制作。自动站数据传输中国气象局。

气象报表制作 承担气表-1 和气表-21 编制工作,2001 年 7 月以前,气象月、年报表均用手工编制。从 2001 年 7 月 1 日正式启用微机编报、机制报表。

报文传输 气象电报传输在建站以后一直通过当地邮电局专线电话发报。1988 年 12 月配备了甚高频电话后,用其传送至文山州气象台。2001 年 1 月 1 日起开始应用 Internet 网传送报文。2006 年 10 月,通过云南省气象局域网传输电报。

②农业气象

1979—1980 年开展农业气象观测,主要进行水稻和玉米的生育状况观测。1980 年后取消了农业气象观测业务。

2. 气象信息网络

1998 年 12 月建成计算机远程终端并与州气象台连网。2001 年建成 PC-VSAT 单收站,在预报业务上开始使用 MICAPS 气象信息综合分析处理系统。2004 年建成州—县宽带网络。2005 年 12 月建成了鸡街乡、董马乡、法斗乡、兴街镇、莲花塘乡 5 个两要素(温度雨量)区域自动站和 1 个信息接收处理服务中心。

3. 天气预报预测

建站至 1962 年,未独立制作天气预报,只是每天抄收 14 时天气形势预报广播。1962—1984 年,通过制作分析 14 时的压、温、湿曲线图及 05—17 时的综合时间剖面图和简易天气图等制作天气预报。1984 年—2001 年 10 月,参考省、州气象台预报和分析简易天气图,结合本站实测资料进行综合分析制作天气预报。天气预报通过县广播站每天 18—19 时向全县广播。2001 年 11 月 1 日起停止抄收预报广播,用电脑制作本站三线图及其他综合图。2002 年建成 PC-VSAT 单收站,接收中央气象台发布地面分析图、850～500 百帕高空分析图、数值预报图、卫星云图、物理量图。同时气象信息综合分析处理系统(MI-CAPS)启用,天气预报的制作全部在 MICAPS 平台上进行。还开通了 163 拨号上网,接收州气象台的指导产品,并通过云南气象网进行天气会商。2004 年起,全省气象内部局域网建成,通过局域网可以接收文山多普勒雷达产品,从此可制作本地临近天气预报,天气预报准确率因此明显提高,临近预报准确率达 95％以上。

4. 气象服务

公众气象服务 建站初期到 20 世纪 60 年代,天气预报人工送、邮寄两种方式。70—90 年代增加电话传送,短期天气预报每天电话传送县广播站发布。随着电子信息技术的迅速发展,从 2000 年开始,有了传真机、移动电话,气象信息通过传真、短信发送到乡、镇及有关部门。

决策气象服务 2000 年开始,灾害性天气专题预报及时用传真和手机短信方式直接发到县委、县人民政府和各相关部门领导。针对县防汛抗旱指挥部的需求开展防汛抗旱服务工作,主要服务内容:春季人工增雨抗旱、汛期防洪排涝,采取发布短时天气预报、《天气周报》、《重要降水专题天气预报》等方式,提供及时有效的重要天气预报。多年来,为西畴县抗旱排涝、低温防寒等防灾减灾工作提供了准确的气象依据,得到当地党委、人民政府和相关单位的好评。

专业与专项气象服务 1962 年开始,发布森林防火补充订正预报。1984 年开始,针对县森林防火工作,发布冬、春季森林火险等级预报。2008 年,每年防火戒严期,每日向县森林防火指挥部发送未来 24 小时天气预报和火险等级预报、森林防火专题天气预报。2007 年开始,在全县范围内,对各个加油站、电子游戏室、易燃易爆场所、新建办公楼开展防雷装置设计施工或检测等专业专项气象服务。2006 年 4 月购置 CFD2-2 型火箭 2 套,充实了人工增雨防雹技术设备,对加强人工影响天气工作有了很大促进。

5. 科学技术

气象科普宣传 每年"3·23"世界气象日和科普宣传周,组织全体干部职工开展气象科普宣传活动,积极宣传防雷电安全知识和气象防灾减灾知识。

气象科研 1982—1985 年开展全县气候普查,编写《西畴县农业气候区划》,为全县科学、合理利用气候资源特别是农、林、牧业等发展提供了科学依据。

气象法规建设与社会管理

1. 法规建设

2001 年 7 月,文山州人民政府印发《文山州防雷减灾安全管理实施办法》。2007 年 4 月,出台《文山州人民政府关于加快气象事业发展的意见》。2007 年 11 月,文山州人民政府下发《关于加强防雷减灾安全工作的通知》。2008 年 10 月,文山州人民政府办公室下发《关于进一步加强气象灾害防御工作的通知》,以上级出台的政策为依据,管理和规范单位防雷工作。

2. 社会管理

探测环境保护 2001 年,由于地方城市规划建设,原气象观测场环境受到新建商贸大街和兰城农贸市场的严重破坏,气象要素已不具有准确性和代表性,观测场搬迁至西畴县小平台,新建观测场于 2003 年 6 月 30 日 20 时正式投入使用,同时将气象探测环境的保护范围和标准报当地建设规划部门备案,积极做好气象探测环境保护工作。每年开展气象探测环境保护情况自查活动,2006 年 9 月及时制止了外单位建设输电线塔影响到气象探测环境的事件,探测环境得到有效保护。

防雷管理 1997 年 12 月,经县人民政府批准成立西畴县防雷中心,1998 年正式开展防雷减灾工作,重点加强雷电灾害防御工作的依法管理。2005 年 12 月,经县编委办同意将西畴县防雷中心更名为西畴县防雷装置安全检测中心。2002 年 3 月编写出台了《西畴县防雷装置安全检测质量管理手册》、《西畴县防雷操作规范》、《西畴县防雷机构程序手册》,规范了西畴县建设项目防雷工程安装、设计审核、跟踪检测和竣工验收工作,并在全县范围内实施。防雷行政许可和防雷科技气象服务正逐步走向规范化。

3. 政务公开

2003 年,制定西畴县气象局局务公开制度,规定社会公开和内部公开内容和形式,同时,认真做好人民政府信息公开工作,制定了西畴县气象局、西畴县人民政府信息公开目录和公开指南。

党建与气象文化建设

1. 党建工作

党的组织建设 1982 年 6 月以前,西畴县气象站党建工作十分薄弱,24 年无党员。1982 年 6 月—2000 年 12 月之间,加强党建工作,先后发展党员 7 人,其中 1982 年有 1 名党员,2000 年 12 月有 3 名党员,参与县农业局党支部活动。2002 年 8 月 15 日,成立西畴县气象局党支部,有党员 3 人。截至 2008 年底,有党员 4 人。

党风廉政建设 领导干部认真履行一岗双责,提高预防腐败的能力。把党风廉政建设与各项工作管理目标相结合、与人民群众的监督相结合、与经常性业务检查考核相结合。党支部先后开展了专题党风廉政教育活动、领导班子公开廉政承诺、民主评议党员活动、领导班子民主生活会、局务公开群众满意度测评等活动,查找了存在的突出问题,制定整改措施等。

2. 气象文化建设

精神文明建设 1997 年,把增强领导班子凝聚力和战斗力与职工队伍的思想政治道德教育作为精神文明建设的重要内容来抓。近几年来,选送多名干部职工参加省、州举办的各种业务培训,并有 5 名干部职工先后完成了在职函授学历教育。积极参加文山州普法考试,合格率 100%。每年清明节,组织干部职工到烈士陵园扫墓,接受爱国主义教育。

文明单位创建 积极组织参与省、州气象局组织的各类文体活动。开展社会公德、职业道德、家庭美德和普法教育,2004 年建立了职工文明公民学校和精神文明宣传栏,建成支部活动室、职工阅览室,改善职工活动条件。组织职工进行羽毛球比赛,争创"百班"、"优秀预报员"等竞赛活动。文明创建工作不断发展,站容站貌得到很大改善,职工精神面貌焕然一新,文明创建取得了可喜成绩。1999 年 12 月和 2004 年 4 月,连续两届被西畴县委、县人民政府命名为"县级文明单位"。2007 年 12 月,被文山州人民政府命名为"州级文明单位"。

荣誉 1966 年 4 月,获云南省农业厅通报嘉奖。1979 年 12 月被文山州委、州革命委员会授予"人工引雨先进集体"称号。1966 年至 2008 年共获得集体荣誉 23 项,个人获奖共 42 人(次)。

台站建设

台站综合改善 西畴县是一个边疆贫困县,建站之初没有房屋,借住群众房屋办公和住宿。1961 年修建了土木结构的房屋 85 平方米。1963 年和 1975 年 2 次扩建了办公室和宿舍,干部职工的工作生活条件得到一定改善。1992 年 7 月,建 1 幢四层楼的职工住宿楼,结束了办公室和住宿合用的历史。1999 年州气象局拨款 1.9 万元建院内地坪、围墙等工程。2003年,新建地面气象观测用房和综合楼。2004年4月,更新办公设备、绿化单位庭院,改善了干部职工的居住、工作环境。2008年9月28日,新业务办公楼动工建设。

现有土地面积2829平方米,综合楼1528平方米,测报值班用房55平方米,在建的业务办公楼986平方米。

西畴县气象局老办公房及观测场(拍摄于1987年7月26日)

西畴县气象站现观测场(拍摄于2008年7月11日)

西畴县气象站(拍摄于2008年7月11日)

西畴县气象局业务办公大楼(拍摄于2009年7月18日)

台站环境绿化建设 2004—2005年,上级补助和自筹一部分资金对气象局大院和新搬迁的地面气象观测站环境进行绿化美化,修建了花坛、种植了草坪和风景树,绿化面积达600多平方米,形成生活、科技业务、观测场地各功能分区的科学布局。

麻栗坡县气象局

麻栗坡县位于文山州东南部,地处北纬22°48′~23°33′,东经104°32′~105°18′之间,辖

11 个乡(镇),海拔最高 2579.3 米,最低 107 米,总面积 2395 平方千米。与越南相邻,国境线长达 277 千米。

机构历史沿革

始建情况　1959 年 2 月 1 日,在西畴县麻栗坡公社岜亮生产队,建立云南省西畴县麻栗坡气候站(当时西畴、麻栗坡合为西畴县),观测场地按规范 16 米×14.5 米标准建设。

站址迁移情况　1961 年 5 月,迁往麻栗坡八布区打戛。1961 年 10 月西畴、麻栗坡分开设县。1962 年 5 月,按麻栗坡县人民委员会指示,气候站迁回麻栗坡县城,座落在菜园子生产队(原岜亮生产队),观测场位于北纬 23°08′,东经 104°42′,海拔高度 1093.4 米。

历史沿革　1959 年 2 月 1 日,建立云南省西畴县麻栗坡气候站。1960 年 1 月,更名为麻栗坡气象服务站。1960 年 3 月,更名为麻栗坡气候服务站。1966 年 1 月,更名为麻栗坡县气象服务站。1972 年 8 月,更名为麻栗坡县气象站。1990 年 3 月,更名为云南省麻栗坡县气象局。

管理体制　1959 年 2 月建站,属麻栗坡县人民委员会建制和领导,文山州中心气象站负责管理。1963 年 6 月—1970 年 6 月,改属云南省气象局(1966 年 3 月改为云南省农业厅气象局)建制和领导,文山州气象总站负责管理。1970 年 7 月,隶属麻栗坡县革命委员会建制和领导。1971 年 1 月,隶属栗坡县人民武装部领导,建制仍属麻栗坡县革命委员会。1973 年 10 月,改属麻栗坡县革命委员会建制,归口县农业局管理。1979 年,隶属县人民政府管理,分属文山州气象台业务指导。1980 年 9 月起,实行麻栗坡县人民政府与文山州气象局双重领导,以文山州气象局领导为主的管理体制。

机构设置　2008 年底,麻栗坡县气象局内设办公室、观测股、科技服务股、雷电中心、人工影响天气中心 5 个机构。

单位名称及主要负责人变更情况

单位名称	姓名	民族	职务	任职时间
西畴县麻栗坡气候站				1959.02—1960.01
麻栗坡气象服务站				1960.01—1960.03
麻栗坡气候服务站	朗裕志	汉	负责人	1960.03—1966.01
麻栗坡县气象服务站				1966.01—1972.08
				1972.08—1978.08
麻栗坡县气象站	王若愚(女)	汉	站长	1978.08—1987.08
	赵绍明	白	站长	1987.08—1990.03
麻栗坡县气象局			局长	1990.03—1996.03
	王　惠(女)	彝	局长	1996.03—1998.07
	罗锡健	汉	局长	1998.07—

人员状况　1959 年 2 月建站时仅有 3 人。1978 年有 6 人,2006 年气象业务技术体制改革定编 8 人。截至 2008 年 12 月有在编职工 8 人,其中:大专 3 人,中专 4 人,高中 1 人;中级职称 2 人,初级职称 6 人;少数民族 3 人。

气象业务与服务

1. 气象业务

①地面气象观测

观测项目　云、能见度、天气现象、风向风速、湿度、气温、气压、降水、日照、蒸发、地温等。

观测时次　1959年2月1日正式开展地面测报业务工作。每天进行01、07、13、19时（地方时）4次地面观测,夜间不守班;1960年8月1日改为,每天02、08、14、20时（北京时）4次定时地面观测;1962年5月1日,改为08、14、20时3次观测。向省气象局拍发3次加密天气报和气象旬、月报任务。

气象报表制作　1986年,PC-1500袖珍计算机投入气象测报业务使用,用于气象观测编报和有关计算;1988年1月开始,报表制作正式使用计算机打印;2000年9月1日起,更换为联想微型计算机,启用《AH 4.1》微机软件编报、机制报表。2001年1月1日,启用新版《AHDM 5.0》地面测报软件,应用Internet网传送报文。

自动气象站观测　2005年10月,建成ZQZ-CⅡ1型自动气象站,2006年1月1日,自动气象站正式投入第一阶段业务运行（双轨）,以人工观测为主;2007年1月1日,自动气象站进入第二阶段业务运行（双轨）,以自动站观测为主,自动站数据传输中国气象局;2008年1月1日起,自动站正式投入单轨业务运行,停止人工站报表制作。

区域自动气象站观测　2008年1月,完成了杨万、铁厂、八布、大坪4个乡（镇）两要素（温度雨量）区域自动站建设,并投入业务使用。

航危报　1961年3月30日起,发OBSAV蒙自0—24时预约航危报;1978年12月23日起,发OBSAV文山、昆明、个旧05—18时预约航危报;1980年3月29日起,发昆明、个旧、砚山05—18时预约航危报;1981年6月11日—7月1日,发蒙自、砚山05—18时固定航危报;1989年1月1日起,发成都、昆明、文山、麻栗坡军航和民航05—18时固定航危报,OBSPK北京05—20时固定航危报,OBSPK北京21—04时预约航危报。2006年1月1日取消固定航危报任务。

②天气预报预测

1959—1962年,气象预报的制作主要是每天14时收听天气形势预报广播,分析制作发布天气预报。1962年后,增加分析14时的压、温、湿曲线图及05—17时的综合时间剖面图和简易天气图。2001年11月起,在电脑上制作三线图及其他综合图,提高了效率,结束了用收音机抄收广播和手工制图的历史。2002年12月建成PC-VSAT单收站,通过接收系统,接收中央气象台发布地面分析图、850～500百帕高空分析图、数值预报图、卫星云图、物理量图。同时气象信息综合分析处理系统启用（MICAPS）,天气预报的制作在MICAPS平台上完成,同时还开通了163拨号上网接收州气象台的指导产品,预报员通过云南气象网进行天气会商和交流,24小时预报、天气周报准确率明显提高。2004年起,县局通过部门局域网可以接收文山多普勒雷达产品,从此,县局也可制作本地临近天气预报,临近预报准确率达95%以上。2005年10月,开通了电子信息传输系统及宽带网。2006年气象预报实现网络化、预报准确率大大提高,服务及时,为当地防灾减灾提供依据。

天气预报产品主要有:短期气候预测(包括年月旱涝趋势,春播期旱涝低温倒春寒、雨季开始结束期、主汛期旱涝、大春作物生长和产量形成关键期低温、秋收期低温连阴雨)、中期天气预报(实况回顾、未来两周趋势、天气周报)、专题天气预报(大型活动、森林防火、防洪抢险、农事关键期等)、重要天气预报(低温、暴雨、强对流等灾害天气)、天气气候情况反映(阶段性或关键性及灾害性天气实况分析、未来天气趋势及预警)、逐日短期天气预报等。

2. 气象服务

①公众气象服务

建站初期至 20 世纪 60 年代,天气预报用人送、邮寄送达服务单位。20 世纪 70 年代—90 年代用电话传、人送、邮寄送达服务单位,短期天气预报每天电话传送县广播站向公众发布。随着电子信息技术的迅速发展,从 1997 年开始,用传真、短信发送到各乡(镇)和有关部门及手机短信用户。

②决策气象服务

2000 年开始,用预报产品服务于各级党政部门,在灾害性天气发生前,发布专题预报,及时用传真和手机短信方式直接发送到县委、县人民政府和各相关部门的领导及办公室,使各级领导正确做出应对灾害性天气的决策,充分发挥气象工作的参谋助手作用。

③专业与专项气象服务

防火和防汛抗旱气象服务　1984 年开始,主要针对县森林防火指挥部开展冬、春季护林防火服务工作。每年的 11 月至次年 4 月防火戒严期间,每日向县森林防火指挥部发送未来 24 小时天气预报和火险等级预报,当预测到 3 日以上的连续晴天时,增发《森林防火专题天气预报》。防汛抗旱服务,针对县防汛抗旱指挥部开展服务工作。主要内容:春季人工增雨抗旱、汛期防洪排涝,开展人工影响天气作业、发布短时天气预报、《天气周报》《重要降水专题天气预报》等。

防雷技术服务　1998 年成立防雷中心,开展的防雷检测项目包括:各种建(构)筑物的防雷检测、土壤电阻率检测、防雷图纸审核、防雷工程的设计安装,还负责全县计算机(场地)、易燃易爆场所防雷安全检测和整改工程的设计施工工作。

3. 科学技术

气象科普宣传　每年利用"3·23"世界气象日,组织全体干部职工对气象法律法规和气象防灾减灾科普知识进行宣传。每年利用科技周与麻栗坡县安监局、消防大队、水务局、林业局、农业局、科技局等单位联合开展防灾减灾宣传工作。利用县科普走廊宣传一条街宣传窗,定期更换气象防灾减灾等科普宣传内容。

气象科研　1983 年 4 月—1985 年 10 月,开展全县农业气候资源调查和区划,完成了《麻栗坡县农业气候资源调查和区划》编写工作。

科学管理与气象文化建设

1. 科学管理

社会管理　1998 年,成立麻栗坡县防雷中心,正式开展防雷减灾工作,重点加强雷电灾害防御工作的依法管理工作。2005年12月,经县编委办同意,麻栗坡县防雷中心更名为麻栗坡县防雷装置安全检测中心。2006年编写了《麻栗坡县防雷装置安全检测质量管理手册》《麻栗坡县防雷操作规范》《麻栗坡县防雷机构程序手册》,促使境内防雷检测、防雷装置设计审核、防雷装置竣工验收工作逐步规范。严格执行施放气球审批制度。2005年6月,完成了《气象探测环境保护技术规定》报县建设局备案工作;2007年11月,再次把《探测环境保护技术规定备案材料》报送麻栗坡县建设局备案。

政务公开 2003年,加强对气象政务的公开,对气象精神文明建设、气象服务内容、服务承诺、气象行政执法依据、服务收费依据及标准等,采取了公示栏公式的方式向社会公开。干部任用、财务收支、目标考核、基础设施建设等内容以职工大会或上公示栏张榜的方式向职工公开,并进行局务公开群众满意度测评。

2. 党建工作

党的组织建设 2001年6月以前,与麻栗坡县科委、地震办三个单位组成联合党支部。2001年7月,从麻栗坡县科委地震办气象联合支部分离出来,成立麻栗坡县气象局党支部,有党员4人。截至2008年底,有党员7名。

党风廉政建设 2001年开始制定了党员学习制度、党风廉政建设制度、科学民主决策制度、三人小组民主决策监督制度、民主生活制度、党务公开制度、党支部联系和服务群众制度、讲党课制度、党员目标管理制度、民主评议制度,并严格执行,有效防止个人独断专行,预防腐败的滋生。领导干部实行一岗双责制度。党支部先后开展了各种专题的党风廉政教育月活动,开展读文思廉、知识竞赛、民主评议党员、领导班子民主生活会等活动,查找存在的突出问题,制定整改措施等。

3. 气象文化建设

2003年,按建设"四个一流"的要求,紧紧围绕培育"四有"气象新人作为文明创建的重要内容,通过开展经常性的政治理论、法律法规、气象知识的更新学习,增进思想情感交流,协调融洽人际关系,提高职工素质。2000年,被麻栗坡县委、县人民政府评为"县级文明单位"。2001年,被文山州委、州人民政府授予"州级文明单位"称号后,并一直保持荣誉。2006年9月建立了图书阅览室,先后投入了5000元资金用于购买各种图书300余册,投入3000元购置了图书阅览室的配套设施。现有各种图书800余册,图书阅览室面积为60平方米。

4. 荣誉

集体荣誉 1979—2008年,麻栗坡县气象局共获得集体荣誉23项,其中:1986年获云南气象局"云南省气象系统先进集体";1988年获云南省气象局"双文明"建设先进集体。

个人荣誉 1979—2008年,个人获奖共108人(次)。1989年4月,赵绍明获全国气象部门"双文明建设先进个人"称号;1990年11月,省人民政府给赵绍明记支前一等功一次。

台站建设

基础设施建设 建站初期,有房屋3幢32间,建筑面积582.2平方米。1961年,加盖土木结构平房81.7平方米。1970年,加建土木结构平房108.2平方米。1979年,建砖混结构413.7平方米。1987年,建砖混结构348平方米。1997年,购麻栗坡县贸易公司旧房产,拆除后新建职工宿舍楼1幢6户,建筑面积845平方米。2003年7月,按照"两室一场"改造要求,对观测场进行改造,将原来钢筋围栏更换成不锈钢围栏,重新栽种草坪,房屋占地面积230平方米,观测场占地面积272平方米,其余为道路和绿化带。"十五"期间,购置价值2万元的办公桌椅,增设微机3台和打印机、复印机、传真机、扫描仪等现代化办公设备;购置人工增雨和防雷减灾设备及工作用车1辆。

滑坡治理 2002年观测场北面和西面山体大范围滑坡,县人民政府出面筹集资金54万元进行滑坡治理,取得了成效。2002年7—8月由于受持续强降水天气的影响,造成观测场东面大范围山体滑坡,道路中断,观测值班室楼前的地坪下陷,挡墙崩塌,值班室屋面漏雨,已经危及人员安全。上级气象主管部门和地方党委人民政府对此高度重视,2002年—2003年4月,先后投入159万元资金,用8个月的时间对山体滑坡进行了全面治理,修通了通往观测场的道路,同时对办公楼进行了改造修缮,并对观测场周边的环境进行了综合改造,改善了职工的工作环境。

麻栗坡县气象局(站)旧貌(摄于1983年11月16日)

麻栗坡县气象局(站)新貌(摄于2008年7月)

麻栗坡县气象局现观测场(摄于2009年5月)

麻栗坡县乡镇两要素(温度、雨量)区域自动站(2007年12月摄于麻栗坡县大坪镇)

马关县气象局

马关县位于文山州南部,地处北纬 22°42′~23°15′,东经 103°52′~104°39′之间,海拔高度 123~2579 米。南与越南接壤,国境线长 138 千米。全县国土面积 2676 平方千米,辖 4 乡 9 镇。属低纬度亚热带东部型山地季风气候,冬无严寒,夏无酷热,干雨季分明。

机构历史沿革

始建情况　1934 年 5—6 月,马关(建设局)进行过各种天气现象、气温、风等观测。1958 年 11 月,马关县气候站在马关县马白镇多胜村建立。观测场位于东经 104°25′,北纬 23°02′,规格 25 米×25 米;海拔高度为 332.9 米。

历史沿革　1960 年 1 月,马关县气候站更名为马关县气象服务站,同年 3 月更名为马关县气候服务站;1966 年 1 月,更名为马关县气象服务站;1972 年 8 月,更名为马关县气象站;1990 年 3 月,更名为马关县气象局。

管理体制　1958 年 11 月,马关县气候站建立时,隶属马关县人民委员会建制,业务属文山州气象中心站领导。1963 年 4 月,隶属云南省气象局建制,业务属文山州气象总站领导。1970 年 7 月,隶属马关县革命委员会建制和领导,业务属文山州气象总站领导。1971 年 1 月,马关县气象站实行马关县人民武装部领导,建制仍属马关县革命委员会。1973 年 10 月,改属马关县革命委员会建制和领导,马关县农业局负责管理。1980 年 9 月,实行马关县人民政府与文山州气象局双重领导,以文山州气象局领导为主的管理体制。

机构设置　2008 年底,马关县气象局内设办公室、观测股、科技服务股、雷电中心、人工影响天气办公室 5 个机构。

单位名称及主要负责人变更情况

单位名称	姓名	民族	职务	任职时间
马关县气候站	兰万全	汉	负责人	1958.11—1959.10
	赵幼如(女)	汉	负责人	1959.10—1960.01
马关县气象服务站				1960.01—1960.03
马关县气候服务站				1960.03—1961.08
	侯昌明	汉	负责人	1961.08—1966.01
马关县气象服务站				1966.01—1972.08
马关县气象站			站长	1972.08—1978.11
	虎家贵	汉	副站长	1978.11—1981.03
	曾传述	汉	站长	1981.03—1990.03
马关县气象局				1990.03—1992.08
	秦勇	汉	局长	1992.08—2001.11

单位名称	姓名	民族	职务	任职时间
马关县气象局	孙海燕（女）	汉	局长	2001.11—2004.07
	陈　兵	汉	副局长（主持工作）	2004.07—2006.12
			局长	2006.12—2009.05
	黄一珊	壮	副局长（主持工作）	2009.05—2010.07
			局长	2010.07—

人员状况　1958 年建站时有 2 人,1970 年有 7 人,1980 年有 17 人,1990 年有 12 人,2000 年有 6 人。截至 2008 年底,有在职职工 8 人,其中:大学 1 人,大专 5 人,中专 2 人;中级职称 5 人,初级职称 3 人;少数民族 2 人。

气象业务与服务

1. 气象业务

①地面气象观测

观测项目　云、能见度、天气现象、风向风速、空气温度和湿度、地面温度、浅层地温、降水、日照、蒸发(小型)、气压、雪深等。

观测时次　1958 年 11 月 13 日起,每日按地方时进行 01、07、13、19 时 4 次地面观测。1960 年 8 月 1 日起,观测时间改为北京时 02、08、14、20 时 4 次定时观测。1988 年 1 月 1 日起,观测时间改为 08、14、20 时 3 次定时观测。

航危报　1958 年 12 月—1996 年 11 月,担负着为军航编发每日 05—20 时航空报和危险报,24 小时预约航空报和危险报任务。

自动气象站观测　2005 年 9 月,安装自动气象站设备 1 套,从 10 月开始试运行,2006 年 1 月 1 日,自动气象站正式投入第一阶段业务运行(双轨),以人工观测为主;2007 年 1 月 1 日,自动气象站进入第二阶段业务运行(双轨),以自动站观测为主,自动站观测数据上传中国气象局;2008 年 1 月 1 日起自动站正式投入单轨业务运行,停止人工站报表制作。

②农业气象

1959 年 1 月—1960 年 3 月,开展水稻和玉米的农业气象观测工作,编发农业气象旬报;1979 年 10 月—1980 年 10 月,开展小麦和水稻的农业气象观测工作;1980 年 10 月后停止农业气象业务工作。

③气象信息网络

1958 年 11 月,安装一部手摇磁石电话机,与马关县邮电局报房专线连接,传送各类天气报和各类航空报,再由马关县邮电局报房转发各有关用户。1992 年 6 月,安装一部程控电话,用程控电话向县委办和县人民政府办及县广播站等有关单位发布短期天气预报,重要天气消息,森林火险等级预报等气象服务信息。

④天气预报预测

1959 年 3 月,马关县气候站开始制作短期单站补充天气预报。1975 年后增加制作中期和长期天气补充订正预报。2001 年 12 月,建成 PC-VSAT 单收站,气象预报逐步从初期绘制简易天气图加预报员经验的主观定性预报,发展为通过 PC-VSAT 单收站接收系统,天气雷达系统获取大量信息和各类气象分析资料以及上级气象台的指导预报意见,运用气象信息综合分析处理系统(MICAPS),制作补充订正预报。预报产品有:短、中期天气预报、短期气候预测、重要天气和灾害性天气警报、专题预报、乡镇和风景区预报、气象情报、气候资料、气候分析、气候区划、大气环境评价、技术咨询、森林火险等级预报和地质灾害等级预报等。

2. 气象服务

①公众气象服务

自 1959 年 3 月开展气象预报服务以来,服务方式经历了:1959 年 3 月—1960 年在气象站以挂旗的方式(红旗代表晴、白旗代表阴、黑旗代表雨)对公众服务;1960 年以后到县城中心挂黑板牌公布短期天气预报;1964 年起,每天由马关县广播站定时广播天气预报;1992 年 6 月起,用程控电话传送短期天气预报;2005 年 7 月后,安装了一套电视天气预报制作系统,自制电视天气预报节目,通过马关县电视台,在每天晚上的晚间新闻后播出。服务的内容逐步多样化,从原来单一的城区定性短期天气预报,发展到现在的既有定性又有定量的、从城区到各乡镇和风景区预报的服务。

②决策气象服务

服务对象主要是县委、县人民政府和各相关部门。服务的内容做到多样化,有各类预报产品和短时预报。服务的方式从 1960 年专人报送、电话传递,发展到 2005 年的传真、网络、手机短信息、“12121”电话自动答询、电子显示屏传递等。1988 年马关县气象局为边防某部开展军事气象服务工作,提供长、中、短期天气预报、专题预报 80 多次,边防某部参考天气预报后,成功组织了“4·26”等捕俘战斗。2002 年 4 月 1 日,文山州民族节暨马关县花山节在马关县城体育场隆重举行开幕式,马关县气象局准确向县委、县人民政府和“双节”组委会提供中、短期滚动天气预报,得到了地方领导的好评。

③专业与专项气象服务

人工影响天气　从 1984 年开始,先后为马关县种植 26 万株茶叶树苗、马关县白糖厂甘蔗的“砍、运、榨”最佳时段和马关县农业局种籽工作站的杂交水稻制种等工作期间提供专业气象服务。为春播期抗旱、护林防火、水库蓄水等开展人工增雨作业。1979 年 4—5 月,1980 年 4—5 月,用“三七”高炮开展人工增雨抗旱、护林防火、水库蓄水等工作。从 2002 年起,每年 4—6 月,根据地方县委、县政府的要求,用火箭开展人工增雨抗旱、护林防火、水库蓄水工作。

防雷技术服务　1991 年起,每年 4—6 月,对全县范围内的避雷装置进行安全检测。1998 年 4 月,马关县机构编制委员会批准设立“马关县防雷中心”和“马关县避雷装置检测中心”后,每年在全县范围内开展避雷装置设计、安装和避雷装置检测服务工作。

3. 科学技术

气象科普宣传　在每年的“3·23”世界气象日和科技宣传周活动期间,组织全局人员到主要街道设置宣传点,采用气象科普宣传版面和发送气象科普宣传材料及开展咨询活动等方式,开展气象科普宣传活动。

气象科研 1987 年 8 月,开展全县气候区划并撰写《马关县农业气候资源及农业气候区划》。

气象法规建设与社会管理

探测环境保护 1997 年 8 月,马关县人民政府办公室印发了《关于保护我县气象局(站)及气象观测环境的通知》;1999 年 1 月,县气象局向县城建局和县土地管理局印发了《关于气象探测环境现状及保护范围报请备案的函》,将探测环境进行了备案。

防雷管理 1991 年 3 月,马关县劳动人事局、县气象局、县总工会、县公安局和县保险公司等单位联合下发了《关于对避雷装置进行安全检测的通知》;1997 年 11 月,马关县劳动人事局、县气象局、县城建局和县公安局等单位联合下发了《关于在建(构)筑物和科技及化工等工程设施上安装和检测防雷设施的暂行规定》后,每年都对建(构)筑物防雷设施的图纸进行审核,并参与建(构)筑物的验收工作。

施放气球管理 从 2008 年 11 月开始,按照《关于委托实施施放气球行政审批的通知》规定,对施放无人驾驶和系留气球活动进行审批。

制度建设 1991 年以来,先后制定了《马关县气象局行政领导工作规则》、《马关县气象局干部职工理论学习及会议制度》、《马关县气象局各个内设机构工作职责范围和目标任务》、《马关县气象局年度工作目标管理和年度履职考核实施办法》、《马关县气象局单位内部管理事项的有关规定》、《马关县气象局社会治安综合治理工作实施办法》、《马关县气象局气象工作中国家秘密及其密级具体范围的规定》、《马关县气象局关于财务管理的几项规定》等项规章制度。

政务公开 2001 年 9 月,成立了马关县气象局政务公开领导小组,制定了《马关县气象局政务公开制度》和《马关县气象局政务公开实施办法》等相关的规章制度。马关县气象局按照上述《制度》和《实施办法》的规定对全局的年度履职考评、职称申报推荐与聘用、单位财务收支情况、各项规章制度、气象服务项目和服务承诺等,实行定期或不定期地公开。被文山州气象局确定为全州气象系统政务公开试点工作单位,2004 年 2 月,获"全国气象部门局务公开先进单位"称号。

党建与气象文化建设

1. 党建工作

党的组织建设 1986 年 11 月—2001 年 12 月,有党员 4 人,编入马关县计划经济委员会党支部。2002 年 1 月,成立马关县气象局党支部,有党员 4 人,截至 2008 年 12 月有党员 3 人。

党风廉政建设 1958 年建站后,注重加强干部职工的党风廉政教育和工作作风建设工作,组织职工开展廉政文化活动和知识竞赛等。2008 年 7 月,文山州气象局党组聘任一名兼职纪检监察员,监察员认真履行"兼职纪检监察员岗位职责",贯彻落实党风廉政建设责任制。在党风廉政建设工作中,我局先后制定了《马关县气象局领导干部廉洁自律办法》、《马关县气象局党风廉政建设责任追究制度》和《马关县气象局"三人小组"民主决策监督制度》等相关的规章制度,并认真贯彻执行。

2. 气象文化建设

精神文明建设 1996 年 12 月成立安全文明楼院领导小组,2003 年 8 月成立马关县气象局精神文明建设活动领导小组,先后制定了《马关县气象局文明公约》等相关的的规章制度,设置了"公民文明学校"和"精神文明建设宣传栏",开展了文明股、室、中心,文明家庭的评选活动。2006 年 5 月,建图书阅览室,购买了电视机、影碟机、数码相机和书柜等设施。

1997 年 1 月被马关县委、县人民政府命名为"县级文明单位";1999 年 12 月被文山州委、州人民政府命名为"州级文明单位",并一直保持荣誉。2002 年—2007 年,每年都有 1 名女职工被马关县妇女联合会评为"五好文明家庭"。2002 年、2007 年、2008 年,先后有 3 名职工被马关县妇女联合会评为"好家长"。

文体活动 从 20 世纪 90 年代始,组织单位职工参加了文山州气象局、地方有关部门组织开展的演讲比赛、知识竞赛、体育竞赛、文艺表演。每年利用"三八"国际妇女节、"五一"国际劳动节和"十一"国庆节,组织干部职工开展羽毛球、象棋、扑克等形式多样的活动。

3. 荣誉

建站以来,集体获文山州委、州人民政府奖励 3 项,获省局奖励 5 项,获中国气象局奖励 1 项。个人荣获表彰主要获州委奖励 3 人(次);省气象局奖励 41 人(次)。

集体荣誉 1983 年 3 月,被云南省气象局表彰为"1982 年全省气象系统先进集体";1988 年 4 月,被云南省气象局表彰为 1985—1987 年云南省气象局"双文明"建设先进集体;1999 年 5 月,被云南省气象局表彰为 1996—1998 年全省气象部门双文明建设先进集体;2004 年 2 月,被中国气象局表彰为"全国气象部门局务公开先进单位"。

个人荣誉 1986 年 6 月,李兴玉获"全国边陲优秀儿女"铜质奖章。

台站建设

台站综合改造 1958 年建站时,建住房和值班室共 4 间,建筑面积为 62.3 平方米;1980 年建 1 幢四层砖混结构的职工宿舍楼和地下室,建筑面积为 570 平方米;2003 年对台站进行综合改造,在原地面测报值班室的位置上新建盖 1 幢三层的综合业务办公楼,建筑面积为 298 平方米;在原厕所的位置上建厕所和车库,建筑面积为 72 平方米。现人均办公用房建筑面积为 37 平方米,人均住房建筑面积为 66 平方米。

办公与生活条件改善 建站后,干部职工和家属都是与多胜村的村民一同饮用井水和雨水。1983 年,安装自来水管后,解决了干部职工和家属的饮水和用水困难。1996 年 12 月,修建连接砚—河公路的混凝土出入道路。2000 年 8 月,架设 4 相输电线路。截至 2008 年底,有土地面积 4037.5 平方米,其中:观测场占地 625 平方米,房屋占地 360 平方米,混凝土和青石板场地占地 895 平方米,绿化占地 2157.5 平方米。

马关县气象局(站)办公室(摄于1996年3月)

马关县气象局办公楼(摄于2009年8月7日)

马关县气象局职工住宿楼(摄于2008年7月3日)

马关县气象局地面观测场(摄于2008年7月)

丘北县气象局

  丘北县(2004年2月以前为邱北县,之后省民政厅文件更改为丘北县)位于文山州北部,地处东经103°34′～104°45′,北纬23°45′～24°28′之间。国土总面积4997平方千米。境内最高海拔(羊雄山顶峰)2501.8米,最低海拔(弄位村)782米。由于地处低纬季风区域,气候总体上属中亚热带高原季风气候。

机构历史沿革

  始建情况 1956年11月10日,在邱北县城关镇南门外菜园子建立云南省邱北气候站,并于11月11日正式开展气象业务工作。

  站址迁移情况 1957年8月17日,气候站迁至邱北新沟农场(现丘北监狱)。1958年10月25日,迁回邱北县城关镇南门外菜园子。2002年1月1日,地面气象观测场迁至老炮台,位于北纬24°03′,东经104°10′,海拔高度1518.7米。

历史沿革　1958 年 10 月 25 日,云南省邱北气候站更名为邱北县气候站。1959 年 11 月,更名为邱北县气象站。1960 年 1 月,更名为邱北县气象服务站,同年 3 月又更名为邱北县气候服务站。1966 年 1 月,更名为邱北县气象服务站。1972 年 8 月,更名为邱北县气象站。1988 年 12 月 22 日,更名为云南省邱北县气象局,2004 年 2 月,根据省民政厅文件,邱北县更名为丘北县,邱北县气象局也随之变更为丘北县气象局。

管理体制　1956 年 10 月—1958 年 10 月,属云南省气象局建制和领导。1958 年 10 月—1963 年 3 月,隶属邱北县人民委员会建制,由县人委农林水利科分管,属文山州气象中心站业务领导与指导。1963 年 6 月—1970 年 6 月,改属云南省气象局(1966 年 3 月改为云南省农业厅气象局)建制和领导,文山州气象总站负责管理。行政生活、政治思想、地方服务工作以及对台站工作的管理监督由县人民委员会农林水利科代管。1970 年 7 月—1970 年 12 月,隶属邱北县革命委员会建制,由农业服务站革命委员会分管。1971 年 1 月—1973 年 10 月,隶属邱北县人民武装部领导,建制仍属邱北县革命委员会。1973 年 10 月—1980 年 9 月,改属邱北县革命委员会建制和领导,由县农林水利局代管。1980 年 9 月起,实行文山州气象与局邱北县(2004 年更名为丘北县)人民政府双重领导,以文山州气象局领导为主的管理体制。

机构设置　2006 年,业务技术体制改革,设立地面气象观测股、科技服务股、办公室、人工影响天气办公室、防雷中心。

单位名称及主要负责人变更情况

单位名称	姓名	民族	职务	任职时间
云南省邱北气候站	李意群(女)	汉	负责人	1956.11—1958.10
邱北县气候站				1958.10—1959.11
邱北县气象站				1959.11—1960.01
邱北县气象服务站				1960.01—1960.03
				1960.03—1960.12
邱北县气候服务站	卢守芳(女)	汉	负责人	1961.01—1961.10
	李雪中	汉	负责人	1961.11—1965.08
	杨兴龙	汉	负责人	1965.09—1966.01
				1966.01—1966.06
邱北县气象服务站	李雪中	汉	负责人	1966.07—1969.08
	徐桂英(女)	汉	负责人	1969.09—1972.01
	喻德财	汉	负责人	1972.02—1972.08
			站长	1972.08—1975.06
邱北县气象站	李雪中	汉	站长	1975.07—1980.03
	卢守芳(女)	汉	站长	1980.04—1984.06
	周顺荣	汉	站长	1984.07—1988.12
邱北县气象局			局长	1988.12—1998.10
	杨建云	汉	局长	1998.11—2004.02
丘北县气象局				2004.02—2005.08
	王红萍(女)	白	局长	2005.09—

人员状况　1956 年建站时只有 3 人。截至 2008 年底,编制 9 人,实有在编职工 9 人,

其中:本科 5 人,大专 3 人,中专 1 人;工程师 3 人,助理工程师 5 人;白族 1 人,壮族 1 人。

气象业务与服务

1. 气象业务

①地面气象观测

观测项目 云、能见度、天气现象、气压、空气的湿度和温度、风向风速、降水、雪深、日照、蒸发(小型)、地温等。承担向省台编发天气报,向州台编发小图报任务;编发气象旬、月报和重要天气报的任务。

观测时次 建站初期,邱北地面观测时次为地方时 01、07、13、19 时 4 次(日照以日落为日界,其他项目以地方时 19 时为日界);1961 年 1 月 1 日起,采用北京时 02、08、14、20 时进行 4 次定时观测(日照以日落为日界,其他项目以北京时 20 时为日界);1962 年 5 月 1 日改为 08、14、20 时 3 次定时观测,02 时记录用自记记录订正后代替,仍按 4 次观测记录处理,无自记记录代替的项目,按 3 次观测记录处理;1974 年 1 月 1 日起,恢复 4 次定时观测;1982 年 1 月 1 日起改为 3 次定时观测。

自动气象站观测 2006 年 10—12 月,自动站开展业务试运行;2007 年 1 月 1 日起,自动气象站正式投入第一阶段业务运行(双轨),以人工观测为主;2008 年 1 月 1 日起,自动气象站投入第二阶段业务运行(双轨),以自动站观测为主,自动站数据传输中国气象局;2009 年 1 月 1 日起,自动站转入单轨业务运行,停止人工站报表制作。

2006—2007 年,建成 12 个两要素(温度、雨量)区域自动站,完成了除锦屏镇外所有乡镇及红旗水库区域自动站建设。

航危报 1959 年 1 月 1 日起,被列为云南省重点航(危)报站,担负拍发 24 小时固定航空天气报、危险天气报的任务;1980 年 5 月 1 日,固定航危报改为 05—18 时;1995 年 1 月 1 日起,航危报发报时段调整为 06—18 时。

气象报表制作 1987 年 1 月 1 日起,使用 PC-1500 袖珍计算机进行地面气象观测编报(含航危报),从此结束了人工编报的历史。1995 年 5 月 1 日起,地面气象观测月(年)报表,由州局统一用微机制作。2000 年 9 月 1 日起,正式启用《AH 4.1》微机软件编报、机制报表;2001 年 1 月 1 日,启用新版《AHDM 5.0》地面测报软件,应用 Internet 网传送报文。

②农业气象

1956 年 11 月 11 日开始农业气象观测。农业气象观测包括作物发育期观测、土壤湿度测定、自然物候观测以及农业气象情报、预报、农业气候分析服务等。观测作物有小麦、玉米和水稻(1981 年观测油菜)等。观测任务是向县委、县人民政府及有关单位提供农业气象旬月报、作物产量预报,为县的农业生产提供科学依据和生产建议。1990—1996 年的 7 年间,邱北县气象局在积极参与抓好烤烟生产的同时,先后开展了《高吸水树脂抗旱栽培烤烟》、《高吸水树脂抗旱栽培玉米》、《玉米良种—"沈单七号"适应性引种栽培》、《旱地麦分期播种》、《亚麻适应性引种栽培》等小型气象科技兴农试验示范工作。

③气象信息网络

从 1983 年以来,传真机、计算机、甚高频气象通讯辅助网、远程终端网络、PC-VSAT 单站卫星数据接收系统、Internet 网报文传输系统等相继投入气象业务。各类气象报表制作由过去的人工编制发展到计算机编制;各种气象服务材料由过去的人工传送发展到传真电话和网络传送。截至 2008 年底,有计算机 6 台、打印机 5 台、多功能一体机 1 台、电话传真机 1 台、甚高频电话 2 台、无线电台 1 台、卫星数据单收站 1 个。

④天气预报预测

1958 年 4 月开始制作邱北县天气预报。到 2008 年底,天气预测预报的内容有:短时天气预报、天气周报、短期气候预测、年长期预报、春播期天气预报、汛期天气预报、"三秋"期天气预报及今冬明春天气预报。

2. 气象服务

①公众气象服务

1958 年 4 月 16 日开始制作发布邱北县天气预报。2008 年底,公众气象服务包括:短时天气预报、天气周报、短期气候预测、年长期预报、春播天气预报、汛期天气预报、三秋天气预报及今冬明春天气预报等服务。

②决策气象服务

1958 年以来,邱北县气象局通过专题材料、信息网、手机短信等方式,向县委、县人民政府及有关部门提供的决策气象服务项目包括:重要天气报告、气象灾情报告、重大活动气象服务、专题气候分析、防汛抗旱气象服务、防火气象服务、农业气象情报(旬、月)、作物生长状况评述、产量预报、季度气候影响评价、气象灾害防御建议、气象服务效益评估、气象灾害受损评估等。

【气象服务事例】 2008 年 1 月 31 日—2月 13 日丘北县出现了持续低温冷害天气,低温、冰冻天气出现日数之多、持续时间之长、影响范围之广为丘北县有气象记录以来所未遇。丘北县气象局克服困难,在抗击罕见低温冰冻灾害中,记录准确,数据上传及时,服务出色,为抗击冰灾搞好气象科技服务做出了突出的贡献,受到地方人民政府和中国气象局的表彰。

③专业与专项气象服务

人工影响天气 1977 年开始采用两门双管"三七"高炮实施人工增雨作业。1978 年 3月,县人民政府在气象局组建了县火箭厂,生产人工增雨防雹小火箭和防霜烟雾弹。1981

2008 年初,出现低温冰冻灾害 14 天,冷空气强度、持续时间和影响范围,均破历史记录(摄于丘北县舍得乡)

年由于经费不落实,火箭厂被撤销,人工增雨防雹工作中断。1996 年初重新成立邱北县人工增雨防雹指挥部,下设办公室在县气象局,负责组织实施全县人工增雨防雹工作。先后购置了专用车,安装了火箭发射架和遥控发射器以及人工增雨防雹火箭,于 5 月 7 日开展人工增雨作业,使中断 15 年的人工增雨防雹工作得到恢复和发展。2007—2008 年,建成了 4 个标准高炮固定防雹点(丁家石桥、塘房、羊洞塘、雄山),购置人工增雨指挥车和作业车各1辆。

防雷技术服务 1996年9月,成立邱北县避雷技术检测站,后更名为文山州邱北县防雷装置安全检测中心,主要负责境内避雷装置设施的检测工作。1997年11月,成立邱北县防雷中心,负责防雷安全设施的设计、施工管理工作。1998年5月,邱北县防雷装置安全检测中心通过了云南省技术监督局的计量认证,并取得了云南省气象局颁发的资质证书。

飞机播种造林气象服务 1972年5—6月完成邱北县首次飞机播种造林的现场气象保障服务,飞行99架次、播种面积33万亩;1990年5月完成第二次飞机播种造林的现场气象保障服务;1996年5月完成第三次飞机播种造林的现场气象保障服务,为绿化邱北荒山做出了贡献。

④气象科普宣传

重视气象科普知识的宣传,提高公众的气象知识水平。在"3·23"世界气象日、科技宣传周、安全生产月等上街宣传和不定期在广播或电视里宣传气象科普知识,特别是防雷安全常识和人工增雨防雹知识,使公众对气象知识有一定程度的了解,能够明白气象灾害的类型和级别,以便采取相应避险措施,减轻气象灾害造成的人身和财产损失。

气象法规建设与社会管理

法规建设 2008年1月地方人民政府出台《丘北县人民政府关于加快气象事业发展的实施意见》;2008年3月,出台《丘北县人民政府关于印发丘北县突发公共事件总体应急预案的通知》,把气象部门预案《丘北县重大气象灾害应急预案》列于其中;2008年11月,下发《丘北县人民政府办公室关于进一步加强气象灾害防御工作的通知》;2007年3月,丘北县安委会下发关于《关于进一步做好防雷减灾工作的通知》。

社会管理 负责管理本行政区域内的施放气球活动。对从事升放无人驾驶自由气球、系留气球的单位,进行资质认定的初审工作;对进行升放无人驾驶自由气球或者系留气球活动进行审批。在防雷方面对已安装防雷装置的单位进行年度检测;负责本行政区域内的防雷装置的设计审核。负责本行政区域内新建、扩建、改建的建(构)筑物和其他设施的防雷装置的竣工验收;对防雷装置检测、防雷工程专业设计、施工单位、资质认定进行初审工作。协助有关部门对雷电事故进行评估和成因鉴定。

2007年12月,按照气象观测站探测环境和设施保护要求向丘北县建设局备案,备案的内容包括气象台站的类别、探测任务和项目、探测设施、平面规划图、保护标准、能够影响探测环境的区域及有关法律、法规等相关材料。

政务公开 自2005年9月起,丘北县气象局建立和完善政务公开制度,建立政务公开栏,对工作职责、工作人员、办事指南、服务承诺等进行公开。干部任用、财务收支、目标考核、基础设施建设等内容在职工大会或公开栏上向职工公开。

党建和气象文化建设

1. 党建工作

党的组织建设 建站时没有党员,直到1972年2月,有党员1人,与农业局联合党支部。1997年7月成立邱北县气象局党支部,有党员3人。截至2008年底,有党员6人。

党的廉政建设 组织学习党章、《党员权利保障条例》《党内监督条例》等党政纪条规和《领导干部廉洁自律知识读本》;加强领导班子建设,严格执行"三人小组"民主决策监督制度和党风廉政建设责任追究制度;贯彻实施《中共中央纪委关于严格禁止利用职务上的便利谋取不正当利益的若干规定》;坚持民主集中制,建立健全相关制度和机制;开展党风廉政教育,落实党风廉政建设责任制。

领导班子重大决策、重大项目安排和大额度资金的使用严格规范。财务内控制度健全,县人民政府采购执行严格,国有资产管理、财务监督、局务公开等工作得到加强。

2. 气象文化建设

2000年12月被邱北县委、县人民政府命名为"县级文明单位";2004年3月被文山州委、州人民政府命名为"州级文明单位",并保持荣誉至今。

2007年建成支部活动室、职工阅览室和文明学校活动室以及党建、文明宣传栏。落实好老干部"两项待遇",从政治上、生活上关心帮助老干部。为每位退休老同志征订《中国老年报》《云南老年报》;每年春节、敬老节两次向老同志通报单位工作,春节、中秋、敬老节三次对老同志开展节假日慰问。单位和职工积极参加社会公益活动。2008年,为救灾扶贫献爱心捐款共6800元。

3. 荣誉

集体荣誉 从1956年至2008年底,获得集体荣誉38项(次)。其中:1979年,人工引雨工作获云南省革命委员会通报表扬;1996年,获得云南省气象局1994—1995年全省气象部门"双文明"建设先进集体;1997年,获得云南省气象局"一九九七年汛期气象服务"先进集体;2004年,被文山州委、州人民政府授予"州级文明单位";2008年,获云南省气象局"抗击低温雨雪冰冻灾害气象服务"先进集体。

个人荣誉 从1956年至2008年底,个人获奖29人(次)。其中:1978年10月,中央气象局授予卢守芳全国气象部门"双学"先进工作者(先进个人);1990年1月年,云南省人民政府授予周顺荣云南省农业劳动模范称号。

人物简介 周顺荣,男,1941年7月出生于云南省邱北县,1962年毕业于云南省气象学校,1962年参加工作,1998年退休。

工作期间刻苦钻研技术,把搞好气象工作作为自己的毕生追求和奋斗目标。建立了一套共三十多种定性、定量的灾害性和关键性天气预报方法;完成了《试论邱北的自然天气季节》、《邱北水分资源浅谈》、《邱北的干旱及预报》、《邱北的光能资源及其鉴定》、《调整农业结构,综合利用自然资源》、《邱北水稻产量状况与气象》、《邱北包谷产量状况与气象》、《邱北县农业气候资源及农业气候气划》、《邱北县综合农业区划》等论文和分析材料的整理论证撰写工作。其中《邱北县农业气候资源及农业气候气划》荣获云南省农业气候气划优秀成果三等奖;《邱北县综合农业区划》荣获国家农业部科研成果三等奖。

周顺荣同志于1983年荣获云南省气象系统先进工作者,1989年荣获云南省农业劳动模范称号,1990年荣获文山州预报技术交流一等奖,1993年荣获邱北县烤烟生产先进个人,1997 年荣获邱北县扶贫先进个人。

台站建设

　　建站初期,邱北气候站没有自己的住房,生活、工作在测站附近的 1 间小破庙里进行。1959 年建成 165 平方米土木结构平房 1 幢,工作、生活条件得到初步改善;1972 年新征土地 1046 平方米,建土木结构平房 220 平方米,工作、生活条件进一步得到改善;1980 年建成 201 平方米的砖混业务楼 1 幢,工作条件得到改善;1991 年建成 573 平方米砖混住宅楼 1 幢,全局职工迁入新居,生活条件得到改善;1999—2006 年,新征土地 2883.5 平方米,先后建成 283 平方米的砖混双层瓦屋顶地面测报业务楼 1 幢、417.7 平方米砖混结构办公楼 1 幢、379.9 平方米圆形观测场 1 个、建筑了道路围墙、绿化美化环境 2448 平方米,工作、生活环境条件大为改观。

邱北县气象局(站)老观测场和老办公用房(摄于 20 世纪 90 年代)

丘北气象局业务办公大楼(拍摄于 2008 年)

丘北县气象站观测场(拍摄于 2008 年)

广南县气象局

广南县位于文山州东北部,海拔高度 420～2035 米。全县国土面积 7810 平方千米,辖 18 个乡(镇),人口 76 万人。广南属亚热带高原立体气候和季风气候,干湿季明显,冬不严寒,夏不酷暑。

机构历史沿革

始建情况　1932 年 10 月—1937 年 10 月,广南曾进行过天气现象、气温、风等观测。1953 年 8 月 1 日,建立中国人民解放军文山边防区广南气象站,位于广南县西郊杨公庙,北纬 24°02′,东经 105°02′,海拔高度 1395.4 米。

站址迁移情况　1955 年 6 月,观测场南移 14.9 米。1976 年 7 月,观测场南移 28 米,位于北纬 24°04′,东经 105°04′,海拔高度为 1249.6 米。

历史沿革　1954 年 1 月 1 日,中国人民解放军文山边防区广南气象站更名为广南县人民政府气象站;1955 年 5 月,更名为云南省广南气象站;1960 年 2 月,更名为广南县气象服务站;1972 年 8 月,更名为广南县气象站;1988 年 12 月,更名为广南县气象局。

管理体制　1953 年 8 月—1954 年 1 月,文山边防区广南气象站属军队建制。1954 年 1 月—1955 年 5 月,广南县气象站建制转移为广南县人民政府。1955 年 5 月—1958 年 3 月,隶属云南省气象局建制和领导。1958 年 3 月—1963 年 10 月,隶属广南县人民委员会建制,归口县农林科管理,文山州气象中心站负责业务指导。1963 年 10 月—1970 年 7 月,改属云南省气象局(1966 年 3 月改为云南省农业厅气象局)建制和领导,文山州气象总站负责管理。1970 年 7 月—1971 年 1 月,隶属广南县革命委员会建制和领导,归口县农业局管理。1971 年 1 月—1973 年 10 月,实行广南县人民武装部领导,建制仍属广南县革命委员会。1973 年 10 月—1980 年 11 月,建制属广南县革命委员会,归属广南县农业局领导。1980 年 11 月起,实行文山州气象局与广南县人民政府双重领导,以文山州气象局领导为主的管理体制。

机构设置　2006 年 10 月,根据《文山州气象局业务技术体制改革实施方案》,广南县气象局定编 11 人,下设办公室、气象观测股、气象科技服务股、人工影响天气办公室和防雷中心 5 个机构。

单位名称及主要负责人变更情况

单位名称	姓名	民族	职务	任职时间
文山边防区广南气象站				1953.08—1954.01
广南县人民政府气象站	张永龙	汉	主任	1954.01—1955.05
云南省广南气象站				1955.05—1958.02
	杨有福	彝	站长	1958.02—1960.02

单位名称	姓名	民族	职务	任职时间
广南县气象服务站	杨有福	彝	站长	1960.02—1966.06
	张永龙	汉	站长	1966.07—1969.01
	段哲	汉	站长	1969.01—1971.06
广南县气象站	侬天文	壮	站长	1971.06—1972.08
				1972.08—1975.05
	张永龙	汉	站长	1975.05—1984.06
	张有声	汉	副站长	1984.06—1988.02
广南县气象局	陆于昌	壮	副站长	1988.02—1988.12
			副局长	1988.12—1989.11
	张有声	汉	局长	1989.11—1996.03
	郭辉	汉	局长	1996.03—1998.11
	张嘉文	汉	局长	1998.11—

人员状况 1953年建站时仅有4人。截至2008年底,有在编职工10人。其中:大学学历3人,大专4人,高中及以下3人;中级职称5人,初级职称2人,技术员3人;少数民族(壮族)4人。

气象业务与服务

1. 气象业务

①地面气象观测

观测项目 云、能见度、天气现象、气压、温度、湿度、风向、风速、降水、日照、蒸发、浅层地面温度、雪深,并对区域内出现的灾害性天气及时进行调查记载。2003年1月1日,增加深层地面温度观测。2006年11月,完成闪电定位仪监测点的建设,2007年1月投入业务运行。2002年1月1日起,取消小型蒸发的观测,并增加大型蒸发观测。

观测时次 承担国家基本站观测任务。1953年8月1日起,每日进行03、06、09、12、15、18、21、24时(地方时)8次观测,白天6次发报,夜间不发报,实行24小时值班;1954年1月1日,改为01、07、13、19时4次定时观测。1960年7月1日,又将4次定时观测时间改为02、08、14、20时(北京时),并增加4次补充观测(05、11、17、23时)。

发报种类 每天向省台拍发4次定时绘图天气报,4次辅助绘图天气报,向州中心站发08、14、17时小图报。1961年8月11日,停发23时辅助绘图天气报。2007年1月1日增发23时辅助绘图天气报至今。其中:1979年1月1日起,每年的11月至次年4月每日20时增发州气象台小图报。1982年1月1日起,州气象台小图报改为08、14、20时。

航危报 1953—2002年期间,为军航和民航拍发航危报。1978年—2002年12月期间,分别为北京、广州、昆明、蒙自、田阳、贵阳机场拍发航危报。2003年1月1日,取消拍发航危报任务。

水情报 1960年7月4日—1965年5月22日,向文山水文台拍发水情报。1971年3

月 30 日起,向广西百色水电局拍发水情报。1994 年 5 月 1 日停止百色水情报。

小球测风观测 1957 年 12 月 10 日起,开展小球测风观测。每天两次探测(07 时和 19 时),编发各层次风速、风向数据电报,制作上报月报表。1987 年 12 月 30 日停止小球测风观测。

气象报表制作 建站时,地面气象观测仪器为美式和苏式。1962 年以后,台站使用的气象仪器由国产取代进口。1986 年 1 月 1 日,PC-1500 袖珍计算机投入气象测报业务使用,进行气象观测编报和有关计算。1988 年 1 月开始,报表制作正式使用计算机打印。1997 年 12 月,安装使用 E-601B 型蒸发器。1999 年 9 月,建成 PC-VSAT 单收站,接收卫星云图。2000 年 5 月 1 日起通过分组网传送天气报。2000 年 9 月 1 日起地面测报由 PC-1500 袖珍计算机更换为计算机处理,正式启用《AH 4.1》微机软件编报、机制报表。2001 年 1 月 1 日开始启用新版《AHDM 5.0》地面测报软件,应用 Internet 网传送报文,并取消小型蒸发的观测。

气象自动观测站 2002 年 11 月安装自动站地面气象观测业务系统;2003 年 1 月 1 日,自动站正式投入第一阶段业务运行(双轨),以人工观测为主。2004 年 1 月 1 日起,自动站投入第二阶段业务运行(双轨),以自动观测为主,自动站数据传输至中国局。2005 年 1 月 1 日起,自动站单轨运行,停止人工站报表制作。2006 年 11 月完成闪电定位监测点的建设,2007 年 1 月投入业务运行。

2006 年—2008 年 6 月,先后在 17 个乡镇及堂上农场新建成了 18 个两要素(温度、雨量)区域自动站。

②农业气象

1958 年 5 月—1960 年 5 月,开展农业气象观测,拍发农业气象旬报和月报。1979 年 1 月至今,进行水稻、玉米、小麦生育期的观测,拍发农业气象旬报和月报。

③气象信息网络

建站时,气象报由当地邮电局抄收,并传到成都气象中心、云南省气象台以及各军航和民航用户。1989 年 2 月开通了州—县甚高频通信设备和配置了气象警报系统,1995 年停止使用。1998 年 12 月建成计算机远程终端并与州气象台联网。2005 年,开通省—地—县宽带网及 IP 电话。

④天气预报预测

1958 年以前,县级气象站不制作天气预报。1959 年以后,根据当地农业需要,以本站压、温、湿观测资料点绘曲线图为基本预报工具,分析制作了单站天气预报。1982 年至 1998 年,配备使用 ZSQ-1 天气图传真接收机接收气象传真图,同时,接收文山州气象台预报指导电码和省台天气形势预报广播,进行综合分析制作当地未来 12～24 小时晴雨预报,每日传送到广播站进行广播。1999 年 9 月起,通过单收站(PC-VSAT)接收系统,接收中央气象台发布的地面分析图、850～500 百帕高空分析图、数值预报图、卫星云图、物理量图。同时,气象信息综合分析处理系统(MICAPS)启用。预报产品主要有:短期气候预测、短期、中期天气预报以及短中期重要天气警报;2000 年以来增加转折性天气、灾害性天气预报和气候分析、农事生产关键时期领导部门急需的天气预报、重大活动的气象保障服务、洪涝和干旱的雨情和旱情分析、雨情汇报及气象灾情报告;每周、月短期气候预测及气候分析与评价;重要节日的天气预报。

2. 气象服务

①公众气象服务

从20世纪70年代开始,通过县广播站向公众发布24小时天气预报。2005年1月1日起,通过本县电视台以播放方式向公众发布18个乡镇和本县旅游景区24小时的天气预报。

②决策气象服务

2001年,在做好常规气象服务工作的同时,按照州气象局制定下发的《决策气象服务周年方案》,积极主动为县委、县人民政府领导指挥和安排工农业生产、防灾抗灾、重大社会活动提供决策气象服务。服务的内容主要有:各农事关键期天气趋势分析和短期气候预测、专题天气分析和预报、干旱监测和分析预测、重大活动气象保障服务以及灾害性、关键性、转折性天气的专题分析预报。服务主要方式有:专人报送、电话、传真等方式。

【气象服务事例】 2008年1月31日晚至2月1日,广南县出现雨雪和冰冻灾害天气,广南县气象局自1月下旬到2月中旬向县委、县人民政府和相关部门提供6次强冷空气影响的低温冰冻灾害专题预报信息,灾情上报2次。灾前预报、灾后跟踪预报服务,受到当地人民政府和有关单位的好评。

③专业与专项气象服务

森林火险预报服务 始于20世纪90年代,每年的12月至次年5月,每日向县森林防火指挥部发送未来24小时天气预报和火险等级预报。

防汛抗旱预报服务 始于20世纪90年代初,每年5月至次年11月,每日向县防汛抗旱指挥部发送未来24小时天气预报。

人工影响天气服务 1960年开始,由地方人民政府组织,利用"三七"高炮阶段性地进行人工增雨作业。1999年,广南县人民政府成立人工增雨防雹领导小组,并拨款购置了专用车辆和火箭弹发射架,选定了11个流动作业点,于同年4月开始作业。2008年11月建成标准化"三七"高炮固定防雹点2个。人工影响天气服务内容有:农业生产抗旱、库塘蓄水和烤烟防雹。

1978年冬季至1979年春,连续6个多月未降过透雨,干旱严重,广南县成立人工增雨指挥部,在文山州气象台的配合下实施人工增雨作业,从4月6日至6月11日总共作业86次,受益面积96.3万亩,54个公社受益。

2000年7月上旬,广南县西洋江电站供水告急,7月6日,积极组织开展人工增雨作业,经过3天4次作业旱情解除,供水恢复正常。

2005年4—5月,广南县降雨量特少,水库枯竭,河水断流,人畜饮水、大春栽种和烤烟移栽形势极为严峻,人降组作业人员迅速赶赴各乡镇作业点,风餐露宿等待作业时机,共作业22次,持续近两个月旱情得到缓解,确保春耕生产和烤烟大田移栽任务。

2006年,进入4月以后,竭力抗旱保春耕工作,分赴旧莫、五珠、珠琳等乡镇火箭流动作业。4月6日晚,县长牛兴发同志亲自到东风水库炮点指挥作业。4—5月共完成大春作物播种面积91.08万亩。5月下旬进入雨季后,118万亩的大春作物栽种计划得予完成,城区饮水得到保障,得到县委、县人民政府的赞扬。

防雷技术服务 1994年开始摸索性地开展防雷减灾服务工作。1997年成立防雷中心,正式开展防雷减灾服务工作。2003年5月成立了广南县气象防雷装置安全检测中心,取得了检测资质,注册了法人登记,全方位地开展防雷图纸审核、防雷装置检测、防雷工程竣工验收、防雷技术咨询、雷电灾害调查、防雷知识科普宣传等服务工作。

飞播气象服务　1982年、1993年和1995年分别为广南县开展飞播造林提供气象保障服务。

3. 科学技术

气象科普宣传　每年的世界气象日、科技宣传周和安全生产月,组织干部职工上街以展板、挂宣传画、发放宣传资料的形式,开展气象科普知识宣传。

气象科研　1992年组成科技兴农服务专业队伍,开展应用推广抗旱保湿剂栽培烤烟示范工作,并获得1993年度文山州科技进步二等奖和1994年度星火科技三等奖。1993—1995年进行亚麻引种试验示范获得成功,为当地发展种植冬亚麻积累了经验。

科学管理与气象文化建设

1. 科学管理

依法行政　2008年底,有3人获得云南省人民政府颁发的《云南省行政执法证》。依法开展气象探测环境保护,2008年,依法对一起危害气象探测坏境案件进行了查处。依法对全县辖区内从事防雷设计、施工、检测活动进行管理。依法对全县内从事施放系留气球活动的单位和人员进行资质和资格证的审核,办理行政审批工作。

制度建设　从建站到2008年底,先后制定规范了党建、党风廉政建设、责任追究、局务公开、岗位职责、财务管理、车辆管理、门卫管理和业务值班管理制度。

局务公开　2004年7月开始开展局务公开。制定局务公开制度,定期或不定期地将工作职责、机构设置、行政执法依据及范围、社会服务收费项目、收费标准及依据、职业道德规范、服务承诺等内容向社会公开;同时,加入人民政府网络信息公开、查询管理,将执法依据、办事程序、服务事项、服务承诺等在人民政府网站上公开。

2. 党建工作

党的组织建设　建站时,只有1名党员。1989年9月,经中共广南县直机关工委批准成立广南县气象局党支部,有4名党员。截至2008年底,共有党员6名(其中在职职工党员5名,退休职工党员1名)。

党风廉政建设　2000年以来,领导干部认真履行"一岗双责"的职责,认真贯彻落实党风廉政建设责任制。严格执行"三人小组"民主决策监督制度和党风廉政建设责任追究制度。组织干部职工开展党风廉政宣传教育月活动、廉政文化活动、知识竞赛等。通过民主生活会,完善学习和会议制度,明确责任、目标、考核奖惩措施。制定廉政规章制度。多年来,干部职工无违法违纪现象发生,在社会上树立了良好的形象。

3. 气象文化建设

精神文明建设　精神文明建设始于20世纪80年代,1999年成立精神文明建设领导小组,并创办了职工文明学校;建有职工活动室、图书阅览室、荣誉展览室,组织干部职工旅游,开展文艺表演、扶贫、演讲比赛等活动。每年开展文明股室和文明家庭评选活动。

文明单位创建 1989 年 11 月,广南县委、县人民政府授予"县级文明单位"称号。2001 年 12 月,文山州委、州人民政府授予"州级文明单位"称号。2003 年 12 月,云南省委、省人民政府授予"省级文明单位"称号,一直保持荣誉至今。

4. 荣誉

集体荣誉 1958—2008 年共获集体荣誉表彰 55 项,其中获省部级 8 项、地厅级 10 项、县处级 37 项。1958—1960 年连续三年,获云南省人民政府授予的先进集体称号,1979 年获云南省革命委员会授予先进集体称号。

个人荣誉 1958—2008 年,共获得县处级以上个人荣誉 97 项。获文山州人民政府奖励 4 人(次);云南省气象局奖励 15 人(次)。

台站建设

建站时,广南气象局(站)处于城郊,观测场仅用简易的铁丝网作围栏,只有 4 间建筑面积 216.5 平方米的土坯瓦房,其中办公用房 51.9 平方米。1978 年新建 226 平方米职工宿舍。1982 年改造、扩建办公用房为 205 平方米。1993 年投入 14.16 万元,新建 1 幢 488 平方米的职工宿舍楼。1998 年新修一条长 170 米,宽 4 米的水泥路。2004 年投入 52.25 万元,在原址新建 420 平方米的业务办公楼。同年投入 8.6 万元新建了 91.2 平方米的车库、43.5 平方米厕所。现土地面积 8133.1 平方米,建筑面积 1413 平方米。其中:办公用房 449 平方米、辅助用房和职工住宅面积 964 平方米。2001 年对气象观测场进行改造,建成了规范式观测场。2002 年 10 月进行"两室一场"改造。同时,将大院地面铺青砖 123 平方米,修建石围栏 189 米,整修道路,新建大门,种上花草树木,绿化草坪 2100 平方米,建成花园式的气象台站。并先后配置了计算机 11 台、复印机 1 台、打印机 5 台、传真机 1 台、办公桌椅 10 套和大小会议桌椅 2 套。

广南县气象站观测场旧貌(1981 年)

广南县气象站观测场新貌(2007 年)

广南气象局业务办公楼（摄于 2004 年）

广南县气象局台站环境（摄于 2004 年）

富宁县气象局

富宁县位于文山州东部，地处北纬 23°11′～24°09′，东经 105°13′～106°12′之间，辖 13 个乡（镇），国土面积 5352 平方千米。海拔高度 140～1830 米。与越南相邻，国境线长 75 千米。

机构历史沿革

始建情况　1936 年 11 月，富宁县进行了一个月的各种天气现象观测。1957 年 1 月 1 日，云南省富宁县气候站成立，同日，开始了地面气象观测记录，观测场规格 25 米×25 米。2002 年 4 月将观测场整体向西北方向平移 4 米，规格不变，地处北纬 23°39′，东经 105°38′，海拔高度 685.8 米。

历史沿革　1959 年 1 月富宁县气候站改为富宁县气象站。1960 年 1 月改为富宁县气象服务站。1963 年 8 月改为云南省富宁县气候服务站。1966 年 1 月改为富宁县气象服务站。1972 年 8 月改为云南省富宁县气象站。1989 年 1 月，更名为云南省富宁县气象局。

管理体制　1957 年 1 月成立富宁县气候站时属云南省气象局建制和领导。1958 年 3 月—1963 年 10 月，隶属富宁县人民委员会建制，归口县农林科管理，文山州气象中心站负责业务指导。1963 年 10 月—1970 年 7 月，改属云南省气象局（1966 年 3 月改为云南省农业厅气象局）建制和领导，文山州气象总站负责管理。1970 年 7 月—1971 年 2 月，隶属富宁县革命委员会建制和领导。1971 年 2 月—1973 年 10 月，实行富宁县人民武装部领导，建制仍属富宁县革命委员会。1973 年 10 月—1980 年 12 月，建制归富宁县革命委员会，归口县革命委员会农办（1979 年改为县委农林办）管理，业务文山州气象台负责业务管理。1980 年 12 月起，实行文山州气象局与富宁县人民政府双重领导，以文山州气象局领导为主的管理体制。

机构设置　2006 年，根据上级业务主管部门要求，设置有：科技服务股、观测股、人工影响天气办公室、雷电中心、办公室5个机构。

单位名称及主要负责人变更情况

单位名称	姓名	民族	职务	任职时间
富宁县气候站				1957.01—1959.01
富宁县气象站				1959.01—1960.01
富宁县气象服务站	韦世林	汉	负责人	1960.01—1963.08
富宁县气候服务站				1963.08—1966.01
				1966.01—1966.06
富宁县气象服务站	兰万全	汉	负责人	1966.07—1969.12
	黄兴学	壮	负责人	1970.01—1972.08
				1972.08—1975.05
富宁县气象站	郝广荣	汉	站长	1975.05—1981.12
	冯学初	汉	站长	1981.12—1987.10
	黄兴学	壮	副站长	1987.10—1989.01
			局长	1989.01—1993.03
富宁县气象局	周永泰	汉	局长	1993.03—2000.08
	苟于明(女)	汉	局长	2000.08—2004.03
	黄国平	壮	副局长(主持工作)	2004.03—2004.06
	周文剑	汉	局长	2004.06—

人员状况 建站时,有职工2人。截至2008年底,编制9人,实有在编职工9人,其中:本科2人,专科5人,中专2人;中级职称4人,初级职称5人;壮族5人。

气象业务与服务

1. 气象业务

①地面气象观测

1959年1月在田蓬、木仑、花甲、百油、谷拉、丰洞、那律建立气象哨。1974年8月正式成立测报组、预报组,1990年体制改革,组改为股。

观测项目 云、能见度、气压、气温、湿度、风向风速、天气现象、日照、降水、蒸发(小型)、地温等。1980年1月1日起,按《地面气象观测规范》规定,全国统一增加积雪、雪压、电线积冰、冻土观测。

观测时次 1957年1月1日起,每天进行01、07、13、19时(地方时)4次观测;1960年8月1日起,改为每天进行02、05、08、11、14、17、20、23时(北京时)8次观测;夜间守班。1970年5月1日起,更改为每天02、08、14、20时4次观测;1984年1月1日起,改为08、14、20时3次观测。

发报种类 1958年12月3日—1969年5月31日08、14时向省台拍发天气报;1959年2月1日起,向昆明、北京两地编发旬、月报;1969年6月1日起,08、14时向省气象台和州气象台拍发小图报。1973—1976年,每年5月1日—9月30日的02、08、14、20时,向百色拍发水情报。1984年起,向昆明编发旬、月报。

航危报 1958年12月30日—1964年担负军航和民航拍发航危报任务。从1964年开始,担负军航拍发24小时固定或05—08时的预约航危报任务。1996年11月1日取消航危报任务。

气象自动站观测 2006年1月1日,自动气象站正式投入第一阶段业务运行(双轨),以人工观测为主;2007年1月1日,自动气象站进入第二阶段业务运行(双轨),以自动站观测为主,自动站数据传输至中国气象局;2008年1月1日起,自动站正式投入单轨业务运行,停止人工站报表制作。

区域自动气象站观测 乡镇自动观测站建设于2007年12月,在当地县委、县人民政府的重视支持下,投资21万元,在田蓬、郎恒、木央、花甲、阿用、归朝、谷拉、洞波、那能、者桑、剥隘、板仑等12个乡(镇)建成CAWS600-R7型两要素(温度、雨量)区域自动站,2008年1月1日正式投入业务运行。

②农业气象

1960年3月30日,云南省气象局以(60)农业气象字015号文件指定富宁县气象服务站开展农田小气候观测,至1966年上半年停止观测。1961年在剥隘建立热带作物观测站,开展热带作物观测,至1962年终止。

1979年增设农业气象组(后改为股),属中国气象局布置的农业气象观测站点。同年开展双季水稻观测至1988年;1980年开展玉米观测至今;1982年增加物候观测,制作发布农业气象旬(月)情报。1987年—1989年对甘蔗生育状况进行观测记录。2007年1月1日起,根据国家和省、州上级气象业务主管部门要求,富宁县气象局(站)定为国家农业气象观测站二级站。

③天气预报预测

自1958年开展县站天气预报以来,先后制作发布长期(年、季、月)、中期(3~7天)、短期(24~72小时)天气预报。预报种类有:短期预报(主要内容是天气现象、最高最低温度等),中期预报(主要内容是天气过程),短期气候预测(主要内容是:温度趋势、降水趋势、雨季开始期、倒春寒、汛期天气趋势、第一场透雨、三秋连阴雨、抽扬低温、雨季结束期等)。

④气象信息网络

1986年测报配置使用PC-1500袖珍计算机;1990年5月增设单边带。"十五"期间,购置价值3万元的办公桌椅,增设微机12台,添置打印机6台,GPS、复印机、传真机、扫描仪各1台,摄像机2台;2001年建成PC-VSAT单收站,2005年10月建成ZQZ-CⅡB型自动气象站,开通了电子信息传输系统及宽带网,购置人工增雨和防雷减灾设备及工作用车等。如今富宁县气象局(站)全面实现办公自动化,自动观测取代人工观测,微机编发报代替手工编发报,结束了用收音机抄收天气形势广播、绘制简易天气图和制作预报的历史。

2. 气象服务

①公众气象服务

1999年以前,主要是把预报产品送达(或邮寄)服务单位,24小时预报每天用广播向公众发布。随着电子信息技术的迅速发展,从2000年开始,用短信发送。

②决策气象服务

2005年,做到24小时严密监视天气变化,结合本站气象资料分析制作天气预报。如预报有灾害性天气发生前,采用发布专题预报的形式,用传真及手机短信方式直接发送到县委、县人民政府和相关部门的领导和办公室,使各级领导做到心中有数,做好应对灾害性天气的决策,采取措施做好预防工作。

【气象服务事例】 2001—2008年共取得较好气象服务事例32例,其中,重大气象服务事例12例。富宁县城有8条大小河流汇集穿城而过的普厅河,是文山州重点防洪县,大雨、暴雨引发的洪涝灾害时有发生。多年来,及时准确提供气象灾害预测预警服务,为抗洪抢险赢得了时间,减少了损失,为地方经济建设、社会发展、保护人民生命财产安全发挥了重要作用。

③专业与专项气象服务

2005年,为发展农业生产提供雨季开始期、倒春寒、汛期天气趋势、第一场透雨、三秋连阴雨、抽扬低温、雨季结束期等专题天气预报服务。20世纪90年代,每年的12月至次年5月,为全县开展冬春季森林火险等级预报服务。防雷检测和安装始于1993年5月,增设避雷装置安装检测中心。

1999年人工增雨工作走上正轨,每年春季(3—5月)开展人工增雨抗旱、汛期防洪排涝。

3. 科学技术

气象科普宣传 每年"3·23"世界气象日,组织全体党员干部职工对《中华人民共和国气象法》《人工影响天气条例》和气象防灾减灾科普知识进行宣传;科普宣传周,开展防雷减灾科普宣传工作。

气象科研 1982—1985年开展全县气候普查,编写《富宁县农业气候区划》指导全县农业生产发展及风能、太阳能等气候资源的开发利用。

气象法规建设与社会管理

法规建设 2001年,根据文政发〔2001〕157号文件精神,《文山州防雷减灾安全管理实施办法》正式发布施行。富宁县人民政府转发《文山州防雷减灾安全管理实施办法》至各有关单位,并在全县范围内实施该办法,依法规范了富宁县防雷安全的管理。

依法行政 2003年,有3位同志获得了云南省行政执法证,从组织上保证了气象行政执法和法律法规的实施与宣传。

2008年10月云南省气象执法监督检查组到富宁县开展综合执法检查,听取县人大、县人民政府领导等部门对贯彻落实气象法律、法规情况的汇报。近年来,县人民政府结合当地实际,组织县安委、消防大队等部门开展气象行政执法检查,有效地制止了各种违反气象法律法规的行为,依法规范气象行业秩序,促进了气象依法行政工作。

2004年5月8日到县建设局规划股对探测环境进行备案,开展气象探测环境保护工作,按规范要求严格控制观测场四周建筑物高度,有效地保护了气象探测环境。

政务公开 2003年富宁县气象局(站)制作统一规范的气象政务公开栏,对气象双文明建设、气象服务内容、服务承诺、气象行政执法、服务收费依据及标准和财务收支、目标考核、基础设施建设等内容,采取公示栏向社会和职工公开。

党建与气象文化建设

1. 党建工作

党的组织建设 1980 年 7 月 1 日建立党支部,有党员 3 人。1992 年,因党员调动,造成党员人数不足 3 人,县委下文撤销独立党支部,与县物资局合并。1996 年 6 月再次成立党支部,有党员 4 人。截至 2008 年底,有党员 5 人。

党风廉政建设 2000 年以来,领导干部认真履行"一岗双责"的职责,严格执行党风廉政建设责任制,严格执行"三人小组"民主决策监督制度和党风廉政建设责任追究制度。组织干部职工开展党风廉政宣传教育月活动、廉政文化活动、知识竞赛等。制定以下规章制度:理论学习制度、党风廉政建设制度、科学民主决策制度、三人小组民主决策监督制度,并严格执行,为防止个人独断专行,预防腐败提供了坚强的保证。

2. 气象文化建设

2003 年,富宁县气象局(站)按建设"四个一流"的要求,紧紧围绕培育"四有"气象新人作为文明创建的重要内容,成立精神文明领导小组,制定创建文明单位工作计划和方案。1996 年建立文明公民学校,开展"四强三好"、"云岭先锋"、"八荣八耻"、"法制宣传"、"公民道德规范"、"文明礼貌月"、"创建无毒单位"等教育活动,不断提高职工整体素质,把做好气象服务工作作为代表人民根本利益的出发点和归宿,体现气象工作者全心全意为人民服务的精神风貌。1999 年被富宁县委、县人民政府评为"县级文明单位";2004 年被州委、州人民政府评为"州级文明单位",并保持荣誉至今。

3. 荣誉

集体荣誉 1957 年建站以来,荣获集体荣誉共 10 项,其中:荣获省部级表彰 2 项;地厅级表彰 3 项;县处级表彰 5 项。1959 年被云南省人民政府授予"先进集体";1985 年被云南省委授予"农业社会主义建设先进集体";1986 年被文山州委、州人民政府授予"科技档案工作先进集体"。

个人荣誉 1979 年以来,获省部级以下个人荣誉 20 项。其中 1 人 2 次获中国气象局质量优秀测报员表彰。

台站建设

基础设施建设 建站初期,人民政府划拨土地 7.9 亩,工作室 2 间、职工宿舍 2 间。1963 年 12 月,加盖职工宿舍,房屋占地面积 132 平方米。1971—1979 年,修建砖木结构一楼一底办公楼 1 幢,建职工宿舍 7 间,面积为 286.04 平方米。1979 年 8 月,根据备战需要,建 112 平方米、深 3 米的地下室。1980—1989 年,征用土地 1.4 亩。建 172.2 平方米办公楼和职工宿舍,进行院内环境改造。1991 年 3 月,建 470.6 平方米的职工住宅楼。1995 年

5月,修建了长120米的护坡和围墙。1997年,建874.8平方米的职工集资楼1幢。2001年,由于"8·25"特大洪灾的影响,富宁县气象局基础设施受损严重。为了搞好灾后重建,筹集资金70万元,建成面积292.5平方米的办公楼、简易用房、扩建职工住房、改建大门、修建围墙、水电、路、环境改造等。大大地改善了职工工作环境和住房条件。2005年8月,按照云南省气象局《云南省观测场标准化建设整改方案》的文件要求,为解决自动观测站建设用地问题,再次征用土地3.4615亩。同时,建80平方米的车库。现占地面积12.945亩、办公用房地164.8平方米、职工住宅466.7平方米、其他用房779.1平方米。

富宁县气象局(站)旧貌(1983年11月28日)　　富宁县气象局现貌(2009年7月27日)

普洱市气象台站概况

普洱市在 2004 年 4 月以前,称思茅地区行政公署,属省人民政府派出机构;2004 年 4 月撤地设市,称思茅市;2007 年 4 月,更名为普洱市。普洱市位于云南省西南部,西南与缅甸接壤,东南与越南、老挝交界,国境线全长 486.29 千米。现辖 9 县 1 区,全市总面积 45385 平方千米,总人口 258.1 万。

天气气候特点 普洱市位于云贵高原的西南部,地处低纬、高原,属于南亚热带为主的山地季风气候区。终年气候温暖,四季温差小,日照充足,雨量充沛,干湿季节分明,立体气候明显。

主要灾害 普洱市常见的气象灾害主要有:干旱、洪涝、大风、冰雹、雷电、低温冷害。

气象工作基本情况

所辖台站概况 截至 2008 年,全市共有 10 个地面观测站,其中 4 个国家基本气象站、6 个国家一般气象站。有 8 个大气监测自动气象站,1 个 701-X 测风雷达观测站,1 个多普勒天气雷达观测站,3 个农业气象观测站,1 个酸雨观测站,3 个闪电定位自动观测站,103 个区域自动气象站,其中两要素自动站有 102 个,观测项目为降水、温度。4 要素自动站有 1 个,观测项目为降水、温度、风向、向速。6 个烟草生产气象科研自动观测站。1 个 CAWS600-SH 土壤水分自动监测站。

历史沿革 1924—1926 年建立思茅雨量站(东经 100°25′,北纬 22°47′);1933 年 11 月—1934 年 12 月建立墨江教育局测站;1934 年 3 月—1937 年 12 月建立江城教育局测站;1935 年 9 月—1936 年 12 月建立宁洱中学测站。

1951 年 11 月 1 日建立西南空军司令部思茅气象站;1953 年建立澜沧、景洪气象站;1954 年建立南糯山气候站(1961 年 11 月移交给勐海茶科所);1955 年建立景东气象站;1956 年建立勐腊、墨江、景谷、勐遮(1961 年 11 月移交给黎明农场)、江城 5 个气候;1957 年建立大勐龙气候站;1958 年建立勐罕(1961 年 11 月撤销)、勐仑(1961 年 11 月撤销)、勐海、普洱(现今的宁洱)、镇沅、孟连气候站;1959 年建立西盟气象站。

1973 年成立西双版纳州,景洪、大勐龙、勐海、勐腊气象站和景洪热带作物农业气象试验站,从思茅地区气象台划归西双版纳州气象台管辖后,至此,思茅地区气象局管辖 9 县 1

区共 10 个县级气象站。

管理体制 1953 年以前,思茅专区气象台站,属军队建制。1954 年 1 月—1955 年 5 月,隶属当地人民政府建制和领导,分属云南省人民政府气象科业务领导。1955 年 5 月—1958 年 10 月隶属云南省气象局建制和领导。1958 年 10 月—1963 年 8 月隶属当地人民委员会建制。1963 年 8 月—1970 年 7 月,收归省气象局建制。1970 年 7 月—1971 年 1 月隶属当地革命委员会建制和领导。1971 年 1 月—1973 年 11 月实行军队领导,建制仍属当地革命委员会。1973 年 11 月—1981 年 1 月隶属当地革命委员会建制和领导。1981 年 1 月气象部门实行上级气象部门与当地人民政府双重领导,以上级气象部门领导为主的管理体制。

人员状况 1951 年西南空军司令部思茅气象站始建初期只有职工 7 人,发展到 1978 年全市气象部门有职工 134 人(其中地区气象局 43 人,县气象局 91 人)。截至 2008 年底,全市气象部门定编 159 人,实有在编职工 139 人,外聘合同制职工 21 人。在编职工中:市气象局 53 人,县气象局 86 人;35 岁以下职工 57 人,35～55 岁职工 82 人。研究生 1 人,本科 58 人,大专 58 人;高级职称 9 人,中级职称 64 人;中共党员 54 人;少数民族 52 人,主要有哈尼、拉祜、满、白、彝、壮、傣、佤、土家、回 10 种少数民族。

党建与文明单位创建 至 2008 年,全市气象部门有 1 个党组、1 个党总支、13 个党支部,有党员 54 人。普洱市气象部门为市级文明行业,有 2 个省级文明单位,6 个市级文明单位,2 个县级文明单位。

领导关怀 1963 年 3 月 10 日,中央气象局江滨副局长视察思茅气象总站。1963 年 5 月,中国科学院竺可桢副院长视察思茅气象工作。

主要业务范围

地面气象观测 全市共有 4 个国家基本站,24 小时守班,每天 4 次定时观测、4 次补充定时观测,记录各种气象要素;6 个国家一般站,每天 3 次定时观测,记录各种气象要素,编发天气报告,编制报送气象记录月、年报表。

农业气象观测 1958 年 5 月,思茅中心气象站开始进行农业气象观测,开展水稻生长发育与气候关系的观测,并与农业部门合作,进行播种期试验、品种比较试验、密植等试验。开始制作《农业气象旬报》。1959 年 1 月,思茅中心气象站建立农业气象研究试验站,负责指导各县的农业气象研究小组的工作。截至 2008 年底,主要观测、记载水稻的生长、发育、测定分析产量,编发农气情报、编制上报作物生育期报表,同时为地方政府领导指导农业生产提供农业气象科学依据,为农业部门提出生产建议。

雷达探测 2003 年 4 月 20 日,思茅新一代天气雷达投入业务试运行。新一代天气雷达观测的主要目的是监测和预警灾害性天气。探测重点是暴雨、冰雹、雷雨大风、天气系统中的中尺度结构。

天气预报服务 1958 年 12 月 8 日,思茅中心气象站成立气象台,主要开展专区区域天气预报及指导各站单站补充预报工作。经过 50 多年的发展,气象预报从初期绘制简易天气图加预报员经验的主观定性预报,逐步发展为运用 MICAPS、气象雷达、自动气象站、闪电定位系统等获取大量天气预报分析信息,制作客观定量定点数值预报。主要预报产品有短期气候预测、中短期天气预报、短时临近天气预报等。

人工影响天气 1979 年开始人工增雨试验,最初组织机构设在水利局,气象部门作为组织成员单位,只是抽调技术人员负责作业指挥。1997 年 3 月调整市人工影响天气领导小组,归口气象部门管理,办公室设在普洱市气象局,负责指导和管理全市人工影响天气工作。截至 2012 年,全市 10 县(区)局均开展人工增雨工作(其中墨江县还担负人工防雹工作),全市共有作业点 79 个,火箭发射装置 82 套,"三七"高炮 4 门。初步形成了较先进的雷达探测、指挥和覆盖全市的人工增雨防雹作业体系。服务范围涉及农经作物防雹、增雨抗旱、森林防火、森林植被增湿、人畜饮水、库塘蓄水等。

防雷减灾 普洱市防雷减灾工作始于 1990 年,同年 7 月 10 日,思茅地区行政公署劳动局、气象局、公安消防大队和保险中心支公司联合下发《关于对全区避雷装置进行安全技术检测的规定》(思行劳字〔1990〕72 号),思茅地区气象局和景东县气象局率先开展检测工作,1991 年景东县气象局组建了由 10 多人组成的防雷施工队伍,开始在景东县实施防雷工程。当时,防雷技术人员缺乏,设备简陋,没有交通工具和通信设备。从 1992 年开始,以景东县防雷工作为龙头,逐一协助镇沅县、景谷县、宁洱县、墨江县、孟连县和江城县开展防雷工作,不仅推动了各县气象局的防雷工作,而且培训了一批防雷工作人员,打开了思茅地区防雷工作的局面。1998 年 8 月 26 日,思茅地区机构编制委员会办公室下发《关于成立思茅地区避雷装置安全检测中心的批复》(思编办字〔1998〕31 号),1998 年 9 月 4 日,思茅地区机构编制委员会办公室下发《关于成立思茅地区防雷中心的批复》(思编办字〔1998〕32 号),成立了思茅地区避雷装置安全检测中心和思茅地区防雷中心。2000 年《中华人民共和国气象法》出台,明确了气象部门对防雷减灾工作的行政管理职能,防雷工作逐步形成了防雷管理、防雷检测和防雷工程的格局,防雷减灾工作逐步进入规范化和制度化。到 2012 年,全市九个县及市级全部成立了防雷减灾工作机构和气象行政执法机构,防雷工作在防雷管理、防雷检测和防雷工程、防雷宣传、雷击灾害调查鉴定等方面得到全面发展,易燃易爆场所检测率和新建建筑物防雷设计审核率、检测验收率接近 100%,防雷定期检测、雷击灾害风险评估和农村防雷减灾工作逐步推进,共建设农村防雷塔 531 座,防雷减灾工作正朝着规范化、制度化和法制化方向发展。

普洱市气象局

机构历史沿革

始建情况 1951 年 11 月,组建西南空军司令部思茅气象站,位于思茅县复兴镇株市街王家园子,东经 101°02′,北纬 22°33′,海拔高度 1439.3 米。

站址迁移情况 1954 年 9 月 1 日,站址迁到思茅镇西门外(现普洱市思茅区五一路 5 号),位于东经 101°02′,北纬 22°33′,海拔高度 1319.0 米。1960 年 3 月 4 日,根据云南省气象局《为更改你站海拔高度的通知》,海拔高度更正为 1302.1 米。1984 年 1 月 1 日,根据思茅地区气象局《关于台站经纬度复查结果的通知》，经纬度更正为东经 100°58′，北纬 22°47′。2007 年 3 月，普洱市气象局从思茅区五一路 5 号，搬迁到思茅区茶苑路 17 号。

历史沿革　1951 年 11 月成立西南空军司令部思茅气象站；1952 年 6 月，更名为云南军区司令部思茅气象站；1953 年 1 月，更名为滇南卫戍区思茅气象站；1954 年 1 月，更名为思茅县人民政府气象站；1955 年 5 月，更名为云南省思茅气象站；1958 年 10 月，更名为思茅专员公署中心气象站；1960 年 3 月，更名为云南省思茅专员公署中心气象服务站；1963 年 8 月，更名为思茅气象总站；1968 年 9 月，更名为思茅地区气象总站革命委员会；1971 年 3 月，更名为思茅地区气象台；1981 年 1 月，更名为思茅地区气象局；1983 年 10 月，更名为思茅地区气象处，县团级单位，属省气象局派出机构；1990 年 5 月，更名为云南省思茅地区气象局；2004 年 4 月，更名为思茅市气象局；2007 年 4 月，更名为普洱市气象局。

管理体制　1951 年，隶属云南军区司令部。1953 年 1 月—1954 年 1 月，属云南省军区滇南卫戍区建制和领导。1954 年 1 月—1955 年 5 月，军队建制转移地方，隶属思茅县人民政府建制和领导，省人民政府气象科负责业务领导。1955 年 5 月—1958 年 10 月，隶属省气象局建制和领导。1958 年 10 月—1963 年 8 月，思茅专员公署中心气象站隶属思茅专员公署建制和领导，省气象局负责全区气象台站的业务管理和技术指导。1963 年 8 月—1970 年 7 月，思茅气象总站属云南省气象局（1966 年 3 月改为云南省农业厅气象局）建制。1970 年 7 月—1971 年 3 月，气象总站改属思茅地区革命委员会建制和领导。1971 年 3 月—1973 年 10 月，思茅地区气象台实行思茅地区军分区领导，建制仍属思茅地区革命委员。1973 年 10 月—1981 年 1 月，隶属地区革命委员会建制，归口地革委农林办公室管理，省气象局业务指导。1981 年 1 月起，实行云南省气象局和思茅地区行署双重领导，以省气象局领导为主的管理体制。

单位名称及主要负责人变更情况

单位名称	姓名	民族	职务	任职时间
西南空军司令部思茅气象站	何开炳	汉	代主任	1951.11—1952.06
云南军区司令部思茅气象站				1952.06—1953.01
滇南卫戍区思茅气象站	雷跃先	汉	站长	1953.01—1954.01
思茅县人民政府气象站				1954.01—1955.05
云南省思茅气象站				1955.05—1956.06
	胡宝余	汉	副站长	1956.06—1957.12
				1958.01—1958.10
思茅专员公署中心气象站	白缔贞	汉	站长	1958.10—1960.03
云南省思茅专员公署中心气象服务站				1960.03—1960.07
	宋振书	汉	站长	1960.07—1963.08
思茅气象总站				1963.08—1965.03
	任吉斋	汉	总站长	1965.03—1968.09
思茅地区气象总站革命委员会			主任	1968.09—1971.03
思茅地区气象台	白崇太	汉	指导员	1971.03—1973.09
	陈德华	汉	台长	1973.09—1981.01
思茅地区气象局			局长	1981.01—1982.08

单位名称	姓名	民族	职务	任职时间
思茅地区气象局	谷 青	汉	副局长	1982.08—1983.10
			副处长	1983.10—1984.03
思茅地区气象处	魏清荣	汉	副处长	1984.03—1987.10
			处长	1987.10—1990.05
			局长	1990.05—1996.07
思茅地区气象局	许桂云（女）	汉	副局长	1996.07—1996.09
	李文祥	彝	副局长（主持工作）	1996.09—1998.12
			局长	1998.12—2001.02
	马学文	哈尼	局长	2001.02—2004.04
思茅市气象局				2004.04—2007.04
普洱市气象局				2007.04—

人员状况 1951 年始建初期有职工 7 人。1978 年有职工 43 人,其中:大学 2 人,中专 19 人,初级职称 14 人;少数民族 2 人。截至 2008 年底有在编职工 89 人(在职职工 53 人,退休职工 36 人),外聘合同制人员 10 人。在编职工中:研究生 1 人,本科 33 人,专科 15 人;高级职称 9 人,中级职称 22 人;少数民族 19 人,主要为哈尼、拉祜、白、彝、满、壮、傣、回 8 种少数民族。

气象业务与服务

1. 气象观测

①地面气象观测

观测项目 1951 年 11 月 1 日 00 时正式开始观测,观测项目有:云、能见度、天气现象、气温、湿度、风向风速、降水量、气压。1952 年 7 月 1 日增加小型蒸发观测,1961 年 1 月 1 日,增加距地面 0 厘米、5 厘米、10 厘米、15 厘米、20 厘米温度观测和日照观测。1980 年 1 月 1 日,增加 40、80、160、320 厘米深层地温观测。1985 年 1 月 1 日,增加 E601 型蒸发观测。1992 年 7 月 1 日,增加大气成分酸雨观测。2001 年 12 月 31 日,停止小型蒸发观测。

观测时次 1951 年 11 月,每天 00—23 时 24 次整点定时观测,1960 年 8 月 1 日到今观测时次为:每天 02、05、08、11、14、17、20、23 时 8 次定时观测(北京时)。

发报种类 1951 年每逢双数小时向云南军区昆明航空站拍发气象电报。1960 年 8 月起,每天 02、08、14、20 时发天气报,05、11、17、23 时发补充天气报。气象旬(AB)报:每旬旬末 03 时前发出,气象月(AB)报:每月月末 03 时前发出。2005 年 7 月发气候月报:次月 4 日 09 时前发出。1984 年 1 月 1 日起向省台发重要天气报,不定时发报(雷暴、大风、冰雹、龙卷、雾、霾、浮尘、沙尘暴)达到发报标准 10 分内发出。2005 年 7 月发酸雨日报,每日 15—16 时前发出、酸雨月报次月 5 日 09 时前发出。

1951 年自设电台发报。1954 年 6 月 15 日气象报改由邮局传递后(自设电台撤销),2001 年 9 月改为网络传输。

气象报表制作 从建站到 1986 年气象观测记录月、年报表,用人工计算手工抄写方式编制。1987 年 1 月开始使用微机打印报表,向省局报送磁盘。2003 年后以实现自动采集数据、经过合成后形成月(A、J、Z 数据文件)、年(Y 数据文件)报表。通过内部专网,采用 FTP 的方式上报省局,停止报送纸质月报表,上报省局纸质年报表 2 份。

资料管理 1951 年建站以来的观测原始资料,按照气象记录档案管理要求,分 7 个小类,3 个保管期限编制成气象记录档案,全部存入本单位档案室。2006 年 8 月根据气业函(2005)54 号文件要求,将 1951 年至 2000 年永久和长期保存的气象记录档案移交到省气象局,以后每 5 年移交一次。

区域自动气象站观测 2005 年 6 月,澜沧东回乡(两要素)和毡帽山(4 要素)区域自动气象观测站建成并投入业务使用。2007 年 10 月 27 日,糯扎渡电站(两要素)区域气象观测站建成并投入业务运行。

②农业气象

1958 年 5 月,思茅中心气象站开始进行农业气象观测,开展水稻生长发育与气候关系的观测,并与农业部门合作,进行播种期试验、品种比较试验、密植等试验。开始制作《农业气象旬报》。1959 年 1 月,思茅中心气象站建立农业气象研究试验站,属省级农业气象一级观测站,负责指导各县的农业气象研究小组的工作。截至 2008 年底,主要观测、记载水稻的生长、发育、测定和分析产量,编发农业气象情报、编制上报作物生育期报表,制作《农业气象旬报》、大春粮食产量预测专题等为地方人民政府指导农业生产提供农业气象科学依据,为农业部门提出生产建议。

③高空气象探测

1957 年 1 月 1 日,思茅气象站应用经纬仪正式开展探空观测业务。每日北京时 07 时施放 1 次探空气球,19 时施放 1 次测风气球,1958 年后增加 19 时施放探空气球,1960—1990 年增加 01 时施放测风气球。20 世纪 70 年代开始使用测风、测雨雷达。2000 年 701-X 测风雷达投入运行。

④天气雷达站

1978—2001 年,使用 711 测雨雷达。2003 年 4 月 20 日,建成新一代多普勒天气雷达站,并投入使用。新一代天气雷达主要是对局地短时、临近的关键性、转折性、灾害性天气进行监测和预警,探测重点是暴雨、飑线、冰雹、雷雨大风、中小尺度天气系统。

2. 气象信息网络

1951 年 11 月 1 日,第一份气象电报由自设无线电台发出;1953 年气象电报改由邮电局报房传递后,自设电台撤销;2000 年 8 月 1 日起,分组交换网取代电报邮政传输网,所有气象电报改用传真方式发往思茅电信局中心报房,再由中心报房处理转发目的地。

思茅气象站最初通过云南省人民广播电台收听天气形势和天气预报广播。1978 年 8 月,配套使用单边带接收机、电传机、传真机,实现自动接收气象电报;1995 年 5 月 1 日,公用分组数据交换网正式投入业务运行,实现了微机自动填图(高空、地面天气图),并可从省气象台服务器中调用云图和传真图等天气预报分析信息;1998 年 1 月 3 日,建成气象卫星综合应用业务系统(简称"9210"工程);2002 年 9 月建成并开通了思茅气象信息网站;2004

年 12 月 13 日完成 4 兆省—市气象宽带网建设并投入业务使用,通过宽带网实现网上办公、气象报文传输、实时资料传输、IP 电话、远程会议等;2007 年 3 月 5 日,开通 10 兆互联网专线;2006 年开通省、市级气象预报及服务视屏会商系统;2008 年 11 月市、县级气象预报及服务视屏会商系统建成并投入业务运用。

3. 天气预报预测

1958 年 5 月 1 日向外发布了本地区 24 小时补充天气预报,同年下半年开展了 3～5 天、10 天、一个月、一个季度的中、长期天气预报。经过 50 多年的发展,气象预报从初期绘制简易天气图加预报员经验的主观定性预报,逐步发展为运用 MICAPS、气象雷达、自动气象站、闪电定位仪等获取大量天气预报分析信息,制作客观定量定点数值预报。主要预报产品有短期气候预测主要预测未来一个月、一年温度、降水趋势,中期天气预报主要预报未来 10 天天气情况。短期天气预报主要预报未来 24、48、72、96、120、144、168 小时温度、降水、风向和风速。短时临近天气预报主要预报未来 6 小时温度、降水、风向、风速。专项天气预报不定期向市委、政府和相关部门提供专项天气预报服务。

4. 气象服务

①公众气象服务

至 2008 年,公众气象服务主要包括普洱市城镇天气预报、气象灾害预警信号、节假日天气预报、森林火险气象等级预报、地质灾害气象等级预报、风景区天气预报、生活健康气象指数预报、高考期间天气预报、烤烟种植区天气预报、周边城市预报等。主要通过电视、广播、报纸、互联网站、手机短信、12121 声讯电话、电子显示屏等媒体为公众服务。

②决策气象服务

20 世纪 80 年代初,决策气象服务主要以书面文字、电话发送为主为党政部门提供气象保障服务;90 年代至 2008 年底,决策服务已由电话、传真、信函等传输方式,发展到手机短信、气象网站等进行传输。决策气象服务项目有:《短期气候预测》、《气候影响评价》、《重要天气信息》、《气象专题服务》、《专项天气预报》、《天气快报》、《灾情快报》、《临近短时预报》、《气象灾害预警信号》等。

【决策服务事例 1】 2006 年 5 月 9 日,普洱市气象局为胡锦涛总书记到西双版纳、思茅工作考察,提供准确、优质的气象保障服务,确保考察工作顺利进行。中央办公厅和云南省委办公厅的领导说:"思茅的天气预报真准,说 11 点半下雨就 11 点半下雨。"

【决策服务事例 2】 2007 年 6 月 3 日 05 时 34 分 56 秒,宁洱哈尼族彝族自治县宁洱镇发生里氏 6.4 级强烈地震。普洱市气象局及时准确的气象保障服务得到各级人民政府和部门的好评,关鼎禄副市长对气象部门给予高度评价:"虽然在这次地震过程中,市气象部门受损严重,但气象部门为抗震救灾提供的天气预报很细,预报很准,气象服务很好,气象服务的质量没有受到任何影响。"

【决策服务事例 3】 成功为温家宝总理视察宁洱地震灾区、糯扎渡电站大江截流、"一节两会一庆典"、思茅撤地设市、云南省第六届农运会、"第七届中国普洱茶叶节、云南省首届普洱茶交易会、首届全球普洱茶嘉年华会"等重大活动提供了准确及时的气象保障服务。

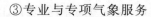

③专业与专项气象服务

专业气象服务　20世纪90年代初期,开始为交通、水利、农业、林业等特殊行业提供专业气象服务。至2008年气象服务领域不断拓展,服务手段不断丰富,围绕糯扎渡水电站、李仙江水电站气象服务,逐步建立了水电气象服务体系。建立了《磨思高速公路气象服务系统》和《普洱市专业气象服务会员管理系统》及手机短信预警等气象服务平台、春季森林防火气象服务等。

防雷技术服务　1989年,思茅地区气象处开展建筑物避雷安全检测业务。1998年8月26日,思茅地区编办批准成立思茅地区避雷装置安全检测中心。同年9月4日思茅地区编办批准成立思茅地区防雷中心。属科级事业单位。两中心依法开展防雷检测、雷电防护工程以及雷电灾害调查、鉴定和评估等工作,先后在思茅机场、思茅区南屏镇南岛河供销社咖啡厂、营盘山万亩茶园等安装避雷针,防雷效果明显,确保了当地人民群众生命、财产安全。2007年10月,普洱市雷电中心被云南省气象局授予"十五"期间气象科技服务先进集体。

人工影响天气　1979年,思茅地区气象台开始人工增雨试验。1997年4月1日,思茅行署成立人工降雨防雹工作协调领导小组及办公室。分管农口副专员任组长,气象局副局长任办公室主任。至2008年底,通过气象卫星、多普勒天气雷达、701雷达、闪电监测预警系统、普洱人工增雨决策指挥信息系统平台,积极开展人工增雨作业,取得了较好的经济和社会效益。1997年,思茅市委、市人民政府授予思茅地区气象局"抗旱救灾、情暖民心"奖牌;1999年,获云南省人工增雨防雹办公室"人工影响天气目标管理二等奖";1999年6月,被思茅行署授予"一九九九年度人工增雨工作先进集体";2005年3月,思茅市人工影响天气工作获云南省人民政府"人工影响天气工作先进单位二等奖"。

5．科学技术

气象科普宣传　依托普洱市气象科普教育基地建设项目,抓住世界气象日、全国科普日、法制日、科技下乡等契机,利用电视、报纸、广播、互联网、手机短信、年画、电子显示屏、DAB卫星广播等媒介,通过播放宣传片、制作并展出宣传展板、刊发宣传稿件、发放宣传单、举办气象科普知识讲座、气象科技服务咨询和座谈等活动,广泛开展气象科普宣传。2003年,被云南省授予"云南省科普宣传工作先进集体"称号。2008年,被中国气象局和中国气象学会授予"全国气象科普工作先进集体"称号,云南省科协七大会议上被授予"云南省科协系统先进集体"称号。连续11年5次被普洱市科协授予"普洱市科普先进集体"称号。

气象科研　1992年2月思茅地区气象局成立"科学技术委员会",主要负责评议审查和立项地局科技创新项目、全区气象部门重大现代化工程和重大科技项目实施及完成质量;负责全区气象科学技术创新奖的评审工作和优秀论文评审、推荐以及上级气象主管部门和地方科技主管部门委托的有关科学技术评审事项。2000年11月,地区气象局制定了《思茅地区气象科技创新课题管理办法》;2007年7月,成立普洱市气象局灾害性天气与生态气象监测预警技术研究室。自"九五"期间以来,《思茅市气象科普教育基地建设》在云南省科技厅立项,21个科技研发项目在云南省气象局和地方科技局立项,普洱市气象科学技术委员会自立项研发项目 40 个;科技项目获省部级科技进步三等奖 2 个,地厅级科技进步一等奖 1 个、二等奖 2 个、三等奖 3 个。

国际国内科技合作 1992 年 9 月,思茅地区气象局为老挝人民民主共和国波乔省培训合格气象观测人员 3 名,同时帮助建立波乔省气象观测站。2007 年 11 月 8—18 日,普洱市气象局参加国家卫星气象中心在普洱市开展的风云三号卫星遥感仪器航空校飞试验;2008 年 9 月 6—13 日,参加国家卫星气象中心在思茅区开展的风云三号卫星辐射校正微波同步观测试验。

气候考察 1987 年 12 月 1 日—1990 年 2 月 28 日,思茅地区气象处在镇沅县的扎卡、三章田、箐头、小龙塘、者铁等五个观测点开展哀牢山西坡气候考察。

农业气候资源与区划 1980—1987 年先后完成了思茅地区 10 个县级农业气候资源调查和区划工作。1987 年下半年完成了《思茅地区气候资源农业气候区划》的编写,1991 年下半年对该书进行了修订,1987 年 1 月获思茅行政公署"科研推广工作二等奖"、1992 年 3 月获云南省农业区划委员会"农业区划研究三等奖"。

气象法规建设与社会管理

1. 法规建设

2003 年 10 月,思茅地区气象局气象法律、法规所涉及的 12 项气象行政审批项目进入思茅地区人民政府便民服务中心实行统一审批,至 2008 年保留行政许可项目 3 项,非行政许可项目 9 项。

思茅地区气象局于 2000 年成立了政策法规科,与办公室合署办公。2003 年设立了气象行政复议办公室,2004 年成立了市气象执法支队。至 2008 年,有高级法制督察员 1 名,法制督察员 2 名,兼职法制工作人员 4 名,气象行政执法人员 20 名。

2. 制度建设

1990 年以来,思茅行署先后下发了《关于对全区避雷装置进行安全检测的规定》、关于印发〈思茅地区防雷装置安全管理办法〉的通知、《关于在全区开展防雷装置安全技术检测的通知》、《关于保护市气象局观测场的通知》等规章。

3. 社会管理

2005 年以来,思茅市气象局协调思茅市人民政府下发了《思茅市人民政府办公室关于保护市气象局观测场的通知》,先后 2 次将《气象台站观测环境备案书》报城市建设与规划局备案,并依据相关法律法规,查处 3 起影响气象探测环境的违法建设行为。

规范施放气球等升空物体行为 根据《施放气球管理办法》,普洱市气象局协调普洱市安全生产监督管理局、民航部门下发文件规范思茅辖区内施放升空物体行为,确保飞机飞行安全。2005 年以来,查处施放气球违法行为 6 起。

防雷减灾管理 根据《防雷减灾管理办法》,思茅地区气象局协调行署劳动局、公安消防、教育局、安全生产监督管理局、整顿和规范市场经济秩序办公室等单位下发了一系列规范性文件,规范了辖区内防雷减灾行为。2003 年思茅行署成立了由分管副专员为组长的思茅地区防雷减灾工作领导小组。2004 年思茅市气象局将防雷减灾工作涉及的 7 个项目列入了市人民政府便民服务中心统一审批。2005 年以来,市气象局查处和制止防雷违法行为多起。2004 年针对云南省建设厅超职权管理防雷减灾行为,与市建设局协调,维护了全市防雷检测工作秩序。

4. 政务公开

2002 年 9 月 13 日思茅地区气象局建立和推行局(政)务公开制度。对外公开主要通过对外公开栏、报纸、广播、电视和气象网站等媒体公布依法行政事项、气象法规,气象行政执法依据、程序、过程和结果,气象服务项目及服务承诺,气象专业和科技服务收费依据,气象投诉处理途径等;处、科级领导干部一岗双责以及机关干部职工职责任务(附照片)及本部门重要规章制度等。对内公开主要内容为政策性事项,包括住房、医疗制度改革、保险、工资政策、职称政策等;行政决策事项,包括单位发展计划规划、重要规章制度、经营项目兴办及停办、基建项目建设、大额投资、资产处置等;行政管理事项,包括年度工作计划、总结,业务质量考核,干部任用、考核、奖惩,专业技术职称评聘,职工考核奖惩,领导干部廉洁自律,年度目标完成情况,大宗物资采购,车辆管理,工作职责与纪律,科技服务与产业经营效益等;财务管理事项,包括财务收支情况、财务预算决算、奖金福利发放、专项经费使用情况、办公业务及招待费用开支情况、物资采购使用情况、基本建设工程和使用效益情况;其他与气象事业发展相关的重大事项和干部职工关心的有关热点问题。

党建与气象文化建设

1. 党建工作

党的组织建设 1951 年,建站初期无党员,1952 年有 2 名党员,参加滇南卫戍区司令部过组织生活;1965 年建立了党支部;1996 年 1 月 16 日思茅地直机关工委批准成立思茅地区气象局党总支,同年 5 月批准下设三个党支部;2007 年 12 月普洱市直机关工委批准市气象局党总支下设四个党支部,截至 2008 年,党总支共有党员 37 人(其中在职职工党员 22 人),党总支先后 3 次被普洱市直机关工委表彰为先进党组织。

党风廉政建设 1987 年,思茅地区气象处设立专职纪律检查员。1992 年各县(区)气象局设立政工干事;1998—2008 年,开展了"三个代表重要思想"、"树新风、强作风、兴思茅"、"解放思想大讨论"、"科学发展观"等一系列学习实践活动。1998 年 11 月,思茅地区气象局在各县(市)气象局设置政工员,2002 年进行调整,2008 年根据省气象局党组纪检组的文件规定,市气象局党组按照领导干部任免程序,在各县(区)气象局设置聘任纪检监察员或行政监察员,享受同级副职待遇。

自 2002 年以来,市气象局每年都与各县(区)气象局第一责任人签订《党风廉政建设责任书》;2004 年 12 月,市气象局党组向全市气象部门各级党组织和广大干部职工做出公开廉政承诺;2008 年,在全市各县(区)气象局推行"三人民主决策"制度。2004 年、2005 年,2次获云南省气象局"党风廉政建设目标考核优秀获奖单位"。

2. 气象文化建设

精神文明建设 1998 年 8 月成立思茅地区气象局精神文明建设指导小组,2001 年、2006 年进行调整充实精神文明建设领导小组及办公室成员,负责组织协调全市气象部门的精神文明建设工作。2002 年 7 月成立思茅地区气象局职工文明学校,负责检查、监督、指导基层单位开展各项文明创建活动,对全区职工进行文明素质教育等培训工作,协调工、青、妇开展群众性的文化娱乐活动。

2004 年制定并下发《思茅精神文明建设实施办法》;2005 年制定《关于完善全市气象部门文明创建、道德建设激励和监督机制的意见》。每年开展创建文明科室、文明家庭和家庭美德标兵的活动;举办"公民道德建设实施纲要"、"道路交通安全法"、"党的知识"等知识竞赛;在广大气象干部职工中开展凝炼气象人精神活动,开展了气象人精神演讲比赛,"气象文明大家谈"活动,每天读书一小时、每月学习一本书的精神文明建设活动。在离退休老同志中深入开展以"一发挥"、"二支持"、"三自"、"四好"为主要内容的"我为社会作奉献"活动,有 6 名老同志获得"四好"先进个人称号。

文明单位(行业)创建情况 1985—1990 年,思茅地区气象局 2 次被云南省气象局评为全省气象部门"双文明建设先进集体";1998 年获思茅市精神文明建设指导委员会授予为社会主义精神文明建设标兵单位、花园式文明单位;2000 年 12 月获得地级文明单位、文明行业;2002 年获云南省文明委"创建文明行业先进集体";2004 年获翠云区委、区人民政府"社会主义精神文明建设标兵单位";2005 年被思茅市委、市人民政府命名为文明行业和文明单位;2006 年被云南省气象局表彰为"十五"期间精神文明创建工作先进集体;2007 年被云南省委、省人民政府命名为省级文明单位;2008 年 11 月,被云南省气象局评为 2006—2008 年文明创建工作先进集体。1988—1999 年期间,共有 9 人次被云南省气象局表彰为全省气象部门"双文明"建设先进个人。

文体活动 2004—2008 年,每年工会都组织开展职工运动会,其中 2007 年开展了全市气象职工运动会,并选出六名选手参加全省气象部门职工运动会。2006 年成功举办云南省气象部门第三片区(思茅)文艺汇演,思茅市气象局的《情系蓝天》获云南省气象部门第三片区(思茅)文艺汇演一等奖、获云南省气象部门文艺汇演二等奖。每年的"三八"妇女节、"五四"青年节、"六一"儿童节、敬老节也组织各种各样的活动。

不断完善建设文化体育设施 修建了气排球场和羽毛球场,设立了图书阅览室、文化活动室,内设乒乓球室、棋牌室。配置了球桌、球拍、象棋、跳棋等文化体育用品。

3. 荣誉

集体荣誉 1997 年 11 月获国家档案局科技事业单位档案管理国家二级先进单位;1999、2003 年 2 次被中国气象局评为全国重大气象服务先进集体;2003 年 10 月获云南省人民政府科普工作先进集体;2005 年 3 月获云南省人民政府人工影响天气工作先进单位。

个人荣誉 截至 2008 年底共有 18 人 24 次荣获云南省气象局奖励;5 人 8 次荣获中国气象局奖励;1 人荣获云南省档案局、人事厅奖励;1 人荣获普洱市政府奖励;1 人荣获思茅市委、市政府奖励;1 人荣获云南省委、省政府奖励。

台站建设

　　1951 年,在思茅县复兴镇株市街王家园子租民房 3 间,建立思茅气象站。1954 年 9 月,在思茅县五一路建盖砖木结构房屋 196 平方米,作为业务值班、办公和生活用房。2002 年 3 月新一代天气雷达站在思茅市毡帽山开工建设,设计为四层框架结构,高 17.2 米,建筑面积 530 平方米。2003 年,在普洱市思茅区茶苑路 17 号建框架结构办公楼 1 幢,3908 平方米,职工宿舍 5 幢,10577 平方米,2007 年交付使用。

建站初期的思茅气象站

思茅县气象站五一路老办公楼(1954 年)

普洱市气象局新办公楼(2007 年)

普洱市思茅区气象局

机构历史沿革

始建情况　普洱市思茅区气象局于 1997 年 2 月 18 日成立,由思茅地区气象局地面观测组、高空探测组划归组成。地址为普洱市思茅区五一路 5 号,东经 100°58′,北纬 22°47′,海拔高度 1302.1 米。属国家基本气象站,气象资料参加全球交换。

管理体制　1997 年 2 月思茅市气象局成立后,实行思茅地区气象局与思茅市人民政府(2007 年 4 月为思茅区人民政府)双重领导,以思茅地区气象局领导为主的管理体制,属思茅地区气象局的下属单位。

历史沿革　1997 年始建时称思茅市气象局(正科级)。2004 年 4 月撤思茅地区设思茅市,原思茅市(县处级)更名为翠云区,思茅市气象局更名为翠云区气象局。2007 年 4 月,思茅市更名为普洱市,原思茅市(县处级)更名为思茅区,翠云区气象局更名为普洱市思茅区气象局。

单位名称及主要负责人变更情况

单位名称	姓名	民族	职务	任职时间
思茅市气象局	平 利(女)	汉	局长	1997.02—1998.02
	李 华	拉祜	局长	1998.02—2001.03
	赵 江	回	局长	2001.03—2004.04
翠云区气象局				2004.04—2007.04
普洱市思茅区气象局				2007.04—

人员状况　1997 年有职工 13 人,年龄 28～41 岁;少数民族 2 人;本科 1 人,大专 1 人,中专 11 人;工程师 3 人,助理工程师 9。截至 2008 年底,有在职职工 16 人,退休职工 1 人。在职职工年龄在 35～53 岁之间;少数民族 3 人;本科 5 人,大专 10 人,中专 1 人;工程师 14 人,助理工程师 2 人。

气象业务与服务

1. 气象观测

①地面气象观测

观测项目　云、能见度、气温、湿度、气压、地温、风向、风速、蒸发量、降水量,日照时数、天气现象。

观测时次　每天进行 02、08、14、20 时 3 次定时观测并向云南省气象网络中心发天气报;每天 05、11、17、23 时 4 次向云南省气象局发辅助天气报;实行 24 小时值班制。

业务变更情况 1998年12月25日开始按照省气象局要求,增加观测次数,每小时观测1次。2000年1月1日,测报业务计算机换型,启用新测报软件《AH 4.1》,应用计算机发报与制作报表,同时原用PC-1500袖珍计算机作为备份。2003年1月1日完成ZQZ-CⅡ型自动站安装并开始运行,在与人工站对比观测2年后,于2005年1月1日正式运行新版地面气象测报业务软件,同年7月4日开始编发气候月报。2004年1月1日执行新的《地面气象观测规范》(2003年版)。2005年7月气象电报传递方式改为网络传输。2007年1月1日,调整为国家气候观象台,由原来的8次报加至24小时人工、自动观测,站名更改为思茅国家气候观象台,按基准站业务模式运行,并拍发气候月报和气象旬(月)报地温段电报。2008年11月25日,根据云南省《关于全省地面气象观测站业务运行有关工作的通知》,恢复国家基本气象站,现行气候月报编报任务不变。

2006年12月18日在全区7个乡镇建立了10个两要素区域自动气象站。

②农业气象

1997年以来,农业气象观测任务主要有:水稻生长发育期观测、产量结构分析、编发农业气象旬月报。同时,针对思茅区主要农业病虫害发生发展情况开展预报服务,为思茅经济和乡镇农业生产服务。

③酸雨观测

1992年7月1日开始,开展酸雨观测业务,为大气成分预测预报和气候变化评估提供科学数据。观测项目有降水pH值、K值测定。

④高空探测

观测项目有高空温度、气压、湿度、风向、风速等。1997年6月1日探空仪器由原来的电子管回答器更换为晶体管回答器。1999年7月1日07时起,探空业务使用计算机处理探空资料,同时原用PC-1500袖珍计算机停止使用。2000年8月16日开始实施雷达转型,由原使用的701B探空雷达转换为701X型探空雷达。

1998年完成国家"九五"重大基础研究场外观测试验加密观测任务,有1人被中国气象局评为国家"九五"重大基础研究场外观测试验先进个人。2008年6月7日02时—10日14时,完成《中国气象局启动重大气象灾害预警应急预案Ⅲ级应急响应命令》高空加密观测任务。

2. 气象信息网络

2001年9月安装因特网专用线;2002年3月安装《卫星气象数据广播接收系统》设备;2004年12月完成了局域网的安装,并依托宽带网开通了IP电话语音和视频传输业务,实现了计算机联网以及气象观测数据自动传输和资源共享;2008年12月建成市—区可视会商系统,实现了天气预报可视会商、视频会议。

3. 天气预报预测

天气预报工作,主要是通过普洱市气象局制作的天气预报,制作订正预报,有长、中、短期天气预报。至2005年后预报员可通过MICAPS、气象雷达、自动气象站系统等获取大量天气预报分析信息,提高了天气预报的准确率。

4. 气象服务

①公众气象服务

1997 年建站后,公众气象服务以电话、传真、纸质(人送达)等形式向社会发布。2005年后,通过网络、电视、电话、手机短信、电子显示屏等多种渠道获取气象信息。服务产品主要是《重要气象信息专报》、《天气信息专报》、《中期天气预报》、《短期气候预测》、《农业气象旬报》、《节假日天气预报》、《气候影响评价》。

②决策气象服务

从 1997 年开始,为思茅市委、市人民政府及各决策部门提供的服务产品有:《思茅区气候趋势预测分析》、《短期气候预测》、《旬天气预报》、《气候与农情》、《气象专题服务》、《气候影响评价》等。传送方式通常采用电话、传真和手机短信发送。

【气象服务事例 1】 2005 年 1 月 26 日凌晨思茅区发生 5.1 级和 4.4 级地震,思茅区气象局及时把天气预报服务材料传送到区委、区人民政府和各有关部门及乡人民政府,为抗震救灾提供及时的气象保障服务。

【气象服务事例 2】 2007 年思茅区气象局决策气象服务得到思茅区人民政府领导的高度评价:"一年来,思茅区气象局强化服务意识,把气象抗旱、防灾减灾放在首位,在'茶节'、'抗震救灾'、'恢复重建'、'新农村建设'等项工作中,主动、及时、准确地为区委、区人民政府及有关部门提供气象预报、情报服务。气象在防灾减灾工作中发挥了重要作用,为我区经济建设做出了积极的贡献。"同年被区人民政府考核为优秀。

③专业与专项气象服务

1998 年 9 月成立人工降雨防雹工作协调小组。2004 年 3 月 16 日至 5 月 13 日,分别在南屏镇、龙谭乡实施人工增雨作业,效果十分显著。

5. 科学技术

气象科普宣传 1997 年以来,充分利用新闻媒体、网络、报刊、气象电子显示屏,"3·23"世界气象日、"12·4"法制宣传日、科技宣传周等契机,加强对气象法律法规及气象防灾减灾等气象科普宣传。同时,思茅自动气象站每年接待前来参观者达 650 余人次。2007 年 7 月,接待来自缅甸缅北华文学校云南寻根之旅夏令营的老师和同学们的参观学习。

气象科学实验 2008 年 9 月 6—13 日,国家卫星气象中心在思茅区开展风云三号卫星微波同步观测试验期间,思茅区气象局配合国家卫星气象中心,每天探空加密观测 2~3次。试验期间探空同步加密观测 15 次,为国家卫星气象中心试验提供了准确的观测数据,得到了国家卫星气象中心的肯定。

气象法规建设与社会管理

1. 法规建设

2000 年,选派 1 名工作人员参加云南省县级气象行政执法人员培训,并获云南省人民政府法规办颁发的行政执法资格证。2006 年,按照市人大统一部署,翠云区人大对翠云区贯彻《中华人民共和国气象法》、《云南省气象条例》和《人工影响天气条例管理》进行执法检查。至2008年,有持证行政执法人员2人。

2. 社会管理

气象探测环境保护　2005年将思茅气象探测环境保护技术规定报翠云区城乡规划局备案。2008年,配合普洱市气象局执法人员对在思茅区气象探测环境保护范围内建盖新建建筑物实施执法检查。

施放无人驾驶升空气球活动管理　依据《通用航空飞行管制条例》、《国务院对确需保留的行政审批项目设定行政许可的决定》和《施放气球管理办法》,对辖区内施放无人驾驶升空气球活动实施行政许可,并对施放气球活动进行监督管理。2004年,首次依法查处施放气球违法行为。

3. 政务公开

2002年,根据《关于全面推行县(市)气象局局务公开制度的通知》,组织实施局务公开工作。2005年,对局务公开工作进一步完善,把依法行政和财务公开作为局务公开的重点。局务公开分对内、对外两部分。对外公开主要内容为:办事机构、职责范围、办事程序、法规政策依据、工作规章制度等,主要通过设置局务对外公开栏的形式进行公开。对内公开的主要内容为:财务收支情况(包括各项收入、各项支出);车辆维修费、接待费、差旅费、通讯费;奖励表彰及惩罚结果;创收过程中的联系费和劳务费;评优结果等,主要通过专栏和职工大会公开。

党建与气象文化建设

1. 党建工作

党的组织建设　1997年思茅市气象局成立时只有1名党员,截至2008年底有5名党员。

党员积极参与"三会一课"活动,认真参与保持共产党员先进性教育活动、"解放思想　深化改革　扩大开放　科学发展"学习大讨论等活动。积极踊跃为四川省汶川大地震灾区捐款和交纳特殊党费。

党风廉政建设　2002年9月设立廉政监督员,同年开始与地区气象局签订党风廉政建设责任书。2008年设立纪检监察员,同时推行"三人"民主决策制度。每年党风廉政建设宣传教育月,成立党风廉政教育领导小组,制定活动方案,组织开展宣传教育活动,同时向区纪委汇报反腐倡廉工作情况。严格执行"三人"民主决策制度。党风廉政建设工作做到年初定任务,年终有考核。

2. 气象文化建设

2003年7月,选派一位同志参加云南省气象局举办的红土天歌云南气象人精神演讲比赛。2006年8月,抽调1位同志参加全省气象部门首届文艺汇演,参演的节目获云南省气象部门文艺汇演二等奖。2007年组织干部职工踊跃参加普洱市气象局组织举办的职工运动会,在比赛中多次获得团体和个人奖项。

3. 荣誉

集体荣誉 1999年6月,被思茅地区行署评为1999年度人工增雨工作先进集体;2004获中国气象局局务公开先进集体,同年获思茅市人民政府科普工作先进集体。

个人荣誉 从2001—2008年有49人(次)获云南省质量优秀测报员称号,5人次荣获云南省气象局授予的大气探测先进个人;2人次获全省气象部门双文明建设先进个人。

台站建设

始建时,思茅市气象局属思茅地区气象局的直属单位,有办公用房12间,其中:观测组1间、探空组1间、酸雨室1间、办公室2间、保管室1间,机房1间、库房4间、制氢房1间。2002年对值班室、气压室及观测场("两室一场")进行自动站标准化改造,2002年10月"两室一场"改造顺利完成。

至2008年,由市气象局划拨,思茅区气象局有办公室1幢,总面积为387平方米。思茅区气象局的职工住房并入普洱市气象局职工住房统一建设解决。

思茅区气象站(2004年)

宁洱哈尼族彝族自治县气象局

宁洱县在2007年4月以前称为普洱县,2007年4月,因思茅市更名为普洱市,普洱县更名为宁洱县。

机构历史沿革

始建情况　宁洱哈尼族彝族自治县气象局(简称宁洱县气象局)建于 1958 年 10 月,位于普洱县宁洱镇南门外(郊外),东经 101°17′,北纬 23°02′,观测场海拔高度 1320 米。属国家一般气象站。

历史沿革　宁洱县气象局始建时称云南省普洱县气候站,1960 年 3 月,更名为云南省普洱县气候服务站;1966 年 1 月,更名为云南省普洱县气象服务站;1968 年 11 月,更名为云南省普洱县气象服务站革命领导小组;1971 年 1 月,更名为云南省普洱县气象站;1986 年 1 月,更名为普洱哈尼族彝族自治县气象站;1990 年 5 月,更名为云南省普洱哈尼族彝族自治县气象局;2007 年 4 月,随普洱县更名为宁洱县,更名为宁洱哈尼族彝族自治县气象局。

管理体制　1958 年 10 月—1963 年 8 月,隶属普洱县人民政府建制,业务由思茅专区中心气象站管理。1963 年 8 月—1970 年 7 月,隶属云南省气象局建制,行政属普洱县人民委员会农林科。1970 年 7 月—1971 年 1 月,改属普洱县革命委员会建制和领导。1971 年 1 月—1973 年 10 月实行普洱县人民武装部领导,建制仍属普洱县革命委员会,业务由思茅地区气象台管理。1973 年 10 月—1981 年 6 月,划归普洱县革命委员会建制和领导,业务由思茅地区气象台管理。1981 年 6 月起,实行思茅地区气象局与普洱县人民政府双重领导,以思茅地区气象局领导为主的管理体制。

单位名称及主要负责人变更情况

单位名称	姓名	民族	职务	任职时间
云南省普洱县气候站	无法核实			1958.10—1960.02
云南省普洱县气候服务站	龚宝琴	汉	指定负责人	1960.03—1966.01
云南省普洱县气象服务站	无法核实			1966.01—1968.11
云南省普洱县气象服务站革命领导小组				1968.11—1971.01
云南省普洱县气象站	李德良	汉	指定负责人	1971.01—1973.10
	李成贵	彝	站长	1975.06—1986.01
普洱哈尼族彝族自治县气象站			站长	1986.01—1990.05
			局长	1990.05—1997.02
云南省普洱哈尼族彝族自治县气象局	陈捷	汉	副局长	1997.02—1997.11
	郑美芳(女)	汉	局长	1997.12—2001.11
	曾锐东	壮	局长	2001.11—2004.12
	魏奇升	汉	副局长	2004.12—2007.04
宁洱哈尼族彝族自治县气象局				2007.04—2008.11
	黄成兵	哈尼	局长	2008.11—

注:此表空缺处经查资料和询问宁洱县气象局老职工,均无法核实。

人员状况　1958 年建站有职工 3 人,平均年龄 23 岁。1978 年有职工 8 人,最大年龄 41 岁,最小年龄 22 岁,平均年龄 30 岁;中专 2 人,高中 3 人,初中 3 人;彝族 2 人。截至 2008 年底,有职工 15 人(其中在职职工 8 人,退休职工 7 人),在职人员中:50~55 岁 1 人,

35～40 岁 4 人,20～30 岁 3 人;本科 2 人,专科 6 人;工程师 4 人,助理工程师 2 人,技术员 1 人,见习技术员 1 人;哈尼族 1 人。

气象业务与服务

1. 气象业务

①地面气象观测

观测项目 云、能见度、天气现象、风向风速、降水量、气温、湿度、蒸发量、地温、气压、日照时数等。第一份气象观测记录始于 1958 年 10 月 1 日。2002 年 11 月完成地面气象观测自动站建设,2003 年 1 月 1 日实现了对温、湿度,降水量,气压,风向风速,地温的自动观测业务。2007 年 12 月,由地方人民政府出资完成全县 7 乡 2 镇 8 个两要素区域自动气象站建设。

观测时次 1958 年建站初期,每天 01、07、13、19 时(地方时)4 次观测,昼夜守班;1960 年 1 月取消夜班和 01 时观测,改为 07、13、19 时 3 次观测;1960 年 8 月 1 日增加日照时数观测,观测时间改为 08、14、20 时(北京时)3 次定时观测。

发报种类 1961 年 6 月 18 日开始编发航危报,至 2002 年 7 月 31 日结束。1987 年 1 月 1 日,开始使用 PC-1500 袖珍计算机编发气象报。

②气象信息网络

1984 年以前,普洱县气象站气象情报通过电报、电话传输。1984 年 10 月配备了 QZS-1 型滚筒式气象传真收片机接收气象传真图。1990 年开始使用甚高频进行天气会商。1999 年 12 月 PC-VSAT 气象卫星单收站建成,实现了用 MICAPS 人机交互系统处理预报业务资料。2004 年 12 月建成 2 兆市—县气象宽带网。2008 年建成由大气探测、气象通信、天气预报警报、气象资料加工及共享、办公自动化及气象服务网络化组成的现代化的气象信息网络系统,同年 12 月建成市—县可视会商系统,实现了天气预报可视会商、视频会议。

③天气预报预测

1958 年建站初期的天气预报工作,主要是通过压、温、湿三线图和收听专题广播获取资料,绘制简易天气图等制作天气预报。1977 年,开始制作长、中、短期天气预报,主要服务农业、林业、水利交通;1980 年长、中、短期天气预报开始发布到公社、大队。至 2008 年预报员可通过 MICAPS、气象雷达、自动气象站、闪电定位系统等获取大量天气预报分析信息,提高了天气预报准确率。

2. 气象服务

①公众气象服务

1958 年建站后,公众气象服务曾以小黑板、广播等形势向社会发布。2000 年后,公众可以通过网络、电视、电话、手机短信等渠道获取气象信息。服务产品主要是短期天气预报和节假日天气预报。

②决策气象服务

1958年建站初期决策气象服务的发送方式主要以书面文字为主。20世纪90年代至2008年,决策服务产品由电话、传真、信函、电视、互联网等方式传输。决策气象服务包括重大活动天气预报、灾害天气预警信息、重要天气情报、专项气象预报等内容。

【气象服务事例】 1989年9月,为东洱河水库渗漏修复工程提供的气象服务获防洪抗旱指挥部好评。1993年4月,在首届中国普洱茶叶节期间,使用"60天韵律预报"方法,为茶叶节的顺利举办提供了优质气象服务,获"首届中国普洱茶叶节先进单位"称号,受到普洱县委、县人民政府表彰。2002年9月,为普洱中学百年华诞校庆活动提供准确天气预报,保障了庆典活动的顺利进行。同年,为胜利煤矿危桥修复及全县库塘蓄水提供准确预报。

③专业与专项气象服务

人工影响天气 1997年普洱县气象站成立人工增雨防雹工作协调领导小组;1998年配备4架人工增雨防雹火箭发射架。在近年的抗旱减灾工作中,人工增雨为地方社会经济发展发挥了积极的作用。

防雷技术服务 1992年,开始实施防雷设施安全检测工作。1997年4月,经普洱县劳动人事局批准,成立普洱县防雷中心(后更名为宁洱县防雷中心),2005年12月成立普洱市华云防雷工程有限公司宁洱分公司。随着2000年《中华人民共和国气象法》和2006年中国气象局《防雷减灾管理办法》的实施,防雷减灾管理依法步入正常轨道。防雷减灾工作逐步发展到今天的安全检测、防雷工程、建筑物防雷设计审核、防雷安全管理等系统业务。至2008年防雷减灾工作步入规范化发展轨道。

3. 科学技术

气象科普宣传 加大了对气象工作的宣传力度,特别是20世纪90年代后期,抓住有利时机,走出去、请进来,通过报纸、电视、发放宣传单、召开座谈会等方式,大力宣传气象法律法规、气象科普知识、气象防灾减灾知识。

气象科研 1980年7月,完成了1960—1979年的气象资料汇编,获普洱县革命委员会"科技成果三等奖";1983年11月完成《普洱哈尼族彝族自治县农业气候资源及区划》,获思茅地区行政公署"科研推广工作二等奖";1998年3月,参与完成香料烟气候适应性种植研究,获云南省气象局科技进步三等奖。

气象法规建设与社会管理

1. 法规建设

2000年选派1名工作人员参加云南省县级气象行政执法人员培训,并获云南省人民政府法规办颁发的行政执法资格证。至2008年,有持证行政执法人员3名。2006年普洱县人大组织对实施《中华人民共和国气象法》、《云南省气象条例》和《人工影响天气管理条例》执法检查。2007年宁洱县人民政府将气象灾害应急预案列为人民政府专项预案。

2. 社会管理

气象探测环境保护 2006年查处首例损坏气象探测设施违法案件。2007年将气象探测环境保护技术规定报当地城乡建设局备案。

防雷减灾管理 防雷减灾法律法规实施以来,依据《国务院对确需保留的行政审批项目设定行政许可的决定》(国务院412号令)对辖区防雷工程实施图纸审核、竣工验收。2004年,联合当地安全生产监督管理局、技术质量监督局、消防大队对全县12家易燃易爆场所进行执法检查。2006年,查处首例防雷违法案件。

3. 局务公开

2002年,根据《关于全面推行县(市)气象局局务公开制度的通知》,组织实施局务公开工作。对外公开主要采取设置对外公开栏的形式,将防雷装置设计审核和竣工验收、施放气球审批等行政审批事项及办事程序、行政事业性收费项目及标准等向社会公众公开。对内公开主要通过召开职工大会、传阅相关文件的形式,将单位发展计划规划、财务收支、年度考核奖惩等涉及职工切身利益的相关政策、规定向职工公开。

党建与气象文化建设

1. 党建工作

党的组织建设 1971年以前无党员,1971年12月,有党员1名,组织关系转入县人民武装部,后归农口系统。1979—1993年,发展党员4人。1996年4月12日,依据《关于成立普洱县气象局党支部的批复》,成立党支部,有党员4人。截至2008年底,有党员5人(其中退休职工党员2人)。

党风廉政建设 1992年设立政工干事;2002年设立廉政监督员,同年开始与地区气象局签订党风廉政建设责任书;2004年起,每年都与地方签订党风廉政建设责任书。2008年设立纪检监察员,同时推行"三人"民主决策制度。

2. 气象文化建设

文明单位创建 1996年,开始重点抓精神文明创建工作,1997年4月被普洱县委、县人民政府命名为县级文明单位;2000年12月晋升为地级文明单位,保持至今。为使普洱县气象局的文明创建更上新的台阶,多年来,着力抓了两件事(一是基础业务,二是台站建设),杜绝重大差错,测报业务质量创历史较好成绩。同时,还完成了职工宿舍楼和环境优化美化工程,树立了一个充满生机与活力的和谐集体形象。

文体活动 宁洱县气象局重视开展职工业务文体活动。1991年12月,与思茅地区气象局、普洱县农业局举行文艺联欢晚会;2007年3月与景谷县气象局进行了气排球友谊赛、登景谷芒玉大峡谷等活动;2007年7月选派一名职工参加普洱市气象部门职工运动会,获跳高、短跑第一名,跳远、乒乓球第二名。

3. 荣誉

1999年6月获思茅地区行政公署人工增雨先进集体;2003年1月获云南省气象局2002年全省重大气象服务先进集体。

台站建设

建站初期,办公与生活条件艰苦,无办公业务用房,无水、无电,交通不便。职工住在台站附近农民家。

1959 年在观测场北面建起土木结构平房 1 幢,2 间住房、1 间值班室;1972 年在站址西面建土木结构综合用房 1 幢 7 间 215.6 平方米;1974 年在站址北面建简易值班室 2 间 24 平方米;1977 年在站址东面建砖木结构平房(防震)1 幢 7 间 137.75 平方米;1984 年征地 0.25 亩,在站址北面建砖混结构职工住宅二层楼房 1 幢 542.9 平方米;1986 年,拆除简易值班室,建砖混结构值班室 1 间(有观测平台);1987 年 4 月接通城市自来水;1990 年 6 月在上级部门和地方人民政府关心下,拆除 1972 年建的平房,建成二层总面积为 440 平方米的综合楼;1997 年修缮了出站道路和东面围墙、大门;2000 年建成三层总面积 686 平方米的 6 套职工宿舍,并建成地面测报值班室、预报值班室、厕所等。

2007 年宁洱"6·3"地震后,10 月 4 套震后应急用房建盖完毕投入使用。2008 年 6 月,受损办公综合楼加固修复完成投入使用。2008 年在宁洱镇曼丹村新征土地重新规划并启动台站搬迁建设工作。

宁洱县气象局观测场旧貌(2005 年)

宁洱县气象局新站观测场(2012 年)

墨江哈尼族自治县气象局

墨江县地处云贵高原西南边缘横断山系哀牢山脉中段,面积 5312 平方千米,海拔高度 440.0~2278.0 米,最低点在县城南部泗南江乡的榄皮河与龙马江汇流处,海拔高度 440 米,最高点在县城东北部联珠镇的大尖山,海拔高度 2278.0 米。全县下辖 15 个乡(镇),人口 36 万,其中哈尼族人口占总全县总人口的 60.8%。

北回归线穿县城而过,把县城一分为二,是世界上唯一一个被北回归线穿过县城主城区的县份。墨江县属南亚热带、半湿润山地季风立体气候。

机构历史沿革

始建情况　云南省墨江哈尼族自治县气象局(以下简称墨江县气象局)始建于 1956 年 10 月(1957 年 1 月 1 日开始观测),位于墨江县城南郊南门外杂拉田,东经 101°43′,北纬 23°36′,海拔高度 1281.9 米,1983 年纬度重新标定为北纬 23°26′。属国家一般气象站。

站址迁移情况　2003 年 1 月 1 日,墨江县气象局从原址搬迁至县城新开发区,东经 101°41′,北纬 23°26′,海拔高度 1304.4 米。2007 年 1 月 1 日,再次从县城新建开发区搬迁至联珠镇桂香村,东经 101°40′,北纬 23°25′,海拔高度 1314.6 米。

历史沿革　始建时称云南省墨江气候站;1960 年 3 月,更名为云南省墨江气候服务站;1966 年 1 月,更名为云南省墨江县气象服务站;1968 年 9 月,更名为墨江县农水系统革命委员会气象站;1971 年 3 月,更名为云南省墨江县气象站;1979 年 11 月,墨江县更名为墨江哈尼族自治县,气象站随之更名为云南省墨江哈尼族自治县气象站;1990 年 5 月,更名为云南省墨江哈尼族自治县气象局。

管理体制　1956 年 10 月—1958 年 10 月,墨江气候站隶属云南省气象局建制和领导,行政后勤、党团组织由墨江县农业水利科管理。1958 年 10 月—1963 年 8 月,隶属墨江县人民政府建制和领导,其业务管理、技术指导由思茅专区中心气象站负责。1963 年 8 月—1970 年 7 月,改属云南省气象局(1966 年 3 月改为云南省农业厅气象局)建制和领导,思茅专区气象总站负责管理。1970 年 7 月—1971 年 3 月,隶属墨江县革命委员会建制,划归墨江县农水系统管理。1971 年 3 月—1973 年 10 月,实行墨江县人民武装部领导、建制仍属墨江县革命委员会,业务由思茅地区气象台管理。1973 年 10 月—1981 年 6 月,改属墨江县革命委员会建制和领导,业务由思茅地区气象台管理。1981 年 6 月起,实行思茅地区气象局与墨江县人民政府双重领导,以思茅地区气象局领导为主的管理体制。

单位名称及主要负责人变更情况

单位名称	姓名	民族	职务	任职时间
云南省墨江气候站	杨万中	哈尼	站长	1957.01—1960.03
云南省墨江县气候服务站				1960.03—1966.01
云南省墨江县气象服务站				1966.01—1968.09
墨江县农水系统革命委员会气象站				1968.09—1971.01
	朱绍伦	汉	站长	1971.01—1971.03
云南省墨江县气象站				1971.03—1973.10
	杨万中	哈尼	站长	1973.10—1979.11
云南省墨江哈尼族自治县气象站				1979.11—1984.08
	马学文	汉	站长	1984.08—1990.05
云南省墨江哈尼族自治县气象局			局长	1990.05—1991.09
	罗维平	彝	局长	1991.09—2001.11
	李忠华	白	局长	2001.11—

人员状况　始建初期有工作人员 2 人。截至 2008 年底,全局共有职工 10 人(在职职工 5 人,退休职工 5 人),在职职工中:年龄在 23～58 岁之间;本科学历 1 人;少数民族 4

人;工程师 4 人。

气象业务与服务

1. 气象业务

①气象观测

墨江县气象局属国家一般气象站,每天承担 08、14、20 时的 3 次定时观测和 11、17 时的 2 次补充观测,负责完成每天 08、14、20 时的小图报编发任务。2003 年 1 月 1 日起实现了对温度、湿度、降水量,气压,风向风速,地温的自动观测。2006 年年底建成 14 个两要素乡镇区域自动气象站。2008 年完成中国大陆构造环境监测网墨江 GPS 基准站建设。

②气象信息网络

建站至 20 世纪 90 年代末,气象观测数据采用人工查算和编报,气象电报通过邮电部门代转发;1986 年 5 月开始使用甚高频气象通信,主要用于与地区气象台天气会商;2000 年建成气象卫星地面接收系统(PC-VSAT 单收站);2004 年 12 月建成 2 兆气象宽带网,实现了省、地、县计算机联网以及气象观测数据自动传输和资源共享;2007 年"墨江气象信息网站"正式开通;2008 年 12 月建成市—县可视会商系统,实现天气预报可视会商、视频会议等。

③天气预报预测

1958 年至 20 世纪 90 年代,天气预报业务主要通过收音机播放省台天气预报,手工记录、绘制简易天气图和地面综合时间剖面图、统计分析本站气象资料,制作天气预报。2000 年建成 PC-VSAT 小站后,通过 MICAPS 浏览预报资料及中央气象台天气图形势和天气图分析资料,利用上级气象台数值预报产品来订正制作中、短期天气预报和短期气候预测。1999 年 4 月有 1 人获全省优秀值班预报员称号。

2. 气象服务

①公众气象服务

20 世纪 90 年代,以常规天气预报为主,每天制作发布一次短期天气预报,节假日制作节假日天气预报。2007 年墨江气象信息网开通后,墨江公众气象服务更上了新的水平,各类公众气象服务可通过网络向公众实时提供。

②决策气象服务

20 世纪 90 年代以来,决策气象服务的主要内容有:专题天气预报、专项天气预报、临近天气预报、天气快报、重要气象情报、重要天气信息和气候评价等。2007 年启用墨江县天气预报预警平台,为各级县委、县人民政府和相关部门领导发布重要天气信息。2008 年建成墨江县防灾减灾指挥中心暨综合业务平台,气象服务能力和水平得到不断提高。

在 1999 年墨江哈尼族自治县成立二十周年县庆气象保障服务、2005—2008 年连续四届为中国·墨江北回归线国际双胞胎节暨太阳节提供气象保障服务中,以优质的气象服务获得县委、县人民政府表彰。

③专业与专项气象服务

人工影响天气 1988 年在通关镇试用"三七"高炮进行人工降雨作业;2001 年起使用

火箭发射架实施人工影响天气工作,为全县抗旱保苗发挥积极作用。

防雷技术服务 1992 年起,开展防雷安全检测及防雷工程施工,主要是针对新建构(筑)物进行防雷装置安全检测,对一、二类建(构、筑)物、民用建(构、筑)物等防雷装置实施年检。同时,开展防雷装置图纸审核和防雷工程设计、施工。

专业专项气象服务 1988 年以来,结合墨江产业发展,为当地烤烟生产、橡胶生产、蚕桑养殖、水电产业、林产业、畜牧业、森林防火等提供气象科技服务。

3. 科学技术

气象科普宣传 为了提高气象灾害防御能力,普及气象科普知识,每年利用"12·4"法制宣传日、"3·23"世界气象日和墨江县气象信息网站以及各种媒体开展气象科普宣传,使广大人民群众了解气象、掌握气象、利用气象进行生产生活和防灾减灾。

气象科研 1988 年 1 月完成《墨江县农业气候资源与农业气候区划》;1988 年 5 月参与完成《墨江县万亩咖啡商品生产基地的可行性论证报告》;1989 年 12 月至 1990 年 1 月在泗南江河谷两岸设立梯度气象观测点进行气象考察;1990 年 3 月完成《墨江县低热峡谷山地逆温气候考察报告》,为墨江县委、县人民政府引种橡胶及制定橡胶种植规划提供了科学决策依据。

气象法规建设与社会管理

1. 法规建设

2000 年选派 1 名工作人员参加云南省县级气象行政执法人员培训,并获云南省人民政府法规办颁发的行政执法资格证,2001 年成立行政执法领导小组及办公室。至 2008 年墨江县气象局有持证行政执法人员 3 人。2006 年,按照市人大统一部署,县人大对全县贯彻《中华人民共和国气象法》、《云南省气象条例》和《人工影响天气管理条例》进行执法检查。

2. 社会管理

气象探测环境保护 2006 年墨江县人民政府下发了《墨江县人民政府关于加强气象探测环境保护的通知》。同年,对墨江新区开发建设进行气象探测环境保护执法检查。2007 年将墨江气象探测环境保护技术规定向当地建设局备案。

防雷减灾管理 防雷减灾法律法规实施以来,依据《国务院对确需保留的行政审批项目设定行政许可的决定》,对辖区防雷工程实施图纸审核、竣工验收。2003 年,联合当地安全生产监督管理部门对辖区易燃易爆场所进行执法检查。2008 年,根据《墨江哈尼族自治县人民人民政府办公室关于做好安全生产隐患排查治理工作的通知》,作为参与单位负责辖区内防雷安全生产隐患的排查治理工作。

3. 局务公开

2002 年,根据《关于全面推行县(市)气象局局务公开制度的通知》,组织实施局务公开工作。对外公开主要内容为:单位简介、机构设置、规章制度、依法行政事项、气象法规、气象行政执法依据、业务服务工作流程、气象服务项目及服务承诺、气象服务和气象科技服务收费项目及依据、气象服务周年方案、干部职工去向牌等,主要采取设立局务对外公开栏、墨江县气象信息网、墨江县人民政府信息公开门户网站等方式向公众公开。对内公开主要内容有:行政决策、财务收支、个人收入、年度考核奖惩等,主要采取召开职工大会、传阅相关文件等方式向广大干部职工公开。

党建与气象文化建设

1. 党建工作

党的组织建设 1998 年以前有党员 2 名,与县人民政府办党支部联合;1999 年有党员 3 名,与县审计局党支部联合;2003 年与县直机关工委党支部联合;2008 年有党员 3 名,一直未单独建立党支部。

党风廉政建设 1992 年设立政工干事,2002 年设立廉政监督员,同年与地区气象局签订党风廉政建设责任书,2008 年设立纪检监察员,同时推行"三人"民主决策制度。近年来,墨江县气象局党员领导干部带头认真开展政治思想和党的基本路线教育,持续开展党风廉政建设宣传教育和反腐倡廉教育,不断完善制度建设。对干部职工进行思想作风、工作作风、生活作风和纪律教育,树立了清正廉洁、执政为民的思想。

2. 气象文化建设

为加强精神文明建设工作,墨江县气象局成立精神文明建设工作领导小组,积极创建文明单位活动。2001 年墨江县气象局被墨江县委、县人民政府授予县级文明单位荣誉称号;2007 年被普洱市委、市人民政府授予市级文明单位荣誉称号。有 2 人(次)获云南省气象部门"双文明"建设先进个人。

3. 荣誉

2004 年被墨江县委、县人民政府评为森林防火先进单位。

台站建设

始建时有临时茅草屋 1 间,泥土地、竹巴墙,约 30 平方米,十分简陋;1957 年底新建土木结构平房 1 幢,面积 50 平方米;1964 年建土木结构平房 1 幢,面积 60 平方米;1989 年建一层砖混结构办公专用房,面积 190 平方米;2001 年,建 790 平方米的办公楼 1 幢和标准化观测场 1 个,办公环境和办公条件得到很大改观;2005 年又新建办公楼 612 平方米,硬化道路 120 米、绿化美化环境 2133 平方米。至 2008 年,墨江哈尼族自治县气象局已建成具有现代化水平的集气象科普功能和优美环境于一体的花园式气象站。

1972 年开始建职工宿舍,当年建土木结构平房 1 幢,面积 170 平方米;1982 年新建砖混平顶房 1 幢,面积 200 平方米;1992 年扩建砖混结构职工宿舍四层楼房 1 幢,共 8 套,面积 506 平方米。至 2008 年,职工住房以个人集资的方式,参与地方建设。

墨江气象站观测场旧貌（1983 年）

墨江县气象局观测场新貌（2006 年）

墨江县气象局新办公楼（2006 年）

景东彝族自治县气象局

　　景东县是全国唯一拥有两个国家级自然保护区的县份，被誉为"天然物种基因库"和"中国黑冠长臂猿之乡"。全县地处北回归线以北，属南亚热带季风气候，气候垂直变化异常明显，形成了"一山分四季，十里不同天"的气象奇观。

机构历史沿革

　　始建情况　云南省景东彝族自治县气象局（以下简称景东县气象局）始建于 1955 年 5 月，同年 12 月 1 日 01 时开始地面气象观测。站址位于景东县城南郊，东经 100°52′，北纬 24°28′，海拔高度 1162.3 米，占地约 9749.0 平方米。属国家基本气象站。

　　历史沿革　1955 年 5 月始建云南省景东气象站；1960 年 3 月更名为云南省景东县气象服务站；1968 年 8 月更名为景东县农林服务站革命委员会气象服务组；1969 年 1 月更名

为景东县气象站革命领导小组;1971 年 3 月更名为云南省景东县气象站;1985 年 12 月更名为云南省景东彝族自治县气象站;1990 年 5 月,更名为云南省景东彝族自治县气象局。

管理体制 1955 年 5 月建站时属云南省气象局建制和领导,党团组织由景东县人民政府农林水利科代管。1958 年 10 月—1963 年 8 月,景东气象站隶属景东县人民委员会建制,其业务管理、技术指导由思茅专区气象中心站负责。1963 年 8 月—1970 年 7 月,收归云南省气象局(1966 年 3 月改为云南省农业厅气象局)建制和领导,思茅专区气象总站负责管理。1970 年 7 月—1971 年 3 月,属景东县革命委员会建制和领导,县农林办科负责管理。1971 年 3 月—1973 年 11 月,景东县气象站实行景东县人民武装部领导、建制仍属景东县革命委员会。1973 年 11 月—1981 年 6 月,隶属景东县革命委员会建制,由县革委农林办公室管理,业务指导由思茅地区气象台。1981 年 6 月起,实行以思茅地区气象局与景东县人民政府双重领导,以思茅地区气象局领导为主的管理体制。

单位名称及主要负责人变更情况

单位名称	姓名	民族	职务	任职时间
云南省景东气象站	无法核实			1955.05—1956.02
	林杨清	汉	站长	1956.02—1957.08
	蔡国定	汉	站长	1957.08—1960.03
云南省景东气象服务站				1960.03—1968.08
景东县农林服务站革命委员会气象服务组				1968.08—1969.01
景东县气象站革命领导小组			小组	1969.01—1971.01
	周汝兴	汉	站长	1971.01—1971.03
云南省景东县气象站				1971.03—1973.10
	付文光	汉	站长	1973.10—1984.08
	潘祯源	彝	站长	1984.08—1985.12
云南省景东彝族自治县气象站				1985.12—1990.05
云南省景东彝族自治县气象局			局长	1990.05—1997.12
	王 林	汉	局长	1997.12—

注:1956 年 2 月之前的负责人无资料可查。

人员状况 1955 年有职工 2 人,年龄在 18～20 岁之间,中专学历;1978 年底,有职工 9 人,年龄在 21～40 岁之间,大专学历 1 人,少数民族 4 人。截至 2008 年底,有职工 17 人(其中在职职工 13 人,退休职工 4 人)。在职职工中:年龄在 21～52 岁之间;本科学历 5 人;少数民族 3 人;工程师 3 人。

气象业务与服务

1. 气象观测

①地面气象观测

观测项目 云、能见度、天气现象、风向、风速、降水量、温度、湿度、气压、蒸发量、日照、地面温度。1969 年增加降水、风向风速的自记观测,

观测时次 承担 02、08、14、20 时 4 次定时观测和 05、11、17、23 时 4 次补充定时观测，24 小时守班。

发报种类 承担每天 02、05、08、11、14、17、20、23 时的天气报和补充绘图报的编发，观测数据参加全球气象资料交换。1957 年 3 月增加航危报拍发任务至今，2008 年 8 月起，承担重要天气报的编发。

气象报表制作 1988 年 1 月地面气象观测报表实现了微机制作。

自动气象站观测 2003 年 1 月 1 日，建成自动气象站并投入业务运行。

自动土壤水分监测 2005 年 6 月，景东自动土壤水分监测站建成并投入使用。

区域自动气象站观测 2006 年 12 月县人民政府出资在全县 13 个乡（镇）建成两要素区域自动气象站 13 个，实现了景东县乡（镇）气象资料的自动采集、传输和归档。1980 年以来共有 17 人获得云南省气象局"质量优秀测报员"称号。

②农业气象观测

景东国家一级农业气象观测站建于 1958 年 1 月，主要业务有：水稻生长发育期观测和产量结构分析，编发农业气象旬月报，芒果树物候期观测。

③高空观测

1958 年 1 月 17 日—1962 年 4 月 30 日，进行距离经纬仪 300、600、900 米；距离海平面 1500、2000、2500、3000、3500、4000、4500、5000 米高空风观测。

2. 气象信息网络

1955 年建站时期配备有固定电话、收音机，用于传输地面气象报文和收听天气形势广播。1984 年配备了 CⅡ-80 型气象传真机，用于接受国内外气象传真图。1987 年"八一"电台无线通信和 1989 年甚高频电台通信设备的配备，改变了地面气象报文的传送方式。1992 年购置首台电脑，1997 年 1 月建成气象卫星综合应用业务系统即"9210"工程，1999 年 9 月启动 PC-VSAT 单收站，接收、处理和分析气象卫星资料的手段和能力得到不断提高。2000 年 1 月地面气象报文改用分组交换网传递，2003 年 1 月地面气象报文改用因特网传递，同时组建了局域网。2004 年 12 月景东气象宽带网开通，2005 年 1 月 VPN 开通。2008 年 11 月建成市—县（区）可视会商、会议系统。

3. 天气预报预测

1958 年开始制作单站长、中、短期天气预报。预报模式从过去人工抄气象广播、绘制天气图和地面综合时间剖面图，到今天的省、市、县视频会商系统、MICAPS 预报分析应用系统及国家、省、市、县气象台站的资源共享，大大提高了预报准确率。

4. 气象服务

①公众气象服务

始建初期，就开始了公众气象服务。特别是 2007 年 6 月建成了特殊天气预警平台后，公众气象服务实现了进村入户、进学校、进企业。

②决策气象服务

至 2008 年，景东县气象局向县委、县政府提供的决策气象服务项目主要有：短期天气预报、3~5天天气预报、周天气预报、旬天气预报、短期气候预测、气象信息专报、重要天气报告、气象灾情报告、专题气候分析、农业气象情报、作物生长状况评述、气候影响评价、气象地质灾害服务专题、森林防火气象服务专题、人工增雨简报和气象灾害评估等,主要通过兴农信息网、政务网站、手机短信、专题材料等方式提供服务。

【气象服务事例】 2007年8月16日景东县文井镇新会村闷沟河水库一带发生单点性暴雨,导致新会村山体滑坡,闷沟河水库底部涵管堵塞,水漫过堤坝,冲蚀坝面,堤坝面临崩塌的危险。景东县气象局赶往现场进行气象服务,保障了抗洪救灾的顺利进行。在2008年"11·2"抢险救灾中,为打通景东徐家坝至楚雄西舍的生命线通道,支援景东县抗洪救灾,通过特殊天气预警平台,每天2次发布天气预报到抗灾救灾指挥部和决策领导手中,确保了救灾物资运输,为县委、县人民政府抗灾救灾决策提供了科学依据。

③专业与专项气象服务

农业气象服务 近年来,主要针对种桑养蚕、烤烟种植、茶种植、森林防火、地质灾害服务等开展气象服务。1992年5月在县电视台开播每周一次"农业与气象"专栏节目。

人工降雨作业 1978年开始,使用"三七"高炮开展人工降雨作业。30多年来,景东县人工影响天气工作为农业抗旱保苗、森林防火和扑灭森林火灾、增加水库蓄水等方面做出了积极的贡献。2003年以来有3人被景东县人民政府评为森林防火先进个人。

防雷技术服务 防雷减灾服务于1989年起步,主要开展防雷安全检测、防雷图纸审核、竣工验收、防雷工程设计施工等气象科技服务。1998年2月成立景东县防雷中心,2002年2月取得防雷工程设计施工丙级资质。2000年12月成立防雷装置安全检测中心,2006年8月取得防雷装置安全检测乙级资质。到2008年景东县防雷减灾工作已成为景东气象事业发展的一个重要支柱产业。

5. 科学技术

气象科普宣传 景东县气象局重视气象科普宣传工作。在每年"12·4"法制宣传日、"3·23"世界气象日及科技下乡等活动中,利用各种媒体积极开展气象科普宣传,使广大人民群众了解气象、关心气象,利用气象科普知识趋利避害、防灾减灾。

气象科研 1981年8月完成的《景东县农业气候资源及农业气候区划》,1982年获国家气象局区划办三等奖;《景东杂交水稻制种气象条件初探》获思茅地区行政公署1991—1992科技进步三等奖;《景东县高海拔山区杂交水稻种植试验和气候分析报告》获思茅地区第三届优秀科技论文三等奖。有2人被云南省气象局评为科技服务先进个人。

气象法规建设与社会管理

1. 法规建设

2000年选派1名工作人员参加云南省县级气象行政执法人员培训,获云南省人民政府法规办颁发的行政执法资格证;目前,景东县气象局有持证行政执法人员5人。2006年,按照市人大统一部署,景东县人大对景东县贯彻《中华人民共和国气象法》、《云南省气象条例》和《人工影响天气管理条例》进行执法检查。2008年成立气象行政执法大队。

2. 社会管理

气象探测环境保护 2007年,景东气象探测环境保护技术规定在当地城乡建设局备案。2008年,开始对影响气象探测环境的新建建筑物建设单位下发气象行政执法告知书。

防雷减灾管理 2000年,景东县人民政府下发了《关于加强防雷减灾安全管理工作的通知》。2002年,对辖区15个乡镇进行执法检查。2003年,景东县人民政府成立以分管副县长为组长的景东县防雷减灾工作领导小组及办公室,全县15个乡镇成立防雷减灾领导小组办事机构。2006年,制定了《景东县新建建筑物防雷设施验收质量管理手册》《景东县新建建筑物防雷设施验收手册》等,规范防雷装置安全检测工作。防雷减灾法律法规实施以来,依据《国务院对确需保留的行政审批项目设定行政许可的决定》对辖区防雷工程实施图纸审核、竣工验收。

3. 政务公开

2002年,根据《关于全面推行县(市)气象局局务公开制度的通知》要求,全面实施局务公开工作。公开方式主要采取设局务公开栏、景东气象信息网等形式。公开内容包括:单位简介、机构设置、规章制度、依法行政事项、气象法规、气象行政执法依据、业务服务工作流程、气象服务项目及服务承诺、气象服务和气象科技服务收费项目及依据、气象服务周年方案、干部职工去向牌、行政决策、财务收支、个人收入、年度考核奖惩等。

党建与气象文化建设

1. 党建工作

党的组织建设 建站时无党员,1957年有1名党员,与农机站合并为一个党支部,1988年11月,设立气象局党支部,有党员3人。截至2008年底,有党员5人。

党的思想建设 景东县气象局党支部建立以来,充分发挥党支部的战斗堡垒作用和党员的先锋模范作用,狠抓干部职工的思想政治工作,从组织上、思想上、制度上保证了气象工作又好又快发展,开创了景东气象工作的新局面。特别是2000年以来,党支部按照中共景东县委的部署,扎实有效地开展了"三个代表"重要思想学习教育活动、保持共产党员先进性教育活动、解放思想大讨论活动,党员干部的政治理论水平和思想觉悟有了进一步提高。

党风廉政建设 1992年设立政工干事;2002年设立廉政监督员,将廉政监督员纳入局领导班子成员实行"三人"民主决策制度,2002年以来,每年都与思茅地区气象局签订党风廉政建设责任书;2008年设立纪检监察员,仍实行"三人"民主决策制度。

2. 气象文化建设

精神文明建设 1996年1月成立景东县气象局精神文明建设领导小组;1998年1月起,坚持在每年年初召开的职工代表大会上,将精神文明建设各项目标细化量化,责任到人,使精神文明建设"有机构、有人员、有经费、有计划、有活动",并坚持与全局安全生产工作同安排、同检查、同考核、同奖惩,形成了精神文明建设工作人人有责的工作机制。组织干部职工学习《公民道德建设实施纲要》,开展五好个人、文明家庭、文明科室评选表彰活动,营造文明建设良好气氛;鼓励干部职工利用业余时间,学习政治理论、业务知识,创建学习型单位。多方筹资,加强单位环境改造和亮化工程。

2000年获市级文明单位称号,2006年获省级文明单位称号。2人获全省气象部门双文明建设先进个人。

文体活动 为丰富职工业余文化生活,培养干部职工健康的生活情趣,设置了健身房、户外文体活动场所,并坚持每年召开职工运动会,组织干部职工开展登山、拔河、篮球、羽毛球、乒乓球等活动,以增强体质,磨练意志,陶冶情操,锻炼协作、凝聚力量。

3. 荣誉

1988年获云南省气象部门1985—1987年"双文明"建设先进集体;1991年获云南省气象部门1988—1990年"双文明"建设先进集体;1997年被云南省气象局评为云南省重大气象服务先进集体;1999年获云南省气象部门1986—1998年全省气象部门双文明建设先进集体;1999年6月被思茅地区行署评为1999年度人工增雨工作先进集体;2001年被省气象局表彰为气象部门文明行业创建先进集体;2006年被云南省气象局评为"十五"期间全省气象部门精神文明建设先进集体;2008年1月被省气象局表彰为2006—2008年全省气象部门精神文明建设工作先进集体;2008年获云南省档案局五星级档案的称号。

台站建设

始建时有土木结构的瓦房1幢,作为办公和住房用房,面积约200平方米。1957年以后,台站建设有了一定发展,工作和生活环境有了较大改善。至1998年底,有办公楼1幢,面积200平方米;有职工住房1幢,面积500平方米。

1999年,抓住景东新城区建设的机遇,在县城新区购买土地1270.97平方米,作为职工住宅和办公楼建设用地。2000年初由国家气象局、省气象局及个人共同投资62.18万元、建筑面积833.26平方米的职工住宅楼开工,2001年1月竣工验收。2003年7月由省、地、县三级共同投资67.16万元、建筑面积760.45平方米的办公楼建设破土动工,2004年11月竣工验收。至2008年,已建成了具有现代化水平的集气象科普功能和优美环境于一体的花园式基层气象台站。

景东县气象局旧貌(1955年)

景东县气象局局内环境鸟瞰图(2000年)

景东县气象局科技大楼(2004 年)

景谷傣族彝族自治县气象局

机构历史沿革

始建情况　云南省景谷傣族彝族自治县气象局(以下简称景谷县气象局)始建于 1956 年 11 月,站址为景谷县城大平掌。位于东经 100°43′,北纬 23°16′,1964 年 7 月重新标定为东经 100°42′,北纬 23°30′。海拔高度为 912.5 米,1960 年 10 月重新标定为 913.2 米。属国家一般气象站。

历史沿革　1956 年建站时名称为云南省景谷大平掌气候站;1960 年 3 月更名为云南省景谷县气候服务站;1971 年 3 月更名为云南省景谷县气象站;1985 年 12 月更名为云南省景谷傣族彝族自治县气象站;1990 年 5 月,更名为云南省景谷傣族彝族自治县气象局。

管理体制　1956 年 11 月—1958 年 10 月,景谷大平掌气候站隶属云南省气象局建制。1958 年 10 月—1963 年 8 月,景谷气象站隶属景谷县人民委员会建制,其业务管理、技术指导由思茅专区气象中心站负责。1963 年 8 月—1970 年 7 月,收归云南省气象局(1966 年 3 月改为云南省农业厅气象局)建制和领导,思茅专区气象总站负责管理。1970 年 7 月—1971 年 3 月,隶属景谷县革命委员会建制,由县农水科领导。1971 年 3 月—1973 年 10 月,实行景谷县县人民武装部领导,建制仍属县革命委员会。1973 年 10 月—1981 年 6 月,隶属景谷县革命委员会建制,思茅地区气象台负责业务指导。1981 年 6 月起,实行思茅地区气象局与景谷县人民政府双重领导,以思茅地区气象局领导为主的管理体制。

单位名称及主要负责人变更情况

单位名称	姓名	民族	职务	任职时间
景谷大平掌气候站	周世慧(女)	汉	组长	1956.11—1957.04
	戴英兰	汉	组长	1957.04—1960.03
景谷县气候服务站	杨丕昌	汉	站长	1960.03—1961.03
	甘琴书	壮	副站长	1961.04—1971.01
	李章学	彝	政治指导员	1971.01—1971.03
				1971.03—1973.01
景谷县气象站	甘琴书	壮	副站长	1973.01—1973.05
	李章学	汉	指导员	1973.06—1973.07
	熊永发	汉	站长	1974.01—1976.02
	张希贤	彝	政治指导员	1976.02—1979.10
	陆迪仁	汉	副站长、站长	1979.10—1984.08
景谷傣族彝族自治县气象站	戴英兰(女)	汉	站长	1984.08—1985.12
				1985.12—1988.04
	付天华	汉	站长	1988.04—1990.05
景谷傣族彝族自治县气象局			局长	1990.05—2001.11
	陈媛(女)	傣	局长	2001.11—

人员状况　景谷县气象局始建初期有 3 人,1978 年有职工 7 人。至 2008 年有职工 7 人,最大年龄 59 岁,最小年龄 27 岁,平均年龄 42 岁。其中:大学 2 人,大专 3 人;少数民族 3 人;工程师 5 人,助理工程师 2 人。

气象业务与服务

1. 气象业务

①地面气象观测

观测项目　气温、湿度、地温、风向风速、降水量、蒸发量、日照、云、能见度、天气现象等,1958 年 11 月增加气压观测。

观测时次　建站初期采用地方时每天进行 01、07、13、19 时 4 次观测,1960 年 8 月 1 日起改为采用北京时制,每天进行 02、08、14、20 时 4 次观测;1962 年 5 月 1 日取消 02 时观测,每天进行 3 次观测,夜间不守班。

发报种类　1958 年 12 月 15 日开始编发天气报;1960 年 2 月 13 日开始编发航空危险天气报,1976 年 1 月 9 日取消航空危险天气报编发任务。

自动气象站观测　2002 年对值班室、气压室及观测场进行自动站标准化改造,2002 年 11 月完成自动站设备安装调试,2003 年 1 月 1 日起实现了对温度、湿度、降水量、气压、风向风速、地温的自动观测。

区域自动气象站观测　2006 年 12 月,县人民政府投资在全县各乡镇建成 10 个两要素区域自动气象站。

闪电定位仪　2005 年 3 月,省气象局在景谷县气象局安装了思茅市第一台闪电定位仪。

②气象信息网络

1999年以前,景谷气象观测数据采用人工查算和编报,气象电报通过邮电部门代为转发。1999年8月建成气象卫星地面接收系统(PC-VSAT单收站),2000年1月1日开始使用计算机编发气象报,通过电信部门的通信网络传输气象数据。2004年12月建成气象宽带网,实现了省、地、县计算机联网以及气象观测数据自动传输和资源共享,同时开通省、地、县部门内部IP电话。2008年12月建成市—县可视会商系统,实现了天气预报可视会商、视频会议等。

③天气预报预测

1958年5月起开展单站补充天气预报工作,内容主要是24小时短期天气预报,短期天气预报内容刚开始时为天空状况、天气现象,后来增加最低气温和最高气温预报。1958年下半年开始,制作3~5天中期预报,每个月底定期制作发布次月长期天气预报(后更名为短期气候预测),内容包括天气形势和主要降雨过程预报、前期天气气候概况、后期降水趋势和温度趋势预测及防灾减灾建议等。根据农业生产及防灾减灾需要,短期气候预测的内容不断调整丰富,预报时效上增加了春播期(3—5月)、主汛期(6—8月)、三秋(9—10月)、今冬明春(12月至次年4月)气候趋势及年度气候气候趋势预测。2003年起开展年度气候影响评价工作,2006年1月起开展月气候影响评价工作。气候影响评价的主要内容为前期气候概况及气温、降水量、日照等气候要素分析,气候对工业生产、生活造成的影响,后期气候展望及防灾减灾建议等。

20世纪90年代以前,制作天气预报主要是通过"听",即收听、抄录省气象台天气广播,绘制简易天气图和本站气压、温度、湿度三线图和时间剖面图等,分析本站气象资料进行补充订正。

2000年以后,随着计算机技术的普及和气象现代化建设步伐的加快,预报技术方法和手段不断改进。1999年底建成气象卫星地面接收系统(PC-VSAT单收站),2003年2月思茅新一代多普勒天气雷达建成,天气预报的工作方式由过去的以"听"为主转变为以"看"为主,利用气象信息综合分析处理系统(MICAPS)和新一代天气雷达分析应用系统等来分析各种气象资料和制作天气预报。计算机及气象卫星资料和气象雷达资料的应用使天气预报业务取得了质的飞跃,天气预报的准确性不断提高,时效性不断增强,天气预报的内容和服务手段不断丰富,服务领域不断拓展。天气预报内容除常规的中短期天气预报和短期气候预测外,增加了短时临近预报(0~12小时)、天气快报、专项天气预报、节假日天气预报、重要气象情报、专题气象分析服务等。服务领域拓展到县、乡党政领导及农业、林业、水利、电力、交通、建设、卫生、国土、移民开发、保险等单位和部门。天气预报等气象信息的发布渠道由以前的书面、电话、传真为主发展到以互联网、手机短信、电子显示屏为主,气象信息的传播速度和覆盖率不断增加,暴雨洪涝、雷电等灾害性天气的预报预警能力不断提高,气象服务能力和气象防灾减灾能力不断增强。

2. 气象服务

①公众气象服务

20世纪90年代以前主要通过悬挂旗子(红旗代表天气晴好,白旗代表阴雨天气)、书面、电话、传真等方式向社会公众及农业、林业、水利、电力、建筑等少数单位发布常规的中短期天气预报和短期气候预测,气象信息的发布渠道较少,气象信息的传播速度和覆盖率很低。进入21世纪,公众气象服务的主要方式有电话、手机短信、互联网。服务内容包括节假日天气预报、各类气象信息等,中短期天气预报则通过景谷信息网及时滚动发布。

②决策气象服务

至2008年,景谷县气象局向县委、县政府提供的决策气象服务主要内容涉及农事关键期、森林防火期、烤烟种植区、主汛期天气气候分析及预报预测,防汛抗旱、水库蓄水、地质灾害防治专题服务,并针对重大节庆活动如泼水节、火把节、陀螺节以及重点工程建设等提供气象保障服务。

③专业与专项气象服务

人工影响天气　1979年3—6月,景谷县大旱。景谷县气象局首次在钟山公社联合大队以及云海、翁孔、白象、勐班等地,使用高炮实施人工增雨作业获得成功。1997年1月15日景谷县人民政府成立了人工引雨消雹领导小组及办公室,办公室设在景谷县气象局。1998年、2005年先后购置了4套人工增雨火箭发射装置。1998—2008年期间,多次开展人工增雨作业,为抗旱保苗、水库蓄水、森林防火等发挥了重要作用。

防雷技术服务　1997年4月经县劳动人事局批准,景谷县气象局增设了景谷傣族彝族自治县防雷中心。1998年3月增设景谷傣族彝族自治县避雷检测中心,2006年更名为景谷傣族彝族自治县防雷装置安全检测中心,并登记为事业法人单位。防雷中心和防雷装置安全检测中心设立后,积极开展防雷装置的设计、施工和检测等雷电灾害防御工作。

专项气象服务　为水电站建设和烤烟产业种植乡镇提供专项气象服务。

3. 科学技术

气象科普宣传　景谷县气象局历来重视气象科普宣传工作。每年"3·23"世界气象日、"12·4"法制宣传日、科技宣传周,景谷县气象局均组织开展气象法律法规、气象防灾减灾等科普宣传工作,使广大社会公众增进了对气象防灾减灾及气象工作的了解、认识和支持。

气象科研　1998年12月,与思茅地区气象局、普洱哈尼族彝族自治县气象局、澜沧拉祜族自治县气象局共同完成的《思茅地区冬春香料烟气候适应性研究》获云南省气象局科技进步三等奖。1986年6编制完成《景谷傣族彝族自治县农业气候资源与农业气候区划》,为优化农业布局,开发农业资源提供了科学依据。

气象法规建设与社会管理

1. 法规建设

2000年选派1名工作人员参加云南省县级气象行政执法人员培训,并获云南省人民政府法规办颁发的行政执法资格证。2008年,有持证行政执法人员4人。2001年按照当地统一部署,推行行政执法责任制。2006年,按照市人大统一部署,景谷县人大对景谷县贯彻《中华人民共和国气象法》、《云南省气象条例》和《人工影响天气管理条例》进行执法检查。

2. 社会管理

气象探测环境保护　2005 年、2007 年先后将景谷气象探测环境保护技术规定报当地建设(规划)局备案。2008 年在省、市、县气象局共同协调下,对当地人民政府建办公楼影响景谷气象探测环境一事,与当地人民政府达成搬迁重建景谷气象观测站的共识,并形成了会议纪要。

防雷减灾管理　防雷减灾相关法律法规实施以后,依据《国务院对确需保留的行政审批项目设定行政许可的决定》(国务院 412 号令)、《防雷装置设计审核和竣工验收规定》对防雷装置设计审核和竣工验收实施行政审批,依法组织管理辖区防雷减灾工作。

3. 政务公开

2002 年,根据《关于全面推行县(市)气象局局务公开制度的通知》,组织实施局务公开工作。局务公开工作分对外、对内两部分。对外公开主要采取局务对外公开栏形式,公开内容主要有:防雷装置设计审核和竣工验收、施放气球审批等行政审批事项及办事程序,行政事业性收费项目及标准等。对内公开主要以召开职工大会、传阅相关文件的形式,公开内容有:行政决策、财务收支、个人收入、年度考核奖惩等。2008 年,通过县人民政府信息公开门户网站,对外公开单位概况、气象法律法规、气象行政审批事项、收费项目等。

党建与气象文化建设

1. 党建工作

党的组织建设　1986 年以前无党员,1986 年有 1 名党员,归属县人民政府办公室党支部管理。2002 年 9 月成立党支部,有 4 名党员。截至 2008 年 12 月有 4 名党员。

2001—2002 年被县直机关党委评为先进党支部。党支部和党员充分发挥了战斗堡垒作用和先锋模范作用,积极促进气象事业发展。

党风廉政建设　1992 年设立政工干事;2002 年设立廉政监督员,同年开始与地区气象局签订党风廉政建设责任书;2008 年设立纪检监察员,同时推行"三人"民主决策制度。

2. 精神文明建设

为丰富职工业余文化生活,建立了篮球场、乒乓球室、图书阅览室等文体活动场所,开展健康、向上的文体活动。2003 年 11 月组队参加景谷县第四届"文明杯"运动会气排球比赛,获得体育道德风尚奖;2006 年 8—9 月,1 名同志参加省、市气象局文艺汇演。

通过几年的努力,1998 年被命名为县级文明单位;2000 年被命名为地级文明单位;2002 年 2 月被思茅地区气象局表彰为气象部门文明行业建设先进集体。

3. 荣誉

1996 年 2 月被云南省气象局评为云南省气象部门 1994—1995 年全省气象部门"双文明"建设先进集体;1999 年 6 月,被思茅地区行署评为 1999 年度人工增雨工作先进集体;

2005 年 2 月被云南省气象局评为 2004 年度大气探测先进集体;2005 年被中国气象局表彰为气象部门局务公开先进单位。

台站建设

1957 年建成 1 幢 4 间(工作室和宿舍各 2 间)59.6 平方米砖、土、木结构平房。1987 年5 月建设 1 幢 187 平方米二层砖混结构业务办公楼。2003 年建 1 幢 430 平方米二层业务办公楼,2004 年 12 月投入使用,自此办公条件得到改善。第一幢职工住宅建于 1994 年,共建了 5 套;2001 年由职工集资,又建 3 套职工住房,自此全部职工住房得到解决。同时,多方筹资对单位内的水、电、路进行改造,增加绿化面积,单位环境得到改善。

景谷县气象局业务办公楼(2008 年)　　　　景谷县气象局观测场(2008 年)

镇沅彝族哈尼族拉祜族自治县气象局

机构历史沿革

始建情况　镇沅彝族哈尼族拉祜族自治县气象局(以下简称镇沅县气象局)始建于1958 年 8 月,站址为镇沅县勐大区勐统乡营盘村,位于东经 101°10′,北纬 23°45′,海拔高度1150.0 米,同年 11 月 1 日开始地面气象观测。属国家一般气象站。

站址迁移情况　1963 年 1 月,迁至镇沅县按板镇下关音广坝函梁子山顶,位于东经101°07′,北纬 23°53′,海拔高度 1247.5 米;2000 年 1 月,迁至镇沅县恩乐镇人民路县人民政府宾馆后,位于东经 101°06′,北纬 24°00′,海拔高度 1085.9 米;2006 年 1 月,迁至镇沅县恩乐镇先锋办事处托写"二组"小山头,位于东经 101°07′,北纬 23°59′,海拔高度 1105.4 米。

历史沿革　镇沅县气象局建站时称镇沅县勐统气候站,1959 年 1 月,更改为云南省景谷县勐统气候站;1961 年 3 月,恢复为镇沅县勐统气候站;1962 年 8 月,更名为镇沅县气象站;1964 年 5 月,更名为云南省镇沅县气候服务站;1966 年 1 月,更名为云南省镇沅县气象服务站;1970 年 11 月,更名为云南省镇沅县气象站革命领导小组;1972 年 11 月更名为云南省镇沅县气象站;1990 年 2 月,更名为镇沅彝族哈尼族拉祜族自治县气象站;1990 年 5 月,更名为云南省镇沅彝族哈尼族拉祜族自治县气象局。

管理体制　1958 年 8 月—1959 年 1 月,镇沅县勐统气候站属镇沅县人民委员会建制,归镇沅县人民委员会农水科领导,业务由思茅专区中心气象站管理。1959 年 1 月—1961 年 3 月,因镇沅县撤销并入景谷县,属景谷县人民委员会建制,归景谷县人民委员会农水科领导。1961 年 3 月—1963 年 8 月恢复镇沅县,镇沅县气象站属镇沅县人民委员会建制,归口镇沅县农水科管理。1963 年 8 月—1970 年 7 月,收归云南省气象局(1966 年 3 月改为云南省农业厅气象局)建制和领导,思茅专区气象总站负责管理。1970 年 7 月—1971 年 3 月,属镇沅县革命委员会建制和领导,行政由镇沅县农水系统负责管理。1971 年 3 月—1973 年 10 月,镇沅县气象站实行镇沅县人民武装部领导、建制仍属命委员会,业务由思茅专区气象总管理。1973 年 10 月—1981 年 1 月,属镇沅县革命委员会建制,由镇沅县农林水革命委员会领导,业务由思茅地区气象台管理。1981 年 1 月起,实行思茅地区气象局与镇沅县人民政府双重领导,以思茅地区气象局领导为主的管理体制。

单位名称及主要负责人变更情况

单位名称	姓名	民族	职务	任职时间
镇沅县勐统气候站				1958.08—1959.01
景谷县勐统气候站				1959.01—1961.03
镇沅县勐统气候站	俸文贵	傣	指定负责人	1961.03—1962.08
镇沅县气象站				1962.08—1964.05
镇沅县气候服务站				1964.05—1966.01
镇沅县气象服务站				1966.01—1968.08
			指定负责人	1968.09—1970.11
镇沅县气象站革命领导小组	田庆华	汉	组长	1970.11—1972.11
			站长	1972.11—1979.10
镇沅县气象站	俸文贵	傣	站长	1979.10—1988.04
			副站长	1988.04—1988.12
镇沅彝族哈尼族拉祜族自治县气象站	周邦兴	汉	站长	1988.12—1990.02
				1990.02—1990.05
			局长	1990.05—1997.02
云南省镇沅彝族哈尼族拉祜族自治县气象局	王纲平	哈尼	副局长(主持工作)	1997.02—1997.12
			局长	1997.12—2000.08
	者有春	白	局长	2000.08—2004.11
	黄成兵	哈尼	副局长(主持工作)	2004.11—2006.11
			局长	2006.11—2008.11
	傅美俊	傣	副局长(主持工作)	2008.11—

人员状况　1958 年建站时有职工 2 人。截至 2008 年底,有职工 8 人(其中退休职工 3 人,在职职工 5 人),在职职工中:大学学历 3 人,大专 1 人;工程师 1 人,助理工程师 2 人,技术员 2 人;少数民族 1 人。

气象业务与服务

1. 气象业务

①地面气象观测

观测项目 云、能见度、天气现象、风向风速、空气温度和湿度、降水量、日照时数、蒸发量。1959年1月增加地面温度和浅层地温(5~20厘米)观测;1960年12月增加气压观测。2006年1月1日建成自动气象观测站并正式运行,同时增加草温观测。

观测时次 每天进行08、14、20时3次定时观测。

发报种类 编发天气加密报、AB报,发往云南省气象台;2002年1月1日取消手工编报。

区域自动气象站观测 2006年12月由县人民政府投资建成9个两要素区域自动气象站。

②农业气象

1958年11月—1962年12月,开展水稻、甘蔗等农业气象观测。

③气象信息网络

1958年建站时,地面气象报文用电话通过邮电局转发;1988年同时使用甚高频电话和邮政电话传送地面气象报文,甚高频电话使用时间不长,又恢复使用电话报经邮电局转发。2002年至今,地面气象报文用Internet网传送。2006年1月,启用特殊天气预警平台发送手机气象短信和预警短信。2008年12月建成市—县可视会商系统。

④天气预报预测

1959年开展单站天气预报。天气预报的分析资料主要依赖于以人工抄收天气形势广播为依据绘制天气图、以地面气象要素绘制地面时间剖面图,配合预报员经验分析。预报发布采用挂白旗、挂红旗的方式分别表示晴、雨预报。1988年,配备15瓦"八一"电台,1989年用甚高频电台取代"八一"电台,主要用于天气预报地—县会商。1999年建成PC-VSAT单收站接收预报资料。至今预报资料实现了专用光缆传输、互联网调阅,各类分析资料多样化。用MICAPS系统及中央气象台天气形势图和天气图、市气象台数值预报产品,订正镇沅本地预报,提高了预报准确率。

2. 气象服务

①公众气象服务

进入21世纪,镇沅县气象局通过广播、电视、网站、手机短信等媒体向公众发布节假日黄金周天气预报、中短期天气预报、各种气象信息等。

②决策气象服务

至2008年,镇沅县气象局向县委、县政府提供的决策气象服务产品主要有:短期气候预测、中期天气预报、短期天气预报,并针对特殊用户开展专题天气预报、专项天气预报、临近天气预报、天气快报、气象信息、重要气象情报和重要天气信息服务等。服务方式有电话、手机短信、政府网及书面材料等。

③专业与专项气象服务

人工影响天气 1997年镇沅成立镇沅彝族哈尼族拉祜族自治县人工降雨防雹领导小

组,并下设办公室,办公室设在镇沅县气象局,负责镇沅县人工降雨日常事务工作。1997年以来,每年都根据镇沅县人民政府的安排,开展人工增雨抗旱服务工作。

防雷技术服务 镇沅县气象局于1990年开展防雷安全技术服务工作。初期主要服务项目有:建筑物、易燃易爆场所等防雷装置安全检测服务,防雷工程技术服务。后期增加雷击灾害鉴定服务等。

气象法规建设与社会管理

1. 法规建设

2000年选派1名工作人员参加云南省县级气象行政执法人员培训,并获云南省人民政府法制办颁发的行政执法资格证。2001年按照当地统一部署,推行执法责任制。目前,有持证行政执法人员3人。2006年,按照市人大统一部署,镇沅县人大对镇沅县贯彻《中华人民共和国气象法》、《云南省气象条例》和《人工影响天气管理条例》进行执法检查。

2. 社会管理

气象探测环境保护 2003年,镇沅县人民政府下发《镇沅县人民政府关于加强气象探测环境保护的通知》,对镇沅气象探测环境的保护作了相关规定。2005年4月,将镇沅气象观测场探测环境保护技术规定报当地建设局备案。

防雷减灾管理 2004年,依据云南省人民政府法制办第15号令和《国务院对确需保留的行政审批项目设定行政许可的决定》,对辖区防雷工程实施图纸审核、竣工验收。

3. 局务公开

2002年,镇沅县气象局根据《关于全面推行县(市)气象局局务公开制度的通知》,实施局务公开工作。局务公开分对内、对外两部分。对外公开主要通过局务对外公开栏、镇沅县人民政府信息公开门户网站,向社会公众公开单位简介、机构设置、规章制度、依法行政事项、气象法规、气象行政执法依据、业务服务工作流程、气象服务项目及服务承诺、气象服务和气象科技服务收费项目及依据、气象服务周年方案、干部职工去向牌等;对内公开主要通过召开职工大会、传阅相关文件等方式,向广大干部职工公开行政决策、财务收支、个人收入、年度考核奖惩等。

党建与气象文化建设

1. 党建工作

党的组织建设 1997年5月前,镇沅县气象局未单独设立党支部,有党员3人,其组织关系在县农牧局党委。1997年6月5日,经中共镇沅彝族哈尼族拉祜族自治县机关工作委员会批准,成立镇沅县气象局党支部,有党员4人。截至2008年,有党员5人(其中在职职工党员3人)。

党风廉政建设 1992年设立政工干事;2002年设立廉政监督员,同年开始与地区气象局签订党风廉政建设责任书;2008年设立纪检监察员,同时推行"三人"民主决策制度。认真开展党风廉政建设工作,严格各项廉政规章制度。建站以来,全局职工无因党风廉政问题受到党纪、政纪处理的情况发生。

2. 气象文化建设

1997年以来,镇沅县气象局积极开展文明单位创建工作。先后多方筹集资金,加快软硬件等基础设施建设,并积极参加当地开展的职工业余文体活动。2000年参加县文明办举行的县级文明单位排球赛,2007年参加了普洱市气象局举办的全市气象职工运动会,2008年参加镇沅县直属机关党委举行的结对共进支部篮球赛。

1998年荣获"县级文明单位"称号;2008年荣获"市级文明单位"称号。有3人获云南省气象部门"双文明"建设先进个人。

3. 荣誉

镇沅县气象局1997年被云南省气象局授予"人工增雨先进单位";1999年被云南省气象局表彰为1996—1998年全省气象部门双文明建设先进集体;1999年被云南省气象局表彰为全省气象科技服务先进集体;同年被思茅地区行政公署评为1999年度人工增雨工作先进集体。

台站建设

1958年在勐大区勐统乡营盘村建站时,有土砖木结构办公住宿平房6间;1962年底迁至按板镇下关音广坝函梁子山顶时,建土砖木结构平房5间;1973年末,新建土砖混结构职工宿舍平房5间,土木结构集体伙房2间,土木结构厕所1间。当时职工生活相当艰苦,饮水靠雨水或挑山沟浑水澄清后饮用。1978年购置了电动抽水机,接通了自来水。1987年,新建砖混结构职工宿舍3套,同时将1973年建的5间土砖木结构职工宿舍改建为砖混结构综合楼。2000年1月迁至镇沅县恩乐镇人民路县人民政府宾馆后,新建砖木结构办公室4间。

2005年由上级气象部门和地方人民政府投入98万元,在恩乐镇先锋办事处托写"二组"小山头建成二层框架结构业务楼,面积480平方米,2006年验收投入使用。

镇沅县气象局观测场旧貌(1982年)

镇沅县气象局观测场现貌(2008年)

江城哈尼族彝族自治县气象局

江城哈尼族彝族自治县位于云南省普洱市东南部,是一个多民族山区县,海拔高度 317~2207 米。东南部与越南接壤,南部与老挝毗邻,国境线长达 183 千米,素有"一眼望三国"之称,也是普洱市与红河州、西双版纳州的结合部,三江环绕,故名"江城"。

机构历史沿革

始建情况 江城哈尼族彝族自治县气象局(以下简称江城县气象局)始建于 1956 年 12 月,1957 年 1 月开展地面气象观测记录。站址位于江城县勐烈镇西南角(东经 101°51′,北纬 22°35′,海拔高度 1120.5 米),观测场面积 25 米×25 米。属国家基本气象站。

历史沿革 1956 年 12 月,建站时称江城县气候站;1958 年 10 月,更名为江城县气象站;1960 年 3 月,更名为江城县气象服务站;1969 年 3 月,更名为江城县气象站革命领导小组;1971 年 3 月,更名为江城县气象站;1990 年 5 月,更名为江城哈尼族彝族自治县气象局。

管理体制 1956 年 12 月—1958 年 10 月,江城县气候站隶属云南省气象局建制。1958 年 10 月—1963 年 8 月,江城县气象站隶属江城县人民委员会建制,其业务管理、技术指导由思茅专区气象中心站负责。1963 年 8 月—1970 年 7 月,收归云南省气象局(1966 年 3 月改为云南省农业厅气象局)建制和领导,思茅专区气象总站负责管理。1970 年 7 月—1971 年 3 月,归属江城县人民政府建制和领导,思茅专区气象总站负责业务管理。1971 年 3 月—1973 年 10 月,江城县气象站实行县人民武装部领导,建制仍属县革命委员会,业务由思茅地区气象台管理。1973 年 10 月—1981 年 6 月,隶属江城县革命委员会建制和领导,县农业局分管。1981 年 6 月起,实行思茅地区气象局与江城县人民政府双重领导,以思茅地区气象局领导为主的管理体制。

单位名称及主要负责人变更情况

单位名称	姓名	民族	职务	任职时间
江城县气候站	孙顺银	汉	负责人	1956.12—1958.10
江城县气象站				1958.10—1959.05
	王有祥	彝	站长	1959.05—1960.03
江城县气象服务站				1960.03—1962.06
	刘思泉	汉	站长	1962.06—1969.03
江城县气象站革命领导小组				1969.03—1971.03
江城县气象站	罗世勋	汉	指导员	1971.03—1971.09
	张朝明	汉	指导员	1971.09—1973.07
	刘思泉	汉	站长	1973.07—1975.10

单位名称	姓名	民族	职务	任职时间
江城县气象站	王有祥	彝	站长	1975.10—1979.03
	刘思泉	汉	站长	1979.03—1984.08
江城哈尼族彝族自治县气象局	付国标	汉	站长	1984.08—1990.05
			局长	1990.05—1992.08
	赵 江	回	局长	1992.08—1998.02
	江能馥	汉	副局长（主持工作）	1998.02—1998.10
			局长	1998.10—2000.11
	李红波	汉	副局长（主持工作）	2000.11—2004.12
	罗红兵	彝	副局长（主持工作）	2004.12—2008.07
			局长	2008.07—

人员状况 建站时只有职工2人。截至2008年底有职工18人（其中退休职工8人，在职职工10人），其中：30岁以下4人，30～40岁4人，40～50岁2人，50～73岁8人；大专及以上9人，中专4人；工程师7人，助理工程师11人；哈尼族1人，彝族3人，傣族1人。

气象业务与服务

1. 气象业务

①地面气象观测

观测项目 云、能见度、天气现象、气温、湿度、气压、云状、云量、能见度、风向风速、蒸发量、降水量。

观测时次 每天进行02、05、08、11、14、17、20、23时8次观测。

发报种类 每天02、08、14、20时定时拍发地面天气报,05、11、17、23时拍发补充绘图报;1960年6月根据云南省农业厅水利局《关于拍报水情工作的通知》,向云南省水利局拍发水情报;1962年6月,根据思茅专署中心气象站《关于拍发灾害性天气警报的通知》,向思茅中心站拍发灾害性天气警报;1966年4月,根据云南省农业厅《关于继续向越南拍发水情报的通知》,向越南拍发水情报,后因故停发;1968年1月,向军航、民航、昆明、个旧、蒙自、建水空军和二炮拍发24小时航危报,直至2002年12月停发。2003年1月1日,建成自动气象站并投入使用;2004年1月1日,执行新的《地面气象观测规范》(2003年版)。

闪电定位仪 2006年7月14日,中科院和云南省气象局装备处在江城观测场内安装ATDT闪电定位仪,开始闪电定位观测。

区域自动气象站观测 2006年12月,由县人民政府出资在全县5乡2镇建成7个两要素区域自动气象站。

气象报表制作 建站以来至20世纪70年代,地面测报一直用人工编报。1986年9月开始采用PC-1500袖珍计算机编报。1988年实行机制地面观测记录报表。2002年12月实现计算机编发天气报,提高了编发报速度和准确率。

1979—2008年有32人(次)获云南省质量优秀测报员,1人获全省大气探测先进个人。

②农业气象

1978年3月,建成国家一级农业气象观测站。其业务主要有:水稻生长发育期观测和产量结构分析;物候观测,即家燕的始见期和终见期观测;柿树的发育期观测;编发农业气象旬月报。

③气象信息网络

1957年建站开始,地面观测资料数据上传使用电话通过邮政局发往目的地;2000年8月改为使用分组交换网传输;2002年通过互联网传输。1984年10月QZS-1型滚筒式气象传真收片机的使用和1999年8月PC-VSAT地面气象卫星接收站建成,使江城县气象局接收气象资料的手段日趋现代化。2004年12月建成2兆市—县气象宽带网。2007年7月开始使用特殊天气预警平台,发送手机气象短信。2008年市—县可视会商、会议系统投入业务运用。

④天气预报预测

1958年,江城县气象站开始制作单站补充天气预报。制作中短期天气预报靠的是本站压、温、湿三线图和收听天气形势广播、绘制简易天气图,长期天气预报仅靠正反相关法制作。到1984年10月,云南省气象局配发了气象传真机,接收各高空、地面天气图和物理量图,使中短期天气预报有了更多的气象资料参考依据。1986年9月,启用PC-1500袖珍计算机,用数值统计方法制作长期天气预报。1999年随着PC-VSAT地面气象卫星接收站的建成,在分析天气系统各物理量的参考上又上了一个新台阶,计算机、宽带互联网通信使天气预报分析研究业务进入了现代化。

2. 气象服务

①公众气象服务

至2008年,江城县气象局提供的公众气象服务包括:节假日天气预报、专项天气预报、重要天气信息、气象专题服务、短时临近预报、灾害性天气预警及每天为公众提供一次短期天气预报。

②决策气象服务

进入21世纪,按照《江城县决策气象服务周年方案》,以电话、传真、手机短信等方式提供春季森林防火专题气象服务、气候异常动态的预测和监测服务、农事关键期(库塘蓄水、抗旱、防洪、病虫害防治等)预测专题服务、重大气象灾害预测预报专题服务、重大社会活动、大型庆典活动等专项预报;利用江城县特殊天气预警平台,为各级县委、县人民政府和相关部门领导发布重要天气信息及气象灾害预警信号信息。

【气象服务事例1】 1994年5月30日,举行江城至老挝本怒公路开工典礼,时值雨季,江城县气象局准确提供预报服务,县人民政府给予"预报服务卓有成效,使具有国际影响的开工典礼顺利进行"赞誉。1999年12月,江城县出现严重低温霜冻,最低气温为-0.7℃,突破历史值。江城县气象局提供准确预报,县人民政府给予"预报服务积极主动,及时准确,领导重视,采取防寒措施,把经济损失降到最低限度"赞扬。

【气象服务事例2】 1999年10月1日,为庆祝建国五十周年,县委、县人民政府决定开展丰富多彩形式多样的庆祝活动。江城县气象局提供了准确的预报服务,县委、县人民

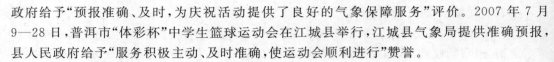

政府给予"预报准确、及时,为庆祝活动提供了良好的气象保障服务"评价。2007年7月9—28日,普洱市"体彩杯"中学生篮球运动会在江城县举行,江城县气象局提供准确预报,县人民政府给予"服务积极主动、及时准确,使运动会顺利进行"赞誉。

③专业与专项气象服务

人工影响天气 2000年4月11日,在牛洛河茶厂实施首次人工降雨作业,取得较好的社会经济效益。

防雷技术服务 1992年5月,在办公楼和宿舍楼安装避雷针,拉开了防雷工程的序幕。至今,江城县气象局在5乡2镇和各个行业安装避雷塔115座,为防御雷电灾害发挥积极作用。

3. 科学技术

气象科普宣传 气象科普宣传是部门向社会辐射的主要手段之一。1987—2008年,在《中国气象报》《思茅报》《云南科技报》《江城报》刊登了《气候与养路》《夏季什么时候喷洒农药效果最佳》、《降水的等级划分》、《霜冻的生成》等气象科普文章。

气象科研 1982年4月,完成农业气候区划任务,获思茅地区区划三等奖。1998年10月,参与云南省气象局农业气候中心、思茅市气象局在曼克老进行的冬农开发项目,栽种反季节冬玉米获得成功。

气象法规建设与社会管理

1. 法规建设

2000年选派1名工作人员参加云南省县级气象行政执法人员培训,并获云南省人民政府法规办颁发的行政执法资格证。目前,江城县气象局有持证行政执法人员2名。2006年,按照市人大统一部署,江城县人大对江城县贯彻《中华人民共和国气象法》、《云南省气象条例》和《人工影响天气管理条例》进行执法检查。同年,市人大对江城县贯彻执行气象"一法两条例"工作情况进行抽查。

2. 社会管理

气象探测环境保护 2002年,查处首例房屋建设影响气象探测环境的违法案件。2006年,将气象探测环境保护技术规定报当地城建部门备案。

防雷减灾管理 2005年,依据《国务院对确需保留的行政审批项目设定行政许可的决定》(国务院412号令)对辖区防雷工程实施图纸审核、竣工验收。

局务公开 2002年,根据《关于全面推行县(市)气象局局务公开制度的通知》,实施局务公开工作。局务公开分对内、对外两部分。对外公开采取设置对外公开栏方式,主要公开单位职责、办事依据、程序、服务承诺、气象业务与服务工作流程、违法违纪处理途径。对内公开采取召开职工大会、传阅相关文件方式,主要公开职工年度考核结果、奖惩情况、财务收支情况等。

党建与气象文化建设

1. 党建工作

党的组织建设　1957年建站至1986年无党员。1987年12月县农业局支部在江城县气象站发展了3名党员。1998年党员改属县科协支部管理,并发展2名党员。2001年县机关党委批准成立江城县气象局党支部,并发展党员2名,共有党员5名。截至2008年12月,江城县气象局党支部有党员5名。

党风廉政建设　1992年设立政工干事;2002年设立廉政监督员,同年与思茅地区气象局签订党风廉政建设责任书;2008年设立纪检监察员,实行"三人"民主决策制度。近年来,围绕每年"党风廉政建设宣传教育月",江城县气象局成立领导小组,制定宣传教育方案,对党员进行党风廉政教育,向县纪委汇报反腐倡廉工作情况,党风廉政建设工作做到年初有任务,有目标,年终有考核。

2. 气象文化建设

江城县气象局的精神文明建设结合职工的特点及爱好,内容涉及文学创作、新闻写作、音乐舞蹈等,气氛活跃。杨长征创作的小说获得云南省文联、省作家协会颁发的边疆文学奖、云南省民委、云南日报社"边地欢歌"征文一等奖。2004年6月被思茅市文联授予有突出贡献的文艺工作者。曾被云南省气象局评为全省气象宣传先进个人。

文明单位创建　1987年度被命名为县级文明单位,1988年度被命名为地级文明单位,1989年8月25日被云南省委、省人民政府命名为省级文明单位,1991年10月9日被命名为市级文明单位,保持至今。有3人被评为全省气象部门"双文明"建设先进个人。

文体活动　在局内设置篮球场、羽毛球场,开展经常性活动,并组织职工登山、参加文艺汇演和边四县气象职工运动会。2000年春节,第一次在院内开展接龙灯队舞龙喜庆活动,增添了节日气氛。

3. 荣誉与人物

集体荣誉　1987年1月被思茅地委、行署评为1986年度农村科普先进单位;1988年5月被云南省气象局评为云南省气象部门1985—1987年"双文明"建设先进集体;1996年1月被中国气象局评为1995年度汛期气象服务先进集体;1996年2月被云南省气象局评为1995年度汛期气象服务先进集体;1996年2月被云南省气象局评为1994—1995年全省气象部门"双文明"建设先进集体;1997年2月被云南省气象局评为1994—1996年气象服务先进集体;1999年8月被云南省气象局评为全省气象宣传先进集体;2008年11月被云南省气象局评为全省气象部门2006—2008年精神文明建设工作先进集体。

人物简介　付国标,男,汉族,生于1937年7月,广东省兴宁县人,党员,中专文化。付国标同志于1963年从事气象工作,1996年2月退休。

付国标同志在职期间,针对当地粮食生产中存在的问题,开展试验研究,积极为县粮食稳产高产做好气象服务,效果显著,并先后获省、地、县科技成果奖七项。两次出席全国性和四次省级学术会议。在省内外发表论文和总结 20 篇。1984 年他任站长后，开拓创新，大胆改革，做出了显著成绩，江城县气象站 1985 年评为云南省气象部门先进集体；1987 年被评为地区双文明单位，他本人也先后被评为省、地气象部门先进工作者和优秀站长。1989 年 4 月荣获"全国气象部门双文明建设劳动模范"称号。

台站建设

江城县气象局建站时只有 1 间简陋的土基房作为观测值班室；1964 年建"干打垒"土木结构平房 2 间；1979 年建砖木结构平房 2 间；1988 年建一楼一底砖混结构宿舍 2 幢，有 8 户职工迁入新居，缓解了当时职工住房紧张的局面。1997 年 8 月第 1 幢四层楼 8 套的砖混结构职工宿舍竣工，建筑面积 590 平方米。

1978 年前，长期受缺水少电的困扰，至 1979 年后才通水通电。2007 年 12 月 1 幢 400 平方米的框架结构办公楼竣工投入使用，第一次有了办公室、会议室和文化室。同时进行了环境改造。如今，江城县气象局四周绿树成荫，花簇似锦，环境美化，自然和谐。

江城县气象局观测场（2003 年）　　　　　　江城县气象局办公楼（2008 年）

孟连傣族拉祜族佤族自治县气象局

机构历史沿革

始建情况　孟连傣族拉祜族佤族自治县气象局（以下简称孟连县气象局）建于 1958 年 10 月，站址位于孟连县 3457 部队营房附近，东经 99°34′，北纬 22°17′，海拔高度为 1305.9 米。属国家一般气象站。

站址迁移情况　1959 年 6 月 30 日，迁至孟连县城郊外那答滇（现孟连县城东路 132 号），东经 99°37′，北纬 22°20′，海拔高度为 950.0 米。2000 年 1 月 1 日迁至孟连县帕当路农业试验场内，距原站址 3.2 千米，东经 99°36′，北纬 22°19′，海拔高度为 945.0 米。

历史沿革 孟连县气象局始建时称孟连县气候站,1960年3月更名为孟连县气候服务站;1966年1月更名为孟连县气象服务站;1971年3月更名为云南省孟连县气象站;1983年8月更名为孟连县傣族拉祜族佤族自治县气象站;1990年5月更名为孟连县傣族拉祜族佤族自治县气象局。

管理体制 1958年10月—1963年8月,孟连县气候站隶属孟连县人民委员会建制和领导,其业务管理、技术指导由思茅专区气象中心站负责。1963年8月—1970年7月,收归云南省气象局(1966年3月改为云南省农业厅气象局)建制和领导,思茅专区气象总站负责管理。1970年7月—1971年3月,隶属于孟连县革命委员会建制,由孟连县农水科管理。1971年3月—1973年10月,实行孟连县人民武装部领导,建制仍属孟连县革命委员会。1973年10月—1981年6月,隶属孟连县人民政府革命委员会建制,归口孟连县农牧局管理(1975年7月,由县革命委员会农业办公室管理),思茅地区气象台负责业务管理。1981年6月起,实行思茅地区气象局与孟连县人民政府双重领导,以思茅地区气象局领导为主的管理体制。

单位名称及主要负责人变更情况

单位名称	姓名	民族	职务	任职时间
孟连县气候站	王昌瑞	汉	副站长	1958.10—1960.03
孟连县气候服务站				1960.03—1966.01
孟连县气象服务站				1966.01—1971.01
	郑州礼	汉	站长	1971.01—1971.03
				1971.03—1973.03
孟连县气象站	赵将发	汉	站长	1973.03—1981.06
	王昌瑞	汉	站长	1981.06—1983.08
				1983.08—1984.08
孟连县傣族拉祜族佤族自治县气象站	龙德海	汉	站长	1984.08—1988.12
	束德茂	汉	站长	1988.12—1990.05
			局长	1990.05—1997.02
孟连县傣族拉祜族佤族自治县气象局	杨宏林	汉	局长	1997.02—1997.12
	黄文华	汉	局长	1997.12—2000.09
	李华	哈尼	局长	2000.09—

人员状况 1958年有正式职工3人(都是初中文化水平);1978年有职工7人,其中:高中1人,初中6人;少数民族1人。截至2008年12月,有职工11人(在职职工6人,退休职工5人);在职职工中:本科2人,大专3人,中专1人;工程师1人,助理工程师5人;少数民族3人。

气象业务与服务

1. 气象业务

①地面气象观测

观测项目 1958年11月开始进行云、温度、湿度、气压、日照、蒸发量、地温、降水量、风向风速、能见度等天气现象的观测。

观测时次 每天进行 08、14、20 时 3 次定时观测。

发报种类 每日 08 时拍发小图报;1997 年 7 月 11 日增加每日 14 时拍发小图报。

人工雨量站 1999 年在各乡镇建成人工观测雨量站。

闪电定位监测子站 2001 年建成闪电定位监测子站。

区域自动气象站观测 2006 年 12 月由县人民政府投资在全县 3 乡 3 镇建成 6 个两要素区域自动气象站。

②气象信息网络

气象宽带网于 2004 年底开通,并投入业务使用,形成了以省—市—县气象宽带网为主,Internet 宽带(光纤 LAN)VPN 通信方式为备份的通讯方式。2008 年建成市—县的可视化会商、视频会议系统。目前,孟连县气象局利用局域网服务器,通过气象宽带网实现 PC-VSAT、多普勒天气雷达、区域天气观测站数据接收处理及应用共享。通过在互联网服务器上建立孟连气象信息网,并通过 Internet 宽带(光纤 LAN)VPN 通信,实现对局域网内资料共享。同时,通过宽带网还实现了网上办公、气象报文传输、实时资料传输、IP 电话及远程会议等现代化办公信息专业网络服务。

③天气预报预测

建站初期,气象预报人员仅能通过对云的观测及对一些常规资料统计分析来进行天气预报制作。2000 年后,PC-VSAT 气象卫星地面单收站建设投入预报服务业务运行,卫星云图、数值预报产品、天气图分析、统计预报等预报手段逐步应用,天气预报制作进入了自动化和网络化运作,预报准确率也相应地得到了提高。

2. 气象服务

①公众气象服务

1958 年建站初期,公众气象服务仅有简单的天气预报和气象情报服务,服务产品单一,服务方式只能通过电报、电话、广播、邮寄等,服务对象仅有县人民政府及有传输条件的乡镇、厂矿。20 世纪 90 年代后期,随着气象现代化建设步伐的加快,服务方式从电话、电报、广播等发展到网络、广播、电话、电视、手机短信、电子显示屏、传真等多种渠道。

②决策气象服务

20 世纪 80 年代以前,决策气象服务产品单一。20 世纪 90 年代以后,向县委、县人民政府及其有关部门提供的决策气象服务项目有:从天气预报到气象情报、灾害性天气预警发布、气象情报、气候分析应用、人工影响天气、防雷减灾等。服务方式有网站、广播、电话、电视、手机短信、电子显示屏、传真等多种渠道。

【气象服务事例】 2006 年 10 月孟连县发生 50 年一遇的特大暴雨洪涝灾害,娜允镇连续 3 天均为暴雨,降雨量累计达 276.6 毫米,平均日降雨量达到 92.2 毫米,洪灾造成很大损失。在这次抗洪救灾的重大气象服务中,孟连气象局共发布重要天气预警预报气象专题服务 8 期,重要天气手机短信 520 条(次),发布暴雨黄色预警信号 2 次,更新暴雨预警信号 1 次,启动Ⅱ级和Ⅲ级预警应急预案各 1 次,直接向中国气象局、省气象局上报灾情 3 次;通过传真、电话、广播、手机短信、互联网等方式及时将雨情、灾害预报预警等信息通报县委、县人民政府、防汛办等相关领导,县委、县人民政府在抗洪救灾表彰会上给予高度赞扬。

③专业与专项气象服务

人工影响天气 1999年孟连县人民政府成立孟连傣族拉祜族佤族自治县人工降雨防雹领导小组,其办公室设在孟连县气象局,并配置了2套火箭发射架。当年4月,组织了首次针对全县橡胶、甘蔗、茶叶、咖啡等经济作物种植区的人工降雨作业,并取得较好的社会经济效益。2005年新增2门新型火箭发射架,并建立了规范化管理模式。

【气象服务事例】 2005年孟连县发生了50年一遇的春夏干旱,孟连县气象局抓住有利天气时机,于3月15日至6月10日在勐马镇七十二茶厂实施人工降雨作业,出动车辆40多台(次),共实施人工降雨抗旱作业12点(次),作业效果良好,受益农田、林地达69.8万亩。

防雷技术服务 1997年4月孟连县气象局成立了孟连傣族拉祜族佤族自治县气象局防雷中心,开展了防雷工程安装、建筑物及相关设施防雷装置安全检测、防雷安全检查等一系列工作,减少了雷击灾害所带来的损失。

专业与专项气象服务 针对性地开展橡胶、甘蔗、茶叶、咖啡等经济作物的专业气象服务,同时开展春季森林防火专项服务工作。

3. 科学技术

气象科普宣传 随着人民生活水平的提高,气象越来越被人们所重视,气象走进了千家万户,但人们对气象知识的了解仍旧很少,"3·23"世界气象日是让人们了解气象的一个窗口。近年来,孟连县气象局通过电视、广播和发放气象科普宣传材料、挂图等方式,进行气象知识、防雷安全常识、人工降雨原理的宣传,让更多的人走近气象,了解气象。

农业气候区划 1985年完成了孟连县气候资源及农业气候区划。2006年初编写了孟连县1997—2005年气候对工、农业生产的影响评价。

气象法规建设与社会管理

1. 法规建设

自《中华人民共和国气象法》、《云南省气象条例》和《人工影响天气管理条例》(简称:气象"一法两条例",下同)颁布实施后,孟连气象法制建设更上了一个新的台阶。2000年选派1名工作人员参加云南省县级气象行政执法人员培训,并获云南省人民政府法规办颁发的行政执法资格证,目前,持证行政执法人员3人。2001年推行执法责任制工作,2006年,按照市人大统一部署,孟连县人大组织贯彻《中华人民共和国气象法》、《云南省气象条例》和《人工影响天气管理条例》执法检查,同年,市人大对孟连县贯彻执行气象"一法两条例"工作情况进行抽查。

2. 社会管理

气象探测环境保护 2002年查处孟连县农业技术推广中心用地影响气象探测环境案件。2007年将气象探测环境保护技术规定报当地城乡建设局备案。

防雷减灾管理 2004年孟连县人民政府成立孟连县防雷减灾工作领导小组,其办公室设在孟连县气象局。防雷减灾法律法规实施以来,依据《国务院对确需保留的行政审批项目设定行政许可的决定》(国务院 412 号令)对辖区防雷工程实施图纸审核、竣工验收。2002 年与当地消防大队联合,对辖区易燃易爆场所开展执法检查。

3. 政务公开

2002 年,根据《关于全面推行县(市)气象局局务公开制度的通知》,组织实施局务公开工作。局务公开主要通过局务公开栏、孟连气象信息网进行。公开内容有单位概况、气象事业发展规划和目标、工作职能、气象法律法规、行政许可及审批事项、气象服务项目及收费标准、办事程序、业务工作流程、重大气象灾害预警工作流程等。

党建与气象文化建设

1. 党建工作

党的组织建设　建站初期无党员,至 2008 年底有党员 2 名,无独立党支部,党员由县人民政府第三党支部负责管理。

党风廉政建设　1992 年设立政工干事;2002 年设立廉政监督员,同年开始与地区气象局签订党风廉政建设责任书;2008 年设立纪检监察员,同时推行"三人"民主决策制度。紧紧围绕中心工作,加强党风廉政建设宣传教育,完善制度,狠抓单位思想、组织、作风建设,实行党务、政务、财务公开制度,营造了风清气正的良好气氛。

2. 气象文化建设

为切实加强孟连县气象局精神文明建设工作,提高全局职工综合素质,1998 年成立了孟连县气象局精神文明建设领导小组,并建立了相关工作制度。1998 年孟连县气象局被县委、县人民政府命名县级文明单位,保持至今。2007 年组队参加普洱市气象局举行的全市气象职工运动会,2008 年 3 月组队参加西盟县气象局举行的"边四县"迎奥运职工运动会。

3. 荣誉

集体荣誉　1999 年 6 月,被思茅地区行署评为 1999 年度人工增雨工作先进集体。

个人荣誉　1991 年、2006 年 2 人次分别获云南省气象局表彰。

台站建设

1958 年孟连站所用的房子是部队的房子;1959 年为简易茅草房;3 年后改造为土木结构 1 幢 3 间(1 间为办公室,面积为 30 平方米;2 间为职工宿舍)。

1989 年省气象局拨款 15 万元,县人民政府拨给 2 万元,自筹 2 万元,共投入 19 万元,新建一楼一底砖混结构综合楼 1 幢。其中办公室 10 间,使用面积 288 平方米,住宅(砖混)2 幢 7 套,使用面积 420 平方米。

2005 年争取到业务楼建设项目经费 40 万元,并于 2006 年 6 月完成了 1 幢二层楼、面积为 368.5 平方米的业务楼建设,办公条件得到了改善。

2008 年进行了台站环境绿化,观测场由 16 米×20 米改造为 25 米×25 米,台站面貌得到进一步改善。

孟连县气象局观测场现貌(2008 年)

澜沧拉祜族自治县气象局

澜沧拉祜族自治县是全国唯一的拉祜族自治县,东依澜沧江而得名。位于云南省西南部,国境线长 80.563 千米,总面积 8807 平方千米,总人口数约 47.6 万。

机构历史沿革

始建情况 云南省澜沧拉祜族自治县气象局(以下简称澜沧县气象局)建于 1953 年 6 月,站址位于澜沧县城勐朗镇北郊,东经 99°56′,北纬 22°34′,海拔高度 1054.8 米。属国家基本气象站。

历史沿革 1953 年 6 月,澜沧县气象局始建时称澜沧县气象站;1960 年 3 月更名为云南省澜沧县气象服务站;1969 年 6 月更名为澜沧拉祜族自治县气象站革命领导小组;1971 年 3 月更名为云南省澜沧县气象站;1979 年 5 月更名为云南省澜沧拉祜族自治县气象站;1990 年 5 月更名为云南省澜沧拉祜族自治县气象局。

管理体制 1953 年 6 月—1954 年 1 月,澜沧县气象站隶属于云南军区司令部气象科建制,由当地驻军 39 师 115 团代管。1954 年 1 月—1955 年 5 月,隶属于澜沧县人民政府建制和领导,云南省人民政府气象科负责业务管理。1955 年 5 月—1958 年 10 月,隶属于云南省气象局建制和领导。1958 年 10 月—1963 年 8 月,隶属澜沧县人民委员会建制和领导,业务由思茅专区中心气象站负责。1963 年 8 月—1970 年 7 月,隶属云南省气象局(1966 年 3 月改为云南省农业厅气象局)建制和领导,思茅专区气象总站负责管理。1970

年 7 月—1971 年 3 月,隶属澜沧县革命委员会建制,划归澜沧县农水系统领导。1971 年 3 月—1973 年 10 月,实行澜沧县人民武装部领导,建制仍属澜沧县革命委员会。1973 年 10 月—1981 年 6 月,隶属于澜沧县革命委员会建制和领导,业务由思茅地区气象台管理。1981 年 6 月起,实行思茅地区气象局与澜沧县人民政府双重领导,以思茅地区气象局领导为主的管理体制。

单位名称及主要负责人变更情况

单位名称	姓名	民族	职务	任职时间
澜沧县气象站	张有富	汉	主任、站长	1953.06—1957.08
	余元龙	汉	负责人	1957.08—1957.12
	胡宝余	汉	站长	1957.12—1958.09
澜沧县气象服务站	余元龙	汉	负责人	1958.09—1960.03
				1960.03—1961.04
	刘崇富	汉	副站长	1961.04—1969.06
澜沧拉祜族自治气象站革命领导小组	严有才	汉	组长	1969.06—1971.01
	舒家和	汉	政治指导员	1971.01—1971.03
澜沧县气象站				1971.03—1972.12
	严有才	汉	组长	1973.01—1978.02
	罗龙华	汉	负责人	1978.02—1979.05
澜沧拉祜族自治县气象站	余元龙	汉	站长	1979.05—1984.03
	罗嘉云	哈尼	负责人	1984.03—1984.08
	刘崇富	汉	站长	1984.08—1988.06
澜沧拉祜族自治县气象局	罗嘉云	哈尼	站长	1988.06—1990.05
			局长	1990.05—1992.04
	杨艺峰	汉	局长	1992.04—1994.03
	罗嘉云	哈尼	局长	1994.03—

人员状况 1953 年有职工 8 人;1978 年有职工 9 人,年龄在 22～42 岁之间,中专 6 人。截至 2008 年 12 月,有职工 12 人(其中在职职工 9 人,退休职工 3 人),在职职工中:本科 1 人,大专 7 人,中专 1 人;工程师 7 人,助理工程师 2 人;少数民族 5 人(有哈尼族、彝族、拉祜族)。

气象业务与服务

1. 气象业务

①地面气象观测

观测项目 云、能见度、天气现象、风向、风速、降水量、温度、湿度、气压、蒸发量、日照、地面温度。观测资料参加全球气象资料交换。(1953 年 11 月 1 日开始地面气象观测,17 日因当地驻军部队 115 团炸药爆炸,烧毁气象站草房、仪器、通讯器材等(除观测场外全部被焚),地面气象观测业务中断,部分观测资料被毁,1954 年 1 月 1 日恢复地面气象观测业务。)

观测时次　每天定时观测 8 次(02、05、08、11、04、17、20、23 时)。

发报种类　每天定时将 02、08、14、20 时观测到的气象要素编写成气象电码,发报到成都气象中心绘制天气图,将 05、11、17、23 时的气象报发往云南省气象台绘制辅助天气图。从 1957 年 12 月 18 日起,增加向军航、民航机场、总参谋部拍发预约固定航空危险天气报,至 2003 年 12 月 31 日停发。

气象报表制作　1986 年 1 月 1 日起使用 PC-1500 袖珍计算机,2000 年配备计算机;2003 年 1 月 1 日正式启用自动气象站业务,实现了地面气象观测气象要素的获取、查算、编制气象电报、报文传输、报表制作、打印气象资料统计自动化。

区域自动气象站观测　2006 年 12 月,在全县建成 19 个两要素区域自动气象站。

1980—2008 年间,有 4 人(次)获中国气象局"质量优秀测报员",70 人(次)获云南省气象局"质量优秀测报员"。

②农业气象

农业气象观测业务始于 1958 年 10 月,主要观测水稻、小麦生长发育期和进行产量结构分析,制作农业气象报表。1988 年取消观测任务。

③气象信息网络

1954 年 1 月 1 日起,使用自设电台拍发气象电报;1955 年 3 月撤销自设电台,气象电报交由澜沧县邮电局拍发。2000 年采用 X.25 计算机拨号上网传输气象电报,取消澜沧县邮电局拍发气象电报。1983 年 11 月 1 日启用云南省气象局配发的 QZS-1 型滚筒式天气图传真接收机接收天气形势图。1999 年 10 月完成了由云南省气象局、澜沧县人民政府共同投资的 PC-VSAT 气象卫星地面单收站、气象卫星综合应用业务系统(简称"9210"工程)建设。2004 年 12 月气象专用宽带网开通,所有气象信息的上传、下传均通过气象宽带网络实现。2008 年 10 月,建成市—县可视会商、会议系统。

④天气预报预测

自 1958 年 5 月正式制作单站补充气象预报,并通过澜沧县城有线广播发布。单站补充气象预报的技术手段主要是靠人工抄收云南人民广播电台每天的天气形势分析和天气预报广播,绘制简易天气图和参考本地气压、气温、湿度三线变化图,作出中、短期气象预报,长期预报(月、季、年度)则靠正反相关因子、统计预报方法等制作。从天气图传真接收机的使用,到 PC-VSAT 气象卫星地面单收站、气象卫星综合应用业务系统(简称"9210"工程)和气象专用宽带网等开通使用,气象预报技术手段实现了信息化、网络化和现代化,极大地促进了气象预报技术水平的提高。

2. 气象服务

①公众气象服务

1958 年,公众气象服务主要是通过县城有线广播对城区公众开展服务。2000 年以来,公众气象服务产品实现多样化,如今除传统的天气预报外,还制作发布《节假日黄金周天气预报》《葫芦节天气预报》等。

②决策气象服务

进入 21 世纪,决策服务依据《澜沧县周年气象服务方案》制作,并及时通过电话、传真、手机短信等方式为地方县委、县人民政府及相关部门提供。主要服务产品有常规天气预报和短期气候预测、气候评价、专题气象服务、专项天气预报、天气快报、重要天气信息专报、重要气象情报和气象情况汇报等。2007 年澜沧县气象局建成"澜沧县天气预报预警平台",并利用此平台为各级县委、县人民政府和相关部门领导发布重要天气信息。

【气象服务事例】 1988 年 11 月 6 日澜沧 7.6 级大地震震后救灾气象保障服务、2003 年澜沧拉祜族自治县 50 周年县庆气象服务和中央电视台《星光大道》栏目"走进澜沧"现场的气象服务工作取得明显的社会经济效益。

③专业与专项气象服务

人工影响天气 1979 年 4 月,开始使用"三七"高炮开展人工增雨作业。1999 年、2003 年和 2005 年,购置人工增雨火箭发射架 4 部,人工增雨防雹作业增加新的设备,社会效益和经济效益不断提高。

防雷技术服务 1992 年开始对辖区内防雷设施、新建建(构)筑物进行防雷检测,同时开展防雷图纸审核,防雷工程设计施工与服务。至 2008 年共安装避雷塔 13 座,为防御雷电灾害做出了贡献。

3. 科学技术

气象科普宣传 气象科普宣传是为了使广大人民群众了解气象、掌握气象、利用气象进行生产生活和防御气象灾害的手段之一。利用"3·23"世界气象日、"12·4"法制宣传日、科技三下乡活动及各种媒体开展气象科普宣传活动。

气象科研 1982—1987 年,在收集各个不同点气象资料的基础上,以热量、降水为主要农业气候指标,根据区划原则与分区指标,编写了《澜沧县农业气候资源与区划》,获县科技成果三等奖。澜沧县气象局参与思茅地区气象局完成的《玉米高吸水树脂抗旱栽培示范推广应用》获思茅地区气象局科技进步三等奖;参与完成的《思茅地区冬春香料烟气候适应性研究》获云南省气象局科技进步三等奖。由澜沧县气象局主持完成《澜沧县乡镇天气预报决策服务系统》获思茅地区科学技术三等奖和澜沧县科学技术二等奖。

气象法规建设与社会管理

1. 法规建设

2000 年选派 1 名工作人员参加云南省县级气象行政执法人员培训,并获云南省人民政府法规办颁发的行政执法资格证;2004 年澜沧县气象局与当地人大签订行政执法责任状。2008 年,有持证行政执法人员 5 人。2006 年,按照市人大统一部署,澜沧县人大对澜沧县贯彻《中华人民共和国气象法》、《云南省气象条例》和《人工影响天气管理条例》进行执法检查。同年,市人大对澜沧县贯彻执行气象"一法两条例"工作情况进行抽查。

2. 社会管理

气象探测环境保护 2007 年将澜沧气象探测环境保护技术规定报当地建设局备案。

防雷减灾管理 防雷减灾法律法规实施以来,依据《国务院对确需保留的行政审批项目设定行政许可的决定》对辖区防雷工程实施图纸审核、竣工验收。

3. 政务公开

2002 年,澜沧县气象局根据《关于全面推行县(市)气象局局务公开制度的通知》,组织实施局务公开工作。局务公开工作分对外、对内两部分。对外公开主要内容为:单位简介、机构设置、规章制度、依法行政事项、气象法规、气象行政执法依据、业务服务工作流程、气象服务项目及服务承诺、气象服务和气象科技服务收费项目及依据、气象服务周年方案、干部职工去向牌等,主要采取设立局务对外公开栏的形式进行公开。对内公开主要内容有行政决策、财务收支、个人收入、年度考核奖惩等,主要采取召开职工大会、传阅相关文件等形式进行公开。2008 年,在澜沧县人民政府信息公开门户网站上公开单位职责、办事程序、服务承诺、违法违纪处理途径等。

党建与气象文化建设

1. 党建工作

党的组织建设 建站时有党员 1 名,1987 年有党员 2 名,截至 2008 年有党员 1 名,各个时期党员人数均不足 3 名,未成立独立党支部,党员归属县农业局机关支部管理。

党风廉政建设 1992 年设立政工干事;2002 年设立廉政监督员,同年与地区气象局签订党风廉政建设责任书;2008 年设立纪检监察员,同时推行"三人"民主决策制度。按照"一岗双责"的规定,参与全区党风廉政建设责任考核。

2. 气象文化建设

文明单位创建 1995 年开始创建文明单位,同年被授予县级文明单位;1998 年被授予地级文明单位,县级"安全文明小区";2000 年被评为地级"安全文明社区";2007 年被评为县级"平安单位"。

文体活动 2008 年 3 月,与西盟、孟连、江城局在西盟气象局联合举办了首届普洱市"边四县"迎奥运气象职工运动会,此举丰富了普洱市边疆边境少数民族地区气象职工的文化体育生活,促进了气象系统精神文明建设,提高气象职工的身体素质,增进了边疆地区民族团结。

集体荣誉 1989 年获云南省气象局抗震救灾气象服务先进集体;1999 年 5 月获云南省气象局 1996—1998 年全省气象部门"双文明"建设先进集体;1999 年 6 月获思茅行政公署人工增雨先进集体。

台站建设

建站时只有茅草房,1956 年 7 月在观测场北方约 20 米处建砖木结构一楼一底观测平台和值班室;1975 年投资 0.5 万元,建砖木结构库房 2 间 36 平方米;1986 年投资 3.5 万元建砖混结构新办公楼两层 10 间 210 平方米;2004 年省气象局投资 30 万元,县人民政府投入 15 万元,建两层砖混结构新办公楼 300 平方米。

1980 年中央气象局和省气象局共同投资 2 万元建起砖木结构职工住房(平房)8 间 168 平方米;1985 年国家气象局和省气象局共同投资 5 万元建起砖混结构职工住宅平房 8 套 400 平方米;1990 年国家气象局和省气象局共同投资 7.5 万元建起砖混结构地震重建职工住房平房 3 套 210 平方米;2000 年中国气象局和省气象局共同投资 15 万元,8 户职工集资 24 万元,建两层砖混结构 916 平方米职工住宅楼,较好地解决了职工的住房问题。

1994 年 5 月架通城市自来水管道,解决了长期困扰职工饮水难问题;2002 年投资 19.7 万元打起西北面地界毛石保坎。

澜沧县气象局旧貌(1985 年)　　　　　　　澜沧县气象局现貌(2000 年)

西盟佤族自治县气象局

西盟佤族自治县位于滇西南,东、北面与澜沧县相连,南面与孟连县相邻,西面与缅甸接壤,总面积 1350 平方千米。全县辖 5 乡 2 镇,佤族人口占总人口的 71%。

机构历史沿革

始建情况　云南省西盟佤族自治县气象局(简称西盟县气象局)建于 1958 年 9 月,站址为西盟县西盟山新寨高山顶,东经 99°27′,北纬 22°44′,海拔高度 1897.9 米。

站址迁移情况　1999 年 1 月随县城搬迁至西盟县勐梭镇龙潭路 122 号,东经 99°36′,北纬 22°38′,海拔高度 1155.0 米。属国家一般气象观测站。

历史沿革　1958 年 9 月建站时称云南省西盟县气象站,1961 年 6 月更名为云南省西盟佤族自治县气候站;1964 年 5 月更名为云南省西盟气候服务站;1966 年 2 月更名为云南省西盟县气象服务站;1971 年 12 月更名为云南省西盟县气象站;1982 年 4 月更名为云南省西盟佤族自治县气象站;1990 年 5 月更名为西盟佤族自治县气象局。

管理体制　1958年9月—1963年11月,西盟县气象站属西盟县人民革命委员会建制,归县农水科领导,其业务管理、技术指导由思茅专区气象中心站负责。1963年11月—1970年7月,隶属云南省气象局(1966年3月改为云南省农业厅气象局)建制和领导,思茅专区气象总站负责管理。1970年7月—1971年1月,隶属于西盟县革命委员会建制和领导,县农水系统负责管理。1971年1月—1973年10月,西盟县气象站实行县人民武装部领导,建制仍属西盟县革命委员会。思茅地区气象台负责业务管理。1973年10月—1981年6月,隶属西盟县革命委员会建制和领导,归口农林科管理(1977年,归口县委会农办管理)。1981年6月起,实行以思茅地区气象局与西盟县人民政府双重领导,以思茅地区气象局领导为主的管理体制。

单位名称及主要负责人变更情况

单位名称	姓名	民族	职务	任职时间
云南省西盟县气象站	熊永发	汉	负责人	1958.09—1961.06
云南省西盟佤族自治县气候站				1961.06—1964.05
云南省西盟气候服务站			副站长	1964.05—1966.02
				1966.02—1968.09
云南省西盟县气象服务站	"文化大革命"期间,档案不全			1968.09—1970.07
	简仲熙	汉族	负责人	1970.07—1971.09
	胡家彬	汉	站长	1971.09—1971.12
				1971.12—1972.11
云南省西盟县气象站	李正财	汉	指导员	1972.11—1973.03
	简仲熙	汉	负责人	1973.03—1974.02
	李安清	汉	站长	1974.02—1982.04
云南省西盟佤族自治县气象站				1982.04—1984.08
	黄文龙	汉	站长	1984.08—1990.05
				1990.05—1991.07
西盟佤族自治县气象局	李华	拉祜	局长	1991.07—1993.11
	杨中枢	哈尼	局长	1993.11—1997.06
	魏忠民	佤	局长	1997.06—

注:1968年9月至1970年因文革文书档案不全,无从考查当时领导人,故此时段空缺。

人员状况　始建时有职工5人;到1978年有职工5人。截至2008年,有职工9人(其中在职职工8人,退休职工1人),在职职工中:年龄在26～52岁之间;本科学历1人,大专学历5人,中专学历1人,高中学历1人;助理工程师7人;少数民族1人。

气象业务与服务

1. 气象业务

①地面气象观测

观测项目　云量、云状、云高、能见度、天气现象、气温、气压、降水量、蒸发量、地温、风向风速、日照时数。

观测时次 1959 年 5 月 1 日每天进行 8 次观测（02、05、08、11、14、17、20、23 时），夜间守班；1961 年 6 月 1 日起，改为 3 次观测（08、14、20 时），夜间不守班；1974—2000 年 1 月增加了 11、17 时 2 次定时补充观测。

发报种类 1961 年 10 月 16 日开始向省气象台编发 OBSER（AB）报，发报时次为 08、14、17 时；1969 年 6 月 1 日向省气象台增发天气报，发报时次为 08 时；1974 年 1 月 1 日起向省气象台发天气加密报，发报时次为 08、14 时，原 AB 报停发；1990 年 1 月 1 日加密报发报时次改为 08、14、20 时。1988 年 7 月 1 日开始向省气象台和地区气象台编发气象旬月报。

区域自动气象站观测 2006 年 12 月县人民政府投资建成 6 个两要素区域自动气象站。

②气象信息网络

1958 年建站时期配备有固定电话、收音机，用于传输地面气象报文和收听天气形势广播。1988 年配备了 15 瓦"八一"电台，1989 年 4 月甚高频电台取代了"八一"电台，用于与地区气象台和部分气象站进行通话联络、天气会商、传递气象情报。2000 年 11 月建成 PC-VSAT 气象卫星单收站。2001 年 12 月开通气象内部网络，从此结束了由邮电局转发地面观测报文的历史。2002 年 1 月 1 日开始使用计算机编发报文。2005 年建成开通气象系统光纤宽带，真正实现了气象信息传输网络现代化。2008 年 12 月建成市—县可视会商系统，实现了天气预报可视会商、视频会议。

③天气预报预测

1966 年开始制作天气预报，每天定时收听省气象台发布的天气形势预报广播，再利用本站资料对省台预报进行补充订正，作出县站预报。PC-VSAT 单收站建成后，预报员使用 MICAPS 系统制作预报，大大提高了预报准确率和气象服务效益。

2. 气象服务

①公众气象服务

1966 年以来，西盟县气象局的公众气象服务每天经广播电台向公众发送。服务内容主要有：未来 24 小时天气预报、节假日天气预报等。

②决策气象服务

至 2008 年，西盟县气象局的决策气象服务主要向县委、县人民政府、县抗旱防洪指挥部、县森林防火指挥部等决策部门提供。其主要内容包括实时的雨情、干旱监测情况、森林火险等级预报等

【气象服务事例】 2002—2008 年，为中国佤族木鼓节提供气象保障服务工作，得到了县委、县人民政府的肯定与表彰。2006 年 4 月首届"思茅市首届少数民族传统体育运动"在西盟召开，在"民运会"的筹备与活动举办期间，准确地预报出"民运会"期间西盟县天气，使首届"民运会"取得了圆满成功。

③专业与专项气象服务

人工影响天气 1999 年，在思茅行署资助下，购置 2 部火箭发射架，并正式开展人工

影响天气工作。2008年西盟县橡胶园白粉病和虫害严重,为橡胶林地实施人工增雨作业,增雨效果显著,对胶树新牙有效防止白粉病起到了积极作用,得到胶农和橡胶公司的高度好评。

防雷技术服务 自1997年成立防雷中心以来,西盟防雷中心按照气象法律法规规定,开展了防雷安全检测、防雷图纸审核、防雷工程设计施工等工作。特别是西盟新县城搬迁,西盟防雷中心对全县新建建筑物进行了检测、验收,为各类建筑物防御雷电袭击发挥了积极作用。

3. 科学技术

气象科普宣传 西盟县气象局重视气象科普宣传工作。在每年的"3·23"世界气象日、"12·4"法制宣传日、科技下乡周等活动中,利用各种媒体积极开展气象科普宣传。2008年西盟农村气象综合服务平台开始搭建,在气象局办公楼试用安装了首块气象综合信息电子显示屏,解决了气象信息传递到农村"最后一公里"问题,以气象科普、气象防灾减灾、气象灾害预警等信息为主,扩大了宣传面,实实在在服务于"三农"。

气象科研 1980年至1984年10月,先后用4年多的时间,广泛收集、整理各种有关资料,实施农业气候调查,设点进行气候考察,完成了《西盟佤族自治县农业气候资源与区划》、《西盟佤族自治县农业气候资料》整编工作,被西盟县委、县人民政府评为科技成果一等奖。有1人被思茅市委、市人民政府授予市级科普先进个人。有1人被西盟县委、县人民政府授予优秀科技人员。

气象法规建设与社会管理

1. 法规建设

2000年选派1名工作人员参加云南省县级气象行政执法人员培训,并获云南省人民政府法规办颁发的行政执法资格证;2001年成立行政执法领导小组及办公室。至2008年,有持证行政执法人员3人。2006年,按照市人大统一部署,西盟县人大对西盟县贯彻《中华人民共和国气象法》、《云南省气象条例》和《人工影响天气条例管理》进行执法检查。

2. 社会管理

气象探测环境保护 为切实保护西盟气象探测环境,西盟县人民政府分别于1999年、2002年下发了《西盟佤族自治县人民政府关于加强气象探测环境保护工作的通知》和《西盟佤族自治县人民政府关于进一步确定气象探测环境保护范围的通知》。于2005年、2007年向当地建设局报送了《关于西盟县气象局气象探测环境保护技术规定备案的函》,当地建设局分别给予了回复。

防雷减灾管理 2004年西盟县人民政府成立西盟县防雷减灾工作领导小组,办公室设在西盟县气象局。防雷减灾法律法规实施以来,依据《国务院对确需保留的行政审批项目设定行政许可的决定》对辖区防雷工程实施图纸审核、竣工验收。

3. 政务公开

2002年,根据《关于全面推行县(市)气象局局务公开制度的通知》,组织实施局务公开工作。局务公开分对内、对外两部分。对外公开主要内容为:单位简介、机构设置、规章制度、依法行政事项、气象法规、气象行政执法依据、业务服务工作流程、气象服务项目及服务承诺、气象服务和气象科技服务收费项目及依据、气象服务周年方案、干部职工去向牌等。对内公开主要内容有行政决策、财务收支、个人收入、年度考核奖惩等。局务公开方式主要有设立局务对外公开栏、召开职工大会、传阅相关文件等。

党建与气象文化建设

1. 党建工作

党的组织建设　西盟县气象局始建初期无党员,至1999年有党员3名。党支部于1999年9月6日成立。截至2008年底有正式党员6名。

在"云岭先锋"工程、"保持党员先进性"、"树新风、强作风、兴思茅"等教育活动中党支部发挥了战斗堡垒作用,2008年被西盟县直属机关党委列为基层党组织模范示范点。

党风廉政建设　1992年设立政工干事;2002年设立廉政监督员,同年开始与地区气象局签订党风廉政建设责任书;2008年设立纪检监察员,同时推行"三人"民主决策制度。

2002年,成立了党风廉政建设领导小组,2005年开始每年与西盟县纪检监察部门签订责任书。围绕"党风廉政建设宣传教育月"认真组织开展一系列党风廉政教育活动,做到年初有计划、年终有总结。

2. 气象文化建设

文明单位创建　西盟县气象局积极开展文明单位创建工作,并取得了优异的成绩。1999年被西盟县委、县人民政府命名为县级文明单位;2000年被思茅地委、行署授予地级文明单位;2005年被思茅市委、市人民政府授予第一批市级文明单位,荣誉保持至今。

文体活动　为不断满足广大气象职工日益增长的精神文化需求,修建了羽毛球场、乒乓球室、职工阅览室,丰富了广大干部职工的业余文化生活。2002年西盟县气象局参加全县全民健身活动篮球赛,获得了第四名;2007年有一名同志被选拔参加在南京举办的第二届全国气象职工运动会;2008年3月承办了"边四县"(西盟、孟连、澜沧、江城县)首届气象职工运动会。

2008年3月,西盟县气象局承办的"边四县"首届气象职工运动会比赛现场

3. 荣誉

集体荣誉 1982 年被省气象局评为先进集体;1999 年 6 月,被思茅地区行署评为 1999 年度人工增雨工作先进集体;2006 年 3 月被云南省气象局评为"十五"期间全省气象部门精神文明建设先进集体。

个人荣誉 1978—1985 年,先后 3 人被云南省气象局表彰为先进工作者。

台站建设

1958 年始建时借住在附近农民的牛厩里;1965 年 2 月盖了 1 幢砖土木结构,面积为 131 平方米的办公、宿舍用房;1977 年建 6 套砖木结构宿舍 245 平方米和 1 间砖石木结构厕所 22 平方米;1987 年 3 月 18 日西盟县气象局新建的办公宿舍楼、厨房、部分人行道和保坎通过验收,总投资为 5.3 万元。

1999 年随县城整体搬迁至西盟县勐梭镇,占地面积 2404.30 平方米。1999 年 4 月,建办公楼 1 幢 464 平方米,投资 37 万元;门面房 14 间 328 平方米,投资 39 万元;单身职工住房 3 套 165 平方米,投资 17 万元;观测场、道路、挡墙、水、电等附属工程投资 25 万元;总投资 118 万元。建设资金主要采取中国气象局、省气象局和地方自筹的方式。2005 年进行"两室一场"改造,投入资金 11 万元;对办公楼进行了外装饰内装潢投入 9 万元。

西盟县气象站旧貌(1989 年)

西盟县气象局现貌(1999 年)

西双版纳傣族自治州气象台站概况

西双版纳傣族自治州（以下简称"西双版纳州"）位于云南省西南部，北纬 21°10′～22°40′，东经 99°55′～101°50′之间，处于亚洲内陆向中南半岛的过渡地带，现辖 2 县 1 市，面积 19124.5 平方千米。

西双版纳属热带湿润季风气候类型，年平均气温在 18.5～22.1℃之间，年降雨量为 1164.9～1527.5 毫米。最热月平均气温在 25℃左右，最冷月平均气温在 15℃左右。年温差小，日温差大，地区间差异大。

气象工作基本情况

所辖台站概况　西双版纳州原有地面气象观测站 5 个，1996 年 10 月景洪、大勐龙、热作气象站，三站合一成立景洪市气象局。至此，全州有勐腊国家基准气候站、景洪国家基本气象站和勐海国家一般气象站 3 个地面气象观测站，另有 1 个农业气象观测站、1 个辐射观测站、1 个雷电定位自动观测站、1 个 GPS 水汽自动观测站、82 个区域自动气象观测站（其中两要素站 79 个，四要素站 3 个）。

历史沿革　1932 年 5—9 月佛海（今勐海县）进行各种天气、气温、风等观测。1936 年 8 月—1939 年 12 月，建立佛海县勐康测候所（东经 100°25′，北纬 21°55′）。1936—1940 年，建立勐海南糯山测候所（东经 100°06′，北纬 21°53′，海拔高度 1402.0）。1953 年 8 月建立车里（今景洪市）气象站，1956 年 12 月建立勐腊气象站，1958 年 10 月建立勐海气象站，1959 年 12 月建立大勐龙气象站（1997 年 1 月撤销），各人民公社、生产大队建立气象哨组（1962 年以后陆续撤销）。

管理体制　1953 年以前，西双版纳州气象台站属军队建制。1954 年 1 月，隶属当地人民政府建制和领导。1955 年 5 月隶属省气象局建制和领导。1958 年 10 月隶属当地人民委员会建制，归口当地农水局管理，思茅专员公署气象中心站负责业务管理。1963 年 8 月，收归云南省气象局（1966 年 3 月改为云南省农业厅气象局）建制和领导，思茅专区气象总站负责管理。1970 年 7 月，隶属当地革命委员会建制和领导。1971 年 1 月，实行军队领导，建制仍属当地革命委员会。1973 年 11 月，隶属当地革命委员会建制和领导，省气象局负责业务管理。1981 年 1 月西双版纳州气象部门实行当地人民政府与气象部门双重领导,以气象部门领导为主的管理体制,这种管理体制一直延续至今。

人员状况 全州气象部门 1960 年有在职职工 38 人,截至 2008 年定编为 85 人,实有在编职工 72 人。其中:本科 33 人,大专学历 23 人;党员 29 人;中级以上职称 38 人(其中高级职称 6 人);平均年龄 39 岁;少数民族 12 人(主要为傣、拉祜、哈尼、白、回、苗、土家等七个民族)。

党建与文明单位创建 全州气象部门现有党支部 2 个,党员 29 人。全州气象系统为州级文明行业,有省级文明单位 4 个,全国精神文明建设先进单位 1 个,全国气象部门文明台站标兵 1 个。

领导关怀 1963 年 5 月,中国科学院竺可桢副院长视察西双版纳气象工作。1981 年3—4 月,中央气象局局长饶兴视察西双版纳州气象工作。1994 年 12 月 17—19 日,中国气象局副局长温克刚视察西双版纳州气象工作,在州气象局职工大会上做了《解放思想转变观念,认清形势开拓前进》的报告。1995 年 11 月 21—23 日,中国气象局副局长马鹤年视察西双版纳州气象工作。10 月 29 日—11 月 4 日,中国气象局副局长刘英金一行到西双版纳州气象部门对业务体制改革工作进行检查调研。

主要业务范围

地面气象观测 国家基本站,24 小时守班,每天 4 次定时观测、4 次补充定时观测,记录各种气象要素。国家一般站,每天 3 次定时观测,记录各种气象要素。编发天气报告,编制报送气象记录月、年报表。

2002 年以前全州 3 个地面气象观测站以人工观测和处理气象资料为主,2002 年 12 月完成 3 县(市)地面自动站建设,实现气压、气温、湿度、风向、风速、降水、地温(地表、浅层及深层)自动记录,自动站数据上传中国局。全州基层台站的气象记录档案按规定上交省气象台档案科。

截至 2008 年底,全州完成 82 个区域自动站建设(其中两要素站 79 个,四要素站 3个)。

农业气象观测 1961 年 2 月开始农业气象观测,其观测项目包括:主要农作物、热带经济作物生长、发育状况、空气温度和湿度、降水、蒸发、土壤湿度、天气灾害、物候、病虫害及农田技术措施等。为农业气象预报、情况、农业气候分析、实验研究以及农业生产提供基本资料。编发农气旬(月)报,制作主要农作物粮食产量、病虫害等专题、专业天气预报。

辐射观测 1960 年 1 月开始进行日射观测,为甲种站,观测项目有总辐射、直接辐射、散射辐射。1992 年 9 月 1 日,启用新型遥测太阳辐射仪观测总辐射和净全辐射,为气象辐射二级站。

天气预报服务 西双版纳州天气预报业务始于 1958 年 4 月,逐步开展短期、中期、长期、灾害性、关键性、转折性天气预报和专题天气预报。同年,各县气象站开始开展补充订正天气预报。随着计算机的应用,VSAT 站、PC-VSAT 站的建成,气象卫星综合应用业务系统("9210"工程)、气象信息综合分析处理系统(MICAPS)全面业务化,大量数值预报产品投入业务运行。

1984 年前,全州气象台站开展公益性气象服务。1985 年起,在做好公益性服务的基础上,逐步开展气象有偿服务。服务对象包括农业、林业、水利、电力、工矿、城建、环境保护和旅游以及文化体育行政企事业单位和个人。服务项目有预报、情报、资料、气候分析、气候评价、气象灾害评估、气候区划、技术咨询以及其他技术服务。服务方式由过去单一的挂旗子、送纸质材料,逐步发展为传真、广播、报纸、电视、手机短信、网络、电子显示屏。

人工影响天气 西双版纳州人工影响天气工作始于 1983 年,当时由州抗旱防汛指挥部负责,气象部门配合。1993 年 11 月归口气象局管理,并调整了州人工降雨防雹领导小组,办公室设在西双版纳州气象局,指导和管理全州人工影响天气工作,经费列入财政预算。截至 2008 年,全州 3 个县(市)局均开展人工增雨工作,全州共有作业点 26 个,其中标准化固定作业点 4 个,流动作业点 22 个,火箭发射装置 15 套。服务范围:作物防雹、农业生产增雨、森林防火、原始森林增湿、人畜饮水、库塘蓄水。

防雷减灾 西双版纳州防雷减灾工作始于 1989 年,当时,主要为防雷检测,但设备简陋,只对老建筑物和易燃易爆场所进行检测。1996 年 4 月,全州 3 个县(市)局也开始防雷减灾工作。2001 年 1 月州政府下发《关于加强防雷安全管理工作的通知》(西政办发〔2001〕18 号),防雷减灾工作逐步规范。2005 年开始,防雷减灾工作走入正轨,检测设备全部更新升级,检测数据全部实现计算机管理。目前,易燃易爆场所检测率和新建建筑物的图纸审核率、验收率均达 95% 以上。同时,农村防雷减灾工作也取得明显成效。

西双版纳傣族自治州气象局

机构历史沿革

始建情况 始建于 1953 年 8 月,地址位于景洪市嘎兰南路 10 号,北纬 22°00′,东经 100°48′,海拔高度 552.7 米。

西双版纳州气象局老办公楼及观测场

历史沿革 1953 年 8 月建立车里(景洪)气象站,1954 年 1 月,改称景洪县人民政府气象站;1955 年 5 月,改称云南省允景洪气象站;1957 年 9 月更名为景洪县气象站;1962 年 6 月,更名为景洪县气象中心站;1968 年 12 月,更名为景洪气象站革命领导小组;1973 年 11 月,更名为西双版纳傣族自治州气象台;1981 年 1 月,改称西双版纳傣族自治州气象局;1984 年 1 月,改称西双版纳傣族自治州气象处;1990 年 5 月,改称西双版纳傣族自治州气象局。

管理体制 1953 年以前,车里气象站隶属云南军区司令部气象科建制和领导。1954 年 1 月—1955 年 5 月,景洪县人民政府气象站隶属景洪县人民政府建制和领导。1955 年 5 月—1958 年 10 月,云南省允景洪气象站隶属省气象局建制和领导。1958 年 10 月—1963 年 8 月,景洪县气象站(1962 年改为景洪县气象中心站)隶属景洪县人民委员会建制,归口县农水局管理。1963 年 8 月—1970 年 7 月,景洪县气象站收归云南省气象局(1966 年 3 月改为云南省农业厅气象局)建制和领导,思茅专区气象总站负责管理。1970 年 7 月—1971 年 1 月,隶属景洪县革命委员会建制和领导。1971 年 1 月—1981 年 1 月,实行县人民武装部领导,建制属景洪县革委会,分属思茅地区气象台业务领导。1981 年 1 月,西双版纳州气象局实行西双版纳州人民政府和省气象局双重领导,以省气象局领导为主的管理体制。

机构设置 2006 年机构改革后,西双版纳州气象局内设 3 个管理机构:办公室(含人事政工、政策法规)、业务科技科、计划财务科,4 个直属事业单位:气象台、气象科技服务中心、雷电中心、人工影响天气中心。

单位名称及主要负责人变更情况

单位名称	姓名	民族	职务	任职时间
车里气象站	谢小坤	汉	站长	1953.08—1954.01
景洪县人民政府气象站				1954.01—1955.05
允景洪气象站				1955.05—1956.05
	无			1956.06—1956.07
	姚怡生	汉	站长	1956.08—1957.09
景洪县气象站	杨玉美	汉	负责人	1957.09—1962.05
景洪县气象中心站	姚怡生	汉	站长	1962.05—1968.12
景洪气象站革命领导小组				1968.12—1973.11
西双版纳傣族自治州气象台			副台长(主持工作)	1973.11—1981.01
西双版纳傣族自治州气象局			副局长(主持工作)	1981.01—1981.04
	孟兆喜	汉	局长	1981.05—1984.02
西双版纳傣族自治州气象处	余元龙	汉	副处长(主持工作)	1984.02—1987.12
	宫世贤	汉	处长	1988.01—1990.05
西双版纳傣族自治州气象局			局长	1990.05—1995.08
	杨永胜	汉	副局长(主持工作)	1995.08—1998.03
			局长	1998.03—1998.11
	谭志坚	汉	副局长(主持工作)	1998.11—2001.02
			局长	2001.02—

注:据史料查 1956 年 6 月、7 月无站长,8 月姚怡生开始任站长。

1957 年 9 月—1962 年 5 月无站长,由杨玉美负责。

1971 年 2 月—1973 年 8 月由王文清任指导员。

人员状况 1960 年有在职职工 20 人。2008 年定编为 42 人,实有在编职工 28 人,其中:本科学历 19 人,大专 7 人;中级以上职称有 19 人(其中高级职称 6 人);平均年龄 41 岁;少数民族 3 人(主要为傣、苗两个民族)。

气象业务与服务

1. 气象业务

①地面气象观测

西双版纳气象观测始于 1953 年 8 月 1 日。

观测项目 能见度、天气现象、气压、气温、湿度、风向风速、降水、日照、蒸发、地温、闪电定位。

观测时次 每天进行地方真太阳时 07、13、19 时 3 次定时观测,1960 年 1 月改为北京时 08、14、20 时 3 次定时观测。

发报种类 向云南省气象台拍发省区域天气加密电报。05、11、17、23 时补充定时观测,拍发补充天气电报。

辐射观测 1960 年 1 月开始进行日射观测,为甲种站,观测项目有总辐射、直接辐射、散射辐射。1992 年 9 月 1 日,启用新型遥测太阳辐射仪观测总辐射和净全辐射,为气象辐射二级站。

自动气象站观测 2002 年 12 月,建成地面自动气象观测站,改变了地面气象要素人工观测的历史,实现地面气压、气温、湿度、风向风速、降水、地温自动记录。

②农业气象观测

1961 年 2 月开始农业气象观测,观测项目包括:主要农作物、热带经济作物生长、发育状况、空气温度和湿度、降水、蒸发、土壤湿度、天气灾害、物候、病虫害及农田技术措施等。为农业气象预报、情况、农业气候分析、实验研究以及农业生产提供基本资料。编发农业气象旬(月)报,制作主要农作物粮食产量、病虫害等专题、专业天气预报,为当地农业生产服务。

③气象信息网络

气象观测资料的收集和传送,经历了从建站初期的人工观测和编报(有线电话传输),到 20 世纪 80 年代的 PC-1500 袖珍计算机编报、传输,再到如今每天 24 小时的自动记录、编报和(气象宽带网)传输,实现了数据资料适时共享。气象资料按时按规定上交云南省气象局档案室。

20 世纪 60 年代以来,气象信息资料的接收经历了由最初的无线莫尔斯广播、无线电传单边带、甚高频和"123"气象传真广播、专用数据网、分组交换网(X.25),到现在的气象卫星综合业务系统,实现了以卫星通信为主的现代化气象信息网络系统。

④天气预报预测

1958 年 4 月,开始制作发布本地区 24 小时单站补充天气预报。州气象台 1975 年 1 月起正式接收成都中心气象台的气象广播,开始绘制 500、700、850 百帕及地面天气图,制作发布辖区内的短、中、长期天气预报。每天通过州市电视台、广播电台、《西双版纳报》、西双版纳气象信息网、"12121"咨询电话、手机短信发布天气预报。

2. 气象服务

①公众气象服务

20世纪90年代以前主要是通过广播发布24小时晴雨、风向风速、最高最低气温预报。20世纪90年代后随着现代化程度不断提高,公众气象服务内容从最初的日常天气预报发展到当前的日常天气预报、灾害性天气预报、警报和预警信号、森林火险等级预报、天气周报、天气实况、百姓生活气象指数预报等。服务方式:1994年引进三维动画天气预报制作系统,制作市县及风景区天气预报,同时在云南省第6频道和有线经济频道播出,1995年4月开通"12121",2004年7月开展手机气象信息服务。目前,形成了广播、电视、报刊、"12121"、网络、电子显示屏等多元化服务方式,为公众提供直观、形象、针对性强的服务产品。

②决策气象服务

服务内容包括:天气预报方面有,0~3天短期天气预报、5天滚动中期天气预报、一周天气预报、月、季、年短期天气气候预测。气象信息专报方面有:重要天气报告、气象灾情报告、重大活动气象服务。专题气候分析方面有:防汛、抗旱、防火专题气象服务。遥测遥感信息方面有:自动气象站、卫星云图。气象建议方面有:气候资源开发利用建议、气象灾害防御建议、气象灾害受损评估。服务方式:20世纪80年代主要以书面文字发送为主;90年代后由电话、传真、信函等向电视、微机终端、互联网、手机短信等发展。各级领导可通过电脑随时调看实时图、中小尺度雨量点的雨情。

③专业与专项气象服务

人工影响天气 西双版纳州人工影响天气工作始于1983年,当时由州抗旱防汛指挥部负责,气象部门配合。1993年11月归口气象局管理,并调整了州人工降雨防雹领导小组,办公室设在州气象局,同时购置了1架12管火箭发射装置和1辆作业专用车(蓝箭)。1996年各县、市完成了归口管理,也成立了人工降雨防雹领导机构,人工影响天气经费列入地方财政预算。目前,全州共有作业车6辆,火箭发射装置12架。人工影响天气由干季增雨、增湿、降低火险等级为森林防火服务,解除旱象为农业栽插、人畜饮水、库塘蓄水服务,拓展到了在4月泼水节前实施人工增雨洁净城市空气、减轻尘埃污染、降低酷暑高温天气和为发挥热区资源优势开展防雹试验研究等服务领域。

防雷技术服务 西双版纳州防雷减灾工作始于1989年,当时,主要为防雷检测,但设备简陋,只对老建筑物和易燃易爆场所进行检测。2001年1月州人民政府下发《关于加强防雷安全管理工作的通知》,防雷减灾工作逐步规范。2005年开始,防雷减灾工作走入正轨,检测设备全部更新升级,检测数据全部实现计算机管理。目前,易燃易爆场所检测率和新建建筑物的图纸审核率、验收率均达95%以上。同时,农村防雷也取得明显成效,2001年至2008年底,先后为8个雷灾较为严重的村寨共安装了37座避雷塔,避雷塔建成后,这些村寨再没有发生过雷击事件。

气象科技服务 1985年开始开展气象科技服务,20世纪90年代初主要是气象影视。1993年后,气象科技服务服务蓬勃发展,服务领域不断拓宽,服务链条不断延伸,逐步形成了以气象影视、气象广告、"12121"和橡胶气象科技服务等为主的气象科技服务格局。特别是从 2006 年开始,与云南省农垦总局合作,建设"云南天然橡胶气象信息服务系统",取得显著成效。现已建成 76 个农场自动气象站,覆盖了包括西双版纳、红河、文山、普洱、临沧和德宏等 6 个州(市)15 大农场,实现了全省每个农场均有自动气象站的目标。同时,建成了农垦自动气象站网数据中心,开发研制了基于 GIS 地理信息系统的气象信息分析处理平台和基于 Web 技术与数据库技术的气象信息服务平台,成立云南天然橡胶气象信息服务中心,形成了较为完善的橡胶气象监测网络服务体系,并在橡胶生产及防灾减灾中发挥了重要作用,为地方经济社会发展、社会主义新农村建设提供了强有力的科技支撑。尤为突出的是在 2008 年西双版纳遭遇的自栽培种植天然橡胶树以来最为严重的橡胶白粉病防治中立下头功,使病害得到了有效防治。为此,橡胶气象服务成效还被写入西双版纳州人民政府工作报告。

气象科普宣传　1992 年 4 月西双版纳州气象学会成立后,气象科普宣传工作逐步开展。2000 年以后,每年均利用"3·23"世界气象日、科技周、安全生产月、"12·4"全国法制宣传日等大型活动组织开展各类气象科普宣传活动 5～6 场次,宣传形式包括展板展示、发放宣传传单、组织中小学生和村寨农民到气象局参观学习、组织气象科技人员进农村、进学校、进社区、进企业等。同时,利用广播、电视、报刊等地方主要新闻媒体进行宣传,宣传内容主要有气象法律法规、气象科普知识和气象防灾减灾知识等。2007 年 5 月,勐海县青少年科普(气象)教育基地正式挂牌成立。2008 年加大了气象科普宣传进学校、进

气象站工作人员向少先队员讲解自记观测(1959 年)

农村、进企业宣传力度,深入到勐遮镇中心小学、瑶区乡纳卓村、东风农场等广泛宣传气象知识。

气象法规建设与社会管理

1. 社会管理

探测环境保护　1997 年州人民政府出台了《关于保护我州气象台观测站环境的通知》。同时,气象行政执法人员多次对相关单位和个人进行探测环境保护宣传,避免了对探测环境的破坏。

施放气球管理　1997 年 8 月,西双版纳州气象局、工商局和消防支队联合下发《关于转发执行〈云南省民用氢气球灌充、施放安全管理办法〉的通知》(西气发〔1997〕21 号),并成立由气象、工商、消防等部门组成的西双版纳州民用氢气球灌充、施放安全管理委员会,下设办公室,负责日常监督和管理。2005 年 9 月施行的《西双版纳机场净空保护管理规

定》,把净空区内施放系留气球活动纳入净空管理。同时,根据《通用航空飞行管制条例》和《施放气球管理办法》的规定,只有取得州气象局颁发的《行业技术许可证》及制氢、用氢上岗合格证后,方可从事施放气球活动,使施放气球管理工作进一步规范。

防雷减灾管理 西双版纳防雷减灾工作始于 1990 年,1998 年 7 月,州编委办批准成立州防雷检测中心,归口气象局管理,同年两县一市也成立了相应防雷机构。2001 年 1 月州人民政府下发《关于加强防雷安全管理工作的通知》(西政办发〔2001〕18 号),对进一步加强全州防雷减灾工作作了明确规定。2001 年 3 月州人民政府下发《关于成立西双版纳州防雷减灾领导小组的通知》(西政办发〔2001〕30 号),成立州防雷减灾领导小组,并设立防雷减灾领导小组办公室,负责全州防雷监管及防雷行政执法工作。2003 年首次对防雷违法行为进行了处罚。2004 年 4 月州人民政府法制办召集气象、建设等单位负责人召开防雷工作协调会,对全州防雷工作进行了规范,进一步明确了气象部门的防雷管理主体地位。

2. 政务公开

对气象行政审批办事程序、气象服务内容、服务内容、气象行政技法依据、服务收费依据及标准等,通过公开栏、网络、发放宣传单等多种方式向社会公开。干部任用、财务收支、目标考核、基础设施建设、工程招投标等内容则采取职工大会或上局公开栏等方式向职工公开。财务每季度公开一次,年底对全年收支、职工福利、领导干部待遇、劳保、住房公积金等向职工作详细说明。干部任用、职工晋职晋级等及时向职工公开或说明。

党建与气象文化建设

1. 党建工作

党的组织建设 1956 年 1 月前党员归自治州边工委党支部,1956 年 1 月至 1958 年 5 月归自治州党支部,1958 年 5 月至 1966 年 5 月归景洪县农业科党支部(其中 1958 年至 1962 年 4 月无党员)。1966 年 7 月至 1971 年 1 月,党组织瘫痪。1972 年 2 月党员恢复组织生活。1972 年 5 月 24 日,经县人民武装部党委批准,正式成立景洪县气象站党支部,归县人民武装部党委领导。1973 年 11 月扩建为州气象台,党支部隶属州委直属机关党委。截至 2008 年 12 月州气象局党支部有党员 23 人(其中在职职工党员 10 人)。

党风廉政建设 2003 年,制定一系列落实党风廉政责任制度,每年与各县(市)气象局签订《党风廉政建设目标责任书》,开展党风廉政建设月活动,建立党风廉政建设意见箱,自觉接受职工群众的监督,没有出现违法违纪现象。

2. 气象文化建设

精神文明建设 1996 年成立精神文明建设领导小组,并不断建立健全精神文明建设制度,形成了一把手负总责,分管领导具体抓,一班人共同抓的工作体制和工作机制。制订精神文明奖惩办法和措施,把精神文明建设考核与业务工作同时部署,定期进行检查和考核,做到奖惩分明。制定创建规划和年度计划,按照重在建设,务求实效的原则实施。创新工作方式方法,开发建立独具特色的"版纳气象文明网",构建文明创建活动载体,提升了文明创建内涵。制定党组中心学习、职工政治学习和劳动制度等,做到精神文明建设工作有章可循。全州气象部门截至 2008 年底共有省级文明单位 4 个,全国精神文明建设先进单位 1 个,全国气象部门文明台站标兵 1 个。

文体活动 西双版纳州气象局内设文化宣传栏、篮球场、活动室、阅览室及老干活动室,并积极开展群众性文体活动,每年均组织职工进行登山、拔河、扑克、篮球、乒乓球赛等活动,丰富职工文化生活。

3. 荣誉

集体荣誉

荣誉称号	颁奖单位	颁奖时间(年)
气象工作先进集体	省气象局	1957
全省气象部门"双文明"先进集体	省气象局	1985
科技事业单位档案管理达国家二级	国家档案局	1997
全省气象部门"双文明"先进集体	省气象局	1988
全省气象服务先进集体	省气象局	1993
2001 年度目标管理优秀获奖单位	省气象局	2001
西双版纳"九五"期间护林防火工作先进集体	州委、州政府	2002
2005 年度目标管理优秀获奖单位	省气象局	2005
社会评议机关作风先进单位	州委	2006
支持地方发展贡献奖单位	州委、州政府	2006
省级文明单位	省委、省政府	2006
全国重大气象服务先进集体	中国气象局	2007
扶贫工作先进集体	州委、州政府	2007
档案管理达五星级标准	省档案局	2007
2007 年度目标管理特别优秀单位	省气象局	2007
全省气象部门重大气象服务先进集体	省气象局	2008
2006—2008 年精神文明建设先进集体	省气象局	2008
2008 年度目标管理特别优秀单位	省气象局	2008

个人荣誉 截至 2008 年 12 月,1 人获省委、省政府表彰,3 人次获中国气象局表彰,23 人次获省气象局表彰,6 人次获州委、州政府表彰。

台站建设

20 世纪 90 年代以前,西双版纳州气象台站房屋简陋、设备陈旧、人手少、任务重。1994 年州气象局建成业务楼。1997 年州气象局 32 套职工住房建成使用。2004 年州气象局新建 24 套职工住房。2007 年建成州气象局办公楼,购置办公设施。同时,加强州气象局环境改造,修建道路、围墙,对环境进行绿化美化,并经常性地组织职工义务劳动,清扫大院卫生,修剪草坪,保持环境清洁,创建优美的办公和生活环境,一个个花园式台站已基本形成。并积极推进园区规范化、制度化、科学化建设,转变园区管理模式,由单位管理逐步向社区化管理过渡,提升了管理水平。

西双版纳州气象局新办公楼（2007 年）

景洪市气象局

机构历史沿革

始建情况　1996 年 10 月,由西双版纳州气象局观测组、大勐龙气象站（1957 年 12 月—1997 年 1 月）、景洪热作气象试验站（1962 年 1 月—1996 年 9 月）合并成立景洪市气象局,地址位于景洪市宣慰大道 99 号（景洪热带作物气象试验站原址）,北纬 22°00′,东经 100°47′,海拔高度为 582.0 米。属国家基本气象站。

管理体制　1996 年 10 月成立起,景洪市气象局实行西双版纳州气象局和景洪市人民人民政府双重领导,以西双版纳州气象局领导为主的管理体制。

大勐龙气象站主要负责人变更情况

单位名称	姓名	民族	职务	任职时间
大勐龙气象站	杜 香	汉	站长	1957.12—1965.12
	陈兴昌	汉	负责人	1966.01—1973.05
	黄清荣	汉	负责人	1973.06—1978.03
	杜 香	汉	站长	1978.04—1982.05
	李庆铭	汉	副站长（主持工作）	1982.06—1988.09
	崔启明	汉	副站长（主持工作）	1988.10—1991.05
	江桂和	汉	站长	1991.06—1993.06
	黄清荣	汉	副站长（主持工作）	1993.07—1996.10

景洪热带作物气象试验站主要负责人变更情况

单位名称	姓名	民族	职务	任职时间
允景洪热带作物气象试验站	杨玉美	汉	负责人	1962.01—1962.10
			站长	1962.10—1988.02
云南省景洪热作气象试验站	蒙运澄	汉	站长	1988.03—1991.05
	罗伟平	汉	站长	1991.06—1996.02
	沈云辉	汉	站长	1996.03—1996.09

云南省景洪市气象局主要负责人变更情况

单位名称	姓名	民族	职务	任职时间
云南省景洪市气象局	凌升海	汉	局长	1996.10—2003.03
	李湘云（女）	汉	局长	2003.04—2004.07
	徐建华	汉	局长	2004.08—

注：西双版纳州气象局1998年7月停止地面气象观测，业务并归云南省景洪市气象局。大勐龙气象站1996年10月撤消，1997年1月1日停止地面气象观测，业务并归云南省景洪市气象局。

人员状况　1996年云南省景洪市气象局成立时有在职职工22人，截至2008年12月有在职职工17人，其中：大学本科4人，专科6人，中专学历5人，高中1人，初中1人；工程师10人，助理工程师7人；40～55岁10人，30～39岁6人，30岁以下1人；有拉祜族、爱伲族、白族、彝族等少数民族5人。

气象业务与服务

1. 气象业务

①地面气象观测

观测项目　景洪热带作物气象试验站于1962年1月1日至1996年9月30日承担全国一般站观测任务。观测项目为云、能见度、天气现象（不记时间）、气压、气温、湿度、风向风速、降水、日照、蒸发（小型）、地面温度（距地面0、5、10、15、20厘米）。景洪市气象局1996年10月1日起承担国家基本站观测任务，每天进行8次定时观测，观测项目有云、能见度、天气现象、气压、气温、湿度、风向和风速、降水、日照、蒸发和地温，全天24小时值守班。

观测时次　景洪热带作物气象试验站于1962年1月1日至1996年9月30日承担每天08、14、20时3次地面气象观测（不发报，夜间不守班）。景洪市气象局1996年10月1日起承担全国统一观测项目，每天进行8次定时观测，每小时上传1次地面观测资料，承担每天02、05、08、11、14、17、20、23时8次天气报编发任务。

发报种类　全天24小时值守班，每小时上传1次地面观测资料，承担每天02、05、08、11、14、17、20、23时8次天气报编发任务。承担重要天气报、气象旬月报和每月气候月报任务。国内航危报任务于2005年9月1日取消。

自动气象站观测　2002年10月，进行大气监测自动气象站系统建设，完成观测场和地面观测值班室标准化改造，12月AMS-Ⅱ型自动气象站建成，于2003年1月1日起正式运行,实现了气象观测的自动化和资料信息传输的网络化。

区域自动气象站观测 2005 年 12 月在全市建成了 10 个两要素区域自动观测站,2007 年 7 月又建成 6 个两要素区域自动观测站,形成了覆盖全市所有乡镇和地质灾害易发区的自动气象观测站网。

日射观测 1960 年 1 月开始进行日射观测,为甲种站,观测项目有总辐射、直接辐射、散射辐射。1992 年 9 月 1 日,启用新型遥测太阳辐射仪观测总辐射和净全辐射,为气象辐射二级站。

②农业气象

景洪热带作物气象试验站自 1960 年建站后,主要进行热带经济作物的农业气象观测、试验与研究。1960—1989 年开展土壤湿度观测,1989 年增加水稻生育期观测。1991 年被确定为国家一级农业气象试验站,承担自然物候观测、橡胶物候观测、双季早稻和双季晚稻生育期观测及发报任务;开展农业气象旬报、干旱监测报告等农业气象情报服务;负责景洪市粮食产量预报;开展热区农业气象试验、农情、灾情调查,为橡胶、热带经济作物和作物病虫害防治提供专题气象服务。

1982—1995 年,景洪热带作物气象试验站作为主要完成单位与云南省热带作物科学研究所在勐撒农场对云南山地橡胶白粉病流行规律进行长期研究,1996 年 11 月《云南山地橡胶白粉病流行规律及预测研究》课题荣获云南省人民政府科技进步二等奖。1997 年该课题又获国家科技进步三等奖。

1996 年 1 月—1997 年 10 月与东风农场开展高吸水树脂在橡胶栽培中的应用试验,1999 年主持完成的《高吸水树脂在橡胶栽培中的应用》课题获云南省"星火科技"三等奖。

③气象信息网络

1997 年 2 月景洪市气象局"9210"工程(气象卫星综合应用系统)地—县级网络系统正式开通。2001 年以前气象电报发报方式为有线电话传输,2001 年后改为网络传输方式。目前气象信息资料的接收和传输实现了以卫星通信及气象宽带通信网络为主的省、州、县三级互联。

④天气预报预测

天气预报业务始于 1996 年 10 月,负责辖区内的长、中、短期天气预报和专业气象服务。1999 年建成 PC-VSAT 气象卫星接收小站,2004 年开通手机短信服务,2006 年 7 月闪电定位仪建成投入使用,2008 年通过电子显示屏发布预报预警信息。服务的对象由景洪市委、市人民政府、抗旱防洪指挥部门、农业局和相关部门延伸到景洪市辖区内所有乡镇及村委会,服务覆盖面不断扩大,实现气象信息进村入户。

2. 气象服务

①公众气象服务

开展长、中、短期天气预报、灾害性天气预报预警和天气实况等服务。1996 年 10 月在景洪市电视台开播全市 13 个乡(镇)的天气预报节目,1997 年 4 月起在景洪市电视台开播森林火险等级预报。2006 年 7 月起与景洪市国土资源局联合发布景洪市地质灾害等级预警预报。

②决策气象服务

1996 年开始,景洪市气象局为地方党政领导和决策部门提供 0～3 天短期天气预报、5

天滚动中期天气预报、一周天气预报、月、季、年短期天气气候预测、景洪气象、气象情况反映、重要天气报告、专题气象服务、干旱监测报告、地质灾害预警预报、病虫害预测预报等气象决策服务产品。气象服务产品的传输和发布方式由 20 世纪 90 年代的电话、传真、信函向手机短信、电子显示屏、电视天气预报和互联网等方式转变。

③专业与专项气象服务

人工影响天气　1996 年 4 月景洪市人工降雨防雹工作由景洪市防汛抗旱指挥部办公室移交气象部门管理,办公室设在景洪热作气象试验站,理顺了景洪市人工降雨防雹机构归口管理工作。景洪市气象局成立后,1997 年 5 月景洪市人工降雨防雹办公室设在景洪市气象局,由景洪市气象局负责景洪市辖区人工降雨防雹工作。

防雷技术服务　景洪市平均年雷暴日数为 107 天,属于特别强烈雷暴区。1990—2008年经多方筹集资金先后为勐龙镇红日、红征和基诺乡巴来村等 9 个自然村安装了完善的防雷设施,消除了长期存在的雷击隐患,被当地老百姓誉为雷电"保护神"。2008 年开展全市农村雷电灾害调查,制订农村防雷减灾区划和工程建设方案,为建设社会主义新农村保驾护航。

3. 科学技术

气象科普宣传　开展气象科普知识进社区、进学校、进企业等宣传活动。每年接待辖区内中、小学生和职业技术学院学生参观实习,充分发挥科普教育基地作用。2006—2008年在东风橡胶分公司开设 3 期专题防雷、人工影响天气知识讲座。在"3·23"世界气象日、全国科普宣传周及安全生产宣传月活动中,以气象信息网站、西双版纳报、景洪市电视台采访节目及在市中心展出科普知识展板、科技宣传挂图,发放宣传材料和现场讲解等方式,开展气象科普教育宣传活动。

气象科研　1995 年完成的《云南山地橡胶白粉病流行规律及预测研究》课题,摸清了云南山地橡胶白粉病的流行规律和特点,为白粉病防治提供了气象指标,并在云南省橡胶垦区全面推广应用。1996 年以来,与农垦部门合作,开展高吸水树脂在橡胶树抗旱定植中的应用试验研究,改变了垦区传统的定植模式,并作为农垦部门橡胶高产栽培技术之一,已在云南省农垦系统推广应用。1995—1997 年,开展《西双版纳州森林火灾监测预报的研究与应用》课题,为景洪市林业局开发西双版纳州森林火灾监测预报服务系统。2005 年参与完成基于 GIS 景洪天然林保护工程管理信息系统研究。2006 年 7 月由中国气象局监测网络司大气探测技术中心组织全国 9 个大气电场仪生产厂家,在景洪市局进行了为期 4 个多月的大气电场仪外场对比试验。

气象法规建设与社会管理

1. 社会管理

探测环境保护　1999 年 5 月 27 日,与云南省热带作物研究作所签订《云南省景洪市气象局使用热作所土地协议书》,云南省热带作物研究作所划出 2900 平方米土地用于观测场环境保护建设,2002 年修建高 2.6 米,长 300 米观测场外围栏。2007 年 12 月观测环境保护在景洪市规划管理局完成备案,观测环境保护得到进一步加强。

依法行政　1997 年以来共有 3 名职工取得云南省行政执法证,每年与西双版纳州气象局联合在景洪市辖区开展气象行政执法检查。2003 年 7 月,与西双版纳州气象局联合查处海城房地产公司新建商品房未经防雷竣工验收而擅自投入使用案件。2007 年 1 月与西双版纳州气象局联合查处中国科学院昆明植物研究所与美国夏威夷大学东西方合作中心在景洪市勐龙镇勐宋、曼伞等地擅自安装气象探测仪器,非法获取气象资料的涉外案件。

气象哨行业管理　开展景洪市辖区内农垦及农科站气象哨的行业检查、业务指导工作,并提供合格的气象仪器设备和技术咨询。2002 年,对景洪农场气象哨观测员进行地面观测业务培训。

防雷减灾管理　1996 年 2 月,成立景洪市避雷装置安全技术检测站,负责景洪市辖区防雷装置的安全检测工作。1998 年 8 月与西双版纳州气象局签订《关于州、市局避雷检测业务合并方案》后,景洪市辖区防雷管理业务和人员与西双版纳州气象局防雷中心进行了合并。

2. 政务公开

2002 年起云南省景洪市气象局全面落实民主决策、民主管理、民主监督制度。坚持对单位的重大决策、各种规章制度、经费收支、党风廉政建设等事项,采用召开职工大会、政务公示栏、单位局域网、电子触摸屏等形式进行公开;2008 年气象服务、服务承诺、气象行政执法依据等内容,通过景洪市政务信息网—云南省景洪市气象局子网站向社会公开。

党建与气象文化建设

1. 党建工作

党的组织建设　1996 年有党员 3 人,截至 2008 年有党员 4 人。挂靠西双版纳州气象局党支部过组织生活。

党风廉政建设　2003 年,认真落实党风廉政建设目标责任制,开展保持共产党员先进性教育、解放思想大讨论、党风廉政建设宣传教育月等廉政教育和廉政文化建设活动,通过参加知识竞赛、观看警示教育影片等形式,坚持不懈地开展警示教育。加强局务公开,规范财务管理和监控,2008 年配备兼职纪检监察员,落实"三人决策"制度,从管理和制度上杜绝了腐败滋生。

2. 气象文化建设

精神文明建设　1997 年 5 月,成立精神文明建设领导小组,制定《云南省景洪市气象局"九五"精神文明建设计划》,坚持"两手抓,两手都要硬"的方针,把精神文明建设纳入气象中心工作,同计划、同部署、同考核、同奖惩。形成了"一把手"负总责,分管领导亲自抓,各相关科室齐抓共管,广大干部职工积极参与的文明创建机制。建立和完善精神文明建设的各项规章制度,保证精神文明建设的稳定性和长期性。加强思想道德建设,全面培养"四有"气象新人。加强干部队伍建设,鼓励职工积极参加各类学历教育,开展课题项目研究,全面提高干部素质。

1998 年被景洪市委、市人民政府授予"市级文明单位"称号;1999 年被西双版纳州委、州人民政府授予"州级文明单位"称号;2003 年至 2008 年连续 2 届被云南省委、省人民政府授予"省级文明单位"称号。

文体活动 完善职工文体活动设施,2006年自筹资金新建图书阅览室、职工活动室、羽毛球场,购置乒乓球桌。每年组织职工开展扑克、排球、乒乓球、羽毛球赛等活动。2005年和2007年分别有1名职工被选拔代表云南省气象局参加全国气象行业运动会。

3. 荣誉

集体荣誉 1996—2008年,景洪市气象局取得国家级科技进步奖1项,省部级科技进步奖2项。1998年被评为市级文明单位,2000年被评为州级文明单位,2003年被云南省委、省政府授予"省级文明单位",2006—2008年度再次被云南省委、省政府评为"省级文明单位"。被云南省气象局评为气象系统1996—1998年度"双文明建设先进集体"、1998年度重大气象服务先进集体、2006—2008年度"精神文明建设先进集体"荣誉称号。2000年12月档案管理工作晋升为省级标准,2008年荣获云南省档案工作"八项工程"科技事业单位档案"五星级"称号。

个人荣誉 1人被云南省委、省政府评为"全省农业科技先进工作者",1人被云南省气象局评为"云南省气象系统优秀气象科技工作者",2人获中国气象局授予的"质量优秀测报员"称号,47人次获云南省气象局授予的"质量优秀测报员"称号。

台站建设

综合改善 1997年前使用的办公楼面积仅176平方米,且墙体开裂,屋面多处漏雨,观测场周围均为私人菜地,环境荒凉而简陋。1997年后按照"一流台站"的要求,统一规划,合理布局,加大了台站综合改造建设步伐。1998年投入资金4.5万元修建了46平方米的观测值班室和观测场围栏,并自筹资金对多年漏雨的办公楼进行翻修,组织干部职工参加义务劳动,修建水泥路、种植花草树木,对大院进行全面美化、绿化。2002年完成观测场和地面观测值班室标准化改造。2006年建成451平方米新办公楼,对办公区和办公楼再次进行了规划、装修和绿化美化,使单位绿化率达90%以上。全面更新办公桌椅,每个办公室均配备电脑,安装空调,接入宽带网,实现了办公条件现代化、工作环境人性化、单位环境园林化。

改造后的观测场环境(2006年)

景洪市气象局新办公楼(2006年)

勐腊县气象局

机构历史沿革

始建情况　始建于 1956 年 10 月,站址位于勐腊县东城郊(曼干寨边),北纬 21°25′,东经 101°54′,海拔高度 624.7 米。

站址迁移情况　1960 年 4 月迁至河对岸田坝中,位于北纬 21°25′,东经 101°52′,海拔高度 631.9 米。1970 年 4 月 30 日迁回原址东面 100 米稍高处,地址为勐腊县气象路 99 号。北纬 21°29′,东经 101°34′,海拔高度 631.9 米。

历史沿革　1956 年 10 月建立勐腊县曼干气候站;1960 年 4 月,更名为勐腊县曼炸气候站;1964 年 5 月,更名为勐腊县气候服务站;1965 年 1 月,更名为勐腊县气象服务站;1971 年 7 月,更名为勐腊县气象站;1990 年 5 月,更名为云南省勐腊县气象局。

管理体制　1956 年 10 月—1958 年 3 月隶属云南省气象局建制和领导。1958 年 3 月—1963 年 4 月隶属勐腊县人民委员会建制,归口县人委农水科管理,思茅专员公署气象中心站负责业务管理。1963 年 4 月—1970 年 6 月,勐腊县气候服务站收归云南省气象局(1966 年 3 月改为云南省农业厅气象局)建制和领导,思茅专区气象总站负责管理。1970 年 7 月—1970 年 12 月,勐腊县气象服务站隶属勐腊县革命委员会建制和领导,归口县农水局管理,分属思茅专区气象总站业务领导。1971 年 1 月—1973 年 10 月,勐腊县气象站实行勐腊县县人民武装部领导,建制属勐腊县革命委员会,思茅地区气象台负责业务管理。1973 年 10 月—1980 年 9 月,勐腊县气象站隶属勐腊县革命委员会建制和领导,归口勐腊县农业局管理,西双版纳州气象台负责业务管理。从 1980 年 9 月开始,勐腊县气象局实行西双版纳州气象局与勐腊县人民政府双重领导,以州气象局领导为主的管理体制。

单位名称及主要负责人变更情况

单位名称	姓名	民族	职务	任职时间
勐腊县曼干气候站	杨义全	汉	负责人	1956.10—1960.03
勐腊县曼炸气候站				1960.04—1961.09
	田肇源	汉	负责人	1961.09—1964.04
勐腊县气候服务站				1964.05—1964.12
勐腊县气象服务站				1965.01—1971.03
勐腊县气象站	杜官洪	汉	指导员	1971.03—1971.07
				1971.07—1973.10
	朱正春	哈尼	站长	1973.11—1984.07
	田肇源	汉	站长	1984.07—1988.04
	杨建辉	哈尼	站长	1988.04—1990.05

续表

单位名称	姓名	民族	职务	任职时间
勐腊县气象局	杨建辉	哈尼	局长	1990.05—1994.09
	谭志坚	汉	局长	1994.09—1996.01
	李忠华	汉	局长	1996.01—1997.01
	王丙春	汉	局长	1997.01—1998.10
	徐建华	汉	副局长（主持工作）	1998.10—2000.02
			局长	2000.02—2004.07
	李伟堂	汉	局长	2004.07—

人员状况 建站时只有 2 人，建站以来先后有 59 人在勐腊县气象局工作过。截至 2008 年 12 月有在职职工 13 人，退休职工 2 人。在职职工中：本科 3 人，大专 3 人，中专以下 7 人；少数民族 2 人；中级职称 6 人，初级职称 7 人；30 岁以下 2 人，31～40 岁 6 人，41～50 岁 5 人，平均年龄 40 岁。

气象业务与服务

1. 气象业务

①地面气象观测

观测项目 云、能见度、天气现象、日照、蒸发（小型）、风向风速、地面和浅层地温、气压（空盒）、气温、降水。1990 年被列为国家基准气候站，24 小时定时观测，新增深层地温观测。1998 年新增 E-601B 型蒸发观测，2002 年停止小型蒸发观测。现有观测项目为：云、能见度、天气现象、日照、蒸发（大型）、风向风速、地面及浅层和深层地温、气压、气温、湿度、降水。

观测时次 建站时每天只进行 01、07、13、19 时（当地真太阳时）4 次定时观测，夜间不守班。

发报种类 1958 年改为国家发报站，每天向成都发 7 次天气报，1960 年改为 3 次观测不发报。1965 年 1 月扩建为国家基本发报站，每天按北京时 02、08、14、20 时进行 4 次定时观测和 05、11、17、23 时进行 4 次辅助定时观测，发 7 次天气报，昼夜守班。担负天气报、航危报、重要报、旬月报任务，航危报于 2001 年 8 月停发。2002 年 12 月安装自动气象仪器，2003 年起人工和自动观测双轨运行，两套系统均 24 小时定时观测，用人工站资料发报，2005 年自动站单轨运行后用自动站资料发报，期间在 2004 年执行新《地面气象观测规范》（2003 年版）。2007 年国家基准站调为一级站，自记纸不做整理，增加 23 时发报，2009 年 1 月 1 日调回基准站后恢复相应业务的同时增发气候月报。

区域自动气象站观测 2006—2008 年共建覆盖全县 10 个乡镇的区域两要素自动站 17 个。

GPS 水汽通量遥测 2006 年 9 月 20 日安装 GPS 水汽通量遥测仪，2007 年 5 月 20 日设备拆除停用，2008 年 4 月 9 日又重新安装使用。

②农业气象

1979 年 11 月至 1982 年 10 月，勐腊县气象站开展水稻各发育期的农业气象条件观测。

1980 年 12 月完成农业气候区划初稿,1986 年完成勐腊县农业气候区划。1990—1991 年配合县种子公司进行冬春杂交稻制种试验,进行农业气候观测,基本摸清了勐腊县冬春季早稻杂交制种的适宜气候条件。

③气象信息网络

资料信息接收经历了无线电广播、"120"传真机接收云图、"9210"工程、PC-VSAT 站及宽带通信网络系统。资料传输经历了手工编报、有线电话、PC-1500 袖珍计算机编报、计算机编发报和编制报表,20 世纪 90 年代后期开通气象网络地面通信分组交换系统(X.25)专线和 2 兆宽带网传输,至 2005 年,气象卫星综合应用业务系统建成,实现了以卫星通信为主的现代化气象信息网络系统。

④天气预报预测

1958 年 4 月开展县站补充天气预报,天气预报业务始于 1991 年,1996 年进一步完善,负责辖区内的长、中、短期、短时临近天气预报、部分旅游景点天气预报、森林火险等级预报和专业气象服务。1999 年 7 月建成 PC-VSAT 气象卫星接收小站,2006 年 6 月开通手机短信服务。2006 年 8 月开展电视天气动画。2008 年通过电子显示屏发布预报预警信息。

2. 气象服务

勐腊县气象局积极开展气象服务工作,服务对象由勐腊县委、县政府、抗旱防洪指挥部门、农业局和相关部门延伸到勐腊县辖区内所有乡镇及村委会,服务覆盖面不断扩大,实现气象信息进村入户。

①公众气象服务

至 2008 年,勐腊县气象局通过广播电视、气象兴农信息网、"12121"电话答询系统、电子显示屏、手机短信等各种方式为公众提供了气象服务。可提供本地 24、48、72 小时的风向风速、气温、降水、月气候预测、节日、灾害性天气预报、警报和预警信号、重大活动专题天气预报。

②决策气象服务

至 2005 年,勐腊县气象局为各级党、政、军领导和决策部门指挥生产、组织防灾减灾,以及在气候资源合理开发利用和环境保护等方面进行科学决策提供气象服务。服务内容有短期天气预报、中期预报、月天气预报、气候展望、城市天气预报、风景区天气预报、重要天气报告、气象灾情报告、重大活动气象服务、专题气候分析、防汛抗旱气象服务、防火气象服务、人工降雨防雹简报、气象灾害防御建议、气象服务效益评估、气象灾害受损评估等。

③专业与专项气象服务

人工影响天气 20 世纪 80 年代中期由县抗旱防汛指挥部负责,气象部门配合。1996 年 2 月归口气象局管理,并调整了县人工降雨防雹领导小组,办公室设在勐腊县气象局,具体管理人工影响天气工作。目前共有车载式 12 管火箭弹发射架 2 套,三管火箭发射架 1 套,人工影响天气作业车、指挥车各 1 辆,具备了固定作业与流动作业相结合多点同时作业的服务手段,干旱年份适时开展人工增雨作业,缓解了旱情,在当地橡胶增产、甘蔗萌芽生长、水稻栽插、降低森林火险等发挥了重要作用,特别是在 2004—2007 年连续 4 年利用人工增雨作业扑灭了边境多起森林火灾。

防雷技术服务 勐腊县年平均雷暴日数达 124 天,是全国雷暴最多的地区之一,雷击事故时有发生,根据《关于成立各县避雷装置安全技术检测站的批复》《关于进一步加强和完善避设施安全检测工作的通知》精神,成立了防雷装置安全检测机构,具体负责勐腊县范围内避雷设施设计、安装、检测和技术咨询服务工作。每年定期对加油站、物资炸药仓库、军械仓库等易燃易爆场所及各单位的防雷设施进行检测,对不符合防雷技术规范的单位,责令进行整改。

3. 科学技术

气象科普宣传 2001 年与勐腊县科委等单位分别在县文化中心、县属六所中小学进行"气象与自然灾害"科普宣传。2002 年起在每年的"3·23"世界气象日、安全生产月、法制宣传日等时间组织开展气象科普和法律法规宣传;每年的科技活动周同县科技局开展科技下乡活动。

气象科技服务 20 世纪 90 年代初以栽种水果起步开始开展气象科技服务,1997 年以来,先后开展过计算机培训、气象招待所、影视广告服务、"12121"咨询电话、农垦橡胶气象服务等。

气象法规建设与社会管理

1. 社会管理

气象探测测环境保护 2002 年 6 月勐腊县人民政府下发《关于保护我县气象探测环境的通知》,对探测环境进行保护,并对观测场四周环境要求制作了规划图。近年来勐腊县气象局依法较好地保护了观测环境,2005 年 7 月和 2007 年 11 月,先后 2 次将勐腊县探测环境和设施保护材料在勐腊县建设局进行备案。

施放气球管理 2002 年以来,依法对全县施放系留气球工作进行管理。

防雷减灾管理 1996 年 3 月 4 日成立勐腊县防雷装置安全技术检测站,1998 年 8 月 5 日成立勐腊县防雷中心,现承担着防雷装置图纸审核、竣工验收和定期检测工作。

2. 政务公开

2004 年开始开展政务公开工作,凡涉及到单位重大事项都进行公示,内容有:行政许可、收费依据、工程建设、人事任免、财务收支等。2008 年开始在勐腊县人民政府信息公开网进行了网上公开。

党建与气象文化建设

1. 党建工作

党的组织建设 2002 年以前党员一直挂靠县农业局支部,2002 年 12 月成立了勐腊县气象局党支部,有正式党员 4 人,归县机关工委领导。截至 2008 年 12 月有正式党员 4 人

（其中女党员 2 人）。

2005 年和 2006 年有 2 名党员被勐腊县委评为"优秀党员"。

党风廉政建设 2003 年，按照州气象局和县人民政府《党风廉政建设目标责任书》，定期或不定期的对落实党风廉政建设责任制情况进行检查，开展党风廉政建设月知识竞赛活动，组织观看警示教育片。2008 年 7 月配备纪检监察员，加强了廉政建设工作。

2. 气象文化建设

精神文明建设 1997 年成立了精神文明建设领导小组，制定了《加强精神文明建设的几项规定》和《勐腊县气象局行政管理考核办法》，完善了精神文明建设奖惩办法和措施，把精神文明建设工作纳入日常管理。不断挖掘气象文化，在增强气象文化底蕴上动脑筋、想办法，大力营造气象文化氛围，形成了引领勐腊气象事业发展的"四业"精神，即：艰苦创业——扎根边疆的创业精神；严守岗位——严谨求实的敬业精神；团结协作——友爱互助的爱业精神；与时俱进——开拓创新的兴业精神，形成了良好风尚。2004 年与县武警中队建成警民共建单位，每年开展共建活动。2006 年在局大院南面围墙钢筋围栏上镶嵌 10 块内容丰富的宣传版，内容涉及国家领导人的讲话、公民道德规范、八荣八耻、勐腊县城地理位置、单位历史概况、气象预警预报、现代化建设、中国气象事业发展战略研究目标任务及气象人精神用语等内容。并随宣传栏修建了一条镶嵌有天气现象符号的弯曲小路，与之形成一种别具一格的特有风格。2008 年与省气象局科技服务中心结成对口交流单位加大了文明创建力度。

1997 年获"县级文明单位"称号，1999 年获"州级文明单位"称号，2003 年和 2006 年连续两届获"省级文明单位"称号，2006 年获"全国气象部门文明台站标兵"称号，2006 年获"云南省职工职业道德先进单位"称号，2008 年获"全国精神文明建设先进单位"称号。2002 年开始每年进行"五好家庭"和"文明职工"评比活动。

文体活动 2000 年修建乒乓球场、羽毛球场、篮球场，购买体育用品。2004 年设阅览室，有藏书 1000 余册，2008 年修建专门的活动娱乐室及购买健身器材。每年开展职工趣味运动会、郊游、各种竞赛等活动，为职工创造轻松和谐的氛围，增强了干群关系，单位凝聚力得到加强。

3. 荣誉

集体荣誉

荣誉称号	颁奖单位	颁奖时间
病虫害预报服务四等奖	州委、州政府	1982
勐腊县农业气候区划二等奖	县委、县政府	1987
先进团支部	团县委	1994
勐腊气候二等奖	县委、县政府	1996
1994—1995 年双文明建设先进集体	省气象局	1996
1996 年汛期气象服务先进集体	省气象局	1996
勐腊气象志三等奖	县委、县政府	1997
县级文明单位	县委、县政府	1997

续表

荣誉称号	颁奖单位	颁奖时间
州级文明单位	州委、州政府	1999
"121"科技进步三等奖	州政府	2000
科技事业单位档案管理省级标准	省档案局	2001
气象部门文明行业创建先进集体	省气象局	2001
九五期间护林防火先进集体	县委、县政府	2001
省级文明单位	省委、省政府	2003
全国气象部门文明台站标兵	中国气象局	2006
云南省第三届职工职业道德建设先进单位	省总工会	2007
扶贫工作先进集体	州委、州政府	2007
2007年度目标管理特别优秀单位	州气象局	2008
档案管理达五星级标准	省档案局	2008
2006—2008年精神文明建设先进集体	省气象局	2008
全国精神文明建设先进单位	中央文明委	2008

个人荣誉 2人4次获中国气象局表彰,9人10次获云南省气象局表彰,5人10次获县委、县政府表彰。

台站建设

建站初期只有土木结构60平方米瓦房1幢,当时工作、生活条件非常艰苦。1974年建土木结构400平方米瓦房3幢,1981年建带有地下室的两层办公楼1幢和修建围墙,1988年建两层砖混宿舍楼2幢。1995年开始勐腊县气象局的发展理念有了较大转变,树立了"因地制宜、加强建设、逐年投入、滚动发展"的台站建设新思路,在这一发展思路的指导下气象现代化建设快速发展,职工团结一心、共同努力,填平了低凹地,栽种草坪和花草树木,修建水泥路面,1998年建成气象服务四层综合楼,2002年完成观测场和值班室改造,2004年建成具有民族特色的办公楼373平方米,2007年职工集资建成10套连体别墅,并自筹资金把老办公楼改造成招待所,职工生活、办公条件得到了综合改善,台站建设正在向"四个一流"迈进。

勐腊县气象局办公楼及观测场旧貌(1983年)

勐腊县气象局观测场新貌(2002年)

勐腊县气象局办公楼新貌（2004年）

勐海县气象局

机构历史沿革

始建情况　始建于1958年10月1日,地址位于勐海县曼贺路14号,北纬21°55′,东经100°25′,观测场海拔高度1176.3米。

历史沿革　1958年10月1日建立勐海县气候站;1964年6月更名为云南省勐海县气候服务站;1971年1月,更名为云南省勐海县气象站;1990年9月,更名为云南省勐海县气象局。

管理体制　1958年10月建站时,隶属于勐海县人民委员会建制,归口勐海县人委农水科管理,思茅中心气象站负责业务管理。1963年4月—1970年6月,勐海县气候服务站收归云南省气象局(1966年3月改为云南省农业厅气象局)建制和领导,思茅专区气象总站负责管理。1970年7月—1971年1月,勐海县气候服务站隶属勐海县革命委员会建制和领导,归口勐海县农水系统革命委员会管理,思茅地区气象总站负责业务管理。1971年1月—1973年10月,勐海县气象站实行勐海县人民武装部领导、建制仍属勐海县革命委员会,思茅地区气象台负责业务管理。1973年10月—1980年12月,勐海县气象站划归勐海县革命委员会建制和领导,归口勐海县农业局和管理。1980年12月,勐海县气象局实行勐海县人民政府与西双版纳州气象局双重领导,以州气象局领导为主的管理体制。

单位名称及主要负责人变更情况

单位名称	姓名	民族	职务	任职时间
勐海县气候站	杨秀权	汉	负责人	1958.10—1958.12
	黄寿民	汉	负责人	1958.12—1961.09
云南省勐海县气候服务站	魏可良	汉	站长	1961.09—1964.06
			负责人	1964.06—1969.04
	陈国亮	汉	革命领导小组组长	1969.04—1970.12
云南省勐海县气象站				1971.01—1974.12
	洪盘如	汉	副站长（主持工作）	1974.12—1979.01
			站长	1979.01—1990.09
			局长	1990.09—1991.05
	沈云辉	汉	局长	1991.05—1993.08
	姚秀云	汉	副局长（主持工作）	1993.08—1995.02
	沈云辉	汉	局长	1995.02—1996.03
	江贵和	汉	局长	1996.03—1997.09
云南省勐海县气象局	汪金伟	汉	副局长（主持工作）	1997.09—1998.06
	罗传武	汉	局长	1998.06—2000.02
	喻彦	苗	副局长（主持工作）	2000.03—2002.01
			局长	2002.01—2005.03
	李德华	拉祜	副局长（主持工作）	2005.03—2007.03
			局长	2007.03—

人员状况　建站时只有 2 人，截至 2008 年 12 月有在职职工 7 人，退休职工 3 人。在职职工中：大学学历 2 人，大专学历 5 人；工程师 3 人，助理工程师 4 人；40～49 岁 2 人，40 岁以下 5 人。全体职工中有少数民族 3 人。

气象业务与服务

1. 气象业务

①地面气象观测

观测项目　地面观测的项目主要有云、能见度、天气现象、气压、气温、湿度、风向风速、降水、日照、蒸发（小型）、地面温度（距地面 0、5、10、15、20 厘米）、雪深。

观测时次　1958 年 10 月 1 日开始，每天进行 4 次地面气象观测（地方时 01、07、13、19 时）。1960 年 1 月 1 日起，每日改为 3 次观测，即 07、13、19 时。同年 8 月 1 日，观测时间由地方时 07、13、19 时改为北京时 08、14、20 时，并向云南省气象台拍发省区域加密电报。1958 年按照中央气象局出版的《气象观测暂行规定（地面部分）》观测，1962 年 1 月 1 日，执行《地面观测规范》，1980 年 1 月 1 日起，执行新的《地面气象观测规范》。

气象报表制作　建站后的气象月报、年报气表一直用手工抄写方式编制。1995 年 1 月开始使用微机打印气象报表，同时继续用手工抄写方式编制气象报表。2005 年 1 月开始使用高速打印机打印气象报表。报表报送云南省气象局、西双版纳州气象局。

航危报 1961 年 4 月 1 日向昆明和保山拍发预约航危报。1961 年 4 月又向思茅拍发航危报。昆明和保山的航危报发到 1963 年,思茅的航危报一直发到 1966 年。

自动气象站观测 2002 年 12 月,建成 ZQZ-C II 型地面自动气象观测站。2003 年 1 月 1 日—2004 年 12 月 31 日,人工站与自动站进行为期两年的对比观测,编发报及资料以人工站为主。2005 年 1 月 1 日起,自动气象站正式进行单轨运行。

区域自动气象站观测 2007 年 4 月在全县 11 个乡镇、3 个水库和 2 个滑坡、泥石流多发地段安装了 15 套区域自动气象站。

②农业气象

从建站开始就进行农业气象观测和农业气象服务工作。1981 年 10 月—1992 年 3 月进行勐海县农业气候区划工作。1992 年 1 月停止农业气象观测。针对勐海县一些地区水稻播种节令一年比一年提早,不利于提高水稻单产的现象,1995 年 3 月撰写《对水稻播种节令不宜过早的意见》,同年 4 月勐海县人民政府批转此意见发至涉农部门。

③气象信息网络

气象观测资料的收集和传送,从建站初期的人工观测和编报,PC-1500 袖珍计算机编报,都是有线电话传输,到今天的每天 24 小时自动记录、编报,气象宽带网传输,实现了数据资料适时共享。气象信息资料的接收由最初的云南人民广播电台广播,收音机收听,"123"气象传真广播,云南省气象台直接广播,收音机收听,"9210"工程(气象卫星综合应用系统),PC-VSAT 小站,到现在以光纤专线通信为主,气象卫星为辅的现代化气象信息网络系统。气象资料按时按规定上交云南省气象局档案室。

④天气预报预测

建站初期,因气象资料积累年代短,预报工具少,经验不足,先后到勐混、西定等 7 个公社进行调查收集天气谚语,编印成小册,供日常预报工作中参考使用。1966 年 1 月,编印了《天气预报指标汇集》,汇集收入了中期天气预报指标 55 条。1968 年 1 月 15 日又重新编印一本《天气预报指标汇集》,指标由原来的 55 条增加到 147 条。1979 年采用自创的《编码列表法》做预报。1981 年 10 月启用 123 型气象传真机,每天接收中央气象台播送的地面、850 百帕、700 百帕、500 百帕天气形势分析图。1990 年开始用微机来做预报。1996 年 11 月配备国家"9210"工程(气象卫星综合应用系统)相关设备,可 12 小时调用上网气象台站提供的天气预报实际业务系统中的天气图、卫星云图,预报指导产品等大量资料。2001 年 1 月 3 日 PC-VSAT 卫星接收通讯系统建成投入使用。2001 年以来开展的天气预报主要有:全县范围长期、中期、短期、临近天气预报、专题预报、森林火险等级预报、部分旅游景点天气预报等。

2. 气象服务

①公众气象服务

至 2008 年,每日通过广播、电视、网络等媒体,发布天气预报、森林火险等级预报、城市火险等级预报等服务内容。

②决策气象服务

至 2005 年,勐海县气象局为县委、县人民政府及有关部门提供的决策气象服务项目有:短期天气预报、中期天气预报、月天气预报、气候展望、城市天气预报、气象灾害预警、重要天气报告、气象灾情报告、重大活动气象服务、专题气候分析、气象服务效益评估、气象灾害受损评估。服务方式:电视、互联网、信息网、手机短信等。

③专业与专项气象服务

人工影响天气　1996年1月归口勐海县气象局管理并成立勐海县人民政府人工降雨防雹办公室。每年1—6月都要多次进行人工增雨作业,以缓解农业用水、城市供水、降低森林火险等级、水力发电等需要。其中:2005年勐海县遭遇全省性三十年一遇的旱灾,人工增雨作业效果明显,省长助理丹珠昂奔在全县抗旱救灾汇报会上讲:"气象部门的这次人工增雨体现了科技抗旱,确实为老百姓做了一件实事。"

防雷技术服务　勐海县属强雷区,每年平均有96.6天的雷暴日数。据不完全统计,2000—2008年因雷击死亡13人。1996年4月在勐海县气象局成立勐海县避雷安全技术检测站,开展的防雷检测项目包括:防雷检测、线间绝缘电阻检测、土壤电阻率检测、防雷图纸审核、防雷工程的设计安装,还负责全县计算机(场地)防雷安全检测和整改工程。每年均为勐海县的机关、企事业单位进行防雷安全检测,减轻雷电灾害带来的损失,保障人民生命财产的安全。

3. 科学技术

气象科普宣传　充分利用安全生产月、科技活动周、"3·23"世界气象日和电视等媒体进行气象法律法规和气象、防雷知识的普及宣传。2007年5月27日,勐海县青少年科普(气象)教育基地在勐海县气象局挂牌成立。每年接待参观的社会各界人士、学生达3000多人次。

气象科研　1985年按照国办发(1985)25号文件精神,开展主要以气象资料纸质产品为主的气象科技服务。1999年5月,勐海县开通"121"气象信息电话。2006年12月,《勐海县气候志》出版并在县内公开发行。2008年9月,《近四十五年勐海气候变化特征研究》成果在县内公开发表。

气象法规建设与社会管理

1. 社会管理

气象探测环境保护　2000年,依法对气象探测环境进行保护,凡在气象探测环境保护区内进行工程建设必须到气象局报批。在气象局附近交通要道上安装大型《气象探测环境保护宣传》专栏,让周边单位或个人知道气象探测环境保护的重要性。

施放气球管理　2005年9月以来,依据《施放气球管理办法》,加强对全县施放气球活动的管理,确保施放气球活动规范、安全。

防雷技术服务　雷电防护社会管理始于1996年4月,负责全县范围内避雷设施的检测、图纸审核、竣工验收及避雷知识的宣传。

2. 政务公开

2002年4月开始开展政务公开工作,凡涉及到的重大事项都进行公示,内容有:行政许可、收费依据、工程建设、财务收支、重点工作。2005 年被中国气象局授予"全国气象部门局务公开先进单位"称号。

党建与气象文化建设

1. 党建工作

党的组织建设　截至 2008 年,挂靠勐海县农业局畜牧气象党支部,有党员 4 人。

党风廉政建设　2002 年,勐海县气象局把党风廉政建设工作纳入重要议事日程,坚持"谁主管,谁负责"的原则,明确职责,责任到人,形成一级抓一级,层层抓落实,每年召开专题研究会,安排一定的经费,严格执行责任追究和党风廉政工作制度。建立健全了党风廉政建设的各项规章制度,并通过订阅《中国纪检监察报》《党风廉政建设》等报刊和学习材料、组织职工观看反腐倡廉警示教育片以及配备专职廉政监督员等方式,进一步加强反腐倡廉工作。

2. 气象文化建设

精神文明建设　1997 年 7 月成立勐海县气象局精神文明建设领导小组。2002 年 11 月,调整和充实了精神文明建设领导小组成员。紧紧围绕"建设一个好班子、带出一支好队伍、营造一个好环境、再上一个新台阶"的创建工作目标,制定了相应的精神文明建设规划、年度计划和与之相配套的工作机制、学习管理机制、激励机制,做到精神文明建设工作同各项业务和管理工作同规划、同布置、同检查、同奖惩,对创建工作常抓不懈,切实有效地促进"三个文明"建设,取得明显的效果。1998 年被勐海县委、县人民政府授予"县级文明单位"称号。2000 年被西双版纳州委、州人民政府授予"州级文明单位"称号。2006 年被云南省委、省人民政府授予"省级文明单位"称号。

文体活动　局内设职工活动室、阅览室、羽毛球场、文化宣传栏等,每年举办一次职工运动会,在各种重大节日组织职工进行丰富多彩的文体活动,既丰富了职工文化生活,又增强了职工间的凝聚力。

3. 荣誉

集体荣誉　1981 年被省气象局授予全省气象系统先进单位;2001 年被省档案局授予科技事业单位档案管理省级先进;2005 年被中国气象局授予全国气象部门局务公开先进单位;2007 年被勐海县委、县人民政府评为 2004—2005 年度精神文明建设先进集体;2008 年被云南省气象局评为 2006—2008 年度精神文明建设先进集体。

个人荣誉　1964—2008 年,勐海县气象局个人获奖共 66 人(次),其中 2 人被评为云南省气象系统先进工作者;1 人获得全省气象部门"双文明"建设先进个人称号;1 人被评为西双版纳州科技先进工作者。

台站建设

建站初期仅有 1 幢简陋房,既作办公又当生活用房。1962 年职工自己动手盖了 5 间

60平方米草排房作住房。1965年建成1幢土木结构面积为77.2平方米的瓦房。1969年建成1幢砖木结构面积80.5平方米的瓦房作办公室。1971年建成1幢土木结构面积为115.4平方米的瓦房。

1985年3月建成1幢砖混结构面积为298.68平方米的住房,1996年10月拆除1971年建成的土木结构瓦房,改建成1幢面积为208.5平方米的办公楼,2005年12月对办公楼进行装修改造,同年10月建成1幢面积为157.5平方米的住房。

2000年1月—2008年12月,逐年安排资金对台站水电线路、排污管道、大门、围墙、道路、仓库、车库、门卫值班室、绿化等综合环境进行改善,为职工创造了一个优美、舒适的工作和生活环境。

勐海县气象局旧貌(1961年)

勐海县气象局观测场新貌(2006年)

勐海县气象局现办公楼(2006年)

大理白族自治州气象台站概况

大理白族自治州(简称大理州)位于云南省西北部,地处云贵高原与横断山脉南端结合部,东经 98°52′～101°03′,北纬 24°41′～26°42′之间。现辖 11 县 1 市,面积 29459 平方千米,总人口 347.5 万。

大理属低纬高原季风气候区,冬季晴天多、降水少,昼夜温差大,湿度小,风速大。夏季云量多、日照少,晴天少,雨日多,昼夜温差小。全州各县市年平均气温在 12～19℃之间,年降雨量为 564～1066 毫米。常见的气象灾害主要有干旱、低温、洪涝、霜冻、冰雹、大风等。

气象工作基本情况

所辖台站概况   大理境内现代正式气象观测始于民国二十九年(1940 年 1 月 1 日)国立中央研究院气象研究所大理测候所。至 2008 年底全州有 1 个观象台、1 个国家基本站、11 个国家一般站,1 个国家一级农业气象站,115 个气温、降雨两要素自动气象站。

历史沿革   1932—1937 年间,剑川、永平、洱源、弥渡、大理、大理喜洲、祥云、鹤庆、宾川等先后进行过简单的天气、雨量、气温、风等气象要素观测;民国二十八年(1939 年)12月—1950 年 3 月,国立中央研究院气象研究所大理测候所和经济委员会水利处在大理建立三等测候所。1944—1945 年设立驼峰航线云龙导航台、祥云机场测候台。民国时期的气象工作,没有统一的气象行政,站网残缺,标准不统一,设备简单,资料不全。大理州的气象工作是解放后发展起来的。

1950 年 12 月,建立大理气象站;1954 年 7 月,建立宾川气候站;1956 年 8 月,建立巍山气候站;1956 年 11 月,建立剑川气候站;1956 年 12 月,建立洱源气候站;1958 年 1 月,建立云龙气候站;1958 年 9 月,建立祥云、永平气候站;1958 年 10 月,建立漾濞、弥渡、鹤庆气候站;1961 年 11 月,建立南涧气候站。2008 年,大理州气象局下辖 11 个县 1 市共 12 个县(市)级气象站。

管理体制   1953 年 11 月以前,大理州气象台站属军队建制。1953 年 12 月—1955 年1 月,以当地人民政府领导为主。1955 年 2 月—1958 年 2 月,隶属省气象局建制和领导。1958 年 3 月—1963 年 3 月,隶属当地人民委员会建制,大理州气象中心站负责管理。1963

年4月—1970年6月,全州气象(候)台站划归省气象局建制(1966年3月改为云南省农业厅气象局)。1970年7月—1970年12月,全州气象台站改属当地革命委员会建制和领导,大理州气象总站负责业务管理。1971年1月—1973年5月,实行军队领导,建制仍属当地革命委员会,大理州气象台负责业务管理。1973年6月—1980年12月,全州各级气象台站改属当地革命委员会建制和领导。1981年1月起,实行上级气象部门与地方人民政府双重领导,以上级气象部门领导为主的管理体制。

人员状况 全州气象部门1951年有在职职工2人。1964年定编为63人,其中总站17人,各县气象站46人,实有59人。1980年有在职职工102人。截至2008年,有在职职工125人,其中:大专以上学历95人;高级工程师10人,工程师51人;少数民族53人,主要为白、回、彝、纳西、土家五个民族。

党建与精神文明建设 截至2008年,大理州气象部门有独立党支部8个,联合党支部5个,全州共有党员52人。2000年,全州县(市)级文明单位创建率达100%。

主要业务范围

地面气象观测 观测项目有:云、能见度、天气现象、气压、空气温度和湿度、风、降水、雪深、日照时数、蒸发、地温(地表和浅层)。大理市气象站在此基础上增加E601大型蒸发观测和深层地温观测。一般站为每天08、14、20时(北京时)3次定时观测和11、17时2次补充观测,并向云南省气象台拍发区域天气加密电报。基本站每天进行02、08、14、20时(北京时)4次定时观测,拍发天气电报并进行05、11、17、23时补充定时观测,拍发补充天气报告。国家观象台每小时整点观测1次,每天观测24次。2002—2008年地面自动观测站先后建成,实现气压、气温、湿度、风向风速、降水、地温(包括地表、浅层和深层)自动记录。全州基层台站的气象资料按时按规定上交到省局档案馆。

农业气象观测 大理州农业气象业务是从民国二十六年(1937年)宾川县棉业推广所开展农业气象观测开始的。1959年6月,下关、大理、祥云、巍山、弥渡、鹤庆、剑川、洱源、永平等气候站先后对田间物候、小气候、土壤湿度等进行观测。每年对水稻、小麦、蚕豆等主要农作物开展分期试验,但农业气象观测时起时停。

天气预报 气象预报经历了观云测天、单站预报、天气图预报,以及数值预报产品为基础,综合应用各种气象信息,应用MICAPS(气象信息综合分析处理系统,下同)平台预报等四个阶段。预报按空间范围有本地预报和区域预报两种。因各种服务对象不同,有各种专业天气预报。

1956—1957年,宾川、剑川、洱源、大理等县气象站在当地政府和农业部门的支持下,对省气象台发布的区域预报开展非正式的补充订正,作出本县的霜冻天气预报。

1958年,大理州气象中心站开展了全州范围内的短、中、长期天气预报和中、短期灾害性天气预报、警报工作。各县气象站参考州气象中心站的预报,制作和发布本县范围内的短、中期天气预报、消息和警报。

1998年6月,大理州气象台开始使用初期版的MICAPS系统。2001年底,大理州气象台和全州县(市)气象站MICAPS、气象卫星地面接收综合处理应用业务系统和数据库系统配套,组成气象工作平台,采用人机交互的方式分析和制作各种天气预报产品。

2006年,建成可视会商系统,使远距离会商缩短为零距离,可与省气象台和其他州(市)气象台、各县(市)气象站预报员面对面进行天气预报会商,提高了天气预报准确率。

人工影响天气 1958年,大理州鹤庆县就开展了人工防雹减灾工作,取得的成绩和经验促成了第一届"全国人工防雹技术经验交流会"在大理州的召开。1978年大理州政府在州气象台设立人工增雨办公室,各县先后开展了人工增雨作业。1993年大理州人民政府成立大理州人工降雨防雹办公室。在大理州人民政府人工增雨防雹领导小组协调下,由大理州气象局人工影响天气中心做好人工影响天气工作的组织、管理、指导与服务工作。严格实施作业岗位责任制和持证上岗制,确保人影作业安全有效。

1995年、1997年、1998年,大理州人民政府给大理州气象局下达了在洱海实施定点人工增雨试验项目,完成了洱海人工增雨蓄水任务。人工影响天气技术从单一依靠人工观测云层、火箭装置发射碘化银作业,发展到利用气象卫星、多普勒天气雷达、无线通信设备等先进手段指挥进行作业。截至2008年底,全州共有人工影响天气作业点97个,标准化固定作业点19个,"三七"高炮29门,火箭发射装置23套,作业指挥车12辆,小雷达2部,电台20台,地面卫星定位仪8部,并组建了无线通讯网及作业、指挥、管理专业队伍。

气象服务 1959年6月起,全州15个气象台站开展单站补充天气预报,每天向当地党、政部门和农业生产部门提供中、短期天气预报。服务的方式主要有决策气象服务、公共气象服务、气象科技服务、专业专项服务等。大理州气象局于2007年在全州县(市)区开展了农村专用气象灾害预警系统建设工作。到2008年底已安装147台农村气象灾害预警机。农村灾害预警系统的投入使用,真正解决了气象信息进村入户的"最后一公里"的瓶颈问题。

大理白族自治州气象局

机构历史沿革

始建情况 民国二十八年(公元1939年)12月,国立中央研究院气象研究所在大理设立中央气象局大理测候所。1950年11月7日,中国人民解放军昆明空军航空气象站接管后成立中国人民解放军西南军区气象处大理气象站。1958年6月25日,在大理气象站的基础上建立大理州气象中心站,位于大理市中和镇东门外果子园村(大理市气象局现址),东经100°11′,北纬25°43′,海拔高度1990.5米。

站址迁移情况 1958年12月,迁往大理市下关海滨路(现下关河滨南路),并另设观测场,东经100°10′,北纬25°44′,海拔高度1975.7米。1960年1月1日,大理州气象中心站观测场迁至下关人民庄(现下关福文路14号),东经100°10′,北纬25°35′,海拔高度1997.2米。1980年8月31日,撤销大理州气象台观测组。2004年2月2日,大理州气象局迁至大理市下关镇龙山州级行政办公区。东经100°36′,北纬25°36′,海拔高度2038.0米。

历史沿革 1958年7月1日,撤销原大理气象站,在大理气象站的基础上建立大理州中心气象站。1963 年 8 月更名为大理州气象中心总站。1968 年 11 月 20 日,经大理州革命委员会批准成立大理州气象总站革命委员会。1971 年 1 月 13 日,改称大理州气象台。1974 年 10 月 11 日,恢复大理州气象台革命委员会。1979 年 1 月 17 日,恢复大理州气象台。1981 年 1 月 1 日,升格为大理白族自治州气象局,为正处级单位。1984 年 7 月 2 日,改称为云南省大理白族自治州气象处。1990 年 5 月 12 日,改称为云南省大理白族自治州气象局。

管理体制　1958 年 6 月—1963 年 7 月,隶属大理州人民委员会建制和领导,大理州农业局主管,云南省气象局负责业务指导。1963 年 8 月—1970 年 6 月,隶属云南省气象局建制,实行云南省气象局和大理州人民委员会双重领导,以省气象局为主。1970 年 7 月—1970 年 12 月,大理州气象总站划归大理州革命委员会建制和领导。1971 年 1 月—1973 年 7 月,隶属大理军分区领导,建制仍属大理州革命委员会。1973 年 8 月—1980 年 12 月,大理州气象台隶属大理州革命委员会建制,由州农业局领导,省气象局负责业务领导。1981 年 1 月起,实行省气象局与大理州人民政府双重领导,以省气象局领导为主的管理体制。

机构设置　截至 2008 年底,大理州气象局内设 5 个职能科室:办公室、业务科技科、人事教育科、计划财务科、政策法规科;7 个直属单位:气象台、人工影响天气中心、财务核算中心、气象科技服务台、防雷装置安全检测中心、华云新技术开发服务公司、探测保障大理分中心。

单位名称及主要负责人变更情况

单位名称	姓名	民族	职务	任职时间
大理州气象中心站	杨世贤	白	站长	1958.07—1963.08
大理州气象中心总站				1963.08—1968.11
大理州气象总站革命委员会	田茂模	汉	主任	1968.11—1969.02
	无主任,未明确负责人			1969.03—1971.01
				1971.01—1971.05
大理州气象台	李汝义	白	教导员	1971.06—1973.07
			副台长	1973.08—1974.10
大理州气象台革命委员会	陈自新	汉	主任	1974.10—1979.01
大理州气象台			台长	1979.01—1981.01
大理白族自治州气象局			台长(主持工作)	1981.01—1981.03
	贺升华	汉	副局长	1981.03—1984.03
大理白族自治州气象处	施　恩	白	副处长	1984.07—1987.05
	张自礼	白	处长	1987.05—1990.05
大理白族自治州气象局	黎永光	白	局长	1990.05—1995.10
	杨大云	汉	副局长	1995.10—1998.06
	李国灿	白	局长	1998.06—

注:1969 年 3 月—1971 年 5 月,大理州气象总站革命委员会无主任,副主任为木仲标、陈自新,未明确负责人。1981 年 1 月,单位名称变更为大理白族自治州气象局,陈自新仍为台长(主持工作)。1984 年 4 月—1984 年 6 月,未及时任命处长,故负责人任职时间不连续。

人员状况　建站时有职工 2 人。1964 年有职工 17 人。1978 年有职工 31 人。1988 年有在职职工 42 人。截至 2008 年 12 月,有在职职工 46 人,其中:35 岁以下 9 人,35～46 岁 23 人,46～55 岁 14 人;高级工程师 8 人,工程师 29 人;大专以上 40 人,中专 6 人。

气象业务与服务

1. 气象业务

①地面气象观测

观测项目 1940 年观测项目有：气压、气温（干球温度、湿球温度）、湿度（绝对湿度、相对湿度）、风向风速、云（云量、云状）、天气现象和能见度等。1943 年（民国三十二年）增加降雨量。1948 年（民国三十七年）增加雪深。

1950 年 12 月 1 日，观测项目有：气压、气温（平均气温和最高、最低气温）、风向风速、降水量、蒸发量、云、天气现象和水平能见度。1956 年 1 月增加地面温度。1956 年 9 月增加雨量自记。1958 年 3 月增加本站气压。1980 年 8 月 31 日，撤销大理州气象台观测组，停止观测。

2002—2008 年地面自动观测站先后建成，实现气压、气温、湿度、风向风速、降水、地温（包括地表、浅层和深层）自动记录。全州基层台站的气象资料按时按规定上交到省气象局档案馆。

观测时次和发报种类 每天进行 08、14、20 时（北京时）3 次定时观测和 11、17 时 2 次补充观测，并向云南省气象台拍发区域天气加密电报。

气象报表制作 1951—1953 年，编制气象月总簿、年总簿。1954—1958 年，编制气象记录月报表气表-1，气表-2（压、温、湿自记记录月报表）、气表-3（地温记录月报表）、气表-4（日照记录月报表）、气表-5（降水自记记录月报表）、气表-6（风自记记录月报表）、气表-7（冻土深度记录月报表）、气表-8（电线积冰记录月报表）。1959 年，气表-2（气压）停编。1961 年，气表-3、气表-4、气表-7 并入气表-1。1966 年，气表-2（温、湿度）停编。1980 年，气表-5、气表-6 和气表-8 并入气表-1。

1954—1960 年，编制气象记录年报表。所属报表为气表-21、22、23、24、25（气表-22 气压于 1959 年起停编），和气象记录月报表内容相对应。1961—1965 年，气表-23、24 并入气表-21。1966 年，气表-22（气温、湿度）停编。1980 年，气表-25 并入气表-21，增加 15 个时段的年最大降水量。

②农业气象

1959 年 6 月，大理州气象中心站先后开展了田间物候、小气候、土壤湿度等方面的观测。每年对水稻、小麦、蚕豆等主要农作物开展分期试验，但农业气象观测时起时停。

1959 年以来，根据"以农业服务为重点"的工作方针，州中心站通过农业气象和农田小气候观测、大田农业生产状况调查、前期和现实农业气象条件及其农业生产情况分析鉴定、农作物生长发育关键期气象条件分析以及农业气象灾害调查等多种形式，积极开展农业气象情报工作、定期或不定期写出分析材料、及时向有关部门报告、指导农业生产。

1980 年以来，州气象台除把冰雹、霜冻、大风、暴雨、洪涝等作为农业气象灾害预报外，还对晚霜冻、倒春寒、初夏干旱、8 月低温冷害，稻瘟病、蚜虫和潜叶蝇，蚕豆、小麦锈病等病虫害情况进行预报。

1987 年起，农业粮食产量预报列入大理州气象处的正常业务，为有关部门评估当年粮食产量提供客观的参考依据。

③气象信息网络

1958 年以前，各类气象报告均通过邮电公众电路传递到成都气象区域中心或省、州气象台。1989 年,各类气象电报集中传输到州气象台,再由州气象台传至省气象台。2004 年 12 月,气象宽带网络建成投入业务使用,实现了省、州、县三级集数据传输、动态视频传输、IP 语音传输。

1958 年采用 M138 型直流收报机和 1 台 401 型交流收报机手抄"莫尔斯"气象电报,抄收中国区域内气象资料。1970 年,高空资料扩展到接收亚欧 700 百帕和 500 百帕资料;地面扩展到东亚区域。1978 年 8 月,单边带接收机、机械电传机、全电子电传机、72-1 型气象传真收片机、79-1 型定频机的配套使用,气象情报的接收实现机械化。

1995 年 5 月 1 日,分组数据交换网正式投入业务使用,结束靠无线电抄报和手工填图的历史,实现了微机填图,并可以从云南省气象台服务器中快速获取云图和传真图等大量天气预报分析信息,报文传输时效提高 1~1.5 小时。1996 年 11 月,静止气象卫星中规模利用站处理系统建成投入使用,接收日本 GMS 静止气象卫星云图产品。

1998 年,大理州气象台建成气象卫星 PC-VSAT 小站。2004 年 12 月,大理州气象局 VPN 宽带广域网络建成,解决了长期制约基层业务发展的信息传输问题,提升了省、州、县三级网络的通信能力,并为内部资源共享提供了基本条件。

④天气预报预测

1958 年,大理州气象中心站开展了大理州范围内的短、中、长期天气预报和中、短期灾害性天气预报、警报工作。1991 年 6 月,我国第一个中期数值预报业务产品(简称 T42)投入大理州预报业务使用。1995 年 6 月,第二代中期数值预报业务产品 T63 和 T106 又先后投入业务使用。

1998 年 6 月,大理州气象台开始使用初期版的 MICAPS 系统、综合处理应用业务系统和数据库系统配套,组成气象工作平台,采用人机交互的方式分析和制作各种天气预报产品。

2006 年,建成可视会商系统,使远距离会商缩短为零距离,可与省气象台和其他州(市)气象台预报员面对面进行天气预报会商,提高了天气预报准确率。

2. 气象服务

①公众气象服务

1985 年以前气象服务信息主要是常规预报产品和情报服务。1998 年大理州气象局成立了气象影视中心,开辟电视天气预报节目,到 2008 年底总共开播了 2 套电视气象节目,在大理州电视台的 3 个频道每天播出 6 次气象信息。服务内容更加贴近生活,产品包括大理市区天气预报、区县天气预报、气象生活指数预报、森林防火指数预报、地质灾害等级预报等,还通过广播、报纸、互联网、农村气象灾害预警机、电子显示屏等媒体为广大市民和农村服务。

2006 年 6 月 30 日,大理州电视天气预报上节目主持人首播仪式

②决策气象服务

从 1959 年开始,大理州气象局向市、县(区)各级人民政府和各有关部门提供雨情、旱情、森林防火、转折性和关键性天气等气象决策服务。1986 年以来,每年以《气象情况反映》、《短期气候预测》、《中短期天气预报》、《重要天气消息》、《旱情(雨情)气象周报》等服务材料的形式向人民政府相关部门提供决策服务。服务方式:兴农信息网、政务网站、手机短信、专题材料等。

③专业与专项气象服务

1992 年以来,每年为春节、"五一"及"十一"黄金周、"三月街"提供旅游天气预报服务;为大理机场、漫湾电站、徐村电站、大丽铁路工程等大型工程提供气象保障服务;为 1995 年苍山森林火灾、1997 年老君山森林火灾、1999 年中缅边境森林火灾等扑救现场提供气象服务,并成功实施了人工增雨作业。

人工影响天气 大理州人工防雹工作始于 1958 年。1991 年 7 月,成立大理州人民政府人工降雨防雹领导小组。1998 年 3 月,成立大理州人工影响天气中心,负责对全州人工影响天气的管理。

防雷技术服务 1989 年大理州气象局开展避雷检测业务,1998 年成立了大理防雷中心。在大理州人民政府防雷减灾管理领导小组协调下,由大理州气象局防雷办负责对全州从事防雷工程专业设计、施工单位的资质和专业技术人员的资格管理,并协同州技术监督部门对全州防雷设施检测机构进行计量认证。利用雷电灾害典型事例,加大对政府、有关部门和公众的宣传力度,提高社会公众的防雷减灾意识。

3. 科学技术

气象科普宣传 每年"3·23"世界气象日,以及"三月街民族节"等重大活动期间都开展了专题的气象科普宣传。1986 年 10 月,举办了庆祝建州 30 周年的"大理州气象成就图片展"。

气象科研 1989 年 12 月成立大理州气象处科技委员会。1990 年 1 月出台了《气象科技进步奖励条例(试行)》,2000 年 7 月 6 日,印发《大理州气象局科学技术创新奖励办法(试行)》。1974—2008 年间发表科技论文 148 篇,取得科研成果 57 项。省级以上奖励成果 12 项,州级奖励成果 24 项,县级奖励成果 21 项。

气象法规建设与社会管理

法规建设 2001 年 7 月 2 日,州气象局、州城乡建设环境保护局、州土地局联合下发《关于严格行政执法,切实加强气象探测环境保护的通知》。2003 年,州人民政府下发《关于加强防雷安全管理工作的通知》、《关于加强大理机场净空环境管理的通告》、《进一步加快气象事业发展的实施意见》、《关于加快农村气象综合信息服务系统建设的通知》等文件。2003 年 9 月,大理州气象局下发了《关于转发省气象局施放气球管理文件的通知》。2005 年大理州气象局、云南机场集团公司大理机场下发《关于加强非正常升空气球信息通报的通知》。

行政执法 1998 年 4 月 9 日,大理州人民政府办公室转发了《大理州气象局关于保护气象观测环境的意见》。2000 年 8 月 23—25 日,妥善解决了久拖不决的弥渡县气象局生活办公场地及观测场搬迁等问题。2001年,成立了以局长任组长的普法领导小组,并制定了行政执法责任制度、过错追究制度、依法赔偿制度、培训和宣传制度、考核制度。2005年6月,设立了政策法规科,成立了大理州气象部门行政执法支队。截至2008年底,大理州气象局有12人取得了《行政执法证》,有2人取得《行政执法督查证》。

社会管理 1999年,在大理州人民政府人工增雨防雹领导小组协调下,由大理州气象局人工影响天气中心做好人工影响天气工作的组织、管理、指导与服务工作。严格实施作业岗位责任制和持证上岗制,确保人工影响天气作业安全有效。

2002年在大理州人民政府防雷减灾管理领导小组协调下,由大理州气象局防雷办负责对全州从事防雷工程专业设计、施工单位的资质和专业技术人员的资格管理,并协同州技术监督部门对全州防雷设施检测机构进行计量认证。利用雷电灾害典型事例,加大对人民政府、有关部门和公众的宣传力度,提高社会公众的防雷减灾意识。

2003年9月,大理州气象局开展《施放气球资质证》审核报批和《施放气球资格证》核发工作,并查处大理行政区域内违规施放氢气球事件。2005年,大理州气象局加强非正常升空气球管理。

政务公开 2001年6月制定了《大理州气象局推行县(市)局局务公开的实施意见》,成立了大理州局务公开工作领导小组,并于2001年9月在鹤庆、漾濞两县气象局开展了局务公开的试点工作。2002年9月,在洱源县召开了全州气象部门推行局务公开工作现场会,明确了局务公开的形式、内容和考核管理办法。各单位做到经常性工作定期公开,阶段性工作逐段公开,临时性工作随时公开。2008年在《大理日报》上刊登了《大理州气象服务承诺书》,开通了人民政府信息"114"直通车,进一步规范行政行为。

党建与气象文化建设

1. 党建工作

党的组织建设 1963年,成立大理州气象总站党支部,有党员4人。1981年9月,大理州气象局机关党支部有党员9人。截至2008年,大理州气象局有党支部1个,党员39人(其中在职职工党员27人,退休职工党员12人)。

党风廉政建设 1996年5月,成立大理州气象局党组纪检组。2000年开展了"三讲"教育活动;2002年开展了"团结干事"教育活动;2005年开展了"保持共产党员先进性教育活动"。通过各项活动的开展,广大党员的理论和知识素养普遍提高,党员群体形象和精神面貌明显改善,基层党组织创造力、凝聚力、战斗力进一步增强。2003年4月首次聘任了气象局兼职廉政监督员3人。

2. 气象文化建设

精神文明建设 从1982年开展"五讲四美三热爱"和"文明礼貌"活动起,州气象局先后组建了职工活动室、老干活动室、图书室,制作了局务公开栏,深入开展"诚信气象"、"气象服务三满意"等活动,不断推进群众性精神文明创建活动。2007年,获云南省气象局2006—2008年度精神文明建设先进集体,文明创建事迹入编大理市委宣传部主编的《文明春风润苍洱》。

2000年,州委、州人民政府授予大理州气象局州级文明单位。2005年以来,州气象局保持州级文明系统称号。2007年4月,省委、省人民政府授予大理州气象局省级文明单位,保持至今。

文体活动 1994年,气象局在大理举办了全省气象系统首届"气象杯"篮球比赛,杨建强副省长出席了开幕式。2006年9月大理州气象局承办了"云南省气象部门第二片区文艺汇演",大理州气象局参演节目《气象人的家事》和《弦子弹到你门前》获全省气象部门文艺汇演三等奖。

3. 荣誉

集体荣誉

获奖单位	获奖称号	颁奖时间(年)	颁奖单位
大理州气象台	工业学大庆先进集体	1975	中共云南省委 云南省革命委员会
大理州气象局气候区划办公室	一九八二年度先进集体	1983	云南省气象局
大理州气象处业务科	一九八七年度"双文明"建设先进单位	1988	云南省气象局
大理州气象台	全省汛期气象服务先进集体	1997	云南省气象局
大理州气象局	云南省重大气象服务先进集体	1999	云南省气象局
大理州气象局局声像中心	全省科技服务先进集体	1999	云南省气象局
大理州气象局	云南省气象部门文明行业创建先进集体	2001	云南省气象局
大理州气象局	全省重大气象服务先进集体	2002	云南省气象局
大理州气象局人影中心	人工影响天气工作先进单位一等奖	2005	云南省人民政府
大理州气象局	2004—2005年科技扶贫先进集体三等奖	2005	中国气象局
大理州气象局	党风廉政建设目标责任制优秀单位	2005	云南省气象局党组
大理州气象局	重大气象服务先进集体	2005	云南省气象局
大理州气象局老干部活动中心	"三自"先进集体	2005	云南省气象局
大理州气象局	十五期间全省气象部门文明创建先进集体	2005	云南省气象局
大理州气象台	全省网络先进集体	2005	云南省气象局
大理州气象局	综合目标管理考核第一名	2006	云南省气象局
大理州气象局	信息网络先进集体	2007	云南省气象局
大理州气象局业务科技科	云南省气象局大气探测先进集体	2007	云南省气象局
大理州气象局	推动档案科学技术工作贡献三等奖	2008	云南省档案局
大理州气象局	综合目标管理考核特别优秀单位	2008	云南省气象局
大理州气象局	全省气象部门精神文明建设先进集体	2008	云南省气象局

个人荣誉 1978—2008年,大理州气象局职工获部级表彰先进个人6人次,获厅级表彰先进个人41人次。

台站建设

1958年州中心站成立时,仅有180平方米办公楼1幢。1961年,经州人民委员会批准,原合作干校的办公大楼和平房各 1 幢为州气象中心站固定资产,为砖木结构,面积约450 平方米。1963 年,州气象总站建观测平台 1 幢,面积约 80 平方米。1964 年,建成土木结构宿舍 1 幢,面积为 108 平方米。1972 年,州气象台建砖木结构宿舍 1 幢,面积约 180 平方米。1973 年建砖木结构综合平房 1 幢,面积为 100 平方米。1980—1982 年,州气象局建 2 幢混合结构职工宿舍楼,面积 2400 平方米。1984—1985 年改建混合结构 2 幢综合大楼,面积为 630 平方米。2000 年建职工房改房 2 幢,面积为 2135 平方米。2004 年建筑面积为 2080 平方米的办公楼投入使用。

截至 2008 年底,大理州气象局固定资产总额达到 750 万元,房屋 8556 平方米,土地面积 6347.9 平方米,工作生活用车 10 辆,计算机 64 台。

2004 年 2 月大理州气象局整体迁入州人民政府龙山行政办公区

大理市气象局

机构历史沿革

始建情况 大理气象站始建于 1950 年 11 月 30 日,站址位于大理古城西门玉洱路 1号弥勒寺内,东经 100°11′,北纬 25°43′。

站址迁移情况 1951 年 6 月 4 日,站址迁往文殊寺内,距原址东南方向约 400 米处;1958 年 5 月 7 日,由文殊寺迁往东门外果子园村(现址),东经 100°11′,北纬 25°42′,海拔高度 1990.5 米。

历史沿革 1950 年 11 月,经中国人民解放军西南军区批准,成立大理气象站。1952年 6 月,改称大理军分区气象站。1953 年 12 月,改称大理县人民政府气象站。1955 年 7

月,更名为云南省大理气象站。1958 年 12 月,改称大理市气象中心站(下辖漾濞和凤仪 2 个气候站)。1962 年 6 月,改称大理县气象服务站。1979 年 3 月,更名为云南省大理县气象站。1984 年 7 月,更名为云南省大理市气象站。1990 年 5 月,更名为云南省大理市气象局。

管理体制   1950 年 11 月—1953 年 11 月,为军队建制。1953 年 12 月—1955 年 1 月,隶属大理县人民政府建制,大理县人民政府建设科管理。1955 年 2 月—1958 年 5 月,实行省气象局与地方县、市人民政府双重领导,以省气象局领导为主的管理体制。1958 年 6 月—1963 年 5 月,划归大理市人民委员会建制。1963 年 6 月—1970 年 6 月,隶属省气象局建制,大理州气象总站负责管理。1970 年 7 月—1970 年 12 月,隶属大理市革命委员会建制和领导。1971 年 1 月—1973 年 4 月,大理县气象站实行大理市人民武装部领导,建制属大理县革命委员会。1973 年 5 月—1980 年 12 月,划归大理县革命委员会建制和领导。1981 年 1 月,实行大理州气象局与大理县人民政府双重领导,以大理州气象局领导为主的管理体制。

单位名称及主要负责人变更情况

单位名称	姓名	民族	职务	任职时间
大理气象站	徐希圣	汉	负责人	1950.11—1952.06
大理军分区气象站				1952.06—1952.08
	刘禄生	汉	站长	1952.09—1953.12
大理县人民政府气象站	王木贵	汉	站长	1953.12—1955.06
云南省大理气象站				1955.07—1955.08
	陈自新	汉	副站长	1955.09—1958.11
大理市气象中心站	木仲标	纳西	负责人	1959.01—1961.12
	杨元享	白	负责人	1962.01—1962.05
				1962.06—1962.12
大理县气象服务站	邸增奇	汉	负责人	1962.12—1963.05
	无负责人			1963.05—1964.07
	贺升华	汉	站长	1964.08—1979.03
云南省大理县气象站				1979.03—1980.12
	杨会标	白	站长	1981.01—1984.07
				1984.07—1987.03
云南省大理市气象站	李国良	白	负责人	1987.04—1987.07
			站长	1987.08—1989.08
	崔胜本	白	站长	1989.09—1990.05
云南省大理市气象局			局长	1990.05—2004.06
	赵晓红	白	局长	2004.07—

注:1958 年 12 月更名为大理市气象中心站,未及时任命站长,故负责人任职时间不连续。1963 年 5 月邸增奇调离,至 1964 年 7 月间,无负责人。

人员状况   大理市气象局解放初期仅有 3 人,1978 年有职工 10 人,截至 2008 年底,有在职职工 14 人,其中:硕士 1 人,大学本科 4 人,大专学历 3 人,中专学历 5 人,初中学历 1

人;高级工程师 2 人,工程师 4 人,助理工程师 5 人,技术员 3 人。

气象业务与服务

1. 气象业务

①地面气象观测

观测项目 云、能见度、天气现象、气压、空气温度和湿度、风、降水、雪深、日照时数、E601 大型蒸发和深层地温。

观测时次 2006 年前每日进行 02、08、14、20 时 4 次人工定时观测和 05、11、17 时 3 次人工补充观测。2005 年 1 月起自动气象站投入单轨运行后,实现每日 24 小时观测气压、气温、湿度、风向风速、降水、地温(包括地表、浅层和深层)自动记录。

发报种类 承担重要天气报、气象旬(月)报和航危报(航危报 1986 年 1 月 1 日起停发)任务。每日编发 08、11、14、17、20、23、02、05 时 8 次定时天气报告和"重要天气报告"。

电报传输 1988 年以前,各类气象报告均通过邮电局传递到成都气象区域中心或航危报用户。1989 年起,通过甚高频无线电辅助通信网传输到州气象台,再由州气象台传至省气象台。2000 年 9 月,开始使用 X.25 分组网上传气象报告,终止了邮电公众电路传输气象报告。2002 年起,通过因特网发送气象报告。2004 年 12 月,开始通过气象宽带网(内网)发送气象报告。

气象报表制作 1951—1953 年编制气象月总簿、年总簿。1954 年起,编制气象记录月报表气表-1,气表-2(压、温、湿自记记录月报表)、气表-3(地温记录月报表)、气表-4(日照记录月报表)、气表-5(降水自记记录月报表)、气表-6(风自记记录月报表)、气表-7(冻土深度记录月报表)、气表-8(电线积冰记录月报表)。1959 年,气表-2(气压)停编。1961 年,气表-3、气表-4、气表-7 并入气表-1。1966 年,气表-2(温、湿度)停编。1980 年,气表-5、气表-6 和气表-8 并入气表-1。

1954 年,编制气象记录年报表:气表-21、22、23、24、25(气表-22 气压于 1959 年起停编)。1961—1965 年,气表-23、24 并入气表-21。1966 年,气表-22(气温、湿度)停编。1980 年,气表-25 并入气表-21,增加 15 个时段的年最大降水量。1987 年以前,月、年报表为手工制作,1988 年 1 月起使用机制报表。

资料管理 1940 年 1 月 1 日起有气象观测资料档案(现保存在云南省气象局资料室)。2004 年前气象观测档案由本单位收集、保管。2004 年,根据云南省气象局《关于做好气象记录档案移交工作的通知》,将建站至 2006 年压、温、湿、风、雨量自记纸、气簿-1 全部上交省气象局档案馆。其余的气表-1,气表-21 和电码本,值班日记,日照纸,文书档案由本局归档保管。

自动气象站观测 2003 年 1 月 1 日自动站投入业务试运行,自动站观测项目包括温度、湿度、气压、风向风速、降水、地面温度,2005 年 1 月 1 日起自动站正式投入单轨运行。

其他观测 2009 年 1 月闪电定位仪、自动气候站、大气边界层铁塔观测系统、地基 GPS/Met 水汽探测系统、风廓线仪、洱海水上观测系统开始进行观测。

区域自动气象站观测 2006 年 7 月,在全市 11 个乡镇设立雨量、温度自动观测站,进一步健全和完善气象灾害监测体系。

JICA 项目　2006 年,大理市国家基本站是中日气象灾害合作研究中心(JICA)项目的重点实施单位。

②农业气象

1964 年 9 月 15 日,省气象局根据中共大理县委和县人民委员会的要求,将下关大理州气象总站的农业基点站的任务调给大理气象站,其业务有土壤湿度观测,小麦和水稻发育期观测,编发旬、月电报。1975 年后,大理气象站恢复了农业气象观测、试验和研究,开展水稻、小麦、蚕豆等粮食作物的分期播种试验,小麦灌浆速度观测试验,水稻不同育秧方式的温度效应试验,水稻冷害定穗挂牌试验,蚕豆苗期盖粪对比试验等专题项目。1984 年,开展木本植物苹果和桃树的观测,与州气象处共同完成"滇榆一号"高产气象条件及气候适应性研究课题大理试点的田间试验。1989 年,建立完整的大、小春粮食作物产量预报程序。1990 年后,农业气象业务有:本地区主要粮食作物发育期观测,生长状况测定,产量结构分析,农业气象灾害及病虫害观测和调查,主要粮食作物产量预报,专题农业气象试验研究。2005 年后,农业气象业务已从过去的仅仅面向主要粮食作物和经济作物,发展到面向农业灾害监测,森林防火,作物病虫害防治,水资源利用和土地资源利用等各方面。1979 年列为国家气象局规定的农业气象观测基本站。2007 年 1 月 1 日,大理市气象站增加了生态与农业气象观测。

③气象信息网络

建站以来,各类气象报告均通过邮电局传递到成都气象区域中心或航危报用户。2000 年 9 月,大理市气象局开始使用 X.25 分组网上传气象报告,终止了邮电公众电路传输气象报告。2002 年,开始通过因特网发送气象报告,气象信息传输做到快速、准确、及时,并参加地域间的信息交流。2004 年 12 月,气象宽带网络建设投入业务使用,实现了省、州、县三级数据传输、动态视频传输、IP 语音传输"三合一"气象综合网络,做到了气象报告传输快捷、准确、及时。

④天气预报预测

1958 年前,大理气象站制作和发布简单的低温霜冻和晴雨天气预报。1959 年 2 月,开展单站补充天气预报,制作和发布本县短时和短期预报。1964 年后,大理气象站天气预报从短时短期扩展到以 3～7 天为主的中期天气预报。1978—1981 年,大理气象站开展了《霜冻及防御》、《水稻低温冷害研究》、《大理县水稻不稳产的气候原因及增、争、避的防御措施》等课题研究。1999 年建立气象卫星综合应用业务系统,开始制作和发布辖区内的短、中期天气预报、气候年(月)预测和短时临近预报、森林火险等级预报、地质灾害气象预报等。2006 年建成可视会商系统。

2. 气象服务

公众气象服务　1999 年,大理市气象局通过大理市电视台播出的公众气象服务主要有各乡镇及风景区天气预报气温、降水、风向、风速预报、森林火险等级预报;通过网络和专题材料发送的主要项目有中、短期天气预报和年、月气候预测。1992 年以来,开展了每年"三月街民族节"等重大活动气象服务保障工作。2008 年 10 月,在大理镇南门、东门、下兑等 9 个村委会安装气象电子显示屏,拓展了气象预报服务发布渠道。

决策气象服务　2005 年,大理市气象局及时把灾害性、转折性天气预警预报,重大社会、经贸活动、突发事件的气象信息通过手机短信息发送到决策部门和用户手中。2002年,护林防火、水利水电、农事活动关键期、重大工程建设项目气象评估论证与保障服务等通过网络、函件等发送大理市人民政府及相关部门。

人工影响天气　1995年9月22日,大理市人民政府在市气象局设立人工降雨防雹办公室。抓住一切有利天气时机开展人工增雨工作,为各地旱情缓解做出了积极贡献。先后参与了1999年3月28日下关镇温泉乡森林火灾、2003年2月22日喜州镇云弄峰森林火灾、2007年3月8日大理市苍山斜阳峰东坡重大森林火灾等的扑救工作,均取得了较好效果。人工增雨为洱海及各库塘蓄水提供有力保障。

气象科普宣传　2007年3月13日大理州科协授予大理国家气候观象台"州级科普教育基地"牌匾。2007年4月26日"成都信息工程学院学生教学实习基地"在大理国家气候观象台挂牌。

气象法规建设与社会管理

法规建设　2001年8月,制定了《大理市气象局行政执法责任制实施方案》,建立了《大理市气象局行政执法责任制度》等10项制度。注重气象行政执法,现有3人持云南省人民政府颁发的气象行政执法证。

制度建设　2008年制定和完善《大理市气象局领导干部职工外出报告制度》、《大理市气象局业务工作奖惩办法》、《大理市气象局办文办事制度》等行政、业务、服务、公文、财务管理等方面的10项制度。制定了《大理市气象局档案人员岗位责任制》、《大理市气象局立卷归档制度》、《大理市气象局档案库房管理制度》、《大理市气象局档案借阅制度》等14项制度,保障了档案管理达标工作的开展。

社会管理　2005年7月12日、2008年1月7日,大理市气象局基本气象观测和观象台试验站《探测环境和设施保护方案》经大理市规划局备案同意。2003年大理市人民政府成立了防雷减灾领导小组,在市气象局设办公室。2004年6月30日,防雷装置的设计、审核行政许可事项经大理市人民政府六届33次常务会审议通过,由大理市局实施。按照"安全气象"的要求,制定了《大理市气象局处置气象灾害和相关突发公共事件应急实施方案》,全市12个乡镇均配备了气象灾害信息员。

政务公开　大理市气象局的专业气象服务、防雷工程及检测,采取公开栏、简报、通告方式,在物价部门核定的有效时间内,长期列入市级各部门及公用事业单位政务公开目录。2002年建立了局务公开制度,2007年局务公开制度进一步得到完善。

党建与气象文化建设

1. 党建工作

党的组织建设　1952年9月—1953年5月,有党员1人,1953年6月—1955年7月,有党员2人,编入农业(牧)局机关党支部。因人员调动,1987年4月—1992年3月,单位曾出现无党员的情况,1992年4月有1名党员。2000年,单位有党员3人,同年,成立大理市气象局党支部,截至 2008 年底有党员 11 人。

2000—2008 年,有 8 年被大理市农业局党委评为先进党支部,每年有 1～2 人被评为优秀党员。

党风廉政建设 2004 年组织两个《条例》和中纪委有关会议精神的学习,建立健全各项规章制度,强化监督。自 2000 年以来,大理市气象局每年签订党风廉政建设责任制,纳入目标考核的责任范围;执行单位主要负责人向地方纪委汇报工作制度。2008 年配备了兼职纪检监察员。

2. 气象文化建设

1999 年,制定了《创建文明单位实施方案》,开展创建文明气象单位活动;2000 年,建立精神文明建设规章制度,开展创建文明单位活动。近年来,大理市气象局有 4 人被云南省气象局评为双文明先进工作者、优秀测报、优秀值班预报员。2009 年 6 月,大理市气象局被大理州委、州人民政府命名为州级文明单位。

3. 荣誉

集体荣誉 1978 年被评为全省和全国气象系统"工业学大庆、农业学大寨"先进集体。1981 年被评为全省气象系统先进集体。1996—1998 年,被省气象局评为"双文明"建设先进单位。

个人荣誉 至 2008 年,有 3 人次获得厅级以上综合表彰。

台站建设

台站建设 1958 年 5 月,大理县气象站迁至东门外果子园村时(现址),工作室和职工宿舍为砖(土)木结构丁字平房 1 幢、辅助用房 3 间,共 200 平方米。1974 年新建石木结构平房 4 间共 100 平方米,用于职工宿舍。1980 年新建丁字二层砖混结构楼房 1 幢 300 平方米,用于办公室、预报、测报值班室。1991 年 8 月,拆除职工宿舍和辅助用房 150 平方米,新建三层砖混结构职工宿舍 1 幢,12 套 672 平方米。1997 年,新修城边至气象局 6 米宽 1000 米长弹石路和路基硬化。1993 年、2001 年分 2 次,拆除丁字平房 1 幢,对院内环境绿化,新建车库等辅助用房 100 平方米。1999 年建成了县级地面气象卫星接收小站。2002 年 12 月,进行"两室一场"改造,新建自动气象站测报值班室和气压室、观测场围栏换成大理石柱和不锈钢管围栏、观测场小路铺(盖)青石板,工程改造充分体现出大理白族特色和现代建筑相结合的特点,被省、州气象局定为样板。

台站综合改善 2006 年以来,以观象台建设为契机,对单位的环境面貌和业务系统进行了综合改造。新征地 30.34 亩,新建具有民族特色的综合办公楼、业务(平台)大楼和其他业务用房 1500 平方米。完成综合布线系统以及网络系统,完成大屏幕可视会商音视频系统建设,购置计算机 20 台、档案密集架(柜)一批、办公桌椅两批、文体器材一批,办公条件明显改善。新建职工之家、阅览室,职工文体文化生活丰富。建成白族建筑风格大门一道。新建和改造围墙 600 多米、观象台探测区供排水系统。安装了自来水供给管道和改造职工宿舍楼给水系统。新修混凝土路 3000 平方米。改造 20 千伏老式变压器为 100 千瓦箱式变压器。安装了 50 千瓦柴油发电机组。完成绿化面积 2500 平方米、山水壁画 40 平方米、木质花架 100 平方米、在观象台探测区（新征地）修栈道 200 米、青石板路 100 米,办公和生活区绿化率达到了 65％以上。

20 世纪 80 年代的大理市气象站　　　　2008 年综合改善后的优美环境

宾川县气象局

机构历史沿革

始建情况　　1937 年（民国二十六年）夏,云南省实业厅为发展云南棉业在宾川县牛井街设立省立第一棉作试验场气候监测组。1954 年 7 月 1 日,省立第一棉作试验场气候监测组移交宾川县人民政府农水科,建立宾川棉作气候站,为二等气候站。同年 10 月 30 日,迁观测场至宾川县金牛镇白塔路 17 号,东经 100°34′,北纬 25°50′,海拔高度 1438.4 米。为国家一般气象站。

历史沿革　　1955 年 5 月宾川棉作气候站更名为云南省宾川牛井街气候站。1958 年 12 月,因行政区划变动,祥云、宾川、弥渡 3 县合并为祥云县,更名为祥云县宾川气候站。1962 年 2 月,改称为宾川县气象服务站。1964 年 5 月 1 日,改称云南省宾川县棉作气象试验站。1968 年 11 月改称宾川县气象站革命领导组。1971 年 8 月 1 日,改称云南省宾川县气象站。1990 年 5 月,改称云南省宾川县气象局。

管理体制　　1954 年 7 月—1955 年 4 月,隶属于宾川县人民政府农水科。1955 年 5 月—1958 年 10 月,属省气象局建制。1958 年 11 月—1963 年 3 月,属宾川县人民委员会建制和领导,大理州气象总站管理。1963 年 4 月—1970 年 6 月,隶属省气象局建制,由大理州气象总站领导和管理。1970 年 7 月—1970 年 12 月,隶属宾川县革命委员会建制和领导,分属大理州气象总站业务领导。1971 年 1 月—1973 年 10 月,宾川县气象站实行宾川县人民武装部领导,建制仍属宾川县革命委员会。1973 年 11 月—1981 年 1 月,划归宾川县革命委员会建制和领导,归口县农业局管理。1981 年 2 月 10 日起,体制收归省气象局建制,实行大理州气象局与县人民政府双重领导,以州气象局领导为主的管理体制。

机构设置 至 2008 年,宾川县气象局内设机构有局办公室、观测股、预报股、农业气象股、防雷检测中心和人工增雨防雹办公室。

单位名称及主要负责人变更情况

单位名称	姓名	民族	职务	任职时间
宾川棉作气候站	李树功	汉	负责人	1954.07—1955.05
云南省宾川牛井街气候站				1955.05—1958.02
				1958.02—1958.12
祥云县宾川气候站			负责人	1958.12—1962.02
宾川县气象服务站	陆锡焕	壮		1962.02—1964.05
				1964.05—1964.07
宾川县棉作气象试验站			副站长	1964.07—1968.11
宾川县气象站革命领导组	林金陵	汉	组长	1968.11—1971.08
	陆锡焕	壮	站长	1971.08—1984.07
云南省宾川县气象站	张继秀(女)	汉	站长	1984.07—1989.06
	子 义	汉	副站长	1989.06—1990.02
			副站长	1990.02—1990.05
	徐正富	汉	副局长	1990.05—1990.10
云南省宾川县气象局			局长	1990.10—

人员状况 建站时有职工 3 人,1978 年有职工 5 人,截至 2008 年底有在职职工 6 人,其中:取得大专以上学历 5 人;副研级高工 2 人,工程师 1 人,助理工程师 2 人,技术员 1 人;汉族 5 人,少数民族 1 人。从 1954 年 6 月到 2008 年 12 月,共有 36 人在宾川县气象局工作过。

气象业务与服务

1. 气象业务

①地面气象观测

观测项目 1954 年 7 月 1 日起开始地面气象观测。观测项目有空气温度和湿度、降水、雪深、日照时数、蒸发、浅层地温(5~40 厘米)和气温自记等。1955 年 1 月,增加风向风速项目观测。1956 年 1 月,增加地表温度观测,9 月增加雨量自记观测项目。1958 年 3 月,增加本站气压观测项目。1971 年 3 月,增加气压自记项目。1971 年 1 月,增加电接风向风速自记项目。

观测时次 1954 年 7 月 1 日起观测时间为 01、07、13、19 时(地方时)4 次。1960 年 8 月 1 日,气象观测改为每日 08、14、20 时(北京时)3 次。

发报种类 1959 年 10 月 10 日起,向省气象台拍发 08、14 时天气报告。1961 年 8 月起,不定期向祥云空军 3592 部队拍发航空报。1965 年 2 月 1 日—4 月 30 日,向成都民航拍发预约航空报的任务。1966年10月1日起,向成都军航拍发预约航危报,时间为05—19时,电报挂号"OBSAV成都"。1967年1月20日至7月30日,向昆明民航拍发06—17时预约航空报。1980年1月1日起,执行新《地面气象观测规范》。1981年7月1日起,向军航昆明西山拍发05—18时预约报;向祥云空军拍发05—18时固定航空报。1984年1月1日起,向省气象台拍发《重要天气报告》。1987年1月,取消宾川气象站拍发航空报任务。1988年7月1日,地面观测发报使用新电码型式。2008年6月,增加雾、雷暴、能见度(沙尘暴、霾)、积雪等重要天气报发报。

气象报表制作 1994年1月1日,气表-1统一由州气象局业务科用微机制作。2002年1月1日,使用计算机程序《AHDM 5.0》编发地面观测报告和制作报表。2002年11月,水汽压、相对湿度、露点、温度用计算机查算,发报和制作也用计算机。2003年7月,风速感应器由10.6米降为10.5米。2004年1月1日,使用新的《地面气象观测规范》(2003年版)。

自动气象站观测 2005年10月,自动气象站建成并投入业务试运行;2008年1月1日,自动气象站结束为期两年的平行观测,正式进入业务单轨运行。

区域自动气象站观测 2006年7月,在全县10个乡镇建成温度、雨量两要素自动气象站。

②农业气象

民国二十三年(公元1934年)3月12日,民国政府云南省实业厅拟定《发展云南棉业计划》,选定宾川县为云南省产棉代表区,成立云南省立宾川棉业试验场,并于民国二十六年(公元1937年)设气候监测组。1950年4月,县人民政府接管云南省宾川棉业试验场。1953年,改称为云南省宾川棉作试验场。1954年,改称为云南省宾川棉作试验站。主要任务是承担全省陆地棉试验、示范、推广及培训工作。1954年7月1日,县人民政府接管棉作试验站气象组后,进行每天01、07、13、19时4次观测,为棉作试验提供数据。1956年6月11日起,开展棉花农业气象观测和土壤湿度测定。测定深度100厘米,测定时间为每月8、18和28日。1957年4月起开展棉花、水稻、小麦、蚕豆等农作物生长状况观测。1958年,进行了棉花脱落与气象条件关系的研究。1959年,开展了棉花田间小气候的观测。1962年,宾川气候站定为省级农业气象观测基本站,向云南省气象局和中央气象局报送农业气象观测报表和拍发农业气象旬(月)报表。1964年5月1日,宾川气候站更名为云南省宾川县棉作气象试验站,担负着宾川地区大田的物候观测、土壤湿度测定。1967—1976年,因"文化大革命"影响,农业气象工作中断。1978年,恢复农业气象工作。开展了"宾川旱涝规律"和"农作物改制的农业气象条件"研究。1984年,完成了《宾川县农业气候资源调查和区划》工作。1986年,定为一般农业气象试验站。1989年12月26日起,宾川气象站的农业气象工作"根据为当地开展农业气象情报、预报服务的需要,自行确定观测项目"。

1995年4月,与大理州气象局共同完成《宾川县烤烟气候分析及区划》。2008年12月,与云南烟草宾川白肋烟有限责任公司合作完成《宾川白肋烟与气候》的研究,正式出版《宾川白肋烟与气候》一书。

③气象信息网络

1982年，配备了CZ-80型气象传真收片机，形成了气象无线传真接收网。1988年7月，安装了甚高频无线电台，建成了州内辅助通信网。2003年，PC-VSAT单收站建成并投入业务应用，同时还开通了互联网（拨号上网）。2004年12月，建成了县级VPN宽带广域网。2005年7月，开通宽带互联网。

④天气预报预测

1956—1957年，在省台区域预报的基础上，开展非正式补充订正天气预报，并制作本县霜冻预报。1958年，开展了单站补充天气预报和气象服务。1959年起，在运用群众经验和省气象台预报的基础上，开始年雨量和温度全年长期预报。1981年开始制作短期气候预测。1983年开始利用长期天气预报汇编资料通过计算机制作短期气候预测。1990年1月起，用单站压、温、湿五日滑动制作中期天气预报。同年，开始发布森林火险气象等级预报。2000年完成PC-VSAT建设，使用气象信息综合分析处理系统（MICAPS）制作中短期天气预报，数值预报产品释用技术得到应用。2006年开始发布地质灾害气象等级预报。2008年9月建成可视会商系统，参加州气象台天气预报会商。

2. 气象服务

①公众气象服务

1961年开始在有线广播电台播报天气预报，主要内容有天空状况、天气、风向风速、最高气温和最低气温。1986年开始在宾川电视台播报宾川县城区电视天气预报，并接受公众电话咨询。2000年开始在宾川电视台播报各乡镇及鸡足山旅游风景区天气预报。2008年10月，首批在全县设立10个农村综合信息电子显示屏，全天不间断地显示天气预报和预警信息。

②决策气象服务

1958年，开始制作《农业气象旬报》，天气预报和农业气象旬报发给各级领导单位和县人民委员会，每旬发送1次。1984年起，向县委、县人民政府及相关部门报送《气候影响评价》。2000年起，就重大天气过程向县委、县人民政府报送专题服务材料。2006年7月18日，在全县10个乡镇设立温度、雨量两要素自动观测站，及时向县委、县人民政府报送气象实况信息。2007年1月，开通企信通短信发布平台，为各级领导和有关部门通过手机短信发送天气预报和气象实况信息。

③专业与专项气象服务

人工影响天气 1975年5月，提出"人工引雨，解除旱灾"的设想，首次在大理州开展"人工引雨"作业，取得一定的效果。1979年，进行了NL-1型农用土火箭人工降雨试验，增加海稍水库蓄水200万立方米。1993年5月，成立宾川县人工降雨防雹领导小组，办公室设在县气象局。1995年6—9月，在平川镇禾头村和大营乡江股村开展烤烟旺长到成熟期人工防雹作业。1996年，购进单管"三七"高炮2门，在平川镇禾头村和大营乡江股村定点开展人工防雹作业，在力角乡一带用车载式火箭开展人工防雹流动作业。1997年，购进双管"三七"高炮2门，新建乔甸乡卢家社和太和乡蔡甸村设2个固定防雹作业点。2006年5月，购置"三七"高炮1门，在乔甸镇阿吾村委会建设固定防雹作业点。完成了乔甸镇石碑、阿吾两个规范化固定作业点的建设和改造。2007年5月,撤除金牛菜甸防雹作业点,在大营镇瓦溪村委会按照"两室两库一平台"的标准化要求建设固定防雹作业点。

防雷技术服务 1992年8月,在全县首次开展避雷设施安全检测工作。1998年2月18日,经县机构编制委员会审批,成立宾川县防雷分中心。2000年12月9日,县人民政府印发了《宾川县防雷减灾管理办法》。2002年,通过了云南省技术监督局计量认证。2004年4月12日,县人民政府下发《关于加强防雷安全检查管理工作的通知》,进一步规范防雷安全工作。2006年1月4日,宾川县防雷分中心更名为大理白族自治州宾川县防雷装置安全检测中心,并进行了事业单位法人登记。2006年4月20日,向省气象局申请防雷装置丙级资质。

气象科技服务与技术开发 1992年,利用PC-1500袖珍计算机,自编程序,为烟草公司烤烟收购服务,取得较好的经济效益。2007年12月,完成《宾川白肋烟与气候》课题研究,为云南白肋烟的发展壮大提供了理论参考依据。2008年10月,与省气候中心合作,在大营镇建3座测风塔,在观测场设立可观测总辐射、太阳直接辐射、散射辐射的辐射观测仪器,开展风能和太阳辐射观测,为气候资源开发服务。

气象法规建设与社会管理

法规建设 2000年12月9日,县人民政府印发了《宾川县防雷减灾管理办法》,规定:高层、易燃易爆、危险化学品、计算机网络等重点建筑物都必须设置防雷装置;凡设计和安装有防雷装置的建筑物、设施,必须由县防雷中心检测鉴定;对新(改、扩)建筑物的防雷装置实行审核制度、质量监督管理和竣工验收制度;防雷装置实行定期检测制度;县级气象主管机构负责本辖区雷电灾害的调查、统计和鉴定工作。该管理办法的出台,进一步规范和促进了宾川县的防雷安全管理工作。

制度建设 2004年4月12日,县人民政府下发《关于加强防雷安全检查管理工作的通知》,成立了宾川县防雷减灾工作领导组,进一步明确了职责,规范了防雷安全管理工作。

社会管理 2007年,先后2次将《气象台站观测环境备案书》报送当地建设、规划、国土等部门备案。2005年协调解决了县电信局架空电缆影响日照、雨量观测的情况。1997年,依照国家有关法律法规规章的规定,宾川县气象局开始对建设项目大气环境影响评价使用气象资料审查、施放气球活动审批、防雷装置设计审核和竣工验收行政许可项目实行社会管理。

政务公开 2002年推行政务局务公开,建立了局务公开栏,实行政务、局务、财务重大事项公开。

党建与气象文化建设

1. 党建工作

党的组织建设 宾川县气象局由于党员人数较少,建站以来一直没有单独成立党支部,党员关系先后挂靠在县人民武装部支部、县委农工部支部,现挂靠在中共宾川县委政策研究室支部。2008年,宾川县气象局有党员3人(其中在职职工党员2人,退休职工党员1人)。

党风廉政建设 2003年4月,聘任了廉政监督员。2007年起,重大事项实行"三人决策"制度。2002年、2007年被大理州气象局评为"党风廉政建设先进单位"。

2. 气象文化建设

1987年,宾川县气象局较早开展"双文明"建设,1988年,被云南省气象局评为1987年度双文明建设先进单位。1997年,县委、县人民政府授予宾川县气象局县级文明单位。1999年8月,州委、州人民政府授予宾川县气象局州级文明单位,并保持至今。

3. 荣誉

集体荣誉 1985年以来,宾川县气象局共获得省气象局、大理州气象局、宾川县委、宾川县人民政府表彰奖励38项。其中主要奖项有:1957—1958年,被云南省气象局评为全省气象系统先进单位;1988年,被云南省气象局评为1987年度双文明建设先进单位;1998年,被云南省气象局评为1996—1998年度双文明建设先进单位。

个人荣誉 建站以来,宾川县气象局共有71人(次)获得国家、省、州气象局和宾川县委、县人民政府的表彰奖励。1人(次)被中国气象局授予"全国质量优秀测报员"称号。1人(次)被中国气象局授予"全国气象行业技术能手"称号。

台站建设

宾川县气象局地处城乡结合部,建站时仅有几间简陋的小平房,办公、住宿条件都较为艰苦。1987年,建成384平方米的二层简易住宅楼,职工住宿条件得到一定的改善。1997年,建成三层(6套)公寓式砖混结构住宅楼,同年,将原住宅楼经简单改装后作为业务办公楼。2006—2008年,建了三层580.24平方米的业务办公楼,同时完成了大院环境综合改善。至2008年底,共有土地4.88亩,固定资产148.22万元。

20世纪50年代宾川县气候建站初期的业务办公用房

20世纪80年代宾川县气象局职工住房

宾川县气象局 2007 年建成的业务办公楼　　　宾川县气象局地面气象观测场（2005 年）

祥云县气象局

机构历史沿革

始建情况　始建于 1958 年 7 月，同年 9 月 1 日开始正式观测。站址位于祥云县城东门外杨贵村，北纬 25°29′，东经 100°34′，观测场海拔高度 2085.7 米。2004 年 3 月 16 日，经县水利勘测队实测，订正为：东经 100°35′，海拔高度 1992.9 米。属国家一般气象站。

历史沿革　1958 年 7 月，建立祥云县气候站。1958 年 12 月，因行政区划变动，祥云、宾川、弥渡 3 县合并为祥云县，改称为祥云县气象中心站，负责管理宾川和弥渡气候站。1961 年 5 月，因行政区划变动，分为祥云、宾川、弥渡 3 县，名称改为祥云县气象服务站。1970 年 7 月，改称云南省祥云县气象站。1990 年 9 月，改称云南省祥云县气象局。

管理体制　1958 年—1963 年 5 月，隶属祥云县人民委员会建制和领导，县农水科负责管理。1963 年 6 月—1970 年 6 月，属云南省气象局（1966 年 3 月改为云南省农业厅气象局）建制，业务由大理州气象总站管理。1970 年 7 月—1970 年 12 月，隶属祥云县革命委员会建制和领导，大理州气象总站负责业务领导。1971 年 1 月—1973 年 11 月，隶属祥云县人民武装部领导，建制属祥云县革命委员会，大理州气象台负责业务管理。1981 年 1 月，管理体制收归省气象局，实行大理州气象局与县人民政府双重领导，以大理州气象局领导为主的管理体制。

机构设置　办公室、预报服务股、测报股、防雷减灾管理办公室和人工影响天气办公室。

单位名称及主要负责人变更情况

单位名称	姓名	民族	职务	任职时间
祥云县气候站	查无史证			1958.07—1958.09
	王跃奇	汉	站长	1958.09—1958.11
祥云县气象中心站	陆锡焕	壮	站长	1958.12—1959.04
	李兆明	汉	副站长	1959.04—1960.01
	杨成金	汉	站长	1960.02—1961.05
				1961.05—1964.02
祥云县气象服务站	无负责人			1964.03—1964.06
	王跃奇	汉	副站长	1964.07—1968.11
	无负责人			1968.12—1970.06
云南省祥云县气象站	李兆明	汉	副站长	1970.07—1971.03
	白华云	汉	站长	1971.04—1973.07
	王跃奇	汉	站长	1973.07—1976.06
	无负责人			1976.07—1976.09
	白华云	汉	站长	1976.10—1979.08
	彭光祖	汉	站长	1979.08—1984.07
	杨大云	汉	站长	1984.07—1990.09
云南省祥云县气象局			局长	1990.09—1993.03
	余绍昌	汉	副局长	1993.03—1996.03
	潘文雄	汉	副局长	1996.03—1998.02
	段文孝	白	副局长	1998.02—1998.05
			局长	1998.06—2001.12
	万学新	汉	局长	2001.12—

注:1958年7—8月负责人情况查无史证,1964年3—6月、1968年12月—1970年6月、1976年7—9月间无负责人。

人员状况 建站时有职工2人;1978年有职工4人;截至2008年底,有在职职工6人,其中:40~50岁3人,30~40岁3人;大学本科4人,专科1人,中专1人;工程师4人,助理工程师1人,技术员1人;女职工4人;白族2人,汉族4人。有离退休干部4人(其中离休1人,退休3人)。

气象业务与服务

1. 气象业务

①地面气象观测

观测项目 1958年9月1日,开始地面气象观测。1958年11月1日,增加气压观测。1959年1月1日,增加浅层地温观测。1960年1月1日,取消02时人工观测。2008年底,观测的项目有气压、气温、空气湿度、风向风速、降水、雪深、云、能见度、天气现象、日照、蒸发(小型)、地温及浅层地温。1981年12月—1985年12月,根据祥云县农业气候资源调查和区划的需要,在干海、松梅、鹿鸣设立气象哨,进行主要气象要素的观测。

观测时次　建站起每日进行 01、07、13、19 时(地方时)4 次观测,夜间不守班,同时开展农业气象物候观测。1960 年 8 月 1 日起改为 02、08、14、20 时(北京时)4 次观测,夜间不守班。

发报种类　1958 年 5 月 1 日,开始编发天气报,时次为 08、14、20 时。同时增加发往州气象中心站的小图报。1959 年 11 月 20 日,增加发往省气象台的 08 时小图报。1961 年 3 月 23 日至 1964 年 10 月 31 日,祥云县气象站拍发航危报(OBSAV 昆明和 OBSMH 昆明)。夏季 4 月 1 日至 9 月 30 日,每天 04—17 时,每小时 1 次;冬季 10 月 1 日至次年 3 月 31 日,每天 05—17 时,每天 1 次。1980 年 1 月 1 日起,执行新《地面气象观测规范》。

1984 年 1 月 1 日,开始拍发重要天气报。同年 5—9 月,向武汉长江水文总站和重庆水文总站拍发水情报。2000 年 1 月 1 日起,实行天气加密报并取消小图报。2002 年 1 月 1 日,开始用计算机《AHDM 5.0》程序编气象报文,用互联网传递报文。7 月 1 日,增发 20 时天气加密报。

自动气象站观测　2006 年 12 月,自动气象站建成并投入业务使用,实现了对气压、温度、湿度、风向风速、雨量、地温等气象要素的连续、自动观测,自动编发各类天气报告。

区域自动气象站观测　2006 年 7 月,在祥城、沙龙、刘厂、下庄、东山、鹿鸣、普棚、禾甸、米甸、云南驿等 10 个乡镇安装雨量、气温两要素自动气象站。

②农业气象

在 1961 年 1 月 11 日、30 日和 2 月 21 日 3 次重霜冻出现前发动群众防霜,通过薰烟(即利用燃烧发烟物,使其形成烟幕),达到防御霜冻的目的。1984 年 3 月,编写完成《祥云县农业气候区划报告》和《祥云县气候资料汇编》,对全县农业生产起到很好的指导作用。

③气象信息网络

1984 年 4 月,安装传真机,5 月开始使用,形成了气象无线传真接收网。1987 年 1 月 1 日,开始使用 PC-1500 袖珍计算机编发气象观测报文。1989 年,安装了甚高频无线电台,建成了州内辅助通信网。2002 年 1 月 1 日起,使用计算机《AHDM 5.0》程序编发气象观测报文和制作报表。2002 年 3 月,PC-VSAT 单收站建成并投入业务应用,同时还开通了互联网。2004 年 12 月,建成了县级光纤及 VPN 宽带广域网。2008 年 12 月,建成网络视频会商及观测场监控系统。

④天气预报预测

1958 年 9 月 1 日,开始制作发布单站补充天气预报,开展简单的晴、雨预报。1959 年 2 月,开始制作发布中、长期天气预报。1982 年 4 月,定时接收北京气象中心和欧洲气象中心发送的形势分析图以及预报图,配合本站地面气象观测资料,制作补充订正天气预报。2002 年至今,利用气象卫星、大气探测和上级指导产品,结合单站资料制作长、中、短期天气预报及专项预报。

2. 气象服务

①公众气象服务

1958 年,中心站主办全县《气象服务》专刊,各气候站以小报形式发布单站预报和农业气象预报。1959 年,制作和发布本地区单站补充天气预报,并通过县广播站对全县广播。

同时,制作和发布农业气象情报,1—4月为不定期出刊,5—6月按旬出刊,7月后改为每旬发布气象资料及天气展望。各公社气象哨用红、白、黑旗发布预报。1961年,开展中期、长期、专题预报和24小时短期预报。1963年,开展了干旱气候分析。1985年,在县无线广播电台播发中短期天气预报。1998年,在县电视台新闻后播放24小时天气预报节目。2003年6月,建成"121"气象信息自动答询系统,进行天气实况及预报的实时自动答询。

②决策气象服务

1959年2月,向县委提供单站天气预报服务。1960年起,提供各农时专项决策服务。2008年1月,用乡镇雨量自动站资料,向县委、县人民政府及相关部门提供决策服务。2008年12月,在烟草部门安装综合气象信息电子显示屏,发布天气预报预警信息。

③专业与专项气象服务

人工影响天气 1977年开展人工影响天气工作至今,现共有人工增雨防雹点12个,标准化固定增雨防雹作业点3个,流动作业点11个,作业车1辆,12管小火箭发射架1套,三管小火箭发射架3套,新式二管火箭发射架1套。2004年7月至今,全县有65式双管"三七"高射炮3门,作业操作技术人员21人。人工影响天气工作在县人工增雨防雹领导小组的领导下,由县气象局具体组织开展。

防雷技术服务 1996年,成立祥云县避雷设施安全检测中心,开展避雷设施的安全检测及竣工验收工作。1998年4月15日,改称祥云县防雷中心,并通过省技术监督局计量认证。2006年3月,更名为祥云县防雷装置安全检测中心,并进行了事业法人登记。2006年4月,向省气象局申请了防雷装置检测丙级资质。2008年底,祥云县防雷检测中心有技术人员6人,其中工程师4人,助理工程师及技术员2人。全部人员经培训考试合格,取得《防雷检测资格证》。有各类检测仪器4套,计算机2台,打印机2台,工作用车1辆。

3. 科学技术

气象科普宣传 1978—1992年,在县科委的《祥云科技》上,撰写了多篇气象科普文章。2003—2008年,多次在主要集市宣传气象科普知识,参加全县科技下乡及在相关乡镇开专题气象及农业科技服务讲座。

气象科研 1964年,建立本站中—大雨降水模式。1990年,经试验,形成了高吸水树脂的对比试验报告。1992年,杨大云利用MAIP建立祥云雨季开始期长期预报模型。2005年9月,经试验形成了祥云县冬亚麻最佳播种期试验报告。

气象法规建设与社会管理

法规建设 2001年8月21日,成立了祥云县气象局行政执法责任制领导小组,制订了祥云县气象局实行行政执法责任制实施方案。2006年3月23日,召开了由县委、县人民政府、人大、政协、纪委及相关部门主要领导40多人进行《中华人民共和国气象法》及《防雷管理办法》的宣传座谈会。

制度建设 2001年8月,制定了《祥云县气象局行政执法责任制》及相关执法岗位职责、行政执法规章制度、考核制度等。

社会管理 2003年,根据县人民政府下发的《加强防雷管理工作的通知》,规范了防雷工作。2005年6—7月,对在气象探测环境保护范围内种植影响气象探测环境和设施的作物、树木进行清理,并对保护范围及其所依据的法律法规向县人民政府、建设局和州气象局进行了备案。

政务公开 2002 年 11—12 月,推行了政务公开工作,制作了政务公开专栏,公开内容有:工作内容、工作职责、财务制度、财务收支、人员状况、服务承诺等,加强了内部管理工作。2008 年,推行了"四项制度",加强了对社会服务力度。

党建与气象文化建设

1. 党建工作

党的组织建设 2008 年,有党员 3 人(其中退休职工党员 1 人),未单独成立支部,参加县农业局党总支的县经营管理站支部的组织生活。

党风廉政建设 2002 年 12 月,推行了政务局务公开,制作了局务公开栏;2003 年 4 月,聘任了 1 名兼职廉政监督员;2006 年 6 月,成立了党风廉政建设责任制工作领导小组;同年 7 月制订了财务制度和民主生活会制度;全面贯彻落实了党风廉政建设责任制。

2. 气象文化建设

精神文明建设 2000 年成立了精神文明建设领导小组,制订了精神文明建设活动计划,把"精神文明建设"列入重要议事日程。设立了图书阅览室和文体活动室,购置了文体活动器材,经常组织职工开展各种文体活动。2005 年 12 月 20 日,与挂钩单位美长村开展共学、共建、共促活动。通过努力,1988 年被评为云南省气象部门"双文明"建设先进集体。

文明单位创建 2002 年 2 月,县委、县人民政府授予祥云县气象局县级文明单位;2009 年 3 月重新申报县级文明单位,通过考评验收。

3. 荣誉

集体荣誉 1986 年 3 月,祥云县气象局被省气象局评为云南省气象系统先进集体。1991 年 4 月,被省气象局评为 1988—1990 年度全省气象部门双文明建设先进集体。

个人荣誉 1 人被国家气象局评为全国优秀气象局长。

台站建设

1963 年以前,有砖木房屋 60 平方米,土地 4 亩,观测场铁丝网围栏 100 米。1964 年上半年,新建小平房 2 间,水井 1 口,厕所 1 间。1982 年,新建二层职工宿舍 302.72 平方米。2003 年,铺设进出水泥道路 218 米,宽 4.3 米。2005 年,新建砖混三层业务综合办公楼 1 幢,面积 516.38 平方米。2006 年 7 月,新征地 4.752 亩用于改善台站环境和观测场环境保护用地。2008 年,建了砖混结构二层业务辅助用房 1 幢 368.16 平方米。2008 年 12 月止,有地 7008.7 平方米,有房 1246.58 平方米(其中 D 级危房 302.72 平方米)。

经过 50 多年的不断建设与发展,祥云县气象局现已成为具有现代化气象观测与服务装备、先进网络通信技术、整洁美观的工作生活环境、管理措施完善的基层台站。

20 世纪 50 年代祥云县气象局办公区全景　　　20 世纪 80 年代祥云县气象局办公区全景

2009 年祥云县气象局全貌

弥渡县气象局

机构历史沿革

始建情况　1958 年 11 月 1 日,弥渡县气候站成立并开始气象观测。地址为弥城镇小南门陆家营郊区,北纬 25°21′,东经 100°27′,海拔高度 1660 米。

站址迁移情况　2002 年 4 月 1 日,观测场搬迁至弥城镇城北村委会西寺坡村北,北纬 25°21′,东经 100°29′,海拔高度 1668.5 米。

历史沿革　1959 年 3 月 1 日,祥云、宾川、弥渡 3 县合并为一县,改称云南省祥云县弥渡气候站。1961 年 5 月 1 日,祥云、宾川、弥渡分县,改称云南省弥渡县气象服务站。1964

年 3 月,改称弥渡县气候服务站。1972 年 9 月 1 日,改称云南省弥渡县气象站。1990 年 5 月,改称云南省弥渡县气象局。

管理体制 1958 年 11 月—1963 年 7 月,弥渡县气象服务站隶属弥渡县人民委员会委建制和领导,弥渡县人民委员会农水科负责管理。1963 年 8 月—1970 年 6 月,属云南省气象局(1966 年 3 月改为云南省农业厅气象局)建制,业务、行政隶属大理州气象总站领导。1970 年 7 月—1970 年 12 月,隶属弥渡县革命委员会建制和领导,弥渡县农业局负责管理。1971 年 1 月—1973 年 10 月,实行弥渡县人民武装部领导,建制属弥渡县革命委员会。1973 年 11 月—1980 年 12 月,划归县革命委员会建制和领导,归口弥渡县农业局管理,大理州气象台负责业务管理。1981 年 1 月,弥渡县气象局收归省气象局建制,实行大理州气象局与县人民政府双重领导,以州气象局领导为主的管理体制。

单位名称及主要负责人变更情况

单位名称	姓名	民族	职务	任职时间
弥渡县气候站	殷耕谷	汉	负责人	1958.11—1959.03
祥云县弥渡气候站				1959.03—1961.05
弥渡县气象服务站				1961.05—无法查实
	李焕葵	汉	负责人	无法查实—1964.03
弥渡县气候服务站				1964.03—1970.08
	段其信	白	负责人	1970.08—1972.09
				1972.09—1973.02
	黄震中	汉	负责人	1973.03—1976.02
	彭永岸	汉	负责人	1976.03—1979.07
云南省弥渡县气象站	陈定国	汉	副站长	1979.12—1981.10
	王隆翠(女)	汉	负责人	1981.10—1984.07
	李文林	汉	负责人	1984.07—1989.01
	王隆翠(女)	汉	副站长	1989.02—1990.01
	殷耕谷	汉	站长	1990.01—1990.05
			局长	1990.05—1993.09
云南省弥渡县气象局	李文林	汉	局长	1993.10—2000.11
	唐育琴(女)	汉	局长	2000.12—

人员状况 建站时有职工 3 人。1978 年有职工 3 人。截至 2008 年底,有在职职工 6 人,其中:大学本科 2 人,大专 2 人,中专 2 人;中级职称 2 人,初级职称 4 人;40～49 岁 2 人,30 岁以下的有 4 人;汉族 4 人,白族、彝族各 1 人。

气象业务与服务

1. 气象业务

①地面气象观测

观测项目 1958 年 11 月 1 日,开始地面气象观测,项目有云、能见度、天气现象、气温和湿度、风、降水、雪深、日照、蒸发量、日照时数、风向、风速、气压、地温。1960 年 10 月 1 日,增加浅层地温观测。1960 年 1 月 1 日,取消 01 时观测(用自记记录订正后代替),2 月 1 日,增加地面温度观测。1961 年 5 月 1 日,增加气压观测。

观测时次 建站起每天进行 01、07、13、19 时(地方时)4 次观测,夜间不守班;1960 年 1 月 1 日,取消 01 时定时观测。1960 年 8 月 1 日起每天进行 08、14、19 时(北京时)3 次观测,夜间不守班。

发报种类 1960 年 7 月 13 日,开始编发天气报,观测时次改为 08、14、20 时(北京时)3 次。1960 年 2 月后,开展农业气象观测和土壤湿度测定,同时向州、省气象台拍发农业气象情报。1964 年 4 月 20 日起,增加 14 时小图报。1969 年 6 月 1 日起,增加 08 时小图报。1980 年 1 月 1 日起,执行新《地面气象观测规范》。1984 年 1 月 1 日,增加重要天气报。1988 年 7 月 1 日,开始执行新电码形式。2002 年 7 月 1 日起,增发 20 时天气加密报。

气象报表制作 1959—1960 年,编制气表-1、气表-3、气表-4、气表-21 和气表-24(现合并为气表-1 和气表-21)。1967 年 5 月 1 日,增加气表-5 的制作。

区域自动气象站观测 2004 年 1 月 1 日起,执行新版《地面气象观测规范》(2003 年版)。2006 年 7 月 18 日,在全县 8 个乡镇设立了温度、雨量两要素自动观测站。

自动气象站观测 2008 年,完成观测场监控系统建设;2009 年 6 月,自动气象站投入试运行。

②气象信息网络

1988 年以前,各类气象报告均通过邮电公众电路传递到成都气象区域中心或省、州气象台。1984 年,省气象局配发 VZ-80 型气象传真接收机,每日定时选收东京、北京和成都传真广播台播发的各类气象传真图表资料。1989 年开始使用甚高频辅助通讯网,各类气象电报集中传输到州气象台,再由州气象台传至省气象台。2002 年 1 月 1 日,开始使用计算机《AHDM 5.0》程序编气象观测报文,用互联网传递报文。2004 年 12 月,气象宽带局域网建成投入业务使用。2005 年 4 月 1 日,启用中国气象局 OSSMO 2004 版《地面气象测报系统软件》。

③天气预报预测

1958 年 9 月 1 日,运用"三线图"开始制作发布单站补充天气预报,开展简单的霜、冻、晴、雨预报。1959 年开始进行单站补充天气预报工作,制作发布中、长期天气预报。1960 年开始开展农事关键期、汛期、秋季、年度等长期天气预报。1962 年开始制作定期《农业气象情报》、3～5 天中期天气预报、24 小时短期天气预报和雨季开始期、结束期等专业性天气预报。1966 年,根据州气象总站的安排,原来的每月一次预报改为每个节令一次预报。1974 年开始运用数理统计的方法制作中、长期天气预报。2001 年,建成 PC-VSAT 卫星资料单收站。2002 年以来,利用气象卫星、大气探测和上级指导产品,结合单站资料制作长、中、短期天气预报及专项预报。2008 年 11 月,建成视频会商系统,定期进行州、县天气会商。

2. 气象服务

①公众气象服务

1958 年 11 月,开始开展气象资料服务,同时以创办黑板报的形式开展 24 小时天气预报和未来 2～3 天临时天气预报及气象知识宣传。1962 年,扩大了预报发送面,从向县委、农业局汇报扩大到有关领导,中、长期预报发到公社、大队和水库,并整理编辑了《弥渡地区气象资料》。1998 年,创办《弥渡气象快讯》,主要通报全县 9 个乡镇每 10 天雨量和灾情,提出生产建议,宣传气象知识。2006 年开始,开展月、季、年气候影响评价分析,并制作发布。

②决策气象服务

弥渡县气象局决策气象服务的主要项目有农事季节雨情旱涝气象预测服务、气候年景预测、气候影响与评价、大春粮食产量预报、气象突发事件预警和应急预案、森林火险等级预报、重大天气、抢险救灾、大工程建设项目的气象选址勘测和评估论证、农业气候资源调查与区划等服务。1985 年完成了《弥渡县农业气候资源及区划》,供有关部门使用。2007年开始,将天气预报服务内容发布在人民政府门户网站。

③专业与专项气象服务

人工影响天气 1977 年,中央军委派飞机在大理州东部地区开展人工增雨作业,弥渡县气象站提供气象服务。1978 年 5 月,县人民政府组织在红岩公社开展人工增雨作业,县气象站派技术员作技术指导。1988 年,配发火箭发射架 2 套,JFJ-1 型火箭弹 300 发,6 月上旬,在德苴乡大丫口开展人工增雨作业,县气象站派技术人员作指导。1993 年,成立县人工降雨防雹领导小组,其办公室设在县水利局。1996 年 10 月参加洱海蓄水人工降雨作业。1997 年 5 月,县人工降雨办公室由县水利局移交县气象局,由县气象局组织全县人工增雨工作。1998 年 11 月"全州第二期人工增雨防雹技术培训班"在弥渡举办。1999 年 5月,与大理州人工降雨防雹办公室和巍山县人工降雨防雹办公室一道到昆明东郊小河乡参加"99 世界园艺博览会"人工消雨作业。

1983—2001 年,县气象局派人员参加全县飞播造林 11 次,为其提供气象服务。

防雷技术服务 1998 年,成立弥渡县防雷中心,办公地点设在弥渡县气象局内。2002年 8 月,通过了省技术监督局和省气象局的计量认证。2003 年,开展避雷安全专项治理,将避雷安全工作列入安全生产管理的重点内容之一。2006 年 4 月 20 日,取得防雷装置检测丙级资质。县防雷中心现有专业技术人员 6 人,其中工程师 2 人,助理工程师及技术员 4人。有各类检测仪器设备 6 台(套),微机 1 台。县防雷中心在本行政区域内依法开展防雷装置定期检测、防雷工程跟踪检测、防雷装置设计审核、防雷工程竣工验收和雷灾鉴定、雷电风险评估等工作,每年受检单位达 50 余家,提出整改方案 30 余套,取得了较好的社会效益和经济效益。

科学管理与气象文化建设

1. 科学管理

社会管理 重点加强防雷减灾的行业监管。弥渡县人民政府下发了《关于进一步加强防雷减灾安全管理工作的通知》,进一步规范了弥渡县防雷装置设计审核、竣工验收和定期检测管理流程,明确了与城建、安监等部门的联合工作机制,严格责任追究制度,加大防雷减灾宣传。

政务公开 2003 年,对气象行政审批办事程序、气象服务内容、服务承诺、气象行政执法依据、服务收费依据及标准等,采取了通过户外公示栏、电视广告、发放宣传单等方式向社会公开。干部任用、财务收支、目标考核、基础设施建设、工程招投标等内容则采取职工大会或在局公示栏张榜等方式向职工公开。财务一般每半年公示一次,年底对全年收支、职工奖金福利发放、领导干部待遇、住房公积金等向职工作详细说明。干部任用、职工晋职、晋级等及时向职工公示或说明。2005 年被中国气象局评为全国气象部门"局务公开先进集体"。

2. 党建工作

党的组织建设 1959 年 6 月—1979 年 11 月,有党员 1 人。截至 2008 年 12 月,有党员 3 人。弥渡县气象局未设立独立党支部,挂靠县委机关党委党支部。

党风廉政建设 2003 年 4 月以来,聘任兼职廉政监督员,实行局长、副局长和兼职廉政监督员"三人"民主决策制度。局财务账目接受上级财务部门年度审计,并将结果向职工公布,无违规违纪现象发生。

3. 气象文化建设

精神文明建设 1998 年获县级精神文明建设先进单位。2006 年 3 月,被云南省气象局评为"十五"期间全省气象部门精神文明创建先进集体。2006 年 11 月 9 日,州委、州人民政府授予弥渡县气象局州级文明单位。

文体活动 文体活动有场所,健身活动有器材,建有篮球场,有羽毛球、乒乓球、五子棋、象棋等。同时积极开展气象知识宣传,每年在"3·23"世界气象日组织科技宣传,普及气象、防雷减灾等知识。积极参加县组织的文艺汇演和户外健身,丰富职工的业余生活。

4. 荣誉

集体荣誉 1981—1982 年,连续两年被评为全省气象系统先进集体。2006 年 3 月,被云南省气象局评为"十五"期间全省气象部门精神文明创建先进集体。2005 年,被中国气象局评为全国气象部门"局务公开先进集体"。2007 年 10 月,被评为全省气象科技服务先进集体。

个人荣誉 1985 年,1 人被国家气象局授予"全国优秀测报员"称号。

台站建设

弥渡县气象站始建时有房屋 80 平方米,土地 3 亩。1980 年,由省、州气象局及县农业局共同匹配资金修建钢筋混凝土结构房屋 1 幢(办公及职工宿舍),共 325 平方米,1981 年底投入使用,工作和生活环境得到改善。1998 年 4 月开始,建 1 幢四层 8 套共 929 平方米住宅楼。2002 年 5 月建筑面积为 517 平方米的办公楼投入使用。弥渡县气象站现有观测场占地 625 平方米,值班室 3 间,二层业务办公综合楼 1 幢。2007 年购置本田公务用车 1 台。2008 年,购置了档案密集架等,使档案管理工作更加规范。

经过 50 多年来的不断建设与发展,弥渡县气象局成为了具有现代化气象观测装备、先进的网络通信技术、整洁美观的环境施施、管理措施完善的气象站,为国家的气象事业、地方经济的发展做出了应有的贡献。

2008年,完成视频会商系统及观测场监控系统建设;2009年6月自动气象站投入试运行。

弥渡县气象站旧貌(20世纪80年代)　　　2002年5月建成的综合业务楼现状

南涧彝族自治县气象局

机构历史沿革

始建情况　始建于1961年10月15日,站址位于南涧县城镇公社立新大队公鸡山,北纬25°03′,东经100°32′,海拔高度1403.8米。

站址迁移情况　2009年1月1日,站址搬迁到营地村。

历史沿革　1961年10月建立云南省南涧县气候服务站。1966年2月,更名为云南省南涧县气象服务站。1971年1月,更名云南省南涧彝族自治县气象站。1990年5月,更名为云南省南涧彝族自治县气象局。

管理体制　1961年10月—1963年10月,南涧县气候服务站隶属南涧县人民委员会建制和领导,南涧县农水科负责管理,大理州气象中心站负责业务管理。1963年11月—1970年6月,南涧县气候服务站收归云南省气象局建制,业务由大理州气象总站管理。1970年7月—1970年12月,划归南涧县革命委员会建制和领导,归口南涧县农业局管理。1971年1月—1973年10月,南涧县气象站实行县人民武装部领导,建制属南涧县革命委员会,大理州气象台负责业务管理。1973年11月—1981年2月,划归革命委员会建制和领导,南涧县农业局负责管理,州气象台负责业务指导。1981年3月,南涧县气象局收归省气象局建制,实行大理州气象局与县人民政府双重领导,以州气象局领导为主的管理体制。

机构设置　2008年,南涧县气象局内设机构有办公室、测报股、预报股、人工降雨防雹办公室和防雷中心。

单位名称及主要负责人变更情况

单位名称	姓名	民族	职务	任职时间
云南省南涧县气候服务站	黄继宁	汉	负责人	1961.10—1964.03
				1964.03—1966.01
云南省南涧气象服务站	陈人辛	壮	站长	1966.01—1971.01
				1971.01—1974.03
云南省南涧彝族自治县气象站	朱家钧	汉	副站长(主持工作)	1974.04—1987.07
			站长	1987.07—1990.05
			局长	1990.05—1996.06
云南省南涧彝族自治县气象局	桑云保	汉	副局长(主持工作)	1996.06—2000.09
			局长	2000.09—2005.03
	张丽芬(女)	汉	副局长(主持工作)	2005.03—2005.06
			局长	2005.06—2008.06
	闫生杰	汉	局长	2008.06—

人员状况 建站时有职工3人。1978年有职工5人。截至2008年底,有在职职工5人,其中:大专以上学历5人;中级职称2人,初级职称3人;40~49岁1人,30岁以下5人;汉族4人,彝族1人。

气象业务与服务

1. 气象业务

①地面气象观测

观测项目 1961年10月15日,云南省南涧县气候服务站成立后,开始地面气象观测。观测项目有云、能见度、天气现象、空气温度和湿度、风向风速、降水和雪深。

观测时次 每天进行08、14、20时3次观测,夜间不守班。2007年1月1日,升格为国家一级气象观测站,承担02、08、14、20时4次基本观测和05、11、17、23时4次补充观测,夜间守班。2008年12月31日,恢复为国家气象观测一般站,承担08、14、20时3次基本观测,夜间不守班。

发报种类 1964年4月20日,增加14时小图报。1969年6月1日,增加08时小图报。1984年1月1日,增加重要天气报。1988年7月1日,执行新电码型式。

气象报表制作 1994年1月1日,实行机制报表。2002年1月1日,开始使用计算机《AHDM 5.0》程序编发气象报文。

气象哨观测 1980年初,在南涧县宝华(大龙潭水库)和乐秋(县良种场)2个公社建立气象哨,6月1日开始观测。

区域自动气象站观测 2007年6月,完成南涧县南涧、乐秋、宝华、碧溪、拥翠、小湾、无量和公朗等乡(镇)8个温度、雨量两要素区域自动气象站建设,2008年1月1日正式采集数据并存档。

②农业气象

1981年,开展了农业气候区划粗线条的调查工作,为县农技站、畜牧站等单位提供气象资料服务。1985年,完成《南涧县农业气候资源调查和区划》工作。1992年,汇编《南涧县30年气候资料》。

③气象信息网络

1964年—2002年1月1日,手工编发气象报文。传输途径:电话、电报。2002年1月1日至今,通过计算机编制气象报文,传输报文的途径有:局域网、VPN宽带网、电话。

④天气预报预测

1961年10月,制作发布短时、短期天气预报。1965年6月,建立和健全服务一览表。1974年,运用数理统计方法制作天气预报。1983—2001年,派出技术人员参加全县飞播造林11次,提供现场气象服务。

2. 气象服务

①公众气象服务

1990年以前气象服务信息主要是常规预报产品和情报服务。2000年南涧县气象局开辟电视天气预报节目,每天播出2次气象信息,服务产品包括南涧县区天气预报、区县天气预报、森林防火指数预报、地质灾害等级预报等,还通过广播、报纸、互联网、农村气象灾害预警机、电子显示屏等媒体为广大市民和农村服务。

②决策气象服务

多年来,南涧县气象局坚持向各级人民政府和各有关部门提供雨情、旱情、森林防火、转折性和关键性天气等气象决策服务。每年以《气象情况反映》《短期气候预测》《中短期天气预报》《重要天气消息》等服务材料向人民政府相关部门提供决策服务。遇到重要天气情况和重大节日,随时与各相关部门保持联系,24小时有人值班,尽量在最早的时间内,以最快的速度将当日的雨情及天气预报通知给各相关单位。服务方式:兴农信息网、政务网站、手机短信、专题材料等。

③专业与专项气象服务

人工影响天气 1977年5—6月大旱,县农办组织人工增雨,气象站派出技术人员提供气象服务。1979年,在县内宝华、碧溪2个公社开展"三七"高炮人工增雨作业,收到一定实效。1997年4月8日,成立人工增雨防雹领导小组。截至2008年,全县有固定人工防雹点2个,双管"三七"高炮3门,专职民兵7人从事人工防雹工作。

防雷技术服务 1997年4月,成立南涧县防雷检测安装中心。1999年3月30日,成立云南省南涧彝族自治县防雷中心,开始从事防雷工程设计和防雷工程施工服务。2002年8月13—14日,通过了由省技术监督局和省气象局组成的计量认证。通过计量认证,促进了防雷工作的标准化、制度化、规范化和法制化进程。2006年,取得云南省气象局防雷装置检测丙级资质。

④气象科普宣传

每年利用科技宣传周(月),开展防雷减灾、人工影响天气等科学知识的普及宣传工作。在报纸上刊登了多篇气象科普文章。

气象法规建设与社会管理

依法行政 1997年,南涧县气象局有1人经培训取得《云南省行政执法证》,开展了气象行政执法。

制度建设 2002 年,南涧县气象局制定了《人工影响天气作业公告制度》,接着制定了涉及气象探测环境保护、防雷管理、施放气球管理、气象资料共享、气象灾害预警信号发布等各个方面的规章制度。

社会管理 2008 年 7 月,与县安委会、银监办等单位联合发文,对全县石油、工矿企业等单位进行防雷安全检测。通过防雷检查取得了较明显的效果,既提高了年检的覆盖率,又提升了气象局的社会管理职能。

政务公开 2003 年,成立了局务公开工作领导小组,实行责任追究制度,一把手总负责。设立了对社会公开和对内公开栏,在监督保障和责任追究上,一是设立了举报监督电话,每天 24 小时负责接待和答复用户提出的问题,以方便用户;二是为保证群众的参与权、知情权,设立意见箱;三是实行责任追究制和首问责任制等。

党建与气象文化建设

1. 党建工作

党的组织建设 2001 年 1 月成立党支部,有党员 3 人。截至 2008 年,南涧县气象局有党支部 1 个,党员 4 人(其中在职职工党员 3 人)。

党风廉政建设 2000 年,把党建工作列入重要议事日程,纳入局年度工作规划,并结合单位实际制订党建工作年度计划,细化各项工作任务,明确了工作措施,抓好党支部党员干部的政治思想、组织、纪律、作风建设。2003 年,聘任了 1 名兼职廉政监督员,从 2002 年开始,每年局领导都与全体党员签订了《党员目标管理责任书》。

2. 气象文化建设

精神文明建设 2000 年,南涧县气象局制定了精神文明建设工作的目标和任务,把双文明建设列入单位目标管理。1996 年,建立完善了业务和理论学习制度。2004 年,开展"诚信气象服务"活动。2008 年,贯彻执行行政问责、服务承诺、首问责任和限时办结等四项制度。

1999 年 12 月,被中共南涧县委、县人民政府命名为县级文明单位。2001 年、2004 年,连续两次被中共大理州委、州人民政府命名为州级文明单位。2008 年 12 月,被县委、县人民政府命名县级文明单位,同时被推荐为省级文明单位。

文体活动 设立了图书阅览室和文体活动室,开展"迎奥运、讲文明、树新风"活动,开展篮球、羽毛球比赛,对职工传授体育竞赛项目知识,锻炼了职工的身体素质,增进了大家的团结与情感。

3. 荣誉

集体荣誉 获得县处级以上综合奖 11 项。

个人荣誉 2 人获云南省气象局优秀测报员荣誉,1 人获省气象局优秀预报员荣誉。

台站建设

2003 年 9 月,在县城吉祥路征用土地 1.71 亩,建成集办公、住宅为一体的综合楼

707平方米,改善了职工住宅和单位办公条件。2005年7月,在南涧镇营地村征用土地4.86亩。2008年10月,建成气象观测业务用房。2008年11月,兴建了大门、道路、围墙,进行了庭院绿化,改造了供电、供水、排污等基础设备,并完成地面气象观测场整体搬迁。

南涧县气象局新气象观测场(2008年) | 2003年建成的集办公、住宅为一体的综合楼

巍山彝族回族自治县气象局

机构历史沿革

始建情况 始建于1956年8月,站址位于城北添泽乡乃村,东经100°17′,北纬25°16′,海拔高度1741米。

站址迁移情况 1966年12月观测场往东北方平移了30米;1975年12月移回原地,观测场改为25米×25米;2008年1月向东北方平移了37.2米,平移后面积、经纬度不变,海拔高度1742米。

历史沿革 1956年8月建立云南省巍山气候站。1958年10月,更名为云南省巍山县气象中心站。1960年1月,更名为云南省巍山县气象服务中心站。1964年3月,更名为云南省巍山县气象服务站。1965年1月成立云南省巍山县气象站革命领导组。1972年3月,更名为云南省巍山彝族回族自治县气象站。1990年8月,更名为云南省巍山彝族回族自治县气象局。

管理体制 1956年8月—1958年9月,巍山县气候站隶属省气象局建制。1958年10月—1964年2月,属巍山县人民委员会建制和领导,归口巍山县农水科管理。1964年3月—1970年6月,收归省气象局建制,由大理州气象总站领导和管理。1970年6月—1970年12月,隶属巍山县革命委员会建制和领导,分属大理州气象总站业务领导。1971年1月—1973年10月,巍山县气象站实行巍山县人民武装部领导,建制属县革命委员会,大理州气象台负责业务管理。1973年11月—1981年3月,划归巍山县革命委员会建制和领导,归口县农业局管理。1981年4月,体制收归省气象局建制,实行大理州气象局与县人民政府双重领导,以州气象局领导为主的管理体制。

单位名称及主要负责人变更情况

单位名称	姓名	民族	职务	任职时间
云南省巍山气候站	章中灿	汉	负责人	1956.08—1958.10
云南省巍山县气象中心站				1958.10—1960.01
云南省巍山县气象服务中心站	姜育统	汉	负责人	1960.01—1960.06
	李之杨	汉	站长	1960.06—1964.02
				1964.03—1964.04
云南省巍山县气象服务站	姜育统	汉	站长	1964.04—1965.01
云南省巍山县气象站革命领导组			组长	1965.01—1972.02
				1972.03—1972.05
	虞天福	汉	指导员	1972.06—1973.08
	寸月先	汉	指导员	1973.09—1974.04
	罗自成	汉	副站长	1974.05—1976.10
云南省巍山彝族回族自治县气象站	姜育统	汉	副站长	1976.10—1979.02
	罗有铭	汉	站长	1979.02—1981.08
	姜育统	汉	站长	1981.08—1984.07
	罗有铭	汉	副站长	1984.07—1986.09
			站长	1986.09—1990.08
云南省巍山彝族回族自治县气象局			局长	1990.08—2005.06
	朱碧文	汉	局长	2005.06—

注:1972年3月至1972年5月单位名称变更为云南省巍山彝族回族自治县气象站,姜育统仍为负责人。

人员状况 建站时有职工2人。1978年有职工6人。截至2008年底,有在编职工6人,其中:本科学历2人,大专学历2人,中专及以下学历2人;汉族6人;40岁以下3人,40岁以上3人。1956年8月—2008年6月,先后有25人在巍山县气象站工作过。

气象业务与服务

1. 气象业务

①地面气象观测

观测项目 1956年10月1日,开始地面气象观测。观测项目有云、能见度、天气现象、空气温度和湿度、风、降水和雪深。1959年1月1日增加气压和地温观测。现在观测项目为云、能见度、天气现象、气压、空气温度和湿度、风、降水、雪深、日照时数、蒸发、地温(地表和浅层)。

观测时次 1956年10月1日起采用地方时,每天进行01、07、13和19时4次观测,夜间不守班。1960年8月1日起,台站观测时次改为02、08、14和20时(北京时)。1971年4月1日起,恢复02、08、14和20时4次定时观测。1978年4月1日起,每天进行08、14、20

时 3 次地面观测。1980 年 1 月 1 日起,执行新的《地面气象观测规范》(1979 年版)。

发报种类　1957 年 10 月 17 日,向昆明民航台拍发预约航危报。1958 年 4 月 1 日,每周一、二、三、五、六、日向昆明民航台拍发固定航危报。1960 年 7 月 4 日,向广州军区空司拍发航空预约报(OBSAV 广州)。7 月 29 日,向昆明军区空军拍发预约航危报。1961 年 1 月 5 日,为昆明民航固定发报站,昆明空司气象处预约航报站。1962 年 5 月 1 日起,取消 02 时定时观测(用订正后的自记值代替)。1962 年 9 月 1 日起,昆明空司气象处"OBSAV 昆明"预约报改为固定报。1963 年 12 月 31 日,每日向昆明民航台拍发预约航危报。1964 年 11 月 1 日起向祥云空军拍发航危报(预约)。1965 年 10 月 10 日起,向成都军区拍发预约航危报。1967 年 8 月 1 日起,担负向祥云空军每小时拍发航危报(固定)任务,同时保持 0—24 时半小时 1 次预约航危报任务。1968 年 1 月 11 日至 12 月 31 日,停止航报任务。1969 年 1 月 1 日恢复航报任务。1970 年 2 月 10 日起,停止向成都军区拍发航危报任务。1971 年 4 月 20 日起至 12 月 31 日止,向北京 703 航测队拍发固定航危报。1971 年 11 月 1 日至 1972 年 4 月 30 日,向昆明水文总站拍发每月降水量情报和预报。1978 年 1 月 1 日起,执行简化后的航危报电码 GD-21 和 GD-22。1978 年 3 月 20 日起,取消 00—24 时固定航报任务,改为每日 05—17 时航报。1981 年 7 月 1 日起,向昆明空司和祥云空军拍发固定航危报。1982 年 1 月 1 日起,向昆明民航拍发固定航危报。1983 年 9 月 15 日起至 1984 年 1 月 31 日止,向保山民航台拍发预约航危报。1984 年 6 月 12 日起,每日向昆明空司和祥云空军拍发固定航危报。1984 年,增发重要天气报。1985 年 12 月 25 日起,每日为昆明西山空司和昆明巫家坝民航台拍发固定航报,为祥云空军拍发预约航危报。1986 年 3 月 1 日,取消祥云空军预约航危报任务,增加 OBSAV 元谋固定航危报任务。1987 年 1 月 1 日,开始使用 PC-1500 袖珍计算机编发气象观测报文。1993 年开始,担任 OBSAV 昆明和元谋固定航危报任务;担任 OBSMH 昆明,固定航危报任务。2002 年 7 月 1 日,减少航危报固定任务,改为预约报。2003 年 7 月 1 日,取消航危报,改为拍发预约报。

气象报表制作　2002 年 1 月 1 日,使用计算机《AHDM 5.0》程序编发气象观测报文和制作报表。2004 年 1 月 1 日,执行新《地面气象观测规范》(2003 年修订版)。

区域自动气象站观测　2007 年 5 月,在南诏、庙街、大仓、永建 4 镇和巍宝山、紫金、马鞍山、五印、牛街、青华 6 乡建立了 10 个温度、雨量两要素区域自动气象站建设,2008 年 1 月 1 日正式采集数据并存档。

②农业气象

1985 年 9 月,编写完成《巍山县农业气候区划》。1997 年 1 月,编写完成《巍山烤烟气候与实用技术》。

③气象信息网络

1982 年 4 月,配备了 CZ-80 型气象传真收片机,形成了气象无线传真接收网。1988 年 7 月,安装甚高频无线电台,建成了州内辅助通信网。2002 年 4 月,PC-VSAT 单收站建成并投入业务应用,同时还开通了互联网。2004 年 12 月,建成了县级 VPN 宽带广域网。

④天气预报预测

1958 年 5 月 1 日开始,采取"因地制宜,土洋结合,力求精确"的方法制作和发布单站补充天气预报,开展简单的霜冻、晴、雨预报。1959 年 1—12 月,开始制作发布中、长期天气预报。

1982年4月,定时抄收省气象台广播的形势分析图以及预报,配合本站地面气象观测资料,制作补充订正天气预报。2002年4月起,利用气象卫星、大气探测和上级指导产品,结合单站资料制作长、中、短期天气预报。2005年以来,开展的天气预报业务有0~12小时的临近短时预警预报;0~72小时的短期预报;1~10天的中期天气预报和月、季、年长期天气预报。

2. 气象服务

①公众气象服务

1961年开始在县广播站有线广播中播发中短期天气预报。1985年开始在县无线广播站无线电小调频广播电台播发中短期天气预报。1999年5月至今,与县广播电视局协商决定在县电视台播放中短期天气预报节目。

②决策气象服务

1958年5月,向县生产大队提供长期天气预报服务。1984年4月起,每年3—4月组织召开气象研讨会,通报长期天气趋势预报。1996年4月,在农、林、水等有关部门安装气象预报预警接收机,定时发布气象预报预警。1998年3月,在全县乡镇和主要水库建立人工雨量观测点,在雨季每天早上收集雨量,向县委、县人民政府汇报。2008年10月,在坝区乡镇和重要单位安装综合气象信息电子显示屏,发布天气预报预警信息。

③专业与专项气象服务

人工影响天气　1978年5月至今,共有人工增雨固定作业点2个,流动作业点3个,作业车1辆,12管小火箭发射架1套。1997年7月至今,全县有65式双管"三七"高炮5门,固定防雹作业点5个(其中标准化作业点2个),操作技术人员15人。人工影响天气工作在县人工增雨防雹领导小组的领导下,由县气象局具体组织开展。

防雷技术服务　1996年7月,成立巍山县避雷防雷安全检测站,1998年通过计量认证,2005年12月,改称巍山县防雷中心。依据《中华人民共和国气象法》和《云南省气象条例》及有关法律法规,依法开展防雷装置定期检测等工作。

3. 科学技术

1978年1月—1979年4月,通过小气候观测,得出了蚕豆、油菜、小麦的受冻指标和霜冻区域分布。1993—1994年,作出了高吸水树脂的对比试验报告。

1978—1992年,在县科协的《科技咨询》上,撰写了多篇气象科普文章。2007—2008年,多次在主要集市宣传气象科普知识。

气象法规建设与社会管理

法规建设　1996年7月16日,县劳动局、县建设局和县气象局联合下发《关于建筑物和构筑物做好避雷防雷工作的有关规定》。2000年3月,单位主要领导参加了云南省第三期执法培训班,取得了云南省人民政府行政执法证。2002年3月11日,县人民政府办公室下发《巍山县防雷安全管理工作实施细则》。2005年,对气象探测环境保护范围及其所依据的法律法规向县人民政府、建设局和州气象局进行了备案。

制度建设　2002年8月,制定了《巍山县气象局行政执法责任制工作制度》。

社会管理 2000 年 5 月—2002 年 3 月,巍山县气象局规范了防雷安全管理工作。2005 年 6—7 月,对在气象探测环境保护范围内种植影响气象探测环境和设施的作物、树木进行清理,并对保护范围及其所依据的法律法规向县人民政府、建设局和州气象局进行了备案。

政务公开 2002 年 11—12 月,推行了政务公开工作,制作了政务公开专栏,公开内容有:工作内容、工作职责、财务制度、财务收支、人员状况、服务承诺等,加强了内部管理工作。

党建与气象文化建设

1. 党建工作

党的组织建设 1979 年 11 月,发展了 1 名党员,组织关系在县农业局党支部;1996 年 7 月又发展了 1 名党员,组织关系从属县农工部;2004 年 12 月 9 日,新吸收了 1 名党员,与县委政策研究室成立了联合支部;2005 年 6 月 22 日,成立县气象局党支部,有党员 3 人。截至 2008 年 12 月,有党员 5 人。

党风廉政建设 2003 年 4 月,聘任了 1 名兼职廉政监督员;2004 年 10 月,成立了客事监督检查组;2006 年 6 月,成立了党风廉政建设责任制工作领导小组,同年 7 月制订了财务制度和民主生活会制度,全面贯彻落实了党风廉政建设责任制。

2. 气象文化建设

精神文明建设 2000 年成立了精神文明建设领导小组,制订了精神文明建设活动计划,把"精神文明建设"列入重要议事日程。1987 年被评为大理州气象部门精神文明建设先进单位。1988 年被评为云南省气象部门"双文明"建设先进集体,先后有 3 个干部职工被评为"双文明"建设先进个人。

2001 年 2 月,被县委、县人民政府命名为第十批县级文明单位;2008 年 12 月,被命名为第十三批县级文明单位,并通过州委、州人民政府州级文明单位的考评验收。

文体活动 设立了图书阅览室和文体活动室,购置了文体活动器材,经常组织职工开展各种文体活动,遇重大节日还组织职工参加全县歌咏、象棋、扑克等比赛。

3. 荣誉

集体荣誉 1959 年 10 月—2008 年 12 月,共获得集体荣誉 28 项,其中 1957 年、1959 年获云南省气象系统先进单位,1963 年获云南省气象局气象服务标兵单位,1992 年获云南省气象局先进气象局。

个人荣誉 个人获奖共 85 人(次)。其中 3 人先后被中国气象局授予"质量优秀测报员"光荣称号;1 人代表全站参加了中华人民共和国国庆 10 周年观礼;1 人代表全站出席了大理州"群英会"。

台站建设

台站综合改造　巍山县气象站地处农村,始建时建砖木结构平房 4 间 60 平方米;1972 年建土木结构楼房 1 幢 160 平方米;1988 年建砖混结构楼房 1 幢 400 平方米,统一安排为值班室、办公室、会议室、宿舍和仓库,房屋设施极其简陋;2003—2004 年,在县城北隅小区建砖混结构办公宿舍综合楼 1 幢 917 平方米;2008 年,在拆除老房屋的基础上,建框架结构业务楼 1 幢 454 平方米,使工作生活的基础设施达到了一流气象台站标准。

园区建设　巍山县气象局现分为两个园区,即县城内办公生活区和郊外业务区。2006—2008 年,分期分批对两个园区环境进行了改造,平移改造了观测场,新修了围栏、围墙、大厅、厕所、车库,硬化、绿化了庭院,并在院内修建了花坛、草坪,栽种了风景树,使两个园区变成了风景秀丽的大花园。巍山县气象站现在已成为具有现代化气象观测与服务装备、先进网络通信技术、整洁美观的工作生活环境、管理措施完善的基层台站。

巍山县气象局 2008 年改造后的郊外业务区

巍山县气象局 2006 年新建的县城内办公生活区

永平县气象局

机构历史沿革

始建情况　始建于 1958 年 9 月 21 日,站址位于永平县城郊第 4 号工地,北纬 25°26′,东经 99°47′,海拔高度 1680.0 米。

站址迁移情况　1959 年 4 月 1 日,站址迁城外中屯村,2002 年 5 月,进行观测场改造,移动到北纬 25°28′,东经 99°31′,海拔高度 1617.1 米。

历史沿革　1958 年 9 月 21 日,建立云南省永平气候站,1964 年 5 月 1 日,更名为云南省永平县气候服务站,1971 年 10 月,更名为云南省永平县气象站,1990 年 5 月 12 日,更名为云南省永平县气象局。

管理体制 1958 年 9 月—1963 年 4 月,永平县气候站隶属永平县人民委员会建制,大理州气象中心站负责业务管理。1963 年 5 月—1970 年 6 月,永平县气象服务站收归云南省气象局,大理州气象总站负责业务管理。1970 年 6 月—1970 年 12 月,永平县气象站隶属永平县革命委员会建制和领导,大理州气象总站负责业务管理。1971 年 1 月—1974 年 2 月,实行永平县人民武装部领导,建制属县革命委员会,大理州气象台负责业务管理。1974 年 3 月—1981 年 2 月,建制仍归县革命委员会,由县农业局领导,业务由大理州气象台管理。1981 年 3 月,建制收归云南省气象局,实行大理州气象局与县人民政府实行双重领导,以州气象局领导为主的管理体制。

单位名称及主要负责人变更情况

单位名称	姓名	民族	职务	任职时间
云南省永平县气候站	董永明	汉	负责人	1958.09—1960.08
	程兴周	汉	负责人	1960.08—1964.05
云南省永平县气候服务站				1964.05—1970.01
	区文宏	汉	负责人	1970.01—1971.10
云南省永平县气象站	毕 照	汉	站长	1971.10—1975.12
	程兴周	汉	负责人	1976.01—1979.01
	张惠莲	汉	负责人	1979.01—1980.03
	董守义	白	站长	1980.04—1980.07
	程兴周	汉	负责人	1980.07—1981.06
	茶林科	土家	站长	1981.06—1990.05
云南省永平县气象局			局长	1990.05—1992.01
	马永能	回	局长	1992.02—1997.06
	王金灿	白	副局长(主持工作)	1997.07—1998.05
	郭海珍	彝	局长	1998.11—

人员状况 建站时有职工 2 人。1978 年有职工 3 人。截至 2008 年底有在职职工 6 人,其中:工程师 1 人,助理工程师 4 人,技术员 1 人;大学本科学历 2 人,大专 2 人,中专 1 人,高中 1 人;少数民族 3 人;女职工 1 人。1958 年 9 月—2008 年 12 月,在永平县气象局工作过的气象工作者共有 26 人。

气象业务与服务

1. 气象业务

①地面气象观测

观测项目 云、能见度、天气现象、气压、空气温度和湿度、风、降水、雪深、日照时数、蒸发、地温(地表和浅层)。

观测时次 1960 年 8 月 1 日前每天进行 01、07、13、19 时(地方时)4 次气象观测,1960 年 1 月 1 日起取消 01 时定时地面气象观测,1960 年 8 月 1 日起每日定时气象观测时间改为 08、14、20 时(北京时)3 个时次。2005 年 1 月 1 日,改为进行 08、14、20 时 3 次定时观测和 11、17 时 2 次补充观测。

发报种类 每日 08、14 和 20 时编制发地面探测天气报、加密天气报、重要天气报、航空报、危险报和气象旬月报定时发往州、省气象台和中心。

电报传输 1988 年以前,各类气象报告均通过邮电局传递到成都气象区域中心或航危报用户。1989 年,通过甚高频无线电辅助通信网传输到州气象台,再由州气象台传至省气象台。2002 年,通过因特网发送气象报告。2004 年 12 月,通过气象宽带网(内网)发送气象报告。

气象报表制作 1958 年开始,编制气象记录月报表气表-1,气表-2(压、温、湿自记记录月报表)、气表-3(地温记录月报表)、气表-4(日照记录月报表)、气表-5(降水自记记录月报表)、气表-6(风自记记录月报表)、气表-7(冻土深度记录月报表)、气表-8(电线积冰记录月报表)。1959 年,气表-2(气压)停编。1961 年,气表-3、气表-4、气表-7 并入气表-1。1966年,气表-2(温、湿度)停编。1980 年,气表-5、气表-6 和气表-8 并入气表-1。

1960 年起,编制气象记录年报表:气表-21、22、23、24、25(气表-22 气压于 1959 年起停编)。1961—1965 年,气表-23、24 并入气表-21。1966 年,气表-22(气温、湿度)停编。1980年,气表-25 并入气表-21,增加 15 个时段的年最大降水量。

1987 年以前,月、年报表为手工制作,1988 年 1 月起使用机制报表。

资料管理 2004 年前气象观测档案由本单位收集、保管。2004 年,根据云南省气象局《关于做好气象记录档案移交工作的通知》,将建站至 2006 年压、温、湿、风、雨量自记纸、气薄-1 全部上交省局档案馆。其余的气表-1,气表-21 和电码本,值班日记,日照纸、文书档案由县气象局归档保管。

区域自动气象站观测 2006 年 7 月在博南镇、杉阳镇、龙街镇、龙门乡、北斗乡、水泄乡和厂街乡建成 7 个乡镇两要素(雨量、气温)自动气象站。

②农业气象观测

20 世纪 60 年代中期,永平县气候站开展对水稻、蚕豆的观测和农业气象试验研究。1982 年开展永平县农业气候资源调查,进行农业气候分析,对 1959—1982 年的主要气象资料 4 个部分 80 个项目进行统计和整编,印刷《永平县农业气候资料》。1983 年 1 月 1 日在永平县龙街、杉阳、水泄、北斗双河设立气象哨并进行主要气象要素的观测,同时开展调查访问、下乡考察,收集大量农业气象资料,按照农业气候区划的细则要求,为合理利用农业气候资源,避免不利的气候条件,参照永平县的气候类型和主要支柱产业粮、烟、林、畜和经济作物的指标,开展综合农业气候区划工作。1984 年底编制《永平县农业气候资源与区划》,为永平县各级领导指挥合理布局农业生产提供科学依据。

③气象信息网络

20 世纪 80 年代,使用无线电甚高频、PC-1500 袖珍计算机,增设无线电天气图传真机。2002 年,永平县气象局建成并使用《AHDM 5.0》气象业务软件编发报和报表制作,同时建成卫星气象数据 PC-VSAT 地面自动接收系统单收站并投入使用。2004 年以来建成云南省气象宽带网、兴农网,开通气象系统内部 IP 电话、气象数据交换传输和州—县、县—县之间 Fox mail 邮件传输终端软件系统,提高了信息传递效率。

④天气预报预测

20世纪60年代,开始制作单站补充天气预报;70年代以后,制作县站天气预报。80年代以来,对所获取的气象资料,采用综合时间剖面图、点聚图、三线图、雨量图、温度对数压力图、多元回归、气象要素相关法、数理统计、500百帕、700百帕高空资料,气象传真接收机,卫星气象数据 PC-VSAT 单收站和 MICAPS 气象信息综合分析处理系统等手段,结合听、看、谚、地、资、商及本地天、物象的经验,对本地的气候特点进行分析,找出相关预报因子和预报指标,制作永平地区的长、中、短期天气预报、关键时期气象预报和专题专项气象预报。除每天定时分析制作未来1~2天常规预报和不定时未来3~5天的中期预报外,还在每年1月1日发布年预报,对1—12月的温度、雨量、气候概况、霜冻、倒春寒、干旱、雨季开始期、洪涝、8月低温、三秋连阴雨、单点大雨暴雨、雨季结束期进行分析和预测;每年3月1日发布春播期预报;5月1日发布雨季开始期预报;8月1日发布"三秋"预报;10月1日发布今冬明春天气预测预报。还结合永平县的实际开展春节、缅桂花节、森林防火的专题气象服务工作。

2. 气象服务

①公众气象服务

1989年,开始通过广播、电视向公众提供气象预报服务;2002年以后,逐步通过手机短信、网站等方式向公众提供气象服务。

②决策气象服务

1961年起,向永平县委、县人民政府和有关部门提供永平地区的长、中、短期天气预报、关键时期气象预报和雨情、旱情、森林防火等气象决策服务。服务方式:电话、兴农信息网、手机短信、专题材料等。

③专业与专项气象服务

人工影响天气 1997年4月8日永平县人民人民政府批准成立永平县人工增雨防雹领导小组,下设办公室在气象局。同年6月到昆明购买人工增雨防雹作业车辆(小解放)和发射装置,6月下旬在永平县老街大碱塘、东山、三七厂、曲硐花桥、田新、新城一带开展人工增雨作业,增加降雨量,缓解旱情,降低森林火险等级,保证烤烟按节令适时移栽。

防雷技术服务 1995年3月成立永平县避雷安全检测中心后,在全县范围内开展防雷普查和了解,摸清防雷装置安全状况,开展全县的防雷装置安全检测。1996年10月底共实施检测单位和个人防雷装置60多户,取得了较好的经济效益和社会效益,扩大了气象部门的影响。2003年7月成立了永平县防雷减灾管理领导小组及办公室,下设办公室在气象局,负责永平县辖区内防雷减灾安全工作,从而加强了对防雷减灾工作的领导。

④气象科技服务

1989年冬至1991年,在气象站(中屯)建立多个温室大棚,对反季节蔬菜(南瓜、辣椒、西红柿、包谷、白菜等)进行田间对比观测试验,为后来永平县的大棚蔬菜推广打下了基础。1993年在县人民政府办、农业局、老街镇、曲硐镇、龙门乡、水电局等9家单位有偿推广气象服务警报器,极大地加快了气象预报和重要天气预报的直接传送速度。完成了 1990 年 6 月、1991 年 1—5 月、1992 年 5 月、2001 年 5 月的飞播造林工作的气象保障任务。2004 年在老街镇苏屯村开展了永平县冬亚麻分期播种试验。

气象法规建设与社会管理

法规建设　重点加强雷电灾害防御工作的依法管理工作。2003 年永平县人民政府下发了《永平县建设工程防雷项目管理办法》,2006 年永平县人民政府下发《关于加强永平县建设项目防雷装置防雷设计、跟踪检测、竣工验收工作的通知》。2006 年出台《永平县防雷工程设计审核、施工监督和竣工验收管理办法》,并在全县范围内实施,使防雷行政许可和防雷技术服务逐步规范化。

制度建设　2003 年 1 月制定了《永平县气象局综合管理制度》,2008 年经重新修订后下发,主要内容包括计划生育,干部、职工脱产(函授)学习和申报职称等,干部、职工休假及奖励工资,医药费,业务值班室管理制度、会议制度、财务、福利制度等。2008 年 4 月制定了《永平县气象科技服务管理实施细则》。

社会管理　积极与县建设规划等部门沟通、协商,落实气象探测环境保护范围。提出气象站的保护范围,并与当地建设规划部门协商一致后,将保护范围及其所依据的法律、法规一同报当地人民政府及建设规划部门备案,由当地人民政府或者当地人民政府授权的建设规划部门向社会公布,同时报州气象局。通过气象探测环境保护备案工作,实现城市建设与气象探测环境保护的协调发展。

依照国家有关技术规范标准,对辖区内已建、新建、改建、扩建(构)筑物,石油化工、矿产、易燃易爆的生产储存场所,县气象局依法履行雷电灾害防御工作的监督、管理职责,广泛开展防雷减灾法律法规、雷电灾害科普宣传,开展了以防雷安全装置检测、防雷工程图纸审核及竣工验收等工作。

政务公开　从 2003 年起,对气象行政审批办事程序、气象服务内容、服务承诺、气象行政执法依据、服务收费依据及标准等,采取了通过户外公示栏、电视广告、发放宣传单等方式向社会公开。干部任用、财务收支、目标考核、基础设施建设、工程招投标等内容采取职工大会或上局公示栏张榜等方式向职工公开。财务每半年公示一次,年底对全年收支、职工奖金福利发放、领导干部待遇、劳保、住房公积金等向职工作详细说明。干部任用、职工晋职、晋级等及时向职工公示或说明。

党建与气象文化建设

1. 党建工作

党的组织建设　1990 年 7 月成立永平县气象局党支部,有党员 4 人。截至 2008 年 12 月底,有党员 4 人。

党风廉政建设　2002 年以来,每年与各处室和所属各单位、各县级气象局签订党风廉政建设责任书或勤政廉政建设责任书,落实领导干部"一岗双责",未发生违反党风廉政建设规定的行为;2003 年,选拔聘任了永平县气象局纪检监察员;2007 年,制定了县级气象局"三人小组"民主决策制度。

2. 气象文化建设

精神文明建设 2000 年,永平县气象局按照"内强素质、外树形象、文明和谐、争创一流"的总体要求,深入开展讲文明、树新风活动,不断强化精神文明建设。2000 年,被县委、县人民政府授予县级文明单位命名为县级文明单位。

文体活动 2005 年,设立了阅览室,以后每年至少举办一次棋牌比赛,积极支持职工参加县里和主管部门组织的体育比赛。

3. 荣誉

集体荣誉 1985—2008 年,永平县气象局共获集体荣誉 17 项。其中 1988 年被永平县委、县人民政府评为 1987 年度先进单位。1994 年,获中国气象局、云南省气象局 1993 年度气象服务先进单位。

个人荣誉 1983—2008 年,永平县气象局个人共获县处级以上奖励 34 人(次)。

台站建设

1959 年,永平县气候站迁至中屯村时只有 1 幢土砖木结构的瓦房,面积 70 平方米左右。20 世纪 70 年代在气象站的南边建 1 幢土木结构的瓦房 1 间,面积约 80 平方米,用于气象观测和办公使用。1984 年在气象站的东面新建 1 幢二层半的砖混结构综合用房,面积 368 平方米,用于办公和职工住宿。1996 年征地 1537 平方米,建面积为 740.88 平方米的综合楼,随后又进行了附属工程的围墙、大门和简易办公室的建设。2003 年在中屯气象站内拆除 2 间旧的危房,重新建永平县气象局格石棉瓦职工厨房,并对站内空地进行绿化。2006 年建造了新的办公楼。

1983 年建的综合办公楼

永平县气象局 2007 年竣工的新办公楼

云龙县气象局

云龙是滇西古县之一,曾为南方丝绸之路博南古道上的重要驿站,地处横断山脉南端滇西纵谷区,位于大理白族自治州西部,在北纬 25°24′~26°24′,东经 98°51′~99°46′之间,总面积 4400.95 平方千米。

云龙县属大陆性南亚热带高原季风气候,干湿季分明、雨热同季、干凉同期,雨水集中在夏秋季节,易造成洪涝,冬春和初夏时节多干旱。县城的年平均气温为 16.1℃,年降水量为 760 毫米,年日照为 2114.9 小时。

机构历史沿革

始建情况 始建于 1957 年 10 月,站址为云龙县检槽区石坪村,北纬 26°17′,东经 99°23′,观测场海拔高度 1989.7 米,距县城 31.2 千米。

站址迁移情况 1977 年 1 月 1 日,搬迁至云龙县城石门镇红土坡(现为诺邓镇诺石门社区气象新村 25 号),北纬 25°54′,东经 99°22′,海拔高度 1658.5 米。。

历史沿革 1957 年 12 月,建立云南省云龙检槽气候站。1958 年 12 月,云龙、永平两县合并为永平县,改称云南省永平县云龙检槽气候站。1961 年 4 月,永平、云龙分县,改称云南省云龙县检槽气候站。1964 年 3 月 1 日,改称云南省云龙县气候服务站。1966 年 3 月 14 日,改称云南省云龙县气象服务站。1971 年 1 月,更名为云南省云龙县气象站。1990 年 5 月 12 日,更名为云南省云龙县气象局。

管理体制 1957 年 10 月—1958 年 11 月,云龙检槽气候站隶属云龙县人民委员会建制,大理州气象中心站负责业务管理。1958 年 12 月—1961 年 3 月,云龙检槽气候站建制属永平县人民委员会,归口永平县农业局管理。1961 年 4 月—1963 年 3 月,隶属云龙县人民委员会建制,归口云龙县农业局领导。1963 年 4 月—1970 年 6 月,收归云南省气象局(1966 年 3 月改为云南省农业厅气象局)建制,大理州气象总站负责管理。1970 年 6 月—1970 年 12 月,隶属云龙县革命委员会建制和领导,大理州气象总站负责业务管理。1971 年 1 月—1974 年 2 月,实行云龙县人民武装部领导,建制属县革命委员会,大理州气象台负责业务管理。1974 年 3 月—1980 年 12 月,仍归县革命委员会建制,县农业局负责管理,业务由大理州气象台管理。1981 年 1 月,管理体制收归省气象局,实行大理州气象局和县人民政府双重领导,以州气象局领导为主的管理体制。

机构设置 现内设机构有办公室、预报服务股、测报股、防雷减灾管理办公室和人工影响天气办公室。

单位名称及主要负责人变更情况

单位名称	姓名	民族	职务	任职时间
云南省云龙检槽气候站	阎兴华	汉	负责人	1957.12—1958.12
云南省永平县云龙检槽气候站				1958.12—1961.04
云南省云龙县检槽气候站				1961.04—1964.03
云南省云龙县气候服务站				1964.03—1966.03
云南省云龙县气象服务站				1966.03—1968.09
	张天仁	汉	负责人	1968.10—1971.01
				1971.01—1973.03
	杨文华	白	站长	1973.03—1978.03
云南省云龙县气象站	张海	汉	站长	1978.03—1984.11
	赵秉杨	白	副站长（主持工作）	1984.11—1986.04
	廖进昌	汉	站长	1986.05—1988.12
	赵秉杨	白	副站长（主持工作）	1989.01—1989.09
	张新楼	白	副站长（主持工作）	1989.10—1990.05
			副局长（主持工作）	1990.05—1990.07
			局长	1990.07—1993.06
云南省云龙县气象局	赵秉杨	白	副局长（主持工作）	1993.07—1996.03
	张俊国	汉	副局长（主持工作）	1996.04—1999.01
	字善生	白	副局长（主持工作）	1999.02—2001.12
			局长	2001.12—

人员状况　建站时有职工 2 人。1978 年有职工 3 人。截至 2008 年底,有在职职工 6 人,其中:大学学历 4 人,初中学历 2 人;工程师 2 人,助理工程师 3 人,技术员 1 人。有 1 名离休老干部。

气象业务与服务

1. 气象业务

①地面气象观测

观测项目　云、能见度、天气现象、气压、空气温度和湿度、风向风速、降水、雪深、日照和小型蒸发。1953 年 6—12 月,云龙旧州中心流量站(水文站)进行气温观测。1954 年起,该站进行气温、降水、蒸发和日照等气象观测。1958 年 1 月 1 日起,云龙检槽气候站成立后,正式开展地面气象观测。1958 年在漕涧乡、旧州乡、关坪乡建立 3 个气候站,在 22 个村设立温度、雨量和农业气象观测哨。因没有经费和专人管理,当年年底就先后自行消失。1961 年 1 月 1 日,增加地面和浅层地温观测。1967 年 4 月 1 日,增加自记雨量观测。1970 年 9 月 1 日,增加自记空气温度、湿度观测。1973 年 11 月,增加自记气压观测。

观测时次　建站时每天进行 01、07、13、19 时(地方时)4 次观测,夜间不守班。1960 年 1 月 1 日,取消 01 时实时观测,改为 3 次观测。1960 年 8 月 1 日起使用北京时,改为 08、

14、20 时 3 次观测。

发报种类　1959 年 5 月 1 日起,编发天气报,增加 14 时小图报。1959 年 11 月 1 日,增加气压观测。1959 年 11 月 20 日,增加 08 时小图报。1981 年 12 月,根据云龙县农业气候资源调查和区划的需要,在漕涧(云龙二中)、天池水库、旧州(粮种场)设立气象哨,进行光、温、水、云、能、天等主要气象要素的观测(1985 年 12 月停办)。2000 年 1 月 1 日起,实行天气加密报并取消小图报。2002 年 7 月 1 日起,增发 20 时天气加密报。

气象报表制作　2002 年 1 月 1 日起,使用计算机《AHDM 5.0》程序编发及制作报表。

自动气象站观测　2005 年 10 月,自动气象站建成并投入业务使用,实现了对气压、温度、湿度、风向风速、雨量、地温等气象要素的连续、自动观测,自动编发各类天气报告。

资料管理　2004 年 12 月,基本气象观测记录簿以及气压自记纸、气温自记纸、相对湿度自记纸和降水自记纸移交省气象局档案室保管。2008 年 3 月又再次移交省气象局档案室保管。

区域自动气象站观测　2006 年 7 月 18 日,在宝丰、漕涧、民建、旧州、表村、长新、白石、检槽、关坪、团结、诺邓等 11 个乡镇安装了温度、雨量两要素自动气象站。

②农业气象

1982—1984 年,完成了云龙县农业气候区划,撰写并发布了《云龙县气候资源分析与农业气候区划》和《云龙县气候资调查专题分析及气候资料(汇编)》两本书。2000—2005 年间,编写了《云龙烤烟气候概况》、《云龙干旱气候分析及区划》等资料。1987 年 11—1995 年 11 月,为漫湾水电工程提供以雨情为主的气象服务。

2006 年 7 月在全县 11 个乡镇建成自动气象站(图为天池湖畔的诺邓镇自动气象站)

③气象信息网络

1999 年以前,采用电话传递气象报文。2002 年底,安装了 PC-VSAT 单收站。2004 年底,安装并开通了气象系统内部专用通信光纤,实现了与全省各级气象部门连网,并安装了 4 部与全省各级气象部门直通的内部 IP 电话。

④天气预报预测

1958 年 7 月,云南省云龙检槽气候站制作 1958 年下半年降雨展望等单站补充天气预报。1961 年开展了农谚收集和验证,制作了分区分片的早稻适宜播种预报和病虫害预报,整理了 1958—1960 年气象资料。1975 年 8—9 月,省气象局在云龙县石门镇举办为期 1 个多月的滇西六地州数理统计预报培训班。1983 年起,编写各年《气候评价》。2000 年以来,开展的天气预报业务主要有:一是年、季、月短期气候预测(长期天气预报),预报内容有雨量、气温、主要天气过程、旱涝趋势、低温趋势、主要气象灾害等,并提出有针对性的建议;二是中短期预报,有 1～2 天的短期天气预报和 3～7 天的中期天气预报,预报内容有阴、晴、雨、雪及最高、最低气温;三是专项预报,有当年 11 月至次年 5 月每天的森林火险等级预报、重大工程项目建设专题预报和为本地大型活动提供专项预报;四是发布《重要天气消息》、《重要天气预报》和《灾害性天气警报》。2007 年起,编写各月《气候评价》。

2. 气象服务

①公众气象服务

1987 年,开始通过广播、电视向公众提供气象预报服务;2002 年以后,逐步增加手机短信、网站等方式向公众提供气象服务。

②决策气象服务

1990 年 6 月 5 日,为抢修新桥电站大坝,提供准确、及时的预报。1993 年云龙县遭受"8·29"特大洪灾,县气象站预报定性准确,汇报和服务及时,并派预报员随县人民政府抢险救灾工作组赶赴灾区,马雪飞受到县委、县人民政府的表彰。为 1995 年宝丰"8·16"泥石流、1999 年为漕涧"8 月低温"和 2005 年雪灾、特大春夏连旱等提供了气象灾害应急决策气象服务。2002—2003 年,为天池水库扩容提供了气象服务。1992 年、1995 年和 2000 年,为飞机播种造林提供气象服务。

③专业与专项气象服务

人工影响天气 2006 年 12 月 27 日,云龙县人民政府成立云龙县人工影响天气工作领导小组,领导小组在县气象局设云龙县人工影响天气办公室,云龙县启动了以人工增雨为主的防灾减灾工作。2007—2009 年,在天池等作业点进行了多次人工增雨作业,有效地缓解了旱情、降低了森林火险等级、增加了天池水库的蓄水量。

防雷技术服务 1996 年,成立云龙县避雷设施安全检测中心,开展辖区内避雷设施的安全检测工作。2003 年 12 月 9 日,云龙县人民政府成立了云龙县防雷减灾管理领导小组,领导小组在县气象局设立"云龙县防雷减灾管理办公室"。2006 年 3 月,云龙县避雷装置检测中心更名为云龙县防雷装置安全检测中心,并进行了事业法人登记。云龙县防雷检测中心现有专业技术人员 5 人,其中工程师 2 人,助理工程师 3 人;拥有检测仪器设备 3 台套、微机 1 台,全部人员经培训考试合格取得《防雷检测资格证》。1996 年以来,在辖区内依法对社会开展防雷装置定期检测、防雷工程跟踪检测、防雷工程竣工检测、防雷装置设计技术性审查、雷灾技术鉴定和雷击风险评估等工作。每年受检单位达 50 余家,提出整改方案 20 余套,有效地避免和减少了雷电灾害。

气象法规建设与社会管理

依法行政 云龙县气象局共有 3 名职工通过培训、考试取得云南省人民政府颁发的《行政执法证》。

制度建设 1993 年 5 月,云龙县气象局制定气象行政审批办事程序、气象服务内容、服务承诺、气象行政执法依据、服务收费依据及标准等。2005 年 4 月重新修订《云龙县气象局综合管理制度》,主要内容包括干部、职工休假及奖励工资,业务值班室管理制度,会议制度,财务、福利制度等。

社会管理　2002 年,重点加强雷电灾害防御工作的依法管理工作,规范本县防雷市场的管理,提高防雷工程的安全性,使防雷行政许可和防雷技术服务正逐步规范化。2004年,开展施放气球审批业务。

政务公开　2003 年,云龙县气象局对社会管理事项采取了通过户外公示栏向社会公开。财务一般每半年公示一次,年底对全年收支、职工奖金福利发放、领导干部待遇、劳保、住房公积金等向职工作详细说明。干部任用、职工晋职、晋级等及时公示或向职工说明。

党建与气象文化建设

1. 党建工作

党的组织建设　1973 年 3 月以前云龙县气象站没有党员,1973 年 3 月以后有党员 1～2 人,曾先后编入县农业局、县委农工部、县委办公室、县委政策研究室等党支部。2008 年8 月,云龙县气象局 1 人被中共云龙县委评为优秀共产党员。截至 2008 年底云龙县气象局有 2 名党员,未成立独立党支部。

党风廉政建设　2003 年,实行党风廉政建设目标责任制。2004 年,开展了以"情系民生,勤政廉政"为主题的廉政教育。2003 年以来,每年局财务账目定期接受上级财务部门年度审计,并将结果向职工公布。

2. 气象文化建设

精神文明建设　2001 年,云龙县气象局开展精神文明建设,做到学习有制度、文体活动有场所、宣传教育有载体。2005 年,建设"两室一场"(图书阅览室、职工活动室、小型运动场),阅览室拥有图书 2000 多册,使得台站建设包涵气象文化特质,职工生活丰富多彩,文明创建工作跻身于全州先进行列。2006 年 5 月 19 日,全州气象部门"文明建设"工作会议在云龙县气象局召开。1988 年 4 月,评为"1985—1987 年度云南省气象部门双文明建设先进集体"。

文明单位创建　2001 年 1 月,县委、县人民政府命名云龙县气象局为县文明单位。2006 年 11 月,州委、州人民政府授予云龙县气象局州级文明单位,并保持至今。

台站建设

2001 年,新修了气象局与居民区直接相连的东北角青砖围墙,对职工住宅楼前后两边的不规则地皮进行了平整并适当绿化。2003 年,建起 260 平方的业务办公楼。2004 年,把原来 20 米×16 米的简易观测场改造成 25 米×25 米的标准化观测场。2005 年,进行了综合改善,初步建成了"花园式气象站"。

1977 年云龙县气象站刚刚从检槽迁到县城
时的全景图

2008 年云龙县气象局建成花园式单位

漾濞彝族自治县气象局

漾濞县地处云南低纬高原,位于云南省西部,大理州中部、点苍山之西,属于亚热带和温带高原季风气候区。常见的气象灾害主要有干旱、洪涝、低温冷害、霜冻、雪灾、冰雹、大风和雷击。

机构历史沿革

始建情况 始建于 1958 年 12 月,站址在漾濞县苍山西镇金星村枳村社下皇庄,距县城中心 2 千米,东经 99°57′,北纬 25°41′,海拔高度 1626.1 米。

站址迁移情况 1959 年 7 月 25 日,站址迁往东风公社(现苍山西镇)羊庄坪与水文站合并。1959 年底,站址迁回原址漾濞县苍山西镇金星村枳村社下皇庄。

历史沿革 1958 年 12 月建立大理市上街公社气候服务站。1961 年 9 月更名为漾濞县气候服务站。1965 年 12 月更名为漾濞县气象服务站。1972 年 10 月更名为云南省漾濞县气象站。1985 年 12 月更名为云南省漾濞彝族自治县气象站。1990 年 6 月更名为云南省漾濞彝族自治县气象局。

管理体制 1958 年 12 月—1963 年 7 月,漾濞县气候服务站隶属大理市人民委员会(1959 年底为漾濞县人民委员会)建制和领导,归口农水科管理,大理州气象中心站负责业务管理。1963 年 8 月—1970 年 6 月,隶属云南省气象局(1966 年 3 月改为云南省农业厅气象局)建制和领导,大理州气象总站负责管理。1970 年 6 月—1970 年 12 月,隶属漾濞县革命委员会建制和领导,大理州气象总站负责业务领导。1971 年 1 月—1974 年 2 月,实行漾濞县人民武装部领导,建制属漾濞县革命委员会,大理州气象台负责业务管理。1974 年 3 月—1980 年 8 月,漾濞县气象站建制仍归县革命委员会,归口县农业局管理。1980 年 9 月,漾濞县气象局建制收归省气象局,实行大理州气象局与漾濞县人民政府实行双重领导,以州气象局领导为主的管理体制。

单位名称及主要负责人变更情况

单位名称	姓名	民族	职务	任职时间
大理市上街公社气候服务站	无负责人			1958.12—1961.05
漾濞县气候服务站	黎永光	白	负责人	1961.06—1961.08
				1961.09—1964.07
			副站长	1964.07—1965.12
				1965.12—1966.06
漾濞县气象服务站	董永明	汉	负责人	1966.07—1972.01
	张润林	汉	负责人	1972.02—1972.09
				1972.10—1978.12
云南省漾濞县气象站	茶林科	土家	站长	1979.01—1981.05
			负责人	1981.06—1981.09
	张润林	汉	站长	1981.10—1985.12
云南省漾濞彝族自治县气象站				1985.12—1990.06
云南省漾濞彝族自治县气象局			局长	1990.06—2001.12
	李晓斌	汉	副局长	2002.01—

注:1958年12月—1961年5月,气候站仅有观测员赵鸣和、赵惠英2人,无负责人。

人员状况 建站时有职工2人;1978年有职工4人;截至2008年12月,有在职职工5人,退休职工2人。在职职工中:30岁以下2人,30~40岁2人,40~50岁1人;本科学历2人,大专学历1人,中专学历2人;汉族2人,彝族、白族、回族各1人;中级职称1人,初级职称4人。

气象业务与服务

漾濞气象站的主要业务是完成地面一般站的气象观测,每天向省气象台传输定时观测电报,制作气象月报和年报报表,并开展长、中、短期天气预测预报服务工作。

1. 气象业务

①地面气象观测

观测项目 1959年1月1日,漾濞气候站开始地面气象观测。观测项目有能见度、天气现象、气温、降水、雪深和风等。1960年1月1日起增加地温观测,1961年2月1日起,增加气压观测,1967年3月1日起,增加雨量自计观测,1968年1月1日起,增加温度计和湿度计观测,1970年10月1日起,增加气压计观测。现在观测项目有云、能见度、天气现象、气压、空气温度和湿度、风向风速、降水、日照、蒸发、雪深和地温(地面和浅层)等。

观测时次 建站时每天进行01、07、13、19时(地方时)4次观测。1960年8月起,改为08、14、20时(北京时)3次观测,取消02时观测(02时资料用头天20时与次日08时资料订正得到),夜间不守班。现在每天进行08、14、20时3个时次地面观测、3次定时报。

气象报表制作 1959—1960年,报表编制有气表-1,气表-21,气表-3,气表-23,气表-4和气表-24。1980年1月1日起,气象观测报表有月报表(气表-1)和年报表(气表-21)2种,各编制 4 份,向中国气象局、省气象局、州气象局各报送 1 份,本站留底 1 份。月、年报表编制均为手工抄录计算,通过初算、复算、预审后上寄州局业务科审核寄回归档。2002 年 1 月 1 日,采用计算机《AHDM 5.0》程序编发气象观测报文后,报表编制通过计算机进行并上传审核,州气象局审核后返回打印归档,减轻了工作强度并提高了报表的编制效率。

区域自动气象站观测 2006 年完成了 11 个乡镇两要素自动气象站的建设任务并投入使用,增强了区域气象观测的及时性。

②气象信息网络

2000 年以前,采用手摇电话向县邮电局口传,邮电局接收后以电报方式发省局。2003 年建成甚小口径终端(PC-VSAT 单收小站)。2005 年气象系统内部光纤局域网建设开通后切换为局域网发报,Internet 网作为备份线路使用。

③天气预报预测

1959 年,开展了单站补充天气预报,并作为气象业务工作之一。1972 年改为县站预报,主要有临近短时预警预报;短期天气预报;中期预报和月、季、年长期天气预报。2002 年后通过 PC-VSAT 单收站建设,MICAPS 系统的实时使用,结合中央、省、州指导预报作出本站本地区补充预报。2002 年 3 月,建成地面气象卫星数据接收、分析、处理系统(PC-VSAT 单收站),并投入业务使用,现代化手段与传统方式的结合,极大地提高了长、中、短期天气预报准确率。

2. 气象服务

①公众气象服务

2002 年 3 月以前,县级预报于 17 时发送县广播站,由县广播站向全县播送。2008 年,天气预报信息放进了人民政府信息公开门户网站,方便了广大人民群众的查询。

②决策气象服务

2002 年 3 月以前,漾濞气象站对重要天气预报,及时用电话传真等方式通知县委办、县人民政府办及人民政府各有关单位。实行 24 小时值班监视天气变化,进行跟踪服务,出现重大气象灾害时进行灾情调查和上报灾情。2004 年开始通过移动通信网络开通气象短信平台,以手机短信方式快捷及时地向县、乡、村领导发送气象服务信息。

③专业与专项气象服务

人工影响天气 2005 年 4 月,成立漾濞彝族自治县人工影响办公室,负责对全县人工影响天气的管理。2008 年 12 月,建立人工影响天气作业点 4 个,有工作车 1 辆,并组建了无线通讯网及作业、指挥、管理专业队伍。

防雷技术服务 2000 年,经县机构编制委员会审批,成立漾濞彝族自治县避雷装置检测中心,核定为防雷装置丙级资质,主要开展县域内防雷装置定期检测等服务工作。

3. 科学技术

1984 年 5 月,为县农科所食用菌栽培提供气象服务。1983—1985 年,开展并完成了《漾濞县农业气候资源调查及区划》工作,编印《区划》成果(约 10 万字)300 册,服务有关单位。1987—1995 年 10 月 31 日,为漫湾水电站建设提供雨情气象资料(雨情报)服务。

1991—2001 年,为县环境监测站提供 08、11、14、17、20 时气温、雨量、湿度和风向风速观测资料。1995 年,为本县编制《森林经营方案》、《1995—2000 年林业以工代赈可行性论证报告》、《核桃干果基地可行性论证报告》等提供气象数据。1995—1997 年,为本县雪山河泥石流治理提供本县气象资料和设立雨量观测点。为徐村电站建设提供汛期雨量观测。

气象法规建设与社会管理

法规建设 1997 年,漾濞县气象局共有 2 名职工通过培训、考试取得云南省人民政府颁发的《行政执法证》。2005 年 4 月,完成了漾濞县局气象探测环境等备案工作。

制度建设 1998 年以来,逐步建立和完善地面气象测报制度方面的七项制度五项职责,制度分别是《值班制度》、《交接班制度》、《场地仪器设备维护制度》、《报表编制报送及数据传输制度》、《业务学习制度》、《检查制度》、《报告制度》。测报岗位职责分别是《测报组长职责》、《观测员职责》、《预审员(兼职)职责》、《资料档案保管员职责(兼职)》、《仪器维修保管员(兼职)职责》;预报人员工作职责制度方面有《预报股长职责》、《预报人员职责》《预报当班值班及报告制度》及其他行政管理等制度。

社会管理 漾濞县气象局于 1997 年开始进行行政审批。2002 年,行政审批事项为防雷装置的设计审核和竣工验收,开展施放无人驾驶和系留气球活动管理服务工作。

政务公开 2003 年以来,认真落实局务公开和民主决策制度,重大事项和涉及职工利益的事项,都采用召开职工会议和征求意见的方式实现民主决策。2005 年被中国气象局授予"全国气象部门局务公开先进单位"。

党建与气象文化建设

1. 党建工作

党的组织建设 由于多数时期党员仅 2 人,没有成立过独立的党支部,气象站党员参加农口党支部的组织生活。截至 2008 年 12 月,县气象局有党员 5 人,参加农业局党支部的组织生活。

党风廉政建设 2003 年以来,每年认真落实好党风廉政建设目标责任制,积极开展廉政教育和廉政文化建设活动。接受上级财务部门财务审计,搞好局务公开栏建设。

2. 气象文化建设

精神文明建设 1988—1990 年,被省气象局评为"双文明"建设先进单位。2005 年以来,先后开展"先进性教育"和"解放思想大讨论"活动。2003、2005、2008 年根据人事变动后相应调整了文明单位创建活动领导小组,抓好群众性创建活动。

文明单位创建 1998 年,被县委和县人民政府命名为县级文明单位,通过两次复评复审,至今保持县级文明单位称号。

3. 荣誉

集体荣誉 1988—1989 年,漾濞县气象站被省气象局评为"五好"仪器单位。

个人荣誉 1977年,有1人被省气象局评为全省气象系统先进工作者,并以少数民族先进代表参加了1978年10月在北京召开的全国气象系统先进工作者代表会议。2004—2008年有1人获中国气象局"优秀测报员"称号,有13人次获省气象局"质量优秀测报员"称号。

台站建设

1962年建土木结构小平房1幢(约100平方米),作观测室和职工住房。1973年,建土木结构两层楼房1幢(约160平方米)作职工住房。1977年,拆除1962年和1973年所建房屋,新建砖木结构两层楼房1幢(约225平方米),职工食堂1间(约68平方米)。1982年底至1983年初,新建砖混结构平房1幢(110平方米)作测报和预报用房。1994—1995年,征地1.5亩,在县农贸市场新建砖混结构四层综合楼1幢,面积470.8平方米,方便了预报服务工作和职工生活。2004年,对办公、生活区进行了绿化改造。2005年,开工兴建业务办公大楼,包括车库、文化娱乐室面积共计418.9平方米,2006年7月投入业务使用。2008年"5·12"汶川地震发生后,开展灾后值班用房及围墙恢复重建工作。

1998年前漾濞气象站办公楼旧貌

2006年漾濞气象局办公楼新貌

2006年漾濞气象局观测场环境

洱源县气象局

洱源县因"洱海之源"而得名,位于云南省西北部,大理白族自治州北部,国土面积 2875 平方千米,人口 27.6 万。

机构历史沿革

始建情况 始建于 1956 年 11 月 10 日,站址在三营镇大官营火焰农场。

站址迁移情况 1960 年 2 月,迁往三营余庄,同年 11 月迁至玉湖镇九台村。2008 年 1 月 1 日,观测场搬迁至茈碧湖镇负图村,北纬 26°06′,东经 99°58′,海拔高度 2059.9 米。

历史沿革 1956 年 11 月 10 日,组建云南省洱源县大官营气候站。1957 年 11 月,改称洱源县气象服务中心站。1959 年 8 月 1 日,剑川、洱源两县合并,隶属剑川县气象中心站管理,名称不变。1961 年 12 月,剑川、洱源分县,改称洱源县气象服务站。1964 年 1 月 1 日,改称云南省洱源县气候服务站。1966 年 1 月 1 日,改称洱源县气象服务站。1973 年 10 月 1 日,改称云南省洱源县气象站。1990 年 5 月 12 日,改称云南省洱源县气象局。

管理体制 1956 年 11 月—1958 年 2 月,建制归省气象局。1958 年 3 月—1963 年 3 月,建制属洱源县人民委员会,洱源县农业局领导。1963 年 4 月—1970 年 6 月,气象管理体制收归省气象局,业务由大理州气象总站管理。1970 年 7 月—1970 年 12 月,隶属洱源县革命委员会建制和领导,大理州气象总站负责业务领导。1971 年 1 月—1973 年 11 月,隶属洱源县人民武装部领导,建制属洱源县革命委员会,大理州气象台负责业务管理。1973 年 12 月—1980 年 12 月,建制仍归洱源县革命委员会,归口洱源县农业局管理,业务由大理州气象台管理。1981 年 1 月,管理体制收归省气象局,实行大理州气象局与县人民政府双重领导,以州气象局领导为主的管理体制。

机构设置 洱源县气象局内设机构有办公室、测报股、预报股和防雷装置安全检测中心。

单位名称及主要负责人变更情况

单位名称	姓名	民族	职务	任职时间
云南省洱源县大官营气候站	饶洪广	汉	负责人	1956.11—1957.12
洱源县气象服务中心站				1957.11—1959.12
	李太元	白	站长	1960.01—1961.12
				1961.12—1962.09
洱源县气象服务站	子 毅	汉	负责人	1962.10—1962.12
	王庆昌	汉	副站长	1963.01—1964.01
云南省洱源县气候服务站				1964.01—1965.12
洱源县气象服务站				1966.01—1969.12

单位名称	姓名	民族	职务	任职时间
洱源县气象服务站	李馥香	汉	站长	1970.01—1973.10
				1973.10—1980.01
云南省洱源县气象站	李耀虎	汉	站长	1980.01—1984.07
	李兆喜	白	站长	1984.08—1990.05
			局长	1990.05—1991.10
	沈兆发	白	局长	1991.11—1995.08
	李兆喜	白	副局长	1995.09—1996.05
云南省洱源县气象局	马汉才	白	副局长	1996.06—1998.09
			局长	1998.09—2001.12
	杨朝胜	白	副局长	2001.12—2005.05
			局长	2005.06—2006.12
	杨卫东	白	局长	2006.12—

人员状况 建站时有职工2人。1978年有3人。1990年有职工6人。截至2008年底,有在职职工6人,其中:大学学历2人,大专学历2人,中专学历2人;中级职称2人,初级职称4人;40～35岁2人,35岁以下4人;汉族2人,白族4人。

气象业务与服务

1. 气象业务

①地面气象观测

观测项目 1956年11月10日,开始地面气象观测。1958—1959年,开展农业气象物候观测。1959年11月1日,增加气压观测。1960年1月1日,增加浅层地温观测。1961年3月1日,增加地面温度观测。每天夜间不守班。现在观测项目有云、能见度、天气现象、气压、气温、湿度、风向风速、降水、雪深、日照、蒸发、地温等。

观测时次 1956年11月10日起观测时次为01、07、13、19时(地方时)4次。1960年1月1日,取消02时观测(用自记订正值代替)。1960年8月1日,气象观测时次改为02、08、14、20时(北京时)4次。

发报种类 1959年5月1日,增发14时小图报,11月20日增发08时小图报。1980年1月1日起,执行新的《地面气象观测规范》。1984年1月1日,增加重要天气报。1988年7月1日,地面气象观测发报使用新电码。1964年11月1日至1981年4月1日,每天16次向祥云、昆明和昆明3个单位发固定航空(危险)报,危险报则是当有危险天气现象时,5分钟内及时拍发。另加不定时和定时两种预约报。

气象报表制作 1967年4月1日,增加气表-5。2002年1月1日,使用计算机编发地面观测报告和制作报表。

区域自动气象站观测 2006年7月18日,在牛街、三营、乔后、茈碧湖、西山、炼铁、凤羽、右所和邓川等乡镇建成CAWS系列温度、雨量两要素自动观测站,同年8月1日开始试运行。

②气象信息网络

建站初期,使用气象专用电话线路;1982 年,使用 79 型短波定频接收机和 CZ-80 型气象传真收片机;1989 年,使用 PC-1500 袖珍计算机,同年安装甚高频无线电话;2000 年 5月,建成县级地面气象卫星接收小站;2004 年 12 月,数据传输通过网络完成。

③天气预报预测

1958 年底起开始做初霜冻和霜冻预报。1959 年 2 月,开展单站补充天气预报。1964年,全年除 24 小时短期预报外,开始发布中期天气预报、月长期天气预报、全年长期天气预报和"三秋"天气预报。1965 年进行了两次预报改革,提高中期灾害性天气补充预报的质量和农事关键期(5、6、9、10 月)中长期灾害性天气预报质量。2000 年 5 月,县人民政府资助建成 PC-VSAT 单收站,扩大了天气预报服务所需的气象资料来源,促进了天气预报能力和水平的提高。1978 年至今主要开展长、中、短期天气预报、短期气候预测、短期气候评价、专业(农业、林业、地质灾害、烟草、环保等)气象预报等天气预报业务。

1958 年 6 月,开始制作补充天气预报,并要求基本资料、基本图表、基本档案和基本方法等"四基本达标"。1982 年以来,县气象站根据预报需要共抄录整理 55 项资料、共绘制简易天气图等 9 种基本图表,主要对建站后有气象资料以来的各种灾害性天气个例建档,对气候分析材料、预报服务调查与灾害性天气调查材料、预报方法使用效果检验、预报质量月报表、预报技术材料、中央省地各类预报业务会议材料等建立业务技术档案。

20 世纪 80 年代初,通过传真接收中央气象台,省气象台的旬、月天气预报,再结合分析本地气象资料,短期天气形势,天气过程的周期变化等制作天气过程趋势预报。

运用数理统计方法和常规气象资料图表及天气谚语、韵律关系等方法,分别做出具有本地特点的补充订正预报。长期天气预报在 20 世纪 70 年代中期开始起步,80 年代为适应预报工作发展的需要,进一步贯彻执行中国气象局提出的"大中小、图资群、长中短相结合"技术原则,组织力量,多次会战,建立一整套长期预报的特征指标和方法,这套预报方法一直沿用至今。长期预报主要有:冬春预报(11 月—次年 4 月)、大春栽插期(5—6 月)预报、主汛期(7—9 月)预报、秋季预报、年预报。

2007 年起根据农业、林业、地质灾害、烟草、环保、电力等部门的专业需求,结合适时的气象条件制作了专业气象预报。

2. 气象服务

①公众气象服务

1995 年县气象局与县广播电视局协商在电视台播放洱源天气预报,天气预报信息由气象局提供,电视节目由电视台制作。预报信息通过电话传输至广播局。2007 年,通过移动通信网络开通了气象商务短信平台,以手机短信方式向全各级领导发送气象信息。2008 年在全县各乡镇及县委、县人民政府办公场所安装县电子显示屏,及时向公众发布气象信息。

②决策气象服务

1978 年起,向洱源县委、县人民政府及其有关部门提供决策气象服务项目有:长、中、短期天气预报、短期气候预测、短期气候评价、专业(农业、林业、地质灾害、烟草、环保等)气象预报等。服务方式:兴农信息网、政务网站、专题报告材料(重要天气报告、气象灾情报告、重大活动气象服务、专题气候分析、防汛抗旱气象服务、防火气象服务、主要河道流域面雨量监测与预报、气候影响评价等)等。如在每年的干季第 1 日向县护林防火指挥部报送森林火险等级,在汛期当降水达到一定标准就及时向防汛指挥部报告。每年的传统节日"火把节"期间,向县人民政府部门、节目主办单位提供节日期间的天气预报。2002 年 5 月 19 日,由中宣部、科技部、中国科协和中共云南省委主办,中共大理州委和州人民政府承办的"全国第二届科技活动周"在洱源县右所镇永安村举行,县气象局积极提供气象保障服务。1983 年以来,县气象局多次为当地驻军提供演习气象保障服务。

③专项与专业气象服务

人工影响天气 洱源县人工增雨防雹开始于 2000 年。当年购置人工增雨防雹专用车 1 辆,火箭发射架 1 套。作业人员 3 人。每年 2—4 月,主要开展森林防火人工增雨作业;5—7 月,主要进行抗旱保苗人工增雨和防雹作业。2003 年 9 月,洱源县气象局与州人降办和大理市人降办在七里桥、三塔寺、无为寺、蝴蝶泉和邓川沿苍山一线开展洱海蓄水人工增雨作业,使洱海水位从 1972.19 米上升到 1972.58 米,净增洱海蓄水量 9750 万立方米。

防雷技术服务 1996 年,洱源县开始防雷检测工作。1998 年,成立洱源县防雷中心,2002 年 10 月,取得云南省质量技术监督局颁发的计量合格认证。2006 年 4 月,取得防雷装置安全检测丙级资质。防雷中心自成立以来为党政机关、社会团体、企事业单位、易燃易爆场所、程控系统、卫星接收系统、各有关单位的计算机站(室)和网络系统、网吧、移动通信基站、中小学校、医院、宾馆、会堂、影剧院、金融保险、交通、电力、广播电视设施以及文物保护建筑物提供了检测服务。对新建、改建和扩建的防雷装置进行了施工监督和分步跟踪检测,确保了洱源县防雷减灾工作的顺利进行。

专业气象服务 1983 年起向国家重点工程、企事业单位趋利避害组织生产所需的专业气象服务,专业气象服务已覆盖了农业、林业、畜牧业、能源、水利、环保、保险等部门。1985 年,完成了县级农业气候资源调查及区划工作。编印 1957—1982 年农业气候资料集 200 本(油印本)。1983—2000 年,派出技术人员提供飞播造林气象服务。多年来一直为县防疫站、地震办、农业局、水利局、林业局等提供气象资料服务。2007 年利用气象资料协助省气候中心完成罗坪山、恩兆山风力资源评估工作。

④气象科普宣传

每年 3 月 23 日,根据"3·23"世界气象日主题向公众宣传气象,提高公众对气象的认知度。每年的"火把节"期间,利用节日期间人员比较集中,向他们免费散发关于气象、防雷等知识的宣传小册子。

1994—2001 间每年编写《洱源气象》4—6 期发到县乡政府以及县级相关部门进行科普宣传。2002 年 5 月 19 日,由中宣部、科技部、中国科协和中共云南省委主办"全国第二届科技活动周"在洱源县右所镇永安村举行,县气象局开展了气象科技咨询及气象科普宣传。

气象法规建设与社会管理

法规建设 2007 年,洱源县人民政府下发关于加强防雷安全管理工作的通知,防雷行政许可和防雷技术服务逐步规范化。2007 年 7 月搜集整理了新观测场的《探测环境备案资料》,并将备案资料提交县规划建设局。

制度建设 2007 年 1 月洱源县气象局编制了《洱源县气象局规章制度汇总》,明确了相关制度及责任。

社会管理 洱源县气象局于 1997 年开始进行行政审批。2000 年,行政审批事项为防雷装置的设计审核和竣工验收,开展施放无人驾驶和系留气球活动管理服务工作。

政务公开 2002 年,加强气象政务公开,对气象行政审批办事程序、气象服务内容、服务承诺、气象行政执法依据、服务收费依据及标准等,采取了通过户外公示栏、洱源县人民政府网站、发放宣传单等方式向社会公开。干部任用、财务收支、目标考核、基础设施建设、工程招投标等内容则采取职工大会或上局公示栏张榜等方式向职工公开。财务一般每半年公示一次,年底对全年收支、职工奖金福利发放、领导干部待遇、劳保、住房公积金等向职工作详细说明。干部任用、职工晋职、晋级等及时向职工公示或说明。

党建与气象文化建设

1. 党建工作

党的组织建设 1999 年 10 月,洱源县气象局成立党支部,有党员 3 人。截至 2008 年,有党支部 1 个,党员 6 人。

党风廉政建设 2000 年,洱源县气象局党支部认真落实党风廉政建设目标责任制,积极开展廉政教育和廉政文化建设活动。从 1999 年起,党支部定期召开民主生活会,开展民主评议党员活动。

2. 气象文化建设

1999 年,洱源县气象局制定了精神文明建设工作的目标和任务,把双文明建设列入单位目标管理。1999 年以来,洱源县气象局始终把领导班子的自身建设和职工队伍的思想建设作为文明创建的重要内容,近年来先后开展了学习"八荣八耻"、围绕十七大精神开展解放思想、深入学习实践科学发展观等活动。

2000 年以来,每年在"3·23"世界气象日组织科技宣传,普及防雷知识。积极参加县组织的文艺会演和户外健身,丰富职工的业余生活。

3. 荣誉

集体荣誉 洱源县气象局成立后主要荣获的集体荣誉有 12 项。

个人荣誉 有 7 人次获云南省优秀测报员,2 人次获中国气象局优秀测报员。

台站建设

1956 年建站至 1964 年,县气象站无办公、宿舍房,均为借、租房屋办公。1964 年底才在现气象局办公区建 5 间瓦房约 40 平方米,用于办公和生活,无围墙、无大门;1979 年,建 1 幢二层砖混综合用房 140 平方米(1999 年因县城道路改造拆除),1991 年,新建 236 平方米职工住宿楼。1998年,沿街建综合楼,一层用于办公,二、三层为职工住房。

2006—2008年对局机关的环境面貌和业务系统进行了大的改造。2007年7月20日,业务办公楼竣工并投入使用,新办公楼建筑面积573平方米。同年11月27日,新观测场完成土建,新观测场区占地6.7亩,办公值班用房5间,142平方米(原观测场占地2.7亩,办公值班用房3间31平方米)移交我局。洱源县气象局于同年对主观测场建设和值班室、办公室进行了装饰和改造完善,并于12月31日迁入并正式在新址观测。2008年4月对办公区环境进行了初步改造,规划整修了道路,在庭院内修建草坪、花坛、车库、简易围墙大门,基本改变了办公区院内的环境。同年6月,按州气象局和地方人民政府协议,对原观测场资产进行清产核资后,移交县国资公司处置。

洱源县气象局新办公楼(2007年新建)　　　　洱源县气象局观测场(2008年)

剑川县气象局

机构历史沿革

始建情况　始建于1956年11月,站址位于剑川县城东南方原剑川县国营剑湖农场,北纬26°30′,东经99°56′,距县城3.3千米。

站址迁移情况　1958年11月,迁站于县城东方金华镇下登村(现为金华镇金龙行政村下登村126号),距县城1.0千米,北纬26°32′,东经99°55′,观测场海拔高度2191.1米。2003年7月,"两室一场"改造工程中,观测场高度比原来提高了30厘米,海拔高度2191.4米。

历史沿革　1956年11月,建立云南省剑川气候站。1959年8月,剑川、洱源、邓川三县合并为剑川县,改名为剑川县金华气候站。1961年12月,剑川、洱源分县,改称剑川县气候服务站。1966年1月,改称剑川县气象服务站。1970年3月改称剑川县气象站。1973年9月1日,改称云南省剑川县气象站。1990年9月,改称云南省剑川县气象局。

管理体制　1956年11月—1958年2月,隶属省气象局建制和领导。1958年3月—1963年3月,属剑川县人民委员会建制,隶属剑川县农水科领导,业务由大理州气象中心站管理。1963 年 4 月—1970 年 6 月,气象管理体制收归省气象局,业务由大理州气象总站管理。1970 年 7 月—1970 年 12 月,隶属洱剑川革命委员会建制和领导,大理州气象总站负责业务管理。1971 年 1 月—1974 年 5 月,剑川县气象站实行剑川县人民武装部领导,建制属剑川县革命委员会,大理州气象台负责业务管理。1974 年 6 月—1981 年 1 月,建制仍归剑川县革命委员会,由剑川县农业局领导,业务由大理州州气象台管理。1981 年 2 月,剑川县气象局管理体制收归省气象局,实行大理州气象局与县人民政府双重领导,以州气象局领导为主的管理体制。

单位名称及主要负责人变更情况

单位名称	姓名	民族	职务	任职时间
云南省剑川气候站	黎文怀	壮	负责人	1956.11—1959.08
剑川县金华气候站				1959.08—1961.12
剑川县气候服务站				1961.12—1966.01
剑川县气象服务站				1966.01—1970.03
剑川县气象站				1970.03—1970.08
	张 明	白	负责人	1970.09—1973.09
				1973.09—1980.08
云南省剑川县气象站	王兆雄	白	站长	1980.08—1984.07
	陈正川	白	副站长	1984.07—1990.09
			副局长	1990.09—1992.03
			局长	1992.04—1996.04
云南省剑川县气象局	赵泽亮	白	副局长	1996.04—1999.10
			局长	1999.10—2008.06
	万永斌	汉	局长	2008.07—

人员状况 建站时有职工 3 人,1978 年有职工 6 人,截至 2008 年 12 月,有在职职工 7 人,临时工 1 人。在职职工中:大学本科 1 人,专科 4 人,中专 2 人;工程师 2 人,助理工程师 3 人;50 岁以上 3 人,35 岁以下 3 人;白族 3 人,汉族 3 人,纳西族 1 人。

气象业务与服务

1. 气象业务

①地面气象观测

观测项目 1956 年 11 月 1 日,开始地面气象观测。观测项目有云、能见度、天气现象、空气温度、湿度、风、降水、雪深、日照、小型蒸发,夜间不守班。1959 年 10 月 1 日,增加曲管地温观测;1960 年 2 月 1 日增加地面温度观测。1961 年 1 月 1 日,增加动槽式水银气压表观测。1967 年 5 月 1 日,虹吸式雨量计启用。1968 年,因"文化大革命"干扰,全年停止气象观测。1969 年 7 月 1 日,使用 EL 型电接测风仪;1970 年 2 月启用温湿度计;1972 年 8 月 1 日,启用空盒气压计。1974 年 9 月 26 日—11 月 22 日,因无政府思潮影响,停止气象观测 58 天。

观测时次 1956 年 11 月 1 日观测时次为 01、07、13、19 时（地方时）。1960 年 8 月 1 日，执行修改后的《地面气象观测规范》，观测时次为：02、08、14、20 时（北京时），夜间不守班。1962 年 5 月，取消 02 时气象观测（02 时资料用订正后的自记值代替）。

发报种类 1958 年 11 月 1 日，开始编发天气报，发报时次为 08、14、20 时。1964 年 11 月，增加向昆明，祥云（军用）机场拍发航危预约电报。1981 年 4 月 1 日，取消航危报拍发任务。1980 年 1 月，执行新版《地面气象观测规范》。1984 年 1 月 1 日，向省气象台拍发重要天气报。1988 年 7 月 1 日，地面观测发报使用新电码。

气象报表制作 2002 年 1 月 1 日，使用计算机程序《AHDM 5.0》编发地面观测报告和制作报表。

资料管理 气象观测报表气表-1 报省、州气象局；气象观测年报表气表-21 报国家、省、州气象局。根据省气象局通知，建站至 2006 年压、温、湿、风、雨量自记纸、气簿-1 全部上交省气象局档案馆。

自动气象站观测 2005 年 9 月，自动站安装完毕并试运行。2006—2007 年，自动站和人工站双轨运行。2008 年 1 月 1 日实行以自动站为主的单轨业务运行。2008 年 10 月，值班室搬迁，气压传感器高度为 2193.5 米。

区域自动气象站观测 2006 年，县内各乡镇建成温度、雨量两要素自动气象站 8 个。

②农业气象

1958 年初，根据当地农业生产的需要，逐步开展物候观测，制作并发布《农业气象旬报》。1963 年后停办。1978 年 4 月，在甸南龙门村进行《剑川县气候变化规律及水稻最优移栽期》试验及研究，提出 5 月 30 日以前是剑川县水稻最优移栽期。同时开展玉米，小麦的农业气象试验研究工作。当年还与白腊农科人员共同进行《夏秋播小麦的农业气象条件讨论》。

1982 年 4 月，开展县级农业气候区划考察工作，在马登、象图、沙溪、老君山畜牧场设点观测。观测时间：马登 3 年，其余为 1 年。观测项目：老君山只观测雨量，其余为气温、雨量、日照、湿度。

1990 年 4 月，在本站进行《蔬菜塑料大棚气候适应性》科技试验。

③气象信息网络

1958 年 11 月 1 日开始编发天气报，气象电报传递方式为市话，其间 1988 年安装了甚高频通讯电台，发往州局的电报用甚高频电台传输，后因信号不正常而停用。2002 年，装备了 PC-VSAT 单收站，气象电报采用网络传输。

④天气预报预测

1958 年建站后，进行单站霜冻预报和农业气候旬报，对省、州台预报作补充订正后供当地县委、县人民政府及有关部门使用。以后几年中逐步制作了长、中、短期预报工具，引进了数理统计天气预报方法。开展 5—6 月栽插期雨季开始期、雨量、8 月低温、霜冻、倒春寒、干旱、洪涝、冰雹、单点大（暴）雨、三秋连阴雨等灾害性，关键性和转折性天气预报和服务。对公众发布未来 24 小时和未来 3～5 天短中期预报。为地方党政机关及相关部门提供月和年气象预报。1994 年开始向林业部门发布森林火险预报，内容有：火险等级、风向风速，最高气温。

2. 气象服务

①公众气象服务

1958 年建站后,开展了单站霜冻预报、农业气候旬报。1959 年,开展主要作物播种期、生长发育期和病虫害发生期预报。1964 年开展了春季低温、霜冻,5—6 月春耕生产时期的雨季开始期,7—10 月汛期大(暴)雨,9 月水稻抽穗扬花期低温,"三秋"时期和水库蓄水期等关键农事期的预报和服务工作。1978 年后开展了长、中、短期,关键性、灾害性和转折性天气预报和服务。

②决策气象服务

1978 年以来,通过电话、传真、兴农信息网、手机短信、专题材料等方式为县委、县人民政府及相关部门提供《短期气候预测》、《重要天气信息》、各农事关键期、转折性,灾害性天气的中、短期预报,包括干旱、洪涝、冰雹、低温、霜冻、秋季连阴雨、单点大(暴)雨等决策气象服务信息。

③专业与专项气象服务

人工影响天气　1983 年 6 月,由于特大干旱,县人民政府组织在全县范围内开展人工增雨作业,历时近 1 个月。1995 年,剑川县人民政府成立人工降雨防雹领导小组,领导和协调全县人工降雨和防雹工作。1999 年 5 月,'99 昆明世博会期间,开展外围人工消雨作业。

防雷技术服务　1998 年剑川县防雷中心成立后,在辖区内开展防雷装置安全检测,防雷工程设计图纸审核、防雷工程竣工验收等项工作。1998 年,通过省技术监督局计量认证。2002 年,获得省气象局颁发的防雷装置检测授权证。2006 年,获得省气象局颁发的"云南省防雷装置检测丙级资质"。

3. 科学技术

气象科普宣传　1958 年初,根据当地农业生产需要,制作和发布《农业气象旬报》。撰写《剑川县气候变化规律及水稻最优移栽期》、《剑川县主要粮食作物的灾害性天气及防御》、《夏秋播小麦的农业气候条件探讨》多篇科普文章,《剑川县主要粮食作物的灾害性天气及防御》文章在 1978 年的全县四级干部会上进行了交流。每年"3·23"世界气象日、"石宝山歌会"均印发气象科普知识进行宣传。

气象科技服务　1992 年开展轻印刷电脑排版服务。1993—2001 年,为县境内飞播造林提供气象保障服务。1994 年在石宝山景区进行气温、湿度、雨量、对比观测,为风景区天气预报提供实时资料。2008 年 4 次到象图白基阻,马登后山实地测量风向、风速,为云南英实化工有限公司筹建风力发电站提供气象依据。

气象法规建设与社会管理

法规建设　2001 年 10 月制定了《剑川县气象局行政执法责任制工作制度》。2003 年 7 月制定了《剑川县气象局关于在全局公民中深入开展法制宣传教育的第四个五年规划》。

制度建设　制定实施剑川县气象局《防雷检测执法责任制》、《预报服务执法责任制》、《地面测报执法责任制》、《目标管理实施办法》。

社会管理　1998 年以来,对辖区内新建、改(扩)建的建(构)筑物,易燃易爆场所,弱电设备,低压配电设备的防雷装置设计图纸进行审核,施工监督和竣工验收;对投入使用的防雷装置、弱电设备、低压配电、易燃易爆场所定期进行防雷装置安全检测;组织对雷电灾害的调查、鉴定和评估。2006年,对从事防雷装置设计、施工的单位和个人进行资质监督和管理。

政务公开 2002年起对局务、政务实施全面公开,由党风廉政监督员对局务公开履行监督职能,凡重大决策实行全局职工讨论并通过原则,并执行民主评议制度,对局务公开工作实行定期或不定期检查。2006年制定了《剑川县气象局领导班子公开承诺书》、《剑川县气象局公开承诺》。

党建与气象文化建设

1. 党建工作

党的组织建设 1971年11月有党员2人。1975年11月,成立气象站党支部。1993年6月,气象局与县农经站联合成立农经、气象党支部。2001年6月,成立县气象局党支部,有党员4人。截至2008年底,有党员5人。

党风廉政建设 1996年,建立完善了业务和理论学习制度。2001年10月,制定《剑川县气象局党风廉政建设责任制实施办法》。2005年,开展云岭先锋工程和保持共产党员先进性教育活动;2009年,开展深入学习实践科学发展观活动。1985—2008年,4人次先后被县委、县直机关党委评为优秀共产党员。

2. 气象文化建设

精神文明建设 1999年,剑川县气象局制定了精神文明建设工作的目标和任务,把双文明建设列入单位目标管理。2001年获云南省气象局"气象部门文明行业创建先进集体"。

文明单位创建 2000年12月,被中共剑川县委、县人民政府命名为县级文明单位;2001年11月,被中共大理州委、州人政府命名为州级文明单位;2006年、2009年两次保持州级文明单位。

文体活动 1992年参加剑川县"青年杯"乒乓球比赛,获团体第三名;2002年参加县第二届"健身杯"乒乓球比赛,获团体第一名。

3. 荣誉

1978年以来共获县处级以上先进集体12项;县处级以上先进个人18人(次)。

台站建设

1958年迁站时,在站址北侧建土木结构平房1幢,建筑面积约80平方米。1962年在西侧建砖木结构瓦屋面平房2间,面积约40平方米。1977年在西侧建砖木结构瓦屋面二层楼1幢。1984年在东侧建砖混结构职工住宿楼1幢,总建筑面积400平方米,原东侧值班室拆除。1993年在西侧建砖混结构二层楼1幢,用于办公、资料档案室。原砖木结构住宿楼拆除。1998年在县城北214国道东侧征地2亩,建气象综合楼1幢,建筑面积350平方米。2008年拆除了原东侧住宿楼、西侧办公楼,在北侧建砖混结构业务办公楼1幢,建筑面积681平方米,并配套建设了围墙、天井。2009年建盖了大门。

2003年6月,建设观测场及绿化区钢筋外围栏工程,9月安装观测场不锈钢内周围栏及照明灯具。2005年12月,建设绿化区花台、草坪、道路。2008年6月,购置办公桌椅及设施,安装可视会商系统及观测场监控系统。

剑川县气象局1984年建的办公楼　　　　　剑川县气象局2008年建的办公楼

鹤庆县气象局

机构历史沿革

始建情况　始建于1958年11月1日,站址位于县城南门外良种场农业试验站,北纬26°01′,东经100°01′,观测场海拔2160米。

站址迁移情况　1959年2月20日,站址迁往县城北门外新民大队柏寺村。1960年5月29日,站址迁往草海镇彭屯村,东经100°11′,北纬26°35′,海拔高度2197.2米。

历史沿革　1958年11月1日建立鹤庆县气候服务站。1964年1月,更名为云南省鹤庆县气象服务站,1973年8月,更名为云南省鹤庆县气象站。1990年5月,更名为云南省鹤庆县气象局。

管理体制　1958年11月—1963年12月,鹤庆县气候服务站隶属鹤庆县人民委员会建制和领导,归口鹤庆县农水科管理。1964年1月—1970年6月,建制收归省气象局,大理州气象总站负责管理。1970年6月—1970年12月,隶属鹤庆县革命委员会建制和领导,大理州气象总站负责业务管理。1971年1月—1973年10月,鹤庆县气象站实行鹤庆县人民武装部领导,建制属鹤庆县革命委员会,大理州气象台负责业务管理。1973年11月—1980年12月,划归鹤庆县革命委员会建制和领导,归口县农业局管理。1981年1月,体制收归省气象局建制,实行大理州气象局和鹤庆县人民政府双重领导,以州气象局领导为主的管理体制。

机构设置 2008 年,县气象局内设机构有地面观测股、天气预报服务股、局办公室、县人工防雹增雨办公室、县防雷中心。

单位名称及主要负责人变更情况

单位名称	姓名	民族	职务	任职时间
鹤庆县气候服务站	周国民	白	负责人	1958.11—1964.01
				1964.01—1964.06
云南省鹤庆县气象服务站			副站长	1964.06—1973.08
				1973.08—1979.11
云南省鹤庆县气象站	何学禹	白	负责人	1979.11—1981.03
			站长	1981.03—1984.07
	金子法	白	站长	1984.07—1987.06
	罗群武	彝	站长	1987.07—1990.05
云南省鹤庆县气象局			局长	1990.05—

注:鹤庆县气象局罗群武证实:1979 年 11 月—1981 年 3 月间负责人为何学禹(未查到任职材料)。

人员状况 建站时有职工 1 人。1978 年有职工 8 人。截至 2008 年底,有在职职工 5 人,其中:大专 2 人,中专 3 人;工程师 2 人,助理工程师 2 人,技术员 1 人。

气象业务与服务

1. 气象业务

①地面气象观测

观测项目 1958 年 11 月 1 日,开始地面气象观测,观测项目有云、能见度、天气现象、空气温度和湿度以及风向风速、降水、雪深、日照。1959 年 2 月 1 日增加气压观测,4 月 1 日增加地温和蒸发观测。1960—1966 年开展农业气象物候观测。

观测时次 建站时每天进行 01、07、13、19 时(地方时)4 次观测,夜间不守班。1960 年 9 月 1 日观测时次改为 02、08、14、20 时(北京时)4 次观测。1967 年 6 月 2 日取消 02 时观测。

发报种类 1959 年 5 月 1 日起编发天气报和 14 时小图报,11 月 20 日增加 08 时小图报。1962—1966 年编发昆明、祥云预约航危报。1967 年 2 月 1 日,停发气象台 08 时小图报,只编发雨量报。5 月 1 日—10 月 15 日 08 时和 20 时,增发重庆水文总站雨情报,2002 年 9 月 1 日停发。1984 年 1 月 1 日,增发重要天气报。1988 年 7 月 1 日,执行新电码形式。2002 年 1 月 1 日起,开始使用计算机程序《AHDM 5.0》编发地面气象观测报文。2004 年 1 月 1 日起,执行新版《地面气象观测规范》。

资料管理 鹤庆气象站建站后气象月报、年报表,用手工抄写方式编制,月报一式 3 份,分别上报省气象局气候资料室、州气象局各 1 份,本站留底 1 份。年报一式 4 份,分别上报中国气象局、省气象局气候资料室、州气象局各 1 份,本站留底 1 份。1994 年 1 月 1 日,实行机制报表。

区域自动气象站观测 2006 年 7 月 18 日,在辛屯、草海、云鹤、金墩、松桂、朵美、黄坪等乡镇设立雨量、温度两要素自动观测站

②气象信息网络

1983年,开始使用气象传真接收机采集气象信息。1999年鹤庆县PC-VSAT单收站建成并投入业务使用。2004年12月完成了州、县VPN宽带网络建设。

③天气预报预测

1959年起,鹤庆气象站在总结当地群众看天经验的基础上,利用本站压、温、湿气象要素变化制作天气预报并对外发布和提供服务。到20世纪70年代初根据预报服务需要抄录整理建站后所有气象资料、制作综合要素时间剖面图、三线图、能量图、绘制简易天气图等进行预报服务。

1965年,开展中期天气预报。1983年,通过传真机接收中央气象台的月天气预报,再结合分析本地气象资料,短期天气形势,天气过程的周期变化等制作一旬天气过程趋势预报。

鹤庆县气象站主要运用数理统计方法和常规气象资料图表及天气谚语、韵律关系等方法,分别作出具有本地特点的补充订正预报。县气象站制作长期天气预报在20世纪70年代中期开始起步,长期预报主要有:年预报、春播期(3—4月)预报、栽插期(5—6月)预报、主汛期(7—8月)预报、秋季(9—10月)预报、今冬明春(11—4月)预报等。因服务需要,这项工作仍在继续开展。

2. 气象服务

①公众气象服务

2000年,开始开展森林火险等级、地质灾害等级预报;2001年,建成"121"天气自动答询电话系统并投入使用;2002年,通过手机短信、网站等方式向公众提供气象服务;2004年,建成多媒体电视天气预报制作系统。

②决策气象服务

1965年起,向县委、县人民政府和有关部门提供雨情、旱情、短期气候预测、森林防火、转折性和关键性天气、农业气象月报等气象决策服务。2006年,为辛屯、草海、云鹤、金墩、松桂、朵美、黄坪等乡镇防汛、抗旱提供更深入、更精细、更准确、更及时的气象信息。服务方式有电话、兴农信息网、手机短信、专题材料等。

③专业与专项气象服务

人工影响天气 清朝同治年间,鹤庆县农民就创造出用火枪、土炮防雹的方法。1956年县委、县人民政府总结和推广了土炮防雹经验,有组织地开展全县人工防雹减灾工作。1958年11月,鹤庆县气象站成立后,每年防雹期间派出防雹技术人员深入防雹第一线指导防雹减灾工作。1959年8月10日至9月6日"全国第一次人工消雹技术会"在鹤庆召开,22个省、自治区的82名代表出席会议。1960—1976年防雹点从169个增加到500个,作业人员从730人增加到1500多人。1978年,改用"三七"高炮开展人工防雹,停止使用火枪、土炮。1993年7月,鹤庆县成立人工防雹降雨领导小组,在县气象局下设办公室。11月全县人工防雹降雨工作由县农牧局移交县人工防雹降雨办公室(县气象局)。2003—2008年,县人降办每年与各乡镇和各作业点签订《人工防雹作业安全管理责任书》。每年开展人工防雹作业前都发出《实施人工防雹作业公告》。共设辛屯、草海、金墩、松桂、西邑、六合等8个固定作业点,有"三七"高炮8门。防雹每年6月中旬开始,10月底结束。

20世纪70年代初鹤庆县城郊乡防雹人员在试验土火箭　　20世纪70年代中期鹤庆县防雹现场交流会

防雷技术服务　1998年4月"全州防雷安全技术培训"在鹤庆举办。当年,经县委、县人民政府批准,成立鹤庆县防雷中心,并通过计量认证。2001—2008年每年对辖区内所有装置有避雷设施的建筑物、构筑物、易燃易爆等重点场所进行全面检测,排查出大量的防雷安全隐患,并对存在的隐患进行了跟踪检查管理,整改率达90%以上。同时还开展了新建工程项目防雷装置工程图纸的设计审核、跟踪检测和竣工验收,确保了新建工程项目防雷装置安全地投入使用。鹤庆县防雷减灾工作在县委、县人民政府、上级气象主管部门和县级有关部门的大力支持下,最大限度地减少了雷电灾害,取得了显著的社会和经济效益。

3. 科学技术

气象科普宣传　1959年在县内5个公社15个管理区召开科技讲座20次,科协报告会37次,听讲人数390人次,在群众和中学生中宣传防雹知识,听众3500人次,举办群众土法防雹经验和防霜经验培训班5期。1986—2000年每年春季为云鹤小学师生进行气象科普知识宣传。2008年5月20日科技活动周期间,为母屯小学全体师生组织了以"普及气象知识,构建和谐家园"为主题的气象科普知识讲座。2008年7月深入金墩乡的孝廉、化龙、邑头、金墩等4个村委会开展防雷知识培训,280多人受训。

气象科研　1979年1月,张自礼总结的"鹤庆冰雹活动规律"在《云南气象》上刊出。张自礼、周国民、杨汉青撰写的"1979年高炮人工防雹效果初探"在《云南气象》上刊出。1983年,张自礼、周国民撰写的"鹤庆初夏冰雹局地气象特征"在《贵州气象》上刊出。张自礼总结冰雹出现征兆的文章"绿阴绿霞主何兆"在《气象知识》上刊出。1989年杨松青撰写的"提高测报质量的尝试"在《云南气象》发表。1990年金子法撰写的"寡日照是水稻的灾害,不可忽视"在《大理科技》上发表。1991年阮华兴撰写的"浅谈鹤庆高炮防雹"在《大理科技》上发表。

1985年,《鹤庆县农业气候资源和区划》获云南省气象局科技成果一等奖,全国农业区划委员会科技成果三等奖。《鹤庆县水利资源调查评价和水资源区划》获县人民政府科技成果一等奖。1989年,鹤庆县气象站与大理州气象处共同完成的《地膜包谷温室效应及其利用》科技成果获国家气象局和中国气象学会科技扶贫三等奖。

气象法规建设与社会管理

法规建设　2007年,县气象局、县规划建设局联合下发了《关于进一步加强防雷装置设计审核和竣工验收工作的通知》(鹤气发〔2007〕11号),对全县所有建筑设施防雷装置的设计审核、竣工验收以及监督管理等作出了明确的规定和要求。2000年1人取得"气象行政执法上岗证。2005年3人取得了《行政执法证》,做到持证上岗,亮证执法。

制度建设 2003年3月制定了《鹤庆县人工防雹值班制度》、《鹤庆县人工影响天气岗位职责》、《鹤庆县人工影响天气弹药安全管理办法》、《鹤庆县人工影响天气作业公告制度》《鹤庆县人工影响天气作业人员备案制度》、《鹤庆县人工影响天气作业人员管理办法》、《人工影响天气安全检查及隐患整改制度》。2005年5月制定了《日常工作制度》、《学习、会议、集体活动制度》、《考勤制度》、《勤政廉政制度》、《职工福利制度》、《消防安全管理制度》、《卫生防疫制度》、《车辆管理制度》等规章制度。

社会管理 2000年开展探测环境保护的管理,2003年开展人工影响局部天气工作的管理,2007年开展防雷减灾、施放气球的管理。

政务公开 2001年9月鹤庆县气象局列为大理州政务公开试点单位。2003年,建立健全各项政务公开制度。成立了局务公开领导小组,由局长任组长,日常具体工作由纪检监督员承办。政务公开内容全面真实,形式多样。

党建与气象文化建设

1. 党建工作

党的组织建设 鹤庆县气象局支部于1987成立,有党员4人。截至2008年底,有党员6人。

全局重视精神文明建设和党建工作,注重发挥党支部的战斗堡垒和党员的模范带头作用,带动群众完成各项工作任务。党支部定期召开民主生活会,开展民主评议党员活动。

党风廉政建设 2002年以来,班子认真落实党风廉政建设目标责任制,积极开展廉政教育和廉政文化建设活动,努力建设文明机关、和谐机关和廉洁机关。开展了以"情系民生,勤政廉政"为主题的廉政教育。每年召开1～2次民主生活会,征求职工对领导工作的意见和建议。领导班子自觉抵制不正之风,不搞特殊化。2003年4月开始设一名兼职廉政监督员。

2. 气象文化建设

精神文明建设 1991年,鹤庆县气象站开展创建文明单位活动,做到学习有制度、活动有场所。单位建有职工阅览室、活动室,定期组织政治理论学习和业务学习。2007年4月,被云南省气象局表彰为"十五"期间全省气象部门精神文明建设先进集体。

1992年至今,一直被县委、县人民政府授予县级文明单位荣誉称号。1997年,被州委、州人民政府授予州级文明单位荣誉称号。

文体活动 设立了图书阅览室,建立了室内外文体活动场所,购置了文体活动器材,体育锻炼设施有跑步机、羽毛球、健身器等,组织职工开展各项文体活动。2005年火把节期间举办了邀请周边单位、防雹人员及家属参加的篝火晚会。2007年中秋节举办了钓鱼、扑克、象棋等比赛。2008年国庆节举办了自编自演自娱的文艺晚会。

3. 荣誉

集体荣誉 1958 年以来共获地厅级以上先进集体 19 项。其中,1958 年获国务院全国农业社会主义建设先进单位,1959 年获云南省委、省人民政府在社会主义建设大跃进中取得辉煌成就先进集体,1978 年中央气象局工业学大庆,农业学大寨先进集体,大理州科学技术工作先进集体,1983 年获中共云南省委、云南省革命委员会在"四化"建设中成绩优良单位。多次被省、州上级气象主管部门评为"优秀气象服务"、"双文明建设"、"气象工作综合目标管理"、"汛期重大气象服务"、"人工增雨防雹"、"党风廉政建设"等先进集体。

个人荣誉 1978 年以来共获县处级以上先进个人 16 人(次)。其中罗群武获 1989 全国气象系统双文明建设先进个人。

台站建设

台站综合改善 1994 年,建成 6 套庭院式职工宿舍,年内再次建成 280 平方米的弹药库房、炮库、车库等。2003 年 9 月,建成业务办公楼 1 幢。2008 年,对旧职工宿舍楼进行了重新装修改造,同时还改造了业务值班室,完成了业务系统的规范化建设,并修建了卫生厕、浴室等。气象局现占地面积 8107.97 平方米,办公楼 1 幢 357 平方米,职工宿舍 3 幢790 平方米,弹药库房、炮库、车库等 280 平方米。

园区建设 2003 年,分期分批对院内的环境进行了绿化改造,规化整修了道路,在庭院内修建了花坛,栽种了风景树,绿化草坪,全局绿化率达到了 80%。2008 年,再次对气象局的水、电、路等基础设施进行了综合改造,硬化了 2100 平方米路面,使机关院内变成了风景秀丽的花园。气象业务现代化建设上也取得了突破性进展,建起了气象地面卫星单收站、自动观测站、决策气象服务平台等业务系统工程,为基层台站"四个一流"建设奠定了基础。

鹤庆县气象局新貌(2003 年)

保山市气象台站概况

保山市地处云南省西部,位于东经 98°05′～100°02′,北纬 24°08′～25°51′之间,辖 4 县1 区。面积 1.96 万平方千米,2008 年总人口 246 万。

气象工作基本情况

所辖台站概况 1950 年建立保山气象站、腾冲县人民政府气象站,1954 年建立龙陵县潞江坝气候站,1958 年建立昌宁县气候站和龙陵县气候站,1964 年建立施甸县气候服务站。1996 年,撤销龙陵县潞江坝气象站,业务并归保山地区气象局地面观测组,成立保山市气象局(科级)。2001 年 8 月,保山撤地设市,保山地区气象局改为保山市气象局(处级),保山市气象局(科级)改为隆阳区气象局。现保山市气象局(处级)下辖隆阳区、施甸县、腾冲县、龙陵县、昌宁县气象局。

历史沿革 1960 年 1 月已建各气候站更名为气候服务站,1966 年 1 月更名为气象服务站,1971—1973 年,各县气象服务站先后更名为气象站,1990 年 7 月,更名为气象局。

管理体制 1950—1953 年,保山专区气象台站属军队建制。1954 年 1 月—1956 年 2月,隶属当地人民政府建制和领导。1956 年 2 月—1958 年 3 月,隶属省气象局建制和领导。1958 年 3 月—1963 年 3 月,隶属当地人民委员会建制和领导。1963 年 4 月—1970 年7 月,归省气象局(1966 年 3 月改为云南省农业厅气象局)建制。1970 年 7 月—1970 年 12月,隶属当地革命委员会建制和领导。1971 年 1 月—1974 年 1 月,实行军队领导,建制仍属当地革命委员会。1974 年 1 月—1981 年 1 月,改属当地革命委员会建制和领导,分属省气象局业务领导。1981 年 1 月起,实行气象部门与当地人民政府双重领导,以气象部门领导为主的管理体制。

人员状况 1950 年有职工 4 人,均为初中。1978 年底有在职职工 52 人,其中:大专 3人,中专 19 人。2008 年定编 103 人,实有在职职工 99 人,离退休职工 55 人。在职职工中:大学本科 36 人,大学专科 40 人;副研级高工 8 人,工程师 49 人,助理工程师 40 人;50 岁及以上 8 人,41～50 岁 40 人,31～40 岁 31 人,30 岁及以下 20 人;少数民族 14 人。

党建与精神文明建设 2008 年建立党总支 1 个,党支部 7 个,共有党员 78 人(其中在职职工党员 52 人,离退休职工党员 26 人)。

2000年2月,保山气象部门被保山地委、行署授予保山地区文明行业;2009年1月,腾冲县气象局被中央文明委命名为全国文明单位;2004年1月,保山市气象局被省委、省政府办公厅命名为第十批省级文明单位。2000年,施甸县、昌宁县、龙陵县、阳区气象局被保山地委、行署授予地级文明单位。

领导关怀 2005年11月1—3日,中国气象局副局长刘英金等一行到保山调研慰问。

主要业务范围

地面气象观测 保山气象观测始于1911年的腾冲测候所,解放前保山市先后建立了五个测候所,至新中国成立时只剩腾冲一个测候所持续测候31年。

现全市有地面气象观测站5个(其中国家基准站1个,国家基本站1个,国家一般站3个),探空站1个,农业气象站1个,酸雨观测点1个,区域自动气象站67个(其中两要素站63个,五要素站2个,四要素站1个,六要素站1个)。

地面观测项目有云、能见度、天气现象、气温、湿度、气压、风向风速、降水、日照、地温、蒸发等。2003—2007年,保山、腾冲、施甸、昌宁、龙陵5个站相继建成自动气象站,实现除云、能见度、天气现象以外的气象要素的自动探测。

1个国家基准气候站,每天24小时定时自动、人工双轨观测,8次发报(02、08、14、20时定时天气报及05、11、17、23时补充天气报);1个国家基本气象站,每天24次自动定时观测,8次发报;施甸、昌宁、龙陵3个国家一般气象站,每天24次自动定时观测,自动站编发08、14、20时3次天气报。

测报数据处理。建站时为手工查算操作。1986年PC-1500袖珍计算机和全国地面测报程序投入使用。1988年起,地区气象局制作一般站机制报表,开始信息化数据。1990年全区《地面气象数据库》建成并投入业务应用。2000年7月,保山站、腾冲站报文通过X.25分组数据交换网向省气象局传输(航空报除外),停止手工抄写月简表,结束基本、基准站地面气象月报表由省气象局制作、气象报文由邮局电话转报的历史。2002年1月,施甸、昌宁、龙陵3个一般站使用地面气象测报数据软件《AHDM 5.0》,取消手工抄录简表,新增20时发报任务,利用因特网向省气象局传输气象报文,全区地面测报工作全部实现微机化。

高空测报 保山站1953—1962年开展高空风观测。腾冲站探空观测始于1955年11月,观测项目有高空风、气压、温度、湿度、水汽遥感监测。

辐射酸雨测报 全市只有腾冲站开展辐射、酸雨观测。

农业气象 腾冲站1958—1986年开展农业气象观测。保山站1958年开始开展农业气象观测。观测项目有水稻、冬小麦、蚕豆农作物生育状况观测,土壤湿度观测,自然物候观测等。编发不定期农业气象情报。1979年,腾冲首先在云南省内开展县级农业气候区划工作;1981—1983年,保山、昌宁、龙陵、施甸相继开展县级农业气候区划工作。

天气预报服务 1958年起,开展以灾害天气为重点的短、中、长期天气预报工作,日常定时制作短、中期天气预报。1987年保山气象台制作各县的长、中、短期天气预报,县站补充、订正保山气象台制作的长、中、短期天气预报。至2009年,开展森林防火预报警报、"168"自动声讯、旅游景点天气预报、生活气象指数、地质灾害预警预报、重要农事关键期滚动天气预报、重大活动气象保障服务等。

防雷减灾 防雷工作始于 1988 年。1997 年成立地方人民政府分管领导任组长、有关部门为成员的防雷安全工作领导小组,领导小组办公室分别设在地、县气象局。开展避雷检测、建筑防雷图纸的审核及计算机(场地)防雷等工作。

人工影响天气工作 1969 年施甸县首次开展人工增雨作业。1992—1996 年,保山、腾冲、施甸开展人工增雨作业和人工防雹作业。1997 年人工增雨、防雹工作在全区推广。1997 年各县人民政府成立人工影响天气领导小组,由分管气象的副县长任组长,办公室设在各县气象局。截至 2008 年底,全市有"三七"高炮 20 门,火箭发射架 62 套,作业指挥车 5 辆,火箭发射车 4 辆,作业点 66 个(其中标准化作业点 28 个,固定作业点 24 个,流动作业点 14 个)。

气象科技服务 1988 年开始开展科技服务。2008 年 9 月开展农村气象综合信息系统建设,12 月全市在各乡镇共建电子显示屏 125 块,直接向农村提供天气预报、气象灾害预警信息和其他气象服务信息。

保山市气象局

机构历史沿革

始建情况 1950 年 3 月 9 日,建立昆明空军司令部航空保山气象站,站址在保山县云瑞乡,东经 99°10′,北纬 25°05′,海拔高度 1674.0 米。

站址迁移情况 1953 年 3 月 15 日迁移至汉营乡南郊。1958 年 8 月 21 日迁移至城关镇东门村,东经 99°10′,北纬 25°07′,海拔高度 1653.5 米。

历史沿革 1950 年 3 月 9 日,建立昆明空军司令部航空保山气象站,1952 年 6 月,改为云南军区司令部保山气象站,1954 年 1 月改为保山县人民政府气象站,1955 年 5 月,改为云南省保山气象站。1958 年 5 月,成立德宏州芒市气象中心站,负责德宏州、保山专区气象台站的业务管理与指导。1963 年 12 月,德宏州芒市气象中心站改称德宏州芒市气象总站。1968 年 12 月,德宏州芒市气象总站改称保山专区气象总站,成立革命领导小组。1971 年 1 月,保山专区气象总站从芒市迁到保山,保山专区气象总站改称保山地区气象台,负责保山、德宏各县业务领导,原保山气象站并入保山地区气象台的观测组。1981 年 1 月,改称保山地区气象局。1984 年 1 月改称保山地区气象处。1990 年 7 月,改称保山地区气象局。2001 年 9 月 1 日,保山地区改市,更名为保山市气象局。

管理体制 1950—1953 年,保山气象站属云南军区司令部建制和领导。1954 年 1 月—1955 年 5 月,隶属保山人民政府建制和领导,分属云南省人民政府气象科业务领导。1955 年 5 月—1958 年 5 月,隶属云南省气象局建制和领导。1958 年 5 月—1963 年 4 月,隶属保山县人民委员会建制和领导,德宏州气象中心站负责业务管理。1963 年 4 月—1970 年 6 月,收归省气象局建制和领导。1970 年 7 月—1970 年 12 月,改属保山专区革命委员建制和领导。1971 年 1 月—1973 年 5 月,保山地区气象台实行保山军分区领导,建制仍属保山地区革命委员会。1973年6月—1980年12月,保山地区气象台改属保山地区革命委员会建制和领导。1981年1月至今,实行气象部门与地方政府双重领导,以气象部门领导为主的管理体制。

机构设置 保山市气象局内设办公室、业务科技科、计划财务科3个职能科室,气象台、气象科技服务中心、雷电中心、人工影响天气指挥中心、财务核算中心5个直属单位

单位名称及主要负责人变更情况

单位名称	姓名	民族	职务	任职时间
昆明空军司令部航空保山气象站	杜 香	汉	站长	1950.03—1952.06
云南军区司令部保山气象站				1952.06—1954.01
保山县人民政府气象站	张为海	汉	站长	1954.01—1955.05
云南省保山气象站				1955.05—1958.05
德宏州芒市气象中心站	谢茂山	汉	站长	1958.05—1963.12
德宏州芒市气象总站				1963.12—1968.12
保山专区气象总站	付绍铭	汉	组长	1968.12—1971.01
保山地区气象台	敖耀昌	汉	台长	1971.01—1975.05
	王海林	汉	台长	1975.05—1981.01
保山地区气象局			副局长	1981.01—1984.01
	蒋志耘	汉	副处长	1984.01—1987.07
保山地区气象处			副处长	1987.07—1990.04
	刘启源	汉	处长	1990.04—1990.07
			局长	1990.07—1995.01
保山地区气象局	熊宏斌	汉	局长	1995.01—1996.04
	王丕辉	汉	副局长	1996.04—1998.03
			局长	1998.03—2001.02
	舒 智	纳西	局长	2001.02—2001.09
				2001.09—2004.10
保山市气象局	杨 先	汉	副局长	2004.10—2006.04
			局长	2006.04—

人员状况 保山气象局建站时有4人,均为初中学历。1978年有24人,其中:大专3人,中专11人。截至2008年底,有在职职工41人,其中:大学本科19人,大学专科17人,中专5人;副高6人,工程师24人,助理工程师9人,技术工人2人;少数民族5人;50岁及以上6人,41~50岁15人,31~40岁15人,30岁及以下5人。离退休27人,编外人员3人。

气象业务与服务

1. 气象业务

①地面气象观测

观测项目 1950年3月观测项目有云、能见度、天气现象、气压、气温、湿度、风、降水。1950年7—12月增加温度计、湿度计、气压计,1951—1952年增加最高气温、最低气温、

1953 年 3 月增加日照时数、地面温度，1953 年 4 月增加小型蒸发量，1953 年 11 月增加雨量计，1954 年 1 月增加地面最高温度、地面最低温度，1959 年 10 月增加浅层曲管地温，1986 年 1 月增加大型蒸发量。之后观测项目稳定，至 1996 年观测项目为：云、能见度、天气现象、气压、气温、湿度、风向风速、降水、日照、蒸发（大型）、地面温度（距地面 0 厘米、地面最高温度、地面最低温度）、浅层地面温度（距地面 5、10、15、20 厘米）、深层地面温度（距地面 40、80、160、320 厘米）、雪深。

观测时次　昼夜守班，1950 年 3 月开始每天进行 02、05、08、11、14、17、20、23 时 8 次观测、8 次发报，1950 年 9 月观测次数改为 24 次，1951 年 1 月观测次数改为 8 次，1951 年 8 月观测次数改为 24 次，1954 年 1 月观测次数改为地方时 01、07、13、19 时 4 次，1954 年 12 月观测次数改为 8 次，1961 年 3 月改为 8 次观测、7 次发报（取消 23 时发报），直至 1996 年 10 月成立保山市气象局（现隆阳区气象局），地面气象观测业务划归保山市气象局（现隆阳区气象局）。

发报种类　建站以来发报种类有：地面天气报、重要天气报、气象旬（月）报、航空天气报、危险天气报、航空和危险预约报。1950 年 3 月 9 日开始编发地面天气报，1955 年 6 月—1958 年 1 月编发气候旬报，1958 年 1 月增加"农气旬报"、于 1966 年改为气象（旬）月报，1984 年 1 月增加重要天气报。1951 年 5 月—1951 年 12 月编发预约航空天气报，1957 年 1 月—1958 年 4 月编发预约危险天气报，1978 年 1 月—1985 年 12 月编发 00—24 时固定航危报，1986 年 1 月—1988 年 1 月编发 05—18 时固定航危报，2000 年 1 月—2001 年 12 月编发 06—18 时固定航危报。目前发报种类有：地面天气报、重要天气报、气象旬（月）报。

电报传输　2000 年以前是专线电话传输电报，2000 年 7 月后为 X.25 分组数据交换网，2005 年 1 月起应用宽带光纤网。

气象报表制作　建站至今制作地面气象记录月报表（气表-1），地面气象年报表（气表-21），分别报送中国气象局、省气象局、保山地区气象局。

资料管理　1950 年建站以来气压、气温、湿度、风向风速、降水、日照自记纸，观测本气簿-1 等地面气象观测原始资料均整理归档。1996 年以前归保山地区气象局保管，1996 年成立保山市气象局（现隆阳区气象局）以后，由保山市气象局（现隆阳区气象局）保管。自 2000 年后，台站原始资料每 5 年一次，移交云南省气象局保管。地面气象记录月报表（气表-1）为市、县二级存档，地面气象年报表（气表-21）为国家、省、市、县四级存档。

②农业气象观测

1958 年 3 月 30 日开始观测水稻生育状况。1958 年 11 月 14 日开始观测冬小麦生育状况。1997 年 1 月 1 日开始观测自然物候。保山站 1982 年被确定为全国农业气象基本观测站。1983 年开始编发不定期农业气象情报，1983 年 6 月开始开展年度农业气候评价。1997 年开始制作水稻、小麦播种期预报。1998 年开始执行周年农业气象服务方案，制作水稻、玉米、小麦产量预报，开展专题农业气候分析。

③气象信息网络

20 世纪 50—70 年代初，用莫尔斯收讯机手抄上级气象台气象电报绘制天气图。1979 年，使用单边带接收机和电传打字机，自动接收气象电报，并用传真收片机接收中央气象台预报数据。1983—1998 年使用 711 型天气雷达。1987 年微机进入长期天气预报领域，解决了复杂的数据运算过程。1989 年建立省地单边带气象通信。1990 年开展卫星云图接收。1991 年建立地县单边带气象信息网。1992 年启用 GMS 卫星云图接收处理系统。1995 年接入邮电局分组交换网,建成分组网络信息系统。1995 年启用自动填图仪,取代了人工填图,结束单边带、电传收报历史,实现国家、省级、地区的预报产品、资料信息的网络传输和资源共享。1996 年开通电视天气预报节目制作动画系统。1998 年地区气象局建成气象卫星综合应用业务系统(简称"9210"工程)、地县网络和气象信息网络系统,停止使用自动填图仪。1999 年地局开通"121"气象信息电话自动答询系统,2000 年升级为覆盖全区的"96121"气象信息电话自动答询服务系统。2001 年建成森林防火卫星热点信息服务终端。2000 年 2 月全市气象部门建成 X.25 分组交换专网,实现了省、市、县气象局之间文件、气象信息数据的网络数据传输。2003 年 9 月保山市局建成风云 2 号静止气象卫星中规模利用站,每半小时接收 1 张卫星云图。2004 年 12 月全市气象部门建成连通省、市、县三级的气象宽带专用网络,实现数据传输、动态视频传输、IP 话音传输。2005 年,建成保山兴农信息网、保山气象信息网、各县区兴农信息网。2005 年,在全省气象部门首家开通"800"免费直报灾情电话。2006 年,市气象台建成省、市天气预报可视化会商系统。2007 年 6 月,建成新一代卫星通信气象数据广播系统(DVB-S)地市级小站的系统。2008 年 11 月,建成省、市、县气象视频会议系统,实现省、市、县三级天气预报可视会商、电视会议、信息业务交流及远程教育培训。

④天气预报预测

保山市气象局天气预报工作始于 1951 年,主要制作和发布 24 小时短期预报。20 世纪 70 年代开始制作春播期、雨季开始期、主汛期(6—8 月)、三秋(9—10 月)等关键期短期气候趋势预测。80 年代开始开展农业气象监测预报服务工作。90 年代以来,预报时效增长,准确率迅速提高。90 年代中期开始制作农业产量预报。2000 年以来,高质量高效率地开展短时预报、临近预报、灾害性天气预报服务,预报产品有短时、短期、中期、长期预报。

2. 气象服务

①公众气象服务

保山气象局从 1960 年开始发布天气预报,通过广播站向公众广播。1989 年建立天气预报警报网向各乡镇发布 24 小时天气预报和重大天气预报。1996 年 12 月保山地局建成天气预报节目制作动画系统,开始通过地方电视台发布 24 小时天气预报。1999 年通过"121"气象信息电话自动答询系统,让公众通过电话查询 24 小时天气预报,未来三天天气趋势预报及各种气象信息。1996—2002 年通过中文"126"传呼台向公众提供天气预报信息。2003 年开始拓展移动手机短信天气预报业务,2008 年 12 月全市范围已有 10 万用户定制了天气预报手机短信。同时还向公众发布灾害性天气预警信号。

②决策气象服务

为市委、市人民政府和有关部门提供关键性、转折性、灾害性天气预报服务。在 2000—2002 年连续 3 年的夏收夏种关键期、2004 年"7·18"特大洪水、2005 年近 50 年来最严重的春夏干旱等决策气象服务中,保山市气象局预报及时准确,因在防灾减灾、安排生产等方面产生显著效益,多次受到地方人民政府及有关部门的表彰奖励。在 2001 年的保山撤地设市庆典活动、2002 年西南经济区市长联席会第十四次会议及保山"端阳花市"开幕式、2003 年的澜沧江啤酒狂欢节、2004 年的首届"中国·保山南方丝绸古道商贸旅游节"、2008 年云南省第六届城市运动会等重大社会经贸活动中,气象保障服务均获得圆满成功。

③专业与专项气象服务

人工影响天气　1979 年、1989 年先后在施甸县进行人工增雨作业。1991 年 5 月保山地区行署成立保山地区人工降雨防雹领导小组,下设办公室挂靠地区气象局,7 月保山行署防汛办将手续移交到气象局。1992 年人工增雨作业和人工防雹作业走入正规化。1997 年地委、行署首次主持召开年度全区人工影响天气工作会议。1998 年实现持证上岗。2005 年云南省人民政府授予保山市人民政府人工影响天气工作一等奖。

防雷技术服务　保山地区气象局 1988 年开始开展防雷工作。1990 年 2 月,成立保山地区避雷检测中心。1996 年 8 月保山地区避雷检测中心成立,1998 年经保山地区机构编制委员会批准更名为保山地区防雷中心。1996 年开始,将各危险、易燃易爆企业防雷设施完善纳入《安全生产许可证》换证前置条件,1997 年成立防雷安全工作领导小组,保山行署分管领导任组长,办公室设在地区气象局,同年取得省技术监督局颁发的计量合格证书。1998 年增加计算机(场地)防雷业务。2001 年开始,逐步将易燃易爆场所、仓库、石化、城建、教育、工商管理、电信、移动、联通、保险行业、木材加工企业、矿山、电力系统等单位和部门的防雷安全纳入专项治理,重点抽查和整改。2003 年设立保山市雷电防护安装工程部。2004 年获得中国气象局颁发的《防雷设计资质证》、《防雷施工资质证》。2005 年 12 月,防雷中心更名为保山市防雷安全装置检测中心。

④气象科技服务

1995 年成立保山地区气象科技服务部。1996 年成立气象局控股、职工参股的保山奇想计算机网络有限公司,2002 年 1 月更名为保山奇想广告有限公司,2002 年 7 月更名为保山市气象科技服务中心。2007 年 3 月由云南省职工技术协会批复成立保山市气象科技服务中心。1996 年开始通过录像带制作电视天气预报节目,2006 年,购进影视制作 EDIUS Pro3、字幕机制作系统,增加虚拟节目主持人。1996—2006 年开展专业气象科技服务,主要是打字复印,空飘气球庆典广告业务,电视广告业务。2006 年 3 月,增加中、长期预报、灾害性天气预警、短时气象信息等专业有偿气象服务项目。2007 年 3 月开展保山市隆阳区乡镇电视天气预报业务。2007 年 8 月,对保山市各江河流域在建电站开展水电气象服务。2008 年 5 月拓展移动彩信(天气彩报)业务。2008 年底,建设电子显示屏 8 块。

3. 科学技术

气象科普宣传　1991 年 5 月成立保山地区气象学会。20 世纪 80 年代,以举办宣传专栏、散发宣传单的方式进行气象科普宣传;90 年代后,在"3·23"世界气象日、农村科技节、科技下乡、全国科普日、保山"端阳花市"等节日组织进行户外气象科普宣传活动。组织全市中小学生、气象服务用户、涉农部门、森林和消防武警官兵到气象局参观、学习。通过电视节目、"96121"自动答询电话、举办座谈会、保山市气象局网站、保山兴农信息网站、报刊等广泛宣传气象科普知识。2007 年保山市气象学会被市科协评为一星级学会称号。

气象科研　保山地区气象学会承担和完成省气象局和地方科委下达的科研课题,并应用于气象业务和服务中。2008 年底受地厅级以上奖励的气象科研课题有 18 项,公开发表在地厅级以上刊物的气象科技文章上百篇。1981 年开展高黎贡山气候考察,1987 年开展冬烟气候适应性研究,1989 年开展滇西南农业综合开发区气候诊断,1992 年《抗旱增肥效剂》用于旱地农业开发应用试验,1993 年完成保山地区农业气候资源及区划,1994 年降水年际变动对保山烤烟产量影响气候评估与对策,1995 年《抗旱保肥》型包衣玉米旱地增产试验。主要科研成果有《冬烟种植气候适应性研究》《咖啡、胡椒、冬季香料烟研究》《保山地区气象灾害研究》《保山地区农业气候资源及区划》《降水及湿度气候变化对烤烟产量影响的诊断与对策研究》《降水年际变动对保山烤烟产量影响的气候评估与对策》《保山地区气候资源优势与特色经济发展战略研究》《保山地区商品仓储专业气象服务指标的研究》《滇西南冬季暴雨的前期环流特征及预报》《腾冲县人工增雨在护林防火中的应用》《保山地区大中型水库泄洪气象决策研究》《保山气象卫星综合应用业务系统》《滇西地区连阴雨天气预报研究》《保山市山洪灾害分析及预报方法研究》《保山市大到暴雨短期预报方法研究》等。

气象法规建设与社会管理

法规建设 2004 年 4 月 20 日成立保山市气象局气象行政执法支队,2008 年有行政执法人员 13 人。2002 年、2003 年、2005 年、2006 年、2007 年,市人民政府均将《云南省气象条例》《防雷减灾管理办法》《中华人民共和国气象法》《防雷装置设计审核和竣工验收规定》等列入年度执法检查内容。2003 年,由保山市人大常委会牵头,组成气象执法检查组,对《中华人民共和国气象法》《人工影响天气管理条例》《云南省气象条例》的贯彻实施进行检查。

制度管理 20 世纪 90 年代以后,逐步建立和完善各项规章制度有:1996 年 7 月《保山地区气象局会议制度》、1997 年 3 月《保山地区气象局公文处理实施细则》、2001 年 7 月《保山地区气象部门规范化服务活动实施意见》、2002 年 4 月《保山市气象局推行县区局局务公开制度》、2002 年 12 月《保山市气象局人才战略实施意见》、2003 年 3 月《保山市气象局关于发展气象科技服务与产业的意见》、2004 年 4 月《保山市气象局党组中心组学习制度》、2004 年 7 月《保山市气象文化建设实施意见》、2006 年 1 月《保山市气象局科研成果奖励办法》、2006 年 10 月《保山市气象部门工作人员年度考核暂行办法》、2007 年 3 月《保山市气象局重大事项报告制度》等。

社会管理 2005 年保山市气象局与保山市建设局下发《关于加强气象探测环境保护的通知》。2007 年,市建设局将四县一区气象局探测环境保护技术规定进行备案。

1997 年,成立保山市民用氢气球灌充、施放安全管理委员会,由保山市气象局、公安消防支队、工商行政管理局有关人员组成,管理委员会办公室设在市气象局。2002 年 9 月,与保山市公安消防支队、保山市工商行政管理局联合下发《关于加强民用氢气球灌充施放安全管理的通知》。

保山市防雷安全装置检测中心具有乙级检测资质证,负责保山市范围内防雷工作规划、防雷设计图纸审核、防雷工程竣工验收、防雷装置检测、雷电灾害评估、防雷知识宣传和技术咨询。保山市雷电防护安装工程部负责防雷工程的设计、安装、整改工作。

市局负责全市人工影响天气工作的规划管理、组织协调、作业指挥、空域申请、安全检查、技能培训、物资订购及调拨等工作。

政务公开 2000 年开始开展政务公开工作。2008 年 12 月成立保山市气象局、保山市人民政府信息公开工作领导小组,建立信息发布、审查工作制度。

党建与气象文化建设

1. 党建工作

党的组织建设 1971 年成立保山地区气象台党支部,有党员 3 人。1984 年改为保山地区气象处机关党支部。1997 年 9 月 9 日成立中共保山地区气象局总支委员会,下设老干党支部和机关党支部。截至 2008 年有党员 38 人(其中机关党支部 24 人,老干部党支部 14 人)。

1996 年以来,2 人被保山市委授予优秀共产党员、优秀党务工作者,14 人获保山市直机关工委授予的优秀共产党员,3 人获优秀党务工作者。1998 年以来,6 次被市直机关工委授予优秀基层党组织。

1987 年 7 月 13 日成立中共保山地区气象处党组。2007 年 5 月成立保山市气象局党建领导小组。

党风廉政建设 20 世纪 90 年代开始,在班子议事决策、财务审计、局务公开、物资采购、公务接待等方面建立和完善系列管理制度,加强廉政监督。2007 年市气象局党组统一聘任全市气象部门 10 名兼职纪检监察员,2008 年起五县(区)局纪检监察员按副职待遇选拔聘用,出台《县(区)气象局"三人小组"议事决策制度》,规范基层民主管理和科学决策。2007 年成立财务核算中心。2008 年起执行主要领导不直接分管基建、计财工作的规定。积极开展廉政文化活动,2005 年市局组织廉政作品(对联、书画、杂文及体会文章)征集评比;2006 年组织创作廉政文化电子作品参加全国气象部门评比;2007 年参加市纪委组织的反腐倡廉楹联征集活动,其中 1 人获二等奖,4 人获优秀奖,市局获市纪委表彰的市直单位唯一一家优秀组织奖;2008 年创作 6 件廉政漫画作品参加全国反腐倡廉公益大赛。2008 年市局被命名为全国气象部门廉政文化示范单位、保山市廉政文化示范点。1 人次被市纪委市委组织部表彰为 2004—2008 年全市纪检监察系统先进个人。

2. 气象文化建设

精神文明建设 1997 年成立保山地区气象局精神文明建设指导小组,先后下发了《保山地区气象局精神文明建设实施意见》、《保山市气象局精神文明建设指导小组工作职责和工作制度》、《保山市气象部门精神文明建设"十五"计划》、《保山市气象文化建设实施意见》、《关于建立文明文化创建管理激励机制的通知》、《保山市气象部门"十一五"精神文明建设规划》、《关于加强党建、文明宣传工作的通知》等文件。保山市局广泛开展文明科室、文明家庭、文明个人等细胞创建活动;利用各种节假日,党政工青妇同台唱戏,开展

2006 年 9 月,在保山文化广场举办的保山、德宏、怒江气象文艺晚会上全体演员合影。

健康向上、趣味多样的文化娱乐活动;与保山市武警边防支队开展军民共建活动;2007年与曲靖市气象局开展精神文明建设对口交流合作。局内还建起了健身房、羽毛球场、棋牌室、图书室及阅览室。

文明单位创建 2000年2月,保山地区气象局被地委、行署授予1999年地级文明单位,气象行业被授予"保山地区第一批文明行业"。2004年11月被授予"保山市第二批市级文明行业"。2008年1月被授予"保山市第三批市级文明行业"。2004年1月、2007年4月保山市气象局被云南省委、省人民政府命名为第十批、第十一批省级文明单位。

3. 荣誉

集体荣誉 2000年被中国气象局评为"全国气象部门双文明建设先进集体";2001年被云南省气象局授予"九五"期间"文明行业先进集体";2002年10月,被云南省精神文明建设指导委员会授予"云南省创建文明行业工作先进单位";2005—2008年连续4年被云南省气象局授予目标管理考核特别优秀达标单位。

个人荣誉 获地厅级以上省部级以下表彰的先进个人53人(次)。

参政议政 2003年3月—2006年2月,保山市气象局舒智同志为保山市第一届政协委员;2006年2月至今,杨松为保山市第二届政协委员,2006年提交《关于加强农村防雷科普宣传的提案》、《关注气候变化,积极应对气象灾害,健全气象灾害预测预警应急体系》等提案,并得到立案。

台站建设

保山市气象局现有土地面积8662.86平方米,其中老办公区5540.56平方米,新办公区3122.30平方米。1982年,建成砖混结构16套职工宿舍896平方米;1985年建成首幢砖混结构办公用房298平方米;1989年建成砖混结构业务办公用房1076平方米;1990年,改造扩建1985年建盖的办公用房,面积增加至448平方米,同年,建成砖混结构18套职工宿舍906平方米;1999年集资建成职工宿舍24套2118平方米;2002年,装修改造1989年建成的砖混结构业务办公楼;2008年12月,在保山市人民政府行政小区建成新的业务办公楼,面积1840.3平方米。

2001—2002年对原办公区、生活区环境进行综合改善,硬化道路650平方米,绿化庭院1600平方米,绿化率达40%,初步建成花园式气象台站雏形。

保山地区气象局1983年办公区全景及观测场一角

保山市气象局2002年改造装修一新的办公楼

保山市气象局2008年12月在行政办公区建成的新办公区

隆阳区气象局

机构历史沿革

保山市隆阳区位于云南省西部,东经 98°43′～99°26′,北纬 24°46′～25°38′,总面积 5011 平方千米。大多为山区和半山区,总人口约 87 万。

始建情况　始建于 1996 年 10 月,位于保山市环城东路 40 号(市区),北纬 25°07′,东经 99°10′,观测场海拔高度 1653.5 米。

站址迁移情况　2001 年 6 月站址迁移至保山市隆阳区永昌办事处吴安屯(郊区),北纬 25°07′,东经 99°11′,观测场海拔高度 1652.2 米。

历史沿革　隆阳区气象局的前身是保山市气象局。1996 年,撤销潞江坝气象站,原潞江坝气象站与保山地区气象局地面观测组合并,成立保山市气象局(科级)。2001 年 8 月,保山撤地设市,保山市改为隆阳区,保山地区气象局改为保山市气象局(处级)。2001 年 6 月,保山市气象局更名为隆阳区气象局。

管理体制　1996 年成立以来,实行气象部门与地方政府双重领导,以气象部门领导为主的管理体制。

内设机构　综合办公室、气象台、人工影响天气办公室、科技服务中心 4 个机构。

单位名称及主要负责人变更情况

单位名称	姓名	民族	职务	任职时间
保山市气象局	张燕芬(女)	汉	局长	1996.10—1997.11
	杨天德	汉	局长	1997.11—2000.02
	林绍军	汉	局长	2000.02—2001.06
隆阳区气象局				2001.06—

人员状况 1996 年保山市气象局建局时,有在职职工 13 人,其中:大学本科 1 人,大学专科 8 人,中专 3 人,初中 1 人;工程师 7 人,助理工程师 5 人。截至 2008 年底,有在职职工 13 人,退休职工 3 人。在职职工中:大学本科 3 人,大学专科 7 人,中专 3 人;副研级高工 1 人,工程师 7 人,助理工程师 4 人;少数民族 1 人;40~50 岁 6 人,30~39 岁 4 人,30 岁以下 3 人。

气象业务与服务

主要开展大气探测、生态与农业气象、天气预报服务、人工影响天气等业务,为国家气象观测站一级站。

1. 气象观测

①地面气象观测
地面气象观测始于 1950 年 3 月 9 日。

观测项目 云、能见度、天气现象、气压、气温、湿度、风、降水、日照、蒸发(大型)和地温等。

观测时次 每天进行 02、08、14、20 时 4 次定时观测和 05、11、17、23 时补充定时 4 次观测,夜间值守班。

发报种类 编发天气报、重要天气报、气象旬(月)报、航危报等。2006 年,取消固定航危报。

电报传输 报文以气象宽带光纤网传送。

气象报表制作 地面气象记录月报表和地面记录年报表,并报送中国气象局、省气象局、保山市气象局。

自动气象观测站 2002 年 11 月建成自动气象站,每天进行 24 次自动定时观测,自动站编发 02 时、08 时、14 时、20 时天气报及 05 时、11 时、17 时、23 时补充天气报,担负国内地面气象旬月报、重要天气报的编发任务。

②农业气象观测

观测项目 1958 年 3 月 30 日至今进行水稻生育状况观测;1958 年 11 月 14 日至今进行小麦生育状况观测;1997 年 1 月 1 日至今进行自然物候观测。

观测时次 不定时观测、旬末观测(10 日、20 日、30 或 31 日),日界为 20 时。

观测仪器 1984 年 6 月至今使用 200 克天平、台秤。

农业气象报表 1981 年至今制作水稻生育状况年报表,报送保山市气象局业务科;1983 年至今制作小麦生育状况年报表,报送保山市气象局业务科;1997 年至今制作自然物候年报表,报送保山市气象局业务科。

农业气象情报 2007 年开始制作农经作物病虫害预报,农作物生长气象环境预测预报,开展精细化服务,利用乡镇自动气象站资料,针对不同的服务对象分别制作"甘蔗农业气象"旬报、"林业气象"旬报、"热经作物农业气象"旬报、"烟草农业气象"旬报、"香料烟农业气象"旬报及"综合农业气象"旬报。

农业气象报表 1981 年至今,制作水稻生育状况年报表,报送保山市气象局业务科;1983 年至今制作小麦生育状况年报表,报送保山市气象局业务科;1997 年至今制作自然物候年报表,报送保山市气象局业务科。

③高空观测

测风 1953 年 2 月 1 日开展高空经纬仪小球测风观测,每天 11、23 时 2 次观测,1957 年 4 月 1 日变更为 07、19 时观测,1957 年 4 月 22 日 19 时停止观测,1960 年 12 月 1 日恢复 07、19 时 2 次观测,1962 年 5 月 1 日停止。使用美造经纬仪 ML-47-H 仪器观测。

制氢 1953 年 2 月 1 日使用美造制氢筒制氢,1960 年 12 月 1 日改用法式制氢筒。

2. 气象信息网络

通讯现代化 2001 年建立保山气象系统内部的局域网(拨号上网);2004 年 12 月 12 日建成隆阳区气象宽带光纤;2005 年建立保山气象系统内部邮件通信系统;2006 年在 internet 上建立隆阳区气象局气象服务系统。建成乡镇气象监测网,现有 15 个乡镇自动站资料查询系统投入使用。2008 年建设气象预报、预警电子显示屏。

信息接收 1996—2000 年采用收音机接受上级主管部门发布预报指导产品;2001 年建立保山气象系统内部的局域网(主要是通过拨号上网);2004 年 12 月 12 日建成隆阳区气象宽带光纤;2005 年建立保山气象系统内部邮件通信系统,接收保山市气象局文件。2001 年起采用 CMACASTXI 小站接收上级主管部门发布预报指导产品。

信息发布 1996 年开始采用电话、传真发布天气预报到服务单位。2004 年后采用手机短信发布信息,信息发布到相关领导及用户。2006 年在 Internet 上建立隆阳区气象局气象服务系统。2008 年建设气象预报、预警电子显示屏。

3. 天气预报预测

1997—2002 年,主要依托接收上级业务部门天气形势信息,绘制天气图进行分析制作预报。2003 年、2004 年,随着 MICAPS 气象信息分析处理系统和 PC-VSAT 单收站系统的建成,气象预报可以用的数据得到拓宽,卫星云图及数值预报产品开始得到广泛的应用。2005 年起,MICAPS 气象信息分析处理系统从 1.0 升级到 3.0,主要开展年及月短期气候预测、雨季开始期及结束期预测、气象灾害趋势预测、中期及短期天气预报、灾害性天气预报、转折性天气预报、短时(12 小时以内)及临近天气预报。

4. 气象服务

气象服务涉及农业、林业、工矿产业、道路交通、电力、重点工程建设等多个领域,每年发送气象服务材料 2200 多份,提供天气预报短信 12000 多条。

①公众气象服务

从 1997 年起,主要开展中、短期预报公众服务。服务形式有电视天气预报服务、手机短信预报服务、电话及传真预报服务、电子显示屏气象预警预报服务。

②决策气象服务

2005 年起,主要是向县委、县政府和有关部门提供短期气候预测、雨季开始期及结束期预测、气象灾害趋势预测、中期及短期天气预报、灾害性天气预报、短时(12 小时以内)及临近天气预报,包括雨情、旱情、森林防火、转折性和关键性天气等气象决策服务。服务方式:电话、兴农信息网、手机短信、专题材料等。2007 年,为烤烟、香料烟生产、蔗糖产业等提供专业气象服务。为重大社会活动提供气象保障服务，2004—2008 年共为五届"中国·保山南方丝绸古道商贸旅游节暨端阳花市"及澜沧江啤酒节提供气象保障服务。利用专题分析材料、电话、传真、手机短信等多种手段开展服务。

③专业与专项气象服务

人工影响天气 1997 年开始开展人工影响天气工作，并成立隆阳区人工影响天气办公室。现开展人工增雨、人工防雹、库塘增容、森林林间增湿、重大气象活动人工消雨等业务。作业设备由开始时的 2 套 4000 米火箭发射架、1 个作业点，发展至今拥有高炮 4 门、火箭发射架 13 套，流动作业车、指挥车各 1 辆，建成 3 个标准化高炮防雹作业点、4 个标准化 BL 型火箭防雹作业点、2 个标准化 JFJ 火箭防雹作业点。保护范围由开始时的 13 平方千米到现在已覆盖整个隆阳区主要烤烟乡镇，作业人员由 4 人增加到 28 人。

图为 2004 年 3 月 2—7 日在丙麻乡河新高炮作业点开展人工增雨作业。作业后普降小到中雨，旱情得到一定缓解。

④气象科技服务

1997 年成立气象科技服务部，主要开展专业有偿服务，2008 年底共建成电子显示屏 31 块。

5. 科学技术

气象科普宣传 利用每年"3·23"世界气象日、"5·12"防灾减灾日、科技活动周、局务公开栏、网络、展板、气象日历和气象科普活动等形式，开展气象科普活动。制作专题片和宣传材料 4000 余份，展出气象防灾减灾科普展板 20 多块，广泛宣传气象法律法规。2005 年起每年制作气象日历，印刷 3000 本，主要介绍隆阳区气候特点、隆阳区旅游、隆阳区主要特种经济作物、农业科技等，内容不重复、丰富多样。

气象科研 2008 年开始开展《隆阳区气候资源开发利用研究》课题，课题历时 3 年。

气象法规建设与社会管理

法规建设 2002 年 4 月，隆阳区人民政府办公室下发《保山市隆阳区保护气象探测环境实施办法》，2007 年 4 月，隆阳区人民政府下发《关于加快气象事业发展的实施意见》，2008 年 11 月隆阳区人民政府办公室下发《关于加快农村气象综合信息服务系统的通知》。

制度建设 2002 年 6 月制定隆阳区气象局综合规章制度；2004 年 7 月制定隆阳区气象局支部委员会工作制度及气象科技服务安全生产责任制；2008 年 11 月制定隆阳区气象局退休干部传阅文件制度；2008 年 12 月制定隆阳区气象局信访工作制度。

社会管理 对气象探测环境进行保护，对人工影响天气进行管理。人工影响天气经过几年的发展，规模逐年扩大，已建立一套有序的管理运行程序。

依法行政 2003 年保山市、隆阳区气象局对市公安局拟建 14 层办公大楼开展行政执法工作,市公安局另选址建设,避免了对隆阳区气象局探测环境的影响。

政务公开 2004 年开始开展政务公开工作。采用户外公示栏,对气象服务内容、服务承诺、气象行政执法依据、服务收费及标准进行公开,全面实施政务公开制度。公开的内容、形式、时间、程序和监督方面不断完善,形成规范化、制度化的政务公开工作机制。

党建与气象文化建设

1. 党建工作

党的组织建设 1996 年 12 月成立中国共产党保山市气象局支部委员会,当时有党员 3 人。2001 年保山撤地设市,更名为隆阳区气象局支部委员会。2008 年有党员 7 人(其中在职职工党员 5 人,退休职工党员 2 人)。

2003—2006 年,2 人被区直机关工委授予"创先争优"活动优秀党员。

党风廉政建设 1996 年以来,开展实施"云岭先锋"工程、"三讲"学习教育活动和保持共产党员先进性学习教育活动,抓好气象服务"三满意"活动,开展文明科室、文明个人、文明家庭的创建活动。组织开展廉政文化征集活动和组织干部职工观看警示教育片,加强和改进气象队伍作风。2007 年配备了兼职纪检监察员。

2. 气象文化建设

精神文明建设 2008 年 5 月 5 日成立隆阳区精神文明建设领导小组。开展文明集体、文明个人、文明家庭等群众性创建活动,举办联欢会、庆祝会,参加保山社区群众性文艺活动,组织参观学习、知识竞赛、业务技能竞赛活动;利用"3·23"世界气象日开展对外活动,宣传气象科普知识;六一儿童节举办气象知识讲座;七一节开展党建知识竞赛;八一节对复退转军人及家属进行走访慰问;国庆节和春节组织全局职工开展传统性项目的体育活动;在退休老同志中开展以"一发挥"、"二支持"、"三自"、"四好"为主要内容的"我为社会作奉献"活动。每年制作气象日历,在全社会普及气象科技知识。2001 年 2 月,被保山市气象局授予"精神文明创建活动文明集体",2001 年 3 月,被保山市气象局授予"九五"期间双文明建设"先进单位"。

文明单位创建 1999 年 12 月 1 日,建成县级文明单位。2000 年 12 月被保山地委、行署评为地级文明单位,保持至今。

3. 荣誉

集体荣誉 1998 年 4 月,被中国气象局授予全国气象部门双文明建设先进集体;2005 年被中国气象局授予气象部门局务公开先进单位称号;2003 年 4 月被保山市人民政府授予人工影响天气先进单位;1999—2006 年被保山市气象局授予目标管理先进单位;2006 年被云南省气象局授予"十五"期间全省气象部门精神文明创建工作先进集体;2007 年 10 月,被区委、区人民政府表彰为 2003—2006 年挂钩扶贫与干部结对帮扶工作先进单位。

个人荣誉 1981—2008 年获全国质量优秀测报员(250 班无错)13 人(次);全省质量优秀测报员(百班无错)104 人(次)。获地厅级以上省部级以下表彰先进个人 8 人(次),获区人民政府表彰先进个人3人(次)。

台站建设

　　隆阳区气象局土地面积5315.70平方米。1996年,投资60余万元加强基础设施建设。2000年后,投资180余万元改善隆阳区气象局,2000年完成观测场的迁建和绿化美化工作,2002年建成218平方米的业务办公楼,2003年进行辅助房改造及环境绿化美化工作,绿化面积达80%,现已建成一个全新的、花园式的、充满生机的隆阳区气象局。

保山站1983年的观测场　　　　　　　　　　　隆阳区气象局2004年全景

潞江坝气象站

机构历史沿革

　　始建情况　潞江坝气象站原名龙陵县潞江坝气候站,始建于1957年1月1日,地址为龙陵县棉作试验站内,北纬24°58′,东经98°53′,观测场海拔高度704.4米。

　　历史沿革　1957年1月1日建站时称龙陵县潞江坝气候站,1958年9月,改称云南省保山县潞江坝气候站。1960年1月1日,改称云南省保山县潞江坝气候服务站。1966年1月1日,改称云南省保山县潞江坝气象服务站。1971年1月,改称云南省保山县农业局潞江坝气候站。1973年6月1日,改称云南省保山县潞江坝气象站。1983年9月撤县设市,改称保山市潞江坝气象站。1996年12月,撤潞江坝气象站,业务并入保山市气象局。

　　管理体制　1957年1月建站时,潞江坝气候站隶属龙陵县人民委员会建制。1958年9月—1958年5月,改属保山县人民委员会建制。1958年5月—1963年4月,隶属保山县人民委员会建制和领导,德宏州气象中心站负责业务管理。1963年4月—1970年6月,隶属省气象局建制,德宏州气象总站负责管理。1970年7月—1970年12月,属保山县革命委员会建制,保山专区气象总站负责管理。1971年1月—1973年9月,实行保山县人民武装部领导,建制仍属保山县革命委员会。1973年10月—1981年1月,隶属保山县革命委员会建制和领导,业务归地区气象台管理和指导。1981 年 1 月至撤站,实行气象部门与地方政府双重领导,以气象部门领导为主的管理体制。

单位名称及主要负责人变更情况

单位名称	姓名	民族	职务	任职时间
龙陵县潞江坝气候站	杜宽明	汉	负责人	1957.01—1958.08
云南省保山县潞江坝气候站				1958.09—1959.12
				1960.01—1962.02
云南省保山县潞江坝气候服务站			站长	1962.03—1965.12
云南省保山县潞江坝气象服务站				1966.01—1970.12
云南省保山县农业局潞江坝气候站				1971.01—1973.05
云南省保山县潞江坝气象站				1973.06—1981.09
	谭明松	汉	站长	1981.10—1983.08
保山市潞江坝气象站				1983.09—1996.01
	王自维	汉	负责人	1996.02—1996.12

人员状况 建站时,有职工 3 人,均为中专学历。1996 年 12 月撤站时,有在职职工 3 人,其中:大专 1 人,中专 2 人,党员 1 人,年龄均为 34 岁以上。退休职工 1 人。

气象业务与服务

1. 气象业务

①地面气象观测

潞江坝气象站属国家一般气象站,1957 年开始地面气象观测。

观测项目 云、能见度、天气现象、气温、湿度、风、降水、日照、蒸发(小型)和地温等。

观测时次 每天进行 08、14、20 时 3 次定时观测,夜间不守班。

发报种类 1957 年开始编发天气报、气象旬(月)报等。

电报传输 1957 年开始用电话进行传输电报,电报传输至省局。

气象报表制作 1957 年 1 月开始制作地面气象记录月报表和地面记录年报表并报送云南省气象局、保山地区气象局。

资料管理 1996 年 12 月,撤潞江坝气象站并入保山市气象局,气象观测记录簿、农气观测簿,气温、气压、湿度、风、降水自记纸于 2006 年 6 月上交省气象局,其他地面月报、年报资料交保山市气象局档案室保管。

②农业气象观测

观测项目 1957 年 1 月—1966 年 9 月开展农作物生育状况观测,1957 年 5 月—1966 年 6 月开展土壤湿度观测。

农业气象情报 1958 年 1 月—1960 年 4 月向云南省气象局发农气旬报,1958 年 6 月—1960 年 9 月向中央气象局发农气旬报。

1991—1993 年开展《保山地区名优作物气象条件分析》课题。1994 年度荣获云南省科技进步三等奖。

③天气预报

1959年—1981年12月开展单站补充订正预报服务，1982年1月开展短期气候预测，对地区气象台的预报产品解释应用。采用电话、书面材料进行气象服务。

2. 气象服务

潞江坝气象站自1957年成立以来，服务领域涵盖农业、林业、工矿产业、道路交通、电力、重点工程建设、防灾减灾等多个领域，每年发送气象服务材料。开展长期气候预测，对上级的预报产品解释应用。提供电话、书面材料等气象服务产品服务。

党建与荣誉

党的组织建设 潞江坝气象站党支部设在潞江坝热带经济作物研究所内，建站时有党员1人，1996年撤站时，有党员2人（其中在职职工党员1人）。

集体荣誉 1989年4月，被国家气象局授予全国气象部门双文明建设先进集体。

人物简介 谭明松，男，1936年6月出生于四川省丰都县，汉族，1957年11月参加工作，工程师，党员，1996年3月退休。1987年被评为全省气象系统"先进个人"；1989年12月被云南省人民政府授予"农业劳动模范"称号。

谭明松1981年主动要求调到艰苦落后的潞江坝气象站工作，1981—1996年为潞江坝气象站站长。他经常深入各单位调查研究，整理加工服务材料，深入农场耕地开展小气候观测，探索气候规律，指导农户生产，为地方的经济建设和农民增收做出贡献。1985年提出胡椒最佳开花期和收晒期，胡椒增收61万元；建议为胡椒施"攻花肥"，增加产值80多万元；建议咖啡改种甘蔗，效益每年4万元；建议利用冬闲地种植番茄，效益32万元。同时还适时为农场割胶、糖厂榨糖、清洗机器、养护段修路施工、怒江大桥修建等提供准确、及时的气象服务，受到一致好评。此外，他还组织全站人员开展咖啡、甘蔗、香蕉、芒果等热带作物的种植和试验，提高职工的生活工作水平，稳定基层创造了条件。

台站建设

潞江坝基础设施薄弱，1957年建站时，占有土地面积4460平方米，有土木结构平房5幢10间，建筑面积197平方米，其中3间工作用房，5间生活用房，使用面积60平方米，厨房、厕所2间，使用面积28平方米。1986年，建成砖混办公楼69平方米，砖混职工住宅楼291平方米。

施甸县气象局

机构历史沿革

始建情况 1964年1月1日建立施甸县气候服务站，站址为北纬24°45′，东经99°12′，海拔高度 1538 米。

站址迁移情况 2001 年 2 月,将观测场向西平移 36 米,位于北纬 24°44′,东经 99°11′,海拔高度高 1471.2 米。

历史沿革 1964 年 1 月 1 日始建时称施甸县气候服务站。1966 年 1 月 1 日,更名为施甸县气象服务站。1972 年 7 月,更名为施甸县气象站。1990 年 5 月更名为云南省施甸县气象局。

管理体制 1964 年 1 月—1970 年 6 月,隶属于云南省气象局建制和领导,德宏州气象总站负责管理。1970 年 7 月—1970 年 1 月,隶属于施甸县革命委员会建制和领导。1971 年 1 月—1973 年 10 月,实行施甸县人民武装部领导,体制属施甸县革命委员会。1973 年 10 月,隶属县革命委员会建制和领导,业务归地区气象台管理和指导。1981 年 1 月至今,实行气象部门与地方政府双重领导,以气象部门领导为主的管理体制。

机构设置 内设办公室、气象台、科技服务中心、防雷中心、人工影响天气办公室。

单位名称及主要负责人变更情况

单位名称	姓名	民族	职务	任职时间
施甸县气候服务站	龚诚源	汉	副站长	1964.01—1966.01
施甸县气象服务站				1966.01—1968.06
施甸县气象站	陈德仁	汉	临时负责人	1968.07—1972.07
				1972.07—1977.09
	董其伟	汉	站长	1977.10—1990.05
			局长	1990.05—1993.12
施甸县气象局	李华虎	汉	副局长	1994.01—1995.06
	管华懿	彝	局长	1995.07—2003.01
	张成稳	汉	局长	2003.02—2005.03
	谢金山	汉	局长	2005.04—

人员状况 建站时有职工 3 人,其中:中专学历 2 人,初中学历 1 人。1978 年底,有职工 6 人,其中:工程师 1 人,助理工程师 5 人;中专 2 人,初中 4 人。截至 2008 年底,有在职职工 7 人,其中:大学本科 2 人,大学专科 5 人;工程师 3 人,助理工程师 4 人;35 岁以下 4 人,35～45 岁 3 人;少数民族 3 人。退休职工 6 人。

气象业务与服务

施甸站为国家一般气象站。主要担负地面气象观测、预报服务、人工影响天气、防雷减灾等业务。

1. 气象业务

①地面气象观测

1964 年 1 月 1 日开始进行地面气象观测业务。观测项目为气压、气温、湿度、风向风速、降水、云量、云状、云高、能见度、天气现象、日照、小型蒸发、地面温度及浅层地温。1968 年 1 月 1 日增加气压、气温、湿度自记仪器观测。观测时次为 08、14、20 时 3 次,1976 年 6

月2—22日,抗震工作需要,增加预约航危天气报观测。1980年1月1日开始执行新版《地面气象观测规范》,增加能见度观测。2001年1月1日统一拍发全国地面加密气象报告电码。2000年7月1日增加编发气象旬(月)报。2002年1月1日,PC-1500袖珍计算机及地面测报数据处理软件《AHDM5.0》正式投入地面测报使用,进行采集、编报和编制报表,并增发20时天气报。2004年1月1日,ZQZ-CⅡ自动气象站开始启用,进行平行观测,同时正式施行新版《地面气象观测规范(2003版)》。2004年12月28日使用气象光纤宽带网络传输气象报文。2005年4月8日,自动站增加每小时一次实时整点数据自动上传。2006年1月1日起,自动站正式投入单轨业务运行。2006—2007年,建成11个两要素区域自动气象站,对各区域的气温、雨量实况进行每小时一次监控。

②气象信息网络

1984年3月起用CZ-80型天气图传真收片机。1999年建成了PC-VSAT卫星接受系统,AHDM 5.0计算机地面测报系统和地、县网络,使气象预报和大气探测步入了现代化的轨道。2002年开始使用MICAPS气象信息分析处理系统。2003年11月,ZQZ-CⅡ型自动气象站安装调试工作全面结束。2003年建成了气象宽带信息网及局内局域网。2004年12月,施甸县气象宽带网络安装完毕,建成气象宽带光纤网络是集数据传输、动态视频传输、IP语音传输"三网合一"的综合业务网络。2007年将入站网络传输速率提升为100兆。

③天气预报预测

1964年5月1日开始通过人工绘制天气图,制作短期天气预报。通过纸质材料向县委、县人民政府及涉农部门报送中期天气预报以及发布特殊天气警报。1991年4月,FT-180A电台投入预报业务使用,与上级及周边台站进行天气会商,并开始使用传真机,主要用于接收中央气象台气象资料。2002年10月建成了PC-VSAT单收站,接收处理气象卫星资料,建成MICAPS气象信息分析处理系统,进行气象资料的综合分析应用。2006年5月,气象灾情直报系统正式运行。2008年9月建成天气预报可视会商系统,实现部门内部可视会商和视频会议。

2. 气象服务

①公众气象服务

20世纪60—80年代,主要通过县广播站向社会播报天气预报为公众服务。2004年以前,主要是以电话和书面材料进行对外服务。2004年建成电视天气预报动画显示系统,在县广播电视设《天气预报》栏目,为公众提供气象服务。2008年10月在施甸县委、县人民政府以及各乡镇安装电子显示屏,开展以气象信息为主要内容的气象信息服务。

②决策气象服务

决策气象服务主要方式:一是电话方式,这是建站以来一直沿用的服务方式;二是短信平台,2007年开始通过天气预警短信发布平台,及时将天气预警信息发送给主要领导,为决策提供依据;三是将书面材料通过传真或直接报送有关部门。决策服务主要内容有:实况监测分析、预警预报、极端气候事件监测、灾情与灾害分析、农业气象信息、气候影响评价、气候资源开发与利用等。

③专业与专项气象服务

人工影响天气 1969 年、1979 年、1989 年、1992 年及 1993 年,由县人民政府组织,武装部门和部队实施,气象部门参与,先后进行人工增雨作业。1997 年 6 月,成立施甸县人工影响天气领导小组,下设办公室在气象局,开始了有组织有规模的人工影响天气作业,购置了"三七"高炮 1 门、三管火箭发射架 3 套、对讲机 6 只,在等子乡长安村、万兴乡中山村、仁和乡浑水塘村设三个临时作业点,进行人工增雨防雹作业。至 2008 年底,共设 13 个人工影响天气作业点,其中固定作业点 7 个,流动作业点 6 个,作业人员 26 人,高炮 1 门,火箭架 12 套,作业指挥车 1 辆。

防雷技术服务 1991 年成立施甸县气象避雷检测分中心,正式开始防雷检测业务,进行防雷减灾法律法规及防雷知识的宣传、普及和防雷技术咨询,雷电灾害的调查、评估、鉴定;负责辖区内防雷设施的定期检测。对施甸县内从事生产、储存、经营、运输、使用和销毁易燃易爆危险物品的场所及电力、通讯、学校等单位的防雷设施进行全面检查。2002 年 8月 15 日,获得云南省防雷装置检测授权证。2005 年防雷工作人员取得云南省气象学会防雷专业技术人员资格证。2006 年县人民政府发文成立施甸县防雷减灾工作领导小组,并成立保山市施甸县防雷装置安全检测中心。其服务宗旨是为社会提供防雷减灾服务,业务范围为雷电灾害监测、预警和预报,防雷装置安全检测,接地电阻测量,土壤电阻率测试,防雷技术开发、实验和服务,防雷技术培训,防雷科技知识推广,雷电灾害风险评估,雷电灾情调查与鉴定。现防雷检测走向规范化和科学化。

④气象科技服务

2003 年 4 月成立施甸县气象科技服务部,建立了规范的气象科技服务管理体制。自2004 年电视天气预报栏目开播以来,影视广告成为服务社会的新渠道。

⑤气象科普宣传

主要借助每年的"3·23"世界气象日、安全生产宣传月、科普宣传周、"12·4"全国法制宣传日等活动,以悬挂布标、宣传展板、发放宣传单、上电视、报纸、网络媒体等多种形式,向社会广泛宣传气象科普知识和法律法规。2004 年、2006 年气象日期间,向社会开放气象站,300 多小学生前来参观学习。

气象法规建设与社会管理

法规建设 2000 年 9 月 13 日,县人民政府下发了《关于加强气象观测环境保护的通知》,强化探测环境保护工作。2003—2008 年,先后制止观测场周围 6 宗地违法超高建筑行为。2005 年 4 月,气象探测环境保护在建设规划部门进行备案,2007 年对备案内容进行修改充实。从 1986 年"一五"到"五五"普法,全体干部职工参加普法知识培训考试,并获得普法合格证。2005 年 5 月,4 人取得了云南省人民政府法制办公室颁发的行政执法证。

制度建设 2000 年 1 月制定了奖惩制度、收发文制度、车辆管理制度、地面测报管理制度;2002 年 2 月制定了人影管理办法、雷电中心管理办法。

社会管理 依法保护气象探测环境,统一发布本区域内公益气象预报、灾害性天气警报、农业气象预报、火险气象等级预报等专业气象预报。1997 开始开展施放无人驾驶自由气球或系留气球活动审批、防雷装置设计审核及竣工验收。气象资料由局档案室统一集中管理,定期向省气象局移交气温、气压、湿度、降水、风向风速自记纸及气簿-1。

政务公开 2007年以前,以局务公开栏进行政务公开,2008年根据《中华人民共和国人民政府信息公开条例》和县人民政府的要求,建立了政务信息公开网站。

党建与气象文化建设

1.党建工作

党的组织建设 1992年10月正式成立云南省施甸县气象局党支部,有党员3人。至2008年12月有党员9人(其中在职职工党员6人),党员人数占职工总数的70%。

2002年以来,有3人被施甸县直属机关党委评为优秀共产党员。

党风廉政建设 1999年12月施甸局成立党风廉政建设责任制工作领导小组。2001年1月施甸局成立了思想政治工作领导小组。2002年,落实反腐败三项任务、局政务公开"党风廉政教育月"活动等工作。2003年,执行《云南省公务员八条禁令》。2007年起增设纪检监察员兼职岗位,实行"三人小组"民主决策制度。2008年,施甸县纪委监察局成立第六纪工委联系施甸局党风廉政建设工作。

2.气象文化建设

精神文明建设 1999年开始开展精神文明创建工作。2001年建成健身房、乒乓球室等文化活动室。2004年建成篮球场、荣誉收藏室。2008年起每年"八一"与施甸县消防大队开展军民共建活动;2008年开始组织职工进行年度体检;1996年开始开展到扶贫挂钩村进行慰问活动。

文明单位创建 2000年、2004年、2007年连续三届被保山地委、行署授予地级文明单位。2004年与施甸县消防大队结为"警民共建"文明单位。

3.荣誉

集体荣誉 1997年被省气象局评为1996年度汛期气象服务先进集体;2002年2月获得保山市人民政府"人工影响天气工作二等奖";2003年被保山气象局评为"目标管理获奖单位";2005—2007年被保山市人民政府评为"防雷减灾先进单位"。

个人荣誉 2002—2008年,11人次获云南省质量优秀测报员(百班无错),2人次获全国质量优秀测报员(250班无错)。6人次获施甸县委、县人民政府表彰的先进个人。

台站建设

建站时,政府划拨土地3亩,建2间砖土木瓦屋面房屋1幢,1间为值班室,1间为职工宿舍。1964年,征用施甸公社一队少量毗邻边地,建5间砖柱土木瓦屋面房屋1幢,作为值班室及生活用房。1977年,征用观测场西面土地0.5亩,建5间砖柱土木瓦屋面房屋1幢,作为综合用房;同时拆除1963年建盖的房屋1幢。1982年,征用邻西土地3亩;建两层砖混宿舍楼 1 幢,建筑面积 260 平方米。1989 年,在观测场西侧 37 米处,新建两层砖混业务楼 1 幢,占地 75 平方米,建筑面积 133 平方米。建成职工住宅楼 1 幢,总面积 636 平方米。2001 年将观测场西移 36 米,并垫高 3 米。2001 年"4·10"、"4·12"地震后,建成两层砖混值班楼 1 幢 206 平方米,附属用房 180 平方米,硬化道路 699 平方米,绿化 1624 平方米,修建围墙 41 米,大门一道。2004 年对 1982 年建的职工宿舍楼进行了综合改造。2008 年自筹资金改造了观测场与值班楼之间的退化草地,种植了绿化树木。

施甸县气象局 1991 年台站远景

施甸县气象局 2008 年台站全景

腾冲县气象局

机构历史沿革

始建情况 1950 年 12 月 13 日组建腾冲县人民政府气象站,站址在腾冲县城关东郊元吉村,北纬 25°00′,东经 98°30′,海拔高度 1646.0 米。

站址迁移情况 1956 年 1 月 1 日,迁至腾冲城关南郊新生邑,北纬 25°07′,东经 98°29′,海拔高度 1627.5 米。1987 年 1 月 1 日迁至现址,北纬 25°01′,东经 98°30′,海拔高度 1654.6 米。

历史沿革 1950 年 12 月组建腾冲县人民政府气象站;1955 年 5 月,更名为腾冲县气象站;1960 年 3 月,更名为腾冲县气象服务站;1968 年 12 月,更名为云南省腾冲县气象站革命领导小组;1970 年 1 月,更名为腾冲县气象站;1990 年 7 月,更名为云南省腾冲县气象局。

1986 年 8 月,腾冲县气象站由原来的国家基本站改为国家基准气候站。

管理体制 1950 年建站时,隶属云南军区航空站。1951 年—1952 年 6 月隶属于中国人民解放军西南军区空军司令部,体制和业务属西南空军气象处。1952 年 6 月—1954 年 1 月,隶属云南军区滇西卫戍区,业务由云南军区气象科领导。1954 年 1 月—1955 年 5 月,隶属腾冲县人民政府建制,业务由云南省人民政府气象科领导。1955 年 5 月—1958 年 12 月,隶属云南省气象局建制和领导。1959 年 1 月—1963 年 7 月,隶属腾冲县人民委员会建制和领导,德宏州气象中心站负责业务管理。1963年4月—1970年6月,收归省气象局建制,德宏州气象总站负责管理。1970年6月—1970年12月,属保山县革命委员会建制,保山专区气象总站负责管理。1971年1月—1973年9月,实行腾冲县人民武装部领导,建制仍属腾冲县革命委员会。1973年9月—1980年12月,隶属腾冲县革命委员会建制和领导,保山地区气象台负责业务管理。1981年1月以后,实行气象部门与地方政府双重领导,以气象部门领导为主的管理体制。

单位名称及主要负责人变更情况

单位名称	姓名	民族	职务	任职时间
腾冲县人民政府气象站	段 清	汉	站主任	1950.12—1951.07
	谢茂山	汉	站长	1951.07—1955.05
腾冲县气象站				1955.05—1958.12
	李仕应	不详	负责人	1958.12—1960.03
腾冲县气象服务站				1960.03—1962.03
	董学义	汉	站长	1962.03—1963.08
				1963.08—1968.12
腾冲县气象站革命领导小组	赵柏玲（女）	汉	革命领导小组组长	1968.12—1969.12
腾冲县气象站	张庆昌	不详	军管军代表负责人	1970.01—1971.02
	董学义	汉	站负责人	1971.02—1974.12
	何武明	汉	站长	1974.12—1976.12
	董学义	汉	站长	1977.01—1978.08
	杨有伦	汉	站长	1978.09—1987.10
	龚诚源	汉	站长	1987.10—1989.07
腾冲县气象局	杨有伦	汉	局长	1989.08—1990.07
	王丕辉	汉	局长	1990.07—1995.02
	林达民	汉	局长	1995.02—2001.11
	赵 斌	汉	局长	2001.11—

人员状况 建站时有3人。1978年12月有14人。截至2008年12月,有在职职工25人,退休职工13人,在职职工中:本科学历10人,专科学历2人,其余为中专、高中、初中学历;高级工程师1人,工程师11人,助理工程师6人,技术员1人,高级工2人。

气象业务与服务

腾冲基准气候站主要承担地面大气探测、高空大气探测、水汽遥感观测、酸雨观测、辐射观测、农业气象等观测业务;天气预报、森林火险等级预报、城市火险等级预报、地质灾害等级预报、城市冷暖指数预报、穿衣指数预报、紫外线强度预报、晨练指数预报、旅游指数预报等服务工作。

服务项目有:气候分析、考查,气候可行性论证,天气分析,森林防火气象,人工影响天气,雷电防御,重要天气预警。服务方式为:电视、电话、传真、网络、手机短信、电子显示屏等媒体。

1. 气象观测

①地面气象观测

1950—1986 年为国家基本气象站,每天 8 次定时观测。1987 年 1 月 1 日改为国家基准气候站,每天 24 小时每小时 1 次整点观测。

观测项目 1950—1986 年为云、能见度、天气现象、气温、湿度、气压、风、降水、日照、地面和浅层地温、太阳辐射。1987 年 1 月 1 日增加深层地温,1992 年 7 月 1 日增加酸雨观测,1998 年 1 月 1 日增加 E-601B 大型蒸发观测,2002 年 1 月 1 日停止小型蒸发观测,2007 年 3 月 8 日增加草面温度自动观测。

观测时次 每天进行 02、08、14、20 时进行 4 次观测,05、11、17、23 时进行 4 次补充观测。

发报种类 1950 年 12 月 17 日开始编发天气报。1960 年 9 月至 1962 年 1 月编发农业气象旬(月)报,1961 年 3 月 1 日至 2002 年 6 月 30 日编发航危报,1974 年 2 月开始编发气候月报,1984 年 1 月 1 日开始编发重要天气报,2000 年 1 月 1 日起拍发气象旬(月)报(AB 报)。报表报送中国气象局、省气象局、保山市气象局。

气象报表制作 1950 年 12 月开始制作地面气象观测月报表;1951 年开始制作地面气象观测年报表。

资料管理 地面观测记录月报表(1920 年 12 月—2008 年)、地面观测记录年报表(1951—2008 年)、日射(辐射)观测记录月报表(1957 年 2 月—2008)、酸雨观测月报表(1992 年 2 月—2008 年)、高空风记录月报表(1957 年 2 月—2008 年)、高空压、温、湿月报表(1956 年 1 月—2008 年)、高空风月平均矢量风月报表(1976 年 1 月—2008 年)、气压自记记录月报表(1954—1958 年)、温度自记记录月报表(1954—1965 年)、相对湿度自记记录月报表(1954—1965 年)、地温记录月报表(1954—1960 年)、地面日照、日射记录月报表(1954—1960 年)、降水自记记录月报表(1954—1979 年)、风向风速自记记录月报表(1971—1979 年)、气象哨观测记录月报表(1958—1985 年),统一存入单位科技档案室。

测报数据处理 20 世纪 50 年代至 80 年代均为手工查算操作。1986 年起 PC-1500 袖珍计算机和全国地面测报程序投入使用。1990 年《地面气象数据库》建成投入业务应用。2000 年 7 月地面测报 PC-1500 袖珍计算机换型,使用地面气象测报数据处理软件《AHDM 4.0》进行测报工作,电报通过 X.25 分组数据交换网向省局传输(航空报除外),测报工作实现微机化。

自动气象观测站 2003 年 1 月 1 日建成国家基准自动站。2006 年 8 月,在界头、明光、猴桥、芒棒、团田建成温度、雨量两要素自动站,2007 年 9 月覆盖到滇滩、固东、马站、曲石、北海、和顺、清水、中和、荷花、五合、新华、蒲川等乡镇,现共建 18 个两要素区域自动站。

②辐射观测

辐射观测始于 1957 年 2 月,观测项目为太阳直接辐射、散射辐射、反射辐射;1957 年 2 月开始制作日射(辐射)观测记录月报表;1986 年启用 PC-1500 袖珍计算机和云南省辐射测报程序进行逐时计算和月报表统计,改变原来的手工计算统计。2003 年 1 月,建成 TBQ-2-B 型自动站辐射业务观测。

③酸雨观测

1992 年 7 月 1 日开始酸雨观测。观测项目:测降水电导率、pH 值。观测仪器:电导率仪、pH 仪。1992 年 6 月开始制作酸雨观测记录月报表。

④农业气象观测

1958—1986 年开展农业气象观测。1981 年确定为全省农业气象基本观测站。

观测项目 1958 年 10 月至 1986 年 5 月观测冬小麦生育状况。1959 年 2 月至 1985 年 10 月观测水稻生育状况。1960 年 1 月至 1962 年 6 月观测土壤湿度。1959 年 9 月至 1961 年 9 月起,每年进行水稻收割、冬小麦播种农业气象预报。

农业气象情报 1955 年 6 月开始编发气象旬月报。

农业气象报表 1955—1965 年制作农业气象观测年报表。

⑤高空观测

探空 1955 年 11 月 1 日开始探空观测,每天 1 次探空观测(23 时)。1957 年 3 月更改为每天 1 次探空观测(22 时)。1957 年 4—5 月更改为每天 1 次探空观测(07 时)。1957 年 6 月更改为每天 2 次探空观测(07、19 时)。1983 年 1 月开始更改为每天 2 次探空观测(07 时 15 分、19 时 15 分)。

1967 年 6 月 16 日改用前苏联马拉赫雷达。1976 年 4 月 13 日改用 701 雷达。1996 年 2 月 5 日改用 701-C 雷达。2006 年 1 月 1 日,改用 L 波段雷达。

测风 1957 年 6 月 1 日,增加测风观测业务,每天 2 次探空气球经纬仪测风(07、19 时)。1958 年 3 月 1 日开始增加 01 时小气球经纬仪测风观测。1967 年 6 月 1 日开始改用前苏联马拉赫雷达测风观测。1981 年 7 月 1 日 01 时开始改用 701 雷达测风观测。1982 年 4 月开始每天 01、07、19 时均使用 701 雷达测风观测。1990 年 12 月 31 日停止 01 时测风观测。2006 年 1 月 1 日改用 L 波段雷达测风观测。

报表制作 1956 年 1 月开始制作高空压、温、湿(规定层、特性层)月报表;1957 年 2 月开始制作高空风记录月报表;1960 年 5 月开始编发高空气候旬报,1976 年 1 月开始制作高空风月平均矢量风月报表。1987 年 8 月 1 日起停止人工制作高表-1、高表-2。2001 年 11 月 1 日 08 时开始编发 TTBB TTDD 特性层报。

制氢 1955 年 11 月 1 日开始制氢,使用美国造制氢筒和德国造制氢筒;1978 年更换为国产制氢筒;1987 年 11 月 30 日制氢设备更换为 DJQ-Ⅲ型电解水制氢机;1995 年 4 月开始因电解水制氢机故障无配件,改为使用国产制氢筒;1999 年 10 月 31 日更换为 GX-2 型电解水制氢机;2010 年 1 月 1 日更换为邯郸产 QDQ2-1 型电解水制氢设备。

2. 气象信息网络

1950 年 12 月 17 日开始编发气象资料,通过邮电部门的电话专线人工进行编发。1998 年 7 月建成地县计算机网络(FTP)。1998 年 11 月,建成 PC-VSAT 卫星站,开始接收国家气象中心综合气象信息,内容有欧亚大陆各台站资料、卫星云图、多普勒雷达拼图、国内外预报产品等资料。2000 年 2 月接入 Internet 网络和 X.25 分组数据交换网,实现文件、观测数据的网络传输。2004年12月开通省、市、县光纤网络,实现了观测数据的自动网络传输。2006年9月腾冲基准气候站安装地基GPS/MET水汽遥感探测设备,通过气象宽带网络向省气象局传送探测数据。2008年9月建成国家、省、市县可视化会商系统。

3. 天气预报预测

1958年开始开展单站补充天气预报服务工作,制作地级短、中、长期天气预报,内容有天气、温度、风预报每天发布一次,参考资料仅有本站资料。1975年成立预报组,除常规24小时预报增加年、月、旬预报。1989年开展森林火险等级预报服务。1990年开展腾冲热海风景旅游区天气预报服务。1997年开始制作动画天气预报。2004年与县国土资源局联合开展地质灾害等级预报。2008年9月1日与腾冲电视台合作把天气预报节目改为《天气天天看》节目,实现主持人播报节目。

4. 气象服务

①公众气象服务

至2008年,每日通过广播、电视、网络、电子显示屏等媒体,发布天气预报、森林火险等级预报、城市火险等级预报、地质灾害等级预报、城市冷暖指数预报、穿衣指数预报、紫外线强度预报、晨练指数预报、旅游指数预报等公众服务内容。

②决策气象服务

2004年以来,根据天气监测、预报结果,在可能出现灾害性天气或抢险救灾工作中,为人民政府及相关部门通过电话、传真、手机短信等媒体提供专题决策气象信息。例如2004年7月18日腾冲县出现50年未遇的大暴雨、泥石流、山体滑坡特大自然灾害;2007年7月19日,腾冲县猴桥镇槟榔江苏家河电站受连续暴雨的影响发生重大泥石流灾害;2008年1月26日至2月1日,腾冲出现罕见的低温雨雪灾害天气过程,县气象局均能及时准确地做出天气预报和决策气象信息,为县委、县人民政府及相关部门组织和指挥抢险救灾工作提供了科学依据。局领导被保山市委、市人民政府评为"7·19"自然灾害抢险救灾工作先进个人,县气象局被云南省气象局评为抗击低温雨雪冰冻天气服务先进集体。

③专业与专项气象服务

人工影响天气服务 1992年6月开始实施人工增雨抗旱、森林防火作业,1994年4月进行人工防雹作业。由县人工影响天气中心负责天气监测,并统一指挥作业。现有10个标准化"三七"高炮固定工作站,2个流动火箭作业点,专职指挥管理2人,专业作业人员24人。1999年《三年人工防雹取得显著效益》课题研究获腾冲县科技进步一等奖;2002年《人工增雨在护林防火中的应用》获保山市科技应用三等奖。

防雷技术服务 1990年5月成立腾冲县防雷中心,1997年被省技术监督局授予计量认证合格单位,并取得省气象局、省公安厅颁布的防雷施工资质证。1998年经县编委批准成立腾冲县防雷办公室。2004年11月26日成立腾冲县气象科技服务中心,主要从事防雷工程、设计、施工、咨询服务。2006年1月8日成立保山市腾冲县防雷装置安全检测中心,从事防雷装置检测工作。

腾冲每年有 61.8 天的雷暴日数,是有名的雷电灾害多发区。腾冲县气象局:一是在《腾冲报》开辟防雷知识宣传栏,在腾冲电视台、广播电台、新闻网等媒体播放防雷知识宣传片;二是积极和安监局、建设局、消防大队、质检站联系沟通,协助把好防雷装置安装验收关;三是通过县人民政府制定《雷电灾害防御》地方性实施方案,把防雷工作纳入全县的安全生产检查、工程项目施工图纸审核、工程项目竣工验收内容之中,使雷电灾害防御工作迈向了法制化、规范化。

专业气象服务 1993 年 5 月 28 日,腾冲气象局成功为腾冲龙江二级电站堰堤建设提供天气预报预测服务,指挥部及时组织 300 多名民工,搬出主体工程和堰堤内的抽水机、电机等数台设备,在大雨到来之前堰堤成功围起。《中国气象报》以题为《腾冲县气象局对龙江二级电站专题服务——提前 48 小时预报及时准确,效益好》进行报道。

④气象科技服务

2002 年 11 月 1 日,建成腾冲机场气象站。2004 年 2 月 4 日,云南省副省长邵琪伟,在保山市委书记黄毅、腾冲县委书记王彩春等领导的陪同下,视察了腾冲旅游机场气象站各个观测项目,对机场气象站的工作给予肯定,希望腾冲气象局认真做好机场前期气象观测工作,为腾冲旅游机场的建设提供真实可靠的气象数据。

5. 科学技术

气象科普宣传 2005 年建成科普宣传室,被县委、县人民政府列为科普宣传的成员单位。每年通过"3·23"世界气象日、县人民政府组织的科技活动周、科普宣传日到企业、学校讲课进行气象科普宣传。气象局每年接待参观的社会人士、学生达 10000 多人次。

气象科研 1959 年,云南省气象局在腾冲开展农业气候资源调查试点,提出如何应用农业气候调查材料来算出农业气象指标的意见,对气象台站开展农业气候调查和做好农业气象预报服务有重要的作用。1966 年 6 月完成腾冲县农业气候区划初稿,1980 年 10 月完成腾冲县农业气候区划。1975 年 8 月至 1982 年 10 月开展水稻冷害试验研究。

气象法规建设与社会管理

法规建设 1986 年以来,腾冲县人民政府先后下发 9 个规范性文件,依法对气象探测环境进行保护,凡在气象探测环境保护区内进行工程建设必须到气象局报批,方可进行施工建设。具体规范性文件见下表:

发文时间	文号	文件标题
1986.08.21	腾政办发〔1986〕29 号	转发建设局、气象站《关于保护腾冲基准站环境的报告》的通知
1994.10.13	腾政发〔1994〕56 号	关于认真贯彻《中华人民共和国气象条例》的通知
2000.10.11	腾政发〔2000〕49 号	关于印发《腾冲县雷电灾害防御工作管理办法》的通知
2002.05.27	腾政办发〔2002〕43 号	县人民政府办公室关于转发《保山市雷电灾害防御工作暂行规定(试行)》的通知
2006.07.26	腾政办发〔2006〕105 号	关于印发腾冲县防雷安全专项治理整改实施方案的通知

发文时间	文号	文件标题
2007.02.08	腾政办发〔2007〕9 号	关于加强防雷减灾安全管理工作的通知
2007.09.29	腾政发〔2007〕54 号	腾冲县人民政府关于加快气象事业发展的意见
2008.06.04	腾政办发〔2008〕76 号	关于建立腾冲县气象灾害信息员队伍的通知
2008.06.13	腾政办发〔2008〕82 号	关于印发腾冲县气象事业发展"十一五"规划的通知

社会管理　从 2000 年起,依法对全县防雷工作进行管理,对全县辖区内从事防雷设计、施工、检测的单位和个人依法进行防雷设计、施工资质和资格证的管理及防雷产品合格证检审、备案。防雷检测中心按职责对全县防雷装置、设备及场地做防雷检测工作。

2003 年,依法对全县施放、系留气球工作进行管理。对全县辖区内从事施放、系留气球单位和个人依法进行资质和资格证的审核。

政务公开　2000 年政务公开工作开始规范化,凡涉及到的重大事项都进行公示,主要公示内容有:行政许可、收费依据、工程建设、人事任免、财务收支、财务审计、中心工作等。

党建与气象文化建设

1. 党建工作

党的组织建设　20 世纪 50 年代建站初期,有党员 3 人,参加农林局党支部过组织生活。1972 年 2 月成立党小组,有党员 3 人。1978 年 7 月成立党支部,有党员 5 人。截至 2008 年有党员 13 人(其中在职职工党员 11 人,退休职工党员 2 人)。

党风廉政建设　1999 年开始每年签订党风廉政建设责任书,2007 年配备了兼职纪检监察员。

2. 气象文化建设

精神文明建设　1991 年开始,腾冲气象局把精神文明建设列入主要工作内容之一,纳入科室年度工作目标考核中,成立领导小组,制定目标计划。年年进行先进科室、优秀党员、五好家庭、优秀职工、先进女职工的评选活动。2002 年开始与腾冲消防大队开展警民共建精神文明单位活动。2007 年与曲靖市气象局开展精神文明对口交流合作,并定期开展活动。一直以来把文体活动当做是增强单位与职工凝聚力的手段,经常组织职工参加演讲、唱歌、体育比赛,举办文艺、郊游等活动。

文明单位创建　1997 年 12 月 20 日腾冲气象局被评为地级文明单位;2002 年 7 月被省委、省政府评为第九批省级文明单位;2005 被中央文明委评为全国精神文明建设创建先进单位;1990 被保山地区文明委评为树新风理事会先进单位;1995 年被省气象局评为双文明先进集体;1999 年被省气象局评为双文明建设先进集体;2008 年被云南省气象局文明委表彰为 2006—2008 年全省气象部门精神文明建设先进集体。

3. 荣誉与人物

集体荣誉　1964 年被云南省人民政府授予先进单位;1987 年被云南省总工会授予模

范职工之家;1999 年被云南省人事厅、云南省档案局授予综合档案先进集体;2005 年被国家人事部、中国气象局授予全国气象系统先进单位;2006 年被中国气象学会授予全国气象科普工作先进集体;1958 年被云南省气象局表彰为二等先进单位;1959 年云南省气象局表彰为全省气象工作优胜单位;1977 年云南省气象局表彰为双学先进集体;1985 年被云南省气象局表彰为全省气象系统先进集体。

个人荣誉 林达民 1996 年被中国气象局授予全国气象部门双文明建设先进工作者。

1977—2008 年获全国质量优秀测报员(250 班无错)74 人(次),获全省质量优秀测报员(百班无错)432 人次。1958—2008 年获省部级以下地厅级以上表彰的先进个人 25 人(次),获腾冲县委、县人民政府表彰的先进个人 15 人(次)。

人物简介 林达民,男,1950 年生于云南省腾冲县,汉族,党员,大专文化,1976 年调入腾冲县气象局从事地面观测,先后为观测员,助理工程师,工程师,工会主席,副局长,局长兼党支部书记。曾交流到保山地区气象局任办公室主任兼党组秘书。2002 年 1 月副处级退休。在全国气象系统开展的连续百班无错情劳动竞赛中,1976—1992 年创造连续百班无错情 26 个,连续 250 班无错情 3 个,3 次被中国气象局授予"优秀测报员"。1987 年被省工会授予"优秀工会积极分子"。1979 年、1995 年 2 次被保山地委、行署授予先进工作者。1996 年被中国气象局授予全国气象部门双文明建设先进工作者,1997 年"五一"被云南省人民政府授予全省先进工作者。

台站建设

1950 年建站时土地面积约 10000 平方米。1985 年前腾冲县气象局房屋建筑均为土木、砖木结构;1986 年建砖混结构的综合业务楼 1 幢、制氢房 1 幢;1992 年建砖混结构职工宿舍楼 1 幢,每户 57 平方米;1998 年建钢混结构 1 幢;2002 年以前气象局有 20 世纪 50—90 年代不同年代的房屋,被称为腾冲的"建筑博物馆",2002 年开始整体规划建设,2004 年建砖混结构职工宿舍 1 幢,每户 190.06 平方米的复式楼;2003—2005 年先后建设了基准站工作室和 2 幢商用房以及大门、门房、弹药库,并加固改造了 2 幢综合业务办公楼,建成了气象科普宣传室、图书阅览室、健身室,修建了花台、道路、水池,种植了花草。2008 年底绿化率达 50%,建成了环境优美,园林式的办公区和生活区,已成为腾冲城市中心的科普、花园单位。

20 世纪 80 年代的腾冲气象站观测场

2003 年建成的腾冲自动气象观测站

龙陵县气象局

机构历史沿革

始建情况 1958 年 11 月 1 日建立龙陵县气候服务站,北纬 24°36′,东经 98°41′,海拔高度 1539 米。1959 年 9 月,迁到郊外白塔村,经纬度不变,海拔高度 1528 米。1970 年向南平移 20 米,2007 年向北平移 78 米。

历史沿革 1958 年 11 月 1 日建立龙陵县气候服务站,1966 年 1 月更名为龙陵县气象服务站。1971 年 1 月更名为龙陵县气象站。1990 年 7 月更名为龙陵县气象局。

管理体制 1958 年建站时为龙陵县人民委员会建制。1963 年 4 月—1970 年 6 月,收归省气象局建制和领导,德宏州气象总站负责管理。1970 年 7 月—1970 年 12 月,龙陵县气象站建制属龙陵县革命委员会,保山专区气象总站负责管理。1971 年 1 月—1973 年 10 月实行龙陵县人民武装部领导,建制仍属龙陵县革命委员会。1973 年 10 月—1980 年 12 月,隶属龙陵县革命委员会建制和领导。1981 年 1 月起实行龙陵县人民政府与保山地区气象局双重领导,以保山地区气象局领导为主的管理体制。

单位名称及主要负责人变更情况

单位名称	姓名	民族	职务	任职时间
龙陵县气候服务站	杨金城	汉	负责人	1958.10—1966.01
龙陵县气象服务站				1966.01—1971.01
				1971.01—1972.04
龙陵县气象站	刘世美	汉	站长	1972.05—1975.06
	张祖讯	汉	站长	1975.07—1980.12
	杨金城	汉	站长	1981.01—1984.06
龙陵县气象局	李枝宽	汉	副站长	1984.07—1990.07
			副局长	1990.07—1991.12
			局长	1992.01—2000.01
	马德仁	汉	局长	2000.02—今

人员状况 1958 年建站时有职工 3 人。1978 年底有职工 5 人。截至 2008 年底,有在编职工 7 人,聘用职工 5 人,在编职工中:大学学历 1 人,大专学历 5 人,中专学历 1 人;工程师 3 人,助理工程师、技术员 3 人;50～55 岁 1 人,40～49 岁 2 人,40 岁以下 4 人。

气象业务与服务

开展业务有地面大气探测、天气预报、森林火险等级预报、城市火险等级预报、地质灾害等级预报、人体舒适度指数预报。

服务项目有:气候分析、考查,气候可行性论证,天气分析,森林防火气象服务,人工影响天气,雷电防御,重要天气预警。服务方式为:电视、电话、传真、网络、手机短信、电子显示屏等媒体。

1. 气象业务

①地面气象观测

龙陵县气象局为一般地面气象观测站。

观测项目　建站时进行云、能见度、天气现象、空气温度和湿度、降水、小型蒸发、地面温度和浅层地温(5～20厘米)等项目观测。1959年1月1日增加风向风速,1959年3月1日增加浅层地温和日照,1960年1月1日增加地面温度,1961年1月1日取消地面状态,1962年5月1日取消能见度,1962年6月1日增加气压,1964年6月29日增加雨量自记仪器,1967年6月1日增加气压自记,1967年7月1日增加温、湿度自记,1974年7月30日增加风的自记,1982年12月31日取消风的自记,1980年1月1增加能见度的观测。

观测时次　建站时每天进行02、08、14、20时4次定时观测,1960年1月1日起4次定时观测改为3次,即:08、14、20时3次定时观测,夜间不守班。

发报种类　1959年10月开始向省、州气象台发08、14时天气报,1960年11月起向省气象台发报减为1次,向州气象台发报次数不变,1960年12月21日增加预约航空报观测(1961年4月17日停止),1963年4月5日增加预约航空报观测(1963年4月21日停止),1967年1月18日开始,向州气象台发的08、14时天气报改为08时降水量报,1972年5月10日恢复向地区气象台发08、14时天气报。1976年6月2日增加预约航空报观测(1976年6月22日停止),1978年12月18日增加预约航空报观测(1979年2月5日停止),1984年1月1日起向省气象台增发重要天气报,1997年7月11日增发14时天气报,2001年1月1日统一拍发全国地面气象报告电码,发报时次不变。

电报传输　地面气象观测每天向省气象台传输3次定时观测电报,每逢1日、11日、21日早上的08时向省气象台传输气象旬月报,当有重要天气出现时,要在10分钟内编发重要天气报,每天08时向市气象台传输地面实时资料报。2007年1月1日起地面测报每小时向省气象台传输整点资料。

气象报表制作　制作气象月报表和年报表。1959年1月开始,报表制作3份,报省气象局、德宏州芒市气象中心站各1份,本站留底1份;1960年11月起,报表制作1份,直接报省气象局;1961年1月起,气表-1、气表-3、气表-4合并为气表-1,制作2份报省气象局和德宏州芒市气象中心站;1963年1月起,气表-1、气表-5、气表-21、气表-25制作3份,报省气象局、中心站和留底。年报表1份报中国气象局。

资料管理　2001年将气簿-1(1958—2008年),气压、气温、湿度自记纸(1967—2008年),风向风速自记纸(1974—2008年),雨量自记纸(1964—2008年)原始观测资料移交到省气象局。其他建站至今的地面月报表(气表-1)、年报表(气表-21)集中保存在单位档案室。

自动气象观测站　2007年1月1日自动站观测场建成投入双轨运行,以人工站资料为主。2008年以自动站资料为主。自动站观测项目有气压、气温、水气压、相对湿度、露点温度、风向风速、降水、地面温度、浅层地温、草面温度,每天24次观测。2006年7月至2007年10月在勐糯、离达、龙新、镇安、龙江、木城、平达、腊勐、碧寨建成温度、雨量两要素区域自动气象站9个。

②气象信息网络

通讯现代化及信息接收 2000年11月,建成地面卫星(PC-VSAT)单收站和MICAPS气象信息分析处理系统,开始接收国家气象中心综合气象信息,内容有欧亚大陆各台站资料、卫星云图、多普勒雷达拼图、国内外预报产品等资料。2004年建成天气预报电视动画制作平台,12月开通省、市、县气象局光纤网络,实现了观测数据的自动网络传输,建成局域网,实现业务办公网络化。2008年气象信息应用业务系统(MICAPS)升级。2008年9月建成了国家、省、市县可视化会商系统。2008年底建成气象预报预警信息电子显示屏20块。

信息发布 1958年11月开始编发气象资料,通过邮电部门的电话专线人工进行编发。2002年1月1日测报业务开始使用微机,并增发20时天气加密报,所有报表均用电脑制作、网络传输,实现了信息发布自动化。

③天气预报预测

1958年开始开展单站补充天气预报服务工作,制作地级短、中、长期天气预报,内容有天气、温度、风预报,每天发布一次。2004年开始制作动画天气预报,同年与县国土资源局联合开展地质灾害等级预报。

2. 气象服务

①公众气象服务

20世纪60—70年代,在气象站以挂旗方式为公众提供天气预报服务,挂红旗(表示晴好天气)和白旗(表示下雨天气);80年代以后,服务方式和种类不断扩展,至2008年,每日通过电视、网络、电子显示屏等媒体,向公众发布天气预报、森林火险等级预报、城市火险等级预报、地质灾害等级预报、人体舒适度指数预报等服务内容。

②决策气象服务

20世纪60—70年代,龙陵县气象站以手工填写的天气预报为县委、县人民政府和有关部门提供决策服务。至2008年,根据天气监测、预报结果,在有可能出现灾害性天气或在抢险救灾工作中,通过电话、传真、手机短信等媒体,为县委、县人民政府和有关部门提供专题决策气象信息。2002年的"民族艺术节"和2004年"滇西抗战六十周年纪念活动"等气象服务受到县委、县人民政府的好评。

③专业与专项气象服务

人工影响天气服务 1997年成立龙陵县人民政府人工影响天气办公室。县人工影响天气办负责天气监测,并统一指挥作业。龙陵现有作业火箭发射架5套,兼职指挥管理1人,作业人员8人,固定作业点4个。

防雷技术服务 1992年5月成立龙陵县防雷中心,主要从事防雷工程、设计、施工、咨询服务。2006年1月18日成立保山市龙陵县防雷装置安全检测中心,从事防雷装置检测工作。现有防雷从业人员6人。配有接地电阻测试仪2台、土壤电阻率测试仪1台、绝缘电阻测试仪1台,资料分析处理计算机1台,打印机1台,专用车1辆。

气象法规建设与社会管理

法规建设 2002 年下发《龙陵县人民政府办公室关于加强县气象观测场地环境保护的通知》,2007 下发《龙陵县人民政府关于进一步加快气象事业发展的实施意见》。依法对气象探测环境进行保护,凡在气象探测环境保护区内进行工程建设必须到气象局报批,方可进行施工建设。

制度建设 2004 年 7 月修改完善龙陵县气象局各岗位职责及管理制度、工资分配制度、工作人员考勤及请销假出差报批制度、车辆管理制度;2008 年 9 月制定了民主管理决策制度和局务公开制度。

社会管理 2000 年,依法对全县防雷工作进行管理。对全县辖区内从事防雷设计、施工、检测的单位和个人依法进行防雷设计、施工资质和资格证的管理及防雷产品合格证检审、备案。防雷检测中心按职责对全县防雷装置、设备及场地做防雷检测工作。2003 年,依法对全县施放、系留气球工作进行管理。对全县辖区内从事施放、系留气球单位和个人依法进行资质和资格证的审核。

政务公开 2000 年开始开展政务公开工作,凡涉及到的重大事项都进行公示,内容有:行政许可、收费依据、工程建设、人事任免、财务收支、财务审计、中心工作等。气象行政审批办事程序、气象服务内容、服务承诺、气象行政执法依据、服务收费依据及标准等,通过互联网政务公示网站、局务公开栏、宣传单等方式向社会公开。干部任用、财务收支、目标考核、基础设施建设、工程招投标等内容采取职工大会或上局公示栏张榜等方式向职工公开。财务一般每半年公示一次,年底对全年收支、职工奖金福利发放、领导干部待遇、劳保、住房公积金等向职工作详细说明。

党建与气象文化建设

1. 党建工作

党的组织建设 2000 年 6 月前,龙陵县气象局无党支部,党员编入农科站党支部。2000 年 6 月成立龙陵县气象局党支部,截至 2008 年 12 月,有党员 4 人。

党风廉政建设 2003 年,认真落实党风廉政建设目标责任制,积极开展廉政教育和廉政文化建设活动,努力建设文明机关、和谐机关和廉洁机关。县局财务账目每年接受上级财务部门年度审计。2007 年配备了兼职纪检监察员。

2. 气象文化建设

精神文明建设 精神文明建设工作始于 20 世纪 90 年代,2008 年 4 月成立了龙陵县气象局精神文明建设工作领导小组。一直以来积极开展文明创建规范化建设,改造观测场,新建业务办公楼,制作局务公开栏,建设图书阅览室、党员电教室,拥有图书 1000 册。每年在"3·23"世界气象日组织科技宣传,普及气象防灾减灾知识。积极组织职工参加县里组织的文艺活动,丰富职工的业余生活。

文明单位创建　2000年2月被保山地委、行署授予1999年地级文明单位。2002年被保山市气象局授予"九五"双文明单位。

3. 荣誉

集体荣誉　2002、2004年,人工影响天气工作2次被保山市人民政府授予获奖单位;2002—2005年防雷工作连续四年被保山市人民政府授予"先进单位"。

个人荣誉　1999—2002年,获全省质量优秀测报员(地面百班无错)3人(次)。

台站建设

建站时无办公及居住场所,借用原龙陵县农科所(农场)的房子办公和居住。1999年建成龙陵县气象综合大楼,建筑面积700平方米。2002年新建职工宿舍。2008年新建业务楼1幢,建筑面积388平方米,并对工作、生活环境进行综合改善,全局绿化率达到了60%,花园式的办公和生活环境树立了龙陵县气象局的内外形象。

1984年的龙陵县气象站全貌

1985—2007年的龙陵县气象局全貌

龙陵县气象局1999年建的综合楼

龙陵县气象局2006年建设的观测场

龙陵县气象局 2008 年建设的办公楼

昌宁县气象局

机构历史沿革

始建情况　1958 年 10 月建立昌宁县气候站，位于县城东郊，东经 99°51′，北纬 24°51′，观测场海拔高度 1720.0 米。

站址迁移情况　2001 年 10 月，观测场从测站南面移到东面，距原址直线距离 25 米，现观测场位于北纬 24°50′，东经 99°37′，观测场海拔高度 1650.6 米。昌宁站为国家一般气象站。

历史沿革　1958 年 10 月建立昌宁县气候站，1960 年 1 月昌宁县气候站更名为昌宁县气候服务站。1966 年 1 月，更名为昌宁县气象服务站。1971 年 1 月更名为昌宁县气象站。1990 年 5 月，更名为昌宁县气象局。

管理体制　1958 年 10 月—1963 年 4 月，建站后隶属昌宁县人民委员会建制，德宏州气象中心站负责业务管理。1963 年 4 月—1970 年 7 月，属省气象局建制和领导，德宏州气象总站负责管理。1970 年 7 月—1970 年 12 月，隶属昌宁县革命委员会建制和领导，保山专区气象总站负责管理。1971 年 1 月—1973 年 10 月，实行昌宁县人民武装部领导，建制仍属昌宁县革命委员会。1973 年 10 月—1980 年 12 月，隶属昌宁县革命委员会建制和领导。1981 年 1 月起，实行气象部门与地方政府双重领导，以气象部门领导为主的管理体制。

单位名称及主要负责人变更情况

单位名称	姓名	民族	职务	任职时间
昌宁县气候站	张子光	汉	负责人	1958.10—1959.03
	字贵昌	汉	负责人	1959.04—1959.12
昌宁县气候服务站				1960.01—1962.02

单位名称	姓名	民族	职务	任职时间
昌宁县气候服务站	李仕应	汉	负责人	1962.03—1965.12
昌宁县气象服务站				1966.01—1969.12
	文若曾	汉	革命领导小组组长	1970.01—1971.01
			负责人	1971.01—1972.02
昌宁县气象站	李仕应	汉	负责人	1972.03—1975.09
	刘世美	汉	党支部书记	1975.10—1977.09
	李自安	汉	站长	1977.10—1990.05
			局长	1990.05—1997.07
昌宁县气象局	张成稳	汉	副局长（主持工作）	1997.08—1999.04
	杨登才	汉	副局长（主持工作）	1999.05—1999.10
	鲁中举	汉	局长	1999.11—

人员状况 昌宁县气象局建站时有职工 2 人，学历均为初中，经过一年短训后上岗。1978 年有职工 5 人，其中：高中学历 2 人，3 人为初中及以下学历；助理工程师 1 人。截至 2008 年底有在职职工 13 人（其中地方编制 4 人），在职职工中：彝族 3 人；30 岁以下 8 人；大专以上学历 10 人；助理工程师 7 人。退休职工 5 人。

气象业务与服务

1. 气象业务

①地面气象观测

观测项目 气压、气温、湿度、风向风速、降水、云量、云状、云高、能见度、天气现象、日照、蒸发（小型）、地面及浅层地温、雪深等。1959 年 4 月增加蒸发量观测。1960 年增加地面 0 厘米最高最低气温观测。1970 年 4 月，维尔达测风器换成电接风向风速器观测。

观测时次 1958 年 10 月 1 日开始观测，进行 02、08、14、20 时 4 次定时观测。

发报种类 1958 年 11 月至 1983 年 12 月向空军、民航编发航空报和航空预约报。1984 年 1 月执行重要天气报告电码向省台发报。2001 年 1—12 月，编发 08、14 时天气报（之前为小图报）。2002 年 1 月 1 日起，编发 08、14、20 时天气报。

电报传输 1958 年建站时电码报文传输方式通过县邮电局报房转报。1998 年使用拨号上网传报文。2004 年 12 月 28 日，使用气象光纤宽带内网传报。

气象报表制作 1958 年建站以来编发气象旬（月）报，编发气表-21（年报表）报送国家、省、市气象局，气表-1（月报表）报送市气象局。2001 年 1 月 1 日起编发加密气象观测报告。

资料管理 建有综合档案室一个，对 1958 年建站以来形成的气象观测记录月（年）报及温、湿、压、降水、日照、风向风速自记纸及气簿-1，于次月（次年）报市级气象业务主管部门审核后统一交县气象局综合档案室集中管理，2004 年 12 月、2008 年 3 月分 2 次将建站以来的气温、气压、湿度、降水、风向风速自记纸及气簿-1 移交到云南省气象局。

自动气象观测站 2003 年 11 月建成 ZQZ-Ⅱ型自动气象站，2004 年 1 月 1 日开始人工站与自动站平行观测,2006年1月1日正式切换为自动站单轨业务运行。观测项目有气压、气温、温度、风向风速、降水、地温等,实行自动观测为主,人工观测、审核为辅的方式。2006年8月至2007年10月,在全县范围内建成除田园镇、温泉乡外的11个两要素(雨量、温度)区域自动观测站。

气象哨建设 1959年5月,首次建立农村气象哨14个。1970年9月扩建为16个公社气象哨。1981年,经请示昌宁县农村办公室,陆续撤销、停止气象哨业务。

②气象信息网络

信息接收 1984年7月,启用CZ-80天气图传真接收工作,主要接收成都气象中心发布的天气形势传真图。2000年3月,建成PC-VSAT单收站,接收、处理中国气象局下发的卫星云图、欧洲数值预报、T213数值预报、天气实况等综合天气预报产品和数据。2000年1月1日,建成以昌宁气象局为中心,连接全县9个乡镇的农业气象灾害监测预警系统。2005年8月,建成以县气象局为中心网站,连接全县7个乡镇的"兴农信息网"。2008年9月,建成和省市气象局视音频同步的天气预报会商系统。

信息发布 2000年建成电视天气预报动画显示系统,自制节目录相带送昌宁电视台每天定时播放两次。2005年8月16日与国土资源局联合开发的昌宁县地质灾害预警系统正式投入业务运行,预报产品通过电视和中心网站向公众发布。

③天气预报预测

1959年3月,开始进行单站补充预报服务工作。1983年5月,在原有观测组基础上,分设预报服务组,全面开展气象预报服务工作,主要负责本辖区临近短时、短期、中期、长期天气预报预警的制作、发布。天气预报从建站初期单纯的天气图加经验的主观定性预报,逐步发展为2000年开始采用气象雷达、卫星云图、计算机系统等先进工具制作的客观定量定点数值预报。预报产品发布由初期的电话服务逐渐发展为传真、电台至现在的电视、计算机终端、手机短信、电子显示屏、报纸、网站等多方位发布媒介。

2. 气象服务

昌宁县主要气象灾害有干旱、低温、洪涝、连阴雨、大风、冰雹、雷电。2000年以来,昌宁县气象局坚守决策服务让领导满意、公众服务让群众满意、专业服务让用户满意"三满意"服务宗旨,切实把气象服务与经济社会发展和人民群众生产生活紧密结合。

①公众气象服务

每日2次(20、22时)将24小时天气预报(冬春季节向公众增发24小时火险气象等级预报、汛期每日增发县域24小时地质灾害等级预报)通过电视台为公众服务。灾害性天气(暴雨、雷雨大风、寒潮、暴雪、冰雹、高温、低温等)服务,通过电视台、电子显示屏向全县发布。

②决策气象服务

根据服务需求和领导安排,随时向县委、县人民政府、县防汛抗旱指挥部提供重大天气气候事件报告、前期气候特点分析及未来气候趋势预测等决策服务材料。主要有重要气象信息、专题预报、短期气候预测、常规中短期天气预报、灾害性天气报告(警报)、专门天气汇报、灾情报告等。服务方式:电话、兴农信息网、手机短信、专题材料等。

③专业与专项气象服务

人工影响天气　1997年6月,昌宁县人民政府成立人工影响天气领导小组,办公室设在气象局,7月由县人民政府投资14万元,购买人工影响天气设备,8月2日,昌宁县首次开展人工防雹作业,作业设备为火箭发射架。2003年6月,开始使用"三七"高炮开展人工防雹工作。2005年,在县域9个种烟乡(镇)建成15个标准化固定增雨防雹作业点。2008年底,昌宁县共建成19个标准化固定增雨防雹作业点,拥有"三七"高炮4门,4000米新型火箭发射架15套。

防雷技术服务　1991年5月,成立昌宁县避雷检测分中心,2002年5月更名为云南省昌宁县雷电灾害防护装置检测站。1996年成立云南省昌宁县气象局雷电灾害防护服务部,2003年更名为云南省昌宁县气象局气象服务中心。主要负责全县防雷装置检测和图纸审批工作,业务归口地区避雷检测中心直接领导。2002年6月,昌宁县人民政府办公室发文确定了县域内一、二类防雷安全重点单位。

④气象科技服务

2000年8月,在柯街坝子开展了昌宁县冬早蔬菜种植气候适应性实验与分析,研究成果对全县热区发展冬早蔬菜提出了指导意见。2000年10月结合昌宁天气气候特征,撰写了《昌宁气象》一书,为充分利用气候资源,积极抗御气象灾害,调整我县农业产业布局和结构提供了科学的气象依据。2002年,在《昌宁气象》的基础上,完成了《昌宁县分乡气候区划》。2007年,开发了自动站雨量查询系统。2008年底,在县委、县人民政府、涉农部门、烟草系统以及部分乡镇安装气象信息电子显示屏29块,并以大田坝乡为试点,将显示屏安装到村一级。

⑤气象科普宣传

1986年9月,成立昌宁县气象局气象学会。每年"3·23"世界气象日开展科普宣传。2007年,在昌宁县《保山日报·昌宁宣传》开办"气象服务台"专栏,对未来一周天气形势、气象科普知识等进行宣传。2008年,印制防雷宣传手册对防雷安全、防雷自救常识进行图文并茂的宣传。

气象法规建设与社会管理

法规建设　2000年,昌宁县人民政府下发了《关于加强农业气象灾害预警系统建设的通知》,《关于加强气象观测环境保护的通知》;2002年,县人民政府办公室下发了《关于确定防雷安全重点单位的通知》。2004年县人民政府办下发了《关于加强防雹工作的通知》。2005年,下了发《关于加强农业经济信息网建设的通知》。2007年,昌宁县人民政府下发了《关于加快气象事业发展的实施意见》、《昌宁县气象灾害应急预案》,12月县建设局将探测环境保护技术规范进行备案。

制度建设　昌宁县气象局建立制度管理长效机制,经过多次修改完善,形成了以《党员联系群众制度》、《责任追究制度》、《首问首办制度》、《民主决策制度》、《学习制度》、《办公室工作制度》、《车辆管理制度》、《安全保卫工作制度》、《档案保密制度》、《档案库房管理制度》、《地面气象测报制度》、《天气预报会商制度》、《气象服务工作制度》、《气象服务管理制度》、《人影指挥中心值班制度》、《防雹作业点值班制度》为主的制度管理体系。

社会管理 制定本行政区域气象事业发展规划、计划,并负责本行政区域内气象事业发展规划、计划及气象业务建设的组织实施;对本行政区域内的气象活动进行指导、监督和行业管理。负责本行政区域内气象监测网络工作的管理,依法保护气象探测环境;管理本行政区域内公益气象预报、灾害性天气警报以及农业气象预报、火险气象等级预报等专业气象预报的发布;及时提出气象灾害防御措施,并对重大气象灾害作出评估,为本级人民政府组织防御气象灾害提供决策依据。制定人工影响天气作业方案,并在本级人民政府的领导和协调下,管理、指导和组织实施人工影响天气作业;组织管理雷电灾害防御工作,做好建(构)筑物防雷装置图纸审核及检测工作。负责向本级人民政府和同级有关部门提出利用、保护气候资源和推广应用气候资源区划等成果的建议;组织对气候资源开发利用项目进行气候可行性论证。

政务公开 2002 年 5 月,成立昌宁县气象局政务公开工作领导小组。机构设置、气象行政审批办事程序、气象服务内容、服务承诺、气象行政执法依据、服务收费依据及标准等,通过公示栏、气象政务信息网等方式向社会公开。干部任用、财务收支、目标考核、基础设施建设、工程招投标等内容通过职工大会方式向职工公开。财务半年公开一次。

党建与气象文化建设

1. 党建工作

党的组织建设 1958 年建站时有党员 2 人,编入县委党组。1979 年 8 月,成立昌宁县气象站党支部,有党员 3 人,编入农业局党总支。1981 年,党组织隶属关系上划地区气象局党总支。2000 年 9 月,恢复昌宁县气象局党支部,隶属县直机关党委。截至 2008 年底有党员 8 人。

2003 年 1 人被县直机关工委评为优秀党务工作者。2006 年党支部被县直机关工委评为先进基层党组织。

党风廉政建设 认真落实党风廉政建设责任制,积极开展党风廉政教育和廉政文化进机关活动,2005 年起,每年组织职工参加"爱心圆梦大学"、抗灾救灾捐款以及结对扶贫、义务献血等活动。2007 年配备了兼职纪检监察员。

2. 气象文化建设

精神文明建设 1997 年 4 月成立昌宁县气象局精神文明建设领导小组。建有图书室,拥有各类图书 2000 多册。2002 年,成立昌宁县气象局工会。每年开展 2～3 次户外活动,积极参加县、市级组织的文艺活动。积极选送职工参加各级培训,鼓励并支持职工继续学习深造。2001 年被地区气象局评为"九五"期间双文明建设先进单位。

文明单位创建 1998 年 8 月,建成县级文明单位,2000 年 2 月被保山地委、行署授予地级文明单位。2000 年,被地区团委评为市级青年文明号。

3. 荣誉

集体荣誉 1977 年全省气象系统农业学大寨、工业学大庆先进单位;1997 年度人工增雨防雹先进单位;1996—1998 年双文明建设先进集体;2005 年度云南兴农信息网先进集体;2001—2003 年连续 3 年被市人民政府授予人工影响天气工作二等奖;2000、2001、2002、2006、2008 年度获全市气象局部门目标管理先进单位。

个人荣誉 2002—2005 年 5 人(次)获云南省质量优秀测报员(百班无错);2003 年以来,获得地厅级以上省部级以下表彰的先进个人 5 人(次)。

台站建设

1986 年,建成建筑面积 120 平方米的砖木结构职工宿舍楼。1996 年在达丙至县城公路南侧新建办公楼 569 平方米,新办公区占地面积 1400 平方米。2001 年投资 50 万元建成职工住宅楼。2002 年,建成气象综合楼,对气象局综合环境、办公楼进行改造,全局绿化率达到 50%。2003 年,完成观测值班室建设。2004 年,投资 396 万元的昌宁县气象防灾减灾指挥中心建成。现昌宁县气象局已由 20 世纪 80 年代一个值班和住宅兼用的四合院发展为占地 6200 平方米,职工户均住宅面积 183 平方米,集气象观测、气象预报、气象服务、防灾减灾和行业管理于一体,工作、生活环境舒适的基层台站。

1986 年昌宁县气象局全貌

2004 年的昌宁县气象局全景

德宏傣族景颇族自治州气象台站概况

德宏傣族景颇族自治州(以下简称德宏州)地处我国西南边陲,云南省西部中缅边境,是云南省 8 个少数民族自治州之一。全州总面积有 11526 平方千米,下辖潞西市、瑞丽市、陇川县、盈江县、梁河县。州府驻地在潞西市芒市镇,全州居住着汉、傣、景颇、阿昌、傈僳、德昂等民族,人口 118 万。

全州紧靠北回归线,属亚热带湿润季风气候类型。全年太阳辐射在 137~143 卡/平方厘米,年降雨量 1400~1700 毫米之间,年平均气温 18.4~20.0℃。

气象工作基本情况

所辖台站概况　截至 2008 年底,德宏傣族景颇族自治州气象局(以下简称德宏州气象局)下辖 2 市 3 县共 5 个气象局。共有潞西、瑞丽、陇川、盈江、梁河 5 个地面观测站,其中瑞丽为国家基本气象站,其他为国家一般气象站。建有 1 个多普勒天气雷达站,1 个国家二级农业气象试验站,1 个闪电定位自动观测站,1 个 GNSS 基准站,104 个区域天气自动观测站。

1932—1940 年,莲山、潞西、瑞丽进行过短期简单的气象要素观测。从 1952 年开始,有计划地组建全州气象台站网。1953 年建立芒市气象站,1955 年建立盈江站,1957 年相继建立瑞丽、梁河两站,1958 年建立陇川站,同年芒市站扩建为德宏州气象中心站。1979 年建立畹町站。1980 年又建立了芒市农业气象试验站。1996 年 10 月,潞西市气象局成立。1999 年 12 月,因行政区合并,撤销畹町市气象局,并入瑞丽市气象局。

历史沿革　1952 年 1 月 1 日,建立云南省保山专区特种林试验场芒市气象观测点。1953 年 9 月—1971 年 1 月,经过 7 次更名,称保山专区气象台。1974 年 1 月德宏州与保山专区分开,德宏傣族景颇族自治州气象台成立。1981 年 1 月,更名为德宏州气象局。1983 年 10 月,更名为德宏州气象处。1990 年 9 月,更名为德宏州气象局。

1951 年 11 月—1957 年 9 月先后建立了盈江、梁河、瑞江、陇州县气候(象)站。1960 年 5 月—1964 年 1 月各县气候(象)站更名为气候服务站。1971 年 1 月—1973 年 4 月,各县气候服务站更名为气象站,1990 年 5—9 月,各县气象站更名为气象局。

管理体制　1954 年—1955 年 5 月,德宏州气象部门隶属当地人民政府建制和领导。

1955 年 5 月—1958 年 3 月,德宏州气象台站收归省气象局建制和领导。1958 年 3 月—1963 年 3 月,各气象站隶属当地人民委员会建制和领导。1963 年 4 月—1970 年 6 月,德宏州气象(候)台站统归省气象局(1966 年 3 月改为云南省农业厅气象局)建制,其人员、财务、业务管理、技术指导和仪器设备均由省气象局负责,行政生活、政治思想、地方服务工作以及对台站工作的管理监督由当地党政负责。1970 年 7—1970 年 12 月,全州气象台站改属当地革委会建制和领导。1971 年 1 月—1973 年 5 月,全州气象台站实行军队领导,建制仍属当地革委会。1973 年 6 月—1980 年 12 月,改属当地革命委员会建制和领导。1981 年 1 月至今,全州各级气象局实行当地人民政府和上级气象部门双重领导,以气象部门领导为主的管理体制。

人员状况　1979 年,全州气象部门有 65 人,到 1981 年体制改革前,人员总数达到 82 人。截至 2008 年底,全州气象部门总人数 123 人,其中在职职工 74 人,离退休职工 49 人。全州在职职工平均年龄 38 岁。在职人员本科学历 26 人,占 35%,专科学历 30 人,占 41%,有高级工程师 6 人,占 8%,工程师 34 人,占 47%。全州职工中少数民族 29 人,主要为傣、景颇、阿昌、白、彝、傈僳、土家等七个民族。

党建与精神文明建设　全州气象部门有 5 个党支部,2008 年底有党员 55 人,其中在职职工党员 32 人,离退休职工党员 23 人。每年州气象局与省气象局签定《党风廉政建设目标责任书》,开展党风廉政教育活动,推行局务公开和人民政府信息公开制度,实行行政问责四项制度,落实廉政承诺和气象服务承诺,接受社会各界和干部群众的监督,全州气象部门没有出现违法违纪现象。

至 2008 年,全州气象部门已建成州级文明行业,并有 3 个省级文明单位、2 个州级文明单位。德宏州气象局 2008 年建成全国精神文明建设工作先进单位,同年获得全国气象部门文明台站标兵荣誉称号。

领导关怀　1991 年 12 月,国家气象局副局长温克刚在省气象局朱云鹤局长陪同下来德宏视察工作;2005 年 11 月 3 日,中国气象局副局长刘英金在云南省气象局局长刘建华的陪同下,到德宏视察工作,刘英金副局长一行,先后视察了梁河县气象局、德宏天气雷达站、德宏州气象局等地,并对德宏近几年取得的成绩给予了肯定。

主要业务范围

地面气象观测　云、能见度、天气现象、气温、湿度、气压、风、降水、日照、地温、蒸发等。编制的气象记录报表有:气表-1、气表-21、月简表。截至 2008 年底,全州完成 104 个两要素(温度、雨量)区域自动站建设,覆盖了全州 90% 的乡(镇)及部分水电站。

自动气象观测站　2002 年底,德宏州开始进行自动气象站建设,首批建设的是瑞丽气象站,于 2002 年 12 月建成,2003—2004 年平行观测,2005 年单轨运行。2003 年 11 月,芒市、盈江、梁河、陇川相继安装建成自动气象站,2004—2005 年平行观测,2006 年单轨运行。自此,德宏州所辖 5 个台站全部完成自动站建设,所建自动站为江苏无线电科学研究所生产的 ZQZ-CⅡ型自动气象站,实现气压、气温、雨量、风向、风速、地温六大项目的自动观测,自动站的建成,大大减轻了观测员的工作负担,提高了工作效率。

2005 年 7 月,德宏州率先在乡镇一级进行自动雨量站建设,在 60 个乡镇建成 60 个区域雨量自动观测站。2008年7月,又加密建设了40个雨量、温度两要素自动观测站。同时还帮助水电站建设了4个雨量自动站,德宏州累计建成104个区域自动观测站。

雷达探测 2003年1月在潞西市江东乡一碗水山(桥地坡)建成新一代多普勒天气雷达,主要对基本发射率、基本速度、组合反射率、回波顶、VAD风廓线、弱回波区、风暴相对径向速度、垂直累积液态水含量、风暴追踪信息、中尺度气旋、1小时降水、3小时降水、风暴总降水、反射率等情况进行高平面位置显示(CAPPI),每6分钟体扫1次,提供本地区暴雨、雷暴等强对流天气及中尺度天气系统的探测产品,通过宽带网络系统传输到国家气象中心。

农业气象观测 观测当地主要农作物的生长、发育,测定分析产量;测定不同深度的土壤湿度,结合同期气候观测资料,对当前大气、土壤的干湿状况作出分析;分析作物生长与气候条件之间的关系,同时对当前光、温、水对作物生长、产量形成的利弊影响作出判定;观测物候;编发AB报农业气象段、编制上报作物发育期、土壤湿度、物候报表。开展农业气象试验研究,编发农气情报,提出农业生产建议,根据气候条件对大、小春作物及甘蔗产量进行预报,为各级党委、政府适时指导农业生产提供农业气象科学依据。

天气预报 德宏州建立气象中心站以来,开始制作天气预报。绘制高空天气图,利用天气图等分析制作天气预报,每天的预报结论利用气象电码形式传到各县气象(候)站补充订正。在短期预报的基础上,逐步开展了中期、长期、灾害性、关键性、转折性天气预报和专题天气预报服务。1979年1月1日起执行州气象台制定的"雨季开始期和水稻抽扬期低温"标准。1984年4月,州气象台使用传真机接收天气图和单站天气模式指标综合分析制作天气预报。1987年使用了电子计算机。1995年州气象台建成省地分组数据交换微机网络,并投入使用,原移频电传、无线电传真接收同时停止使用,取消人工填图,实现自动填图。1996年州气象台建成动画电视天气系统。2001年10月设备升级。1996年启用人机交互系统(MAPS),同时取消高空图人工分析,1997年3月建成气象卫星综合应用业务系统"9210"工程后,气象信息综合分析处理系统(MICAPS)取代MAPS,应用于日常天气预报业务。1998年"9210"工程全面投入业务运行,实现了数据的共享。1991年全州建立了气象警报系统,1994年与电视台联合开展了电视天气预报广告服务。从2002年8月1日起全州正式实施新的天气预报质量评定办法,"多年平均值"采用1971—2000年累年平均值(之前"多年平均值"采用1961—1990年累年平均值)。2001年全州气象局全部接入英特网发报。"9210"工程和地县计算机网络投入业务运行后,州台结束了人工分析天气图的历史。

人工影响天气 1999年德宏州人民政府成立了德宏州人工增雨防雹领导小组,办公机构设在德宏州气象局,指导和管理全州人工影响天气工作,但经费未列入财政预算,人员也未列入地方事业编制。截至2008年,全州5个县(市)局均开展人工增雨工作,但尚未建设有固定的人工防雹点,装备有移动式火箭发射架5部。服务范围:烤烟防雹、农业生产增雨、森林防火、原始森林增湿、人畜饮水、库塘蓄水。

气象服务 主要通过广播电台、电视台播放天气预报;通过"96121"电话开展气象咨询服务;开通移动用户手机短信服务;利用雷达、自动雨量站等资料通过传真及《德宏州重大灾害天气预报预警短信群发》系统为州、县(市)、乡各级党、政、军领导机关和有关部门提供重大灾害性天气预报,为全州各种重大节日、各种重大活动提供短时临近预报服务;开展人工增雨作业进行人工防雹及林区人工增雨等科技服务。为党委、政府和生产指挥部门提供提准确、及时的气象预报、情报、灾害预警等决策服务。开展了防雷、避雷装置检测及新建(构)筑物防雷工程验收工作。开展了彩色气球广告及轻印刷等气象科技服务。

气象信息网络 自 1958 年 9 月州气象中心站建立预报组后,相应增设了报务组。使用"7512"型莫尔斯收报机,主要接收成都中心气象台的气象电报广播,有时也接收武汉中心气象台的气象电报广播。1978 年 2 月,配发了 HI-602 型单边带接收机和 28 型、55 型、T1000 型电传机,取代了"7512"型莫尔斯收报机,结束了多年来报务员头带耳机抄报的历史。配发了 117 型电化学纸天气图传真机,接收印度新德里气象广播,1982 年配发了"CZ80"、"123"型天气图传真机,1984 年后,建立了省、州两级多层次的单边带通讯网,固定与省气象台联络。1989 年 2 月开通了省、州和州、县的甚高频通讯电话。同时州台和县站配置了气象警报器。1998 年 8 月完成了州气象局"9210"工程气象卫星传输系统的设备安装调试工作,1998 年 10 月投入准业务运行。1999 年 8 月 9 日安装完成了州气象台 PC-VSAT 单收站。1999 年 10 月州、县(市)与电信局相继开通了省、州、县分组数据交换网(X.25)拨号上网,作为"9210"工程备份传输网,并通过了地面气象报文传输测试,所有的气象报文、业务、公文传送都通过该系统网络完成。

德宏傣族景颇族自治州气象局

机构历史沿革

始建情况 德宏州气象局始建于 1952 年 1 月 1 日,为云南省保山专区特种林试验场芒市气象观测点。

站址迁移情况 1960 年 1 月 1 日,站址迁移到现址,位于潞西芒市团结大街 167 号,东经 98°35′,北纬 24°26′,海拔高度 913.8 米。

历史沿革 1952 年 1 月 1 日,为云南省保山专区特种林试验场芒市气象观测点。1953 年 9 月,称为保山专区潞西特种林试验场气候站。1954 年 11 月,成立德宏自治区试验场气候站。1956 年 5 月,更改为云南省潞西县芒市气候站。1958 年 5 月,更改为德宏傣族景颇族自治州芒市气象中心站。1963 年 12 月,成立德宏傣族景颇族自治州芒市气象总站。1968 年 12 月,撤销德宏傣族景颇族自治州芒市气象总站,合并到保山专区气象总站。1971 年 1 月,改称保山专区气象台,保山专区气象台由芒市迁往保山。1974 年 1 月,德宏州与保山专区分开,德宏傣族景颇族自治州气象台成立。1981 年 1 月,德宏州气象台改为德宏州气象局。1983 年 10 月,改为德宏州气象处。1990 年 9 月,更名为德宏州气象局。

管理体制 1954 年 11 月以前,潞西特种林试验场气候站建制隶属南云省保区山专特种林试验场。1954 年 12 月—1955 年 5 月,隶属于德宏州人民政府建制和领导。1955 年 5月—1958 年 3 月,隶属于云南省气象局建制和领导。1958 年 3 月—1963 年 3 月,隶属德宏州人民委员会建制和领导。1963 年 4 月—1970 年 6 月,收归云南省气象局(1966 年 3 月改为云南省农业厅气象局)建制。1970 年 7 月—1970 年 12 月,改属德宏州革委会建制和领导。1971 年 1 月—1973 年 5 月,实行德宏州军分区领导,建制仍属德宏州革命委员会。1974 年 1 月—1980 年 12 月,隶属德宏州革命委员会建制和领导。1981 年 1 月至今,实行气象部门与地方政府双重领导,以气象部门领导为主的管理体制。

单位名称及主要负责人变更情况

单位名称	姓名	民族	职务	任职时间
保山专区特种林试验场芒市气象观测点	冯继典	汉	负责人	1952.01—1953.09
保山专区潞西特种林试验场气候站				1953.09—1954.11
德宏自治区试验场气候站				1954.11—1956.05
云南省潞西县芒市气候站	崔太富	汉	负责人	1956.05—1958.05
德宏傣族景颇族自治州芒市气象中心站	谢茂山	汉	站长	1958.05—1963.12
德宏傣族景颇族自治州芒市气象总站				1963.12—1968.12
保山专区气象总站	傅绍铭	汉	站长	1968.12—1971.01
保山专区气象台	敖耀昌	汉	站长	1971.01—1974.01
德宏傣族景颇族自治州气象台	张尔聪	汉	台长	1974.01—1979.08
	张志魁	汉	台长	1979.08—1981.07
德宏州气象局			局长	1981.01—1983.10
			处长	1983.10—1984.04
德宏州气象处	李纯诚	汉	副处长	1984.04—1987.06
	尹绍周	汉	处长	1987.06—1990.09
			局长	1990.09—1994.06
德宏州气象局	王绍山	汉	局长	1994.06—

人员状况 1952 年 1 月,德宏州气象局建站初期有职工 3 人,由农林场技术人员组成。1978 年 12 月,职工总数发展为 22 人。到 2008 年底,州气象局职工总数 67 人(其中在职职工 40 人,离退休职工 27 人),在职职工中:本科学历 21 人,专科学历 12 人;高级工程师 6人,工程师 17 人,初级职称 12 人;少数民族 7 人;50 岁以上 3 人,40～49 岁 16 人,39 岁以下 21 人。

气象业务与服务

1. 气象观测

①地面气象观测

观测项目 1952 年 1 月 1 日,云南省保山专区特种林试验场在芒市设气象观测点,同年 10 月,开始了气温、降水、风向风速、天候等项目观测。

观测时次 1960 年 8 月,地面观测时间由原来的地方时改为北京时,进行 02、08、14、

20 时 4 个时次。1962 年 1 月进行 05、11、17、23 时补充定时观测。

发报种类　1960 年 4 月 15 日开始拍发 OBSER 气候报。1962 年 1 月开始执行《地面观测规范》,拍发 08、14、20 时小图天气报、固定或预约航空天气报、危险报、解除报等。

气象报表制作　气表-1、气表-21、月简表。

资料管理　气象资料整理存入州局档案室统一管理。组织业务技术人员对气象资料进行整编,已整编有 1954—1994 年 40 年气象资料、1960—1990 年 30 年气象资料、1971—2000 年 30 年气象资料。

②农业气象观测

德宏州的农业气象观测主要进行作物的生长发育期观测和土壤湿度观测,1958 年 2 月,开始农业气象物候观测,3 月开始测定土壤湿度,并向省气象局发农业气象旬报。

观测日界　农业气象观测以 20 时为日界。

观测项目　1980 年 1 月 12 日,芒市农业气象试验站成立,正式开展水稻、小麦、甘蔗、橡胶等项目的观测。

观测仪器使用的仪器主要有土钻、盛土盒、刮土刀、提箱、烤箱、天平、钢卷尺、皮尺等。

2. 气象信息网络

通讯现代化　1984 年后,建立了省、州两级多层次的单边带通讯网,固定与省气象台联络。1989 年 2 月开通了省、州和州、县的甚高频通讯电话,沟通了州县气象台站的相互通讯,同时州台和县站配置了气象警报器。1998 年 8 月完成了州气象局“9210”工程气象卫星传输系统的设备安装调试工作,1998 年 10 月投入准业务运行。1999 年 8 月 9 日安装完成了州气象台 PC-VSAT 单收站。1999 年 10 月州、县(市)与电信局相继开通了省、州、县分组数据交换网(X.25)拨号上网,作为“9210”工程备份传输网,所有的气象报文、业务、公文传送都通过该系统网络完成。2004 年 12 月,州气象局完成了省、州、县三级 VPN 宽带网络建设。依托气象宽带网开通了州—省的视频会商系统、与全国气象部门连接的办公系统、州—省的电子政务系统、开通了州气象局局域网,基本实现了无纸化办公。

信息接收　1958 年 9 月州气象中心站建立预报组,相继增设了报务组。使用“7512”型莫尔斯收报机,主要接收成都中心气象台的气象电报广播,有时也接收武汉中心气象台的气象电报广播。1978 年 2 月,配发了 HI-602 型单边带接收机和 28 型、55 型、T1000 型电传机,取代了“7512”型莫尔斯收报机;配发了 117 型电化学纸天气图传真机,接收印度新德里气象广播。1982 年配发了“CZ80”、“123”型天气图传真机。

信息发布　20 世纪 60—70 年代,通过广播电台(站)的语言广播。1994 年与电视台联合开展了电视天气预报广告服务,通过电视台,以虚拟气象主持人配音播放天气预报。1996 年建成动画电视天气系统,每天将气象信息录制成光盘通过广播电视台动画电视发布气象信息。

3. 天气预报预测

1958 年 6 月德宏州建立气象中心站以来,负责全州各气象站的业务管理和指导工作,并开始制作天气预报。在短期预报的基础上,逐步开展了中期、长期、灾害性、关键性、转折性天气预报和专题天气预报服务。

1979年1月1日起执行州气象台制定的"雨季开始期和水稻抽扬期低温"标准。1984年4月,州气象台使用传真机接收天气图和单站天气模式指标综合分析制作天气预报。1987年使用了计算机。1991年全州建立了气象警报系统。1995年州气象台建成省地分组数据交换微机网络,原移频电传、无线电传真接收同时停止使用,取消人工填图,启用微机控制填图仪,实现自动填图。1996年启用人机交互系统(MAPS),同时取消高空图人工分析。1997年3月建成气象卫星综合应用业务系统"9210"工程后,气象信息综合分析处理系统(MICAPS)取代MAPS。到1998年"9210"工程全面投入业务运行,实现了数据的共享。2002年8月1日起全州正式实施新的天气预报质量评定办法。2001年开始接入互联网发报。2003年12月新一代天气雷达探测资料投入天气预报应用,2006年通过建成的视频会商系统与省气象台实现了视频会商天气预报。

2004年获中国气象局重大气象服务先进集体;2008年获中国气象局重大气象服务先进集体。

4. 气象服务

①公众气象服务

20世纪60—70年代,通过广播电台(站)语言广播发布天气预报。1994年,通过电视台,以虚拟气象主持人配音播放天气预报,开展公众气象服务;通过"96121"开展电话咨询服务;通过走出去,请进来和街道气象科普宣传等方式开展咨询服务,宣传气象科学。

②决策气象服务

在社会主义建设的不同时期,德宏州气象台始终坚持为党委、人民政府和生产指挥部门提供气象预报、材料情报、灾害预警等决策气象信息。服务方式有电话、信息网、手机短信、专题材料等。2003年5月开通了移动用户手机短信服务;利用雷达、自动雨量站等资料通过传真及《德宏州重大灾害天气预报预警短信群发》系统为州、县(市)、乡各级党、政、军领导机关和有关部门提供重大灾害性天气预报,为全州各种重大节日、活动提供短时临近预报服务。

③专业与专项气象服务

进入21世纪,根据州、县(市)各级党、政、军领导机关和有关部门的实际或需要,开展专业、专题气象及网络终端服务。

人工影响天气 2001年4月,德宏州气象局人工影响天气业务启动建设,成立了德宏州人民政府人工影响天气中心及管理办公室,购置了增雨火箭发射装置,开展人工增雨作业进行人工防雹及林区人工增雨等科技服务。2005年获云南省人民政府人工影响天气工作先进单位。

防雷技术服务 1989年开始防雷技术服务。1990年4月由德宏州劳动局授权开展防雷工作;1991年开始避雷装置检测工作;1993年开始为有关单位安装防直击雷的避雷针(带);1994年开始安装电源避雷器,并开展了土壤电阻率测量和新建(构)筑物防雷工程验收工作。

气象科技服务 1991年12月州气象局投入9万多元,购置电脑排版、轻印刷相关设备,开展电子排版印刷业务,对内承担办公文印,对外承接书刊印刷有偿服务。到2008年,气象科技服务主要有专业有偿服务、防雷检测、气球广告及手机短信服务等内容。

④气象科普宣传

2005年6月德宏州气象局被云南省人民政府命名为省级科普教育基地。充分利用"3·23"世界气象日、科技活动周、科普日等开展气象科普宣传教育活动,科普教育基地向广大群众、青少年开放参观。2001—2003年先后为芒市第四小学、州民族中学、芒市第一小学建起了红领巾气象站。

德宏州气象局"云南省科学普及教育基地"揭牌仪式

气象法规建设与社会管理

法规建设 1992年9月,德宏州人民政府印发了《关于加强气象工作的通知》。2005年6月,德宏州人民政府印发了《德宏州防雷减灾管理办法》。2006年10月,德宏州人民政府印发了《德宏州人民政府关于加快气象事业发展的实施意见》。

制度建设 为贯彻落实气象法律法规,州气象局建立了气象行政执法考核制度、评价制度、过错追究制度、行政许可公开制度、监督检查制度、行政问责制、首问责任制、限时办结制、服务承诺制等制度。

社会管理 2005年6月,在州气象局成立了政策法规科,负责管理全州气象部门的依法行政工作,同月成立了德宏州气象部门行政执法支队。到2008年底,州气象局有9人取得了云南省行政执法证,有1人取得行政执法督查证。每年制定气象执法检查计划,自行组织或与人大、人民政府等相关部门联合开展探测环境保护、人工影响天气、防雷减灾、施放气球等方面的执法检查,依法履行《中华人民共和国气象法》赋予的社会管理职能。按照国务院和部门令规定的审批项目,开展气象行政审批事项的办理。

政务公开 2002年4月,德宏州气象局开始推行局务(事务)公开制度。2004年1月,在德宏州人民政府信息公开网站上建立了气象网页。2008年5月,实施德宏州人民政府信息公开制度和服务承诺制度。采取对外公开公示栏、网站公开、公布信息查询电话和办事程序等方式,全面推行政务公开,接受社会和公众的监督。

党建与气象文化建设

1. 党建工作

党的组织建设 德宏州气象局建立初期,组织关系隶属于州农林水党总支管理。1974年5月,德宏州气象局成立了独立的党支部,有党员3人。到2008年底,州气象局党支部共换届六届,有党员 30 人(其中离退休职工党员 12 人)。

党风廉政建设 1999 年设立了党组专职纪检组,推行党风廉政建设责任制。2002 年 4 月,推行局(事)务公开。2008 年 5 月,实施德宏州人民政府信息公开制度。2008 年 6 月 实施行政问责、服务承诺、首问责任、限时办结四项制度。建立起了听证、公示、通报、查询 等一系列反腐倡廉工作机制,接受社会监督。开展"党风廉政宣传教育月"活动,进一步强 化机关和干部作风建设。

2. 气象文化建设

精神文明建设 1995 年成立全州精神文明建设领导小组,实行"一把手"负总责与目 标责任制相结合的创建方式,健全领导机构,落实责任人员,保证经费投入,形成了党政、 工会、共青团、妇女组织共同参与的创建机制。相继制定下发了《德宏州气象局精神文明 活动管理办法(试行)》、《德宏州气象局关于在全州气象系统开展创建文明行业活动实施 方案》、《德宏州气象局评选文明科室、五好文明家庭标准》等文件,全面规范和指导部门 的文明创建活动。注重干部职工的精神文化生活,利用节假日、庆祝日积极组织和参加 各种文化体育活动,包括演讲比赛、业务技能竞赛、游园、健身运动、运动会、文艺汇演等。 先后投资建起了户外健身活动中心、职工活动室、图书阅览室等,购置活动用品,征订各 种书籍和报刊杂志,为职工开展文体活动和业余学习提供了条件。定期组织基层一线职 工和老干部参加省内外疗养,组织职工体检,认真落实干部职工的各项待遇,职工精神风 貌健康向上。

文明单位创建 1997 年,州气象局被德宏州委、州人民政府授予"州级文明单位"。 1999 年 12 月被云南省委、省人民政府授予"省级文明单位"。2002 年被州委、州人民政府 授予"州级文明行业"。2002 年被州委、州人民政府授予"安全文明单位"。2006 年 8 月起 与德宏公安消防支队开展警民共建文明创建活动。2008 年 12 月被中央文明委授予"全国 精神文明建设工作先进单位",同年被中国气象局授予"全国气象部门文明台站标兵"荣誉 称号。

3. 荣誉与人物

集体荣誉 1998 年获国家档案局"科技事业档案管理国家二级"称号;1999 年获云南 省省级文明单位称号;2002 年获云南省创建文明行业工作先进单位;2005 年被云南省人民 政府命名为云南省科普教育基地;2008 年获全国精神文明创建先进单位称号;2008 年获全 国气象部门文明台站标兵。

个人荣誉 从建站至 2008 年,德宏州气象局个人获得地厅级以上各类表彰奖励 60 人 次。其中获得省部级表彰 1 人次,获得省部级以下表彰 59 人次。

人物简介 王绍山,男,1962 年 9 月出生,大学学历,高级工程师,党员。1981 年 8 月从云南省气象学校气象专业毕业到德宏工作,1994 年开始担任德宏州气象局的主要 领导,在他的带领下,德宏气象事业取得了长足的发展和进步。他主持和参与的科研项 目有近 20 项,其中有 1 项获得了德宏州人民政府科技进步一等奖,2 项获得二等奖,3 项 获得三等奖。他公开发表的科技论文、重要技术报告和专题文章有 20 多篇。从 1985 年以后,他先后九次被评为优秀共产党员;曾被德宏州委、州人民政府授予德宏州首届突出贡献奖、第三届德宏州十大杰出青年、"十五"先进科技工作者、"九五""十五"期间森林防火工作先进个人等荣誉;曾获得全省"9210"工程建设先进个人、全省创建文明单位先进个人,多次获得全省气象系统文明创建先进个人;获得国家档案局"国家二级"管理突出贡献奖;获德宏州首届气象科技优秀人才奖;被德宏州人民政府聘为州科技进步奖评审委员会委员;被云南省气象局聘为云南省气象高级专业技术职务评审委员会委员;被州委、州人民政府确定为德宏州百名杰出科技工作者。王绍山 1999 年获得云南省第十六届先进工作者(劳模)称号。

参政议政 王绍山,1999 年 4 月任德宏州科协常委、2008 年 2 月任德宏州政协第十届委员。

台站建设

基本建设 1956 年德宏气象站建站初期单位占地面积为 20313 平方米。至 1972 年有工作用房 509.4 平方米和宿舍 666.4 平方米。1976 年新建验收了工作室 1 幢 121 平方米,宿舍 1 幢 404 平方米。1977 年新建成了宿舍和车库 6 间,面积 249.8 平方米。1982 年建 740.62 平方米砖混结构办公楼。1986 年 5 月建住宅楼 2 幢共 15 套。1991 年新建四层砖混结构 1117.48 平方米宿舍 2 幢。1999 年 4 月开工建设 979.99 平方米砖混结构的 8 套的职工宿舍。2002 年 7 月在位于潞西市江东乡一碗水山(桥地坡)建设了新一代天气雷达站。2003 年 2 月建设了四层 1232.36 平方米砖混结构综合楼 1 幢。2003 年 8 月 16 日开工建设了八层框架结构建筑面积 2578.5 平方米的气象科技大楼。2004 年 8 月建设了四层框架结构 1114.93 平方米的州局临街综合楼。2003 年 4 月对州气象局院内的电缆铺设、变压器安装进行改造。

车辆配备 2002 年省气象局调拨丰田越野车 1 辆。2004 年 12 月省气象局调拨防汛减灾气象专用车 1 辆。

20 世纪 70 年代的德宏州气象台全貌

2003 年 12 月建成的德宏新一代多普勒天气雷达站

德宏州气象局现状（摄于 2005 年）

瑞丽市气象局

机构历史沿革

始建情况　云南省瑞丽市气象局始建于 1956 年 12 月,地理位置:东经 97°51′,北纬 24°01′,观测场海拔高度 775.6 米,是德宏州唯一的国家基本气象站。1957 年 1 月 1 日正式开展观测工作。

站址迁移情况　1989 年 7 月 8 日,观测场北移 50 米,观测场海拔高度变为 776.6 米。

历史沿革　1956 年 12 月成立云南省瑞丽气象站。1960 年 5 月站名变更为瑞丽县气候服务站。1966 年 1 月,变更为云南省瑞丽县气象服务站。1969 年 5 月,变更为瑞丽县气象站革命领导小组。1973 年 4 月,更名为云南省瑞丽县气象站。1990 年 7 月,更名为瑞丽县气象局。1992 年 10 月瑞丽撤县设市,瑞丽县气象局更名为瑞丽市气象局。

管理体制　1956 年 12 月,瑞丽气象站隶属云南省气象局建制和领导。1958 年 3 月—1963 年 3 月,隶属瑞丽县人民委员会建制和领导,德宏州气象中心站负责业务管理。1963 年 4 月—1970 年 6 月,收归省气象局建制和领导,芒市气象总站负责管理。1970 年 7 月—1970 年 12 月,改属瑞丽县革命委员会建制和领导,保山地区气象总站负责管理。1971 年 1 月—1973 年 5 月,实行瑞丽县人民武装部领导,建制仍属瑞丽县革命委员会,德宏州气象台负责业务管理。1973 年 5 月—1980 年 12 月,改属瑞丽县革命委员会建制和领导,德宏州气象台负责业务管理。1981 年 1 月至今,实行气象部门与地方政府双重领导,以气象部门领导为主的管理体制。

机构设置 截至 2008 年底,瑞丽市气象局内设局办公室、大气探测科、气象科技服务科、雷电中心、人工影响天气办公室(隶属于市人民政府)。

单位名称及主要负责人变更情况

单位名称	姓名	民族	职务	任职时间
云南省瑞丽气象站	林恩荣	汉	副站长	1956.12—1960.05
瑞丽县气候服务站				1960.05—1962.09
	王旺竟	汉	副站长	1962.10—1966.01
云南省瑞丽县气象服务站				1966.01—1969.05
瑞丽县气象站革命领导小组				1969.05—1973.04
	王达章	汉	站长	1973.04—1979.12
云南省瑞丽县气象站	尚麻途(女)	景颇	副站长	1980.01—1984.09
	陈于政	汉	站长	1984.09—1987.10
瑞丽县气象局	尚麻途(女)	景颇	站长	1987.10—1990.07
			局长	1990.07—1992.10
瑞丽市气象局				1992.10—1993.05
	张正荣	汉	局长	1993.06—2000.07
	於慧玲(女)	汉	局长	2000.07—

人员状况 建站初期,瑞丽市气象局仅有 5 人。1978 年人员增至 11 人(其中党员 3 人,团员 6 人,少数民族 3 人)。2000 年 1 月,因畹町市、瑞丽市行政区划合并,畹町市气象局 6 名职工并入瑞丽市气象局,人员达到 18 人。截至 2008 年底,瑞丽市气象局有职工 26 人,在职职工 15 人中:本科学历 4 人,大专学历 4 人,中专以下 7 人;工程师 8 人,助理工程师 7 人。

气象业务与服务

1. 气象业务

①地面气象观测

1957 年 1 月 1 日正式开展地面观测。

观测项目 风向、风速、气温、气压、云、能见度、天气现象、降水、日照、大型蒸发、小型蒸发、地面温度等。2002 年 1 月 1 日,取消小型蒸发观测。

观测时次 每天进行 02、08、14、20 时定时 4 次观测和 05、11、17、23 时 4 次补充观测。

发报种类 进行天气报和补充天气发报 7 次发报任务(23 时不发报),同时还担负向昆明民航、军航拍发航空危险报(简称航危报),PK 北京预约航危报的任务,每天 00—24 小时固定航危报和 05—18 时的预约航危报。1987 年 1 月 1 日,航危报电码改为 MH06—11 时,AV 报仍为 05—18 时。2002 年 7 月 1 日,取消航危报拍发业务。

气象报表制作 1985 年配备 PC-1500 袖珍计算机,1986 年 1 月 1 日起使用 PC-1500 袖珍计算机应用 AHDM B2 程序取代人工编报,1988 年 1 月起使用 PC-1500 袖珍计算机编制地面气象报表,1995 年恢复手工制作报表。1997 年 7 月云南省气象局配发测报用联想 586 Ⅱ 型计算机,开始使用 AHDM 4.0 版业务软件编发天气报和制作报表,并通过 X.25 网络方式直接发报至云南省气象局。

自动气象观测站 2002 年建成 ZQZ-C Ⅱ 型自动气象站,并于 12 月 31 日 20 时正式投入业务运行。2003 年 1 月 1 日—2004 年 12 月 31 日建成并开始实施自动站与人工站对比观测双轨运行。2005 年 1 月 1 日开始自动站单轨运行。2005 年 6 月在各乡镇地质灾害易发区建成了 10 个自动雨量加密观测点,2008 年再建 7 个雨量、温度两要素自动观测点。

2006 年在气象局观测场安装德宏首部闪电定位监测仪。2008 年 10 月开始建设中国大陆构造环境监测网络瑞丽 GNSS 基准站。

②气象信息网络

在建成计算机网络系统前,气象信息的交换及报文的传输主要靠电话,直到 1994 年 1 月安装了瑞丽至昆明专线远程计算机测报数据发报电文传输系统,才改变了电话传输报文的方式。1999 年 9 月,建成 PC-VSAT 单收站,用于接收国家气象中心的预报指导产品。2005 年,建成气象宽带网通信系统(notes)并投入业务使用。2008 年在瑞丽市人民政府信息网站上建立了气象服务网页。

③天气预报预测

1958 年 6 月开始制作单站补充天气预报,为县领导及有关生产单位提供服务。1984 年 4 月,使用传真机接收天气图和单站天气模式指标综合分析制作天气预报,同年开始制作气候影响评价。1991 年 7 月安装建成无线电天气警报发布系统,在全县各乡人民政府、各村公所及农业、水利、防洪、林业森林防火等服务部门安装 40 多台天气预报预警接收机,发布未来 24 小时和 3～5 天的天气预报。2004 年 6 月开始发布地质灾害气象预报。

2. 气象服务

①公众气象服务

1978 年以前,瑞丽市气象局以为农业生产和人民生活开展公益性气象服务为主。1978 年以后,在继续做好公益服务的同时,逐步推行科技服务。服务的行业包括:农业、国土、工矿、城建、交通、水利电力、环境保护、财贸、旅游以及文化体育行业、企事业单位和个人。服务的项目包括:气象预报、情报、资料、气候分析、气候区划、大气环境评价、科研成果、技术咨询以及其他技术服务,服务领域逐步拓宽。

②决策气象服务

20 世纪 80 年代初,决策气象服务主要以书面文字发送为主;90 年代以后,决策产品由电话、传真、信函等向电视、微机终端、互联网等发展,各级领导可通过计算机随时调看实时雨情和全天 24 小时滚动预报。

主要对干旱、暴雨、强降温、大风、冰雹、雷击、大雾等气象灾害,提供监测预警信息和对策建议分析;针对农业气象灾害、生态环境灾害、地质灾害、空气污染、森林火灾和其他气象次生灾害,提供气象监测、预警信息和对策分析建议。同时根据瑞丽市有关部门的需求,为重大社会活动、突发公共事件、重大灾害事件及防灾、减灾、救灾、赈灾和灾后重建工作提供气象保障服务。

③专业与专项气象服务

人工影响天气　2001年3月挂牌成立瑞丽市人民政府人工影响天气办公室(办公室设在市气象局)。2002年4月3日在勐秀南京里山上进行了瑞丽市首次人工影响天气作业。2005年5—6月,瑞丽市气象局分别在南京里、姐相乡等地实施人工增雨作业,全市范围内降水强度有所增加,为缓解旱情起到了积极作用。

防雷技术服务　1992年,瑞丽市气象局开始开展避雷装置检测工作。1998年4月,成立瑞丽市气象局防雷中心,开展了避雷检测、土壤电阻率检测、避雷图纸的审核、防雷工程的设计安装、计算机(场地)防雷安全检测等。1998年9月,防雷中心通过云南省质量技术监督局的计量认证。至2008年,防雷中心每年均联合市公安消防大队、市安监局等单位对全市的加油站、液化气储存站等易燃易爆场所进行防雷装置安全专项检查,有效地预防或减少了本区域内雷击灾害的发生。

气象法规建设与社会管理

法规建设　1992年10月,通过消防队批准后,取得气球广告施放许可,在瑞丽撤县设市、姐告大桥通车取得第一次气球广告施放成功。1994年9月份,《中华人民共和国气象条例》发布实施,市气象局组织了贯彻学习。2002年2月19日,瑞丽市人民政府向全市有关单位下发了《瑞丽市人民政府关于对避雷装置审核、检测、安装的通知》(瑞政发〔2002〕12号),规范全市单位的防雷装置检测工作,标志着瑞丽市气象局防雷减灾工作走向规范化。2005年10月,结合德宏州年度防雷减灾管理办法的出台,申请瑞丽市人民政府办公室下发了《关于开展年度防雷安全检查的通知》(瑞政办发〔2005〕146号),积极开展瑞丽市年度防雷减灾服务工作,为有效降低我市的雷击灾害起到了积极的预防作用。瑞丽市人民政府下发了《关于实施新建(构)筑物防雷设施设计审核和竣工检测验收实施方案的通知》(瑞政发〔2006〕114号),规范瑞丽市新建筑物的防雷设计审核工作。

制度建设　2006年7—8月,印发了《瑞丽市气象局规章制度实施细则》(瑞气发〔2006〕15号),细则包括各岗位职责,如支部书记职责、局长职责、副局长职责、办公室主任职责、各科室科长职责等;综合纪律如行政值班制度、考勤制度、请销假制度、重大事件报告制度、勤政廉洁制度、办公用品采买制度、卫生制度、特别奖罚制度、举报监督制度、财务制度、保安制度、车辆管理制度;会议制度包括局务会议、政治学习会议、支部会议、民主生活会议、业务学习会议;业务制度如测报值班制度、预报值班制度、交接班制度等。

社会管理　2000年《中华人民共和国气象法》颁布实施后,瑞丽市气象局开始履行行政执法职能。截至2008年,有5名同志通过培训考试取得行政执法证,并依据《中华人民共和国气象法》、《人工影响天气条例》、《国务院412号令》、《云南省气象条例》、《通用航空飞行管制条例》、《施放气球管理办法》、《防雷减灾管理办法》等法律、法规,对防雷装置的设计审核和验收、施放无人驾驶和系留气球活动的审批、大气环境影响评估使用气象资料的审查、气象台站观测环境保护初审和人工影响天气作业组织资格初审等实行社会管理。

政务公开　瑞丽市气象局局务公开工作于2002年开始,成立局务公开工作领导小组,建立局务公开工作制度,设立局务公开专栏,确定公开的重点是工作内容、工作职责、办事依据、条件、程序、过程和结果。瑞丽市气象局于 2005 年荣获中国气象局"县级气象台站局务公开先进集体"荣誉称号。2008 年开始实施瑞丽市人民政府信息公开制度,推行网上政务信息公开。

党建与气象文化建设

1. 党建工作

党的组织建设 瑞丽市气象局建站时只有 2 名共青团员,无党员;1978 年有 3 名共产党员(其中 1 名是预备党员);1984 年 11 月成立瑞丽市气象局党支部,有党员 4 人,成立之初只有支部书记一人管理支部的日常事务,直到 2007 年 9 月增选了 2 名支部委员。至 2008 年底共有党员 10 人(其中在职职工党员 5 人,退休职工党员 5 人)。

党风廉政建设 瑞丽市气象局于 2001 年成立党风廉政建设领导小组,并从 2002 年开始每年与州气象局签订党风廉政建设目标责任书,坚持一把手负总责,领导小组各成员分工负责,层层落实责任制,做到年初有计划,工作有部署,从根本上保证了此项工作的有序开展。2007 年 11 月开始实行"三人小组"民主决策,2008 年 6 月配备了纪检监察员。自 2002 年以来市局党风廉政建设年度考核均为优秀。

2. 气象文化建设

精神文明建设 1995 年,成立精神文明建设领导小组,每年年初都要对精神文明建设工作进行专题研究,并制定《精神文明建设年度工作计划》。1978 年以前,单位仅有一台省局配发的收音机。1981 年后逐步购置了电视、录像机、VCD 等文化娱乐设施,配置了篮球、乒乓球、羽毛球等体育器材和场地。特别是开展文明单位创建活动以来,积极筹措资金改善办公条件,新购置了一批高性能计算机、复印机等办公设备,基本满足了现代办公需要;增设文化体育设施,增加图书 1000 余册,专门聘请保安保卫单位的安全,积极组织职工参加地方举办的各种学习、科普宣传活动,组织职工参加全局、全州、全省业务技能竞赛、开展警民共建等活动,提升文明创建内涵。在每年"元旦"、"三八"、"五一"等节日,均组织职工参加游园、登山、野炊等活动,丰富文化生活,陶冶职工情操,提高干部职工队伍综合素质。关心退休老干部,适时走访慰问退休职工,认真落实好干部职工的福利待遇,组织职工定期体检。

文明单位创建 1999 年荣获瑞丽市委、市人民政府"市级文明单位"。2002 年荣获德宏州委、州人民政府"州级文明单位"。2006 年荣获省委、省人民政府"省级文明单位"。2006 年 6 月 1 日与瑞丽市公安消防大队结成警民共建单位。

3. 荣誉

集体荣誉 1987 年获德宏州农业区划工作先进单位;《瑞丽县农业气候区划》项目获1989 年德宏州科技进步三等奖;2000 年档案管理达标云南省 C1 级;2005 年获中国气象局局务公开先进集体"荣誉;2005 年获云南省气象局大气探测先进集体;2006 年获德宏州人民政府档案工作先进集体;《《气候资料服务系统 Ver3.0》的引进、开发与推广》项目获

2007年德宏州科技成果三等奖;2008年获云南省人事厅和省档案局的三等功表彰奖励;2008年获全省气象部门精神文明建设先进集体。

个人荣誉 从建站至2008年,瑞丽市气象局个人获得县处级以上各类表彰奖励共95人(次)。其中获得国家民委、中国气象局表彰2人次,获云南省气象局百班无错情表彰46人次,获云南省气象局、德宏州委、州人民政府、德宏州气象局表彰的其他奖励47人(次)。

台站建设

瑞丽市气象局建站初期,职工是在临时搭建的茅草房里办公和生活,用煤油灯照明。1957年建成1幢(7间)土木结构房屋,建筑面积147.33平方米。20世纪70—80年代,先后投入资金进行建设,截至1983年12月共有房屋10幢34间(土木平房6幢,砖木平房4幢),建筑面积1362.69平方米。1989年,因城市发展,一条公路横穿气象站,观测场北移50米,部分建筑拆除。1990年9月建成1幢两层砖混结构216.6平方米的办公楼。1991年8月建成12套职工住房,建筑面积962.43平方米。1992年,自筹资金11万元建成沿街铺面房2幢,建筑面积673平方米,同年,与姐告工委联合(对方出资,市气象局出土地)建成1幢三层楼房,建成后市气象局使用一层商铺(7格)216平方米。1993年投资13000元建成车库1幢,砖木结构,面积50平方米。1994年4月,由德宏州气象局与瑞丽市工商局合资建设的"兴边综合商场"建成,总投资435万元,建筑面积4950平方米。1994年投资19500元修筑了观测场右侧挡土墙。1995年在大门右侧建1幢砖混结构两层楼房,建筑面积172平方米。2000年自筹资金106000元,在观测场东面建成1幢(9间)砖木结构房屋,用做周转房;同年,自筹资金12000元,建成贮藏室1幢,砖木结构,面积53平方米;自筹资金8000元,建成制氢房1幢,砖木结构,面积31平方米。2001年3月,采取由云南省气象局补助(每户20000元),其余个人自筹资金的方式,建成1幢三层(6套)砖混结构的单元式职工宿舍,建筑面积680.35平方米,为畹町站并过来的同志解决了住房问题。2001年,对局大院进行了绿化、美化。2003年,自筹资金8万余元对办公楼进行外装修,购置大量办公家俱,逐步改善工作、生活条件。

瑞丽市气象局老观测场照片(2002年拍摄)

瑞丽市气象局办公楼现状(2007年)

陇川县气象局

机构历史沿革

始建情况　陇川县气候站始建于 1957 年 9 月,站址位于弄把镇,地理位置:东经 97°57′,北纬 24°22′,海拔高度 934 米。

站址迁移情况　1968 年 12 月站址迁往城子镇以西南宛路 8 号,地理位置:东经 97°57′,北纬 24°22′,海拔高度 966.7 米,1969 年 1 月 1 日正式开始新站址的观测。1998 年底,因陇川县城搬迁至章凤镇,站址搬迁至陇川县章凤镇勐宛南路 11 号,地理位置:东经 97°49′,北纬 24°04′,海拔高度 959.1 米。

历史沿革　1957 年 9 月成立陇川县气候站;1964 年 1 月,更名为陇川县气候服务站;1971 年 1 月更名为陇川县气象站;1990 年 9 月更名为陇川县气象局。

管理体制　1957 年 9 月—1963 年 12 月,陇川县气候站隶属陇川县人民委员会建制和领导,归口县人委会农水科管理,德宏州气象中心站负责业务管理。1963 年 12 月—1970 年 6 月,归属云南省气象局建制和领导,芒市气象总站(1968 年,保山专区气象总站)负责管理。1970 年 7 月—1970 年 12 月,改属瑞丽县革命委员会建制和领导,保山专区气象总站负责管理。1971 年 1 月—1973 年 5 月,实行陇川县人民武装部领导,建制仍属陇川县革命委员会,德宏州气象台负责业务管理。1973 年 5 月—1980 年 12 月,仍属陇川县革命委员会建制和领导,德宏州气象台负责业务管理。1981 年 1 月至今,实行气象部门与地方政府双重领导,以气象部门领导为主的管理体制。

单位名称及主要负责人变更情况

单位名称	姓名	民族	职务	任职时间
陇川县气候站	董贵雄	汉	站长	1957.10—1964.01
陇川县气候服务站				1964.01—1969.02
			革命领导小组组长	1969.02—1971.01
陇川县气象站				1971.01—1974.12
	瞿思明	景颇	革命领导小组副组长	1974.12—1978.08
	张惠仁	彝	站长	1978.08—1990.09
陇川县气象局			局长	1990.09—1995.06
	张玉明	汉	局长	1995.06—1999.09
	赵家留	汉	局长	1999.09—2005.07
	龙建国	汉	局长	2005.08—

人员状况　1957 年 9 月,陇川县气象局建站初期有职工 4 人(其中党员 2 人,妇女干部 1 人,少数民族干部 1 人)。1978 年,有在职职工 4 人(其中中专学历 2 人,高、初中学历各 1 人,

少数民族干部 1 人,妇女干部 1 人)。截至 2008 年底,有在职职工 7 人,其中:少数民族 2 人,占 28.6%;本科学历 1 人,专科学历 5 人;工程师 3 人,助理工程师 2 人。退休职工 3 人。

气象业务与服务

1. 气象业务

①地面气象观测

陇川县气象站为国家一般站,1958 年 1 月 1 日 01 时开始进行地面气象观测,向省、州气象台拍发小图报任务。

观测项目 云、能见度、天气现象、气温、湿度、气压、风、降水、日照、地温、蒸发等。

观测时次和日界 每日进行 01、07、13、19 时 4 次定时观测。1960 年 8 月取消地方时,改用北京时观测,日界为 20 时。每日进行 02、08、14、20 时(北京时)4 次定时观测。

1969 年 1 月 1 日,配备压、温、湿自记器,10 月 1 日使用电接风向风速仪。1970 年 1 月 1 日开始 02 时的气压、温度、相对湿度用订正后的自记值代替。

发报种类 陇川站为国家一般气候站,1958 年 1 月—2001 年 12 月,担负每天 08、14 时拍发地面小图报的任务。2002 年 1 月 1 日起增发 08、14 时和 20 时天气加密报 (GD-05),2008 年 6 月 1 日开始增发雷暴、雾等重要天气报。

电报传输 从 1958 年 1 月开始,地面气象报文通过邮电局电报上传,1995 年 9 月气象报文由德宏州气象局网络代为上传,2002 年 1 月 1 日采用因特网传递。

1987 年 8 月陇川站使用 PC-1500 袖珍计算机编报。2002 年 1 月 1 日开始,地面测报 08、14、20 时均采用新版《AHDM 5.0》软件编发报。

气象报表制作 2002 年 1 月以前手工制作气象月报表和年报表。2002 年 1 月 1 日开始,地面气象记录月报表采用《AHDM 5.0》软件制作,结束了人工抄录和人工编制地面气象月报表的历史。

资料管理 陇川县气象局自成立以来的气象资料,在 2000 年以前均为台站自己保存在站内,但无专门的档案室用以储存档案资料。随着 2001 年 2 月陇川气象局业务办公室的建成,陇川气象局开始有了专门的单位综合档案室。2005 年县气象局不再继续保管基本气象观测记录本、压、温、湿、雨量、风自记资料,分别于 2005 年 3 月 20 日移交 1958—2000 年,2008 年 3 月 26 日移交 2001—2007 年资料入省气象局档案馆保管。县气象局保管的气象资料为建站以来的地面气象观测记录月报表、年报表和日照纸。

自动气象观测站 2003 年 11 月 12 日开始,进行了大气监测自动站建设,经调试完毕后,同年 12 月 31 日 20 时投入业务试运行。

2004 年 1 月 1 日开始,执行地面气象观测新规范(2003 年版),实行自动站与人工站双轨平行运行,观测资料以人工站为准。2005 年 1 月 1 日开始,自动站与人工站继续实行平行双轨运行,观测资料以自动站为准。2006 年 1 月 1 日开始,自动站正式实行单轨运行,保留人工站的压、温、湿自记项目,并在 20 时进行各气象要素人工对比观测。

2005—2008 年在全县各乡镇建设了 11 个自动雨量站和 8 个两要素自动雨量站,开始了山洪和地质灾害的监测。

②气象信息网络

2001年以后逐步建成自动观测系统、卫星云图接收系统、雷达资料应用系统、自动雨量监测系统、灾情直报系统等现代化气象业务系统平台；建成省、地、县三级计算机网络通信系统，实现资料的快速传输。2008年在陇川县人民政府信息网站上建立了气象服务网页。

信息接收　1984年4月，陇川县气象站使用传真机接收天气图和单站天气模式指标，2000年建成气象卫星数据接收PC-VSAT小站，天气预报资料自动接收。

信息发布　2000年以前，主要通过地方广播站向公众发布天气预报，采取手工复写、钢板刻印和铅印等制作成书面材料发布，以及传真机、电子信件、短信、电视等形式发布气象信息。

③天气预报预测

陇川县气象局1958年5月1日开始制作天气预报。初期只作短期（24小时）单站补充预报。20世纪70年代初期，引进数理统计和手选边洞卡预报方法，增加了中期（未来5天）、长期（1个月至1年）和专题天气预报。1984年4月，陇川站使用传真机接收天气图和单站天气模式指标综合分析制作天气预报。2000年建成气象卫星数据接收PC-VSAT小站，天气预报资料自动接收，并开始利用MICAPS系统对卫星、人工探测、数值预报等资料进行人机交互分析，制作天气预报。2003年，使用德宏州多普勒天气雷达资料，开展了短时临近预报服务。

2. 气象服务

①公众气象服务

至2008年，制作本行政区域内24小时天气预报、森林火险气象等级预报等公众天气预报的发布，为公众服务。

②决策气象服务

2000年以前，决策气象服务主要采取手工复写、钢板刻印和铅印等制作成书面材料，提供给县委、县人民政府及农业、水利、林业等相关职能部门。2000年后，采用计算机、复印机制作。2005年以后，决策气象服务内容有天气预报预测、天气实况、气象资料、气候影响评价、气象灾害预警等服务，并负责行政区域内的气象监测，提供气象灾害的防御措施，对重大气象灾害作出评估，为县委、县人民政府及相关部门组织防御气象灾害提供决策依据等多种内容。

③专业与专项气象服务

人工影响天气　2000年陇川县人民政府成立了人工降雨防雹领导小组，办公室设在县气象局。2001年2月，配备了车载式火箭发射架和三套JFJ型人工增雨火箭发射架、火箭弹。2001年3月陇川县人民政府人工影响天气办公室成立。2001年4月开展人工影响天气工作科研项目获得了2001年陇川县科技进步二等奖和2003年德宏州科技进步三等奖。自开展人工增雨作业以来，在为陇川县境内扑救森林火灾、增加林间空气湿度降低森林火险等级、缓解干旱、促进农作物生长、增加水库蓄水库容等方面起到了积极的作用。

防雷技术服务　1999年3月陇川县防雷减灾管理办公室成立。2000年以来，业务范围不断扩大，由单纯的防雷检测发展到计算机系统防雷、电源系统防雷、防雷设计施工、防雷施工监督等。结合新县城的建设，从图纸设计、施工监督、竣工验收等各个环节严格把关,规范管理,使 80% 以上的新建建筑物的防雷装置一次性得到完善。2005 年以后,防雷成为最主要的气象科技服务内容。

④气象科普宣传

2007 年投入部分设施,在陇川二中设立气象科普观测站,作为学校气象科普宣传试点,起到了一定的宣传作用。

气象法规建设与社会管理

依法行政 不断加强行政执法和行政管理,利用各种方式进行气象法律法规宣传,积极派人参加行政执法学习培训,截至 2008 年,有 4 人取得云南省气象行政执法资格证。

制度建设 建立了地面气象测报、天气预报、人工影响天气、防雷、岗位职责、党风廉政建设、应急、安全生产、保密等各项制度。

社会管理 截至 2008 年,依据《中华人民共和国气象法》、《人工影响天气条例》、《国务院 412 号令》、《云南省气象条例》、《通用航空飞行管制条例》、《施放气球管理办法》、《防雷减灾管理办法》等法律、法规,对防雷装置的设计审核和验收、施放无人驾驶和系留气球活动的审批、大气环境影响评估使用气象资料的审查、气象台站观测环境保护初审和人工影响天气作业组织资格初审等实行社会管理。

政务公开 2002 年开始开展局务公开工作,利用专栏对领导职责、科室职责、重要事项、财务收支、行政执法依据、重要工作等内容进行公示。2008 年实施陇川县人民政府信息公开制度,对上述部分事项进行了网上公开。

党建与气象文化建设

1. 党建工作

党的组织建设 1957 年建站初期,没有党员,团员参加农场站机关团支部活动。1980 年,有 2 名党员,参加县农林局党总支所属县农科所良种场党支部过组织生活。1981 年 1 月,党政生活由县人民政府办公室和县直机关党委领导。1986 年 10 月 30 日,成立陇川县气象局党支部。截至 2008 年,陇川县气象局党支部共有党员 5 人(其中在职党员 3 人,退休党员 2 人)。

党风廉政建设 陇川县气象局于 2001 年成立党风廉政建设领导小组,并从 2002 年开始每年与州气象局签订党风廉政建设目标责任书,坚持一把手负总责,领导小组各成员分工负责,层层落实责任制,做到年初有计划,工作有部署,从根本上保证了此项工作的有序开展。2007 年 11 月开始实行"三人小组"民主决策,2008 年 6 月配备了纪检监察员。

2. 气象文化建设

精神文明建设 1998 年,成立了精神文明创建活动领导小组,制定了《实施意见》、《"十一五"规划》和年度工作计划。2006 年 8 月,省气象局购置了价值 5000 元的图书支持陇川县气象局开展文明创建活动,同时从省气象局争取到部分资金,购置了价值 2 万元的图书柜、阅览室桌椅、会议室桌椅等,从硬件上改善了单位的精神文明设施建设。

文明单位创建 1998年被陇川县委、县人民政府命名为县级文明单位;1999年被德宏州委、州人民政府命名为州级文明单位;2002年被省委、省人民政府命名为省级文明单位保持至今。2002年获全省气象部门文明创建示范单位荣誉。

3. 荣誉

集体荣誉 1985—1987年度获云南省气象部门双文明建设先进集体;1986—1987年获全省气象系统仪器设备"五好仪器站"单位;1987年获德宏州农业资源调查和区划二等奖;1995年获云南省气象部门双文明建设先进集体;2002年获云南省气象部门文明示范单位;2006年被云南省气象局文明委表彰为"十五"期间全省气象部门精神文明建设先进集体。

个人荣誉 从建站至2008年,陇川县气象局个人获得地厅级以上表彰奖励共58人(次)。其中获中国气象局质量优秀测报员7人(次),获云南省气象局优秀测报员38人(次)、优秀值班预报员3人(次),获中国气象局、云南省气象局、德宏州委、州人民政府表彰的其他奖励10人(次)。

台站建设

陇川县气象局现共有土地两宗:第一宗是1993年在拉影北路购入经营用地196.0平方米;第二宗是1995年因陇川县城搬迁,县人民政府无偿划拨给陇川气象局土地6719.30平方米。其中,办公区用地面积为4182.50平方米,生活区用地面积2536.80平方米。截至2003年,陇川县气象局共有土地面积8679.30平方米。1992年在拉影建设简易房屋154.98平方米,建设投入资金3.1万元。1996—1998年底建成8套职工住房,面积1017.78平方米,砖混结构,建设投资44.77万元。2001年7月20日建成陇川县气象局办公楼,二层结构,建筑面积为289平方米,项目投资274,993.72元。2004年7月办公综合用房竣工,投资438,283.50元。2001年3月购置江铃牌皮卡车1辆,价值10.38万元,资金来源县财政拨款。2007年3月自筹资金购置东风本田(思域)轿车1辆,价值15.74万元。

2005年至2008年底,自筹资金17050元购买台式计算机2台、笔记本电脑1台、激光打印机1台、传真机1台,使陇川县气象局的办公环境和办公设施得到极大的改善。

20世纪90年代初期陇川县气象局全貌　　　　陇川县气象局观测场现状(2008年)

陇川县气象局办公楼现状（2008 年）

盈江县气象局

机构历史沿革

始建情况 1951 年 11 月成立中央人民政府林业部云南垦殖局保山分局莲山林场测候站，位于盈江县太平镇太平街。

站址迁移情况 1952 年莲山县工委迁至小平原（今县城），气象测候站随之迁入莲山县城区（今县人民医院内）；1957 年 1 月 1 日迁至现址，位于东经 97°57′，北纬 24°42′，海拔高度 826.7 米。

历史沿革 1954 年 12 月，更名为云南省特种林试验指导所莲山试验场气象观测站。1955 年 10 月，更名为莲山县气候站。1958 年 10 月，原莲山县、盈江县两县合并为盈江县，县城定在小平原，原莲山县气候站改为盈江县气候站。1960 年 5 月，更名为云南省盈江县气候服务站。1966 年 1 月，更名为云南省盈江县气象服务站。1970 年 12 月，更名为盈江县气象站。1971 年 7 月，更名为云南省盈江县气象站。1990 年 5 月，更名为盈江县气象局。

管理体制 1951 年 11 月—1953 年 12 月，气象观测站为云南省垦殖局保山分局莲山县林场管理。1954—1955 年，为云南省特种林试验指导所莲山试验场管理。1955 年—1958 年 10 月，莲山县气候站隶属云南省气象局建制和领导。1958 年 10 月—1963 年 12 月，隶属盈江县人民委员会建制和领导，德宏州气象中心站负责业务管理。1963 年 12 月—1970 年 6 月，收归省气象局建制和领导，芒市气象总站（1968 年，保山专区气象总站）负责管理。1970 年 6 月—1970 年 12 月，盈江县气象服务站改属盈江县革命委员会建制和领导，保山地区气象总站负责管理。1971 年 1 月—1973 年 5 月，实行盈江县人民武装部领导，建制仍属盈江县革命委员会。1973 年 5 月—1980 年 12 月，属盈江县革命委员会建制和领导，由德宏州气象台负责业务管理。1981 年 1 月至今，实行气象部门与地方政府双重领导,气象部门领导为主的管理体制。

单位名称及主要负责人变更情况

单位名称	姓名	民族	职务	任职时间
云南垦殖局保山分局莲山林场测候站				1951.11—1954.12
云南省特种林试验指导所莲山试验场气象观测站	思鸿升	傣	负责人	1954.12—1955.10
莲山县气候站	龚诚源	汉	负责人	1955.10—1958.10
				1958.10—1959.01
盈江县气候站	张之光	汉	负责人	1959.01—1959.06
	朱显贵	汉	负责人	1959.07—1960.05
云南省盈江县气候服务站				1960.05—1965.09
				1965.10—1966.01
云南省盈江县气象服务站	司淮	汉	负责人	1966.01—1970.12
盈江县气象站				1970.12—1971.07
				1971.07—1980.08
云南省盈江县气象站	於大钧	汉	站长	1980.09—1984.08
	司淮	汉	站长	1984.08—1989.10
	梁刚	汉	站长	1989.10—1990.05
盈江县气象局			局长	1990.05—

人员状况　建站初期(1951年11月—1954年12月)先后有8位同志在盈江县气象局工作。1978年,有6名工作人员。截至2008年底,盈江县气象局有在职职工7人,其中:大专学历4人,中专学历3人;工程师3人,助理工程师3人,技术员1人。有退休职工5人。

气象业务与服务

盈江县气象局开展的气象业务范围有:地面气象观测、天气预报、气象情报、气候资源开发利用、气象综合服务、人工影响天气、防雷设计安装管理、防雷检测、氢气球服务等。

1. 气象业务

①地面气象观测

观测项目　能见度、云量、云状、天气现象、气压、温度、湿度、雨量、蒸发、日照、风向风速、地温、深层地温等气象要素的观测。

观测时次　每天进行08、14、20时3次定时观测。

1951年11月建站时进行地面气象观测,使用的技术规定是《气象测报简要》,1953年学习前苏联经验,执行《暂行规定》,测定离地2米高的气象要素。1961年执行《地面气象观测规范》,百叶箱干球温度距地由2米高,改为1.5米高。1962年以后使用的气象仪器改用国产仪器。1970年安装使用国产虹吸雨量计。

自动气象观测站　2003年11月ZQZ-CⅡ型自动气象站建成投入使用。

气象哨观测　1958—2006年盈江县建有旧城、弄璋、勐弄、昔马、那邦、太平、支那、芒璋、油松岭、卡场、苏典、铜壁关、盏西、浑水沟等 14 个气象哨,观测项目主要有气温、湿度、降雨、天气现象、风向风速(目测)、日照等。

②气象信息网络

1957 年开始使用电话机与邮电局电报机房定时联系上传气象观测电码。

1984 年配发了 CZ80 型天气图传真机,用于接收北京、东京天气形势分析图等。1992 年购置气象警报器。1997 年 12 月购买了一套计算机设备,1998 年安装宽带网。1999 年使用 PC-VSAT 卫星气象数据单收站系统。1999 年建成"9210"工程和地县计算机远程终端后,业务传送都通过"9210"工程系统和地县通信网完成,实现气象通信的现代化。

③天气预报预测

1958 年 6 月开始制作单站补充天气预报,为县领导及有关生产单位提供服务。1962 年,绘制压、温、湿三线图,05—17 时综合时间剖面图、简易天气图、点聚图等制作分析短期天气预报。20 世纪 70 年代初期,引进数理统计和手选边洞卡预报方法,1984 年 4 月使用传真机接收天气图和单站天气模式指标综合分析制作天气预报。1992 年 5 月—1998 年 7 月使用气象警报机进行专业预报发布,1999 年安装了 PC-VSAT 卫星气象数据单收站接收系统。2000 年 10 月盈江电视台正式开播天气预报节目。

天气预报项目主要有:12 小时预报、24 小时预报,3～5 天中期预报,一个月短期气候预测,全年天气趋势预报。预报内容包括降水、气温、风向风速、森林防火等级、地质灾害防治等级。

2. 气象服务

①公众气象服务

从 1958 年开始制作天气预报以来,每日通过广播、电视、网络向全县发布天气预报。预报内容包括:降雨预报、最高、最低气温预报、风向风速等级预报、森林火险等级预报、地质灾害等级预报等。

②决策气象服务

至 2008 年,每年的年长期天气分析预报、月天气预报分别以文字形式邮寄或送达县政府、各乡镇政府及相关决策部门。中、短期预报以电话、传真、电子邮件形式发县有关领导、防汛办、护林办等相关部门。特殊情况向县委、县人民政府进行专题气象服务。

③专业与专项气象服务

专业气象服务 1985 年 3 月,根据国务院办公厅的通知,盈江县气象局开始实行专业服务。主要服务内容:气象资料及长、中、短天气预报;天气气候专项分析;用户所需的综合气象服务等。

人工影响天气 1999 年 4 月,德宏州首次人工增雨作业在盈江进行。2000 年,盈江县人民政府《关于开展人工影响天气工作的通知》下发,正式成立盈江县人工增雨防雹领导小组,办公室设在县气象局,负责计划实施盈江县人工影响天气工作。2001 年 3 月,购买三套 JFJ 型人工增雨火箭发射架和人工增雨火箭弹。

防雷技术服务 1992 年 5 月由盈江县劳动局、气象局、保险公司、公安局消防科共同发文《对避雷装置进行安全检测的暂行规定》,由此,盈江县开始进行防雷检测工作。1998

年 9 月,防雷工作通过了云南省质量技术监督局的计量认证。1997 年盈江县开始进行施放气球业务。1998 年购置制氢设备 2 套。

气象法规建设与社会管理

依法行政　从"一五"普法开始,成立了普法工作领导小组,认真开展普法工作。不断加强行政执法和行政管理,依法进行气象行政和气象执法。积极选派人员参加行政执法学习培训,截至 2008 年,已有 3 人取得云南省气象行政执法资格证。

制度建设　制定了《盈江县气象局工作制度》,包括:行政管理制度、大气探测科值班规章制度、地面观测制度、预报服务工作制度、档案管理制度、财务管理制度、计算机管理制度、学习制度、卫生制度、请假制度、违规处罚制度、公车管理制度、职工个人重大事项报告等内容,各项工作管理规范。

社会管理　2000 年,随着气象法律法规的不断健全,盈江县气象局加大了行业管理和执法力度。按照行政审批制度改革的有关精神,上报了《盈江县气象局第四轮〈行政审批〉工作报告》《盈江县气象局执法职责公告》。依据相关气象法律法规,对防雷装置的设计和验收、大气探测环境影响评估使用气象资料的审查、气象台站观测环境保护初审和人工影响天气作业组织资格初审等实行社会管理。

政务公开　2002 年开始推行局务公开制度,成立了局务公开工作领导小组,利用专栏对领导职责、重要事项、财务收支、行政执法依据、重要工作内容和群众关心的热点、难点问题进行公开公示。2008 年 5 月实施盈江县人民政府信息公开制度,对上述部分事项进行网上公开。

党建与气象文化建设

1. 党建工作

党的组织建设　1989 年 6 月成立盈江县气象局党支部,有党员 4 人。截至 2008 年底,有党员 7 人(其中在职职工党员 3 人,退休职工党员 3 人,家属党员 1 人)。

党风廉政建设　盈江县气象局于 2001 年成立党风廉政建设领导小组,并从 2002 年开始每年与州气象局签订党风廉政建设目标责任书,坚持一把手负总责,领导小组各成员分工负责,层层落实责任制,做到年初有计划,工作有部署。2007 年 11 月开始实行"三人小组"民主决策,2008 年 6 月配备了纪检监察员。

2. 气象文化建设

精神文明建设　盈江县气象局把精神文明建设工作列入主要目标管理进行落实、检查、考核,成立了领导小组,制定了《盈江县气象局创建精神文明单位规划》,干部职工从未出现违法违规现象,无重大安全和责任性事故发生。设立了图书阅览室,共有图书 683 册。建立了室外文体活动场所,购置乒乓球桌等文体活动器材,组织职工开展各项文体活动。

文明单位创建　1999 年获盈江县县级文明单位。2001 年获德宏州州级文明单位,保持至今。2006年与盈江县消防大队建立警民共建单位。2000年综合档案管理达县一级标准，2007年达省三星级标准。

3.荣誉

集体荣誉 2001年至今连续三届被德宏州委、州政府命名为州级文明单位；1980年获云南省气象工作先进集体；1987年《盈江县农业气候资源及区划》项目获德宏州区划成果三等奖；1990年获云南省汛期气象服务先进集体；《91年汛期洪涝灾害》项目获1992年德宏州科技进步三等奖；1993年"气象服务科技兴农"获云南省气象局单项奖；《盈江昔马降水量的考察鉴定和分析》获1997年德宏州科技进步三等奖。

个人荣誉 从建站至2008年，个人获得地厅级表彰奖励共28人（次）。其中获云南省气象局优秀测报员17人（次），获云南省气象局、德宏州委、州人民政府表彰的其他奖励11人（次）。

台站建设

1957年搬迁站址时建有1幢4间土木结构房，后又建了3幢土木结构房，建筑面积合计约290平方米。1980年省局投入3万元，建6套职工住房，建筑面积320平方米。1981年省气象局投入1.5万元用于围墙（200米）建设。1983年省局投入0.35万元建厕所。1988年省气象局投入3万元，建一层砖混结构办公室174平方米。1990年省气象局投入4万元，对6套职工住房进行修缮，并增盖职工厨房220平方米，住房64平方米。1998年5月—1999年12月，拆除职工住房6套和部分危房，总面积464平方米，建6套职工集资房，总面积858平方米。

2003年8月，安装变压器1台，用于职工生活和办公用电。

2003年9月进行观测场改造。2003年8月—2005年4月，进行了台站综合建设，建二层框架结构，面积468平方米的办公楼，其他附属工程有厕所、道路、用电、围墙、车库、办公设备等，总投资84.59万元。2007年6月进行了单位环境改造，投资1.53万元。2008年5月投资3.9万元，对单位大院进行环境改造。

2005年6月，自筹经费购买1辆长城赛弗车。2008年11月，接收中国气象局调拨的长丰猎豹车1辆。

盈江县气象局旧貌（摄于1993年）

2004年6月建成的盈江县气象局办公楼

梁河县气象局

机构历史沿革

始建情况 云南省梁河县气候站于 1956 年 11 月 3 日开始建设,1957 年 3 月 15 日竣工,位于遮岛镇苗圃,东经 98°32′,北纬 24°44′,海拔高度 1046.36 米。

站址迁移情况 1961 年 12 月 31 日,迁至现址(遮岛镇克家巷东北 200 米郊外稻田中),位置为东经 98°18′,北纬 24°49′,海拔高度 1012.9 米。

历史沿革 始建时名为云南省梁河县气候站,1958 年 12 月梁河县与腾冲县并县,更名为腾冲县梁河气候站。1960 年 3 月更名为腾冲县梁河气候服务站。1961 年 5 月梁河与腾冲分县,更名为梁河气候服务站。1964 年 2 月更名为云南省梁河气候服务站。1966 年 1 月变更为云南省梁河气象服务站。1971 年 3 月更名为梁河气象站。1973 年 3 月更名为云南省梁河县气象站。1990 年 9 月更名为梁河县气象局。

管理体制 1956 年 11 月,云南省梁河县气候站隶属云南省气象局建制;1958 年 12 月—1961 年 5 月,建制属腾冲县人民委员会;1961 年 5 月—1964 年 2 月,建制属梁河县人民委员会;1964 年 2 月—1970 年 6 月,收归省气象局建制和领导,芒市气象总站(1968 年,保山专区气象总站)负责管理;1970 年 7 月—1970 年 12 月,改属梁河县革命委员会建制和领导,保山地区气象总站负责管理;1971 年 1 月—1973 年 5 月,实行梁河县人民武装部领导,建制仍属梁河县革命委员会,德宏州气象台负责业务管理;1973 年 5 月—1980 年 12 月,梁河县气象站改属梁河县革命委员会建制和领导,德宏州气象台负责业务管理;1981 年 1 月至今,实行气象部门与地方政府双重领导,以气象部门领导为主的管理体制。

单位名称及主要负责人变更情况

单位名称	姓名	民族	职务	任职时间
云南省梁河县气候站				1957.01—1958.12
腾冲县梁河气候站	凌恩意	汉	站长	1958.12—1960.03
腾冲县梁河气候服务站				1960.03—1961.05
梁河气候服务站				1961.05—1962.09
				1962.09—1964.02
云南省梁河气候服务站	沈凤仪	汉	主持工作	1964.02—1966.01
云南省梁河气象服务站				1966.01—1969.03
				1969.03—1971.03
梁河气象站	尹绍周	汉	组长	1971.03—1973.03
云南省梁河县气象站			站长	1973.03—1984.08
	杨文明	汉	副站长	1984.08—1987.09

单位名称	姓名	民族	职务	任职时间
云南省梁河县气象站	冯均明	汉	站长	1987.09—1990.05
			局长	1990.05—1993.07
梁河县气象局	杨文明	汉	局长	1993.07—1997.08
	张肇平	汉	局长	1997.08—2006.03
	李兆荣	汉	局长	2006.03—

人员状况 始建时有职工 2 人,均为汉族。1978 年 12 月,有职工 5 人,均为汉族,其中党员 2 人,团员 1 人;中专学历 3 人,高中学历 1 人,初中学历 1 人;助理工程师 4 人,技术员 1 人。截至 2008 年底有在职职工 5 人,其中:汉族 4 人,傣族 1 人;大专学历 4 人,中专学历 1 人;工程师 3 人,助理工程师 2 人。有退休职工 3 人。

气象业务与服务

1958 年 6 月以前,只开展地面天气观测。1958 年 6 月 1 日开始制作本地天气预报。1990 年开展避雷装置检测业务。2000 年 8 月开展人工影响天气业务。

1. 气象观测

①地面气象观测

1957 年 1 月 21 日开始进行地面气象观测。1962 年 1 月 1 日开始在新址观测。1969 年 7 月 28 日开始使用电接风向风速仪观测。1983 年 1 月 1 日撤销 EL 型风向风速记录仪。

观测项目 云状、云量、能见度、天气现象、气温、湿度、风向、风速、降水、日照、蒸发和地面状态,后来增加气压、地温观测。1961 年 1 月 1 日取消地面状态观测项目。

观测时次 每天进行 01、07、13、19 时(地方时)4 次人工观测,1960 年 1 月 1 日,改为 07、13、19 时 3 次观测。1960 年 8 月 1 日,改为北京时 08、14、20 时 3 次观测。

发报种类 1960 年 4 月 15 日,开始向昆明、潞西发 08、14 时 2 次气候报。

电报传输 从 1960 年 4 月开始,地面气象报文通过邮电局电报上传,1995 年 9 月气象报文由德宏州气象局网络代为上传,结束了地面气象报文通过邮局电报上传的历史,2002 年 1 月 1 日起,报文采用互联网上传。

气象报表制作 1987 年 8 月,开始使用 PC-1500 袖珍计算机统计、编制电码、制作月报表,2001 年 10 月起,开始用计算机编发报。2002 年 1 月 1 日起,地面气象记录月报表采用计算机制作,结束了人工抄录和计算地面气象记录月报表的历史。

资料管理 地面观测资料的管理实行定期入档制度。2005 年 11 月以前,我局入档资料均由单位自行保管,2005 年 11 月后,我局均按照上级要求,定期将部分观测资料交到上级主管部门档案室。单位仅保留年报表、月报表、日照自记纸和值班日记。

自动气象观测站 2003 年 11 月自动站建成试运行,2004 年 1 月 1 日投入业务运行,人工站和自动站并行观测,2005 年 1 月 1 日起,观测资料以自动站为准,2006 年 1 月 1 日后,进入自动站单轨运行阶段。2005—2008 年在全县各乡镇建设了 11 个单要素自动雨量站和 5 个两要素自动雨量站,开始了山洪和地质灾害的监测。

②农业气象观测

1959年10月开展农业气象观测,1962年10月停止,1979年4月再次开展农业气象工作,10月停止。1980年下半年全州农业气候区划工作开始,梁河县境内建成勐养、河西、大厂、来利山、象塘、油竹坝水库6个气象哨,除油竹坝水库观测时间较长外,其他只观测到1983年12月。

观测仪器 主要有干湿球温度表、最高最低温度表、雨量计和日照计。

2. 气象信息网络

通信现代化 1958年8月,安装电话专线。2002年1月1日起,计算机接入互联网。2004年10月,铺设光纤和ISDN备用线,用于地面观测资料传输。2003年3月,气象卫星数据接收系统(PC-VSAT)建成,同年建成了州县Notes电子政务系统。2008年在梁河县人民政府信息网站上建立了气象服务网页。

信息接收 2000年3月,建成气象卫星数据接收PC-VSAT小站,气象预报资料由计算机自动接收。

信息发布 1957年建站初期,天气预报是通过黑板报向公众发布。20世纪60年代中期,增加中、长期和专题天气预报,服务改用天气预报报告单,人工报送到党政机关和各用户以及广播站,利用广播向公众发布。1991年11月至1994年1月,开始通过气象警报系统的甚高频电台向相关单位和乡镇发布天气预报。2002年开始通过电话报送县广播电视局,通过电视向社会公布。

3. 天气预报预测

1958年6月1日,开始制作补充天气预报,主要向县级领导和相关单位发布。1962年后,分析14时的压、温、湿曲线图及05—17时的综合时间剖面图、简易天气图制作短期预报。20世纪70年代初期,引进数理统计和手选边洞卡预报方法,增加了中期(未来5天)、长期(1个月至1年)和专题天气预报。1991年11月,建成气象灾害预警系统,1994年1月停用。2000年3月,建成气象卫星数据接收PC-VSAT小站,气象预报资料由计算机自动接收,结束了人工抄收天气预报资料的历史,并开始利用MICAPS系统对卫星、人工探测、数值预报等资料进行分析,制作天气预报。2003年,开始使用德宏州多普勒天气雷达资料开展短时临近预报服务。

4. 气象服务

①公众气象服务

1957年建站初期,就开始制作短期天气预报,并通过黑板报向公众发布。20世纪60年代中期,增加中、长期和专题天气预报,服务改用天气预报报告单,人工报送到党政机关和各用户以及广播站,利用广播向公众提供气象服务。1991年11月至1994年1月,开始通过气象警报系统甚高频电台向相关单位和乡镇提供气象信息服务。2002年开始通过电话报送县广播电视局,通过电视向社会提供公众服务。

②决策气象服务

2000 年以前,决策气象服务主要给县委、县人民政府及农业、水利、林业等相关职能部门提供气象信息。2000 年至 2005 年,决策服务已发展为专题天气预报、气象资料、天气气候、农业气象、气候评价等多种内容,发布方式为书面、传真、电话、电子信件、短信等。

③专业与专项气象服务

2005 年后,在做好决策服务和公益服务的基础上,相继为电站建设、烟草生产等进行专业有偿气象服务。

防雷技术服务　1990 年成立梁河县避雷装置检测中心,开始对全县油站等易燃易爆场所和高层建筑设施进行防雷装置检测,并开展少量的设计和施工。1998 年 7 月成立梁河县避雷装置检测中心和梁河县防雷中心。2006 年 9 月,梁河县避雷装置检测中心和梁河县防雷中心合并为梁河县防雷装置安全检测中心。同年梁河县人民政府分别下发《防雷设施设计审核办法》和《竣工检测验收年度防雷安全检测办法》,进一步规范防雷图纸审核、施工监督和竣工验收等工作。

人工影响天气　2000 年 8 月梁河县人工影响天气领导小组成立,开始了梁河县人工影响天气业务。2001 年 3 月,县人民政府拨款 0.8 万元购置 3 套 JFJ 型三管火箭发射架用于人工增雨。2001—2008 年,梁河县共开展人工增雨 25 次,发射火箭弹 162 枚。

5. 科学技术

气象科普宣传　主要是利用各种宣传日和接待中、小学师生参观等方式进行气象科普知识宣传。

气象科研　1984 年 4 月,梁河农业气候资源调查和区划工作结束,气象站编制的《梁河气候手册》获县科技进步一等奖,《农业气候资源调查报告》获县人民政府优秀成果奖和州人民政府先进成果二等奖。

气象法规建设与社会管理

依法行政　从"一五"普法开始,成立梁河县气象局普法领导小组,认真开展普法工作。加强行政执法和行政管理,利用各种方式进行气象法律法规宣传,积极派人参加行政执法学习培训,到 2008 年底,已有两人取得云南省气象行政执法资格证。

法规建设　2000 年以来,梁河县人民政府先后下发 5 个有关气象工作的规范性文件和通知。见下表:

发文时间	文号	文件标题
2000.08.21	梁政发〔2000〕61 号	《关于开展我县人工影响天气工作的通知》
2006.03.23	梁政发〔2006〕323 号	《梁河县人民政府关于加快气象事业发展的实施意见》
2006.06.14	梁政发〔2006〕183 号	《梁河县人民政府关于印发〈梁河县新建(构)筑物防雷设施设计审核和竣工检测验收实施方案〉的通知》
2006.06.15	梁政发〔2006〕184 号	《梁河县人民政府关于印发〈梁河县年度防雷安全检测办法〉的通知》
2007.06.16	梁政发〔2007〕118 号	《关于调整充实县人工增雨防雹领导小组成员和单位职责的通知》

制度建设 近年来,梁河县气象局加大了内部规章制度建设,到 2008 年,已建立了测报、预报、人工影响天气、防雷、岗位职责、党风廉政建设、应急、安全生产、综治维稳等 54 项规章制度。

社会管理 2006 年以来,依据《梁河县人民政府关于印发〈梁河县年度防雷安全检测办法〉的通知》以及人工影响天气管理规定,对防雷装置的设计和验收、施放气球、人工影响天气作业组织资格初审等实行社会管理。

政务公开 2002 年 3 月开始推行局务公开工作,利用专栏对领导职责、科室职责、重要事项、财务收支、行政执法依据、重要工作等内容进行公示。2008 年开始实施梁河县人民政府信息公开制度,对上述事项进行了网上公开。

党建与气象文化建设

1. 党建工作

党的组织建设 2003 年 3 月以前,梁河县气象局党员属梁河县农业技术推广中心支部。2003 年 3 月,成立梁河县气象局党支部,有党员 4 人。截至 2008 年底有党员 4 人(其中在职职工党员 3 人;少数民族女党员 1 人)。

党风廉政建设 梁河县气象局于 2001 年成立党风廉政建设领导小组,并从 2002 年开始每年与州气象局签订党风廉政建设目标责任书,坚持一把手负总责,领导小组各成员分工负责,层层落实责任制,做到年初有计划,工作有部署,从根本上保证了此项工作的有序开展。2007 年 11 月开始实行"三人小组"民主决策,2008 年 6 月配备了纪检监察员。建站以来,无任何违法违纪行为出现。

2. 气象文化建设

精神文明建设 始于 1998 年 5 月,成立了精神文明建设工作领导小组,创建了图书阅览室,先后开展了精神文明宣传教育活动、县级文明单位和州文明单位创建活动和警民共建活动。

文明单位创建 1982 年梁河县气象站被评为梁河县"两个文明建设"先进单位。1998年 12 月获县委、县人民政府授予的"文明单位"称号。2001、2006 年分获州委、州人民政府授予的"州级文明单位"称号,保持至今。2006 年与县消防大队建立警民共建单位。

3. 荣誉

集体荣誉 1959 年获云南省气象局颁发的"1959 年上半年全省气象工作优胜单位"奖;1982 年获云南省气象局颁发的"云南省气象系统先进集体"称号;1987 年《农业气候资源调查报告》获德宏州政府授予的"先进成果二等奖";2003 年《单收站接收与应用》获德宏州人民政府科技进步三等奖。

个人荣誉 从建站至 2008 年,梁河县气象局个人获得地厅级以上表彰奖励共 43 人(次)。其中获中国气象局质量优秀测报员 7 人(次),获云南省气象局优秀测报员 29 人次,云南省气象局预审报表百班无错情奖 3 人(次)。

台站建设

　　建站时有土地面积 3333.5 平方米,有砖木结构房屋 1 幢 4 间,面积 67.4 平方米。迁站后有土地面积 3509.3 平方米,砖木结构瓦房 1 幢 5 间。1964 年建砖木结构瓦房 1 幢 2 间。1972 年 4 月建砖木结构瓦房 1 幢 5 间,面积 150 平方米,建围墙 132.6 米,建铁丝网 121.7 米。1979 年 4 月,将 1961 年砖木结构瓦房拆除,新建两层砖混结构房屋 1 幢,面积 306 平方米。1982 年 3 月新建水塔、水井、厕所、储藏室等生活设施。1992 年新建砖混庭院式职工宿舍 1 幢,面积 427 平方米。2000 年建设进站水泥道路 600 平方米。2003 年依托德宏天气雷达雨量校准点项目,单位进行了 ZQZ-CⅡ型自动气象站建设,新建 200 米输水管道,引进自来水,建两层 377 平方米砖混办公楼 1 幢,对 1979 年旧房进行屋顶修补和墙面涂漆,新建 22 平方米砖混结构厕所 1 间,围墙改造 400 米,办公楼前院场硬化 460 平方米,道路硬化 1258 平方米,环境绿化 1073 平方米,建简易车库 48 平方米。2007 年 11 月中国气象局配发防灾减灾北京现代越野车 1 辆。

梁河气象局全貌(1983 年 6 月)

梁河县气象局观测场现状(2008 年)

梁河县气象局办公楼现状(2008 年)

丽江市气象台站概况

丽江市地处云南省西北部,青藏高原东南缘,总面积 2.06 万平方千米,辖 1 区 4 县,有 22 个少数民族,总人口 113 万。

丽江属低纬高原季风气候类型,海拔高度相差约 4560 米,立体气候明显,有"一山四季景,十里不同天"之说。年平均气温在 12.6～19.6℃之间,年降雨量为 932.6～1084.7 毫米。最热月平均气温在 18.3～25.2℃之间,最冷月平均气温在 4.0～11.5℃之间,年温差小,日温差大。

气象工作基本情况

所辖台站概况 1935 年 8 月—1938 年 4 月,丽江、永宁(宁蒗县)、永胜县开展各种天气、气温、风等观测。1942 年 5 月,民国政府中央气象局在丽江玄天阁建立丽江测候所,连续观测至云南和平解放。

1950 年 9 月,西南军区司令部气象队接管了民国政府中央气象局所属的丽江测候所,建立西南军区司令部航空站丽江气象站。1953 年 7 月建立德钦县气象站。1954 年 4 月建立维西县气象站。1956 年 11 月建立兰坪县气象站。1956 年 12 月,建立华坪县气象站、永胜县气象站和泸水县气象站。1957 年 7 月建立中甸县气象站。1958 年 6 月建立丽江县巨甸气象站和永胜县期纳气象站,10 月建立宁蒗县气象站。1958 年 1 月建立贡山县气象站,11 月建立福贡县气象站和碧江县气象站。1960 年调整丽江专区气象台站,撤销丽江巨甸气象站、永胜期纳气象站,调整后形成"专区一台、每县一站"的气象网络。1973 年 4 月成立迪庆藏族自治州气象台,德钦、维西、中甸县气象站从丽江地区划分出去,归迪庆藏族自治州气象台管理;同年 10 月成立怒江傈僳族自治州气象台,兰坪、泸水、贡山、福贡和碧江县气象站从丽江地区划分出去,归怒江傈僳族自治州气象台管理。2007 年 4 月,成立了玉龙纳西族自治县气象局。

历史沿革 1960 年 3 月各县气象(候)站改称气象(候)服务站。1962 年 1 月丽江专署气象科改称丽江专区气象中心站。1963 年 4 月改称云南省丽江专区气象总站。1966 年 1 月各县气候服务站改称气象服务站。1970 年 1 月各县气象服务站改称县气象站。1971 年 1 月丽江专区气象总站改称丽江地区气象台。至 1971 年 7 月丽江地区气象部门编制 1 台 11 个气象站 139 人。1973 年 4 月、10 月怒江州、迪庆州及其所属 8 个站从丽江地区划分出去,丽江地区只有 1 台 3 站,即丽江地区气象台、宁蒗气象站、永胜气象站、华坪气象站。

1978 年 4 月成立丽江专区行署气象局,1984 年 3 月改称丽江地区气象处。1990 年 5 月丽江地区气象处改称丽江地区气象局,属正处级单位,各县气象站改称县气象局,科级单位。2003 年 6 月撤地设市,丽江地区气象局改称丽江市气象局。2007 年 4 月成立了玉龙纳西族自治县气象局,丽江市气象部门从原来的一市三县变为一市四县。

管理体制 1953 年以前,丽江气象台站属军队建制,由云南省军区司令部气象科负责管理。1954 年 1 月隶属当地人民政府建制和领导。1955 年 3 月隶属云南省气象局建制和领导。1958 年 4 月隶属当地人民委员会建制和领导,6 月成立丽江专署气象科,负责对所属各县气象站的业务管理和技术指导。1963 年 4 月隶属气象部门建制和领导。1966 年 5 月隶属农业部门建制和领导。1970 年 7 月隶属当地革命委员会建制和领导。1971 年 1 月隶属丽江军分区领导,建制仍属丽江地区革命委员会,分属云南省气象局业务领导,各县气象站实行县人民武装部领导,建制仍属县革命委员会,分属丽江地区气象台业务领导。1973 年 10 月隶属丽江地区革命委员会建制和领导,分属云南省气象局业务领导;各县气象站隶属当地县革命委员会建制和领导,分属丽江地区气象台业务领导。1978 年 4 月隶属当地人民政府建制和领导。1980 年 10 月体制改革,实行以气象部门与地方人民政府双重领导,以气象部门领导为主的管理体制,这种管理体制一直延续至今。

人员状况 丽江市气象部门 1959 年共有 1 科 11 个站,有在职职工 64 人,其中:中专学历 4 人,高中学历 8 人,初中学历 36 人,高小以下学历 16 人。1965 年有在职职工数 89 人;1971 年有 102 人;1978 年有 78 人;1990 年有 95 人;2000 年有 79 人。截至 2008 年底,有在职职工 84 人,其中:大学本科 24 人,大专 39 人,中专及高中学历 18 人,初中及以下学历 3 人;中级职称有 37 人,高级职称 5 人;平均年龄 38 岁;少数民族 36 人,主要为纳西、白、彝、傈僳、藏、傣、壮等 7 个民族。

党建与精神文明建设 丽江市气象部门 2008 年有党支部 5 个,其中,独立支部 4 个,联合支部 1 个;有党员 50 人。

截至 2008 年底,丽江市气象部门有省级文明单位 1 个,市级文明单位 3 个,全国气象部门文明台站标兵 1 个。2000 年丽江市气象部门被丽江市委、市人民政府表彰为市级文明行业,并一直保持荣誉。

领导关怀 1996 年 2 月 3 日 19 时 14 分,丽江县城附近发生 7.0 级地震。4 月 6—7 日,中国气象局副局长温克刚、计财司司长黄更生及省气象局副局长刘建华、张玉敏等到丽江地区气象局视察灾情,指导工作。

1999 年 1 月 29—30 日,中国气象局副局长颜宏到丽江视察工作,在丽江期间,颜宏副局长深入到气象台、基准站、探空站、氧气厂、气象招待所等单位看望气象职工。

2002 年 1 月 31 日,中国气象局副局长刘英金到丽江气象局进行春节慰问。8 月 30 日,全国政协委员、原中国气象局局长温克刚到丽江气象局视察。

2003 年 8 月 12 日,中国气象局局长秦大河到丽江视察气象工作。当天下午,秦大河局长一行深入到气象台、基准站、高空探测站、防雷中心、氧气厂等单位,详细了解业务工作情况,查看仪器设备,看望值班工作人员。

2005 年 5 月 13—15 日,全国政协委员、全国政协资源环境委员会副主任、中国气象局原局长温克刚,在省气象局刘建华局长的陪同下,到丽江视察新一代天气雷达系统建设工程。

2006 年 4 月 25—26 日,中国气象局副局长王守荣一行到丽江视察气象工作。11 月 28 日,中国气象局副局长宇如聪到丽江视察气象工作。在丽江期间,宇如聪副局长一行视察了丽江新一代天气雷达站、丽江气象台、丽江国家基准气候站及丽江国家气候观象台新区建设工地。

2007 年 6 月 1—2 日,中国气象局副局长张文建率汛期气象业务和服务工作检查组到丽江检查指导工作,并深入到丽江市气象局、丽江国家气候观象台、市气象台、丽江新一代天气雷达站及下属华坪、永胜、玉龙三县气象局,看望全体在岗工作人员。

2008 年 10 月 7—8 日,第五届全国气象台长会议在丽江召开,中国气象局预测减灾司副司长梁建茵、国家气象中心副主任曲晓波出席会议,并到丽江市气象局和玉龙县气象局检查指导工作。

主要业务范围

截至 2008 年底丽江市气象观测站有:地面气象观测站 4 个,其中,国家基准气候观测站 1 个;国家基本气象观测站 1 个;国家一般气象观测站 2 个。高空气象观测站 1 个,新一代天气雷达站 1 个,GPS 水汽观测站 1 个,闪电定位观测站 1 个,区域自动气象站 51 个。

地面气象观测 丽江国家基准气候站 24 小时守班、每天 24 次观测,8 次发报,观测云、能见度、天气现象、气温、湿度、风向、风速、降水量、气压、蒸发量、草温、地温(地表、浅层、深层)、酸雨、辐射、GPS 水汽通量、闪电定位等项目。华坪国家基本气象站 24 小时守班,每天 4 次定时观测,4 次补充定时观测,8 次发报,记录云、能见度、天气现象、温度、湿度、气压、降水、地温等各种气象要素。永胜、宁蒗国家一般气象站,每天 3 次定时观测,3 次发报,记录云、能见度、天气现象、温度、湿度、气压、降水、地温等各种气象要素。编制报送气象记录月、年报表、异常年报表。

2003 年 1 月 1 日,全市 4 县地面自动站建成,并投入对比观测。2005 年 1 月 1 日,由对比观测转入自动气象观测站单轨运行,实现了气压、气温、湿度、风向、风速、降水、地温(地表、浅层及深层)自动记录,自动站数据上传中国局。1960 年 10 月 1 日,在丽江气象站建成了辐射观测站。1992 年 7 月 1 日,在丽江国家基本站建成了酸雨观测站。2006 年 10 月,在丽江基准站安装 1 套闪电定位仪,开展雷电监测工作。2007 年 3 月,在丽江基准站建成水汽监测站,采用 GPS 卫星定位系统测量空气中水汽通量。2007 年 4 月,成立玉龙县气象局,辐射观测站、酸雨观测站、闪电定位仪、水汽监测站等工作由玉龙县气象局承担。

20 世纪 50 年代开始地面气象观测业务工作均为手工查算操作。1986 年 PC-1500 袖珍计算机和全国地面测报程序投入使用。2000 年 9 月 1 日起,全市丽江、永胜、华坪、宁蒗等四个站使用地面气象测报数据处理软件《AHDM 4.0》进行测报工作。

自动气象观测站 2003 年 1 月 1 日建成地面自动气象站并投入运行,2005 年 1 月 1 日起,自动气象观测站单轨运行。2007 年 12 月全市范围建成乡镇自动气象站 43 个,后增建 8 个,总数达 51 个。2008 年 11 月,为丽江市金安电站坝区建设自动气象站 20 个。

农业气象观测 1958 年 5 月 1 日起,在丽江县气象站开展农业气象物候观测。1965 年 11 月,在丽江专区气象中心站成立丽江农业气象试验站。2007 年 4 月成立玉龙县气象局,农气观测站工作由玉龙县气象局承担。丽江农气观测站属于国家一级农气观测站,承担作物生长、土壤湿度、物候等观测任务。生长状况观测作物为玉米、小麦。2004年6月21日起,每月逢3日增加观测土壤湿度。每月逢10日发旬报,逢6日发土壤加密报。制作土壤湿度、作物生长状况年报表,农业气象旬(月)报,物候观测年报表,承担农业产量预测等服务工作。2010年4月建成土壤水分观测站。

高空探测 丽江气象站于1953年5月开始用经纬仪进行高空测风观测。1964年1月1日成立丽江探空站,1964年1月—1966年11月使用P3-049型探空仪,观测项目有07、19时的地面气压、温度、湿度、相对湿度、云状、云量、地面风向风速。2007年4月成立玉龙县气象局,探空站工作由玉龙县气象局承担。1953年5月—1963年12月经纬仪探测离地300～900米高度和海拔2500～22000米的风向风速。1964年1月—1966年11月使用P3-049型探空仪探测离地300～900米高度和海拔3000～28000米的风向风速。1966年12月—1997年12月更换为国产59型探空仪,1998年1月—2005年12月更换为国产GZZ2-1型探空仪,2007年1月—2008年,用400M电子探空仪。自开展探空业务以来,一直使用化学制氢,1984年10月,建成电解水制氢站投入使用。2001年11月1日08时开始发特性层报。2007年1月1日起,编发07时气候月报。

雷达探测 1982年6月建成丽江711测雨雷达站,承担丽江市全境内强对流灾害天气预警及防雹指挥工作。2006年5月建成丽江新一代天气雷达,711测雨雷达停止业务运行。新一代天气雷达为5厘米C波段全相参多普勒天气雷达,观测项目:基本发射率、基本速度、组合反射率、回波顶、VAD风廓线、弱回波区、风暴相对径向速度、垂直累积液态水含量、风暴追踪信息、中尺度气旋、1小时降水、3小时降水、风暴总降水、反射率等高平面位置显示(CAPPI)等,雷达数字资料传云南省气象台和中国气象局。同时全市各县气象局完成CINRAD/CC多普勒雷达用户终端建设。

天气预测预报 丽江市天气预报业务开展于1958年5月,同年9月丽江气象中心站设立预报组,逐步开展短期、中期、长期、灾害性、关键性、转折性天气预报和专题天气预报。各县气象站开展补充订正天气预报。随着计算机的应用,PC-VSAT站、天气雷达站的建成,天气雷达产品的应用,气象卫星综合应用业务系统("9210"工程)、气象信息综合分析处理系统(MICAPS)全面业务化,大量数值预报产品投入业务运行。

气象服务 1984年前,全市气象台站主要开展公益性气象服务,1985年开始,在做好公益性服务的基础上,逐步开展了气象有偿服务。服务对象包括农业、林业、烟草、水利、医疗、电力、工矿、城建、环境保护和旅游以及文化体育金融行政企事业单位和个人。服务项目有:中短期天气预报、短期气候预测、气候分析评价及气象情报、资料、气象灾害评估、气候区划、技术咨询以及其他技术服务。

气象信息网络 全市基层台站气象观测资料的收集和传送,经历了从建站初期的人工观测和编报(有线电话传输),PC-1500袖珍计算机编报、传输,到如今每天24小时的自动记录、编报和传输(气象宽带网),实现了数据资料实时共享。

全市气象台站自建站以来,气象信息资料的接收经历了由最初的无线莫尔斯广播,无线电传单边带,甚高频和"123"气象传真广播,专用数据网,分组交换网(X.25),到现在的气象卫星综合业务系统,实现了以卫星通信为主的现代化气象信息网络系统。

人工影响天气 丽江人工影响天气作业开始于1958年,但无常设组织机构。1977年

6月21日16时,丽江首次使用"三七"高炮发射碘化银降雨弹进行人工增雨作业。1979年4月地区行署发文成立人工降雨领导小组,同年9月地区行署发文成立丽江行政公署人工控制局部天气办公室,办公室机构设在丽江市气象局,指导和管理全市人工影响天气工作。人工影响天气领导小组及办公室工作人员逐步调整充实。至1989年各县相继成立人工影响天气机构,经费列入政府财政计划。2007年实现全市人工影响天气工作归口管理。截至2008年,全市共有火箭发射架作业点145个,"三七"高炮作业点16个,车载式火箭与"三七"高炮作业相结合。

丽江人工影响天气技术由过去的单一依靠人工观测云层、采用"三七"高炮发射碘化银炮弹作业,发展到利用气象卫星、多普勒天气雷达等先进探测手段。服务范围:烤烟防雹、农业生产防雹增雨、森林防火、玉龙雪山景区增雪、人畜饮水、库塘蓄水等。

防雷技术服务 丽江市雷电中心成立于1989年10月,成立初期称丽江地区避雷装置检测站,至1998年4月全市各县气象局相继由县人民政府发文成立了避雷装置检测站。主要负责各辖区内的防雷装置安全检测检验工作。1999年经云南省技术监督局计量认证后,各县气象局成立了防雷中心。2003年,为进一步健全防雷组织机构,明确防雷行政管理、防雷技术服务和防雷市场经营等机构的工作职责,成立了丽江市防雷科技服务中心,主要职责是负责组织管理全市防雷减灾工作。根据《中华人民共和国气象法》和中国气象局《防雷减灾管理办法》等相关法律法规行使国家和各级政府赋予的防御雷电灾害管理职能,负责防雷产品的管理、防雷技术开发、培训、交流、咨询,组织对重大雷电灾害的调查鉴定及防雷工作情况上报、信息收集;负责防雷装置安全检测、防雷工程竣工验收、静电测试,建(构)筑物电气装置及防雷元件检测、土壤电阻率测量、防雷设计图纸审核、计算机场地防雷安全技术检测;负责对防雷整改工程设计、安装、维修并出具合格证明资料等。经过近几年发展,全市防雷工作机构已依法申请办理了企业独立企业法人登记并取得了防雷工程专业设计施工乙级资质。基本建立了一套有序的管理运行程序。

丽江市气象局

机构历史沿革

始建情况 丽江市气象局始建于1950年9月,原名称为西南军区司令部航空站丽江气象站,站址在丽江白沙区太平村。

站址迁移情况 1951年4月站址迁到丽江县净莲寺。1954年5月迁移至丽江县黄山公社祥云大队太和村,现丽江市古城区玉雪大道25号,位于北纬26°52′,东经100°13′,海拔高度2392.4米。2007年1月1日,观测场迁至玉龙县黄山镇白华村委会金龙自然村,位于北纬26°51′,东经100°13′,观测场海拔高度2380.9米。

历史沿革 1950年9月建立西南军区司令部航空站丽江气象站;1952年8月改称云

南军区司令部丽江气象站;1953年3月改称滇西卫戍区丽江气象站;1954年1月改称丽江县人民政府气象站;1955年3月改称云南省丽江气象站;1958年6月更名为丽江专署气象科;1962年1月改称丽江专区气象中心站;1963年4月改称云南省丽江专区气象总站;1967年1月改称丽江专区气象总站革命委员会;1971年1月改称丽江地区气象台;1978年4月更名为丽江专区行署气象局;1980年10月改称丽江地区气象局;1984年3月改称丽江地区气象处;1990年5月改称丽江地区气象局,正处级单位;2003年6月因丽江撤地设市,丽江地区气象局改称丽江市气象局。

管理体制　　1950年9月—1954年1月,西南军区司令部航空站丽江气象站,隶属云南军区司令部建制和领导;1954年1月—1955年3月,丽江县人民政府气象站隶属丽江县人民政府建制和领导;1955年3月—1958年4月,云南省丽江县气象站隶属云南省气象局建制和领导;1958年4月—1963年4月,丽江专署气象科(1962年1月改称丽江专区气象中心站)隶属丽江人民委员会建制和领导;1963年4月—1970年7月,丽江专区气象总站隶属云南省气象局(1966年3月改为云南省农业厅气象局)建制和领导;1970年7月—1971年1月,隶属丽江专区革命委员会领导;1971年1月—1973年10月,丽江地区气象台实行丽江军分区领导,建制属丽江地区革命委员会;1973年10月—1978年4月,隶属丽江地区革命委员会建制和领导;1978年4月—1980年10月,隶属丽江行署建制和领导;1980年10月起实行气象部门与地方政府双重领导,以气象部门领导为主的管理体制。

机构设置　　丽江市气象局内设3个职能科室:办公室、业务科技科、计划财务科,5个直属单位:气象台、人工影响天气中心、雷电中心、气象科技服务中心、财务核算中心。

单位名称及主要负责人变更情况

单位名称	姓名	民族	职务	任职时间
西南军区司令部航空站丽江气象站	郭希民	汉	代站主任	1950.09—1952.08
云南军区司令部丽江气象站				1952.08—1953.02
滇西卫戍区丽江气象站	杨占先	汉	主任	1953.03—1953.12
丽江县人民政府气象站				1954.01—1955.03
云南省丽江气象站			站长	1955.03—1958.06
丽江专署气象科			科长	1958.06—1959.12
	余文远	彝	副科长	1960.01—1961.12
丽江专区气象中心站	胡传声	汉	站长	1962.01—1963.03
云南省丽江专区气象总站				1963.04—1966.12
丽江专区气象总站革命委员会	陈燮荣	汉	主任	1967.01—1970.12
丽江地区气象台	赵戈龙	汉	政治教导员(军分区)	1971.01—1973.09
	陈燮荣	汉	台长	1973.09—1974.03
	余文远	彝	台长	1974.03—1978.01
	周昌德	汉	副台长	1978.01—1978.04
丽江专区行署气象局	胡传声	汉	局长	1978.04—1980.10
丽江地区气象局				1980.10—1984.03
丽江地区气象处			处长	1984.03—1990.02

单位名称	姓名	民族	职务	任职时间
丽江地区气象处	王维琪	汉	副处长	1990.03—1990.05
			副局长	1990.05—1991.12
丽江地区气象局	高相端	白	局长	1992.01—1995.08
	沈兆发	白	副局长	1995.08—1998.03
			局长	1998.03—2001.02
丽江市气象局	陈大勇	汉	局长	2001.02—2003.06
				2003.06—2004.11
	何其晶	汉	局长	2004.11—

人员状况 丽江市气象局建立时有职工 4 人,1978 年底,有职工 52 人,截至 2008 年底,有在职职工 42 人,其中:30 岁及以下 5 人,31~35 岁 5 人,36~40 岁 10 人,41~45 岁 7 人,46~50 岁 6 人,51~55 岁 5 人,56~60 岁 4 人;大学本科 18 人,大学专科 15 人,中专 7 人,初中以下 2 人;高级职称 5 人,中级职称 18 人;少数民族 19 人,主要为纳西、白、彝等 3 个民族。

气象业务与服务

1. 气象观测

①地面气象观测

丽江气象站自 1950 年 9 月建站以来担负着地面观测业务,是国家基本气候站。

观测项目 云、能见度、天气现象、气温、湿度、风向、风速、降水量、气压、蒸发量、草温、地温(地表、浅层和深层)、酸雨、辐射、GPS 水汽通量、闪电定位等。

观测时次 1950 年 9 月 1 日(建站)—1950 年 12 月 31 日,每天进行 06、14、21 时 3 次定时观测;1951 年 1 月 1 日—1953 年 12 月 31 日,每天进行 03、06、09、12、14、18、21、24 时 8 次定时观测;1954 年 1 月 1 日—1960 年 7 月 31 日每天进行 01、07、13、19 时(地方时)4 次定时观测;1960 年 8 月 1 日开始每天进行 02、08、14、20 时(北京时)4 次定时观测,05、11、17、23 时补充天气观测。

发报种类 每天 02、08、14、20 时拍发天气报,05、11、17、23 时拍发补充天气报。1959 年 3 月 1 日至 2003 年 1 月 1 日编发航危报、水情报。1996 年 1 月升级为国家基准气候站。

电报传输 1950 年 10 月起,气象电报由邮电局报房传递。1999 年 7 月 1 日,建成全市拨号网络,常规气象报文通过 VSAT 小站上传国家总站,邮电局报房传递为主要传报途径。2000 年 5 月 1 日,建成全市基本、基准站 X.25 分组交换网,实现网络传输报文。2003 年 1 月,停止电话传报,丽江地面观测站、高空探测站及华坪站报文通过分组交换网、卫星小站双路传输。2004 年 12 月,建成气象宽带网,实现省、市、县网络快速连接交换数据,建成 ISDN 备份链路。2007 年 3 月,启用 VPN 云南省气象宽带网备份链路,停止使用 ISDN 链路,实现双重网络相互备份,确保数据传输通畅。

气象报表制作 1942 年 5 月,民国政府中央气象局在丽江建立了丽江测候所,连续观测至 1950 年 9 月建立丽江气象站。1943 年 1 月有地面观测记录起制作地面观测记录月报表和地面观测记录年报表。1998 年 2 月开始,用手工输入计算机制作地面观测记录月报表和地面观测记录年报表;2005 年 1 月 1 日开始,通过地面测报软件自动制作地面观测记录月报表和地面观测记录年报表。

资料管理 丽江市气象局从 1950 年 9 月建站起就建立了档案室,对所产生的有关资料进行收集管理。2000 年经云南省档案局考评,丽江市局档案管理被授予科技事业档案管理国家二级先进单位。

②农业气象观测

丽江农业气象观测站属于国家一级农业气象观测站,1965 年 11 月,丽江农业气象试验站成立。

观测项目 1958 年 5 月 1 日起,开展农业气象物候观测。2004 年 6 月 21 日起,每月逢 3 日增加观测土壤湿度。

观测仪器 1965 年 11 月成立丽江农业气象试验站。至 1985 年观测仪器有:恒温干燥箱、简易烘箱、取土钻、磅称、天秤称、皮尺、卷尺、土盒、望远镜。2004 年重新配发了农业气象观测干燥箱,原恒温干燥箱报废。至 2008 年增加了数粒仪、卡尺、标尺、土壤温度便捷测量仪、镰刀、小锄头、计算机等。

农业气象情报 每月逢 10 日发旬报,逢 6 日发土壤加密报,《农业气象旬(月)报》,物候观测年报表。承担农业产量预测等服务工作。

农业气象报表 1959 年 5 月开始制作作物生物状况观测记录年报表;1959 年 9 月开始制作土壤水分观测记录年报表;1981 年开始制作自然物候观测记录年报表。

从 20 世纪 70 年代末期开始,丽江农业气象观测站致力于本地农业气候资源开发利用及新技术推广应用研究,先后开展了玉米、大麦、小麦、烤烟、油菜等传统农作物的生产气候研究,利用当地气候大力推广种植优质苹果、发展西洋参等药材的可行性研究,高吸水树脂推广应用等研究。承担作物生长、土壤湿度、物候等观测任务。生长状况观测作物为玉米、小麦。

③高空探测

丽江气象站于 1953 年 5 月起开始高空经纬仪测风业务。1962 年 7 月,贡山站高空观测业务转移并入丽江气象站。1964 年 1 月 1 日,成立丽江探空站,每日 07 时放球观测 1 次。1966 年 1 月 1 日,改为每日 07、19 时放球观测 2 次。1978 年 4 月 1 日,丽江探空 701 测风雷达站建成投入使用。1987 年 8 月 1 日起停止人工制作高表-1、高表-2。2000 年 1 月 1 日 07 时探空业务开始使用自动收报机点图和联想机 Windows98 平台 59-701c 雷达微机数据处理系统。2007 年 1 月 1 日迁站至玉龙县黄山镇白华村委会金龙自然村,探空仪换型为 400 兆电子探空仪。2008 年观测项目有高空温度、气压、湿度、风向、风速等。观测资料参加国内气象资料交换。

1956 年 1 月开始制作高空风观测记录月报表(07、19 时);1964 年 1 月开始制作高空记录月报表(规定层 07、19 时,特性层 07、19 时)。

2007 年 4 月,玉龙县气象局成立,丽江市气象局的地面、高空、农业气象等观测业务划归玉龙县气象局。

2. 天气雷达

1982 年 6 月建成丽江 711 测雨雷达站，承担丽江市境内强对流灾害天气预警及防雹指挥任务，该雷达在 1996 年 5 月 25 日金山乡重大冰雹灾害、2000 年 6 月 20 日永胜县特大冰雹灾害预警服务中，发挥了重要作用，防雹减灾效果显著。2006 年 5 月丽江新一代天气雷达建成投入业务运行后，711 测雨雷达停止业务运行。新一代天气雷达为 5 厘米 C 波段多普勒雷达，探测重点是暴雨及强对流天气系统，为人工影响天气、灾害性天气的监测提供服务。

丽江市气象局雷达站（2007 年）

3. 气象信息网络

通信现代化与信息接收　丽江气象站最初通过云南省人民广播电台收听天气形势和天气预报广播。1981 年 6 月，使用单边带接收机、电传机、传真机，实现自动接收气象电报。1989 年 5 月，丽江地区气象台与永胜县气象站甚高频通讯开通，与华坪、宁蒗两站的单边带通讯开通。1995 年 5 月 26 日，公用分组数据交换网正式投入业务运行，实现了微机自动填图（高空、地面天气图），并可从省气象台服务器中调用云图和传真图等天气预报分析信息。1998 年 5 月，气象卫星综合应用业务系统（简称"9210"工程，下同）完成建设，实现分组交换网与省局互联互通，与国家局通过卫星实现资料双向传输，开通全国气象部门卫星通信电话。1999 年 5 月，建成地面气象资料单向卫星接收站（PC-VSAT）。2006 年 4 月建成视频会商系统，同年 5 月建成卫星数据电视广播（DVB-S）接收系统。2008 年 11 月实现省、市、县视频天气会商。

信息发布　通过电视、广播、报纸、互联网、手机短信、"12121"声讯电话、卫星音频预警信息发布系统（DAB）、电子显示屏等形式发布气象信息。

4. 天气预报预测

丽江气象预报服务工作开始于 1958 年 5 月。1958 年 9 月正式设立丽江天气预报台。经过 50 多年的发展，气象预报从初期绘制简易天气图加预报员经验的主观定性预报，逐步发展为通过天气雷达、自动气象站、闪电定位系统、卫星观测系统等获取大量观测资料，运用气象信息综合分析处理系统（MICAPS）平台自动显示大量气象监测资料及天气预报分析信息，制作客观定量定点数值预报。主要预报产品有短期气候预测、中短期天气预报、短时临近天气预报等。

5. 气象服务

①公众气象服务

至 2008 年，丽江市公众气象服务主要包括丽江市城市天气预报、气象灾害预警信号发布、森林火险等级预报、地质灾害等级预报、风景区预报、环境指数预报、周边城市天气预报等。主要通过电视、广播、报纸、互联网、手机短信、"12121"声讯电话、卫星音频预警信息发布系统(DAB)、电子显示屏等媒体为广大公众服务。

②决策气象服务

20世纪80年代初,决策气象服务主要以书面文字发送为主。20世纪90年代以后,决策服务已发展到由电话、手机短信、传真、信函、电视、微机终端、互联网等多途径向人民政府及有关决策部门快速传递气象信息。目前决策气象服务产品主要分为《重要天气消息》、《专题气象服务》、《一周天气》、《气象情况反映》及正式公函气象情况报告等五类。

③专业与专项气象服务

专业气象服务 20世纪90年代初期开始,丽江市气象局先后为交通、水利、农业、林业、国土等行业提供专业气象服务。建立了《丽江市气象局地质灾害预警系统》、《金安电站流域地质灾害预警系统》、《金安电站预报服务平台》等气象服务平台;与丽江市国土资源局合作,开展电视地质灾害预警服务;先后开展五郎河电站、金安桥电站、阿海电站、梨园电站等水电气象服务;烟草生产气候监测服务;为民航提供多普勒天气雷达资料共享服务。

防雷技术服务 1989年10月,丽江地区避雷装置检测站成立,从事丽江辖区内的防雷装置安全检测工作。1997年7月,依法开展防雷检测、雷电防护工程以及雷电灾害调查、鉴定和评估等工作。在丽江市人民政府的支持下,与安全、烟草、教育部门联合,先后大规模开展了烟草系统防雷设施(装置)检查检测,规范加油站、油库防雷和防静电设施安全管理,开展区域内危险化学品场所防雷装置安全检测,加强学校防雷安全检查。在玉龙雪山大索道、丽江广播电视塔、油库(加油站)、烟草生产储运场所、学校等安装避雷塔(针)约1600座,确保了当地人民群众生命财产安全。

人工影响天气 丽江人工影响天气作业始于1958年。1975年丽江火箭厂发生爆炸事故,由于安全原因,丽江市防雹工作一度中断。1979年4月地区行署发文成立人工降雨领导小组,同年9月地区行署发文成立丽江行政公署人工控制局部天气办公室,办公室设在丽江地区气象局。之后,人工影响天气领导小组及办公室工作人员逐步调整充实。2004年,丽江市气象局被云南省人民政府表彰为"人工影响天气工作先进单位"二等奖。2007年4月玉龙县气象局成立,原设在玉龙县农业局的人工影响天气办公室转设到玉龙县气象局,从此,实现了全市人工影响天气工作完全归气象部门管理。

④气象科技服务

1992年开展气象科技为烤烟生产服务,完成《丽江地区气候与烤烟生产》研究编撰任务,1994年10月15日,丽江地区气象局开发的PC-1500袖珍计算机《烤烟收购结算系统》软件技术通过有关专家鉴定,荣获丽江地区九三年度科技进步三等奖。1995年开展了玉龙雪山旅游气象资源考察,2000年5月编写了《丽江旅游气象服务手册》,2002年9月10日《丽江旅游气候资源开发、利用与保护研究》获得丽江市2002年度科学技术进步三等奖,为丽江旅游业提供了气象科技服务。2006年丽江市气象局被指定为"中国气象局丽江生态气候与防灾技术实验基地"。2007年建成气象卫星可见光通道丽江定标试验场和全国辐射仪器比对场,同年4月,全国第七次辐射仪器比对及技术交流会在丽江举行。

6. 科学技术

气象科普宣传 1979 年丽江市气象学会成立。每年利用"3·23"世界气象日、科技周、安全生产月、"12·4"全国法制宣传日等大型活动组织开展各类气象科普宣传活动。宣传形式包括展板展示、发放宣传传单、组织中小学生到气象局参观学习等。1985 年丽江市气象局购入一台苹果牌计算机,为丽江市第一台计算机,应市经委邀请,市气象局在经委礼堂举行了计算机功能及操作演示,展示了气象部门的形象。1998 年"9210"工程建设完成后,丽江市气象局多次组织民族中专、丽江教育学院、云南大学旅游学院及各中小学校师生参观学习气象业务工作流程,广泛宣传气象知识。同时,以气象法律法规、气象科普知识和气象防灾减灾知识等为主题,充分利用广播、电视、报刊等地方主要新闻媒体进行广泛宣传,加大民众对气象灾害的认识,提高灾害防御意识。

气象科研 1980 年完成《云南省丽江地区农业气候资源及区划》。1981 年 6 月至 1983 年 9 月,参加中国科学院青藏高原横断山区综合考察。1992 年完成《丽江地区气候与烤烟生产》研究编撰,同年 9 月编写了《1993 年气象年历》。1994 年 10 月 15 日,丽江地区气象局开发的 PC-1500 袖珍计算机《烤烟收购结算系统》软件技术通过有关专家鉴定,荣获丽江地区一九九三年度科技进步三等奖。

气象法规建设与社会管理

法规建设 2000 年 5 月,丽江地区行署下发《关于加强防雷减灾安全管理工作的通知》。2004 年 12 月成立了丽江市气象局行政执法支队。到 2008 年有 2 人取得《云南省法制督察证》,有 8 人取得《云南省行政执法证》。

制度建设 丽江市气象局先后下发了《丽江市气象局民主科学决策制度》、《中共丽江市气象局党组民主生活会制度》、《丽江市气象局党风廉政建设责任制责任追究暂行办法》、《丽江市气象局公开承诺制度》、《丽江市气象局首问首办责任制度》、《丽江市气象局社会评议机关作风制度》、《丽江市气象局机关公开承诺制度》、《丽江市气象局流动党员管理制度》、《丽江市气象局执法责任追究制度》、《丽江市气象局在职教育管理暂行办法》、《丽江市气象局公务接待规定》、《丽江市气象局请休假管理考核办法》、《丽江市气象局财务管理规定》、《丽江市气象局兼职纪检监察员审计员管理办法》等规章制度。

社会管理 2002 年 8 月,丽江地区行署向各县人民政府、地直有关部门下发了《丽江地区行政公署批转地区气象局行署建设局关于依法保护气象探测环境的意见的通知》。2004 年 10 月 13 日,省人大常委会对丽江市贯彻执行气象"一法两条例"(《中华人民共和国气象法》、《云南省气象条例》和《人工影响天气管理条例》)情况进行检查。2005 年 3 月,丽江市城市规划委员会办公室发文《丽江市城市规划管理委员会办公室关于丽江国家基准气候站气象探测环境保护的批复》,给予丽江基准气候站新址探测环境永久保护。2005 年 4 月、2007 年 12 月,在市、县规划建设局进行了全市气象探测环境现状及法律法规备案。近年来,查处影响气象探测环境违法行为 3 起。

依法行政 丽江市雷电中心依法申请办理了企业法人登记,并取得了防雷工程专业设计施工乙级资质。其主要社会管理职能是:宣传贯彻和监督执行国家及全市有关防雷减灾的有关法律法规、规章和政策,开展防雷社会行政管理、服务,承担全市防雷工程的监督管理,组织实施防雷工程设计审核、施工检测和竣工验收,进行防雷装置的常规检测。依法对施放气球单位资质认定、施放气球活动许可制度等实行社会管理。2002 年丽江地区气象局和丽江地区烟草公司联合下发《关于对我区烟草系统防雷设施(装置)进行检查检测的通知》。2003 年 7 月,丽江市整顿、规范市场经济秩序领导小组办公室和丽江市气象局联合下发《关于规范加油站、油库防雷和防静电设施安全管理工作的通知》。2005 年 2 月,丽江市安检局和丽江市气象局联合公告,对丽江市行政区域内危险化学品场所防雷装置进行安全检测。2007 年丽江市安全生产监督管理局和丽江市气象局联合下发《关于进一步加强防雷安全管理工作的通知》,同年,丽江市气象局和丽江市教育局联合下发《关于贯彻落实中国气象局教育部加强学校防雷安全工作文件的通知》。

政务公开 2002 年 4 月丽江市气象局成立局务公开工作领导小组,同年印发了《局务公开实施方案》和《全面推行全市县气象局局务公开制度的实施意见》。2003 年印发了《关于加强局务公开监督检察工作》的通知。多年来,对气象行政审批办事程序、气象服务内容、气象行政执法依据、服务收费依据及标准等,通过公开栏、网络、发放宣传单等方式向社会公开;干部任用、财务收支、目标考核、基础设施建设、工程招投标等内容则采取职工大会或公开栏等方式向职工公开。

党建与气象文化建设

1. 党建工作

党的组织建设 1950 年建站初期无党员,1969 年 12 月成立临时党支部,有党员 3 人。1978 年成立丽江行署气象局党支部,有党员 6 人。截至 2008 年底,有党员 36 人(其中在职职工党员 28 人,退休职工党员 8 人)。

党风廉政建设 2003 年以来,与省气象局、丽江人民政府签订《党风廉政建设责任书》,与下属各县气象局和市局各单位签订《党风廉政建设责任书》,中层领导干部均签订《廉政承诺书》。开展党风廉政宣传教育月和警示教育活动,加强制度建设,深化和完善局务公开。2005 年纳入丽江市纪委目标管理,连续获奖。

1995 年以来被丽江市直工委评为"先进党支部"、"云岭先锋"工程先进基层党组织等 7 个奖项。2004 年、2006 年被云南省气象局评为"党风廉政建设"优秀奖。2006 年被丽江市委评为保持共产党员先进性教育活动暨"云岭先锋"工程基层满意涉农部门,同年,获得丽江市委、市人民政府"党风廉政建设"年度目标考核一等奖。

2. 气象文化建设

精神文明建设 1997 年 7 月出台《丽江地区气象局关于精神文明建设的工作意见》,制定了"九五"期间丽江气象部门精神文明建设的目标任务及主要措施。1998 年 6 月成立了丽江地区气象局精神文明建设指导小组。2002 年、2006 年分别制定了《丽江地区气象局精神文明建设"十五"计划》和《丽江市气象局精神文明建设"十一五"规划》,把文明创建工作纳入每年的综合目标管理,层层分解任务,与业务工作一起规划,一起布置,一起落实,一起检查;制定了《文明创建奖励办法》、《文明单位创建保障机制》等。2000 年获国家档案局

"国家二级"标准；2007 年获云南省档案工作"八项工程"科技事业单位档案建设"五星级"标准。丽江市气象局内设文化宣传栏、体育活动室、荣誉档案室、阅览室及老干活动室。2003 年全市气象部门开展了"红土天歌"演讲比赛活动。组队参加丽江市组织的演讲比赛。2006 年在云南省气象部门文艺汇演中，丽江市气象局选送的节目"丽江忆影"获三等奖。每年的"七一"建党节、"三八"妇女节、"六一"儿童节、敬老节均组织形式多样的活动。自 2003—2008 年每年初均举办职工运

丽江市气象局职工运动会开幕式上表演

动会，组织开展登山、拔河、短跑、跳远、跳绳、扑克、象棋、跳棋、羽毛球、篮球、乒乓球等比赛项目，开展内容丰富多彩的职工表演、卡拉 OK 演唱和游园活动等。

文明单位创建 1998 年获"地级文明单位"称号。2000 年获"地级文明行业"称号。2001 年获"省级文明单位"称号，保持至今。2001 年还被云南省气象局评为全省气象部门"文明行业创建先进集体"。2007 年被丽江市人民政府评为"园林式单位（小区）"。2008 年获全国气象部门"文明台站标兵"称号。

3. 荣誉与人物

集体荣誉 1985—2008 年荣获中国气象局奖励 2 项；荣获云南省人民政府各种奖励 5 项；荣获云南省气象局各种奖励 20 项；荣获丽江当地人民政府各种奖励 17 项。其中：1988 年被云南省气象局表彰为 1985—1987 年度全省气象部门双文明建设先进集体；2000 年被丽江地委、地区行署表彰为地级文明行业；2001 年被云南省委、省人民政府表彰为省级文明单位；2008 年被云南省委、省人民政府表彰为省级文明单位，被中国气象局表彰为全国气象部门文明台站标兵。

个人荣誉 1983 年 5 月，云南省妇联授予周月英（女）云南省"三八"红旗手；1996 年 11 月，中国气象局授予王健耀全国气象部门双文明建设先进个人。

多年来，有 23 人（次）被中国气象局表彰为"全国质量优秀测报员"；243 人（次）被云南省气象局表彰为"全省质量优秀测报员"；48 人（次）获云南省气象局表彰；有 7 人（次）获丽江市委市人民政府表彰。

人物简介 李凤琼，女，汉族，云南省个旧市人，1953 年 11 月出生，1970 年 11 月参加工作。1978 年 10 月，在全国气象部门"双学"活动中被中国气象局评为先进工作者（享受劳模待遇），并出席了在北京召开的"双学"先进工作者表彰大会，受到了邓小平、华国锋等党和国家领导人的亲切接见。

李凤琼同志 1970—1971 年在成都气象学校学习探空专业，学习结业后，远离家乡自愿要求来到条件比较艰苦的丽江气象局从事高空气象探测工作，当时正是"文化大革命"动乱时期，但并没有动摇她对气象事业的热爱和执着的追求，她把主要精力都奉献于她所热爱的气象事业之中。

　　20世纪70年代,我国使用的"五九"型探空仪和发射机,性能不稳定,可靠性较低,重放球事故频频发生。但是,李凤琼同志的业务质量在同行中却创造了奇迹,1971—1991年取得了连续1836个主班无重放球事故的优异成绩;1980—2001年期间,她创造了16个"百班无错情"的好成绩,受到省气象局的表彰奖励。1979年在全省举办的探空业务比赛中获得单项一等奖、三等奖,受到云南省气象局的嘉奖。

台站建设

　　丽江市气象局自1950年开始建站至1955年有土木结构房屋8间,共129.7平方米,投资1.3万元。到1995年有混合、砖木、砖混、土木等结构房屋共5312平方米,其中,办公用房2421平方米,职工宿舍2891平方米。

　　1996年2月3日19时14分,丽江发生7.0级大地震,造成丽江市气象局大部分房屋遭到严重破坏,损失800多万元,同年由中国气象局和云南省气象局投资180万元,对部分受损较轻的房屋进行了加固,危房拆除重建职工住宅2700平方米。

　　2004年7月,丽江市气象局《新一代天气雷达系统工程》立项,2005年10月,位于玉龙县太安乡天红行政村香炉山的雷达探测楼竣工,其占地面积5.8亩,建筑面积397.8平方米。丽江市气象局院内的雷达信息综合楼于2006年4月竣工,其建筑面积3140.29平方米,综合大楼内设有阅览室、体育活动室、接待室、大小会议室等,购置了配套的办公设施。2006年11月,《丽江国家基准气候站搬迁建设工程》项目竣工,新址在玉龙县黄山镇白华村委会金龙自然村,占地面积17.22亩,建筑面积1636.9平方米,均为办公综合用房和业务用房,院内进行了景观绿化;2007年1月1日,丽江国家基准气候站、探空站在新址开展业务工作,同年4月成立为玉龙纳西族自治县气象局。2006年底丽江市气象局对原旧办公用房进行拆除,2007年5月,对院内进行通道改口、道路及院内场地硬化、铺青石板、修建花坛等。至此,丽江市气象局工作和生活环境面貌焕然一新,一个林园式的办公区和生活区基本形成。目前,丽江市气象局占地面积有13309平方米,有综合办公大楼1幢,职工住宅有3幢6院(户),院内有绿化草坪、风景树木等。2007年8月被丽江市人民政府授予"园林式单位(小区)"。

丽江市气象局旧貌(1985年)

丽江市气象局现办公大楼(2008年)

玉龙纳西族自治县气象局

玉龙县位于云南省西北部,属低纬高原季风气候类型。境内最高海拔为玉龙山主峰,海拔高度5596米,最低海拔为鸣音乡洪门村金沙江出境处,海拔高度1388米,立体气候分布明显。冬春两季晴天多,日照充足,空气干燥,雨量少;夏秋两季,雨量充足,降雨集中,干湿季分明。年平均温度12.7℃,年内温度变化不甚明显,大部分地区冬无严寒,夏无酷暑,四季如春。

机构历史沿革

始建情况 丽江国家基准气候站前身为丽江国家基本气候站,2007年4月成立玉龙纳西族自治县(以下简称玉龙县)气象局时,丽江国家基准气候站划归玉龙县气象局。位于北纬26°51′,东经100°13′,观测场海拔高度2380.9米。

管理体制 2007年4月成立以来,实行气象部门与地方政府双重领导,以气象部门领导为主的管理体制。

单位名称及主要负责人变更情况

单位名称	姓名	民族	职务	任职时间
玉龙纳西族自治县气象局	张 力	纳西	局长	2007.04—

人员状况 2007年4月成立时,有在职职工16人,2008年有职工15人,其中:大学本科3人,大学专科11人,高中1人;21~30岁1人,31~40岁6人,41岁以上8人;工程师12人,助理工程师3人;纳西族6人,傈僳族1人,壮族1人,藏族1人。

气象业务与服务

2007年4月,玉龙县气象局成立,丽江市气象局的地面、高空、农业气象等观测业务划归玉龙县气象局。承担着地面气象观测、高空气象探测、生态与农业观测、GPS水汽通量监测、雷电云——地闪观测、酸雨观测、辐射观测等业务。开展气象预报、农业气象、防雷装置安装检测、人工影响天气等服务。承担境内区域自动气象站建设、维护、记录传输、整理、通报工作。

1. 气象观测

①地面气象观测

观测项目 云、能见度、天气现象、气压、空气的温度和湿度、风向和风速、降水、日照、蒸发(大型)、地面温度(草温、距地0、5、10、15、20、40、80、160、320厘米)、雪深、雪压、电线积冰、辐射、酸雨等。

2007 年 3 月建成水汽监测站,采用 GPS 卫星定位系统测量空气中水汽通量。利用闪电定位仪开展雷电监测工作。丽江辐射观测站是三级站,进行总辐射观测。开展采集降水样品,观测降水样品的 pH 值与电导率的酸雨观测。

观测时次 每天进行 02、08、14、20 时(北京时)4 次定时观测,以及 05、11、17、23 时补充绘图天气观测。

发报种类 每天 02、08、14、20 时(北京时)拍发天气电报,05、11、17、23 时拍发补充天气报告,不定时拍发重要天气报;每月拍发旬月报、气候月报;编制地面、酸雨、辐射报表;丽江站是全球气象情报交换站,担负国际气候月报交换任务,为航空危险天气报预约站。

电报传输 运用《AH 4.1》测报软件,通过分组数据交换网,计算机网络传输报文,每小时传输 1 次观测资料。

气象报表制作 运用《AH 4.1》测报软件进行数据处理、编报和制作报表。

自动气象观测站 现采用自动观测为主、人工观测为辅的观测运行模式,实现气压、气温、湿度、风向风速、降水、蒸发、地温(包括地表、浅层和深层)自动测量。

2007 年 12 月在玉龙县境内的巨甸镇、金庄乡、石头乡、九河乡、龙蟠乡、太安乡、大具乡、鸣音乡、塔城乡、玉龙雪山建立了 10 个区域自动气象站。

②农业气象观测

玉龙县气象局农业气象观测站属于国家一级农业气象观测站,承担作物生长、土壤湿度、物候等观测任务。生长状况观测作物为玉米、小麦。土壤湿度观测层次有 10、20、30、40、50 厘米。每月逢 10 日发旬报,逢 6 日发土壤加密报。制作土壤湿度、作物生长状况年报表、物候观测年报表。承担冬小麦产量预报、大春产量预报、农业气象专题服务等工作。

③高空探测

丽江高空站是国家气象综合观测网(CCOS)探空站,每天承担 07 时 15 分、19 时 15 分 2 次放球任务,2007 年 1 月 1 日起使用 GTS(U)2-1 型数字式电子探空仪-701 型二次测风雷达探测系统,原 59-701 系统作为备份系统使用。采用 GX-2 型水电解制氢设备制氢,执行 GB 4962—1985 氢气使用安全技术规范。雷达接收探测讯号经 GTC1-4 型高空探测数据处理器传输至计算机,计算机安装 OSUAO 软件(V1. 10 版)完成记录接收、整理、编发传输报文。每月编制传输月报表。自 2007 年 1 月 1 日起,编发气候月报。

2. 气象通信网络

2007 年 4 月玉龙县气象局接入云南省气象系统宽带通信网络,实现与省、市网络互连,通过宽带通信网络上传、调用气象资料,开通省局采用 VPN 技术在 Internet 网上构建的 VPN 专网(虚拟专用网)作为宽带广域网的备份线路,使用基于计算机网络的话音系统(IP 电话)。2008 年 10 月开通省、市、县气象局间网络视频会商系统,完成云南气象综合业务网络玉龙县气象局部分的建设。

3. 天气预报预测

2007 年下半年开始开展预报业务,向人民政府及相关部门发布关键性、转折性、灾害性的重要天气消息、气象情况反映和专题气象服务等,利用电台、电视台、手机短信、电子显示屏等向公众发布最新天气预报。

4. 气象服务

①公众气象服务

自 2007 年下半年开始每星期一至星期五制作玉龙县各乡镇未来 24 小时天气预报,通过电视向公众发布。每星期六向电视台提供纳西族语天气预报,内容有前期天气回顾、48~72 小时天气预报、气象灾害预警、农业气象灾害的预防、气象灾害及次生灾害的防范等内容。向人民政府及相关部门发布关键性、转折性的重要天气消息、气象情况反映等。

②决策气象服务

向县委、县人民政府发布重要天气消息、气象情况反映。根据需要和要求向防汛、森林防火、旅游、烟草等部门提供专题气象预报。节假日、高考、有重要活动时发布专题预报服务。2009 年起开展手机短信气象服务、电子显示屏农村气象信息发布、火险专题预报发布。

③专业与专项气象服务

人工影响天气　玉龙县的人工影响天气工作在 2007 年以前由玉龙县农业局承担,2007 年 4 月玉龙县气象局成立后由玉龙县气象局归口管理。全县现有防雹作业点 71 个,其中陆良 9815 厂 JFJ 型火箭发射架 67 套,江西 9394 厂 BL 型火箭系列 3 套,"三七"高炮作业点 1 个。作业人员 72 名,作业范围覆盖 18 个乡镇。每年 5—10 月开展防雹作业。11 月至次年 4 月开展森林防火增雨作业。

丽江玉龙雪山为欧亚大陆最南端的现代海洋性冰川,山体蜿蜒,群峰耸立,终年积雪,是丽江旅游景观的重要支柱。为了增加雪山景观积雪,延缓冰川退缩,每年 12 月至次年 5 月,与雪山管委会联合开展人工增雪作业,取得较好的经济和社会效益。

防雷技术服务　2007 年 10 月,经玉龙县人民政府批准,玉龙县气象局成立了防雷装置安全检测中心,全面负责辖区内防雷装置的安全检测工作。2008 年 8 月起,开始对防雷装置的设计审核和竣工验收实行行政审批,并对以往无防雷装置的建(构)筑物和防雷装置设计未经审核的在建建(构)筑物,根据法律法规、规范规定和本地区的雷暴特性,提出整改意见。

④气象科普宣传

2008 年 8 月 6 日建立气象科普展览室,宣传气象科普知识。"3·23"世界气象日通过专家现场解答、发放宣传单、制作展板、悬挂标语等形式宣传气象科普知识和气象事业的发展状况。通过参加玉龙县 6 月安全生产月活动,深入乡镇、厂矿、学校、景区开展气象科普及防灾减灾宣传。

气象法规建设与社会管理

法规建设　2007 年玉龙县人民政府下发了《关于玉龙县防雷装置检测中心全面负责辖区防雷装置检测工作的通知》(玉政办发〔2007〕81 号),规范了防雷检测工作。2008 年 9 月 19 日玉龙县人民政府出台《玉龙纳西族自治县人民政府关于严格执行防雷装置设计审核、施工资质审核、竣工验收等规定的通知》(玉政发〔2008〕92 号),明确了玉龙县防雷中心负责对辖区内防雷装置设计审核的具体规定。2009 年 6 月 30 日,玉龙县人民政府发布第 1 号公告,确认《防雷装置设计审核和竣工验收》项目是行政许可项目。2009 年 7 月 13 日县人民政府发布确认行政执法主体资格的公告(玉政发〔2009〕44 号),确认玉龙县气象局的行政执法主体资格,享有行政处罚权和其他行政执法权。

制度建设 为了加强单位制度建设,建立《党风廉政建设责任制 12 项制度》,完善学习教育宣传制度、会议制度、明确玉龙县气象局主要职责、局领导及各科室职责、建立重要情况通报和报告制度、廉政谈话制度、述职述廉制度、民主生活会制度、信访处理制度、接待制度、财经管理制度、车辆管理制度、工作纪律制度等 12 项规章制度。

社会管理 2005 年 3 月 14 日,丽江市城市规划委员会下发《丽江市城市规划管理委员会办公室关于丽江国家气候基准站气象探测环境保护的批复》,对新站址气象探测环境和设施依法予以永久保护。玉龙县气象局在县规划建设局进行了气象探测环境现状及法律法规备案。2007 年 8 月,玉龙县移动公司在气象探测环境保护范围内违规建设信号发射塔,干扰探测电磁环境,依法予以拆除。

2007 年 10 月玉龙县防雷装置检测中心成立,同年 11 月取得检测丙级资质,2008 年 3 月取得设计施工丙级资质。

局务公开 玉龙县气象局自 2007 年 4 月成立以来,高度重视局务公开工作。根据丽江市气象局《局务公开实施方案》和《全面推行全市县气象局局务公开制度的实施意见》,对气象行政审批办事程序、气象服务内容、气象行政执法依据、服务收费依据及标准等,通过公开栏、网络等方式向社会公开。财务收支、基础设施建设等内容在职工大会或公开栏中公开。

党建与气象文化建设

1. 党建工作

党的组织建设 2008 年底玉龙县气象局有党员 3 名,与丽江市气象局成立联合支部。近年来,在重点工作推进和业务实际工作中,党员在各自岗位上发挥了重要作用。

党风廉政建设 落实党风廉政建设目标责任制,开展廉政教育和廉政文化建设活动。每年 4 月组织开展"党风廉政宣传教育月活动";每年 6 月参加地方组织的作风建设活动,制定实施方案并上报总结材料;玉龙县纪委监察局每年都对玉龙县气象局的党风廉政建设工作进行巡视督查;局财务账目接受上级财务部门年度审计,并将结果向职工公布。2007 年设立兼职纪检监察员,协助局长抓好玉龙县气象局的党风廉政建设工作。

2. 气象文化建设

精神文明建设 玉龙县气象局是全省唯一的纳西族自治县气象局,在"七一"建党节、"三八"妇女节、"六一"儿童节举办的活动中,始终把民族文化贯彻其中,纳西打跳、民族舞表演等受到广大干部职工的欢迎。着重对职工综合素质的培养,把培养单位的凝聚力和职工爱岗敬业精神当作文明工作的主要目标,每月举办一次集体活动,开展游园、登山、钓鱼、扑克、象棋等。每年举办一次职工运动会。

文明单位创建 文明单位创建工作纳入目标管理,与业务工作一起布置、一起落实,为早日创建文明单位打下良好基础。

3. 荣誉

集体荣誉 2007 年被云南省气象局评为"大气探测先进集体"。

个人荣誉 1 人被中国气象局授予"全国质量优秀测报员"称号;26 人(次)获"全省质量优秀测报员"称号。

台站建设

玉龙县气象局位于丽江城市规划新编方案中的田园生态保护带。根据中国气象局提出的"一流台站"建设要求,本着科学规划、系统设计、合理布局的原则,考虑当地的民族特色、气象事业发展的空间,高标准、高质量、高品位进行规划建设。2006 年 11 月,《丽江国家基准气候站搬迁建设工程》项目竣工。这一项目占地面积 17.22 亩,建筑面积 1636.9 平方米,其中,业务用房 301.1 平方米,制氢业务用房 181.0 平方米,业务办公综合用房 1154.8 平方米。业务用房和制氢用房按丽江民居风格设计,框架结构,瓦片屋顶;综合业务楼采用二层框架结构,四周用斜瓦屋顶。台站四周建有具有民族特色的通透式围墙,五花石板铺路。院内进行了景观绿化,一个园林式的单位初步建成。

玉龙县气象局开工建设(2005 年)　　　　　　玉龙县气象局现貌(2008 年)

华坪县气象局

机构历史沿革

始建情况 华坪县气象局始建于 1956 年 12 月,位于华坪县城北郊中心镇北路 306 号,北纬 26°38′,东经 101°16′,观测场海拔高度 1230.8 米。

历史沿革 1956 年 12 月建站时称云南省华坪气象站;1960 年 3 月,更名为云南省华坪县气象服务站;1968 年 11 月,更名为华坪县气象站革命领导小组;1971 年 1 月,更名为华坪县气象站;1990 年 5 月,更名为云南省华坪县气象局。

管理体制 1956 年 12 月,华坪气象站隶属云南省气象局建制和领导。1958 年 3 月—1963 年 3 月,隶属华坪县人民委员会建制和领导,丽江专署气象科(1962 年 1 月,改为丽江专区气象中心站)负责业务管理。1963 年 4 月—1970 年 6 月,华坪县气象服务站收归省气象局建制和领导,丽江专区气象总站负责管理。1970 年 7 月—1970 年 12 月,改属华坪县革命委员会建制和领导,丽江专区气象总站负责管理。1971 年 1 月—1973 年 5 月,实行华坪县人民武装部领导,建制仍属华坪县革命委员会,丽江地区气象台负责业务管理。1973 年 5 月—1980 年 12 月,属华坪县革命委员会建制和领导,丽江地区气象台负责业务管理。1981 年 1 月至今,实行气象部门与地方政府双重领导,以气象部门领导为主的管理体制。

机构设置 华坪县气象局内设:地面测报科、预报服务科、防雷中心、人工降雨防雹办公室、财务室、办公室。

单位名称及主要负责人变更情况

单位名称	姓名	民族	职务	任职时间
华坪气象站	余文远	彝	副站长	1956.12—1958.02
	杨文善	纳西	站长	1958.02—1960.03
云南省华坪县气象服务站				1960.03—1960.08
	黄天甲	白	站长	1960.08—1968.11
华坪县气象站革命领导小组			组长	1968.11—1971.01
华坪县气象站	陈兑福	汉	站长	1971.01—1978.03
	杨文善	纳西	站长	1978.03—1984.02
	杨万岭	白	站长	1984.02—1990.05
华坪县气象局			局长	1990.05—1991.02
	刘徐珍	白	局长	1991.03—1998.01
	甘德芳(女)	汉	局长	1998.02—2006.10
	杨秀山	纳西	局长	2006.10—

人员状况 建站初期有职工 5 人,1957—2008 年先后有 48 人在华坪县气象局工作过。截至 2008 年底,有在职职工 12 人,退休职工 2 人。在职职工中:大学本科 2 人,大学专科 6 人,中专 4 人;工程师 3 人,助理工程师 7 人,技术员 2 人;40～55 岁 3 人,24～38 岁 9 人;由汉族、纳西族、傣族等民族组成。

气象业务与服务

1. 气象业务

①地面气象观测

华坪县气象局是国家基本气候站,地面观测 24 小时值守班。

观测项目 云、能见度、天气现象、气温、湿度、蒸发、气压、风、降水、日照、地面和浅层地温。1998 年 1 月 1 日增加 E-601B 大型蒸发观测,2002 年 1 月 1 日停止小型蒸发观测。

观测时次 1960 年 8 月 31 日以前每天进行 01、07、13、19 时(地方时)4 次观测,1960 年 9 月 1 日开始改为每天进行 02、08、14、20 时(北京时)4 次定时观测,以及 05、11、17、23 时补充绘图天气观测。

发报种类 1960 年 7 月 28 日至 2000 年 12 月拍发航危报,5 次定时发送天气报。2000 年 1 月 1 日开始拍发气象旬(月)报(AB 报)。

电报传输 1991 年以前气象资料传输主要手摇式电话通过邮电部门传出,1991 年安装了程控电话机,资料传输有专用电话。2005 年起,绝大部分气象要素以自动采集为主,实现了自动采集数据、传送报文。

资料管理 华坪县气象局保存了 1956 年建站以来的地面气象观测资料和各种文档资料。1983 年进行了整理归档工作。2001 年初,将 1956—2000 年的各要素原始记录移交至云南省气象台档案科进行保存,之后每隔五年移交一次。

自动气象观测站 2002 年 12 月建成自动气象站,仍以人工观测为主。2004 年人工和自动并行,但各要素值仍以人工观测数据为准。2005 年起,绝大部分气象要素以自动采集为主,实现了自动采集数据、编报、传送报文。2007 年 12 月,在华坪县 3 镇 5 乡共建成 8 个两要素区域自动气象站。

1982—2008 年华坪县气象局获"全国质量优秀测报员"4 人次,云南省气象局"优秀测报员"共 60 人(次)。

②气象信息网络

20 世纪 50 年代地面测报业务均为手工查算操作。2000 年 1 月 1 日地面气象资料传输通过 X.25 分组数据交换网来完成,气象数据实时上传上了一个新台阶。2002 年 9 月接入 Internet 网络,12 月自动气象站的建成提高了数据传输速度。2004 年 12 月建成省、市、县气象网络,通过光纤网络实现了观测数据自动传输和信息共享。2008 年 10 月建成了省、市、县可视化会商系统,实现了与丽江市气象台天气预报可视会商。

2005—2008 年,重要天气消息和专题天气预报用传真方式发送。2006 年 3 月投资 3 万元购置制作电视天气预报设备,开展电视天气预报服务,通过华坪电视天气预报节目向公众发布未来 24～48 小时天气预报,广大人民群众可以在电视中收看到图文并茂的电视天气预报节目。2007—2008 年,通过"云南省气象局特殊天气预警管理系统"平台增加了灾害预警信息手机短信服务项目。

③天气预报预测

20 世纪 80 年代,成立了预报组,依靠电报、电话、收音机接收省、地气象台的天气形势广播,绘制简易的天气图制作县站 24 小时短期天气预报,并每天发布。每年 3—5 月增加气象火险等级预报。2000 年建成了地面气象资料单向卫星接收站(简称"PC-VSAT"),增加了中期、临近天气预报、气象预报预警。2006 年 3 月开通华坪电视天气预报节目。

天气预报产品主要有临近、短期、中期天气预报和短期气候预测。气象服务主要有公众气象服务、决策气象服务、专业和专项气象服务。短期气候预测主要内容有:年预报(倒春寒、雨季开始期、干旱、洪涝、抽扬冷害、三秋连阴雨、雨季结束期)、春播期预报(主要是倒春寒)、汛期预报(雨季开始期、干旱、洪涝)、三秋预报(三秋连阴雨、雨季结束期)。

2. 气象服务

①公众气象服务

1957—1982 年,气象服务主要为华坪农业生产服务,仅给华坪县委、县人民政府和农水部门提供逐月(长期)气候预测和短期天气预报。1983 年后,给县委、县人民政府及各有关部门发布未来 24 小时或 48 小时的天气预报以及年度和逐月气候预测。1990 年起,增加了重要天气或专题天气预报服务。

②决策气象服务

1983 年以后,华坪县气象局用电话、网站、手机短信或书面形式给县委、县人民政府及有关部门提供定期或不定期的天气预报、气象情报、气候分析等气象信息,包括寒潮、霜冻、大风、冰雹、暴雨等灾害性天气预报,以及 2—4 月的《春播期预报》、5—10 月《汛期气候预测》、9—10 月的《三秋连阴雨预测》等。

1997 年在年预报、春播期、汛期预报的长期预报中报准了春夏连旱,为森林防火、抗旱保苗工作提供了决策依据;准确预报 2004 年 8 月 4 日大暴雨天气过程,日降雨量 130.4 毫米。

③专业与专项气象服务

人工影响天气 华坪县是典型的山地气候,雷电日数年平均为 89.4 天。每年 5—10 月,单点性的大风、冰雹强对流天气十分突出,灾害频繁。针对这种天气状况,1990 年起,每年的 3—5 月开展人工增雨工作,5—10 月开展人工防雹工作。至 2008 年有固定火箭作业点 13 个,高炮固定作业点 4 个,作业人员 28 人。

1988 年架设开通甚高频无线对讲通讯电话,开通龙洞、通达、兴泉三个高炮点甚高频无线通话,防雹期间每天 17 时和 20 时定时开机,直接与作业人员沟通,传达气象信息,进行防雹作业指挥。2005 年为各防雹点配置一部移动通讯手机,将气象信息直接传送到防雹作业人员手中,并根据雷达信息进行防雹作业指挥,传递空域申请。2005—2008 年平均每年为防雹作业指挥 130 次,空域申请 180 次。2007—2008 年为高考期间防暑降温成功开展增雨作业服务,得到了各级领导和广大群众的高度评价。

防雷技术服务 1994 年由华坪县人民政府办公室发文成立了华坪县防雷装置检测站。1998 年 5 月,华坪县气象局防雷装置检测站通过了云南省技术监督局的计量认证。2000 年开始,防雷工作重点对油库、加油站等易燃易爆场所和新建(构)筑物防雷设施进行检测和指导整改、安装防雷设施。2006 年增加了防雷对新建(构)筑物的图纸审核工作。至 2008 年华坪县气象局有 3 人取得《云南省行政执法证》,有 3 人取得《防雷资质证》。

④气象科普宣传

1999 年起,除每年"3·23"世界气象日进行气象科普宣传外,还参与全县科技宣传周、安全生产月宣传活动。采用宣传单、展板、视频和悬挂标语等形式开展广泛宣传。2005 年 11 月在华坪县物资交流会期间,积极参与全县科普宣传活动,向群众发放《2006 年华坪农业气象年历》共计 600 册,向各乡村级干部和烤烟区农户发放 1000 册。

气象法规建设与社会管理

法规建设　重点加强雷电灾害防御工作的依法管理工作。自《中华人民共和国气象法》、《中华人民共和国安全生产法》、《防雷减灾管理办法》、《云南省气象条例》等法律、法规的颁布实施以来,华坪的防雷减灾安全监管工作得到了快速发展,成立了防雷检测专门机构,促进了华坪县防雷工作规范化、标准化、法制化。

制度建设　华坪县气象局在多年的工作实践中不断完善充实各项规章制度。制定了《目标考核管理办法》;测报业务、预报服务、防雷、人工影响天气各业务岗位工作制度、工作职责和交接班制度;领导任期中经济责任审计制度和考核制度;财务管理和财务审批报账制度;党员领导干部廉政监督制度;局务公开制度;廉洁自律制度等。

社会管理　依法对气象探测环境进行保护,凡在气象探测环境保护区内进行工程建设必须到气象局报批。2006 年 6 月,华坪县建设局下发了《华坪县气象局关于华坪国家基本气象站探测环境保护技术规定的函》,对华坪县气象探测环境和设施予以永久保护。华坪县气象局在县规划建设局进行了气象探测环境现状及法律法规备案。

依法对全县防雷工作进行管理;对全县辖区内从事防雷设计、施工、检测的单位和个人依法进行防雷设计、施工资质和资格证的管理及防雷产品合格证检审、备案;县防雷检测中心按职责对全县防雷装置、设备及场地做防雷检测工作。

依法对全县施放系留气球工作进行管理;对全县辖区内从事施放系留气球单位和个人依法进行资质和资格证的审核。

局务公开　2003 年开始开展局务公开工作,制作局务公开公示栏,凡涉及到的重大事项都进行公示,内容有行政许可、收费依据、工程建设、人事任免、财务收支、财务审计和面临的中心工作等。2007 年 1 月制定了《华坪县气象局局务公开监督细则》,对气象行政审批办事程序、气象服务内容、服务承诺、气象行政执法依据、服务收费依据及标准等内容采取局务公开栏的方式向社会公开。财务收支按季度、全年、半年对内或对外公开。2005 年被中国气象局授予"气象部门局务公开先进单位"荣誉称号。2008 年 12 月被中国气象局授予"全国气象部门局务公开示范点"荣誉称号。

党建与气象文化建设

1. 党建工作

党的组织建设　建站初期有党员 1 人,挂靠华坪县人民政府党支部;1971 年有党员 3人,与华坪县人防办公室、华坪县自来水厂成立联合党支部;1983 年有党员 2 人,党组织关系挂靠在华坪县农业局党委;2007 年 9 月成立华坪县气象局党支部,有党员 4 人。

党风廉政建设　2003 年起,每年与市气象局签定党风廉政建设责任书,同年配备了一名兼职纪检监察员。

每年 4 月开展党风廉政宣传教育月活动,组织党员干部学习党章、观看警示片,参加知识竞赛,撰写廉政文章等活动。多年来,全局干部职工和家属子女无违纪违法行为,无邪教痴迷者,无黄、赌、毒现象发生。局财务账目每年接受上级财务部门年度检查、审计,并向职工公布结果。

2. 气象文化建设

精神文明建设 注重职工文化素质培养,始终把文明文化活动当作是增强单位与职工凝聚力的载体。经常组织职工参加当地演讲比赛,各重大节日举办唱歌、乒乓球、登山、知识问答等比赛活动。2007—2008年阅览室增加书籍200册,新增设了荣誉及物品陈列室。全局职工团结、和谐,业余文化生活丰富多彩。注重未成年人思想道德教育,2006—2008年共向职工子女发放教育图书20册和学习用品24份。

2003年成立了精神文明建设领导小组,制定了文明创建计划,列入各科室每年的工作目标考核内容。文明创建工作一把手负总责,具体工作有人抓,明确职责,团结协作,齐抓共管。近年来,年年开展局内优秀党员、文明家庭、优秀职工的评选活动。

文明单位创建 文明单位创建工作始于2000年,2001年被县委、县人民政府命名为县级文明单位;2004年被市委、市人民政府命名为市级文明单位;2008年申报省级文明单位,通过省委、省人民政府公示;2008年4月获华坪县"平安单位";同年11月获云南省档案工作"八项工程"科技事业单位档案建设五星级单位等荣誉。

3. 荣誉与人物

集体荣誉 2008年被中国气象局评为全国气象部门局务公开示范单位;1995年2月,被云南省气象局表彰为1994至1995年全省气象部门双文明建设先进集体。1956年建站以来,在地面测报、气象服务、人工影响天气和防雷减灾等工作方面先后获得了41个集体奖项。

个人荣誉 1957年2月杨文善被中国气象局表彰为全国气象先进工作者(享受劳模待遇)。

人物简介 杨文善,男,纳西族,1935年11月出生,党员,工程师。1953年4月参加工作,先后在昆明、耿马、玉溪、华坪、丽江等地工作,1994年11月光荣退休。

杨文善同志是新中国成立初期参加云南省气象站网建设的气象专业技术人员之一。1954年10月,他受云南省气象局指派,参加临沧地区耿马县孟定气象站的建站工作,并任地面气象观测员。在当时的艰苦环境中,发扬艰苦奋斗、无私奉献的精神,在最短的时间内完成了建站任务,并按时采集和传递气象数据资料。他刻苦钻研业务,不仅很快适应了工作,而且还出类拔萃,取得了连续值班8个月无错情的优异成绩,打破了当时"值班难免有错情"的说法,受到省气象局的嘉奖。1956年4月,组织上把他调回昆明市气象台工作,由于工作需要,又被派到玉溪县气象站顶班,因工作成绩突出,受到玉溪气象站的好评,该站曾向云南省气象局报送材料,为杨文善同志请功。1956年9月底,杨文善同志又受省气象局指派,参加华坪县气象站的建站工作。通过连续奋战,在不到3个月的时间内,就建成了华坪县气象站。1956年12月,经云南省气象局检查组下站检查验收,称华坪县气象站是全省建站最快、业务质量最好的气象站之一,受到了省气象局的充分肯定和褒奖。

1957年2月,在全省气象工作暨先进工作者代表会议上,杨文善同志因工作表现突出,成绩显著,被中国气象局表彰为全国气象先进工作者(享受劳模待遇),同年4月24日出席了在北京召开的全国气象先进工作者代表大会,受到了毛主席、朱德、邓小平等老一辈无产阶级革命家的亲切接见。

台站建设

1991年以前华坪县气象局房屋建筑均为土木、砖木结构,在观测场西面建有一层砖木结构的职工宿舍409平方米、业务办公用房80平方米、公厕32平方米。1991年改建1幢一层砖混结构业务办公楼共155.87平方米,新建1幢两层砖混结构职工住宿楼共441平方米。1999年将原一层砖木结构的职工宿舍改建为三层796平方米钢混结构住宿楼1幢。2004年8月,全局占用土地面积共4992.59平方米,新增观测场四周绿化面积755平方米。2005年把1991年修建的办公楼改建为1幢三层589平方米的钢混结构办公楼,新办公楼除行政、业务办公室外还设有职工活动室、阅览室、会议室、档案室等。2007年4月改造院内水泥地面613.12平方米,11月改造院内环境绿化,全局绿化面积达2454.42平方米,占全局总面积的51%。住宿楼、办公楼的建成及绿化环境的改造,极大地改善了职工的工作和生活条件。

观测场旧貌(20世纪70—80年代)

华坪县气象局旧貌(1994年)

观测场新貌(2008年)

华坪县气象局业务楼(2008年)

永胜县气象局

机构历史沿革

始建情况　云南省永胜县气象局于 1956 年 12 月建站,位于永胜县永北镇凤鸣办事处(村),建站观测场规格为 25 米×25 米,1964 年 2 月改为 16 米×20 米。位于北纬 26°42′,东经 100°45′,观测场海拔高度 2231.5 米。

历史沿革　1956 年 12 月 20 日成立永胜县人民政府气候站,1960 年 3 月更名为永胜县气候服务站;1966 年 1 月更名为永胜县气象服务站;1970 年 1 月更名为永胜县气象站;1990 年 5 月更名为云南省永胜县气象局。

管理体制　1956 年 12 月—1958 年 4 月,永胜县气候站隶属省气象局建制和领导。1958 年 4 月—1963 年 4 月,隶属县人民委员会建制和领导,丽江专署气象科(1962 年 1 月,改为丽江专区气象中心站)负责业务管理。1963 年 4 月—1970 年 6 月,收归省气象局建制和领导,丽江专区气象总站负责管理。1970 年 7 月—1970 年 12 月,改属永胜县革命委员会建制和领导,丽江专区气象总站负责管理。1971 年 1 月—1973 年 5 月,实行永胜县人民武装部领导,建制仍属永胜县革命委员会,丽江地区气象台负责业务管理。1973 年 5 月—1980 年 12 月,改属永胜县革命委员会建制和领导,丽江地区气象台负责业务管理。1981 年 1 月至今,实行气象部门与地方政府双重领导,以气象部门领导为主的管理体制。

机构设置　2008 年永胜县气象局内设办公室、测报科、预报科、防雷装置安全检测中心(永胜县人民政府防雷减灾领导小组办公室)、人工影响天气办公室(永胜县人民政府人工增雨防雹工作领导小组办公室)、执法办六个科室。

单位名称及主要负责人变更情况

单位名称	姓名	民族	职务	任职时间
永胜县人民政府气候站	林树生	汉	站长	1956.12—1960.03
永胜县气候服务站				1960.03—1965.09
	李善标	汉	站长	1965.09—1965.12
永胜县气象服务站				1966.01—1970.01
				1970.01—1978.04
永胜县气象站	和立勋	纳西	站长	1978.04—1984.06
	谭相龙	汉	站长	1984.06—1988.04
	王凤鸣	汉	站长	1988.05—1990.05
			局长	1990.05—1995.11
永胜县气象局	屈春光	汉	局长	1995.11—2006.09
	杨秀山	纳西	副局长(主持工作)	2006.09—2006.11
	郑云松	汉	副局长(主持工作)	2006.11—2008.02
			局长	2008.03—

人员状况 建站时有职工 2 人。1979 年人员增加至 9 人。截至 2008 年有在职职工 7 人,其中:30 岁及以下 3 人,31~40 岁 2 人,41~50 岁 1 人,50~60 岁 1 人;本科学历 2 人,大专学历 3 人,中专及以下学历 2 人;中级职称 2 人,初级及以下职称 5 人;汉族 5 人,傈僳族 1 人,白族 1 人。

气象业务与服务

1. 气象业务

①地面气象观测

观测项目 永胜县气象局属国家一般气候观测站,观测项目有云、能见度、天气现象、气压、气温、湿度、风向风速、降水、积雪、日照、蒸发(小型)和地温(0、5、10、15、20 厘米)。

观测时次 1956 年 12 月 20 日开始每天进行 01、07、13、19 时(地方时)4 次观测;1960 年 8 月 1 日起每天进行 08、14、20 时(北京时)3 次定时观测。

发报种类 从建站起每天 08、14 时向省气象台拍发天气电报。1984 年 1 月 1 日起执行编发重要天气报,内容有暴雨、大风、雨凇、积雪、冰雹、龙卷风等,后来重要天气报的内容增加了雷暴、雾、霾、浮尘、沙尘暴等。从 2002 年 7 月 1 日开始,每天 08、14、20 时(北京时)3 次定时观测并向省气象台拍发天气加密电报。每月向省气象台发月报 1 次,旬报 3 次。

气象报表制作 制作气表-1 月报表;气表-21 年报表,向市气象局报送各 1 份,本站留底 1 份。

探测仪器设备更新情况 1960 年 10 月 1 日雨量筒由原来的 2 米高改为 70 厘米高。1962 年 12 月 23 日风压器由原来的 10.7 米改为 10.8 米。1962 年 12 月 29 日百叶箱高度由 2 米改为 1.5 米。1968 年 8 月将重型风压器改成电接风向风速器。1980 年 5 月 10 日安装使用虹吸雨量计。1999 年 9 月使用计算机编报文和编制报表。

自动气象观测站 2002 年 12 月 ZQZ-Ⅱ型自动气象站建成,12 月 31 日正式开始与人工观测进行双轨试运行。2004 年 12 月 31 日 20 时开始,自动气象站正式单轨运行。2007 年 11 月底建成了 10 个乡镇区域温度、雨量两要素自动气象站。

②气象信息网络

从建站到 2001 年之前,气象资料依赖于电话传输。2001 年 8 月使用 Internet 网传输气象资料。2003 年 12 月建成了全省气象局域网,通过局域网实现了每 10 分钟一次的气象数据传输,进一步增强了气象资料的实效性。2004 年 12 月,建成气象宽带网,实现与省、市网络快速连接传输数据,开通了全省内部 IP 电话;2007 年 3 月,启用 VPN 云南省气象宽带网备份链路。

1984 年有了气象传真机。1988 年 10 月建成甚高频气象通讯网络系统。2001 年 6 月建成地面气象资料单向卫星接收站(PC-VSAT)并正式启用。2008 年 10 月建成视频会商系统,实现了省、市、县视频天气会商。

③天气预报预测

1958 年 11 月 10 日,永胜县气候服务站开始制作发布短期补充天气预报。1960—1970 年期间,永胜县气象站主要利用电话、收音机接收省、地气象台的天气形势广播获得气象资料和信息,绘制简易的天气图制作短期天气预报。20世纪80年代起制作中期天气预报。20世纪90年代开始,开展长期气候预测,主要内容:常规项目包括每年1—12月各月降水趋势预测、每年1—12月各月气温趋势预测和6—8月主汛期降水趋势预测;特殊项目包括年降水趋势、年气温趋势、倒春寒、雨季开始期、干旱、洪涝、夏季低温(水稻抽扬冷害)、三秋连阴雨;雨季结束期和冬季气温趋势。

2. 气象服务

①公众气象服务

从20世纪90年代开始制作短(中、长)期天气预报、森林火险等级预报、重要天气警报,并以电话及书信的方式向各部门及社会发布。2008年为了有效应对突发性气象灾害,提高气象灾害预警信号的发布速度,避免和减轻气象灾害造成的损失,在全县公共场所安装了电子显示屏开展气象灾害信息发布工作。

②决策气象服务

20世纪90年代以来,为各级党、政机关领导和决策部门指挥防灾减灾、开展重大社会活动,以及在气候资源合理开发利用和环境保护等方面进行科学决策提供专题气象信息。2006年开通了气象预警信息短信平台,及时将重大灾害性、转折性、关键性天气情况以手机短信方式发送至全县各级领导。

【气象服务事例】 2000年6月20日,永胜县发生了历史以来最为严重的冰雹灾害,县气象局准确预报了这次灾害性天气过程,为抗灾救灾作出了积极的贡献;提前准确预报了2004年8月4日出现的大暴雨天气过程,并在灾害发生过程中积极为县委、县人民政府领导指挥抗灾救灾提供了相关的气象情报,此次服务过程受云南省气象局、永胜县委通报表扬;准确预报了2008年6月9日永胜县东风乡鲁地拉电站发生了9人死亡的泥石流灾害天气,并在抗灾救灾过程中提供了及时的预报服务工作。

③专业与专项气象服务

专业气象服务 随着气象科技的不断发展,气象预报工具、准确率的不断提高,使得气象工作越来越被各界所重视,每年都为电站、蓝藻养殖基地、雷特生物有限责任公司等部门提供专业气象服务。

人工影响天气 1966年9月永胜县开始人工防雹工作。永胜是个农业县,防雹气象服务工作在永胜的经济发展和防灾减灾中发挥着极其重要的作用。1990年9月25日,永胜县人民政府发文成立永胜县人工降雨、防雹工作领导小组,办公室设在气象局。至2008年全县共设有高炮作业点8个,火箭作业点9个。每年的5—10月永胜县气象局承担着全县烤烟种植区的防雹重任,每年都能为地方经济和人民群众挽回经济损失达千万元以上,被人民群众称为"烤烟生产保护神"的美誉。

防雷技术服务 1996年2月29日,由永胜县人民政府办公室批复成立了永胜县避雷检测站,1998年2月10日,经云南省技术监督局计量认证后,成立永胜县防雷中心,负责组织管理永胜县防雷减灾工作。负责避雷装置检测、防雷工程竣工验收、静电测试、建(构)筑物电气装置及防雷元件检测、土壤电阻率测量、计算机场地防雷安全技术检测;负责对防雷整改工程设计、安装、维修并出具合格证明资料。2007年为规范永胜县防雷市场的管理,提高防雷工程的安全性,制定《永胜县雷电灾害防御管理办法》,目前已正式在全县范围内实施,永胜县的防雷行政许可和防雷技术服务正逐步规范化。

④气象科普宣传

2000年至2006年期间,永胜县第一中学每年组织高一年级的学生到气象局参观、学习气象科普知识,年接待学生人数达500多人。每年的"3·23"世界气象日和科技活动周、安全生产月,县气象局都要组织技术人员到人群最密集区向市民发放气象科普宣传单,制作展板宣传防灾减灾气象知识。

气象法规建设与社会管理

1. 法规建设

从2007年开始,为规范永胜县防雷市场的管理,提高防雷工程的安全性,永胜县气象局争取县人民政府法制办的支持,积极为《永胜县雷电灾害防御管理办法》编写出台作前期准备,目前,《管理办法》已正式出台并在全县范围内实施,永胜县的防雷行政许可和防雷技术服务正逐步规范化。2005年完成了气象探测环境保护备案工作。2007年12月,县气象局再次对气象探测环境保护报永胜县建设局备案。

2. 社会管理

气象探测环境和设施保护 自2004年颁布《气象探测环境和设施保护办法》以来,永胜县气象局严格对气象台站周围的建筑物、树木高低、距离等观测环境进行保护。2008年初,气象局附近一农户在没有征得气象局建房许可的情况下私建住房,严重破坏了气象探测环境,气象局根据《气象探测环境和设施保护办法》及时对其进行劝阻,制止了这起破坏观测环境的事件发生。

防雷管理 1996年2月29日,由永胜县人民政府办公室批复成立了永胜县避雷检测站,1998年2月10日,经永胜县机构编委办〔1998〕04号文件批复,更名为永胜县防雷中心,雷电防护在永胜已建立了一套有序的管理运行程序。

3. 政务公开

2001年永胜县气象局率先在全市气象系统中制作了局务公开公示栏,成立了局务公开领导小组,由局长负责局务公开的全面工作,财务、各组组长负责各自相关业务的公开工作,廉政监督员负责对公开工作的监督。对气象行政审批办事程序、气象服务内容、服务承诺、气象行政执法依据、服务收费依据及标准等内容在局务公开栏向社会公开。财务收支每半年对内或对外公开一次。

党建与气象文化建设

1. 党建工作

党的组织建设 建站初期无党员,1969年有党员1人,到2005年期间共发展党员6

名,党组织关系一直挂靠在永胜县农业局党支部。2005 年经县委组织部批准,成立了永胜县气象局党支部,有党员 4 人。截至 2008 年底,共有党员 4 人。

党风廉政建设 2003 年起,永胜县气象局每年初与永胜县委和丽江市气象局党组签订《党风廉政建设责任书》,同年配备了一名兼职纪检监察员,加强党风廉政建设,每年开展廉政宣传教育和廉政文化建设活动。坚持"三人小组"民主决策制度和"三重一大"制度,多年来,全局干部职工无违纪违法案件发生,无黄、赌、毒现象,党风廉政建设工作得到了各级部门的充分肯定。

2. 气象文化建设

精神文明建设 2000 年成立了精神文明建设领导小组,始终坚持以人为本,弘扬自力更生、艰苦创业精神,深入持久地开展文明创建工作。2002 年 9 月 12 日,中国气象局副局长刘英金得知永胜县气象局靠优质的气象服务工作获得县委政府通报表扬的消息后,非常高兴地写信表示祝贺,并希望基层气象台站在气象文化建设中做出有益探索。2008 年 11月在云南省档案工作"八项工程"科技事业单位档案建设工作中,档案晋升为五星级单位。通过加强精神文明建设工作,增强了职工的凝聚力和战斗力,构建了和谐、稳定、健康发展的工作和生活环境。利用"3·23"世界气象日、"三八"妇女节等开展职工喜闻乐见的活动,节假日开展乒乓球、羽毛球、象棋、跳棋等文体活动,丰富了职工的业余文化生活。

文明单位创建 2001 年被中共永胜县委、县人民政府授于"县级文明单位"称号;2002年获得"市级文明单位"称号,保持至今。

3. 荣誉

集体荣誉 永胜县气象局在地面测报、气象服务、人工影响天气和防雷减灾等工作先后共取得 27 项奖项。1987 年低温冷害天气预报服务获得中国气象局"优秀奖";1991 年获云南省气象部门 1988—1990 年"双文明"建设先进集体;1992 年被省气象局评为"一先两优"先进集体;1998 年被云南省人工降雨防雹办公室评为"人工降雨防雹先进单位";2004年、2008 年被云南省气象局评为"重大气象服务先进集体"。

个人荣誉 1978 年以来,1 人获得中国气象局"全国质量优秀测报员"表彰;12 人(次)获"全省质量优秀测报员"表彰;1 人获中国气象局表彰;7 人(次)获云南省气象局表彰。1989 年谭相龙获中国气象局颁发的气象部门双文明建设先进个人奖励。

台站建设

从 20 世纪 90 年代开始,台站综合建设步伐加快,基础设施得到了较大改善。1984 年建280 平方米的砖混结构业务及住宿混合用楼房 1 幢,1999 年在原来的职工住宿平房的位置上建 640 平方米的职工住宿楼,2006 年新建 312 平方米的砖混结构办公楼 1 幢,新增设了职工活动室、阅览室、会议室、档案室等。改造了院内环境,种植了花草树木。同时,对观测场重新平整,新培育了观测场草坪,观测场围栏改换成了不锈钢围栏。住宿楼、办公楼的建设及环境的改造,使单位面貌焕然一新,职工工作环境和住宿条件得到了进一步改善。

永胜县气象局旧貌(1985年)

永胜县气象局现貌(2008年)

永胜县气象局观测场现状(2008年)

宁蒗彝族自治县气象局

机构历史沿革

始建情况　宁蒗彝族自治县气象局(以下简称宁蒗县气象局)始建于1958年10月,站址在宁蒗县大兴镇安乐社区太平村委会,位于北纬27°19′,东经101°08′,海拔高度2140.0米。

历史沿革　1958年10月建立宁蒗彝族自治县人民政府气候站;1960年2月,更名为宁蒗彝族自治县气候服务站;1966年1月,更名为宁蒗彝族自治县气象服务站;1971年7月,更名为宁蒗县彝族自治气象站;1990年5月,更名为宁蒗彝族自治县气象局。

管理体制　1958年10月—1963年4月,宁蒗县气候服务站隶属宁蒗县人民委员会建制和领导,业务由丽江专署气象科(1962年1月,改为丽江专区气象中心站)管理。1963年

676

4 月—1970 年 6 月,宁蒗县气象服务站收归省气象局建制和领导,丽江专区气象总站负责管理。1970 年 7 月—1970 年 12 月,隶属于宁蒗县革命委员会建制和领导,归口县农业部门管理。1971 年 1 月—1973 年 10 月,建制仍属宁蒗县革命委员会,由宁蒗县人民武装部领导。1973 年 10 月—1980 年 10 月,隶属宁蒗县革命委员会建制和领导。1980 年 10 月至今,实行气象部门与地方政府双重领导,以气象部门领导为主的管理体制。

机构设置　2008 年宁蒗县气象局内设办公室、测报科、预报科、防雷装置安全检测中心(宁蒗县人民政府防雷减灾领导小组办公室)、人工影响天气办公室(宁蒗县人民政府人工增雨防雹工作领导小组办公室)、执法办六个科室。

单位名称及主要负责人变更情况

单位名称	姓名	民族	职务	任职时间
宁蒗彝族自治县人民政府气候站	杨东云	汉	站长	1958.09—1960.02
宁蒗彝族自治县气候服务站				1960.02—1965.12
宁蒗彝族自治县气象服务站				1966.01—1970.06
				1970.06—1971.06
宁蒗彝族自治县气象站	王位华	纳西	站长	1971.07—1976.12
	李加贵	汉	站长	1977.01—1981.09
	崔德荣	汉	副站长	1981.10—1983.04
	杨东云	汉	站长	1983.05—1984.05
	刘邦顺	汉	站长	1984.06—1989.04
	和灼果	纳西	站长	1989.05—1990.04
宁蒗彝族自治县气象局			局长	1990.05—1991.06
	陈振孝	纳西	局长	1991.07—1996.12
	杨有仁	彝	局长	1997.01—2004.03
	杨新文	彝	局长	2004.04—

人员状况　1958 年建站初期有职工 2 人。1976 年有职工 4 人。截至 2008 年底,有在职职工 7 人,其中:30 岁以下 4 人,31～40 岁 2 人,50～55 岁 1 人;本科学历 1 人,专科学历 4 人,中专及高中学历 2 人;工程师 3 人,助理工程师 4 人;少数民族 3 人(彝族 1 人,藏族 1 人,白族 1 人)。

气象业务与服务

1. 气象业务

①地面气象观测

1959 年 1 月 1 日,宁蒗气候服务站正式开展地面气象观测业务。

观测项目　云、能见度、天气现象、气压、气温、湿度、风向风速、降水、雪深、日照、蒸发、地温(地表、浅层)等。

观测时次　1959 年 1 月 1 日至 1960 年 7 月 31 日每天进行 01、07、13、19 时(地方时)4 次定时观测,1960 年 8 月 1 日改为每天进行 08、14、20 时(北京时)3 次观测。

发报种类 1958年10月1日—1999年10月31日编发天气报、重要天气报;1988年开始采用PC-1500袖珍计算机编报;1999年11月1日—2005年10月31日编发小图报、重要天气报;2005年11月1日开始编发天气加密报及重要天气报。

电报传输 1958年10月1日—1999年10月31日,采用手工编报,通过电话由邮电局转发到省局;1999年11月1日—2005年10月31日,采用的是计算机编发报,通过宽带拨号由网络发送省局;2005年11月1日开始由计算机自动编报,通过局域网发送省局。

气象报表制作 1958年10月1日—1999年10月31日,月报表(气表-1)和年报表(气表-21)手工制作、抄录;1999年11月1日—2005年10月31日,月报表(气表-1)和年报表(气表-21)手工输入计算机制作;2001年采用电脑制作地面气象报表;2005年11月1日开始,月报表(气表-1)和年报表(气表-21)通过地面测报软件自动制作。

资料管理 1979年以来,完成收集与整理历年月平均气温等45种资料,并建立建站后有气象资料以来的各种灾害性天气个例、气候分析材料、预报服务调查与灾害性天气调查材料、预报方法使用效果检验、预报质量月报表、预报技术材料等预报业务的技术档案。

探测仪器设备更新情况 1964年1月,将原轻型风压器更换为重型风压器,风杆由木杆更换为铁杆。1967年12月开始使用温、湿、压自记仪器。1970年开始安装使用电接风向风速计。1975年改用苏式百叶箱。

自动气象观测站 2002年10月建立自动气象站,2003年1月1日正式投入使用。2007年12月建成了宁蒗县15个乡镇区域温度、雨量两要素自动气象站。

②气象信息网络

通信现代化 1984年安装了气象传真机。1986年5月建成甚高频气象通讯网络系统。2000年建成地面气象资料单向卫星接收站(简称"PC-VSAT")并正式启用。2000年2月接入Internet网络和X.25分组数据交换网。2004年12月开通省、市、县光纤网络,实现了观测数据的自动网络传输。2008年10月建成了省、市、县可视化会商系统。

信息接收 宁蒗气象站最初通过云南省广播电台收听天气形势和天气预报广播。1984年使用气象传真机接收天气分析图。1989年5月与丽江地区气象台开通了单边带通讯。2000年建成地面气象资料单向卫星接收站并正式使用。2003年12月建成全省气象局域网,通过局域网实现了每10分钟一次的气象数据传输。2004年12月建成宽带网,实现与省、市网络快速连接传输数据,开通了全省内部IP电话。2008年10月建成视频会商系统,实现了省、市、县视频天气会商。

信息发布 1990年以前主要是通过广播发布气象预报。1990年以后通过电视、电话、信函发布气象短、中、长期预报。至2008年形成了广播、电视、报刊、网络、手机、电子显示屏等多元化服务方式。

③天气预报预测

1977年宁蒗县气候站开始制作短期补充天气预报,每天发布一次。20世纪80年代初,开始制作中期天气预报。20世纪90年代中期开始制作长期天气预报,主要内容有:年预报(倒春寒、雨季开始期、干旱、洪涝、抽穗扬花冷害、三秋连阴雨、雨季结束期)、春播期预报(倒春寒)、汛期预报(雨季开始期、干旱、洪涝、抽穗扬花冷害)、三秋预报(三秋连阴雨、雨季结束期),并结合"二十四"节气,专门编撰了各个节气的气候特点、农事活动、"三性"天气及生产、生活方面的建议。

2. 气象服务

①公众气象服务

至 2008 年,每日通过广播、电视、网络、电子显示屏等媒体,发布天气预报、森林火险等级预报、城市火险等级预报等。

②决策气象服务

20 世纪 90 年代中期开始,宁蒗县气象局通过电话、传真、手机短信等媒体为县委、县人民政府和有关部门提供的决策气象服务项目有:倒春寒、雨季开始期、干旱、洪涝、抽穗扬花冷害、三秋连阴雨、雨季结束期等。

③专业与专项气象服务

人工影响天气　1985 年开始开展人工影响天气工作,主要开展防雹作业、人工增雨抗旱及森林防火作业。采用气象卫星、多普勒天气雷达等先进探测手段,统一指挥作业。现有 3 个标准化"三七"高炮固定作业点,30 个火箭固定作业点,2 个火箭流动作业点。专职指挥管理员 2 人,专业作业人员 36 人。

防雷技术服务　1998 年 4 月成立了宁蒗县防雷装置检测中心。1999 年 5 月通过云南省技术监督局的计量认证。宁蒗县气象局开展的防雷检测项目包括:防雷检测、线间绝缘电阻检测、土壤电阻率检测、防雷工程的安装。每年均为宁蒗县各机关、企事业单位进行防雷安全检测,减轻雷电灾害带来的损失,保障人民生命财产安全。

④气象科普宣传

2004 年建成了科普宣传室,被宁蒗县委、县人民政府列为科普宣传的成员单位。每年通过"3·23"世界气象日,县人民政府组织的科技活动周、科普宣传日到县城、学校进行气象科普宣传,气象局每年接待参观的社会人士、学生达 500 多人(次)。

气象法规建设与社会管理

1. 气象法规建设

法规建设　2000 年宁蒗县人民政府下发了加强防雷减灾工作的通知。2006 年完成了气象探测环境保护备案工作。2007 年宁蒗县气象局再次对气象探测环境保护报宁蒗县建设局备案。2008 年宁蒗县人民政府下发了《宁蒗彝族自治县人民政府关于加强和规范全县防雷减灾管理工作的通知》。

制度建设　单位制定了内部管理制度,财务制度,档案管理制度,地面测报、预报值班制度,领导任期中经济责任审计制度和考核制度,财务管理和财务审批报账制度,党员领导干部廉政监督制度,局务公开制度等。

2. 社会管理

气象探测环境保护　依法对气象探测环境进行保护,凡在气象探测环境保护区内进行工程建设必须到宁蒗县气象局报批,方可进行施工建设。

防雷技术管理　依法对全县辖区内防雷设计、施工、检测的单位和个人依法进行防雷设计、施工资质和资格证的管理及防雷产品合格证检审、备案;防雷检测中心按职责对全县防雷装置、设备及场地做防雷检测工作。

3. 政务公开

2003 年建立局务公开制度。2006 年 1 月,宁蒗县气象局对气象行政审批办事程序、气象服务内容、服务承诺、气象行政执法依据、服务收费依据及标准等,通过公开栏、人民政府信息公开网站等方式向社会公开。干部任用、财务收支、目标考核、基础设施建设、工程招投标等内容则采取职工大会或张榜等方式向职工公开。

党建与气象文化建设

1. 党建工作

党的组织建设　建站初期有 1 名党员,组织关系挂靠在宁蒗县人民政府党支部。1983 年有党员 1 人,组织关系挂靠在宁蒗县农业局党支部。2008 年 11 月 19 日,成立了宁蒗县气象局党支部,有党员 3 人,预备党员 1 人,要求入党积极分子 1 人。

党风廉政建设　近几年来,宁蒗县气象局认真落实党风廉政建设目标责任制,积极开展廉政建设和廉政教育活动。

2. 气象文化建设

精神文明建设　2000 年成立了精神文明建设领导小组。宁蒗县气象局始终把建立学习型单位,争创学习型职工和开展文化体育活动,作为提高单位形象,增强职工凝聚力的载体,组织职工参加业务竞赛、演讲比赛,举办文艺、体育、郊游等活动。1998 年、2008 年参加丽江市气象局举办的业务竞赛,3 名职工获得三等奖,1 名职工获得优胜奖;2003 年获得省气象局举办的"红土天歌"演讲比赛组织奖。2005 年 1 名职工家庭被宁蒗县人民政府评为文明家庭。

文明单位创建　2001—2003 年获县级文明单位称号;2004 年获得市级文明单位称号,保持至今。

3. 荣誉

集体荣誉　1996 年被中国气象局评为汛期气象服务先进集体,被宁蒗县人民政府评为防汛抗旱先进集体;2002 年被宁蒗县人民政府评为小凉山(泸沽湖)火把节气象服务先进单位;2003 年被云南省气象局评为大气探测先进集体。

个人荣誉　1996—2008 年,有 2 人被中国气象局授予"全国质量优秀测报员"称号;29

人（次）获"全省质量优秀测报员"称号；2人被云南省气象局表彰为大气探测优秀个人；8人（次）获得丽江市气象局表彰。

台站建设

1958年9月成立宁蒗气候站时，建简易土木结构房屋1间，作为住宿和办公用房。1992年征用土地5342.52平方米。1999年建成职工宿舍楼，建筑用地92.3平方米，建筑面积324平方米，共6套，投资8万元。2004年10月建成宿舍楼，建筑用地302平方米，建筑面积576平方米，共4套，投资21万元。2006年8月18日建成综合办公楼，项目总投资59.34万元，新建办公楼建筑用地160平方米，建筑面积312平方米。道路、院坝占地1340平方米，景观绿化540平方米，绿化率达到了50%以上。目前，宁蒗县气象局共有公务用车3辆，其中，人工影响天气作业指挥车2辆。

宁蒗县气象局旧貌（1984年）

宁蒗县气象局现状（2008年）

观测场新貌（2008年）

怒江傈僳族自治州气象台站概况

　　怒江傈僳族自治州（以下简称怒江州）成立于 1954 年 8 月 23 日。位于云南省西北部，地处金沙江、澜沧江、怒江"三江并流"世界自然遗产腹心地带，东经 98°07′～99°39′，北纬 25°33′～28°23′，总面积 14703 平方千米。境内居住着傈僳、怒、独龙、白、普米、彝、汉、纳西、藏、傣、回、景颇等 22 种民族，总人口 53.3 万，地方财政总收入 5.1 亿元。

　　怒江州属于低纬高原亚热带山地季风气候，年平均气温为 11～20℃，年降雨量为 1000～1700 mm。受大气环流和地理地形的影响，立体气候明显，表现为北部较冷，中部温暖，南部较热；雨季南晚北早，降雨量南少北多，北部呈现春汛明显特征，干湿季分明。

气象工作基本情况

　　所辖台站概况　1935 年 10 月，怒江州历史上进行过一个月的气温观测。1956 年 10 月，建立泸水县气候站；1956 年 11 月，建立兰坪县气候站；1958 年 1 月，建立贡山县气候站；1958 年 10 月，建立碧江县气候站，1987 年 1 月 1 日撤销，北部并入福贡县，南部并入泸水县；1958 年 12 月，建立福贡县气候站。1973 年 10 月，成立怒江州气象台，丽江专区行署管辖的兰坪、泸水、贡山、福贡、碧江县气象站划归怒江州气象台。

　　历史沿革　1960 年 3 月 11 日，各县气候站改称县气候服务站。1966 年 1 月 1 日，各县气候服务站改称县气象服务站。1971 年 1 月，各县气象服务站改称县气象站。1973 年 10 月 3 日，建立怒江州气象台，将丽江气象总站管理的兰坪、泸水、贡山、福贡、碧江县气象站划归怒江州气象台领导。1974 年，泸水、贡山被中央气象局确定为气象观测国家基本站，兰坪、福贡、碧江确定为气象观测国家一般站。1981 年 1 月，怒江州气象台更名为怒江州气象局。1983 年 10 月 28 日，怒江州气象局更名为怒江州气象处。1987 年 1 月 1 日，撤销碧江县气象站。1990 年 7 月 5 日，怒江州气象处更名为怒江州气象局，各县气象站更名为县气象局。

　　管理体制　1956 年 10 月—1958 年 3 月，怒江州气象台站隶属省气象局建制和领导；1958 年 4 月—1963 年 3 月，怒江州气象台站隶属当地人民委员会建制和领导，丽江专署气象科负责业务管理；1963 年 4 月—1970 年 6 月，全州气象（候）台站统归省气象局建制；1970 年 7 月—1970 年 12 月，全州气象台站改属当地革命委员会建制和领导；1971 年 1

月—1973年10月,实行军队领导,建制仍属当地革命委员会,怒江州气象台负责业务管理;1973年11月—1980年9月,改为当地革命委员会领导;1981年1月,实行气象部门与地方政府双重领导、以气象部门领导为主的管理体制,并一直延续至今。

人员状况 1974年怒江州气象部门在职职工41人。1980年在职职工58人。截至2008年12月,有在职职工57人,其中:大学专科以上学历23人;高级工程师3人,工程师24人;少数民族49人(主要为白族、傈僳族2个民族);35岁及以下22人,36~45岁22人,46~55岁12人,55岁及以上1人。

党建与精神文明建设 2008年,怒江州气象部门共有5个党支部(其中联合党支部2个),党员30人(其中退休职工党员5人)。省级文明单位2个,州级文明单位2个,县级文明单位1个,全州气象部门文明单位创建率达到100%。

主要业务范围

主要业务有地面气象观测、气象通信、天气预报、人工影响天气、防雷减灾、气象服务等。

地面气象观测 至2008年,全州有2个国家基本气象站、2个国家一般气象站。基本站每天进行02、08、14、20时(北京时,下同)4次定时观测,拍发天气电报;进行05、11、17、23时补充定时观测,拍发补充天气电报,昼夜守班。一般站为每天08、14、20时3次定时观测和11、17时2次补充定时观测,并向省气象台拍发区域天气加密电报,08—20时值守班。

自动气象观测站 2003年1月1日,泸水、贡山地面自动观测站正式投入业务运行,除云、能见度、天气现象、蒸发、日照外,实现地面气压、气温、湿度、风向、风速、降水、地温(地表、浅层、深层)等气象要素的24小时连续自动观测。2006年1月1日,福贡、兰坪地面自动观测站投入业务运行,同年11月,怒江州第一部闪电定位仪在泸水国家基本站建成。截至2008年,全州有18个温度、雨量两要素区域自动气象站建成使用。

天气预报 1958年,各县气象(候)站开始制作短期单站补充天气预报,采用简易天气图分析、S-站气象资料分析和群众看天经验制作本地区的短期天气预报。1973年,怒江州气象台成立后,开始制作和发布中、长期天气预报。1999年起,随着气象卫星地面接收系统("9210"工程,下同)、甚小口径终端(PC-VSAT,下同)等气象现代化成果投入业务使用,天气预报实现了以数值预报为主导的预报模式,天气预报准确率逐步得到提高。

气象通信 1990年以前,怒江州各类气象报告均通过邮电公众电路传递到成都气象区域中心或省、州气象台。1991年以后,相继利用单边带、电传打字机、传真收图机、分组数据交换网、PC-VSAT小站、气象宽带网等进行各类气象信息传输。

人工影响天气 1999—2007年,相继成立州、县人工影响天气领导机构和工作机构,主要开展人工增雨抗旱作业。

防雷减灾 1985年起,州、县气象部门开展新建、改建、扩建建(构)筑物防雷装置的安全检测和设计审核、竣工验收,以及防雷工程技术服务。

气象服务 1973年起,州、县气象台站先后开展公众气象服务、决策气象服务、专业与专项气象服务等一系列气象科技服务。

怒江傈僳族自治州气象局

机构历史沿革

始建情况　怒江傈僳族自治州气象局(简称怒江州气象局)始建于 1973 年 10 月,站址设在泸水县六库公社瓦姑大队东风生产队。位于东经 98°51′,北纬 25°52′,海拔高度 949.5 米。

历史沿革　1973 年 10 月成立时称怒江傈僳族自治州气象台,1981 年 1 月更名为怒江傈僳族自治州气象局,1983 年 10 月更名为怒江傈僳族自治州气象处,1990 年 7 月更名为怒江傈僳族自治州气象局。

管理体制　1973 年 10 月,隶属怒江州革命委员会建制,归口怒江州农业局领导,云南省气象局负责业务管理。1981 年 1 月至今,实行气象部门与地方政府双重领导、以气象部门领导为主的管理体制。

机构设置　截至 2008 年底,内设办公室(政策法规科、人事政工科)、业务科技科、计划财务科(审计科)等 3 个职能科室,气象台、气象科技服务中心、防雷中心(防雷检测中心、防雷工程中心)、人工影响天气中心、财务核算中心等 5 个直属单位。

单位名称及主要负责人变更情况

单位名称	姓名	民族	职务	任职时间
怒江傈僳族自治州气象台	但起焜	汉	负责人	1973.10—1974.12
			台长	1974.12—1981.01
怒江傈僳族自治州气象局			局长	1981.01—1983.10
怒江傈僳族自治州气象处			处长	1983.10—1990.07
怒江傈僳族自治州气象局			局长	1990.07—1992.06
	和文农	纳西	副局长(主持工作)	1992.06—1995.06
			局长	1995.06—1996.07
	和汉清	白	副局长(主持工作)	1996.07—1997.05
	何忠志	白	副局长(主持工作)	1997.05—2000.03
			局长	2000.03—

人员状况　1974 年怒江州气象台有职工 6 人。截至 2008 年有在职职工 28 人,其中,大学本科 8 人,大学专科 16 人,中专及以下 4 人;高级工程师 3 人,工程师 12 人,初级职称 11 人,中级工 1 人,见习 1 人;30 岁及以下 3 人,31~40 岁 8 人,41~50 岁 11 人,51~60 岁 6 人;少数民族 25 人(主要为白族、傈僳族 2 个民族)。

气象业务与服务

1. 气象观测

怒江州气象局主要担负大气探测、天气预报、农业气象、人工影响天气、防雷减灾、气候分析及气候资源开发、电视天气预报制作、施放气球管理等业务工作。

①地面气象观测

观测项目 1976 年,在州气象台设立六库观测组,为国家一般站,2003 年 1 月 1 日,升级为国家基本站。观测气压、气温(干球温度、湿球温度)、湿度(绝对湿度、相对湿度)、风向、风速、降水量、云(云量、云状、云高)、能见度、天气现象、雪深、日照、蒸发(小、大型)、地温(地表和浅层)等 13 个项目。

观测时次 每天进行 08、14、20 时 3 次定时观测和 11、17 时 2 次补充定时观测,08—20 时值守班。

发报种类 拍发区域天气加密电报。

电报传输 1990 年以前,各类气象报告均通过邮电部门传递到成都气象区域中心或省气象台。1991 年,州气象台和各县气象站甚高频无线电辅助通信网(单边带)建成后,各类气象电报集中传输到州气象台,再由州气象台传至省气象台。2000 年,建成省、州、县 X.25 分组数据网上传气象报告。2001 年,通过因特网发送气象报告,并参加地域间的信息交流。2004 年 12 月,气象宽带网络投入业务使用,实现了省、州、县三级集数据传输、动态视频传输、IP 语音传输。

气象报表制作 1987 年以前,地面气象记录月、年报表为手工制作。1988 年 1 月起使用机制报表,并逐步从 PC-1500 袖珍计算机发展到 PC 系列计算机。

资料管理 1956—2005 年,全州所有气象资料由各台站自行保管。2006 年,向省气象档案馆移交全州所有观测站自建站至 2000 年的气压、温度、湿度、降水、风自记纸和气簿-1共 1032 卷气象记录档案。

②农业气象观测

怒江州气象局的农业气象观测业务是根据当地农业生产需要有针对性地开展,中国气象局、云南省气象局没有统一布点。

1979 年起,为贯彻"以农业服务为重点"的气象工作方针,怒江州气象局通过农业气象和农田小气候观测、大田农业生产状况调查、前期和现实农业气象条件及其农业生产情况分析鉴定、农作物生长发育关键期气象条件分析以及农业气象灾害调查等多种形式,开展农业气象情报工作,定期或不定期向有关部门发布农业气象分析报告,供地方政府、农业部门指导农业生产。

1979 年 5 月—1980 年 4 月,六库观测组开展了农作物生育状况观测。从 1980 年开始,怒江州气象台把冰雹、霜冻、大风、暴雨、洪涝、倒春寒、初夏干旱、八月低温冷害、作物病虫害等作为农业气象灾害进行预报。1988 年,完成州级农业气候资源调查及区划任务。2001 年起,州气象台开展农业粮食产量预报,为有关部门评估当年粮食产量提供客观的参考依据。

2. 气象信息网络

信息接收 1976 年 7 月,怒江州气象台正式开展气象通信工作,使用莫尔斯电台人工接收成都气象中心发布的中国区域及亚欧区域的气象报文。1981 年省气象局配发了 62型单边带接收机、55 型电传打字机(接收气象报文)以及 117 型传真收图机等先进气象通讯设备,改变了以往人工抄报的落后面貌。1984年7月配备了1000型电传打字机和123传真机,接收气象报文及图片。1990年建成省州单边带电台通信网。1991年开通州县单边带电台通信网。1994年建成省地计算机网络远程拨号终端。1995年4月开通X.25省地分布式分组数据交换网,实现国家级、省级、地级的预报产品、资料信息的网络传输和资源共享。1995年5月启用自动填图仪,结束了单边带、电传收报的历史。1996年建成中规模卫星接收站。1998年2月建成"9210"工程(含VSAT卫星双向站),停止使用自动填图仪,建成机关局域网并投入使用。2005年FY-2静止气象卫星资料接收处理系统建成投入使用。2006年9月天气预报可视会商及视频会议系统建成并投入业务运行。

信息发布 1958—1973年主要通过广播、黑板报、邮寄等方式发布气象信息。1974—1999年辅以手摇电话、程控电话、传真机等方式将气象信息传送到党政部门及相关单位。1999年3月怒江州电视天气预报节目在怒江州电视台正式开播。2008年全州气象部门通过气象电子显示屏、手机气象短信、互联网、电子邮件等方式传送气象信息。

3. 天气预报预测

1973年怒江州气象台成立后,开始制作州级短、中、长期天气预报。1976年10月,怒江州气象台正式发布各县天气预报。

天气预报先后经历了观云测天、单站预报、天气图预报、数值预报等四个阶段,并以此为基础,综合应用各种气象信息、MICAPS(气象信息综合分析处理系统,下同)平台开展天气预报服务。常用的天气预报方法有天气图方法、各种诊断方法、统计学方法、统计动力方法、流体力学(包括数值预报)方法和模式预报方法。天气预报的时效分为短时预报、短期预报、中期预报、气候预测等四种。预报的空间范围有本地预报和区域预报两种。因各种服务对象不同,有各种专业天气预报。

1973年,怒江州气象台成立,开始制作发布天气预报

1999年7月,怒江州气象台开始使用MICAPS 1.0系统。2001年开始利用MICAPS、VSAT和数据库系统,组成人机交互处理工作平台,在中央气象台、省气象台提供的指导产品的基础上,综合运用各种气象信息和先进的预报技术方法以及预报人员的经验,检索分析和制作各种天气预报产品。

2006年9月,怒江州气象局建成天气预报可视会商及视频会议系统,使远距离会商缩短为零距离,可与云南省气象台和其他州(市)气象台预报员面对面进行天气预报会商,提高了天气预报准确率。

4. 气象服务

①公众气象服务

1973年起,怒江州气象台开展单站补充天气预报,制作发布短时、短期、中期天气预报和短期气候预测。1998年起,加强精细化预报,通过报刊、电台和电视台、电子屏、手机短信、互联网等各种媒体为社会公众提供各种气象服务。1999年3月,怒江州电视天气预报节目在怒江电视台正式开播,天气预报开始进入千家万户。2008年,建设农村综合气象信息服务系统,通过电子显示屏将气象信息发布到农村,服务于"三农"。同时,在重大社会活动、重大社会事件以及重大工程建设中开展气象保障、趋利避害专项评估服务。

②决策气象服务

1980年开始,怒江州气象局增加了决策气象服务,主要项目有灾害性、转折性和关键性天气预报服务、农事季节雨情旱涝气象预测服务、气候年景预测、气候影响与评价、气象突发事件预警和应急处置等。2002年开始向政府部门提供怒江大春粮食产量预报。2007年,怒江州气象台建立了决策气象服务短信平台,向中共怒江州委、州人民政府领导和相关单位负责人发送决策气象服务信息。2008年起制作《怒江州农业气象旬(月)报》,服务方式为书面材料、电话、传真、信函、电子邮件等。

③专业与专项气象服务

专业气象服务 主要开展森林火险气象等级预报、地质灾害气象等级预报、农业气候区划、科技扶贫、防汛、国防、旅游、人工增雨作业和防雷减灾等方面的专项气象服务工作。

人工影响天气 1999年12月,设立怒江州人工降雨工作领导小组和怒江州人工降雨办公室;2006年内设怒江州人工影响天气中心。主要职责是负责怒江州人工影响天气工作的规划、管理、组织协调、设备维护、技能培训、业务平台建设等。至2008年,有流动作业车2辆,火箭发射架4套。从1999年开始,每年的冬、春季节开展人工增雨抗旱作业,主要预防和扑灭森林火灾。一般年份,人工影响天气作业3~5余场次,多的年份达10余场次。

防雷技术服务 从1985年开始,怒江州气象局开展高层建筑物避雷装置的安全检测。1989年开始开展防雷工程图纸设计。1998年成立怒江州防雷中心(2006年更名为怒江州雷电中心),履行防雷科技服务职责。

④气象科技服务

在做好公益服务的基础上,为使用部门提供针对性强、使用价值高的气象科技服务。全州气象部门从最初的气象情报资料、专项预报服务逐步拓展为防雷检测和防雷工程技术服务、影视动画广告、电子屏、手机气象短信、水电气象、机场气象、"三农"气象等一系列气象科技服务。

5. 科学技术

气象科普宣传 1987年7月,成立怒江州气象学会。每年的"3·23"世界气象日、安全生产月、科技周等,怒江州气象学会均开展形式多样的专题气象科普宣传。

气象科研 针对怒江州特殊的地形和气候,怒江州气象局开展了农作物的气候适应性研究和气候资源开发工作。《怒江州低热河谷冬烟气候条件研究》获1990年怒江州科技进步二等奖、国家气象局科技扶贫工作三等奖、云南省气象局中青年优秀论文二等奖。《泸水县上江杂交稻制种农业气候条件分析》获1990年怒江州科技进步三等奖。《怒江州南部低热河谷再生稻适应性气候研究》、《怒江州南部低热河谷冬玉米适应性气候研究》获1992年怒江州科技进步三等奖。《老窝不同海拔区水稻品种的气候适应性研究》获1995年怒江州科技进步二等奖。《福贡低海拔小麦生产与气候条件的关系研究》获 2000 年怒江州科技进步二等奖。《怒江州城镇生活环境气象指数应用研究与预报》获 2008 年怒江州科技进步三等奖。

气象法规建设与社会管理

法规建设 1992 年 7 月,怒江州人民政府批转州气象局《关于贯彻落实〈国务院关于进一步加强气象工作的意见〉的通知》。1998 年 1 月,州气象局、州工商局、州消防支队联合成立怒江州民用氢气球灌充施放安全管理委员会,办公室设在州气象局。2001 年 1 月,怒江州人民政府办公室转发《云南省人民政府办公厅关于进一步加强气象探测环境保护工作的通知》。2006 年 5 月,怒江州安监局印发《关于切实加强防雷减灾安全管理工作的通知》。2006 年 3 月,怒江州人民政府转发《云南省人民政府转发国务院关于加快气象事业发展的若干意见的通知》。2008 年 11 月,怒江州人民政府印发《关于推广使用综合气象信息电子显示屏有关问题的通知》,为怒江州气象局依法行政提供法规依据。

制度建设 为落实气象法律法规,怒江州气象局建立健全了服务考核制度、告知制度、过错追究制度、行政审批制度、行政问责制、首问责任制、服务承诺制、限时办结制等制度。

社会管理 2001 年,根据《气象探测环境和设施保护办法》的规定,怒江州气象局依法履行大气探测环境保护职责,负责对建设项目大气环境影响评价使用气象资料的审查。2005—2007 年,先后两次部署所辖泸水县、福贡县、贡山县、兰坪县气象局建立《气象台站观测环境备案书》报送当地建设、规划、国土等部门备案。2004 年,根据国务院《人工影响天气管理条例》的规定,怒江州气象局负责对全州人工影响天气组织、管理、指导与服务工作,严格实施人工影响天气作业岗位责任制和持证上岗制。

2005 年,根据《防雷减灾管理办法》、《防雷装置设计审核和竣工验收规定》、《防雷工程专业资质管理办法》的规定,怒江州气象局负责对全州从事防雷工程专业设计、施工单位的资质和专业技术人员的资格进行管理,并协同技术监督部门对全州防雷设施检测机构进行计量认证,负责防雷装置设计审核和竣工验收。

依法行政 怒江州气象局以《中华人民共和国行政许可法》、《中华人民共和国气象法》、《云南省气象条例》和《气象行业管理若干规定》等法律法规为依据,依法行政,履行社会管理职能。2001 年 12 月怒江州气象局设立政策法规科,挂靠办公室。2004 年 12 月,成立怒江州气象行政执法支队。2006 年 4 月,成立怒江州气象局行政复议办公室。截至 2008 年底,共有 12 人取得《行政执法证》,有 1 人取得《行政执法督查证》。

2003 年,根据国务院、中央军事委员会《通用航空飞行管制条例》和《施放气球管理办法》的规定,怒江州气象局负责对施放气球岗位资格(质)管理,依法查处行政区域内违规施放氢气球事件。查处 1 起影响观测场环境的违法建设事件。

政务公开 2001 年,制定了《怒江州气象局推行县局局务公开的实施意见》,成立了局务公开领导小组,设立了局务公开专栏。坚持经常性工作定期公开,阶段性工作逐段公开,临时性工作随时公开。2008 年在《怒江报》上刊登了《怒江州气象局服务承诺书》,进一步规范了行政行为。

党建与气象文化建设

1. 党建工作

党的组织建设 1973年10月,怒江州气象台成立时有党员2人,挂靠怒江州林业局党支部。1980年,党员发展到4人,成立了怒江州气象台党支部。截至2008年12月,怒江州气象局有党支部1个,党员15人(其中在职职工党员13人,退休职工党员2人)。

党风廉政建设 1997年5月设立中共怒江州气象局党组纪检组坚持开展"党风廉政建设宣传教育月"活动。2000年开展了"讲政治、讲正气、讲学习"教育活动,2002年开展了"团结干事"教育活动,2005年开展了"保持共产党员先进性"教育活动,2008年开展了"解放思想大讨论"活动并组织实施行政问责等四项制度。2003年4月,首次聘任了州、县气象局兼职廉政监督员5人。2007年11月,在各县气象局建立"三人小组"民主决策机制。

2. 气象文化建设

精神文明建设 从1982年起,怒江州气象局建立健全精神文明建设工作机构,将精神文明建设列入目标管理重点考核,层层落实创建工作责任制。先后组建了职工活动室、老干活动室、图书阅览室,制作了局务公开栏,深入开展"诚信气象"、气象服务"三满意"等活动,不断推进群众性精神文明创建活动。在职工中开展"五讲四美三热爱"和"文明礼貌""四德"教育等活动。2006组队参加云南省西南片文艺汇演,参演节目被选送参加云南省气象部门文艺汇演。2007年,与玉溪市气象局结成精神文明建设对口交流合作单位。

文明单位创建 1997年,州委、州人民政府授予怒江州气象局州级文明单位;2000年州委、州人民政府授予怒江州气象局州级文明行业;2001年省委、省人民政府授予怒江州气象局省级文明单位,保持至今。

2002年建成州级"五星文明办公区"、2002年12月被云南省文明委授予全省创建文明行业工作先进单位,2006年被云南省气象局授予"十五"期间全省气象部门精神文明建设先进集体。

3. 荣誉

集体荣誉 1986年被云南省农业区划委员会授予云南省农业区划先进集体;1990年被中国气象局授予气象服务先进集体;1995年被中国气象局、中国气象学会授予1992—1993年全国气象科技扶贫工作先进集体;1996年被云南省防汛指挥部、云南省人事厅、云南省水利水电厅授予1994—1995年抗洪抗旱先进集体;2005年被云南省人民政府授予人工影响天气工作先进单位。

个人荣誉 1996年11月,中国气象局授予唐春香(女)全国气象部门双文明建设先进工作者。1973年至今,获得省部级及以下各类表彰的先进个人有70余人(次)。

台站建设

1958年建站初期,只有简易工作、生活棚。至1984年,怒江州气象局占有土地面积3800

平方米,其中,观测场625平方米,房屋和院坝1800平方米,闲地1375平方米。有房屋6幢43间,建筑面积1085平方米,其中,砖木泥瓦结构4幢,水泥钢筋结构2幢,工作用房10间,生活用房20间,其他用房13间。1992年以来,随着气象部门和地方人民政府双重计划财务体制的建立,工作、生活环境得到了较大改善。截至2008年底,有房屋10幢70套(间),建筑面积3000平方米,其中,框架结构办公楼1幢24间,砖混结构住宅楼5幢32套(间),公厕1幢2间,车库1幢5间,仪器保管楼1幢4间,弹药仓库1幢3间;土地面积3068平方米,其中,房屋1268平方米,绿化600平方米,公共场地1200平方米;工作生活用车4辆;计算机28台。工作、生活环境的改善,调动了广大气象职工的积极性,保障了怒江气象事业科学发展。

1958年,但起焜(左一)等老一辈怒江气象创始人建站简易住所

1997年竣工并投入使用的怒江州气象局办公楼

泸水县气象局

泸水县位于云南省西北部,地处怒江傈僳族自治州南部,现辖6乡3镇,面积2343平方千米。

泸水县垂直高差大,立体气候突出,境内分布有亚热带、温带和寒带三种气候类型,年平均气温为12～21℃,年降雨量为1000～2000毫米。最热月平均气温在25℃左右,最冷月平均气温在9℃左右。

机构历史沿革

始建情况　泸水县气候站始建于 1956 年 10 月,位于东经 98°51′,北纬 25°59′,观测场海拔高度 1804 米。1964 年 7 月测站重新更正经纬度为东经 98°49′,北纬 25°59′,站址位于泸水县鲁掌镇街区,属国家基本站。

1978 年 6 月建立上江气象哨,当年 9 月停止观测;1984 年 2 月恢复观测,于 1985 年 1 月撤销。1988 年 1 月建立片马气象哨,于 1992 年 1 月撤销。

站址迁移情况　2003 年 1 月 1 日,泸水国家基本站业务转移到六库观测组,并更名为六库国家基本站,原泸水国家基本站改为泸水国家一般站(2003 年 4 月 1 日撤销),六库国家基本站业务划归泸水县气象局。新站址位于距泸水县六库城区(州府驻地)3 千米的老六库村委会,东经 98°51′,北纬 25°52′,观测场海拔高度 949.5 米。

历史沿革　泸水县气候站始建于 1956 年 10 月;1960 年 3 月,改称泸水县气候服务站;1966 年 1 月,改称泸水县气象服务站;1971 年 1 月,改称泸水县气象站;1990 年 7 月,改称泸水县气象局。

管理体制　1956 年 12 月—1958 年 5 月,属省气象局建制,其党团组织生活由泸水县委农村工作部负责。1958 年 6 月—1963 年 12 月,建制属泸水县人民委员会,行政由泸水县人民委员会农水科领导,业务工作由丽江专区气象中心站负责。1964 年 1 月—1970 年 6 月,收归省气象局建制,由丽江专区气象总站领导和管理。1970 年 7 月—1970 年 12 月,隶属泸水县革命委员会建制和领导,丽江专区气象总站负责业务领导。1971 年 1 月—1973 年 9 月,实行泸水县人民武装部领导,建制属泸水县革命委员会,丽江地区气象台负责业务管理。1973 年 10 月—1981 年 1 月,建制属泸水县革命委员会,怒江州气象台负责业务管理。1981 年 2 月起,实行气象部门与地方政府双重领导,以气象部门领导为主的管理体制。

机构设置　2008 年,泸水县气象局内设办公室(财务室)、大气探测中心、气象科技服务中心、防雷检测中心、人工影响天气办公室 5 个股室。

单位名称及主要负责人变更情况

单位名称	姓名	民族	职务	任职时间
泸水县气候站	罗志安	汉	副站长	1956.10—1957.09
	邵春生	汉	副站长	1957.10—1960.03
			站长	1960.03—1962.11
泸水县气候服务站	瞿光祖	汉	临时负责人	1962.12—1963.01
			副站长	1963.02—1965.08
				1965.09—1966.01
泸水县气象服务站	和呈凤	纳西	站长	1966.1—1971.01
泸水县气象站				1971.01—1975.09
	谢光明	汉	站长	1975.10—1990.07
泸水县气象局			局长	1990.07—1991.05
	木菊芳(女)	纳西	局长	1991.05—1994.12

单位名称	姓名	民族	职务	任职时间
泸水县气象局	杨长荣	白	副局长	1995.01—1997.05
	木菊芳(女)	纳西	局长	1997.05—2000.05
	桑碧继	白	局长	2000.05—2008.05
	杨椿桓	白	副局长	2008.05—

人员状况 1956年10月建站时有在职职工5人。1978年有职工12人。截至2008年有在职职工7人,退休职工3人,在职职工中:大学专科1人,中专5人,高中1人;工程师1人,助理工程师5人。

气象业务与服务

泸水县气象局主要业务有地面气象观测、天气预报、人工影响天气、防雷减灾、气候分析和气候资源开发等。建站初期仅开展地面气象观测和中、短期天气预报服务,20世纪70年代初试验性的开展土火箭防风工作,1985年开始开展专业专项服务,1992年起开展防雷减灾工作,2005年起开展人工影响天气服务。

1. 气象业务

①地面气象观测

泸水县气象站于1974年被中央气象局确定为气象观测国家基本站,2007年1月1日改称国家气象观测站一级站。2008年12月31日20时改称气象观测国家基本站。

观测项目 云、能见度、天气现象、风向、风速、降水、气温、湿度、气压、日照、蒸发、地面及曲管地温、积雪、地面状态等。

观测时次 1956年12月11日正式开始每天进行01、07、13、19时(地方时)4次定时地面气象观测,1957年3月1日起开始增加05、11、17、23时4次补充观测。1960年8月1日起执行北京时,观测时次为02、08、14、20时,补充观测时间不变。

发报种类 05、08、14、17时为天气观测发报时次。根据需要不定期编发航危报。2003年5月10日增发20时地面报文,2007年1月1日增发02、11、23时地面报文。

电报传输 自动观测数据每小时定时自动传输1次,每天02、05、08、11、14、17、20、23时为人工定时编报传输。

气象报表制作 从1956年建站起采用手工编报和手工制作月、年报表。1986年1月启用PC-1500袖珍计算机编报和制作报表。2000年由云南省气象局配备测报专用计算机,开始使用AHDM 4.0地面气象测报软件编报并制作报表。

资料管理 建站到2006年所有资料台站自行管理。2006年开始部分资料(即:气簿-1、压、温、湿、风、降水自记纸)由省气象局统一上收管理。

自动气象观测站 2003年1月1日,六库国家基本站启用人工和自动站对比观测。2005年1月1日起除云、能见度、天气现象、蒸发、日照沿用人工观测外,其余项目实现自动观测。2007年完成泸水县上江乡、老窝乡、鲁掌镇、片马镇、称杆乡等5个温度、雨量两要素区域自动气象站建设,2008年1月1日正式采集数据并存档,同年10月石缸河矿区温雨自动气象站建成并投入使用。

2006年11月闪电定位仪在六库国家基本站建成,并投入业务运行。

②气象信息网络

通讯现代化 泸水县气象局建站时通讯工具为一部手摇式电话机;1999年12月开通X.25计算机通讯网络;2004年12月开通连接省、州、县气象局域网;2000年完成了甚小口径终端(PC-VSAT单收小站)的建设。

2008年区域自动气象站投入业务运行

信息接收 从建站初期使用电话、收音机,逐步发展到单边带、单收站(PC-VSAT)、Internet网。

信息发布 1999年12月20日以前,通过电话将地面气象报文发至泸水县邮电局,再经邮电局转发。1999年12月21日起每天报文改用网络传至云南省气象局和怒江州气象台。2004年12月每天报文通过局域网传至云南省气象台,局域网故障时改用因特网传输。

③天气预报预测

1958年5月1日,泸水县气象站开始制作单站补充天气预报,短、中期天气预报,并对外发布。1958年在省气象局和地方人民政府的支持下,组建了各乡镇看天小组,充分发挥了民间经验预报的作用。1960年初开始用收音机抄收四川和云南省气象台的形式预报广播,每天绘制剖面图、聚点图和曲线图。1981年5月开始,县级气象站不做天气预报,只需对州局指导预报做补充订正。1982年8月,泸水县气象站又恢复了天气预报业务。2000年完成了甚小口径终端(PC-VSAT单收小站)的建设,并正式运用到天气预报业务中,补充订正天气预报。天气预报内容包括年预报、季预报、月预报、旬预报、24小时预报。

2. 气象服务

建站至20世纪90年代末,服务方式简单,手段单一,仅用电话、广播及传单向人民群众提供天气预报服务。进入21世纪后,随着科学技术的发展,服务方式不断更新,从简单的电话、广播服务转变为电话、传真、报纸、电视、广播、网络、手机等作为天气预报服务手段。2005年与泸水县广播电视局合作开办电视天气预报节目,节目由泸水县气象局负责制作,县广播电视局负责播放。2008年在全县推广农村综合气象信息服务系统(电子显示屏),使气象信息在第一时间让人民群众知晓。

①公众气象服务

服务产品种类有短期气候预测、农业气象、专题气象、汛期天气预报、森林火险等级及地质灾害等级预报等。

②决策气象服务

从1958年开始,泸水县气象局向县(区)各级人民政府和各有关部门提供雨情、旱情等气象决策服务,每年按月制作发布短期气候预测、农业气象,不定期发布专题气象、汛期天气预报、森林火险等级预报等,重点是做好灾害性、转折性和关键性天气预报服务,研究干旱、洪涝、低温、霜冻、冰雹、雪灾及关键农事活动时期连阴雨等灾害性天气发生的规律,提高服务产品质量,以及应对气候变化、重大战略实施、区域经济发展、重大社会政治活动、国家重点工程建设等。通过电话、传真、政务信息网等向县人民政府、防汛办等部门及时报送决策服务信息,为党政领导正确决策提供了科学依据。

③专业与专项气象服务

人工影响天气 人工影响天气工作开展较早,但2005年后才走上正规化。20世纪70年代初期,泸水县气象站在六库镇白水河村多次开展土火箭防风试验,起到了一定的效果,但缺乏科学统计。2004年12月泸水县人民政府成立了泸水县人工影响天气工作机构,办公室设在县气象局,配备人工影响天气作业车1辆。2005—2008年泸水县气象局共实施人工增雨作业30余次,发射增雨箭弹780枚,扑灭森林火灾5起。

防雷技术服务 1992年开始开展防雷检测和防雷装置安装,由于缺乏技术和资金,工作进展不大,效益不明显。2007年成立了泸水县防雷装置安全检测中心。依法开展泸水县境内的防雷安全装置检测工作。

④气象科普宣传

每年利用"3·23"世界气象日、安全生产月等时机,在主要街道和人流密集区摆设宣传画报,发放各类宣传资料。不定期地安排中小学校师生开展气象科普活动,到幼儿园进行防雷避险常识讲座,提高广大师生对气象知识的认知程度。在汛期或重要天气过程通过电视、报纸、广播各类媒体开展气象灾害预防知识宣传。利用电视天气预报节目宣传气象科普知识,不断提高社会公众对气象知识的了解。

气象法规建设与社会管理

依法行政 泸水县气象局有4人取得《云南省行政执法证》,配合怒江州气象局气象行政执法支队开展防雷检测等项目的行政执法。

制度建设 近几年,逐步建立和完善了防灾减灾、人工影响天气等规章制度,为进一步提高公共气象服务能力和效益打下基础。

社会管理 2004年起,依照国家有关法律法规,经泸水县人民政府法制局审查批准,泸水县气象局开始对建设项目大气环境影响评价使用气象资料审查、施放庆典气球的审批、防雷装置设计审核和竣工验收行政许可等方面依法行政。泸水县气象局1人取得《云南省行政执法证》,配合怒江州气象局气象行政执法支队开展行政执法工作。2005年9月,依法查处1起影响观测场环境的违法建设事件。

政务公开 2001年起,泸水县气象局对气象行政审批办事程序、气象服务内容、服务承诺、气象行政执法依据、服务收费依据及标准等,采取了通过公开栏、人民政府信息公开网站等方式向社会公开。干部任用、财务收支、目标考核、基础设施建设、工程招投标等内容则采取职工大会或张榜公开。

党建与气象文化建设

1. 党建工作

党的组织建设 中共泸水县农业局党总支气象党支部成立于2006年5月16日,第一届支委班子于 2006 年 5 月 24 日选举产生,当时有党员 3 人。现任第二届支委班子于 2008 年 8 月 7 日选举产生,共有党员 10 人(包括气象部门 4 人,农业部门 6 人)。

建立健全了党员联系群众、党务局务公开、党员建言献策、党员示范岗等制度,注重对党的后备力量的培养,每年均考察吸收进步职工加入党组织。

党风廉政建设 加强党风廉政教育工作,完善党风廉政建设工作职责,推行责任制,严格执行"三重一大"制度,贯彻落实"一岗双责"、"三人小组"民主决策机制和行政问责办法等四项制度,制定《泸水县气象局领导班子成员党风廉政建设岗位责任制》,单位各中心(室)主要负责人分别与一把手签订党风廉政建设责任书。

2. 气象文化建设

精神文明建设 1985 年起泸水县气象局明确了精神文明建设工作的目标和任务,把双文明建设列入单位目标管理。每逢节日期间,积极组织单位职工开展民族舞蹈和民族歌曲的学唱学跳活动,培养职工的民族感情,增进了各民族的了解和团结。在怒江傈僳族自治州成立 50 周年庆典中积极组织全体职工观看大型晚会;在云南首届民族服装服饰文化节期间,为全体职工统一购置了民族服饰。2008 年 8 月 9 日成立了精神文明建设领导(指导)小组。

文明单位创建 1999 年被泸水县文明委授予双文明单位称号。2003 年被县委、县人民政府授予县级文明单位称号。2007 年被州委、州人民政府授予州级文明单位称号。

个人荣誉 1981 年、1982 年 1 人 2 次获云南省气象局全省气象系统先进工作者表彰。

台站建设

泸水县气象站始建时仅有 1 间 10 平方米的茅草房作办公用房,观测场长 23 米,宽 21 米,围栏为简易的铁丝和木桩。随后在地方人民政府支持下,建成 1 幢 150 平方米的土木结构平房,2 间用作办公,4 间为职工宿舍。1980 年建成 277 平方米的砖混结构职工宿舍。1987 年建成 217 平方米的二层混凝土结构办公楼。2003 年建成 1 幢三层 770 平方米的砖混结构职工住宅楼。2004 年底建成 227 平方米的框架结构办公楼 1 幢,20 平方米的车库 1 间,硬化路面 120 米。2007 年完成台站综合改善项目,观测场周边征地 2.2 亩,新建围墙 99 米,绿化办公区 800 平方米。工作、生活环境得到了较大改善。

搬迁前的鲁掌观测场(1962 年)　　　　搬迁后的花园式办公区(2004 年)

福贡县气象局

机构历史沿革

始建情况　福贡县气象局始建于 1958 年 11 月 11 日,站址在福贡县第一区上帕乡田坝间。

站址迁移情况　1974 年 4 月 1 日,站址往偏北方向移动 500 米。1988 年 5 月 1 日,观测场址往西方向移动 50 米,位于东经 98°52′,北纬 26°54′,海拔高度 1189.7 米。是国家一般站。

历史沿革　1958 年 11 月 11 日建立云南省福贡县气候站。1960 年 3 月改称云南省福贡县气候服务站。1966 年 1 月改称云南省福贡县气象服务站。1971 年 1 月改称云南省福贡县气象站。1990 年 7 月改称云南省福贡县气象局。

管理体制　1958 年 11 月—1963 年 10 月,福贡县气候站隶属福贡县人民委员会建制,业务属云南省丽江专署气象科领导。1963 年 11 月—1970 年 6 月,隶属云南省气象局建制,业务属云南省丽江专区气象总站领导。1970 年 7 月—1970 年 12 月,隶属福贡县革命委员会建制和领导。1971 年 8 月—1973 年 9 月,实行福贡县人民武装部领导,建制属福贡县革命委员会,丽江地区气象台负责业务管理。1973 年 10 月—1980 年 12 月,属福贡县革命委员会建制和领导,怒江州气象台负责业务管理。1981 年 1 月起,实行气象部门与地方政府双重领导,以气象部门领导为主的管理体制。

机构设置　福贡县气象局内设办公室(财务室)、科技服务中心、大气探测中心、人工影响天气办公室和雷电中心 5 个股室。

单位名称及主要负责人变更情况

单位名称	姓名	民族	职务	任职时间
云南省福贡县气候站	王维琪	汉	站长	1958.11—1960.03
云南省福贡县气候服务站				1960.03—1966.01
云南省福贡县气象服务站				1966.01—1968.12
	封义廷	傈僳	站长(代理)	1969.01—1970.12
	王仕思	汉	站长(兼)	1971.01—1972.08
云南省福贡县气象站	和　鸿	纳西	站长	1972.08—1984.06
	程仁图	汉	站长	1984.06—1988.02
	和世元	白	站长	1988.02—1990.02
	和仕华	纳西	站长	1990.02—1990.07
			局长	1990.07—1995.08
云南省福贡县气象局	胡玛沙(女)	怒	副局长	1995.08—1997.04
	桑碧继	白	副局长	1997.04—1998.10
	张常松	白	局长	1998.10—2003.11

单位名称	姓名	民族	职务	任职时间
云南省福贡县气象局	胡玛沙(女)	怒	副局长	2003.11—2004.08
	王勰	汉	局长	2004.08—

人员状况 1958年建站初期有职工2人。1978年有职工5人。截至2008年底,有在职(编)职工5人,退休职工2人;在职(编)职工中,本科学历1人,中专学历3人,初中学历1人;工程师3人,助理工程师1人,技术员1人;少数民族4人;45~55岁2人,35~40岁2人,30岁以下1人。

气象业务与服务

主要业务有气象观测、天气预(警)报、气候资源开发利用、人工影响天气、防雷减灾等。

1. 气象业务

①地面气象观测

建站初期,主要开展简单的气象观测,做好积累资料和为当地人民政府服务工作。起初安装仪器设备有百叶箱、日照计、雨量器、蒸发器、地温、风向风速器。

观测项目 云、能见度、天气现象、气压、空气温度和湿度、风向风速、降水、雪深、日照、小型蒸发、地温(地表和浅层)、电线积冰等。

观测时次 1962年5月1日以前每天进行02、08、14、20时4次定时观测,1962年5月2日起每天进行08、14、20时3次定时观测,夜间不守班。

发报种类 定时发报内容按中央气象局规定的时次、种类、电码执行,定时编发陆地测站地面天气报告电码(gd-01 ⅲ)、补充天气观测报告。1984年1月1日起拍发重要天气报告(gd-11 ⅱ)和气象旬(月)报(hd-03)。

电报传输 1958年12月至2001年7月地面气象报文发送主要以邮局电话、单边带方式发送。2000年,通过X.25分组数据网上传气象报文。2001年8月利用因特网发报。2004年12月,气象宽带网投入业务运行。2006年1月1日建成自动气象站,所采集的数据通过无线网络模块传送至省气象数据网络中心,每天24小时定时传输,气象电报传输实现了网络化、自动化。

气象报表制作 1958年11月至1987年12月气象月报表、年报表用手工抄写方式编制,月报一式3份,年报一式4份,年报上报至中国气象局、云南省气象局、怒江州气象局,月报上报至云南省气象局、怒江州气象局。1988年1月开始使用PC系列计算机打印气象报表。

自动气象观测站 2006年1月1日建成自动气象站。2007年完成福贡县匹河乡、架科底乡、鹿马登乡、石月亮乡等4个温度、雨量两要素区域自动气象站建设,2008年1月1日正式采集数据并存档。

②气象信息网络

1999年7月建成甚小口径终端(PC-VSAT单收小站)。2004年底建成气象宽带网。2005年底安装完成大气探测自动观测站。2007年建成Notes办公系统。

③天气预报预测

1959 年,福贡县气候站利用群众的看天经验和流传在民间的天气谚语,以及天象、物象的反映来联系天气变化,制作单站天气预报。20 世纪 70 年代,制作天气预报使用资料为高空天气图,天气图由填图员填写,然后由预报员手工分析,预报制作主要由预报员分析天气图得出预报结论,预报流程比较简单。1999 年,气象信息综合分析处理系统(MICAPS 1.0)投入业务应用,天气预报业务已基本完成了由传统的手工为主的定性分析方式向自动化、客观和定量分析方向的重大变革。天气预报以上级预报指导产品为主,制作发布短、中、长期补充订正预报,内容有降水、气温、风等。除常规预报 24 小时天气外,还有年、月、周预报等中长期天气预报,以及森林火险等级预报服务。

2. 气象服务

①公众气象服务

建站初期气象服务主要以创办黑板报形式开展 24 小时天气预报和未来 2～3 天临时天气预报及气象知识宣传。1979 年后,服务领域拓展到交通、水利、城建、邮电等多个行业,并针对各行业的需求发布专题预报,在服务时效上,从短期预报扩展到中长期天气趋势分析。2008 年,在福贡县人民政府网站开设气象专栏,让广大群众了解气象工作动态、气象科普知识以及气象法规等,为各级党委、人民政府和人民群众防灾减灾提供气象服务。

②决策气象服务

1959 年,福贡县气象站开始制作发布短、中、长期补充订正预报,采用书面材料、电话、面对面汇报等方式向县人民政府领导和相关单位发送决策气象服务信息。1972 年以来,决策气象服务主要项目有农事季节雨情旱涝气象预测服务、气候年景预测、气候影响与评价、大春粮食产量预报、气象突发事件预警和应急预案、森林火险等级预报、重大天气、抢险救灾、重大工程建设项目的气象选址勘测和评估论证、农业气候资源调查与区划等。

③专业与专项气象服务

人工影响天气服务 1972 年 8 月,购置土火箭 420 支、火箭发射架 6 套、空炸炮 1 门开展人工防雹服务工作。2007 年,福贡县人民政府成立福贡县人工影响天气工作机构,办公室设在县气象局。主要负责县域内人工增雨抗旱、防雹工作;承担人工影响天气业务的装备和安全保障、作业条件预报、决策指挥、作业效果检验。同年,着手推广建设农村综合气象信息电子显示屏,以解决气象信息发布"最后一公里"问题。

防雷技术服务 2000 年 1 月,成立了福贡县防雷中心,承担区域内的避雷设施设计、安装以及检测任务。2000 年 12 月,福贡县编制委员会批准成立福贡县避雷装置安全检测中心,进一步规范了防雷减灾工作。2002 年 8 月取得防雷检测丙级资质,主要开展防雷装置设计审核、竣工验收和防雷装置检测、雷灾技术鉴定、雷击风险评估等工作。

科学管理与气象文化建设

1. 科学管理

社会管理 2001 年,福贡县气象局对照《气象探测环境和设施保护办法》及其法定解释,制定了具体的气象探测环境保护要求,报送建设、规划、国土等部门备案。负责对建设项目大气环境影响评价使用气象资料的审查。

2004年开始,负责防雷装置的设计审核、竣工验收和防雷装置检测工作。对从事防雷装置检测、防雷工程专业设计或者施工的单位实行资质管理;对从事防雷活动的专业技术人员实行资格管理。

2003年负责对施放气球岗位的资格(质)管理,依法查处县域内违规施放氢气球行为。

政务公开 2001年对气象行政审批办事程度、气象服务内容、服务承诺、气象行政执法依据、服务收费依据及标准、民主决策制度等,采取通过户外公示栏方式向社会公开。财务收支、目标考核、基础设施建设、工程招投标等内容则采取职工大会或张榜公示等方式向职工公开。财务每季度公示1次,年底对全年收支、职工奖金福利发放、领导干部待遇、劳保、住房公积金等向职工详细说明。干部任用、职工晋职(级)等及时向职工公示或说明。

2. 党建工作

党的组织建设 福贡县气象局1999年以前无党员。2000年,有2位同志正式加入中国共产党。截至2008年底,有在职职工党员2人,退休职工党员1人,挂靠在县科技局党支部。

党风廉政建设 2001年以来,每年都与福贡县委、州气象局签订《党风廉政建设责任书》。积极开展党风廉政建设宣传教育月活动,组织党员干部学习党章、观看警示教育片、撰写廉政文章等,对黄、赌、毒、违法乱纪、吵架、斗殴等,实行一票否决制。2008年配备了1名兼职纪检监察员(副科级)。

3. 气象文化建设

精神文明建设 重视精神文明创建工作,每年制定精神文明创建工作计划,注重和培养职工政治素质和业务知识的提高,每个月组织一次理论学习或业务学习;鼓励职工参加在职学历教育,对参加在职学习的职工给予时间和经费支持;开展挂钩扶贫和公益捐赠活动;开展以"建设先进的气象文化,造就高素质的气象队伍"为主题的"气象文化周"活动;建立气象文化长廊,作为宣传气象文化和思想教育的学习阵地。每年组织参加科普、环保、植树等公益活动;不定期组织职工开展主题郊游、参观等活动;利用"3·23"世界气象日、"三八"妇女节、"重阳"节等节日,开展一些干部职工喜闻乐见的活动。2007年,建成20平方米的职工阅览室,有藏书500余册。

文明单位创建 1998年被福贡县委、县人民政府命名为县级文明单位,保持县级文明单位称号至今。

1999年被云南省气象局授予"1996—1998年精神文明建设先进集体",2006年被怒江州气象局授予"2004—2005年精神文明建设先进集体"。

4. 荣誉

集体荣誉 1996—1998年被云南省气象局授予精神文明建设先进集体;2005年被中国气象局授予局务公开工作先进单位。

个人荣誉 2000年,1人被中国气象局表彰为全国气象部门双文明建设先进个人。

台站建设

　　建站初期至 1974 年只有简陋的石墙体瓦房,作为业务办公用房;1990 年把片石墙体混合结构办公楼改建为平顶房,建筑面积为 89.7 平方米;1999 年 10 月与福贡县财政局联合建的职工住宅楼竣工投入使用,建筑面积 380 平方米;2005 年,建设办公楼、大门、道路、绿地,改造供电、供水、排污等基础设备。

1974 年建设的业务办公用房

1990 年建设的业务办公用房

2005 年建设的业务办公楼

2006 年自动气象站正式投入业务运行

贡山独龙族怒族自治县气象局

机构历史沿革

　　始建情况　贡山独龙族怒族自治县气象局(以下简称为贡山县气象局)始建于 1958 年 1 月 1 日,成立时名称为贡山县气候站。站址位于贡山县海贝(山腰),东经 98°35′,北纬 27°56′,海拔高度 2065.4 米。

　　站址迁移情况　1963 年 1 月 1 日,迁至贡山县茨开镇丹当社郊外(山腰),东经 98°41′,北纬 27°45′,观测场海拔高度 1583.3 米。2003 年 12 月,艰苦台站类别由四类调整为三类。至今没通公路,车辆不能直达气象局,人员要通过台阶步行进入。

历史沿革　1958 年 1 月 1 日,建立贡山县气候站。1960 年 3 月 11 日,更名为贡山县气候服务站。1966 年 1 月 1 日,更名为贡山县气象服务站。1971 年 1 月 13 日,更名为贡山县气象站。1990 年 7 月 5 日,更名为贡山独龙族怒族自治县气象局。

管理体制　1958 年 1 月—1963 年 3 月,贡山县气候站隶属贡山县人民委员会建制,业务由丽江专署气象中心站管理。1963 年 4 月—1970 年 6 月,隶属省气象局建制,人员、财务、业务和仪器设备由丽江专区气象总站负责。1970 年 6 月—1970 年 12 月,隶属贡山县革命委员会建制和领导,丽江专区气象总站负责业务管理。1971 年 1 月—1973 年 9 月,隶属贡山县革命委员会建制,贡山县人民武装部领导,丽江专区气象台负责业务管理。1973 年 10 月—1980 年 12 月,建制仍属贡山县革命委员会,划归贡山县农业局管理,怒江州气象台负责业务管理。1981 年 1 月至今,实行气象部门与地方政府双重领导,以气象部门领导为主的管理体制。

机构设置　2008 年,贡山县气象局设有办公室、财务室、人工影响天气办公室、地面气象探测中心、科技服务中心、防雷安全检测中心、防雷工程中心 7 个机构。

单位名称及主要负责人变更情况

单位名称	姓名	民族	职务	任职时间
贡山县气候站	但起焜	汉	站长	1958.01—1960.03
贡山县气候服务站				1960.03—1966.01
贡山县气象服务站				1966.01—1971.01
贡山县气象站				1971.01—1975.03
	黄跃祥	壮	站长	1975.03—1976.08
	李怀清	纳西	站长	1976.08—1984.07
	朱庆昌	怒	站长	1984.07—1986.07
	余志全	傈僳	站长	1986.07—1986.11
	杨崇周	汉	站长	1986.11—1990.04
	叶玉清	傈僳	站长	1990.04—1990.07
贡山独龙族怒族自治县气象局			局长	1990.07—1993.06
	王缌	白	副局长	1993.06—1995.09
			局长	1995.09—2000.08
	何李	白	局长	2000.08—2008.04
	胡增荣	普米	副局长	2008.04—

人员状况　1958 年 1 月,贡山县气候站有职工 8 人。1978 年有职工 9 人。截至 2008 年底有在职职工 9 人,其中:少数民族 9 人(有独龙族、怒族、傈僳族、白族、普米族、纳西族等);大专学历 4 人;工程师 5 人,助理工程师 3 人;职工平均年龄 37.1 岁。

气象业务与服务

1. 气象观测

①地面气象观测

观测项目　云、能见度、天气现象、气压、空气温度和湿度、风向风速、降水、蒸发、雪深、地温(地表、浅层和深层)等。

观测时次 1958年1月1日,贡山县气候站开始每天进行01、07、13、19时(地方时)4次定时观测,1960年8月1日起,观测时次调整为02、08、14、20时(北京时)4次定时观测,昼夜守班。1974年,确定为国家基本气象站,执行国家基本站测报业务。2007年1月1日,贡山县气象局的测站类别调整为国家气象观测站一级站,测站名称改为贡山国家气象观测站一级站,执行国家基本站测报业务。2008年12月31日20时,贡山县气象观测站类别调整为国家基本气象站,测站名称改为贡山县国家基本气象站。增加05、11、17、23时4次补充观测。

发报种类 1958年3月14日起,开始编发02、05、08、14、17、20时6次天气报,向保山编发24小时固定航危报。1961年1月1日,取消地面状态观测。1961年1月14日起,向昆明拍发航空报。1963年3月起,向成都拍发航空报。1984年7月1日,停发航空报任务。1984年1月1日起,编发重要天气报。1986年1月1日至2000年1月1日,用PC-1500袖珍计算机编制天气报。2000年1月1日起,用《AHDM 4.0》软件通过计算机编发气象报,制作气象报表。

气象报表制作 编制地面气象记录月报表和年报表。

资料管理 2000年1月前,观测资料以纸质文件保存,之后以纸质文件和电子文件两种方式保存归档。

自动气象观测站 2002年12月31日建成ZQZ-CⅡ型自动气象站,经过两年的对比观测,于2005年1月1日投入单轨运行,实现气压、气温、湿度、降水、风向风速、地温(地表、浅层和深层)等气象要素的自动观测。

1992年建成丙中洛气象哨。2007年11月底,在贡山县的独龙江乡、丙中洛乡、普拉底乡等3个乡镇建成温度、雨量两要素无人值守自动气象站,同时撤销了丙中洛气象哨。

截至2008年,贡山县气象局共有6人次获得地面测报"连续百班无错情"。

②高空探测

1958年10月起,开展高空气象探测业务,1962年7月13日起,高空气象探测业务移交丽江气象总站。

2. 气象信息网络

1992—2000年采用FP-915型单边带接收机和电话传递气象报文。1999年7月建成甚小口径终端(PC-VSAT单收小站)。2000年5月1日建成X.25分组网并投入使用。2004年12月建成2兆气象宽带网,气象信息以气象宽带网为主、互联网为备份链路的模式传输。

3. 天气预报预测

1958年8月,开展了单站补充天气预报业务。1976年,设立天气预报组,制作发布短、中、长期天气预报,结合贡山县气候特点和工农业生产实际,制作发布重要性、灾害性天气预报和专题气象预报。1999年7月,接收卫星云图、天气形势图和指导预报产品等卫星广播数据资料,在此之前,采用手工填绘天气图表来分析制作气象预报。1985年4月起县气象站不制作天气预报,只对怒江州气象台制作的预报产品进行气象服务。2002年2月,制作发布短期气候预测,包括月气候预测、年气候预测,同时停止发布长期天气预报。2007年6月,贡山县气象局开始制作发布灾害性天气预警预报。

4. 气象服务

公众气象服务 20世纪70年代,贡山县气象局为公众提供的天气预报主要通过在黑板上发布。2004年9月14日起,在贡山县兴农信息网发布天气预报。2007年9月,开始组建气象信息员队伍,通过气象信息员为公众和用户提供气象服务。2008年6月,在贡山县电视台开通《电视天气预报》节目,每天1期播报天气预报。2008年11月,推广使用农村综合信息服务系统,以电子显示屏的方式为各用户提供动态气象信息,使气象信息发布方式呈现多样化。

决策气象服务 1999年以来,贡山县气象局通过专题材料、信息网、手机短信等方式为贡山各级党委、人民政府提供天气实况信息、气候影响评价、气象灾害调查评估、气象灾害防御措施和气象预报等决策气象服务。

【气象服务事例】 2005年2月13—17日、3月5—6日,贡山县境内连续出现大雨、暴雨、暴雪天气,工农业生产和人民群众遭受了重大损失,贡山县气象局在灾前、灾中和灾后都积极主动地为县人民政府及有关部门组织领导抗灾救灾工作提供气象服务保障。

专业与专项气象服务 1984年12月编制完成《云南省贡山县农业生产气候资源及农业气候区划报告》。2000年6月起,开展雷电灾害调查、鉴定和评估服务。2000年1月,设立贡山县防雷中心。2005年8月2日,贡山县人民政府成立人工影响天气工作机构,办公室设在贡山县气象局,为地方开展人工影响局部天气工作,为贡山县增雨抗旱、森林防火服务。

气象科普宣传 每年的"3·23"世界气象日、科技周等,贡山县气象局都通过电视、广播、张贴标语、现场咨询等方式宣传气象法律法规、防灾减灾知识。

气象法规建设与社会管理

法规建设 2000年4月20日,贡山县气象局成立依法治理领导小组。2005年4月15日,贡山县国家基本气象站气象探测环境保护技术规定在贡山县建设局备案。2008年4月28日,贡山县人民政府下发《关于进一步加强防雷安全检测工作的通知》。

制度建设 2006年制订完善了《预报服务工作制度》、《贡山县气象局重特大事故应急处理预案》、《重大气象灾害服务应急预案》。2007年制订了《平安单位创建实施方案》。2008年建立完善了业务和理论学习制度,贯彻执行行政问责、服务承诺、首问责任和限时办结等四项制度。

社会管理 2004年起,依照国家有关法律法规规章的规定,经贡山县人民政府法制局审查批准,贡山县气象局开始对建设项目大气环境影响评价使用气象资料审查、施放气球审批、防雷装置设计审核和竣工验收行政许可项目实行社会管理。

政务公开 2001年起,实行局务公开制度,定期和不定期公开财务、政务信息,公示服务承诺、办事程序、收费依据和标准。2008年5月,在贡山县人民政府信息网依法公开政务信息。

党建与气象文化建设

1. 党建工作

党的组织建设 1958 年建站时,贡山县气象站只有党员 2 人,2001 年 5 月 30 日贡山县气象局党支部成立,有党员 3 人。截至 2008 年 12 月,有党员 6 人。

党风廉政建设 2001 年,建立党风廉政建设责任制,将党风廉政建设纳入目标管理。2002 年起,定期公开政务、财务信息,接受群众监督。2007 年 11 月起,贡山县气象局建立民主决策"三人小组",由局长、副局长、廉政监督员组成。截至 2008 年 12 月,贡山县气象局共组织开展了 7 次"党风廉政建设宣传教育月"活动,没有发生贪污腐败等违法乱纪的案例。

2. 气象文化建设

精神文明建设 1996 年以来,贡山县气象局进一步加强文明创建工作,先后制订了《贡山县气象局精神文明建设"十五"规划》《贡山县气象局〈公民道德实施纲要〉学习和实施方案》等。2008 年开始筹建职工阅览室,购置了图书资料,丰富了职工的业余文化生活。

2008 年,被云南省气象局授予 2006—2008 年全省气象部门精神文明建设先进集体。

文明单位创建 1999 年 5 月,贡山县气象局被贡山县委、县人民政府命名为县级文明单位。2000 年 3 月,被怒江州委、州人民政府命名为州级文明单位。保持州级文明单位称号至今。

个人荣誉 1978 年 10 月,中央气象局授予黄耀祥(壮族)为全国气象部门"双学"先进工作者;1989 年 4 月,1 人获中央气象局授予的全国气象部门双文明建设先进个人奖励。

台站建设

1984 年 1 月,贡山县气象局有 3 幢砖木石瓦房,建筑面积 733 平方米。1994 年建成砖混结构三层职工宿舍楼,建筑面积 330 平方米。2001 年建成砖混结构三层业务办公楼,建筑面积 273.37 平方米。2002 年 8 月 13 日完成气压室、值班室和观测场改造。2006 年建成砖混结构两层综合办公楼,建筑面积 271.46 平方米。2008 年 11 月,完成低温雨雪冰冻灾害的灾后恢复重建工作,修缮了职工住宅楼防水设施、办公楼,改建公用卫生间、水池,新建挡墙、大门和围栏,完成台站绿化美化。

2006 年 9 月 22 日,贡山县人民政府投资 8 万元,购置了人工影响天气装备和 1 辆作业汽车。2007 年 11 月 9 日,中国气象局为贡山县气象局配备了 1 辆(途胜 2.7-V6 越野型)气象防灾减灾专用汽车。

截至 2008 年 12 月,贡山县气象局占地面积 4652.70 平方米,拥有综合办公楼 2 幢,职工住宅楼 1 幢,建筑面积共计 874.83 平方米。

1984 年贡山县气象站办公生活区全景

2008 年贡山县气象局全景

兰坪白族普米族自治县气象局

机构历史沿革

始建情况　兰坪白族普米族自治县气象局(以下简称兰坪县气象局)始建于 1956 年 11 月 1 日,成立时名称为兰坪县气候站,站址在兰坪县第一区金顶街(城区)。

站址迁移情况　1973 年 1 月迁至距原站址直距 1.3 千米的金顶街郊外,兰坪白族普米族自治县金顶镇文兴社区振兴小区 50 号。东经 99°25′,北纬 26°25′,海拔高度 2344.9 米。

历史沿革　1956 年 11 月 1 日建立兰坪县气候站,1960 年 3 月 11 日,改称兰坪县气候服务站。1966 年 1 月 1 日,改称兰坪县气象服务站。1971 年 1 月 13 日,改称兰坪县气象站。1990 年 3 月 24 日,改称兰坪白族普米族自治县气象局。

1974 年,被中央气象局确定为国家气象观测一般站。

管理体制　1956 年 11 月—1958 年 5 月,兰坪县气候站建制归省气象局,其党团组织属兰坪县委农村工作部负责。1958 年 5 月—1963 年 4 月,隶属兰坪县人民委员会建制,业务由丽江专署气象中心站管理。1963 年 4 月—1970 年 6 月,收归省气象局建制,业务由丽江专区气象总站负责。1970 年 6 月—1970 年 12 月,隶属兰坪县革命委员会建制和领导,丽江专区气象总站负责业务管理。1971 年 1 月—1973 年 9 月,实行兰坪县人民武装部领导,建制属兰坪县革命委员会,怒江州气象台负责业务管理。1973 年 10 月—1980 年 12 月,建制仍属兰坪县革命委员会,划归兰坪县农业局管理,怒江州气象台负责业务管理。1981 年 1 月,实行气象部门与地方政府双重领导,以气象部门领导为主的管理体制。

机构设置　至 2008 年,内设大气探测中心、避雷装置安全检测中心、防雷中心、人工影响天气办公室等机构。

单位名称及主要负责人变更情况

单位名称	姓名	民族	职务	任职时间
兰坪县气候站	王 忠	汉	站长	1956.11—1960.03
兰坪县气候服务站	和呈凤	纳西	站长	1960.03—1965.08
	瞿光祖	汉	站长	1965.09—1966.01
兰坪县气象服务站				1966.01—1971.01
	周曙辰	纳西	副站长	1971.01—1974.09
			站长	1974.09—1976.09
兰坪县气象站	和增祥	纳西	站长	1976.09—1983.09
	罗秀清	白	站长	1983.09—1990.03
			局长	1990.03—1990.06
	木长义	纳西	局长	1990.06—1993.06
	杨 雄	白	副局长	1993.06—1995.07
兰坪白族普米族自治县气象局	杨椿桓	白	副局长	1995.07—1996.04
	杨 雄	白	副局长	1996.04—1998.08
	王春宏	白	副局长	1998.08—2000.09
			局长	2000.09—

人员状况 1956 年 11 月建站时只有 2 人。1978 年有职工 6 人。截至 2008 年底有在职职工 6 人,其中:40～49 岁 3 人,40 岁以下 3 人;大专学历 4 人,中专学历 2 人;白族 4 人,纳西族 1 人,彝族 1 人;中级职称 2 人,初级职称 4 人。

气象业务与服务

主要承担气象资料积累和为地方防灾减灾服务,主要业务范围有:天气预报、地面气象观测、气候资源的开发利用、人工增雨(防雹、消雨)、防雷工程的设计(安装、管理)、避雷装置安全检测等。

1. 气象业务

①地面气象观测

观测项目 云、能见度、天气现象、气压、气温、湿度、风向风速、降水、雪深、日照、蒸发、地温等。

观测时次 1956 年 11 月 1 日至 1992 年 12 月 31 日,每天 08、14、20 时 3 次定时观测和 11、17 时 2 次补充观测,08—20 时值守班。1993 年 1 月 1 日,取消 11、17 时补充观测。

发报种类 每天 08、14、20 时拍发加密天气报,定时或不定时地编发重要天气报。每月向省、州气象台发月报 1 次、旬报 3 次。2004 年 1 月 1 日,使用新的《地面气象观测规范》。2005 年 7 月 1 日,用 AHDM 4.0 软件编报。

电报传输 建站时使用 15 瓦无线短波电台,报务员用电键发送气象报文。1974 年 2 月至 2000 年 4 月采用手摇电话、FP-915 单边带接收机和程控电话,通过口传对话的方式将气象报文传到怒江州气象台。2004 年 12 月气象报文传输以气象宽带网为主,互联网为备份链路的传输模式,一旦气象宽带网出现故障,可通过互联网进行传递,气象电报的传输得到双重保障。

气象报表制作 制作气象报表气表-1、气表-21。气表-1 每月 3 份,报省、州气象局各 1 份,留底 1 份;气表-21 每年 4 份,报中国气象局和省、州气象局各 1 份,留底 1 份。

资料管理 2000 年 1 月起,观测资料以纸质资料和数据文件两种方式保存归档。2006 年 1 月 1 日,自动气象站采集的资料与人工观测资料存于计算机中互为备份,每月定时复制光盘归档、保存、上报,同年 5 月,根据云南省气象局档案移交规定,向省气象局档案馆移交科技档案 205 卷。2008 年 4 月,移交科技档案 30 卷。

自动气象观测站 2005 年 10 月 1 日建成 ZQZ-CⅡ型自动气象站。2006 年 1 月 1 日,人工站与自动站平行观测,以人工站为主;2007 年 1 月 1 日以自动站为主;2008 年 1 月 1 日自动站单轨运行,除云、能见度、天气现象、蒸发、日照外,实现地面气压、气温、湿度、风向风速、降水、地温(地表、浅层、深层)等气象要素的 24 小时连续自动观测。

2007 年 11 月,在兔峨乡、营盘镇、中排乡、石登乡、通甸镇等 5 个乡镇建成温度、雨量两要素区域自动气象站。

②气象信息网络

通讯现代化 1999 年 7 月建成气象卫星地面接收系统即 PC-VSAT 单收小站。2000 年 5 月建成 X.25 分组数据网并投入使用。2004 年 12 月建成 2 兆气象宽带网。

信息接收 20 世纪 90 年代,依托气象卫星通信和计算机网络,接收卫星云图、天气形势图。

信息发布 1960—1973 年兰坪县气象站的信息发布主要通过金顶公社的广播站大喇叭和街道黑板发布气象信息,各乡镇及相关单位的天气预报靠邮寄。1974—2000 年采用手摇电话、程控电话将气象信息传送到有关单位和用户。2004 年 9 月,建成多媒体电视天气预报制作系统,每天自制节目录制成光盘送电视台播放。2008 年 11 月,推广农村气象综合信息服务系统,以电子显示屏的形式发布气象信息。

③天气预报预测

1962 年 1 月起,兰坪县气象局开始制作补充天气预报,制作的天气预报有短期、中期和长期预报。1993 年 1 月,县气象局不制作天气预报,主要依靠怒江州气象台的预报产品,县气象局只做订正天气预报,并作好气象服务。20 世纪 90 年代,依托气象卫星通信和计算机网络,接收卫星云图、天气形势图和指导预报产品等卫星广播数据资料,来分析制作发布重要性、灾害性天气预报和专题气象预报。2002 年 2 月,制作发布短期气候预测,包括月气候预测、年气候预测,同时停止发布长期天气预报。2007 年 6 月,兰坪县气象局开始制作发布灾害性天气预警信号。

2. 气象服务

①公众气象服务

20 世纪 70 年代,以广播播出的形式为公众提供天气预报,各乡镇及相关单位的天气预报靠邮寄。2004 年 9 月,通过多媒体电视为公众提供气象服务。

②决策气象服务

20 世纪 90 年代以来,兰坪县气象局按月制作发布《短期气候预测》、《农业气象》,不定期发布《专题气象》、《汛期天气预报》和《森林火险等级预报》，为各级党委、县人民政府和有关部门提供决策依据和信息。

【气象服务事例】 1998年8月，在兰坪县城南大滑坡气象服务中，为县委、县人民政府转移安置灾民提供了决策气象服务保障。2008年1月，在抗击低温雨雪冰冻灾害过程中，为县委、县人民政府组织抗灾救灾提供优质的决策气象服务，受到党政领导的充分肯定。

③专业与专项气象服务

专业气象服务 2008年11月，推广农村气象综合信息服务系统，在电子显示屏上为"三农"和专业用户提供气象信息和相关科普知识。

人工影响天气 2001年11月11日，兰坪县人民政府成立兰坪县人工降雨工作机构，办公室设在县气象局，配备火箭发射装备1套，同年冬、春季节，正式为兰坪县的森林防火、农业抗旱、库塘蓄水等开展的人工增雨作业。2005年8月，为金鼎锌业公司10万吨电锌项目开工庆典活动"锌都之夜"实施人工消雨，深受公司领导的称赞。

防雷技术服务 1999年8月10日，成立兰坪县避雷装置检测中心，兰坪县气象局正式开展防雷装置检测工作。同年12月8日，兰坪县防雷中心正式成立，负责对全县范围内的防雷设施设计安装的审核和竣工验收服务。

④气象科普宣传

2001年以来，在"3·23"世界气象日和兰坪县实施依法治县活动中，积极开展气象法律法规、防雷减灾知识宣传。2007年11月，利用科技下乡活动，为扶贫挂钩点花坪村委会和精神文明帮扶点箐花村委会，订购气象科普宣传资料及农业科技种养殖材料共计200余册。

气象法规建设与社会管理

法规建设 2003年3月，兰坪县气象局有3人经培训取得《云南省行政执法证》，在兰坪县域内开展气象行政执法。2004年6月22日，兰坪县人民政府办公室下发《兰坪县人民政府办公室关于加强防雷减灾安全管理工作的通知》；2006年3月14日，兰坪县人民政府办公室下发《兰坪县人民政府办公室关于加强防雷设施安全检测工作的通知》；2008年6月16日，兰坪县人民政府法制局下发《兰坪县人民政府法制局关于对行政审批项目审查清理结果进行核对的通知》，保留气象行政审批项目3项，即防雷装置设计审核和竣工验收、大气环境影响评价使用气象资料审查和施放气球活动审批。

制度建设 2008年，兰坪县气象局制定了行政问责制、首问责任制、服务承诺制、限时办结制等制度。

社会管理 按照国家有关法律法规的规定，兰坪县气象局对建设项目大气环境影响评价使用气象资料审查、防雷装置设计审核和竣工验收行政许可项目实行社会管理。2005年2月1日起，根据中国气象局《施放气球管理办法》、《防雷减灾管理办法》，负责管理本行政区域内的施放气球活动和防雷减灾工作；4月1日起，根据中国气象局《防雷工程专业资质管理办法》、《防雷装置设计审核和竣工验收规定》，依法行使管理职能；4月21日起，根据中国气象局《气象探测环境和设施保护办法》的规定，兰坪县气象局关于国家一般气象探测环境保护技术规定在兰坪县建设局备案。2008 年 1 月 10 日,中国气象局监测网络司根据 2007 年气象观测环境调查评估情况,颁发了兰坪国家气象观测站一级站(兰坪县金顶镇)观测环境状况证书。

政务公开 2001 年 8 月 3 日,设立兰坪县气象局局务公开栏,实行局务公开制度,定期和不定期公开财务、政务信息,公示服务承诺、办事程序、收费依据和标准,接受群众监督。2008 年 5 月,在兰坪县人民政府信息网依法公开政务信息,接受社会监督。

党建与气象文化建设

1. 党建工作

党的组织建设 1956 年 11 月—2004 年 7 月,党员保持在 1~2 人,党组织关系一直挂靠在县农业局党支部。2004 年 7 月 20 日,兰坪县气象局党支部正式成立,有党员 3 人。截至 2008 年 12 月,有党员 3 人。

党风廉政建设 2001 年 3 月,兰坪县气象局与怒江州气象局党组签订《党风廉政建设责任书》,建立党风廉政建设责任制,将党风廉政建设纳入到目标管理进行量化考核。2005 年 4 月 1 日,县局党支部与县直机关工委签订基层党组织建设责任目标书,形成工委抓支部、支部抓党员,一级抓一级,齐抓共管,各负其责的党建目标责任制。2007 年 11 月 8 日,兰坪县气象局建立"三人小组"民主决策机制,由局长、副局长、纪检监察员组成县局的领导班子,加强了民主决策与监督。截至 2008 年 12 月,兰坪县气象局共组织开展 7 次"党风廉政建设宣传教育月"活动,没有发生贪污腐败等违法乱纪的案例。

2. 气象文化建设

精神文明建设 1998 年 7 月,成立精神文明建设领导小组,制定了精神文明建设工作计划、精神文明建设实施方案及公民道德实施纲要学习和实施方案。2002 年 12 月,制定了兰坪县气象局精神文明建设"十五"规划。2006 年,制定了精神文明和文化建设工作要点,和精神文明建设"十一五"规划。2007 年,制定了精神文明创建文档管理暂行办法。2008 年,开始购置图书资料,筹建职工阅览室,参加"讲文明、树新风、迎奥运"等各类文体活动。

文明单位创建 1999 年 5 月,被兰坪县委、县人民政府命名为县级文明单位;2000 年 3 月,被怒江州委、州人民政府命名为州级文明单位;2007 年 4 月,被云南省委、省人民政府命名为第十一批省级文明单位;2006 年被省气象局授予"十五"期间全省气象部门精神文明建设先进集体;2008 年 11 月被省气象局授予 2006—2008 年度精神文明建设先进集体。

集体荣誉 1999 年 5 月,被兰坪县委、县人民政府命名为县级文明单位;2000 年 3 月,被怒江州委、州人民政府命名为州级文明单位;2007 年 4 月,被云南省委、省人民政府命名为第十一批省级文明单位。

台站建设

1969 年 11 月至 1995 年 6 月,只有 1 幢 150 平方米的一层平顶砖混办公楼,3 幢 200 平方米的土木结构瓦屋面职工住宅楼,周围四通八达,杂草丛生。1996年4月,建成1幢三层砖混420平方米的职工住宅楼。1997年8月,兰坪县人民政府投资7万元修建了围墙。2001年8月,兰坪县人民政府投资5万元用于PC-VSAT单收站建设;11月,兰坪县人民政府投资12万元购置人工降雨设备;12月,云南省气象局投资12万元用于综合改善,装修(饰)了150平方米的办公楼。2003年云南省气象局投资42万元用于治理滑坡灾害,修建了挡墙、围墙、水泥路面、大门、绿化带等,平整了整个院坝。2004年兰坪县人民政府投资购买人工降雨专用车(国产吉奥牌皮卡)1辆。2005年9月,自动气象站建设投资20万元,完成了两室一场的改造。2008年10月,云南省气象局安排低温雨雪冰冻灾害救灾资金10万元,改造了办公楼及三层职工住宅楼的门窗、排污系统处理及防水层修复。

兰坪县气象局旧貌(1986)

兰坪县气象局新貌(2008)

迪庆藏族自治州气象台站概况

迪庆藏族自治州（以下简称迪庆州），是云南省唯一的藏族自治州，位于云南省西北部滇、川、藏三省区结合部的青藏高原南延地段横断山脉腹地，是举世闻名的香格里拉，是世界自然遗产"三江并流"核心区域。"迪庆"藏语意为"吉祥如意的地方"，境内雪山高耸，河谷深切，澜沧江和金沙江自北向南贯穿全境，境内最低海拔高度 1480 米，最高海拔 6740 米，高度差 5260 米。迪庆州国土面积 23870 平方千米，总人口 36.7 万。迪庆州辖香格里拉、德钦、维西 3 个县和 1 个迪庆经济开发区。

气象工作基本情况

所辖台站概况 迪庆州气象局辖香格里拉、德钦、维西 3 个国家基本气象站，其中 2 个是国家二类艰苦气象台站，1 个是国家三类艰苦气象台站。中甸县气象站成立于 1958 年 7 月，是国家基本气象站，国家二类艰苦气象台站，海拔高度为 3276.8 米，2006 年 12 月 1 日更名为香格里拉县气象局。德钦气象站建立于 1953 年 7 月 21 日，是国家基本站，国家二类艰苦气象台站，海拔高度 3319 米，1990 年 5 月更名为云南省德钦县气象局。维西傈僳族自治县气象局始建于 1954 年 4 月 1 日，是迪庆州继德钦县气象站之后第二个建立起来的国家基本气象站，海拔高度 2326.1 米，1991 年 4 月 2 日更名为维西傈僳族自治县气象局。

历史沿革 1953 年 7 月 21 日，建立滇西丽江边防区德钦县气象站；1954 年 4 月，建立维西县气象站；1957 年 7 月，建立中甸县气象站；1973 年 4 月，成立迪庆藏族自治州气象台。

管理体制 1973 年 8 月以前，迪庆藏族自治州为丽江专区管辖，1973 年 8 月以后为云南省直属管辖，德钦县气象站和维西县气象站从丽江专区划入迪庆州气象台管辖。

1953 年，属军队建制；1954 年 1 月—1955 年 1 月，全州气象（候）台站隶属当地人民政府建制和领导；1955 年 2 月—1958 年 4 月，隶属云南省气象局建制和领导；1958 年 4 月—1963 年 3 月，隶属当地人民委员会建制，丽江专区气象中心站负责管理；1963 年 4 月—1970 年 6 月，全州气象（候）台站统归云南省气象局建制（1966 年 3 月改为云南省农业厅气象局）；1970 年 7 月—1970 年 12 月，全州气象台站改属当地革命委员会建制和领导；1971

年1月—1973年9月,实行军队领导,建制仍属当地革命委员会,丽江地区气象台负责业务管理;1973年10月—1980年9月,改为当地革命委员会领导;1980年10月,实行气象部门和地方政府双重领导,以气象部门领导为主的管理体制,一直延续至今。

人员状况 1953—1957年建站初期全州有气象职工16人。1978年有职工52人。截至2008年底,有在职职工63人,其中:藏族19人,纳西族17人,汉族14人,傈僳族7人,白族4人,彝族2人;30岁以下16人,30~40岁24人,40~50岁20人,50岁以上3人;本科25人,大专28人,中专8人,高中以下学历2人;高级职称1人,中级职称31人,初级职称31人。

党建工作 2008年,全州气象部门有党支部3个,党员27人。1974年3月,成立中共迪庆州气象台党支部,由中共迪庆州直属机关工作委员会领导。1976年7月,成立德钦县气象站党支部,由中共德钦县直属机关工作委员会领导。1979年8月,成立维西县气象站党支部,由中共维西县直属机关工作委员会领导。各支部成立初期较稳定的党员人数分别为3~4人。

文明单位创建 迪庆州气象部门精神文明建设始于1997年,1997年6月迪庆州气象局和德钦、维西县气象局同时成立了精神文明建设指导小组。2008年底,全州气象部门共有省级文明单位3个,市级文明单位3个,全州气象系统获得市级文明行业称号,获全省创建文明行业工作先进单位1个。全州气象台站文明创建率达到100%。

领导关怀 2003年,经过3年多的选址、勘察和分析论证,确立了"中国西南区域香格里拉大气本底站"项目建设,8月11日中国气象局党组书记、局长秦大河一行对候选站址进行了实地考察,并看望了迪庆州气象局全体职工,对迪庆高原气象人热情饱满的精神面貌和认真扎实的工作给予了高度赞扬。2006年,"中国西南区域香格里拉大气本底站"建设完成前期科学试验项目,并被定名为"香格里拉大气本底观象台",4月24日和11月24日中国气象局王守荣和宇如聪两位副局长先后到香格里拉大气本底观象台视察,同时看望了迪庆州气象局全体职工。

主要业务范围

地面气象观测 1932年1月—1937年12月,德钦、中甸、维西等先后进行了1个月至1年多的地面气象观测,观测项目主要有天气现象、气温、风等气象要素。

全州共有国家基本气象观测站3个,按照中国气象局《地面气象观测暂行规范》(1980以前)、《地面气象观测规范》(1980—2003)和《地面气象观测新规范》(2004年1月1日起执行)的要求,固定开展02、08、14、20时4次定时气候观测和05、11、17、23时4次补充天气观测,夜间守班。观测项目有云(云量、云状、云高)、能见度、天气现象、气压、气温、湿度、风向风速、降水、积雪深度、积雪密度、日照、蒸发(12月至翌年3月为小型;4—11月为E-601B型)、地表温度(0厘米)、地面浅层温度(5~20厘米)、深层地温(40~320厘米)、冻土等。每天固定编发02、08、14、20时4次定时气象观测报文(含重要天气报文)和编发05、11、17、23时4次补充天气报文;定期制作气象年(月)报表。根据上级业务主管部的要求,定期或不定期向指定单位编发农业气象旬(月)报、航空危险报、水情报等报文。每月(年)编制气象月(年)报表,2005年以前由手工编制,2005年1月开始报表制作采用微机自动打印输出。每月 5 日前打印本站上个月的气象月报表、每年 1 月 15 日前打印本站上年度的气象年报表各一式 3 份,并经州级和省气象局业务主管单位审核、复核后归入本单位科技档案。

截至 2008 年,全州共建立两要素区域自动气象站 31 个。

农业气象观测 迪庆州各气象台站都没有设立正式的农业气象观测站(组),农业气象观测仅仅根据本单位开展气象服务或有关单位的需要,临时性的开展过洋芋、青稞等各生长期生长高度和土壤湿度等项目的观测工作,定期或不定期向指定单位编发农业气象旬(月)报。没有正规的农业气象观测仪器。

天气预报 迪庆州各气象台站在建站初期到 20 世纪 90 年代中前期,天气预报工作主要由地面气象测报人员兼职,凭借看天经验、气象谚语等制作一些简单的单站降水预报或对上级指导预报作一些补充订正预报。20 世纪 90 年代中后期开始,随着通讯网络的广泛应用,特别是气象卫星综合应用业务系统的建成,极大地丰富了天气预报制作的资料信息来源,每天定时分析制作当地 24 小时城市和景点景区天气预报,干季森林火险等级预报,汛期地质灾害预报,预报质量也有了较大提高。天气预报工作同地面气象测报一样成为全州各气象台站常规的基础性业务。

人工影响天气 1994 年 6 月,迪庆州各气象台站同时成立了人工增雨防雹办公室,负责本辖区的人工影响天气工作。迪庆州气象局装备有流动作业车 1 辆,12 管火箭发射架 1 套;维西和德钦县气象局分别有 3 管移动火箭发射装置 1 套。从 1994 年开始,每逢冬春时节开展人工增雨抗旱和协助扑救本县区森林火灾,一般年份 3～5 场次,多的年份 10 余场次。目前,各县都配有人工影响天气移动作业车和新型火箭发射装置 2～3 套。长期以来,人工影响天气工作在迪庆高原增雪抗旱和协助扑救森林火灾中起着重要作用。

防雷技术 迪庆州气象部门从 1985 年开始涉足气象防雷减灾领域,香格里拉县首先使用接地电阻仪,对香格里拉县城的高层建筑物接地电阻实施检测业务。1992 年迪庆州劳动人事局、迪庆州气象局、迪庆州公安处、迪庆州保险公司、迪庆州城乡建设环境保护局组成成员单位,联合下发了《对避雷装置进行安全技术检测的暂行规定》(迪劳人安〔1992〕1号),业务范围内从避雷装置的安全检测拓展到防雷工程设计施工。1997 年各成员单位联合下发了《关于建立计算机(场地)防雷安全技术检测制度》(迪公联字〔1997〕01 号)。1998年 4 月 28 日成立迪庆州防雷中心。迪庆州气象防雷从业人员从 1985 年的 1～2 人兼职到2008 年底的 6 名专职人员,防雷减灾已从县城发展到乡村、旅游景区、矿山、学校,防雷减灾已成为迪庆州气象部门的主要服务项目之一。

气象服务 从建站初期到 20 世纪 90 年代中期,迪庆州各气象台站主要是把天气预报产品通过书面材料直接递送或由信函邮寄到相关服务部门和用户。1995 年开始各县气象局先后在当地电视台开辟了天气预报节目,同时增加了景点景区的天气预报内容。2003年开通了“121”天气预报自动查询服务。2005 年开始在《迪庆日报》开设了天气预报栏目,在云南兴农网上建立了天气预报窗口。随着社会经济的发展,气象服务的产品和服务方式更加多样化,2002 年开始向政府部门提供迪庆大春粮食产量预报决策气象服务、向国电硕多岗河发电责任有限公司提供降水实况及专项预报服务等,不定期向重点工程建设、重大社会庆典活动提供专题气象服务以及及时发布重大天气预警、抢险救灾专题气象服务等。

2006 年 8 月起通过迪庆州气象台决策气象服务短信平台向中共迪庆州委、州政府领导和相关单位副处以上领导干部发送决策气象服务短信息。

迪庆藏族自治州气象局

机构历史沿革

始建情况 迪庆州气象局始建于 1957 年 7 月,站址位于中甸县城北郊东经 99°42′,北纬 27°50′,海拔高度 3276.7 米。

历史沿革 1957 年 7 月建立中甸县气象站,1963 年 10 月,更名为中甸县气象服务站;1973 年 10 月,更名为迪庆藏族自治州气象台;1974 年 12 月,更名为迪庆州气象台;1984 年 5 月,更名迪庆藏族自治州气象处;1990 年 5 月 12 日,更名为迪庆藏族自治州气象局。

管理体制 1957 年 7 月—1958 年 3 月,中甸县气象站隶属云南省气象局建制和领导。1958 年 4 月—1963 年 3 月,隶属中甸县人民委员会建制和领导,丽江专署气象科负责业务管理。1963 年 4 月—1970 年 6 月,隶属省气象局建制,丽江专区气象总站负责管理。1970 年 6 月—1970 年 12 月,属中甸县革命委员会建制,丽江专区气象总站负责业务管理。1971 年 1 月—1973 年 3 月,实行中甸县人民武装部领导,建制属迪庆州革命委员会,丽江地区气象台负责业务管理。1973 年 4 月—1980 年 9 月,迪庆州气象台建制属迪庆州革命委员会,归口州农业局管理。1981 年 4 月至今,实行气象部门与地方政府双重领导,以气象部门领导为主的管理体制。

机构设置 2008 年底,迪庆州气象局内设 3 个职能科室:办公室、业务科技科、计划财务科;下辖 4 个直属单位:气象台、香格里拉大气本底观象台和雷电中心、人工影响天气中心、科技服务中心。

单位名称及主要负责人变更情况

单位名称	姓名	民族	职务	任职时间
中甸县气象站	陈孝忠	汉	站长	1957.07—1961.02
	张家福	汉	站长	1961.02—1963.10
				1963.10—1966.05
中甸县气象服务站	陈燮荣	汉	站长	1966.05—1971.02
	牛福全	汉	站长	1971.02—1973.10
迪庆藏族自治州气象台	张福喜	汉	台长	1973.10—1974.12
	欧文宏	汉	台长	1974.12—1979.12
迪庆州气象台	张福喜	汉	台长	1980.01—1983.01
	阮绍田	汉	台长	1983.01—1984.05

单位名称	姓名	民族	职务	任职时间
迪庆藏族自治州气象处	阮绍田	汉	处长	1984.05—1987.04
	何忠全	汉	处长	1987.04—1990.05
迪庆藏族自治州气象局			局长	1990.05—1993.03
	舒　智	纳西	局长	1993.03—2001.02
	何其晶	汉	局长	2001.02—2004.05
	齐红生	藏	局长	2004.05—

人员状况　1957 年建站时,全站有职工 5 人,1971 年职工人数为 11 人,1978 年有 16 人。截至 2008 年底,有在职职工 30 人,其中:大学本科 13 人,大学专科 8 人,中专 7 人,高中以下学历 2 人;高级职称 1 人,中级职称 17 人,初级以下职称 12 人;藏族 8 人,汉族 9 人,纳西族 9 人,彝族 1 人,傈僳族 3 人;30 岁以下 6 人,30～40 岁 12 人,40～50 岁 12 人。

气象业务与服务

1. 气象观测

①地面气象观测

观测项目　云(云量、云状、云高)、能见度、天气现象、气压、气温、湿度、风向风速、降水、积雪深度、积雪密度、日照、小型(20 厘米口径)蒸发、地表温度、地面浅层温度(5～20 厘米)。1980 年 1 月 1 日开始冻土观测。1988 年开始深层地温(40～320 厘米)观测。2002 年开始蒸发采用 E-601B 型(4—11 月)和小型蒸发器(12 月至翌年 3 月)交替观测。

观测时次　1958 年 1 月 1 日正式开始 01、07、13、19 时 4 次定时气候观测和 04、10、16、22 时(地方时)4 次补充观测,夜间守班。从 1960 年 8 月 1 日起改为 02、08、14、20 时定时观测和 05、11、17、23 时(北京时)补充观测。

发报种类　1958 年 6 月 1 日起,每天 02、05、08、11、14、17、20、23 时 8 次定时编发天气报和补充天气报文。编报内容有云、能见度、天气现象、气压、气温、风向风速、降水、雪深。1962 年 5 月 8 日至 2006 年 12 月 31 日,停止编发 23 时的观测报文。1996 年 4 月 1 日起编发 05—05 时雨量报。

航空危险报:1971 年 6 月 1 日至 1985 年 12 月 31 日,每天 24 小时向云南省民航局编发预约航空报;1971 年 10 月 1 日至 1985 年 12 月 31 日,每天 24 小时向 8365 部队编发预约航空报;1979 年 9 月 15 日至 1985 年 12 月 31 日每天 24 小时向 89730 部队编发预约航空报;1982 年 1 月 1 日至 1984 年 07 月 1 日,每天 24 小时向昆明、西昌编发固定航空危险报。航空危险报的观测、编报报文内容有云、能见度、天气现象、风向风速和雷暴、冰雹、大风、雨凇等重要天气。

电报传输　1958 年至 1986 年 1 月,手工编制气象报,通过电话拨号专线传递至当地邮电局发出。1986 年 2 月 1 日开始使用 PC-1500 袖珍计算机及地面测报程序《DMCX-A2》取代人工编制报文。2000 年 1 月 1 日气象报文通过分组数据交换网自动传输。

气象报表制作　1958 年 1 月至 1999 年 12 月人工制作地面气象月(年)报表,2000 年 1

月1日开始使用《地面 AH 4.0》测报程序编制和打印机制报表。

自动气象观测站　2004 年 12 月 31 日 20 时开始启用 ZQZ-CⅡ型自动站观测(自动气象站单轨运行)。自动站观测项目包括温度、湿度、气压、风向风速、降水、地面温度(浅层、深层)。自动站监测数据适时备份于微机中,可随时调用、编制气象报表和存档。2008 年 6 月香格里拉县新建成 10 个两要素区域自动气象观测站,监测数据通过短信息传递至云南省气象局服务器和州、县气象局终端。2006 年 11 月安装了闪电定位仪,监测数据直接上传到云南省气象局雷电中心接收器。

大气本底观测站　2004 年 8 月开始开展气溶胶、温室气体等的前期科学实验观测。2007 年 12 月增加了反应性气体、太阳光度计、能见度仪等,大气本底观测正式投入运行。

香格里拉大气本底观象台观测项目表

项目	分类	监测内容	监测方式
反应性气体	反应性气体	NO_X,CO,SO_2,O_3	实时在线
气溶胶	气溶胶吸收特性(AE31)	7 个波段的吸收	实时在线
	环境颗粒物	PM_{10},$PM_{2.5}$,PM_1	实时在线
	能见度仪	能见度	实时在线
	太阳光度计	太阳直射和天空散射	实时在线
温室气体	温室气体	温室气体	安装调试
辐　射	辐射	辐射	
地面自动气象站	地面气象监测	压、温、湿、风、降水	实时在线

②农业气象观测

没有设立正式的农业气象观测机构,农业气象观测仅仅根据有关单位的需要开展单项观测。

观测项目　中甸县气象站 1960 年开始在海拔 3300 米的高原地带开展青稞、洋芋的适宜播种期和需水量试验。1970—1990 年期间,时断时续地开展过农业气象条件分析,青稞、洋芋生长状况观测,土壤田间持水量观测,水稻、玉米的气象产量预报,编制了农业气候区划等。1995—1998 年,在迪庆州气象局大院先后开展了"野生川贝母人工引种栽培试验"、"高原球根花卉繁种复壮气候适应性研究"、"高原青稞玉米基因诱导调控栽培试验"等。

农业气象服务　1997 年开始定期编制农业气象旬(月)报。2002 年开始制作大春农业气象产量预报。

2. 气象信息网络

通讯现代化　2000 年地面气象测报数据处理软件《AHDM 4.0》投入地面气象测报工作。2008 年区域自动气象站监测数据通过短信息传递至云南省气象局服务器和州、县气象局终端。2004 年完成了省—州—县光纤通讯和 IP(互联网协议)建设并投入业务运行。

信息接收　1973 年开始使用莫尔斯手工抄报(东亚探空资料)绘制天气图。1984 年开始使用传真打字机取代莫尔斯手工抄报文,直接接收并打印高空天气图。1990 年增设地面气象卫星云图电视接收设备,定时收看和录制当天中央电视台气象卫星云图广播。1995 年 6 月建成了云南省气象局至迪庆州气象局的分组数据交换网及远程计算机终端并投入业务运行。1999 年 12 月建成了气象卫星综合应用业务系统（"9210"工程），利用 PC-VSAT（甚小口径终端）单收站系统接收气象卫星资料。2007 年 5 月建成 DVB-S（卫星数字电视广播）接收系统并投入运行。

信息发布　1960—1990 年的 30 年间，各类气象服务产品主要是通过书面材料直接递送或由信函邮寄到相关服务部门和用户。1990 年增加了甚高频广播发布 24 小时天气预报。1995 年 10 月 1 日开始在迪庆电视台开设了天气预报节目，2005 年全面完成了对电视天气预报节目的改版，实现主持人直播。2003 年开通了"121"天气预报自动查询服务和联通、移动手机气象短信服务。2005 年开始在《迪庆日报》开设了三县一区城市天气预报栏目，同年建立云南兴农信息网迪庆分中心，在云南兴农网上建立了天气预报窗口，每天更新天气预报信息和不定期更新气象和农产品信息。

3. 天气预报预测

1960 年，中甸县气象站开始制作单站 24 小时补充天气预报。1973 年成立预报组，开始使用莫尔斯手工抄报，绘制东亚高空天气图，结合本地气象观测资料制作短、中、长期天气预报，预报范围扩大到迪庆全州三县。1984 年开始使用传真打字机取代莫尔斯手抄报文，接收无线电传真天气图，分析制作天气预报。1990 年通过地面卫星电视接收设备收看中央电视台的气象卫星云图广播，为天气预报提供了有力的支持。2000 年开始使用 PC-VSAT 单收站系统接收气象卫星资料，同时启用 MICAPS 1.0（天气预报制作业务平台）分析制作 24～120 小时天气预报。MICAPS 1.0 先后在 2004 年 1 月和 2008 年 4 月经过 2 次升级，使天气预报分析制作变得非常便捷、高效和准确。2006 年 8 月建成省、地天气预报可视化会商系统，通过每天的天气会商，提高了预报员对每一个重大天气系统和过程的关注，也提高了天气预报质量。

4. 气象服务

①公众气象服务

1960 年 1 月—1995 年 9 月，公众气象服务主要是针对城市的未来 24 小时晴雨和温度预报。1995 年 10 月开始通过各种渠道发布面向全州大部分乡镇和主要景点景区的未来 24 小时天气预报。其中，在迪庆森林防火期（每年的 11 月 1 日至次年的 5 月 31 日）增加森林气象火险等级预报。

②决策气象服务

至 2008 年，迪庆州气象局开展的决策气象服务内容主要有关键农事季节雨情旱涝气象预测服务、气候年景预测、气候影响与评价、气象突发事件预警和应急预案。不定期开展的主要项目有重大社会庆典、节日、经贸活动天气预测；防汛、抗旱、森林防火、重大天气、抢险救灾专题气象服务。2006 年 8 月，迪庆州气象台建立了决策气象服务短信平台并投入业务运行，向中共迪庆州委、州人民政府领导和相关单位领导发送决策气象服务短信息。服务方式为书面材料、电话、传真、信函、电子邮件等。

③专业与专项气象服务

专业气象服务　2000 年，迪庆州气象局与香格里拉发电有限责任公司签订了天气预报服务合作协议,每天电话报送天气预报及降水实况。

人工影响天气 1994年6月成立了迪庆州人工增雨防雹办公室,装备有流动作业车1辆,12管火箭发射架一套。从1994年开始,每年的冬春季节开展人工增雨协助扑灭迪庆森林火灾,一般年份3~5场次,多的年份10余场次。干旱严重的年份组织实施人工增雨抗旱。

2006年迪庆州人工增雨防雹办公室更名为迪庆州人工影响天气中心,负责迪庆州人工影响天气工作的规划、管理、组织协调、设备维护、技能培训工作;负责全州人工影响天气作业条件信息收集、分析、业务平台建设;负责以香格里拉县为重点的人工影响天气作业、效果检验评估工作。

防雷技术服务 迪庆州气象局从1985年开始,使用接地电阻仪,对香格里拉县城的高层建筑物的接地电阻进行检测以防止直击雷的袭击。1992年4月,迪庆州劳动人事局、迪庆州城乡建设环境保护局等单位授权迪庆州避雷装置检测中心为法定检测单位,负责迪庆州所辖范围内避雷装置的安全检测和防雷工程设计施工。装备主要有接地电阻仪、防雷元件测试仪、静电测试仪、视距测高仪、测风经纬仪等。1998年4月,成立迪庆州防雷中心。2001年迪庆州防雷中心正式取得了"防雷装置专业设计和防雷装置专业施工乙级资质证书"。2006年,迪庆州防雷中心取得了"防雷装置检测乙级资质证书"。同年,迪庆州防雷中心更名为迪庆州雷电中心。2008年8月,迪庆州雷电中心更名为迪庆州防雷科技服务中心,有专职人员4人。

④气象科技服务

1985年迪庆州气象局开始开展避雷检测和施放庆典氢气球为主的气象服务科技服务。2006年11月,成立迪庆州气象科技服务中心,负责电视天气预报节目的制作、公众气象服务、专业气象服务,承担兴农信息网分中心工作,承担气象服务产品的加工与传播,承担气象服务产品的研发、制作、分发,承担大气环境评价工作,开展气候资源普查、区划评估;开展农业与生态系统的监测与服务;负责迪庆州气象灾害及衍生灾害资料备份系统建设和运行管理。2008年7月,迪庆气象科技服务中心申请办理了《工商营业执照》、《税务登记证》、企业法人《中华人民共和国组织机构代码证》,已形成初具规模的气象科技服务产业。

5. 科学技术

气象科普宣传 从1994年8月18日国务院发布《中华人民共和国气象条例》开始,借助国务院和云南省出台重大法律法规,利用"3·23"世界气象日,组织干部职工到人流密集的城区,通过展板展示、发放宣传材料和专家解答等方式向群众广泛宣传气象法律法规和气象科普知识;与邻近的中小学校、职业学校建立了帮学机制,气象局成为当地学生学习气象科普知识的园地。

气象科研 中甸县气象站建站初期就在中甸海拔高度3300米的高原地带开展青稞、洋芋的适宜播种期和需水量试验。编制了《中甸县农业气候区划》、《德钦县农业气候区划》、《维西县农业气候区划》和《中甸县气象志》。1994年开始,每年编制《迪庆年鉴(气象部分)》。1995—1998年,在迪庆州气象局大院先后开展了"野生川贝母人工引种栽培试验"、"高原球根花卉繁种复壮气候适应性研究"、"高原青稞玉米基因诱导调控栽培试验"等农业实用技术的应用与研究。2000年以来先后开展完成了"迪庆大雪灾害预警预报"、"迪庆冰雹大风预警预报"、"迪庆滑坡泥石流预警预报"、"迪庆旅游气象指数"、"迪庆州各乡镇和景点景区天气预报生成系统"等省州级短平快课题项目。

气象法规建设与社会管理

法规建设 1992年4月25日,迪庆州劳动人事局、迪庆州气象局、迪庆州公安处、迪庆州保险公司、迪庆州城乡建设环境保护局联合印发《对避雷装置进行安全技术检测的暂行规定》;1997年下发《关于建立计算机(场地)防雷安全技术检测制度》。1998年以来,迪庆州气象局配合迪庆州人大、迪庆州人民政府宣传贯彻《云南省气象条例》、《中华人民共和国气象法》、《中华人民共和国气象行政处罚办法》、《中华人民共和国气象行政复议办法》、《中华人民共和国防雷减灾办法》、《云南省人工影响天气管理条例》等气象法律法规。1996年迪庆藏族自治州人民政府下发了《关于庆典气球施放业务管理办法的规定》;2004年迪庆藏族自治州人民政府下发《迪庆州雷电防护管理办法》,州气象局联合州安监局、州消防大队等执法部门对迪庆境内的宾馆酒店、油库等雷击高危构筑物的防雷设施进行了安全大检查;2007年迪庆藏族自治州人民政府下发《迪庆藏族自治州人民政府关于加快气象事业发展的决定》。2005年成立迪庆州气象局行政执法队。这些法律法规是迪庆州气象主管机构依法行政的依据。

制度建设 2006年3月,迪庆州气象局印发《统一管理防雷工作办法》;2009年4月27日,制订了《迪庆州气象部门防灾减灾系统管理办法(试行)》。

社会管理 1992年迪庆州气象局就开始加强对避雷装置安全技术的检测管理;1996年行使对迪庆境内施放庆典氢气球的管理权限;1997年开展计算机(场地)防雷安全技术检测管理;2000年对全州范围的防雷设施进行了全面的清理检查。2004年制订了迪庆州气象局关于探测环境保护技术规定备案,进一步加强气象探测环境保护。2006年以来,州气象局切实依法管理防雷减灾工作,全面履行好国家法律赋予的职责,迪庆的防雷工作更加规范化。

政务公开 2002年8月,成立了迪庆州气象局局务公开领导小组和迪庆州气象局局务公开监督小组。同年9月制订了《迪庆州气象局推行局务公开制度实施方案》,正式启动了迪庆州气象局局(政)务公开制度。通过局务公开栏、报纸、广播、电视等媒体和气象网站等公布依法行政事项、气象法规、气象行政执法、气象服务项目及服务承诺、气象专业和科技服务收费依据、气象投诉处理途径、党员和副科以上领导干部岗位职责及本部门重要规章制度等。

2004年被中国气象局授予局务公开先进单位。

党建与气象文化建设

1. 党建工作

党的组织建设 1974年3月8日,建立中共迪庆州气象台党支部,有党员3人。截至2008年底,迪庆州气象局有党支部1个,党员18人,其中少数民族党员17人,占党员总人数的 94.4%。

党风廉政建设　2000 年 6 月,迪庆州气象局成立了党风廉政建设指导小组,2001 年 2 月成立了纪检组。2002 年,迪庆州气象局党组下发《迪庆州气象系统党风廉政建设工作制度》和《迪庆州气象局党组关于党风廉政建设责任制的实施办法》,并在迪庆州气象局全体党员领导干部中开展"党风廉政建设教育月"活动。2003 年开始,迪庆州气象局每年年初与机关各科室和直属单位签订当年的《党风廉政建设责任书》,做到年初有计划,年终有总结。同年的 1 月 15 日,对迪庆州气象局防雷中心和局办公室财务状况进行检查。当年,迪庆州气象局党风廉政建设经云南省气象局考核被评为优秀单位。2004 年 12 月,迪庆州气象局开展严禁党员和干部参与赌博以及在娱乐活动中变相赌博的宣传教育。2008 年 4 月,在迪庆州气象部门广大党员干部中深入开展党风廉政宣传教育月活动。2008 年 11 月,制订了《迪庆藏族自治州气象局关于局领导管理计财工作的具体实施办法(试行)》,成立迪庆州气象局固定资产清查领导小组和审计领导小组,加强固定资产清查和重大投资项目、专项资金、人民政府采购、科技服务财务管理等重点领域的清查指导和审计监督。

2. 气象文化建设

精神文明建设　1997 年 6 月,迪庆州气象局成立了精神文明建设指导小组,积极开展创建文明单位、文明行业活动,在台站环境综合改善、办公软硬件建设、职工学历教育等方面逐年提高。2002 年 10 月,制订了《迪庆州气象部门精神文明建设"十五"计划》。2002 年,迪庆州气象局被云南省文明委表彰为全省创建文明行业工作先进单位。2007 年 4 月,通过地方文明办复查验收,迪庆全州气象台站文明创建率达到 100%。同年 11 月,迪庆州气象局与广东省东莞市气象局在东莞签订了文明对口交流合作协议。

文明单位创建　迪庆州气象局精神文明创建始于 1997 年,1998 年州委、州人民政府授予迪庆州气象局为州级文明单位称号。1999 年 8 月,迪庆州文明委授予迪庆州庆州气象局为迪庆州文明行业称号。2004 年、2007 年,被云南省委、云南省人民人民政府分别命名为第十一批、第十二批省级文明单位"称号,保持至今。

集体荣誉　迪庆州气象局 2000 年获得国家档案局表彰的气象科技事业档案管理国家二级先进单位;2005 年,迪庆州气象局被云南省人民政府授予人工影响天气工作先进单位;2008 年,获得迪庆州委奥运火炬云南境内传递气象服务保障先进集体,同年被云南省气象局表彰为抗击低温雨雪冰冻灾害气象服务先进集体。

台站建设

1957 年迪庆州气象局成立时,有生活、办公土木结构房屋 6 所 25 间。1985 年新建 1 幢砖混结构办公楼,使用面积为 300 平方米。1991 和 1996 年分别新建 1 幢 10 套和 6 套砖混结构职工住房,共计使用面积 6430 平方米。1997 年新建 1 幢使用面积 800 平方米的砖混结构办公楼。2008 年底,迪庆州气象局所辖土地面积 22484 平方米。其中,观测场用地 725 平方米、房屋占地 1700 平方米、绿化地 12000 平方米、空地 8059 平方米。

迪庆州气象局旧貌(1990 年)　　　　　　　迪庆州气象局新貌(2008 年)

德钦县气象局

机构历史沿革

始建情况　德钦县气象局始建于 1953 年 7 月 21 日,站址位于德钦县城郊升平镇滇西边防军分区营房内,东经 98°55′,北纬 28°29′,海拔高度 3319 米。

站址迁移情况　1957 年 1 月 1 日,站址搬迁到德钦县高峰公社谷松喇嘛寺山顶,1980 年 6 月 1 日,搬迁至离县城原址直线距离约 6 千米的高峰公社巨水大队飞来寺小队,1994 年 1 月 1 日,搬迁到原址县城城郊升平镇西山路 64 号,东经 98°55′,北纬 28°29′,海拔高度 3319 米。

历史沿革　1953 年 7 月 21 日,建立滇西丽江边防区德钦气象站;1954 年 1 月,更名为德钦县人民政府气象站;1956 年 6 月,更名为云南省德钦气象站;1960 年 3 月 1 日,更名为云南省德钦县气象服务站;1970 年 10 月,更名为德钦县气象站革命委员会领导小组;1972 年 6 月,更名为云南省德钦县气象站;1990 年 5 月 12 日,更名为德钦县气象局。

管理体制　1953 年 7 月—1954 年 1 月,滇西丽江边防区德钦气象站属军队建制;1954 年 1 月—1955 年 1 月,属德钦县人民政府建制和领导,云南省人民政府气象科负责业务管理;1955 年 2 月—1958 年 5 月,属省气象局建制;1958 年 6 月—1963 年 12 月,归属德钦县人民委员会建制,行政由德钦县人民委员会农水科领导,丽江专署气象中心站负责业务管理;1964 年 1 月—1970 年 6 月,建制收归省气象局,隶属丽江专区气象总站管理;1970 年 7 月—1970 年 12 月,隶属德钦县革命委员会建制和领导;1971 年 1 月—1973 年 9 月,实行德钦县人民武装部领导,建制仍属德钦县革命委员会,丽江地区气象台负责业务管理;1973 年 10 月—1980 年 9 月,改为德钦革命委员会建制和领导,迪庆州气象台负责业务管理;1980 年 10 月至今,实行气象部门与地方政府双重领导,以气象部门领导为主的管理体制。

机构设置　1953 年建站时只有地面气象观测组,1957 年设立了预报组,1966 年开展探空业务后增加了探空组,直至 1990 年底探空业务撤销。2006 年机构改革以后,德钦县气象局下设局长办公室、财务室、综合办公室、地面测报组、预报组、防雷暨人工影响天气办公室共计6个组室。

单位名称及主要负责人变更情况

单位名称	姓名	民族	职务	任职时间
滇西丽江边防区德钦气象站				1953.07—1954.01
德钦县人民政府气象站	王绍泉	汉	站长	1954.01—1956.06
云南省德钦气象站				1956.06—1958.07
	李育昆	藏	站长	1958.07—1960.03
				1960.03—1962.07
云南省德钦县气象服务站	倪玉永	汉	站长	1962.08—1967.10
德钦县气象站革命委员会领导小组	靳炳武	汉	站长	1967.11—1970.10
				1970.10—1972.06
				1972.06—1978.03
云南省德钦县气象站	赵志儒	白	站长	1978.03—1980.09
	牟力军	藏	站长	1980.09—1982.12
	杨长寿	回	党支部书记	1983.01—1984.09
	阿初	藏	站长	1984.10—1988.12
	齐红生	藏	站长	1988.12—1990.05
德钦县气象局			局长	1990.05—1993.04
	此称	藏	局长	1993.05—1998.08
	唐永忠	傈僳	局长	1998.09—2001.01
	此称	藏	局长	2001.01—

人员状况 1953年建站时,德钦县气象站有职工3人;1978年有职工26人;1991年,撤销探空业务后分流人员;截至2008年底,德钦县气象局有职工11人,其中:大学本科1人,大学专科9人,中专1人;中级职称5人,初级职称6人;藏族4人,汉族2人,纳西族2人,傈僳族1人,彝族1人,白族1人。

1953年以来,在德钦县气象局工作过的省内外气象工作者有110人。

气象业务与服务

1. 气象观测

①地面气象观测

观测项目 气压、气温、湿度、风向、风速、云、水平能见度、天气现象、日照、小型蒸发、积雪、草温、地面状态等。1957年4月1日0时起增加地表温度和浅层(5、10、15、20厘米)地温观测。1957年6月1日,开始雨量观测。

观测时次 1953年7月21日,德钦县气象站正式开始01、07、13、19时4次气候(定时)观测和04、10、16、22时(地方时)4次补充天气观测,从1960年8月1日起定时观测和补充观测时间改为02、08、14、20时和05、11、17、23时(北京时)。2004年12月31日20时开始由人工观测转入自动气象站自动监测。

发报种类 1953 年 8 月 5 日开始编发天气报。发报时次为 08、10、14、16、18、20 时。1956 年 10 月 1 日起增发 02、05 时绘图报;1996 年 4 月 1 日起天气报中增加拍发 05—05 时雨量报;1956 年 3 月 30 日 03 时至 1956 年 7 月 20 日 17 时,编发 03—17 时不定时预约航空报;1957、1958、1960、1963 年不定期向昆明、成都、保山、武汉军区发预约航空报;1960 年 8 月 29 日开始向兰州军区拍发预约航空危险报;1984 年 1 月 1 日开始编发重要天气报;1986 年 1 月 1 日开始航空报发报时次由 05—18 时改为 05—21 时。1986 年 3 月 1 日取消航空危险报的编发业务。

电报传输 从 1953 年建站到 1986 年 1 月,气象报文靠手工编制和电话拨号专线传到当地邮电局报房,再由邮局报房转发。1986 年 2 月 1 日开始使用 PC-1500 袖珍计算机和地面测报程序《DMCX-A2》取代人工编报。2000 年 1 月 1 日使用《地面 AH 4.0》测报程序编制、传输报文和制作报表。

气象报表制作 1958 年 6—12 月编制 1 份气表-1、气表-2 和月简表,1960 年 7 月至 1962 年 12 月编制 2 份气表-1、气表-2 月和简表,向云南省气象局报送 1 份,本站留底本 1 份,1963 年 1 月至 1999 年 12 月编制 4 份气表-1 和气表-2,向国家气象局、云南省气象局各报送 1 份,本站留底本 1 份,同时取消制作月简表。气象年(月)报表通过微机自动打印输出。

资料管理 气象观测记录和各类气象报表临时归入本单位科技档案,到一定期限后移交云南省气象局统一管理。

自动气象观测站 2004 年 12 月 31 日 20 时起 ZQZ-CⅡ型自动气象站正式运行。2006 年 12 月 31 日 20 时开始实现每天 24 小时自动采录、编报和宽带网传输,实现了数据资料适时共享。2008 年 6 月,德钦县建成 11 个两要素自动观测站点。

②高空观测

1966 年 1 月 1 日开始进行高空探测业务。探测仪器为"P3-049"型探空仪、经纬仪、短波通用接收机,每天早晚两次(07 时和 19 时)观测。1966 年 8 月 1 日探空仪更换为"059"型。

测风 1980 年 10 月 25 日 19 时开始启用"701"测风雷达,开展从地面到高空的气压、温度、湿度、风向、风速等高空监测。

制氢 使用人工制氢、施放 80 号规格的氢气球。

德钦站的探空资料直接参加世界气象组织的资料交换。1991 年 1 月 1 日停止了探空业务。

2. 气象信息网络

通讯现代化 1997 年建成分组数据交换网(X.25);1999 年 12 月建成气象卫星综合应用业务系统("9210"工程);2008 年建成省、地、县天气预报可视化会商系统及视频会议系统。

信息接收 20 世纪 50—90 年代中期,气象预报资料的接收主要靠接无线电短波广播、单边带、甚高频和"123"气象传真广播。1997 年开始使用分组数据交换网(X.25)。1999 年 12 月 28 日使用气象卫星综合应用业务系统("9210"工程)接收国家气象中心综合气象信息。2008 年建成省、地、县天气预报可视化会商系统及视频会议系统,通过视屏更为直观地了解云南省气象台和各地州气象台专家对影响云南各地天气系统的详细分析,极大地避免了重大天气过程的空(漏)报,同时有利于提高天气预报的准确性。

信息发布 德钦县气象局从建站初期的 1957 年 6 月到 1995 年中期的 40 年间,气象信息发布大都通过电话和纸质文稿传递,1995 年以后辅以传真和电子邮件传输,2001 年开始普遍采取网络传输各类气象信息。2008 年 10 月开始,德钦天气预报在德钦县电视播放,真正实现天气预报面向公众服务。

3. 天气预报预测

德钦县气象站从 1957 年 6 月 1 日开始制作发布本地区 24 小时温度和晴雨单站补充天气预报。1999 年底气象卫星综合应用业务系统建立,开始制作和发布辖区内的短、中期天气预报、气候年(月)预测。

4. 气象服务

①公众气象服务

1957 年 6 月 1 日开始制作补充天气预报,并向公众提供短、中、长期天气预报服务。1999 年以来向公众提供各乡镇和风景区未来 24 小时天气预报。

②决策气象服务

至 2008 年,德钦县气象局把灾害性、转折性天气预警预报,重大社会、经贸活动、突发事件的气象信息,通过专题材料、手机短信息发送到决策部门和用户手中;护林防火、汛期、水利水电、农事活动关键期、重大工程建设项目气象评估论证与保障服务等通过网络、函件等发送到相关部门。

③专业与专项气象服务

专业气象服务 1990 年以来,积极为德钦县重大社会经贸活动、文化周活动和重大工程项目建设、森林防火、水利、电力等开展专项气象保障服务。

人工影响天气 德钦县气象局在 1993 年成立人工增雨防雹办公室,装备有三管火箭弹发射装置 1 套。每年逢冬春干旱时节开展人工增雨作业、协助扑救森林火灾和抗旱气象服务。

防雷技术服务 1993 年 10 月,德钦县气象局开始在德钦县开展避雷装置检测、防雷工程的设计、审核、竣工验收等业务。1998 年 8 月成立了相应机构,即德钦县避雷检测站。同年 8 月通过云南省技术监督局的计量认定并授予铜牌。

气象法规建设与社会管理

法规建设 德钦县气象局在气象法规建设中,主要是宣传贯彻国家及有关部门颁发的气象法律法规。

制度建设 德钦县气象站建站初期制度建设有"地面气象观测岗位职责",1985 年建立了"德钦县气象站目标管理考核办法"。2006 年机构改革以来各项规章制度逐步建立和完善,主要有《德钦县气象局财务管理制度》、《德钦县气象局地面组业务规章制度》、《德钦县气象局编制报表报送制度》、《德钦县气象局地面测报值班制度》、《德钦县气象局公务用车制度》、《德钦县气象局计算机网络设备管理制度》、《德钦县气象局领导值班制度》、《德钦县气象局学习制度》、《德钦县气象局预报岗位制度》、《德钦县气象局重大情况报告制度》、《德钦县气象局重要天气服务记录制度》、《领导班子勤政廉政制度》、《汛期值班制度》、《业务值班制度》、《重大天气过程领导签发制度》等。

社会管理　2000年以来,德钦县气象局坚持与地方环境保护局、安委会、消防队、保险公司、安监局等行政执法部门协作,依法对气象探测环境进行保护、备案;依法实施德钦县雷电和人工影响天气业务和管理。

政务公开　2002年开始,德钦县气象局全面推行政务公开制度,依照气象行政审批办事程序、气象服务内容、服务承诺、气象行政执法依据、服务收费依据及标准等,通过人民政府信息网站向社会公开。干部任用、财务收支、目标考核、基础设施建设、工程招投标等单位内部事务通过职工大会和信息公开栏向职工公示。

党建与气象文化建设

1. 党建工作

党的组织建设　1976年德钦县气象站成立党支部,有党员4人。1978年有党员6人。截至2008年底,有党员5人。

德钦县气象局党支部在1998年、2001年和2002年度被德钦县机关工委评为先进党支部。

党风廉政建设　自2000年以来,德钦县气象局每年签订党风廉政建设责任制,严格执行单位主要负责人向地方纪委汇报工作制度。2008年配备了兼职纪检监察员。

2. 气象文化建设

精神文明建设　德钦县气象局1997年开始开展精神文明创建活动,并逐年加大投入,先后建起了篮球场、乒乓球室、图书阅览室等职工活动室和完成了台站综合改善;积极组织职工开展歌咏比赛、知识竞赛、体育竞赛和参加县委、县人民政府举办的各类文体活动,把文体活动作为增强德钦县气象局职工凝聚力的载体。从1953年建站以来,把每月的25日定为打扫环境卫生和业务学习日。不定期开展弘扬高原气象人的优良传统和作风教育;鼓励职工参加在职学历(学位)教育,对参加在职学习的职工给予时间和经费支持;积极向扶贫联系点、灾区和公益事业捐款捐物、交纳特殊党费等活动。

文明单位创建　2000年,县委、县人民政府授予德钦县气象局为县级文明单位。2003被评为州级文明单位。2008年,省委、省人民政府授予德钦县气象局为省级文明单位。

集体荣誉　1956年、1957年,连续两年荣获云南省气象系统先进气象站;1994—1995年度获云南省气象系统双文明建设先进集体;2002年荣获州级文明单位称号;2006年荣获迪庆州委、州人民政府颁发的"十五"科技工作先进单位称号。

台站建设

建站初期在德钦县城部队营房内。1957年1月1日,因站址不符合要求搬迁到在离原站址垂直高度为400米的德钦县高峰公社谷松喇嘛寺山顶,工作和生活用房仍是极其简陋的土掌房(左、右、后三面和屋顶用土筑的当地民房)。1980年因探空业务的需要,德钦县气象站搬迁到距德钦县城10千米(此处为实际路程,直线距离为6千米)远的德钦县高峰公社巨水大队飞来寺小队,新建有地面气象观测值班室、探空组值班室、职工活动室、职工食堂和建有砖瓦小平房10间面积为207.36平方米的职工宿舍,3间面积为124.1平方米的苛性钠制氢房。1994年,德钦县气象局基础设施和职工的办公、生活环境有了极大改善。2000年德钦县气象局投入国债资金50万元新建1幢面积为508.6平方米的职工宿舍楼,2001年11月7日竣工投入使用。2002年完成"两室一场"的改造工程。2003年完成了拦河坝挡墙和大院局部环境的改造。2004年投入台站综合改善资金53.5万元新建了1幢面积为269.59平方米的业务综合办公楼,2004年12月7日竣工投入使用。2008年底,德钦县气象局占地面积4315.5平方米。其中,观测场用地625平方米、绿化和硬化路面3310.8平方米、房屋占地379.7平方米。有房屋3幢,其中办公楼2幢18间,使用面积390平方米,住宅1幢6套,使用面积498平方米。

德钦县气象局旧貌(1980年)　　　　　　德钦县气象局新貌(2007年)

维西傈僳族自治县气象局

机构历史沿革

始建情况　维西傈僳族自治县气象局(以下简称"维西县气象局")始建于1954年4月1日,位于维西县县府街24号天主教堂内,东经99°31′,北纬27°13′,海拔高度2440.0米。

站址迁移情况　1957年1月1日,站址搬迁至维西县丽江箐西南—东北走向的山腰上,东经99°17′,北纬27°10′,海拔高度2325.6米。2002年10月,观测场地进行加高改造,加高后的观测场海拔高度2326.1米。

历史沿革　1954年4月1日建立维西傈僳族自治县人民政府气象站;1955年5月,更名为维西县气象站;1960年2月1日,更名为维西县气象服务站;1972年9月,更名为维西县气象站;1990年5月,更名为维西傈僳族自治县气象局。

管理体制　1954 年 4 月—1955 年 4 月,维西县人民政府气象站,隶属维西县人民政府建制和领导;1955 年 5 月—1958 年 6 月,建制归省气象局;1958 年 6 月—1963 年 12 月,隶属维西县人民委员会建制和领导,丽江专署气象中心站负责业务管理;1964 年 1 月—1970 年 6 月,收归省气象局(1966 年 3 月改为云南省农业厅气象局)建制,业务由丽江专区气象总站管理;1970 年 7 月—1970 年 12 月,隶属维西县革命委员会建制和领导;1971 年 1 月—1973 年 9 月,隶属维西县人民武装部领导,建制仍属维西革命委员会,丽江地区气象台负责业务管理;1973 年 10 月—1980 年 9 月,改属维西县革命委员会建制和领导,迪庆州气象台负责业务管理;1980 年 10 月至今,实行气象部门与地方政府双重领导,以气象部门领导为主的管理体制。

单位名称及主要负责人变更情况

单位名称	姓名	民族	职务	任职时间
维西傈僳族自治县人民政府气象站	何国礎	汉	负责人	1954.04—1954.06
	但起焜	汉	站长	1954.07—1955.05
				1955.06—1955.08
维西县气象站	许德存	汉	负责人	1955.09—1956.03
	李跃虎	汉	站长	1956.04—1960.02
维西县气象服务站				1960.02—1965.10
	余文远	彝	站长	1965.10—1972.09
				1972.09—1973.11
维西县气象站	和春元	纳西	站长	1973.11—1984.07
	段茂盛	白	站长	1984.07—1990.05
			局长	1990.05—1993.07
维西傈僳族自治县气象局	张玮	纳西	局长	1993.07—1997.08
	张耀仙(女)	汉	局长	1997.08—2004.11
	赵向东	纳西	局长	2004.11—

人员状况　1954 年成立时有职工 6 人;1978 年有职工 10 人;截至 2008 年底,有在职职工 12 人,其中:大学本科 3 人,大学专科 5 人,中专 4 人;中级职称 6 人,初级职称 6 人;傈僳族 2 人,纳西族 4 人,白族 2 人,藏族 2 人,汉族 2 人;30 岁以下 6 人,30～40 岁 1 人,40 岁以上 5 人。1954—2008 年先后有 65 人在维西县气象局工作过。

气象业务与服务

1. 气象业务

①地面气象观测

观测项目　1954 年 4 月 1 日,维西县气象站成立并按照国家基本气象站的要求正式开展地面气象常规观测业务。观测内容包括云、能见度、天气现象、气压、干(湿)球温度、湿度、风向风速、降水、日照、蒸发、地表温度、浅层地温(5、10、15、20 厘米)、深层地温(0.4、0.8、1.6、3.2 米)、雪深、地面状态等。

观测时次　从建站开始,每天进行 01、07、13、19 时(地方时)4 次定时观测并编发天气报；04、10、16、22 时编发补充天气报，1960 年 8 月 1 日起，定时观测和补充编发报改为 02、08、14、20 时和 05、11、17、23 时(北京时)。

发报种类　每天编发 02、08、14、20 时 4 次定时气象观测报文(含重要天气报文)和编发 05、11、17、23 时 4 次补充天气报文；每旬(月)的第一天 02 时编发上一旬(月)的农业气象旬(月)报。

电报传输　从 1954 年建站到 1986 年 1 月，使用手工编制气象报文并通过手摇式蜂窝电话专线将报文传给当地邮电局报房。1986 年 2 月 1 日开始使用 PC-1500 袖珍计算机地面测报程序《DMCX-A2》手工输入气象观测数据，微机自动编制打印报文。2000 年 9 月 1 启用分组数据交换网(X.25)向云南省气象局上传气象报文。2005 年接入宽带网，气象报文和自动气象站每小时定时将监测数据自动向云南省气象局传递。

气象报表制作　维西县气象站从 1954 年 4 月建站起每月(年)手工编制地面气象观测月(年)报表各一式 3 份。2005 年 1 月开始报表制作采用微机自动打印输出。

资料管理　从建站到 2005 年，各类文本、报表以纸质资料形式归入本单位资料室，2005 年开始纸质资料和电子文档一同归档管理。

自动气象观测　2005 年 1 月 1 日起自动气象站正式运行。截至 2008 年 7 月，维西县 10 个乡镇均建起了 10 个两要素自动气象站，自动站将每小时监测到的气温和降水信息通过 CAWS 数据分析传到维西县气象局终端。

②气象信息网络

通讯现代化　1999 年建成气象卫星综合应用业务系统("9210"工程)并投入业务运行。2000 年 9 月 1 日启用分组数据交换网(X.25)，2008 年建成省、地、县天气预报可视化会商系统及视频会议系统。

信息接收　1958—1990 年期间主要依靠无线电短波广播收听上级业务部门的气象信息。1999 年开始运用气象卫星综合应用业务系统("9210"工程)接收国家气象中心综合气象信息。2008 年启用省、地、县天气预报可视化会商系统，通过视屏更为直观地了解云南省气象台和各地州气象台专家对影响云南各地天气系统的详细分析，极大地避免了重大天气过程的空(漏)报，同时有利于提高天气预报的准确性。

信息发布　从 1958 年 6 月 1 日开始制作以气温和降水为主的单站补充天气预报，预报产品通过电话和纸质材料向地方党政部门和相关单位传送，20 世纪 90 年代中期开始使用传真机传送，2005 年开始通过电视台播放全县城市和风景区天气预报。

③天气预报预测

维西县气象站从 1958 年 6 月 1 日开始制作以气温和降水为主的单站补充天气预报。1990 年以后随着气象现代化步伐加快，可接收气象信息和上级业务部门指导产品增加，开始制作维西县 1～7 天的气温、降水预报、风向风速为主的城镇和风景区天气预报，短时临近天气预报，农事关键期和年、月气候预测。

2. 气象服务

①公众气象服务

1990 年以来，维西县气象局公众气象服务主要内容有短、中期天气预报和年(月)气候预测、森林火险等级预报。

②决策气象服务

1990年以来,维西县气象局决策气象服务主要内容有灾害性天气预(警)报和预警信号发布,重要天气和气象灾情分析报告,重大社会活动气象预测与服务,重大工程项目建设气象保障服务,抢险救灾气象保障服务,冬春季节森林防火气象保障服务,气候影响与评价,农业气候资源区划等。

③专业与专项气象服务

专业气象服务 维西县气象局加强与维西县农牧局、水电局、林业局、民政局等的合作,逐步开展了一些相关的专题专项气象服务。同时,根据社会需求积极为维西县公路、水库等重大工程项目建设提供气象保障服务;冬春季节开展森林火险等级预报和人工影响天气服务;为每年一度的维西兰花节开展专项气象保障等服务。

人工影响天气 维西县人工影响天气工作最早出现在20世纪70年代中期,由民间组织自发开展,使用自制的土火箭、土火炮来防风雹灾害。1994年维西县气象局成立了人工增雨防雹办公室,配备三管火箭发射装备一套,有固定作业点1个。主要任务是协助维西县护林防火部门扑救森林火灾和增雨抗旱以及对维西县10个乡镇人工防雹点的组织协调和监管。

防雷技术服务 1979年维西县气象局成立了避雷检测站,1997年11月19日成立维西傈僳族自治县防雷中心,开展对本地重点防雷设施进行避雷检测、防雷工程图纸审核、设计安装、竣工验收等业务。2006年迪庆州防雷中心进行机构改革,维西县气象局防雷中心归并到迪庆州气象局雷电中心,维西县气象局协助迪庆州雷电中心实施维西县境内的防雷工作。

④气象科普宣传

维西县气象局每年利用"3·23"世界气象日、维西县科技活动周等大型活动,通过展板展示和发放宣传单等形式向群众宣传气象法律法规、气象科普知识和气象防灾减灾知识。积极组织中小学生到气象局参观学习,局领导每年到维西县保和镇永春村南嘎啦气象希望小学作气象科普知识讲座和慰问教职员工。

气象法规建设与社会管理

法规建设 维西县气象局在气象法规建设中,主要是宣传贯彻国家及有关部门颁发的气象法律法规。

制度建设 维西县气象站建站早期的制度有《地面气象观测岗位职责》、《维西县气象站目标管理考核办法》。2006年机构改革以来逐步建立和完善各项规章制度,主要有《维西县气象局地面测报值班制度》、《维西县气象局地面组业务规章制度》、《维西县气象局测报组定级评分标准》、《维西县气象局编制报表报送制度》、《维西县气象局预报岗位制度》、《维西县气象局学习制度》、《维西县气象局财务管理制度》、《维西县气象局计算机网络设备管理制度》、《维西县气象局领导值班制度》、《维西县气象局重大情况报告制度》、《维西县气象局重要天气服务记录制度》、《汛期值班制度》、《领导班子勤政廉政制度》、《安全生产规章制度》等。

社会管理 1994 年,维西县人工增雨防雹办公室开始开展对人工影响天气业务监管工作。1995 年 6 月 10 日成立了维西县避雷检测安全技术委员会,开展避雷检测安全监管工作。1999 年维西县人民政府下发了《关于批转县气象局要求安装建(构)筑物防雷设施请示的通知》和《关于批转建立计算机(场地)防雷检测制度请示的通知》,进一步规范了雷电安全的行业管理。

政务公开 2002 年 4 月,维西县气象局全面推行局务公开制度。设立局务公开栏,对维西县气象站基本职责、气象服务内容、气象行政执法依据、服务收费依据及标准、财务管理事项、在职职工情况等,采取公示栏的方式向社会公开。每月 25 日定期召开全局职工大会,对目标完成情况、财务管理等以通报的形式向职工公开。财务管理的各项工作情况每半年在公示栏公开。2008 年 6 月,在维西县人民政府信息公开门户网站(http://dqwx.xxgk.yn.gov.cn)中开设了维西县气象局的政务公开板块,更大范围的接受群众和社会的监督。

党建与气象文化建设

1. 党建工作

党的组织建设 1979 年 8 月 7 日,建立了维西县气象站党支部,有党员 3 人。1990 年 8 月,维西县气象局有党支部 1 个,党员 5 人。截至 2008 年底,有党支部 1 个,党员 4 人。

维西县气象局党支部分别在 1989 年、1996 年、1997 年、1998 年、2002 年、2005 年、2008 年被维西县委评为先进党支部。

党风廉政建设 从 2000 年以来,维西县气象局认真贯彻落实云南省气象局、迪庆州气象局党组和维西县委关于加强党风廉政建设和反腐败工作的各项制度。2003 年以来,把每年的 4 月定为党风廉政教育月,集中开展党课教育活动。局领导每年向维西县纪律检查委员会作党风廉政述职报告,并层层签订党风廉政建设责任书。2005—2006 年维西县纪律检查委员会对在公款赊账吃喝情况进行清理的过程中,维西县气象局被维西县纪律检查委员评为党风廉政建设先进单位。2007 年开始开展作风建设月活动,为规范干部职工行为,先后制定了工作、学习、服务、财务、党风廉政、卫生安全等六个方面的规章制度。2008 年配备了兼职纪检监察员。

2. 气象文化建设

精神文明建设 1997 年以来,维西县气象局结合"云岭先锋工程"、"三个代表"、"保持共产党员先进性"等教育活动,开展创建文明单位、建设一流台站活动。与所处的维西县气象新村社区结对共建,与贫困村(户)、农村基层党支部结对帮扶。1996—1998 年,维西县气象局被云南省气象局评为"双文明"单位。2003 年以来,维西县气象局每年 10 月份开展职业道德教育月活动。

文明单位创建 1998 年,县委、县人民政府授予维西县气象局为县级文明单位。2000 年,州委、州人民政府授予维西县气象局为州级文明单位。2003 年,维西县气象局被云南省委、省人民政府授予省级文明单位,保持至今。

台站建设

1956 年 1 月,维西县气象站有土木结构平房 1 幢 8 间,为办公和生活用房。1986 年新建成砖混结构职工宿舍 1 幢 8 套,沿用至今。2001 年新建框架业务办公楼 1 幢 10 间,面积 427 平方米。2002 年新建职工厨房 1 幢 6 间、人工增雨防雹弹药库 1 幢 2 间。2004 年投资 19 万元新建综合用楼 1 幢 8 间。2008 年底,维西县气象局有房屋 9 幢 45 间,建筑面积 2383.8 平方米。其中工作用房 8 间,使用面积 416.8 平方米;生活用房 16 间,使用面 1647.2 平方米;其他用房 21 间,使用面积 319.8 平方米。维西县气象局总占地 12097.8 平方米。其中,地面气象观测场占地 725 平方米,房屋占地 2383.8 平方米,积绿化面积 7101.4 平方米,空地 1887.6 平方米。

维西县气象局旧貌(1985 年)

维西县气象局新貌(2008 年)

香格里拉县气象局

香格里拉县位于东经 99°22′~100°19′,北纬 26°52′~28°52′之间,海拔最高点巴拉更宗雪山 5545.0 米,最低点洛吉乡金沙江出境处 1503 米,高度差 4042 米;历年平均气温 5.8℃,最热月(7 月)气温 13.5℃,最冷月(1 月)气温 −3.1℃,极端最高气温 26.0℃,极端最低气温 −27.4℃,极端一日最大温差 30.7℃,无霜期 125 天,降雪期长达半年时间(10 月至翌年 3 月),最大积雪深 42 厘米。长冬无夏,春秋相连。

机构历史沿革

始建情况 2006 年 12 月成立香格里拉县气象局,站址在香格里拉县城北郊(属建塘镇),位于东经 99°42′,北纬 27°50′,海拔高度 3276.7 米。

管理体制 2006 年 12 月以来,实行气象部门与地方政府双重领导,以气象部门领导为主的管理体制。

单位名称及主要负责人变更情况

单位名称	姓名	民族	职务	任职时间
香格里拉县气象局	高中平	白	局长	2006.12—

人员状况 香格里拉县气象局成立之初,人员由迪庆州气象局地面气象测报划归,有职工 9 人。截至 2008 年底有在职职工 10 人,其中:在学本科 2 人,大学专科 6 人,中专 2 人;中级职称 5 人,初级职称 5 人;30 岁以下 4 人,30～40 岁 2 人,40 岁以上 4 人;藏族 5 人,纳西族 2 人,傈僳族 1 人,白族 1 人,汉族 1 人。

气象业务与服务

1. 气象业务

①地面气象观测

2006 年 12 月,原迪庆州气象局国家基本气象站业务划归香格里拉县气象局。每天进行 02、08、14、20 时 4 次定时观测和 4 次补充监测灾害天气。

观测项目 云量、云状、云高、能见度、天气现象、气压、气温、湿度、风向风速、降水、积雪深度、积雪密度、日照、蒸发(12 月至翌年 3 月为小型;4—11 月为 E-601B 型)、地表温度(0 厘米)、地面浅层温度(5～20 厘米)、深层地温(40～320 厘米)、冻土等。

发报种类 天气报(含重要天气报文)和气象旬、月报。每天固定编发 02、08、14、20 时 4 次定时气象观测报文和编发 05、11、17、23 时 4 次补充天气报文;每旬(月)末时编发气象旬(月)报。

电报传输 报文通过 FTP 专线网络传输。当 FTP 专线网络故障时用 VPN 公共网传输。

气象报表制作 报表制作采用微机自动打印输出。每月 5 日前打印气象站上个月的气象月报表、每年 1 月 15 日前打印上年度的气象年报表各一式 3 份,并经州级和省气象局业务主管单位审核、复核后归入本单位科技档案。

自动气象站观测 2008 年 6 月香格里拉县新建成 10 个两要素区域自动气象观测站,监测数据通过短信息传递至云南省气象局服务器和州、县气象局终端。

2006 年 11 月安装了闪电定位仪,监测数据直接上传到云南省气象局雷电中心接收器。

②气象信息网络

通过云南省气象系统宽带通信网络,实现气象数据上传和调用;另采用 VPN 技术在 Internet 网上构建 VPN 专网(虚拟专用网)作为宽带广域网的备份线路。

香格里拉县气象局的其他各项工作处于建设过程中。

2. 气象服务

香格里拉县气象局不制作天气预报,气象服务工作主要是转发迪庆州气象台制作的天气预报产品;与迪庆州人工影响天气中心合作,开展本县范围的人工增雨(雪)扑救森林火灾和人工增雨抗旱服务。

气象法规建设与社会管理

法规建设　香格里拉气象局以转发、印发上级业务主管部门和地方党政部门的法律法规来管理本单位事务和开展气象业务与服务工作。

制度建设　制度建设主要有《香格里拉县气象局学习制度》、《首问首办制度》、《领导班子公开承诺制度》、《联系群众制度》、《责任追究制度》、《民主科学决策制度》、《民主监督制度》、《财务管理制度》、《香格里拉气象局地面气象测报目标管理考核办法》、《香格里拉气象局党风廉政建设责任书》、《香格里拉气象局安全生产责任书》等。

社会管理　香格里拉县气象局根据当地社会经济发展和自身对气象探测环境保护的要求,积极参与当地与气象有关的各项事业的规划管理;组织落实香格里拉县气象行业规划与实施;承办香格里拉县县委和人民政府交办的其他事项。

政务公开　香格里拉县气象局在局办公楼走道建设有政务公开专栏,公示内容有单位概况、工作人员一览表、工作职责、服务承诺、职业及公民道德、各项制度、依法行政、临时公开事项和公众监督等。

依法行政　香格里拉县气象局依据《中华人民共和国气象法》、《人工影响天气条例》、《防雷减灾管理办法》、《气象探测环境和设施保护办法》、《气象行政处罚办法》、《气象行政复议办法》等相关法律法规对本县区内违法违规行为及时进行干预和处罚。特别是近两年来,由于香格里拉县城市拓展,香格里拉县气象局的气象探测环境面临破坏,局领导一方面多次与地方政府、开发商进行协调交涉,减少对气象探测环境的破坏;另一方面积极向上级业务主管部门反映情况,力争把观测场地迁到城外,以作长久打算。

党建与气象文化建设

党的组织建设　截至 2008 年底,香格里拉县气象局有党员 2 人,隶属迪庆州气象局党支部,参加迪庆州气象党支部的组织生活和党建活动。

党风廉政建设　香格里拉县气象局成立以来,按照上级部门和地方党委党风廉政建设的要求和《迪庆州气象系统党风廉政建设工作制度》(迪气党发〔2002〕1 号)、《迪庆州气象局党组关于党风廉政建设责任制的实施办法》(迪气党发〔2002〕4 号)等要求,狠抓党风建设,认真组织"党风廉政建设教育月"活动,逐年与上级党组织签订年度《党风廉政建设责任书》,做到年初有计划,年终有总结,两年来未出现违法乱纪的事件。

精神文明建设　香格里拉县气象局是 2006 年 12 月成立,与迪庆州气象局共处一个大院,未单独创建文明单位。

临沧市气象台站概况

临沧市位于云南省西南部,东经 98°40′~100°32′,北纬 23°05′~25°03′。西至西南与缅甸交界,国境线全长 290.79 千米。辖 7 县 1 区 77 个乡镇,国土面积 23693 平方千米,总人口 237 万。

气象工作基本情况

所辖台站概况　1952 年 12 月,在云县草皮街建立滇西卫戍区缅宁气象站。1953 年 3 月,经云南军区气象科批准,由云县迁往缅宁(今临沧市气象局现址)。1954 年 11 月,建立耿马县孟定气象站,1956 年 10 月、11 月、12 月相继建立了双江县、云县和永德县气候站,1958 年 9 月建立耿马县气候站,同年 11 月建立凤庆、沧源县气候站,1960 年 12 月,建立临沧县博尚(今临翔区博尚镇)气候站、凤庆县营盘气候站、镇康县勐捧气候站。1962 年进行台站网调整,于 5 月 22 日撤销博尚、营盘气候站,调整后全区保持专区一台、每县一站(耿马县两站)的台站布局。1990 年 1 月,撤销耿马县孟定气象站。经临沧地区气象局与临沧行署、耿马县人民政府协商后保留孟定气象站,作为耿马县气象站的一个观测服务组驻孟定,隶属临沧地区气象局管理。1996 年 11 月,更名为耿马县气象局孟定分局,隶属耿马县气象局。2004 年 11 月,临沧撤地设市,成立临翔区,区、市气象局合署办公。临沧市气象局管辖 7 县 1 区共 8 个县级气象局。

管理体制　1953 年 8 月以前,属军队建制。1953 年 8 月—1956 年 2 月,临沧专区各气象(候)站隶属当地人民政府建制和领导。1956 年 2 月—1958 年 5 月,隶属云南省气象局建制和领导。1958 年 5 月—1963 年 7 月,隶属当地人民委员会建制和领导。1963 年 7 月—1970 年 7 月,收归云南省气象局(1966 年 3 月改为云南省农业厅气象局)建制,其人员、财务、业务管理、技术指导和仪器设备均由云南省气象局负责,行政生活、政治思想、地方服务工作以及对台站工作的管理监督由当地党政负责。1970 年 7 月—1970 年 12 月,全专区气象台站改属当地革命委员会建制和领导。1971 年 1 月—1973 年 3 月,临沧地区气象台站实行军队领导,建制仍属当地革命委员会。1973 年 3 月—1980 年 12 月,隶属当地革命委员会建制和领导。1981 年 1 月起,实行气象部门与地方人民政府双重领导,以上级气象部门领导为主的管理体制。

人员状况 1978 年全区气象部门有 90 人;2008 年全市气象部门职工总数达 166 人,其中在职职工 108 人(编制 111 人),在职职工中:30 岁以下 30 人,31~40 岁 36 人,41~50 岁 27 人,50 岁以上 15 人,少数民族 31 人;大学本科学历 40 人,专科学历 36 人,中专及以下学历 32 人;高级工程师 6 人,工程师 44 人,助理工程师 54 人,技术员 2 人。

党建工作 截至 2008 年 12 月,全市气象部门有 1 个党总支,9 个党支部,党员 56 人。

精神文明建设 1997 年 5 月,成立临沧地区气象局精神文明建设领导小组,先后制定了《临沧地区气象局关于精神文明建设实施意见》《临沧地区气象局创建精神文明集体(个人)管理办法(试行)》《临沧地区气象局关于开展文明单位创建活动的通知》《临沧地区气象局开展创建"文明科室(班组)"、"文明家庭"活动实施办法》等文件,把精神文明建设作为一项重要的工作内容,纳入工作目标管理,严格考核。各县气象局建有职工之家、图书阅览室、文体娱乐活动室。市气象局还建有篮球场,老年人活动中心,地掷球场等活动设施。积极组织干部职工开展文明健康的文体活动,每两年举办一次老干部运动会暨联谊会,有序地开展全市文明创建活动,精神文明建设健康向上发展。

2002 年,全市气象系统建成地(市)级"文明行业";2001 年,临沧地区气象局、耿马县气象局、云县气象局、沧源县气象局建成地(市)级文明单位;2002 年,永德县气象局建成地(市)级文明单位;镇康县气象局 2007 年 12 月建成地(市)级文明单位。2004 年市气象局、耿马县气象局、双江县气象局建成省级文明单位,保持至今。

主要业务范围

临沧市共有 8 个地面气象观测站,其中 2 个国家基本气象站,6 个国家一般气象站。2008 年底在 8 个地面气象观测站中建成 6 个大气监测自动气象站,2 个农业气象观测站,1 个 GPS 水汽自动观测站,1 个闪电定位自动观测站;在辖区内建成 99 个两要素区域自动站。

地面气象观测 主要任务是观测、编发天气报和航空报、制作各类报表、积累气象资料等。1960 年以前,凤庆、云县、永德、双江、耿马 5 个气候站只进行观测记录、制作报表和积累资料,临沧和孟定两个国家基本站同时编发天气报。1960 年以后各站增加了编发天气报任务,临沧、孟定、凤庆增加编发民航、军航固定航危报任务,其中 1984 年凤庆气象站停发了军航固定航危报任务;1988 年孟定气象站终止了民航、军航固定航危报任务;2002 年 7 月,临沧、凤庆终止了拍发民用航空报;2006 年底临沧站终止了军航固定航危报任务。

建站初期观测仪器有温度表、雨量器、气压表、日照计、小型蒸发皿。20 世纪 60 年代临沧增加了小球测风,各站配备自记仪器。20 世纪 70 年代配备了电接风向风速计,临沧站增加了大型蒸发器,配备了 PC-1500 袖珍计算机。20 世纪 80 年代初,临沧站取消了小球测风。2000 年 1 月,临沧、耿马站配备了计算机和软件,实现自动编报,启用分组数据交换网进行天气报文传输。2002 年 1 月各县气象局配备了专用微机和打印机,取代了人工编制气象报表,报文的传输也实现了网络化。

农业气象观测 临沧市建有临沧农业气象观测站和耿马农业气象观测站。主要进行农业气象观测,编发农业气象情报、编制上报作物生育期报表等。

天气预报 从 1958 年起,全区气象台站在抄收省台天气形势广播的基础上,以要素曲线图、点聚图、简易天气图等工具为主,结合天象、物象的观察和群众看天经验,开始制作单站补充天气预报。20世纪70年代增加了数理统计预报方法。80年代增加了天气形势分析传真图、要素预报图、B模式数值预报产品等。90年代以来,天气预报已由传统的天气图预报方法逐渐转化为以数值天气预报方法为基础、多种预报方法综合运用的新阶段,预报制作也逐渐由经验定性预报转向客观定量预报。天气预报的形式、内容、时效已由原来简单的短中期预报发展到如今的短时预报、短期预报、中期预报、长期预报、农事关键期预报、专题专项预报、风景区天气预报、农作物产量预报等多种形式。1999年地台建成以气象卫星通信网为主,以地面分组数据交换网为辅,集气象数据传输、人机交互分析制作天气预报、网络管理、业务监控、气象服务产品制作五个子系统为一体的新型设备、高新技术、快速传输的现代化多功能的气象卫星综合应用业务系统。1998—2002年全市相继建立卫星地面接收站,气象资料通信瓶颈问题得到相应解决,天气预报业务建设取得了实质性进展。在计算机网络的支撑下,综合运用信息处理、现代管理和系统工程等技术,完成新一代天气预报业务流程。

人工影响天气　从1997年开始,除云县外各县陆续成立人工增雨工作领导小组,并开展人工增雨作业,取得较好的社会、经济效益,特别是生态效益较为明显。

防雷减灾　临沧的防雷减灾服务开始于1989年,按照属地管理的原则,在辖区内开展防雷减灾技术服务,取得较好的社会和经济效益。

气象服务　气象服务是气象工作的出发点和归缩。20世纪70年代中期,全区的气象服务工作主要是资料服务、天气预报服务、农业气象服务等。1985年后相继开展为糖厂、森林防火、防汛抗旱、飞播造林、工程建设等专业气象服务,得了较好的社会效益和经济效益。1990年以后,气象服务的形式、内容日益增多,服务面日益广泛,为地方经济建设发挥了积极的作用。

临沧市气象局

机构历史沿革

始建情况　临沧市气象局前身为缅宁气象站,始建于1952年12月,站址在云县草皮街。

站址迁移情况　1953年3月由云县迁至现址,1955年站址名称改为临沧县城关镇忙茂村,后改为临沧县西大街225号,2004年11月改为临翔区西大街225号,2007年改为临翔西大街120号,位于东经100°05′,北纬23°53′。海拔高度1502.4米。

历史沿革　1953年7月以前称滇西卫戍区缅宁气象站;1953年8月改称缅宁县人民政府气象站;1955年5月改称云南省临沧县气象站;1958年5月1日改称云南省临沧专员公署中心气象服务站;1963年7月13日改称临沧专区气象总站;1968年5月16日改称临沧专区气象总站革命委员会;1971年5月13日改称临沧地区气象台;1981年1月改称临沧地区气象局;1984年2月改称临沧地区气象处;1990年5月改称临沧地区气象局;2004年11月临沧地区改为临沧市,改称临沧市气象局。

管理体制　1953 年 7 月以前,属云南军区滇南卫戍区建制和领导。1953 年 8 月,隶属缅宁县人民政府,受云南省人民政府气象科业务指导。1955 年 5 月—1958 年 5 月 1 日,云南省临沧县气象站隶属云南省气象局建制和领导。1958 年 5 月 1 日—1963 年 7 月,临沧专员公署中心气象服务站隶属临沧专员公署建制和领导,分属云南省气象局业务指导。1963 年 7 月—1970 年 6 月,临沧专区气象总站收归省气象局(1966 年 3 月改为云南省农业厅气象局)建制,其人员、财务、业务管理、技术指导和仪器设备均由省气象局负责,行政生活、政治思想、地方服务工作以及对台站工作的管理监督由临沧专区党委和政府负责。1970 年 7 月—1970 年 12 月,临沧专区气象总站隶属临沧地区革命委员会建制和领导,受云南省农业厅气象局业务指导。1971 年 1 月—1973 年 3 月,临沧地区气象台实行临沧军分区领导,建制属临沧地区革命委员会。1974 年 3 月—1980 年 12 月,临沧地区气象台改属临沧地区革命委员会建制和领导。1981 年 1 月起,实行气象部门与地方政府双重领导,以气象部门领导为主的管理体制。

单位名称及主要负责人变更情况

单位名称	姓名	民族	职务	任职时间
滇西卫戍区缅宁气象站	杨廷选	汉	观测组长	1953.04—1953.08
				1953.08—1953.11
缅宁县人民政府气象站	张玉祥	汉	站主任	1953.11—1954.10
			站主任	1954.11—1955.05
云南省临沧县气象站	薛庆年	汉	站长	1955.05—1958.05
			负责人	1958.05—1959.07
云南省临沧专员公署中心气象服务站	段振海	汉	站长	1959.07—1962.12
	李保旺	汉	站长	1963.01—1963.06
临沧专区气象总站	薛庆年	汉	负责人	1963.06—1963.12
			站长	1963.12—1968.05
临沧专区气象总站革命委员会			副主任	1968.05—1971.05
临沧地区气象台	刘安忠	汉	主持工作	1971.05—1981.01
临沧地区气象局			局长	1981.01—1984.02
临沧地区气象处			处长	1984.02—1984.08
	黄国材	汉	副处长	1984.08—1986.11
	赵乐崇	汉	处长	1986.11—1990.05
			局长	1990.05—1994.12
	常晋	汉	局长	1995.01—1996.07
临沧地区气象局	梁小骥	汉	副局长	1996.07—1997.12
	罗君武	彝	副局长	1997.12—2001.02
			局长	2001.02—2004.11
临沧市气象局				2004.11—

人员状况　1953 年缅宁县气象站建立之初,只有气象观测员 3 人。1978 年有职工 38 人。截至 2008 年底有职工 78 人(其中在职职工 51 人,离退休职工 27 人),在职职工中:大学本科学历 22 人,专科学历 15 人;高级工程师 4 人,工程师 27 人,助理工程师 18 人。30

岁以下 11 人,31～40 岁 16 人,41～50 岁 16 人,50 岁以上 8 人;少数民族 31 人。

气象业务与服务

1. 气象业务

①地面气象观测

临沧气象站地面气象观测于 1953 年 4 月 6 日开始,观测项目有云、能见度、天气现象、气温、湿度、风向、风速、降水量、气压、蒸发量、地温。每天进行 01、07、13、19 时(地方时)4 次定时观测,1960 年 7 月 31 日 20 时后正式启用北京时观测,每天进行 02、08、14、20 时 4 次定时观测,并拍发天气电报,进行 05、11、17、23 时 4 次补充定时观测,拍发补充天气报告。1956 年 4 月—2002 年 7 月增加民用航空、军用航空固定航危报(航空天气报和危险天气报)观测。

农业气象 临沧中心气象站属省级农业气象观测站。1959 年 4 月,开始进行农业气象观测,编发农业气象情报、编制上报作物生育期报表。1988 年起开展农作物产量预报,并先后开展茶树栽培、杂交稻制种、再生稻蓄留、冬玉米种植、烤烟、香料烟栽培、大棚蔬菜种植等课题试验研究。

高空探测 临沧气象站 1960 年 1 月 1 日—1987 年 12 月 31 日期间应用经纬仪开展高空气象探测业务(小球测风)。

区域自动站 2007 年底,在临翔区(临沧市气象局所在地)建成 11 个两要素区域自动气象站并投入业务使用。

气象观测技术装备 建站初期观测仪器有温度表、雨量器、气压表、日照计、小型蒸发皿,20 世纪 60 年代增加了小球测风,20 世纪 70 年代配备了电接风向风速计和自记仪器,1985 年起,由原来的手工编报改为 PC-1500 袖珍计算机完成地面资料编报。2000 年 1 月启用《AHDM 4.1》地面测报数据处理系统。2003 年 1 月建成大气监测自动气象站。

②气象信息网络

20 世纪 70 年代末期,配套使用单边带接收机、电传机、传真机,实现自动接收气象电报。20 世纪 90 年代初大部分县局配备了单边带电台,解决了地—县通讯问题。1995 年建成分组数据交换网,实现了微机自动填图(高空、地面天气图),并可从云南省气象台服务器中调用云图和传真图等天气预报分析信息,结束了利用单边带、电传机接收气象报文的历史。1998 年,建成气象卫星综合应用业务系统(简称"9210"工程)。2000 年 8 月 1 日起,采用分组数据交换网取代电报传输网。随着计算机技术的广泛应用和气象现代化建设的飞速发展,办公自动化逐渐引入局内的各项管理中。2001 年 7 月,开通了省—地的办公信息传输网(Notes 网),2003 年上半年建成计算机局域网,2004 年 12 月,建成气象宽带网。

③天气预报预测

从 1958 年起,在抄收云南省气象台天气形势广播的基础上,以要素曲线图、点聚图、简易天气图等工具为主,结合天气现象、物象的观察和群众看天经验,开始制作单站补充天气预报;20 世纪 70 年代增加了数理统计预报方法;20 世纪 80 年代增加了天气形势分析传真图、要素预报图、B 模式数值预报产品等;20 世纪 90 年代以来,随着气象卫星综合应用业务系统的建成并投入业务应用,逐步建立起在计算机网络的支撑下,天气预报从初期绘制简易天气图加预报员经验的主观定性预报,逐步发展为运用 MICAPS、天气雷达资料、区域自动气象站资料等信息,制作客观定量定点数值预报。主要预报产品有短期气候预测、中短期天气预报、短时临近天气预报及重要天气预报等。

2. 气象服务

①公众气象服务

1999 年临沧行署办公室下发了《关于进一步加强公众气象服务的通知》,为全区电视天气预报节目、"12121"气象信息电话自动答询、气象手机短信、报刊气象信息、广播气象信息等服务的开展奠定了政策基础。2001 年,临沧地区气象局与临沧行署广播电视局联合下发了《关于进一步加强电视天气预报工作的通知》,进一步明确了双方的职责、权利、义务,规范了全区电视天气预报信息服务工作。临沧市公众气象服务主要包括城市天气预报、气象灾害预警信号发布、地质灾害等级预报、风景区预报、城市环境指数预报等,主要通过电视、广播、报纸、互联网、手机短信、"12121"声讯电话、电子显示屏等方式为广大市民服务。

②决策气象服务

2000 年以来,依据《气象服务周年方案》,向市委、市人民政府及有关职能部门提供天气专报、重要天气报告、灾害性天气警报和区域站点气象实况资料。制定了《临沧市重大气象灾害应急预案(试行)》,逐步建立起防御重大气象灾害的分级响应、属地管理的纵向组织指挥体系和信息共享、分工合作的横向部门协作体系。为全市重点工程建设、重要会议、重大节庆活动(茶文化节、芒果节、佤文化旅游节)提供专题专项气象服务。在为地方经济建设中荣获临沧市委、市人民政府、云南省气象局各类表彰奖励 51 项(次)。

③专业与专项气象服务

专业气象服务 1985 年起开展专业气象服务,服务涉及农业、林业、水利、电力、交通运输、保险、畜牧业、茶叶生产、重点工程、建筑、邮政、电信、民航、重大经贸文体活动、环保、工矿等行业。服务内容主要是气象资料、气象预报信息、建设项目气候论证、电站建设期降水情报服务等。

人工影响天气 1997 年成立临沧地区人工增雨工作领导小组,并开展人工增雨作业。1999 年 4 月 6 日在凤庆县境内实施人工增雨扑救森林火灾获得成功。2007 年 4 月临沧市人民政府召开人工影响天气工作专题会议并形成会议纪要,明确经费投入渠道,作业经费得到较好保障。

防雷技术服务 1989 年,成立避雷装置检测中心并开展避雷检测业务。1998 年 3 月,避雷装置检测中心通过云南省质量技术监督局计量认证,依法开展防雷检测、雷电防护工程以及雷电灾害调查、鉴定和评估等工作。2002 年避雷装置检测中心改为防雷装置检测中心,并成立了临云防雷中心。2004 年取消防雷装置检测中心和临云防雷中心,成立临沧市气象局雷电中心,组成专业化防雷技术服务队伍,在辖区内开展防雷减灾技术服务。

④气象科技服务与技术开发

1985—1989 年地区气象局和地区茶叶局协作,开展了临沧地区茶叶气候研究,撰写《云南省临沧地区茶区气候资源开发利用研究报告》,被地、县领导和有关部门作为发展临沧茶叶生产的重要参考依据。

1992—1994 年,参与"滇西南农业综合开发"项目实施,先后完成《滇西南第二期农业综合开发临沧县片区农业气候资源评述》、《临沧县农业气候区划》等项目,实现了气象科技与农业综合开发的有机结合。

1987—2008 年共完成旱地甘蔗高产气候效益试验、旱地麦种植试验、香料烟(沙姆逊15A)种植试验、滇型粳稻"寻杂 29"制种试验、临沧地区不同海拔再生稻蓄留试验、烤烟良种选育试验、山地烤烟栽培及烘烤试验、雷响田玉米吨粮攻关高产栽培试验、亚麻种植试验、临沧塑料大棚小气候观测分析及临沧市雷击灾害风险评估系统的开发应用等项目。

3. 科学技术

气象科普宣传　充分利用世界气象日、全国科普周、法制宣传日、科技下乡等契机,通过电视、报纸、广播、互联网、手机短信、电子显示屏等媒介,以播放宣传片、展出宣传展版、刊发宣传稿件、发放宣传单、举办气象科普知识讲座、气象科技服务咨询、座谈、接待学生参观等形式,广泛开展气象科普宣传。

气象科研　1996 年"临沧地区农业气候资源开发利用综合试验研究"项目获中国气象局"科技进步三等奖"。

气象法规建设与社会管理

法规建设　2002 年成立了政策法规科,2004 年成立了临沧市气象行政执法支队,7 月云南省人民政府法制办确认了临沧市气象局的行政许可实施主体资格,行政许可项目 6 项。2006 年 3 月 30 日成立临沧市气象局行政复议办公室。2008 年底,有高级法制督察 1 人,法制督察 1 人,取得云南省行政执法证的气象行政执法人员 28 人。

制度建设　1997 年制定了《临沧地区气象局关于精神文明建设实施意见》、《临沧地区气象局创建精神文明集体(个人)管理办法(试行)》;2001 年制定《临沧地区气象局工作职责》;2006 年制定《临沧市气象局行政问责制》;2004—2005 年制定《临沧市气象部门党风廉政建设责任制实施办法(试行)》、《临沧市气象部门领导干部廉政制度》、《临沧市气象部门财务管理制度》、《临沧市气象部门基本建设财务管理规定》等制度。

社会管理　依法实施防雷减灾管理。2004 年市人民政府成立了由分管副市长为组长的临沧市防雷减灾工作领导小组,协调安监、公安、建设、移动、消防、烟草、教育等部门下发有关防雷减灾的规范性文件,规范了临沧市辖区内防雷减灾行为,由市安全生产管理委员会牵头,开展防雷安全专项执法检查。1997 年,临沧市局与工商、公安、消防部门联合下发了《关于加强民用气球灌充施放安全管理的通知》,2003 年下发了《关于印发施放气球管理办法的通知》,规范气球灌充施放管理工作。2006 年临沧市人大组织开展《中华人民共和国气象法》、《云南省气象条例》专项执法检查。

党建与气象文化建设

1. 党建工作

党的组织建设　1962 年 10 月 29 日成立党支部,有党员 5 人,2004 年 3 月成立党总支,下设 2 个党支部。截至 2008 年底共有党员 36 名(其中在职职工党员 28 名,离退休职工党员 8 名)。

2007 年完善了《临沧市气象局党建工作制度》。

党风廉政建设　2001 年,以落实《党风廉政建设责任制》为主线,深入贯彻落实《建立健全教育、制度、监督并重的惩治和预防腐败体系实施纲要》,不断推进全市气象部门惩防体系建设。2002 年 5 月设置市、县局兼职纪检监察员。2002 年 8 月全面推行局务公开制度。2008 年按照领导干部任免程序对市、县局纪检监察员进行调整充实,在各县(区)气象局推行"三人决策"制度。建站以来,临沧市气象局无违法违纪案件发生。

局务公开　2002 年 8 月,开始推行局(政)务公开制度,制定《局务公开实施细则》,2008 年 8 月开始推行人民政府信息公开。

2. 气象文化建设

精神文明建设　1997 年 5 月成立精神文明建设领导小组,先后制定《临沧地区气象局关于精神文明建设实施意见》、《临沧地区气象局开展创建"文明科室(班组)"、"文明家庭"活动实施办法》等文件,把精神文明建设工作纳入各单位目标管理,做到人员、责任、措施"三落实"。

文明单位创建　临沧市气象局于 1999 年建成县级文明单位,2001 年建成地级文明单位,2002 年全区气象部门建成地级"文明行业"。2003 年、2007 年建成第十批、第十一批省级文明单位。

3. 荣誉

集体荣誉　1992 年被云南省人民政府评为"支农服务先进单位"。1997 年临沧地区气象局档案管理达"国家二级"标准。2005 年被云南省人民政府授予"人工影响天气工作先进单位二等奖"。2005 年被中国气象局授予"全国气象部门局务公开先进单位"。

个人荣誉　2005 年 8 月,1 人获云南省人民政府表彰的"全省民族团结进步模范个人"称号。

台站建设

1953 年 3 月下旬,缅宁气象站由云县草皮街迁至缅宁县城关镇忙茂村(现址),在忙茂村太和寺旁的顺隆乡人民政府的 2 间小平房(约 20 平方米)里工作和生活。1955 年 6 月建成工作用房 64 平方米,生活用房 88 平方米(1990 年拆除)。1983 年 3 月建成三层砖混结构职工宿舍 1 幢,建筑面积 950 平方米。1988 年建成三层砖混结构职工宿舍 1 幢,建筑面积 1034 平方米。1990 年建成六层框架结构办公楼 1 幢,建筑面积 1025 平方米。1993 年建成三层砖混结构职工宿舍 2 幢,建筑面积 859 平方米。1993 年建成工作用房 189 平方米。1999 年建成三层框架结构综合楼 1 幢,建筑面积 431.69 平方米,建成测报、门卫值班室各 1 间,建筑面积 100 平方米,公厕 60 平方米。在局大院内修建了篮球场和地掷球场,种植了花木、草坪。

临沧市气象局办公大楼,建于 1990 年,2008 年修茸,摄于 2008 年 12 月

云县气象局

机构历史沿革

始建情况 云县气象局始建于 1956 年 11 月,建站时称云县草皮街气候站,位于爱华镇草皮街社区东岳宫山顶,东经 100°08′,北纬 24°27′,海拔高度 1108.6 米。

历史沿革 云县气象局建于 1956 年 11 月,称云县草皮街气候站;1960 年 8 月,改称为云县气候服务站;1963 年 4 月,改称为云南省云县气候服务站;1965 年 12 月,改称为云县气象服务站;1966 年 2 月,改称为云南省云县气象服务站;1968 年 5 月,改称为临沧专区气象总站革命委员会云县站;1969 年 3 月,改称为云县气象站;1990 年 7 月,改称为云南省云县气象局。

管理体制 1956 年 11 月—1958 年 5 月,云县草皮街气候站隶属云南省气象局建制和领导。1958 年 5 月—1963 年 3 月,云县气候服务站隶属云县人民委员会建制和领导,临沧专区气象中心站负责业务管理。1963 年 4 月—1970 年 6 月,云南省云县气候服务站建制收归云南省气象局,临沧专区气象总站负责管理。1970 年 7 月—1970 年 12 月,云县气象服务站隶属云县革命委员会建制和领导,临沧专区气象总站负责业务管理。1971 年 8 月—1973 年 11 月,云县气象站实行云县人民武装部领导,建制仍属云县革命委员会,临沧地区气象台负责业务管理。1973 年 11 月—1980 年 12 月,云县气象站建制属云县革命委员会,归口云县人民政府农、林、水办公室管理,临沧地区气象台负责业务管理。1981 年 1 月至今,实行气象部门与地方政府双重领导,以气象部门为主的管理体制。

单位名称及主要负责人变更情况

单位名称	姓名	民族	职务	任职时间
云县草皮街气候站	齐士瞻	汉	站长	1956.11—1960.07
云县气候服务站				1960.08—1963.04
云南省云县气候服务站				1963.04—1964.12
	李锦芳	汉	站长	1965.01—1965.12
云县气象服务站				1965.12—1966.02
云南省云县气象服务站				1966.02—1968.02
	邓宗初	汉	站长	1968.03—1968.04
临沧专区气象总站革命委员会云县站				1968.05—1969.03
云县气象站				1969.03—1983.10
	杨永富	汉	站长	1983.11—1990.06
			局长	1990.07—2006.10
云南省云县气象局	石定永	汉	副局长（主持工作）	2006.11—2008.04
			局长	2008.05—

人员状况　建站初期有职工 2 人,1978 年底有职工 6 人。截至 2008 年底有在职职工 8 人,其中:专科学历 5 人,中专学历 2 人,初中 1 人;工程师 4 人,助理工程师 3 人;30 岁以下 2 人,30～50 岁 4 人,50 岁以上 2 人。

气象业务与服务

1. 气象业务

①地面气象观测

云县气象局是国家一般气象观测站,观测项目:云、能见度、天气现象、气温、湿度、风向、风速、降水量、气压、蒸发量、地温。每天进行 07、13、19 时(地方时)定时观测,1960 年 8 月 1 日起改为北京时观测,每天进行 02、08、14、20 时 4 次定时观测,拍发 4 次气象电报,制作月报表。气象报文传输方式:2001 年以前用电话传到县邮电局拍发,2001 年 1 月正式使用安徽(ah5.0)互联网发报系统。2007 年底建成全县 14 个两要素区域自动气象站并投入业务运行。

②天气预报

1958 年建站初期开展短期补充订正预报,采用抄收云南省气象台天气形势广播,手工填绘简易天气图、表,通过分析订正做出 24 小时预报。20 世纪 80 年代开始做中期天气预报和订正长期天气预报。到 2008 年底,气象预报主要有:长、中、短期天气预报、重要天气预警预报及专题专项天气预报。

发布方式:2001 年 6 月以前通过电话将天气预报传到云县广播站向公众广播;2001 年 6 月开始通过电视播放天气预报;1999 年 1 月至 2001 年 5 月曾经开通"12121"自动电话答询天气预报服务;至 2008 年主要通过电视、手机短信、兴农网、电子显示屏等方式发布。

③气象信息网络

1999 年建成 PC-VSAT 卫星地面接收站,1999 年 1 月开通"121"气象电话自动答询服务台,2001年1月启用互联网传输系统,2005年建成并投入使用 Notes 气象电子政务系统。

2. 气象服务

公众气象服务 1998年以前,每天通过广播发布未来24小时天气预报。截至2008年底开展的公众气象服务内容有:中、短期天气预报,气象灾害预警,森林火警及泥石流滑坡预警预测等。服务手段有:电视、广播、兴农网、手机短信和电子显示屏。

决策气象服务 20世纪80年代以来,云县气象局为地方党委、人民政府和相关部门提供长期气候趋势预测,中、短期重要天气预测预报,气象灾害预警信息,关键期专题专项预报。服务方式:专题材料,电话和手机短信、兴农网。

专业与专项气象服务 至2008年底,主要为农业、林业、水利、民政、县境内的漫湾水电站、大朝山水电站、江天矿业、亚泰置业、澜沧江啤酒企业集团、云南茅粮集团等提供气象服务。

气象科技服务 科技服务工作开始于20世纪90年代初期,主要是防雷减灾服务。1997年底成立云县避雷装置检测中心,1998年3月通过云南省质量技术监督局计量认证,2002年12月经云南省质量技术监督局复认证。2006年1月,云县避雷装置检测中心更名为临沧市云县防雷装置安全检测中心,担负着全县防雷图纸审核、防雷工程的施工监督、竣工验收、避雷检测等防雷减灾工作。

气象科普宣传 每年利用"3·23"世界气象日、科普周和安全生产月进行宣传。宣传内容主要是气象科普知识和防雷减灾知识,进一步提高广大人民群众的气象知识和防灾减灾意识。开放气象科普园地,接纳中、小学生进行参观和学习。

气象法规建设与社会管理

制度建设 截至2008年底,建立和完善《云县气象局综合管理制度》,内容涉及行政管理、岗位职责、廉政文化建设、财务管理、政务信息公开、安全生产、科技服务等,基本形成规范化、制度化的管理模式。

社会管理 云县气象局气象探测环境保护于2005年11月在县建设局备案,纳入云县城市建设规划管理。2003年9月1日,成立云县防雷减灾领导小组,县人民政府分管副县长任组长,办公室设在气象局,将防雷减灾纳入县人民政府的社会管理。

政务公开 气象行政审批程序、服务内容、承诺事项、行政执法依据、服务收费依据及标准等,通过户外公示栏、电视、兴农网等方式向社会公开;财务收支、目标考核、职工晋职晋级、基础设施建设、工程招投标等内容则采取职工大会或局务公示栏张榜等方式向职工公开。

党建与气象文化建设

党建工作 1994年10月成立中国共产党云县气象局支部委员会,有党员3人。截至2008年底有党员5人。

气象文化建设 精神文明建设开始于1996年,成立了由局长任组长的精神文明创建领导小组,制订云南省云县气象局《精神文明建设行为规范》,建有"职工之家",文体娱乐活动室、图书阅览室等。

1999年被云县县委、县人民政府命名为"县级文明单位"。2001年被临沧地委、行政公署命名为"地级文明单位"。2005年12月届满重新申报,经考评,被临沧市委、市人民政府命名"市级文明单位",保持至今。

荣誉 1996—1998年被云南省气象局表彰为"双文明"建设先进集体。1996—2008年,云县气象局共获集体荣誉15项。

截至2008年底云县气象局在职人员共获奖21人(次)。

台站建设

建站时建土木结构平房156平方米,用于办公室和职工住宿,1970年拆除重建砖木结构平房,用途不变。1974年新建综合办公室1幢,1990年5月,改造为2层砖混结构楼房,建筑面积257平方米。1981年新建职工宿舍1幢,168平方米,解决了4户职工及家属的住宿问题,至1994年职工宿舍经扩建共有建筑面积383.0平方米。2007年,拆除1970年建盖的老办公室,建综合办公楼1幢,总建筑面积589.34平方米。2008年1月,购置公务用轿车1辆。至2008年底,云县气象局有土地面积8424.8平方米,房屋建筑面积1227平方米,公务用车1辆。

云县气象局观测场(2008年)

云县气象局2008年建成的新办公楼

凤庆县气象局

机构历史沿革

始建情况 凤庆县气象局始建于1958年9月15日,1958年11月1日开始地面气象观测,位于凤山镇书院山头,东经99°54′,北纬24°36′,观测场海拔高度1600.0米。

站址迁移情况 2004年11月凤庆县气象局整体搬迁至凤庆县凤山镇甘家田,位于东经 99°56′,北纬 24°35′,海拔高度 1569.0 米。

历史沿革 1958 年 9 月 15 日建立凤庆县气候站;1963 年 3 月,改称凤庆县气候服务站;1965 年 12 月,改称凤庆县气象服务站;1981 年 1 月,改称云南省凤庆县气象站;1990 年 7 月,改称云南省凤庆县气象局。

1960 年 12 月建立凤庆县营盘气候站,1962 年 5 月 22 日撤销。

管理体制 1958 年 11 月—1963 年 3 月,凤庆县气候站隶属凤庆县人民委员会建制和领导,临沧专区中心气象站负责业务管理;1963 年 3 月—1970 年 6 月,收归云南省气象局建制,临沧专区气象总站负责管理;1970 年 7 月—1970 年 12 月,隶属凤庆县革命委员会建制和领导,临沧专区气象总站负责管理;1971 年 1 月—1973 年 11 月,凤庆县人民武装部领导,建制仍属凤庆县革命委员会;1973 年 12 月—1980 年 12 月,划归凤庆县革命委员会建制和领导,归口凤庆县农林口管理,临沧地区气象台负责业务指导;1981 年 1 月至今,实行气象部门与地方政府双重领导,以气象部门领导为主的管理体制。

单位名称及主要负责人变更情况

单位名称	姓名	民族	职务	任职时间
凤庆县气候站			临时负责	1958.09—1963.03
凤庆县气候服务站	李德辅	汉	副站长(主持工作)	1963.03—1965.12
凤庆县气象服务站				1965.12—1980.12
云南省凤庆县气象站			站长	1981.01—1984.05
	刘运彰	汉	站长	1984.06—1990.07
云南省凤庆县气象局			局长	1990.07—1993.08
	谢天满	彝	副局长(主持工作)	1993.09—1994.08
			局长	1994.08—

人员状况 1958 年建站初期,只有气象观测员 2 人;1978 年发展至 8 人;截至 2008 年底,共有气象职工 16 人(含地方气象事业编制 4 人),其中:在职职工 12 人,离退休职工 4 人。大专以上学历 11 人,占职工总数 69%;在职职工中:高级工程师 1 人,工程师 4 人,助理工程师 3 人,未转正定级 1 人,中级工 2 人,初级工 1 人;少数民族 3 人。

气象业务与服务

1. 气象业务

①地面气象观测

观测项目 气压、气温、湿度、风向、风速、降水、云量、云状、能见度、天气现象、日照、蒸发(小型)、地面及浅层地温(0、5、10、15、20 厘米)、雪深等。2007 年开始增加草温(自动气象站)观测。

观测时次 1960 年 8 月 1 日前每天进行 07、13、19 时(地方时)3 次观测,以后采用北京时,观测时间改为 08、14、20 时 3 次观测。2007—2008 年增加 02 时整点观测和 05、11、17、23 时补充观测。2003 年 12 月 31 日 20 时后,观测场迁至凤山镇甘家田新址,2004 年 1 月 1 日 08 时开始正式观测。

发报种类　1960年5月7日开始向昆明民航(OBSMH)拍发气象航(空)危(险)报,1980年4月开始改为05—18时固定报,1982年1月开始改为06—16时固定报,2002年7月1日停发。1960年5月12日开始向昆明巫家坝机场(OBSAV)拍发气象航(空)危(险)报,1962年3月5日停发。1964年9月开始增发OBSPK北京(空军气象中心)24小时预约气象航(空)危(险)报,1980年4月停发。1964年11月开始增发OBSAV祥云(祥云机场)24小时预约气象航(空)危(险)报。1981年7月,改为05—18时固定报,1984年7月1日停发。

电报传输　2001年以前为电话传递至县邮电局,2001年改为网络传输。

气象报表制作　制作气表-1、气表-21。2002年前用手工抄录、制作,2002年后改为微机制作。

资料管理　建有档案室,专人管理,科技档案部分整理后移交市气象局档案室。

自动气象观测站　2007年1月1日,建成自动气象站并投入使用。2007年起,在全县各乡镇、小湾电站安装了8个温度、雨量两要素自动气象站,提高了观测的时空密度。

②农业气象

1977年4月开始开展农业气象工作。主要是进行农作物生育期观测和田间小气候实验观测。1983年至1996年期间,增加田间湿度观测、农作物产量预报、茶树生育期观测。茶树生育期观测方法录入中国气象局《农业气象观测规范》。1981年11月进行农业气候区划工作,历时两年完成《凤庆县农业气候手册》编印,1990年整理编印《凤庆县气候资源诊断》。1993年底,取消农业气象观测。

③气象信息网络

1994年开通互联网,1995年开通"121"气象电话咨询服务台,1996年12月开通地县远程终端,1998年开通电视动画天气预报,1999年开通PC-VSAT地面卫星接收站,2003年开通企信通系统,2005年开展市级气象电子政务系统。通过PC-VSAT地面卫星接收站,市级气象电子政务系统接收气象信息。建立"121"气象电话咨询服务台,电视动画天气预报,企信通系统发布气象信息。

④天气预报预测

1958年11月建站初期只做单站补充订正天气预报。1981年下半年,长期天气预报由地区气象台站统一制作,县站作补充订正预报。20世纪90年代,增加长期天气预报。到2008年底,天气预报主要有:短期天气预报,中期天气预报,长期天气预报,专题专项天气预报。

1998年以前,通过广播发布,1998年,建成电视动画天气预报系统,在电视上发布,2003年5月通过手机发布气象短信息,2004年,开通凤庆兴农信息网,天气预报开始在网上发布。

2. 气象服务

①公众气象服务

1958年11月,公众气象服务主要是向社会发布短期天气预报。截至2008年底增加长、中期天气预报预测,气象灾害预警,森林火警及泥石流滑坡预警预测。

②决策气象服务

20世纪90年代以来,凤庆县气象局向县委、县人民政府及有关职能部门提供天气专报、关键期重要天气报告和灾害性天气警报等决策气象服务。2007年，自主开发气象防灾减灾共享平台系统，为全县各级领导布置防灾减灾工作提供气象依据。

③专业与专项气象服务

人工影响天气　1997年3月，成立凤庆县人工影响天气领导小组，办公室设在县气象局，核定编制为3人，配置人工影响天气作业车一辆。同年4月23—24日，首次开展人工增雨作业，获得成功。1999年4月6日，在凤庆县境内开展人工增雨作业扑救森林火灾，获得成功。截至2008年底，有地方编制4人，作业车1辆，火箭发射架7套，设置人工影响天气作业点15个。

防雷技术服务　1992年11月4日，成立凤庆县避雷检测小组（避雷检测所），开始对全县的防雷装置进行检测。1998年3月通过云南省技术监督局计量认证。2000年4月11日，成立凤庆县避雷装置检测中心，撤销避雷检测小组，2002年12月通过云南省技术监督局计量认证。

气象法规建设与社会管理

法规建设　1999年12月，凤庆县人民政府下发了《凤庆县人民政府关于确认凤庆县气象局等行政执法主体资格的通知》（凤政发〔1999〕101号），明确了凤庆县气象局是法律法规授权的行政执法主体，行政执法证件编号为：170300585。2003年，凤庆县委将《中华人民共和国气象法》和《人工影响天气管理条例》作为全县普法内容之一列入全县普法范围。截至2008年底凤庆县气象局有3人取得行政执法证。凤庆县气象局气象探测环境已在县建设局备案，纳入城市建设规划管理。

社会管理　1998年，凤庆县人民政府成立凤庆县防雷减灾领导小组，办公室设在县气象局，将防雷管理纳入人民政府的社会管理。1997年3月成立凤庆县人工影响天气领导小组后，将凤庆县人工影响天气工作纳入凤庆县地方气象事业管理。

政务公开　2001年以来，对气象行政审批程序、气象服务内容、服务承诺、气象行政执法依据、服务收费依据及标准等，通过户外公示栏、电视广告、发放宣传单等方式向社会公开。财务收支、目标考核、基础设施建设、工程招投标等内容则采取职工大会或局务公示栏张榜等方式向职工公开，财务每半年公示一次。职工晋职、晋级等及时向职工公示或说明。

党建与气象文化建设

1. 党建工作

党的组织建设　中共凤庆县气象局党支部于1998年5月4日成立，隶属于县直机关工委管理。党支部成立初期，有党员3人，截至2008年底有党员6人。

党风廉政建设　2002年以来，始终坚持"党支部统一领导，党政齐抓共管，股室各负其责，依靠群众支持与参与"的党风廉政建设领导体制和工作机制。贯彻落实《建立健全教育、制度、监督并重的惩治和预防腐败体系实施纲要》，着力提高党员干部的综合素质。2008年按照领导干部任免程序设置兼职纪检监察员，推行"三人决策"制度。

2. 气象文化建设

精神文明建设　精神文明建设开始于 1996 年,制定了《凤庆县气象局 1996—2000 年精神文明建设规划》,1997 年 5 月,成立了凤庆县气象局精神文明建设指导小组,制定了《气象局精神文明建设实施意见》,建有职工之家、阅览室、文体活动室,积极开展健康向上的文明建设活动,把精神文明建设工作纳入年度目标管理。

文明单位创建　1998 年 10 月建成县级文明单位;2000 年 10 月建成市级文明单位,截至 2008 年 12 月,一直保持此荣誉。2000 年 11 月 22 日临沧市气象系统精神文明建设现场会在凤庆县气象局召开。

3. 荣誉

集体荣誉　1978 年 10 月,被评为全国气象部门"双学"先进集体。1986 年,在全省农业区划工作中,成绩突出,被云南省人民政府评为"农业区划先进集体"。2006 年,被中国气象局评为 2005 年度局务公开先进单位。1978—2008 年,共获得地厅级以下表彰奖励 42 项(次)。

个人荣誉　1983—2008 年,凤庆县气象局有 8 人次获上级表彰为先进个人。

台站建设

1958 年凤庆气候站建站初期,选址于凤庆县凤山镇书院山头,面积 625.0 平方米,观测室、办公室及职工宿舍只租借附近农户民房。1960 年建成砖木平房 1 幢,作为综合办公室。1960 年 8 月,经县人民政府批准,征用龙泉大队书院山土地 2333.5 平方米。至 1982 年,共有砖木结构平房 22 间,建筑面积 427.9 平方米。1987 年建住宅楼 631.35 平方米。1989 年,建办公楼 290 平方米,并进行环境绿化和美化,使工作生活环境得到极大改善。

2002 年 12 月凤庆县气象局逐步迁往新址办公,新观测场于 2003 年 12 月 31 日 20 时正式投入业务使用。搬迁后土地使用面积 5355.99 平方米,房屋建筑面积 1104.47 平方米。2008 年完善了护坡围墙建设和环境美化,使凤庆县气象局的工作生活环境得到根本的改善。

凤庆县气象局旧址全貌(摄于 1983 年)

凤庆县气象局新貌(摄于 2004 年 11 月)

永德县气象局

机构历史沿革

始建情况　永德县气象局前身为镇康县德党气候站,始建于 1956 年 12 月 11 日,位于永德县德党镇,地理坐标东经 99°32′,北纬 24°04′,观测场海拔高度 1606.2 米。

历史沿革　1956 年 12 月 11 日成立镇康县德党气候站;1962 年 2 月 10 日更名为镇康县德党气候服务站;1964 年 1 月 1 日,镇康县分为永德、镇康两县,随之更名为永德县气候服务站;1969 年 3 月更名为云南省永德县气象站;1990 年 5 月 12 日改称云南省永德县气象局。

管理体制　1956 年 12 月 11 日—1958 年 4 月 30 日,镇康县德党气候站建制归云南省气象局;1958 年 5 月 1 日—1963 年 10 月 27 日建制归镇康县人民委员会,临沧专署气象中心站负责业务管理;1963 年 10 月 27 日—1970 年 6 月,收归云南省气象局,临沧专署气象总站负责管理;1970 年 7 月—1971 年 5 月,改属永德县革命委员会建制和领导,临沧专署气象总站负责业务管理;1971 年 5 月—1973 年 10 月 3 日,实行永德县人民武装部领导,建制仍属永德县革命委员会,临沧地区气象台负责业务管理;1973 年 10 月 3 日—1980 年 12 月,改为永德县革命委员会建制和领导;1981 年 1 月起,实行气象部门与地方政府双重领导,以气象部门领导为主的管理体制。

单位名称及主要负责人变更情况

单位名称	姓名	民族	职务	任职时间
镇康县德党气候站				1956.12—1962.02
镇康县德党气候服务站	冯贵学	布朗	站长	1962.02—1964.01
永德县气候服务站				1964.01—1964.02
	徐学信	汉	副站长	1964.02—1969.03
				1969.03—1972.07
云南省永德县气象站	陈启超	壮	站长	1972.07—1982.07
	徐学信	汉	副站长	1982.07—1984.06
	尹德强	汉	副站长	1984.06—1987.11
	刘文柱	汉	副站长	1987.11—1989.05
	鲁汉庭	汉	站长	1989.05—1990.05
云南省永德县气象局			局长	1990.05—1999.09
	尹　超	汉	副局长	1999.09—2001.10
			局长	2001.10—

人员状况　永德县气象局成立时有职工 4 人,1978 年底有 8 人,截至 2008 年底,共有职工 12 人(其中地方编制 3 人)。在职职工中:大学本科 2 人,大专 5 人,中专 3 人,初中 2 人;工程师 2 人,助理工程师 6 人;50 岁以上 1 人,30～50 岁 7 人,30 岁以下 4 人。

气象业务与服务

1. 气象业务

①地面气象观测

1956年12月11日建站后开始观测业务。

观测项目 云、能见度、天气现象、气温、湿度、风向、风速、降水量、气压、蒸发量、地温。

观测时次 1960年8月1日前每天进行07、13、19时(地方时)3次定时观测,以后采用北京时,每天进行08、14、20时3次定时观测,夜间不守班,02时的数据用加权法订正补充记录。

发报种类 手工编报拍发4次气象电报,气象报文用手摇电话传给邮电局拍发。2002年1月1日,正式使用安徽(AHDM 5.0)软件,实现了自动编报和用互联网传输天气报。

气象报表制作 2002年1月以前手工制作月报表,2001年1月以后利用微机制作报表。

自动气象观测站 2003年10月自动站安装完备,进行人工站和自动站对比观测,2005年12月30日,对比观测结束,测报业务转入自动站运行。2007年在全县各乡镇安装温度、雨量两要素自动气象站14个,提高了观测的时空密度。

②农业气象

1983—1986年,在县内各个乡镇建立气象哨,进行气候资料调查,完成了全县气候区划,编印了《永德县气候区划》和《永德县农业气候资料》。

③气象信息网络

通讯现代化 2002年3月,卫星地面接收站安装调试完成,投入天气预报业务使用。建立"121"天气预报自动答询系统、电视动画天气预报,互联网,地县远程终端,PC-VSAT地面卫星接收站,市级气象电子政务系统接收信息。

信息接收 通过PC-VSAT地面卫星接收站,市级气象电子政务系统接收信息。

信息发布 天气预报发布方式从广播发布发展到电视、手机气象短信、电子显示屏和兴农信息网上发布。

④天气预报预测

1958年,开始制作单站补充天气预报。主要是在抄收云南省气象台天气形势广播的基础上,以手工点绘500百帕、700百帕、地面天气形势图和气压、气温、降水三线图表,分析制作24小时单站补充天气预报。20世纪70年代后期,增加了数理统计预报方法,20世纪80年代中期,增加了天气形势分析传真图表和数值预报产品等,开始制作长、中、短期天气预报。20世纪90年代开始,逐渐走向以数值预报为基础、多种预报方法综合应用的新阶段。2002年3月,卫星地面接收站安装调试完成,投入天气预报业务使用。到2008年底,天气预报主要有:短期天气预报,中期天气预报,长期天气预报,专题专项天气预报。

2. 气象服务

①公众气象服务

建站初期就制作简单的单站补充天气预报,并向公众发布24小时天气预报。从1999

年临沧行署办公室下发《关于进一步加强公众气象服务的通知》以来,开展了短期、短时公众气象服务,主要包括城市天气预报、气象灾害预警信号发布、地质灾害等级预报、风景区预报、城市环境指数预报等。至 2008 年,主要以电视、手机气象短信、电子显示屏和兴农信息网上发布的形式向公众发布短、中期天气预报,关键期重要天气预报和灾害性天气警报信息。

②决策气象服务

20 世纪 80 年代以来,主要向县委、县人民政府及有关职能部门提供天气专报、关键期重要天气报告和灾害性天气警报,为全县各级领导布置防灾减灾工作提供气象依据。服务方式:书面汇报,电话和手机短信作补充。

③专业与专项气象服务

人工影响天气 1979 年,永德县开始实施人工增雨气象服务,2002 年 11 月步入正规化,成立了永德县人工影响天气领导小组,办公室设在县气象局,核定地方事业编制 3 人,负责永德县人工影响天气工作的规划、组织及实施。截至 2008 年底,永德县气象局有人工影响天气作业人员 5 人,人工影响天气作业车 1 辆,固定作业点 8 个,主要开展人工增雨工作。

防雷技术服务 永德县防雷减灾工作开始于 1994 年 4 月。1998 年成立永德县防雷中心,后更名为临沧市永德县防雷装置安全检测中心。1998 年 3 月获得云南省质量技术监督局计量认证,2002 年 12 月通过云南省质量技术监督局复认证。通过开展防雷工程和防雷装置安全检测,有效地避免和减少了永德县境内雷击灾害的发生。

1985—1998 年,永德县实施飞机播种植树造林,县气象局派员进行现场气象保障服务。

气象法规建设与社会管理

制度建设 2000 年以来,制订了《永德县气象局管理工作制度》、《永德县气象局财务管理制度》、《永德县气象局局务公开制度》。

社会管理 1998 年,县人民政府成立永德县防雷减灾领导小组,防雷工作纳入人民政府管理,办公室设在县气象局。2005 年制定了《永德县防雷减灾领导小组办公室关于组织开展全县防雷安全专项检查的通知》(永防雷减灾字〔2005〕1 号),防雷安全专项检查在全县范围内实施,防雷行政许可和防雷技术服务逐步规范化。2002 年成立永德县人工影响天气领导小组,永德县人工影响天气工作纳入地方气象事业管理。观测场环境保护已在永德县建设局备案,纳入永德县城市建设规划管理。

政务公开 对辖区内气象行政审批办事程序、气象服务内容、服务承诺、气象行政执法依据、服务收费依据及标准等通过政务信息公开的方式向社会公开。干部任用、财务收支、目标考核、基础设施建设、工程招投标等内容采取职工大会或在局务公开栏公示。

党建与气象文化建设

1. 党建工作

党的组织建设 1990 年 1 月永德县气象局党支部成立,有党员 3 人。截至 2008 年底有党员 5 人,制订有《支部生活制度》,设立了党员先锋岗。

党风廉政建设 按照《永德县气象局领导干部廉政制度》进行管理。每年与县纪委监察局和市气象局签订《党风廉政建设责任书》,制定党风廉政教育方案,定期和不定期在全局干部职工中开展党风廉政教育,杜绝腐败现象发生。

2. 气象文化建设

精神文明建设 2002 年成立了精神文明建设领导小组,实行"一把手"负总责,把精神文明建设工作纳入年度目标管理。进行庭院的绿化、硬化,改善工作、生活环境,建有职工之家、图书阅览室,组织职工开展有益的文体活动。

文明单位创建 2001 年建成县级文明单位,2002 年建成市级文明单位保持至今。

3. 荣誉

集体荣誉 2002 年和 2005 年,永德县气象局被临沧市委、临沧市人民政府授予市级文明单位。

个人荣誉 1956—2008 年,永德县气象局共有 51 人(次)受到省、市气象局及县委、政府的表彰、奖励。

台站建设

建站初期有土地面积 4462.9 平方米,办公用房为 36 平方米的土木结构平房;1975 年建土木结构平房 120 平方米,作办公室用;1980 年建砖木结构宿舍 1 幢 216 平方米;1991 年建砖混结构职工宿舍楼 1 幢,建筑面积 503 平方米,作为房改房出售给了职工;2001 年新建办公楼 1 幢,建筑面积 319 平方米;2008 年拆除土木结构老办公室平房,建成 135 平方米的综合办公室和地面气象观测值班室。至 2008 年底,永德县气象局拥有房屋总建筑面积 1577 平方米。完成了进入气象局的道路整修,庭院进行了绿化。

永德县气象局 1975—1991 年的办公室(摄于 1991 年)

永德县气象局 2001 年新建办公楼（摄于 2008 年 11 月）

永德县气象局 2008 年改建的观测值班室（摄于 2008 年 11 月）

镇康县气象局

机构历史沿革

始建情况　镇康县气象局始建于 1960 年 12 月，原址在镇康县勐捧镇荷花塘村后小山顶，观测场地理坐标为东经 98°58′，北纬 24°04′，海拔高度 1008.4 米。

站址迁移情况　2005 年底，搬迁至新县城南伞镇，观测场地理坐标为东经 98°49′，北纬 23°46′，海拔高度 955.3 米。

历史沿革　1960 年 12 月建立云南省镇康县气候站；1961 年 1 月 1 日，更名为云南省镇康县气候服务站；1966 年 2 月，更名为云南省镇康县气象服务站；1969 年 1 月，更名为云南省临沧专区气象总站革命委员会勐捧站；1969 年 3 月，更名为云南省镇康县气象站；1990 年 5 月，更名为云南省镇康县气象局。

管理体制　1960 年 12 月—1963 年 4 月，镇康县气候站隶属于镇康县人民政府建制和领导；临沧专署气象中心站负责业务管理；1963 年 4 月—1970 年 6 月，收归云南省气象局（1966 年 3 月改为云南省农业厅气象局）领导，临沧专区气象总站负责管理；1971 年 1 月—1973 年 10 月，属镇康县革命委员会建制，镇康县人民武装部领导；1973 年 10 月—1980 年 12 月，改属镇康县人民政府建制和领导；1981 年 1 月至今，实行气象部门与地方政府双重领导，以气象部门领导为主的管理体制。

单位名称及主要负责人变更情况

单位名称	姓名	民族	职务	任职时间
云南省镇康县气候站				1960.12—1960.12
云南省镇康县气候服务站				1961.01—1966.02
云南省镇康县气象服务站				1966.02—1968.12
云南省临沧专区气象总站革命委员会勐捧站	冯贵学	布朗	站长	1969.01—1969.02
				1969.03—1984.07
云南省镇康县气象站	鲁汉廷	汉	站长	1984.07—1989.05
	杨斌诚	汉	副站长	1989.05—1990.05
			副局长	1990.05—1995.08
云南省镇康县气象局			局长	1995.09—2006.10
	肖 祥	汉	副局长	2006.10—2008.05
			局长	2008.06—

人员状况　建站时仅有职工 3 人,1978 年底增加到 5 人,截至 2008 年底,有职工 9 人(其中在职职工 6 人,退休职工 3 人)。在职职工中:大学本科 1 人,大学专科 2 人,中专 3人;助理工程师 6 人;30 岁以下 5 人,30～40 岁 1 人。

气象业务与服务

1. 气象业务

①地面气象观测

1960 年 12 月 30 日开始观测试运行,1961 年 1 月 1 日 08 时开始正式观测。1970 年 5月 1 日开始使用气压计,1972 年 2 月 1 日开始使用温度计、湿度计、雨量计。

2005 年 12 月 28 日建成新观测场并开始观测试运行。按照《地面气象观测规范》规定,于 2006 年 1 月 1 日 08 时开始新老观测场的对比观测,2006 年 10 月 31 日 20 时完成对比观测,地面观测业务全部转到新观测场运行。

观测项目　气压、气温、湿度、风向风速、降水、云量、云状、能见度、天气现象、日照、蒸发(小型)、地面及浅层(5～20 厘米)地温。

观测时次　每天进行 08、14、20 时 3 次观测。

发报种类　2002 年 1 月 1 日开始,增加编发 20 时加密气象观测报。重要报、旬月报。

资料管理　建有档案室,配备兼职档案员,行政管理档案存在本局档案室,科技档案整理后移交市气象局档案室。

电报传输　2002 年以前,手工编制报文,通过电话将报文传送到县邮电局,再由邮电局发出。2002 年配备了计算机,正式使用安徽(AHDM5.0)软件,实现了自动编报和用互联网传输天气报,报文传输实现了网络化。

气象报表制作　2002 年以前,手工编制报表,2002 年配备了计算机,取代了手工编制报表。2005 年 1 月 1 日开始使用"地面气象测报业务系统软件 2004 版(OSSMO 2004)"。

自动气象观测站 2007年12月底,在镇康县辖区内建成10个温度、雨量两要素自动气象站并投入业务运行,增加了测站密度。

②农业气象

根据镇康县农业气候区划需要,于1984—1985年,在镇康县范围内建立了不同地形、不同海拔高度的农业气象观测点,进行了为期一年的气象观测。并通过资料统计、整理、分析,于1986年9月完成了全县农业气候区划,编印了《镇康县农业气候手册》。

③气象信息网络

通讯现代化 2005年10月建成PC-VSAT卫星接收系统、Notes电子政务系统、气象监测网络、DAB卫星预警系统等。开通互联网。

信息接收 以PC-VSAT地面卫星接收站,互联网,Notes电子政务系统为主。

信息发布 主要通过电视、兴农网、手机短信、电子显示屏发布气象信息。

④天气预报预测

短期天气预报 20世纪70年代开始做单站补充订正预报,但由于受人员、设备的限制,预报业务一度中断,直到1983年才正常开展预报业务。当时,预报员每天通过抄收云南省气象台的天气形势广播,手工绘制天气图表,分析后做出短期天气预报。

中、长期天气预报 20世纪90年代,增加中、长期天气预报和森林火险等级预报。2005年初镇康县气象局新址办公楼落成,局办公室和预报服务系统搬迁到新址开展工作。2005年10月建成地面卫星接收站,开通互联网,预报服务得到根本的改变。到2008年底,气象预报主要有:短期天气预报,中期天气预报,长期天气预报,专题专项天气预报,灾害性天气预警预报。

2. 气象服务

①公众气象服务

至2008年,主要通过电视、兴农网、手机短信、电子显示屏转播发布短期天气预报、森林火险等级预报和灾害性天气预警预报。

②决策气象服务

20世纪90年代以来,主要为镇康县委、县人民政府及有关职能部门提供中、长期天气预报,专题专项天气预报,灾害性天气预警预报,为领导决策赢得了时间,为合理开发利用和保护气候资源提供科学依据。

③专业与专项气象服务

专业气象服务 1995年和2002年镇康县实施飞机播种植树造林,镇康县气象局派员进行现场气象保障服务。

人工影响天气 2006年4月16日,镇康县首次人工增雨作业获得成功。截至2008年底,镇康县人工影响天气工作仅局限于人工增雨作业。

防雷技术服务 防雷减灾工作始于1992年。1997年,成立镇康县避雷装置检测中心,全面负责镇康县的防雷减灾工作。1998年3月通过云南省质量技术监督局计量认证,2002年12月通过云南省质量技术监督局复认证。2006年1月12日,镇康县避雷装置检测中心更名为临沧市镇康县防雷装置安全检测中心,同年8月15日取得了云南省防雷装置检测丙级资质。

气象法规建设与社会管理

制度建设　2008 年底,制定了《镇康县气象局综合管理制度》,内容涉及行政事务、岗位职责、廉政建设、财务、基础建设等。

社会管理　镇康县气象局气象探测环境于 2006 年在县建设局备案,纳入镇康县城市建设规划管理。2003 年 9 月 2 日,成立镇康县防雷减灾领导小组,将防雷工作纳入人民政府的社会管理。2006 年 4 月,成立了镇康县人工影响天气工作领导小组,将镇康县人工影响天气工作纳入地方气象事业管理。

政务公开　2001 年以来,将气象行政审批程序、气象服务内容、承诺事项、气象行政执法依据、服务收费依据及标准等,通过户外公示栏、电视广告、兴农网等方式向社会公开。财务收支、目标考核、职工晋职晋级、基础设施建设、工程招投标等内容则采取职工大会或局务公示栏张榜等方式向职工公开。

党建与气象文化建设

1. 党建工作

党的组织建设　1960 年建站时党员数 1 人,参加当地镇政府机关党支部活动。2005 年以前,镇康县气象局党员的组织关系按照属地管理,归属镇康县勐捧镇人民政府党支部。2005 年 12 月成立了中国共产党镇康县气象局支部委员会,有党员 5 人,隶属中共镇康县直机关工委领导。截至 2008 年 12 月,有党员 5 人。

党风廉政建设　2002 年,成立了党风廉政建设领导小组,制定了《镇康县气象局党风廉政建设责任制》,将党风廉政建设纳入年终工作考核。2008 年设置兼职纪检监察员,推行"三人决策"制度。

2. 气象文化建设

精神文明建设　2002 年,镇康县气象局成立了精神文明建设领导小组,按照《临沧地区气象局关于精神文明建设实施意见》《临沧地区气象局关于开展文明单位创建活动的通知》,开展文明创建活动,把精神文明建设作为一项重要的工作内容,纳入工作目标管理,严格考核。建有图书阅览室,有各类藏书千余册。

文明单位创建　2002 年 12 月建成"县级文明单位",2007 年 12 月建成"市级文明单位",保持至今。

台站建设

建站时仅有土木结构的平房 90 平方米,于 1986 年底拆除。1976 年新建砖木结构平房,建筑面积 90 平方米,用于地面气象测报值班和行政办公。1980 年建成砖木结构平房,建筑面积 145 平方米,做综合办公室。1988 年底建成砖混结构住宅楼 1 幢,建筑面积 420 平方米。2005 年底,搬迁至新址,有土地面积 3191.20 平方米。截至 2008 年底,镇康县气象局共有砖混结构综合办公楼 1 幢,建筑面积 665.9 平方米,砖混结构地面测报值班室 45.18 平方米,仓库、车库各 1 间共 60 平方米,建成了职工阅览室,购置了公务用车。进行了环境绿化、美化,职工生活、工作环境有了根本性改善。

镇康县气象局勐捧老站址(1983 年)　　　　搬迁到南伞(新县城)后的镇康县气象局
　　　　　　　　　　　　　　　　　　　　　　　　　(摄于 2007 年)

耿马傣族佤族自治县气象局

机构历史沿革

始建情况　耿马傣族佤族自治县(以下简称"耿马县")气象局始建于 1958 年 9 月,成立之初名称为耿马县气候站,原址在耿马傣族佤族自治县幸福公社芒蚌山顶。观测场位于东经 99°24′,北纬 23°33′,观测场海拔高度 1104.9 米。

站址迁移情况　1961 年 6 月 15 日,由原站址芒蚌山顶迁至耿马县民族干部培训站(现党校);1963 年 12 月 31 日,由耿马民族干部培训站搬迁至县城南郊耿马镇建设路 229 号至今。此站址位于东经 99°05′,北纬 23°33′,海拔高度 1104.9 米。

历史沿革　1960 年 10 月 11 日,更名为耿马县气象中心服务站;1964 年 2 月 20 日,更名为耿马县气候服务站;1966 年 2 月 1 日,更名为耿马县气象服务站;1968 年 1 月 1 日,更名为耿马县气象站;1981 年 11 月,更名为云南省耿马县气象站;1990 年 1 月 1 日,更名为耿马县国家基本气象站,同时,孟定国家基本气象站撤销,业务并入耿马县气象站;1990 年 10 月 11 日,更名为云南省耿马县气象局,1996 年 11 月 20 日设孟定气象分局。

管理体制　1958 年 9 月—1963 年 10 月,耿马县气候站建制属耿马县人民委员会,临沧专署气象中心站负责业务管理;1963 年 10 月—1970 年 6 月,建制收归云南省气象局,临沧专署气象总站负责管理;1970 年 6 月—1970 年 12 月,改属耿马县革命委员会建制和领导,临沧专署气象总站负责业务管理;1970 年 12 月—1973 年 10 月,建制仍属耿马县革命委员会,由耿马县人民武装部领导,临沧地区气象台负责业务管理;1973 年 10 月—1980 年 12 月,改属耿马县革命委员会建制和领导,临沧地区气象台负责业务管理;1981 年 1 月至今,实行气象部门与地方政府双重领导,以气象部门领导为主的管理体制。

单位名称及主要负责人变更情况

单位名称	姓名	民族	职务	任职时间
耿马县气候站	俸传霖	傣	站长	1958.09—1960.10
耿马县气象中心服务站				1960.10—1963.01
耿马县气候服务站	黄国材	汉	站长	1963.01—1964.02
				1964.02—1966.02
耿马县气象服务站				1966.02—1967.12
				1968.01—1972.12
耿马县气象站	苏武森	汉	站长	1973.01—1976.12
	何林昌	汉	站长	1977.01—1981.11
云南省耿马县气象站	唐逢礼	汉	站长	1981.11—1983.12
	何林昌	汉	站长	1983.12—1989.12
耿马县国家基本气象站				1990.01—1990.10
			局长	1990.10—2006.12
云南省耿马县气象局	李金惠(女)	汉	局长	2007.01—

人员状况 耿马县气象局建立之初只有 2 名观测员,到 1978 年底有 5 人,截至 2008 年底,有职工 22 人(其中在职职工 14 人,退休职工 8 人),在职职工中:大学本科 6 人,大学专科 2 人,中专 4 人,其他 2 人;高级工程师 1 人,工程师 5 人,助理工程师 8 人。

气象业务与服务

1. 气象业务

①地面气象观测

1960 年以前,只进行观测记录、制作报表和积累资料。1960 年以后,增加了天气报编发业务。

观测项目 1990 年底以前为国家一般气象观测站。观测项目为云、能见度、天气现象、气温、湿度、风向、风速、降水量、气压、蒸发量、地温。1990 年 1 月,耿马县气象局改为国家基本站。

观测时次 1958 年 9 月 24 日正式进行观测,每天进行 01、07、13、19 时(地方时)4 次定时观测,1960 年 8 月 1 日起定时观测改为 02、08、14、20 时(北京时)4 次。1962 年 5 月 1 日改为 08、14、20 时 3 次定时观测。自 1991 年 1 月 1 日起,改为 02、08、14、20 时 4 次定时观测,05、11、17、23 时 4 次补充观测。2006 年 12 月 31 日改为 02、05、08、11、14、17、20、23 时 8 次定时观测。

发报种类 1958 年 9 月 24 日开始编发天气报、补绘报、重要报,1983 年 1 月 1 日开始编发旬月报,执行《气象旬月报》试行(HD-02)电码。

资料管理 建有档案室,行政管理档案存在本局档案室,专人管理,科技档案整理后移交市气象局档案室。

电报传输 2000 年以前,测报工作主要是以目测、手工编报为主。2000 年 1 月,配备了计算机及软件,观测资料录入计算机,实现了自动编报,并启用分组数据交换网进行天气报文传输。2002 年 1 月,启用互联网传输天气报。

气象报表制作 2002 年 1 月以前人工制作地面气象观测月报表和年报表,以后利用微机制作月、年报表。

自动气象观测站 2003 年 1 月,建成自动站,大部分项目实现自动观测;2007 年,安装了闪电定位仪;2007 年起,在全县各乡镇安装了 13 个温度、雨量自动气象站,提高了观测的时空密度。

②农业气象

耿马县气象局是国家农业气象基本观测站。1982 年 7 月开始水稻生育状况观测,1983 年 3 月开始甘蔗生育期观测,1984 年 1 月开始物候观测。20 世纪 80 年以后,积极开展杂交稻制种和再生稻蓄留等农业气候资源开发利用综合试验。1983 年,耿马县气象局在各个乡镇建立了气象哨,进行气候资料调查。1986 年完成了全县气候区划,编印了《耿马县气候区划》和《耿马县农业气候资料》。

③气象信息网络

1999 年建成 PC-VSAT 地面卫星接收站,2001 年开通互联网,2003 年开通地县远程终端,制作电视动画天气预报,2005 年建成气象宽带网,开通 Notes 电子政务系统。

信息发布 1998 年 3 月,"121"气象电话自动答询系统建成,1998 年 5 月,电视动画预报开始制作播出。进入 21 世纪,气象信息开始通过手机短信平台发布。2008 年启动了农村综合气象信息服务平台建设项目,通过电子显示屏发布气象信息。至 2008 年,主要通过电视、手机短信、电子显示屏发布短期天气预报、森林火险等级预报和灾害性天气预警预报。

信息接收 20 世纪 80 年代由上级业务主管部门配备了天气形势分析传真接收机,接收地面气象要素、500 百帕、700 百帕、850 百帕天气形势图、物理量分析图。1997 年 9 月,建成气象系统卫星地面接收站,可以应用全球不同层次的各类气象资料,为制作天气预报提供了大量的信息。

④天气预报预测

短期天气预报 1958 年的天气预报工作主要是在抄收云南省气象台天气形势广播的基础上,以手工点绘简易天气图表,结合气象、物象的观察和看天经验制作单站补充天气预报。20 世纪 80 年代由上级业务主管部门配备了天气形势分析传真接收机,接收地面气象要素、500 百帕、700 百帕、850 百帕天气形势图、物理量分析图,为中、短期天气预报提供了更多的分析数据。同时,开始有了短期数值预报产品。

长期天气预报 20 世纪 70 年代后期,增加了数理统计预报方法,开始制作长期天气预报。20 世纪 90 年代以来,气象信息的传输和加工手段逐渐走向以数值预报为基础、多种预报方法综合应用的新阶段,进一步提高了预报准确率。

2. 气象服务

耿马县地处云南省西南部,位于横断山脉的南延部分,由于特殊的地理位置和地形地貌特点,辖区内同时具有低纬、高原、季风、山地气候的特征。灾害性天气频发,尤以暴雨、干旱、大风、冰雹、雷电为甚。开展的服务有决策服务、公益服务、科技服务、专业专项服务等。

①公众气象服务

主要开展天气消息快报,短、中、长期天气预测、气候评价等公众气象服务。

②决策气象服务

20世纪90年代以来,主要为耿马县委、县人民政府及有关职能部门提供专题专项天气预报、灾害性天气预警预报,为地方领导在防灾减灾、重大活动安排提供科学依据。

③专业与专项气象服务

专业气象服务   主要针对水稻、甘蔗、核桃、橡胶、烤烟等作物的生长发育期提供专业气象服务。

人工影响天气   耿马县人工影响天气业务始于2003年,2010年成立耿马县人工影响天气办公室,设在耿马县气象局。2003年耿马县人民政府投资20万元,启动耿马县人工影响天气工作。到2008年底,主要开展人工增雨作业。

防雷技术服务   耿马县的防雷减灾工作开始于1990年。1998年,经县编委办审批,成立了耿马县防雷中心,后更名为临沧市耿马傣族佤族自治县防雷装置安全检测中心。1998年3月通过云南省质量技术监督局计量认证,2002年12月通过云南省质量技术监督局复认证。

气象法规建设与社会管理

制度建设   截至2008年,先后制订了《耿马县气象局综合管理制度》、《耿马县气象局财务内部管理制度》、《耿马县气象局责任追究制度》、《耿马县气象局集体决策制度》、《耿马气象局政务公开制度》、《领导小组工作制度》、《耿马县气象局纪律管理制度》、《气象局领导干部廉政制度》、《气象局党支部理论学习制度》、《信访工作制度》、《考核制度》等制度。

社会管理   大气探测环境已在耿马县建设局备案,依法纳入耿马县城市规划管理。2005年耿马县成立防雷减灾工作领导小组,办公室设在气象局,耿马县防雷减灾工作纳入社会化管理。2008年耿马县气象局与县安监局联合发布了《关于对全县煤矿、非煤矿山、危险化学品生产经营单位和重点项目建设开展安全防范强降雨和雷电天气专项检查的通知》(耿安监联发[2008]22号),并在全县范围内实施,防雷行政许可和防雷技术服务逐步走向规范化。

政务公开   2001年开始,对辖区内气象行政审批办事程序、气象服务内容、服务承诺、气象行政执法依据、服务收费依据及标准等向社会公开。干部任用、财务收支、目标考核、基础设施建设、工程招投标等内容采取职工大会公布或在局务公开栏公示。

党建与气象文化建设

1. 党建工作

党的组织建设　耿马县气象局党支部成立于 1997 年 1 月 22 日,有党员 4 人,预备党员 1 人,截至 2008 年底有党员 5 人。

制订了《耿马县气象局领导党员干部先进性具体要求》、《耿马县气象局党支部理论学习与考核制度》、《耿马县气象局党员先锋岗职责》。

党风廉政建设　按照《气象局领导干部廉政制度》实施管理。每年与县纪委监察局和上级主管部门签订《党风廉政建设责任书》,制定党风廉政教育方案,开展党风廉政教育活动,从源头上遏制腐败现象发生。

2. 气象文化建设

精神文明建设　精神文明创建工作始于 1999 年,2002 年成立了精神文明建设领导小组,制订了《精神文明创建工作的表彰制度和奖励措施》、《年度精神文明建设工作计划》等制度。建有图书阅览室,有各类藏书数千余册。

文明单位创建　1999 年建成县级文明单位;2001 年建成市级文明单位;2003 年建成省级文明单位,截至 2008 年 12 月,一直保持此荣誉。2008 年被云南省气象局评为精神文明建设先进集体。

3. 荣誉

集体荣誉　1988 年被云南省气象局评为"抗震救灾气象服务先进集体";2003 年被中共云南省委、云南省人民政府授予"文明单位"称号;2006 年被中共云南省委、云南省人民政府授予"文明单位"称号;2006 年被云南省气象局评为"'十五'期间全省气象部门精神文明创建先进集体";2008 年被云南省气象局评为"大气探测先进集体"。

个人荣誉　1989—2008 年,耿马县气象局共有 60 余人(次)获得省、市气象局和县委、县政府的表彰奖励。

台站建设

始建时在耿马县幸福公社芒蚌山顶,办公用房为 30 平方米的茅草屋。1961 年 6 月 15 日迁至耿马民族干部培训站,办公用房为 3 间土木结构瓦房。1963 年 12 月 31 日由耿马民族干部培训站搬迁至县城南郊耿马镇建设路 229 号,占地面积为 5867 平方米,有砖木结构办公用房 75 平方米。1988 年 11 月 6 日大地震,县气象局遭受严重破坏,先后进行了七次改建和维修。2008 年底有办公用房 300 平方米,全部为砖混结构楼房,绿化率达到 60%,办公环境得到了根本的改善。

耿马县气象局"88·11·6"大地震后建成的办公楼(摄于 1992 年)

耿马傣族佤族自治县气象局孟定分局

机构历史沿革

始建情况 耿马傣族佤族自治县(以下简称耿马县)气象局孟定分局前身为云南省耿马县孟定气象站,于 1954 年 11 月建立,地处耿马县孟定镇。观测场地理坐标为东经 99°05′,北纬 23°34′,海拔高度 511.4 米。

站址迁移情况 1957 年 2 月,观测场向西南角移 20 米。1981 年 12 月,观测场向北移 15 米。

历史沿革 1954 年 11 月成立云南省耿马县孟定气象站。1960 年 10 月,更名为耿马县孟定气象服务站;1969 年 1 月,更名为云南省临沧专区气象总站革命委员会孟定气象站;1972 年 3 月,更名为云南省耿马县孟定气象站;1990 年 1 月,国家气象局进行业务调整,撤销孟定国家基本气象观测站,并将基本气象观测站业务调整至耿马县气象局。经临沧地区气象局与临沧行署、耿马县人民政府协商后保留孟定气象站,作为耿马县气象局的一个观测服务点;1996 年 11 月,成立耿马县气象局孟定分局,隶属耿马县气象局。

管理体制 1954 年 11 月—1955 年 5 月,耿马县孟定气象站隶属于耿马县人民政府建制和领导。1955 年 5 月—1958 年 3 月,收归省气象局建制和领导。1958 年 3 月—1963 年 4 月,耿马县孟定气象服务站隶属耿马县人民委员会建制和领导,临沧专区气象中心站负责业务管理。1963 年 4 月—1970 年 7 月,隶属云南省气象局(1966 年 3 月改为云南省农业厅气象局)建制和领导,临沧专区气象总站负责管理。1970 年 7 月—1971 年 3 月,隶属于耿马县革命委员会建制。1971 年 3 月—1973 年 5 月,实行耿马县人民武装部领导,建制仍属耿马县革命委员会,临沧地区气象台负责业务管理。1973 年 5 月—1980 年 12 月,改属耿马县革命委员建制和领导,临沧地区气象台负责业务管理。1981 年 1 月—1990 年 1 月,耿马县孟定气象站收归云南省气象局建制,实行气象部门与地方政府双重领导,以气象部门领导为主的管理体制。1990 年 1 月,撤销孟定国家基本气象观测站,并将基本气象观测站业务调整至耿马县气象局。经临沧地区气象局与临沧行署、耿马县人民政府协商后保留孟定气象站,作为耿马县气象站的一个观测服务组驻孟定,隶属临沧地区气象局管理。1996 年 11 月,更名为耿马县气象局孟定分局,隶属耿马县气象局。

单位名称及主要负责人变更情况

单位名称	姓名	民族	职务	任职时间
云南省耿马县孟定气象站	岳永轩	汉	站长	1954.11—1955.10
	唐映光	汉	站长	1955.11—1956.02
	梁志显	汉	站长	1956.03—1957.02
	张凤藻	汉	站长	1957.03—1958.12
耿马县孟定气象服务站	黄国材	汉	站长	1959.01—1960.09
				1960.10—1968.12
云南省临沧专区气象总站革命委员会孟定气象站	革命领导小组集体领导			1969.01—1971.09
云南省耿马县孟定气象站	黄国材	汉	站长	1971.10—1972.02
				1972.03—1972.08
	唐逢礼	汉	站长	1972.09—1981.10
	何林昌	汉	站长	1981.11—1983.11
	林华明	汉	站长	1983.12—1989.07
	周天毅	汉	站长	1989.08—1990.01
耿马县气象局观测服务点			负责人	1990.01—1996.11
耿马县气象局孟定分局	邱炳坤	汉	分局长	1996.11—2001.11
	鲁正刚	彝	分局长	2001.12—

人员状况 1954 年 11 月孟定气象局成立之初有职工 7 人,1974 年有职工 12 人。因业务调整,1990 年在职职工减少为 6 人,1997 年减为 4 人,2000 年减为 2 人。截至 2008 年12 月,有 2 人。

气象业务与服务

1. 气象业务

①地面气象观测

孟定气象站建站到 1989 年底属于国家基本气象观测站,主要业务是进行地面气象观测和资料交换。

观测项目 按国家基本气象观测站的规定运行,1954 年 12 月 1 日正式开始观测发报。观测项目为:气压、气温、温度、风向、风速、云量、能见度、天气现象、日照、蒸发量、降水量、浅层地温。撤销后在孟定设观测点,与耿马县气象局对比观测一年,观测项目有:气压、气温、温度、风向、风速、云量、能见度、天气现象、日照、蒸发量、降水量、浅层地温。1971 年 10 月 1 日至 1987 年 12 月 31 日增发 24 小时航危报。1972 年至 1981 年 1月增加预报业务。1990 年 1 月 1 日,停止国家基本气象观测站业务,取消自记风向风速仪观测。1997 年 1 月 1 日,停止气压及各种自记观测。2008 年 7 月 1 日起停止地面气象人工观测所有项目。

观测时次 1990 年以前,每天进行 02、08、14、20 时 4 次定时观测,拍发天气预报,05、11、17、23 时 4 次补充定时观测,拍发补充天气报。1990 年 1 月 1 日改为 08、14、20 时 3 次观测,夜间不守班。

②天气预报

1972 年以前没有开展天气预报业务,1972 年 1 月开始做短、中期天气预报,1981 年 2 月开始只转发耿马县气象局的天气预报。

2. 气象服务

20 世纪 60 年代以来,主要开展气候资料服务;2000 年以来,进行气候资源的开发利用和保护。公众气象服务和专业气象服务以耿马县气象局为主,孟定分局只根据孟定当地情况做订正和提供气候资料咨询服务。

科学管理与党建工作

科学管理 1990 年以前主要依托临沧地区气象局进行社会管理,1990 年以后,孟定站隶属于耿马县气象局,法规建设与社会管理纳入耿马县气象局统一管理。

党建工作 建站时有党员 3 人,无支部,党员归并当地机关支部。1996 年改设耿马县气象局孟定分局后,无党员。2008 年底有党员 1 人,归并当地机关支部。

台站建设

孟定分局建站之初的办公用房为 2 间茅草屋,1956 年建砖混结构办公用房(平房)120 平方米。1975 年在省气象局的支持下新建砖木结构办公用房(平房)180 平方米。1982 年至 1983 年间再次对办公环境进行改造,由省气象局出资建起砖木结构办公用房(平房)200 平方米。在 1988 年 11 月 6 日大地震中遭受严重破坏后,于 1993 年对办公用房进行了加固和维修。2008 年底,孟定气象站总占地面积 6000 平方米,有办公用房 500 平方米,观测场 625 平方米。

沧源佤族自治县气象局

机构历史沿革

始建情况 沧源佤族自治县(以下简称"沧源县")气象局始建于 1958 年 9 月,属国家一般气象观测站。地理位置为东经 99°16′,北纬 23°09′,海拔高度为 1278.3 米。1958 年 12 月 31 日正式开始观测。

历史沿革 1958 年 9 月成立云南省沧源县气候站;1962 年 5 月,改称沧源县气候服务站;1966 年 12 月,改称为云南省沧源县气候服务站;1969 年 4 月,改称云南省临沧专区气象总站革命委员会沧源站;1975 年 7 月,改称云南省沧源县气象站;1990 年 10 月,改称云南省沧源县气象局。

管理体制 1958 年 9 月—1963 年 11 月,沧源县气候站隶属沧源县人民委员会建制和领导,临沧专区气象中心站负责业务管理;1963 年 11 月—1970 年 6 月,隶属云南省气象局(1966 年 3 月改为云南省农业厅气象局)建制和领导,临沧专区气象总站负责管理;1970 年 7 月—1971 年 1 月,隶属沧源县革命委员会建制,划归农办管辖;1971 年 1 月—1973 年 5 月,实行沧源县人民武装部领导,建制仍属沧源县革命委员会,临沧地区气象台负责业务管理;1973 年 5 月—1980 年 12 月,改属沧源县革命委员会建制,划归农办管辖(1976 年县农业局代管);1981 年 1 月至今,实行气象部门与地方政府双重领导,以气象部门领导为主的管理体制。

单位名称及主要负责人变更情况

单位名称	姓名	民族	职务	任职时间
云南省沧源县气候站	李有富	汉	负责人	1958.11—1962.05
沧源县气候服务站				1962.06—1966.11
云南省沧源县气候服务站	郑向阳	汉	负责人	1966.12—1969.04
云南省临沧专区气候总站				1969.05—1973.05
革命委员会沧源站	朱家禄	汉	站长	1973.06—1975.07
云南省沧源县气象站			站长	1975.08—1990.09
			局长	1990.10—1995.11
云南省沧源县气象局	尹立华	佤	局长	1995.12—2003.10
	李 斌	汉	局长	2003.11—2005.11
	姬艳萍(女)	汉	副局长	2005.12—2007.05
			局长	2007.06—

人员状况 建站时有 2 人,1978 年有 6 人。沧源县气象局编制 7 人,截至 2008 年底有职工 12 人(其中在职职工 5 人,合同工 2 人,退休职工 5 人)。在职职工中:大学本科 2 人,大学专科 3 人;助理工程师 2 人,技术员 3 人。

气象业务与服务

1. 气象业务

①地面气象观测

观测项目 按国家一般气象观测站的业务运行,夜间不守班。观测云、能见度、天气现象、气温、湿度、风向、风速、降水量、气压、蒸发量、地温等 10 个项目。

观测时次 每天进行 08、14、20 时 3 次观测。

发报种类 天气加密报、重要天气报、旬月报。

气象电报传输 1958—1960 年用无线电拍发,1961—2002 年用电话传至县邮电局报房拍发,2002 年底开始用互联网传输,2005 年开始用内部网传输。

气象报表制作　2002 年人工编制、抄录气表-1 和气表-21,2002 年 1 月开始配备了计算机和打印机,实现了微机制作气表-1 和气表-21。

资料管理　本局建有档案室,配有兼职档案员。科技档案整理移交市气象局,本局主要保存行政管理档案。

自动气象观测站　2005 年 1 月 1 日开始使用地面气象测报业务系统软件(OSSMO 2004),2005 年 10 月,建成了 ZQZ-CⅡ型自动气象站,2005 年 12 月 1 日投入业务运行。

②天气预报预测

建站初期的天气预报以订正 24 小时短期预报为主,通过县广播站广播发布。截至 2008 年底沧源县气象局发布的天气预报主要有:长、中、短期常规天气预报、重要天气预报和灾害性天气预警预报。发布方式有:"12121"电话自动答询,网络、电视和手机短信发布,2008 年增加电子显示屏转播发布。

2. 气象服务

公众气象服务　至 2008 年,主要通过电视天气预报、"12121"电话自动答询、网络刊登、电子显示屏和手机短信等进行服务。主要内容为:常规天气预报、森林防火预报、重要天气预报和灾害性天气预警信号。

决策气象服务　20 世纪 90 年代以来,主要有重要天气预报和灾害性天气预警信息。服务方式:主要以纸制材料汇报,电话和手机短信作补充。

专业与专项气象服务　2005 年 3 月 5 日实施了沧源县首次人工增雨作业,获得成功。截至 2008 年底,沧源县人工影响天气主要开展人工增雨作业。有火箭发射架一套,增雨作业车 1 辆,作业人员 4 人。

1992 年开始开展避雷检测服务,成立了沧源县避雷检测中心,2006 年更名为沧源县防雷装置检测中心。负责沧源县辖区内的防雷工程专业设计、施工、防雷装置检测、竣工验收。1998 年 3 月通过云南省质量技术监督局计量认证,2002 年 12 月通过云南省质量技术监督局复认证。

气象法规建设与社会管理

法规建设　沧源县人民政府于 2003 年和 2005 年分别下发了《关于实施沧源县防御雷电灾害管理办法》(沧政发〔2003〕43 号)和《沧源县人民政府关于实施沧源县防雷设施设计审核及验收程序》(沧政办发〔2005〕11 号)等文件,规范沧源县的防雷减灾工作。

制度建设　2005 年 1 月制定了《沧源佤族自治县气象局管理制度》汇编,包括行政管理、财务管理、会务管理、安全管理、后勤服务、综合管理、业务管理、党务管理、人工影响天气工作、防雷安全管理等 56 项规章制度。

社会管理　2004 年 7 月 1 日,成立沧源县人工影响天气领导小组,办公室设在气象局,将沧源县人工影响天气工作纳入沧源县地方气象事业规划。2005 年,根据沧源县人民政府《关于实施沧源县防御雷电灾害管理办法》和《沧源县人民政府关于实施沧源县防雷设施设计审核及验收程序》的规定,沧源县防雷减灾工作纳入规范化管理。

局务公开　2001 年以来,对气象行政审批办事程序、气象服务内容、承诺事项、气象行政执法依据等,通过户外公示栏、电视公告、等方式向社会公开。干部任用、财务收支、目标考核、基础设施建设、工程招投标、干部任用、职工晋职、晋级等内容则采取职工大会或局务公示栏等方式向职工公开。

党建与气象文化建设

1. 党建工作

党的组织建设　建站初期无党员,1998年成立气象局党支部,挂靠农业局党总支,有党员5人。2004年10月党支部隶属于县直机关工委。2008年有党员5人。党支部现有党员6名,党员人数占职工总人数的60%。其中女党员2名,少数民族(傣族)党员1名。

党风廉政建设　2004年9月21日成立了党风廉政建设领导小组,认真贯彻《关于认真贯彻落实党风廉政建设责任制相关会议和文件精神的通知》,制定《沧源县气象局党风廉政建设责任制》,将党风廉政建设纳入年终工作考核。

2. 气象文化建设

精神文明建设　沧源县气象局精神文明建设开始于1998年,1999年成立了以主要领导为组长的"双文明"建设工作领导小组,结合单位实际制定了《沧源县气象局创建文明行业规划》、《沧源县气象局文明创建奖惩暂行规定》等适合单位文明建设的规章制度,把文明创建工作纳入重要议事日程和行业发展规划。建有职工活动中心、图书阅览室,绿化、硬化、美化工作和生活环境,在职工中广泛开展爱国主义、集体主义、社会主义教育,积极开展"文明职工"、"岗位能手"、"党员先锋岗"、"五好家庭"等文明创建活动。

文明单位创建　2000年建成县级文明单位,2001年建成市级文明单位,2008年市级文明单位任期届满,重新通过考评,保持市级文明单位称号。

3. 荣誉

集体荣誉　1981年被云南省气象局授予"年度先进集体"、"五好仪器站"荣誉称号。2001年和2008年被临沧市委、市人民政府命名为市级文明单位。

个人荣誉　2000—2008年,先后4人次被云南省气象局授予"质量优秀测报员"。

台站建设

始建时有土木结构平房372.6平方米。1988年"11·6"大地震对房屋造成严重破坏。1990年底重建砖混结构职工宿舍楼,建筑面积365.2平方米。1991年9月20日重建办公楼竣工,建筑面积218.2平方米。

截至2008年底,县气象局占地面积4467平方米,有办公楼1幢218.2平方米,职工宿舍1幢365.2平方米,车库、仓库3间62平方米。

沧源县气象局旧办公楼（2004 年）

沧源县气象局现办公楼（2005 年）

双江拉祜族佤族布朗族傣族自治县气象局

机构历史沿革

始建情况　双江拉祜族佤族布朗族傣族自治县(以下简称双江县)气象局始建于 1956 年 11 月 1 日,位于双江县城郊,东经 99°48′,北纬 23°28′,海拔高度 1044.1 米。

历史沿革　1956 年始建时称为双江县气候站;1961 年 1 月,改称双江县气候服务站;1969 年 1 月,改称双江县气象站;1990 年 6 月,改称云南省双江拉祜族佤族布朗族傣族自治县气象局(简称双江县气象局)。

管理体制　1956 年 11 月—1958 年 5 月,双江县气候站隶属于云南省气象局建制和领导;1958 年 5 月—1963 年 4 月 9 日,隶属于双江县人民委员会,归口县农水科管理,临沧专区气象中心站负责业务管理;1963 年 4 月 9 日—1970 年 6 月,隶属云南省气象局(1966 年 3 月改为云南省农业厅气象局)建制和领导,临沧专区气象总站负责管理;1970 年 7 月—1971 年 9 月,隶属双江县革命委员会建制,临沧专区气象总站负责业务管理;1971 年 9 月—1980 年 12 月,双江县气象站实行双江县人民武装部领导,建制仍属双江县革命委员会;1981 年 1 月起,实行气象部门与地方政府双重领导,以气象部门领导为主的管理体制。

单位名称及主要负责人变更情况

单位名称	姓名	民族	职务	任职时间
双江县气候站	熊绍宗	汉	站长	1956.11—1957.12
	梁忠耀	汉	站长	1957.12—1959.03
	罗明贵	汉	副站长(主持工作)	1959.03—1960.12
双江县气候服务站	熊绍宗	汉	站长	1961.01—1968.12

单位名称	姓名	民族	职务	任职时间
双江县气象站	罗明贵	汉	临时负责	1969.01—1973.02
	郭世俊	汉	站长	1973.02—1974.09
	杨国舜	汉	副站长(主持工作)	1974.09—1979.12
	李水仙(女)	汉	负责人	1980.01—1981.08
			站长	1981.08—1990.05
			局长	1990.06—1994.05
双江县气象局	沈航	汉	副局长(主持工作)	1994.06—1995.10
			局长	1995.11—1997.10
	杨军好	汉	副局长(主持工作)	1997.11—2000.03
			局长	2000.04—

人员状况 始建时有职工3人,1978年有在职职工8人,截至2008年底,有职工13人(其中退休职工6人,在职职工7人)。在职职工中:大学本科4人,大专3人;工程师2人,助理工程师5人;30岁以下3人,30~40岁4人。

气象业务与服务

1.气象业务

①地面气象观测

双江县气象局属于国家一般气象观测站,气象观测业务按照国家一般气象观测站的规定运行,夜间不守班。气象观测项目有:云、能见度、天气现象、气压、气温、相对湿度、风向风速、日照时数、地温、蒸发(小型)、降雨量。2003年,建成ZQZ-CⅡ型自动气象站,2004—2005年实行以自动站为主,人工观测为辅的双轨试运行。2006年1月1日开始,自动气象站正式开始业务运行。2003年10月,建成雷达雨量校准站。2005年1月1日开始使用"地面气象测报业务系统软件2004版(OSSMO 2004)"。2008年,在双江县辖区内建成10个温度、雨量自动气象站并开始业务运行。

②天气预报

1958年,双江县气象局的天气预报主要是在抄收云南省气象台天气形势广播的基础上,手工绘图、分析,制作单站补充天气预报。20世纪80年代以后,随着气象现代化建设的发展,预报业务逐步增加。至2008年底,天气预报主要有:短期天气预报,中期天气预报,长期天气预报,专题专项天气预报和灾害性天气预警预报。

天气预报发布方式从通过广播发布,逐步发展到电视动画天气预报、手机气象短信服务和在兴农信息网上发布。

③气象信息网络

1997年7月建成"121"气象电话自动答询服务台,1999年8月建成PC-VSAT卫星地面接收站,2001年1月启用互联网传输系统,2005年建成并投入使用省、地、县Notes气象电子政务系统。

2. 气象服务

①公众气象服务

20 世纪 60 年代,双江县气象局的公众气象服务主要是通过广播向社会发布短期天气预报。到 2008 年底,发布的公众气象服务内容主要有:中、短期天气预报,森林火险等级预报,气象灾害及衍生的泥石流滑坡等次生灾害的预警预测。发布的方式主要以电视播放、手机短信、电子显示屏转载等。

②决策气象服务

20 世纪 90 年代以来,主要以书面(必要时也采用电话)汇报的形式向县委、县人民政府及有关职能部门提供天气专报、关键期重要天气预报和灾害性天气警报,为全县各级领导布置防灾减灾工作提供气象依据。

③专业与专项气象服务

防雷减灾服务 双江县气象局的防雷减灾工作开始于 1990 年。2005 年成立了双江县防雷中心,后更名为临沧市双江拉祜族佤族布朗族傣族自治县防雷装置安全检测中心。1998 年 3 月通过云南省质量技术监督局计量认证,2002 年 12 月通过云南省质量技术监督局复认证。通过开展防雷工程和防雷装置安全检测工作,有效地减少了双江县雷击灾害的发生。

人工影响天气服务 2003 年,成立双江县人工影响天气工作领导小组,办公室设在气象局,双江县人工影响天气工作开始启动。到 2008 年底,有作业车 1 辆,作业人员 5 人,主要开展人工增雨工作。

④气象科普宣传

充分利用"3·23"世界气象日,科普宣传周等开展气象科普宣传。主要通过市、县级报纸、电视台作专题宣传报道,利用手机短信、电子显示屏等发布相关信息。

气象法规建设与社会管理

制度建设 截至 2008 年底,双江县气象局制订完善了《双江县气象局综合管理制度》,内容涉及岗位职责、行政管理、廉政管理、财务管理、安全生产等。

社会管理 2003 年,双江县人民政府成立双江县人工影响天气工作领导小组,办公室设在县气象局,作为具体办事机构,人工影响天气工作纳入双江县地方气象事业管理。2005 年双江县人民政府成立防雷中心,防雷工作依法纳入双江县社会管理。2006 年双江县气象局气象探测环境在双江县建设局备案,依法纳入双江县城市建设规划管理。

政务公开 2001 年以来,对辖区内气象行政审批办事程序、气象服务内容、服务承诺、气象行政执法依据、服务收费依据及标准等,利用电视节目、报纸、兴农网等向社会公开。干部任用、财务收支、目标考核、基础设施建设、工程招投标等内容采取职工大会或在局务公开栏公示。

党建与气象文化建设

1. 党建工作

双江县气象局党支部成立于 1998 年 7 月 17 日,隶属县直机关党委管理,截至 2008 年底有党员 3 人。

党支部制订了《双江县气象局党支部理论学习与考核制度》、《双江县气象局党员目标管理办法》,积极参加县直机关党委组织的各项活动。在工作中充分发挥党支部的战斗堡垒作用和党员的先锋模范作用。

2. 气象文化建设

精神文明建设 双江县气象局精神文明创建工作始于 1998 年 1 月 1 日,成立了精神文明建设领导小组,制订了《年度精神文明建设工作计划》,开展公民道德学习教育,建成职工活动室、图书阅览室。

文明单位创建 1999 年建成县级文明单位,2000 年建成地级文明单位,2004 年 1 月建成省级文明单位,2006 年省级文明单位届满重新申报、验收,保持省级文明单位称号至今,2008 年被云南省气象局评为精神文明建设先进集体。

荣誉 2004 年和 2006 年 2 次被中共云南省委、云南省人民人民政府授予"文明单位"称号。

台站建设

双江县气象局建站时有土木结构办公用房 50 平方米,20 世纪 70 年代末,增建砖木结构办公用房 70 平方米。20 世纪 80 年代以后,逐步加大基础设施建设力度,截至 2008 年底,共投入资金 210 万元,投入基础设施建设,建筑面积 1516 平方米,其中办公用房 270 平方米,住房 750 平方米,其他用房 496 平方米。围墙 384 米,绿化、硬化 4250 平方米,完成文化活动场所建设 3 个,全局工作生活环境明显改善。

双江县气象局办公室(1986 年)

双江县气象局办公室(2005 年)

后　记

　　《云南省基层气象台站简史》(以下简称《简史》)历时两年的编纂就要出版了。这是一部以云南省基层台站为重点的简史,同时也是第一部记录我省气象部门基层台站从建站到改革开放,再到实现现代化不断发展壮大历史进程的简明工具书。

　　《简史》不简。云南省气象事业发展的历史是全省气象部门几代气象职工创造的,本着对历史负责、对全省气象职工负责的态度,全体编纂人员认真研究卷牒浩繁的档案资料,披沙拣金,理清了云南省气象事业发展历程的基本脉络。摆在我们面前的这部130多万字的《简史》,就某一个台站来说是"简",还不足以反映这个台站气象事业发展的全部,但全省气象部门138个台站的《简史》汇集在一起就是一部厚重的、沉甸甸的全省气象部门55年发展过程的历史见证,透过每一条,每一目我们能直观地看到云南气象事业不断前进的坚实脚步。与历史对话,老一辈气象工作者艰苦创业、无私奉献的崇高精神和优秀品质恍如昨日,历历在目,这是一笔留给我们和后人的极其宝贵的精神财富和文化财富,可谓《简史》不简。

　　云南省气象局成立了以分管局领导为编纂委员会主任,机关党办(文明办)、办公室、计财处共同组成的全省气象部门基层台站史编纂委员会,编纂工作由机关党办(文明办)牵头负责。编纂《简史》对我们来说虽然是第一次,但中国气象局文明办和气象出版社及时召开培训会和片区研讨会,并及时下发了《基层台站史编纂要略》和编纂大纲。我们在编纂过程中,严格按照中国气象局文明办下发的编纂大纲的要求,遵循史志编纂的基本规律,坚持边学习、边思考、边编纂的原则,组织编纂工作。

　　在审核的过程中,对各州(市)气象局上报的稿件除本州市气象局审核外,还组织了两次会审,编纂委员会终审。终审中做到四个不放过:有疑问的不放过、表述不清的不放过、前后矛盾的不放过、内容不全的不放过,力求达到事实准确,表述清晰,内容完备。

　　《简史》的编纂和出版凝结了全省气象部门基层台站所有编纂人员的心血与辛勤的劳动,是全体编纂人员集体智慧的结晶。在此,对参加《简史》编纂的各州(市)、县(市)撰稿人表示衷心的感谢!同时更要对那些为《简史》编纂工作给予大力支持的同志表示崇高的敬意。他们的名字虽然没有出现在书中，但他们无私的支持和帮助，是《简史》得以顺利完成的重要保证。

尽管我们在编纂过程中做了极大的努力，但由于水平有限，云南省基层台站较多，很多同志是第一次接触史志编纂工作，编纂中的错漏在所难免，敬请专家和读者批评指正。

编　者

2011 年 11 月